时勘心理学文选

An Anthology of Psychological
Research by Shi Kan

时勘博士课题组　著

经济管理出版社

ECONOMY & MANAGEMENT PUBLISHING HOUSE

图书在版编目（CIP）数据

时勘心理学文选／时勘博士课题组著. —北京：经济管理出版社，2021.5
ISBN 978-7-5096-8030-8

Ⅰ.①时… Ⅱ.①时… Ⅲ.①心理学—文集 Ⅳ.①B84-53

中国版本图书馆 CIP 数据核字（2021）第 100660 号

组稿编辑：赵亚荣
责任编辑：赵亚荣
责任印制：黄章平
责任校对：董杉珊 陈 颖
封面题字：王启成

出版发行：经济管理出版社
　　　　　（北京市海淀区北蜂窝 8 号中雅大厦 A 座 11 层　100038）
网　　　址：www. E-mp. com. cn
电　　　话：（010）51915602
印　　　刷：北京晨旭印刷厂
经　　　销：新华书店
开　　　本：880mm×1230mm /16
印　　　张：69.25
字　　　数：1729 千字
版　　　次：2022 年 11 月第 1 版　2022 年 11 月第 1 次印刷
书　　　号：ISBN 978-7-5096-8030-8
定　　　价：698.00 元

编委会名单

出版资助

本书为纪念时勘教授获得中国心理学会最高奖——心理学学科建设成就奖而出版，得到了 2013 年国家社会科学基金重大项目"中华民族伟大复兴的社会心理促进机制研究"（项目编号：13&ZD155）和 2019 年国家社会科学基金后期资助重点项目"核心胜任特征的成长评估模型研究"（项目编号：19FGLA002）的支持。

出版说明

　　打开《时勘心理学文选》，展现在我们眼前的是，刚刚获得中国心理学会学科成就奖的时勘教授在工业与组织心理学、文化心理学和社会心理学领域取得的学术成果。时勘出生于一个普通的知识分子家庭，上小学时就被评为"重庆市优秀少先队员"，由于学习成绩优异，考上了著名的重庆市巴蜀中学，这是著名教育家叶圣陶曾任教的学校，也是胡锦涛同志的夫人刘永清、江竹筠烈士的儿子彭云、著名演员王晓棠等诸多名人学习过的地方。可是，初中毕业时他却因"家庭出身不好"而没有考上高中，16 岁就进入石油半工半读学校，穿行于"我为祖国献石油"的崇山峻岭之中，开始了颠沛流离、风餐露宿的生活。他在石油企业一待就是整整 13 年，艰苦的石油钻井生活磨炼了人的意志，但也耗去了人生最宝贵的年华！

　　感谢邓小平同志恢复高考，给时勘带来了人生发展的新机遇。1978 年 11 月，这位只有初中学历的"老三届"学生，以四川省遂宁市文科第一名考上了西南师范学院（现西南大学）外语系俄语专业。最值得庆幸的是，他在学习期间认识了著名心理学家黄希庭教授，得到了最宝贵的心理学指导，他俩在《心理学报》1984 年第 4 期发表了《大学生班级人际关系的心理学研究》的学术论文，并编译出版了苏联教育科学院马尔科娃教授主编的《幼儿园的道德教育》一书。毕业留校之后，他于 1984 年 7 月考上了北京师范大学心理学系，师从教育心理学家冯忠良教授，这为其后来的心理学研究奠定了坚实的基础。1987 年 2 月他又继续前行，考入中国科学院心理研究所，先后在潘菽教授、徐联仓教授的指导下，从事工业与组织心理学研究，于 1990 年 4 月，通过了学位论文"自动机床操作工心理模拟教学研究"的答辩，成为中国科学院心理研究所第一位心理学理学博士学位获得者，该成果还获得了国家轻工业部科学技术进步二等奖。

　　如果从时勘老师 1978 年 11 月开始接触心理学算起，至今已有 43 个年头，他先后承担了国家自然科学基金、国家科技部和教育部 28 项国家级项目，共获得省部级和中国人民解放军科学技术进步奖 9 项（其中一等奖 2 项、二等奖 5 项、三等奖 2 项）、技术专利 3 项，正式发表学术论文 450 余篇，出版学术专著 40 余部。鉴于时勘教授在心理学学科建设方面的突出贡献，中国心理学会于 2019 年 10 月 19 日在第 22 届全国代表大会上授予其中国心理学会最高奖——心理学学科建设成就奖。

时勘老师亲自培养过的学生屈指算来有 500 多位，仅博士学位获得者就有 100 位左右。我们为时老师取得的成就感到骄傲和自豪，同时也想为时老师在心理学方面的贡献做点实事。首先，在征得时老师的同意后，我们成立了一个由 88 人组成的时勘博士心理学论文编委会，并安排了 6 位同学承担编选工作。由于时老师和研究生联合发表的中英文论文有 450 余篇，数量太多，我们先考虑出版中文文选，英文文选待外文出版社落实后再行出版。其次，我们向时老师在世界各地的学生发出通知，采用自荐和相互推荐的方法，把选择范围聚焦于跟随时老师读研究生期间发表的论文，除了涉及不同时期的重大事件之外的论文发表之外，每位作者可以限选 1 篇核心期刊的论文，即便如此，文选字数仍然达到 170 多万字之巨。

编委会一致同意，将本书命名为"时勘心理学文选"，这既能展示时勘教授职业生涯发展中对于中国心理学学科建设的突出贡献，也能体现学生们陪伴时勘老师走过的奋斗历程。在文选编辑过程中，很多作者均提出，应该结合当年论文发表的学术背景，特别是与时勘老师相处的生活逸事，写出一些人生感悟，这或许能从阅读论文的字里行间更深切地体会到心理学者的时代感、责任心和师生情，我们将此命名为编者按。我们要让这些宝贵记忆连同发表的论文留给后人们去仔细品味。从后来收集到的编者按中，能感受到不同年代同学们一些共同的心声，感受到时老师待人接物的如下特点：

第一，德行垂范。卷首部分是时老师对自己老师们的回忆。首先，记述的是我国心理学界的开山鼻祖、中国科学院学部委员（院士）潘菽教授。时勘老师在《生命不息，耕耘不止：忆最后时日里的潘菽老师》一文中，回顾了潘老先生对于心理学学科建设的高瞻远瞩，这为时勘拓展未来发展之路指明了方向，而且潘老在最后时日对自己的关门弟子时勘体贴爱护，读来令人感动。其次，他追述了自己的博士生第二导师、心理研究所老所长徐联仓教授在三重性理论方面的巨大影响，在《引领之恩，永志不忘：追思敬爱的徐联仓老师》一文中，时勘还对徐老的榜样作用进行了细腻的描述；在《治学严谨，刚直不阿：冯忠良先生对我的影响》一文中，他回顾了冯忠良教授在心理学界出了名的治学严谨之风，特别是他所主张的结构—定向教学思想，对时勘后来的胜任特征模型探索产生了深远影响。最后，时勘选择了与黄希庭教授联合发表的《大学班集体人际关系的心理学研究》一文，记述了在时勘入门心理学时，得到的黄老师在方法论方面的经典传授。总之，时老师用自己的切身体会，给大家阐释了他的老师们"德行垂范"的精神。我们才从中明白，"德行垂范"这一概念并不只是研究生在变革型领导研究中的发现，而是此前就早已深深地铭刻于时勘老师对于逝去先辈的深深缅怀之中。今天，这一中国特色的领导风格已经通过时老师和他的弟子们逐代传播，成为课题组后人们指导研究生务必遵循的规范。

第二，开放创新。时老师认为，培养一名心理科学的接班人，首要的问题就是要促进他具备独特的思想。在回忆自己的成长过程的编者按中，几乎所有的作者都会回忆研究之初与时老师接触的情境，共同的特点则是，都会与时勘老师达成一种默契，这就是"干中学"。初入师门的课题组成员都会感受到课题组浓厚、平等的学术交流氛围。在这个独特的学术氛围中，每个人都会明白，进入课题组后务必要选择一个独具特色的研究方向，然后，通过广泛的、多层次的交流，力争在半年之内确定自己追求的学术方向。这首先要求学生具备审辩式思维能力，即"追问质疑，证据为先，谦逊包容，力行担责"，在不断求索的同时，形成课题组内合作型团队建设的氛围。只有如此，新同学才能很快融入课题组。由此，也会激励新手们"上路"，借助各种途径进行文献检索，逐步地聚焦。半年或者一年之后，再与导师和同学们交流时，这些新手就会很自然地对老师说："时老师，有时不是这样的。"或者对同学说："解决此类问题还有其他途径……"

第三，关注国情。在选择研究课题时，我们的共识是，务必考虑我国国情，即使某些理论、方法和手段在国外已经比较成熟，甚至这些理论属于国外某著名学者的独特发现，拿到中国来时都不主张简单搬用，都会问上几个"为什么"，这几乎成了课题组成员的常识和规范。举个例子，变革型领导的维度是 Bass（1980）提出的，博士生李超平首先采用了西方的原始量表进行预测，取样结果发现，预测效果并不理想；后来，通过关键行为事件访谈获得了基于我国文化背景的结果，再对测试问卷进行了修订，添加了具有中国特色的维度，使后来的研究取得了意想不到的良好效果。当然，在涉及文化背景、管理制度、激励政策方面，我们更强调要考虑中国组织的独特性。目前，这类要求已经成为我国组织行为学界进行跨文化研究务必遵循的前导规则。

第四，忠孝宽容。近年来，我国的经济增长很快，同时也出现了东西部、南北方发展不平衡的经济状况。在 20 世纪末 21 世纪初呈现的奇特情况是，来自全国的学生家庭经济情况差异很大。课题组内有相当一部分人，由于国家不拘一格选拔人才，得到了到中国科学院、中国人民大学和中山大学学习的机会，但是，他们的家庭却异常贫寒，有的同学的家庭甚至连温饱问题都没有解决。于是，时勘老师尽可能安排一部分同学到中国香港、国外去学习，一方面学习新的理论和方法，另一方面也可以借助国外和中国港台的研究条件，适度改善经济现状，课题组也在力所能及的范围内给予补贴，让同学们能够专注于科学研究。当时勘老师了解到某些同学的父母得了重病，又缺乏医疗保险的支持时，时老师虽然自身经济状况并不宽松，却总会带头捐款。我们依稀记得，十多年以前，有一位同学的父亲得了绝症，在生命垂危时，时老师夫妇前去看望，家长坚决不接受捐助，只是拜托时老师指导这位同学顺利通过博士学位论文答辩。旁边的同学们都深深地被此情此景所感动。近年来，再度发生类似情况时，一些过去受资助的同学，由于有了一定的经济条件，也和时老师一道来承担责任，正是由于课题组这方面的传统，才培养出一届又一届关爱他人、有责任心、忠孝善良的研究者，显然，"忠孝宽容"在课题组已经一代一代传承了下来。

第五，奋发而为。在同学们所写的编者按中，有好几位均提到了时老师经常告诫大家的欧洲文艺复兴时期广为流传的一首短诗："青春多美丽，时序若飞驰，前程未可量，奋发而为之。"时老师主张在未来追求中奋发而为，但对于每个人的职业选择却十分宽容。近年来，时老师指导的博士毕业生已经近百人，硕士研究生、MBA 学生更是多达数百人之众。在这些毕业生中，有政府机关、科研机构的高层领导者，也有大型企业集团领导人，还有在国外著名商业公司任职的专家。但是，由于时勘老师个人风格的影响，课题组中绝大多数人还是坚守在国内外的高等院校工作。从课题组近年来国家自然科学基金项目的获批率和成果被引用率来看，课题组在国内工业与组织心理学界名列前茅，而在企业管理、政府机关中也涌现出一批批卓越的企业家和咨询专家，在业界享有较高的美誉。时老师每每谈到这点时，常常会发自内心地感到骄傲！

最后，还要回到《时勘心理学文选》的编辑工作上。首先要特别感谢时勘老师对于本书出版的鼎力支持。还要感谢课题组每一位成员对于文选出版的关心、贡献和支持；特别感谢负责整个文献编辑工作的赵轶然、郭慧丹两位同学的辛勤劳动，也感谢王元元、杨鹏、周海明、覃馨慧、宋旭东、杨雪琪、王译锋、李晓琼、李秉哲、马海翩等同学对于文献索引工作的支持；最后，还要感谢郎丹、任相维、陈旭群、焦松明等同学对课题组大事记的整理工作。

"教诲如春风，师恩似海深。"我们将借出版《时勘心理学文选》之机，传承时勘老师热爱心理学、不断求索的精神，激励后人在心理学探索的道路上继续前行，为心理学事业的发展做出新的贡献。

《时勘心理学文选》编委会

2022 年 8 月 10 日

我于 1965 年 12 月至 1970 年 10 月在四川石油局南充炼油厂半工半读学校读书，在此期间，于 1966 年 4 月被分配到川西北浅气层指挥部 628 钻井队、1006 钻井队当钻工，1966 年 11 月参加了革命大串联。回校后，由于学校一直处于"文化大革命"的瘫痪状态，直至 1970 年 2 月才被分配到南充炼油厂制氧车间当工人。1970 年 10 月由于川中矿区石油大会战的需要，被调入川中油矿 3221 钻井队，于 1971 年 7 月转入川中油气田科学研究所工作。在此期间，得到了油田地质师汪慕道、卓炽明两位老师的悉心指导。在川中油矿当工人期间，相当一部分时间是在矿区宣传队度过的，曾经从事过作曲和话剧编导工作，还是乐队的笙、黑管和萨克斯的演奏员，有一批朝夕相处的宣传队同仁至今保持着联系。

1978 年 11 月，我考入了西南师范学院外语系俄语专业。1982 年 8 月，我毕业留校任英语专业 1982 级政治辅导员，在这段时间里，我认识了教育系黄希庭老师。在他的指导下，我们共同编译了苏联教育科学院马尔科娃教授所著的《幼儿园的道德教育》一书，并于 1984 年由甘肃人民出版社出版，这应该是我的第一部与心理学有关的著述。我于 1984 年 8 月考入北京师范大学心理学系攻读教育心理学硕士学位。在冯忠良教授的指导下，我接受教育心理学的系统训练，并学习了冯老师的结构—定向教学的理论和方法，为后来的核心胜任特征研究打下了坚实的基础。1987 年 2 月，我成为中国科学院心理研究所博士研究生，在中国科学院学部委员（院士）潘菽研究员的指导下，在心理学理论素养和研究方法论方面得到了较为全面的提升。可惜潘老先生于 1988 年 3 月因病去世，后来转入了心理所所长徐联仓研究员名下学习，从汇编栅格方法（Repetory Grid Method）入手，在智能模拟培训法研究方面有了创新性的发现，并于 1990 年 4 月毕业，获心理学理学博士学位。

1990 年 4 月留所之后，我先后任助理研究员、副研究员和研究员，还担任了心理研究所学术委员会副主任，组建了中国科学院心理研究所经济与行为研究中心。在心理研究所 16 年的研究生涯中，我的专业研究水平获得长足发展，特别是先后出访美国密歇根大学、辛辛那提大学、明尼苏达大学、伊利诺伊州立大学、加利福尼亚大学伯克利分校、美国航天中心、荷兰格罗宁根大学、俄罗斯科学院心理研究所、俄罗斯加加林航天员训练中心、澳洲新南威尔士大学、新西兰怀卡托大学、日本东京大学、韩国国家研究院、新加坡国立大学和国内港台著名大学。这些国际国内交流大大地开阔了我的研究视野，加强了课题组的国内外合作。

2006 年 8 月，我调入中国科学院研究生院管理学院任副院长，并创立了中国科学院研究生院（后来的中国科学院大学）社会与组织行为研究中心。从 2011 年 8 月至 2019 年 10 月，任中国人民大学心理学系教授。期间，2013 年 11 月获批了国家社会科学基金重大项目"中华民族伟大复兴的社会心理促进机制研究"，并于 2018 年 12 月顺利结题，获得国家社会科学基金办公室的高度评价，并因此追加国家社会科学基金后评估重点项目"核心胜任特征的成长评估模型研究"。2019 年 11 月调入温州大学，任温州模式发展研究院院长至今。这些年来，我共承担了国家自然科学基金重大项目、教育部和国家社会科学基金 28 个国家级项目，还承担了军队、企业的合作项目。2020 年 8 月又获批了浙江省哲学社会科学新兴（交叉）重大项目"重大突发公共卫生事件下公众风险感知、行为规律及对策研究"，从而开始了新的征程。回顾我的学术发展历程，主要在工业与组织心理学、文化心理学和社会心理学三个研究领域有如下贡献：

在工业与组织心理学研究领域，我们将高级技工诊断自动生产线的经验通过智能模拟方法"外化"出来，转化为专家经验模型，显著地提高了员工的心智技能。这项成果获得了国家专利和 2 项部委级科技进步奖二等奖。此后，通过关键行为事件访谈等方法获得了关键职位的胜任特征模型，在管理干部、科研人员、军事飞行员和航天员的研究方面有了新的发现，又获得了 2 项中国人民解放军科学技术进步奖二等奖。这些研究成果填补了我国胜任特征模型研究和开发的空白，对于国际应用心理学也产生了重要的影响。21 世纪初期，国内暴发了 SARS 公共卫生事件，时勘课题组牵头在全国 17 个城市进行了 4200 多人的两轮追踪调查，获得了危机突发事件民众风险认知决策的预测模型，为政府、企业的管理决策和预警通报提供了科学依据，我个人也因此被中国科学院党组评为优秀共产党员。此外，课题组还通过南方证券公司在全国 20 多个营销点展开了对 3000 名股民的调查，根据研究结论形成了我国证券市场民众宣传的一系列对策。2008 年 5 月 12 日，在四川 5·12 汶川地震发生后，课题组通过 4 省（自治区）联合调研，获得了灾后民众创伤后应激障碍（PTSD）的特殊规律，为政府灾后重建的心理干预提供了对策建议。此外，课题组还代表官方先后在北京奥运会、上海世博会和广州亚运会为数万名志愿者提供了《志愿者服务心理指南》的教程及大众心理服务的指导，这些举措对于政府加强大型社会活动的安全管理发挥了突出的作用。课题组有关变革型领导模式及其测量工具也得到了国内外同行的普遍认同和引用。根据调研结果撰写的《中科院专家关于富士康员工坠楼事件的调查报告及对策建议》被中宣部和全国总工会采纳，根据对策建议编写的《员工援助师》教程和职业资格鉴定标准获得国家人力资源和社会保障部的批准，并在全国推广应用。

在文化心理学研究领域，课题组构建出具有辨识性的"一带一路"沿线国家文化心理行为指标，用于实践的风险预测效果也得到了社会各界的认同；我主持工作的中国科学院学部调查中心有关科学家思想库建设、国家战略性新兴产业的多项提案均被全国科学大会接受，获得了人大常委会原副委员长路甬祥的高度肯定。在组织并购文化研究中，提出的"双向沟通模式"不仅成功地应用于国内企业，而且还在并购澳大利亚 OZ 公司中获得成功。在安全文化建设研究方面，承担的国家自然科学基金重大科研项目"救援人员应对非常规突发事件的抗逆力模型研究"的成果 2014 年获得了山东省软科学技术进步奖一等奖，总结提炼出的安全心智培训模式在煤炭、电力、道路交通安全方面得到了推广应用。我们与沈阳军区政治部合作，经过 7 年努力，取得了部队主官胜任特征模型建构的一系列成果，并在反恐维稳和军事训练中均取得显著的成效，该成果获得了 2014 年中国人民解放军总参谋部科技进步奖一等奖。经过课题组应急救援培训的北京红十字会救援队，在天安门金水桥事件的维稳行动中获得了一致好评，调研报告得到了中央政治局委员孟建柱同志的批示和肯定。

在社会心理学研究领域，2013 年 11 月我获得了国家社会科学基金重大项目"中华民族伟大复兴的社会心理促进机制研究"的资助。这项研究对社会心理学的理论基础、研究范畴和研究方法进行了系统的探讨，在上海、广州、重庆、北京等地进行示范性基地实验将理论成果应用于实践，为完善社会心理服务体系做出了贡献。由于在社会心理学领域取得的上述成果，全国哲学社会科学工作办公室于 2018 年 12 月 31 日通知课题组圆满结题，并免于鉴定。2019 年 9 月 6 日，中国人民大学专门举办国家社会科学基金重大项目结题汇报会暨庆祝在中华人民共和国建国七十周年论坛，以表彰时勘博士课题组为中国人民大学学科建设所做出的杰出贡献。基于课题组社科重大项目的圆满完成，全国哲学社会科学工作办公室又于 2019 年 9 月追加一个后期资助重点项目"核心胜任特征的成长评估模型研究"，希望我们把基于胜任特征模型的能力建设研究深入下去。

此外，在中国心理学会的学术组织建设方面，我先后担任了中国心理学会工业与组织心理学专业委员会副主任和社区心理学专业委员会副主任、中国社会心理学会副理事长、常务理事和心理健康专业委员会副主任，在空军招飞专家面试检测、航天员心理会谈评价系统方面，团结了国内高校和军界的科研人员，取得了显著成效；社会心理服务体系的示范性基地建设，吸引了全国社区心理学工作者的共同参与，为后期的社会治理工作提供了一系列可供参考和借鉴的研究成果。

在中国心理学会的国际合作方面，我参与了 20 世纪 80 年代初期苏联心理学会肖罗霍娃、巴拉班希科夫对中国访问的组织工作，并为恢复和建立与苏联、东欧国家心理学会的学术交流发挥了重要作用。此外，在中苏航天员的合作研究中，我们获得了改进我国航天员选拔技术的实质性帮助；与荷兰格罗林根大学 Evert Van de Vliert 等教授的合作，促进了双方在冲突管理和变革创新领域的跨文化研究。在与美国、澳大利亚合作方面，除了邀请 2002 年诺贝尔经济学奖获得者 Daniel Kahneman 教授出席第 24 届国际心理学大会之外，在中美两国的航天员训练、失业人员招聘求职和中澳企业的并购研究方面，均取得了重要的成果。在与亚洲其他国家和国内港澳台地区的合作研究中，时勘教授也发挥了重要的作用。

由于我在上述研究领域的创新性贡献，特别是担任中国心理学会监事长期间的突出表现，中国心理学会于 2019 年 10 月 19 日授予我学会最高奖"中国心理学会心理学学科建设成就奖"。中国心理学会在颁奖致辞中，希望时勘同志及其课题组"在今后的工作中继续努力，为心理科学事业的发展做出更大的贡献"。

令人感动的是，为了纪念我获得中国心理学学科建设成就奖，课题组决定出资出版《时勘心理学文选》，同学们从发表的 450 多篇文章中精选出 100 篇中文文章，以反映改革开放以来课题组在理论研究与实践应用方面的成果。由于我是祖国的同龄人，这些文章也记述了我与祖国同步成长、艰苦奋斗的历程。一批批我所指导的来自中国科学院心理研究所、中国科学院大学、沈阳师范大学、中山大学和中国人民大学和温州大学的研究生们，也为课题组做出了创造性贡献。同学们作为这 100 篇论文的作者，分别为每一篇文章撰写了编者按，记述了相关研究产生的历史背景和学术成果的科学价值，也回顾了我们共同度过的宝贵时光。这是一部异于一般学术专著、富有人生哲理的文选。还应当提及的是，本书还包括了对我 4 位指导教师的回忆材料。其中两位是我的博士生导师——我国著名心理学家潘菽教授和徐联仓教授，他们已经相继离世；还有两位健在的导师，分别是北京师范大学 92 岁高龄的冯忠良教授和西南大学的黄希庭教授，我们以此文选的方式，来表达对他们的感激。本书按照时间顺序选编了 100 篇在核心期刊发表的中文文章，英文文章有待今后有条件时再行出版。这些文章的发表都得到了国家自然科学基金、国家社会科学基金重大项目、国家科技部、教育部重点项目的大力支持。本书还附有文献索引和时勘博士课题组大事记。希望读者阅读后，提出批评意见和建议，以便再版时改进。联系电子邮件：shik@ psych. ac. cn.

时勘

2022 年 8 月 25 日

于温州大学步青校区

目录

CONTENTS

生命不息，耕耘不止：
忆最后时日里的潘菽老师 *

时　勘

【编者按】有一天，我无意中翻阅到心理所所长，我的第二导师徐联仓教授给我的一个电话记录：要我为已去世的博士生导师潘菽先生写一篇回忆文章，以便刊登在《心理学动态》纪念潘菽先生一百周年的专刊上。潘菽先生生于 1897 年，江苏宜兴人，比徐联仓先生长30 岁，是中国科学院院士，中国科学院心理研究所首任所长。1997年是潘老 100 周岁纪念日，那时，我正在 University of Michigan 访问，由于稿子催得比较急，只能用电子邮件发回才能赶上排版。当时刚刚有 Internet，只有学校实验室才能使用。担心学校机房夜深了会关门，还得抓紧写。记得那天是感恩节，心理学系的美国同事们都外出度假了。我一人待在机房里，四周显得特别安静，想到所领导的催促，竟然一气呵成……今天读来，别有一番感受：特别是文尾提到的希尔斯大厦引发的联想，还真有些"天下兴亡，匹夫有责"的异曲同工之效果。在缅怀导师之时，重温"生命不息，耕耘不止"一文，更感到后来者需要奋发而为之，为民族复兴做点实事！（时勘）

　　户外，密歇根州安娜堡小城的春天虽然来得很晚，但它却是一年中最美的季节。本周是当地的 Memorial Day，这里的人们几乎都外出悼念为国牺牲的先辈。而我们三位潘菽老师的最后一批学生，由于远隔数万里之遥，只能在安静的计算机房里，通过 Internet 的远距离沟通，共同缅怀我们敬爱的潘菽老师，回顾与他相处的最后时日……

一　第一课

　　1987 年春，潘菽老师已年逾九十岁高龄，我与傅小兰同学作为潘菽老师招收的最后一批博士研究生，进入中国科学院心理研究所学习。当时，石绍华同学已在潘老名下读在职硕士学位。这样，潘菽老师当时带有三名研究生。原来我们以为，第一年外语学习压力大，加上我与小兰还得在暑期前完成各自的硕士论文，潘菽老师自己的社会活动和学术任务这么重，本学年可能不会安排什么课程。然而，出乎意料的是，在我们与潘菽老师第一次讨论学习计划时，他拿出早已准备好的三套"心理学简扎"分送给我们三人，老先生面对这些在年龄和资历上晚几辈的学生们，都给我们公公正正地写上"惠存指正"四个大字。接着，潘菽老师就开始给我们上第一课。他虽然年事已高，说话的速度较慢，但思维清晰，逻辑性

---

　　* 我的学友傅小兰研究员（香港中文大学访问学者）、石绍华副研究员（美国伊利诺伊大学访问学者）为本文的写作提供了重要的资料。

强。现在，当我翻阅他当年讲课的笔记时发现，很多记录较详细的段落，几乎就是不需过多修饰的文章，可见他事先做了多么充分的准备！

这一课是从潘菽老师为什么写"心理学简扎"谈起的。潘菽老师从他20世纪20年代去美留学谈到八年抗战，从反右批判心理学运动、"文化大革命"取消心理所谈到迎来科学的春天……我至今记得最清楚的是，潘菽老师要我们珍惜来之不易的黄金时代。他说："半个多世纪以来，多少心理学者学有所长，但报国无门，不是战乱，就是多年的政治运动，耽误了不止一两代心理学者。中国太需要对心理学的宣传了。现在，很多人还不知道心理学是干什么的……我们太缺乏训练有素的专业工作者了。你们作为心理学的研究生，不仅要有心理学者的责任感，还要想到自己作为一个中国的心理学者的责任感！"这些话语至今还震撼着我们的心灵。

从那时起，直至潘菽老师突然昏迷，被送进北大医院的前一个星期，在这整整一年的时间里，潘菽老师开设的"理论心理学"课每周两个下午，每次两小时，从未间断。每次授课潘菽老师都要先讲一个多小时，然后才是提问和讨论。讲授的内容不仅涉及指定的论文和论著，更多的是他正在承担的一些课题和新近撰写的文章。每次讲课，潘菽老师都备有专门的讲授提纲，潘菽老师就是这样用他兢兢业业的授业态度和耕耘不止的无声行为深深影响着我们……

二　治学

潘老作为中国理论心理学的奠基人，多年中国心理学会和中科院心理所的领导者，对于他严谨的治学态度和学术上的开拓精神，我们此前早有所闻。然而，从我与潘菽老师的具体接触中，却发现他在治学上另一些鲜为人知的品质。我考入心理所的研究方向是"中国古代心理学思想研究"，而我在北京师范大学冯忠良教授指导下的硕士论文方向却是人力资源培训。当时，要更改研究方向在研究生管理上是很困难的，何况我是要从潘菽老师多年从事和珍爱的领域转入另一方向，他能接受我的要求吗？然而，当我在一次谈话中提出这个想法后，他立即决定：我们需要安排几次专门的讨论。他告诉我，博士论文更应当由学生选题，不过，"工业心理学中的人员培训对我是个新问题，我需要学习，需要了解你的立论基础和开题依据"。此后，潘菽老师不仅审阅了我的开题报告，而且要求我提供相关的研究论文的原文，潘菽老师在读这些材料时做了很多眉批，此外，他还把参加过前期实验的学校老师请来面谈。每次谈话他都要做一些笔录。作为一位九十岁高龄的长者，德高望重的中科院学部委员，对于一个普通的学生论文选题意见，采取如此谦虚、宽容和认真的态度，真令我感动不已。后来，潘菽老师亲自给心理所学位委员会写了一封信，使我的研究方向很顺利地转入了人力资源管理。

在后来的接触中，潘菽老师谈了很多有关工业心理学、教育心理学等应用心理学科的思想，这对于我的研究有非常重要的指导作用。比如，潘菽老师认为，工业心理学研究工作必须积极、踏实地向深度和广度继续开展。我国工业现代化的面那样广，要克服的技术差距那样大，不能只是蜻蜓点水，停留在表面问题上；他认为，应用科学的材料首先必须从实际中来，才能回到实际中产生好的效果。在谈到应用心理学的基础时，潘老认为，"不对基础心理学有足够的掌握而要做好应用心理学的研究工作和实际工作是困难的"，我认为，这些思想对于今天从事应用研究的心理学工作者仍有重要的意义。

三　师生情

我是"文化大革命"时期"老三届"的学生，工作多年后，重新回到课堂，对于我个人来说，所面临的最大困难与其说是年龄大，学习上的艰辛，不如说是家庭经济的重负，压得人喘不过气来。我当时每月只有助学金，孩子已上初中，就靠妻子微薄的工资支撑着分居两地的家，其困难程度可想而知。由于有关劳动部门的关心，在读期间我幸运地获得了家属进京指标。然而，由于我整天忙于课题研究，在京举目无亲，半年过去了，无法找到接收单位，眼看年末将至，指标即将作废。当我丧失信心，不想再努力时，潘菽老师从他家人那里知道了这一消息。他当时正在政协开会，一方面，作为政协委员，马上亲自给有关部门写信求助；另一方面，还叫他的家人为此奔走。这些帮助使我有幸解决了这一问题。当我一家人迁来北京后，潘菽老师又几次打电话询问：衣物、被褥够不够御寒？是否有炊具、煤气？当我告诉他，心理所行政部门都做了很好的安排，他才放心了。这些往事已过近十年了，至今还历历在目。

1987年冬天，北京城下起了罕见的鹅毛大雪，路上的积雪很厚，这可能是我记忆中北京最冷的冬天。这一天，室主任张世英老师通知我，潘老的秘书有其他任务，让我去京西宾馆照顾潘老。潘菽老师是"九三学社"中央副主席，根据潘老当时的身体情况，"九三学社"每次开中央全会，都要求心理所派人照顾。我去之后，潘老马上问我来干什么。我知道，如果说是来照顾他的，他肯定不会同意。因为他从来不会因自己的事去影响学生的学习。我告诉他，这几天我正好没有课，而且，我有一本书稿，正想征求他的意见。潘菽老师一听，很高兴，他说，这几天晚上活动不多，正好排个日程。没有想到，在"九三学社"开会的10多天里，潘菽老师实际上晚上很忙，各地委员有很多事找他商议和解决。但他仍坚持与我讨论了三次书稿。这一天，当他与周培源教授谈话结束后，已经是晚上十一点。根据医生的意见和安排，我必须要求他睡觉。潘老问我"今天能否灵活一些？"我不同意，潘老只好熄灯入睡了。那一天，因为我白天外出做了一天的实验，太累了，回到外屋，很快就入睡了。深夜，也没有像往常那样醒来查看一下潘菽老师的休息情况。大概到了清晨五点，我模模糊糊地感觉到，好像有人在替我盖被子。当我睁开眼时，发现潘菽老师正慢慢地走向窗户，然后轻轻地放下窗帘，并用桌上的文具盒小心翼翼地压住窗帘，以免冷风透入室内。当我起身要潘老休息时，他笑着告诉我，昨晚他已一气呵成，为我的书稿写完了序言……

四　最后的时日

在京西宾馆的会议期间，原农工民主党主席季方先生因病去世了，考虑到潘老的年龄和身体状况，政协和九三学社的领导和家人都劝说潘老不要去参加追悼会，但谁都没能劝说住他。后来，会议安排我陪同潘老去八宝山公墓参加了悼念活动。在回来的路上，潘老一直沉默着，快到京西宾馆时，他突然问我："你知道我现在在想什么？"我摆摆头。潘老好像是自言自语，又像是说给我听的，"季方是我多年的朋友，他走了，我的时候也不多了……我还有好多，好多事情要做啊！"

1988年2月25日中午，突然接到了潘菽老师家人的紧急电话，我立即赶到北大医院，这时进入被抢救状态的潘菽老师已不能看见东西，不能说话，但他心里非常明白。从他模糊的话语中，我明白他是要笔和纸。潘菽老师拿到笔和纸之后，不停地画着、写着，口里还叨念着什么。这时，了解他的家人，就一项一项地告诉他：评价马斯洛的文章马上送杂志社，重庆师院的回信立即寄出……当我们把这些事说完以后，潘菽老师才慢慢地，慢慢地松开那紧紧握住笔的手！可能潘菽老师自己以为，凭他过去几次战胜疾病的经历，他还会苏醒过来……实际上，此后的近一个月的抢救，直至心脏停止跳动，潘菽老师再也没能醒过来。他就这样无声无息地离开了我们。潘菽老师，您太累了，您安息吧！

五 告慰先灵

当我即将搁笔的时候，我默默地问自己：假如潘菽老师真的在天有灵的话，作为他的关门弟子，在他诞辰百年纪念日，我们能给他说些什么呢？我们至少可以说，潘菽老师，您放心吧。您的学生分别在徐联仓、荆其诚和孙晔三位教授的指导下，顺利地通过了学位答辩。傅小兰同学在美完成了博士后研究后，去年已回国服务。我们也将在今年下半年回国。今年暑期，在美从事心理学研究和教学的中国中青年学者将首次在我所举办学术讲座，培训心理学者；更令人鼓舞的是，经过我国心理学者们的共同努力，国际心联已投票决定：2004年将在我国召开国际心理学大会……

当我前往明尼苏达州考察，在现代化的高速公路上途经芝加哥时，我的面前突然呈现出高耸入云的西尔斯大厦（Sears Tower）。同行的晓童对我说，这是世界上最高的大厦，大约有1450英尺高。我告诉他，我的已故导师潘菽先生，就是在这里的芝加哥大学获得博士学位的。美国是世界上科技最发达的国家，这些年来，他们靠着对高技术的研究和应用，取得了很大的发展。我们中国这些年也是世界公认的经济增长最快的国家。我不禁问自己：如果说我们与美国在科技发展上有差距，是潘菽老师当年留学时差距大，还是今天差距大呢？我此时又想到潘菽老师给我们上第一课时讲到的心理学者的责任，特别是作为中国的心理学者的责任……

于美国密歇根大学心理系
1997年5月27日

引领之恩，永志不忘：
追思敬爱的徐联仓老师

时 勘

【编者按】徐联仓是我国工程心理学和人类工效学的开拓者，管理心理学的奠基者。解放初期，他率先开展了安全事故分析和操作合理化的研究工作，在 20 世纪 60 年代，他参加了火箭亚轨道飞行失重状态下生物的生理、心理变化特征的研究，组织完成了激光生物效应等国防任务，在建立我国人类工效学标准方面取得显著成绩，对于发展我国工程心理学和人类工效学发挥了重要作用。20 世纪 70 年代末，徐联仓在国内进行了领导素质测评等管理心理学的开创性研究，系统地开展了有关领导行为、管理决策和员工培训等研究，提出了管理的三重性理论。在领导行为和"智能模拟培训"方面的研究成果获得了中国科学院和国家轻工业部两项科学技术进步二等奖。徐联仓研究员多年担任中国科学院心理研究所、中国心理学会和国际组织行为学界的重要领导职务，在恢复和发展中国的管理工程研究方面发挥了重要的作用。多年来，他在工程管理研究中，基于"人—机—环境"之间的相互作用，结合我国社会经济发展的要求，在个体、群体、组织和社会因素方面开展了一系列开创性的科学研究，创造出国际领先的业绩，对于发展我国的工程心理学、人类工效学和管理心理学做出了重大贡献。作为我的第二位博士生导师，我们沉痛哀悼他的仙逝。作为他的学生，凭我个人与导师近 32 年的亲身交往，更觉得他是一位严谨谦和、率先垂范的长者和导师。因此，在心理所 2015 年 7 月 13 日缅怀徐联仓先生的追思会上，我就与徐先生接触的生活逸事做了回顾。（时勘）

一 第一次谈话

1983 年 3 月，我因潘菽老师去世而转入徐老师名下从事博士学位研究。记得有一天心理所学位委员会通知我，已经确定徐联仓老师为我的博士生导师，要求我尽快与他取得联系，以便确定选题和指导工作。那么，该怎样与徐老师这样的大家进行第一次谈话呢？自己心里确实有些忐忑不安。这是因为，我已经进入博士论文研究的预试阶段，而两位大师在学术研究方面均有深厚的积累，但他们的研究风格和个人见地却存在明显的不同，该怎么适应呢？我打电话联系上徐老师后，他并没有急于安排和我见面。徐老师在电话中告诉我，"智能模拟培训法"还较为生疏，需要先有一些准备再谈。他要求我在谈话之前，尽可能地提交详细的文献资料（因为徐老师是英俄文精通，还要求提供中英文之外的俄文资料）、开题报告和预备性实验的进展情况介绍。他还同时建议我先与课题组的同事和硕士生们（当时心理所只有傅小兰同学和我 2 名博士生）多一些接触。这一电话沟通结果使我既兴奋，又紧张……后来的见面谈话出乎意料的顺利，虽然只进行了 1 个多小时，却成为我职业生涯中的人生拐点。

我们一见面，徐老师就开门见山地和我讨论起"心智模拟法"的有效性问题。由于他是留苏回国的，俄语非常好，他时而还会用英俄文和我交替讨论，并界定一些关键概念。我们讨论了列昂节夫的系统观和加里培林的"智力动作按阶段形成"的理论；在讨论认知心理学最新趋势时，他充分展示了自己的宏观把控能力，我们的共识是，"口语报告法"在外化人机系统的专家应对策略存在一些需要改进的问题，当我谈到邵阳同学的明日管理者研究中采用的 Kelly 的汇编栅格方法（Repertory Grid Method）是否可以借鉴时，徐老师马上展示出他开阔的视野、解决问题罕见的睿智。他几乎没有任何犹豫，马上把刚从国外同行中获取的"Ingrid"分析软件提供给我，还安排硕士生王新超同学具体地给予我帮助，让我从心底叹服！回忆这些往事，让我不得不强调的是，今天在课题组有关胜任特征模型（Competency Model）开发中得到公认和反复引用的汇编栅格方法改进成果，要特别感谢徐老师在研究设计中的关键点拨，当然也务必感谢 Kelly 教授及徐老师的硕士生邵阳同学和王新超同学。应该说，在后来的工业与组织心理学的多年探索中，徐老师高瞻远瞩的引领，特别是在学术交流中展示的开明和睿智，成了我职业人生最好的楷模！

二　人力资源开发的呵护引领

1989 年，我承担的国家劳动部课题在厦门有一个"现代技工培训心理学原理与方法研讨班"。我犹豫再三，还是想请徐老师亲自出马，为全国近 400 家技工培训机构领导做演讲。这段时间徐老师身体欠佳，家人也不太同意他在这种情况下前往厦门。可是，徐老师的回应非常明确："中国是世界上人力资源最丰富的国家，但是，够素质的人力资源始终是短缺的。我们不去做这项工作，谁去做？"他二话不说，便欣然同意前往。

记得我博士临近毕业时，心理所有不少好心的前辈们都劝我去劳动部或政府机关工作。可是，徐联仓老师和室主任凌文轻等老师却坚持要我留下来从事应用心理学研究。在毕业后与徐老师的合作中，我们借助心理所的学术平台和同行们的参与支持，完成了《人力资源管理师》《人才测评师》《员工援助师》等一系列国家职业资格培训标准，并先后获得国家轻工业部、石油工业部和中国人民解放军总装备部、总参谋部的多项科技进步奖，在理论研究方面，我所在科研团队多名成员也在《心理学报》有关胜任特征模型研究成果被引用率方面居国内前列。我常常提醒自己，作为心理学研究的后来人，不能数典忘恩！没有徐联仓老师以及此前的潘菽老师、冯忠良老师和黄希庭老师等前辈的引领和呵护，我们在心理科学的探索不可能这么顺利推进。

三　科研组织的整合和提升

进入 21 世纪以来，由于科学院实施"知识创新工程"，这也迎来了心理科学，特别是应用心理科学发展的春天。当时，徐老师已是 76 岁高龄的老人，他不辞辛苦，从不缺席新中心的组织结构设计的论证会。此外，他还借助自己在国内外的学术影响，力邀国际工业与组织心理学著名学者加盟中心。我至今还特别清晰地记得，2002 年当美国普林斯顿大学的卡里曼教授刚获得诺贝尔经济学奖后，他就建议所领导邀请卡里曼教授来华参加 2004 年国际心理学大会。他还极力主张把经济心理学纳入研究中心的重点方向，所以，后来 2003 年成立的创新中心被命名为"社会与经济行为研究中心"；2007 年在徐联仓老师和成思危院长的联合支持下，我们又在中国科学院研究生院成立了以多学科联合导向的"社会与组织行为研究中心"。

四 徐联仓老师永垂不朽

今天在追思会大厅两侧，安放着一对深切缅怀徐老师的挽联"学贯东西，著作等身/德高望重，风范永存"，它恰如其分地概括了徐联仓老师值得后人称颂的一生。从 2015 年 6 月 17 日获知敬爱的徐联仓老师逝世的不幸消息以后，海内外徐联仓老师的学生、同仁们，迅速地聚集起来。北京大学光华管理学院的王新超同学首先发起，建立了"沉痛悼念徐联仓先生"的微信平台，与徐联仓老师共事过的学生、同事和合作者还在"北京行为科学学会""健康型组织建设""心里的人"等微信平台上，发表了大量追思徐老师的文章、图片和其他宝贵资料。特别是临近追思会召开之际，心理所治丧委员会委派陈雪峰博士发来追思会挽联的征集建议，短短几天，大家在上述网络平台上发表了不少挽联，来追思和缅怀敬爱的徐老师。这里，我就用这些追思挽联来作为发言的结尾：

1. 著作等身神采在/后生继业展乾坤。
2. 学贯东西，著作等身/德高望重，风范永存。
3. 联东西理论，学术生命常青/仓心理大业，师者精神永存。
4. 勤勉行事，多彩人生，创三重理论/儒雅为人，大家风范，励万千后生。
5. 胸怀大道，薪火唐曹，续华夏心理百年基业/心系国运，交融中西，扬学科威名千秋功绩。
6. 联东西理论著作等身，骑鲸青天学术生命常青/仓心理大业德高望重，泽被苍生师者精神永存。

徐联仓老师永垂不朽！

2015 年 7 月 20 日

治学严谨，刚直不阿：
冯忠良先生对我的影响

时 勘

【编者按】冯忠良，字仲泊，北京师范大学心理系教授，教育心理学博士生导师，我的硕士生导师。冯忠良教授1929年8月14日生，武进人。1956年7月毕业于北京师范大学教育系后留校任教，曾任中国社会心理学会理事、中国心理学会教育学专业委员会委员、中国教育学会教育心理研究会理事等职。1992年获国务院特殊政府津贴，1993年获高等师范院校优秀教师奖。冯忠良教授从事教育40余年来，在教育心理学理论与方法、学习心理、智育心理、德育心理与改革教学体制等方面完成60余项科学研究，创建了以学生学习为主的教育心理学新体系与改革现行教育体制的结构化与定向化教学心理学原理。冯忠良教授的论著深受国内外同行，特别是中小学教师的推崇，其科研成果曾十余次获得全国教育科学优秀成果、全国人文社会科学优秀成果和北京市哲学社会科学优秀成果等奖励。其代表性著作有《学习心理学》（1981年教育科学出版社）、《教育心理学的现状与科学学问题》（1984年《北京大学学报》）、《结构—定向教学的理论与实践》（上、下册，1992年北京师范大学出版社）、《结构化与定向化教学心理学原理》（1998年北京师范大学出版社等）。（时勘）

一　结构—定向教学的理论与实践

《结构—定向教学的理论与实践》一书是冯忠良教授近三十年来从事改革教学体制的理论与实践研究的总结，是改革教学体制、提高教学质量、教学现代化的重大课题成果。本书使理论和实践两部分更完善地结合起来，主要阐述了改革教学体制应确立的四方面成果：结构与定向化教学的思想体系及研究成果、定向化教学依据的元素规律、教学设计与考评依据的心理学知识，以及设计构建结构与定向化教学体制的十七项原则。

作为冯忠良教授的授业弟子，刘华山、时勘等人在多年的学习中感受到，先生的教育心理学思想的最鲜明的特点是其原创性。他认真审视、吸收了前人的研究成果和理论观点，但不唯上、不媚外、不媚俗、不泥古，他精心提出的能力与品德的类化经验说、社会规范内化过程的三阶段理论、结构定向教学理论等，见解独到，自创一格，内容自洽，前后一贯。冯先生治学态度严谨细致，不尚虚华；为学之道求真务实，精研深究，深深影响了我们一批又一批学子。他的理论观点源于对我国基础教育实践的持续关注和思考，又在中小学教育情境中受到严格的实证检验，对我国基础教育改革具有最切近的指导作用。他一贯坚持教育心理学研究对象的独立性，倡导系统观点和整体分析方法，对于完善教育心理学内容体系，推进我国教育心理学学科建设和教材建设做出了突出的贡献。

二 冯先生的理论思想在工业领域的拓展

冯忠良老师提出的结构—定向教学的理论与方法，不仅仅在发展与教育领域产生了深远的影响，而且在成人教育、工业与组织心理领域有不少推广成果。我是 1984 年 8 月至 1987 年 1 月在冯忠良老师的指导下从事教育心理学研究方向的学习的，后来于 1987 年 1 月考入中国科学院心理研究所攻读博士学位，仍然与冯先生保持着紧密的学术联系，特别是他的结构—定向的理论思想，被我应用并转化到工业领域的人力资源开发的理论和实践探索中。

近年来，由于计算机等高技术的普遍应用，传统产业的大量工种日渐消失，取而代之的是在高技术、服务性行业和信息业方面就业需求的迅速增长。全球性知识经济正在兴起，知识产业将成为经济发展的第一要素，发展中国家通过引进先进技术和经验赶上发达国家的"后发优势"已越来越小，21 世纪世界各国在经济领域的竞争，很大程度上演变为适应这种科技进步、结构变化的人力资源素质的竞争。企业如何建立起能适应市场变化的高度柔性的、适合我国国情的员工培训的管理模式，以提高企业在市场竞争中的整体效率和效益，已成为人力资源管理研究的新课题之一。

在人力资源培训的变革创新中，我们有一个共同的核心思想是，存在于专家头脑中的心智模式完全可以配以物理模型得以外化，再内化于学员（新手）的头脑之中，基于这一思想，我认为，完全可以把先生的结构—定向的理论思想应用和转化于工业领域的人力资源开发之中。

三 心智技能模拟培训法的理论创新

心智技能模拟培训法是依据冯忠良教授的结构—定向的理论，根据我国企业人力资源开发的需要而提出的企业员工培训的理论和方法，其整体构想是：随着现代科学技术的不断进步，工业领域的生产设备自动化程度日益提高，在劳动者的技术能力的各要素中，心智技能已越来越居主导地位。如果在技术培训中加强技能培训，特别是突出对心智技能的科学训练，将有助于从整体上加速技术能力的形成。为此，本研究采用心理模拟的途径、手段和方法来实现这一构想。

本项目的应用基础研究首先是在生产设备自动化程度较高的北京手表厂进行的，研究共历时五年，得到的结论是：

第一，技术能力是由得到的概括化、系统化的知识（专业技术知识和操作性知识）与技能（操作技能与心智技能）组成的多层次结构系统。在自动化、半自动化系统操作工的技术能力结构各组成要素中，心智技能是对其他要素起制约作用的关键要素，在培训中突出对心智技能的培养，有助于加速整个技术能力的形成。

第二，本研究提出的诊断人—自动机床系统生产活动的 M-AMS 模式是提高技工心智技能的一种优化的智力活动模式。

第三，在进行培训需求的评估中，应注意组织分析、任务分析和人员分析的相互联系，采用本研究提出的工作机构分析、岗位职务分析、培训对象分析和目标差分析的设计程序，有助于设计出符合培训需要的目标系统，提高培训的针对性。

第四，在人机系统中，采用先建立物理模型，通过专家与物理模型所呈现的问题情境交互作用的过程分析，然后应用模糊评判法和汇编栅格法进行因果决策分析，再建立心理模型的心理模拟法，是对专家认知结构功能模拟的有效方法之一。

第五，心智技能模拟培训是提高自动化、半自动化系统操作工的心智技能、增强培训整体效益的一种方法。

四 心智技能模拟培训法的实践应用

依据心智技能模拟培训法的基本原理和方法，本研究选择手表、制糖、造纸、制笔、眼镜制造、车工、汽车驾驶、石油、钻井等行业作为推广试点，各行业的推广实验结果表明：心智技能模拟培训法是一项在各行业有普遍适用价值的培训理论和方法，有助于提高员工素质，并取得了明显的经济效益和社会效益。其主要意义是：

第一，该研究创立了一套从培训需求评价、设计培训目标、编制培训大纲、编写模块教材、实施模拟培训到考评培训效果的培训模式，为应用心智技能模拟法提供了有效的原理、途径和方法。

第二，该研究经过近十年的现场实验，将心智技能模拟培训法在手表、制糖、机械、钻井、采油、造纸等行业进行了有效的推广，特别是在计算机辅助教学上取得了成功，为企业带来了显著的经济效益和社会效益，并得到国家有关部委和亚太经济合作组织的充分肯定，从而证明心智技能模拟培训法具有普遍的应用价值。

本研究已先后获得 1992 年国家教委全国优秀图书二等奖、1993 年度国家轻工业部科学技术进步二等奖、1993 年度四川石油局科学技术进步二等奖、1994 年和 1997 年两项石油总公司（部级）科学技术进步三等奖、1999 年国防科工委科学技术进步二等奖，其应用成果作为技术专利载入 1992 年《中国技术成果大全》。心智技能模拟培训法还被亚太经济合作组织列为亚太地区样板培训模式。

五 不忘师恩、继续创新

在我的成长道路中，冯忠良老师的影响是持久的，这将继续深入下去，我将永远铭记老师的教诲，不断开拓进取，争取有新的作为。2019 年 9 月 28 日，当我完成国家社会科学基金重大项目"中华民族伟大复兴的社会心理促进机制研究"结题之后，又获得了国家社会科学基金重点项目"核心胜任特征的成长评估研究"（项目批准号：19FGLA002），2019 年 11 月 6 日又被温州大学聘为温州发展模式研究院院长，这实际上使我的职业生涯发展又回到原来的轨迹上，就是继续在我国的人力资源开发上，去揭示学校教育和企业培训中的关键要素、激励因素和干预方法，而且在今后的研究中，不应当仅仅关注认知技能、审辩式思维等智能问题，还要把重点转向非智能的心理因素，如人格、情感、态度、动机、价值观等要素的开发，这就需要设计出新的组织结构和管理模式，来适应经济转型带来的变化，除了要揭示出核心胜任特征（包括认知、情感和人格特征）之外，还要更加关心核心胜任特征的成长评估等方法学问题。总之，"不忘师恩、继续创新"将是我永远追求的座右铭。

于冯忠良先生 90 岁诞辰
2019 年 8 月 14 日

大学班集体人际关系的心理学研究*

黄希庭　时　勘　王霞珊

【编者按】 这篇学术论文是我发表的第一篇刊载在《心理学报》的学术论文，但主要是西南师范学院教育系黄希庭教授的贡献。我只是在老师的鼓励下，在问卷调查方面做了一些协助工作。当时我的心理学基础还很薄弱，只是更多地承担了现场取样、案例分析和调查内容补充设计的辅助工作。当时，我担任西南师范学院外语系82级的政治辅导员，也承担了公共课心理学的助教工作，黄老师会让我上一些比较熟悉的章节的课程。我在从事辅导员工作中，很自然会对大学生的人际关系十分关注，也尝试了运用心理学方法探索这种人际关系的动因。记得在西师外语系82级一年级辅导员工作结束之前，我给78位家长发出了一份调查信，既介绍学生们一年来在校学习中取得的进步，还要求家长提供一些学生们过去成长的轶事和典型事例表现。信件是单独发给家长的，要求在学生们返家与家人交流情况后，家长们做出回复。后来，令人感动的是，我收到了绝大多数家长的回信，获得了一些宝贵的建议。在二年级开学时，我根据获得的人际关系调研结果，对82级4个班进行了适度的人员调整，试图观察这种干预措施对于大学班集体人际关系的影响。一年之后，我因为考上北京师范大学心理学系研究生要离开辅导员岗位，有些数据不能继续获得，这一实验就没有坚持下去。当我30年后与同学们重逢时，让大家回忆这次组织结构调整的得失，大多数同学认为，虽然中途调整对于培养交往技能有一定的积极作用，但对于原有的人际关系也造成了一定的伤害，这是需要吸取教训的。直至现在，我仍然研究人际关系的适应特征问题，比如合作型团队的建设、合作中领导者的作用、冲突管理问题等，特别是建设性冲突问题。我的体会是，团队建设最为关键的还是团队核心价值观。在这篇论文中，由于有黄希庭教授的指导，加上严格采用了社会测量法和观察法来进行研究，控制了无关变量的影响，揭示的人际关系特征有非常重要的价值。回忆这些往事，我特别要感谢黄希庭老师，他是我人生中跨入心理学界特别值得铭记和感谢的人。我还要感谢西南师范学院外语学院的老师和同学们。（时勘）

摘　要： 本研究综合运用调查访问、社会测量法和观察法对大学文科和理工科一、二、四年级的21个班的人际关系做了考察。结果表明：①大学班集体非正式的内部结构有一定的特点；②班集体中的两极人物有明显的个性特质；③大学生择友的基本要求是品德和心理相似性；④大学生对班集体领导人的心理品质有一定的基本要求；⑤大学生的自我观念与他们的人际关系有着密切的联系。

---

*　四川农学院邓安平、秦自强，成都电讯工程学院黄思芬，烟台师专张积家和西南农学院向阳参与本研究的部分工作。

一　目的

科学地认识大学生的心理特点，对于正确地贯彻党的教育方针，加强和改善学校的思想政治教育和管理工作，有着重要的现实意义。

马克思说："人的本质并不是单个人所固有的抽象物。在其现实性上，它是一切社会关系的总和"[1]。大学生心理的发展主要是在社会的经济、政治、思想、文化等的关系中，在学校、家庭、社会的影响下形成和发展起来的。大学生的一个重要的社会关系就是他在班集体中的人际关系，因为班集体是大学生学习的基本单位。而"只有在集体中，个人才能获得全面发展其才能的手段"[2]。因此，弄清大学班集体的人际关系，对于认识大学生的心理特点，有着重要的意义。

大学班集体的人际关系是非常复杂的。本研究仅探讨班集体中非正式的内部结构，人缘型和嫌弃型，大学生择友的心理因素，受群众欢迎的班领导人的心理品质，以及人际关系与自我观念的相互关系等问题。

二　方法

本研究综合运用以下三种方法：①调查访问；②社会测量法；③实地观察法。其中，调查访问是贯穿整个研究始终的，同时我们还对四个班做了一年多的实地观察。整个研究分三个步骤进行。第一步摸底调查：我们结合教学和工作观察了五个班，并向班上的政治辅导员和一些学生做调查，以了解大学班集体人际关系的一些情况，为制定问卷做准备。第二步制订问卷（问卷题见附录）和测验：为了保证测验结果的可靠性，测验时班上的政治辅导员一律不在场。第三步验证测验结果：把用社会测量法所取得的靶形图和矩阵表与我们对这些班上向学生、政治辅导员和任课教师的调查相参照，最后得出结果。

受试者：文科选自西南师范学院（外语系和教育系的 1982 级、1981 级和 1979 级各一个班，政治系的 1982 级、1981 级各一个班，历史系 1979 级一个班），理工科选自重庆大学（无线电学系六个班，基础科学系六个班）。各年级年龄见表 1，各班人数见表 2。

表 1　各年级大学生年龄的范围、均值和标准差

年级	年龄		
	R	$\bar{\text{X}}$	S
1 年级（1982 级）	16：3-20：11	18：5	0.791
2 年级（1981 级）	16：4-26：6	19：8	0.935
4 年级（1979 级）	18：5-30：6	21：11	1.362

三　结果

（一）班集体中非正式的内部结构

班集体中的小团体以社会测量法和调查访问的结果为参数。凡对问卷中第1、3、5个问题均互选者，定为小团体，仅对其中的一个或两个问题互选者，再根据调查访问的结果加以确定。根据被试对1~6个问题的选择情况，算出正、负人缘系数。我们用加权法计算：第一选择记2分，第二选择记1分，计算公式是，某人的人缘系数 $= \dfrac{\text{他的得分数}}{（\text{班上总人数}-1）\times\text{最高加权分}}$，此处最高加权分是2。根据每个人的人缘系数再算出每个小团体的正、负人缘系数的相对关系。其结果列入表2。

表2材料表明：

（1）在大学里，20人左右的班集体有3~4个小团体，30人左右的班集体一般有4~5个小团体，40人左右的班集体一般有4~6个小团体，50人左右的班集体一般有8~9个小团体。

（2）大学班集体中，小团体的规模一般为2~4人。在所有的小团体（113个小团体）中以两人为一个团体的有81个，占71.68%。

（3）每个小团体的正、负人缘系数的相对关系有三种情况：正值占优势、负值占优势以及正、负值是相等的。在大学班集体中，正人缘系数占优势的小团体是主要的，占所有小团体的53.1%；其次是正、负人缘系数等值的，占29.2%；负人缘系数占优势的小团体是少数，占17.7%。

表2　文理工科各班小团体的数量、结构和成因

系数	班级	班集体人数			小团体数量（个）	规模（人数）	人缘系数的相对关系			小团体形成的主要原因		
		总数	男	女			正值	等值	负值	相似性	接近性	补偿性
外语系	1~3	20	8	12	3	2~3	1	2				3
	2~1	15	4	11	3	2~3	2	1		2	1	
	4~2	26	10	16	4	2	2	2		2	1	1
教育系	1~1	42	31	11	6	2~4	5	1		2	4	
	2~1	50	37	13	8	2~3	4	3	1	4	3	1
	4~1	30	19	11	5	2~4	3	2		2	2	1
政治系	1~1	59	34	25	9	2~4	4	3	2	5	3	1
	2~1	50	30	20	8	2~3	5	2		4	2	2
历史系	4~1	50	33	17	9	2~4	5	3	1	5	2	2

系数	班级	班集体人数			小团体数量（个）	规模（人数）	人缘系数的相对关系			小团体形成的主要原因		
		总数	男	女			正值	等值	负值	相似性	接近性	补偿性
无线电学系	1~1	35	30	5	5	2~4	3	1	1	1	2	2
	1~2	36	30	6	6	2~3	2	2	2	2	2	2
	2~1	35	28	7	4	2~4	2	1	1	1	2	1
	4~1	33	30	3	5	2~4	2	1	2	3	1	1
	4~2	35	29	6	6	2~4	3	2	1	3	1	2
	4~3	32	25	7	4	2~3	2	2		3	1	
基础科学系	1~1	31	23	8	4	2~4	3		1	1	3	
	1~2	32	26	6	5	2~3	3	1	1	2	2	1
	1~3	31	23	8	5	2~3	2	2	1	2	3	
	2~1	32	25	7	5	2~3	3		1	2	1	1
	2~2	29	21	8	5	2~4	2	2	1	3	1	1
	2~3	30	22	8	5	2	2	1	2	2	1	2
合计	21个班	733	518	215	113	2~4	60 (53.1%)	33 (29.2%)	20 (17.7%)	51 (45.1%)	41 (36.3%)	21 (18.6%)

从问卷和调查所得材料表明，正人缘系数占优势的小团体的一般特点是热情的、容纳的、利他的、自制的、随和的，成绩好或中等，对班集体有一定的积极影响。正、负人缘系数等值的小团体的一般特点是孤僻的、宁静的、内向的、成绩好或中等，对班集体影响不大。负人缘系数占优势的小团体较复杂，大致可分为两类情况：一类是自私的、粗鲁的、不爱学习、不求上进的，对班集体有消极影响；另一类虽热心集体工作，成绩较好，但或者工作方法不对头，得罪他人，或者爱自我吹嘘，虚荣心强等，也引起了同学们的反感。

（4）形成小团体的主要原因，可分为三类：①相似性吸引，是指他们在态度、信念、价值系统和追求目标上的雷同，互相吸引而形成小团体。如说："我们性格志趣相投，谈得拢""他有正义感，有钻劲，生活不庸俗，我们有共同的语言"等。②接近性吸引是指时空上的接近，由于他（她）们或同时入学，或年龄相当，或住在同一个寝室，或经常在教室、图书馆一起学习，或是同乡等原因，经常接触，互相了解，从而形成了小团体。③补偿性吸引是指力图以他人的优点或特点来补偿自己某一方面的欠缺，例如在思想上，或学习上或生活上从对方得到助益，也包括需要的互补，如男女之间的爱情等，因这种吸引而形成了小团体。

表3　各年级小团体成因比较

| 年级 | 小团体成因 | | | | | | 总计 | |
| | 相似性吸引 | | 接近性吸引 | | 补偿性吸引 | | | |
	个数	%	个数	%	个数	%	个数	%
一年级	15	30.6	28	57.2	6	12.2	49	100
二年级	18	48.7	11	29.7	8	21.6	37	100
四年级	18	54.5	8	24.3	7	21.2	33	100
χ^2	0.35		14.86		0.29		3.49	
p 值	>0.5		<0.005		>0.5		<0.5	

表3是各年龄小团体成因的比较。对小团体的三类成因的 χ^2 检验表明，这三类形成原因与各年级之间都有一定的联系。但相似性吸引和补偿性吸引在年级上没有差别，而接近性吸引则与年级差别有着甚为密切的关系。在大学一年级的小团体中，接近性吸引占 57.2%，随着年级的升高，接近性吸引的百分比逐渐减少。

（二）班集体中的人缘型和嫌弃型

我们取人缘系数绝对值的 0.25 及 0.25 以上者作为该班的两极人物——人缘型和嫌弃型。其结果列入表4。

表4　各年级人缘型和嫌弃型数量

年级	班数	人缘型						嫌弃型					
		全年级人缘型人数				每班人缘型人数		全年级嫌弃型人数				每班嫌弃型人数	
		总数	男		女				总数	男		女			
			人数	%*	人数	%*	范围	平均	总数	人数	%*	人数	%*	范围	平均
1	8	14	10	4.9	4	4.9	0~4	≈2	22	17	8.3	5	6.2	2~4	≈3
2	7	15	9	5.4	6	8.1	0~5	≈2	19	14	8.4	5	6.8	2~3	≈2
4	6	10	9	6.2	1	1.7	0~4	≈2	14	9	6.2	5	8.3	1~4	≈2

注：＊这里的百分数是以人缘型或嫌弃型的人数除以各年级的男、女人数。

表4材料表明，各年级班中的人缘型和嫌弃型的人数是不等的。从人数上看，各年级的人缘型和嫌弃型，男生都比女生多。

我们把班集体成员对人缘型或嫌弃型的评价加以归类整理，并且以班上2~3人（包括3人以上）的类似评价来确定两极人物具有某种个性特质。大学生中人缘型和嫌弃型的个性特质的统计结果如表5和表6所示。

表 5　人缘型的个性特质

次序	个性特质	人数	%
1	尊重他人，关心他人，对人一视同仁，富有同情心	39	100
2	热心班集体的活动，对工作非常可靠和负责任	37	94.9
3	持重、耐心、忠厚老实	37	94.9
4	热情、开朗、喜爱交往、待人真诚	36	92.3
5	聪颖、爱独立思考，成绩优良且乐于助人	35	89.7
6	重视自己的独立性和自制，并具有谦逊的品质	35	89.7
7	有多方面的兴趣和爱好	20	51.3
8	有审美的眼光和幽默感（但不尖酸刻薄）	15	38.5
9	文雅端庄，仪表美	5	12.8

表 6　嫌弃型的个性特质

次序	个性特质	人数	%
1	自我中心，只关心自己，不为他人的处境和利益着想，有极强的嫉妒心	55	100
2	对班集体的工作，或敷衍了事缺乏责任感，或浮夸不诚实，或完全置身于集体之外	55	100
3	虚伪、固执，爱吹毛求疵	50	90.9
4	不尊重他人，操纵欲、支配欲强	45	81.8
5	对人淡漠、孤僻、不合群	45	81.8
6	有敌对、猜疑和报复的性格	43	78.2
7	行为古怪，喜怒无常、粗鲁、粗暴、神经质	39	70.9
8	狂妄自大，自命不凡	38	69.1
9	学习成绩好，但不肯帮助他人甚至小视他人	35	63.6
10	自我期望很高，小气，对人际关系过分敏感	30	54.5
11	势利眼，想方设法巴结领导而不听取群众的意见	30	54.5
12	学习不努力，无组织、无纪律，不求上进	24	43.6
13	兴趣贫乏	18	32.7
14	生活放荡	8	14.5

（三）班集体中大学生们择友的心理因素

我们从 21 个班中分层随机抽取 6 个班（文科和理工科的一、二、四年级各一个班）对大学生择友的心理因素，按品德、性格、知识能力、相似性、接近性、补偿性等属性加以统计。表 7 中的数量按上述属性的出现次数累计。例如，有一位学生在叙述如果去郊游他最愿意同××一起去的原因时写道："我们同住在一个寝室，他为人正直，有事业心，我们有共同的语言"；在叙述如果组织学习小组他最喜欢同班上的×××其次和××在一起的原因时写道：

"他们成绩好，善于思考，好争论，乐于助人，同他们在一起，我可以从中学到一些东西。"对于前一种回答的记分是："接近性"1分，"品德"2分，"相似性"1分；对后一种回答的记分是："知识能力"2分，"性格"1分，"品德"1分，"补偿性"1分。依次类推。

表7　大学生在选择不同类型的朋友时对心理因素的要求

朋友类型	品德		性格		知识能力		相似性		接近性		补偿性		其他		合计
	数量	%	数量	%	数量	%	数量	%	数量	%	数量	%	数量	%	数量
郊游时	124	22.10	133	23.71	67	10.16	144	25.67	40	7.12	39	6.95	24	4.28	561
学习时	160	29.96	38	7.12	154	28.84	42	7.87	35	6.55	93	17.42	12	2.24	534
分配时	135	27.33	40	8.10	52	10.53	150	30.36	26	5.26	68	13.77	23	4.65	494
合计	419	26.37	211	13.28	263	16.55	336	21.14	101	6.36	200	12.59	59	3.71	1589

从表7可以看出，无论文科或理工科，大学生在选择朋友时总是优先从品德上来考虑的，同时对心理上的相似性也考虑得多些。不过，对不同类型的朋友，他们要求于对方的心理因素也有差异。对郊游的朋友的主要要求是：心理上的相似性（25.67%）、性格（23.71%）和品德（22.11%）；对学习上的朋友的主要要求是：品德（29.96%）和知识能力（28.84%）；对今后工作中的朋友的主要要求是：心理上的相似性（30.36%）和品德（27.37%）。

（四）班集体领导人的心理品质

根据"如果选举班长你最信任谁或谁"这一问题所得到的资料，用信任系数 = $\frac{某人的得票数}{班集体人数-1}$ 的公式，算出每班获信任系数最高的两位领导人。这样，21个班就推举出42名班集体领导人。结果表明，其中33名是现任的班上主要干部（正、副班长和团支书），占推举出的领导人的78.57%。在推举出的42名班领导人中，信任系数在0.5以上的有14人，占33.33%。信任系数在0.5以下的有28人，占66.67%。信任系数在0.5以上的14名都是正式领导人，分布在9个班集体中。根据调查访问和问卷资料，这14名受多数大学生信赖的领导人虽然各有特点，但都有下列一些共同的心理品质：

（1）政治思想品质——热心班集体工作，对所担任的工作认真、负责、有责任心、能任劳任怨，为人正派，办事公道，真心诚意地关心和帮助同学，能够严于律己，宽以待人，善于听取批评，具有自我批评的精神，政治思想上能够坚持原则。

（2）组织能力——善于发挥班（支）委一班人的领导作用，善于动员班集体成员解决本班所面临的任务，善于建立起一个团结的班集体。

（3）学习成绩和知识水平——学习认真、努力，成绩优良，年龄较大，阅历较深，知识面广，有一定的社会经验。

（4）工作作风——工作热情、主动，有独立性和创造性，不说空话，不对下属发号施令，办事实事求是，以身作则，待人诚恳，光明正大，把严格要求同尊重人、关心人结合起来。

（5）群众威信——人缘关系好，在班集体中有一定的威信，信任系数在 0.5 以上，最高的达到 0.96。

（五）自我观念与人际关系

根据问卷中第 9 个问题所得资料可以看出，大学生的自我观念主要有以下一些性质：①把自我和集体统一起来，认为自己是班集体中的一员。他们既尊重他人，也尊重自己。②严于剖析自我，既看到自己的优点也看到自己的缺点。③只看重自己的优点，表现出自满、自负、强调独立性等。④只看重自己的缺点，表现出自卑、自责等。他们自认为自己成绩差，或长相差，或经济条件差，或年龄小而感到自卑。⑤孤独感，一些大学生在问卷中吐露出一种谁也不理解自己，自己是孤单单一个人的孤独感，其中女大学生较多些。⑥抱负水平，问卷表明，大学生对自我成就的预期水平是不同的，有的过高，有的中等甚至过低。⑦无回答。

我们的研究资料表明，大学生各年级学生的自我观念是发展变化的，其发展趋势大致是：把自我和集体统一起来，严于剖析自我的大学生随年级的升高而增多；只看重自己的优点或缺点，有孤独感的大学生随年级的升高而减少；无回答的大学生人数随年级的升高而增多。

表 8　自我观念的性质与人缘系数的相对关系

人缘系数的相对关系	自我观念的性质															无回答	
	自我和集体的统一		严于剖析自我		只看重自己优点		只看重自己缺点		孤独感		抱负水平						
											高抱负		中常或低抱负				
	人数	%	人数	%	人数	%	人数	%	人数	%	人数	%	人数	%	人数	%
正值	99	61.49	65	53.28	44	39.29	45	40.18	12	13.64	3	11.11	30	75	56	78.87
负值	37	22.98	24	19.67	61	54.46	67	59.82	51	57.95	10	37.04	10	25	15	21.13
等值	25	15.53	33	27.05	7	6.25	0	0	25	28.41	14	51.85	0	0	0	0
总计	161	100	122	100	112	100	112	100	88	100	27	100	40	100	71	100

大学生自我观念的性质和人缘系数的相对关系见表 8。表 8 的数据表明：①把自我和集体统一起来，严于剖析自我的大学生中正人缘系数占优势的居多数。②只看重自己优点或缺点以及有孤独感和高抱负水平的大学生中，负人缘系数占优势的居多数。③在把自我和集体统一起来、严于剖析自我、只看重自己优点及有孤独感和高抱负水平的大学生中，都有一些人正负人缘系数是相等的。④抱负中常或低的大学生中正人缘系数占优势的居多数。⑤在无回答的大学生当中，其中多数正人缘系数占优势。⑥大学生的自我认知和自我体验与实际的人际关系并不完全一致。例如，自认为自我和集体统一、严于剖析自我的大学生一般都认为自己的人际关系是融洽的，实际上在这些人中负人缘系数占优势的有 22.98% 及 19.67%（即人际关系是不融洽的），正负人缘系数相当的占 15.53% 及 27.05%（即人际关系不好也

不坏）；有孤独感的大学生一般都认为自己的人际关系是不融洽的，而实际上这些人中正人缘系数占优势的有 13.64%，正负人缘系数相当的有 28.41%。

四　讨论

　　人际吸引力是人际关系的主要问题之一。在西方的社会心理学中，关于人际吸引力的理论主要有三种：纽科姆（Newcomb）的成就平衡理论[5]、威切（Winch）的需要补缺理论[6]和精神分析学派关于自我的理论。纽科姆认为，人们的目标相同时，相互间便趋于吸引，如果个人遇到与其本身的态度、信念和价值观不相同的人，便产生不适、紧张等不安全感。威切认为，除了态度和意见的相似性能产生吸引外，人际间的差异也是吸引的原因。精神分析学家则强调自我观念在人际吸引力中的原因。在我们的研究中都可以见到上述的一些现象。但是，影响人际吸引力的因素不限于此。它是极为复杂的。我们的研究表明：影响人际吸引力的因素有品德、性格、知识能力、心理上的相似性、接近性、补偿性等。但我们认为，制约这些因素的基础很可能是心理上的相容性即互相了解，并在互相了解基础上的互相信任。要知道对方的态度、信念、价值观和追求目标等方面是否与自己相类似，必先彼此了解。由于了解到他人的观点与自己雷同，这样也就强化了自己的观点从而使友谊得到加强。许多大学生都表示品德是他们择友首先考虑的因素，但进一步的研究表明，他们所喜爱的品德（或其他心理因素）也是以心理相容性为前提的。因为具有某种品德的人在同一环境中的表现，由于人们的了解和信任程度的不同，他可能被人吸引，也可能不被人吸引，甚至可能被人排斥。这种情况在我们的研究资料中相当多。同样，接近性吸引和补偿性吸引也是以心理相容性为前提的。例如，如果心理上不相容，时空上的接近不但不会产生吸引，反而会引起十分警惕的拒斥反应。因此，我们认为，影响人际吸引力的因素是多方面的，但心理上的相容性是人际吸引力的基础。

　　如果把我们的研究与中学班集体人际关系的研究[3]加以对照，可以看出大学班集体人际关系的许多特点。例如，班上小团体的数量较中学班少，规模亦较小，多数以两人为一小团体（这一点与日本的青年研究也一致[4]）；形成小团体的基础是心理上的相容性；对择友和对班集体领导人的要求比中学生高。总之，大学生班集体的人际关系也较中学复杂。这里的原因是多方面的。一个主要的原因可能与大学生的自我观念已趋成熟有关。少年儿童往往以别人的观点来评量人和事，大学生对人对事的评量则总是通过自我观念而折射出来的。我们的研究表明，大学生自我观念的性质已相当丰富多彩：他们要求自治自主，已经会剖析自我，有强烈的自尊心、自信心以及各种抱负水平等。由于自我观念已趋于成熟，他们与人交往时，总是以自我观念为中介，来认识人与人之间的关系，来影响人与人之间的关系；同时他们对人际关系的认知又促使他们进行自我反省和自我认知。因此，学班集体的人际关系较之于中学就显得更为多样、更为复杂。

　　在我们的研究中，大学班集体正式领导人的信任系数偏低者较多，其原因何在呢？根据我们的资料，原因可能有三：①大学生对班集体领导人的要求相当的高。他们对领导人除提出择友的一般要求外还特别提出了政治思想品质、组织能力、工作经验、群众威信等方面的要求。而目前的大学生一般来说年龄都较小，难以达到这些要求。②入学初期，班上的正式领导人是领导或教师商定的，这是必要的。经过一段时期大学生们对班上的同学已基本熟悉，这时如果仍采用指定或变相指定的做法就会损伤青年的自信心、自尊心和独立性，引起他们的反感。③大学生的自我观念发展已趋于成熟。他们竭力表现出排除他人的影响，喜欢标新立异，摆脱束缚，强求自立。这可能也是同学们之间互不服气的一个原因。基于这种认识，倘若遇到班正式领导人信任系数偏低，我们应该从两方面（领导人和群众）去寻找原因。这样才能提出妥善的教育措施。

本研究综合地应用社会测量法、调查访问和观察三种方法。我们认为，这样做可能较全面、较客观地诊断出班集体中的人际关系。在运用社会测量法来确定班上的小团体、人缘型、嫌弃型时，我们没有完全用靶形图和矩阵表上的资料下结论，而是结合其他参数最后做出判断。例如，在确定班上的小团体时我们结合访问和观察的资料，在确定班上的人缘型和嫌弃型时我们引进了人缘系数这个参数。我们之所以引进人缘系数，是因为问卷中三类题的性质不同，班集体成员在靶形图上的位置也是不同的。如果仅以靶形图上的位置来确定人缘型和嫌弃型，难免有判断上的主观性。为了避免这一缺点，我们用统一的标准算出每个大学生在三类题上被吸引或被拒斥的正、负人缘系数之和，取其绝对值的 0.25 及 0.25 以上者作为该班的两极人物——人缘型和嫌弃型。这样，标准划一，判断就可能较客观些。从我们的资料来看，我们把确定班上两极人物人缘系数的阈值定在 0.25。这仅仅是根据我们的资料所定的，可能有主观性。因为资料表明，如果把这个阈值定在 0.3~0.4，则班上的两极人物就显得太少；如果定在 0.2，则班上两极人物似乎多了些。这个阈值到底定多少最合适？有待进一步研究。

五 结论

本研究综合地运用调查访问、社会测量法和观察法，对大学文科和理工科一、二、四年级的 21 个班集体的人际关系进行了考察。其主要结果是：①大学班集体非正式的内部结构中，小团体的数量一般为 3~9 个，规模一般为 2~4 人，形成小团体的主要原因是心理上的相容性，其中 60% 的小团体正人缘系数占优势，负人缘系数占优势的仅为 18%。②大学班集体中两极人物（人缘型和嫌弃型）都各有明显的个性特质。③大学生在班集体中选择郊游、学习和今后工作中的朋友时，在心理因素的要求上有着一定的差异，但对品德和心理相似性的要求上是共同的。④大学生对班集体领导人的心理品质主要是从政治思想品质、组织能力、学习成绩和知识水平、工作作风和群众威信五方面来要求的。⑤大学生的自我观念具有不同的性质，并且与他们的人际关系有着密切的联系。

参考文献

[1] 马克思. 关于费尔巴哈的提纲 [M] //马克思恩格斯全集. 第三卷. 北京：人民出版社，1960：7.

[2] 马克思，恩格斯. 德意志意识形态 [M] //马克思恩格斯全集. 第三卷. 北京：人民出版社，1960：84.

[3] 章志光，王广才等. 个人在班级集体中的地位及其对品德影响的心理分析 [J]. 心理学报，1982（2）：190.

［4］关忠文. 青年心理学［M］. 哈尔滨：黑龙江人民出版社，1982：93.

［5］Newcomb, T. M., Turner, R. H. & Converse, P. E. Social Psychology［M］. New York：Holt, Rinehart and Winston, Inc., 1965.

［6］Lindgren, H. C. An Introduction to Social Psychology［M］. New York：John Wiley & Sons, Inc., 1973.

附录：问卷题

学校_____ 系科_____ 班级_____ 姓名_____ 性别_____
出生年月_____ 测试日期_____

同学们：请你们回答下面的几个问题，目的是为科学研究提供资料。这既不是考试，也不做档案材料，请不要有任何顾虑，为了保证研究的可靠性。请你以科学的态度，把心里话认真地填写出来。我们对你的回答绝对保密。

1. 如果去郊游，你最愿意和你们班上的_____其次和_____一起去。
原因是：

2. 如果去郊游，你最不愿意和你们班上的_____其次和_____一起去。
原因是：

3. 如果组织学习小组，你最喜欢同你们班上的_____其次和_____在一起。
原因是：

4. 如果组织学习小组，你最不喜欢同你们班上的_____其次和_____在一起。
原因是：

5. 毕业分配时，你最喜欢同你们班上的_____其次和_____在一起工作。
原因是：

6. 毕业分配时，你最不喜欢同你们班上的_____其次和_____在一起工作。
原因是：

7. 如果选举班长，你最信赖的人是_____或_____。
原因是：

8. 如果选举班长，你最不信赖的人是_____或_____。
原因是：

9. 你对你自己在班上所处的地位和作用，感到_____。
原因是：

A Psychological Study of Interpersonal Relations in College Classes

Huang Xiting   Shi Kan   Wang Xiashan

Abstract：Investigation and interview, sociometry and observation are synthetically applied to the study of interpersonal relations between freshmen, sophomores and seniors in 21 classes as separate collectives. The results show：

（1）There are certain features in the informal inner structures of college classes.

（2）Significant personality traits are found in the two extreme types in a class—the most popular and the most unpopular.

（3）The basic criteria used by college students in choosing friends are moral character and psychological similarity.

（4）The college students expect their class leaders to possess certain mental traits as basic requirements.

（5）There is a close connection between a college student's selfconcept and his or her interpersonal relations with classmates.

序言：现代技术培训心理学
——心理模拟教学·原理·方法

潘 菽

【编者按】真没有想到，潘菽先生 1987 年 1 月 17 日为我的第一本专著《现代技术培训心理学——心理模拟教学·原理·方法》所作的序言，竟成了他老人家所写的最后一个序言！记得 1988 年 1 月 16 日晚上，我陪潘老在京西宾馆开会。当他与周培源教授谈话结束后，已经是晚上十一点。根据医生的意见和安排，他必须按时睡觉。可是当天晚上，潘老却问我"今天能否灵活一些？"我当然不会同意，于是，潘老只好熄灯入睡了。那一天，因为我白天外出做了一天的实验，太累了，回到外屋，很快就入睡了。大概到了清晨五点，我模模糊糊地感觉到，好像有人在替我盖被子。当我睁开眼时，发现潘老正慢慢地走向窗户，轻轻地放下窗帘，并用桌上的烟缸小心翼翼地压住窗帘，以免冷风透入室内。当我起身要潘老休息时，他笑着告诉我，昨晚他已一气呵成，为我的书稿写完了序言……这是一部《现代技术培训心理学》专著，我当时写这本书时，还在读博士生一年级。但是，把书稿交给潘老，只是想征求一下他老人家的意见，没有奢望老先生会替我作序。手捧潘老墨迹未干的序言，跃入我眼眶的是潘老关于我国在现代化建设中培养胜任人才的紧迫性的论述。他指出，工业心理学必须进一步贯彻理论结合实际的原则，这包含着理论和实际以及二者的结合这样三个问题。特别要正确理解和对待工业生产过程中人的因素问题。他认为，我国的工业心理学，无论是研究工作还是实际工作，都不能靠外国的经验太多，而应主要依靠中国人自己的研究和实践。谈到高端人才的核心胜任特征模型的探究问题，虽然当时人工智能刚刚兴起，但他旗帜鲜明地支持汇编栅格方法和功能模拟法的探索。他认为，"存在于高级技师或专家头脑中的复杂的技术能力要仅用言语或文字表达出来，总不免要经过一定的抽象化或不够完全，使学习的人不易捉摸、理解并确切掌握。把它们通过心理模拟的方法模拟出来，形成心理模式或心理诊断程序图式就可以使它们成为客观化、形象化、具体化的内容，再加上教师讲解，学习的人就可通过操作、诊断模拟器所呈现的问题情境，从而模拟专家的思维过程，这就容易理解掌握专家经验并转变成他们头脑中的东西了"。今天，在数字经济时代，我们在高端人才核心胜任特征模型的自动化建模中，仍然走大数据集成的探索道路，并且将面孔识别、情感分析技术结合进去，使得获得的模型更能贴近现实情况。总之，潘老在这个 35 年前序言中的预言，有些已经实现，有些尚在继续探索中，我和课题组的同学们将继续遵循潘老所指出的研究方向，孜孜不倦地探索下去。（时勘）

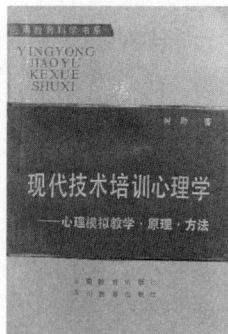

作者时勘同志的《现代技术培训心理学》这本著作是适应我国当前大力推进工业现代化的一种十分迫切的要求而写的。作者也有良好的条件来写这本书。我认为，这本书至少可以相当好地初步满足我国目前大幅度实现工业现代化中技术培训这个特别迫切的要求，它将

会产生可观的经济效益和社会效益。看来，我国的工业心理学很需要进一步予以发展。研究工作必须积极、踏实地向深度和广度继续开展。我国工业现代化的面那样广阔，工种部门那样多，要克服的技术差距那样大，如果我国的工业心理学只是蜻蜓点水，那样固然不行，停留在表面问题上不能深入了解也不行。所以，我国从事工业心理学工作的干部也面临一个自我建设、自我改善以求能适合当前我国工业现代化的新形式中所产生的种种新问题和新情况的任务。这种任务还会越来越多。相形之下，我国现在工业心理学方面能胜任的工作干部却少得可怜。从而，我们也有一个迫切需要，即培养一大批工业心理学的工作干部使之成为一支具有良好训练的队伍，其中包括研究工作者和实际工作者两方面的人才。这也是一个亟待解决的大问题。这本书的写作可以被认为是解决这方面问题的可贵的尝试。

为了适应我国当前改革开放，积极发展生产力的现代工业的要求，我国的工业心理学也必须进一步贯彻理论结合实际的原则。这里包含着理论和实际以及二者的结合这样三个问题。这里的理论是指工业心理学所需要明确掌握的理论。因为整个工业生产过程主要是人的活动过程。所以，工业心理学要明确的一个主要理论问题就是如何理解并对待整个工业生产过程中的人这个因素的问题。显然，在我国的社会主义社会中这个理论问题和其他社会制度下的这个问题是有本质的不同的。这里所指的实际当然就是指工业生产的实际。但对这个实际的理解却可以有深浅之别，有范围大小之别，有片面和全面之别，有生产本身的性质差别等。至于所说的结合则也可以有密切不密切，深透不深透，全面不全面，经常不经常这种差别。如果理论与实际的结合仅仅流于形式，那就更不会产生什么实际效果。我国现在所具有的少量工业心理学研究和实际工作，就一般情况而论，在理论结合实际的情况方面还是有待于积极推向深化、广大化和紧密化的。再者，工业心理学是一种应用科学。凡是应用科学的内容材料尤其必须从实际中来，才能回到实际中去而产生好的效果。唯此，我国的应用科学就必须是从我国的实际中来，才能回到我国的实际中去，也才能产生最好的效益。我国的任何一种工业心理学也就必须从我国相应的实际中来才能最有效地回到我国相应的生产实际中去。反过来说也就是，我国的工业心理学，无论是研究工作还是实际工作，都不能太依赖外国的经验，而应主要依靠我们自己的研究和实践。尤其是我国工业心理学的理论方面是如此。这也是我国工业心理学的理论结合实际的一个重要问题。

现在，再回头考虑一下工业心理学的理论基础问题。工业心理学的理论基础虽然不只是一端，但其主要的重要的理论基础则是基础心理学（一般称为普通心理学）的理论和知识。而其更主要的理论基础还在于理论心理学中关于人的实质和人所能起的作用，以及怎样看待人等方面的基本理论。但理论心理学的重要基础也在于基础心理所。所以归根结底，工业心理学所需要的基本理论和知识仍不能不依赖基础心理学。其实，所有的应用心理学都不能不如此。有一个学校想办心理学系，而又想和一般的心理学系有所不同，因而想办一个应用心理学系以直接服务于我国的社会主义建设。这样的用意是好的，但想法颇不恰当。因为这种想法是把应用心理学和基础心理学完全摆在并列的地位了，忽视了应用心理学必须有基础心理学的基础。不对基础心理学有足够的掌握而要做好应用心理学的研究工作或实际工作是困难的。工业心理学也是同样。所以，我向那个学校建议，如要办心理学系，还是应该办一个以基础心理学为主的心理学系。学好了基础心理学的人要转向应用心理学的研究或实际工作，那是好办的并且应该如此。这里，我们还不妨附带谈一下教育心理学的问题以进一步说明应用心理学和基础心理学的关系。在师范院校中，无论什么专业的学生都规定要学一门心理学。这对教育学专业的学生来说问题不大，他们有时间可以先学基础心理学，然后学教育心理学或者多学一门其他的心理学。但其他专业的学生因为时间关系难以做到这一点。在师专学校和中师学校中也有这样的情况。因此就产生了一个困难问题：这种学校中的一门心理学课应该怎样教。一种办法是把基础心理学和教育心理学综合在一起，有时候还加一点发展心理学。另一种办法是专教教育心理学。其实，不如只讲一门基础心理学而在讲到和教育有关的知识或概念时联系到教育一下比较好。这也是以基础知识和理论为重的看法。

以上较多或过多地说了我国工业心理学的情况和问题，这是为了有助于说明这本《现代技术培训心理学》的书的特点和实际价值所在。第一，作者深入我国工业企业实际，就科学技术进步对工人素质的新要求进行了考察分析，从而为心理学确定了技术培训科学化方面的任务。根据作者所倡导的心理模拟教学的思想和方法，他与科学技术人员合作研制成功心理—教学模拟器。借助这个仪器，对高级技师（专家）的经验进行了试验调查和系统化，然后根据得到的事实，运用心理学的原理和方法进行了概括、整理、编写成培训教材，再连同模拟器为教学工具对工人进行课堂和生产车间技术培训。这样，根据实验研究所取得的良好效果再加以理论化就写出了这本专著来。所以，这本著作的实际依据很强并有坚强的理论根据。作者的重要理论是，存在于高级技师或专家头脑中的复杂的技术能力要仅用言语或文字表达出来总不免要经过一定的抽象化或不够完全，使学习的人不易捉摸、理解并确切掌握。把它们通过心理模拟的方法模拟出来，形成心理模式或心理诊断程序图式就可以使它们成为客观化、形象化、具体化的内容，再加上教师讲解，学习的人就可通过操作、诊断模拟器所呈现的问题情境，从而模拟专家的思维过程，这就容易理解掌握专家经验并转变成他们头脑中的东西了。这些研究成果得到了有关部门和专家们的一致的高度评价，并获得了良好的实践效果。用这个方法进行两个月的技术培训就可以得到用平常方法经过两年的培训才能达到的效果。这项先进的培训技术完全是我国自己的研究人员创造出来的，并不只是在引进的基础上加以改进而成的。它明显加强了我国工业心理学中现代技术培训这一最薄弱的环节，也可以说填补了我国一个空白，满足了我国工业现代化一个很迫切的要求，用自力更生的努力把我国的工业心理学推进了一大步，这对我国心理学的发展也是一种可贵的贡献。

第二，作者在上述研究成果基础上，又在轻工、石油、机械等行业进一步开展了现代技术培训问题的研究。与此同时，作者在技术教育心理学的基本理论和方法上进行了较好的理论探讨。这本书就是在这样的研究背景下写成以应急需的。因此，这是一本开创之作，是一本体现我国的心理学应有的自身特色的著作，因而也难免开创性工作所会有的一些不足之处。但它毕竟提出了关于教育技术心理学的一种有效的新理论和新方法。

第三，书中所述的理论方法也原则上适用于其他的工种，因而有全面推广的价值，只要做一些具体的完善工作就行。

第四，本书的内容可以作为面向我国当前的实际进行自力更生的理论结合实际的心理学研究从而取得确切的实效的一个范例，并作为心理学的应用研究也很需要理论指导的一个例证。

第五，本书的论述对当前所需要的教育尤其是教学的改革研究也有一定的启发意义。

第六，这一开创性著作，前面已指出，总不免和一般草创工作同样具有种种缺点。这一点，作者自己也是清楚知道的。他自己承认这是他的一种应急之作而不是成熟之作。他正在努力继续进行研究。

技术培训心理学研究的发展概况*

时 勘

【编者按】 发表于《应用心理学》1990年第4期的"技术培训心理学研究的发展概况"一文是我进入心理所攻读博士学位的准备性文章，完稿于1988年下半年。当时，由于潘菽教授去世，我转入徐联仓教授名下继续攻读。开题之前需要回答心理所学术委员会的主要问题是：为什么要选择技术培训心理学研究这一课题作为博士学位论文。由于当时此方面心理学文献非常缺乏，要写好这一领域的文献综述面临巨大的挑战。在英文文献方面，从80年代开始，刚刚有了员工培训的文献综述，再通过走访陈立、王重鸣等人，特别是徐联仓老师，获得了在信息论、认知技能和汇编栅格法等方面的最新资料；而苏联的资料由于我是俄语专业毕业，能够流畅阅读原文，加之在苏联科学院心理研究所有赞科夫斯基、巴拉班希科夫的支持，获得了苏联员工培训心理的最新进展。在收集国内资料方面，心理所图书馆给予我巨大的支持，使我对中华人民共和国成立前后、五六十年代劳动心理学以及七八十年代的工业心理、工程心理的研究资料有较全面的掌握。在此基础上，能够对西方、苏联和我国有关技术培训心理学研究的沿革和现状进行较为全面的总结。在分析发展趋势时，当时国内正处于工业自动化带来的新技术革命时期，各行各业都面临着人才短缺的情况。可以认为，中国是世界上人力资源最丰富的国家，但是，够素质的人才非常短缺，与之密切相关的员工培训心理学已开始成为全球关注的热点。为此，我分析了美国心理学界对于认知技能的关注、苏联加里培林智力动作按阶段形成的理论，再到冯忠良教授所提出的结构—定向教学理论，从中发现，各国都强调心智技能（认知技能）是技术能力中最为关键的要素。在此背景下，如何揭示心智技能的内在要素和形成规律，当然成了解决问题的关键。为此，在本文中，我提出要特别关注认知能力形成规律的探讨，这就基本上确定了我的博士学位论文研究的核心科学问题，进一步地，我提出了采用功能模拟法来揭示心智技能的构想，为开展自动机床操作工技能培训的心理模拟教学研究奠定了基础。（时勘）

摘 要：本文对西方、苏联和我国有关技术培训心理学研究的沿革和现状进行了综述，并据此分析了该领域的发展趋势。笔者认为，随着新技术革命的到来，员工培训心理学已成为一个全球性的研究新领域，不同的心理学分支的学者们纷纷参与研究。目前，研究者们注重方法学的探讨，并特别关注对认知能力形成规律的研究。此外，由于国际技术交流的发展，跨文化培训的比较研究亦引起各国学者的兴趣。最后，笔者提出了在我国开展技术培训心理学研究的初步设想。

进入80年代以来，由于现代科学技术的迅猛发展，一些发达的工业化国家正在经历着生产方式的巨大变革，其突出表现是，传统产业中大量工种业已消失，取而代之的是在高技术、服务性行业和信息业方面就业需求的迅速增长，这就迫切需要对替换下来的人员以及岗位在职人员进行新知识和新技能的培训，使劳动者适应社会发展的要求（Carncgle-Mellon, 1981）。而在新

---

* 本文得到徐联仓教授的指导，特致谢忱。

兴的工业化国家和大多数发展中国家，大规模的技术转让要求员工提高胜任能力和专业水平，由此，技术转让带来了教育转让问题，即发达国家的培训模式伴随技术转让输入到发展中国家，如何使这些培训模式为输入国所接受，也面临着一些新的问题（Naymark，1983）。近年来，由于我国经济建设领域所进行的新技术革命和传统产业革命，职业技术教育和成人教育得到了前所未有的发展。据统计，我国劳动部门每年培训200万就业青年，而在职工人培训每年达2000万人次，存在的问题是，不论我国已有的培训模式，还是国外引入的培训模式，都难以适应科学技术进步对劳动者培训日益增长的新要求。员工培训是一个与心理科学密切相关的领域，为了提高员工培训的科学化水平，有必要对西方、苏联和我国有关员工培训心理学研究的沿革和现状作一回顾和分析，以便揭示出其发展趋势和存在的问题，进而明确心理学所面临的任务，这就是撰写本文的基本出发点。

一　研究沿革

1. 西方的技术培训研究概况

这里所指的西方，主要涉及美国、西欧和日本等一些发达的工业化国家，西方的员工培训心理学研究可以大致分为早期研究（19世纪末至第一次世界大战结束）、中期研究（第二次世界大战前后）、近期研究（20世纪50年代至今）三个阶段。

（1）早期研究。

早期有关员工培训的心理学研究是在工效学领域里进行的。当时主要研究人在生产或操作中合理地、适度地劳动和用力的规律。最早进行这方面研究的是美国F. W. Taylor 1881年首创的"时间研究"，改进了工人的操作活动，提高了劳动效率，而F. B. Gilbreth夫妇的动作研究使生产操作动作更趋合理化，两者的方法后来结合成了著名的"时间·动作研究"。当时，欧洲还有一些生理心理学家对人的肌肉工作和疲劳（A. Mosse，1888；J. G. Marey，R. S. Woodworth，1903；T. Arai，1921；C. W. Manzer，1927）进行了联系实际的实验研究。在第一次世界大战期间，英、美等国为了提高对军事人员的培训效率，在人员选拔中大量应用了心理测验方法，这一时期培训研究的主要特点是关注对人的外显动作的客观分析，较少涉及心理因素。

（2）中期研究。

世界大战期间，美国进行了军事飞行员的心理选拔和操作能力的训练研究，此后，西方一些国家由于战争的迫切需要，大力发展高效能和威力大的新式武器和装备。当时，由于机械设计不当，造成了操作员因误读仪表盘和误用操纵器而出意外的情况。这些事故使决策者和设计师们认识到，人的心理因素是机械设计和员工培训中必须充分考虑的重要内容。随着机械化、自动化和电子化的发展，人的因素在生产和其他活动中的影响越来越大，人机协调的问题也显得越来越突出，于是与此相关的工程心理学也应运而生了。在研究人机系统的相互作用的过程时，学者更加重视人的主导作用，更加强调机器设计对于人的适应。

（3）近期研究。

第二次世界大战结束以后，工业领域产生了一系列革新，由于原子能的利用以及电子计算机、各种自动控制装置的使用，一些技术学科的学者们曾经产生了将人从生产和控制环境中排除的设想。当时，曾出现过用于简单加工工艺的"无人操作的工厂"，但是，这种排斥人的因素的"自动化狂热"很快就消失了。此后,有关人机系统中人机之间最佳交互作用的研究得到了越来越多的重视。近年来,由于强调人的因素在现代生产中日益增长的作用,与此相关的员工培训心理学研究得到了较大的进展,其成果主要反映在人事心理学和工程心理学的文献中。目前,西方心理学家对时间—动作研究普遍持批评态度,他们认为,现代生产对技工的要求更多的应是判断力,而不是操作动作,心理学研究的重心有必要从感觉、运动因素转移到认知因素上来。据美国出版的《心理学年鉴》报道,工程心理学已经从注意分配和内在模式的研究转入严密的智力工程模式和过程控制。自动化逐渐改变了人们手工操作的规则,这种环境要求操作员在操作失误时能及时改变计划,否则会带来难以想象的重大损失。美国三里岛核电站事故就是一个有力的说明,它使心理学家更加注意核工业中人的因素的研究。在员工培训的研究方法上,西方心理学家认为,应该把培训作为工作组织中的一个子系统来看待。在设计培训目标时,可以从组织分析、任务分析和人员分析三方面来进行。而 1983~1987 年发表的有关文献中在评价个人需求方面又增加了人口统计分析(demographic analysis),这使培训需求评估方法更趋完善,一致的看法是,在技术培训中,应该把研究的重点转向认知因素,即人的心智技能的培养。而有关培训需求评估的分析结果还应与实际培训方案的制订联系起来。

2. 苏联的技术培训研究概况

苏联的技术培训心理学研究在总体发展趋势上与西方心理学是一致的。但是,由于与西方在社会制度、研究方法论上的差异,也有其独特的发展历程,其主要成就体现在劳动心理学、教学心理学和近期的工程心理学的研究中。

(1)劳动心理学研究。

早在 19 世纪 80 年代,由于在铁路运输中人员伤亡和物质损失等事故率的急剧增长,俄国心理学家就对决定劳动完成质量的诸因素,如劳动者的心理过程和心理构成要素进行了研究。十月革命后,苏联心理学家对劳动活动、特别是改善生产条件和劳动手段的研究课题十分重视。到 20 世纪 20 年代,在心理技术学的影响下,开展了一系列有关职业选择和技能掌握过程的研究。后来,联共(布)中央对儿童学的批判导致了心理技术学研究机构的关闭。在此情况下,员工培训研究主要在劳动心理学领域进行,当时的中央劳动研究所就人的生物特征和心理特征展开研究,解决了一系列有关培训和劳动活动方式的标准化问题。但是,在培训的指导思想上,由于受行为主义心理学的影响,片面强调对微动作的分析和培养,这显然束缚了培训方法的科学化进程。不过,在 30 年代,一些劳动心理学家也开始研究影响劳动活动的各种条件。这主要包括:是否意识到错误、自我监督的组织、快速操作动作的形成等。研究者特别注意活动整体结构以及意识在操作技能形成中的作用,但这方面还缺乏系统的理论探讨。

(2)教育心理学研究。

从 50 年代开始,苏联的教育心理学家就直接参与了职业技术培训的心理学研究工作。一些智力活动的理论直接应用于职业技术培训,取得了引人注目的进展。学者分别在现代工程师的技术思维、快速生产操作技能、自动化操作活动分析等方面进行了研究,并在研究的指导思想、方法和手段方面进行了探讨,但研究多在实验室进行,其成果还有待于迁移到培训实践中。

(3)工程心理学研究。

苏联工程心理学的发展经历了机器中心论、人类中心论和系统研究三个阶段。在第一阶段，由于受行为主义的影响，分析人机系统时主要注意确定操作活动的"输入"和"输出"特征；在第二阶段，操作员的培训和职业选择等问题成了研究的主要课题，与此相关的研究有：人机交互作用分析、活动的生理、心理和算法分析、操作员的信息分层加工结构、启发式概念等研究。到了第三阶段，由于现代科学技术带来了一些新的活动类型和技术手段，员工培训面临着新的基础研究和应用研究课题。苏联学者认为，目前，一些描述人机系统功能的心理现象、心理过程的数学模型已显得论据不足，而采用传统的生理、心理指标来评价解决问题的及时性、准确性、可靠性和功能状态，也不能满足对人机系统的研究需求。当前的问题是，人机系统的设计者们尚缺乏在计算机讨论系统、自动化系统和人工智能系统中有关人的活动规律的研究资料。苏联学者指出，心理学研究至今尚未涉及自动化系统设计中人的活动类型等问题，也较少注意研究和设计在现代培训系统和训练器方面的教学活动。

3. 我国的技术培训心理学研究

我国的技术培训心理学研究也可划分为三个阶段：

（1）中华人民共和国成立前的研究。

我国早期的职业技术教育开始于清末洋务派开办的船政学堂。1916年，清华学校开展的职业指导是我国注意职业心理的开端。从20年代开始，我国心理学家陆志伟介绍了一些国外工业心理学和劳动心理学的研究成果，同时，也在职业选择、工业安全、职业训练、工作疲劳、工作方法与效率等方面，结合我国的实际情况，发表了一些论述性的文章或著作（陆志韦，1929；吴蕴初，1933；肖孝嵘，1935；潘菽、陈立、陈德培、陈选善，1935；何清儒、周先庚，1936）。当时，由于旧中国工业十分落后，加之各种社会条件的限制，除了在机械业（南口）和纺织业（南通）进行过有关改善工作环境的实地调查之外，没能开展技术培训的心理学研究工作。

（2）20世纪50~60年代的研究。

到了20世纪50年代，由于新中国工业发展的需要，心理学工作者在劳动心理学的研究方面有了长足的进展。1951年，李家治等人参与的对"五一织布工作法"的总结是此方面的最初尝试。此后，他们又进行了运动动力定型的顺序反应、预测运动行程的实验研究，力图探讨技能熟练的生理机制和人对运动物体的知觉规律等问题。同时，在生产实际中先后进行了工业事故的原因分析（李家治、徐联仓，1957）、细纱工培训（陈立、朱作仁，1959）、转炉炼钢工人火锅视觉判断和冲压工操作合理化（中国科学院心理研究所劳动心理组，1959）、技能训练（李家治，1962）、装配流水伐传送带生产中的错误操作的心理学分析（徐联仓，1962）、精密检验的观察误差（彭瑞祥，1962）和飞行能力的预测（荆其诚、林仲贤，1962）等方面的心理学研究。这些研究使心理学在实际应用中发挥了较好的作用，但不够系统和深入，这就难以避免学科发展的局限性。60年代由于我国工程建设的需要，一些学者在铁路灯光信号显示（李家治，1963）、采用言语反应代替运动反应进行操纵（徐联仓，1964）、电站中央控制室信号显示（曹日昌、荆其诚，1966）等方面进行了研究。这些研究与50年代相比，更加系统和深入。不少课题虽然是从实验心理学、工程心理学方面进行的，但均涉及操作者对各种信息的掌握规律，对提高技能培训的科学化水平具有重要意义。这一时期，有关部门还进行了选拔、训练和飞行错觉等航空心理方面的研究。

（3）近年来的研究。

进入80年代，根据我国工业现代化的要求，心理学工作者在提高毛纺产品质量（徐联仓、凌文辁，1981）、降低心理负荷（曹传泳、方俐洛，1983）等方面进行了研究，从工效学角度为培训研究提出了新的思路。有关"车工操作的能力结构"（张厚粲等，1984）强调在培训中，"需要重视有关认知能力的培养和提高"。我国新近开展的计算机心理学研究（王重鸣，1985）也把技能对策列为计算机应用和系统开发各阶段应采取的心理学对策之一。上述观点为开展我国技术培训心理学研究工作，特别是设计培训目标、选择训练重点，提出了一些较好的设想，但研究均未涉及技术培训自身的动态过程。值得注意的是，近年来，随着我国对外技术交流的发展，国外心理学家对中国人力资源培训问题亦十分关注。有人曾就日本的培训和发展模式在华人占76%的新加坡的可行性进行了研究（Putti & Yoshikana，1985），Lindsay 和 Dempsay 1985 年还在我国北京进行了有关商界人士对西方管理技术的可接受性的研究（Lindsay & Dempsay，1985），一些研究结果还提请人们关注中国文化模式在跨文化培训中的独特性作用（Latham & Napier，1987）。由此看来，我国心理学界确实面临着结合中国经济和文化背景，研究现代技术培训心理学问题的迫切任务。

二 发展趋势

从西方、苏联和我国的技术培训心理学研究的发展历程可以看到，各国除了因社会经济发展和文化背景等不同而表现出一些差异之外，它们之间存在着更多的共同特征。从中恰能揭示出国际员工培训心理学研究的发展趋势。笔者认为，这种趋势主要体现在如下五个方面：

第一，由于新技术革命的挑战，员工培训已成为各国心理学研究的重要领域之一。

从西方培训心理学的发展过程来看，心理学家总是顺应当时的社会或经济发展要求来不断调整自己的研究倾向，它客观反映出的总体趋势是，科学技术越进步，人的因素愈显重要，与此有关的培训难度就越大，因而成为心理学家关注的重要领域。而在苏联，重视"人的因素"历来是他们的基本出发点，近年来，此方面的系统研究更有所加强。在新兴的工业化国家和发展中国家，技术引进伴之而来的培训问题也引起了广泛的关注。正因为如此，美国出版的《心理学年鉴》从 70 年代开始专门刊载有关培训心理学的文献综述（Campbell，1971；Goldstein，1980；Wexley，1984；Atham，1988），员工培训已成为国际心理学研究的重要领域之一。

第二，心理学各分支学科的学者纷纷参与培训研究。

由于科学技术的发展对员工培训提出了前所未有的高要求，仅靠某一心理学分支是难以胜任这一研究任务的。从各国研究情况来看，工业心理学、工效学（或称人机工程学）、人事心理学、劳动心理学、教育心理学和实验心理学等领域的学者们均参与了培训研究。目前，培训心理学究竟应划归哪一学科分支，人们的看法固然不尽相同，但是至少可以认为，该领域需要多学科分支专家的参与才有可能取得长足的进展，这值得我国心理学界注意。

第三，培训研究更注重方法学探讨，并不断吸取现代科学技术所提供的新方法和手段。

培训心理学研究经历了"人如何适应机器""要机器适合人""系统研究"的发展过程，这种进步显然要归功于系统理论的影响。西方人事心理学家在培训需求评估方面的方法学探讨，可被视为 60 年代以来的一个成功范例。通过培训需求评估可以明确：需要在组织中的哪一环节（Where）进行培训，有效的培训内容是什么（What），受培者（Who）的原有经验水平如何。近年来，由于微电子技术的发展，计算机辅助教学（CAI）已广泛应用于西方国家的总工培训。汇编栅格法（repertory grid method）也在员工培训中发挥了良好的作用。由于技术培训涉及特殊能力的形成，其教学方法和手段应有别于普通教育，而采用现代科学技术所提供的新手段和方法显然是一种发展趋势。

第四，培训重点逐步转向认知能力。

纵观技术培训心理学研究的发展历程，心理学家们都在自觉或不自觉地进行着技术能力的关键组成要素方面的探索，这可以从他们选择研究课题的倾向性上反映出来：从 20 世纪末至 21 世纪 40 年代，由于机械装置的自动化程度不高，对人的双手操作在速度和准确等方面有较高的要求，研究者更注重探讨有关外显的操作动作的掌握规律。第二次世界大战以后，由于生产设备的综合性和自动化水平的不断提高，技术培训研究的内容更多地转向人的心理因素，并开始探讨生理因素与心理因素的内在关系。进入 80 年代以来，由于新技术革命的成果迅速转化为工业企业的生产力，电子计算机、机器人先后进入各生产领域。根据现代科学技术对劳动者的新要求，一些学者提出了在员工培训中重视认知能力研究的新思路。这方面尚需展开系统的心理学实验研究。

第五，跨文化培训的比较研究是员工培训领域面临的一个新课题。

跨国公司是各国技术交流的产物，它使地域障碍退居次要地位。目前，急需这种比较研究以确定依赖于文化、工作和人的更适于外籍人员的培训方法。目前，发展中国家的培训问题也引起广泛的关注。有的学者指出，要使心理学更具有应用性，它应该出自每一文化自己的研究、实践和检验（Ayman，1981）。人们较为一致的看法是，发展中国家打破不发达恶性循环的最有效方法应是提高本国培训者的素质。

综上所述，当前国际员工培训心理学研究的发展趋势是，随着新技术革命的到来，员工培训心理学已成为一个全球性的研究新领域，不同心理学科分支的学者们纷纷参与研究，目前更注重方法学的探讨，并且更加关注对认知能力形成规律的研究，由于国际技术交流的发展，跨文化培训比较研究亦引起人们的普遍注意。把握住上述发展趋势，对于开展我国的技术培训心理学研究无疑是具有重要意义的。

㊂ 几点设想

通过对国内外员工培训的研究沿革及其发展趋势的分析，笔者认为，我国心理学界，特别是与员工培训研究更有关的管理心理学和教育心理学领域，还很少有人参与这方面研究，这种状况显然落后于国际心理学有关领域的研究进展；同时，与我国当前大力发展职业技术教育和成人教育的社会要求相对照，也是极不相称的。为此，在我国，应当刻不容缓地开展技术培训心理学的研究工作。这里，笔者就开展此方面的研究工作提出几点设想。

第一，技术培训是人的技术能力得以形成和发展的教育活动，对技术能力的理论探讨在整个培训心理学研究中应居于主导地位，应从现代科学技术进步与人的相互关系出发，探讨人在现代劳动活动中的地位和作用、技术培训的新特点以及劳动者技术能力结构各要素由于生产设备自动化程度的提高，在相互关系上的新变化，从而确定培训的战略重点，为培训体制的变革提供心理学依据。

第二，开展系统的培训方法学研究。随着人机系统的日趋复杂化，对培训提出了新要求，心理学研究要适应这种变化，必须展开系统的方法学探讨。从实验场所而言，这涉及实验室实验到现场研究的多环节系列，这里，既要深入研究其实验设计，也要根据现场要求进行准实验设计。此外，有关培训需求评估、模拟装置的研制、专家决策的功能模拟、电化教学设备和计算机技术的应用、培训的教材结构和教学过程的设计、课堂教学与生产现场的迁移问题、班级培训和个别化培训的方法问题、培训效果的综合考评等问题都需要从整体出发，全面规划，进而进行系统的方法学探讨。

第三，开展人力资源培训与发展的系统研究。我国是一个劳动力资源丰富的大国，在劳务市场调节、职业介绍、技术工人交流和农村劳务输出、培训制度与劳动工资制度的相互配套等方面均面临着不少独特的且有待解决的问题，这些都是急需研究的心理学课题。

第四，开展培训心理学的跨文化比较研究。目前，随着中外科学技术的广泛交流，国外培训模式的陆续输入，如联邦德国的"双元制"和国际劳工组织的 MES 模块式培训方法。因此，亟待开展与此有关的跨文化比较研究。此外，我国心理学工作者在组织管理领域近年来已开展了不少跨文化比较研究工作，并取得了一定的成效，而当这些成果转化到组织管理者培训活动中时，也将面临一些培训心理学问题。

参考文献

［1］Ayman, I. Psychologists in Developing Countries ［J］. Applied Psychology, 1981, 30 （3）：401-408.

［2］Campbell, C. Toward a Sociology of Irreligion ［M］. Macmillan International Higher Education, 1971.

［3］Goldstein. Training in Work Organizations ［J］. Department of Psychology, 1980 （31）：229-272.

［4］Lindsay, C. P., & Dempsey, B. L. Experiences in Training Chinese Business People to Use US Management Techniques ［J］. The Journal of Applied Behavioral Science, 1985, 21 （1）：65-78.

［5］Latham, G. P., & Napier, N. Chinese Human Resource Management Practices in Hong Kong and Singapore ［R］. Int. Personnel and Hum. In Resource Manage. Conf., Singapore, December.

［6］Manzer, C. W. An Experimental Investigation of Rest Pauses （No. 90）. Columbia University.

［7］Naymark, J., & Blacker, F. Training, Education, and Culture：Observations on the Theory and Practice of Training in Developing Countries ［J］. Social Psychology and Developing Countries, 1983：87-97.

［8］Putti, J. & Yoshikawa, A. Transferability-Janpanese Training and Development Practices, Singapore, 1984：300-10.

［9］曹日昌，李家治，荆其诚，等. 对弱电集中控制电站信号显示的工程心理学意见 ［J］. 心理学报，1966 （1）：27-58.

［10］陈立，朱作仁. 细纱工培训中的几个心理学问题 ［J］. 心理学报，1959 （1）：42-50.

［11］亨德著，陆志韦. 普通心理学 ［M］. 北京：商务印书馆，1929.

［12］何清儒. 如何推进家事教育 ［J］. 教育与职业，1936 （1）：15-20.

［13］荆其诚，林仲贤. 关于飞行能力的心理学预测问题 ［J］. 心理学报，1962 （3）.

［14］李家治. 工业事故原因的初步分析 ［J］. 心理学报，1957：184-193.

［15］李家治. 技能训练的几个问题 ［J］. 心理学报，1962 （1）：42-50.

［16］李家治. 闪光信号的语义干扰 ［J］. 心理学报，1963 （3）：165-174.

[17] 彭瑞祥. 精密检验的观察误差的原因分析 [J]. 心理学报, 1962 (4): 292-304.

[18] 王重鸣. 管理与工程心理学研究的新趋势 [J]. 外国心理学, 1985 (4): 31-34.

[19] 徐联仓. 苏联心理学研究中值得注意的两个动向 [J]. 自然辩证法研究通讯, 1964 (1): 39-42.

[20] 徐联仓. 刺激与反应配合的适合性与对水平排列信号的言语反应和运动反应特点的关系 [J]. 心理学报, 1964 (4): 320-330.

[21] 徐联仓, 凌文辁. 提高毛纺产品质量的工效学研究 [J]. 心理学报, 1981 (4): 430-439.

[22] 张厚粲, 张树桂, 田光哲. 车工操作的能力结构 [J]. 职业教育研究, 1984 (6): 19-28.

[23] 中国科学院心理研究所劳动心理组. 改进冲压工操作方法的初步研究 [J]. 心理学报, 1959 (1): 51-56.

高级技工诊断生产活动的认知策略的汇编栅格法研究*

时　勘　徐联仓　薛　涛

【编者按】《高级技工诊断生产活动的认知策略的汇编栅格法研究》一文是我的博士学位论文核心内容之一，发表于 1992 年第 3 期《心理学报》。记得 20 世纪 80 年代末期，我先后接待了苏联心理学家巴拉班希科夫、赞可夫斯基和戈尔巴乔夫的夫人赖莎访问北京，他们都对参观手表企业表现出强烈的兴趣。后来才知道，手表企业属于精密仪器加工行业，对自动生产线上工人的心智技能，即认知技能具有更高的要求。而我们在北京手表厂研制了一个智能模拟器，可以演示生产活动中的各种故障，后来还获得了技术专利。这些苏联心理学家之所以要去北京手表厂看一看，是因为他们在莫斯科手表厂也做相同的"智力动作按阶段形成"的实验，想了解中国同行在训练中是否有什么秘密武器。其实，我在北京手表厂的实验研究更主要是利用智能模拟器的外显功能，通过口语报告实验来揭示专家在生产活动中的决策经验，这个模拟器只是一个实验工具。在 1988 年夏天，徐联仓老师的一位研究生邵阳从德国学成回来，带来了 Kelly 分析人格特征的 Ingrid 测试软件，我当时就和硕士生同学王新超商议，能否把这种分析方法用于手表生产线心智技能的形成规律，以便聚焦于高级技工（专家）诊断人机系统生产活动的认知特征，并以此作为复杂技能教学的依据，来提高受训技工的胜任能力。为了客观、明晰地揭示出存在高级技工（专家）在长期的生产过程中形成的诊断人机系统活动的认知地图，我们决定采用 Kelly、Slater 等创拟的汇编栅格法（Repertory Grid Method），对高级技工诊断生产活动进行元素与结构的特征分析。具体做法是，将元素和结构按纵、横向排开，形成 9×12 的栅格矩阵，然后采用 Slater 编制的 INGRID 程序，绘制出高级技工的认知地图。我们通过分析被试的认知地图的对比发现，高级技工（专家）之所以能迅速、准确地诊断人机系统的生产活动，是因为头脑中存在具有共性特征的认知地图，这对于他们的诊断决策起到了导向作用。为了探讨这种认知策略对一般操作工复杂技能教学的可行性，我们以北京手表厂夹板类零件加工生产线 60 名操作工为被试，进行了对比培训实验，培训后考核结果表明，采用了汇编栅格方法成果的实验班取得了明显优于控制班的成绩。研究还证明，汇编栅格法不仅在揭示未知的认知结构方面是切实可行的，而且作为一种评估和训练技工复杂技能的手段，也具有可观的应用前景。在试点培训成功之后，我们又将成果推广至制糖、造纸、制笔、眼镜制造、车工、汽车驾驶、石油、钻井等行业，推广实验均证明了其普遍的适用价值，取得了明显的经济效益和社会效益。本研究已先后获得 1992 年国家教委全国优秀图书

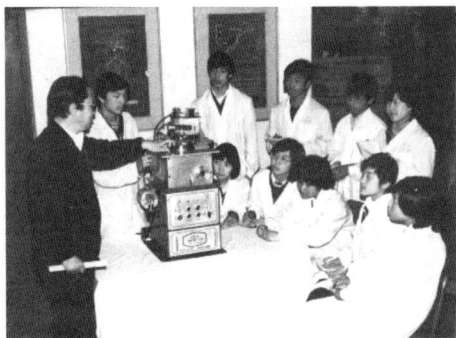

＊　本研究得到了北京手表厂的大力支持，特致谢忱。

二等奖、1993 年度国家轻工业部科学技术进步二等奖、1999 年国防科工委科学技术进步二等奖，研制的智能模拟器作为技术专利载入了 1992 年《中国技术成果大全》，而心理模拟教学模式被亚太经济合作组织列为亚太地区样板培训模式。（时勘）

　　摘　要： 本研究采用汇编栅格法探讨了高级技工（专家）诊断人机系统生产活动的认知策略，结果表明：第一，在高级技工的认知结构中，存在对多因素交互作用下复杂情况进行诊断的认知地图，它以特定方式组合着常见的问题类型和原因特征，是制约技工复杂技能教学成效的关键要素。第二，汇编栅格法是对人机系统中专家的认知结构进行功能模拟的一种有效方法，它不仅在揭示未知的高级技工认知结构时，以其直观的投射方式提供专家启发式策略的新信息，而且在培训和评估复杂技能方面具有可观的应用前景。

　　关键词： 汇编栅格法；高级技工；认知地图；认知策略；元素；结构

一　问题

　　随着工业自动化程度的不断提高，技工需要掌握更高水平的复杂技能，因此，复杂技能教学已成为近年来员工培训、工程心理学等领域的一项重要课题。目前，同类研究的主要发展趋势是揭示高级技工（专家）诊断人机系统生产活动的认知特征，以此作为复杂技能教学的依据，达到提高受训技工胜任能力之目的[1-4]。目前研究存在的问题是，对专家口语报告分析所揭示的智力活动模式尚难以概括其问题解决的特征，因为专家进行因果决策分析时，问题与原因之间有时是"非此即彼"的关系，有时则是"亦此亦彼"的关系[5]。Kelly（1955）在研究个性结构时曾提出，每个人在探索周围环境的过程中，必然会形成他对于外界的认知地图，它指导着个体对外界的看法和行为。如果了解了一个人的认知地图，便可以预知他的行为，还可以通过改变认知地图来改变他的态度和行为[6]。为了客观、明晰地揭示出存在于人脑的这种认知地图，Kelly、Slater 等创拟了汇编栅格法（Repertory Grid Method），并在组织发展、市场研究等方面取得了成效[7]。徐联仓、邵阳等已在"明日管理者"的国际比较研究中进行了尝试。① 不过，这种方法至今主要用于人格和态度的研究。本研究的假设是，高级技工（专家）在长期的生产过程中也会形成诊断人机系统活动的认知地图，它指导着人的诊断与决策。据此，本研究试图将汇编栅格法引入对高级技工诊断生产活动的特征分析，为揭示专家的认知策略提供心理学依据。

二　方法

1. 被试

　　5 名从事手表加工工艺的高级技工。性别：4 男 1 女；年龄：42~51 岁，平均 46.8 岁；从事手表夹板类零件加工工艺的工龄 20~27 年，平均 24 年，他们都属于该行业的专家。

---

　　① 邵阳. 明日的管理者研究——中国部分［D］. 中国科学院心理研究所硕士学位论文，1988.

6 名 Z-14 机床操作工[①]。均为男性；年龄：25~29 岁，平均 26.3 岁；本岗工龄：7~12年，平均 8.33 年；技术级别 3~5 级，平均 3.83 级；文化程度均为高中。

2. 过程

Kelly 认为，认知地图包括两种要素：第一种是元素（element），即人们认识的客体，好像地图上的城市和村庄；第二种是结构（construct），即人们用于衡量元素的某种倾向性，它是观察世界的透镜，好像地图上的方向[6]。本研究提出，在高级技工诊断生产活动的认知地图中，元素就是生产活动中常见的问题；而产生这些问题的原因则是结构，它们对人的诊断活动起着关键的导向作用。据此，本研究的实施过程如下：

第一步，引出元素。

根据对多位联动机操作岗位生产活动的职位分析结果和对高级技工的访谈，引导出夹板类零件加工中常见的 9 个问题，即元素：

Ⅰ. Φ——直径尺寸；　　　　　　Ⅵ. ⊕——位移度；

Ⅱ. h——高低尺寸；　　　　　　Ⅶ. ⊥——垂直度；

Ⅲ. ○——圆度；　　　　　　　　Ⅷ. ∥——平行度；

Ⅳ. □——平面度；　　　　　　　Ⅸ. √——光洁度。

Ⅴ. ◎——同心度；

第二步，引出结构。

Kelly 采用"三项选择法"，即从上一步骤中得到的各个元素，分别写在一张卡片上，然后，从这些卡片中每次随机抽取三张，呈现给被试，让其挑出一个不大合群的，并说明原因，这些原因就是结构。本研究在采用此法时，还参考了有关高级技工口语报告内容和评判趋势的统计结果，从而揭示出产生上述问题（元素）的 12 种原因，即结构，它们是：

（1）刀轴调整不当，未夹紧刀具；

（2）动力头定位松动；

（3）工作台进给系统误差；

（4）分度机构磨损或垫有脏物；

（5）工作板表面（均匀或不均匀）磨损；

（6）工作板表面有脏物；

（7）三基准销、孔配合不好；

（8）夹头装夹不正；

（9）刀具磨损；

（10）刀具后角偏小；

（11）坯料底面有脏物或压伤；

（12）坯料材质不好。

第三步，建立栅格。

将前两个步骤得到的元素和结构按纵、横向排开，形成 9×12 的栅格矩阵，从而建立了因果分析调查表（参见附录一）。

---

① Z-14 机床是夹板零件加工工艺中有代表性的一种多工位联动机床。

第四步，问卷调查。

以所建立的因果分析调查表为问卷，分别调查 5 名高级技工和 6 名操作工。在问卷调查中，要求被试用结构来对元素逐项评分，从而进行多因素交互作用的因果分析。评分采用五点法：

5 分——原因非常符合，且生产中常见；

4 分——原因基本符合，且生产中常见；

3 分——原因符合，且生产中能见到；

2 分——原因勉强符合，且生产中少见；

1 分——原因不符合或生产中没有见到。

当被试填写完个人调查表后，要求 5 名高级技工经共同讨论，集体填写一张调查表，以此作为综合评估的结果。

第五步，结果处理。

用计算机进行结果处理。采用 Slater 编制的 INGRID 程序。该程序是专用于个人栅格分析的，可对调查结果做因素分析和主成分分析[7]。然后，根据计算机输出的主成分分析结果，以主成分 1 为横轴，主成分 2 为纵轴，以各元素、结构在主成分上的得分为坐标，就可以确定各元素和结构的位置，从而绘制出被试的认知地图。

三　结果与分析

1. 主成分分析

INGRID 是专用于对个人认知地图进行分析的计算机软件。我们采用该程序对调查问卷分别进行了统计、处理，获得了每位被试的主成分分析结果（见表 1）。

表 1　主成分分析结果比较

被试编号	高级技工组		被试编号	操作工组	
	主成分 1	主成分 2		主成分 1	主成分 2
1	2, −7, −8	−1, 5, 11	1	−6, −9, −10	−1, −3, −4
2	−2, −4, 9	−5, −6, 11	2	−7, −8, 5	1, 3, −9
3	−2, −7, 9	−1, 5, −6	3	−3, 4, 7, 8	−1, 5, 6
4	5, 6, 11	2, −8, 9	4	−1, 2, −11	−2, 8
5	−2, −4, −7, 9	−1, 5, 6, 11	5	5, 11	4
综合	2, 4, 7	5, 6, 11	6	−5, 7	−1, −3, 7

在表 1 中，主成分 1 和主成分 2 是根据被试回答中主成分空间百分比最大的两个主成分而依次确定的。在每位被试的主成分 1 和主成分 2 的栏目里，都列出了得分绝对值较高的结构编码。如果一个结构在某主成分上得分较高，则说明这个主成分中较多地含有这个结构的意思。例如，表 1 中高级技工组的 1 号被试，其主成分 1 就更多地含有 2、7、8 号结构的意

思。关于结构编码前标示的负号，则表示在该主成分中含有这个结构的意思，但考虑问题的倾向性（方向）不同。所以，在确定主成分的含义时，首先应注意它所包含的结构编码，然后要考虑编码的符号。从表1所示的结果可以看出，高级技工组各被试之间在主成分中包含的结构编码比操作工组更具有一致性。这一点在5名高级技工经讨论而共同进行的综合评估结果（主成分1：2，4，7；主成分2：5，6，11）上体现得更为明确。而操作Ⅰ组各被试之间，在主成分所包含的结构编码则没有一致性。这说明，在人们分析人机系统活动中，由于诊断对象及其所表现出的动态特征具有客观的共性规律，正确的决策往往具有共同的特征，而不正确的诊断则特征各异。可以认为，高级技工（专家）正是由于较好地把握了人机系统生产活动的这种主要的和共同的特征，因而在诊断决策时才可能表现出一致性。这一点与Kelly有关认知地图的论述是相吻合的。从表1所示的情况也可以看出，在高级技工们的因果决策分析中，由于个体经验和思维特征的差异，即使都能正确地解决问题，但在倾向性上还存在着一定的差异。例如，高级技工组的4号被试，与其他被试的分析结果相比，主成分1和主成分2所包含的结构要素的内容正好交换了位置，不过，大致趋势还是一致的。还须指出，表中标有负号的结构要素主要强调与未标负号的结构相对应的原因特征。例如，表1中结构2表示"动力头定位松动"，而结构2虽然也从这方面因素考虑，它表示的则是与之对应的"坯料位置偏移"等因素。可见，高级技工们在诊断生产活动时从总体布局上有较大的一致性，但决策的倾向性仍存在个体差异。由于高级技工们的综合评估结果更能反映专家认知模型的特征，我们对综合评估的两个主成分分别进行了命名。

主成分1：它包含有"动力头定位松动"（2）、"分度机构磨损或垫有脏物"（4）、"三基准销、孔配合不好"（7）等几种结构要素（原因）。我们可以把它们命名为"刀具系统与零件系统在水平方向的偏移"。

主成分2：它包含有"工作板表面（均匀或不均匀）磨损"（5）、"工作板表面有脏物"（6）、"坯料底面有脏物或压伤"（11）等结构要素（原因）。我们可以把它们命名为"刀具系统与零件系统在垂直方向的误差"。

2. 认知地图的绘制与分析

根据INGRID的输出结果，我们绘制出了所有被试的个人认知地图和反映高级技工组综合评估结果的认知地图。我们的绘制方法是：以主成分1为横轴，以主成分2为纵轴，两者交于原点，形成图的框架。然后，以每个元素（加工中的问题）在主成分1和主成分2上的得分为坐标，就确定出该元素的位置。当9个元素的位置确定后，再根据输出结果中提供的各元素间的距离，把分布距离达到0.5（r）的元素用线段连接起来，最后，用虚线将具有这种连线关系的元素的范围勾画出来。在认知地图的外圈上，也根据12个结构要素（原因）在主成分1和主成分2上的得分为坐标，通过与原点的连线，在外圈上标出结构的位置。据此，就绘制完成所有被试诊断生产活动的个人认知地图，并绘制出反映高级技工组综合评估结果的认知地图。

从5名高级技工的个人认知地图来看，在各元素的位置分布上具有明显的一致性：同心度（◎）和位移度（⊕）与主成分1（横轴）更加接近；而直径尺寸（Φ）、高低尺寸（h）和光洁度（√）与主成分2关系更为密切。这种趋势反映在高级技工组综合评估结果的认知地图（见图1）上，显得更为明确。而6名操作工的个人认知地图则特征各异，难以揭示出上述规律。

通过对不同层级被试的个人认知地图的对比分析，可以认为：

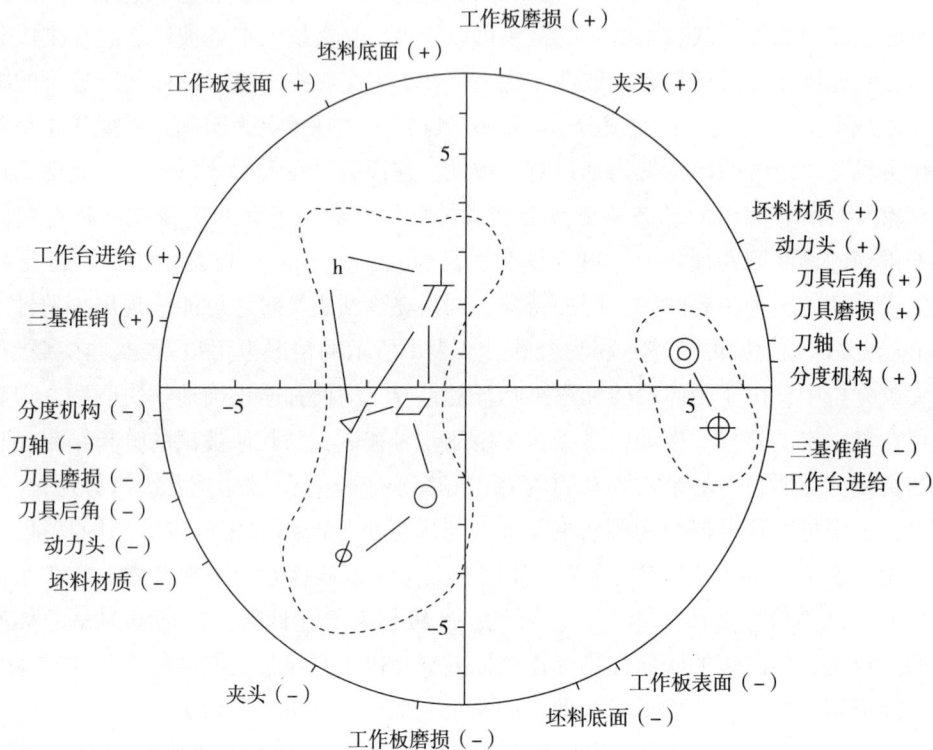

图 1　高级技工诊断加工活动的认识地图

第一，高级技工（专家）之所以能迅速、准确地诊断人机系统的生产活动，其头脑中存在具有共性特征的认知地图，有关生产活动的概念、规则按特定方式组合，对他们的诊断决策起导向作用。

第二，从认知地图的构成来看，高级技工的认知结构中都存在着针对特定生产活动的最主要的问题类型和原因特征。从各元素、结构的排列位置可以看出它们存在明显的主次关系。也就是说，在某些情况下，高级技工并没有逐项去考虑各种问题及其原因，而是凭借认知地图中的主要内容就进行模糊评判或直觉思维，并能正确决策。可见，高级技工具有正确的认知结构是他们遇到"亦此亦彼"的复杂情况时能果断决策的关键所在。

3. 培训前后的认知地图对比分析

为了验证本研究有关高级技工认知模型的上述特征，并初步探讨这种认知策略对一般操作工复杂技能教学的可行性和成效，我们将高级技工组的认知地图提供的诊断策略，结合Z-14 机床的培训需求，编制出该工序常见问题因果分析表（见表 2）。

培训实验以北京手表厂夹板类零件加工生产线 60 名操作工为被试，由生产主管部门按照同一岗位操作工轮换培训方式分班。本研究的 6 名 Z-14 机床操作 Ⅰ，Ⅰ、Ⅱ、Ⅲ号被试编入控制班；Ⅳ、Ⅴ、Ⅵ号被试编入实验班。统计结果表明，两班操作工在性别、年龄、本岗工龄、技术级别、文化程度、机械操作能力和专业知识测验等指标方面均无显著差异。①

在对比培训实验中，控制班采用常规培训方法，实验班则在培训内容、培训时间对等的

---

① 时勘. 现代技工培训心理模拟教学研究［D］. 中国科学院心理研究所博士学位论文，1990.

前提下，运用心理模拟教学方法，让学员掌握高级技工（专家）认知地图所反映的诊断策略，如表 2 所示的常见问题因果分析表就是必须掌握的诊断模块。培训后考核结果表明，实验班（$\bar{x} = 81.30$ 分，$S = 7.60$，$SE_{D\bar{x}} = 1.39$）取得了明显优于控制班（$\bar{x} = 70.07$ 分，$S = 8.32$，$SE_{D\bar{x}} = 1.52$）的成绩（$p < 0.001$），而且这种差异主要来自有关心智技能的考核项目。

表 2　常见问题因果分析

加工结果	原因分析
⊕：槽位偏移 ◎：台阶槽下同轴	1. 三基准销磨损，三基准孔大或坐标超差； 2. 分度机构与滚子有脏物； 3. 动力头位置调整不当
h：槽深浅尺寸不稳定	1. 进给系统动作不稳定，因受温度和跑车时间等因素的影响； 2. 工作台进给动作不正确，为液压系统故障或无慢进给； 3. 工作板磨损或沾有脏物，螺丝松紧不一； 4. 坯料底面有毛刺、压伤或脏物
Φ. 槽径尺寸不稳定	1. 刀轴径跳，润滑不当而磨损，或调整过松； 2. 夹头不正； 3. 坯料材质不好； 4. 刀具不合格
√表面粗糙度超差	1. 刀具未及时刃磨； 2. 刀具材质欠佳； 3. 坯料材质不好； 4. 进给系统无慢进给
□：加工面与底面 ∥：不平行	1. 工作板制造不合格； 2. 紧固螺丝松紧不一； 3. 坯料底面有毛刺、压伤或脏物

此后，我们对曾参加过因果分析调查，且培训前获得他们的个人认知地图的 6 名操作工，在对比培训后再次进行了因果分析调查，并应用汇编栅格法绘制出他们的个人认知地图（参见附录二）。

在附录二的 6 个认知地图中，Ⅰ、Ⅱ、Ⅲ代表控制班操作工；Ⅳ、Ⅴ、Ⅵ代表实验班操作工。我们以高级技工组的认知地图（见图 1）为参照标准，来分析对比培训前后操作Ⅰ个人认知地图的变化趋势。从控制班的个人认知地图来看，对比培训前后各元素的构成位置虽有一些变化，但仍难寻出其共同规律；与专家的认知地图相比较，尚存在明显的不一致性。从实验班的个人认知地图来看，其水平方向位移的两个元素（◎、⊕）在对比培训后，与垂直方向变化的其他元素之界面已比较明晰。各被试在元素位置分布上虽然还存在差异，但却共同表现出与专家的认知地图（见图 1）在构成方式上明显接近的趋势。上述对比分析的结果说明：

首先，实验班操作工的复杂技能教学之所以取得明显优于控制班的成效，主要是由于培训突出了对作为认知能力的心智技能的训练，而培训内容和方法是依据汇编栅格法的研究结果设计，因此，实验班的培训效果主要是由本研究的实验处理带来的。

其次，实验结果初步验证了高级技工（专家）的认知地图不仅客观存在，而且依据它所揭示的诊断策略编制的培训材料还有助于提高技工的复杂技能，因此，它也是可操作的。

最后，应用汇编栅格法揭示的认知地图，作为评价技工认知水平的客观手段，不仅取得了与其他考核项目互为验证的一致结果，而且为分析被试的认知特征提供了不少新的信息，为解释现场准实验研究的某些复杂的因果关系提供了依据。此外，研究者曾与手表行业专家们采用认知地图来分析不同被试的技能培训成效，专家们使用该手段后认为，这种认知地图能够从生产活动中多因素交互作用的动态角度，直观而生动地反映人的认知差异。这些复杂情况在生产过程中经常遇到，但却难以用适当方式清晰地表达出来，而认知地图则是一种有效的手段。看来，汇编栅格法作为对人机系统中专家认知结构进行功能模拟的一种新方法，不仅在揭示未知的认知结构方面是切实可行的，而且作为一种评估和训练技工复杂技能的手段，也具有可观的应用前景。

四　小结

第一，本研究结果表明，在高级技工（专家）诊断人机系统生产活动的认知结构中，存在着对多因素交互作用下复杂情况进行诊断的认知地图，它以特定方式组合着常见的问题类型和原因特征，是制约技工复杂技能教学成效的关键要素。

第二，汇编栅格法是对人机系统中专家的认知结构进行功能模拟的一种有效方法，它不仅在揭示未知的高级技工认知结构时，以其直观的投射方式提供专家启发式策略的新信息，而且在培训和评估复杂技能方面具有可观的应用前景。

参考文献

［1］АнуфриеВ А. Ф. Психологическне вопросы иэучения профессионаɭной деятеɭности наладчка，《Дсихологические проблемы профессионаɭьного учения》. Иэд. Моск ун-та，1979.

［2］Latham，G. P. Human Resource Training and Development，Ann. Rev，Psychol，1988.

［3］Wickens，C. D.，Kramer，A. Engineering Psychology，Ann Rev. Psychol，1985.

［4］Галактионов А. И. Инженерная психология：《Тенденции раэвития психологической науки》，Подред. Ъ. Ф. Ломова и Л. И. Анцы，М. Нэд《наука》，1989.

［5］Rouse，W. B. A Model of Human Decision Making in Fault Diagnosis Tasks That Include Feedback and Redundancy，IEEE Trans. Syst. Man，Cybern，9：1979b.

［6］Kelly，G. A. The Psychology of Personal Constructs，Norton，1955.

［7］Smith，J. M. An Introduction to Repertory Grids-part Two：Interpretation of Results. In Graduate Management Research. London，1986.

附录

附录一　多工位联动机操作工因果分析调查表

姓名＿＿＿＿年龄＿＿＿＿岁　本岗工龄＿＿＿＿年　工种＿＿＿＿文化程度＿＿＿＿填表时间＿＿＿＿年＿＿＿＿月＿＿＿＿日

常见毛病（元素）＼主要原因（结构）	刀轴调整不当未夹紧刀具	动力头定位松动	工作台进给系统误差	分度机构磨损或垫有脏物	工作板表面均（均匀不均匀）磨损	工作板表面有脏物	三基准销孔配合不好	夹头装夹不正	刀具磨损	刀具后角偏小	坏料底面有脏物、压伤	坏料材质不好
Φ——直径尺寸（槽孔，桩）												
h——高低尺寸（槽孔，桩）												
○——圆度（槽孔，桩）												
□——平面度（槽底面）												
◎——同心度（槽孔，螺孔）												
⊕——位移度（槽孔，凸台）												
⊥——垂直度（槽孔，凸台）												
∥——平行度（槽底面，孔端）												
√——光洁度（毛刺、波纹、凸起）												

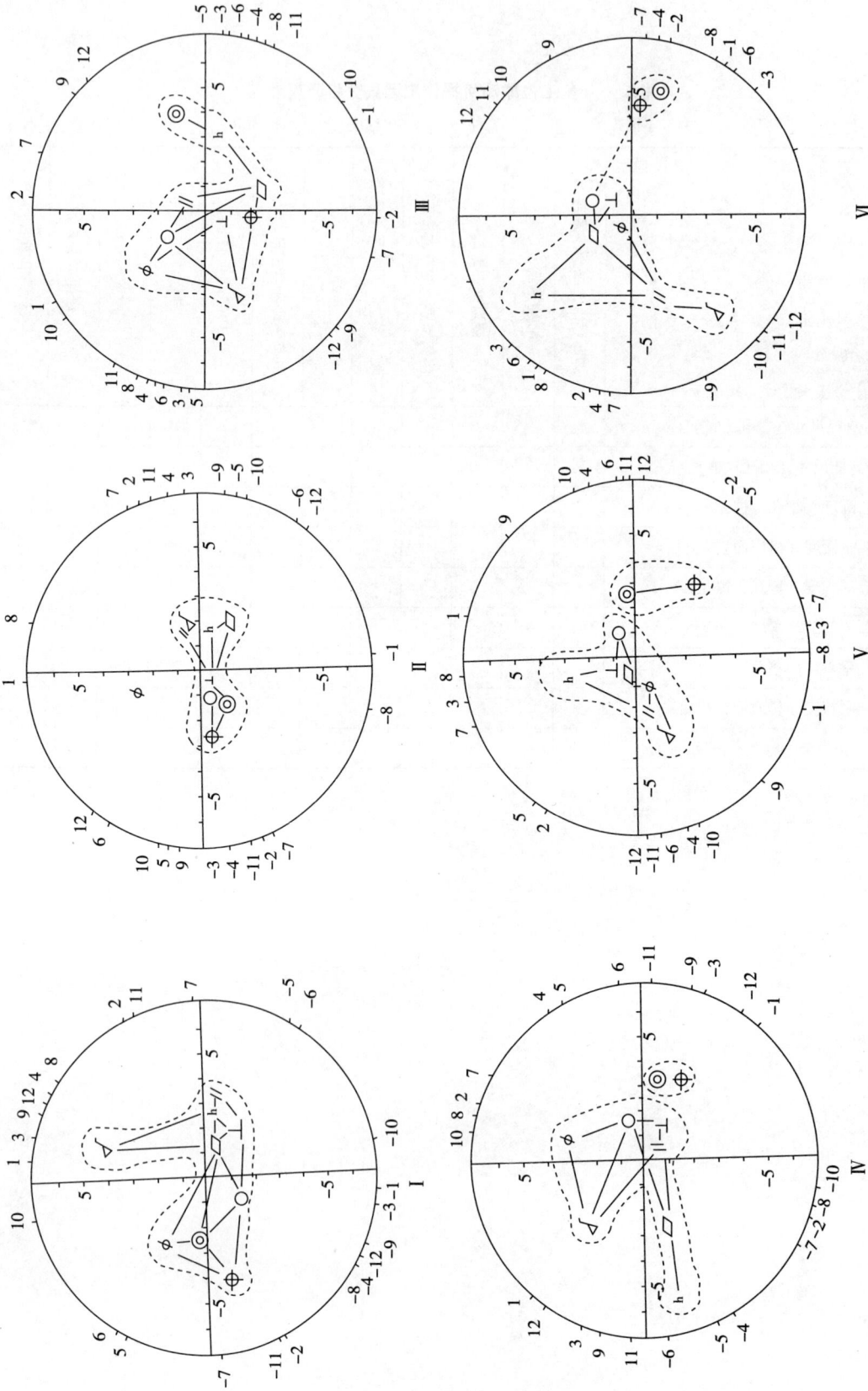

附录二 对比培训后操作 I 的认知地图

A Repertory Grid Method Study on Cognitive Tactics of Senior Technicians

Shi Kan　Xu Liancang　Xue Tao

Abstract：In this study the cognitive tactics of senior technicians in manmachine system was proposed using repertory grid method，It was found that：①In the cognitive structures of senior technicians there are cognitive maps which can diagnose the complex factors，and the cognitive maps made up of breakdowns and cause characteristics with specially designated patterns. They are crucial effects in the training of complex skill. ②The repertory grid，method is an effective method in functional simulation of experts' cognitive structures. This method not only gives new information on the experts' heuristic tactics with its objective projection，exploring the unknown cognitive structures，but also has impressive applied prospects in the training and assessment of complex skill.

Key words：repertory grid method；senior technician；cognitive map；cognitive tactics；element；construct

学生适应性动机模型的初步研究 *

时　勘　王文忠　孙　健

【编者按】时老师是我大学（北京师范大学心理系，1984—1986）的辅导员，他考入中国科学院心理研究所潘菽教授的博士研究生后，又激励我报考心理所的研究生，后来我果然如愿考上了心理所方富熹老师的研究生。时老师在心理所留所后，我也硕士研究生毕业留所工作。在整个学习和工作期间，时老师都给予了我非常宝贵的指导和关照。记得美国密歇根大学的马丁教授来所访问时，他就带着我去见了美国教授。我们共同讨论了在中国开展中学生的成就动机的研究设想。这时，我被马丁教授特别关注学生的成长过程，而并非仅仅重视结果的思想深深地打动。此后，在时老师的鼓励下，我们根据马丁教授的理论，开展了实证调查研究工作。后来，很快发表了与成就动机相关的一系列文章。此次《时勘博士心理学文选》中选编的"学生适应性动机模型的初步研究"一文，刊载在1995年《心理与教育》杂志上，就是利用我们编译马丁教授的成就动机问卷，在北京的几所普通中学和职业高中开展的一个横向比较的研究结果。我们在研究中发现，学校的环境氛围与学生的目标系统、心态状态和采用的学习策略存在着非常重要的联系。如果学校领导重视学习的过程，强调在学习中的探索精神，学生也自然会重视过程，并有意识地采用深度加工策略，这样，还可以降低学习中的焦虑程度；反之，如果学校领导强调结果，比如考试成绩和班级里的排位，学生们在这种氛围下，也会重视外在表现和相互比较，这样，学生的焦虑程度显然就会增加，学生们就会采用一些利于表现自我的加工策略。20多年后，我再来看1994年的这个研究，仍能够发现，这种思想对于学生的个人成长，乃至学校教育改革均具有重要的启发意义：天道酬勤。个人成长，要只问耕耘，不问收获！我认为，学校作为育人单位，如果能够重视学生目标系统的培养，不仅能降低学生的焦虑程度，促进他们的深度加工策略的应用，学校的业绩自然也不会差。近年来，我主要致力于动力沟通理论的研究和实践，在此方面的研究成果获得了业界一些认同，并在社会上得到一些积极反馈。今天想来，我和时老师当年在成就动机方面的探索和获得的启迪，尤其马丁教授提出的这个符合中国传统文化的"只问耕耘，不问收获"的成就目标系统，似乎对于动力沟通理论的产生和发展也具有一定的影响。我能够在灾后心理援助的过程中，在跟来自全国各地的志愿者一起开展工作的过程中，提出动力沟通理论与技术，并跟团队一起不断提升和完善这个理论，应该和时勘老师当年和我平等的学术交流所获得的启示有关。在这段编者按即将落笔之时，我完全有必要表达一下自己的心声：感谢在本科学习期间作为辅导员的时勘老师，感谢在心理所学习和工作期间作为同事和领路人的时勘老师！（王文忠，中国科学院心理研究所研究员，沟通研究中心主任，动力沟通理论与技术流派的创始人和倡导者）

---

* 本研究得到了清华大学附中，北京市第二十五中、黄庄高级职业中学和北京经济学院师生的支持，特此致谢。

摘　要：采用"适应性学习模型问卷"调查了北京市三所中学和一所大学431名被试，结果表明：①在学生的成就动机系统中存在两组目标，第一组是掌握目标；第二组包括业绩目标、成人赞扬目标和消极同伴赞扬目标。前者与适应性行为（如深度加工策略、对学校的积极情感、对学校和班级的归属感等）有非常显著的相关，后者与非适应性行为（如学业焦虑、回避努力和自我价值保护等）有非常显著的相关。②学校的文化环境比学校的类型、性质在学生的目标定向中有更大的影响；若学校强调任务目标，学生则采用掌握目标定向，表现出适应性行为；若环境（学校、家庭）过于强调业绩表现、能力比较，学生的目标定向则会追求赞许，表现出非适应性行为。③本研究初步提出了青少年适应性学习模型的构思并指出了进一步研究的可能方向。

关键词：适应性动机模型；掌握目标；业绩目标

一　引言

在成就动机的研究中，人们发现有两种不同的成就动机模型[1]，即适应性动机模型和非适应性动机模型（Adaptive model & Maladaptive modle）。适应性动机模型的特征是寻求挑战，面对困难有较高的有效的坚持性。表现出这种动机模型的孩子，在完成任务的过程中，对付出的努力本身感兴趣；非适应性模型的特征是避免挑战，面对困难时坚持性较低。表现出这种模式的孩子倾向于获得他人的好评，避免消极的后果（如焦虑），当他们遇到困难时倾向于避免消极的自我认知。

儿童为什么会表现出两种不同的成就动机呢？最近一系列关于目标系统的研究为解释儿童的行为提供了广泛的论据。许多研究者建构了不同的成就目标系统，并把目标对个体的影响从情感、认知和动机等方面进行了解释[2-6]。研究者发现，儿童存在两种目标，即业绩目标和掌握目标，业绩目标强调把自己的能力与他人比较，获得高的评价或避免低的评价，然而掌握目标则强调能力的发展、对任务的完成和自己的进步。大量的研究表明业绩目标容易引起非适应性动机模型，成就目标能引起适应性动机模型。

掌握目标和业绩目标的不同是学生不同行为和成就的重要原因，但不是唯一的原因。在学校中的学习是在种种复杂的社会关系中进行的，即各种社会目标。如要得到父母、教师和同伴的赞许，对学生可能有显著的影响。[2]因此应当考虑在影响成就的因素中包括社会目标。所谓社会目标，就是学生对自己与社会的关系的期望，它包括社会赞许目标（得到父母、教师和同伴的赞许）、社会交往目标（与同伴交往、亲密的需求、从众等）。另外，有人发现组织对个人的目标系统具有明显的影响[2][7]，例如Maehr和他的同事发现学校的目标定向（即学校强调什么）对个体有一种刺激或压力，从而影响了个体的目标选择，也影响个体的动机模型。

青少年期（即中学生和大学低年级学生）是人一生中心理紧张加剧且十分脆弱的年龄阶段。进入20世纪90年代以来，由于高技术的发展及其成果广泛应用的影响，社会竞争的因素正日益增长。社会竞争带来的紧张会加剧青少年的心理紧张，导致动机目标定向的负面变化和非适应性行为，若不采用相应的对策，青少年将难以适应竞争日益加剧的未来生活。基于上述理由，作者与美国密歇根大学教育学院的Maehr教授合作，采用Maehr教授等设计的"适应性学习模型调查表",经过修订,对中国学生进行初步的调查。从学生的目标系统、心理观念、情绪、情感、学习策略,以及学校、课堂、家长、同伴的影响等方面着手,探查他们的动机模型并试图建立一个良好的适应性动机模型。

二 方法

(一) 被试

被试来自北京市区的一所普通中学、一所职业高中和一所大学。分别为初一、初二、高一、高二、职高一年级和大一,平均年龄分别是 12 岁 11 个月、14 岁、16 岁、16 岁 3 个月和 19 岁 9 个月,各年级被试人数分别是 101 人、54 人、34 人、133 人和 104 人。

(二) 方法

由主试在班级内进行集体施测,问卷采用 Maehr 教授等设计并且经过作者修订的"适应性学习模型调查表"。在进行问卷调查的同时,还对学生的班主任和学校校长进行了访谈(由于条件所限没有对大学校长进行访谈)。主要了解学校对学生的管理措施和学生的学习压力。

适应性学习模型调查是一个包括测量成就目标、成就信念、对学校的情感、学习和应付策略、社会影响和对学习环境认识的多维量表。该调查表包括 10 个方面:对学校气氛的认识、对教室气氛的认识、对家庭气氛的认识、个人成就目标、功效信念、对智力性质的信念、自我概念、情感反应、学习和应付策略、社会影响,分为 45 个分量表。

三 结果

(一) 问卷各要素相互关系的分析结果

作者对成就目标系统的各要素的相互关系进行了分析,现分述如下:

表 1 成就目标定向的相关分析

	强调外部表现	强调能力比较	强调避免努力	强调任务定向	成人赞许目标	消极同伴赞扬
强调外部表现		0.3619 **	0.4804 **	0.2643 **	0.5000 **	0.3460 **
强调能力比较			0.2340 **	0.0193	0.4294 **	0.3024 **
强调避免努力				0.2704 **	0.3442 **	0.2763 **
强调任务定向					0.1468 **	0.0756 **

续表

	强调外部表现	强调能力比较	强调避免努力	强调任务定向	成人赞许目标	消极同伴赞扬
成人赞许目标						0.3709 **
消极同伴赞扬						

注：N=426；＊表示 p<0.01，＊＊表示 p<0.001。

由表1可知，在六种成就目标中，强调业绩目标定向的外部表现目标、回避努力目标、成人赞扬目标、消极同伴赞扬目标，相互之间具有很高的正相关；而它们与强调掌握目标定向的任务目标具有显著的负相关。

表2　学习环境与目标定向的相关分析

	强调外部表现	强调能力比较	强调避免努力	强调任务定向	成人赞许目标	消极同伴赞扬
学校强调表现	0.4452 **	0.2737 **	0.3161 **	0.1754 **	0.2815 **	0.2852 **
学校强调掌握	0.2472 **	0.1243 **	0.1369 **	0.2887 **	-0.0435 **	-0.1879 **
学校民主气氛	-0.4178 **	-0.1942 **	-0.2903	0.2746	-0.171 **	0.2717 **
课堂强调表现	0.3504 **	0.3053 **	-0.1092	0.3767 **	0.2619 **	
课堂强调掌握	-0.1103	-0.0016	-0.0987	0.2528 **	0.1258 **	-0.0784 **
家庭强调表现	0.2601 **	0.2159 **	0.166 **	-0.0562	0.2545 **	0.214 **
家庭强调掌握	0.1425 **	0.0233	-0.1121	0.2669 **	-0.0018	-0.9496
积极同伴影响	0.3166 **	-0.1753 **	0.3218 **	0.0893	0.0278	
消极同伴影响	-0.1531 **	0.3687 **	-0.2221 **	-0.1511 **	0.2707 **	0.4095 **

注：N=426；＊表示 p<0.01，＊＊表示 p<0.001。

表3　目标定向与中介变量的相关分析

	强调外部表现	强调能力比较	强调避免努力	强调任务定向	成人赞许目标	消极同伴赞扬
自我功效	0.1014	0.3318 **	0.0389	0.2709 **	0.276 **	0.2503 **
智力固定	0.2859 **	0.1739 **	0.2583 **	-0.1963 **	0.2125 **	0.2187 **
智力可塑	-0.1871 **	-0.1102 **	-0.1442 **	0.3571 **	-0.056	-0.0661

注：N=426；＊表示 p<0.01，＊＊表示 p<0.001。

表4　目标系统与情感学习策略的相关分析

	强调外部表现	强调能力比较	强调避免努力	强调任务定向	成人赞许目标	消极同伴赞扬
学业焦虑	0.179 **	0.2143 **	0.1025	-0.577	0.3416 **	0.1901 **
自我意识	0.2718 **	0.2446 **	0.1866 **	-0.1069	0.3254 **	0.2911 **
学校消极情感	-0.3531 **	0.0751	0.2189 **	-0.1315 *	0.2258 **	0.1657 **
学校积极情感	-0.2746 **	-0.0216	-0.1888 **	0.3077 **	-0.0416	-0.0936
班级归属感	-0.162 **	0.1066	-0.1083	0.2366 **	0.0526	-0.006

续表

	强调外部表现	强调能力比较	强调避免努力	强调任务定向	成人赞许目标	消极同伴赞扬
学校归属感	−0.0569	0.1231 *	−0.0738	0.2207 **	0.1103	−0.0007
自尊	0.1003	0.1599 **	0.1	0.0742	0.1233 *	0.0531
深度认知策略	−0.2004 **	−0.2869 **	0.4491 **	−0.1088	−0.1076	
避免努力策略	0.4951 **	0.2564 **	0.499 **	−0.2857 **	0.3666 **	0.2839 **
自我价值保护	0.4034 **	0.2506 **	0.3797 **	−0.2435 **	0.3171 **	0.3861 **

注：N=426；* 表示 p<0.01，** 表示 p<0.001。

表 2 是有关学习环境因素与目标定向的相关分析，结果表明，环境因素，如学校强调表现、课堂强调表现、家庭强调表现、消极的同伴影响与强调业绩（外部表现）目标、业绩（避免努力）目标、成人赞扬目标、消极的同伴赞扬目标之间具有显著的正相关；而学校强调掌握目标、课堂强调掌握目标、学校的民主气氛与强调掌握目标定向的任务目标有显著的相关。

由表 3 可知，自我功效概念与强调能力比较、成人赞扬目标、消极同伴赞扬目标都有显著的正相关；与任务目标也有显著的正相关。认为智力是固定的与强调业绩（外部表现）目标、业绩（避免努力）目标、成人赞扬目标、消极的同伴赞扬目标相互之间具有很显著的正相关；认为智力是可塑的与掌握目标有显著的正相关，与其他目标是负相关。

表 3、表 4 主要分析不同的目标系统与学生的情感、学习策略的相互关系，结果表明，外部表现目标、回避努力目标、成人赞扬目标、消极同伴赞扬目标与学业焦虑、消极的学校情感、回避努力策略和自我价值保护策略有显著的正相关；而掌握目标与学校积极情感、班级归属感、学校归属感、深度加工策略有很高的正相关，与学校消极情感、避免努力策略、自我价值保护策略有很显著的负相关。

（二）问卷总体结构的主成分分析结果

通过主成分分析，从本问卷结构中可以发现以下因素：①业绩表现环境影响的回避努力倾向（包含的项目，班级表现自我气氛、强调外部表现、回避努力的业绩目标、成人赞许、回避努力的认知加工策略）；②表现定向的自我（当前表现定向自我、未来表现定向自我、表现自我的功效和一般的自我功效）；③积极的朋友影响（积极的朋友影响、积极的朋友压力、积极的朋友团体）；④消极的同伴影响（消极的同伴影响、消极的同伴压力、消极的同伴团体）；⑤任务定向的学校气氛（学校民主气氛）；⑥未来的社会自我（未来的社会自我，社会自我的重要性）；⑦现实的社会自我（现实的社会自我）；⑧自我功效（智力是固定的，智力是可变的，两因素负荷互为负）；⑨家庭气氛（家庭强调表现定向，家庭强调任务定向；两因素负荷互为负）。

（三）不同学校类型（职业高中、普通高中）高一学生成就目标系统的比较分析

为了对上述结果进行初步验证，笔者分析了被试样本中的两个不同的高一年级，即职业

高中和普通高中。由于同是高一学生，两者年龄、入校前背景接近，入校时间相同，不同的条件是学校不一样，因此对这两组被试的分析可以进一步发现学校对学生目标系统和情感、学习策略等方面的影响。

这所职业学校与普通高中相比，整个学校明显强调业绩目标（t=5.63，p<0.001），课堂也强调业绩目标（t=4.82，p<0.001），但课堂同时也强调掌握目标（t=4.68，p<0.001），但是普通中学与职业中学相比，对学生的气氛更为民主温和（t=5.01，p<0.001）。两类学校家庭气氛没有显著差异。

在学生的六种目标中，职业高中学生在强调外部表现的业绩目标、避免努力的业绩目标、成人赞扬目标和消极同伴赞扬目标四个分量表上得分显著高于普通班学生，统计分析表明，显著性均达到非常显著的水平（p值均小于0.005或0.001）；而普通班学生在任务目标这一分量表上显著高于职业高中学生（t=2.78，p<0.001）。在能力比较的业绩目标这一分量表上两类学校差异不显著。

强调业绩的职业高中学生在学业焦虑、消极自我意识、消极情感、回避努力和自我价值保护策略方面的得分均显著高于普通高中的学生（p值均小于0.05或0.01）；而普高学生在深度加工策略分量表上得分非常显著地高于职业高中学生（t=3.16，p<0.005）。

四 讨论

（一）关于目标系统

本研究发现，学生的目标系统，确能分为掌握目标和业绩目标（包括能力比较、避免努力和外现行为）、成人赞扬目标（追求成人的赞美）和同伴赞扬目标（追求可能对学习不利的同伴之间的相互认同）（见表2），这一结果与 Elliott 和 Dweck[5] Meece、Blumenfeld 和 Hoyle[6] 等的结果基本一致。

（二）关于成就目标系统

结果分析表明，环境因素与个体的目标系统有显著的相关（见表1）。如果学校强调学生的外在表现（如分数），同学之间的对比，则会导致学生采用业绩目标，注重得到好分数，获得教师的赞扬，也有可能使学生形成一些消极的小团体；如果学校强调掌握目标，注重每个人的进步，不强调与他人的对比结果，同时，在学习环境中创拟一种和谐、宽松的心理气氛，学生就会采用掌握目标，对学习本身感兴趣，注重能力的提高。有关家庭、课堂气氛对目标定向的影响的调查结果同样也证实了这个关系。

（三）关于内部心理观念与目标定向的关系

Elliott[5] 认为，不同的目标系统可能来源于学生的内部心理观念，如自我功效（个体对自我达到既定目标能力的看法）和个体对智力的看法（如认为智力是固定的，不可改变或认为智力是可塑的，可以通过努力而改变）等。本研究结果表明，掌握目标定向与智力可塑观点有很显著的相关，同时与自我功效也有显著的相关。业绩目标定向，如强调业绩（外部表现）目标、业绩（避免努力）目标、成人赞扬目标、消极的同伴赞扬目标与智力固定的观点之间具有很显著的正相关；但是自我功效概念与掌握目标和业绩目标定向（避免努力的业绩目标除外）的相关都非常显著（见表3），为什么出现这种现象，是一个需要进一步研究的问题。

（四）关于个体情感、情绪、学习策略与目标定向的关系

本研究结果表明，掌握目标定向与学校积极情感、班级、学校归属感、积极的同伴关系等的相关也达到非常显著的水平；相反，业绩目标定向与学业焦虑、学校消极情感、消极的同伴关系相关非常显著。

同时本研究还发现，目标系统与学生采用的学习策略也有显著相关。即掌握目标定向与深度加工策略呈显著的正相关，与避免努力策略，自我价值保护策略呈显著的负相关，而业绩目标定向呈现了刚好相反的趋势，与深度加工策略呈显著的负相关，与避免努力策略、自我价值保护策略呈显著的正相关。Meece、Blumenfeld 和 Hoyle[6]研究了目标系统对中学生科学课的课堂学习中认知投入的影响，结果发现强调掌握目标的儿童报告了更积极的认知投入，而强调业绩目标的儿童显示出低水平的认知投入。本研究结果更进一步证实了 Meece 等的发现。

（五）关于学校类型和学校环境的关系

职业高中和普通高中一年级的对比研究结果进一步验证了上述分析，由于这所职业高中强调业绩目标，学校气氛比较严厉、不温和，所以学生更倾向于采用业绩目标定向，并表现出较高的学习焦虑，对学校也产生更多的消极情感，并更多地采用回避努力策略和自我价值保护策略，总之表现出非适应性学习模型的一系列特征，相反普通中学学生表现出适应性学习模型的特征。

本研究结果与我们日常的经验有较大的不同。一般来说，普通高中由于面临高考，其环境更强调业绩目标（强调分数、能力比较等）。但是本研究对两所学校的教师和管理者进行访谈发现，这所职业高中近年来毕业分配较困难，就业竞争激烈，这种客观要求给学校带来了很大的影响，因而学校比较强调学生的表现，如分数等；而这所普通中学由于较注重学生的全面发展，成立多种课外活动小组，强调让每个学生的能力都得到展现（暗含任务目标定向的教学方法），加之尚处于高一，升学压力还不大，所以相对于这所职业中学，普通中学学生表现出良好的适应性行为。

（六）关于适应性动机模型

本研究通过因素分析发现以下因素：业绩表现环境影响的回避努力倾向、表现定向自

我、积极的朋友影响、消极的同伴影响、温和的学校气氛、未来的社会自我、现实的社会自我、自我功效和家庭气氛。本研究认为，结合上述研究结果可尝试提出青少年适应性学习模型结构（见图1）：学习环境包括学校、班级、同龄人、家庭，它们影响了个体的目标定向，由个体目标定向导致了不同的适应性行为和心理发展结果，即不同的情绪情感和学习策略，而个体的自我功效（即个体对智力可塑性的看法）则与目标定向和行为发展有着复杂的相关。不过，这种种因素的因果关系是什么，学生的适应性学习模型怎样随着年龄的发展而变化，需要通过实验室实验和追踪研究做进一步的探索。

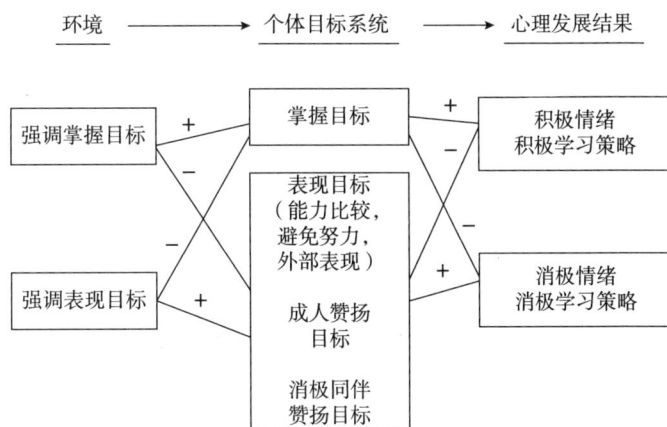

图1　适应性学习模型结构

注：+表示正相关；-表示负相关。

五　小结

1. 学生的目标系统可以分为两大类：一是掌握目标，二是业绩目标（包括能力比较、避免努力和外现行为）、成人赞扬目标（追求成人的赞美）和同伴赞扬目标（追求可能对学习不利的同伴之间的相互认同）。

2. 业绩目标、成人赞许目标和消极同伴赞扬目标会使学生表现出较高的学习焦虑，过于采用自我价值保护策略和避免努力策略；任务目标则会增进对学习过程的兴趣，使其对学校和同学表现出积极情感，采用深度加工的学习策略。

3. 环境因素与个体的目标系统有显著的相关。环境中强调表现，学生则会采用业绩目标；环境中强调掌握定向，学生则会采用掌握目标。

参考文献

［1］王文忠. 成就动机的目标系统［J］. 心理科学，1995（待发表）.

［2］Urdan，1. C. & Machr，M. L. Beyond a Two Goal Theory of Motivation and Achievement—A case for Social Goals（Unpublished Manuscript），1994.

［3］Dweek，E.，& Ieggett E. A Social-coproach to Motivation and Personality［J］. Psychology Review，

1988, 95: 256-273.

[4] Ames, C. & Archer, J. Achievement Goals in the Classroom: Students Learning Strategies and Motivation Processes [J]. Journal of Educational Psychology, 1988, 80: 260-267.

[5] Elliott, E. S. & Dweek, D. S. Goals: An Approach to Motivation and Achievement [J]. Journal of Personality and Social Psychology, 1988, 54: 5-12.

[6] Meece, J. I., Blumenfeld, P. C., &. Hoyle, R. H. Students Goal Orientations and Cognitive Engagement in Classroom Activities [J]. Journal of Educational Psychology, 1988, 80: 514-523.

[7] Maehr, M. L., & Midgley, C. Enhancing Student Motivation: A School-wide Approach [J]. Educational Psychologist, 1991, 26: 399-427.

人际关系适应特征的情境评价方法研究

程乐华　时　勘　左衍涛　孙　健

【编者按】 我是时勘老师在中科院心理所培养的第一位硕士研究生，1995 年入学。从事研究工作以来，回顾过去做的工作多有惭愧之情，见刊的文章几乎从来没再读过，甚至有的文章都不愿承认是自己的想法。看科学史也知道很多研究者也有一样不满自己的过去。虽然对过去工作存在不足也是自然规律，但总是通不过自己当下的审视。《人际关系适应特征的情境评价方法研究》这篇文章作为硕士论文的主要成果之一，也是自己的第一篇学术文章，纪念意义自不必说。多亏时勘老师带我进入这个领域，也算为国家航空航天建设出过一些力，小小的自豪感还是有一点的。这个工作体现的是对心理测量精准度的追求，也延续至今，敦促我在研究中不断突破心理学科的瓶颈，找到真实可靠的测量手段或对象，进而发现更立体完整的事实，建构出迷人的概念和理论。最近这些年的工作日益融合了格式塔学派、社会文化历史学派的整体研究风格，运用日内瓦学派的临床观察法和行为生态实验对比法越来越顺手，从而发现新现象、新规律的速度也快了很多，整体上是非常愉悦的。饮水思源，一旦有作品面世也都最先告知时老师，以此方式回馈师恩，从《心理学艺术化》《心理套娃》两本书到意象火柴、钥匙行为推理等工具的发明，再到最近送出《感性理性系统分化说》等尚未面市的书稿。期望这个理论能够为情理关系的讨论注入中国人的理论贡献，进而促进人类学习效率和人力资源运转效率的升级，能帮到时老师现在的研究工作就更开心了。(程乐华，1995 级中国科学院心理研究所硕士生，中山大学心理学系　副教授)

　　摘　要：本研究运用情境评价法对人际关系适应特征进行了实验研究，结果表明：①以 Schutz 提出的人际关系六因素为评价标准，采用情境评价法比问卷形式能更有效地揭示人际适应特征；②在情境评价中，以合作为主的情境设置比以竞争为主的情境设置更利于反映出人际适应特征；③情境评价采用定向、组织、交流和问题解决等阶段的过程设计符合情境评价的实际进程，有助于分阶段展开被试的行为特征，提高情境评价的可控性和准确性。

　　关键词：人际关系适应；情景评价；无领导小组讨论

一　问题

　　人际关系是社会心理学研究的热点之一。Schutz（1958）提出的人际适应特征理论到目前为止是这一领域发展比较完整的理论体系。他把人际适应特征从两个维度、三个方面划分为六种基本人际关系倾向，即主动容纳、被动容纳、主动情谊、被动情谊、主动控制、被动控制,用以分析团体成员的人际适应特征。近年来,关于 FIRO (Fundamental Interpersonal Relationship Orientation) 的理论和测验问卷有不少的研究报告,并认为 FIRO 理论的六因素是探讨人际适应的基础。

目前,关于 FIRO-B 问卷的研究多报告其效度不佳。在 Hurley 和 John (1989,1992)、Salminen 和 Simo (1991) 的报告中没有得到满意的结构和区分效度;Mehlman 等 (1994) 也提出自陈式的测验对评价具自我防御机制的心理品质并不是有效的方法。为了揭示 Schutz 的人际关系理论结构及其在评价中的可行性,我们考虑在采用 FIRO-B 问卷的同时,引入情境评价法进行对比研究。

情境评价法目前多采用无领导小组讨论的方法来进行,这种方法着眼于成员的主动参与和表现,但在评价时操作起来较为困难。本研究拟以 Jones (1973) 小组活动发展的模型为过程设计的基础,揭示评价人际适应特征的可行性并探索以下问题:以 Schutz 人际关系六因素理论为基础,采用情境评价法揭示人际适应特征是否比 FIRO-B 问卷形式更有效,对小组讨论过程的四阶段设计是否符合实际情况,是否能反映出所要评价的品质。

二 实验设计

(一) 评价标准设计

本实验采用的人际关系特征六因素的定义是:①主动容纳:个体向别人主动发动交往;②被动容纳:个体期待别人接纳自己;③主动情谊:个体要求别人表示亲密;④被动情谊:个体期待别人对自己表示亲密;⑤主动控制:个体要求支配别人;⑥被动控制:个体期待别人领导自己。

(二) 实验情境设计

在完成任务过程中,竞争和合作是最主要的两个表现形式。本研究根据 Schneider (1992) 对竞争和合作任务设计的总结,分别设置了以竞争为主的谈判情境和以合作为主的逃生情境:

谈判情境活动内容主要是竞争冲突。谈判的双方是同一公司的两个部门,由于业务关系两部门产生了矛盾,必须通过谈判的方式解决。谈判双方各由两人组成,各自根据已设定的问题情境,通过谈判最终在所提供的方案中选定一个,达成协议。由于同属于一个公司,双方在为自己的利益讨价还价的同时也必须兼顾整体利益,因此也就包含了一定的合作成分。

逃生情境活动内容主要是合作。四个被试被设定在飞机失事后用所剩的物品逃生这一情境中。四人最终要对所给的 15 件物品的重要性做一排序,达成逃生方案。四人必须通力合作才能达到逃生的目的,其中的竞争成分是两个小组要为在最后的方案中自己的意见占有更多的比重而进行努力,但不允许出现损害集体利益的行为。

（三）评价过程设计

实验根据任务导向的材料选择了 Jones 模型中的从任务功能角度划分的阶段模式，即定向、组织、交流沟通、问题解决四阶段。在活动的四个阶段基础上把被试划分为两个小组，每组两人。第一阶段两个小组分别阅读理解材料；第二阶段两个小组在一起就情境问题进行磋商；第三阶段两个小组分别就在第二阶段中发现的问题进行讨论，达成小组意见的统一；第四阶段两个小组进行进一步的磋商，最终达成协议。

三　情境评价的预备性实验研究

（一）目的

一是检验四阶段过程设计是否合理，是否影响活动的自然进程；
二是检验情境设置中何种情境更有助于揭示每个被试的人际适应特点；
三是检验 Schutz 的人际适应六因素在情境评价中的可行性。

（二）被试

本实验被试是来自中科院各所的 8 名男研究生，年龄为 25~32 岁。

（三）实验进程

实验进程具体安排如表 1 所示。

表 1　实验进程时间

实验阶段	实际时间（分）	累计时间（分）	人员的活动
（1）定向阶段	30	30	A、B 被试被观察，C、D 作干扰测验
	30	60	C、D 被试被观察，A、B 作干扰测验
（2）组织阶段	20	80	A、B、C、D 一起活动
（3）交流阶段	20	100	A、B 被试被观察，C、D 作干扰测验
	20	120	C、D 被试被观察，A、B 作干扰测验
（4）问题解决阶段	20	140	A、B、C、D 一起活动

四名主试通过单向玻璃对在另一间房内活动的被试进行评分。评分依照李克特六点量

表，根据所定义因素的发生频次进行等级评分：5 为多，0 为少。每个阶段完成后，主试各自独立对每个被试的六个人际适应特征分别评分。

（四）结果及分析

1. 谈判情境实验的结果及分析

我们对评分者的一致性进行了分析，得到了如下结果（见表2）。

表 2　谈判情境的主试评分一致性数据

被试	肯德尔和谐系数	卡方值	自由度
甲	0.8621 **	17.2426	5
乙	0.4596	9.1912	5
丙	0.9019 **	18.0370	5
丁	0.2226	4.4526	5

注：** 表示 0.001 显著水平。

结果发现，对甲、丙的评分一致性比乙、丁高，而且达到显著水平。这是因为甲、丙两被试在谈判中是两个小组的主谈，表现机会多，给主试评分提供了足够的行为特点。例如，被试丙只要是冲突情境就主动控制活动的节奏，使讨论按照他的安排推进。与此相反，乙、丁两被试受到主谈人的抑制没有机会表现，给主试评分造成了困难。因此，以冲突为主的情境设置使谈判活动无法避免一人主谈，另一人辅助的情况，达不到同时评价四个人的目的。

研究还发现，由于材料偏难，要被试在 30 分钟内弄清谈判材料的结构及内容是很困难的。这就使被试对材料的理解程度直接影响到谈判时的发挥，很多情况下都是由于没理解材料致使被试畏首畏尾，没能充分表现其人际交往特点。

在上述的结构和难度两问题上，笔者认为，难度决定被试能否理解情境设定的内容并表现其人际关系特点；而结构则决定每个被试是否都能在同样的理解程度上展现各自的人际关系特点。在材料内容本身没有问题的前提下，如果给被试足够的时间，难度应该不成为影响人际关系展现的因素。相对而言，材料的结构就是相对稳定的制约评价的因素。因此，情境的结构问题对展现被试的人际关系具有更为决定性的作用。

2. 逃生情境实验的结果及分析

我们对本实验的主试评分进行了分析，结果如下（见表3）。

表 3　逃生情境的主试评分分项一致性数据

	主动容纳	被动容纳	主动情谊	被动情谊	主动控制	被动控制
$W_{总}$	0.4485	0.1618	0.3958	0.6691	0.5987	0.4038
W_1	0.5978	0.1442	0.1146	0.3088	0.4792	0.3750

	主动容纳	被动容纳	主动情谊	被动情谊	主动控制	被动控制
W_2	0.0278	0.2155	0.4914	0.4583	0.6513	0.3879
W_3	0.2279	0.3750	0.6944	0.4674	0.0662	0.0119
W_4	0.3716	0.2115	0.6538	0.7813	0.7574	0.4167

注：W 表示肯德尔和谐系数；1、2、3、4 表示第一到第四阶段；$W_{总}$ 表示不分阶段和被试维度而得到的肯德尔和谐系数。

由表 3 可知，第二、四阶段的主动控制的 W 值分别为 0.6513 和 0.7574。说明在这两个阶段中竞争气氛的引入使被试主动控制的品质得到充分展现。而主试评分在这种情况下也能达到很高的一致性。除了被动容纳，其他五项因素的各阶段评分一致性越来越高。说明随着被试表现得日益充分，主试能做出更一致的判断。由 $W_{总}$ 的六个得分可以判定除了主动控制、被动情谊，其他四项的操作定义都需要改进。

从总体情况看，主试评分的一致性情况如表 4 所示。

表 4　逃生情境的主试评分一致性数据

被试	肯德尔和谐系数	卡方值	自由度
甲	0.8694 **	17.3881	5
乙	0.4187	8.3740	5
丙	0.7632 **	15.2632	5
丁	0.7810 **	15.6204	5

注：** 表示 0.001 显著水平。

表 4 说明，主试对三人的评分一致性达到了显著水平，对被试乙的一致性较低，主要由其一定的口音和表现的机会不多所致。而与其表现机会基本均等的被试丙则一致性较高，这就排除了材料结构上的影响。

通过以上分析可知，逃生测验的材料内容及任务是可靠的、可行的，在各阶段被试的表现也比较充分。但在阶段任务上有的被试显得不够投入，仍需在指导语中强调参与也是最后判定优胜需考虑的因素之一。另外的工作就是进一步明确操作定义，以利于评价者在操作时抓住关键特征。

实验结果还表明，由于四个被试表现机会均等，所有参加讨论的被试都积极表达自己的意见。在讨论结束后还就分歧意见进行了交流探讨。此外，通过访谈我们了解到，被试认为测验的目的是测量其决策能力或解决问题的能力，无一人认为是对人际关系的测试。说明本测验具有较强的隐蔽性，这就为被试真实地表现其人际关系的特点提供了前提条件。

四 情境评价的正式实验

（一）目的

一是检验修改后的评价标准在逃生情境下的可操作性；

二是获取情境评价方法在揭示人际适应特征中的信度和效度数据。

（二）被试

40 名被试全部为优秀飞行员。年龄从 32 岁到 43 岁，每组 4 人，共进行了 10 组实验。

（三）评价标准

根据实验一的结果，我们修改了评价因素的操作定义，具体如下：

主动容纳：注重团体的和谐、完整，以积极的行为和言语努力维持组织关系。行为、言语朝向任务目标，不涉及情感成分。主动与他人交往，希望与他人建立并维持相互容纳的和睦关系，待人宽容、忍让，主动大胆地交往、沟通、参与等。

被动容纳：注重团体的和谐、完整，被动地期待别人接纳自己，以等待、附和、配合的行为或言语迎合别人的沟通、交往。虽然希望与他人交往并保持和谐关系，但在行动上表现为只是被动地期待别人接纳自己，缺乏主动。

主动情谊：主动与其他组员建立亲密的个人之间的情感关系，言语和行为中绝无冷淡成分。主动与人表示亲密、友好、热心、照顾，并乐于向别人表达自己的感情。

被动情谊：期望其他组员向他表示个人间的喜爱、友好等情感成分，以支持的行为或言语，鼓励、迎合对方，不喜欢别人对自己冷漠、疏远。虽然希望与别人建立情谊，但在行动上只是期待他人对自己表示亲密，却不能主动大胆地吐露自己的感情。

主动控制：主动去支配别人，愿意把握工作方向，并主动地控制活动的进程。总想控制支配别人，将自己摆在左右局势的位置。

被动控制：期望别人替自己作决定，以赞同、支持的口吻回应对方的意见和决定，行为和言语被他人左右，愿意受人支配，与他人携手合作。

（四）实验材料

选定逃生测验为实验材料，考察被试的人际适应特征。另外，我们用修订过的 FIRO-B 问卷同时对被试施测，以与情境评价进行对比分析。

（五）实验过程

实验时间安排按表 1 所示进程进行。

（六）结果及分析

1. 专家评价结果及分析

两名心理学工作者对 10 组被试评价的相关数据见表 5。

表 5　专家评价一致性数据

因素	相关系数
主动容纳	0.7900 **
被动容纳	0.6798 **
主动情谊	0.6908 **
被动情谊	0.7527 **
主动控制	0.8310 **
被动控制	0.7155 **

注：** 表示 0.001 显著水平。

两名主试的相关均在 0.001 水平上显著，主试间达到了很高的一致性。

2. 受训评价者的实验结果及分析

在 10 组逃生测验中我们选择一组录了像。对空军指挥学院的 32 名在读研究生进行评价方法培训后，要求他们观看录像进行评分。得结果如下（见表 6）。

表 6　受训评价者评价的一致性数据

被试编号	肯德尔和谐系数	卡方值	自由度
412	0.8621 **	137.9374	5
333	0.7927 **	126.8356	5
408	0.5639 **	90.2234	5
315	0.8237 **	131.8000	5

注：** 表示 0.001 显著水平。

由表 6 可以看出，32 人对 4 名被试评价的肯德尔和谐系数都达到 0.001 的显著水平，这说明评价者在经过一定的讲解和培训之后，可以掌握本评价方法。

3. 他评结果及分析

由飞行员所在队管理者对被试平时表现评分，评价内容为人际关系主要特征：协作、相容、宽容和自信等指标。这些作为效标变量的指标是经对飞行专家经验进行德尔菲法分析得出。具体效度分析步骤如下：第一步，以情境评价所得各变量的数据作为自变量向效标变量（管理者他评）做回归分析；第二步，用 FIRO-B 问卷所得数据与其他测验结果一起向效标变量作回归分析。结果如表 7 所示。

表 7　情境评价、问卷对他评的回归分析结果

	标准化回归系数	
	情境评价	FIRO-B 问卷
协作	主动容纳 0.38	主动容纳 0.54
相容	主动容纳 0.44	
宽容	被动情谊 0.44	
自信	主动控制 0.70	

通过比较两种评价方式，情境评价的六项测查品质有三项进入了回归方程，而 FIRO-B 问卷则只有一项进入。另外，在主动容纳这一项上，FIRO-B 问卷比情境评价的标准回归系数要高。而主动容纳在预测效度达到显著水平这一点与国外的同类测验研究的报告是吻合的。分析其原因应为被试在对主动容纳进行自我陈述时，称许性影响较小。虽然在主动容纳上问卷比情境评价的回归系数值要高，但从总体上看，情境评价要比 FIRO-B 问卷更能测查出被试的人际关系特点。

五　讨论

（一）关于情境评价的评价标准

从两次实验的结果发现，Schutz 的六因素结构和阐述是完整、具体的，但用于情境评价时，仍需在操作定义的表述上更多地强调行为的可见特点，并辅以实例做具体说明。经过对操作定义的修正，无论从主试评价结果数据上还是从主试的口头报告上均反映了一致性提高的趋势。这表明，主试通过学习成熟的操作定义，能够准确地掌握它们并有效地用于情境评价。此外，在对情境评价法和 FIRO-B 问卷测验的效度对比考察中发现，同样以 Schutz 理论为基础发展的测评工具，情境评价法建立的评价标准更准确地体现了人际适应特征的各项因素。这说明在揭示人际适应特征时，Schutz 的六因素结构是较好的评价依据。而在采用此结构时，用情境评价法测查人际适应要比问卷形式更为有效。

（二）关于情境评价的情境设置

通过预实验我们发现，以竞争情境为主的谈判情境在展现人际适应特征上有结构上的缺陷。在谈判中由于双方目标不同，造成同一方在活动表现上更注重内部一致，如控制型被试

使其他组员在同一时间内没有表现机会，以此达到小组意见一致的目的。虽然这也能说明此人人际适应特征的主要特点，但无法同时对其他被试做出客观评价。与谈判情境相对应，逃生情境中由于所有成员目标一致（虽也有冲突存在，但居于从属地位），没有阻碍其表现的情境结构上的缺陷，使他们在活动中均能充分地表现其人际适应特征。

（三）关于情境评价的过程设计

从实验结果来看，四阶段过程设计的两个设计基本达到了目的：无论是谈判情境还是逃生情境，都不使人感到分阶段的设置之间有生硬牵强的感觉。这就排除了被试的表现是实验控制状态下的表现的情况。竞争和合作的分组实验使被试在不同情况下的人际适应特点得到表现。总之，这一设计使主试评价工作更易进行，使被试行为更易控制而又不影响其真实表现，积极意义是明显的，但究竟这种设计比不分阶段、不分小组的设计在测验效度的提高上有多大的影响，有待进一步研究。

六 结论

本研究采用情境评价方法对人际适应特征进行了研究，得到如下结论：①以 Schutz 人际关系六因素为评价标准，采用情境评价法比问卷形式能更有效地揭示人际适应特征；②在情境评价中，以合作为主的情境设置比以竞争为主的情境设置更利于揭示人际适应特征；③情境评价采用定向、组织、交流和问题解决等阶段的过程设计符合情境评价的实际进程，有助于分阶段展示被试的行为特征，提高情境评价的可控性和准确性。

参考文献

［1］王新超，时勘，程乐华. 在人员选拔中运用情境模拟的研究［R］. 1995.

［2］朱宁兴. 学习团体理论与技术［M］. 台北：桂冠图书股份有限公司，1976.

［3］杨锡山. 西方组织行为学［M］. 北京：中国展望出版社，1986.

［4］罗冠生，罗廷尧. 情境模拟测试法的理论和实践［M］. 北京：华东理工大学出版社，1993.

［5］Bycio, Peter, Alvares, Kenneth-M, Hahn. Situational Specificity in Assessment Center Ratings: A Confirmatory Factor Analysis［J］. Journal of Applied Psychology, 1987, 72（3）: 463-474.

［6］Conyne, R. & Shi, K. A Proposal for Collaborative Research of Students' Group Work Training between P. R. C. and U. S. University of Cincinnati and Institute of Psychology. Beijing, China, 1994.

［7］Conyne, R. How Personal Growth and Task Groups Work, 1989.

［8］Furnham, Adrian. Can People Accurately Estimate Their Own Personality Test Scores?［J］. European Journal of Personality, 1990, 14（4）: 319-327.

［9］Gatwood, Robert, Thornton, George C, Hennessey, Harry W. Reliability of Exercise Ratings in the Leaderless Group Discussion［J］. Journal of Occupational Psychology, 1990, 63（4）: 331-342.

［10］Hurley, John R. FIRO-B's Dissociation from Two Central Dimensions of Interpersonal Behavior［J］. Psychological Reports, 1991, 68（1）: 243-254.

[11] Hurley, John-R. Dubious Support for FIRO-B's Validity [J]. Psychological Reports, 1989, 65 (3, Pt 1): 929-930.

[12] Hurley, John - R. Further Evidence against the Construct Validity of the FIRO - B Scales [J]. Psychological Reports, 1992, 70 (2): 639-640.

[13] Mehlman, Elizabeth, Shane, Steve. Validity of Self-report Measures of Defense Mechanisns [J]. Assessment, 1994 (2): 189-197.

[14] Sackett, Paul-R, Wilson, Mark, A. Factors affecting the Consensus Judgment Process in Managerial Assessment Centers [J]. Journal of Applied Psychology, 1982, 67 (1): 10-17.

[15] Sackett, Paul-R, Dreher, George F. Constructs and Assessment Center Dimensions: Some Troubling Empirical Findings [J]. Journal of Applied Psychology, 1982, 67 (4): 401-410.

[16] Salminen, Simo. Convergent and Discriminant Validity of FIRO-B Questionnaire [J]. Psychological Reports, 1991, 69 (3, Pt 1): 787-790.

[17] Schneider, Jeffrey R, Schmitt, Neal. An Exercise Design Approach to Understanding Assessment Center Dimension and Exercise Constructs [J]. Journal of Applied Psychology, 1992, 77 (1): 32-41.

A Study on the Performance Test of Interpersonal Relation Adaptation

Cheng Lehua   Shi Kan   Zuo Yantao   Sun Jian

Abstract: Personnel assessment can be made with two kinds of tests, pen-and-paper test and performance test. As a pen-and-paper test, Schutz' FIRO-B (Fundamental Interpersonal Relationship Orientation) inventory receives a lot of research attention and has low validity as reported by those researches. In this research, a performance test of interpersonal relationship adaptation was developed on the base of Schutz' FIRO concept. This performance test takes a situational evaluation method following Jones' Four Stage Model of small group development. The results show that ①performance test seems to be better than pen-and-paper test in identifying characteristics of interpersonal relationship adaptation by the same six criterions of interpersonal relationship proposed by Schutz. ②cooperative situations is superior to competitive situations in assessing interpersonal relationship adaptation. ③There are systematic variation of interpersonal activities over four stages (orientation, organization, communication and problem solving).

Key words: interpersonal relationship adaptation; performance test; group disussion without leader

管理心理学的现状与发展趋势 *

时 勘 卢 嘉

【编者按】人的认知往往会分为两个层面：第一层面是从外界获得了一些新知，常常会好奇、兴奋、理解与内化；而第二层面是曾经沧海后，对这些新知的再加工过程，尤其是经过"实践是检验真理的唯一标准"，在现实的行走中，重新审视这些新知，怀疑、颠覆、再创造的过程，哪怕结论与第一层面一模一样，但内心的坚定程度已经是天壤之别了。就如我与"管理心理学"的感受，很有幸，在中科院心理所，师从时勘老师系统地学习了"管理心理学"的昨天、今天与明天。一个学科也像一个孩子一样，从牙牙学语到茁壮成长，期间经历着种种风浪与误解。"管理心理学"一直是应用心理学的关键领域，从早期关注人员选拔、配备、评价和培训的人事心理学研究，然后，研究的重心转移到群体社会心理因素和组织背景中的工作行为。到如今，管理心理学越来越多关注组织层面的问题。当我离开心理所，在企业真实的大浪中颠簸起伏时，再一次审视管理心理学的使命，又有与以前完全不同的领悟。中国企业在很长一段时间，是没什么管理的，更无从谈及管理心理学。对外开放释放了中国企业的活力，造就了过去三十余年中国经济的腾飞，也让中国的企业家更醉心于外向型的投资、扩张，而不是内部的管理。更有一种极端的说法，早期的企业家只要胆子大，敢于打破规则的，离成功就不远了。但是，时代的车轮不可能停滞不前，中国企业在经历了"野蛮成长"，赤脚奔跑的阶段后，迎来了技术的快速变革，互联网、物联网、人工智能、区块链……迎来了与 20 世纪 70 年代、80 年代完全不一样的新新人类："90 后"与"00后"，他们不惧权威，更遵从自己内心，也更擅长创新，自我意识高度膨胀。而对管理中人性的把握以及如何通过组织治理，比如合伙人机制，让这些新新人类的使命感、价值感与企业融为一体，成为管理心理学新的命题。我曾亲历了华为、阿里巴巴这样的企业如何把管理作为核心竞争力，把人的潜能与热爱极大化，从而形成了与其他企业的高壁垒，最终实现了企业绝对的高增长。在阿里巴巴，连一贯严肃的职级晋升也可以变成"我的晋升我做主"，来激发员工内在的动力。企业实践中，我清晰地看到了，管理心理学在建立组织与个体的桥梁上迸发出极大的活力，使个体的力量可以"百川东到海"，凝聚成组织的力量。更可喜的是，管理心理学的学术研究也正在蓬勃发展，反过来助力企业前进的脚步。这是一个最坏的时代；竞争加剧、新技术层出不穷，稍不留神，就会被时代抛在边缘；这又是一个最好的时代，给予管理心理学最好的机遇。任何组织都需要人来实现自己的奇思妙想，现代企业只有真正懂得管理心理学，并将其能量发挥出来，才有其达成"蓝海战略"的可能性，让梦想真正照进现实。最后，我还是以此文纪念一下那个青葱的学生岁月，感谢时勘老师的谆谆教导，还一直记得对我毕业论文字斟句酌的建议；感念陪伴我的同学们，多少云烟往事，到最后都

* 本研究得到了国家自然科学基金委管理科学部重点项目的资助（项目资助号：79930300）。

成了怀念与豁达。（卢嘉，1998级中国科学院心理研究所硕士生，观沧海教育的创始人）

摘　要： 本文在综合分析了国内外管理心理学发展概况的基础上认为，在适应经济全球化和企业不断变革的情况下，组织变革、领导行为、激励机制和组织文化是管理心理学的研究新热点。管理心理学的发展趋势是：重视组织层面的变革研究，强调对人力资源的系统开发，研究领域不断拓展，更加关注国家目标。并提出了管理心理学研究的近期目标和中长期发展目标的建议。

关键词： 管理心理学；发展趋势；组织变革；人力资源开发

一　管理心理学的发展概况

管理心理学在国外心理学界称为组织心理学，在工商管理界称为组织行为学，是心理学领域的一个新兴的重要分支。20世纪初，泰勒（F. Talor）倡导的科学管理运动和闵斯特伯格（H. Muensterberg）开创的工业心理学是管理心理学形成的先驱，而真正推动管理心理学产生的是1927年由梅奥（Elton Mayo）领导的"霍桑实验"。直至20世纪60年代，管理心理学才真正成为一门独立的学科分支并被人们广泛地应用。管理心理学主要研究工作环境中个体、群体和组织等层面的人的行为及其影响因素，它强调人的因素在管理环境中的作用。管理心理学一方面研究领导行为、管理决策、组织变革与发展、团队建设、沟通、激励和跨文化管理理论问题；另一方面，从个体差异的角度，来研究职务分析、人员选拔、培训、绩效评价和薪酬分配等理论和方法[1]。

人们普遍认为，21世纪管理心理学研究将面对三大课题：面向全球竞争的社会经济结构调整、科技创新和跨国公司迅猛发展带来的全球化。在这种新型的社会经济条件下，人的因素日益突出，如何搞好人力资源开发，已经成为世界各国在竞争中必须考虑的首要问题。美国国家科学院、国家工程院和国家医学院三院长于1997年发表的三院长联合声明《为21世纪做准备》，就把人力资源开发和科技管理决策的行为科学研究列入头等重要的研究课题。此外，管理科学本身的发展也迫切要求心理学家不断提供人们如何适应科技进步和社会变化的新知识，这显然需要我们从新的视角，开展新型的管理系统中的心理学问题研究。

我国是一个发展中的社会主义大国，管理心理学的兴盛也与国家的社会经济进步和改革成功息息相关。东南亚金融危机的教训已经告诫我们，发展中国家通过引进发达国家先进技术来缩短差距的"后发优势"已不复存在，国际竞争无非是在"天、地、人"三方面因素上的竞争，发展中国家在"天、地"两方面毫无优势可言，唯有充分调动"人"的因素，吸取我国发展"两弹一星"的成功经验，方可在21世纪的科技创新和经济竞争中确立自己的地位，缩短与发达国家的差距。因此，在关注国有企业组织变革和经济转型等紧迫问题时，我国政府非常关注人、群体和组织在适应变革中的心理学问题，因此，今年国家科技部已把心理科学列为21世纪重点发展的学科之一。由于管理心理学与科技进步和经济发展直接攸关，其理论研究成果在社会经济发展中具有不可替代的重要作用。比如，目前国家正在进行的国有企业结构调整、住房制度改革、薪酬结构水平等重大管理决策，这些决策研究都有管理心理学者的参与和指导。因此，管理心理学作为基础心理学研究的组成部分，对于管理科学的发展具有不可替代的作用。

二 管理心理学的研究热点和发展趋势

进入 20 世纪 90 年代以来，组织变革已成为全球化经济竞争中管理心理学研究的首要问题，这方面研究主要探索组织变革的分析框架、理想的组织模式、干预理论以及变革代理人的角色。Karl E. Weick 和 Robert E. Quinn（1999）研究发现，Lewin 提出的传统的阶段性变革程序（即冻结—变革—再冻结）已逐渐被连续性变革程序（即冻结—再平衡—解冻）所取代，这种新的理论强调变革应是连续性、发展的、渐进的变革，尽管这些变革所进行的调整可能较小，但能够从根本上改变组织的结构和战略，保障变革的顺利实施和达到预期目的[6]。已经发现，就业安全保障、招聘、团队自主性管理、授权、培训、信息沟通等是促进改革和提高生产力的重要干预因素。

与组织变革密切相关的是领导行为研究，由于受权变理论的影响，近年来，先后出现了多种领导理论，如通路—目标理论、领导—参与模式、生命周期理论。目前最有代表性的是 Fieldler 提出的认知资源利用理论，它强调决定领导成效的关键与其说是领导个人的智力和才能，不如说是使认知资源得到利用的条件[1]。在组织变革中，管理决策因素显得尤为重要，因为组织结构调整总是在一定的风险情境下进行。目前，从个体研究水平上，比较注重于决策和判断中所采取的认知策略和判断决策问题；在组织水平上的决策研究主要分析不同背景下的决策模式、权力结构和参与体制，并特别重视决策技能的开发和利用。

激励问题是管理心理学研究的核心问题，过去曾产生了内容学派、过程学派和强化学派等有关激励的理论，目前，由于亚当斯（S. Adams）的公平理论对于薪酬设计的实际意义，仍受到普遍重视，此外，与激励问题密切相关的研究是有关工作承诺的研究，主要从工作价值观、职业发展、工作责任心、组织认同和对社会的态度进行研究，并探讨了组织承诺对离职、工作满意度、工作安全感、人际关系的影响以及组织承诺的形成规律[3]。

组织文化研究将组织文化定义为特定群体发展的、应用于外部环境和内部整合的基本假设形式，已成为教育员工以认知、思考和感知问题的实际方式，研究主要集中在组织文化的特点、结构和运行机制上。团队主要研究团体的凝聚力、团队的构成，目标设定，团队内的关系、规范、角色、冲突和团队决策等[1]。还值得一提的是管理的跨文化研究，这是适应跨国公司发展的新的研究方向，最有影响的是关于个人主义与集体主义国民特性对组织管理的影响研究，研究发现了东西方文化的差异，中国人更愿意遵循平等原则来分配奖金，强调了管理方式必须适合中国的国情文化。综上所述，管理心理学的发展趋势可以归纳为：

第一，组织变革和发展是管理心理学研究的首要问题。

20 世纪 80 年代之前，管理心理学研究比较集中在个体理论的探讨，在激励理论、群体行为和领导行为理论的研究上产生了大量理论，进入 80 年代之后，随着经济全球化的潮流和经济结构调整，对企业重组、战略管理、跨国公司或国际合资企业管理的研究已呈现强劲势头，文化因素成为这类比较研究的关注热点。宏观的经济行为研究更加受到重视。把经济信心和经济预期作为对国家经济景气的良好预测源。目前，由于管理环境研究的复杂程度增加，促使研究的注意力全面转向整个组织层面，因为如果不从整体的角度来考察问题，无论是企业的结构调整、管理者的决策、员工的适应，还是跨国公司管理中的组织文化的建设、各种激励政策的制定，均无法达到预期的管理目标。

第二，强调对人力资源的系统开发。

技术创新已成为下一世纪各国企业拓展市场、在竞争中取胜的关键。在这个系统中，具有高水平胜任素质的人力资源，是技术创新和市场开拓的关键，因此，目前更加注意探索管理者决策、技术创新和员工适应中必须具备的胜任素质，更加关注如何充分地利用和开发人力资源。科技进步和管理的复杂度对于员工素质提出新的要求，使人力资源管理成为研究的又一热点，研究由局部的、分散的研究转向整体系统的研究。目前，有关胜任特征评价、个体对于组织的适应性和干预问题的研究等人力管理问题正向纵深发展。

第三，研究领域不断拓展，更加关注国家目标。

管理心理学在研究领域方面，更加重视突破传统框架，不断拓展研究的新领域。目前，管理心理学不同于其他心理学分支的特征是，在拓展研究新领域时，不仅有大量商业咨询机构出于市场经济利益的考虑，进行投入和资助，各国政府出于自己在国际竞争中的国家安全和市场利益考虑，也进行有计划的管理决策的行为科学研究。可以认为，管理心理学研究更加关注国家目标。总之，研究的新的热点在于：跨国公司和国际合资公司的比较研究、科技投入的行为研究、失业指导研究等，均取得了可观的社会效益和经济效益。目前，管理心理学家把组织作为开放的社会—技术系统来看待和研究，研究领域方面已突破传统框架，涉及管理培训与发展、工作业绩评价、管理决策、组织气氛和组织文化、跨文化比较等新领域。

三　我国管理心理学的研究进展和现状分析

从 1978 年开始，我国管理心理学者开始系统地引入国外管理心理学的理论和方法，相继完成了我国管理心理学的学科基本建设，在工作动机、领导行为、管理决策、价值观、员工培训、人员选拔和组织变革方面，进行了较为系统的研究，通过与国外工业与组织心理学家的跨文化比较合作研究，不仅缩短了与发达国家的差距，还丰富了国际管理心理学的知识体系[3]。目前，我国管理心理学家在国际应用心理联合会担任领导职务，并主持或参与一些重要的管理心理学杂志的编辑工作，已在国际管理心理学界确立了自己的学术地位，取得了长足的进步。在管理心理学的应用方面，根据国家科技进步和社会经济转型的需要，近年来在国有企业改革、领导干部选拔、管理决策、科技创新体系的人力资源管理、激励机制、航天员的模拟培训等前沿问题上，完成了一系列有较大影响的科研课题，产生了较大的社会效益和经济效益。

在研究资源方面，我国管理心理学界已具备从本科生到博士后的管理心理学后备队伍的培养体系，研究经费主要来源于国家自然科学基金委员会，部分来源于企业横向合作的投入。目前，我国管理心理学发展存在的主要问题在于：

第一，研究力量比较分散，在针对国际最新趋势和国家社会经济转型要求方面，缺乏较为系统的规划。

第二，国家自然科学基金委以及国家科技部虽然对于心理科学，特别是管理心理学在国家社会经济发展上有迫切的要求，但是，经费投入较少，使一些重要的、涉及管理心理学长远发展的重要领域得不到必要的支持。比如，管理科学部主要资助有直接应用价值的人力资源管理对策项目，至今尚无有关管理心理学理论前沿研究的重大项目资助。

第三，实验室设备亟待改善。管理心理学是一个研究人—团体—机器系统的综合学科，随着高新技术的发展及其对于管理心理学研究的新要求，亟待组建现代化的管理心理学国家开放实验室，以缩短与国外管理心理学的差距。目前，国外很多管理决策实验、情境模拟评价和训练、大样本调查和数据处理都离不开计算机网络的支持。应通过启动重大项目，组建适应跨世纪要求的管理心理学开放实验室。

四　我国管理心理学研究的发展设想与对策

根据国内外工业与社会经济生活的发展趋势和我国科技发展的国家目标，我们建议，应力争在 2015 年之前，把我国的管理心理学建设成在国际工业与组织心理领域有重要影响、对我国社会政治生活和经济发展有重大影响的基础学科。如果国家科技部和基金委能够资助3~5 项重大项目，可以建立管理心理学国家级开放实验室，使之成为具有国际先进水平的科研基地、培养和造就管理心理学高级科研人才的基地。我们将充分利用我国管理心理学的整体学科优势，面向国际研究前沿和我国经济建设主战场，为国民经济发展和政府决策做出有重大影响的贡献。我们认为，我国管理心理学研究的发展趋势和研究热点是：

（一）社会经济转型中的组织变革与发展

全球化（Globalization）带来的社会经济转型的新要求，将是世界各国在 21 世纪面对的最主要的组织变革和人的适应问题。就我国而言，从计划经济向市场经济转轨，将在相当长一段时间内面对组织结构调整和发展带来的一系列管理心理学问题，具体包括组织环境特点和趋势分析、企业重组、发展战略、管理决策、技术创新管理等问题。

（二）人力资源管理的理论基础与管理对策

根据高新技术发展和国际化竞争要求，探索新条件下人力资源管理模式，形成从工作分析、选拔、培训、安置、激励、考核和流动的系统性机制。特别要研究职业企业家队伍的形成机制、激励机制、人的适应心理、职业发展与干预对策、巨复杂系统的管理控制等管理问题，形成一套从职务分析、胜任特征分析、培训需求评价、职业企业家选拔、智能模拟培训、组织学习到人员的安置和评价的人力资源管理对策，建立符合我国国情的人力资源管理模式。

（三）组织文化与学习模式

为解决好转型期的组织管理问题，理顺各种关系，必须认识各个层次人员对新条件下的职业标准、人际关系、组织原则、分配原则等方面的接受与适应性，确立新的组织行为与文化的结构关系和影响因素。通过加强对新的经济发展环境下个体、群体和组织行为因素的研究，揭示新型组织的文化特点、结构和运行机制，探索人们价值取向的变化趋势；通过开展管理的跨文化研究，揭示东西方文化的异同，探索新的激励机制和薪酬制度；通过组织学习模式，建构适合中国国情的企业文化和经营管理模式。

（四）经济心理与国家金融安全

重点探索新形势下人们的消费行为、社会保险、投资心理、经济信心与期望，影响投资扩大的心理学因素、建立社会稳定性预测和监控系统。此外，开展企业形象战略研究，探索面向市场的技术创新管理问题，在与发达国家企业现象战略模式比较研究之基础上，建构我国企业形象建设战略模式。

我国的管理心理学在面临世纪之交的时刻，既有机遇，又有挑战。为了促进管理心理学的发展，建议采取如下政策措施：

第一，政府应当加大对于管理心理学理论研究的投入，通过重大项目的资助，可以稳定当前的科研队伍，同时吸引国外人才回国，采用多种方式为发展我国的管理心理学服务。目前，如果再不增加投入，大部分管理心理学专业人员，可能将大部分精力投入简单、重复的人事管理咨询服务，以解决生存问题。这对于学科发展，特别是基础学科建设，极为不利，应当避免。

第二，加强国家科技部和国家基金委对于重大项目的投入的科学论证以及项目实施过程中的管理，特别要避免地方主义，各自为政。建议采用科学的项目投标、招标和过程管理方法，促进各部门的协同合作，以保证项目的顺利完成。

第三，政府应根据社会经济发展和国家安全目标，适时组织重大管理决策项目，使管理心理学研究成果能够直接为政府决策服务。比如，国家科技创新体系的人力资源管理模式研究，可以根据管理需要，及时启动应急项目，可及时收到良好的效果。

第四，资助建立管理心理学国家开放实验室，改善科学研究条件；资助国际合作交流，从整体上提升我国管理心理学的研究水平。

参考文献

［1］凌文辁，郑晓明，张治灿，方俐洛. 组织心理学的新进展［J］. 应用心理学，1997，3（1）：11-18.

［2］彭瑞祥. 中国劳动心理学三十年［J］. 心理学报，1980（1）：16-21.

［3］徐联仓，王重鸣. 管理心理学研究［J］. 中国心理科学，工作心理学分卷，1997：1055-1067.

［4］赵莉如. 中国现代心理学的起源和发展［J］. 心理学动态，1992.

［5］House, R. J, Singh, J. V. Organizational Behavior［J］. Annual Review Psychology, 1995, 46：59-90.

［6］Weick, K. E, Quinn, R. E. Organizational Change and Development［J］. Annual Review Psychology, 1999, 50：361-386.

［7］Katzell, R. A, Austin, J. T. From Then to Now：The Development of Industrial-Organizational Psychology in the United States［J］. Journal of Applied Psychology, 1992, 77：803-835.

The Prospect of Managerial Psychology

Shi Kan   Lu Jia

Abstract：This article examined the recent development of Managerial Psychology, and indicated that in the situation of economy globalization and rapid organizational development, research had switched its focus to the issues of organizational change, leadership behavior, motivation mechanism and organizational culture. It could be found that much research was conducted at the organizational level with reference to national objectives. Both short-term goals and long-term goals for Managerial Psychology research were put forward in this paper.

Key words：managerial psychology；development trend；organizational change；human resource development

教改对教师工作生活质量影响的跨文化比较研究[*]

杨化冬　时　勘

【编者按】我于 1997~2000 年在时老师课题组读硕士研究生，毕业后又留在时老师课题组工作了一年。前后四年在时老师课题组的工作和生活，开启了我对学术研究的兴趣。时老师对工作的热情和对学生的帮助，不仅让我受益匪浅，也对我今天的工作方式有着很深的影响。在此篇我回忆和时老师相识、共处和离别的几个瞬间，感谢时老师和课题组对我的栽培。相识：我阴错阳差幸运地走进时勘老师的课题组。我 1997 年从河北师范大学报考科学院心理所硕士研究生。时老师当时在美国密歇根大学做访问学者。面试时，我被王二平老师的课题组所拒。时勘老师课题组的左衍涛老师问我："你听说过时勘吗？"我回答："没有听过"。1997 年 9 月，时勘老师回国，和我见面的第一句："你就是那个从河北师大来的、没有听说过时勘的学生吧？"在我和时老师的第一次工作会议上，时老师把他的博士论文给了我一份，给我（们）讲述了他的学术经历。我听得心潮澎湃，决定跟定了时老师，并为能成为时勘老师的学生而感到骄傲和自豪。共处：在随后的相处中，我佩服时老师的再学习能力、积极主动的科研态度和废寝忘食的工作精神。每次工作会议，在我唠唠叨叨叙述半天之后，时老师总能提纲挈领地把握住我所阅读的文献的实质，并能针对我的研究给出改进建议。20 年后，我对时老师这种"再学习"的能力依然记忆犹新。我想，正是这种再学习能力，能够让时老师超越一般心理学研究工作者而成为心理学的大家。在研究工作上，我被时老师在研究上的主动性和积极性所折服。当时，课题组的一个大的研究方向是胜任特征模型，时老师各方牵头，在国内强化培养这个方向的学生。比如申请课题基金，就会同时注重与企业界的联系，如电信、银行和交通公司等，把研究成果实用化。此外，在国际上和该领域的一流专家保持密切合作。这样，时老师开创了胜任特征在中国的本土化研究，其成果至今在国内数一数二。后来，我把从时老师这里学来的这种工作态度也贯彻到我的科研工作中。如果自己对某个研究课题感兴趣，等和靠是没有用的，也会像时老师那样，积极主动地去创造条件争取它。至今我还能记得时老师废寝忘食的工作精神，我真自愧不如！我想，这也令大多数我们课题组的学生们汗颜！在和时老师相处的四年中，我记不得时老师有过假期，周六、周日工作也是常事。至今令我唏嘘的是，在做了教授之后，时老师还会为了研究课题的进展和研究计划而"睡办公室"。这种废寝忘食的工作精神，我在国外也很少见到。

　　* 本项目得到了国家自然科学基金的资助（资助项目号：79670093）。本研究得到了北京海淀教科所、北大附中教师的支持，特此致谢。

我以为，正是由于中国有一批像时老师这样的研究工作者，中国的心理学研究才能在短短几十年在国际上崭露锋芒，迅速地赶上来。离别：受当时社会出国风潮的影响，我也蠢蠢欲动。和别的老师不一样，时老师总是创造机会帮助学生成长。我的 GRE 成绩当时怎么也过不去，拿奖学金去美国没有了希望。留所那年，一个偶然的机会有前往荷兰读博士的可能。在时老师大力推荐下，我前往荷兰读博士变成了现实。在我的个人成长中，我一直感谢时老师给我创造的机会，我也把这种为学生创造机会、达到双赢的合作方式应用到我今天的工作中来。在和时老师及课题组同学们相处的四年时间，一直是我学生生涯中最快乐的一段时光。感谢时老师，感谢时老师创立的积极向上的课题组，也感谢课题组的每一位成员！（杨化冬，1997 级中国科学院心理研究所硕士生，英国利物浦大学管理学院　副教授）

摘　要：本研究采用跨文化教育协作组（CCCRE）编制的访谈问卷，采用结构化访谈方式，通过跨文化教育研究协作对 9 个国家 513 名教师进行访谈调查。本文着重探讨了教改的种类、起因和角色特征对教师工作生活质量的影响。结果表明：①教改类型对教师人际关系和职业发展的变化有显著影响。②教改起因对教师的时间利用和职业发展有显著影响，并在时间利用上显示出文化上的差异。③我国教改在起因上表现出与总体趋同态势，但它们对教师的人际关系和职业发展的变化有更积极的影响。④执行者是教师在教改中的主要角色，但这种角色对教师的工作生活质量没有显著影响。

关键词：教育改革；教师工作；生活质量；跨文化比较研究

一　研究问题提出

自 20 世纪 80 年代起，新一轮的教育改革在全球范围内展开。伴随而来的对教育改革的评估成为教育研究的一个新的热点。但目前多数评估研究主要集中于教育改革对学生学习生活的影响上，很少有研究涉及教育改革对教师工作生活的影响。而事实上，教师作为学校教育改革的具体实施者，他们对教育改革的态度及应对方式会直接影响教改的成败。Fullan 曾在 1982 年提出"教育改革的成败主要依赖于教师的所想和所做"[1]。从 20 世纪 80 年代开始，美国、英国和德国三国的教育学家与心理学家开始组建教育研究协作组（CC-CRE）[2]，把研究焦点转向教育改革对教师工作生活质量的影响上。心理学对教师工作生活质量的研究开始于 20 世纪 60 年代，总体上可以分为两个阶段：60~80 年代，多数研究集中探讨个体因素对教师工作压力和工作满意度的影响。Rudd 和 Wiseman（1962）的研究发现：低的薪酬、与同事的关系、与学生的关系、时间占用等因素能显著地影响教师的工作生活质量[3]，Holdway（1978）在对影响教师工作知觉的因素和教师工作满意感间相关分析的结果表明教师对工作产生满意的因素多为"内部因素"，包括工作成就欲、职业发展、对职业的认识、职业的刺激性。而一些"外部因素"如行政管理、人际关系、与教育相关的政策、社会态度，则多与教师的不满意相关。[4] Smilansky（1984）对以色列 36 名教师进行调查，旨在发现与教师满意度、工作压力相关的内外部因素。研究结果支持了 Holdaway（1978）的上述研究结论。不过，研究也发现一些因素（如与学生的关系、工作中的时间利用、工作的负担程度等，不仅与满意度有关，同时也与工作压力有关。因此 Smilansky 建议，采用内外部因素而不是采用激励因素和保健因素来表征与教师满意感和工作压力相关的因素[5]。20 世纪 80 年代以后，研究者更加关注组织因素对教师工作生活质量的影响。相关研究表明：领导监控、同事支持、组织沟通方式、学校的氛围等因素都与教师的工作生活质量有显著相关（Kyriacou & Sutcliffe, 1977[6]；McCormick, 1992[7]；时勘、王鹏, 1999[8]）。自 20 世纪 80 年代开始，随着新一轮的教改在全球的展开，探讨变革因素对教师工作生活质量的影响成为教师工作生活质量研究的一个新热点。近年来，国内的学者对我国教师的工作生活质量也开始关注，但多数研究集中探讨正常学校环境下对教师工作生活质量产生影响的因素（陈云英、孙绍邦, 1994[9]；周建达、林崇德, 1994[10]；施文龙, 1999[11]）。而从 20 世纪 90 年代开始，随着应试教育向素质教育转变在全国教育领域内的展开，各种教改方案在不同的教育机构实施。基于这种背景，探讨教改的特征对我国教师工作生活质量的影响已变得很有必要。为此，中国科学院心理研究所于 1997 年参加了由九个国家组成的跨文化教育研究协作组（A Consortium of the Cross-Culture Research in Education, CCCRE），开始参与教育改革对教师工作生活质量影响的跨文化比较研究。本文是此项研究的部分内容，主要探讨改革的种类、改革的起因及教师在改革中的角色对教师工作生活质量产生的影响。

二　研究方法

（一）被试

参加本项研究的被试人数为 513 名，分布于 9 个国家。在被试的选取上，各国遵循了以下的原则：

第一，各国选取的被试人数应大于 30 人；

第二，所选取的教师应为城市或城郊普通中学的教师；

第三，教师在目前所任教的学校至少有三年以上的工作经验。具体的样本分布见表 1：

表 1　样本分布

国家	被试人数	平均年龄	男性（人）	女性（人）	平均教龄	本校任教时间
澳大利亚	50	41.88	28	22	17.50	5.88
加拿大	85	35.00	42	43	19.09	10.17
中国	50	34.38	16	34	11.70	7.26
英国	27	43.19	15	12	16.93	11.67
匈牙利	34	41.26	21	13	17.59	10.97
以色列	59	41.63	22	37	17.73	13.73
荷兰	121	42.18	19	100	16.87	12.17
南非	37	41.27	19	18	16.86	10.05
美国	50	47.66	28	22	21.86	13.02
总计	513	40.94	230	281	17.33	10.55

（二）研究程序

1. 访谈内容及编码的形成

CCCRE 协作组首先在 16 个国家采用访谈或问卷方式，初步收集了与教育改革及教师工作生活质量有关的资料（1991~1995）。然后对资料进行分析，抽取出资料中所涉及的维度，结合各国已有的经验，形成了访谈的程序及正式访谈的内容和过程（见图 1）。根据教师在访谈预试中对问题的反应进行统计分析，形成了访谈的初步编码表。各国专家经商讨，对初步编码表进行了进一步概括，形成了最终的访谈编码表，以利于各国间数据的比较。

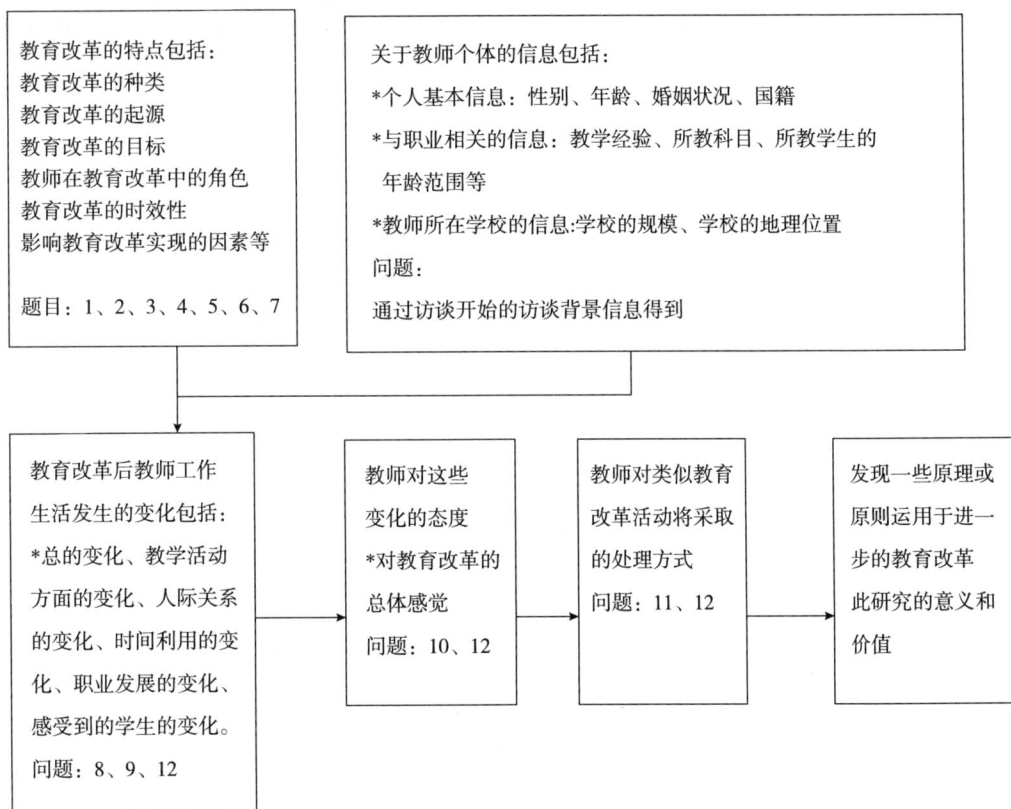

图 1　CCCRE 研究的访谈结构

2. 访谈的实施与数据的整理

在 1~1.5 小时的访谈中，按照图 1 所示的程序进行。首先请教师谈谈最近他所经历的三次教育改革活动，然后，要求他们选择对其影响最深的一项教育改革活动进行深入访谈，由主试引导他依次谈出此次教育改革的起因、目标、被试在教育改革中所扮演的角色及其工作生活如何受教改的影响等信息。

对获得的原始资料首先根据初级和二级编码表进行编码，对反映教改特征的变量作为自变量进行编码，如教改的种类被划分成四类，分别是学校管理改革、教学改革、对学生评估的改革和学生学习生活方式的改变；教改的起因经过两次编码后，也被分成了四类，分别是：由教师发起的改革，由学校发起的改革，由政府发起的改革和由其他机构发起的改革。

而教师对教改的参与角色被分成七种，分别是发起者、计划者、参与决策者、执行者、支持者、没有角色和阻碍者。在考察教师工作生活质量的变化时，为了便于九个国家间的比较，我们选取了三个方面来进行分析，分别是人际关系、时间利用和职业发展。在二级编码表中，教师工作生活的这三个方面均按照积极与消极影响进行了经验分类，利用这种分类结果，我们把一级编码从分类数据转化成等级数据，具体做法是：每一项"积极性影响因素"的一级编码记"1"分，每一项"消极性影响因素"记为"-1"分，"没有影响的因素"记为"0"分。如：人际关系的消极性影响因素在一级编码中有7项，积极性因素有4项；若被试的报告中有3项涉及积极因素，2项涉及消极因素，则分别记为"3"和"-2"。

三 结果分析及讨论

（一）教改的种类对教师工作生活的影响

对教改种类的描述性统计发现，四种教改涵盖了95%的教师所提及的改革内容。以教改的种类作为因素变量，分别以教师的人际关系变化、时间利用变化、职业发展变化作为因变量，我们考察了教改的种类对教师工作生活的影响。结果如表2所示：

表2　改革的种类对教师工作生活的影响

	N（人）	人际关系 *		时间利用 **		职业发展 ***	
		M	SD	M	SD	M	SD
学校管理	67	-0.39	2.10	0.27	1.30	0.43	0.65
教学改革	223	0.33	1.33	0.00	1.19	0.32	0.59
对学生评估的变化	56	-0.39	1.89	0.16	1.48	0.28	0.75
学生学习生活方式的改变	141	0.00	1.59	-0.20	1.34	0.19	0.74

注：* 表示人际关系的 max = 7，min = -4；** 表示时间利用的 max = 6，min = -4；*** 表示职业发展的 max = 1，min = -1，下同。

从表2中可以看出，教学改革和学生学习生活方式的改变是教师报告的两种最主要的教改类型，在人际关系的变化上，教学改革对教师的人际关系变化略有积极的影响。在时间利用上，四种教改对教师的时间利用影响均不是很大，而在职业发展方面，教师认为四种改革都会促进其职业更好地发展。方差分析和多重比较的结果发现，四种类型的教改在对教师人际关系的变化上存在显著差异 $[F_{(3, 481)} = 5.64, p < 0.05]$。教学改革对教师的人际关系变化产生正向影响，可能是因为教学改革较少地涉及对教师的评价，而学校管理的改革和对学生评价的改革都不可避免地与对教师的评估产生联系，因而会使教师的人际关系变得紧张。方差分析的结果表明，四种教改对教师的时间利用的变化不存在显著差异 $[F_{(3, 483)} = 2.42, p > 0.05]$，由此我们可以认为，教改的类型对教师的时间利用不会产生影响。在职业发展方面，四种教改对教师的职业发展都有正面影响，尽管程度不同，但在统计上不存在显

著差异 [$F_{(3, 479)} = 2.24$, $p > 0.05$]。

我们通过 T 检验分别比较了四种教改对我国教师和九国教师总体在工作生活质量的三个方面所表现出的差异。结果发现：学校管理改革和学生学习生活方式的改变对教师工作生活质量的影响在两样本间不存在显著差异。但教学改革对我国教师的时间利用和职业发展有更积极的影响（$M_{时} = 0.71$, $SD_{时} = 1.06$, $T = 2.2^*$；$M_{职} = 0.85$, $SD_{职} = 0.53$, $T = 3.7^*$），而对学生评估的改革则对我国教师的人际关系变化有更积极性的影响（$M_{人} = 1.30$, $SD_{人} = 1.15$, $T = 3.45^*$）。

（二）两种文化背景下不同教改起因对教师工作生活质量的影响

我们依据以色列学者 Schwartz（1999）[12] 对 56 个国家工作价值观研究的结果，把本研究中的中国、以色列作为一组，在工作中他们更加强调集体的合作和传统的秩序（Conservatism）；而把其他 7 个国家划分为一组，在工作中他们更强调自我的独立和控制（Antonomy）。通过方差分析，我们考察了教改起因对两组被试在工作生活质量的三方面产生的影响。其结果如表 3 所示：

表 3　两种文化背景下改革的起因对教师工作生活的影响

起因	集体主义国家（Conservatisim）							个体主义国家（Autonomy）						
	N	人际关系		时间利用		职业发展		N	人际关系		时间利用		职业发展	
		M	SD	M	SD	M	SD		M	SD	M	SD	M	SD
教师发起	19	0.37	1.57	0.94	1.17	0.72	0.57	61	0.44	1.23	1.96	1.07	0.27	0.52
学校发起	27	0.22	1.21	0.81	0.87	0.62	0.66	98	0.34	1.40	1.02	1.19	0.28	0.54
政府发起	29	0.31	1.28	0.96	1.23	0.18	0.67	204	−0.42	1.75	−0.35	1.33	0.20	0.71

从表 3 可以看出，在由教师和学校发起的教改中，个体主义国家的教师在人际关系和时间利用的变化均值上都高于集体主义国家的教师。而在政府发起的改革中，在这两方面，集体主义国家的教师均高于个体主义国家。进一步的方差分析结果表明，国家因素和教改起因对教师人际关系的变化并不产生显著影响 [$F_{(1, 432)} = 2.17$, $F_{(2, 432)} = 1.33$, $p > 0.05$]，而在时间利用的变化上，方差分析的结果表明，国家因素和教改起源因素存在交互作用 [$F_{(2, 432)} = 2.62$, $p < 0.05$]。图 2 对这种交互作用进行了描述。由教师和学校发起的改革对强调自我控制（Autonomy）国家的教师产生积极影响；而由政府发起的教育改革对强调集体控制（Conservatism）国家的教师能产生积极影响。这可能是由于文化背景的差异所致：在强调集体控制的国家中，让教师自己发起教改可能会导致个体自己的时间安排与集体的时间安排发生冲突，从而增加教师的责任，因而教师们更倾向于参加由政府发起的教改。这一结果同时暗示我们，在进行教育改革时，参与式管理并非总能激发教师的积极参与，文化因素、团体的气氛等在确定教改实施方式时都应该考虑。

教改起因对教师职业发展在两种文化背景下呈现出一致趋势：由教师和学校发起的教改对教师的职业发展有更好的促进作用。对于这种现象我们的解释是：当教改由教师自身发起

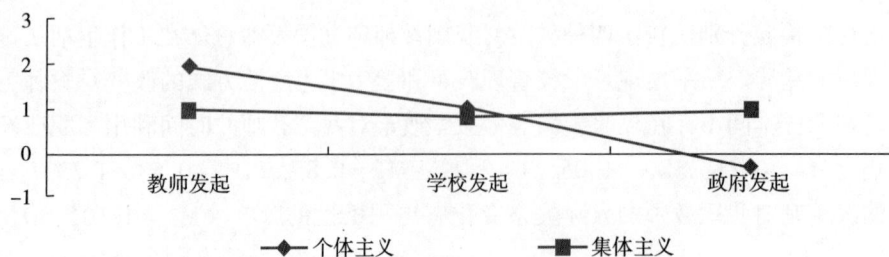

图2 两种文化下改革起因对教师时间利用的影响

时，教师会考虑改革的各方面问题，如时间的安排、学生的接受程度、课程的进度等；但当教改由政府发起时教师只需按部就班地实施改革，显然前者会更好地促进教师的职业发展。

（三）教改起因对我国教师的特殊性影响

为了进一步了解教改起因对我国教师工作生活质量产生的特殊性影响，我们比较了我国与九国总体在四种教改起因分布以及对教师工作生活质量影响上的异同。图3比较了我国和九国总体在教改起因分布上的差异。

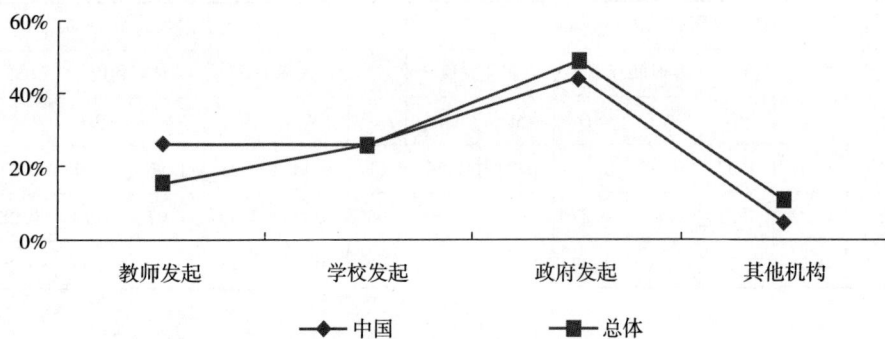

图3 中国教改在四种起因上的分布特点

从图3中可以看出，在教改起因的分布上，我国表现出与总体相一致的趋势，即教师报告的大部分教改是由政府发起的教育改革。尽管我国教师报告的由自身发起的教育改革高于九国的总体平均值，但这种差异在统计上是不显著的（$x^2 = 5.00$，$p > 0.05$）。在此基础上我们又分析了由教师、学校、政府三种主要的改革起因对我国教师人际关系、时间利用、职业发展三方面的影响。结果如表4所示。

表4 改革起因对我国教师工作生活质量的影响

起因	人际关系				时间利用				职业发展			
	中国教师		九国总体		中国教师		九国总体		中国教师		九国总体	
	M	SD	M	SD	M	SD	M	SD	M	SD	M	SD
教师发起	0.00	1.75	0.49	1.21	1.15	1.34	0.37	1.14	0.85	0.55	0.37	0.56

续表

起因	人际关系				时间利用				职业发展			
	中国教师		九国总体		中国教师		九国总体		中国教师		九国总体	
	M	SD	M	SD	M	SD	M	SD	M	SD	M	SD
学校发起	0.30	1.65	0.32	1.33	0.62	0.95	0.25	1.17	0.23	0.83	0.20	0.63
政府发起	0.63	1.29	−0.43	1.72	1.00	1.41	−0.19	1.39	0.68	0.71	0.32	0.71

注：其中，中国有效被试 N＝48 人，九国总体有效被试 N＝390 人。

从表 4 中可以看出，在由教师发起的教改中，中国教师在时间利用和职业发展上的均值高于九国平均值，进一步的 T 检验结果表明这种差异在统计上是显著的（T＝3.41，p<0.05），但在人际关系的变化上，我国教师的平均值低于九国总体。而当教改由政府发起时，我国教师在工作生活质量的三个方面显著地高于九国平均值（$T_人$＝2.6，p<0.01；$T_时$＝4.4，p<0.01；$T_职$＝2.5，p<0.05）。对于这一结果我们的解释是：我国是一个强调集体控制和传统秩序的国家（Conseratism），当教改由教师自身发起时，无疑与这种文化氛围不相适应，同事的不理解、上级的不支持、家长的不配合等都会使教师感觉到人际压力，同时由于教改会占据教师的大量时间，这样教师不能抽出更多的时间处理与同事、领导间的关系，因而在某种程度上也影响了教师的人际关系；但当教改由政府发起时，这是一种集体行为，每一个教师都会涉及其中，相对来讲，教师的人际压力会减小，反而会对教师的人际关系产生积极的影响。

（四）教改角色对教师工作生活质量的影响

我们首先对教师在教改中所扮演的 7 种角色的分布情况进行了分析。有 215 名教师报告自己在教改中的角色是执行者（占 42.7%），这表明在改革中教师最常充当的角色是执行者。并且这种分布在 9 个国家呈现出一致趋势。在此基础上，我们探讨了不同角色对教师工作生活质量的影响，其分析结果如表 5 所示。

表 5　角色对教师工作生活质量的影响（N＝504）

	N	人际关系		时间利用		职业发展	
		M	SD	M	SD	M	SD
发起者	70	0.37	1.49	0.28	1.11	0.24	0.55
计划者	47	0.74	1.14	0.10	1.06	0.24	0.48
参与决策者	43	0.41	1.33	0.52	1.33	0.28	0.55
执行者	215	0.00	1.48	0.00	1.38	0.35	0.68
支持者	51	0.47	1.25	0.16	1.12	0.54	0.57
没有角色	47	−0.55	1.94	−0.23	1.23	0.17	0.84
阻碍者	31	−1.48	2.12	−0.58	1.28	0.00	0.89

从表 5 中可以看出，当教师主动参加教改时，教师的人际关系、时间利用和职业发展趋于向积极方向改变，而当教师对改革抱有抵触态度时，如没有角色或阻碍者，教师的工作生活会受到消极影响。目前在教育改革中教师充当最多的角色是执行者，这种角色在人际关系、时间利用方面对教师的工作生活既不产生积极影响也不产生消极影响，但对于教师的职业发展略有积极的影响。并且从表 5 中也可以看出，并非教师参与教改程度越深，其工作生活受到的积极性影响就越大。究竟什么样的角色对教师工作生活的哪些方面会产生积极影响，以及为什么会产生这些影响，都有待于在今后的研究中进一步探讨。

四　结论

1. 教师人际关系和职业发展受教改类型的影响：教学改革会对教师人际关系变化产生积极影响；而不同种类的教改对教师的职业发展均有积极性影响。

2. 教改起因对教师的时间利用和职业发展有显著影响，并且在时间利用上在九个国家间显示出文化上的差异。

3. 我国教改在起因上表现出与总体趋同态势，但由政府发起的教改对教师工作生活质量的三个方面有更积极的影响。

4. 执行者是教师在教改中的主要角色。这种角色对教师的工作生活质量没有显著影响。

参考文献

［1］Fullan, M. The Meaning of Educational Change［J］. Toronto, OISE Press, 1982.

［2］Menlo, A. & Poppleton, P. A Five-country Study of the Work Perception of Secondary School Teachers in England, the United State, Japan, Singapore and West Germany（1986-1988）［J］. Comparative Education, 1990, 26：173-182.

［3］Rudd, W. G, A. & Wiseman, S. Sources of Dissatisfaction among a Group Teachers［J］. British Journal of Educational Psychology, 1962, 32：275-291.

［4］Holdway, E. A. Facet and Overall Satisfaction of Teachers［J］. Educ. Admin. Q., 1978（14）：30-47.

［5］Smilansky, J. B. External and Internal Correlates of Teachers' Satisfaction and Willingness to Report Stress［J］. Br. J. Educ. Psychol, 1984, 54：84-92.

［6］Kyriacou, C., Sutcliffe. Teacher Stress：A Review［J］. Educational Review, 1977, 29（4）：299-306.

［7］McComick, J. & Solman, R. Teachers' Attibutions of Responsibility for Occupational Stress and Satisfaction：An Organizational Perspectives［J］. Educational Studies, 1992, 18（2）：201-222.

［8］王鹏. 培训迁移效果的影响因素研究［D］. 中国科学院心理研究所硕士论文, 1999.

［9］陈云英, 孙绍邦. 教师工作满意度的测量研究［J］. 心理科学, 1994, 17（3）：146-149.

［10］周建达, 林崇德. 教师素质的心理学研究［J］. 心理发展与教育, 1994, 1：32-37.

［11］施文龙. 教师需要及激励问题的研究概述［J］. 社会心理科学, 1999, 3：28-30.

［12］Schwartz, S. H. A Theory of Culture Values and Some Implications for Work［J］. Journal of Cross-Cultural Psychology, 1999, 30（6）：23-47.

A Cross−Cultural Research of Educational Changes Affecting on the Quality of Teachers' Worklife

Yang Huadong   Shi Kan

Abstract：This study adapted the questionnaire made up by Consortium for Cross−Culture Research in Education（CCCRE）, by cooperating with other teachers, interviewed 513 teachers in nine countries. This article mainly explored that the characteristics of domain of change, origin of change, teachers' role in the educational change affect on quality of teachers' worklife. The results are as follows：

（1）The domains of educational changes have a significant effect on change of the relationship of teachers and the professional development.

（2）The origins of educational changes significantly affect on teachers' time−using and professional development; and there is a significant difference in the change of teachers' time−using among nine countries.

（3）There is no significant difference about characteristics of educational changes between Chinese teachers and subfects of other countries. In China, they have a more positive impact on teachers' relationship and professional developnent.

（4）Teachers' main role in educational changes is implementer, but there is no significant difference between different roles.

Key words：educational change's origing; quality of teachers' worklife; cross−cultural research

我国社会经济转型期人的心理行为研究[*]

时　勘　阳志平

【编者按】本文选收录的论文《我国社会经济转型期人的心理行为研究》是我在时老师指导下，2001 年发表于《中国科学学院院刊》的，发表这篇论文时我才 21 岁。在时老师课题组，我是一个异类，因为与其他同学并不一样。由于各种原因，我没有在时老师指导下获取学位，早早地选择了创业之路。我依稀记得，当我第一次告诉时老师这个消息时，时老师给我写了一封长长的邮件，苦口婆心地劝我回归学术之路。虽然因为各种原因，之后一直没有从事组织行为学的学术研究工作，但在时老师课题组的那几年，习得的心理科学研究训练令我受益终身。我能够在职业生涯早期，发表数十篇科研论文，从一位口吃、内向的湖南小镇青年走向一家集团公司管理者岗位，离不开时老师的指导。今天，我能够在脑与认知科学领域坚持创业、科学传播，研究开发 20 年，离不开时老师课题组认识的一些师兄的鼓励，尤其是时老师的第一位硕士生程乐华老师的帮助。时老师最令我敬佩的有三点。第一，勤奋。我依稀记得，与时老师在外地出差，从事各项调研时，时老师经常是深夜入睡，一大早醒来后又在工作。每次给时老师写去的邮件，从来都是能在较短时间内得到回复。第二，热情。认识时老师，源自北京社会心理学年会。当时，我还只是一位心理学本科生，在大会上发表了一篇网络心理学的论文。那时，时老师在中科院心理所已经担任学术委员会副主任。但时老师非常热情地给予我很多建议，并且在之后还给我提供了诸多机会。第三，家国情怀。工业与组织心理学、文化心理学与社会心理学，都是必须植根于中国本土文化的学科。时老师投入了极大的精力，开发出中国本土的理论模型，不断将理论知识应用到具体实践。在不同行业、不同企业，都可以看到时老师各项课题成果的具体应用。这一点，直接帮助我在职业生涯早期了解到，心理学如何从理论到应用。在职业生涯早期，我遇到这么一位好的老师是多么难得！我也希望我们能将时老师的勤奋、热情与家国情怀，传递给更多年轻学子。（阳志平，2000 级中科院心理所进修生，北京安人心智集团董事长）

摘　要：简略介绍了作者近年在社会经济转型期心理行为的研究，包括组织变革及适应、变革领导者的胜任特征、员工再就业心理适应、激励机制问题、科技创新中的行为评价以及证券市场的个体投资者心理行为等问题及管理对策。提出了进一步开展我国社会经济转型期行为研究需要关注的问题及建议。

关键词：心理行为；社会经济转型期；对策研究

*　本研究受国家自然科学基金重点项目（79930300）资助。

一 导言

当前，我国正处在计划经济向市场经济转型时期，即将加入 WTO；从全球角度来看，新经济时代已来到，发展中国家通过引进先进技术和经验追赶发达国家，各国的竞争更主要地表现为人力资源素质高低的竞争。因此，人力资源素质是我国适应经济转型和国际竞争的关键制约因素之一。目前，我们存在的突出问题是，在人力资源结构方面，在劳动力大量富余的同时，非常缺乏懂管理、懂经济的企业家和有创新意识并具适应能力的职工，表现出人口总量过剩与结构性人才短缺的尖锐矛盾；在人力资源配置方面，亟待建立有助于人才选拔、流动、激励和安置的管理体制；在人力资源素质开发方面，尚缺乏一套提高企业人力资源素质的科学的培训模式。目前，面临世纪之交的全球化竞争，我们往往更多地关注知识创新、制度创新，较少关心管理创新。大家都能认识到，我国企业与国外的差距并不完全是由于设备、技术上落后等因素带来的，但是，在吸取国外先进管理思想和方法的同时，怎样创立适合我国文化和社会制度的管理模式，特别是适应转型需求的管理思想和方法？这需要进行基于社会经济转型背景的我国企业员工（含管理者、职工）的心理行为特征的系统研究，才能系统建立提高员工素质的人力资源开发理论基础，形成有效的管理对策，这是我国管理科学面临的重大课题之一。

二 心理行为研究的初步进展

结合我们近年来对"社会经济转型期心理行为"这一研究领域的持续关注以及国内外的相关研究进展，拟从以下几个方面予以介绍：组织变革与组织发展、变革型领导者的胜任特征、员工再就业心理适应、员工的激励机制问题、科技创新管理问题和证券市场个体投资者心理问题。

（一）组织变革与适应

20 世纪 90 年代以来大量的研究结果表明，现代企业的组织变革是一项巨大的系统工程，不仅要考虑技术、资金、人员的重组等外部问题，更要考虑组织变革中员工心理上深层次的助力和阻力等问题。对国企而言，在组织变革中组织变革的阻力与动力究竟如何？国企员工面对当前组织结构调整的心态如何？我们采用随机性分层抽样方法对全国 12 个省市 24 个企业的职工 1080 人，管理干部 293 人进行了问卷调查。结果表明，转型期间推动我国国有企业结构调整的主要原因是市场竞争的压力、自身的设备、产品老化，国家针对国有企业的政策的改革等；而组织变革的内部阻力，在员工层面研究发现，长期习惯于计划经济的国企职工最为担心的不是直接的经济收入，而是稳定感、安全感和归属感问题；管理者层面的则主要是担心利益的丧失，希望保证原有职务和待遇、收入，维持原有的工作环境。这反映了不同利益群体关注的重点不同，国企职工关注的主要还是长期计划经济体制下形成的国企员工特有的稳定感与归属感，管理者则关注的是自己的既得利益，这对我们改革过程中所针对的不同层面也提出了相应要求。与此同时，对企业职工心态的调查结果发现，武断或简单的减员措施必然导致在岗员工的心态不稳，缺乏沟通会导致员工不满和对单位失去信任。上述问题处理不好，减员未必增效[1]，后继研究亦表明了这一点。

（二）变革型领导者的胜任特征

现代企业的发展日益强调领导者的自身素质对于组织绩效的积极意义。目前，国家机关和企事业单位都越来越多地采用公开选拔和招聘干部的办法。那么，究竟采取何种指标和方法能够选拔合适的领导者呢？胜任特征概念的提出为我们提供了一个新的视角。胜任特征指"能将某一工作（或组织、文化）中表现优秀者与表现平平者区分开来的个体潜在的深层次特征"。它分为基准性胜任特征与鉴别性胜任特征两种。我们认为，高层管理者素质评价和开发的关键在于，不仅强调基准性胜任特征，更要强调鉴别性胜任特征[2]。基于以上基本思想，选取我国通信业管理干部为被试，通过行为事件访谈法，对胜任特征评价技术进行了尝试性的实证研究，基本验证了该方法的可行性，并据此建构了能用于我国高层管理干部的综合评价系统。效标群体的分析结果证实，胜任特征评价方法在干部评价中具有较好的区分效度，我国通信业管理干部在影响力、社会责任感、调研能力等10项胜任特征上显示出优秀组与普通组有差异。以上诸指标成为我们选拔领导的胜任特征指标，例如，对于选拔高层管理干部而言，企业应当选拔有较高成就动机的、有较大影响力的胜任者，与目前采用的专家评判方法相比较，胜任特征评价更能全面区分出优秀管理干部与普通管理干部的差异。从20世纪90年代初期开始，这种胜任特征模型已先后用于国家人事部公务员考试和国家劳动部职业技能鉴定的标准设置。近年来，还在中央组织部高层管理干部的结构面试题库建设、北京市"双高人才"的公开招聘、中国电信等一系列大型国有企业的内部竞聘上岗测评系统中，采用了这一评价模型，并发挥了重要的作用。

（三）员工再就业的心理适应

员工对分流的心理承受力及其再就业问题能否很好地解决，直接关系到国家发展和社会稳定。国外近期的失业心理研究的趋势也从失业的临床心理咨询转向对再就业有预见性的心理行为分析。据此，我们系统探讨了国有企业结构调整中影响下岗职工再就业的环境因素和心理因素，结果发现，除环境因素外，心理因素日益重要，下岗职工的认知归因、情绪控制、求职自我效能和求职应对等心理因素，直接制约着其主动求职行为，并进一步影响其再就业的成功率和稳定。所以，提高下岗职工的求职自我效能，特别是在就业指导中，提高他们的自信心，使他们通过掌握求职技能来增强面对社会的信心，有助于再就业成功。同时研究发现，再就业能够显著提高心理健康水平；高就业质量对就业者的心理健康水平的影响更明显。这说明评估再就业工程的效果，不能仅看再就业率一项指标，就业质量也是一项不可忽视的指标。如何帮助求职者理性求职，找到合适、满意的工作应该是就业部门探讨的课题。在采用跟踪服务程序和深度访谈方法的基础之上，我们提出了下岗职工再就业心理辅导模式，制定了职业指导员的培训标准，形成了职业介绍服务中心的工作模式，为创立适合我国国情的再就业职业指导管理模式做出了有益的探索[3]。

（四）员工的激励机制

员工的跳槽又称为自愿离职行为，即员工根据自身的职业生涯发展的需要，在没有任何压力的情况下，离开原工作单位。员工离职从积极方面来说，是加强人才交流，促进优胜劣汰；但就一个企业而言，如何留住人才，充分地发挥人才的作用，已成为人力资源开发战略的共识。为此，相关的薪酬市场调查、绩效考核等人力资源管理对策，越来越引起企业家的关注。但是，一些调查也发现，某些高新技术产业的人员大量离职，并非仅仅是物质待遇等因素所致，员工的自愿离职还有更为深层的原因。因此，需要从新的视角来探索和预测影响这种行为的心理行为因素。究竟什么因素能更好地激励员工，从而促进员工的工作绩效呢？工作满意度起着重要的作用。通过对北京公交总公司等 8 家中外企业的 1400 名员工调查，对企业员工的工作满意度进行了探索[4]。首先，建构了信效度较高的适合我国国情的员工满意度评价问卷。其次，通过问卷调查，考察了满意度与公平感、离职意向的关系；研究结果表明，分配性公平对我国员工的工作满意度各要素均有预测作用，将程序性公平划分为参与工作、参与管理和投诉机制三要素后，发现投诉机制和参与工作等因素可以预测员工对领导行为的满意度；参与管理和投诉机制可预测对管理措施的满意度；参与管理可预测对工作回报的满意度；参与工作可预测对团体合作的满意度；员工对工作激励，工作回报和管理措施的满意度是影响员工离职意向的主要因素。最后，对参与问卷调查企业的管理干部，员工的团体焦点访谈并对不同类型企业的案例进行分析，进一步证实了员工满意度与程序性公平呈上述关系。调查还发现，满意感并不能完全预测员工的离职意向，而组织承诺是一个关键的中介因素。此外，当员工产生离职意向之后，要转化为离职行为，还会受到其他因素的影响。

（五）科技创新中的行为评价

如何根据我国的经济发展实力和现有的科技基础，最大限度地开发科技人员的创新潜能？针对国家科技创新体系实施过程中的现实问题，我们进行了涉及组织、群体与个体诸多层面的系统研究[5,6]。在组织层面上，从 1998~2001 年分别进行了两次抽样调查，对比研究结果后发现，影响科研单位结构调整的职工心理因素发生了积极变化，因而管理者不仅应考虑转岗者的承受或适应力，更应考虑在岗者的心态及组织干预措施[7]。在群体层面上，则开展了"中青年科技人员的时间管理"的研究。结果表明，优秀中青年科技人员平均投入专业研究的时间偏低，会议过多、报表填报过多以及管理、评审中事务性活动过多是问题症结所在。在个体层面上，进行了"研究所法人年薪制的管理行为评价"，主要包括研究所组织绩效评价、所长个人管理行为评价与研究所组织氛围评价研究三部分。在所长个人管理行为评价研究中，通过基于胜任特征模型的行为事件访谈方法，获得了研究所长的胜任特征模型，通过采用行为锚定技术，编制完成了行为评价量表。此外，研究所组织氛围采用了 PM

行为评价中的情景评价要素。通过在 5 个研究所的试点，进一步确定了研究所长（法人）的评价指标，对所长个人管理行为的评价采用了 360 度反馈评价方法亦取得了良好效果。目前，中国科学院知识创新工程试点工作已进入全面推进阶段，科技创新管理的问题中心理行为问题的重要性显得更加突出，科技成果评价系统的有效性和科技人员的薪酬结构问题是人们关注的重点，需要对此做进一步探索。

（六）证券市场的个体投资者的心理行为

近年来，随着我国经济体制改革和经济的不断发展，企业规模不断扩大，用于向社会筹集资金的证券市场逐渐发展和完善起来。作为证券市场运行的重要组成部分的个体投资者的投资行为受到哪些股市环境因素和个人心理因素的影响，而个体投资者群体的投资行为又是如何反过来影响股市的行情变化的？我国的证券市场在多大程度上影响着国民的心理、生活质量和社会稳定？等等，这些问题都亟待展开系统的研究。在近期的一项合作研究中，我们对这些问题进行了实证研究。以南方证券公司全国 70 多家营业部门为对象，随机抽取了 50 家营业部门，对 2000 名股票个体投资者进行问卷调查，着重探讨影响投资者股票投资行为的主要因素以及这些因素间的关系。结果发现，影响个体投资者投资行为的主要外部因素是政策性因素、信息不对称性、上市公司信息发布质量和投资回报与再分配；个体内部因素是投资者的风险认知。其中，结构模型表明，由于中国特定的文化背景，政策性因素是影响个体投资者投资的首要因素；影响投资者风险认知的个体内部因素包括股龄、操作水平、资金量、股市投资环境。该研究对我国从计划经济转向市场经济的转型期，个体投资者心理行为这一重要领域做出了积极探索，为国家制定有关政策提供了实证研究依据。

三　研究展望

（一）问题

根据当前我国社会经济转型期的现状以及国内外经济发展趋势，我们认为，人的心理行为研究亟待深入系统地开展下去。无论是与国际接轨，还是服务于我国社会进步和国民经济的发展，很多心理行为研究都亟待从整体上规划和加强。作者认为，我国社会经济转型期的心理行为研究的迫切问题主要有：

1. 组织变革与战略性管理。在验证组织变革背景下，从战略性人力资源管理的层面与职能方面，考察战略管理与组织绩效之间的关系和文化差异，为建立我国的战略性人力资源管理奠定坚实的基础。

2. 中国的领导行为研究。进一步开展基于我国文化背景的领导行为及评价模型研究，建立不同于以往来自西方文化背景的中国领导评价系统，考察中国领导行为独特的作用机制，同时通过国际合作研究，探讨中国文化独有的家长式领导以及组织因素对组织公民行为的影响。

3. 管理冲突、跨文化比较研究。针对中国即将加入 WTO，开展一系列跨文化合作研究，探讨全球化背景下的管理冲突与应对策略。

4. 员工再就业培训模式。将继续深入探讨作为弱势群体的下岗职工的再就业培训管理模式和企业学习型组织模式的研究，完善国家人力资源开发体系，维持国家稳定与可持续性发展。

5. 虚拟环境中的人力资源管理。针对信息化迅猛发展的态势，虚拟组织日益引人注目，对于虚拟环境中的人力资源管理，势必深化我们对于经济转型期间的心理行为的认识[8]。

6. 科技创新管理的心理行为。进一步深入对科技创新管理行为的研究，力图建立一套能够客观公正和被科技人员接受、较好促进科技人员创新的评价标准。

（二）建议

我国的心理行为研究面临新的世纪，既有机遇，又有挑战。为了促进我国转型期的心理行为研究，建议采取如下政策措施[9]：

1. 加大对于组织行为学和人力资源管理心理学理论研究的投入，我院知识创新工程也适当通过重大项目的资助，团结和稳定当前的心理学科研队伍，同时吸引国外人才，采用多种方式为发展我国的心理学服务。目前，如果再不增加投入，大部分管理心理学专业人员，可能将大部分精力投入简单、重复的人事管理咨询服务，以解决生存问题。这对于学科发展，特别是基础学科建设极为不利。

2. 政府应根据社会经济发展和国家安全目标，适时组织心理行为研究的重大管理决策项目，并使研究成果能够直接为政府决策服务。比如，对于国家科技创新体系的人力资源管理模式研究，可以根据管理需要，及时启动应急项目，可及时收到良好的效果。

3. 资助建立中国科学院心理行为国家开放实验室，改善科学研究条件；资助国际合作交流，从整体上提升我国组织行为学和管理心理学的研究水平。

参考文献

[1] 时勘，等. 下岗职工再就业的行为研究 [M] //成思危主编. 中国社会保障体系的改革与完善. 北京：民主与建设出版社，2000：388-461.

[2] 时勘，王继承，李超平，等. 通信产业管理干部的评价研究 [R]. 第三届企业跨国经营国际研讨会——21 世纪的全球企业，1999.

[3] Conyne, R., Wilson, F. R., Tang, M., et al. Cultural Similarilies and Differences in Group Work: Pilot Study of an U. S. -Chinese Task Group Comparison [J]. Group Dynamics: Theory, Research and Practice, 1999 (3)：40-50.

[4] 卢嘉，时勘，杨继锋. 工作满意度的评价结构和方法 [J]. 中国人力资源开发，2001 (1)：15-17.

[5] 时勘. 开展科技创新管理行为系统研究的设想 [J]. 中国科学院院刊，2000, 15 (6)：446-447.

[6] 时勘，曹效业，李晓轩. 我国科技创新体系人力资源管理的研究构想 [J]. 科研管理，2000, 21 (5) 1-9.

[7] 时勘，等. 知识创新中的职工心理特征调查与对策研究 [J]. 中国青年政治学院学报，2000 (3)：96-102.

［8］时勘，胡卫鹏. 虚拟环境中人力资源的管理 ［J］. 中国信息导报，2001（3）：28-31.

［9］时勘. 人力资源开发的心理学研究概况 ［J］. 管理科学学报，2001，4（3）：16-25.

The Researches of Psychological Behavior and Administer Countermeasure in Chinese Social and Economic Transition

Shi Kan　Yang Zhiping

Abstract：The article is mainly to introduce the author's researches in "the psychological behavior of social and economic transition" for the recent years. They include organizational change and suit, selection of transformational leaders based on competence model, adaptabilty behaviors of re-employed individuals, motivation mechanism, re-training model, the management behavior assessment in Scientific-Technical innovation and stockholder psychological behavior in stock market. Finally, the author proposed some suggestions for futher researches in "the psychological behavior of social and economic transition" in future.

人力资源开发的心理学研究概况[*]

时　勘

【编者按】直至21世纪初期，在我国人力资源开发的心理学研究方面，还缺乏系统论述、总结归纳和展望未来的综述性论文。我在承担国家自然科学基金重点项目"企业人力资源开发的理论基础及管理对策"（项目编号：79930300）之后，于2001年6月在《管理科学学报》第4卷第3期上完成了这一论文的写作。本文从员工培训、人员选拔和组织变革入手，介绍了从20世纪80年代到21世纪初的人力资源开发在心理学研究方面的探索和进展。首先，在员工培训方面，我们介绍了中国科学院心理研究所在心智技能模拟培训、职业指导与员工再培训管理模式领域的研究进展。这里介绍的心智技能模拟培训是为了解决工业化自动化、技术转型中员工对于设备现代化适应存在的问题，并提供了新的解决方案。文中介绍了时勘博士课题组历时五年，逐步把心理模拟的理论模型应用于培训实践中，形成了智能模拟培训模式，先后获得了多项国家、部委级奖励，并被亚太经济合作组织列为"亚太地区样板培训模式"。在中小学生的职业指导的课程设计中，我承担全国统编《职业指导》教材的编写，并研制《职业心理测试系统》，为全国中小学、中等职业技术学校提供了一整套用于职业兴趣、职业人格、职业能力和应试焦虑的测试的计算机测试程序，在全国13个省市的职业指导中心或职业介绍所进行了试用，取得了较好的推广成效。至今，在重庆云日集团的参与下，已经完成了基于核心胜任特征的网络测试和培训系统，2020年9月，该系统在北京国际贸促会展览，有数万名观众参与了系统的演示和交流，还受到了中央宣传部和北京市委领导的好评。课题组承担的国家自然科学基金项目"企业员工再培训管理模式"形成了一套新型的LTD小组讨论学习法的新模式，揭示了下岗再就业职工主动求职行为的影响因素，形成了一套完整的再就业心理辅导模式，编制的再就业心理辅导教材得到了国家劳动社会保障部的肯定，并在北京市进行推广。其次，在人员选拔方面，我将研究集中于解决复杂特殊行业人员（如军事飞行员、航天员）选拔中结构化面试、情境评价问题，并在高层管理者的胜任特征模型评价方面做了一些探索，据此建构了能应用于我国高层管理干部的综合评价系统。从20世纪90年代初期开始，这种胜任特征模型先后用于国家人事部公务员考试和国家劳动部职业技能鉴定的标准设置，还完成了中央组织部高层管理干部的结构面试题库，在北京市"双高人才"，即高级经营管理人才、高级技术人才的公开招聘及中国电信、中国移动和公交系统等一系列大型国有企业的内部竞聘上岗测评系统中采用。最后，在组织变革方面，我们在国有企业结构调整、管理者裁员决策、工作生活质量及科技创新管理等方面进行了较为系统的探索，尤其针对科技创新管理进行了专题调查研究，揭示出我国科研单位在组织变革中的共同趋势。当然，人力资源开发还有其他的一些问题，如战略分析、绩效管理、薪酬设计和劳动关系等问题亟待研究。基于本文系列研究成果的介绍，我们认为，要顺应经济全球化和信息化的要求，还应该

* 基金项目：国家自然科学基金重点项目（79930300）。

系统开展基于我国文化、历史和社会经济转型期背景的心理行为研究，为后续我国人力资源开发的理论完善和实践应用做出新的贡献。（时勘）

摘　要：主要介绍近20年来在人力资源管理心理学研究方面的探索和进展，研究包括员工心智技能模拟训练、再培训管理模式、职业指导和心理测试系统、飞行员、航天员选拔的心理会谈评价标准与方法、高层管理者胜任特征模型评价、国有企业的结构调整、管理者裁员决策特征、员工工作生活质量及科研创新管理等组织变革研究。基于经济全球化和信息化的要求，建议系统开展基于我国文化、历史和社会经济转型期背景的心理行为研究。

关键词：人力资源管理；智能模拟训练；心理选拔；胜任特征评价；组织变革

引言

20世纪以来，从强调对物的管理转向对人的管理的转变，是管理科学的理论和实践的一个划时代的进步。人力资源管理的心理学问题属于管理心理学的研究范畴，管理心理学在国外心理学界称为工业—组织心理学（Industrial & Organizational Psychology），是心理学领域的一个新兴的重要分支。20世纪初，泰勒（Talor）倡导的科学管理运动和闵斯特伯格（Muensterberg）开创的工业心理学是管理心理学形成的先驱，而真正推动管理心理学产生的是1927年由梅奥（Mayo）领导的"霍桑实验"。直至20世纪60年代，管理心理学才真正成为一门独立的学科分支并被广泛地应用，直至70年代末期，才在我国兴盛起来。21世纪的人力资源管理心理学研究将面对三大课题：面向全球竞争的组织结构调整、信息化和跨国公司迅猛发展带来的全球化。在这种新的条件下，人的因素日益突出，如何搞好人力资源开发已经成为世界各国竞争中必须考虑的首要问题，发展中国家通过引进先进技术赶上发达国家的"后发优势"已不复存在。各国的竞争更主要表现为人力资源素质高低的竞争。我国虽然是世界上人力资源数量最多的国家，但是，够素质的、适应这种参与全球化竞争要求的人力资源始终是短缺的。因此，系统探讨提高员工（包括管理者和职工）素质的人力资源开发理论基础及其管理对策是心理科学和管理科学研究面临的重大课题之一。此外，管理科学本身的发展也迫切要求心理学家不断提供如何适应科技进步和社会变化的新知识，因此需要我们从新的视角开展人力资源管理的心理学问题研究。人力资源管理的心理学研究是从组织、群体和个人的多层次角度，探索人力资源的战略规划、工作分析、员工的选拔、培训、激励、安置、绩效评价和职业发展等方面心理学理论和方法。

一　员工培训的心理学研究

员工培训（personnel training）是人力资源开发极为重要的问题之一，如果培训需求评价能够突出培训的重点，在就业指导中能够解决心理辅导的方法学问题，在培训中能够根据员工继续教育的特殊性，解决相关的管理问题和培训迁移问题将有助于培训效率的提高。

（一） 心智技能模拟培训研究

自从 20 世纪 80 年代以来，我国传统产业的大量工种日渐消失，信息产业等行业的就业需求迅速增长，我国转型企业面对的最大问题之一是员工不能适应设备现代化的要求。当时，国际劳工组织在发展中国家大力推行 MES 培训模式和德国的"双元制"，员工培训的核心是强调对员工的操作技能（Operational Skill）的系统培训。操作技能未必是提高员工整体技术能力的关键，在自动化程度不断提高的行业技术培训中，应突出能制约操作技能质量的心智技能的科学训练。这种研究构思源于冯忠良教授的"结构—定向教学"和苏联心理学家加里培林"智力动作按阶段形成的"理论，他们认为，心智技能具有内隐性、简缩性的特点，它们往往存在于行业专家的头脑之中，需要把专家经验"外化"出来。当时，认知心理学刚刚被介绍到我国，作者从认知心理学中得到启发，就考虑采用口语报告分析技术来"外化"专家诊断人—机生产活动的问题解决模式。当时就提出了"通过专家与物理模型所呈现的问题情境交互作用的过程分析，再建立心理模型"的构思，并通过实验得以验证这项应用基础研究是在生产设备自动化程度较高的北京手表厂进行的，共历时五年，并逐步把心理模拟的理论模型应用于培训实践中，形成了智能模拟培训模式[1,2]。此后，将这种心智技能模拟培训法在手表、制糖、机械、钻井、采油、造纸等行业进行了跨行业推广，为企业带来了显著的经济效益和社会效益，证明了其普遍的应用价值。①

（二） 职业指导的心理学研究

我国学者周寄梅先生 20 世纪 20 年代在清华学校开始进行的职业心理测试工作，可以视为我国职业指导研究的发端。改革开放以来，职业指导工作受到越来越多的关注，但由于缺乏系统的心理学理论指导，职业指导带有较大的随意性。90 年代初，作者承担了人民教育出版社全国统编《职业指导》教材，同时承担了全国教育科学"八五"规划教委级重点课题（1992—1996）。这项研究探讨了对不同类型中等学校进行职业指导的教材结构，编写并正式出版用于普通高中的《职业指导》教材，已被国家教委基础教育司列为全国高级中学选修课教材；并研制完成了《职业心理测试系统》，该系统包括需求评估、职业兴趣、职业人格、职业能力和应试焦虑五个子系统，测试手段由纸笔测试和计算机测试两种形式组成，可分别为职业指导机构和求职者提供服务；还采用了情境模拟法对提高学生人际适应能力培训规律进行了探索，在此基础上，总结了一套适合中等学校职业指导的程序、原则和方法[3]。跨文化比较研究发现，组织环境对人的适应性学习模型的形成有重要影响[4]。1993年开始在全国各省市进行《职业指导》课试点，突出职业指导的《职业道德》教材在北京市 100 余所技工学校通用，实验学校已遍布全国 28 个省份、360 所中等职业技术学校，参加实验的学生已达 24000 人左右。《职业心理测试系统》在全国 13 个省份的职业指导中心或职业介绍所进行了试用，取得了较好的推广成效。

---

① 该研究成果先后获得了 1992 年国家教委全国优秀图书二等奖，1993 年国家轻工业部科学技术进步二等奖，1994 年、1997 年两项石油总公司部级科学技术进步三等奖，应用成果作为技术专利载入 1992 年《中国技术成果大全》（时勘，1993），被亚太经济合作组织列为"亚太地区样板培训模式"。

（三）员工再培训管理模式的研究

员工再培训活动过程包括分析、设计、发展、实施和评价五个阶段，其中需求分析（need assessment of training）是培训整体规划的关键。为此，我们完成了用于管理的组织分析、任务分析和人员分析问卷，并解决了基于胜任特征的关键行为事件访谈和团体焦点访谈方法学问题，使员工再培训计划的制订更加适应于岗位培训需求[5]。在再培训方法研究上，进行了 LTD 小组讨论学习法（learning through discussion）的跨文化比较研究，这种培训方发源于 Hill（1967）和 Conyne（1983）的人际适应培训模式[3]，在这种小组活动中，人们不仅通过任务定向、问题解决，实现了任务功能，还同时形成参与者相互支持的人际关系。在 20 世纪 80 年代也开展过大学生班集体的人际关系的研究[6]，但是，这种源于西方文化的 LTD 小组讨论学习方法是否适用我国的成人培训？跨文化比较研究揭示了中美两国被试在任务小组讨论中相同之处和差异，并创立了一套适合我国员工小组活动培训的方法[3]，这种方法已被中国教育电视台制作为教学录像被国家劳动和社会保障部教育培训中心推广。此外，再培训迁移（Transfer of re-training）的研究发现，时间支持和领导的积极反馈能最大限度地区分培训迁移行为发生的强度，这些结果也完善了我们对于企业员工再培训管理的认识[5]。国有企业下岗职工是一个特殊的培训群体，由于多种原因，面对就业市场的激烈竞争，往往无所适从。目前，国外失业心理研究也特别强调揭示影响再就业的行为因素和干预对策[7]。研究结果表明，我国下岗职工的认知归因、情绪控制、求职自我效能和求职应对等心理因素直接制约着其主动求职行为，并进一步影响其再就业的成功率和稳定性。根据这一研究结果，我们在北京市西城区职业介绍服务中心，以影响下岗职工再就业的因素为心理辅导内容，编制了专门的再就业心理辅导教材，进行了改变下岗职工的认知特征、增强其自信心、提高其求职应对能力的心理辅导实验，提高了下岗职工的再就业成功率[8,9]。这项研究成果得到了国家劳动社会保障部的肯定，北京市劳动和社会保障局已在北京市推广这一再就业心理辅导模式。

二 人员选拔的心理学研究

人员选拔（personnel selection）是人力资源管理心理学研究的另一个重要领域，心理测验在人力资源管理中的应用已有多年的历史和经验，近年来，我们主要把研究的重点集中于解决复杂特殊行业人员选拔中结构化面试、情境评价等方法学问题，并在高层管理者的胜任特征模型评价方面做了一些探索。

（一）军事飞行员的面试检测方法的研究

军事飞行员的心理选拔，由于其职业活动的特殊性、复杂性和对任职者的高水平要求，心理选拔显得更有价值。1987 年以来，我国空军已将心理选拔正式列入招收飞行学员的检测项目。该方法用于测定飞行学员的能力、个性等心理品质已有较好的预测效度。但各地的招飞人员有关面试检测结果的评价绩效并非一致，我们通过多种需求分析相结合的方法揭示了招飞专家在面试检测中的策略及其认知模型，据此建构了以活动观察、专家面谈和情境评价组成的评价标准与方法。经过近年来的现场实验和完善，提高了选拔系统的预测效度，该项成果已正式成为我国录用飞行学员的国家标准[10]。

(二) 航天员选拔的心理会谈方法和评价标准研究

《航天员选拔的心理会谈的方法与评价标准》是中国科学院心理研究所与航天医学工程研究所合作承担的国家"921"重大工程的子项目，目的是为航天员心理选拔提供一套有较高预测效度的心理会谈的方法和评价标准。研究结果表明，在心理会谈的方法中，专家访谈居于主导地位，而图片投射、风险认知的计算机模拟和情境评价等方法对专家访谈有重要的辅助作用，可为提高心理会谈的效度提供程度不同的贡献，而计算机辅助评价系统可提高评分者一致性和评价系统的分析效率[11]。本系统还为其他领域开展人才评价，特别是对关键职业的综合评价提供了新的思路、方法和应用前景。目前，与本项目相关的航天员培训研究工作正在进行，本项目获得中国人民解放军总装备部科学技术进步二等奖①。

(三) 高层管理者的胜任特征评价研究

胜任特征（Competence）是指"能将某一工作或组织、文化中表现优秀者与表现平平者区分开来的个体潜在的深层次特征"。假设高层管理者胜任特征模型除了包括少量的基准性胜任特征（Threshold Competence）之外（低、中层次管理者则需具备更多一些知识技能），应突出鉴别性胜任特征（Differentiating Competence），这是高层管理者素质评价和开发的关键。通过行为事件访谈法（Behavior Event Interview，BEI），在信息产业高层管理者中揭示出胜任特征模型[12]，并据此建构了能用于我国高层管理干部的综合评价系统，从90年代初期开始，这种胜任特征模型先后用于国家人事部公务员考试和国家劳动部职业技能鉴定的标准设置。近年来，还在中央组织部高层管理干部的结构面试题库建设、北京市"双高人才"（即高级经营管理人才、高级技术人才）的公开招聘、中国电信、中国移动和公交系统等一系列大型国有企业的内部竞聘上岗测评系统中，采用了这一评价模型，发挥了重要的作用[13]。

三 组织变革与发展的研究

组织变革（Organizational Change）是人力资源管理近年来面临的新问题，各类组织要适应竞争，都必须适时地进行结构调整，因此，人力资源管理从个人的层面向组织层面发展成

---

① 时勘，白延强，张侃，张其吉，等. 航天员选拔的心理会谈的方法与评价标准 [S]. 中国人民解放军总装备部科学技术进步二等奖，北京，1999.

了近年来研究的新热点之一。

（一）国有企业组织结构调整的心理学研究

由于信息化和经济全球化的影响，国有企业、科研单位和其他类型企业的组织结构调整已成为不可回避的事实。在此背景下，我们承担了国家自然科学基金委员会管理科学部的应急反应项目"国有企业结构调整中员工的心态变化及管理对策"，并在国有企业结构调整、管理者裁员决策、工作生活质量及科技创新管理等方面的心理学问题，进行了一些较为系统的探索。该研究调查了 12 个省份 24 个国有企业的员工，调查发现，武断或简单的减员措施必然导致在岗员工的心态不稳，缺乏沟通会导致员工不满和对单位失去信任。上述问题处理不好，减员未必增效[14]。此后，通过对参与过裁员管理决策 322 名管理者和在岗职工的问卷调查、案例分析和管理者团体焦点访谈，从多侧度验证了本研究提出的国有企业管理者裁员决策模型。团体焦点访谈结果表明，国有企业裁员更多地受上级行政管理因素控制，管理者的自身因素，特别是外部竞争策略和团体维系等胜任特征亟待提高[9]。我们还通过跨文化比较研究，考察了工作生活质量对于员工参与改革的影响，与其他国家相比较，教育改革对我国教师的时间利用和职业发展产生了更为积极的影响，个人职业发展是影响我国教师对教改评价的重要因素。

（二）科技创新管理的心理学研究

从 1997 年开始，中国科学院开始实施"知识创新工程"，科研单位的组织结构调整有其独特性，我们进行了专题调查研究，研究发现，作为"白领阶层"的科研单位职工的转岗，特别应强调事先沟通、交流、采纳合理的建议和适应性转换[9]。此外，我们还根据科研绩效管理的需要，先后开展了研究所法人年薪制的管理行为评价、科研人员的时间管理和创新文化建设的实证研究[15,16]。以上调查结果揭示出我国科研单位在组织变革中的共同趋势；我国组织变革更多地受到政府、上级指令的影响、社会保障体系的不完善将妨碍变革的进程、变革中必须注意与员工的沟通、交流，并注意变革的渐进性。从这些分析中也能看到，我国的传统文化、社会背景和历史因素对于变革的特殊影响，这提示我们从组织层面更深入地探索社会经济转型期的心理行为特征。

四　研究展望

从 1978 年开始，我国心理学者开始系统地引入国外管理心理学的理论和方法，相继完成了管理心理学的学科基本建设，这不仅缩短了与发达国家的差距，还丰富了国际管理心理学的知识体系，取得了长足的进步。在应用研究方面，根据国家科技进步和社会经济转型需要，近年来完成了一系列有重要影响的科研课题，产生了较大的社会效益和经济效益。在21 世纪，我国的管理心理学究竟应当怎样发展？怎样才能既与国际工业/组织心理学同步发展，又能符合国家现代化的发展目标？作者认为，我国管理心理学研究总体发展趋势和任务是：根据经济全球化和信息化的要求，开展基于中国文化、历史和社会背景社会经济转型期人的心理行为研究。据此建构相应的心理行为解释和预测模型，为我国政府、企业及其他组织的决策和发展提供科学依据和对策。作者建议，力争在 2015 年之前，把我国管理心理学建设成在国际工业与组织心理领域有重要影响、对我国社会政治生活和经济发展有重大影响的应用基础学科，把我国有条件的一些管理心理学研究高校或研究单位联合起来，建设成具有国际先进水平的管理心理学科研基地、培养和造就管理心理学高级科研人才的基地。同时，充分利用我国管理心理学的整体学科优势，面向国际研究前沿和我国经济建设主战场，为国民经济发展和政府决策做出有重大影响的贡献。为此，建议采取如下管理措施：

第一，加大对于管理心理学理论研究的投入，通过重大项目的资助，稳定科研教学队伍，吸引国外人才，采用多种方式为发展我国的管理心理学理论研究服务。

第二，根据社会经济转型、信息化或国家安全目标，适时组织重大管理决策项目，使管理心理学研究成果能够直接为政府决策服务。

第三，加强国家科技部和国家基金委对于管理心理学重大项目的投入的科学论证和项目过程管理，特别要有专门的倾斜政策来避免地方主义和各自为政。建议采用科学的项目投标、招标和过程管理方法，促进各部门的协同合作。

第四，资助建立管理心理学国家开放实验室，改善科学研究条件，大力支持高水平的国际合作交流，从整体上促进我国管理心理学的发展。

参考文献

［1］时勘. 心理模拟教学的原理与方法［M］. 北京：教育科学出版社，1990.

［2］时勘，徐联仓，等. 高级技工诊断生产活动的认知策略的汇编栅格法研究［J］. 心理学报，1992（3）：288-296.

［3］Coyne, R., Wilson, F. R., Tang Mei, Shi Kan. Cultural Similarities and Differences in Group Work：Pilot Study of an U. S-Chinese Task Group Comparison［J］. Group Dynamics：Theory, Research and Practice, 1999（3）：40-50.

［4］Maehr, M. L., Shi Kan, et al. Culture, Motivation and Achievement：Toward Meeting the New Challenge［J］. Asia Pacific Junior of Education, 1999, 19（2）：15-29.

［5］王鹏，时勘. 培训需求评价的研究概况［J］. 心理学动态，1984（4）：36-38.

［6］黄希庭，时勘. 大学班集体人际关系心理学研究［J］. 心理学报，1984（4）：455-463.

［7］Wanberg, C. R., Kemmerer Mueller, J. D., Shi Kan. Job Loss and the Experience of Unemployment：International Research and Perspectives［J］. International Handbook of Work and Organizational Psychology, 1999（12）：253-269.

［8］Shi Kan, Song Zhaoli, LI Xiaoxuan, Zhang Hongyun. A Study of Influential Factors on Chinese Layoffs Re-employoyment［C］. XXVII International Congress of Psychology, Stockholm, Sweden, 23-28 July 2000.

［9］Shi Kan, Niu Xiongying, Song Zhaoli. Survivors' Mental Reactions upon Different Downsizing Strategies［C］. XXVII International Congress of Psychology, Stockholm, Sweden, 23-28 July 2000.

［10］张侃，时勘. 中国人民解放军空军飞行学员心理选拔系统［R］. 北京：国家技术监督局，1998.

［11］程乐华，时勘，左衍涛，孙健. 人际关系适应特征的情境评价方法的研究［J］. 应用心理学，1996, 2（2）：18-23.

［12］时勘，王继承，等. 通讯业管理干部测评及其量化评估方法［R］. 信息产业部部级项目总结报

告，北京：信息产业部，1998，12.

［13］Shi Kan, Li Chaoping. The Competency Assessment Methods in Chinese IT Leaders ［C］. Challenges of The 21st Century to Leaders, Methodology of Assessing Leadership Quality, International Conference, Shenzheng, China, January 13-17, 2000.

［14］时勘，等. 下岗职工再就业的行为研究 ［M］. 成思危主编. 中国社会保障体系的改革与完善. 北京：民主与建设出版社，2000：388-461.

［15］时勘，曹效业，李晓轩. 我国科技创新体系人力资源管理的研究构想 ［J］. 科研管理，2000，21 （5）：1-9.

［16］时勘. 开展科技创新管理行为系统研究的设想 ［J］. 中国科学院院刊 （Bulletin of Chinese A cademy of Sciences），2000，15 （6）：446-447.

Psychological Researches of Theories and Methods in Human Resource Management

Shi Kan

Abstract：The article is mainly to introduce the author's researches in human resources management for the past 20 years. They include the theories and methods in intelligent simulation training, retraining model, vocational guidance, psycholgical selection of pilots and spaceman; Selection of senior managers based on competence model; organizational change of state entreprises and academic institutions, characteristics of decision styles of managers in downsizing of State Enterprises. In accordance with the needs analysis of economic globalization on psychological researches in human resource management, based psychological behavior in the social and economic transition, the author proposed targeted suggestions for the development of managerial psychology in future.

Key words：human resources management; simulation training of intellectual skill; psychological selection; assessment of competence model; organizational change

培训迁移效果影响因素的初步研究[*]

王　鹏　杨化冬　时　勘

【编者按】 我是在 1997 年在时老师课题组学习的。这是我人生中一段重要的时期，是时老师引我走出研究生涯的第一步。回忆过往的点点滴滴，时老师给我留下了四点深刻的印象：①高度的社会责任感。时老师常说，学者不应该只满足于待在象牙塔里做研究发论文，而应该关注研究能满足社会的需要和帮助民生的课题。例如，当时我师从时老师学习时，时老师课题组选择再就业培训研究课题的一个主要原因就是 20 世纪 90 年代末期国有企业结构性改革导致大规模企业员工下岗，从而急需对失业下岗人员的再就业辅导。再如，后来时老师课题组所做的对社会灾难事件时期民众心理辅导以及对社会弱势群体的心理援助研究等。时老师不仅把他的这一研究理念贯彻到研究中，还很好地让我们这一群刚开始做研究的学子们认识到做一个有社会责任和使命感的学者的重要性。②过人的工作热情。时老师是"文化大革命"后恢复高考第一批上大学的。当年老师常跟我们分享他的人生经历，感慨"文化大革命"中浪费了很多时光，强调应该珍惜当下时间，好好学习和工作。虽然课题组除了时老师以外都是年轻人，他却是我们当中工作最拼命的。很多次他周末在办公室熬夜加班，实在累了就和衣睡在办公桌上。他的工作热情也感染了我们，培养了整个课题组的积极工作态度。③激励他人的人格魅力。时老师有一种独特的人格魅力，能迅速让你认识到你所做工作的重要性，提高成功的信心，从而斗志昂扬、充满动力去工作。记得当年和时老师交流，我想选择培训迁移的硕士论文课题，但我有些犹疑和忐忑，因为和当时课题组的再就业和胜任特征等主要课题比，这似乎是个更小众化的方向。然而，和时老师短短的一番交谈，让我认识到这一研究方向的重要性和应用前景，以及和其他课题组项目的相关，让我坚定了自己的选择。④对学生职业发展的诚挚帮助。时老师对学生不仅仅是对生活上关心，更多的是对他们学业和职业发展的帮助。当年，我在设计培训迁移研究方案时，需要给研究参与者首先提供一个员工培训课程。在我苦于找不到合适的培训课主讲人时，时老师主动提出做主讲人。他在当时繁重的工作之余，抽出专门时间准备培训教案和培训课程。时老师还根据各个学生的研究兴趣和职业规划替他们寻求实现梦想的机会。当年，时老师介绍我加入了密歇根大学 Martin Maehr 教授的成就动机研究项目，让我有机会和 Maehr 教授一起发表了我人生中第一篇英文论文。在时老师课题组的这些研究积累对我后来到美国继续我的博士生学习起到了很大的作用。时至今日，我也难忘在时老师课题组和老师、同学们一起学习和工作的时光。非常幸运我开始学术生涯时有时老师这样一位良师，有众多课题组同学的一群益友。（王鹏，1997 级中国科学院心理研究所硕士生，美国迈阿密大学牛津分校商学院　副教授）

---

* 本研究得到了国家自然科学基金的资助（资助项目号：79670093）。

摘 要：本研究通过访谈、问卷调查和现场研究等多种方法，考察了中学教师在接受一种新的教学方法培训后，组织气氛和个人特征对其迁移行为的影响。结果发现：①受训者对迁移气氛的知觉直接影响迁移行为发生的次数。②受训者对训练内容实用性的看法是影响迁移行为发生的重要环境因素，而受训者对训练内容实用性的看法会受到零反馈、自己的灵活性和自我效能的影响。③领导有无反馈、时间支持和同事支持等因素是区分培训迁移气氛类型的关键指标。

关键词：培训迁移；个人特征；组织迁移气氛

一 问题提出

培训迁移指个体在工作实践中使用培训中学会的知识和技能[1]，它更多关注习得的行为如何更好地应用于实际，以及经过一段时间后行为是否仍能保持。通过探索培训迁移的关键影响因素，从而制定出相应的干预对策，就能最大限度地提高培训活动的效果，得到最佳的投入和产出比。因此，培训迁移也成为最近20年来培训领域的研究热点。

20世纪70年代前，培训迁移的研究主要集中在对培训设计的研究上。研究者提出了4条基本学习原则，即相同的知识要素、培训课程的教学原理、刺激的多样性、练习形式多样性[2]。从70年代开始，培训迁移研究的重点转向训练活动以外的因素。目前得到实验证实的影响培训迁移效果的个人因素主要有：自我效能、对培训内容实用价值的看法、成就动机和个人灵活性等[3]。从80年代开始，工作环境对培训迁移的影响逐渐受到了研究者的重视。培训迁移不能转化为业绩提高的原因，不在于培训本身而在于培训气氛，即允许受训者在工作中应用所学的环境条件[4]。1986年，Coldstein分析了相关文献后指出，支持性组织气氛应该作为培训需求评价的关键性要素。他认为，如果受训者所在组织不支持使用培训所学的行为，受训者是不会使用培训所学的。目前，已被证实的影响培训迁移环境的主要因素有：目标设置、行为反馈、社会支持、时间和机会等。在迁移气氛要素研究的基础上，Rouillier和Coldstein（1993）比较系统地对迁移气氛进行了考察，提出了培训迁移气氛的结构模型[5]（见图1）。

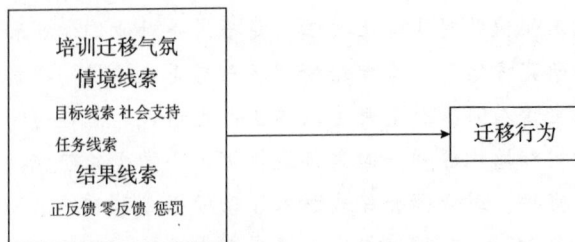

图1 Coldstein的培训迁移气氛模型

在此模型中，他们鉴定了培训迁移气氛的要素，并将其划分为情境线索和结果线索。情境线索指用于提醒受训者应用受训内容的线索，包括目标线索（上级设置目标要求受训者应用培训所学）、社会线索（上司或同事积极肯定或对应用培训所学反应消极）、任务线索（设备、资金和时间等的提供）；结果线索指受训者在实际工作中应用培训所学后得到的各种反馈，包括无反馈（主管领导既不支持也不反对在工作中应用培训所学技能）、惩罚（主管者公开反对受训者在工作中应用所学技能）、正反馈（应用培训所学技能的受训者会得到表扬和奖励）。

尽管培训迁移的研究已取得了不少有价值的成果，但仍存在不足。其突出地表现在：①缺乏从综合角度考察对迁移行为的各方面影响因素，这不利于真实地揭示影响迁移行为的个人因素或环境因素。②对迁移气氛维度的认定，往往基于专家经验分类和以往文献检索，缺乏因素分析结果的支持。

为此提出了本研究的框架及要验证的四个假设：

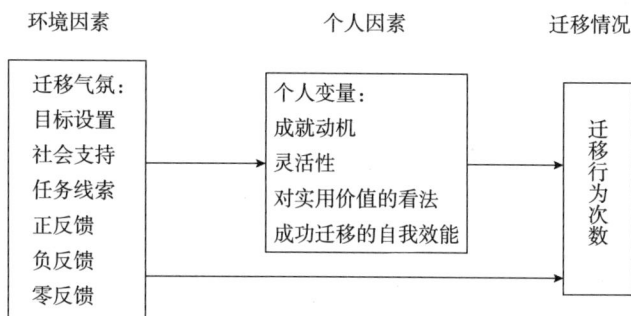

图2　本研究框架

本研究的基本假设是：作为环境变量的培训迁移气氛和一些个人变量（包括对训练实用价值的看法、自我效能、成就动机和灵活性）会对训练后的迁移行为产生影响。具体假设指：

假设一：作为环境因素的迁移气氛是受训者产生迁移行为的重要影响因素。

假设二：受训者的个人特征，如成就动机、灵活性、对训练内容实用价值的看法和自我效能影响自己的迁移行为。

假设三：迁移气氛各变量影响受训者的个人特征，进而也间接影响个人的迁移行为。

假设四：迁移气氛包括目标设置、社会支持、任务线索和反馈等因素，以这些因素为鉴别指标，可以区分出不同迁移气氛的组织类型，并能预测受训者培训后的迁移行为。

二　研究过程

（一）量表的编制

本研究编制了个人调查量表和环境调查量表，考察两大类变量（环境变量和个人变量）。

个人调查量表包括16个条目，对4个个人变量进行了描述。这4个个人变量是对训练实用价值的看法、自我效能、成就动机和灵活性。平均每个变量包括4个条目。各维度条目间的Cronbach's α一致性系数都达到了0.70以上。环境量表主要是对培训迁移气氛进行了测量。项目选自Coldstein（1993）的迁移气氛问卷。一共25个条目，分别测量目标设置、社会支持、任务线索、正反馈、负反馈和零反馈等气氛因素。各维度条目间的Cronbach's α一致性系数也都达到了0.70以上。两种量表均采用李克特5点量表的形式，被试从"1"（完全同意）到"5"（完全不同意）来评价对每个条目的同意程度。为使问卷编制更加客观，条目编制时注意了综合使用正向计分和反向计分题。两问卷中，各子量表的 Cronbach's α 系数基本在 0.6~0.9。

（二）被试的选取

参加实验的被试为北京 10 所中学的 61 位教师。发出 61 份问卷，收回 41 份问卷。因此，这 41 名教师构成了本次实验最终的样本。每所学校平均有 4~6 位教师。在这 41 名教师中，女教师 27 人，男教师 14 人。初一年级 11 人，初二年级 8 人，初三年级 6 人，高一年级 7 人，高二年级 6 人，缺失 3 人。年龄在 30 岁以下的有 19 人，30~40 岁的有 12 人，40 岁以上的 10 人。教龄在 5 年以下的 10 人，5~10 年的有 14 人，10~20 年的有 7 人，20 年以上的有 10 人。

（三）实验的程序

本实验的实施包括 3 个步骤：培训、当场测量和 1 个月后的追踪测量。

培训活动与北京市海淀区教科所联合进行。训练内容是一种被证明能提高学生主动性和人际交往技能的教学方法，即 LTD 小组学习讨论法（Learning through Discussion）。这种方法主要训练教师如何关注和激励同学发言；如何婉转巧妙地保证讨论围绕主题进行；如何评价学生在小组中的表现；如何帮助学生提高与人交流能力[6]。

培训活动快结束时，请被试当场完成个人调查量表和环境量表。每个被试在迁移气氛各因素上的得分总和是该被试对培训迁移的组织气氛的评价值，也就是个体水平上的迁移气氛值。而一个学校中所有受训教师迁移气氛评价值的平均是这所学校的迁移气氛值，即组织水平上的迁移气氛值。

一个月后，对这些教师进行追踪调查，以邮件形式将追踪量表发给每位受训教师，主要调查这些教师回到单位后对培训内容的应用和实践情况。同时，我们通过电话向各校主管教科研的人员了解受训教师使用这种方法的情况。主管人员还被要求对受训教师所在班的学生进行抽样调查，统计受训教师使用这种方法的情况。然后，我们综合各方面信息核实教师回答，获得教师在这一个月中使用这种方法的次数。

三 结果

（一）环境变量和个人变量对个体迁移行为的影响

首先，我们对迁移行为次数作了描述性统计，平均的迁移行为次数是 1.51 次。我们还把迁移行为次数分成了四种强度水平：①经常用（4 次以上）；②有时用（3~4 次）；③偶尔用（1~2 次）；④从不用（0 次）。然后，由于组成培训迁移气氛的目标设置、领导支持、同事支持、正反馈、零反馈、时间支持和物质支持等因素间大部分相关显著，相关系数在

0.35~0.70。因此，可以把这些因素合成为一个迁移气氛，即把个人在迁移气氛各维度上的得分相加作为其对迁移气氛的评价值。通过回归分析考察个人对迁移气氛的评价值，4 个个人变量与迁移行为间的关系。首先，以迁移行为次数作为因变量，个人对迁移气氛的评价值与 4 个个人变量同时作为自变量进行了回归分析。结果如表 1 所示。迁移气氛进入了对迁移行为次数的回归方程：迁移气氛越好，迁移次数越多（见图 3 的虚箭头）个人变量未进入回归方程。

表 1　迁移行为次数的逐步回归分析结果

因变量	进入回归方程的变量	B	t	P
迁移次数	迁移气氛	0.620	2.955	0.010

为了进一步了解组成迁移气氛的各维度对迁移行为的具体影响和揭示出影响迁移行为的关键变量，我们又以 7 个气氛因素和 5 个个人变量同时作为自变量，迁移行为的次数作为因变量进行了回归分析。结果发现，同事支持、时间支持、正反馈和对训练实用价值的看法进入了回归方程（见图 3 的实箭头）。

最后，为了考察气氛变量与个人变量之间是否存在相关，我们利用回归分析进行了检验。结果显示，个人对迁移气氛的总评价值与个人变量之间无因果关系，但是一些气氛变量则与个人变量之间有因果关系：零反馈影响受训者对训练内容实用性的看法，即领导者对迁移行为是否发生持漠不关心态度会消极地影响受训者对所学内容实用性的看法。同时，一些个人变量间存在因果关系：个人灵活性影响自己对训练内容实用性的看法，自我效能影响对训练内容实用性的看法，成就动机影响自我效能的程度。具体关系见图 3。

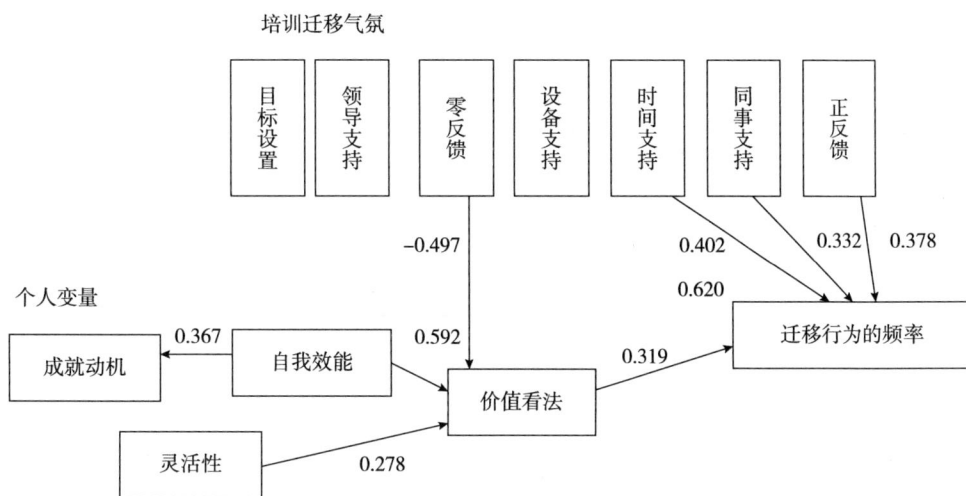

图 3　迁移行为影响因素模型

（二）迁移气氛的组织水平分析

Schneider（1983）认为，只有当组织内个体对环境知觉的一致性程度很高时，才可以从组织水平来分析气氛概念。James、Demaree 和 Wolf（1984）发展出了一个用于衡量评分者间一致性的指标 Rwg（j）。这种方法尤其适用于多个条目描述一个维度的情况。通过这种方法，我们计算出了气氛问卷各维度在学校水平上的评分者一致性系数在 0.638~0.933 范围，平均为 0.754。这个结果基本是可以接受的。它说明在本研究中，迁移气氛可以从学校水平来衡量。

我们将学校内所有受训教师对迁移气氛评价值的平均数作为该学校的迁移气氛值。聚类分析将学校的迁移气氛分出 3 类（见表 2），迁移气氛分数越高，说明迁移气氛越好。第一类可被认为是培训迁移气氛较差的一类；第二类可被认为是培训迁移气氛一般的一类；第三类可以被认为是培训迁移较好的一类。方差分析显示，这 3 类学校的迁移气氛平均值有显著差异，$F_{(2, 7)} = 12.00$，$p < 0.001$。

表 2　学校迁移气氛的聚类结果

类别	学校	平均气氛值 $\bar{x}$	s
较差类	八一、123、苏家坨	10.65	0.540
一般类	农大附、知春里	14.72	0.378
较好类	钢院附、六一、105、阜城路、101 中	16.42	0.415

通过方差分析发现，同事支持、领导支持、目标设置、零反馈和时间支持这些迁移气氛维度，在不同的迁移气氛类型中差异显著。为了确定哪些气氛变量能最大限度地区分不同气氛类型，我们以气氛的 3 种类型作为因变量，各气氛因素同时作为自变量，进行了逐步进入的判别分析。结果表明，零反馈、同事支持和时间支持进入了判别方程（见表 3）。其中，λ值越小，判别力越强。这个结果表明，零反馈、同事支持和时间支持这 3 个因素能区分不同迁移气氛类型。它们的区分力从大到小依次是：时间支持、同事支持和零反馈。

表 3　迁移气氛类型的判别分析结果

进入判别函数的变量	Λ 值
零反馈	0.762
同事支持	0.722
时间支持	0.672

四　讨论

（一）对于 Coldstein 的迁移气氛模型的验证

目前，最有影响的有关培训迁移的组织气氛的理论模型是 Coldstein 的迁移气氛模型（见图 1）。通过本研究得出的气氛维度与 Coldstein 的气氛维度很相似，主要包括反馈、目标设置、物质支持等要素。但在个别维度上也存在一些细微的差异。例如，Coldstein 把领导支持和同事支持都归为社会支持，而本结果却将二者分离出来。我们认为，产生差异的原因是：第一，Coldstein 的维度是根据专家经验分类出来的，本研究则是通过因素分析形成的。方法的不同可能会导致因素提取不同。第二，Coldstein 的结果是对一个快餐连锁企业的研究，被试来自一些结构简单的小环境中（连锁店分店）。在这些环境中，有 1 位主管领导，4~5 位同事。由于处在一个小环境中，人们相互之间的接触较多，领导和同事态度相互影响的可能性也大。而本研究的被试来自中等学校这一人数众多、结构相对复杂的大环境中。在这个环境中，人们的接触要比连锁店分店分散，领导和同事的态度发生相互影响的机会相对较少。这可能也是导致提取因素存在差异的原因。不过，这个问题有待通过采集其他样本，作进一步研究。但是，总的来说，Coldstein 提出的迁移气氛模型是有较好的适用性的。

（二）关于影响培训迁移的环境因素和个人因素

回归分析表明：时间的支持、同事的支持、领导的积极反馈和个人对训练内容实用性的看法，都会直接影响迁移行为的次数。这部分地验证了假设一、假设二和假设四。判别分析的结果表明：同事支持、时间支持和零反馈是区分迁移气氛类型的关键因素。这表明，能够采用某些环境因素作为鉴别迁移气氛类型的指标。这说明，管理政策（如提供专门的时间和实践机会），来自领导、同事的社会支持，以及训练内容与工作相关程度是影响培训迁移的重要原因。这些研究结果为制定有效的干预措施来提高培训迁移效果提供了可能。如果增强训练内容与工作的相关程度，提高主管领导对培训迁移的支持和欢迎程度，工作安排上能给受训者提供一定的时间和实践机会，受训者在实际工作中尝试去应用训练所学会得到表扬奖励等积极的强化，那么就会在很大程度上促进受训者迁移行为的产生和巩固。

本研究的另一个重要发现是，环境因素比个人因素的影响更大。从分析结果可以看出，在个人变量中只有对训练内容实用价值的看法影响着迁移行为，而环境变量中有时间支持、同事支持和零反馈 3 个变量同时影响迁移行为。而且在以上 4 个影响变量中，以个人对训练内容实用价值的看法的回归系数最小，影响最小。此外，即使是影响迁移行为的个人对训练内容实用性的看法，也受到环境变量中零反馈的直接影响。这提示我们今后在制定培训管理政策时，需要更多地关注培训环境的影响。

五 结论

第一，受训者对迁移气氛的知觉直接影响迁移行为发生的次数。

第二，受训者对训练内容实用性的看法是影响迁移行为发生的重要环境因素，而受训者对训练内容实用性的看法会受到零反馈、自己的灵活性和自我效能的影响。

第三，零反馈、时间支持和同事支持等因素是区分培训迁移气氛类型的关键指标。

参考文献

［1］ Baldwin, T. T. & Ford, J. K. Transfer of Training: A Review and Directions for Future Research ［J］.

Personnel Psgchology, 1988: 41.

[2] Baumgartel, H., Reynolds, M., Pat han, R. How Personality and Organizational Climate Variables Moderate the Effectiveness of Management Development Programs: A Review and Some Recent Research Findings [J]. Managementand Labor Studies, 1984 (9): 1-6.

[3] Feldman, M. Successful Post-training Skill Application [J]. Training and Develop Journal, 1981, 35 (9): 72-75.

[4] Gist, M. E. The Effects of Self-efficacy Training on Training Task Performance [J]. In F. Hoy, Academy of Management Best Paper Proceedings, Academy of Management, 1986: 250-254.

[5] Goldstein, I. L. & Rouiller, J. Z. The Reiationship between Organizational Transfer Climate and Positive Transfer of Training [J]. Human Resource Development Quarterly, 1993, 4 (4).

[6] Shi Kan, Yang Huadong & Zuo Yantao. The Influences of Culture on the Ways Educational Change Affects Chinese Teacher Worklife [R]. American Educational Research Association 1998 Annual Meeting, April 13-1998, San Diego.

An Initial Study of Factors Affecting The Transfer of Training

Wang Peng   Yang Huadong   Shi Kan

Abstract: The influence of the climate of transfer and the trainee's personality on transfer behavior was studied by means of interviews, questionnaires and on-the-spot experiments. The results were: 1) The climate of transfer of training influenced directly the frequency of transfer behaviors. 2) Feedback was an important factor affecting the trainees' idea of the applicability of the training program; in the meantime, the trainee's idea could influence directly the frequency of transfer behaviors. 3) Leaders' feedback, time support and colleagues' support could discriminate among different types of the climate of the transfer of training.

Key words: transfer of training; transfer behaviors; feedback

企业高层管理者胜任特征模型评价的研究*

时　勘　王继承　李超平

【编者按】我是 1997 年进入心理所的硕士研究生，当时，有关胜任特征的研究在国内很少有人涉及。胜任特征的研究在国外可追溯到"管理科学之父" Taylor 对"科学管理"的研究，称为管理胜任特征运动。Taylor 认为，完全可以按照物理学原理对管理进行科学研究，我所进行的"时间—动作研究"就是对胜任特征进行的分析和探索。1973 年，哈佛大学著名心理学家 McClelland 发表了《测量胜任特征而不是智力》的文章，对以往的智力和能力倾向测验进行了批评，认为应该用胜任特征测试代替智力和能力倾向测试。该文的发表，掀起了人们对胜任特征研究的热潮。我与时勘老师联合开展的胜任特征模型的研究在国内应该是开创性的研究之一，达到了预期的效果。后来，这项研究还在其他行业得到延伸。本文就是课题组初期开展的一项创造性研究，采用了行为事件访谈（BEI）技术探讨了我国通信业高层管理者的胜任特征模型，研究结果表明，首先，优秀组与普通组在访谈字数的长度上无明显差异，而胜任特征编码的频次与访谈长度有显著性相关，编码指标采用平均分数具有更好的稳定性；其次，采用概化理论计算不同编码者的编码一致性，结果表明，胜任特征评价法具有较好的编码一致性；最后，效标群体的分析结果证实，我国通信业高层管理者的胜任特征模型包括影响力、组织承诺、信息寻求、成就欲、团队领导、人际洞察力、主动性、客户服务意识、自信和发展他人，该研究得到了工信部的大力支持。我于 2003 年进入国务院发展研究中心企业研究所，这篇论文是我国最早引进、开展领导胜任能力模型研究工作的代表作。我曾任英国利兹大学访问学者、全国职业经理人考试测评标准化技术委员会（SAC/TC502）委员，目前任国务院发展研究中心市场经济研究所中小企业研究室主任、研究员。我的研究领域逐渐拓展到中国式企业管理、智库研究、人力资源战略、人才规划、业绩薪酬体系、领导胜任能力模型、干部考核测评以及劳动用工制度和企业改制。（王继承，1998 年中国科学院心理研究所硕士生，国务院发展研究中心市场经济研究所中小企业研究室主任、研究员）

摘　要：该文采用 BEI 行为事件访谈技术探讨了我国通信业高层管理者的胜任特征模型，研究结果表明：①优秀组与普通组在访谈字数的长度上无明显差异，而胜任特征编码的频次与访谈长度上有显著性相关，编码指标采用平均分数具有更好的稳定性。②采用概化理论计算不同编码者的编码一致性，结果表明，胜任特征评价法具有较好的编码者一致性。③效标群体的分析结果证实，我国通信业高层管理者的胜任特征模型包括：影响力、组织承诺、信息寻求、成就欲、团队领导、人际洞察力、主动性、客户服务意识、自信和发展他人。

关键词：胜任特征模型；行为事件访谈；企业高层管理者

---

* 本研究得到国家自然科学基金委项目资助（项目资助号：70072031）。

一 前言

全球化、信息化以及市场需求的多样性与多变性，使企业之间的竞争日益激烈。目前，越来越多的研究和实践表明，企业要想获取竞争优势必须高度重视人力资源[1]。企业的高层管理者作为企业人力资源的重要组成部分，由于其在企业管理决策活动中的特殊地位，其作用显得尤为重要。因此，采用什么标准来选拔和培养企业高层管理者，受到了越来越多人力资源管理学家和组织行为学家的关注和重视。在传统的人力资源管理中，一般是通过职位分析来确定高层管理者所需要具备的任职要求（包括知识、技能、能力和其他特点），并在此基础之上进行高层管理者的选拔、培训和评价的。然而，生产和管理环境的变化已经使传统的职位分析很难满足高新技术带来的新要求[2,3]。在此背景下，一些学者提出了胜任特征（Competency）的概念[4]。胜任特征（Competency）是指"能将某一工作（或组织、文化）中表现优异者与表现平平者区分开来的个人的潜在的、深层次特征，它可以是动机、特质、自我形象、态度或价值观、某领域的知识、认知或行为技能——任何可以被可靠测量或计数的，并且能显著区分优秀绩效和一般绩效的个体特征"。[5]而胜任特征模型（Competency Model）则是指担任某一特定的任务角色所需要具备的胜任特征的总和。建立胜任特征模型有多种方法，包括专家小组、问卷调查、观察法等。但是，目前得到公认且最有效的方法是美国心理学家 McClelland 结合关键事件法和主题统觉测验而提出来的行为事件访谈法（Behavioral Event Interview，BEI)[5]。行为事件访谈法采用开放式的行为回顾式探查技术，通过让被访谈者找出和描述他们在工作中最成功和最不成功的三件事，然后详细地报告当时发生了什么。具体包括：这个情境是怎样引起的？牵涉哪些人？被访谈者当时是怎么想的，感觉如何？在当时的情境中想完成什么，实际上又做了些什么？结果如何？然后，对访谈内容进行分析，来确定访谈者所表现出来的胜任特征。通过对比担任某一任务角色的卓越成就者和表现平平者所体现出的胜任特征差异，确定该任务角色的胜任特征模型[6]。自从胜任特征的概念被提出来以后，已经得到了学术界的认可，并在国外企业的人力资源管理中得到了广泛的应用[7]。作为建立胜任特征模型最主要的方法，行为事件访谈法的可信性和有效性也得到了研究结果的支持。受过训练的不同编码者采用最高分数和频次进行编码，其一致性介于 $74\% \sim 80\%$[8,9]。Motowidlo 等[10]的研究表明，对同一组人员进行两次访谈所得的胜任特征评价结果具有较高的稳定性。McClelland 等[5]对美国国务院外事局两组情报信息官员分别进行了行为事件访谈，发现所建立的胜任特征模型基本一致。McClelland[6]采用行为事件访谈技术，帮助两家跨国公司建立了高层管理人员的胜任特征模型，研究结果表明：使用新建立的胜任特征模型作为高层管理人员选拔的标准，使公司高层管理人员的离职率从原来的 49% 下降到了 3.3%，追踪研究还发现，在所有新聘任的高层管理人员中，达到所要求的胜任特征标准的有 47% 在一年后的表现比较出色，而没有达到胜任特征标准的只有 22% 的人表现比较出色。

我国正处在社会经济转型期，已经加入 WTO，选拔和培养懂市场、善经营和懂管理的高层管理人员已成为企业成功实施结构调整和市场竞争的关键。因此，采用科学的方法来确定高层管理人员的选拔、培养和评价的标准也就成为当务之急。本研究的目的在于通过行为事件访谈，来揭示中国企业高层管理者的胜任特征模型，为企业高层管理人员的选拔、培训和评价提供理论和方法的依据。

二 方法和程序

(一) 被试

根据行为事件访谈的要求，应该先由专家小组确定效标样本的选择标准，然后提名参加行为事件访谈的优秀组人选和普通组人选。专家小组由原邮电部人事司的领导干部、部分省市邮电管理局人事处的领导、北京邮电大学和中科院心理所专家组成。专家小组确定优秀组的人选必须达到如下标准：①曾经在邮电系统获得过全国表彰或省市级表彰的，或依据原单位的业绩考核标准，被人事部门评价为优秀工作者；②必须是部门主要负责人；③近两年来所负责的单位或部门必须超过 50 人。根据以上三条标准，我们在全国电信系统挑选了陕西、湖北、安徽、北京等地 20 名通信业高层（局级）管理干部，其中优秀组 10 名，普通组 10 名，男性 15 名，女性 5 名，年龄最大的为 55 岁，年龄最小的为 29 岁，平均 41.8 岁。

(二) 方法和程序

整个研究的方法和程序如下：

1. 组成专家小组

确定优秀组绩效标准，并挑选访谈对象。

2. 实施行为事件访谈

根据所设计的"行为事件访谈纲要"，由经验丰富的心理学工作者对被试进行了行为事件访谈，并对访谈内容进行了录音。访谈采用双盲设计，即被访谈者只知道自己被选来进行访谈，并不知道在样本选取时的优秀/普通的区别；访谈者事先也不知道被访谈者究竟是属于优秀组，还是普通组。每人的谈话最长有 3.5 小时，最短有 1.5 小时，平均 2 小时。

3. 访谈结果编码

第一步，将访谈录音整理成文稿。

第二步，编码训练。

采用 Spencer 等[5]的胜任特征编码词典，由心理学研究生组成的 4 人编码小组分别对一份访谈录音文稿进行试编码。在编码过程中，一方面对原有的编码词典根据中国的具体情况进行修订和补充；另一方面经过不断的讨论，使 4 人对这份访谈文稿的编码达成了一致意见。然后，根据修订的编码词典再由 4 人分别对 1 份访谈文稿进行编码，并通过讨论达成一致意见。

第三步，正式编码。

选择编码训练过程中编码一致性较高的 2 人形成正式的编码小组，根据编码词典对 20 份访谈文稿进行独立编码。

4. 数据处理

对两个分析员独立编码得到的数据进行汇总和统计处理。统计分析采用 SPSS 和 Genova 完成。Genova 软件是美国大学测验委员会 ACT 的 J. E. Crick 和 R. L. Brenman[12] 在 1983 年编制的专用于概化分析的软件。

5. 建立胜任特征模型

对优秀组和普通组每一胜任特征的平均分数进行差异显著性检验，找出差异显著的胜任特征，建立高层管理者的胜任特征模型。

三 结果与分析

(一) 访谈长度（时间和字数）的分析

为了确保优秀组和普通组在各胜任特征上的差异不是由访谈长度所引起的，我们先对优秀组和普通组的访谈长度进行了差异显著性检验。

表1 优秀组与普通组的访谈长度比较

访谈长度	优秀组		普通组		t	df	p
	M	SD	M	SD			
字数	15510	8796.0	13219	5880.7	0.685	18	0.502
时间	2.10	0.56	1.95	0.50	0.636	18	0.533

差异显著性结果（见表1）表明，优秀组和普通组不论是在访谈的时间上，还是在访谈所得文稿的字数上的差异都没有达到显著水平。可见，访谈的长度不会影响优秀组和普通组在胜任特征上的差异。

(二) 胜任特征发生频次、平均分数和最高分数的分析

根据 Spencer 等[5] 的建议，在编码和统计处理时，既可以采用胜任特征出现的发生频次，也可以采用平均分数，或者采用最高分数。为了考察采用哪种指标更为稳定，我们考察了这些指标与访谈文稿字数之间的关系。

表2 胜任特征发生频次、平均分数、最高分数与访谈长度的关系

胜任特征	长度与频次	长度与平均分数	长度与最高分数
成就欲	0.703 **	0.203	0.472
关注质量与秩序	0.603 *	0.395	0.735 **
主动性	0.693 **	0.476	0.488

续表

胜任特征	长度与频次	长度与平均分数	长度与最高分数
信息寻求	0.225	−0.259	−0.066
人际洞察力	0.632*	−0.124	0.139
客户服务意识	0.339	0.509	0.421
影响力	0.669**	0.149	0.266
权限意识	0.305	0.066	0.151
公关	−0.156	−0.294	−0.153
发展他人	0.247	0.198	0.252
指挥	0.762**	0.096	0.384
团队协作	−0.169	0.168	0.295
团队领导	0.555*	0.244	0.479
分析性思维	0.450	0.236	0.472
概念性思维	0.595*	0.116	0.407
技术专长	0.486	−0.088	0.078
自控	0.611*	0.548*	0.696**
自信	0.244	0.291	−0.048
灵活性	−0.271	0.339	0.345
组织承诺	0.632*	0.357	0.417

注：* 表示 $p<0.05$，** 表示 $p<0.01$。

　　相关分析结果（见表2）表明，采用频次计分，有10项胜任特征与访谈长度（字数）相关达到显著水平；最高分数则有2项胜任特征与访谈长度（字数）相关显著；平均分数则只有1项胜任特征与访谈长度（字数）相关。由此可见，采用平均分数这项指标所得结果应该更稳定。因此，在下面的分析过程中，我们均采用平均分数这一项指标。

（三）胜任特征评价法的概化系数

　　为了在总体上考察胜任特征评价方法的信度指标，运用了概化理论[11]的信度指标进行计算。根据概化理论，先进行 G 研究，分析不同的"面"对于总体方差的贡献。下表是用 GENOVA 软件[12]进行处理的结果。

表3　P×L×C 设计的 G 研究结果
（20 被访谈者×20 胜任特征项目×2 编码者）

变异源	平方和	自由度	均方	变异分量	占总变异分量的百分比（%）
被访谈者	600.68	19	31.61	0.677	15.2

续表

变异源	平方和	自由度	均方	变异分量	占总变异分量的百分比（%）
胜任特征项目	326.70	19	17.19	0.093	2.1
编码者	6.12	1	6.12	(0.0)	(0.0)
被访谈者×胜任特征项目	1188.36	361	3.29	0.167	3.7
编码者×被访谈者	79.55	19	4.19	0.061	1.4
编码者×胜任特征项目	249.37	19	13.12	0.508	11.4
编码者×被访谈者×胜任特征项目	1067.43	361	2.96	2.957	66.3

由表 3 可见，编码者的变异分量最小，几乎为 0，说明编码者是客观的、独立评分的；编码者与被访谈者的交互作用（0.061）也只占总变异量的 1.4%，说明编码者确实做到了双盲评分，即不知道效标样本组中谁是优秀组，谁是普通组；胜任特征项目（0.093）也很小，只占总变异量的 1.4%，说明 Spencer（1993）揭示的胜任特征项目之间是独立的，具有较好的区分效度；而编码者与胜任特征项目的交互作用（0.508）较大，占了总变异量的 11.4%，说明编码者对胜任特征项目的理解与把握的好坏，即编码者受培训的程度对评分影响较大；最大的变异分量是编码者、被访谈者和胜任特征项目的三面交互作用（2.957），它解释了分数总变异量的 66.3%，这表明，编码者对胜任特征项目的理解和把握、胜任特征项目在不同被访谈组之间的差异对最后的分数影响最大。

根据 G 研究得到的各种变异分量，可以对不同条件下的 G 系数进行计算，以了解不同情况下的评分一致性情况，这也就是 D 研究。表 4 汇总了 D 研究中不同情况下的 G 系数结果。

表 4 各种胜任特征评价情况下的 G 系数

各种胜任特征评价情况	G 系数
1. 初始情况（20 被访谈者×20 胜任特征项目×2 编码者 随机）	0.85697
2. 固定胜任特征项目	0.86757
3. 固定编码者侧面	0.89588
4. 改变胜任特征项目侧面的水平数：胜任特征项目个数=1	0.28773
胜任特征项目个数=2	0.44239
胜任特征项目个数=3	0.53896
胜任特征项目个数=5	0.65299
胜任特征项目个数=10	0.77615
胜任特征项目个数=15	0.82822
胜任特征项目个数=20	0.85697
5. 改变编码者侧面的水平数：编码者个数=1	0.75675
编码者个数=2	0.85697

由表4的D研究结果可见，本研究在初始情况下（随机编码设计）的评分信度较高，G系数达到了0.85697，这说明，胜任特征评价法的编码者一致性相当高。从表中还可以看到，固定编码者侧面，也就是只推论本研究中两位编码分析员评定其他的被访谈者或其他胜任特征项目的一致性，可以获得较高的G系数（0.89588）。同样，如果只推论本研究中的20项胜任特征项目的评分，也可以获得较高的G系数（0.86757）。

从表4还可以看出，胜任特征项目从1到5每增加1个时，G系数的增加都非常显著，说明本研究中所用胜任特征项目较好。表4中第5栏的结果显示，本研究即使只使用一位评分员，也能达到相当高的G系数（0.75675）。这说明，本研究所用的胜任特征字典及其编码评分程序的客观性、可操作性是较局限的。

表5　优秀组与普通组各胜任特征平均分数的差异显著性检验结果

比较项目	优秀组		普通组		df	t
	M	SD	M	SD		
成就欲	4.16	1.12	2.37	1.73	18	2.751*
关注质量与秩序	2.03	2.21	1.85	2.14	18	0.188
主动性	2.94	1.80	0.91	1.81	18	2.511*
信息寻求	3.97	0.99	1.72	2.02	#1	3.155**
人际洞察力	3.08	0.89	2.12	0.78	18	2.541*
客户服务意识	4.22	3.35	1.12	2.12	18	2.477*
影响力	5.61	1.39	3.01	2.00	18	3.381**
权限意识	2.91	0.89	2.28	0.90	18	1.580
公关	2.93	2.17	3.07	2.72	18	-0.129
发展他人	3.41	2.51	1.02	1.98	18	2.362*
指挥	4.69	2.19	3.01	2.58	18	1.566
团队协作	3.28	1.96	2.68	2.03	18	0.665
团队领导	3.73	1.51	1.87	1.65	18	2.627*
分析性思维	2.74	0.49	2.44	0.36	18	1.526
概念性思维	3.11	0.63	3.27	0.75	18	-0.518
技术专长	4.33	0.70	4.55	0.92	18	-0.590
自控	1.99	2.15	0.75	1.05	#2	1.635
自信	2.98	0.60	2.02	1.06	18	2.472*
灵活性	2.48	1.66	1.12	1.33	18	2.019
组织承诺	3.64	1.01	1.88	1.30	18	3.358**

注：*表示 $p<0.05$，**表示 $p<0.01$。

#1、#2表示方差不齐性（F值分别为13.05和13.69），df分别修正为13.066和13.055。

（四）胜任特征模型的建立

为了建立高层管理者的胜任特征模型，由两名编码者对编码结果进行了讨论，确定了每一被试在每项胜任特征上的平均分数。然后，对优秀组和普通组在各胜任特征的平均分数进行了差异显著性检验。

t 检验（见表 5）表明，优秀组和普通组在 10 项胜任特征的平均分数上存在差异。因此，高层管理者的胜任特征模型应该包括：影响力、组织承诺、信息寻求、成就欲、团队领导、人际洞察力、主动性、客户服务意识、自信和发展他人共 10 项胜任特征。

四　小结

制定科学的人才选拔、培训和培养标准，已经成为学术界和应用界所关注的热点问题之一。本研究采用行为事件访谈技术，通过对通信业高层管理人员的访谈，建立了通信业高层管理人员的胜任特征模型。研究结果表明：

第一，从访谈的时间和访谈文稿的长度来看，优秀组和普通组并没有达到显著差异水平，说明访谈的长度并不会影响行为事件访谈的结果。建议进行行为事件访谈时至少应该保证访谈的时间为 2~3 小时，访谈的文稿必须达到 10000 字。从胜任特征的编码来看，胜任特征的频次与访谈长度相关，但只有极个别胜任特征的平均分数和最高分数与访谈长度不相关。因此，采用平均分数和最高分数进行编码所得结果会更稳定。概化分析结果表明，两个编码者的编码具有较高的一致性，并且即使只采用一位编码者进行编码，所得编码也应该是比较可靠的。

第二，优秀组和普通组的对比分析结果表明，高层管理者的胜任特征模型包括：影响力、组织承诺、信息寻求、成就欲、团队领导、人际洞察力、主动性、客户服务意识、自信和发展他人。这与西方研究所揭示的高层管理者的胜任特征模型[5]（影响力、成就欲、团队协作、分析思维、主动性、发展他人、自信、指挥、信息寻求、团队领导和概括性思维）也是一致的。

第三，胜任特征作为人力资源管理中的一个新的概念，已经受到了西方学者的广泛关注。但是在国内相关的研究并不多见[13]，本研究率先在国内开展了胜任特征方面的实证研究，初步揭示了我国高层管理者的胜任特征模型。但是，本研究也存在一些不足，主要是样本量比较少，且全部来自通信行业，对于胜任特征模型在不同的管理情境的差异需要深入探索。因此，希望有更多的学者关注管理者胜任特征模型的评价研究，以促进我国人力资源管理的理论和应用水平的提高。

参考文献

［1］ Pfeffer, J., Veiga, J. F. Putting People First for Organizational Success ［J］. Academy of Management Executive, 1999, 13：37－48.

［2］ Nelson, J. B. The Boundaryless Organization：Implications for Job Analysis, Recruitment, and Selection

[J]. Human Resource Planning, 1997, 20: 39-49.

[3] Lawler Ⅲ, E. E. From Job-based to Competency-based Organizations [J]. Journal of Organizational Behavior, 1994, 15: 3-15.

[4] McClelland, D. C. Testing for Competence Rather than for Intelligence [J]. American Psychologist, 1973, 28: 1-14.

[5] Spencer Jr., L. M., Spencer, S. M. Competence at Work: Models for Superior Performance [J]. New York: John Wiley& Sons, Inc., 1993.

[6] McClelland, D. C. Identifying Competencies with Behavioral Event Interviews [J]. Psychological Science, 1998, 9: 331-339.

[7] Shippmann, J. S., Ash, R. A., Battista, M., et al. The Practice of Competency Modeling [J]. Personnel Psychology, 2000, 53: 703-740.

[8] Boyatzis, R. E. The Competent Manager: A Model for Effective Performance [J]. New York: Wiley, 1982.

[9] Nygren, D. J., Ukeritis, M. D. The Future of Religious Orders in the United States: Transformational and Commitment [M]. Westport, CT: Praeger, 1993.

[10] Motowidlo, S. J., Carter, G. W., Dunnette, M. D., et al. Studies of the Structured Behavioral Interview [J]. Journal of Applied Psychology, 1992, 17: 571-787.

[11] Brennan, R. Elements of Generalizability Theory [M]. Iowa City, IA: ACT Publications, 1983.

[12] Crick, J. E., Brennan, R. L. Manual for GENOVA: A Generalized Analysis of Variance System [M]. Iowa City, IA: American College Testing Program, 1983.

[13] Shi, K., Li, C. The Competency Assessment Methods in Chinese IT Leaders. Challenges of the 21st Century to Leaders, Methodology of Assessing Leadership Quality, International Conference. Shen Zhen: China, 2000.

Assessment on Competency Model of Senior Managers

Shi Kan　Wang Jicheng　Li Chaoping

Abstract: Behavior Event Interview was used to study a competency model on senior managers in Chinese Communication Enterprises. The results were as follows: a. No significant difference was found between the protocol length of outstanding and average managers. Frequencies of occurrence of most competencies was correlated significantly to protocol length; however few average scores and maximum scores were correlated significantly to protocol length. It seemed that using average score in coding was more suitable. b. G coefficient based on the Generalization Theory showed that the two coders coding were consistent. c. Study on the criterion sample showed that a competency model of senior managers in Chinese Communication Enterprises included: influence, organizational commitment, information seeking, leadership, achievement orientation, interpersonal understanding, initiative, customer service orientation, self-confidence, and staff development.

Key words: competency model; behavior event interview; senior manager

下岗职工再就业心理行为及辅导模式研究[*]

时　勘　宋照礼　张宏云

【编者按】20世纪90年代末的中国经济改革进入"阵痛期"，当时面临的最大社会问题就是国有企业与集体企业在改制过程中大规模失业下岗。据统计，1996~2002年的这段时间，国有企业与集体企业减少的员工数量达到6000万人。在1998~2000年下岗最集中的三年，国有企业下岗的人数达到了2137万人。这样短时间内如此大规模的失业现象，在人类历史上都是非常罕见的。而从当时国家社会保障体系来看，再就业服务处于非常初级的水平，大量失业下岗人员都得不到基本的保障与服务。从与职业与就业相关的研究来看，当时主要介入这一社会问题的研究领域是劳动经济学，而社会学和心理学工作者也是刚刚开始关注这样的问题，基本没有学术的积累，对于失业和求职者的心理与行为的规律探讨完全处于空白状态。这也导致了再就业实践部门基本没有科学指导，广大第一线的就业服务人员缺乏职业心理指导相关专业知识和技能的培训，从而导致了他们不能给失业人员提供起码的心理疏导、求职行为指导，基于人职匹配原则的岗位推荐成为社会再就业的紧迫需求。1997年年中，时勘老师从美国访学归来后，非常敏锐地发现并把握住了这一重大的研究课题，很快拿到了国家的应急研究基金，并且组织相关资源投入研究活动。我作为进入心理所第二年的硕士生，也被分配参与这个项目。还记得在1997年圣诞节的那一天，北京下雪，我和时老师一起去劳动部开会，当时部里邀请了西城区再就业中心的魏宝玲主任来和我们交流对话。会后，魏主任邀请我们去月坛的就业中心实地参访。这次沟通开启了我在西城区月坛一年半的调研。时老师主持的这项研究是国内这个领域最早的项目之一。后来《人类工效学》2001年发表的文章也是国内最早从心理学角度探讨求职和再就业的学术文章。西城区再就业中心也因为和心理所的合作得以用科学的视角和手段来改进再就业服务，我们共同提出了在全国推广的再就业"一站式"服务体系。时勘老师在当时对这一重大课题研究机遇的把握，对学术与社会实践和服务相结合的学术导向，以及对科学化与规范化的追求，都是这一项目成功的关键。我个人通过这项研究的积累，得以赴美在明尼苏达大学商学院攻读博士学位，继续在美国开展求职与再就业的研究。此后，我继续参与国内的相关研究，在国内又完成了几项求职与失业的跟踪研究。虽然，后来我的研究兴趣和范围有很大的变化和拓展，但是，最开始所从事的求职与再就业研究项目中所学到的理论与方法以及对研究的布局，对后来的课题研究都有很大的影响，让我终身受益。现在中国的再就业体系以及就业服务的基层社会服务体系已经比较完善，做到了和世界接轨，时老师和课题组为此做出了较大的贡献。饮水思源，希望未来社会不会忘记时勘老师20年前在中国再就业领域所推动的开拓性的研究工作。（宋照礼，1997级中国科学院心理研究所硕士生，新加坡国立大学商学院　副教授）

* 本研究得到了国家自然科学基金重点项目的资助（项目资助号：79930300）。

摘　要： 通过问卷调查、深度访谈、案例分析和培训实验等实证方法，研究发现下岗职工的认知归因、情绪控制、求职自我效能和求职应对技能等心理行为因素是制约其能否再就业的关键要素。以这些心理行为因素为干预辅导内容，采用小组讨论学习法等主动性学习方法进行的针对性辅导，可增强下岗职工的求职自信心和应对技能，提高其再就业的成功率和稳定性。

关键词： 下岗职工；再就业；心理行为因素；心理辅导模式

一　研究问题的提出

国有企业下岗职工是一个极为特殊的失业群体，多具有年龄偏大、文化程度偏低或技能较低的特点，由于长期习惯于计划经济条件下的稳定就业，面对就业市场的激烈竞争往往难以适应。妥善解决下岗职工的社会保障和再就业问题，是国有企业摆脱困境、稳定转型的关键。随着我国跨入 21 世纪和加入 WTO，国有企业为了适应经济全球化而进行的结构调整还会加剧，职工下岗以及今后采用新的方式的企业裁员不可避免。因此，下岗职工再就业是一个较为长远的研究课题。

失业的心理行为研究首先要追溯到英国心理学家佳霍达（Jahoda）20 世纪 30 年代有关失业对个体、家庭与社区影响的研究。直至 20 世纪 80 年代，大部分研究集中在失业对人的心理冲击上，主要探索如何解决失业带来的经济困难、抑郁、焦虑等问题[1]。近年来的不少研究发现，当失业者重新就业之后，这一系列的问题都会自行消失[2]。所以，失业研究的重点已全面转向影响再就业的预测性的心理行为因素。随着经济全球化和信息化的发展，职业结构的变化加速，人们无论是自愿（如想转换工作），还是被动（如失业、下岗），在一生中都不可避免地多次改变职业，多次再就业。因此，再就业的行为研究的意义已远远超越失业的范畴。

国外影响再就业的心理行为研究主要包括环境因素、个人心理因素和预防性干预因素三方面内容。考虑到国外在就业心理辅导上的成功经验，近两年来，我们与国家劳动和社会保障部门合作，曾多次邀请国外就业辅导干预培训专家来华开展就业指导员的培训实验，试图通过就业指导员掌握国外成功就业指导的经验，帮助下岗职工尽快再就业和稳定就业。然而，并没有达到国外同类研究报告的效果。因为缺乏基于我国国情的再就业外部环境因素（如社会保障体系、劳务市场、管理制度）和下岗职工再就业的心理行为研究依据，是难以形成完全适合我国国有企业下岗职工的再就业指导需要的管理对策的。因此，有必要在探讨社会保障体系的运行和完善的工作中，开展适合我国国情的下岗职工再就业心理行为及对策研究。

二　研究的目标和内容

本研究试图通过问卷调查、访谈、案例分析和培训实验等实证方法，以国有企业组织结构调整为背景，重点探讨影响职工再就业的环境因素、个人心理因素和提高其再就业效率的心理辅导模式。为此，本研究分为 3 个子研究来进行。

（一） 组织结构调整对职工心理行为的影响因素研究（研究一）

通过全国各省份国有企业的抽样调查，了解企业结构调整中职工和管理者的心理特征，揭示影响下岗职工再就业的一般心理因素和环境因素。

（二） 下岗职工再就业预测因素的研究（研究二）

采用国际通用的失业心理调查问卷，并配以半结构化的访谈，揭示影响下岗职工再就业的个人心理因素和环境因素，探明下岗职工再就业的心理因素与求职行为、再就业之间的关系。

（三） 下岗职工再就业心理辅导模式研究（研究三）

根据研究一、研究二获得的影响下岗职工再就业的因素和下岗职工的心理行为特征，探索适合下岗职工再就业的心理辅导的手段、途径和方法。

三 组织结构调整对职工心理行为的影响因素研究

（一） 样本分布情况

本研究采用随机性分层抽样方法进行问卷调查。参加调查的国有企业员工来自全国 12 个省份（北京、吉林、河南、山东、重庆、四川、云南、甘肃、青海、宁夏、海南），共 24 家企业。其中，职工 1080 人，管理干部 293 人。发出职工调查问卷 1500 份，回收 1080 份，回收率达到 72%。

（二） 调查结果及分析

再就业的外部困难分析结果表明，12 个省份职工平均选择率最高的三项因素是"缺乏就业岗位""无就业机会""家庭负担重"。各省职工对于"缺乏就业岗位"的反应较为一致，被选率在 35%~70%。边远省份因经济不发达带来的就业外部困难是实施再就业工程必须关注的重大问题。再就业的内部困难因素分析结果表明，"文化程度低，学历低"（62.7%）、"年龄偏大缺乏竞争力"（55.3%）和"缺乏社会所需的新技能"（52.3%）是下岗职工再就业的主要困难。我国国有企业职工在再就业问题上，消极等待的心态仍居主导地位。比如，不同省份的"下岗职工最大的共同愿望"是"回原单位"，其比率多数在 60% 以上，"及时领到生活费"是下岗职工的另一个共同愿望，但对于"学习新技能"，各省份下岗职工的反应都相对较弱[3]。这说明，职工对国有企业仍有较强的依赖思想。此外，社会保障体系不完善，使下岗职工缺乏安全感，也是选择的主要原因之一。

归因（contribution）是指人们对事件发生的原因分析和认识倾向。从对北京、青岛、海口、重庆四城市下岗职工的调查情况来看，外部归因（6项）的平均选项达到1.5274项，而内部归因（6项）的平均选项仅为0.3526项，这表明，下岗职工在归因上带有明显的外部归因特征[4]。把下岗和再就业困难的原因归于外部，却表现出无力控制自己命运的感觉，对自己找到工作的信心不大，进而会加剧焦虑、抑郁等心理症状，这与国外研究结果正好相反。

四 下岗职工再就业的预测因素研究

（一）研究框架（见图1）

为了考察影响我国下岗职工的求职行为、再就业、心理健康以及再就业质量的决定性因素，为心理辅导干预提供理论和方法的依据，本研究拟通过间隔3个月的前后两次测量，在前测中获得处于无业状态时被试的心理、环境、人口、行为因素等状况，在后测中测定再就业状态、再就业质量和心理健康等结果，通过对前后测的变量间关系的分析，揭示出影响下岗职工再就业的预测因素。

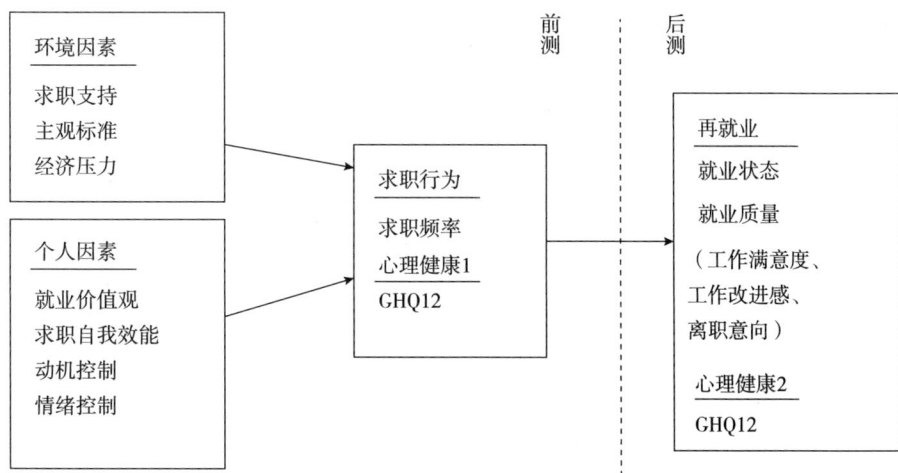

图1 下岗职工再就业预测因素研究（研究二）的概念框架

（二）问卷结构和被试

采用问卷调查法进行。为便于跨文化比较，本研究以翻译国外常用问卷为主，部分题目自编。在正式施测前，以50名下岗职工为被试进行了初测，根据初测结果，对文字作了修订和全面审核。本研究取样在北京市4个职业介绍中心完成。

（三）问卷调查结果及分析

被试平均年龄 34.86 岁，其中下岗职工 249 名，平均下岗时间为 20.2 月。用 Cronbach's α 系数以及每道题与问卷总分的相关，分析了一、二测分问卷的信度。各问卷 α 系数在 0.63 ~ 0.89，题目探测内容一致性基本可接受。

为了确定下岗职工求职行为的预测因素。针对一测求职频率，进行了多元分步线性回归，结果表明，年龄与求职频率负相关。从结果上看，随着年龄的增大，会减少求职行为；求职者的求职技巧和对自己求职能力的自信是再就业工作中特别需要关注的因素，而帮助高龄求职者放下年龄的包袱是再就业指导值得关注的重点。二测结果表明，求职支持是唯一对再就业具有显著预测能力的因素。结果还发现，亲朋好友的鼓励支持与就业状态有显著相关（相关系数为 0.22，$p<0.05$）。表明下岗职工再就业主要应利用自然的人际网络资源，也说明帮助下岗职工更好地利用自然关系中职业介绍资源，是再就业工作中重要内容之一。结果还表明，两种就业质量群体，就业前心理健康程度并无差异，但就业以后，高质量就业者明显在心理健康上好于低质量就业者。此外，求职行为是一种易受挫折的活动，下岗职工要维持较高水平的求职行为，需要不断集中精力于求职活动。动机控制正是这一倾向的体现。本研究将人口变量和求职频率分两步引入回归方程，结果显示，动机控制能够预测二测未就业者的求职行为[5]。

（四）深度访谈结果分析

在 3 个月问卷追踪调查后，根据问卷调查得到的结论，采用了"一对一"的深度访谈方法，访谈了 60 名被试。方谈结果发现：我国下岗职工失业（下岗）的情绪、行为的变化过程，与 Harrison（1976）提出的变化模型基本吻合，即震惊—乐观—悲观—听天由命。下岗职工求职难的内部因素是年龄偏大、技能单一。就业面较窄是指导中必须考虑的共性问题。此外，下岗职工的自信心是求职指导前务必解决的问题。

（五）几点启示

1. 要提高下岗职工的求职主动性，必须提高他们的求职技能、求职自信心，专门的求职技能训练也显得尤为重要。就业指导应当特别关注年龄偏大的下岗职工，注意他们再就业心理的特殊性。

2. 在就业指导中帮助失业者充分地利用周围的社会资源，特别是自然的人际关系资源，向求职者提供可利用的社会支持。

3. 就业会促进下岗职工心理健康的改善，持续无工作会加重心理紧张。此外，再就业质量也是一项不可忽视的指标。如何帮助求职者理性求职，找到合适、满意的工作是就业部门应充分注意的问题。

4. 深度访谈结果表明，认识自我（建立自信）、情绪调控（面对挫折）和应对技能（寻求社会支持、主动求职适应）是再就业心理辅导值得关注的三大要素。

五 下岗职工再就业心理辅导模式研究

心理辅导是职业指导的重要组成部分之一，它运用心理学的方法和手段，帮助下岗职工了解自己的心理特征，克服心理障碍，习得求职技能和对未来职业的适应能力。根据研究一和研究二的结果，我们获得了影响下岗职工再就业的预测因素，这为开展针对性的再就业心理辅导提供了理论依据。本项研究的目的在于，探索适合下岗职工再就业的心理辅导模式的手段、途径和方法。

(一) 职业指导员的任职标准

我们采用关键行为事件访谈（Behavioral Event Interview，BEI）方法，获得了职业指导员在个人特质、职业能力方面应具备的胜任特征以及在专业技巧和经验方面应包括的能力。

(二) 职业指导员的培训教材

根据职业指导员的任职标准和影响下岗职工再就业的心理行为因素的研究结果，我们确定了职业指导员的培训内容结构体系，它包括职业指导的理论和方法基础、个别咨询与小组咨询方法、职业指导的管理和求职人员的社会保障问题、下岗人员的心理辅导示例教学（包括下岗后的心理调控，发现自己的工作技能、展示自己的工作技能、发现职位空缺的技能、简历与获得面试机会、工作岗位的心理适应等问题），完成了用于再就业指导员上岗培训的教材《职业指导的理论与应用》[6]。下岗职工心理辅导教材的示范本正在编写和试用中。

(三) 再就业的心理辅导方法

再就业的心理辅导与通常的培训方法的显著区别在于，强调主动性学习（active learning），不是替代下岗职工解决问题，而是通过激发学习者的内在潜能，引导他们从基本问题入手，用创新意识和方法武装自己的头脑，通过改变观念，习得解决问题能力，提高自身素质。这里，主要采用的心理辅导方法有：

1. 案例讨论方法。讨论会由再就业辅导员提出一个难以指导的典型案例，参加者按案例讨论的标准程序，在心理工作者的指导下进行。这种讨论使受训者的分析与解决问题的能力有较大的提高。

2. 个体咨询方法。主要培训指导员在相对短时间内了解与调整来访者的心态，直至提出求职建议。实验结果表明，个体咨询更适合于对情绪调控、认知能力的培养。经培训合格的指导员，通过对下岗职工一个小时咨询就能较准确地把握来访者心态，做出适当的就业指导。

3. LTD 小组咨询的指导。LTD 小组讨论（Learning Through Discussion）方法源于 Hill 的培训研究，后来被 Jones 和 Conyne 逐步完善，发展成为一种"任务—人际关系发展模式"。它通过人们共同完成任务，主要培训"个人主动性"和"人际交往"等胜任特征。实验证实，此方法基本上有助于下岗职工再就业胜任力的培养[7]。

在对 LTD 培训方案和内容进行了修改和完善后，进行了较大规模的职业指导员推广培训实验。参与心理辅导模式培训实验的共计 1653 人，来自全国 12 个部门。下岗职工的培训实验表明，这种小组讨论方法不仅能够培养个人主动性和对他人的影响力，还能增强下岗职工对于学习的积极性，学员们通过小组讨论的事后行为评价和讨论，能够获得在其他培训和交往中难以得到的反馈信息，有利于改进求职行为。

（四）再就业心理辅导模式的实验效果

北京市劳动和社会保障局与中国科学院心理研究所合作，在北京市西城区职业介绍服务中心进行了近三年的下岗职工再就业心理辅导模式实验和结果追踪。结果表明，明显地提高了下岗职工再就业的成功率和再就业的稳定性，一些过去较难被接受的职业，如家政服务等，经过心理辅导，出现了一批素质较高的"北京保姆"，中央电视台和各大新闻媒体曾对此做过多次报道。目前，北京西城区就业指导服务中心被国家劳动和社会保障部评为全国再就业指导示范基地，中心职业指导负责人卫保玲同志也被评为全国"十佳职业指导员"。

（五）推广应用和国际交流情况

目前，北京市政府把体现本研究心理辅导模式的培训教材正式列为"北京市劳动和社会保障局指定用书"。中国再就业培训技术指导中心从 2000 年开始，将心理辅导纳入再就业指导人员上岗培训内容。实施全国范围的心理辅导模式的推广工作，美国 MPRC 中心（Michigan Prevention Research Center）对于我方实验结果予以较高的评价，1999 年 5 月双方召开了专题交流的双边会议；美国 CINONNATI 大学与我方合作，发表有关 LTD 方法的学术论文 7 篇，明尼苏达大学 Wanberg 教授于 1999 年夏季来华参与培训职业指导人员。

六 研究结论和对策建议

本研究通过问卷调查、深度访谈和培训干预实验，揭示了影响国有企业职工下岗再就业在社会保障系统、就业机会和社会支持等方面存在的问题。通过实证研究结果，探索了影响下岗职工再就业的预测因素。在此基础上，形成了以这些预测因素为依据的培训内容、培训方法。研究结果表明：

1. 下岗职工的社会保障体系亟待完善，各地在就业机会上存在明显差异，应进一步采取措施，妥善解决再就业外部环境的支持问题。

2. 下岗职工的认知归因、情绪控制、求职自我效能和求职应对等心理因素直接制约着下岗职工的求职行为，进而影响其再就业的成功率和稳定性，这是预防性干预的重点。

3. 以影响下岗职工再就业预测因素为辅导干预内容，采用 LTD 小组讨论、案例讨论法为主导的培训方法，是改变下岗职工的认知特征、增强自信心、提高其求职应对能力、成功和稳定再就业的有效的心理辅导模式。

4. 建议在国有企业组织结构调整过程中关注员工的适应性心理行为，在加强社会保障体系建立的同时，建立我国职业指导员的国家任职标准，加强再就业机构的管理，在我国下岗职工再就业指导中推广再就业心理辅导模式。

（参加本研究的有徐联仓、陈毅文、王鹏、杨化冬、牛雄英、王继承、李超平、卢嘉等，12 个省份 24 个国有企业，北京、青岛、海口、重庆四城市职业介绍部门和北京西城区职业介绍中心对本研究提供了大力支持，特致谢忱。）

参考文献

［1］Caplan, R. D., Vinokur, A. D., Price, R. H. From Job Loss lo Employment: Field Experiment in Prevention-focused Coping ［M］. London: Sage Publication, 1987: 341-379.

［2］Kessler, R. C., House, J. S., Tinner, J. B. Unemployment, Reemployment, and Emotional Functioning in a Community Sample ［J］. American Sociological Review, 1989 (54): 648-657.

［3］成思危. 中国社会保障体系的改革与完善 ［M］. 北京: 民主与建设出版社, 2000: 388-461.

［4］时勘, 宋照礼, 张宏云, 等. 全国工业心理学与认知工效学会议论文集 ［C］. 杭州: 浙江大学, 2000.

［5］时勘, 宋照礼, 牛雄英, 等. 国有企业下岗职工再就业心理辅导模式的实验研究 ［R］. 北京: 中国科学院心理研究所, 1999.

［6］时勘. 职业指导的理论与应用 ［M］. 北京: 中国劳动社会保障出版社, 1999.

［7］Conyw, R., Wilson, F. B., Tang, M., et al. Cultural Similarities and Differences in Group Work: Pilot Study of a U. S. Chinese Task Group Comparison ［J］. Group Dynamics: Theory, Research, and Practice, 1999 (3): 40-50.

360 度反馈评价结构和方法的研究*

时 雨 张宏云 范红霞 时 勘

【编者按】1998 年我单凭一腔热情跨专业考入时勘博士课题组，开始了在应用心理学领域的学习。在时老师的耐心指导下，我向心理学的大门迈入一只脚，开始了三年的研究生学习。时老师有着深厚的学术功底、勤奋的工作态度以及精准的战略眼光，课题组的多项研究都走在了学科发展的前沿，并取得了丰硕的成果。时老师不仅关注学术研究，也关注理论在企业中的实践应用，因此，我们在课题组参与了很多管理咨询项目，这为我之后进入企业工作打下良好的基础。课题组对胜任特征（competence）和胜任特征模型（competence model）进行了开创性的研究，我有幸参与其中，并在此基础上开始了对 360 度反馈评价的探索研究，我们在国内也属于先行者之一。对于 360 度反馈评价的研究没有停留在理论层面，同样也走到了企业实践中，我们对北京、温州等地 8 家企业上千名管理人员和员工进行了个体访谈、群体焦点访谈、问卷调查，并进行了案例研究，还对评价反馈的可行性和有效性进行了验证。在这项研究中，杨继锋老师和梁开广博士为我们提供了许多文献资料，并以其丰富的实践经验给予了我们重要支持。后来，学术界在评价我们基于胜任特征模型建构反馈评价系统时指出，首先，其从理论上解决了评价标准的设置依据问题，经过实证研究验证了基于胜任特征模型的反馈评价问卷具有较好的结构效度；其次，在评分一致性问题上有较为深入的探讨，特别是发现了上级与下级评分的不一致性与文化因素有关，明显不同于国外同类研究结果；最后，尤为可贵的是，通过现场案例研究，做了大量实践工作，并深入地考察了反馈评价的全过程，其建设性反馈的干预培训得到了实际的成效，获得了企业的认可，从而证实，基于胜任特征的 360 度反馈评价的结构和方法是行之有效的，具有较重要的理论价值和应用价值。通过在课题组三年的学习，我逐渐对组织行为学产生了兴趣，这也影响了我后期的职业选择和发展。时老师虽然早已成果等身，却还保持着对科研的热情和积极的行动，鞭策着我们不断前行。（张宏云，1998 级中国科学院心理研究所硕士生，独立管理咨询顾问）

摘 要：由于经济全球化的新格局对现代企业管理者提出了全新的要求，能够准确把握管理者应具备的素质要求和工作行为表现显得尤为重要，本文介绍的 360 度反馈评价方法是当前组织行为学和人力资源管理研究的热点之一，它可以帮助组织全面度量管理者的行为表现，并通过多侧度反馈评价来促进管理者改进自己的行为方式。本文主要介绍了 360 度反馈评价基本概念，以及在评价结构、评分者一致性、评价反馈方面的最新研究进展，最后提出了未来研究的设想和建议。

关键词：360 度反馈评价；胜任特征；管理行为

---

* 本研究得到了国家自然科学基金委的资助（项目资助号：70072031）。

一 引言

　　360度反馈评价模式的产生和发展是与科技、经济的飞速发展密不可分的，随着经济全球化的发展，市场竞争越来越激烈，企业的组织结构更向扁平化发展，员工的职权范围不断扩大，员工也越来越多地参与管理，客户服务和员工职业生涯发展受到了更多的关注。也就是说，由于员工面对的情况更加复杂多变，从任何单一的角度，都不可能全面客观地了解员工的行为特点，传统的、自上而下的评价方式已不能满足管理实践的要求，360度反馈评价方法应运而生。360度反馈评价的最大特点就是充分利用了与被评价者相关的多方面资源进行评价，并且强调评价后的反馈，以促进发展，适应了这种新的需要，因此，它受到了普遍的欢迎。1994年在《财富》杂志发表了一篇名为"360度反馈评价能够改变你的生活"的文章表明，几乎包括所有《财富》杂志所列的500强企业，都在使用该方法来评价管理者的行为表现，甚至一些政府机构也开始采用这一方法。

　　不过，随着360度反馈评价在企业实践中的广泛应用和研究的深入，人们对于360度反馈评价的有效性的争论也越来越多。首先，在使用范围上，是否可以将其结果作为薪酬设计的依据。其次，在评价的内容上，不同的企业和研究者对同一职位采用的评价结构要素也存在很大的差异，目前，多数评价标准均源于对具体的工作行为的描述。最后，在评分的一致性上，不同角度的评分者之间的评分结果的不一致性引起了人们的关注，大家争议的焦点是：究竟是评价方法不够准确，还是这种评价结果就是一种来自同评价侧度的实际情况的反应？此外，在360度反馈评价是否能真正给员工的行为改善带来帮助等方面均存在争议。而且，360度反馈评价的实施较为复杂，其成本较高。如果不从理论和方法上进行深入的探讨，将会妨碍这种管理方法的实施和发展。

　　在我国的组织管理中，对干部的业绩评价很早就有由群众、班子中的同级干部和上级领导干部进行"民主评议"的实践，在多数情况下是对被评价者的表现进行简单的评级，评价的内容也多采用"德、能、勤、绩"等较为笼统的评价标准，而且比较忽视评价后的反馈工作，使较多的评价工作流于形式，达不到预期的目的。目前，我们还没有发现国内与多侧度反馈评价的结构和方法相关的研究文献，这方面的理论和方法的研究工作亟待开展。

　　因此，基于我国文化背景和转型期要求，对360度反馈评价自身的理论依据和方法问题进行探讨是十分必要的。首先是评什么的问题。评价结构的要素设置是否有效？它的依据是什么？据此设计的行为指标是否合理？这是实现评价预期目的的关键。其次是谁来评和怎么评的问题。在通常的评价工作中，一般都是由上级来评定下属的。而在360度反馈评价方法中，下属、同事等都参与评价，管理者可能会感到自己的权威受到威胁，他们由于不理解这种评价方法，可能难以配合，而一般员工如果没有与评价组织者建立信任，对该方法不认可，或是他们受到了上级的压力，其评分的准确性、可靠性就会受到质疑。而且，对评价结果不恰当的反馈也会造成负效应。最后是评价的结果怎么发挥作用。评价工作的最终目的是通过提供反馈使被评价者获得准确的反馈信息，从而改善其管理行为。

二　什么是360度反馈评价

　　360度反馈评价（360-degree feedback assessment）又称多评价者评估（multirater assessment）、多源反馈系统（multisource feedback，MSF）或全方位评价（full circle appraisal）。它不同于自上而下、由上级主管评定下属的传统评价方式。在这种评价模式中，评价者不仅仅包括被评价者的上级主管，还包括其他与之密切接触的人员，如同事、下属、客户等，同时包括自评（见图1）。一般来说，参与评价的上级为1人或1人以上，而同事和下属应分别在3个以上，这是保证实施效果的必要措施之一。

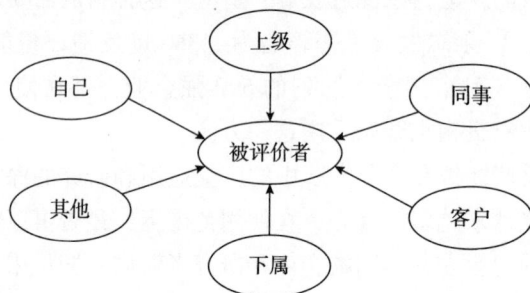

图1　360度反馈评价模式

　　目前的360度反馈评价是建立在两个假设基础之上的：一是对个体从多个角度进行观察将得出更有效和更可靠的结果。也就是说，评价结果应有较高的信度和效度。二是行为和观念的改变应当贯穿于被评者自我意识增强的过程中，如果自我意识改变了，其行为也将发生改变。360度反馈评价如同一面"镜子"，能使个体从中发现自我、调整自我。许多研究（Hazucha，Hezlett & Scheider，1993；London & Beatty，1993；London & Smither，1995；Tornow，1993）表明，较之传统的评价系统，360度反馈评价系统具有不少优点，比如，人的工作绩效往往体现在多个方面，而直接上级所了解的只是其中的一些方面，其他人会对另一些方面了解得更加深入。即使不同评价者对被评价者的绩效了解的程度是相同的，但是，因他们的感受和经验不同，其评价结果也会不尽相同（Mount Judge，Scullen，Sytsma，Hezlett，1998）。如果能从多方面了解信息，必然能为被评价者提供更多、更准确的信息，从而促进被评价者更好地发展。

三　评价结构的研究

（一）已有的结构要素研究

　　在不同的研究和企业的反馈评价实践中，采用的因素结构有着很大的差别。由于采用的问卷存在结构不清晰、项目混乱的问题，这使360度反馈评价的结果难以达到预期的目标。

因此，采用什么评价因素结构是决定 360 度反馈评价效能最为关键的问题之一。文献检索发现，虽然研究者采用的问卷结构差别很大，难以做相互的比较，但在这些独立的研究中，有一些维度是共同的或相近的，如领导能力（leadership）、行政管理能力（administration）、沟通（communication）以及团队或人际关系（teamwork or relationship）等。这说明，不同的职位虽然存在不同的胜任要求，但有可能其中存在一部分管理者评价较为一致的因素结构，揭示这种评价的共同要素，将利于对管理者进行相互比较条件下的反馈。

（二）基于胜任特征模型的评价结构要素

在过去多年的评价结构的探索中，是否基于胜任特征模型（competence model）设计评价结构，如何来选择和界定胜任特征评价模型的因素构成，一直是研究的焦点问题之一。初期阶段，人们在设计评价结构要素时往往带有较大的随意性，后来的实践表明，要更好地发挥 360 度反馈评价的作用，需要有相应的反馈和解决问题的方法，如培训、个人发展计划等，这必须基于一个可供参照的"平台"来进行相互比较，许多研究者（Edwards M. R. & Ewen A.，1996）建议基于胜任特征模型来构建 360 度反馈评价问卷。胜任特征本身虽然不能直接作为评价指标，但它与各种管理行为指标有直接的联系，借助胜任特征模型就能产生相应的行为评价指标。

胜任特征（competence）是指"能将某一工作（或组织、文化）中有卓越成就者与表现平平者区分开来的个人的深层次特征，它可以是动机、特质、自我形象、态度或价值观、某领域知识、认知或行为技能——任何可以被可靠测量或计数的，并且能显著区分优秀与一般绩效的个体的深层次特征"（Spencer，1993）。胜任特征模型就是针对特定职位表现优异要求组合起来的胜任特征结构。Mcclelland（1983）的跨文化比较研究结果表明，即使是在不同的国家，主动性、把握机会、毅力、关注高质量、自信、监控和合作伙伴关系重要性这 7 个胜任特征均能有效地区分成功的高层管理者和一般的高层管理者。已有的研究发现，在不同职位、不同行业、不同文化环境中的胜任特征模型是不同的。Spencer（1993）列出了能预测大部分行业工作成功的最常用的 20 个胜任特征，主要分为六大类胜任特征：①成就特征：成就欲、主动性、关注秩序和质量。②助人/服务特征：人际洞察力、客户服务意识。③影响特征：个人影响力、权限意识、公关能力。④管理特征：指挥、团队协作、培养下属、团队领导。⑤认知特征：技术专长、综合分析能力、判断推理能力、信息寻求。⑥个人特征：自信、自我控制、灵活性、组织承诺。国内关于胜任特征模型的研究较少，其中，王继承、时勘（1998）通过研究认为，我国通信业管理干部的胜任特征模型应包括影响力、社会责任感（组织承诺）、调研能力（信息寻求）、市场意识（客户服务意识）、领导驾驭能力和识人用人能力。目前，国内外的研究和实践所使用的问卷结构千差万别，尚缺乏系统的评价结构探讨，是否可以尝试基于胜任特征模型构建管理者 360 度反馈评价的具有共性特征的问卷结构，是一个值得深入思考的问题。

（四）　评分者一致性的研究

360 度反馈评价由于其评价角度的多元化，在评分者间一致性的问题上一直是研究者关注问题之一。许多研究者认为，不同的评价者能够观察到的被评价者的工作绩效侧面各不相同，或者由于他们的评价标准不同，对被评价者的同一面有着不同的评价，因此他们之间的评价不可能具有很高的一致性，存在差异是必然的（Bonnan，1974；Landy & Farr，1980）。Thornton（1980）认为"个体对自身绩效表现的认识与其他人所持的观点有着显著的差异"。Harris 和 Schanbroeck（1988）的一个元分析研究中也发现，自评与上级评价以及自评和同事评价之间具有中等程度的相关；在同事评分和上级评分之间具有较高的相关。他们的分析表明了观察者（同事和上级）之间的评价具有较高的一致性。Furnham 和 Stringfield（1994）在一个现场研究中引入了组织外人员作为评价人员，研究结果发现，自评与上级的评价、自评与同事的评价、自评与顾问的评价之间的一致性较低，上级评价与同事评价、上级评价与顾问评价、同级评价与顾问评价之间的一致性却较高。研究还发现，那些可观察的行为，如计划制订和沟通等胜任特征，评分者之间的评分一致性较高，而较难观察的认知变量在评分者之间的一致性最低。

目前，在自评—他评的一致性对个体绩效的预测效果方面也存在不少争论。一些早期的研究认为，无论自评与他评是一致的还是低于或高于他评，对自评者工作上的表现都没有影响（Fleenor，McCauley & Brutus，1996）。另一些学者认为，自评—他评的一致性与效果有关（如 Atwater & Yammarino，1997）。Van Velsor 等（1993）发现，自评高分者（自评高于他评）与自评低分者（自评低于他评）或自评—他评一致者相比较，其下属对他的实际管理和自我意识评分最低。Atwater 和 Yammarino（1997）在关于自评—他评一致性、一致性与结果之间关系的文章中指出，自评和他评之间一致性和类型与培训、结果反馈一样，都能够影响评价后的效果。他们提出了评分的分类模型，包括自评过高的人、自评过低的人、评价一致/实际上好的人以及评价一致/实际上差的人。他们认为，过高自评者可能是绩效较低的人，过低自评者的绩效有高有低。Atwater、Roush 和 Fischthal（1995）的研究发现，在第一次评价 16 周后，过高自评者的下属评价会有显著的提高，而自评低于下属评分或与下属评分相一致者，其下属评价没有显著提高。Atwater 等（1995）的研究也证实，过高自评者最初的绩效趋于最低，较低自评者的绩效水平较高，而自评与他评一致者的绩效水平居中。

Smither 等（1995）认为，自我一致性理论（Korman，1970，1976）可能解释自评与他评的一致性与绩效改善之间的关系。当管理者得到反馈时发现，下属的评分比自评分要低时，他就会考虑自己的实际行为是否与其自我印象一致，根据自我一致性理论，管理者会试图改善其绩效，以减小自我认知与他人印象之间的差距，恢复认知平衡。然而，如果自评与他评一致的话，管理者就会感到满意，即使他的绩效水平低，他也不会努力来改善其绩效（Korman，1970，1976）。与此类似，那些下属评价比自评还要高的管理者也不会有改善绩效的意图。London 和 Smither（1995）指出，自评与他评的一致性与评价者之间一致性（如下属之间、上级与同事之间）的交互作用将影响被评价者对反馈的接受程度和态度。被评价者越愿意接受反馈，其绩效越可能得到提高。Johnson 和 Ferstl 在研究中运用多元回归方法验证了自评比他评显著高的管理者在一年后绩效的改善情况，结果表明，自评过低和自评过高的管理者绩效均有所下降，而自评偏低的管理者的自评分却有所上升，这与自我一致性理论是相符合的。根据归因理论（Weiner，1986），如果他评与自评有差异，被评价者将分析出现差异的原因。London 和 Smither（1995）提出，如果下属之间评分很不一致，会使被评价者认为是评价者造成的，这些评价结果不是对他的实际行为的反映。如果他评结果之间较为一致，被评价者将会关注自评—他评的差异，考虑如何解释这种差异。如果他评一致的话，被评价者将更能够接受这种评分，也就更愿意改善，以提高评分者一致性。

五　评价反馈的研究

反馈（Feedback）是系统论和控制论中重要概念之一，反馈为调整系统的决策提供信息，在执行计划时，人们要追踪或监督系统，以查明行动是否正对准指标，是否正在趋向目标。控制论方法已被广泛应用于管理心理学研究，比如有关组织控制模型的核心思想就是反馈控制，同样，组织中的个体控制也离不开反馈。

Bernardin、Hagan 和 Kane（1995）发现，在 238 名管理者收到反馈后，其下属的第二次评分比第一次有少量提高。Smither 等（1995）的研究结果表明，那些在最初收到了最负面反馈（也就是最低的评分）的管理者，其行为的改善最大。Richard R. 、James W. 和 Nicholas L.（1996）的研究发现，管理者在收到下属评价的反馈结果后，那些最初绩效较低的管理者的绩效得到了更好的提高，并在随后的 2 年内继续保持发展。Whlker 和 Smither（1999）报告了一个持续 5 年的下属评价反馈的追踪研究。结果显示，那些在最初的自下而上的反馈评价中得分低或中等的管理者在后来的 5 年中提高最大。结果还发现，那些与他的直接下属共同讨论过反馈评价结果的管理者比其他人获得了更大的提高，这些研究都表明，管理者在获得反馈后，其绩效均有明显的改善（至少他们的下属是这么认为的），而且改善最大的人是那些最初被评分最低的人（Snither et al. , 1995；Atwater et al. , 1995）。Kluger 和 DeNisi（1996）对反馈介入的文献的元分析发现，在平均水平上，反馈对正面的工作结果有适度的正效应，然而，这些文献也发现，38% 以上的研究结果表明，这种反馈也具有负效应，他们认为，反馈必须是建设性的才会对绩效有所帮助，他们指出，在将评价结果反馈给管理者时同时建立起发展目标，比仅仅给予反馈会对被评价者有更好的促进效果。Baron（1988）区别了建设性反馈与非建设性反馈。建设性反馈是针对具体任务而言的，它把注意力集中在任务、过程而不是针对个人品质上面，非建设性反馈伴随着直接的威胁或暗示。

反馈包括评价和奖励成分，评价反馈通过将绩效与标准相比较或与个体过去的绩效相比较，这样去帮助个体理解绩效信息。总之，反馈通过表明"什么是需要学习的技能或行为"这种方式来提高绩效。但是，如何验证反馈评价的实际效果，需要并形成一套较为完善的管理对策，值得进一步探讨。

六　结论和展望

随着经济全球化和信息化带来的市场竞争的加剧以及对客户服务的重视，越来越多的企业和组织开始使用这种方法对员工进行评价，学术界也掀起了对 360 度反馈评价的研究热潮。这些研究结果使 360 度反馈评价在评价内容、评价方法上都有很大的进步。但同时也发现 360 度反馈评价存在的问题，产生了新的研究需求。比如，基于中国的社会文化以及现阶段经济状况和管理体制的管理者 360 度反馈评价的结构包括哪些要素？这些共同的管理者胜任特征模型要素与西方文化背景下的评价结构要素有什么不同？360度反馈评价中，不同评价群体评分一致性的关系如何？其中有哪些因素的影响更大？是胜任特征模型的要素，还是不同的评价角度？360度反馈评价的结果是否有效？在反馈360度评价结果时，应当注意哪些问题才能更好地促进员工的发展？这些都值得我们进行进一步的探索。

参考文献

［1］时勘，王继承，等. 通讯业管理干部测评及其量化评估方法［R］. 信息产业部部级项目总结报告，1998 年 12 月，北京.

［2］时勘. 转型期人力资源开发的心理学研究［J］. 中国人力资源开发，2000（11）：12-13.

［3］张宏云，时勘，杨继锋. 360 度反馈评价技术［J］. 中国人力资源开发，2000（12）：38-40.

［4］Ammarino, F. J., Atwater, L. E. Do Managers See Themselves as Others See Them? Implications of Self-other Rating Agreement for Human Resources Management［J］. Organizational Dynamics, 1997, 25：35-44.

［5］Atwater, L. E., Yammarino, F. J. Does Self-other Agreement on Leadership Perceptions Moderate the Validity of Leadership and Perfonnance Predictions?［J］. Personnel Psychology, 1992, 45：141-164.

［6］Atwater, L. E., Roush, P., Fischtha, I., A. The Inouence of Upward Feedback on Self-and Follower Ratings of Leadership［J］. Personnel Psychology, 1995, 48：35-59.

［7］Atwater, L., Ydmmarino, E. Self-other Rating Agreement：A Review and Model［J］. Research in Personnel and Human Resource Management, 1997, IS 121-174.

［8］Atwater, L. E., Ostroff, C., Yammarino, F. J. Self-other Agreement：Dose It Really Matter?［J］. Personnel Psychology, 1998, 51：577-598.

［9］Bemardin, J. H., Dahmus, S. A., Redmon, G. Attitudes of First-line Supervisors Toward Subordinate Appraisals［J］. Human Resource Management, 1993, 32：315-324.

［10］Carver, C. S., Scheier, M. E. Control Theory：A Useful Conceptual Framework for Personality-social, Clinical, and Health Psychology［J］. Psychological Bulletin, 1982, 92：111-135.

［11］Church, A. H. Managerial Self-awareness in High-performing Individuals in Organizations［J］. Journal of Applied Psychology, 1997, 82：281-292.

［12］Edwards, J. R. Problems with the Use of Profile Similarity Indices in the Study of Congruence in Organizational Reseach［J］. Personnel Psycholgy, 1993, 46：641-665.

［13］Edwards, J. R. The Study of Congruence in Organizational Behaior Research：Critique and Proposed Atemative［J］. Organizational Behavior and Human Decision Processes, 1994, 58：683-689.

［14］Edwards, M. R., Ewen, A. J. 360° Feedback：The Powerful New Model for Employee Assessment & Performance Improvement［M］. Amacom, New York, 1996.

［15］Furnham, A., Stringgfield, P. Congruence of Self and Subordinate Ratings of Managerial Practices as a Correlate of Boss Evaluation［J］. Journal of Occupational and Organizational Psychology, 1994, 67：57-67.

［16］Harris, M., Schaubroeck, J. A Meta-analysis of Self-supertion, Self-peer, and Peer Supervisor Ratings［J］. Personnel Psychology, 1998, 41：4341.

［17］Kernan, M. C., Lord, R. G. An Application of Control Theory to Understanding the Relationship between Performance and Satisfaction［J］. Human Performance, 1991, 4：17, 185.

［18］Kluger, A. N., DeNisi, A. The Effects of Feedback Interventions on Performance：A Historical Review, a Meta-analysis, and a Preliminary feedback Intervention Theory［J］. Psychological Bulletin, 1996, 119：254-284.

［19］London, M., Beatty, R. W. 360-degree Feedback as a Competitive Advantage［J］. Human Resource

Management, 1993, 32: 352-373.

[20] London, M., Smither, J. W. Can Multi-source Feedback Change Perceptions of Goal Accomplishment, Self-evaluations, and Peformance Related Outcomes? Theory Based Applications and Directors for Research [J]. Personnel Psychology, 1995, 48: 803-839.

[21] Smither, J. W., London, M., Vgilopoulos, N. L., Reilly, R. R., Millsap, Salvemini N. An Examination of the Effects of an Upward Feedback Program Over Time [J]. Personnel Psychology, 1995, 48: 1-34.

[22] Spencer, L. M. Competence at Work [M]. John Wiley & Sons, Inc., 1993.

[23] Tsui, A. S., Ohlott, P. Multiple Assessment of Managerial Effectiveness: Interrater Agreement and Consensus in Effectiveness Models [J]. Personnel Psychology, 1998, 41: 779-803.

[24] Walker, A. G., Smither, J. W. A Five Year Study of Feedback: What Managers Do with Their Results Matters [J]. Personnel Psychology, 1999, 52: 393-423.

A Study of 360-degree Feedback Based on Competency Model

Shi Yu   Zhang Hongyun   Fan Hongxia   Shi Kan

Abstract: The new pattern of economical globosity raises higher demand to modern company. It is very important to understand the request to the managers and their performance. 360-degree feedback can help company to assess managers' performance and change their behavioral style by multi-source feedback. A comprehensive literature review on 360-degree feedback has been made at the beginning of the paper. The 360-degree feedback theories and methodology have been analyzed, including the structure of 360-degree feedback, inter-rater agreement and consensus, the feedback of assessment.

Key words: 360-degree feedback; competency; managerial behavior

工作家庭冲突的初步研究 *

陆佳芳　时　勘　John J. Lawler

【编者按】我是时勘研究员 2000 年在中国科学院心理研究所招收的硕博连读生，2005 年夏天博士毕业。这篇有关工作—家庭问题的文章运用关键事件访谈法，着眼于具体的工作—家庭冲突事件，应用合作与竞争的冲突管理理论来探索个体的工作—家庭应对策略。该研究印证了在大大小小的工作—家庭冲突事件中，合作、双赢的冲突管理方法有助于解决具体的工作—家庭冲突事件，在工作和家庭两方面都可能取得良好的结果，并通过量化和质性数据提供了双重的证据。这篇文章于 2012 年发表在 *Asian Journal of Social Psychology* 上，是我博士论文的重要组成部分。个体层面的工作—家庭冲突管理一直是工作—家庭问题研究的难点，相关的研究成果凤毛麟角，因此，这篇文章是我最偏爱的研究之一。文章的完成特别要感谢我的硕博导师时勘研究员。从英语专业本科生成长为一名应用心理学专业的博士，我让时老师耗费了更多的心力。研究生学习的五年，是我人生重大转折的五年，而这是在时老师的悉心指导和课题组成员们无私的支持下完成的。时老师在课题组营造了一个开放、合作、帮带的科研氛围，每周的例会上让大家轮流报告工作进展，从来不回避有争议的疑难议题，并以平等的态度开诚讨论，这也是现在我一直在工作中延续和受益的团队工作形式。工作—家庭平衡的选题源自时老师与伊利诺伊大学的 John Lawler 教授和在该大学获得博士学位的王鹏师姐合作的跨国研究项目。在博士二年级的时候，我有幸在香港岭南大学任职研究助理一年，Dean Tjosvold 教授在合作和竞争理论领域的建树为我研究工作—家庭问题启发了新的研究思路，并提供了关键的访谈和测量工具。这一切都要感谢时老师竭尽全力创造条件让课题组成员参与国际学者的合作项目，资助我们参加国际会议，并安排在博士生就读期间去境外工作和学习。特别在境外工作这一点，当时研究生培养中还不是很常见。几年之后，给博士研究生提供机会去境外交流和工作才成为包括清华大学在内的国内顶尖高校在研究生培养方面的常规操作。时老师的胸怀、视野和远见在彼时彼境可见一斑。这篇文章的样本是来自全国的 215 位双职工夫妇，仰赖时老师在业界的影响力和平台，我得以联系和培训全国 11 个城市的访谈员，与每位参加者进行不少于 40 分钟的独立访谈。作为博士论文研究的主体，这篇文章在时间、地域上的跨度都非常大，若不是前期在时老师课题组累积了大量亲身参加研究和咨询项目的经验，这浩大的博士论文项目绝对不可能顺利完成。我现在是香港教育大学领导与政策学系的一名副教授，同时也兼主管科研的副系主任及教大战略研发中心——亚太领导与变革中心的副总监。我近年的工作多偏向学校领导团队和教师创新，虽然之后少有参与工作—家庭问题相关的研究，但当时的研究训练和范式仍然是我今天所有科研工作的基础。同时我也是一名六岁男孩和一名三岁女孩的妈妈，当时从工作—家庭平衡研究中获得的知识和洞见依然照亮着我每天的生活。时老师的授业之恩，难以尽数，

---

* 本研究得到国家自然科学基金委的资助（项县资助号：70072031）。

无法尽报。（陆佳芳，2000级中国科学院心理研究所硕博连读生，香港教育大学　副教授）

摘　要：工作家庭冲突是一种特殊类型的角色交互冲突，它对于了解人的胜任特征模型和提高人力管理的效率有重要的意义。本研究通过在银行、科研单位和高新技术企业进行的有关工作家庭冲突的调查结果表明，较之家庭—工作冲突，工作—家庭冲突能较好地预测员工的工作压力，它通过工作压力间接地对工作满意感起作用，女性员工的工作态度更容易受到工作—家庭冲突的影响。

关键词：工作家庭冲突；工作—家庭冲突；家庭—工作冲突；工作压力；工作满意感

一　研究背景

工作家庭冲突（work-family interface）是指当来自工作和家庭两方面压力在某些方面出现难以调和的矛盾时，产生的一种角色交互冲突。也就是说，由于工作任务或者工作需要使得个体难以尽到对家庭的责任，或是因为家庭负担过重而影响工作任务的完成[1]。在此基础上，1985年，Greenhaus等进一步提出了两个具有指向性的概念：因工作方面的要求而产生的工作家庭冲突为工作—家庭冲突（work-family conflict）；因家庭方面的需要而产生的工作家庭冲突为家庭—工作冲突（family-work conflict）[2]。它对于了解人的胜任特征模型和提高人力管理的效率有重要的意义。因此，20世纪80年代以来，无论是研究者还是组织管理者都越来越多地关注工作家庭冲突问题。

根据美国人口调查局1987年的统计，在核心家庭单位中，那种丈夫在外工作、妻子照料家务和小孩的传统模式现在只在不到4%的家庭中存在；在有小孩的家庭中，25%实际上是由单亲父母照养的。有25%的公司员工还要关照他们的老年家属。1992年，在美国的整个劳动队伍中，60%的女性员工有不到6岁的小孩；67%的男性员工的妻子是职业妇女，较之1975年，这个比例增长了近50%[3]。中国女性在全部劳动力中所占比重自1960年以来稳居世界首位，而且由于文化背景的差异和人口老年化进程的加快，各项比例数字在中国只会更高。既然女性员工面临着几乎与男性员工相同的工作环境，要继续全面承担家庭任务，从时间和精力上来讲会越来越困难，男性员工势必不同程度地逐步卷入家务当中[4]。因此，工作家庭冲突不仅仅是职业女性的问题，男性员工也面临着同样的困扰。而从工作场景来讲，随着中国国有企业改制和市场化进程的推进，劳动力市场上双向选择，缺乏竞争力和技能特长的求职者找工作越来越困难；对于在岗者，要想保持自己的职位、获得晋升机会，或者是谋求到更好的发展机会，在工作中不得不付出更多的努力。因此，工作方面的要求也在不断加大。

此外，现代员工价值观中更多纳入了平衡家庭和工作关系的概念。无论是男性员工还是女性员工，都开始考虑组织政策或者工作设计会不会帮助他们协调好工作和家庭之间的关系。有调查显示，在选择新的工作时，员工甚至会把那些对他们个人和家庭生活产生影响的因素、工作本身的性质以及对于工作事业的控制感等指标看得比工资和晋升机会更为重要，为了能有更多的时间与自己的孩子在一起，40%的父母曾经拒绝了某个工作或者晋升机会[5]。所有这一切都表明，如果企业不能营造一种良好的氛围，支持员工处理好家庭和工作之间的关系，那它就有可能面临着既不能留住，也难以招聘到优秀员工的危险。

20世纪70年代以来，国外已经围绕工作家庭冲突开展了相当多的相关研究。大量的文献从雇员个体水平就工作家庭冲突、工作回报等问题进行了阐述。研究结果表明，工作家庭冲突作为一种压力来源，会带来很多消极的影响，尤其是对于有子女的员工会造成诸多生理心理上的不适症状、工作效率低下、态度倦怠、缺勤和离职、士气受挫、生活质量以及精神健康水平下降等[6]。这些研究主要是在西方国家进行，相关研究在中国国内却鲜有涉及，基于组织行为学的大量研究存在文化差异的事实，是否会得到相同的结果仍有待论证；而且我国正处于社会经济转型的关键时期，随着全球化、信息化带来的工作节奏的加快，员工的工作家庭冲突问题将会越来越突出。但是，与国外逐渐实行的部分工作日制、弹性工作时间等家庭友好政策相比，国内企业推行的诸如女性员工的生育照顾、员工幼年子女医疗和教育费用的少量补贴等[7]家庭友好政策仍然停留在初步的阶段。探究这种政策执行滞后上的原因，除了经济成本和薪酬公平性的考虑，很大程度上可归结为缺乏相关的实证研究，由于组织无法获得该计划能带来长期收益的确切证据，家庭友好政策的推行实际上难以得到上层管理者的支持。因此，展开工作家庭冲突及其作用机制的研究，会对员工工作和生活质量的改善、组织长期竞争力的提高以及中国文化背景下建立家庭友好方面的新型人力资源管理政策产生有益的影响。

二　研究假设

工作家庭冲突的定义本身已经揭示了这种冲突的双向性，Greenhaus等在1985年将工作—家庭冲突与家庭—工作的冲突明确区分开来[8]，这对进一步探究工作家庭冲突产生的前因后果提供了启示。家庭作为最基础、重要的社会单元，人们担负更多的是家庭方面的期望和责任[9]，从这层意义上讲，员工感受到的更多是来自工作方面的要求使得他们难以充分参与到家庭生活内容中去。据此，我们提出研究假设：

假设1：员工感知到的工作—家庭冲突高于家庭—工作冲突。

根据社会角色理论和感受性理论（sensitization theory），男性的成就体现往往与他们的工作事业成功与否联系在一起，而女性的自我观念往往与她们为人母和为人妻的角色相关[10]。哪怕是在迥异的文化环境下，由于角色的期望和实际更多的家庭卷入，从有限的时间和精力上来讲，如果女性在家庭照料、孩子抚育方面比男性担负了更多的责任，那么女性报告的工作家庭冲突比男性会高。据此，进一步提出研究假设：

假设2：女性员工报告的工作—家庭冲突和家庭—工作冲突水平高于男性员工。

工作压力被认为是工作环境中的某些事件或者影响，使个体处于一种紧张不舒服的状态，这种状态迫使个人的能力难以得到正常水平的发挥。在众多工作压力的预测因素研究中，角色冲突被证明是工作压力产生的一个重要根源[11]。

满意感是指组织成员根据其对工作特征的认知评价、比较，实际获得的价值与期望获得的价值之间的差距之后，对工作各个方面是否满意的态度和情感体验。它是诊断组织现状最为重要的"温度计"和"地震预测仪"[12]。因此，本研究着眼于从工作压力和工作满意感两个变量来考察工作家庭冲突对员工工作态度的影响。在此基础上我们进一步提出研究假设：

假设3：较之家庭—工作冲突，工作—家庭冲突与工作压力有更高的正相关，与工作满意感有更低的正相关。

假设4：较之男性员工，女性员工更容易受到工作—家庭冲突对工作压力和满意感的影响。

三　研究方法

（一）被试

考虑到得出的结论可以与相关的研究结果进行比较，本次调查的被试均来自北京地区的科研单位、金融行业和高新技术行业，总计发放问卷427份。早先的研究已经表明了在工作—家庭冲突关系考察过程中对容易引起混淆的个人背景变量进行控制的重要性，因此，本研究考察的对象限定于：①有18岁以下需要照养的子女；并且②已婚或者离异的全职员工。最后符合要求的问卷195份，其中男性被试95名，平均年龄36.6岁；女性被试100名，平均年龄34.9岁；所有被试子女的平均年龄为7.8岁。

（二）问卷

测量工作家庭冲突时，我们翻译使用了Kopelman等1983年编制的工作家庭冲突量表[13]，其中5个项目测量工作—家庭冲突、5个项目测量家庭—工作冲突。工作压力的测量我们采用的是总体压力问卷[14]。要求被试对能够描述他们工作中"大多数情形"的词汇，如"紧张""有压力"等做出"是""?"或者"否"的选择。工作满意感则援用了JDI（Job Descriptive Index）量表中对工作本身满意感的测量[15]，一共9个项目。

四　研究结果

表1给出了不同性别的员工在各项测量指标上的平均数和标准差、四份量表的α系数值和不同性别员工各项测量指标上的相关矩阵。除了工作压力量表的α值（α=0.65）偏低，其他三份量表的信度都高于0.7，在可接受的范围内。

表1　各项测量指标的平均数、标准差、问卷信度和各变量之间的相关系数

	Mean		SD		α	Correlations			
	男性员工	女性员工	男性员工	女性员工		1	2	3	4
工作—家庭冲突	3.08	2.98	0.74	0.65	0.73	—	0.02	0.26**	-0.02

续表

	Mean		SD		α	Correlations			
	男性员工	女性员工	男性员工	女性员工		1	2	3	4
家庭—工作冲突	2.13	2.00	0.66	0.61	0.78	0.20	—	-0.06	-0.05
工作压力	2.18	2.20	0.39	0.38	0.65	-0.24*	-0.09	—	-0.18
工作满意感	2.25	2.02	0.53	0.56	0.85	-0.14	-0.04	-0.07	—

注：* 表示 p <0.05，** 表示 p<0.01；相关矩阵中下三角矩阵为男性员工各变量间的相关系数，上三角矩阵为女性员工各变量间的相关系数。

对所有样本的工作家庭冲突（M = 3.03，SD = 0.69）和家庭—工作冲突（M = 2.06，SD = 0.64）进行配对 t 检验，t 值为 15.32（df = 194，p<0.01），表明两种方向的工作家庭冲突在 0.01 水平上差异显著，假设 1 得到验证。男性员工所报告工作—家庭冲突和家庭—工作冲突分别为 3.08 和 2.13，而女性员工所报告工作—家庭冲突和家庭工作冲突分别为 2.98 和 2.00，明显假设 2 被推翻。进一步对男性员工和女性员工所报告的工作—家庭冲突进行方差分析，F = 1.01（df = 1，193；p = 0.32）；对男性员工和女性员工所报告的家庭—工作冲突进行方差分析，F = 1.98（df = 1，193；p = 0.16）。结果表明，男性员工和女性员工在两种方向上的工作家庭冲突无显著差异。

运用 Amos4.0 统计软件对假设中提出的工作家庭冲突与工作压力和工作满意感之间的关系进行结构方程模型检验，表 2 分别给出了零模型和两个备择模型的拟合指数。

表 2　测量模型的各项拟合指数

Model	CMIN	DF	p	CMIN/DF	CFI	TLI	RMSEA
零模型	587.919	45	0.000	13.065			
研究模型 A	40.683	29	0.073	1.403	0.978	0.967	0.046
研究模型 B	40.713	31	0.114	1.313	0.982	0.974	0.040

零模型中各变量间的协方差均为 0，而这时显著过高的卡方值说明与原数据拟合极差，模型中各变量之间应存在显著协方差。研究模型 A 是基于研究背景及相关文献提出的研究假设，该模型的 CMIN/DF 小于 2，CFI 和 TLI 均超过 0.95，同时 RMSEA 小于 0.05，与原数据拟合得较好。但是，从工作—家庭冲突到工作满意感的路径系数为 0.01（图 1 中以虚线表示），而从家庭—工作冲突到工作满意感的路径系数为 -0.01（图 1 中以虚线表示），表明两种方向的工作家庭冲突对工作满意感的直接影响实际上非常小，因而在剔除这两条路径的基础上提出了研究模型 B（见图 1）。研究模型 B 在各项拟合指数上较之研究模型 A 都有所上升，而无论从理论还是实际的推理看，该模型也完全可解释，本着简约原则，我们选取研究模型 B。

表 3 是对假设 3 的验证，对工作—家庭冲突到工作压力和家庭—工作冲突到工作压力的路径系数进行差异性检验，Z 分数在 0.001 水平上显著，即前者对工作压力的影响显著高于后者；对工作—家庭冲突到工作满意感和家庭—工作冲突到工作满意感的效应值进行差异性检验，Z 分数在 0.01 水平上显著，即两者对工作满意感的效应也差异显著。

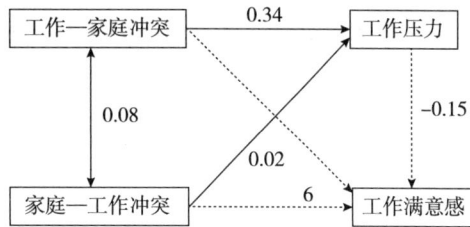

图1　工作—家庭冲突与工作压力和工作满意感关系模型

表3　假设3的验证结果

假设	标准路径系数或效应值		
	工作—家庭冲突	家庭—工作冲突	Z分数
H3-1：工作—家庭冲突→工作压力	0.34	0.02	54.84**
H3-2：工作—家庭冲突→工作满意感	−0.05	−0.003	4.32**

在基本验证了假设3的基础上，我们进一步考察：在工作—家庭冲突对工作压力和工作满意感的影响上，男性员工和女性员工有无表现出显著差异。我们对不同性别被试的样本分别进行了路径分析，在不同性别被试群中，工作—家庭冲突对工作压力和工作满意感的效应显著（男性员工样本的卡方值为23.16，df=18，p=0.19；女性员工样本的卡方值为20.05，df=18，p=0.33）。对男性员工和女性员工路径从工作—家庭冲突到工作压力的路径系数进行差异性检验，表4列出了假设4的验证结果，t=2.66（df=193；p<0.1），即较之男性员工，女性员工更容易受到工作—家庭冲突对工作压力的影响；但是在工作—家庭冲突对工作满意感的影响上，我们没有发现两者有显著差异。

表4　假设4的验证结果

假设	标准路径系数或效应值		
	男性员工	女性员工	t值
H4-1：工作—家庭冲突→工作压力	0.30	0.35	2.66**
H4-2：工作—家庭冲突→工作满意感	−0.04	−0.06	0.60**

五　讨论

本研究旨在了解中国背景下员工的工作家庭冲突情况及其与两个重要工作态度指标之间的关系，在此基础上，进一步考察男性员工和女性员工的工作家庭冲突知觉、工作家庭冲突对工作态度的影响两方面有无显著差异。现对这些研究预期的结果做进一步讨论。

首先，研究结果揭示了员工知觉到的工作—家庭冲突要显著高于他们知觉到的工作家庭冲突，这某种程度上反映了员工对家庭和个人生活的态度：与工作需要和工作任务相比，家庭职责和家庭活动在员工的观念体系中占据着重要的位置。但是我们没有发现男性员工和女性员工在工作家庭冲突的知觉上有显著差异，这一方面固然与我们国家比较早就实施的男女公平就业政策有关，但我们希望今后能从工作家庭冲突形成机制的研究中找到答案。

其次，在工作家庭冲突对工作态度的影响上，我们发现，较之家庭—工作冲突，工作—家庭冲突对工作压力的预测作用更显著，这与大多数相关的研究结果比较一致。工作家庭冲突表面上导致了更多的工作压力，实际上是因为经常会影响家庭生活的繁重工作本身产生了较大的工作压力，这非常符合工作—家庭生活定义的方向性。在工作家庭冲突对工作满意感的影响上，验证模型表明这两种方向的工作—家庭冲突主要是通过工作压力间接地作用于工作满意感。工作压力对工作满意感的影响在众多的文献中已有论证[16]，对于大多数的员工来讲，一定程度的工作压力还在可以接受的范围内，这与满意感中的激励因子有关，但是如果工作的压力大到对他们的家庭生活都会产生影响，他们对工作倾向于产生不满的情感体验，这也很好地解释了为什么工作—家庭冲突较之家庭—工作冲突对工作满意感的预测作用更显著。

最后，对于研究假设4，我们发现，女性员工在从工作—家庭冲突到工作压力的路径系数上比男性更高。也就是说，当工作任务影响到员工的家庭生活要求，女性员工的工作压力上升强度比男性员工高，这与本研究基于现实经验和文献查阅提出的假设非常一致。但是在工作—压力冲突对工作满意感的效应值上，我们没有发现不同性别的员工有何显著差异，而且值得提到的是，在调查的四个研究变量中，通过方差检验，我们只发现女性员工的工作满意感显著低于男性员工，这不仅是此研究调查的结果，与国内相关满意感研究结论也一致[17]，女性员工的满意感预测因素实际上比这个研究所涉及的变量要复杂得多。

六　小结

本研究可以得出以下结论：

1. 员工知觉到的工作—家庭冲突要显著高于他们知觉到的工作家庭冲突。

2. 工作家庭冲突主要是通过工作压力间接地作用于工作满意感，较之家庭—工作冲突，工作—家庭冲突对工作压力和工作满意感的预测作用更显著。

3. 较之男性员工，女性员工更容易受到工作—家庭冲突对工作压力的影响。

参考文献

[1] Linda, E. D., Christopher, A. H. Gender Difference in Work-family Conflict [J]. Journal of Applied Psychology, 1991 (76): 60-74.

[2] [8] Greenhaus, J. H., Beutell, N. J. Sources of Conflict between Work and Family Roles [J]. Academy of Management Review, 1985 (10): 76-88.

[3] Stephens, G. K., Sommer, S. M. The Measurement of Work to Family Conflict [J]. Educational & Psychological Measurement, 1996 (56): 475-486.

[4] [10] Pleck, J., Staines, G. Work Schedules and Family Life in Two-earner Couples [J]. Journal of Applied Psychology, 1984 (69): 515-523.

［5］Workplace Flexibility is Seen as a Key to Business Success ［J］. Wall Street Journal, 1993-11-23（A1）.

［6］Thomas, L. T., Ganster, D. C. Impact of Family-supportive Work Variables on Work-family Conflict and Strain: A Control Perspective ［J］. Journal of Applied Psvchology, 1995（80）: 6-15.

［7］中华人民共和国劳动法 ［M］. 北京：中国劳动社会保障出版社，2000.

［8］费孝通. 乡土中国：生育制度 ［M］. 北京：北京大学出版社，1998.

［9］Parasuraman, S., Greenhaus, J. H., Granrose, C. S. Role Stressors, Social Support, and Well-being among Two-career Couples ［J］. Journal of Organizational Behavior, 1992（13）: 339-356.

［10］卢嘉，时勘，杨继锋. 工作满意度的评价结构和方法 ［J］. 中国人力资源开发，2001（1）: 15-17.

［11］Kopelman, R. E., Greenhaus, J. H., Connolly, T. F. A Model of Work, Family and Interrole Conflict: A Construct Validation Study ［J］. Organizational Behavior and Human Performance, 1983（38）: 198-215.

［12］Smith, P. C., Sademan, B., McCrary, L. Development and Validation of the Stress in General（SIG）Scale ［R］. Paper Presented at the Society for Industrial and Organizational Psychology, Montreal, Quebec, Canada, 1992.

［13］Smith, P. C., Kendall, L. M., Hulin, C. L. The Measurement of Satisfaction in Work and Retirement ［M］. Chicago: Rand McNally, 1969.

［14］Kahn, R. L., Byosiere, P. Stress in Organizations. In: Dunnertte M D, Hough L M, eds. Handbook of Industrial and Organizational Psychology ［J］. Palo Alto CA: Consulting Psychologists Press, 1992（3）: 571-650.

［15］时勘，卢嘉，陈敏. 员工满意度的结构及其与公平感离职意向的关系研究 ［M］. 中国科学院心理研究所所建所 50 周年国际研讨会论文集. Collection of International Seminar, The 50's Anniversary of the Institute of Psychology, Chinese Academy of Sciences, 北京，2001: 59-60.

A Study on Work-Family Conflict

Lu Jiafang　Shi Kan　John J. Lawler

Abstract: This study was designed to explore the conflict between work and family and to examine the model of work-family interface. 195 subjects from banks, academic institutes and high-tech companies participated in the investigation. It was found that work-family conflict could predict employee's job stress better than family-work conflict. The work-family conflict influenced job satisfaction through the moderating variable of job stress. Women's job attitudes were more sensitive to their perception of work-family conflict.

Key words: work-family interface; work-family conflict; family-work conflict; job stress; job satisfaction

组织文化的变革及其领导策略 *

徐长江　时　勘

【编者按】 我于 2001 年师从时勘老师。近二十年来，无论在学业还是生活上都得到时老师细心的指点与关怀。在中国科学院心理研究所三年的学习生活，是我人生中进步最大的时期，取得了很大的成长。首先，研究素养逐步提升，主要在研究方向上日趋明确，掌握了更专业的研究方法，奠定了研究与培养学生的学术基础；其次，时老师治学的严谨、对科研团队的组织与管理使我受益匪浅，也成为我日后工作与研究的典范；最后，时老师对工作的满腔热情深深地感染了我，读博期间，我半夜发邮件给老师，凌晨两三点就能得到时老师的回复指导，这成为我与时老师沟通的常态。这种工作热情不断激励自己，从而在学业上也丝毫不敢懈怠，顺利完成博士学位的学习，并获得博士学位。毕业后的十几年来，我一直从事本科、研究生的教学工作，先后担任心理系主任、工会主席、院长助理等行政事务。作为第一指导教师指导的学生获浙江省挑战杯创业大赛二等奖，所指导的研究生毕业论文曾多次入选我校优秀毕业论文。从我个人来讲，先后主持或参与国家社科基金项目、教育部人文社科项目以及各级教学改革项目等课题研究，目前，作为第一作者发表学术论文 50 余篇，出版著作 1 本，主编教材 1 部。根据中国期刊网统计，有 5 篇文章被引次数超过 100 次。其中 2003 年发表于《心理科学进展》的"工作倦怠：一个不断扩展的研究领域"一文被引达到 453 次。2018 年初，因突发疾病，需要进行较长时间的治疗，时老师和课题组成员无论在情感上还是在经济上都给予了极大的支持，尤其令人感动的是时老师在自己经历颈椎手术不久，尚未完全康复，就亲自从北京赶来浙江金华专程探望，给予了自己康复的希望和力量。我相信自己也会像课题组团队对"灾后重建"研究一样，迎来新生。我目前虽然表达还有一定的困难，智能尚在恢复中，但是，我的爱人刘迎春对我精心照顾，对我的表达心知肚明，完全能把我的内心表达文字展示给大家：我期望自己重新以崭新的姿态回归课题组大家庭，在力所能及的范围内为中国的心理学事业奉献自己的力量。（徐长江，2001 级中国科学院心理研究所博士研究生，浙江师范大学副教授，硕士生导师）

摘　要：组织环境的剧变与企业战略的调整使组织文化的变革成为人们日益关注的问题。领导在组织文化变革过程中具有重要的作用与地位。组织文化变革受替代框架的可行性、成员对于当前框架的承诺水平以及框架的流动性的影响。针对组织变革的过程与影响因素，文章提出了组织文化变革的领导机制与策略。

关键词：组织文化；变革；领导

＊　本研究得到中国科学院知识创新基金 70271061 项目和国家自然科学基金委 70072031 项目的资助。

一 引言

21 世纪企业竞争的核心是创新能力的竞争。在影响组织创新能力的众多因素中，组织文化是一项相当关键的因素。某些类型的组织文化，例如支持冒险及变革、愿意承担风险、强调弹性与速度和对员工充分授权等，会提升企业的创新能力，进而增强企业的竞争优势；而另一些类型的组织文化，例如保守怠惰、自大狭隘和抗拒变革等，会阻碍企业的创新，甚至导致企业的衰亡。因此，保持企业文化、环境与战略的一致性是非常重要的。当环境改变时，要有新的战略与之相适应，同时，企业也需要改变其文化来适应新的需要。增强组织的弹性与适应性是组织文化变革的目标，既然组织文化已经被认为是进行有效变革所必备的动力与策略，那么在这样一个动荡的、不确定的环境中关注企业文化的弹性与适应性是企业建设中应考虑的重要问题。

由于预感到令人窒息的环境变化对于未来领导的新要求，使关注于组织变革的杰出领导模式如转型领导、魅力领导以及愿景领导，对于组织来说似乎变得更为重要。同样地，变革型的领导在某种意义上也是一种文化的领导，组织的变革或文化改变在很大程度上是缘于领导者的观点。在组织发展的初始阶段，领导者可以说是文化的创造者，他将自己的理念与基本假定不断地植入组织的使命、目标与工作程序中；随着组织的发展，文化诊断与管理的能力成为领导者的重要素质；进入成熟阶段，为了适应环境以延续组织的生命，领导者必须超然于自己的组织，对组织的文化予以改革与重组[1]。

因此，在组织文化发展的不同阶段，根据环境的需要和组织自身发展的要求，对组织文化进行适时的调整与变革，是领导者的一项不容回避的重要职责。

综上所述，有效的组织需要领导者对其组织文化建设进行战略和战术上的深层次的思考。然而目前还没有关于领导与变革之间关系的结论性的研究[2]，对于领导与组织文化变革之间关系的研究更少。本文探讨组织文化变革的过程及影响因素，并据此提出变革组织文化的领导机制与策略，以期引起研究者的广泛关注。

二 组织文化变革的过程与影响因素

（一）组织文化变革的过程

Dyer 提出了组织文化的变革循环模式[3]。他认为组织文化的变革一般包括如下 6 个过程：①组织成员发觉领导者以类似以往的解决方式，无法有效解决组织所面临的危机，因而对领导者的能力和管理行动感到怀疑。②成员对领导者的能力和管理行动的怀疑，连带着对维持既定组织的文化表征（如符号、信念、结构、口号、标语以及组织既定的奖酬制度等）的信心开始动摇，组织成员感到有建立新秩序的必要。③在不断地尝试着对危机进行处理的过程中，新领导隐含在一组新假定之下逐渐形成。④新领导的形成与旧文化产生冲突。冲突中的失败者，心中会愤恨不平，很快地会被革职或自动离职。⑤危机如果解除，如销售量与获利率增加等，组织成员会将危机的解除归功于新领导者与新文化，其在组织成员心目中的地位也随之建立起来。⑥新领导通过组织符号、信念与结构的建立以及招聘或晋升服从于新文化的成员，使新文化持续地得到增强。

从组织文化变革的上述过程可以看出，领导者可以根据其理念采取相应的措施，来更新企业的组织文化。组织文化形成与变革的基本过程在某种意义上来说就是一个领导的过程。

（二）组织文化变革的影响因素

Wilkins 和 Dyer 从符号互动的观点出发，将组织文化看作一种参照的框架，按照这种框架，人们可以对目前面临的情境进行解释，并产生相应的反应。文化或框架的改变受替代框架的可行性、成员对于目前框架的承诺水平及框架的流动性三个因素的影响[4]。本文采用他们的观点，将组织文化的改变视为一种框架的改变，从而对组织文化变革的影响因素作进一步的分析。

1. 替代框架的可行性

当组织成员意识到了替代的框架，并且能够快速形成支持替代框架的组织常规时，这种框架对于组织成员来说才是可行的。如果群体成员没有意识到替代框架的存在，而将自己的原有的参考框架看成理所当然的，那么他们就不可能去改变自己的组织框架。然而，意识到了有其他框架可以选择，组织成员也并不一定就会马上采用这个框架，他们还必须要形成应用这个新框架的足够技能。在组织既有的文化或框架的长期作用下，人们会形成一整套解释、处理与应付日常事件的例行化的操作方式，即组织常规。Nelson 和 Winters 认为，当组织常规确定下来以后，它就会有效地控制组织成员的大多数行为。就像一个打字员，通过多次的重复过程，形成了不需要关注手指的动作就能快速打字的技能一样，这种常规在处理例行性的、不需要决策参与的工作时非常有效。然而，就像一个好的打字员不能快速地从打字转换到弹好钢琴一样，当组织成员面临新问题，必须打破原有的思维方式，从一个新的角度思考解决问题的方法时，组织的既有常规就会起到阻碍的作用，组织成员可能不会快速地从原有的框架转换到一个新的框架中。从这个意义上说，组织成员尽管可能已经意识到了替代框架的存在，但是就是无法应用它们，这是因为他们还没有形成新框架所需要的角色及行为常规。

2. 成员对于目前框架的承诺水平

组织文化变革的关键就在于它的参与者是否真的想变革它。如果组织成员对于目前的框架怀有积极而明确的承诺，那么要想变革到另一个框架就会是一件不可想象的事情。这种承诺可能来自组织以往的成功，因为组织成员会将成功归因于组织既有的框架，一般不愿意很快地就抛弃它。如果人们长期在一种非常稳定的环境下工作与生活，就可能会形成某种心理惰性与职业认同，从而对目前的框架做出积极的承诺。人们在这种文化的氛围下生活的时间越长，对这种框架的承诺水平就会越高，就越不愿意加以改变。同样，组织文化越强势，组织成员的价值观、工作与行为的方式也就越一致，从整体而言对于目前框架的承诺水平也就越高，变革起来也就越困难[5]。因此，组织文化变革的阻力往往在于人们想保护他们既有的东西不被破坏。

3. 框架的流动性

前两个因素涉及的都是成员与框架之间的关系，而框架的流动性则是框架本身的特点对于文化变革的影响。所谓框架的流动性，在某种意义上讲，就是组织文化能够接受与容忍创新的程度。Lundberg 认为，组织可以分为变革导向的和稳定导向的。面对同样的环境变化，有些组织可能会很快地调整其组织战略，形成新的组织架构与文化，而另一些组织的适应与变化的速度则较慢，甚至对外界的变化无动于衷，这显然是组织框架的流动性不同使然。

总之，上述因素决定了一些组织的文化会比另一些组织的文化更顽固地抵制变革。领导者在变革组织文化的过程中，必须根据组织既有组织文化的特点，采取有针对性的措施与策略，才能保证变革的成功。

三 组织文化变革的领导机制与策略

（一）组织文化变革的领导机制

领导者在组织文化的变革中起着重要的作用。那么领导通过什么样的机制可以变革组织的文化呢？Schein 于 1992 年以"初级植入机制"及"次级勾勒与强化机制"来说明领导者对组织文化的影响。"初级植入机制"是领导者塑造文化的主要行为，包括：①领导者平时所注意的、测量的与控制的行为。这些往往与绩效的测量及评估相关，直接关系到员工的利益，因此也是员工所关心的。这是领导者塑造文化最基本，也是最重要的行为。②领导者对关键事件与危机的反应方式。关键事件与危机会带给成员不安与焦虑。从领导者处理危机事件的过程中，成员会观察到领导者的处理方式，并通过焦虑的解除而强化成员的集体情绪经验。③领导者对资源分配的标准。在资源有限的条件下，领导者分配资源的方式会使组织朝预算多的方向发展；而成员也会了解到领导者所重视的发展方向是什么。④领导者的角色示范、教导与训练。领导者的外显行为会直接向成员提供有关组织信念与价值观的信息。⑤领导者对奖酬与地位的配置标准。由于领导者通常会把赏罚与其所关心的事物联系起来，成员因而会学得领导者的愿景、信念和价值观。⑥领导者的招聘、选拔、晋升、离退休与调职的标准。通过这些人力资源管理的措施，领导者选择最适合组织价值观的人选，或剔除不适合组织价值观的人选，组织文化会因而传承下去。除了"初级植入机制"外，领导者也可通过操纵"次级勾勒与强化机制"来塑造文化。这些机制包括：①组织的设计与结构。②组织的系统与程序。③组织的仪式与典礼。④组织的空间、外观及建筑设计。⑤组织的故事、传奇与神话。⑥组织的哲学、价值观与章程的正式陈述。通过上述机制的有效运作，组织领导者可以充分地调控企业的内部与外部资源，从而实现组织文化的顺利更替。

（二）组织文化变革的领导策略

组织文化深嵌于组织成员的思想意识之中，不可能被领导者轻易操纵与改变。因此，在组织文化变革的过程中，必须注意采用恰当的领导策略与方法。

1. 为组织成员塑造共享的变革愿景

近20年来领导范式的转变主要是沿着转型领导理论和魅力型领导理论的方向展开的。尽管这两种领导理论在一些重要观念上存在不同，但是它们拥有着一个共同的假设，都认为杰出领导依赖于一个表述清晰的、能够有效沟通的、可行的愿景[6]。"如果有任何一项领导的理念，几千年来一直能在组织中鼓舞人心，那就是拥有一种能够凝聚并坚持实现共同愿景的能力"，"当我们将'愿景'（vision，愿望的景象）与一个清楚的'现况景象'（相对于'愿景'的目前实况景象）同时在脑海中并列时，心中便产生一种'创造性张力'，一种想要把两者合二为一的力量。这种由两者的差距所形成的张力，会让人自然产生舒解的倾向，以消除差距"[7]。正是这种创造性的张力引导着人们不断地去追求超越，向着理想的目标不断前进。因此，在组织既有价值观的基础上，能够为组织塑造一个超越组织既有框架的崇高愿景，将是新型领导所应具有的一项关键特征。

变革的愿景能否为组织成员所共享，是影响变革成功与否的重要因素。因此，领导者不仅应具有洞察力和前瞻性的视野，能预见组织未来的发展方向，还应能将这些远见与员工分享，通过共同学习，寻求组织的共同核心价值，达成共识并转化为规范后付诸实施。这样组织成员才会真正意识到有新的更好的参照框架可供选择，并产生对愿景的憧憬与渴望。这是组织文化变革取得成功的重要动力基础。

2. 提倡变革型的领导行为，塑造变革型的领导文化

变革型的领导文化是组织文化能够得以快速转型的重要氛围基础。Bass 和 Avolio 将其在变革型领导理论方面扩展到组织文化的研究中来，提出了变革型领导文化与交易型领导文化两个划分组织文化的维度[8]。在交易型文化中，每件事情均聚焦于显在的或隐含的契约关系。员工的报酬是根据其绩效来获得。员工对于组织及其任务、愿景很少有认同感，他们对于组织的承诺水平依赖于组织能够为其绩效提供报酬和奖赏的能力。员工尽可能采用独立工作的方式，很少与其他同事进行合作，创新与冒险的行为也是尽可能地加以避免。而在变革型文化中，领导者按照变革型领导行为方式来进行管理，就像一个导师、教练和行为榜样一样，注意采用理想化影响、动机鼓舞、智能激发以及个别化关怀的方式来对待下属。组织成员拥有目标感和视组织为家的感觉，甚至能够为了实现组织的目标而做出超越自身利益的考虑。领导者与下属互相依赖，拥有相同的命运和共享的利益，他们对于组织的承诺是长期的。在组织的各个水平上，组织成员经常针对组织的目标、愿景以及如何应对挑战予以探讨，领导者鼓励并公开地支持创新的行为，并就创新的思想经常展开讨论，以至于视挑战为一种机会，而不是威胁。

显然，在变革型的组织文化中，组织框架的流动性更强，对于组织文化的变革更为有利。因此，作为组织文化的塑造者、建构者及引导者，领导者在做好常规管理工作的基础上，应该特别关注有利于革新的组织文化氛围的塑造。当然，变革型文化与交易型文化并不是互相排斥的。成功的转型文化通常是在交易成分的基础上建立起来的，纯粹的交易型文化或者变革型文化都不可能获得成功。Parry 和 Proctor 甚至发现交易型与变革型的适宜性组合可能依组织的不同而不同。他们在公共部门中的研究发现，最好的组织文化的形式将可能表现为高度的变革型的特质和中度的交易型特质的整合[9]。

3. 给予成员参与决策并选择参考框架的机会

组织成员自愿放弃旧的参照框架，转而对新的框架做出承诺是组织文化得以顺利变革

的重要心理基础。让组织成员参与管理和决策，目的在于建立彼此信任、开放沟通的变革氛围，减少员工的不安全感和负面情绪。经授权的组织成员在变革的过程中，由于了解问题产生的原因，清楚解决问题的方式与方法，因此可以有效地减缓冲突、有利于改革的顺利进行。此外，由于人们在其认为自由且不能被取消的状态下做出决策，因而他们会更愿意放弃原有的参照框架，而对新的替代框架做出承诺，亦将积极配合新框架体系下的决定与行动。

在员工参与决策的过程中，相信并不断地培养员工的潜能是非常重要的。传统的领导者比较喜欢充当"专家"的角色，指点员工应该如何进行工作，告诉他们什么样的行为是正确的。而新型的领导者则更应充当起教练的角色，帮助员工澄清个人、公司和事件之间的关系、本质以及其中内含的基本假设，使员工在上层领导很少干涉的情况下，也能不断地学习，并做出正确的决策[10]。

4. 倡导自我监控、自我反省的组织学习

Lundberg 认为，组织学习是组织文化变革的基础。然而，这种学习应是一种双环学习方式，而非组织通常采用的单环学习方式。在组织的运作过程中，发现了错误并得到了矫正，但组织仍执行它当前的政策或者达到了它原来的目标，这种错误—矫正的过程是一个单环的学习。这种学习就像一个自动调温器能够学会在太热或太冷的时候就打开或关闭电热开关一样。它之所以能完成这个任务是由于它能获得信息（房间的温度）并采取矫正的行动。这种学习往往是在组织发展遇到问题时才发生的，它只能改变其行动而不会改变其价值观念，因此只能是在传统的窠臼中打转。双环学习则发生在错误被侦察并矫正过来，而且涉及修正组织的基本规范、政策和目标的时候[11]。单环学习只是按照常规或某种现成的计划办事，个人与组织在较大的控制之下，很少有危机感。而双环学习则涉及对原有被认为是好的观念的重新审视与思考，此时的反思更具有根本性，人们面对的是理念与政策后面的人的基本假设。

在组织学习的过程中，领导者与组织成员需要对组织不断地进行自我监控与反省。正如 Senge 所指出的那样，许多企业失败的原因，常常在于对缓缓而来的致命威胁习而不察。只有不断地对组织的目标、需要以及顾客的要求进行审视，对自身的绩效水平、政策、理念以及基本假定给予衡量与考察，才能发现既有的组织文化与框架中不相适应的地方，才会考虑是否以一种新的文化或框架来加以代替。

四 结语

加入 WTO 之后，我国的社会和经济进入了一个更为快速的转型时期。这种转型不仅仅是一种组织结构、管理技术和人员素质的转变，更为重要的是领导风格和组织文化所发生的深层次变革。组织文化对于企业发展的重要性已经成为研究者与企业家的共识。然而，如何塑造出有中国特色的组织文化却是一个亟待解决的问题。由于长期受到计划经济体制的束缚，我国企业文化中与市场经济及全球化、信息化的环境不相适应的沉疴较多，重塑适合于现代企业制度的组织文化将需要一个长期的过程。在吸收和借鉴国外先进的管理思想与管理模式的同时，我们还需要认识到任何一个组织都是存在于一定的国家和民族之中的，中国企业文化的塑造在继承我国文化传统和价值体系的同时，要符合我国社会主义制度的要求，还要充分考虑到企业自身所肩负的社会责任。实际上，组织文化的塑造与变革的过程就是对社会传统文化的扬弃过程，也是组织所倡导的价值观念逐步被全体成员认同、接受、内化的过程，同时是改造全体成员心灵、价值观念的过程。这些无疑对中国企业领导者的素质、领导行为与策略提出了更为严峻的挑战。如何发挥领导在文化变革中的作用，建立适合我国国情、反映时代特点的组织文化，是每个领导者应该深思与关注的问题。

参考文献

［1］Schein, E. H. Organizational Culture and Leadership. 2nd ed ［M］. San Francisco, CA：Jossey-Bass, 1992：1-2.

［2］Almaraz, J. Quality Management and the Process of Change ［J］. Journal of Organizational Change Management, 1994, 7 （2）：6-14.

［3］Dyer, W. G. The Cycle of Cultural Evolution in Organization. In：Kilmann R H, Saxton M J, Serpa R. Gaining Control of the Corporate Culture ［M］. San Francisco：Jessey-Basss, 1985：200-229.

［4］Wilkins, A. L., Dyer, J. W. Toward Culturally Sensitive Theories of Culture Change ［J］. Academy of Management Review, 1988, 13 （4）：522-533.

［5］Harris, L. C., Ogbonna, E. Employee Responses to Culture Change Efforts ［J］. Human Resources Management Journal, 1998, 8 （2）：78-92.

［6］Strange, J. M., Mumford, M. D. The Origins of Vision Charismatic Versus Ideological Leadership ［J］. Leadership Quarterly, 2002 （13）：343-377.

［7］彼得·圣吉. 第五项修炼——学习型组织的艺术与实务. 第2版 ［M］. 上海：上海三联书店, 1998.

［8］Bass, B. M., Avolio, B. J. Transformational Leadership and Organizational Culture ［J］. Public Administration Quarterly, 1993, 17 （1）：112-121.

［9］Parry, K. W., Proctor-Thomson, S. B. Testing the Validity and Reliability of the Organizational Description Questionnaire (ODQ) ［J］. International Journal of Organisational Behaviour, 2001, 4 （3）：111-124.

［10］Slater, S. F. Learning to Change ［J］. Business Horizons, 1995, 38 （6）：13-20.

［11］Angrin, C. et al. Organizational Learning：A Theory of Action Perspective ［M］. Reading, Mass：Addison Wesley, 1978.

The Change of Organizational Culture and Its Strategy of Leadership

Xu Changjiang　Shi Kan

Abstract：More and more researchers have focused on the change of organizational culture within a turbulent and uncertain environment. And leadership plays an important role in the process of organizational culture change. There are three factors affecting culture change: the availability of alternative organizational frames, the participants' level of commitment to the current frame, and the fluidity of the current frame. The paper also put forward the mechanism and some strategies of leadership in the change of organizational culture.

Key words: organizational culture; change; leadership

我国灾难事件和重大事件的
社会心理预警系统研究思考*

时 勘

【编者按】 在 2003 年 SARS 事件之后，我们率先提出建立国家级灾难事件社会心理预警系统的构念，试图通过探究民众在灾难事件中的行为规律，预测可能出现的社会心理行为，从而为政府及时采取针对性措施提供依据。当时，我们将 SARS 事件视为一种社会风险事件，以公众风险认知为切入点，从民众对社会风险问题的应激角度出发，开展了 SARS 事件发生全过程的民众社会心理行为变化规律的研究。此外，还对 SARS 患者、密切接触者、家属以及一线医护人员做了更为深入的调查和心理干预工作。为了探索民众在 SARS 事件中的心理行为状况，建立社会心理行为的预警模型，我们采用分层抽样的方法，在全国 17 个城市进行了两次抽样调查，系统地探索了疫情发布信息、政府组织行为干预信息以及公众互动信息、公众知觉问题、影响个体的风险认知等问题，并进一步揭示对其应对行为和心理健康的影响，形成了以一般情绪、风险认知、恐慌度、应对行为、疫情控制预期、未来经济发展预期 6 项指数构成的"社会心理行为指标预警系统"，为 SARS 疫情期间的舆论导向和领导决策提供了科学依据和管理对策。后来还将这项研究延伸到正常的社会情境中，使此系统成为一个具有生成性、延续性和发展性的国家预防检测系统，为建立重大事件社会心理预警系统打下了基础。后来，该系统还在 2008 年汶川地震事件、2011 年福岛核电站等一系列灾难事件中进一步得到了验证。在此基础上，我们开始考虑，应该有一门专门的学科来探索灾难心理的规律，以便帮助人们走出困境，更有效地预防和应对公共卫生事件。为此，我们提出需要建立一门介于灾害学、社会心理学、组织行为学和临床心理学之间的新兴交叉学科，即灾难心理学（Disaster Psychology）的设想。通过承担国家自然科学研究基金"公共危机事件中民众的社会心理行为预警模型及管理对策"项目的研究，并结合后来抗击 SARS、雪灾和汶川地震以及其他人为性灾难（如失业、金融危机和交通安全）的研究成果，我们通过系统整合，终于在 2010 年完成了我国第一部《灾难心理学》学术专著。（时勘）

摘 要：本文根据"非典"突发事件带来的问题，分析了我国灾难事件和重大事件社会心理预警系统建立的必要性和可行性，并介绍了目前已进行的"非典"时期社会心理预警调查结果及其在有关部门决策和舆论指导方面的初步成效。本文还对于今后开展本项研究提出研究构想和实施建议，特别建议把社会心理预警研究系统纳入国家预防检测系统的范畴，并呼吁多学科学者的参与和政府的组织支持，立足长远，使研究成果不断成熟。

---

* 本研究受中国科学院知识创新基金、国家自然科学基金资助，国家自然科学基金项目编号 70340002。

一　问题的提出

　　近半年以来，全国大部分地区先后出现了前所未有的非典型肺炎（以下简称"非典"，亦称 SARS），由于"非典"具有传染性强、致命快、尚无明确预防和治疗措施的特征，使人们感到自己的生命受到极大的威胁，内心容易产生一种无助感，整个社会氛围由于人们的从众效应和社会行为暗示，引起了阵阵恐慌。目前，我国政府和人民为了抵御"非典"的传播和流行，紧急救治"非典"患者，特别是在控制传染源、保护医护人员免受感染方面，做了大量行之有效的工作。目前，政府已经在考虑建立一个社会预防监控系统。据《科学时报》报道，中国科学院的地理科学家还开发了"SARS 控制与预警地理信息系统"，对潜在的传染区进行预测，辅助有关部门制定相应的预防策略。但我们认为，上述措施还不能构成一个完善的预防系统，尤其是随着"非典"的蔓延，我们看到"非典"带来的另一面的消极影响却并没有得到抑制。比如，广州、北京等地先后出现因"非典"蔓延的社会恐慌所带来的抢购风；人们由于自我保护意识以及"非典"预防知识的缺乏，出现了防护过度、相互猜疑、人际关系冷落的现象；此外，由于"非典"病人治疗还缺乏系统的治疗经验，病人在治疗中与医护人员出现非治疗问题的冲突，甚至过激行为；也有医院行政部门的危机管理不当，医护人员因为工作压力过大，导致医护人员心理失衡等。更为严重的问题是，作为控制"非典"流行的社区管理、城市管理甚至大区域管理决策问题，政府主管领导都亟须了解民众的心理状态，以便在疫情发布、舆论导向和采取封堵流行病传染源方面，使民众在心理行为方面适应、接受或配合政府的措施。当然，有关民众的心理、行为的社会调查已经不少，但是，一些社会调查存在的共性问题是，由于设计的问题比较直接，问卷背后缺乏理论模型的支持，难以避免称许性，即答卷者可能会把精力放在揣摩问题的意义上，使民众对问题的回答不能真实地表达自己的意愿，且难以依据这些民意调查结果进行其未来行为，特别是群体、大区域的社会行为的预测，加之执行调查的部门多为科研院校、民间组织的自发行为，由于缺乏符合政府决策要求的目的性和连续性，这必然会影响整个灾难事件预警系统预测的准确性和前瞻性。

二　社会心理行为预测的理论依据

　　"非典"等灾难事件中人的行为的预测问题，更多涉及的是人的风险认知及其社会心理行为问题，它属于社会心理学、组织行为学范畴，涉及从个体、群体和大的社区领域，甚至是国家民族范围的社会心理行为，要解决这个问题，必须从国家政府的角度来考虑，建立国家级灾难事件社会心理预警系统，使我国中央政府和地方政府，包括一些与灾难事件预防有直接关系的主管部门，能及时监测到受灾人们的心理行为变化规律，预测民众可能出现的在个体、群体和社区，甚至整个大区域内的社会心理行为，从而采取针对性的政策：一方面通过科学的心理学指导，帮助大家在灾难事件中从容应对；另一方面可以帮助各级部门领导者进行有效的危机管理。面对"非典"灾难事件，我们认为，解决问题的关键，是要通过科学的实证研究，获得真正能揭示公众深层次社会心理特征的、具有预测功能社会心理预警的指标系统，其核心理论依据是将"非典"看成一种风险事件。不少研究表明，公众的风险认知状况是社会状况的"晴雨表"，它可以相当确切地反映出整个社会发展、变化对人们的心理状况造成何种影响以及人们的反应程度如何。可以说，公众风险认知的状况是非常重要的社会指标。一些社会性风险问题，如当前的"非典"同样影响人们的心理状态，从而成为整个社会性的问题。此外，"非典"作为一种应激源，在迟迟不散的情况下，人们的社会支持与应对方式如何呢？如何更好地从个体的应激角度来保护人们的身心健康，也是我们关注的重点。我们今天正在趋向发展一门"应对科学"，因为根据 Pelietier 等的研究发现，实际上现代人一半的疾病都与应激有关。应对方式作为应激与健康的中介机制，对于身心健康保护有着重要作用。更为重要的是，近年来，在我国社会经济转型条件下，我们开展了一些有关下岗职工再就业心理行为预测模型、证券市场股民风险认知特征的研究，也为探索灾难事件中人的心理行为应对特征打下了初步的基础。开展这项研究不仅对于目前的"非典"流行时期社会心理行为预警系统的建立具有重要的、特殊的作用和意义；而且对于我国长期以来亟待建立的、适应国家社会经济转型的要求与全球化要求的我国的社会重大事件或紧急事件社会心理预警系统具有重要的普遍意义，也具有重要的科学创新价值。

三　研究构思

（一）研究目标

目前，在灾难事件中社会心理预警系统建立的关键问题在于，政府决策部门不清楚应当发布的哪些信息、哪些发布方式和采取的组织行为对决策更起作用；哪些信息渠道源是负性的影响源；哪种信息表述方式效果不好。这样，政府部门在发布疫情信息和采取组织措施时，感到对于民众的舆情和预期行为把握不住，容易导致决策的盲目性。我们认为，以灾难事件前后的信息刺激源为背景，对全国各地区处于不同疫情状态环境（医院、隔离区、社区、高校、农村）下的不同人群（不同层次的普通市民、医护人员、病人及其家属、未成年人），在疫情发生、发展和消退的情况下，进行问卷、电话、网上调查，以获得不同层次的我国民众的风险认知特征及其与应对行为、心理健康的相互关系模型，进而确定能够敏感地预见人们未来心理行为的指标（即社会心理预警指标），通过不断实践和验证该系统反馈信息系统和对策建议的有效性，不断完善，就能建立我国灾难事件或重大事件的社会心理行为指标预警系统。

因此，我们建议，首先开展"非典"事件发生全过程的民众社会心理行为变化规律的研究，并使预警研究成果直接为战胜"非典"的舆论导向和领导决策提供心理科学的依据和管理对策，同时，逐渐地把这项研究延伸到正常的社会情境中，充分利用这种特殊的社会背景的变化过程展开持续性研究，为具有长远意义的国家灾难事件及重大事件社会心理预警系统的建立打下基础。这就是我们开展我国社会心理预警系统研究的目的。

（二）研究假设

本研究的总体理论假设是，作为社会环境因素的疫情发布信息、政府组织行为干预信息、公众互动信息，将通过公众知觉（从心理层面感受到的事件的不确定性、威胁性和改变性），影响个体的风险认知（包括对信息的熟悉性、可控性、心理感受），并对其应对行为和心理健康产生重大影响，其中，信息源是起重要作用的关键影响因素。

我们的具体假设是：

第一，"非典"信息源导致的对事件感到威胁性越大，个体感知到的风险就越高，更容易产生消极的应对行为，导致心理预测指标系统有更加负性的反应。

第二，"非典"信息源导致的对事件感到不确定性越大，个体感知到的风险就越高，使个体更容易产生消极的应对行为，也会导致心理预测指标系统有更加负性的反应。

第三，作为组织对策的关于"非典"报道的途径和内容、信息发布的对称性情况以及对于流行病的组织干预措施的知觉，也将对人们的风险认知产生重要影响，进而对人们的应对行为和心理健康产生影响。

第四，本研究模型如果得到验证，将可望形成以一般情绪、风险认知、恐慌度、应对行为、疫情控制预期、未来经济发展预期6个指数构成的《SARS社会心理行为指标预警系统》，为政府和有关部门抗击"非典"决策和舆论导向提供科学依据和对策建议。如图1所示。

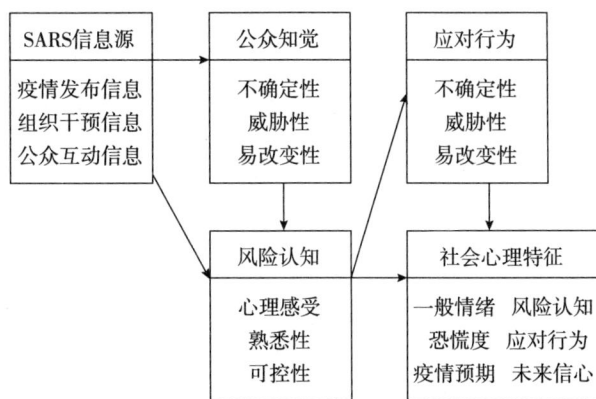

图1　"非典"时期我国民众社会心理行为预测模型的研究假设

（三）研究内容

我们的研究的基本思路是，应急调查分为三个步骤：

第一步，"非典"时期我国民众社会心理特征的前期研究。

在广泛征询国内外风险认知、灾难社会心理、组织行为学家、社会心理学家意见的基础上，完成北京市民社会心理调查问卷，全国民众社会心理调查问卷编制之后，完成问卷预试工作，形成问卷调查系统，目前预试工作已经完成，有关调查工具已经形成。

第二步，"非典"时期我国民众社会心理特征的正式调查。

通过多层次调查，主要是问卷系统，探索这些应对模式与风险认知甚至与信息不对称、不确定性的决策因素的关系，本调查系统主要测查不同群体（隔离区、非隔离区、民众、青少年学生、未成年人、进城务工者、医护人员、"非典"患者以及边缘地区和农民）的差异，提供不同地区疫情、心理指标预警系统指标和管理对策。调查结果可能提供两方面的建议：中国人灾难情境下的应对模式，我国不同地区（疫情高发区、疫情后期、疫情轻微区和无疫情区）的对比及管理对策建议。

第三步，初步灾难事件民众的社会心理预警系统。

争取在此次抗击"非典"的调查研究结果的基础上，提出我国灾难事件和重大事件民众的社会心理预警模型的指标系统和操作模式。

四　初步研究进展

（一）　预试研究

已经通过《抗击非典，心理学在行动》网站（http：//home. sjzsoft. com/ouyang//default. asp）（心理所与北京团市委、中国社会心理学会联合开设），完成了309人的"非典"应对模式初步研究，并且在广泛征询国内外风险认知、灾难社会心理、组织行为学家、社会心理学家意见的基础上，完成北京市民社会心理调查问卷，全国民众社会心理调查问卷编制，并完成问卷预试工作，形成问卷调查系统，可以在网上、电话和实际问卷调查中完成，数据统计系统能够及时报告调查结果，反馈给有关政府部门。预试工作已经完成，反馈报告和附件已经向有关部门提交。

（二）　正式调查

1. 北京地区城乡调查

把北京市分为"非典"治疗区、疫情高发隔离区、北京市区、郊区，进行医生、病人、疑似病人、市民、未成年人的风险认知、心理健康和应对行为（北京市民心理状态综合指标）的追踪调查，目前，北京市18区县，每次分层抽样的样本为1000人左右。在北京团市委支持下，已形成调查网，已经完成5月7~10日抽样。

2. 全国18个大中城市及郊区调查

同时向疫情减退、疫情严重、疫情发生初期、无疫情的国内18个大中城市及其郊区进行问卷调查（沈阳、北京、天津、呼和浩特、太原、石家庄、上海、苏州、宁波、无锡、杭州、金华、武汉、长沙、广州、贵阳、重庆、西安），每地5月7~10日分层抽样已经完成，27~30日，再测试1次。每次250人（采用分层抽样，前后被试不变）。

3. 网站调查

通过"抗击非典，心理学在行动"网站（http：//home. sjzsoft. com/ouyang//default. asp），

每日获得全国各地和北京市社会心理预警指标的调研结果。

（三）初步成效

4月下旬，当"非典"开始在北京市蔓延时，"京湘科技"负责人阳志平（时勘博士课题组成员）首先发起"非典"社会心理网上调查活动，这项提议先后得到了中科院心理所、北京团市委、中国社会心理学会的大力支持。"抗击非典，心理学在行动"联合课题组立即开始行动，通过网站、问卷、电话访谈和团体焦点访谈等多种方式，经过了半个多月努力，先后完成了"对SARS事件中人的应对方式的初步研究"和"隔离区与非隔离区民众社会心理的比较研究"两项研究。目前，"北京市17区县市民SARS事件的风险认知和行为特征研究"和由北京（北京团市委）、天津（南开大学社会研究中心）、石家庄（河北师范大学）、太原（山西师范学院）、呼和浩特（伊利集团、北京师范大学）、沈阳（沈阳师范大学）、上海（中国四达国际经济技术合作公司、华东师范大学肖承丽）、苏州（苏州大学）、无锡（江南大学）、杭州（浙江大学、浙江师范大学）、宁波（宁波大学）、南昌（华东交通大学）、武汉（湖北省青年心理研究所、华中师范大学）、长沙（湖南师范大学）、广州（中山大学）、重庆（西南师范大学，现西南大学）、贵阳（贵州师范大学）、西安（中国第四军医大学）18个城市的心理学者、管理学者联合进行的"我国非典灾难事件社会心理预警系统研究"等研究正在同步进行之中，此外，"定点非典医院的患者、医护人员的心理健康与治疗效果的追踪研究"也已启动。

初步调查结果显示，政府在疫情发布和控制"非典"流行方面的措施得到民众的广泛认同，但需要注意发布信息的指标要有所侧重，如死亡率、治愈率是更为关注的指标；北京市民的风险认知水平已经明显回落，心理紧张度回落最快，民众对于疫情发展趋势的预期介于平稳和回落之间。项目组认为，"五一"劳动节后，人群聚集会大幅度增加，公共预防可能会因为麻痹心理而被忽视，可能导致发病率再次抬升，因此，必须高度重视。此外，隔离区大学生心理问题明显重于普通民众，对他们要加强心理辅导和咨询，心理专家可以在这方面提供支持。根据研究结果，研究人员已经形成了以疫情风险认知、紧张度、疫情控制预期、一般情绪、应对行为和未来经济发展预期6个指数构成的SARS调查系统的社会心理预警检测指标系统，该系统提供的动态分析结果已经北京团市委和中科院心理所以《简报》形式多次上报有关部门。

（四）成果推广和延伸

根据调查结果，建立我国SARS社会心理行为指标预警系统，形成对策建议并验证效果，在此基础上，为初步建立国家级灾难事件社会心理预警系统打下基础。

五　几点启示和建议

通过本研究的初步结果，我认为，要完成我国灾难事件和重大事件的社会心理预警系统的建设，需要注意如下问题：

第一，这项研究必须区别于已往的社会心理研究和相关社会民意调查，应当把系统纳入国家主管的预防检测系统的范畴，以保证研究目标的明晰性和延续性。

第二，必须有从事预防科学、灾难学、公共关系政策和社会学等多方面的学者参与，同时，必须有像北京团市委这样的政府机关的调查网络的支持，才能保证研究设计及其结果的可靠性，最好是能建立一个专门的、政府支持的组织来支持、完善预警系统的建立。

第三，应当以"非典"事件的背景为基础，建立不断研究、不断提供反馈咨询建议的新模式，但必须立足长远，为长远的、具有普遍意义的社会心理预警系统的建立开展更为扎实的探索工作，使研究成果不断成熟。

参考文献

［1］Chan, D. W. The Chinese Version of the General Health Questionnaire: Does Language Make a Difference? ［J］. Psychological Medicine, 1985, 15: 147-155.

［2］Goldberg, D. P. The Detection of Psychiatric Illness by Questionnaire ［M］. Windsor UK: Oxford Univer. Press, 1972.

［3］Paul Slovic. Perception of Risk ［J］. Science, 1987 (236): 280-285.

［4］Yates, J. F., Stone, E. R. The Risk Construct ［M］. Risking-taking Behavior, 1992: 1-25.

［5］时勘，宋照礼，张宏云. 下岗职工再就业心理行为及辅导模式研究 ［J］. 人类工效学, 2001, 7 (4): 1-5.

［6］时勘，范红霞，李启亚，付龙波. 我国证券市场的股民心理行为的初步研究 ［R］. 第九届全国心理学会学术会议文摘选集, 2001.

［7］时勘，卢嘉. 管理心理学的现状与发展趋势 ［J］. 应用心理学, 2001 (9).

［8］时勘，阳志平. 我国社会经济转型期人的心理行为研究 ［J］. 中国科学院院刊, 2001, 16 (6): 427-431.

［9］时勘等. 下岗职工再就业的行为研究. 中国社会保障体系的改革与完善 ［M］. 北京：民主与建设出版社, 2000.

［10］肖计划. 应付和应付方式 ［J］. 中国心理卫生杂志, 1992, 6 (4): 181-183.

［11］谢晓非. 风险研究中的若干心理学问题 ［J］. 心理科学, 1994, 17 (2): 104-108.

我国民众对 SARS 信息的风险认知及心理行为 *

时　勘　范红霞　贾建民　李文东　宋照礼　高　晶　陈雪峰　陆佳芳　胡卫鹏

【编者按】2003 年上半年，我国出现了 SARS 危机突发事件，时老师责无旁贷地带领大家开展了"我国民众对 SARS 的风险认知的心理研究"。现在回忆起来依然是心潮澎湃、感慨万千。当时，SARS 疫情在全国蔓延，大学封校，街道冷清，谣言四起，造成了一定的社会恐慌。面对这一突发的社会公共危机事件，时老师迅速组织起研究队伍展开研究。由于是一次全国范围的调查，时老师组织了一次次的电话会议，和国内外同行们（包括美国、新加坡和中国香港地区的学者们）沟通，共同设计调查问卷，发动全国各地的合作单位参与这次大规模的取样工作。我因为家在北京，所以成了本项目核心成员之一。面对这一重任，我们这些涉世不深的研究生只能"干中学"。在时老师带领下，大家发挥创造性去迎接挑战。我清楚地记得，时老师除了身体力行负责研究的总体设计和协调之外，还具体指导我们如何分析数据，从中获取亮点。特别值得一提的是，数据录入遇到一个特殊的问题：当时疫情猖獗，人心惶惶，哪怕出再多的录入费用也没有人承担来自医院病人的数据。在此背景下，陈雪峰等同学毅然决定自己戴上双层口罩，承担了这一任务，真是令人感动！应该说，在研究的每一个关键时刻，时老师都给予了我们最大的理论指导和技术支持。由于调查涉及全国 17 个城市，我们这些"娃娃兵"还要参与全国各地的组织协调工作。每到一个关键时刻，时老师总能果断决策，并把任务委派给我们，并指导我们去做同一地区几个单位的协调工作……正是由于课题组全体成员的齐心协力，才保证了研究工作紧张而有序地进行。记得当时我们还承担了与社会各界广泛接触的任务，要适时向新闻媒体发布调查成果，同时为政府提供及时的 SARS 疫情、民众心态信息披露和对策建议，为此，我们经常会工作到深夜……后来，研究成果在《心理学报》很快得以发表，英文版在陆佳芳同学参与下及时在《科学通报》英文版得以发表，这也促进了此后 SARS 危机事件的国际化研究。在时老师指导下，我还参与了"个体投资者股市风险认知特征研究"。众所周知，中国的股市直至 21 世纪初期才缓慢地发展起来，这时的股市研究更多地涉及国家经济层面，鲜有对个体投资行为的研究，因此，我们希望能填补这方面的空白。在南方证券公司的大力支持下，我们从该公司所属 70 多家营业部分层抽取了 1840 名个体投资者，进行了有关个体投资者风险认知决策的问卷调查，获得了非常重要的结果，特别是发现了中国股民在风险追高方面异于西方投资者的一些特征。研究成果受到了学界的普遍关注，并陆续发表在《管理科学学报》、*Journal of Economic Psychology* 上。此外，我们还和清华大学宋逢明团队一道在《管理评论》上发表了《我国行为金融学研究的心理学思考》，从理论上更加全面地探讨了证券市场的心理问题。至今我依然记忆犹新的是，时老师手把手教我这个刚入门的研究生如何开展社会科学研究，

　　* 中国科学院重要方向项目（项目资助号：KSCX2-SW-221）、国家自然科学基金应急项目（项目资助号：70340002）。北京团市委、中国社会心理学会对本研究提供了大力支持。

从选题、查文献、问卷设计、样本收集、数据处理到研究报告的撰写的每一个环节都进行认真的指导。在参与这些具体工作的过程中，我深深地感受到时老师对社会问题的敏感性和强大的社会责任感。时老师对我们这些学生说过："我国心理科学历经沧桑，基础薄弱，它的发展要靠一代一代人去承前启后，继往开来。你们生在更好的年代，更应勤奋努力。我当然会助推一把，因为在你们的事业中也有我的事业。"时老师做事热忱和一丝不苟，无不激励着我们一步一步地攻克难关。课题组有一个非常重要的交流平台，就是每周一次的课题组会议，这种例会讨论使我受益匪浅。回想起在课题组学习的日子，那一幕幕和时老师讨论的场景，那一次次课题组例会中大家对各种学术问题的探讨，那一回回聆听受邀请来心理所的国内外学者的学术讲座，历历在目、记忆犹新。总之，时老师对于心理学的热爱和对于学科发展的使命感，时刻激励着我们每一位学子前行。最后，我以时老师经常激励大家的一段欧洲文艺复兴时期在青年人中广为流传的小诗来作为结尾："青春多美丽，时序若飞驰。前途未可量，奋发而为之！"（范红霞，2001级中国科学院心理研究所硕士生，美国联合银行信用风险控制经理）

摘　要：采用分层抽样的调查方法，对全国17个城市的4231名市民进行了SARS疫情中风险认知特征和心理行为的研究。结果发现：①负性信息，包括患病信息和与自身关系密切的信息，更易引起民众的高风险认知；正性信息，包括治愈信息和政府防范措施的信息，能降低个体风险认知水平。②我国民众5月中旬风险认知因素空间位置分析结果表明，SARS病因处于不熟悉和难以控制一端，"愈后对身体的影响和有无传染性"处于不熟悉一端，这是引起民众风险意识的主要因素。③结构方程分析结果表明，SARS疫情信息是通过风险认知对个体的应对行为、心理健康产生影响的，并初步验证了风险评估、心理紧张度、应对行为和心理健康等指标对于危机事件中民众心理行为的预测作用。

关键词：SARS；风险认知；应对行为；心理健康；预测模型

一　问题

自从2002年11月以来，我国广东、香港、北京及华北地区先后遭遇了SARS（又称非典型肺炎，简称"非典"）流行性传染病。由于SARS具有传染性强、致命快、尚无明确的预防和治疗措施的特征，这场危机事件使我国社会面临着前所未有的困难。我国政府为了抵御SARS的肆虐，紧急救治广大SARS患者，在控制传染源、保护民众免受感染方面做了大量行之有效的工作。为了预防类似危机事件的发生和一旦事件突发，能及时、有效地应对，目前，我国政府及学术界已在考虑社会预防监控系统建立问题。如地理科学家正在开发"SARS控制与预警地理信息系统"，公共卫生政策的预防系统也在运行之中。我们认为，危机事件的控制与预防系统（包括流行病传染监控、公共卫生政策系统）如果忽视了对民众社会心理行为的预防和监控，则不是一个完善的预防控制系统。目前，SARS疫情虽已得到了控制，但人们社会活动的复苏、人群的聚集、对于公共卫生环境维护意识的淡薄和麻痹意识，都可能使花费大量人力、物力投入和预防措施带来的控制局面出现反弹。更为重要的是，目前遭遇的SARS流行病只是民众生活中的一种危机事件，今后还可能会遇到其他的危机事件或重大事件发生，因此，建立一种长期的、稳定的应对各种危机事件的社会心理行为预警系统，已经成为心理科学工作者务必面对的重要课题之一。

SARS 等危机事件中人的社会心理行为的预测问题，更多涉及的是人的风险认知及其社会心理行为研究，它属于社会心理学、组织行为学和健康心理学的范畴，研究对象涉及从个体、群体、组织到大的社区领域，甚至是国家、民族水平的社会心理行为。要解决这个问题，必须从政府的角度，考虑如何建立国家级危机事件或重大事件的社会心理预警系统，使我国各级政府及危机事件主管部门能及时监测个体、群体和社区，甚至大区域民众的社会心理行为，从而提前采取针对性的对策。它一方面可以预防因民众的行为不当带来的灾难，或者当危机事件发生后，立即进行有效的危机管理，把损失控制到最低程度；另一方面，通过科学的舆论引导或心理辅导，帮助民众梳理各种复杂的信息，克服在危机事件中的恐慌，以便从容应对。此类研究工作在国外早已受到高度重视，如美国的 FBI、密歇根大学的 ISR 社会调查研究所、兰德公司、英国的战略情报研究所等机构，都有大量心理学者参与预警系统的科研工作。近年来，在我国社会经济转型条件下，我们也开展了一系列有关风险认知、下岗职工再就业心理行为预测模型、证券市场股民风险认知特征的研究[1-4]，这也为探索危机事件中人的心理行为特征打下了初步的基础。

我们认为，建立心理预警系统的核心理论依据是将 SARS 看成一种风险事件。解决问题的关键，是要通过实证研究揭示民众面对危机事件信息时的风险认知特征，获得人们危机事件中风险认知与应对方式、心理健康的关系，进而形成心理行为的预测指标系统。所谓风险，指在不确定情境下不利事件或危险事件的发生及其发生的可能性。风险认知（risk perception）是个体对存在于外界各种客观风险的主观感受与认识，而这些主观感觉是受到心理、社会和文化等多方面因素影响的。风险沟通（risk communication）主要强调的是一种社会过程，通常是发生在人们的风险意识逐渐上升的情境中。研究风险沟通的主要目的是降低民众的风险知觉[5]。风险沟通的研究最早是 Starr's 于 1969 年开始的。20 世纪 80 年代之后，研究者开始考虑将个体的价值观、同伴、社会等因素纳入进来[6]。如 Slovic 从心理学角度提出了心理测量学模型，总结出影响风险认知的重要维度和特征。Douglas 和 Wildavsky 提出了风险的文化理论[7]，强调根据不同的价值观和信念可以把人们划分成若干文化群体。Slovic[8]等研究者还发现，对各种风险事件的评判可以从"忧虑性风险"，即被知觉为"难以控制的"（local of control）和"未知风险"，其高风险一端易被知觉为"未知的、不可控制的"两大类。在这两个因素构成的因素空间上，各风险事件都有一个相对位置，其位置可以直接显示出人们对风险的知觉特征。我们认为，面对 SARS 事件的民众社会心理特征可以采用这种心理测量模型来剖析其特征及其相互关系。还有一种观点把风险看成一个系统的过程，强调个体的风险评估和针对灾难的安全教育管理[9]。我们认为，从组织危机管理的角度来看，针对危机事件的有效的安全教育管理，除了警示作用之外，其民众反馈信息也有助于完善预警系统本身。Covello 和 Merkhofer[10]在 1994 年总结了一些可以调节风险认知的因素，如灾难的潜在性、熟悉性、理解性、不确定性和无助感[11]。此外，作为一个完善的风险认知及其应对行为预测模型，有关人们在突发事件中的应对行为[12]和心理健康指标也是值得关注的预测模型的结果变量。根据以上分析，特提出开展"我国民众对 SARS 信息的风险认知及心理行为"研究。

二　研究目的和假设

（一）研究目的

本研究基于 SARS 危机事件的信息刺激背景，于 2003 年 5 月中旬，对我国 17 个城市处于不同 SARS 疫情环境（医院、隔离区、社区、高校、农村）下不同人群（普通市民、医护人员、病人及其家属）进行问卷调查，目的在于考察民众在 SARS 疫情中的风险认知特征，并揭示风险认知对应对行为、心理健康水平的影响作用，试图通过实证研究建立一个以风险认知为核心变量的民众社会心理行为预测模型，为初步建立我国 SARS 疫情中民众社会心理行为指标预警系统进行理论依据方面的探索。同时，也力争在抗击 SARS 的社会实践中，为政府有关部门适时提供调查研究结果，为战胜 SARS 的舆论导向和领导决策提供心理学依据和管理对策。

（二）假设

本项研究试图验证以下假设：

假设一，负性的疫情信息更易增加民众的风险认知水平，而正性的疫情信息更能降低个体的风险认知水平。

假设二，民众不熟悉或感到难以控制的风险事件，更容易引起民众的风险感。

假设三，疫情信息将通过个体的无助感的调节作用影响个体的风险认知，并对民众的应对行为和心理健康等产生影响。

假设四，SARS 社会心理行为指标预警系统可能包括风险评估、心理紧张度、应对行为、心理健康、疫情发展预期和经济发展预期 6 个指标。

三　方法

（一）调查问卷

主要包括三部分。

1. 疫情信息调查问卷。根据风险沟通的一些相关研究，通常把风险信息分成两部分：有关风险自身的信息和为降低风险采取的措施的信息[13]。本研究在考察人们的风险认知因素时，主要设计了两类问卷：一是关于 SARS 方面的信息接收（如 SARS 的特征、传染性、死亡率等），二是各种防范措施（如政府领导人的讲话、关于 SARS 病毒的封堵措施、公交水电及商场的供应信息）的信息，共 23 项。采用李克特 5 点量表进行测量。

2. 风险认知调查问卷。根据 Slovic 的风险认知模型[8]，采用了熟悉性、控制性两个风险测量指标，考察的 6 类风险事件为 SARS 的病因、传播性和传染性、治愈率、预防措施、愈后对身体影响、愈后有无传染性。无助感的测量为自编问卷，均采用李克特 5 点量表进行测量。

3. 社会预警指标的调查。具体包括风险评估、心理紧张度、疫情控制预测、心理健康、应对行为、经济发展预期的考察。采用李克特 11 点量表进行测量。其中，心理健康的测量采用的是心理健康评价问卷（GHQ12），该问卷有多种版本，国内已有 GHQ30 的版本，但还无 GHQ12。本研究直接参照英文版 GHQ12，在中文版 GHQ30 中挑选了与之对应的 12 个项目，如"做事能集中精力""因为担忧而失眠"等。分数越高，代表心理健康程度越好，并有过去下岗再就业研究[3]的试用基础。应对行为的测量包括 10 个项目，其中 1 道题是测人们总体应对行为的，另外 9 道题根据 Billings 和 Moos[12]对应对方式分类的三种类型中的两种类型积极行为方式和回避应对进行编制，根据实际情况把积极的行为方式又分成自我保护型和主动应付型。

以上自编问卷均通过书面问卷调查或网络问卷调查，调查了 236 人，然后根据预试结果，把被试不易理解或信度较低的问卷项目进行删节或修改，最后形成本调查问卷。

（二）调查样本

调查在全国范围内采用分层抽样的方式进行，调查时间为 5 月 9 日至 19 日。在发放问卷之前，事先请调查员填写全国和当地最新的 SARS 疫情报告。调查共涉及全国 17 城市的民众，包括北京、天津、石家庄、太原、呼和浩特、西安、沈阳、南昌、杭州、宁波、上海、无锡、武汉、长沙、贵阳、重庆、广州，经筛选出缺省值或极端值过多的问卷，有效问卷数为 4231 份，各地区样本分布情况如表 1 所示。

表 1　各地区取样分布

地区	人数	地区	人数	地区	人数	地区	人数
北京	363	天津	434	石家庄	146	太原	271
广州	208	西安	195	沈阳	223	南昌	239
杭州	355	宁波	250	上海	286	无锡	238
武汉	236	长沙	208	贵阳	205	重庆	184
呼和浩特	190						

参加调查的人员包括国家机关干部（475 人）、公司职员（846 人）、服务业人员（258 人）、医护人员（262 人）、工人（272 人）、农民（64 人）、离退休无业人员（185 人）、个体从业者（88 人）、进城务工者（254 人）、学生（1013 人）、科教文卫（医护人员除外）（350 人）。因存在缺省值，数据相加与总数有些出入。从被调查民众所在地区看，属于高发区被隔离的有 135 人，高发区未被隔离的有 316 人，过去高发、现在好转的有 94 人，少数发病、影响不大的 1518 人，无疫情的有 1711 人，传染病医院内有 38 人，不清楚的有 254 人。因存在缺省值，数据相加与总数有些出入。如表 2 所示。

表 2   调查样本基本情况统计

年龄（岁）	百分比（%）	性别	百分比（%）	文化程度	百分比（%）
20 以下	8.5	男	42.1	初中及初中以下	8.1
20~29	48.6	女	57.9	高中（中专、职高）	19.6
30~39	19.8			大专	19.8
40~49	15.4			本科	41.9
50 以上	6.4			硕士及硕士以上	10.5

四　结果与分析

（一）影响风险认知信息因素的分析

首先，我们对影响人们风险认知的 23 项信息进行了因素分析，采用 Varimax 旋转得到了 4 个因素，总解释率为 62.27%。其中有 3 道题的因素载荷过低，删去后再进行因素分析，4 个因素的结构更加清晰，总解释率提高到 65.69%。四因素的具体项目分别是：

因素一为"SARS 患病信息"，包括新增发病人数、累计发病人数、新增和累计疑似病人数、新增与累计死亡人数、接受隔离人数等 10 个项目，属于疫情信息的负性指标；因素二"治愈信息"，包括新增治愈人数和治愈出院总人数 2 个项目，属于疫情信息的正性指标；因素三为"与自身关系密切的信息"，如所在单位和地区有无患者、所认识的人中有无患者、同年龄组的有无患者 3 个项目，属于疫情信息的负性指标；因素四为"政府的防范措施"，如政府领导人的讲话、新闻发布会、对 SARS 传播渠道的封堵措施、治疗条件与环境的改善的报道、公交水电等供应信息 5 个项目，属于疫情信息的正性指标。

经方差检验发现，民众在评估 SARS 风险大小时，四类信息影响作用是显著不同的，F（3，12501）= 135.35，p<0.001。进一步多重比较发现，四类信息两两之间都存在显著性差异，分析发现，与自身关系密切的信息（3.18）的影响作用最大，其次是治愈信息（3.10）、SARS 患病信息（3.01）和政府的防范措施（2.87）。

在问卷中列出的 23 项因素中，我们进一步考察了哪些是影响人们风险评估的最主要因素。结果发现，在因素一"SARS 患病信息"中，"新增死亡人数"的影响作用最大，其数值为 3.30，介于有影响和有较大影响之间。在因素二"治愈信息"中"新增治愈人数"起的作用最大，其数值为 3.14，介于有影响和有较大影响之间。在因素三"与自身关系密切的信息"中，"你所在单位和住宅区有无患者"的影响作用最大，其数值为 3.51，介于有影响和有较大影响之间。在因素四"关于政府防范措施信息"中 SARS 病毒传播渠道的封堵措施"的影响最大，其数值为 3.29，介于有影响和有较大影响之间。

（二）民众风险认知特征分析

从对风险的熟悉角度来看，方差检验发现，人们对 6 类风险事件熟悉程度存在显著性差异，F(5，20720)=1419.22，p<0.001。进一步多重比较发现，6 类风险事件两两之间都存在显著性差异，民众对 6 类事件感受到的熟悉程度从大到小依次是：传播途径和传染性、预防措施和效果、治愈率、SARS 病因、愈后有无传染的问题、愈后对身体的影响。从对风险的控制角度来看，方差检验发现，人们对 6 类风险事件控制程度也存在显著性差异，F(5，20355)=441.547，p<0.001。进一步多重比较发现，6 类风险事件除了传播途径和传染性之间无显著性差异外，其他因素两两之间都存在显著性差异。民众对这 6 类事件感受到的控制程度从大到小依次是：预防措施和效果、愈后有无传染的问题、愈后对身体的影响、传播途径和传染性与治愈率、SARS 病因。

表3　民众风险认知结果统计

风险事件	熟悉程度		控制程度	
	M	SD	M	SD
SARS 病因	2.95	1.065	2.74	0.885
传播途径和传染性	3.73	0.821	3.13	0.797
治愈率	3.21	0.834	3.13	0.736
预防措施和效果	3.54	0.798	3.38	0.732
愈后对身体的影响	2.65	0.983	3.23	0.920
愈后有无传染的问题	2.76	1.036	3.28	0.978
对 SARS 总体感觉	3.35	0.750	3.36	0.766

注：数字越高，表示熟悉或控制程度越高，风险认知水平越低。

从图 1 可以看出，上述 6 类风险事件分布在三个象限内。我国民众 5 月上旬的 SARS 疫情的风险认知处于风险因素空间的右上端，即偏向完全熟悉和完全控制一端。但是，SARS 病因分布在不能控制和陌生构成的象限内。也就是说，民众对 SARS 病因感到最危险，其次是愈后对身体的影响和有无传染性的问题，分布在陌生和能控制的象限内，即民众对这两个风险事件虽然感到比较陌生，但感到还能控制。其他的事件（传染性、预防效果和治愈率）分布在控制和熟悉的象限内，即民众感到对这三类问题是比较熟悉、可以控制的，相应的风险水平也比较低。这可能和 5 月上中旬我国各地政府的预防措施取得成效和 SARS 疫情初步得到控制有关。特别值得关注的是，SARS 病因是唯一处在完全不能控制与非常陌生的构成的象限内，其次是对于目前还不够熟悉的愈后传染和对身体的影响。这是我们在预测民众今后心理行为时特别值得关注的因素。

（三）信息因素、风险认知及调节变量的关系分析

为了探讨信息因素与风险认知之间的关系及调节变量在这种关系中的作用，我们进行了分层回归分析。第一步，将一些人口统计学变量进入回归方程；第二步，把四个信息变量进入方程；第三步，把无助感和四个信息变量的交互作用进入方程。分析结果见表 4。

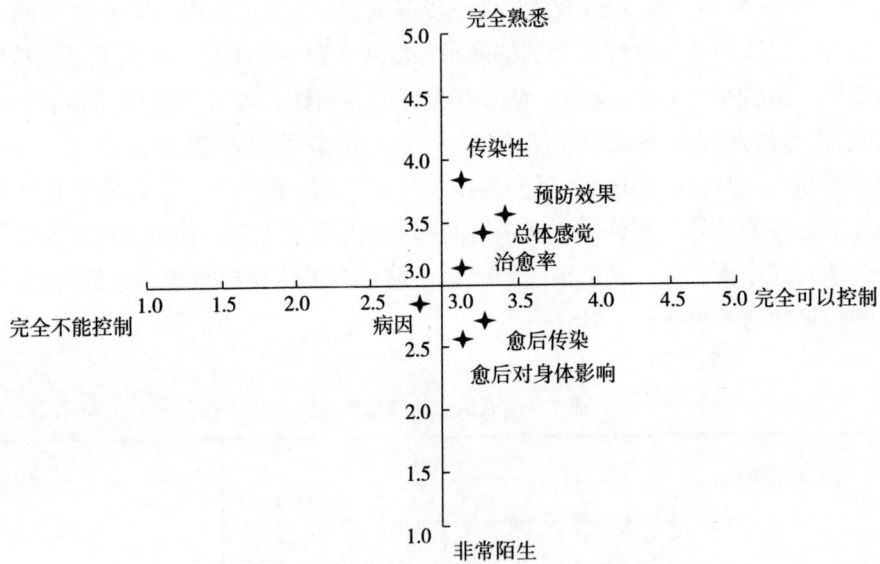

图1　公众对各类疫情信息的风险认知

表4　信息、风险认知熟悉维度和调节变量的分层回归分析

因变量	类别	步骤	R^2	ΔR^2	Beta	t
熟悉维度						
SARS 患病前和患病治愈问题	X1	1	0.038	0.003		
	X2	2	0.047	0.009		
	A1×无助感	3	0.048	0.001	0.026	1.219
	A2×无助感				0.015	0.786
	A3×无助感				0.011	0.608
	A4×无助感				−0.033	−1.659
SARS 愈后对身体影响的问题	X1	1	0.008	0.008		
	X2	2	0.021	0.013		
	A1×无助感	3	0.023	0.002	−0.025	−1.168
	A2×无助感				0.042	2.102*
	A3×无助感				0.028	1.459
	A4×无助感				−0.010	−0.496
总体熟悉度	X1	1	0.019	0.019		
	X2	2	0.033	0.014		
	A1×无助感	3	0.034	0.001	0.001	0.044
	A2×无助感				0.034	1.711
	A3×无助感				−0.005	−0.254
	A4×无助感				−0.010	−0.484
控制维度						

续表

因变量	类别	步骤	R^2	ΔR^2	Beta	t
SARS患病前和患病治愈问题	X1	1	0.037	0.037		
	X2	2	0.063	0.026		
	A1×无助感	3	0.066	0.003*	-0.050	-2.367*
	A2×无助感				0.046	2.384
	A3×无助感				0.003	0.164
	A4×无助感				0.032	1.638
SARS愈后对身体影响的问题	X1	1	0.029	0.029		
	X2	2	0.048	0.019		
	A1×无助感	3	0.049	0.001	-0.017	-0.782
	A2×无助感				0.047	2.404*
	A3×无助感				0.002	0.101
	A4×无助感				-0.028	-1.406
总体控制度	X1	1	0.039	0.039		
	X2	2	0.055	0.016		
	A1×无助感	3	0.059	0.004*	-0.077	-3.612**
	A2×无助感				0.034	2.633*
	A3×无助感				0.032	1.732
	A4×无助感				0.007	0.336

注：* 表示 $p<0.05$，** 表示 $p<0.001$。X1：性别、年龄、健康状态、文化程度。X2：SARS患病信息（A1）、治愈信息（A2）、与自身关系密切的信息（A3）、政府的防范措施（A4）。

从 ΔR^2 的变化来看，民众的无助感起到一定的调节作用，尤其对总体控制感的调节作用明显，无助感与SARS患病信息、无助感与治愈信息的交互作用是显著的：无助感越强的个体，SARS患病信息越容易引起其高风险认知，而治愈信息越会降低个体风险认知的水平。从风险认知的熟悉角度来看，无助感对风险事件调节作用不显著。从控制角度来看，对于患病前和患病治愈以及愈后对身体影响的问题的风险事件，无助感的调节作用显著，无助感强的个体，SARS患病信息越容易使个体感到无法控制而引起高风险知觉，而治愈信息越会降低个体风险认知的水平。

（四）风险认知与心理行为的预测模型

我们运用结构模型（AMOS）方法对民众风险认知模型进行验证。模型包括的变量为影响风险认知的信息因素、个体的风险认知状态、社会预警指标等几方面。

首先，我们根据因素分析的结果，把SARS疫情信息分为患病信息、治愈信息、与自身关系密切信息和政府措施四个方面，作为模型的自变量；其次，我们把风险的熟悉性和控制性作为风险认知的核心中介变量；最后，作为模型的因变量的心理行为预测指标，心理健康采用的 GHQ12 题的平均分，由于应对行为的三个分量表的效果不够理想，我们直接采用了总体应对行为评价的平均分数。此后，采用 Varimax 旋转对调查中涉及的 6 项社会心理行为预警指标进行探索性因素分析，得到了 2 个因素，总解释率为 53.45%。因素一为负性预警指标，包括风险评估、心理紧张度和疫情发展预期；因素二为正性预警指标，包括心理健康、应对行为和经济发展预期。

在假设模型的基础上，根据 AMOS 提供的修正指数对模型设置进行了相应的修改。模型 1 指最初的假设模型，模型 2 是删除了预警指标中的经济发展预期和疫情发展预期题目后形成的，因为这两道题分别在正性预警指标和负性预警指标上相对其他题目来说因素载荷比较低。删去后，发现模型的拟合指数有了明显的提高。模型 3 在模型 2 基础上，增加了一条从 SARS 患病信息到负性预警指标的路径。从表 5 可以看出，模型 3 的拟合效果最好，故采用模型 3 作为最终的民众风险认知模型。

表 5   模型的拟合度指数

模型	χ^2	df	GFI	AGFI	CFI	TLI	RSMEA
模型 1	2045.023	94	0.940	0.914	0.895	0.867	0.070
模型 2	1633.910	67	0.946	0.915	0.911	0.879	0.074
模型 3	1204.005	66	0.960	0.936	0.935	0.911	0.064

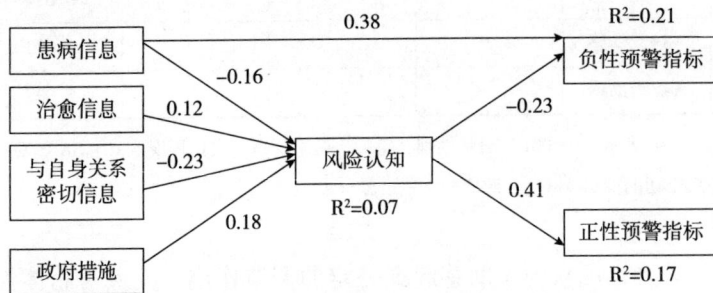

图 2   民众风险认知与心理行为关系预测模型

注：数字越高，表示熟悉或控制程度越高，风险认知水平越低。

从图 2 可以看出，影响风险认知的信息因素对风险认知的作用是不同的。其中，患病信息、与自身关系密切等负性信息到风险认知的路径系数为负，治愈信息和政府防范措施等正性信息到风险认知的路径系数为正。也就是说，患病信息、与自身关系密切的信息的影响作用越大，个体的风险认知水平就越高。治愈信息、政府防范措施的影响作用越大，个体的风险认知水平就越低。患病信息一方面通过风险认知对正性预警指标和负性预警指标起作用；同时，也能直接作用到负性预警指标。即患病信息的影响作用越大，人们对负性预警指标的评估越偏向严重性的一面。以上的路径系数经检验，均达到显著性水平。

可以发现，在预测模型中，个体的风险认知状态是进行预警指标评估的基础和前提。在删除了经济发展预期和疫情发展预期两项社会学调查指标之后，正性预警指标只包括心理健康和应对行为，负性预警指标只包括风险评估和心理紧张度。风险认知到正性预警指标的路径系数为正，到负性预警指标的路径系数为负。也就是说，个体的风险认知水平越高，感到的风险越大，内心越容易产生恐慌感，对心理健康和应对行为也产生一定的消极影响。

五 讨论

（一）关于负性信息和正性信息的不同作用

本研究探讨了 SARS 的各种信息是如何影响民众的风险评估的。结果表明，首先，与民众自身关系密切的信息，即物理空间距离更近的环境，如所在单位和住宅区有无患者，最能影响他们的风险认知。这与一些风险认知的研究结果是一致的[14]。当风险事件关系到自身利益的时候，人们通常感到害怕、恐惧，而不管这种事件的危险性有多么小。由于所在单位和住宅区的人与个体自身有着或多或少的联系或相似，一旦这些人群有人患病，会更感到自身受到威胁，安全受到了破坏，对风险的相应评估就会增高，从而易感到担心、害怕。民众的风险认知结构模型和信息因素的分析表明，那些负性疫情信息，如发病人数、死亡人数更容易引起个体的高风险知觉，甚至使民众出现非理性的恐慌；而治愈信息和政府防范措施等正性信息的影响作用越大，越可以降低个体的风险认知水平。一些研究表明[15]，人们在判断风险事件时，往往根据事件发生的频率、后果的严重性等客观指标做出判断。事件发生的次数越多、后果越严重，个体所感到的风险就越大。这就是患病信息会对风险认知起到负向作用的原因所在。这提示我们，虽然患病信息的发布能使人们更多地了解疾病的状态，增加透明度，但超过一定限度，甚至违背人们风险认知规律的信息轰炸，效果可能适得其反。所以，我们要注意帮助民众梳理信息。研究结果表明，一些正面信息如治愈信息和政府防范措施，可以降低个体的风险认知水平。这应当是此次抗击 SARS 值得肯定的地方。根据 Covello 的研究，在 47 种可以影响风险认知的因素里，可控感、利益、是否是自愿承担的，信任是最重要的因素[10]。信任可以增强人的安全感，进而降低对风险的认知。因此，民众越多地感受到政府的态度、行为的可靠性，内心的安全感就会提高，对风险的认识就会降低。总之，负性的疫情信息更易增加民众的风险认知水平，而正性的疫情信息更能降低个体的风险认知水平。本研究的假设一得到了验证。

（二）关于风险信息的熟悉性和可控性

从调查结果来看，民众总体感到 SARS 的风险性处在风险因素空间的右上端，偏向完全熟悉和完全控制一端，说明 5 月上旬政府对于 SARS 疫情的逐步控制，使民众的总体风险水平得到了回落，保持在适度的水平。但研究也发现，SARS 病因居于不熟悉程度和不可控制程度的象限，愈后对身体的影响和有无传染性的问题，仍然是民众感到比较陌生的。风险认知的研究表明[14]，当个体感到一种风险不确定性越大时，个体越会感到害怕。只有知道更多关于风险的线索，使不确定感消除并转变成一种希望，人们对风险的评估才会提高。进入 5 月以来，政府加强了关于 SARS 传染性、预防措施、治愈方面的宣传、努力，制定了相应的政策和法规，使广大民众能迅速接触、熟悉和掌握这些知识，因此，在这 6 类风险事件中，民众对这些事件相应的风险认知水平是适度的。而 SARS 病因现在仍属未知的因素。众所周知，当风险是一个新事物时，人们以往的处理模式对新的事物毫无作用时，人们的害怕心理会增大，这可能是民众对 SARS 病因的风险感最大的原因所在。至于愈后对身体有无影响和有无传染的问题，与目前对 SARS 病因和控制措施研究未有突破的客观现实密切相关。从风险因素空间的位置来看，民众对于这类风险的熟悉程度和控制感明显不足，是一个潜在的容易引起民众恐慌的风险因素。所以，SARS 的病因等不确定性因素是民众不熟悉或感到难以控制的风险事件，更容易引起民众的风险感，本研究的假设二初步得到了验证。

（三）关于无助感和应对行为

本研究发现，无助感在疫情信息和风险认知之间起到了一定的调节作用，即无助感越强的个体，对 SARS 患病信息和治愈信息越敏感，SARS 患病信息越容易使个体感到无法控制而引起高风险知觉，而治愈信息则越会降低个体风险认知的水平。但调节变量的作用比较有限，今后研究需要寻找更加敏感的调节变量指标。此外，本研究通过对人们应对行为的调查结果发现，本次应对行为问卷的框架还比较粗略，有一些题目倾向性比较大，像"我开始吸烟（喝酒）或者比平常吸烟（喝酒）更厉害"等，这些项目不足以反映人们面对 SARS 这种新出现的流行疾病时的应对表现。本次预测模型采用的是总体的应对行为指标，今后需要进一步解决应对行为的测量工具研制问题。

（四）关于风险认知与心理行为的关系模型

我们运用结构模型（AMOS）方法对民众风险认知模型进行验证，各项路径系数经检验均达到显著性水平。研究结果发现，疫情信息通过影响个体的风险认知，进而对民众的应对行为和心理健康等预警指标产生影响。在预测模型中，个体的风险认知状态是进行预警指标评估的基础和前提。我们也发现，删除了经济发展预期和疫情发展预期两项社会学调查指标之后，正性预警指标（包括心理健康和应对行为）和负性预警指标（包括风险评估和心理紧张度）确实进入了结构方程。本研究的假设三得到了部分验证，而假设四中有四项社会心理预警指标，即风险评估、心理紧张度、应对行为、心理健康等指标初步得到了验证，但还需要研究的进一步验证。

六　结论

本研究采用分层抽样的调查方法，对全国 17 个城市的 4231 名市民进行了 SARS 疫情中风险认知特征和心理行为预测模型的研究。研究的结论是：

第一，负性信息，包括患病信息和与自身关系密切的信息更易引起民众的高风险评价；正性信息，包括治愈信息和政府防范措施的信息能降低个体风险认知水平。

第二，我国民众 5 月中旬风险认知因素空间位置分析结果表明，SARS 病因处于不熟悉和难以控制一端，"愈后对身体的影响和有无传染性"处于不熟悉一端，这是引起民众风险意识的主要因素。

第三，结构方程分析结果表明，SARS 疫情信息是通过风险认知对个体的应对行为、心理健康等预警指标产生影响的，并初步验证了风险评估、心理紧张度、应对行为和心理健康等指标对于危机事件中民众心理行为的预测作用。

参考文献

［1］Xie, X. F., Xu, L. C. A Theoretical Model for Risk Perception（in Chinese）［J］. Advances in Psychological Science, 1995, 3（2）: 17-22.

［2］Shi, K. The Behavior Research on the Reemployment of Laid-offs（in Chinese）. In: Cheng, S. W. ed. The Reform and Improvement of Chinese Social Security System［M］. Democracy and Construction Press, 2000.

［3］Shi, K., Song, Z. L., Zhang, H. Y. The Consulting Model Research on the Reemployment of Laid-offs（in Chinese）［J］. Ergonomics, 2001, 7（4）: 1-5.

［4］Shi, K., Fan, H. X., Li, Q. Y. et al. The Preliminary Study of Stock Investors'? Psychology（in Chinese）［R］. In: Chinese Psychological Society ed. The 9th? Chinese Academic Conference of Psychology: Selection of Abstracts. Guangzhou, 2001.

［5］Atman, C. J., Bostrom, A., Fischhoff, B., Morgan, M. G. Designing Risk Communications: Completing and Correcting Mental Models of Hazardous Processes（part 1）［J］. Risk Analysis, 1994（14）: 779-788.

［6］Vlek, C., Stallen, P. Rational and Personal Aspects of Risk［J］. ACTA Psychologique, 1981（45）: 275-300.

［7］Douglas, M., Wildavsky, A. Risk and Culture［M］. University of California Press（Berkeley）, 1982.

［8］Slovic, P. Perception of Risk［J］. Science, 1987（236）: 280-285.

［9］Webmaster, T. A Socio-psychological Model for Analyzing Risk Communication Processes［J］. The Australasian Journal of Disaster and Trauma Studies, 2000（2）: 150-166.

［10］Covello, V. T., Merkhofer, M. W. Risk Assessment Methods［M］. Plenum Press, New York, 1994.

［11］Zeiner, A. R., Bendell, R. D. et al. Health Psychology: Treatment and Research Issues［M］. New Work, Plenum Press, 1985.

［12］Institute of Psychology, CAS. Health Mental, Conquering "SARS"（in Chinese）［M］. Science Press, 2003.

［13］Powell, D. An Introduction to Risk Communication and the Perception of Risk［monograph on the Internet］［M］. Guelph（Ontario, Canada）: University of Guelph, 1996.

［14］Ropeik, D. Be Afraid of Being very Afraid［R］. Washingtonpost, Sunday, October 20, 2002.

［15］Xu, L. C. Risk and Decision（in Chinese）［J］. Science Decision, 1998（2）: 37-39.

The Risk Perceptions of SARS and Socio-Psychological Behaviors of Urban People in China

Shi Kan　Fan Hongxia　Jia Jianmin　Li Wendong　Song Zhaoli

Gao Jing　Chen Xuefeng　Lu Jiafang　Hu Weipeng

Abstract: To investigate Chinese peoples' risk perception of SARS and the socio-psychological predictive model, this research surveyed 4231 people from 17 cities in China by the method of stratified sampling. The results indicated that: 1. Information of infection and personal interest had negative impact on people's risk perception, recovery information with SARS and measures government took to prevent the spread of SARS can decrease the level of risk perception, and helplessness was found to moderate the relation between information and risk perception. 2. The level of general risk was located in the area between familiarity and controllability. In the middle of May, people felt highest level of risk on the SARS pathogens, the second is the physical health and contagion after recovering from SARS. 3. The SEM result primarily supported our hypothesis of socio-psychological predictive model, and lay the foundation for Socio-Psychological Presentiment System of crisis and risky events.

Key words: SARS; risk perception; risk communication; coping behavior; mental health

个体投资者股市风险认知特征的研究 *

时　勘　范红霞　许均华　李启亚　付龙波

摘　要：本研究采用分层抽样的调查方法，从南方证券有限公司所属的 70 多家营业部抽取了 1840 名股票个体投资者，进行了有关投资风险认知特征的问卷调查。结果发现，我国个体投资者存在风险事件认知普遍偏低的情况，在追高风险和过度投机风险方面表现得尤为突出，而股龄较长、资金拥有量较大的个体投资者对追高和过度投机的风险认知偏低。有关投资行为预测模型的分析结果表明，投资者的风险认知对投资绩效（含股市满意度和再投资行为）有较显著的正效应，政策信息、信息不对称性、上市公司信息发布对投资者风险认知有显著的正效应，上市公司回报和再分配对风险认知存在负效应影响。为此，提出了在市场监管和舆论宣传中对于个体投资者进行教育引导的建议。

关键词：证券市场；个体投资者；风险认知

一　引言

在股市投资者构成的"二元结构"中，一端是极少数的"机构投资者"，另一端是众多的个体投资者，他们占了绝大部分比例，在股市投资中起到重要作用。那么，我国个体投资者是如何看待股市风险的？个体投资者的投资行为究竟具有哪些特点？这已经成为人们普遍关心的问题之一。投资心理行为问题属于经济心理学研究范畴，是社会经济转型期的研究热点之一[1]，开展有关投资心理的研究，不仅能深化对于国民金融行为及其心理机制的认识，而且对于我国证券市场管理政策的制定和投资者的教育引导均具有重要的实践意义。

从 20 世纪 80 年代开始，有关证券市场个体投资者的金融行为特征，特别是风险认知研究受到了国外研究者的重视。关于风险认知的研究，目前主要从两个层面进行[2]：一方面是探索风险的客观指标，即采用客观、科学的方法对股市风险进行分析预测，如基于贝叶斯理论发展起来的风险评价、情景评价等，参与这方面的研究者以经济学家、数学家为主；另一方面是探索风险认知的主观因素，主要探索人们对证券市场风险的主观认识规律，它们更多地涉及了人们在认识风险时的不确定性特征以及影响人们认知的心理因素。可以认为，从投资者心理层面来进行投资风险的研究，无论是国外还是国内，还是比较薄弱的。所谓风险，指不利事件或危险事件的发生及其发生的可能性。Yates 和 Stones 将风险定义为各类损失的总和[3]，风险认知指个体投资者对存在于外界各种客观风险的主观感受与认识，这种认知有可能与实际情况相符或不相符，它强调的是个体通过直观判断和主观感受获得的经验对于个体在风险决策中的影响。Paul Slovc 认为，风险认知研究是测量人们对某些事件、活动或新兴技术的潜在危险性进行评价和表征时做出的判断，它可以提供一个认识和理解公众

---

* 本研究为国家自然科学基金资助项目（70471060；70573108）；国家教育部人文社科重点基地 2002 年资助重大项目（0JAZTD630002）。

对各种风险事件的反应的基础，以增进公众和技术专家、决策人员间的相互沟通，是良好"决策"的前提[4,5]。投资者心理行为研究大体可归为两大类：第一类是与 Kahneman-Tversky（1979）创建时"前景理论"（prospect theory）有关的理论，Kahneman 教授认为，期望效用理论无法解释人们在认知选择中出现的系统性偏差，并发现个体的认知策略，如易获得策略（availability heuristic）、代表性策略（representativeness heuristic）和锚定调整策略（anchoring/adjustment heuristic）会极大影响人的认知结果[6]。第二类是直接从认知心理学（cognitive psychology）中寻找元素用来构建反映金融市场投资者行为的模型。认知心理学者把影响投资者行为的心理学因素分成两类：一类被称作经验推断驱动的偏差（heuristic-driven bias），另一类被称作框架相依（framing dependence）的偏差。进一步的个体投资者行为的研究结果表明，长期投资者要比短期投资者购买更具风险性的股票，或投资那些风险更大的有价证券。但也有研究发现，短期投资者愿意选择更具冒险性的行为，而长期投资者的风险态度更为趋中，这些研究结果显然不尽一致。学者们在进行经验总结时，还发展了一些有关风险认知研究的理论框架[7-11]，其中以 Paul Slovic 等的研究模型具有更大的影响。Slovic 等研究发现，人们对各种风险事件的评判，可以从两大因素进行衡量：一个因素是"忧虑性风险"，其高风险一端容易被知觉为"难以控制的"（local of control）；另一个因素是"未知风险"，其高风险一端易被知觉为"未知的，不熟悉的"。他们认为，人们的风险认知强度和性质与风险事件在因素空间的相对位置有关，其位置直接显示出人们对风险的知觉特征。Slovic 的研究模型在很多国家的跨文化比较研究中得到了应用[6,10]，我国的个体投资者的金融行为及其心理机制的研究还处于初步探索阶段，由于具有我们独有的文化背景和金融监管制度，开展相关的比较研究是非常必要的。

二　目标和构思

（一）研究目标

从心理学的角度出发，通过对个体投资者的风险认知和投资行为的关系进行考察，探讨我国证券市场个体投资者投资的心理行为的影响因素及其相互关系，建构基于中国背景和管理制度下的投资者心理行为影响因素的预测和解释模型（见图1），为认识处于社会经济转型期的个体投资者风险投资行为特征和心理机制提供理论依据和管理对策建议。

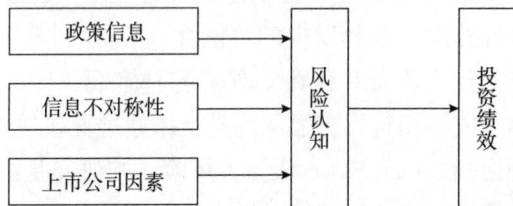

图1　个体投资者对股市中风险事件的认知和心理行为预测模型

本研究欲探讨政策信息、信息不对称性、上市公司因素这三种外部环境因素对投资者风险认知的影响。这是因为对于政策性信息，相关研究表明[12]，无论是在股市波动时期还是稳定时期，政策性信息是投资者最重视的因素之一。信息不对称性，是指某些投资者拥有足够的信息，而另一些投资者却缺乏或仅仅拥有较少的信息；拥有较少信息的投资者可能会因为信息不充分或者信息的不准确而做出错误的判断，它作为股市中一种常见的现象，如何影响投资者的风险认知，是应关注的一个方向。对于上市公司，由于它是股票的发行主体，也是股市投资的对象，投资者对上市公司各方面情况的评价是影响其风险认知的一个重要因素。

假设，外部环境因素通过对投资者风险认知，影响投资者的投资绩效（包括投资行为和投资满意度），由于我国文化、历史和管理制度的特殊性，政策性因素对于投资者的投资行为影响要高于其他因素。

（二）调查问卷

在查阅了大量文献和座谈调查后，设计了结构化访谈提纲，选择的被访问对象为随机抽取的南方证券公司下属的营业部的 20 名个体投资者。根据访谈结果，经与证券专家多次讨论后，编制个体投资者的调查问卷。然后，选取 54 名个体投资者进行了问卷预试，结果确认了各子问卷的信度和可用性，在对问卷内容进行修订后，最终形成了个体投资者调查问卷。整个问卷包括 51 个题目，从信息、组织因素和投资者个体特征三方面进行调查，根据 Slovic 的风险认知模型[4]，采用了熟悉性、控制性两个风险测量指标，以考察人们对风险事件的知觉。与南方证券公司专家充分讨论后，在问卷中，共列出 7 种风险事件的来源，来自投资外部环境的风险事件有利率上调、物价变动、上市公司、政策变动，来自投资者自身行为的风险有跟庄不当、追高和过度投机。测量方式均采用李克特五点量表进行。

（三）被试

问卷调查采用分层抽样的方式进行，首先对调查员进行问卷调查方法的培训，以保证问卷调查数据收集的客观性和完整性。为了保证数据分布的均衡性，从南方证券有限公司设在全国的 70 多家营业部随机选取了 46 个营业部，每个营业部中随机选取 40 名个体投资者，问卷调查在各营业部收市后进行。完成问卷后，封口的问卷统一寄发给中国科学院心理研究所研究人员进行数据处理。本次调查共发出问卷 1840 份，收回 1654 份，回收率达 89.9%，其中有效问卷 1547 份，有效问卷率达 93.5%。被试的基本情况如表 1 所示。

表 1　调查样本基本情况统计

	类别	百分比（%）		类别	百分比（%）
年龄	20~29 岁	18.0	文化程度	初中及初中以下	9.1
	30~39 岁	31.6		高中（中专、职高）	31.5
	40~49 岁	25.9		大专	34.5
	50~59 岁	15.3		本科	21.9
	60 岁以上	9.2		硕士及硕士以上	3.0

续表

	类别	百分比（%）			类别	百分比（%）
资金量	5 万元以下	15.5	入市时间		1996 年及以前	37.8
	5 万~10 万元	22.8			1997 年	22.6
	10 万~50 万元	38.0			1998 年	14.1
	50 万~100 万元	13.3			1999 年	13.0
	100 万元以上	10.4			2000 年以后	12.4
股票运作周期	一个月（超短线）	27.0	性别		男	61.6
	半年内（短线）	49.3			女	38.4
	一年内（中线）	16.4				
	一年以上（长线）	7.3				

三　结果与分析

（一）投资者对风险事件认知程度的比较分析

从对风险认知的熟悉角度来看，方差检验发现，投资者对 7 类风险事件熟悉程度存在显著差异 $[F_{(1, 1263)} = 74.44, p < 0.001]$。进一步多重比较结果表明，对追高风险的熟悉程度显著高于对其他风险事件的熟悉程度（p<0.05），除了利率、政策、过度投机三种风险事件两两之间差异不显著外，它们与其他风险事件之间都存在显著差异（p<0.05）。也就是说，投资者对于追高风险最为熟悉，对于物价风险和上市公司带来的风险最不熟悉，对其他风险事件的熟悉程度介于两者之间。因此，管理者要特别注意物价风险和上市公司带来的风险，因为越是个体投资者感到不熟悉的风险，一旦出现问题，其承受能力就越差，导致的心理波动就越大。

从对风险认知的控制角度来看，方差检验发现，投资者对 7 类风险事件的控制程度也存在着显著差异 $[F_{(1, 1265)} = 160.12, p < 0.001]$。进一步的多重比较分析结果表明，除了利率与物价两事件之间无显著差异之外，其他风险事件彼此之间都存在着显著差异（p<0.05）。这表明，个体投资者认为，自己对于过度投机风险事件的控制能力最高，自己有能力化解过度投机带来的风险，但感到对上市公司的风险事件的控制能力最低，而对于利率、物价两方面的事件感受到的控制程度是同等的。换言之，在多种风险事件中，上市公司是他们感到最难控制的风险事件。这意味着，当上市公司出现问题时，最易引起个体投资者的心理波动和投资行为的不稳定。

表 2　投资者风险认知结果统计

风险事件	熟悉程度		控制程度	
	平均数	标准差	平均数	标准差
利率上调	4.230	0.033	3.418	0.040
跟庄不当	4.029	0.032	3.652	0.034

续表

风险事件	熟悉程度		控制程度	
	平均数	标准差	平均数	标准差
物价变动	3.640	0.031	3.343	0.035
上市公司	3.690	0.037	2.801	0.039
政策变动	4.170	0.034	3.005	0.040
追高	4.392	0.031	3.986	0.035
过度投机	4.279	0.035	4.101	0.039

注：数字越高，表示熟悉或控制程度越高，风险认知水平越低。

根据表2的结果，将投资者对各类风险事件认知程度的评价结果进行了排序，结果发现（见表3），个体投资者对这7类风险事件的认知，从熟悉角度和控制角度来看，其趋势基本上是一致的。即个体投资者在对风险事件感到熟悉的同时，也感到容易控制该事件，表现出的风险认知水平就低；反之亦然。投资者只有对政策变动事件的风险认知存在不一致，而对于政策变动这一风险事件比较熟悉，但感到难以控制。总体来说，我国的个体投资者感到来自上市公司的风险最大，对追高、过度投机投资风险知觉最低。这可能是因为我国证券市场投机风气甚浓[13]，个体投资者认为，只有在追高或投机的过程中才能获得更大的收益，所以投资者更愿意去冒风险，自愿接受这些风险。从短期效果来看，这种氛围利于股市的短期发展，但是，从风险认知的研究结果可知，一旦市场发生较大的变化，投资者的承受心理就比较脆弱，容易引起更大的波动。必须在投资者教育引导中关注这个问题。此外，个体投资者们认为自己是非常熟悉国家的政策性风险的，同时又感到自己难以控制政策变动带来的风险。这是市场监管部门特别值得关注的问题。

表3　风险事件的认知排序

风险维度	风险事件					
	第1位	第2位	第3位	第4位	第5位	第6位
熟悉程度	追高	过度投机、利率、政策	跟庄	物价，上市公司风险		
控制程度	过度投机	追高	跟庄	利率、物价	政策	上市公司

注：程度越高，知觉到的风险水平越低。

然后，根据投资者对这7类风险事件在风险熟悉性和控制性上的特点，绘制了投资者对7类风险事件的认知图，如图2所示。在这7类风险事件中，对上市公司的风险认知分布在完全不能控制和完全熟悉的区域里，其他风险事件均分布在完全可以控制和完全熟悉的区域内。也就是说，投资者对于利率上调、跟庄不当、物价变动、政策变动、追高、过度投机这6类风险事件感到比较熟悉，也感到可以控制，相应的风险水平也比较低，但对于上市公司方面，熟悉感虽然比较好，但是感到比较难以控制，因此它是这7类风险事件中最容易引起投资者高风险认知的因素。

最后，根据投资者对这7类风险事件在风险熟悉性和控制性上的特点，绘制了投资者对7类风险事件的认知图，如图2所示，在这7类风险事件中，对上市公司的风险认知分布在完全不能控制和完全熟悉的区域里，其他风险事件均分布在完全可以控制和完全熟悉的区域内。也就是说，投资者对于利率上调、跟庄不当、物价变动、政策变动、追高、过度投机这6类风险事件感到比较熟悉，也感到可以控制，相应的风险水平也比较低，但对于上市公司方面，熟悉感虽然比较好，但是感到比较难以控制，因此它是这7类风险事件中最容易引起投资者高风险认知的因素。

（二）对追高风险和过度投机风险的个体认识差异分析

追高现象和投机现象是股市中常见的两种现象，本研究发现从熟悉程度来看，经方差检验分析，不同股龄的投资者之间存在显著性差异 [$F(5, 1279) = 5.54$，$p<0.001$]，其中，1996年以前入市者要显著高于2000年入市的和2001年刚入市的投资者。也就是说，股龄越长者，越认为自己熟悉追高风险。从控制程度来看，不同股龄的投资者之间存在显著性差异 [$F(5, 1307) = 4.25$，$p<0.005$]，1996年以前入市者要显著高于2000年入市者（$p<0.005$）。也就是说，股龄越长的，越认为自己能够更好地控制追高风险。

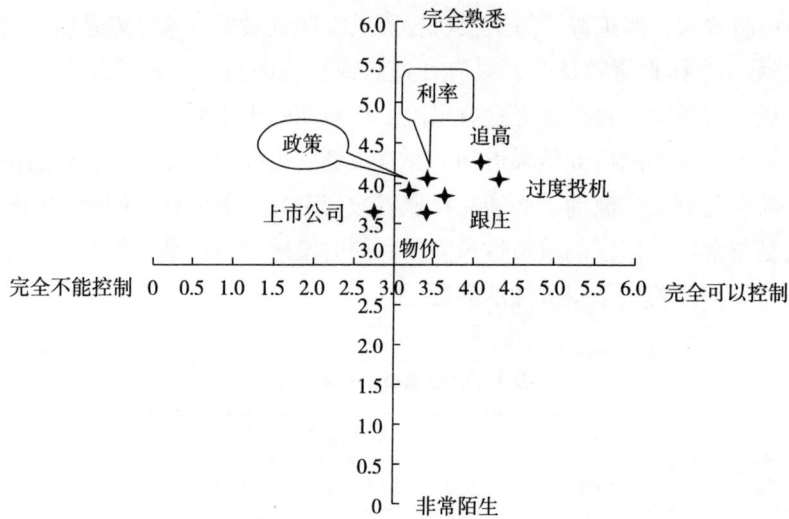

图2　投资者对各类风险的认知

表4　不同股龄投资者追高风险特征的比较

股龄	熟悉程度		控制程度	
	平均数	标准差	平均数	标准差
1996年入市	4.54	1.06	4.14	1.15
1997年	4.40	1.04	3.89	1.26
1998年	4.31	1.06	4.01	1.22
1999年	4.27	1.16	3.90	1.18
2000年	4.13	1.26	3.67	1.38
2001年刚入市	3.79	1.45	3.67	1.41

多重比较分析还发现，不同投入资金量的人在追高风险的熟悉程度上存在显著性差异 [F(4，1277)= 2.67，p<0.005]。5 万元以下者（4.21）对风险熟悉程度显著低于 5 万~10 万元（4.42）、50 万~100 万元（4.55）和 100 万元以上投资者（4.49）（p<0.005）；10 万~50 万元（4.35）显著低于 50 万~100 万元（p<0.005）。在控制程度上，没有发现显著性差异。

在过度投机风险认知上，从熟悉程度来看，经方差检验分析，不同股龄者之间存在显著性差异 [F(5，1279)= 6.24，p<0.001]。其中，1996 年前入市者（4.47）的熟悉程度显著高于 1999 年（4.05）、2000 年（3.99）、2001 年入市者（3.64）；从可控制程度来看，不同股龄者之间也存在显著性差异 [F(5，1312)= 7.04，p<0.001]：1996 年以前入市者（4.36）要显著高于 1997 年（3.95）、1999 年（3.85）、2000 年（3.78）入市者。也就是说，股龄越长的投资者越认为自己能够控制风险。

相关的一些研究表明，投资者的风险认知状态是存在个体差异性的[14]。在本研究中发现，不同股龄、资金量的投资者的风险认知状态不同。股龄越长的，对于追高风险和过度投机风险就越熟悉，知觉到的风险水平会越低。这可能说明，长期处在不确定环境下的投资者，会对于各类危险事件表现麻木，投资胆量会增大，投资行为会更带有冒险性。这对于我们教育引导投资者投资行为有重要的指导意义，应当采用不同的方式来引导不同股龄和不同资金量的投资者。

研究结果还发现，个体投资者对于来自自身行为的风险知觉水平要低于来自外部环境的风险认知。一般说来，人们对于风险认知高的事件会采取谨慎的投资方式，注意规避冒险；反之，对于风险认知低的事件会在行动上趋向冒险。对于跟庄、追高及过度投机风险事件，其内含的不确定性因素较多，从客观上看是属于个体难以控制、把握的高风险事件，但实际上广大的投资者主观上的风险认知是低的，这种在风险上主客观认知的偏差值得关注。

(三) 投资者投资行为的预测模型分析

我们运用结构方程模型分析方法对投资者投资行为的影响因素及其相互关系进行了验证。结构方程模型分析方法即因果关系模型（causal model），经常被用来检验复杂理论模型中的因果关系[15]，其目的在于通过检验实证数据对模型拟合是否有效，来考察理论框架的合理性。常用的统计软件有 AMOS、LISREL、BQS 等，本研究使用的是 Amos4.0 统计软件。判断模型拟合好坏的标准指标通常有多个，如以模型分析结果的卡方值除以自由度 X^2/df（通常以小于 3 为接受标准）、RMSEA（root mean square error of approximation）、GFI（Goodness of Fit Index）、经自由度调整后的 AGFI（Adjusted Goodness of Fit Index）、NFI（normed fit index）、CFI（comparative fit index）、IFI（incremental fit index）等数值作为判别标准。一般来说，各指数的拟合标准分别为 X^2/df 大于 10，说明模型很不理想，小于 5 表示模型可以接受，小于 3 则表示模型较好；GFI、NFI、CFI、AGFI、IFI 最低要求是大于 0.85，最好能大于 0.90，且越接近 1 说明模型拟合得越好；RMSEA 处于 0 和 1 之间，临界值为 0.08，越接近 0 说明模型拟合得越好。一般来说，对模型好坏的评价是要综合多个指标进行分析的。

首先，对各变量进行了定义。如图 3 所示，模型中包括四个自变量：政策信息、信息不对称性、上市公司信息发布质量、上市公司投资回报和再分配。政策信息是通过投资者再投资决策中的重视程度进行测量的，信息不对称性是通过投资者对其原因的认识来测量的，分数越高，说明投资者越赞同造成这种信息不对称性的原因。上市公司信息发布质量是指信息的完整性、及时性、真实性和透明度，可以通过投资者对其的满意程度来测查。上市公司投资回报和再分配是指股息、红利和送配股情况，也是通过投资者对其的满意度进行测量的。投资者风险认知是中介变量，通过投资者对各类风险事件控制能力的评价进行测查，投资者感到难以控制的风险事件，对其知觉到的风险水平就高。因变量为投资绩效，包括对股市收益的满意度（股市满意）和再投资行为（投资行为）。

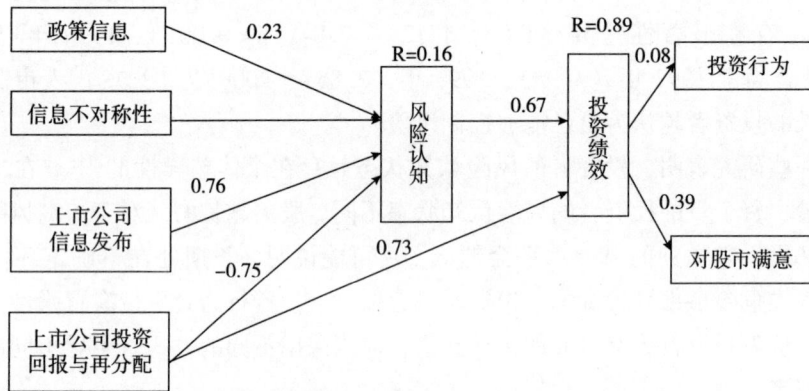

图3　个体投资者投资行为的预测和解释模型

　　按照结构方程的判断标准指标，对所提出的理论模型进行检验，最后修正后的观测数据模型与修正模型的 χ^2/df 拟合数值为 1.327，小于 3，P 值为 0.131，大于 0.05。GFI、AGFI、NFI、CFI、IFI 等各项指数均达到判别标准，这说明修正后的模型是可接受的模型（见表 5）。

表5　模型的拟合度指数

χ^2	df	χ^2/df	P 值	GFI	AGFI	NFI	CFI	IFI
31.848	24	1.327	0.131	0.988	0.972	0.977	0.994	0.994

　　结果表明，外界环境的各种因素对投资者风险认知影响是不同的。其中，政策信息、信息不对称性、上市公司信息发布到风险认知的路径系数为正，而上市公司回报和再分配因素到风险认知的路径系数为负。也就是说，投资者感到政策性信息越重要，投资者对信息不对称性越认同，投资者对上市公司信息发布满意程度越高，个体的风险认知度就越低。投资者对上市公司回报和再分配因素满意程度越高，个体的风险认知度就越高。上市公司回报和再分配因素一方面通过风险认知对投资绩效起作用，另一方面可以直接作用到投资绩效，即上市公司回报和再分配因素影响作用越高，人们的投资满意度越高，投资行为越多。以上的路径系数经 T 检验，均达到显著性水平。从路径系数上来看，外界环境因素中，上市公司因素对投资者的风险认知影响作用最大，其次是政策性信息，最后是信息不对称性。研究假设得到了部分验证。

　　有关研究表明[14]，人们在判断风险事件时，往往根据事件发生的频率、后果的严重性、与自身关系的密切性等指标做出判断。由于上市公司是股票发行的主体公司，与投资者的投资利益关系最为密切，所以上市公司各方面因素成为影响投资者风险认知的最主要因素，特别是关于上市公司回报与再分配的措施。一般风险认知规律表明，事件发生的次数越多，后果越严重，个体所感到的风险就越大。所以，尽管上市公司回报和再分配因素影响作用越高，人们的投资满意度越高，投资行为越多，但由于上市公司的回报与再分配属于对投资者投资的回报且与投资者自身利益关系密切，所以就不难解释为什么我们发现上市公司的回报与再分配与投资者风险认知之间是负向的关系。这为证监部门要加强上市公司对投资者回报的管理提供了一个理论的依据。

路径图分析结果表明，政策信息的影响作用越大，越可以降低个体的主观风险认知度。关于政策性因素对股市中风险起到的是积极作用还是消极作用，学术界的意见尚未统一。例如[16]，有学者认为政府干预会阻碍整个金融和经济的健康发展，实际上增加了投资的系统风险；但有的学者认为，股票市场作为金融市场的一个重要部分，其功能的失灵现象比其他市场更为普遍，某些政府的干预能使它的功能发挥得更好，在某种程度上降低投资风险，保护投资者利益。况且我国股市发展只有 10 年的历史，证券市场建立于经济转轨特殊时期，股市尚处于脆弱阶段，如果政府不加以监督和管理，往往会失控，引发更大的风险。从本研究结果来看，倾向于支持第二种观点。投资者主观上比较认同政府对股市的监管，认为政府干预、政策性信息出台可以降低股市中风险。这种良好的对政府的信赖，是值得证券管理部门重视和珍惜的。

路径图分析结果表明，在这三种外界环境因素中，信息不对称性因素对投资者的风险认知影响最小。有研究表明[12]，对于信息不对称现象，多数投资者认为确实存在，但对于自己的投资行为影响不大，多持中立的态度。信息不对称性高，投资者感到是可以理解的，并没有视为高风险。这可能是因为在证券市场运作过程中，信息不对称性会造成一些人掌握的信息比较少，使他们只看到了一些表面的现象，而真实情况知之甚少，使某些个体投资者低估了一些客观风险较高的事件。这与国外一些风险认知研究的结果是一致的。有研究表明[5,14]，由于投资者获取信息的渠道不同，一些缺乏明晰背景的信息者，就可能会被一些表面信息所左右。而这时投资者对于风险的知觉水平和表现的警觉性都比较低。

（四）结束语

第一，我国个体投资者对于在风险事件的认知方面，除了对于"上市公司管理不当造成损失的风险事件"感到难以控制之外，均感到熟悉和可以控制，这种风险认知偏低的情况值得关注。

第二，投资者感到来自上市公司的风险最大，对于追高风险和过度投机风险，投资者知觉的风险水平最低，其中股龄较长、资金量较大的个体投资者风险认知有更为偏低的倾向。对于政策性风险，投资者感到非常熟悉，但难以控制政策变动带来的风险。

第三，预测模型的分析结果表明，投资者的风险认知对投资绩效（含满意度和未来的投资行为）有较显著的正效应；政策信息、信息不对称性、上市公司信息发布对投资者风险认知有显著的正效应，上市公司回报和再分配对风险认知存在负效应影响。

第四，根据我国个体投资者风险认知普遍偏低的情况，建议证券市场监管部门在宣传工作中要加强投资者的风险教育引导工作，根据投资者在股龄、资金量方面的差异，采用针对性措施，提高他们的风险意识。此外，要珍惜投资者对于政府政策信息的信任力，加大上市公司对投资者回报管理的监管力度，采取有效措施提高其内部管理水平。

参考文献

［1］时勘，卢嘉．管理心理学现状与发展趋势［J］．应用心理学，2001，7（2）：52-56.

［2］谢晓非．风险研究中的若干心理学问题［J］．心理科学，1994，17（2）：104-108.

［3］Yates, J. F., Stone, E. R. The Risk Construct［J］. Risking-taking Behavior, 1992：1-25.

［4］Paul Slovic. Perception of Risk Science［J］. 1987, 236：280-285.

［5］谢晓非，徐联仓．风险认知研究概况及理论框架［J］．心理学动态，1995，3（2）：17-22.

［6］Kahneman, D., Tversky, A. The Simulation Heuristic［A］. In：Kahneman D, Slovic P, Tversky A, eds. Judgement Under Uncertainty：Heuristics and Biases［M］. New York：Cambridge University Press, 1982：201-208.

［7］Brun, W. Cognitive Components in Risk Perception：Natural Versus Manmade Risks［J］. Journal of Behavioral Decision Making, 1992, 5：117-132.

［8］Kraus, N., Malmfors, T., Slovic, P. Intuitive Toxicology：Expert and Lay Judgments of Chemical Risk［J］. Risk Analysis, 1992, 12（2）：215-232.

［9］Sjoberg, L., Drottz-Sjoberg. Knowledge and Risk Perception among Nuclear Power Plant Employees［J］. Risk Analysis, 1991, 11（4）：607-618.

［10］Slovic, P., Kraus, N. Risk Perception of Prescription Drugs：Reports on a Survey in Canada［J］. Canadian Journal of Public Health, 1991, 18（2）：15-20.

［11］Slovic, P. Perception of Risk［J］. Science, 1987, 236：280-285.

［12］范红霞，时勘．关于股票个体投资者应付方式的研究［J］．中国临床心理学杂志，2003，11（3）：198-199.

［13］吴敬琏．十年纷纭话股市［M］．上海：上海远东出版社，2001：137-145.

［14］徐联仓．风险与决策［J］．科学决策，1998（2）：37-39.

［15］Hoyle Rick, H. Structural Equation Modeling：Concepts, Issues, and Applications. An Introduction Focusing on AMOS［M］. Thousand Oaks：Sage Publications, 1995.

［16］洪伟力．证券监管：理论与实践［M］．上海：上海财经大学出版社，2000.

Research on Risk Perceptions of Chinese Stock Investors

Shi Kan   Fan Hongxia   Xu Junhua   Li Qiya   Fu Longbo

Abstract：To investigate the risk perceptions of stock investors, the research surveyed 1840 stock investors by the method of stratified sampling with the help of Nanfang Bond Company. The results showed the level of investors risk perceptions was low on the seven risk resources, especially on the risk of pursuing high going-up stock and excess speculation. The two factors that years in stock and asset would influence the risk perceptions of the pursuing high going-up stock and excess speculation. From the model of stock invesment behavior, we found the risk perception had positive effect on investment performance, and governmental information, information asymmetry and information announcement had positive effect on the risk perception. The return and reassign of the company had negative effect on the risk perception. Finally we gave some suggestion based on the results on the investors' education and management of return of the company.

Key words：stock investors；risk perception；the stock market

个人主义与集体主义结构的验证性研究*

王永丽　时　勘　黄　旭

【编者按】2001 年我非常幸运地来到中国科学院心理研究所时勘博士课题组，加入团队我才知道，我是时老师指导的所有学生中年龄最大的。尽管年龄大，但研究能力却是较差的。时老师并没有因此而抛弃我，而是不断地鼓励我，给我创造条件和机会。到了 2003 年，当时还在荷兰格罗尼根大学读博士的黄旭（现为香港浸会大学管理学院教授）来到心理所，时老师让我协助他做一些辅助性工作，在和黄旭沟通过程中，我对个人主义-集体主义的文化价值观产生了兴趣，在时老师的指导下，完成了我的第一篇读博期间文章《个人主义与集体主义结构的验证性研究》，很快就发表在《心理科学》上。这篇文章的发表给了我很大的信心，后面的博士论文就是在此基础上的进一步深化完成的。现在想来，博士论文主题就像是大海捞针，如果没有时老师前期让我参与黄旭博士的课题，我绝不会这么顺利地找到绩效反馈这一博士论文方向的。这里选登的 2004 年我这篇《心理学报》的文章是我博士论文研究的一部分，可以说，如果没有时老师的帮助和指导，我绝不可能在短短三年时间内发表三篇文章，顺利获得博士学位。非常感谢时老师读博期间给予的各方面的帮助和支持！作为年龄最大的博士生，我也没有给课题组丢脸，凭借两篇心理学报、一篇心理科学的三篇文章，博士毕业后直接被中山大学管理学院聘为副教授！这确实来之不易！转眼在中山大学工作也已经快 15 年了，非常荣幸的是，时老师在中山大学指导的四位博士也和我有一些交往，我也能够尽力地帮助他们，加之师弟师妹们都很优秀，我们合作得很愉快！我这个大师姐也一直在努力，前后承担了三项国家自然基金面上项目，《世界经理人》周刊《总裁》杂志联合主办的 2018 年"世界/中国最具影响力 MBA 排行榜"评选活动中，我也被授予"中国十大最受尊敬商学院教授"荣誉称号，读博期间耳濡目染地看到时老师如何对待学术研究、如何进行课堂教学，这些都是我们继承和发扬的宝贵财富！尽管毕业之后和时老师见面不多，但每次见到时老师我都会受到激励，时老师对工作的热情和激情、对学术前沿的敏感度以及对社会的高度责任感、大局意识等让我受益终身！（王永丽，2001 级中国科学院心理研究所博士生，中山大学　教授）

摘　要：本文用实证方法通过对中国 303 名被试的调查，对个人主义、集体主义的维度及其测量问卷的构想效度进行初步验证，结果支持 Triandis 提出的个人主义、集体主义可以分成水平、垂直两个维度，在个人水平上，个人主义与集体主义有四种类型的构想。验证性因素分析表明，Singelis 的问卷有较好的构想效度，但在中国被试的测试结果上表现出一些题目的不适合，有待于进一步修正。

关键词：个人主义；集体主义；文化差异；构想效度

---

* 本研究得到国家自然科学基金委项目资助（项目资助号：70072031）。

一 引言

世界经济的全球化，跨国公司的发展和区域性经济组织的出现，使组织中人们之间的文化差异比较研究成为 20 世纪后期的研究热点之一。1984 年 Hofstede[1] 提出文化的差异主要体现在四个维度：权力距离、个人主义与集体主义、不确定性回避、男性化—女性化。其中对个人主义和集体主义的研究是 20 世纪 80 年代跨文化心理学研究的主要问题之一（Kagitcibasi & Berry 1989）[2]。这些研究不仅关注这一维度对人力资源管理过程的影响（Earley，1994；Early & Stubblebine，etc）[3]，而且对个人主义（Individualism）和集体主义（Collectivism）的结构进行了大量的研究。这里，对于个人主义与集体主义有不同的观点，一种是不分维度的两极概念，认为个人主义、集体主义是对立的两极，不能再进一步分割成多维度的整体特征（Olcay I. E.，1998）[4]。如果一个国家是以集体主义文化为主，则这个国家的个人主义倾向就会很低。但是，也有研究发现，即使在同一文化背景下，个体所表现的个人主义或集体主义倾向也是不同的。Triandis（1995）[5] 认为，美国人的个人主义倾向表现在强调竞争和地位，而瑞典人表现在更看重平等。近年来的跨文化心理学研究中，人们试图确定个人主义和集体主义的结构。Triandis 提出，有 60 种特征可以把不同类型的个人主义与集体主义区分开来，其中最有效的分类方法就是把个人主义和集体主义分成水平（Horizontal）和垂直（Vertical）两个维度（Triandis（1995），这是被后来的研究广泛验证和普遍接受的分类方法。

Singelis 等（1995）[6] 和 Triandis（1995）的 V-H 的分类方法是根据团队中个体是如何看待自己来区分的，比如"把自己看成与团队其他人一样还是不一样？""与其他人是平等的还是不平等的？"来划分。如果一个人在垂直维度分数较高，他（她）就会比较强调等级观念、接受社会的地位差异以及人与人之间的不平等状态；反之，如果一个人的水平维度分数较高，则他（她）更强调平等，相信每人都应有平等的权利和地位。这样，在个人水平上这两个维度的结合就会有四种类型：垂直的个人主义（Vertical Individualism，VI）、水平的个人主义（Horizontal Individualism，HI）、垂直的集体主义（Vertical Collectivism，VC）、水平的集体主义（Horizontal Collectivism，HC）。VI 型特别关心与别人的比较，相信竞争是自然界的法则，希望在所有的竞争中获得胜利，而 HI 型强调的是个人的独特、独立，只是自己做自己的事情，而不是与他人比较。HC 型与团队成员紧密团结（家庭、部落、国家、工作小组），团队的幸福对他们来说很重要，强调共同目标和社会性，但不轻易顺从权威，相反，VC 型服从于团队的典范，甚至为了团队目标可以牺牲个人目标，支持组内成员与组外成员的竞争。Singelis 等（1995）编制了测量这四个维度的态度问卷，问卷包括 32 道题目，每个维度 8 道题目。他选取美国大学生做被试，对量表的构想效度进行了验证，发现四个因素的内部一致性系数在 0.67~0.74，验证性因素分析结果也有较好的拟合指数（GFI = 0.79，A GFI = 0.75，RMSEA = 0.089），VC 与此有显著的相关（r = 0.39，p<0.05），而 HI 与 VI 没有相关。该量表问世之后，各国有很多研究者采用各种方法对它进行验证。Oishi（1998）采用美国被试探索 VI、HI、HC、VC 与 Schwartz 编制的价值量表的 10 个维度之间的关系，发现 VI 与成就定向、个人定向、享乐主义有显著相关，HI 与普遍观、个人定向和享乐主

义、VC 与权力、一致和安全、HC 与仁爱有显著相关。这些结果有力地支持了 Triandis 的假设。Triandis 和 Gelfand（1998）[7]用多质多法（Multimethod-Multitrait）不仅在美国，而且在集体主义倾向较强的韩国被试中进行测试，其结果也验证了该量表有较高的相容效度和区分效度。Triandis 与 XiaoPing Chen、Darius K. -S Chen（1998）[8]选取了美国大学的学生以及香港大学的学生，用情境测验的方法测量了个人主义与集体主义的维度，结果也支持四维度的分类，新加坡学者 Star Soh 和 Leong, F. T. L.（2002）[9]选取在新加坡的中国人为被试，验证了个人主义与集体主义的效度以及它们与价值、兴趣的关系。虽然这些研究都在一定程度上支持了 Triandis 的关于个人主义、集体主义维度的划分，对 Singelis 问卷的构想效度也从不同的方面给予了验证，但 Triandis 从美国文化背景下提出的关于个人主义和集体主义的结构是否适用于中国大陆？Singelis 编制的态度问卷的构想效度在中国大陆是否可以得到比较满意的验证？这些问题尚无专门的验证性研究。为此，本研究拟在中国大陆对 Triandis 提出的个人主义、集体主义的维度以及 Singelis 问卷的构想效度进行验证性研究。

二 方法与程序

（一）测验材料

采用 Singelis 编制的测量个人主义、集体主义的问卷中载荷最大的 16 道题目（Jyh-Shen Chiou, 2001[10]；Star Soh, 2002）作为测验材料，因为这 16 道题目的总解释率就达 0.67。问卷的翻译工作，首先请一名组织行为学研究的专家和两位人力资源管理专业博士生独立将英文问卷翻译成中文，然后三人一起讨论并确定最后的中文稿。再请精通英文的两位学者将翻译好的中文对译（back-translation）成英文，最后，由一位荷兰的组织行为学专家对译后的英文进行语意的确认，没有发现与原意不符的题目。最后，将问卷定为本研究的测量材料。此问卷为五点量表，每一维度有四个项目。

（二）被试

北京某重点院校大学一年级学生，专业与经济、管理、财政等有关，共发放问卷 196 份，有效问卷 189 份，有效问卷回收率 96%。河北某普通高校大学一年级学生，专业同样与经济、管理、财政等有关，发放问卷 116 份，有效问卷 114 份，有效问卷回收率 99%。有效被试 303 人，年龄最小 17 岁，最大 23 岁，平均年龄 19.52 岁。男性 99 人，女性 204 人，以班级为单位采用团体测试。

三 结果分析

采用 SPSS8.0 对数据进行探索性因素分析，用 Amos4.0 对所获得的数据进行验证性因素分析。验证两个理论模型：①一阶二因素模型：所有题目只是测量两个维度——个人主义和集体主义，它们不能再继续区分为不同的维度。②二阶二因素模型：所有题目是测量四个维度（HI、VI、HC、VC），而其中两个维度又可以代表更高一级的维度个人主义和集体主义。

（一）探索性因素分析

我们把其中114名被试的数据作探索性因素分析，以探索中国被试的个人主义、集体主义是否也可以区分为四个维度。结果发现，个人主义、集体主义也有相似的四个维度，只是有些题目归入的维度有所不同，而且有四个题目在两个维度上都有较高的载荷。这说明问卷各维度的组成项目大部分是对应维度的有效指标，通过这些项目测量潜在维度基本上是合适的。因素一可以命名为 HI，因素二命名为 HC，因素三命名为 VC，因素四命名为 VI。

表1 因素分析各项目的负载值

题目	因素一	因素二	因素三	因素四
D11	0.860			
D9	0.825			
D1	0.722			
D10	0.575			0.389
D12		0.718		
D5		0.676		
D16		0.668	0.313	
D2		0.642		
D3		0.535		
D6		−0.510		
D7			0.821	
D13			0.777	
D15			0.692	
D8				0.812
D14	0.350			0.731
D4				0.536

（二）验证性因素分析

我们用另外的189名被试数据对两个理论模型作验证性因素分析，结果如表2所示。

表 2　验证性因素分析的各项拟合指数

模型	χ^2	df	χ^2/df	GFI	AGFI	CFI	TLI	RMSEA
模型一	334.035	103	3.24	0.793	0.727	0.673	0.619	0.109
模型二	244.647	99	2.64	0.846	0.788	0.794	0.75	0.088

拟合度指数是检验模型是否与原始数据吻合的重要指标。χ^2/df 的理论期望值是 1，但在实际检验中，接近 2 即可认为模型的拟合程度较好（郑日昌、张杉杉，2002）[11]。从表 2 的验证性因素分析的结果来看，一阶二因素模型的各项拟合指数都不如二阶二因素模型的各项指数，说明验证性因素分析结果支持二阶二因素模型，但是拟合指数不够理想。

结合探索性因素分析的结果，我们决定根据修正指数来修正模型二。首先找出修正指数最大的路径。第二题（尊重小组做出的决定，对我来说很重要）与 HC 的修正指数为 34.062，是所有修正指数中最大的这一结果的意义是，如果我们增加第二题与 HC 的路径，将会使卡方值下降至少 34.062。当然我们不能只是凭借数据本身来决定模型的修正。从理论上来讲，首先，水平的与垂直的集体主义本身就有较高的相关。再者，这一题目在中国文化背景下，说它属于水平的集体主义也是可以理解的，和自己所属团队目标保持一致，我们认为，可以是水平集体主义的维度。所以，第一次修订增加了第二题与 HC 的路径，结果使各项拟合指数都有所增加。$\chi^2 = 202.717$，$df = 99$，$CFI = 0.853$，$GFI = 0.869$，$TLI = 0.822$，$RMSEA = 0.075$。但是还没有达到理想的水平，根据第二次的修正指数再次修改模型，第六题（我只是自己做自己的事情）与 HC 路径的修正指数最高，但这个题目明显是个人主义的题目，如果增加这个路径就没有理论意义，所以，把这道题目删掉。删掉第六题后的 $\chi^2 = 153.369$，$df = 85$，$CFI = 0.898$，$GFI = 0.895$，$TLI = 0.874$，$RMSEA = 0.065$。从以上的拟合指数来看，这一模型是比较满意的。模型的结构如图 1 所示。

四　讨论

我们在中国大陆使用 Singelis 编制的测量个人主义—集体主义的态度量表进行测试，探索性因素分析结果表明，个人主义、集体主义这一文化差异的维度在中国大陆被试中同样可以区分为四个因素。不过，在美国被试中载荷最大、结构清晰的 16 个题目，在中国虽然都有较显著的载荷，但有些题目在两个维度上都有较高的载荷，说明该问卷适合中国文化背景的测试，但有些项目出现了不同的结果。例如，"我只是自己做自己的事情"。美国结果说明这个题目较好地测量出 HI 维度，载荷为 0.55。但在中国这一题目在 HC 维度上的载荷为 -0.51，在 VC 维度上的载荷为 0.33，说明它不能作为很有效的测量题目在中国测量个人主义倾向。是否可以这样解释，即在中国的文化背景下，如果一个人在团队中把自己的分内工作做好，不与他人争名夺利，也可以看成是一种维护集体的行为，是属于 VC；但相反，如果他不只是自己做自己的事情就说明他有集体主义的思想，是属于 HC。无论做如何解释，说明问卷的有些题目陈述上需要进一步修订，需要考虑中国人的习惯。

验证性因素分析的结果表明，个人主义、集体主义的态度问卷有一定的构想效度，这支持了 Thrian-dis 提出的个人主义、集体主义可以分为水平与垂直两个维度的观点，但在中国

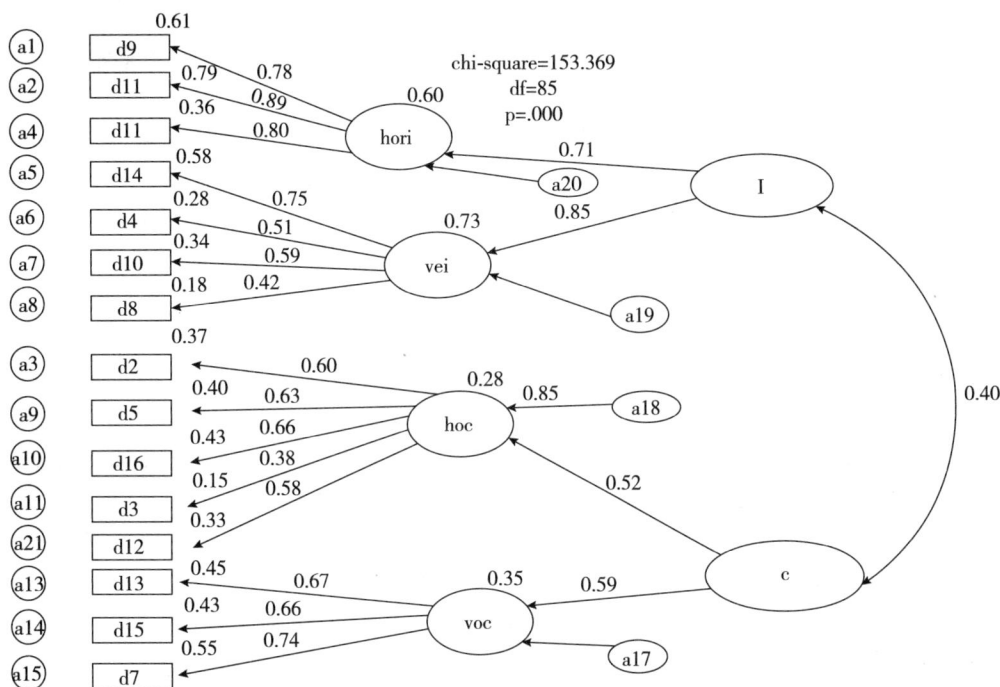

图1　个人主义集体主义量表验证性因素分析

注：a1～a20 是指误差项，d1～d16 是指每个项目，hori 表示水平的个人主义，vei 表示垂直的个人主义，hoc 表示水平的集体主义，voc 表示垂直的集体主义，I 表示个人主义，c 表示集体主义。

的文化背景下，有些题目还是不合适的，例如：中国人很强调在团队中与其他人的关系，尊重小组做出的决定，就预示他能够得到小组其他人的认可，否则，他就会被孤立所以"尊重小组做出的决定，对我来说很重要"这个题目在中国文化背景下，属于 HC 维度。改变路径后，拟合指数有很大的提高。

探索性因素分析和验证性因素分析的结果都说明："我只是自己做自己的事情"应属于集体主义的维度，但这个题目却是个人主义的，说明关于文化差异的态度问卷有一定的局限性，人们在回答问题的同时，就有文化差异的影响，所以，测量文化差异是否考虑采用多质多法（Multimethod-Multitrait），值得我们进一步探索。

五　结论

1. 关于个人主义、集体主义的结构在中国大陆被试中得到了初步验证，这支持 Thriandis 提出的水平与垂直结构的理论假设，验证性因素分析结果也表明，Singelis 态度量表有一定的构想效度。

2. 测量个人主义与集体主义的态度问卷应该根据中国的文化背景适当地加以修正。

参考文献

［1］Hofstede. Culture's Consequences：International Differences in Work - relates Values Beverly Hill ［M］.

CA: Sage, 1984.

[2] Kagitcibasi, C., Berry, J. W. Cross-cultural Psychology: Current Research and Trends [J]. Annual Review of Psychology, 1989, 40: 493-531.

[3] Earley, P. C. Self or Group? Cultural Effects of Training on Self-efficacy and Performance [J]. Administrative Science Quarterly, 1994, 39: 89-117.

[4] Olcay, I, E. Individualism and Collectivism in a Model and Scale of Balanced Differentiation and Integration [J]. The Journal of Psychology, 1998, 132: 95-105.

[5] Triandis. Individualism and Collectivism [M]. Boulder, Co, West View, 1995.

[6] Singelis, T. M Triandis, H. C Bhawuk, D., Gelfand, M. J. Horizontal and Vertical Dimensions of Individualism and Collectivism: A Theoretical and Measurement Refinement [J]. Cross-cultural Research, 1995, 29: 240-275.

[7] Triandis, H. C., Gelfand, M. J. Converging Measurement of Horizontal amd Vertical Individualism and Collectivism [J]. Journal of Personality and Social Psychology, 1998, 74: 118-128.

[8] Triandis, H. C., Xiao Ping Chen Darius K. -S. Chan. Scenarios for the Measurement of Collectivism and Individualism [J]. Journal of Cross-cultural Psychology, 1998, 29: 275-289.

[9] Star Soh, Leong, F. T. L. Validity of Vertica and Horizontal Individualism and Collectivism in Singapore-Relationships with Values and Interests [J]. Journal of Cross-cultural Psychology, 2002, 33: 3-15.

[10] Jyh-Shen Chiou. Horizontal and Vertical Individualism and Collectivism among College Students in the United States, Taiwan, and Argentina [J]. The Journal of Social Psychology, 2001, 141: 667-678.

[11] 郑日昌, 张杉杉. 择业效能感结构的验证性因素分析 [J]. 心理科学, 2002 (25): 91-92.

A Confirmatory Study on the Structure of Individualism and Collectivism in China

Wang Yongli   Shi Kan   Huang Xu

Abstract: Based on the data from 303 subjects on the Chinese mainland we tested the dimension of individualism and collectivism and the validity of the measurement scale. Our results supported the theory of Triandis that individualism and collectivism have two dimensions: vertical and horizontal; on the individual level there are four types: vertical individualism, horizontal individualism, vertical collectivism and horizontal collectivism. Confirmatory factor analysis showed that the scale of Singelis had a higher construct validity, but some of its items were found to be unsuitable to the Chinese subjects and in need of revision.

Key words: individualism; collectivism; cultural differences; structure vilidity

家族企业高层管理者胜任特征模型 *

仲理峰　时　勘

【编者按】 自 1973 年哈佛大学的心理学家 McClelland 发表《测量胜任特征而不是智力》一文以来，教育、管理、咨询和培训等领域的学者和管理人员已经对胜任特征（competency）和胜任特征模型（competency model）进行了长达 40 多年的系统研究和应用。中国科学院心理研究所的时勘教授是我国最早开展胜任特征研究的著名学者。早在 20 世纪 90 年代，时勘教授及其课题组成员就开始了基于胜任特征的人力资源管理研究，在胜任特征的界定、胜任特征模型的建立、基于胜任特征模型的结构化面试、基于胜任特征模型的管理行为测评、基于胜任特征模型的绩效管理等领域，都进行了开创性的理论探索和实证研究，取得了丰硕的研究成果，为在我国开展胜任特征的理论研究和管理应用研究奠定了坚实基础。《家族企业高层管理者的胜任特征模型》一文就是时勘教授课题组的诸多研究成果之一。笔者是时勘教授指导的博士研究生，曾多次跟随时勘教授到其长期合作的单位——浙江工贸职业技术学院进行现场交流和指导，期间曾目睹了温州家族企业所取得的巨大成功，从而产生了研究温州家族企业为何能够快速成长和取得成功的原因、温州家族企业高层管理者的胜任特征模型有何特征、与非家族企业高层管理者的胜任特征模型有何异同。然后，在时勘教授的悉心指导下，确定了探索家族企业高层管理者的胜任特征模型的具体研究计划。在研究的取样阶段，浙江工贸职业技术学院的何向荣院长和王小明老师等都曾给予了大力支持，在此要特别感谢他们的帮助。到目前，该文已经在我国胜任特征研究和应用领域中产生了深远的影响，成为国内关于家族式企业的研究范文。我作为本文的主要作者，经过这一博士论文的锻炼，也得到迅速成长，我将沿着学术研究的道路坚定地走下去，不辜负老师和同学们的期望。（仲理峰，1999 级中国科学院心理研究所博士生，中国人民大学商学院　副教授）

摘　要：通过对 18 名家族企业高层管理者的关键行为事件访谈，建立了家族企业高层管理者胜任特征模型，初步结论是：①采用 BEI 关键事件访谈方法揭示高层管理者胜任特征模型，胜任特征的出现频次和平均等级是较为稳定的指标，最高等级分数受到了访谈长度的影响。研究还发现，胜任特征的平均等级、最高等级都能区分绩效优异和绩效一般的家族企业高层管理者。②我国家族企业高层管理者的胜任特征模型包括：威权导向、主动性、捕捉机遇、信息寻求、组织意识、指挥、仁慈关怀、自我控制、自信、自主学习、影响他人 11 项胜任特征。其中，与国外企业高层管理者通用胜任特征模型的 9 项相一致，与国有企业高层管理者的通用胜任特征模型的 5 项相一致。而威权导向、仁慈关怀是我国家族企业高层管理者独有的胜任特征。

关键词：胜任特征模型；行为事件访谈；家族企业；高层管理者

---

* 本研究为教育部人文社科重点基地 2002 年重大项目（项目资助号：02JAZJD630002）、国家自然科学基金（项目资助号：70072031）。

一　前言

胜任特征（competency）的研究最早可追溯到"管理科学之父"W. Taylor对科学管理的研究，当时称之为"管理胜任特征运动"（Management Competencies Movement）[1]。1973年，McClelland发表了"测量胜任特征而不是智力"[2]一文，掀起了研究胜任特征的热潮。此后，人们在差异心理学、教育与行为学、工业与组织心理学等领域对胜任特征进行了大量的理论和实证研究，取得了较为丰富的研究成果[3]。胜任特征是个体的较为持久的潜在特征（underlying characteristic），它与一定工作或情境中效标参照的（criterion-referenced）有效或优异绩效有因果关系（causally related）[4]。胜任特征通常可以分为五个种类或层次，由低至高依次为：动机、特质、自我概念、知识和技能。

胜任特征模型（competency model）则是由特定职位要求的优异表现组合起来的、包含多种胜任特征的结构，它"描述了有效地完成特定组织的工作所需要的知识、技能和特征的独特结合"[5]。Bennis（1984）研究了90位美国最杰出和最成功的领导者，发现他们共同具有4种胜任特征：令人折服的远见和目标感；清晰地以下属乐于接受的方式表述这一远见；始终如一地全身心追循这一远见；了解并能发挥自己的优势[6]。Spencer和Spencer（1993）总结了近20年中采用关键事件行为访谈法（Behavior event interview，BEI）研究胜任特征的进展和成果，提出了包括企业家在内的五种职位的通用的胜任特征模型，并通过对216名企业家的跨文化比较研究，发现了能够区分表现优秀与表现一般的企业家的四类胜任特征[7]。Behling（1996）在总结现有的魅力领导模型的基础上，提出了一个包括形象地表述使命、给下属提供体验成功的机会等6个胜任特征在内的魅力型领导模型[8]。时勘等（2001）也在我国文化背景下进行了通信业管理干部胜任特征模型的评价研究[9]。但是，针对我国家族企业高层管理者胜任特征模型的专门研究尚未见到。

目前，我国家族企业已经完成了创业初期资本的原始积累，转入组织变革和发展时期，如何解决企业的家族式管理和现代化管理的矛盾问题，也日显尖锐。企业高层管理者是家族企业发展到一定阶段后改革、创新和提升企业竞争力的决定因素。那么，与国内外其他企业高层管理者相比，成功的家族企业高层管理者应具备哪些胜任特征？这些胜任特征相互之间的关系怎样？人力资源管理研究人员应该对这些问题进行理论和方法探索，以便为家族企业高层管理者的选拔、发展和绩效评价等提供理论依据。

二　方法与过程

（一）被试

本研究选择绩效优异者的指标是综合的绩效标准：主要包括企业过去一年的销售额、企业的美誉度以及温州企业家协会的提名认可。根据确定的标准，在浙江省温州市选定了参加行为事件访谈的家族企业高层管理者 20 人，其中，绩效优异者 10 人，绩效一般者 10 人。参加访谈研究的被试分别来自温州的鹿城、瓯海和龙湾三个经济开发区和工业区的中小型家族企业。其中，男性 19 人，女性 1 人，年龄最大的 56 岁，年龄最小的 28 岁，平均年龄 40 岁。访谈人员和被访谈者事先均不知道样本中谁属于优秀组或者一般组。

（二）工具设计

我们为关键行为事件访谈设计了《行为事件访谈提纲（A）》《行为事件访谈提纲（B）》和《行为事件访谈信息记录卡》。其中，《行为事件访谈提纲（A）》包括访谈目的、访谈问题等，供被访谈人使用；《行为事件访谈提纲（B）》除了有访谈目的、访谈问题外，还包括访谈程序和各访谈阶段的注意事项，供访谈人使用；《行为事件访谈信息记录卡》由 15 个项目组成，用来记录被访谈人在访谈过程中的行为表现、办公室环境布置情况等。我们还配备了录音笔对访谈进行录音。

本研究采用的《胜任特征词典》，是时勘等（2001）修订并在我国使用过的 McBer Company of Boston 开发的专用手册。词典包括现有研究确定的、对大多数行业组织的成功领导者通用的 20 项胜任特征和编码词典。该词典使用之前，我们又根据预试的访谈结果进行了讨论和修改，使其文字表述更加适合我国家族企业的实际状况，同时，还增加了访谈资料中可能出现的特殊胜任特征的编码系统要素。

（三）行为事件访谈

访谈安排在被访谈者的办公室里进行，所有访谈过程都严格按照《行为事件访谈提纲（B）》的内容和要求来操作。在征得被访谈人同意后，对所有被访谈者的谈话内容都进行了录音。谈话最长的 94 分钟，最短的 30 分钟，平均 51 分钟。此外，还根据《行为事件访谈信息记录卡》对被访谈人在访谈过程中的表现等内容进行了记录，作为对胜任特征编码内容的补充。

（四）胜任特征编码

访谈录音的内容首先被转录入计算机、校对内容后，整理成文本，最后获得了 18 份文本材料（一般组有 2 份录音的内容因被访谈者的口音、表述内容难以分辨等原因，未能整理成文本），共约 12 万字。编码小组由 2 名心理学博士研究生组成。首先，编码者学习和讨论了修订过的《胜任特征编码词典》。在不知道谁是优秀组、谁是一般组的情况下，选择了曾在北京进行的 2 份访谈文本，复印给 2 位编码者，要求他们根据胜任特征词典对访谈文本进行试编码，当双方的各项编码结果均达到较高一致性后，将 18 份访谈文本各复印 2 份，要求编码者根据提供的正式编码手册独立完成编码工作。

（五）数据处理和胜任特征模型建立

对两个独立编码者得到的数据进行汇总、登录和统计，对优秀组和一般组在每一胜任特征出现的频次和等级的差异进行比较分析。将差异检验显著的胜任特征确定下来，从而建立了家族企业高层管理者胜任特征模型。所有的描述统计、相关分析、差异检验均用 SPSS10.0 完成。

三　结果与分析

（一）访谈长度（字数）分析

优秀组的访谈长度平均为 8130 字（SD=2176 字），一般组的访谈长度平均为 6338 字（SD=1573 字），在访谈长度上两组无显著差异（t=0.2032）。

如表 1 所示，在访谈获得的 18 个文本中，采用频次计分有 3 个胜任特征的得分与访谈长度（字数）显著相关，其中有 1 个达到 0.01 显著水平；最高分数有 6 个与访谈长度（字数）显著相关，这说明，随着访谈长度的增加，胜任特征的最高等级分数会有较多的机会达到更高的水平，但不够稳定；而胜任特征的平均分数指标则相对稳定，且只有 2 个与访谈长度（字数）显著相关。因此，胜任特征的编码采用频次具有较好的稳定性，也就是说，胜任特征出现的频次不受访谈长度的影响，这一结果与 McClelland 的结果是一致的；平均等级分数计分具有更好的稳定性和区分性，这与过去的同类研究结果也是一致的。

（二）胜任特征出现的总频次分析

胜任特征出现的总频次（优秀组：M=50.6，SD=16.1；普通组：M=25.8，SD=20.0）在两组之间有差异。也就是说，优秀组和一般组在访谈长度上没有显著差异，但是，在各胜任特征出现的总频次上存在显著差异，优秀组高于一般组，t=1.924，p<0.05。

表 1　胜任特征发生频次、平均分数、最高分数与访谈长度的相关分析

胜任特征	长度与频次	长度与平均分数	长度与最高分数
威权导向	0.398	0.198	0.329
主动性	0.432	0.469	0.578 *
仁慈关怀	-0.012	0.471	-0.005
影响他人	0.564 *	0.755	0.709 *
发展他人	0.389	0.200	-0.571

续表

胜任特征	长度与频次	长度与平均分数	长度与最高分数
创新	0.421	0.414	0.271
信息寻求	0.148	0.264	0.639 **
分析思维	0.722 **	0.639 **	0.626 **
客户服务	0.759 *	0.231	0.450
自信	−0.096	0.217	0.204
捕捉机遇	0.437	0.574 *	0.733 **
关注质量	—	—	—
人际洞察	−0.535	−0.058	0.732
组织意识	0.238	0.326	0.806 **
关系建立	0.301	0.216	0.203
团队建设	0.637	0.570	−0.015
指挥	−0.0951	0.114	0.217
概念思维	0.322	0.166	0.436
自我控制	−0.028	0.166	−0.067
自主学习	0.160	0.452	−0.349

注：* 表示 $p<0.05$，** 表示 $p<0.01$。

（三）信度

1. 归类一致性

归类一致性（Category Agreement，CA）是指评分者之间对相同访谈资料的编码归类相同的个数占编码总个数的百分比。计算公式参照 Winter（1992）的动机编码手册，若用 T1 表示评分者甲的编码个数，T2 表示评分者乙的编码个数，T1∩T2 表示评分者编码归类相同的个数，T1∪T2 表示评分者甲乙各自编码个数的和，则计算公式为：

$$CA = \frac{2 \times T1 \cap T2}{T1 \cup T2}$$

在本研究中，T1 = 381，T2 = 339，CA = 60.11%。

2. 皮尔逊相关系数

在具体编码时，我们记录了每个被试在各个胜任特征不同等级上出现的次数。除了计算平均等级分数的评分者一致性相关系数外，也给出了评分者对每一胜任特征的记录频次、最高等级分数的一致性相关系数。评分者对多项胜任特征的记录频次的一致性较高，其中，威权导向、主动性、影响他人、信息寻求、分析思维、捕捉机遇、组织意识、指挥、概念思维、自我控制、自主学习等胜任特征的评分者一致性较好，皮尔逊相关系数在 0.65～0.98。

（四）效度

为检验本研究确定的胜任特征能否在家族企业高层管理者效标样本中的优秀组与一般组

之间显示出差异，我们对优秀组与一般组在平均等级分数和最高等级分数上的差异进行了检验。

结果表明，无论是从平均等级还是最高等级上看，优秀组与一般组的许多胜任特征都具有显著的差异。胜任特征评价的平均等级和最高等级都能区分效标群体，优秀组不但在胜任特征出现的平均等级上高于一般组，而且在最高等级上也比一般组高。由于采用平均等级和最高等级分数鉴别出来的胜任特征基本一致，而且平均等级分数更加稳定，更有区分性，所以，我们采用了平均等级作为鉴别标准。据此，我们通过对优秀组和一般组的胜任特征的平均等级进行差异检验的方法，获得了优秀家族企业高层管理者的胜任特征模型，该模型共包括11项：主动性、信息寻求、自信、捕捉机遇、组织意识、指挥、自我控制、威权导向、影响他人、仁慈关怀和自主学习。在这11项胜任特征中，前7项都在0.01水平上差异显著，后4项在0.05水平上差异显著（见表2）。

表2　优秀组与普通组各胜任特征平均等级分数的差异检验

比较项目	优秀组		普通组		df	t
	均值	标准差	均值	标准差		
威权导向	7.0491	0.9462	4.7779	2.6894	12	2.348 *
主动性	4.1838	1.2912	2.3125	1.1588	15	3.128 **
仁慈关怀	3.3750	0.9161	1.7917	0.9754	10	2.767 *
影响他人	4.5488	1.0594	2.6667	1.8886	11	2.264 *
发展他人	3.6146	1.5112	5.0000	—	7	−0.864
创新	3.7778	0.8333	3.0000	—	9	1.266
信息寻求	4.8019	2.0363	2.5000	1.4142	12	2.228 **
分析思维	3.2498	0.6375	2.6964	0.4406	15	2.055
客户服务	5.8750	1.5910	2.8750	1.436	14	2.346
自信	5.2344	0.7721	2.9833	0.8949	9	4.151 **
捕捉机遇	4.8750	1.1180	2.7000	1.3038	11	3.209 **
关注质量	5.1000	2.6870	2.5000	1.4142	—	
人际洞察	3.2500	0.7500	2.2500	—	2	1.155
组织意识	4.4472	0.9966	2.0000	1.1547	10	3.819
关系建立	4.0833	1.2813	4.0000	—	6	0.087
团队建设	2.0000	—	1.8000	0.4472	6	0.750
指挥	5.2667	0.6303	2.3000	1.8908	8	3.328 **
概念思维	3.5741	0.5840	3.0000	—	9	1.334
自我控制	3.1094	0.4196	1.6667	0.7638	9	4.127 **
自主学习	4.0272	1.1212	2.7583	0.8480	12	2.191 *

注：* 表示 p<0.05，** 表示 p< 0.01。

（五）家族企业高层管理者胜任特征模型与国外通用企业家胜任特征模型的异同

与 Spencer（1993）提供的西方企业家通用胜任特征的模型相比，我国家族企业高层管理者的胜任特征模型中，没有系统性计划、发展下属、分析性思维和关注员工福利 4 项胜任特征，但是，却具有威权导向和仁慈关怀两项独特的胜任特征。而其他 9 项胜任特征与国外的研究结果是一致的（见表 3）。

表 3　我国家族企业高层管理者与国外企业家胜任特征模型对照

我国家族企业高层 管理者胜任特征模型	国外企业家 胜任特征模型
共有的胜任特征	
自信	自信
指挥	指挥
主动性	主动性
捕捉机遇	捕捉机遇
信息寻求	信息寻求
组织意识	组织意识
影响他人	影响他人
自我控制	自我控制
自我教育	自我教育
不同的胜任特征	
威权导向	系统性计划
仁慈关怀	分析性思维
	发展下属
	关注员工福利

（六）我国家族企业高层管理者胜任特征模型与通信业管理干部胜任特征模型的异同

如表 4 所示，我们还将本研究结果与时勘等（2001）对我国通信业管理干部胜任特征模型进行了比较。结果显示，家族企业高层管理者与通信业管理干部相同的胜任特征包括自信、主动性、信息寻求、组织意识、影响他人、自我教育；但是相比之下，家族企业的高层管理者更多地表现出威权导向、仁慈关怀、捕捉机遇、指挥、自我控制和自主学习，通信业管理干部则更多地表现出发展下属、客户服务、人际洞察和团队建设。

表4　我国家族企业高层管理者与通信业管理干部胜任特征模型对照

我国家族企业高层 管理者胜任特征模型	国外企业家 胜任特征模型
共有的胜任特征	
自信	自信
主动性	主动性
信息寻求	信息寻求
组织意识	组织意识
影响他人	影响他人
不同的胜任特征	
威权导向	人际洞察
仁慈关怀	团队建设
捕捉机遇	发展下属
指挥	客户服务
自我控制	
自主学习	

四　讨论

（一）关于访谈长度与计分指标

　　根据行为事件访谈长度的一般要求，时间范围应该是 1.5~2 小时，录音整理成中文文本的长度必须大于 10000 字[9]。由于访谈对象的特殊性和限制，我们的部分访谈没有达到这一要求。但对优秀组和一般组的访谈长度的差异检验结果表明，优秀组与一般组在访谈长度上没有显著差异。因此，优秀组与一般组在胜任特征表现的频次、平均等级和最高等级上的差异并不是访谈长度造成的。目前，对胜任特征进行编码时，一般同时记录访谈中胜任特征出现的频次和表现的等级。哪一种数据指标对揭示胜任特征更为适合和稳定？对各胜任特征与访谈长度的相关分析结果表明，频次不受访谈长度的影响，这与 McClelland 的研究结果是一致的；而且，平均等级分数是一个相对不受访谈长度影响的指标，可以作为访谈结果编码采用的稳定指标。

（二）关于胜任特征模型的信度和效度

　　以往的研究表明，使用归类一致性方法得到的信度系数一般较高，通常会在 0.80~0.85[7]。但是，我们得到的结果是 CA = 60.11%，这一结果虽然可以接受，但有些偏低。在今后的研究中需要进行两个方面的改进：一是编码者应该进一步加深对《胜任特征编码词典》中各胜任特征的理解，掌握其确切的内涵和外延；二是进一步提高编码者的编码技术，使其更准确把握访谈文本中的单词、短语、句子、句群的真正意思，从不同角度、不同层面上挖掘文本中所包含的有用信息。

McClelland 曾提出了三种检验胜任特征模型效度的策略，即验证、同时交叉效度和同时构念效度以及预测效度[7]。本研究采用的是第一个策略，基本验证了所建立的家族企业高层管理者胜任特征模型的交叉效度。优秀组和一般组在胜任特征的平均等级和最高等级上的差异检验结果表明，不仅优秀组比一般组的胜任特征表现出较高的平均等级，在最高等级上优秀组也明显超过一般组。这说明胜任特征模型能够很好地预测家族企业高层管理者的绩效。

（三）家族企业高层管理者的胜任特征模型的独特性

本研究的结果显示，在家族企业高层管理者胜任特征模型中，有 9 项胜任特征与国外的研究结果是一致的。但是，国外的研究结果中包括了系统性计划、发展下属、分析性思维和关注员工的福利，我们的研究则发现了家族企业高层管理者胜任特征模型的威权导向和仁慈关怀等独特的构成要素。威权导向指管理者确定并努力实现高的目标、进行严格的质量管理、对员工发号施令、进行指挥和控制等；仁慈关怀指管理者乐意与员工建立更为信任的工作关系，重视冲突管理，努力营造良好的团队气氛，当员工个人生活中遇到困难时及时给予鼓励和帮助，尊重和关心下属的看法与情感等，这一胜任特征体现了家族企业高层管理者"关怀"下属的行为。

我们认为，产生这一差别的原因可能来自文化差异。中国传统文化中强调尊重权威，在仁慈关怀方面，家族企业的管理风格更倾向于借助家庭、亲缘关系来维系企业的人际关系，特别是在企业的初创和发展时期。这一结果与 Farh 和 Cheng（2000）有关台湾家族企业的研究结果是一致的[10]。另外，由于处在由初创、资金原始积累到变革、创新、发展时期，家族企业实际上仍然存在劳动强度大、员工的福利和职业发展投入过少等现象，这是我国一些地区民营企业普遍存在的发展中的问题。此外，我们还将本研究的结果与时勘等（2001）对我国通信业管理干部的胜任特征进行的实证研究结果作了比较，发现家族企业高层管理者更多地表现出威权导向、仁慈关怀、捕捉机遇、指挥、自我控制和自主学习等特征，这一结果说明，我国家族企业高层管理者采用的是一种"家长式"领导方式，其管理行为中既有对员工威严（威权导向）的特征，也有关爱（仁慈关怀）员工的成分，是恩威并施。而同一种文化背景下的通信业则没有表现出更多的"家长式"特征，这可能与我国国有企业的管理性质有关。此外，国有企业选择的是通信产业，而本研究中的家族企业多来自劳动密集型产业，是否行业特征也是领导方式产生差异的原因？这一问题有待进一步探索。

（四）有待改进之处

首先，本研究的样本量还需要扩大一些，这可以避免因录音不清楚而不能进行编码的情况。其次，虽然温州的家族企业的"家族"特色比较突出，但是，集中于温州取样却在一定程度上损失了样本的代表性。在将来的研究中，我们将适当增加其他地区的样本，以提高研究的外部效度。再次，在行为事件访谈结果的编码上，应增加编码者，这样，可以选择编码结果一致性更高者进行正式编码。最后，还需加强对编码者进行有关《胜任特征编码词典》的培训，以进一步提高编码一致性。

五　结论

1. 采用 BEI 关键事件访谈方法揭示高层管理者胜任特征模型，胜任特征的出现频次和平均等级是较为稳定的指标，最高等级分数受到了访谈长度的影响。研究还发现，胜任特征的平均等级、最高等级都能区分绩效优异和绩效一般的家族企业高层管理者。

2. 我国家族企业高层管理者的胜任特征模型包括威权导向、主动性、捕捉机遇、信息寻求、组织意识、指挥、仁慈关怀、自我控制、自信、自主学习、影响他人 11 项胜任特征。其中，与国外企业高层管理者的通用胜任特征模型的 9 项相一致，与国有企业高层管理者的通用胜任特征模型的 5 项相一致。而威权导向、仁慈关怀是我国家族企业高层管理者独有的胜任特征。

参考文献

［1］Sandberg, J. Understanding Human Competence at Work: An Interpretative Approach ［J］. Academy of Management Journal, 2000, 43（1）: 9-25.

［2］McClelland, D. C. Testing for Competence Rather than for Intelligence ［J］. American Psychologist, 1973（28）: 1-14.

［3］Shippmann, J. S. The Practice of Competency Modeling ［J］. Personal Psychology, 2000, 53: 703-740.

［4］Lucia, A. D., Lepsinger, R. The Art and Science of Competency Models ［M］. San Francisco: Jossey-Bassy/Pfeiffer, 1999.

［5］Williams, R. S. Performance Management ［M］. London: International Thomson Business Press, 1998.

［6］Bennis, W. The 4 Competencies of Leadership ［J］. Training and Development Journal, August, 1984: 15-19.

［7］Spencer, L. M., Spencer, S. M. Competence at Work ［M］. John Wiley & Sons, Inc., 1993.

［8］Behling, O., McFillen, J. M. A Syneretic Model of Charismatic/Transtormation Leadership ［J］. Group & Organization Management, 1996, 21: 648-657.

［9］时勘，王继承，李超平. 企业高层管理者胜任特征模型评价的研究 ［J］. 心理学报, 2002, 34（2）: 193-199.

［10］Farh, J. L., Cheng, B. S. A Cultural Analysis of Paternalistic Leadership in Chinese Organization ［M］// Li, J. T., Tsui, A. S., Weldon, W. ed. Management and Organization in the Chinese Context. ST. Martin's Press, Inc, 2000.

The Competency Model of Senior Managers in Chinese Family Firms

Zhong Lifeng　Shi Kan

Abstract：The study choosed 18 senior managers of family firms in Wenzhou, China, conducted the Behavioral Event Interview, established the competency model of senior managers in the family firms and validate the competency assessment method. The results showed：Firstly, competency scores using coding standard of average level and using coding standard of competency frequencies showed more reliability, competency's maximal level of complexity was influenced by interview length. And competency scores using coding standard of average level and using coding standard of maximal level of complexity, could differentiate superstars and average peformers. Secondly, the competencies of senior mangers in family firms include：Authoritarianism Orientation, Initiative, Seizing Opportunities, Information Seeking, Organization Awareness, Directiveness, Benevolence and Consideration, Self-control, Self-confidence, self-learning, impact and Influence. And in all the 11 competencies, there are 9 competencies being similar to that of the generic competency model of senior managers in the overseas firms, 8 competencies being similar to that of the generic competency model of state-owned firms in China. And Authoritarianism Orientation and Benevolence and Consideration are the exclusive competencies which are included in the competency model of senior managers in Chinese family firms.

Key words：competency model；behavioral event interview；family firm；senior manager

我国行为金融学研究的心理学思考*

王筱璐 时 勘 宋逢明 陈卓思

【编者按】 我是 2003 届时勘教授的硕博连读生，在浙江大学心理学系读本科的时候就对行为决策理论非常感兴趣，在成为时老师的学生后，有幸参与了行为金融学的研究。在时老师与清华大学经济管理学院金融系宋逢明教授的指导下，对中国股票市场个体投资者的心理机制进行了探讨。在读博期间，先后在核心期刊《管理评论》与国际 SSCI 期刊 *Journal of Economic Psychology* 上发表了学术论文。由于课题组的安排，还与行为决策理论的主要推动者、2002 年诺贝尔经济学奖获得者 Daniel Kahneman 联合开展了经济学与心理健康的研究探索，在此基础上，形成了我的博士论文《金融工作者的抑郁症状的影响因素及其形成机制研究》。载入本文选的学术论文就是与时勘、宋逢明等于 2004 年在《管理评论》第 16 卷第 11 期上联合发表的《我国行为金融学研究的心理学思考》一文。该文认为，随着我国经济体制改革和深化，与国际市场的不断融合，我国面临着前所未有的发展机遇和挑战，信息化的高速发展又加快了这一进程。本文认为，应该采用心理行为金融学来挑战传统经济金融学，进而分析人的无限理性问题。我们进而提出了投资者心理行为机制的研究内容，以便对我国投资行为机制综合模型进行验证，并提出了开展我国行为金融学研究的几点建议，特别强调从心理学实证研究角度，探索行为金融研究的方法和手段，开展多学科结合的联合攻关。在完成了博士学业后，我直接被香港大学社会工作与社会行政系招聘为博士后，在陈丽云教授与吴兆文教授指导下，开展了有关行为健康（behavioral health）的研究，并多次在国际 SSCI 期刊发表文章。后来发现，非营利组织与社会服务的提供是创造社会价值（social value）的重要组织形式，为了更准确地从政策层面把握创造社会价值的生态系统，我又加入了香港大学政治与公共行政学系，成为林维峯教授的博士后，对公民社会与公共管治（governance）开展研究，这奠定了目前对社会创新（social innovation）研究的基础。2016 年底，我被聘任为香港理工大学应用社会科学系助理教授，重点开展对第三部门（the third sector）与社会创新的研究。2019 年 7 月，我成为剑桥大学 Judge 商学院社会创新中心的副研究员，并创办了第一家社会企业——IMPACT ANALYTICS，这是一家提供社会影响力评估与管理的咨询机构。从我的成长经历可以看到，心理所五年的硕博生的学习和研究，为我今天的职业发展奠定了坚实的基础，感谢心理所和课题组对我的培养。（王筱璐，2003 级中国科学院心理研究所硕博连读生，香港理工大学应用社会科学系助理教授，剑桥大学 Judge 商学院社会创新中心副研究员）

摘　要： 防范和化解金融风险是我国社会经济转型期的重大课题之一。本文提出了从心理

---

* 本研究得到教育部人文社科重点基地 2002 年重大项目资助（02JAZJD630002）。

学角度开展我国证券市场的行为金融学研究的必要性以及目前的相关研究现状。本文建议从生理、认知和行为三个水平系统探索市场异象等投资者行为与决策的心理机制问题，并主张多学科结合，发挥综合优势，充分考虑我国社会经济转型时期的独特性，共同探索我国行为金融学的若干理论问题，从心理学研究的角度为建构我国的行为金融学的科学体系做出贡献。

一 我国开展行为金融学基础研究的必要性

1. 防范金融风险——我国证券市场管理所面临的尖锐问题

随着我国经济体制改革和深化，加入 WTO，与国际市场不断融合，我国面临着前所未有的发展机遇，而信息化的高速发展又加快了这一社会经济转型的进程。我国经济去年增幅达到 9.1%，有分析指出，银行信贷是我国经济的主要推动力，规模达 1.4 亿美元的我国经济的将近一半增长来自投资，因此，我国金融体系作为经济发展的关键正步入一个改革密集区，国有银行上市、人民币汇率制度的调整争议、资本市场的激活和规范等问题，使我们对高速发展中的金融安全问题越来越关注。正因如此，中央领导在有关 2004 年金融工作的指导方针中，明确要求各级部门提高对防范和化解金融风险重要性的认识，把防范金融风险作为关系国家安全全局的大事来抓。

"金融是现代经济的核心"，作为经济发展的润滑剂、催化剂——金融市场在面对风险和不确定性程度越来越大的经济环境时，如何更有效、更稳健地运作与管理，是关系到我国经济持续稳定发展的关键问题之一。从 1990 年底我国大陆第一家证券交易所——上海证券交易所敲锣开业至今，证券市场已经成为国民经济发展的重要组成部分之一，在建市 10 年时，证券市场已占到我国 GDP 的 15.1%。不过，我国证券市场与西方成熟市场相比，还处在初步发展阶段，这是因为我国的上市公司多数从国有企业改制而来，为了保证国有控股权，可流通股在总股本中的比例一般都小于 50%，这些独特性导致了股票的不完全流动性，公司最终决策权掌握在实际管理者手中，而不是股东手中，从而使证券市场出现功能定位的偏差。比如，人们会更看重筹资功能，而不是评估企业价值和优化资源配置功能，这样的市场最终只能是公司"圈钱"、股东投机的市场；另外，我国证券市场管理尚不成熟，由于职能定位不清，政策缺乏连续性和稳定性，容易导致严重的"政策性"投机。此外，我国上市公司业绩普遍缺乏持续成长性，不少公司决策层违规行为严重，公司管理呈现短期行为倾向和机会主义倾向。在股利政策上，也表现出与股东利益背离的现象[1]。总之，与国外证券市场相比较，我国证券市场投机氛围更为浓重，投资者的风险认知普遍偏低且短期行为盛行[2]。因此，在这样一个金融市场不够完善的投资环境中，如何管理投资的高风险是解决我国金融市场监管决策和健康发展的关键。同样，对于发达成熟的西方证券市场来说，虽然有着较为完善的信用体系和市场监管体系，但仍面临着股灾的巨大风险，例如，NYSM（纽约股票交易所）在 1929 年、1987 年和 2000 年三次出现股票市场坍塌。因此，对金融市场的风险管理也是整个金融界共同关心的重要问题。

2. 行为金融学：对于传统金融学的挑战

要解决风险管理这一难题离不开金融学理论的指导，但是，目前金融界居主导地位的仍然是新古典主义金融学（Neoclassical Finance），事实表明，它的理论体系已不能适应社会经济发展的要求。新古典主义金融学主要有两个基本假设作为支柱：一个基本假设是人的无限理性（unbounded rationality），其主要构件是期望效用最大化和源于贝叶斯法则的理性预期；另一个假设是市场机制的万能性，认为即使经济个体存在非理性行为，市场机制也会把这种非理性行为排斥在外，从而使个体行为"好像"验证经济理性的假设。但是，从 20 世纪 70 年代末期开始，随着背离有效市场假说和理性资产定价这两个新古典金融经济学理论的实证证据不断涌现，例如"权益溢价之谜"[3]等，一些学者将之称为市场异象（anomaly），人们开始对传统理论提出了疑问和批评。与此同时，基于一系列心理学证据，金融学者们逐渐发现，投资行为作为市场现象的基本构成元素，并不是无限理性的。1978 年获得诺贝尔经济学奖的 Simon 提出的有限理性（bounded rationality）理论认为，人的记忆、思维等方面是存在局限性的，这种知识储备空间的有限性约束了人的认知与决策，从而产生认知的巨大偏差[4]；而认知心理学家 Kahneman 等于 2002 年获得诺贝尔经济学奖的原因，则是在解释、演示这些约束条件上做出了贡献，他在前景理论（prospect theory）中描述了期望效用理论所无法解释的人们在认知选择中出现的系统性偏差[5]，并发现个体的认知策略，如易获得策略（availability heuristic）、代表性策略（representativeness heuristic）、锚定调整策略（anchoring/adjustment heuristic）会极大地影响人的推理绩效[6]。Slovic 等也在民众对风险事件的认知方面发现了类似的偏差[7]。这些证据使学者们对新古典主义金融学理论的可靠性提出了质疑：理性范式下的金融学能否很好地解释和指导证券市场的运转和发展以控制风险？行为金融学（Behavioral Finance）的诞生为解决这些重大难题提供了契机，它将金融学、心理学、行为科学、人类学、社会学等学科融合在一起，来探索投资者的真实投资决策过程中的行为规律及其心理机制基础，并据此对金融市场上出现的种种现象（包括"异象"）进行解释、建立了行为金融模型[8]，如研究金融资产市场价格的形成和波动过程，特别是在这一过程中作为金融活动主体的投资者的行为产生、发展和变化的机制和规律，为金融市场的有效管理和规范提供了理论基础方面的支持。到目前为止，比较成熟的行为金融模型大致可分为两大类。第一类是以信念偏误（包括过分自信、代表性经验推断）为前提的信念导向（belief-based）模型，其中，著名的行为金融模型包括 Barberis-Shleifer-Vishny 模型（1998）、Daniel-Hirhsleifer-Shleifer 模型（1999）、Hong-Stein 模型（1999）和 De Long-Shleifer-Summers-Waldman 模型（1990）等，这些模型试图能够同时解释反应过度和反应不足并存的现象。第二类是以偏好偏误（包括损失规避、思维分账以及体现这些思想的前景理论）为基础的偏好导向（preference-based）模型，其中著名的模型包括 Benartiz-Thaler（1995）模型、Barberis-Huang-Santos（2001）模型以及 Barberis-Huang（2001）模型，这些模型主要是针对"权益溢价之谜"而展开的。

3. 开展投资者心理行为机制研究的必要性

我国证券市场是社会经济转型期中的新兴市场，市场监管机制有待完善，所以，作为市场运作主体，投资者的有限理性行为对市场所产生的影响会更大。相对于理性范式下的传统金融理论，行为金融理论更适合于指导和支持我国证券市场的管理需求；不过，已有的行为金融理论大多是基于西方金融市场和西方投资者的风险决策规律，而一些在美国从事经济行为和心理学研究的华人学者发现，中国人的风险决策特征与 Kahneman 等的研究结果也有相当不一致的地方，例如，奚恺元（2001）、彭凯平（2003）与李抒（2004）等发现，中国人比美国人有着更高程度的风险追寻和过于自信，时勘等（2001）在 SARS 期间对民众心理反应机制的研究中也发现，中国人具有特有的风险认知特征[7]。此外，时勘等（2001）在股民研究中还发现了基于我国证券市场的独特心理现象，例如，政策性信息对股民的风险认知有显著的影响，获利或者被套牢原资金的30%，是股民对风险心理承受力波动的警戒线[2]。我们认为，这些差异既可能源于东西方的文化差异，也可能与我国社会经济正处于计划经济向市场经济转型这个独特的（但并不短暂）阶段有关。因此，直接套用西方行为金融理论来解释和预测我国投资者的行为规律是不适宜的。只有从系统的角度，探索我国证券市场投资者行为和决策的心理机制，才有助于促进行为金融学理论在我国证券市场管理中的应用，以防范和规避未来的金融风险。这些研究和探索对于行为金融理论的发展，特别是像我国证券市场一样的新兴市场的国家，探索投资者行为心理机制会比成熟市场有更大的意义[8]。

二 我国投资者心理行为机制的研究构思

首先，行为金融学中心理学研究的核心就是揭示证券市场金融异象的本质动因，如投资者的有限理性的认知规律等问题。基于对我国证券市场的异象研究，我们建议以风险认知为核心，尝试探索我国投资者行为和决策的心理机制假设模型，获得我国投资者的风险表征模式，以及风险偏好、风险认知策略偏差对其风险决策认知的影响规律。

其次，在证券市场中充斥着大量关于证券价格走势以及关于投资风险的信息（证券信息类型），一方面，证券投资者可能会从各种渠道（如政府、证券营业部、大众媒体、股评人士及技术分析等）获得这些信息。这里，渠道的不同可能会影响这些信息在投资者风险认知过程中的影响作用；另一方面，投资者在对这些信息的加工过程中，还受到自身主观状态（包括对信息不对称的认知，对自身投资能力的信心）的影响，时勘等（2001）的调查发现，股民们普遍认为，信息不对称现象是一种我国证券市场客观存在的事实，另一些股民则认为，这对于投资行为存在较大风险，我们认为，这些问题处理不好，会降低民众对风险的正确知觉水平[2]。

再次，当投资者面对充斥着大量信息（风险事件）的股票市场时，会使用不同的有限理性认知策略（如代表性启发式等），并在自我风险承受能力认知的调节下，产生认知评价（对价格走势的风险认知）和情绪反应（高兴或害怕等），最后影响投资行为和投资满意度。奚恺元（1999）发现，人们在联合评价（joint evaluation）和分别评价（separate evaluation）下有着不同的效用价值曲线，在联合评价下的人会更看重量性因素，而在分别评价下（即缺乏可比物）则更看重质性因素，从而导致人们在做决策时产生系统性偏差[9]。因此，我们假设投资者所处的投资阶段（即选股阶段和持股阶段），会对投资者的决策产生很大影响，例如，选股时更看重风险，而持股时反而更看重公司价值。投资者的幕景分析特征会通过影响投资者对自我风险承受能力的判断从而影响风险认知。另外，投资者自身的性质差异（机构投资者或者个体投资者）、投资者的个体差异也会影响其风险认知评价过程。

最后，还需指出，我国历史、传统文化和转型时期管理制度的特异性将以不同方式渗透在金融市场的投资行为表现及其内在机制中，这可能会使我国行为金融学研究结果有别于西方行为金融学的发现。如我国文化中的集体主义趋向可能会对群体水平、组织水平的投资决策行为产生深刻的影响：当政府高于市场自由竞争机制发布支持某一参与者的信息时，或者颁布降低市场系统风险的政策信息时，其后果可能是，降低投资者的信息不对称认知，导致投资者关注政府动向，而非上市公司本身的投资价值，甚至助长短期投机气氛增加。

三　投资者心理行为机制的研究内容

基于以上研究构思，我们认为，要从生理、认知和行为各个层面来系统研究我国投资者的心理行为机制，即考察我国投资者在风险决策过程中的生理机制，研究我国投资者的风险偏好特征，并试图建构投资效用曲线，为解释市场异象和建立金融均衡理论模型提供依据，发现与国外行为金融研究的共性和差异。

1. 投资者风险决策的生理机制

投资者的风险决策行为是否受制于最基本的某些脑功能机制？这是一个有重大挑战意义的研究，目前还没有行为金融研究者涉足这个领域。所以，我们建议基于投资者在从属关系、年龄、性别、股龄等方面的个体特征差异，探索不同类别投资者在投资风险认知过程中的脑生理机制的差异，并探寻投资者在对不确定模糊事件的认知决策的心理学证据。

2. 投资风险的内隐认知表征

传统金融学的研究都隐含了投资者是以概率形式表征投资风险的假设，这一假设缺乏充足的实证支持。在有关贝叶斯推理的认知心理学研究中发现，当成人或者儿童被试以自然频率格式来表征不确定事件时，能进行更快更准确的贝叶斯推理[10]，这说明了自然频率格式可能是人对风险的内隐表征模式。因此，对于投资者的风险表征格式需要进行专门研究，不仅会影响投资者的决策认知过程，而且会在很大程度上影响投资者对投资风险判断的准确性，这是行为金融理论建模的重要基础之一。

3. 投资者（个体和机构）投资过程效用函数

K-T 在有关前景理论的研究中，设置了两个经典决策情境，在第一种情境下，被试面对两种方案，一种是完全有把握得到一笔奖金，只是数目小些；另一种是可能得到也可能得不到一笔钱，如果得到则数目远大于第一种方案；在第二种情境下，被试要么百分之百会损失一笔钱，要么冒险采取某措施，成功则一分不失，失败则损失远大于不采取措施所损失的钱。通过操作以上两种情境中得益和损失量的大小以及风险可能性的大小，我们可以比较人们在这两种情境中的决策行为，获得人们风险偏好的特征规律[5]。借鉴以上 K-T 前景理论的研究方法，我们建议，基于投资者的风险表征格式，对投资过程中两阶段的效用函数分别进行研究，为行为金融的定价模型和市场均衡模型提供理论基础。

4. 风险投资决策的综合认知过程

风险投资决策的综合认知过程将探索个体投资者是如何采用各种风险认知策略（包括个体风险认知策略、群体风险认知策略）及其局限性，它们又如何影响投资者对投资事件的风险判断。此外，还要测查在不同情绪状态的调节下形成的风险态度和投资行为的差异。这将从更深层次探索我国投资者的投资行为的心理学机制。当然，还可以采用多种研究范式进行探索。

5. 对我国投资行为机制综合模型的验证

基于以上研究基础，研究者可以编制投资者心理行为调查问卷，通过全国性的追踪调查来验证投资心理行为机制的假设模型，并监控我国证券市场变化过程中各因素对于投资者心理行为的影响，不断完善调查网络、工具和方法，形成调查网络，为未来金融行为的追踪和预测提供依据。

四　开展我国行为金融学研究的几点建议

根据以上分析和其他相关的研究进展，我们认为，要搞好我国的行为金融学研究，应关注以下四方面问题：

第一，探索基于中国文化背景的行为金融理论模型。我们多次强调，直接引用基于西方成熟市场的行为金融理论模型来解释、指导和解决中国证券市场的金融问题是不适宜的。其根本原因在于，首先，中国处于社会经济转型时期，其管理制度和经济政策均有一定特殊性。国外的已有的行为金融研究没有涉及这个独特背景。其次，中国有自己几千年历史所繁衍的独特文化、民族传统，它将深刻地影响我国投资者的金融行为范式。最后，中国金融市场尚未成熟，处于变化之中。基于以上三点，我们必须质疑国外行为金融模型假设在中国是否完全成立、是否适用。比如，投资风险的内隐表征格式是否有差异；在此基础上人们的投资效用特征规律是否会受到文化、历史和管理制度的差异的影响，需要从一般个体到群体、组织层面，对于投资者的行为机制及其心理偏误进行系统的探索。总之，我们需要系统探索中国背景下的市场行为金融模型及其与国外模型的异同。

第二，从心理学实证研究角度探索行为金融研究的方法和手段。目前，我国学术界对于行为金融学研究涉足尚浅，在研究方式上多采用经验研究和理论研究，这样产生的研究结论难免肤浅和片面。我们建议，除了沿用行为金融在经验研究、实证研究和理论研究相结合的方式之外，应该考虑从生理学机制、认知心理学实验、动态情境模拟（包括虚拟网络沟通）和问卷调查、关键行为事件访谈等多层次的角度，系统考察投资者（包括个体和机构）投资行为的心理机制，为我国行为金融学理论基础的探索提供坚实的依据。

第三，开展多学科结合的联合攻关。行为金融学本身就是跨学科的产物，不过，目前我国管理学界、金融学界在行为金融的合作研究还处于试探性阶段，目前，还远没有做到金融学、经济学与心理学的专家的全面配合和协助，这可是妨碍行为金融学发展的一个症结。为此，建议采用以金融学与心理学的专家为主，并吸收社会学、认知科学神经科学学者组建研究团队的合作模式，采用各学科互为基础、相互渗透的研究范式，使研究的各项内容、实施环节尽量不出现因学科差异带来的脱节或封闭的现象。例如，对投资者的风险偏好、决策心理机制的研究，在自变量、因变量的设计方面，可以具体采用一些金融学的刺激指标，揭示行为金融的理论发现对市场建立均衡、形成价格的影响；再如，在金融学者构建股票市场的行为金融的均衡模型时，要考虑投资者心理行为模型对其的补充和完善作用，以体现学科之间的实质性合作。

第四，开展投资者（个体与机构）的干预培训研究。基于我国行为金融研究的成果，形成证券市场投资者的培训方案及训练材料，并与有关证券公司、新闻部门和政府配合。通过开设危机管理和决策行为讲座，提高投资者风险管理的能力；另外，对于监管部门、宣传部门也要开展针对性的培训，并提供监管措施的理论依据，以系统提升管理者的人力资源素质，建设一个健康型组织，以促进我国证券市场的稳定发展。

参考文献

[1] 宋逢明. 短期行为——为什么买卖频繁. 诊断与治疗：揭示我国的股票市场［M］. 成思危主编. 北京：经济科学出版社，2003：275-312.

[2] 时勘等. 提高素质——个体投资者心理行为研究·诊断与治疗：揭示我国的股票市场［M］. 成思危主编. 北京：经济科学出版社，2003：465-516.

[3] Mehra, R., E. Prescott. The Equity Premium：A Puzzle［J］. Journal of Monetary Economics, 1985, 15：145-161.

[4] Simon, H. Rationality in Psychology and Economics［J］. Journal of Business, 1986, 59 (4)：S209-224.

[5] Kahneman, D., A. Tverksy. Prospect Theory：An Analysis of Decision under Risk［J］. Econometrica 1979, 47：263-291.

[6] Kahneman, D., A. Tversky. The Simulation Heuristic. In：D. Kahneman, P. Slovic, & A. Tversky eds［C］. Judgment Under Uncertainty：Heuristics and Biases. New York：Cambridge University Press, 201-208.

[7] Shi Kan, Lu Jiafang, Fan Hongxia, Jia Jianming, Song Zhaoli, Li Wendong, Gao Jing, Chen Xuefeng, and Hu Weipeng. The Rationality of 17 Cities' Public Perception of SARS and Predictive Model of Psychological Behaviors, Chinese Science Bulletin, 2003, 48 No. USCI：1-7.

[8] Barberis, N., R. Thaler. A Survey of Behavioral Finance［J］. Handbook of the Economics of Finance, 2002.

[9] Hsee, C. K., G. F. Loewenstein. Perference Reversals between Joint and Separate Evaluations of Options：A Review and Theoretical Analysis［J］. Psychological Bulletin, 1999, 5：576-590.

[10] Gigerenzer, G., U. Hoffrage. How to Improve Bayesian Reasoning without Instruction：Frequency Formats［J］. Psychological Review, 1995, 102：684-704.

中国科学院创新文化的评价研究*

时　勘　任孝鹏　王　斌

【编者按1】到今年为止，我和时勘老师相识整整 20 年了。在这期间，从联系时老师做他的博士后开始，到留在他的课题组工作，到他离开心理所后时不时地在各种场合与时老师的交流，受益匪浅。时老师是个个性比较鲜明的人，很容易让我想到他与他的同龄人的不同。现在回想起来，我现在的工作和生活受到时老师的影响很大，尽管当时并没有这么去想。在我的眼里，时老师首先是个热心肠的长者。我记得我第一次来北京面试，当时不巧，我的腿受伤行动不方便，又赶上北京刚下了场大雪，时老师考虑到我的特殊情况，专门让他的女儿时雨到火车站去接我，在他家里吃饭，边吃边聊，具体聊的内容已经忘记了，但是那份温暖仍存我心中。再比如，我博士后出站的时候，对于去哪里工作举棋不定。时老师帮我分析利弊，劝我留在心理所工作，并积极帮我申请留所的名额。在学术上，时老师一方面鼓励我参与课题组的项目，注重理论和实际相结合；另一方面也尊重我个人的兴趣和价值取向。我当时参与过很多项目，深深地体会到做应用心理研究的不易。在做这些研究时会遇到很多困难，有些是理论上的，有些是与研究无直接关系但会对研究有影响的事情，常会让人有挫折感。这时候，时老师总能及时提醒我如何入手去解决问题，而且，时老师积极向上的心态也常常感染着我，让我变得乐观，排除万难，一定要把事情做好的进取心态也激励我和他一起把项目高质量地完成。也正是在完成这些项目的过程中，我慢慢开始发现了很多西方理论并不能够简单地移植到中国人中的道理。比如，我当时拿到了一个国家自然科学青年基金项目，是研究工作不安全感的影响因素的。当时在时老师的牵线下认识了 Cythina Lee，我们采用共同的方法和问卷来分别采集数据，结果是她在中国的数据比较符合理论预期，而我采集的数据则不行。我们还在一起讨论：为什么会这样。我们发现，单纯从数据的角度很难找到深层次的原因。从那时起，我开始从组织管理转向社会文化的视角来研究人的心理和行为。在跟随时老师学习和工作的期间，尽管我没有发表什么文章，但是，我有幸接触到国际一流的学者，使我能够更深入地理解研究应该怎么做，以及如何做出来，这些经历对我来说非常重要。现在回头看，发现自己正在做的研究和当时的工作有千丝万缕的联系。我最近围绕深圳做了一系列研究，发现深圳人在心理和行为上与中国其他地区相比都更偏向个体主义，这可以用深圳自由迁徙的特殊性来解释。而之所以会想到从这个角度来思考问题，是因为当时在课题组时，时老师鼓励我们做研究要接地气。时老师应该是领风气之先的人，他常常告诫我们，做研究不能纯粹地从理论到理论、从文献到文献，要把理论和中国的社会现实结合起来，再提出真正的研究问题，因此，我现在的研究确实与时老师是有直接联系的。无独有偶，从 2000 年开始，很多学者都认识到中国过去几十年的改革开放和社

* 本研究为国家软科学研究计划项目（2002DGQ6B076）、中国博士后科学基金（2003033252）。

会转型，从某种意义上很多社会心理问题是靠社会实践和田野实验获得的，对于当今中国的社会现实问题的研究，一方面能够服务民众、国家和社会，为社会发展建言献策；另一方面，其实是可以丰富某些理论的解释力、厘清解释边界，甚至发展新理论的。吾虽不才，但恰逢其时，也愿意为此努力，付出自己的绵薄之力。之所以能够如此，是和时老师的言传身教分不开的。当然，时老师并非完人，也会有缺点，我想等到时老师八十岁纪念时再和大家一起交流吧，可能他又会有一些给我们有启发的新东西。（任孝鹏，2001级中国科学院心理研究所博士后，中国科学院心理研究所　副研究员）

【编者按2】我于2002年8月至2004年9月在时勘博士课题组做组织行为学与人力资源管理的博士后研究，"中国科学院创新文化的评价研究"这篇文章是时老师、孝鹏还有我所做的中国科学院创新文化评价工作的成果总结，虽然孝鹏已经写了一篇编者按，我还是有一些情况需要表述。创新文化评价是中国科学院知识创新工程的重要组成部分之一，是评价下属各研究所以及所长绩效的重要工具，该项目有效地推进了中科院的组织绩效评价工作。记得中国科学院院士局高度重视创新文化评价工作，为此还专门成立了评价工作领导小组，时任中科院党组常务副书记郭传杰挂帅，相关职能部门领导为成员，时勘教授任评价小组的首席专家，孝鹏和我负责具体的评价工具的研发工作。我当时刚在北京体育大学运动心理学方向读完博士，承蒙时老师信任来做博士后研究。对组织行为学和人力资源管理领域基本上还是空白，一上手就承接这么重要的研究工作，感到压力非常大。我印象最深刻的是2002年国庆假期期间，时老师要我们起草一个工作方案，约我们去他家里一起讨论修改。由于报告初稿不理想，调查任务又非常紧急，因此，时老师决定亲自上手修改。由于方案也涉及一些具体事宜，我和孝鹏只好在他的身边候着，修改过程中有何问题或需要什么材料，我们就能及时提供。那天，时老师从晚上8点多钟一直改到凌晨4点钟，我们两人就陪伴在那里，才形成一个较满意的调查问卷。那天凌晨4点多钟，我从时老师家里出来，骑着自行车回我住的地方。那是我第一次看到北京街头的特殊景象，大街上有清洁工在打扫卫生，早餐店已经开业，还有其他早起的人们已经开始赶早班车去工作单位，一刹那我感慨颇多，至今仍然记忆犹新……在此，我要特别感谢我的博士后合作导师时勘教授：您的格局和视野、聪慧与睿智、勤勉与坚持，给我们树立了成功者的典范！时老师就这样将我带入了组织行为学领域，为我们提供了很好的研究平台。除了时老师的奋斗精神之外，我特别从他那里学到如何做到使理论研究与实践应用平衡和相互促进。时至今日，我从时老师那里的最大收益在于，研究成果如果不与实践应用结合，就会沦为水中月和镜中花，而实践应用如果没有理论支持也会成为无源之水、无本之木。时老师教会我们在应用为导向的工作中如何巧妙地把研究的成分加入其中，使研究与应用工作两不误和两促进。时老师所倡导的"Learning by doing"的理念给我很大的启发，我本人了解组织行为和人力资源管理的研究诀窍，就不是通过传统的课堂学习或阅读经典著作的方式获取的，而是面对某个具体的主题或者问题，通过时老师指导、阅读有关文献，课题组的兄弟姐妹们之间的共同谋划而推进，以点及面，通过主题的扩充最终达到研究目的的。时老师大力推行的课题组活动模式让我眼界大开，大家既有分工又有合作，每个人又有自己明确的目标和主攻方向，通过每周的例会予以交流，每个人会报道最新的进展，其他成员与之进行开放式的讨论与交流，答辩或争议的

氛围浓厚，时老师最后再画龙点睛予以评述。当接到一个大专案的时候，小组成员又会迅速组成小组，以团队的形式来扬长避短，因此，讨论的效果非常好。我在回到华中师范大学后，也把从时老师这里所学到的东西现学现用，效果也是非常好，不仅易于出成果，成才的效率也非常高。在我离开小组后时老师也非常关心我的成长和发展，2006年我想去美国做访问学者，时老师为我写了推荐信，结果我成功地联系到了美国康奈尔大学工业与劳动关系学院组织行为学系，在该系主任Tolbert指导下学习和研究。2010年我、马红宇和时老师一起，在高等教育出版社合作出版了《体育人力资源管理》的著作，这是我和红宇在中科院心理所做博士后最重要的成果，也是把人力资源管理引入体育界的一个成功尝试，更是我们对导师辛勤指导的一种回报。人才培养需要一代代传承，我们会把时老师教给我们的东西，通过我们的学生一代一代传承下去。（王斌，2002级中国科学院心理研究所博士后，华中师范大学体育学院院长、教授）

摘 要：运用标准化问卷对中国科学院84个研究所的4658名员工进行了组织创新文化评价研究。结果表明：中国科学院下属各研究所的领导和员工对组织创新文化建设的成效基本认可。他们评价最高的三个指标是国家导向、激励创新和形象标识，评价最低的三个指标为利他、责任心、所务公开。30岁以下的职工对领导行为的评价最高，50岁以上的职工对员工行为评价最高。院龄在20年以上的职工对价值理念的评价高于其他年龄段的职工，科研骨干领导行为和价值理念的评价普遍低于其他群体。研究所法人与领导班子对自身领导行为的评价高于职工的评价。

关键词：创新文化；评价；中国科学院

组织"创新文化"的研究成为目前世界各国共同关注的一项重要课题[1-5]。1998年，作为知识创新工程的一项重要内容，中国科学院在全国率先开展了"创新文化"建设活动。中国科学院创新文化建设的总体要求是：紧紧围绕并服从服务于知识创新工程试点总体目标，为推动中国科学院改革与发展，促进出成果、出效益、出人才提供良好的政策环境、学术环境、管理环境、园区环境，营造科学民主、锐意创新、协同高效、廉洁公正的文化氛围[6-8]。

本研究旨在对中国科学院的创新文化建设工作进行评价。研究者首先确定了我国科研组织创新文化的内涵、基本要素与结构，并结合中科院创新文化建设的自身特点，形成了中国科学院创新文化的评价体系[7]。

如表1所示，整个评价体系包括3个一级指标、7个二级指标和26个三级指标。这样，就把中国科学院的创新文化分为三个层面，并确定组织创新价值观、组织创新氛围、变革型领导行为、员工组织公民行为、制度成效、园区标识、工作条件等作为科学院创新文化评价的主要内容。在此基础上，研究者根据对我院科技人员、所领导创新文化建设的访谈结果和问卷预试结果编制了评价问卷，同时也参考了国外有关科研组织文化和领导行为等量表，经过对两个试点单位的预测试，修订删除了部分条目，形成了正式调查问卷[3]。

表1　中国科学院创新文化建设评价结构体系说明

1级指标	2级指标	3级指标
园区环境	园区标识	园区建设、形象标识
	工作条件	网络及设备、图书馆、研究生宿舍、文体设施
行为规范	制度建设与运行成效	职业道德守则、创新文化建设规划、所务公开、重要制度
	领导行为	领导魅力、感召力、智能激发、个性化关怀
	员工行为	利他、责任心、组织认同、忠诚度
价值理念	价值观	国家导向、科学求真、正直诚信、激励创新
	组织氛围	创新自由度、团队合作、能力发展，创新宽容度

在上述研究的基础上，研究者对中科院 2002 年度创新文化建设工作进行了评价，旨在考察中国科学院创新文化的现状，分析不同年龄、院龄和群体上的创新文化差异，从而推动创新文化建设工作，并为科研组织的诊断研究提供有益的参考。

一　研究方法

（一）问卷法

调查问卷包括领导干部调查问卷（A 卷）和职工调查问卷（B 卷）。其中的基本要素如表2、表3 所示。

表2　领导干部调查问卷（A 卷）要素说明

指标	题量	内容
所长行为	40	战略决策、组织协调、管理创新、激励指挥、领导魅力、感召力、智能激发、个人化关怀
管理现状与员工心态	29	园区环境、制度建设与员工的满意度
员工心理行为	9	利他、责任心
价值观	8	员工实际知觉和内心期望的价值观

表3　职工调查问卷（B 卷）要素说明

指标	题量	内容
所长行为	40	战略决策、组织协调、管理创新、激励指挥、领导魅力、感召力、智能激发、个人化关怀
管理现状与员工心态	39	园区环境、制度建设、员工的满意度与组织承诺
价值观	8	员工实际知觉和内心期望的价值观

问卷分为自评和他评两部分。其中，有关领导行为（transformational leadership）（领导魅力、感召力、智能激发、个性化关怀）部分，研究所所长（法人或实际负责人）为自评，其他人均为对于研究所法人的他评。有关员工行为部分，主要测查员工的组织公民行为（Organizational Citizen Behavior，OCB），具体评价指标包括利他、责任心。为了避免回答的称许性，研究所员工不做这些项目的评价，仅由领导班子来评价职工行为。因此，领导调查问卷（A卷）不包括组织认同（调查员工自己对于组织的认同感，不必领导方面获取这些信息），职工调查问卷（B卷）不包括利他和责任心等要素（组织公民行为）。

（二）样本分布

中国科学院下属84个研究所参加了创新文化建设的问卷调查，回收调查问卷4658份。其中，删除了缺少一般信息资料和对于所有条目全部回答满分（不包括法人问卷）的问卷。最后，获得有效问卷3712份，其中法人75份，其他领导班子成员252份，科研骨干1746份，青年科研人员659份，管理支撑人员980份。各单位平均问卷数量达44份问卷，其中最少的单位11份（科管所），最多的单位64份（硅酸盐所），如表4所示。

表4　有效样本分布

单位	领导	班子	科研骨干	青年科研	管理支撑	总数
84	75	252	1746	659	980	3712

二　结果及分析

（一）各级指标的总体情况分析

研究者分析了全院的职工对创新文化建设的总体评价结果，尽管各研究所的各项指标评价不完全一致，但还是能反映出全院职工对创新文化建设现状认识的总体趋势。

从图1可以看到，我院职工对创新文化建设的各项指标的评分在3.6~4.4，说明大家对各所创新文化建设的成效属于基本认可。其中，评价最高的三个指标为国家导向、激励创新和形象标识。这说明，全院职工对新时期办院方针提出要"两个面向"的认同；各研究所激励广大员工追求创新，各研究所形象标识均能得到大家的认同和理解。在这是对我院实施知识创新工程所形成的创新文化的普遍认同。同时，也说明，"形象标示"这项工作经过这几年的推动工作，已经基本上达到了预期目标，可以不再作为评价标准。而评价最低的三个指标为利他、责任心、所务公开。由于前两项是所领导班子所评，是否说明，由于创新工作的推进和科研绩效评价的进行，员工在"主动帮助别人完成任务，高标准地完成任务方面"等反映组织文化氛围的指标方面，还亟待改进。此外，所务公开是各研究所得分差距较大的项目，说明进一步加强所务公开也是一些研究所亟待改进的管理问题。

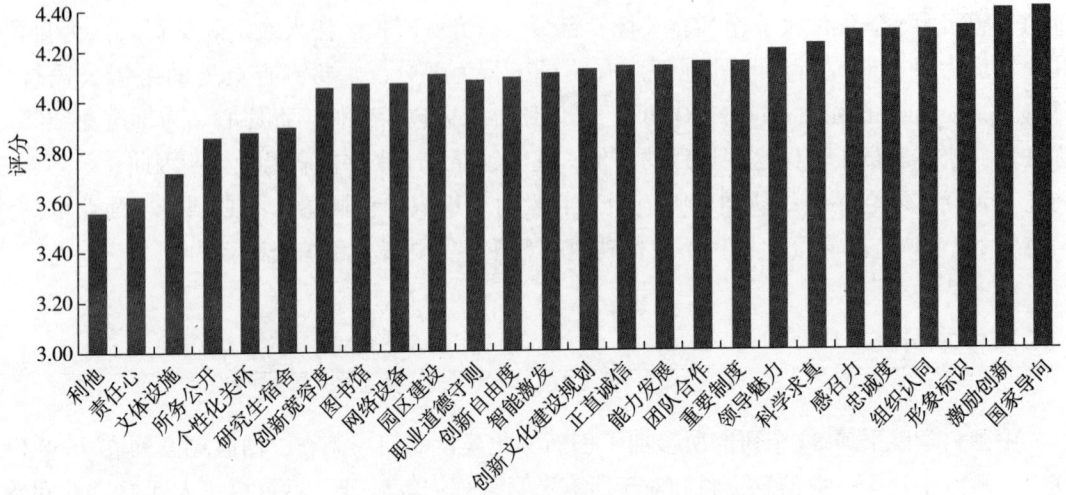

图1　各项指标调查结果比较

（二）基于年龄的差异分析

在调查中，我们采用了四个年龄段来划分职工：小于30岁；30~40岁；40~50岁；50岁以上。以便探索我院不同年龄段的职工在创新文化建设中心理状态的差异。

如图2所示，统计检验发现对领导行为（领导魅力、感召力、智能激发、个性化关怀）的评价是30岁以下的职工最高，30~40岁的职工居中，40岁以上的职工为最低；而员工行为（组织认同、责任心）却是50岁以上的职工评价最高。中青年在创新工程实施中，对领导成效给予更高的评价，说明他们对于创新工程的政策实施持更乐观的态度。40岁以上的员工的态度需要关注和相应的对策。

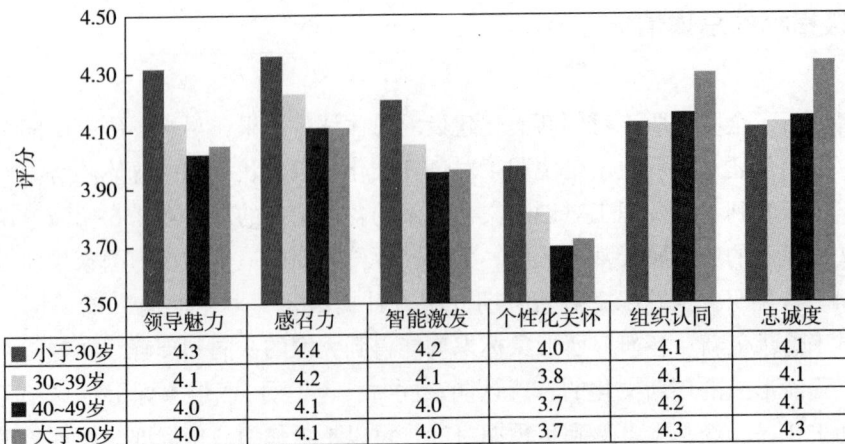

	领导魅力	感召力	智能激发	个性化关怀	组织认同	忠诚度
小于30岁	4.3	4.4	4.2	4.0	4.1	4.1
30~39岁	4.1	4.2	4.1	3.8	4.1	4.1
40~49岁	4.0	4.1	4.0	3.7	4.2	4.1
大于50岁	4.0	4.1	4.0	3.7	4.3	4.3

图2　不同年龄段职工对领导及员工行为的评价

（三）基于院龄的差异分析

按照来科学院工作年限（以下简称院龄）我们把调查对象分为五种情况：5 年以下、
6~10 年、11~15 年、16~20 年、20 年以下。对于调查结果进行了比较分析，结果如图 3
所示。

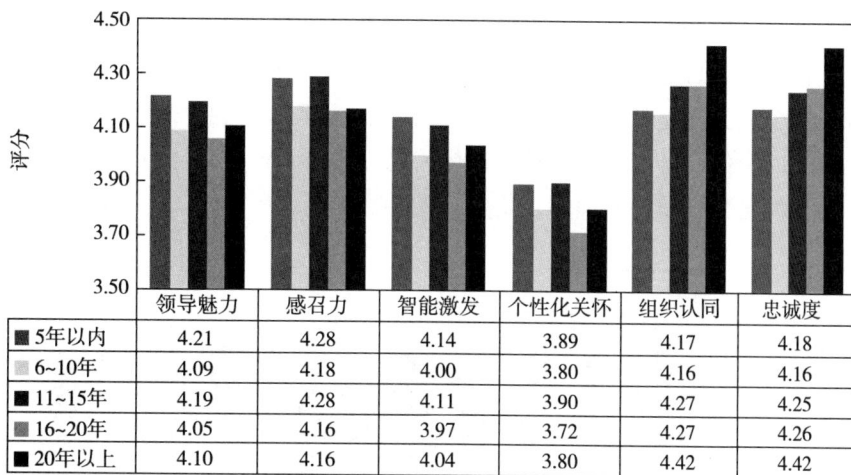

	领导魅力	感召力	智能激发	个性化关怀	组织认同	忠诚度
■ 5年以内	4.21	4.28	4.14	3.89	4.17	4.18
□ 6~10年	4.09	4.18	4.00	3.80	4.16	4.16
■ 11~15年	4.19	4.28	4.11	3.90	4.27	4.25
■ 16~20年	4.05	4.16	3.97	3.72	4.27	4.26
■ 20年以上	4.10	4.16	4.04	3.80	4.42	4.42

图 3　不同院龄职工对领导及员工行为的评价结果比较

通过统计检验发现，在对研究所负责人的领导行为（领导魅力、感召力、智能激发、
个性化关怀）的评价方面，5 年以下、11~15 年的职工明显高于其他院龄段的职工；从总体
情况来看，个性化关怀的所有院龄段的评分均在 4 分以下，是特别值得改进的共性管理问
题。而 20 年院龄以上的职工对于组织认同、责任心的自我评价是最高的，这一情况与处于
该年龄段职工更加安心本单位的心理状况有关。

如图 4 所示，在价值理念方面，院龄在 20 年以上的职工对价值理念的评价都高于其他
年龄段的职工，而 6~10 院龄和 16~20 院龄对于创新自由度、团队合作、个人能力发展和创
新宽容度等的研究都更认为需要改进。

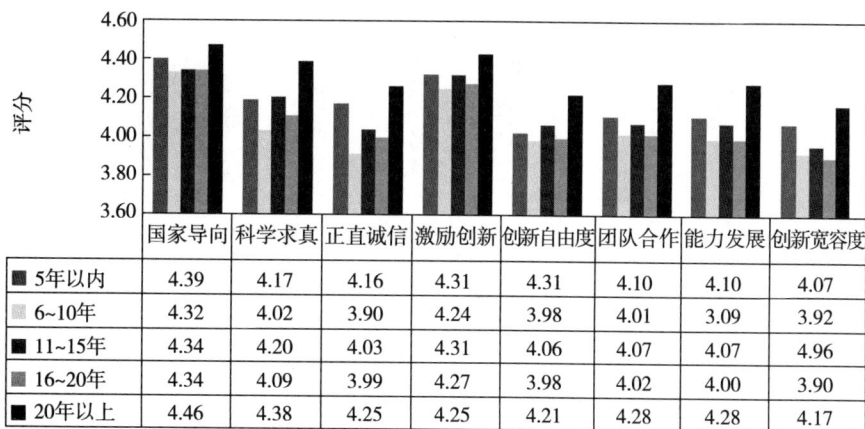

	国家导向	科学求真	正直诚信	激励创新	创新自由度	团队合作	能力发展	创新宽容度
■ 5年以内	4.39	4.17	4.16	4.31	4.31	4.10	4.10	4.07
□ 6~10年	4.32	4.02	3.90	4.24	3.98	4.01	3.09	3.92
■ 11~15年	4.34	4.20	4.03	4.31	4.06	4.07	4.07	4.96
■ 16~20年	4.34	4.09	3.99	4.27	3.98	4.02	4.00	3.90
■ 20年以上	4.46	4.38	4.25	4.25	4.21	4.28	4.28	4.17

图 4　不同院龄职工对价值理念的评估结果比较

（四）不同群体的比较分析

我们根据这次现场调查的分组座谈的划分，分成所班子、科研骨干、青年科研人员和管理支撑人员四种情况进行了评价结果的比较分析。

如图 5 所示，通过差异显著性检验发现，领导班子除组织认同之外，对领导魅力、感召力、智能激发的评价均高于其他群体，而科研骨干的各项评价均相对较低，青年科研人员和管理支撑人员评价分数居中。这可能说明，科研骨干在知识创新中，由于承担的责任更为重大，所领导不仅要注意科研绩效管理，还要注意与他们的沟通，改进领导风格。而个性化关怀的评价低是一个较为普遍的问题。在忠诚度的评价方面，虽然总体情况不错，但领导者的感觉与其他群体的评价还是有较大距离。总体来看，科研骨干是领导班子改进工作，加强关怀的重点，而个性化关怀是各层面职工均关心的共性问题。

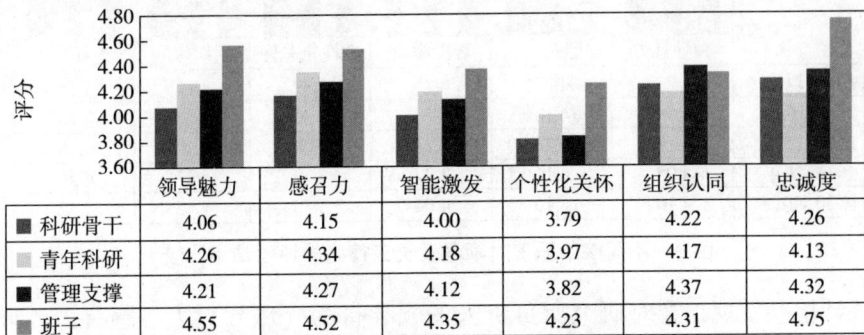

	领导魅力	感召力	智能激发	个性化关怀	组织认同	忠诚度
■ 科研骨干	4.06	4.15	4.00	3.79	4.22	4.26
□ 青年科研	4.26	4.34	4.18	3.97	4.17	4.13
■ 管理支撑	4.21	4.27	4.12	3.82	4.37	4.32
■ 班子	4.55	4.52	4.35	4.23	4.31	4.75

图 5　不同群体对领导及员工行为的评价结果比较

图 6 是有关价值理念的评价结果的分析说明，需要注意的是，对价值理念的评价仍然是科研骨干最低，青年科研人员和管理支撑人员居中，班子最高。这与上述分析发现问题基本一致。

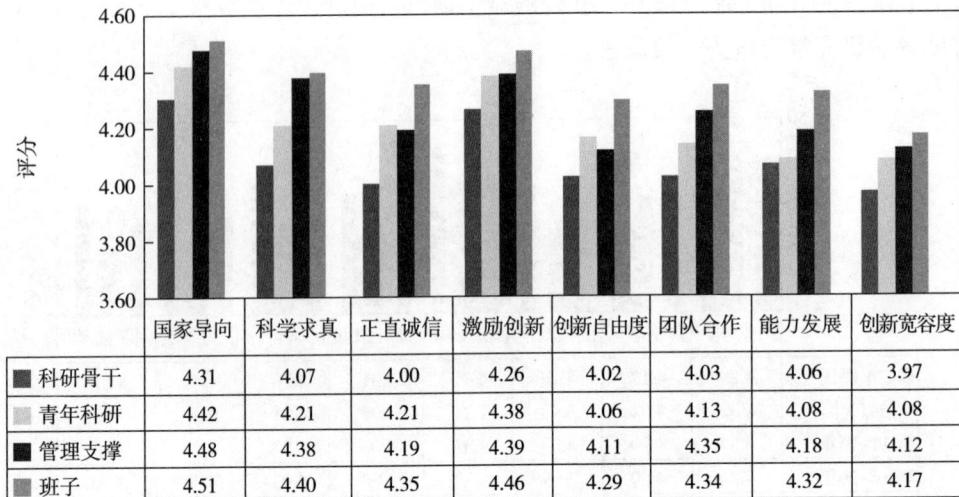

	国家导向	科学求真	正直诚信	激励创新	创新自由度	团队合作	能力发展	创新宽容度
■ 科研骨干	4.31	4.07	4.00	4.26	4.02	4.03	4.06	3.97
□ 青年科研	4.42	4.21	4.21	4.38	4.06	4.13	4.08	4.08
■ 管理支撑	4.48	4.38	4.19	4.39	4.11	4.35	4.18	4.12
■ 班子	4.51	4.40	4.35	4.46	4.29	4.34	4.32	4.17

图 6　不同群体的职工对价值理念的评价结果比较

（五）　领导风格的多侧度评价

我们采用了多侧度的评价方法对于研究所法人的领导风格进行了评价，其中法人（或实际负责人）自己评价自己，班子、科研骨干、青年科研人员和管理支撑人员评价法人（或实际负责人），结果如图 7 所示。

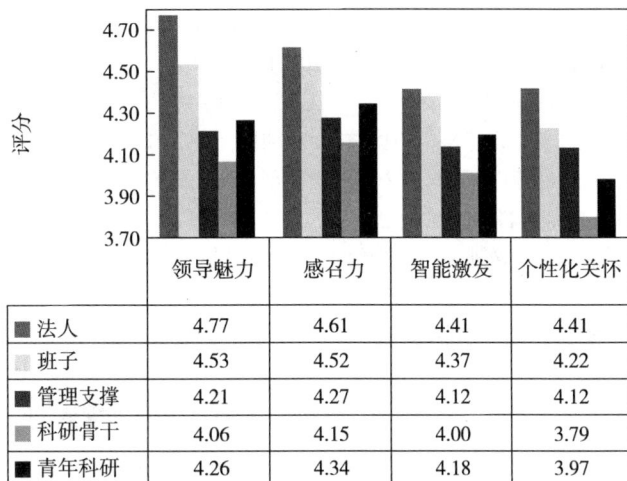

	领导魅力	感召力	智能激发	个性化关怀
■ 法人	4.77	4.61	4.41	4.41
□ 班子	4.53	4.52	4.37	4.22
■ 管理支撑	4.21	4.27	4.12	4.12
■ 科研骨干	4.06	4.15	4.00	3.79
■ 青年科研	4.26	4.34	4.18	3.97

图 7　研究所法人领导风格的多测度评价结果

结果发现，法人对自己的评价均高于职工对他的评价，其中和他比较接近的是领导班子的评价，与他们评价差距最大的是科研骨干。青年科研人员的评价除了个性化关怀稍低之外，其他项目均在 4 分以上。这一结果进一步证实，科研骨干是创新文化建设和改进沟通方法值得关注的主要层面。

三　小结与建议

中国科学院下属各研究所的领导和员工对组织创新文化建设的成效基本认可。他们评价最高的三个指标是：国家导向、激励创新和形象标识，评价最低的三个指标为利他、责任心、所务公开。30 岁以下的职工对领导行为的评价最高，50 岁以上的职工对员工行为评价最高。院龄在 20 年以上的职工对价值理念的评价高于其他年龄段的职工。科研骨干对领导行为和价值理念的评价普遍低于其他群体。研究所法人与领导班子对自身领导行为的评价高于职工的评价。

本次测评由于测试指标过多，因而在创新价值观和创新氛围上只各用了 4 个维度，没有测量创新价值观和创新氛围的所有维度。根据本次测评结果，研究者建议：①重新筛选创新文化的二、三级指标，确立新的创新文化体系。②编制修订已有的问卷条目，形成新的信效度更高的问卷条目。③凝练出有利于推动科研组织创新文化建设的管理对策和发展建议，并设计创新文化建设教程。④对研究所提供针对性的评价反馈报告，提出相应的管理对策和发展建议。

参考文献

［1］O'Reilly, C. A., Chatman, J. A. People and Organizational Culture: A Profile Comparison Approach to Assessing Person Organization Fit ［J］. Academy of Management Journal, 1991, 34（3）: 487-516.

［2］Ott, J. S. The Organizational Culture Perspective ［M］. Chicago: Dorsey Press, 1989.

［3］Schein, E. H. Organizational Culture ［J］. American Psychologist, 1990, 45（2）: 109-119.

［4］Amabile, T. M. A Model of Creativity and Innovation in Organization ［A］. B. M. Staw, L. L. Cummings. Research in Organizational Behavior ［C］. 1998, 10: 123-167.

［5］Robbins, S. P. Organizational Behavior ［M］. Upper Saddle River, New Jersey: Prentice-Hall, 2001.

［6］路甬祥. 建设国家创新体系 ［N］. 中国市场经济报, 1999-01-02.

［7］郭传杰. 创新文化重在建设 ［C］//中国科学院创新文化研究课题组编. 理论与实践——中国科学院创新文化建设文件汇编. 内部资料, 2001.

［8］郭传杰. 全面贯彻十六大精神和"三个代表"重要思想——深入推进我院创新文化建设 ［C］//有效提升科技创新能力. 西安, 2002.

［9］王斌, 时勘, 任孝鹏. 我国科研组织创新文化的内涵与结构研究 ［R］. 中国科学院创新文化建设研究报告, 2002.

［10］任孝鹏, 时勘, 王斌. 中国科学院创新文化评价体系设计与问卷编制 ［R］. 中国科学院创新文化建设研究报告, 2002.

The Measurement and Evaluation on Organizational Innovation Culture in Chinese Academy of Sciences

Shi Kan   Ren Xiaopeng   Wang Bin

Abstract: Using Standard questionnaire, 4658 employees were participated the measurement and evaluation on organizational innovation culture, who came from 84 sub-institutes of Chinese Academy Sciences. The results showed the leaders and employees were satisfied with the effects of the building of organizational innovation culture in Chinese Academy Sciences. The 3 highest evaluation indexes were country-oriented; innovation encouragement and imagine logo and the 3 lowest evaluation indexes were altruistic behavior, responsibility and affair-opened. The employees under 30 years old evaluated leadership behavior highest, the employees over 50 years old evaluated employee behavior highest. The evaluation for value beliefs of the employees whose work time were over 20 years was higher than that of other employees, The evaluation for leadership behavior and value beliefs of the key researchers was lower than that of other groups, The evaluation for own leadership behavior of legal persons and leaders were higher than the members.

Key words: organizational innovation culture; measurement and evaluation; Chinese Academy of Sciences

大学生职业自我效能的影响因素分析

王　桢　时　勘　高　晶

【编者按】2004 年，我很荣幸加入时老师课题组开始硕博连读，并于 2010 年获得博士学位。毕业多年后，回忆起来更加敬仰时老师对国家和社会的责任感，钦佩时老师的格局和睿智，感谢时老师对于学生的培养和支持。时老师言传身教，给予学生很多学习和锻炼机会，对我们的职业发展帮助很大。就我而言，在正式入学之前，我 2003 年 9 月从北京大学心理系保送到中科院心理所，大四开始参加课题组会，并承担部分课题组工作。在 2004 年，时老师安排我协助高晶老师做北京市大学生心态调查课题。当时作为一个本科生，就获得授权和信任，开始协助高老师做课题设计、文献检索、问卷设计、调查实施、数据分析和论文撰写等工作，这对于我是一个很好的锻炼。这篇论文是这个课题的成果之一，发表于 2005 年，是我的第一篇论文。当时，职业生涯管理是新兴的研究领域之一，这篇论文较早地对大学生职业自我效能的前因变量进行了分析。虽然论文较简洁，但这个经历让我接触到了工业与组织心理学研究领域，整个过程收获很多，也鼓舞了我的信心。2006 年初，时老师派我去香港理工大学跟随曾永康教授做研究。这次经历开阔了我的眼界，也让我对精神疾病职业康复这个新领域有了一定的了解。依托于这个项目的积累，我们参与到心理所 863 课题申请中，并成功获得一个子课题。此外，因为课题组的工作联系，我认识了香港岭南大学的 Dean Tjosvold 教授。在跟随 Dean 的研究项目中，也在陆佳芳师姐的帮助下，我参与了北京合力金桥项目，初步掌握了合作性团队建设的培训方法和途径，并在 2006 年下半年作为 Dean 的研究助理，单独在贵州移动公司实施合作性团队的跟踪培训工作。这个现场经历让我对团队研究产生了浓厚的兴趣，后来我决定将"团队中的领导行为"作为博士论文主题，并一直探索团队动力学机制至今。时老师很支持我在学术和职业发展上的探索，2009 年支持我申请获得国家留学基金委项目，去美国亚利桑那州立大学进行博士生联合培养，这一年的海外经历对我的学术能力提升非常有帮助。后来，2010 年我毕业求职，时老师也给予我指导和支持，使我顺利地来到中国人民大学劳动人事学院工作。我现在的研究兴趣主要是领导行为、团队动力学、职业发展、职业健康和人力资源分析等。工作后我较快地获得了副教授职称，并担任职业开发与管理系主任。工作十多年来，已主持国家自然科学基金、教育部基金多项，在 SSCI 和 CSSCI 期刊发表中英文论文 50 多篇。毕业多年后，我仍然经常会想起时老师的教诲，很怀念课题组同学们共同学习和开放式讨论、互相支持的氛围。时老师对于心理学的热爱，对于学科发展的使命感，对于国家和社会的责任感，一直激励着学生努力向前。（王桢，中国科学院心理研究所 2004 级硕博连读生，中国人民大学劳动人事学院　教授）

摘　要：目的：探讨大学生职业自我效能特点及其影响因素。方法：采用问卷共调查了清华

大学和北京中医药大学的 278 名本科生。结果：①职业自我效能存在性别和学校类型方面的差异。②大学生的职业自我效能更受到了家庭的职业引导、知觉到的社会支持的影响。结论：加强家庭对于大学生的职业引导，并提供足够的社会支持，能提高大学生的职业自我效能水平。

关键词： 职业自我效能；社会支持；家庭的职业引导

自我效能（self-efficacy）是指相信自己在某种情境下能够充分表现的信念[1]。自我效能感影响着大学生的心理健康[2]、主观幸福感[3]和求职成功性[4]。职业自我效能是 Bandura 所提出的自我效能理论在职业领域的应用。Hackett 和 Beta 把职业自我效能界定为"对个人从事特定职业的能力的信念"。职业自我效能反映的是个体对自己完成特定职业的相关任务或行为的能力的知觉或对达到职业行为目标的信心或信念[5]。汤梅等的研究表明，职业自我效能不仅可以直接影响职业选择，也可以通过强化职业兴趣，间接影响职业选择[6]。在对我国下岗职工群体的研究中，时勘等发现，认知归因、情绪控制、求职自我效能和求职应对等心理因素，直接制约着其主动求职行为，并进一步影响其再就业的成功率和稳定性[7]。

我国目前，由于劳动力市场竞争的复杂化，大学生就业的局势不容乐观。为了提高大学生的就业率，恰当的职业指导是非常有必要的，而深入探讨影响大学生求职自我效能的影响因素，对于搞好大学生的职业指导，提高就业指导的效率，也具有重要的实践意义。

一　研究对象与方法

（一）被试

选取清华大学和北京中医药大学两所高等学校临近毕业之前一年的学生进行问卷调查。清华大学全部为大三学生，北京中医药大学为大四学生。调查采取的是随机抽样方式。由于客观条件，清华大学男生比例偏大，取样时适当控制了男女比例。两校学生中被试的平均年龄为 21.63±1.1 岁，最大为 25 岁，最小为 19 岁。男生占 52.19%。

（二）研究工具

1. 职业自我效能问卷

为汤梅于 2001 年修订的 SCI（the Skills Confidence Inventory）[8]中文问卷。采用五分等级评定，即做好的可能性很小（1），可能性比较小（2），不确定（3），可能性比较大（4），做好的可能性很大（5）。在本研究中，因素分析结果表明，包括"管理型职业自我效能""研究型职业自我效能""艺术型职业自我效能""现实型职业自我效能""常规型职业自我效能""社会型职业自我效能"六个因子。一共解释的方差百分比为 57.78%。六因素的 Cronbach's α 在 0.88~0.94。

2. 社会支持问卷

问卷的社会支持量表选自领悟社会支持量表[9]，并做了相应的修改，共 14 题。为五分等级评分即：没有（1），偶尔有（2），有一些（3），经常有（4），总是有（5）。

3. 家庭和学校职业指导问卷

家庭指导问卷和学校指导问卷选自汤梅等（2001）中国大学生职业发展调查问卷。采用是否评分。以总分作为家庭职业指导、学校职业指导的得分。

（三）测验方法与统计分析

由学校团委以班级为单位发放问卷。问卷回收情况：共发放问卷 344 份，回收 298 份，回收率为 86.63%，其中有效问卷为 278 份，有效比率为 80.81%。采用 SPSS11.5 进行统计。

二 结果

（一）描述性统计结果

社会支持、家庭职业指导、学校职业指导采用问卷总分，职业自我效能问卷题量较大，采用问卷平均分。表 1 为社会支持、职业自我效能和职业指导的描述性统计结果。

表 1　社会支持、职业自我效能和职业指导描述性统计结果

	清华（n=143）	北京中医药（n=135）	男性（n=135）	女性（n=143）	总体（n=278）
社会支持	47.81±11.26	43.09±11.63	44.33±12.17	46.93±10.97	45.62±11.57
职业自我效能	3.54±.45	3.38±.65	3.44±.55	3.49±.57	3.46±.56
家庭职业指导	2.67±1.14	2.45±1.52	2.66±1.31	2.23±1.38	2.56±1.34
学校职业指导	2.46±1.70	1.89±1.76	2.43±1.88	1.93±1.56	2.19±1.75

（二）职业自我效能的调查结果

职业自我效能各因素之间相关结果见表 2。由表 2 可见，职业自我效能各因素间存在一定程度的相关，并且这些相关均在 0.01 水平上显著。考察了六个因变量的方差同质性和正态性，结果基本符合多元方差分析的假设。因此，对职业自我效能采用多元方差分析。选择学校和性别为自变量。饱和模型中，学校和性别的交互作用不显著，$F(6234)=1.722$，$p=0.117$。因此，选择非饱和模型考察学校和性别的主效应。结果显示，在 0.10 水平上，学校的主效应显著，$p=0.06$；性别主效应显著，$p<0.001$。

对学校的单变量检验结果显示，清华大学学生研究方面的自我效能要明显高于北京中医药大学学生，$p=0.002$；清华大学学生管理类型的自我效能在 0.010 水平显著高于北京中医药大学学生，$p=0.054$。对性别的单变量检验结果显示，男性在现实型方面的自我效能要显著高于女性，$p=0.020$；女性的艺术型自我效能显著高于男性，$p<0.001$；女性的社会型自

我效能显著高于男性，p＝0.025；女性的常规型自我效能显著高于男性，p<0.001。

（三）职业自我效能的影响因素结果

为考察职业自我效能的影响因素，进行层次回归，分析结果见表3。可以看出，家庭的职业引导对职业自我效能起了正向作用，即得到的家庭的职业引导越多，个体的职业自我效能越高。社会支持对职业自我效能起了正向作用，即个体体会到的社会支持水平越高，则其职业自我效能越高。

表2   职业自我效能各因素相关

	现实型	研究型	艺术型	社会型	管理型
现实型					
研究型	0.432 **				
艺术型	0.139 **	0.122 **			
社会型	0.332 **	0.340 **	0.348 **		
管理型	0.248 **	0.296 **	0.407 **	0.605 **	
常规型	0.342 **	0.456 **	0.233	0.417 **	0.315 **

注：** 表示 p<0.01。

表3   职业自我效能的层次回归分析

因变量	自变量	步骤	R^2	ΔR^2	β	t
职业自我效能	性别	1	0.002	0.002	−0.007	−0.112
	年龄				0.037	0.560
	家庭指导	2	0.063	0.062	0.171	2.578 *
	学校指导	3	0.073	0.009	0.100	1.507
	社会支持	4	0.204	0.131	0.377	5.630 **

注：* 表示 p<0.05，** 表示 p<0.01。

三　讨论

研究结果表明，清华大学学生在研究型、管理型方面的自我效能显著高于北京中医药大学，这可能与学校的整体结构和氛围导向密切相关。清华大学的整体科研氛围较浓厚，学生对科研工作比较感兴趣，平时亲身的实践经历和体会更多，直接经验和替代经验相对更为丰富，所以，科学研究的自我效能更高。学生在主导性、与人接触能力和说服能力上得到更多的锻炼，在管理型的自我效能得分上更高。

此外，本研究在职业自我效能的结果分析中发现了显著的性别差异。具体表现为，男生的现实型自我效能要显著高于女生；女生在艺术型、社会型和常规型方面的自我效能显著高于男生。分析其原因可能是，在性别角色获得的社会化过程中，职业的性别刻板印象等文化因素对女生的职业自我效能造成影响，导致女生在仪器、机械等现实性领域的职业自我效能比较低。但是，总体来讲，女生由于情感更为细腻，办事更细心，更愿意人际互动，在从事表演、写作、文秘、辅导员等职业方面的信心要显著高于男生。不过，这些差异还需要更大样本数据的支持和验证。

对职业自我效能的回归分析表明，家庭的职业引导对职业自我效能起了正向作用。也就是说，得到的家庭的职业引导越多，个体的职业自我效能越高。社会支持对职业自我效能也起了正向作用，即个体体会到的社会支持水平越高，则其职业自我效能越高。Bandura 认为，自我效能的形成具有四个先行条件，即四种效能信息源：直接经验（主体行为经验）、替代经验、社会说服和生理心理状态。在职业自我效能理论中，这四种信息来源同样是职业自我效能的有效信息来源。其中，替代经验是指观察榜样或他人的行为，而获得的行为经验，这也是职业自我效能形成的影响因素之一。特别是观察学习同伴的榜样，并获得的替代经验更有助于提高个体的职业自我效能。社会说服主要是指来自社会的鼓励、劝说等，如来自父母、老师、权威偶像的鼓励等，都有利于个体职业自我效能的提高。家庭的职业引导是替代经验和社会说服的重要组成部分，社会支持则是社会说服的重要成分。我们的结果与上述理论推断相符。不过，学校的职业指导与学生的职业自我效能并没有显著的关系。这提示我们，目前高校的职业指导机构的指导工作还没有对学生的职业指导产生足够的影响，因此，学生知觉到的学校的社会支持较小。

今后，可考虑扩大取样范围。本研究由于条件和时间所限，所取样的高校均属于理工科重点院校，特点比较类似，因此代表性不是很强。以后的研究可以选取不同层面、不同地区、不同类型的高校，这样可以得到更为全面可靠的结果。本研究主要考察了职业自我效能和社会支持等变量，而对于个人能力、价值观等因素并没有仔细考察。而这些变量在大学生择业过程中也起着举足轻重的作用。因此，后续研究可以对这些变量进行研究，考察它们之间的关系。这将有助于我们对大学生择业影响因素的整体把握。最后，需要指出，本研究是一个开端性的横断面研究。后续研究可以采用纵向研究的方式，考察同一批被试一年后的就业情况，这将使变量之间的因果关系更为明晰。也可以每年找同一个年级的大学生进行相同问卷的调查，考察大学生各种择业心理的变化趋势。

参考文献

［1］Bandura, A. Self‐efficacy. The Exercise of Control ［M］. W. H. Freeman and Company, New York, 1997.

［2］答会明. 大学生自信、自尊、自我效能与心理健康的相关研究［J］. 中国临床心理学杂志, 2000, 8（4）：227-228.

［3］佟月华. 低收入大学生一般自我效能感、主观幸福感研究［J］. 中国临床心理学杂志, 2003, 11（4）：294-295.

［4］Day, R., Allen, T. D. The Relationship between Career Motivation and Self‐efficacy with Protégé Career Success ［J］. Journal of Vocational Behavior, 2004（64）：72-91.

［5］郭本禹, 姜飞月. 职业自我效能理论及其应用［J］. 东北师大学报（哲学社会科学版）, 2003

（5）：130-137.

［6］Mei Tang, Fouad, N. A., Smith, P. L. Asian Americans' Career Choices：A Path Model to Examine Factors Influencing Their Career Choices ［J］. Journal of Vocational Behavior, 1999 (54)：142-157.

［7］时勘，宋照礼，张宏云. 下岗职工再就业心理行为及辅导模式研究 ［J］. 人类工效学，2001，7 (4)：1-5.

［8］Betz, N. E., Borgen, F. H. The Expanded Skills Confidence Inventory：Measuring Basic Dimensions of Vocational Activity ［J］. Journal of Vocational Behavior, 2003 (62)：76-100.

［9］汪向东. 心理卫生评定量表手册 ［J］. 中国心理卫生杂志，1998（增订版）：132-133.

The Influence Factors of Career Self-efficacy for College Students

Wang Zhen　Shi Kan　Gao Jing

Abstract：Objective：To explore the structures of the career self-efficacy, measure the career self-efficacy and social support, and furthermore studied the relationship between career self-efficacy, social support and career guidance. Methods：Two hundred and seventy-eight undergraduates from Tsinghua University and Beijing University of Chinese Medicine, were tested by questionnaire. Results：Significant differences were detected between participants of different schools and gender. Family career guidance and perceived social support could influence on career self-efficacy. Conclusion：Family career guidance and social support could improve career self-efficacy.

Key words：career self-efficacy; social support; family career guidance

连续性公共物品困境中
信息结构对决策行为的影响*

胡卫鹏　区永东　时　勘

【编者按】1999 年 7 月，我作为硕博连读生师从时勘老师，2004 年博士毕业后一直从事人力资源管理咨询工作。跟时老师学习的五年，不仅使我系统掌握了人力资源管理最前沿的理论知识，养成了严谨扎实的治学态度，同时也有机会接触到企业的实际咨询工作，针对企业管理中的痛点，制订针对性解决方案，并辅助企业落地实施，使人力资源管理不仅仅停留在学术研究层面，而是帮助企业切实解决实际问题。这五年的专业积累和实操经验，使我毕业之后快速适应了国际咨询公司的快节奏和企业客户的高要求，并让我在管理咨询道路上一直坚持到现在。本文是时勘老师 2003 年与香港中文大学区永东教授合作开展的一项课题研究，我也有幸参与其中。在当时，这是一个非常前沿的理论研究，涉及经济学、心理学、社会学和决策论等多学科的理论基础，并采用了当时最领先的模拟投资游戏的研究模式，研究成果对于经济理论中的投资者决策、社会学中的合作与分享等方面都具有一定的参考价值。这项课题研究在当时不是课题组的主攻方向。记得当时时勘老师在胜任特征、领导力等方面已经著作等身，而这个合作研究项目则充分体现了时勘老师作为一位学者对于理论热点的敏锐嗅觉和对于社会热点的主动担当。学无止境，无论是治学还是就业，都要敢于走出自己的舒适区，去探索更为广阔和精彩的未知世界。特别是在当下数字化转型的大背景下，技术发展日新月异，商业模式不断突破和创新，只有保持开放的心态、变革的精神、持续学习的毅力，才能使自己把握时代前进的方向。这是跟时勘老师学习的五年带给我最宝贵的财富。（胡卫鹏，中国科学院心理研究所 1999 级硕博连读生，安永（中国）企业咨询有限公司合伙人）

摘　要：选取 240 名大学二年级的学生，通过局域网信息反馈，进行了模拟投资的小组实验。结果发现：①在连续性公共物品困境和自协调序列规则下，先前决策者的合作行为在决策的早期和中期起到了明显的榜样示范作用，并导致后续决策者的合作行为增加；②这种示范作用在决策后期不起作用，被试出于"搭便车"或者担心自己利益受损的心理会表现出较高的竞争行为；③先前决策者的竞争行为在整个决策过程中都起到明显的示范作用，使后续决策者的合作率保持在较低的水平；④在没有任何信息反馈的情况下，被试倾向于在初期就做出投资决策，并表现出一定程度的合作行为。

关键词：连续性公共物品困境；自协调序列规则；合作行为；竞争行为

---

* 本研究得到了国家自然科学基金委（项目批准号：70271061），香港中文大学心理系与心理所合作项目的资助。

一 引言

公共物品困境[1-2]（Public Good Dilemma，PGD）是社会困境（Social Dilemma）[3]的一种，所谓公共物品是指所有组员都可以从中受益的产品或服务，公共物品能否被大家分享则依赖于组员自愿的贡献行为。研究者根据公共物品的特性，进一步区分出离散性公共物品（Discrete Good）困境和连续性公共物品（Continuous Good）困境[3-5]。本研究将考察在连续性公共物品困境下信息结构对决策行为的影响。连续性公共物品是指只要有一个人做出贡献，该利益就能被大家分享，所分享的利益大小取决于做出贡献的人数以及贡献大小。本研究将采用的是 Goren 所介绍的模拟投资游戏的研究模式[6]。

在模拟投资游戏开始前，N 人小组的每位组员都会有 x 元代币作为投资的本金，他们可以选择将整笔资金或者投资到个人账户，或者投资到公众账户，投资到个人账户的资金会如数返给投资者，投资到公众账户的资金会升值 k 倍之后被全组人平分（包括投资个人账户的组员）。表 1 给出了在不同的个人投资选择和他人投资选择的组合下，个人投资回报矩阵的一个示例（N=5，x=20，k=2.5）。

表 1　连续性公共物品困境下的投资回报矩阵

你的选择	除你之外投资公众账户的人数				
	0	1	2	3	4
个人账户	20	30	40	50	60
公众账户	10	20	30	40	50

二 研究假设

决策规则规定了在模拟投资游戏中的决策次序以及被试在决策时掌握的信息结构。在自协调序列规则（Self-paced Sequential Protocol）[7-8]下，决策者可以自己选择在什么时候做出决策，有人喜欢率先决策，以期对其他人的决策产生影响；有人要等到掌握足够多的信息之后才做出决策，他们的决策时间要比前者晚得多。自协调序列规则又分为两种：一种是其他组员的决策信息是随时更新的，另一种是其他组员的决策信息是定期更新的。本研究采用的是随时更新的自协调序列规则。

信息结构主要指被试在决策时所掌握的关于其他组员投资选择的信息。我们区分出四种不同的信息结构：第一种是关于合作行为的信息结构（即投资到公众账户的人数信息），被试在实验过程中会随时知道已经有多少人做出了合作行为；第二种是关于竞争行为的信息结构（即投资到个人账户的人数信息），被试会随时知道已经有多少人做出了竞争行为；第三种是完全的信息结构，被试会随时知道已经做出合作和竞争行为的人数信息；第四种情况是无信息结构，被试不会知道上述的任何信息。

由于社会困境中的决策是一个互动过程，他人的决策信息会对个人的行为产生影响，根据社会学习理论，在提供关于合作行为信息的条件下，开始阶段只要有人做出合作行为，那么这种合作人数的信息会使尚未决策的被试感觉到一种合作的压力或者驱动力。也有研究者[9]认为，这种信息增强了被试的自我效能感和对团队成员的信任，从而导致了合作行为的增加；但是，在决策后期，当出现已有合作行为比较多的情况时，被试"搭便车"的可能性就会增加。如果已有的合作行为比较少，被试就会担心因为采取了合作行为而给自己带来较大的损失，在这两种情况下被试的竞争行为都会增加。由此，提出本研究的假设1：

假设1：在提供合作行为信息的条件下，决策初期的合作行为高于决策末期的合作行为。

另外，在提供竞争行为信息的条件下，竞争人数的增加会降低被试对团队成员的信任，被试因为担心自己受欺骗而采取更多的竞争行为。另外，被试对于合作和竞争这种客观的行为会产生主观评价，即认为合作是慷慨的或者是有奉献精神的，而竞争是自私的和贪婪的，尤其是最先表现出来的竞争行为更容易被大家归因于个人的贪婪。由于这种社会价值评价的压力，即使出于使自己利益最大化的考虑，被试也不会在开始阶段就表现出较多的竞争行为，从上面的分析中我们可以推论，在两种行为信息都提供的条件下，决策初期被试的行为主要受到合作行为信息的影响，末期主要受到竞争行为信息的影响，从而表现出和在合作信息结构情况下类似的现象。我们由此提出本研究的假设2和假设3：

假设2：在提供完全信息的条件下被试行为表现与在提供合作行为信息的条件下相似，即决策初期的合作行为要高于决策末期的合作行为。

假设3：在决策初期，当提供合作行为信息和完全信息时，被试的合作行为要高于在提供竞争行为信息条件下被试的合作行为。

在没有任何关于他人决策信息反馈的情况下，自协调序列规则就相当于同时性的决策规则，因为这时被试完全是相互独立地做出投资决策。在这种决策规则下，被试的主导型投资策略是在开始阶段就做出决策；当决策中加入了信息反馈后，被试的决策行为会变得复杂和多样化，有的人喜欢率先决策，希望自己的行为对他人产生影响；有的人则喜欢在信息足够丰富的情况下再进行决策，以便使自己的利益最大化。由此，我们提出假设4：

假设4：被试在无信息结构条件下的决策时间显著短于其他三种决策规则下的决策时间；被试在无信息结构条件下决策时间的离散程度（决策时间的分布）要显著小于其他三种决策规则下决策时间的离散程度。

三　研究对象与实验设计

实验被试为北京地区的240名大学二年级学生，通过自愿报名的方式获得，男生116人，女生124人。

本研究为单因素的被试间设计。自变量为信息结构，有四个水平，分别为关于合作行为的信息结构、关于竞争行为的信息结构、完全的信息结构和无信息结构。因变量为被试的投资选择和决策时间。

　　整个实验的被试被划分为 20 组，每组 12 人。每一组对应一种信息结构，每一组被试进行 35 轮模拟投资实验。全部实验在电脑上完成，被试之间的信息反馈借助局域网实现。在每轮实验中，同组内的 12 名被试都会重新被随机分成两个小组，两个小组之间是相互独立的，每轮实验也是相互独立的，被试在上一轮的投资结果不会记入下一轮。在实验的开始阶段，首先集中向被试介绍模拟投资实验的规则，然后，12 名被试被随机分到两个单独的实验机房中，每轮实验中被试都有 30 秒的时间进行投资决策。

四　结果及分析

　　被试在四种信息结构下的合作率〔合作率＝投资公众账户的人次/（投资公众账户的人次+投资个人账户的人次）〕见表 2。

表 2　被试在四种信息结构下的投资选择

信息结构	个人账户	公众账户	合作率	SD
完全的信息	1293	807	38.4%	0.487
合作行为的信息	1210	890	42.4%	0.494
竞争行为的信息	1411	689	32.8%	0.470
无信息	1297	803	38.2%	0.486

　　以被试为分析的基本单元，求出每人的合作率，结果表明，单因素方差分析的结果不显著〔$F(3, 236) = 2.082$，$p = 0.103$〕。我们还单独考察了提供合作行为信息和竞争行为信息下被试合作行为的差异，独立样本的 T 检验结果表明，在两种信息结构下被试的合作行为有显著的差异（$t = 2.594$，$p = 0.011$）。

　　被试在四种信息结构下的平均决策时间见表 3。单因素方差分析的结果表明，四种信息结构下平均决策时间差异显著〔$F(3, 236) = 110.92$，$p < 0.0001$〕，配对比较结果发现，无信息反馈与其他三种信息结构下的决策时间有显著差异〔$M_{(完全)} - M_{(无)} = 14.2$，$p < 0.0001$；$M_{(合作)} - M_{(无)} = 11.7$，$p < 0.0001$；$M_{(竞争)} - M_{(无)} = 16.6$，$p < 0.0001$〕。离散程度可以用标准差判断，结果发现，在无信息反馈下数据的离散程度最小，在竞争行为信息反馈下的数据的离散程度最大，假设 4 得到了验证。

表 3　被试在四种信息结构下的决策时间

信息结构	人次	M	SD
完全的信息	2100	19.5	10.0
合作行为的信息	2100	17.0	10.2
竞争行为的信息	2100	21.9	9.59
无信息	2100	5.30	5.21

　　为了验证假设1至假设3，我们把决策时间分为三段，0~10秒为第一段，11~20秒为第二段，21~30秒为第三段，首先考察了不同时间段投资个人账户和公众账户的人次以及合作率，结果见表4。

表4　被试在不同时间段的投资选择

时间	完全的信息			合作行为的信息			竞争行为的信息			无信息		
	公众	个人	合作率	公众	个人	合作率	公众	个人	合作率	公众	个人	合作率
第一段	380	167	69.5%	474	255	65.0%	189	223	45.9%	705	1162	37.8%
第二段	224	161	58.5%	228	179	56.0%	100	194	34.0%	76	94	44.7%
第三段	203	966	17.4%	188	776	19.5%	400	994	28.5%	22	41	34.9%
总和	807	1293	38.4%	890	1210	42.4%	689	1411	32.8%	803	1297	38.2%

　　从表4中的描述性统计结果可以发现，在无信息反馈下，88.9%的投资决策是在第一时间段做出的，这个比例显著高于另外三种情况［完全的信息：26.0%；合作行为的信息：33.3%；竞争行为的信息：19.6%；$\chi^2 = 1492.632 > \chi^2_{0.005}(3) = 12.838$］。这样，假设4得到进一步的验证。从表4中还可以发现，在前三种信息结构下，大多数投资决策都是在最后一个时间段做出的（完全的信息：55.7%；合作行为的信息：42.5%；竞争行为的信息：66.4），而且大部分的选择是竞争行为，被试表现出明显的不确定性避免和"搭便车"的现象。

　　为了检验假设1、假设2，首先我们求出每个被试在三个时间段的合作率，然后分别考察了在完全的信息、合作行为的信息和竞争行为的信息三种信息结构下，时间段的主效应（通过重复测量的方差分析获得）发现，在完全信息反馈、合作行为的信息结构下时间段的主效应显著［完全的信息：$F(2, 108) = 72.64$, $p < 0.0001$；合作行为的信息：$F(2, 100) = 73.14$, $p < 0.0001$］；而在竞争行为的信息结构下时间段的主效应不显著［$F(2, 78) = 2.01$, $p = 0.141$］。配对比较结果显示，完全的信息结构下被试的合作行为随着时间段的增加而显著减少［$M_{(1)} - M_{(2)} = 0.103$, $p = 0.021$；$M_{(1)} - M_{(3)} = 0.482$, $p < 0.0001$；$M_{(2)} - M_{(3)} = 0.378$, $p < 0.0001$］；合作行为的信息结构下被试在第三时间段的合作行为显著少于前两个时间段，但前两个时间段行为表现之间没有显著差异［$M_{(1)} - M_{(2)} = 0.072$, $p = 0.067$；$M_{(1)} - M_{(3)} = 0.492$, $p < 0.0001$；$M_{(2)} - M_{(3)} = 0.419$, $p < 0.0001$］。为了检验假设3，我们考察了第一时间段完全的信息、合作行为的信息和竞争行为的信息三种信息结构的主效应，单因素方差分析结果发现，信息结构的主效应显著［$F(2, 152) = 14.42$, $p < 0.0001$］；配对比较的结果发现，竞争行为的信息结构下合作率显著低于其他情况［$M_{(完全)} - M_{(竞争)} = 0.286$, $p < 0.0001$；$M_{(合作)} - M_{(竞争)} = 0.276$, $p < 0.0001$；$M_{(完全)} - M_{(合作)} = 0.01$, $p = 0.856$］。因此，假设1至假设3得到了验证。

　　为了对数据进行深入的探讨，我们考察了两者的交互作用，以时间段为组内因素［我们选取了决策初期（block1）和决策末期（block3）两个水平］，信息结构为组间因素（我们选取了完全的信息、合作行为的信息和竞争行为的信息三个水平）进行了重复测量的方差分析。结果发现，组内因素和组间因素的主效应显著［信息结构的主效应：$F(2, 147) = 3.67$, $p = 0.028$；时间段的主效应（$F(1, 147) = 174.85$, $p < 0.0001$）］，信息结构与时间

段的交互作用也是显著的 [$F(2, 328) = 23.13$，$p < 0.0001$]。它们之间的关系见图 1。

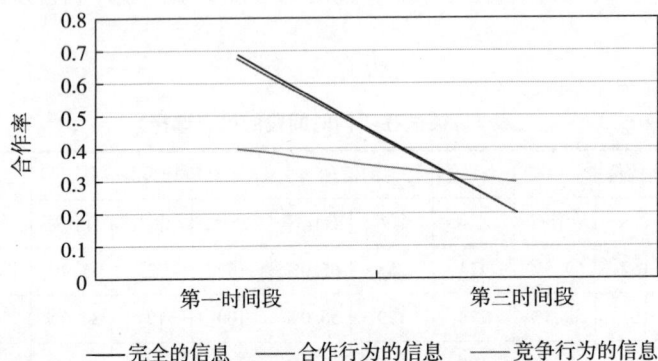

图 1   信息结构与时间段的交互作用

该结果除了进一步验证了我们以前的结论外，还发现在决策后期，完全的信息结构和合作行为的信息结构下的被试的合作率显著低于竞争行为的信息结构。

五   讨论

本研究的主要目的是探讨不同的信息结构对被试决策行为的影响，结果发现，在连续性公共物品困境下，当向被试提供合作行为的信息时，表现出的合作行为要高于向其提供竞争行为的信息。

在我们的研究中采用了自协调序列规则，由于被试自己决定何时做出投资决策，最初的竞争行为会被后面的决策者归因于决策者本身的自私或者贪婪，而最初的合作行为容易被归因于决策者的合作精神高或者慷慨，归因方式的不同使自协调序列规则下早期决策行为起到明显的示范效应，我们的结果也证明了这一点。在决策初期合作行为的信息和完全的信息条件下被试的合作行为要高于竞争行为信息条件下被试的合作行为，同时，我们在第二时间段也发现了同样的现象 [采用单因素方差分析和多重比较发现，信息结构的主效应显著（$F(2, 165) = 11.81$，$p < 0.0001$）；而多重比较的结果发现，竞争行为的信息结构下合作率显著低于其他情况（$M_{(完全)} - M_{(竞争)} = 0.254$，$p < 0.0001$；$M_{(合作)} - M_{(竞争)} = 0.279$，$p < 0.0001$；$M_{(完全)} - M_{(合作)} = -0.025$，$p = 0.683$）]。不过，我们的研究也发现，合作行为的示范效应只在决策过程的早期和中期起作用，而在决策行为的后期，这种信息造成了被试竞争行为的显著增加，合作率甚至低于竞争行为的信息结构下的情况，这可能是由于较多的先前合作信息使被试表现出"搭便车"行为，也可能是较少的先前合作信息使被试担心利益损失而采取竞争行为。可见，竞争行为的示范效应在整体决策过程中都能够体现出来。

六   结论

本研究选取 240 名大学二年级的学生，通过局域网信息反馈，进行了模拟投资的小组实验。结果发现：

（1）在连续性公共物品困境和自协调序列规则下，先前决策者的合作行为在决策的早期和中期起到了明显的榜样示范作用，并导致后续决策者的合作行为增加。

（2）先前决策者的示范作用在决策后期不起作用，被试出于"搭便车"或者担心自己利益受损的心理会表现出较高的竞争行为。

（3）先前决策者的竞争行为在整个决策过程中都起到明显的示范作用，使后续决策者的合作率保持在较低的水平。

（4）在没有任何信息反馈的情况下，被试倾向于在初期就做出投资决策，并表现出一定程度的合作行为。

参考文献

［1］Au, W. T., Chen, X. P., Komorita, S. S. A Probabilistic Model of Criticality in a Sequential Public Good Dilemma ［J］. Organizational Behavior and Human Decision Process, 1998, 75（3）：274-293.

［2］Daews, M. Social Dilemmas ［J］. Annual Review of Psychology, 1980, 31：169-193.

［3］Marwell, G., Ames, R. Economists Free Ride, Does Anyone Else? Experiments on the Provision of Public Goods ［J］. Journal of Public Economics, 1981, 15：295-310.

［4］Kollock, P. Social Dilemmas：The Anatomy of Cooperation ［J］. Annual Review of Sociology, 1998, 24：183-214.

［5］Kopelman, S., Weber, J. M., Messick, D. M. Common Dilemma Management：Recent Experimental Results ［M］. The 8th Biennial Conference of the International Association for the Study of Common Property （IAS-CP）, 2000.

［6］Goren, H., Kurzban, R., Rapoport, A. Social Loafing vs Social Enhancement：Public Goods Provisioning in Real-time with Irrevocable Commitments ［J］. Organizational Behavior and Human Decision Process, 2003, 90（2）：277-290.

［7］Chen, X. P., Au, W. T., Komorita, S. S. Sequential Choice in a Step-level Public Goods Dilemma：The Effects of Criticality and Uncertainty ［J］. Organizational Behavior and Human Decision Processes, 1996, 65（1）：37-47.

［8］Budescu, D. V., Au, W. T., Chen, X. P. Effect of Protocol of Play and Socia Orientation on Behavior in Sequential Resource Dilemmas ［J］. Organizational Behavior and Human Decision Processes, 1997, 69（3）：179-193.

［9］Chen, X. P., Bachrach, D. G. Tolerance of Free Riding：The Effects of Defection Size, Defection Pattern, and Social Orientation in a Repeated Public Good Dilemma ［J］. Organizational Behavior and Human Decision Process, 2003, 90（1）：139-147.

Effects of Information Structure in a Continuous Public Goods Dilemma on Decision-making under a Self-paced Sequential Protocol

Hu Weipeng　Ou Yongdong　Shi Kan

Abstract：The study investigated the effects of information structure on people's investment behaviors in a Continuous Public Goods Dilemma under a real-time self-paced sequential protocol (SPS) of games. The results showed that information about previous cooperative choices enhanced the followers' cooperation ratio at the beginning and in the middle of the decision process; but at the end of the process, the participants showed an obvious free riding or fearing of being sucked, then behaved very competitively; the information about previous competitive choices reduced the followers' cooperation ratio during the whole decision process; without any information provided, it seemed that the participants all rushed to the beginning of the process to make decisions and showed cooperation behavior to some extent.

Key words：continuous public good dilemma; self-paced sequential protocol; cooperation; competition

人力资源管理实践对员工组织承诺的影响*

刘加艳　时　勘

【编者按】转眼之间，我已经博士毕业十多年了。回忆起求学科研生涯中的点点滴滴，大多数已然成为过眼云烟，但在时老师课题组的经历却是历久弥新。作为博士研究生，我不只接受了学术科研方面的系统培养，更在时老师的带领下完成了诸多组织和人力资源管理咨询项目，积累了丰富的项目实践经验，一方面为学术科研提供了实践支撑，避免闭门造车；另一方面也为个人未来的发展提供了更多的可能性。同样，时老师也为我在学术科研方面的系统培养提供了充足的资源，有幸在课题组接触到学术科研圈众多顶级的知名学者，确实受益匪浅。我的博士论文和我发表的第一篇SSCI论文就是在香港岭南大学萧爱玲教授和时老师的共同指导下完成的。更加重要的是，我在课题组结识了众多同道中人，和很多同学成为好朋友。我最终走上了管理实践的道路，对时老师给予的所有发展机会心存感激，也因为没有能够在学术科研方面做出更大的突破而满怀愧疚。偶尔与同学们交流一些学术科研方面的进展和有趣的研究时，我发现在我的内心仍然对学术科研充满期待。这份期待将永远伴随着我，令我在管理实践的道路上充满力量。（刘加艳，中国科学院心理所2004级博士生，目前在北京某咨询公司工作）

摘　要：为探讨人力资源管理实践对员工组织承诺的影响，采用在线调查的方法，获得了675份有效问卷。分层回归的结果发现，在控制了人口统计学变量后，人力资源管理实践对组织承诺有较强的预测作用；进一步的优势分析表明，在已解释的方差中，各人力资源管理措施的贡献分别为培训发展36.7%、薪酬福利26.8%、绩效管理20.7%、员工安置15.8%。结论认为，人力资源管理实践对组织承诺有显著影响。

关键词：人力资源管理实践；组织承诺；分层回归；优势分析

一　引言

Watson Wyatt的研究表明，人力资源管理实践对组织承诺有显著的影响[1]。"2003年度中国最佳雇主"的调研和评选活动也表明，组织承诺能够有效地揭示企业的管理实践及其效果[2]。Mathieu和Zajac有关组织承诺的研究进行了一项元分析（Meta-Analysis）[3]，把与组织承诺相关的因素分为八大类。但是，从组织层面上考察对于组织承诺的影响的研究相对要少得多。Arthur和Huselid的研究发现，承诺型（对应控制型）

---
* 本研究为国家自然科学基金资助项目（7047061）。

的人力资源管理实践会激发雇员较为高水平的情感承诺[4,5]。人力资源管理战略和雇员的个人参与投资会导致员工较高的情感承诺[6]。本研究的目的在于探讨中国文化背景下人力资源管理实践对组织承诺的影响，试图揭示出哪些具体的人力资源管理实践会对组织承诺有更为显著的影响。

二 研究方法

（一）调查对象

本研究采用在线调查方法进行数据采集，调查范围为杭州某软件园管理干部和员工，为期近 3 周。有 756 人参加了本次调查，回收到的有效问卷为 675 份，回收有效率为 89.3%。调查对象的人口统计学特征分布为：男性 144 人，占 21.3%，女性 145 人，占 21.5%（其中有 386 人没有填写此项，占 57.2%）；从婚姻状况来看，未婚 506 人，占 75.0%，已婚 121 人，占 17.9%（48 人未填此项，占 7.1%）；从学历层次来看，中专 47 人，占 7.0%，大专 251 人，占 37.2%，本科 325 人，占 48.1%，硕士 9 人，占 1.3%（有 43 人未填此项，占 6.4%）；从工作性质来看，职员为 545 人，占 80.7%，主管 55 人，占 8.1%，部门经理 38 人，占 5.6%，高层管理者 5 人，占 0.7%（32 人未填此项，占 4.7%）。

（二）调查工具

人力资源管理实践是指影响员工的行为、态度以及绩效的各种政策、手段、制度等的总称[6]。本研究在综合国外研究的基础上，结合我国企业的实际情况，自编了人力资源管理实践调查问卷。该问卷共包括四个部分：员工安置（3 道题，如我知道我的工作岗位的知识、技能要求），培训发展（3 道题，如公司提供给我们的培训机会），绩效管理（3 道题，如我们的绩效考核方法是公平合理的），薪酬福利（5 道题，如与其他公司相比，我对我的总现金收入感到满意）。并采用了探索性因素分析和验证性因素分析检验其构想效度。组织承诺采用的是 Allen 等[7]编制的情感承诺问卷。计 7 道题，如我对我们的公司有很深的个人感情。

（三）调查过程

先在网络上设立调查站点。然后通知该软件园各公司的人力资源部门或其他相关部门，发放登录的用户名和密码。为保证调查质量，调查站点上有详细的调查指导语，并提供电话咨询。被试自愿参与。整个调查过程可以在 15 分钟内完成。

（四）统计方法

一般统计分析工作采用 SPSS 11.5 完成，验证性因素分析采用了 Amos 4.0 来完成。

三 结果及分析

（一）人力资源实践问卷的探索性因素分析

对人力资源实践问卷的 14 个项目进行了探索性因素分析，采用了主成分法、正交旋转抽取四个因素。结果发现，有两个项目同时在两个因素上有较高的负荷。删除这两个项目后，重新进行因素分析。分析结果见表 1。问卷的结构和预期的完全一致，四个因素的总解释率达到了 68.12%。

表 1　人力资源管理实践问卷的因素负荷分布（n=675）

项目	薪酬福利	培训发展	绩效管理	员工安置
S1	0.869			
S2	0.858			
S3	0.645			
S4	0.612			
T1		0.792		
T2		0.758		
T3		0.699		
PI			0.783	
P2			0.744	
P3			0.640	
J1				0.893
J2				0.726
特征根	2.538	2.327	1.927	1.382
解释的变异量	21.15%	19.39%	16.06%	11.51%

注：S1 表示薪酬福利的第一个项目，T1 表示培训发展的第一个项目，P1 表示绩效管理的第一个项目，J1 表示员工安置的第一个项目。

（二）人力资源实践问卷的验证性因素分析

在探索性因素分析的基础上，我们采用了 Amos 4.0 对问卷的结构进行验证性因素分析。

表2　验证性因素分析的各项拟合指数

χ^2	df	χ^2/df	GFI	AGFI	CFI	NNFI	RMSEA
219.70	48	4.58	0.94	0.91	0.94	0.92	0.078

从表2可见，χ^2/df 小于5，GFI、AGFI、CFI、NNFI 均大于0.90，RMSEA 小于0.08，说明模型拟合很好，具有较好的结构效度。

（三）主要变量的描述性分析

表3　主要变量的描述性分析结果（n=675）

变量	$\bar{x}$	s	1	2	3	4	5
1. 员工安置	4.10	0.53	0.71				
2. 培训发展	3.81	0.63	0.26**	0.75			
3. 绩效管理	3.85	0.60	0.29**	0.58**	0.73		
4. 薪酬福利	3.19	0.60	0.16**	0.55**	0.54**	0.83	
5. 组织承诺	3.97	0.57	0.38**	0.61**	0.52**	0.54**	0.87

注：** 表示 $p<0.01$；对角线上为问卷的内部一致性系数。

（四）人力资源管理实践对组织承诺影响的回归分析结果

本研究采用分层回归和逐步回归相结合的方法，考察在控制了对组织承诺有影响的人口统计学变量之后，人力资源管理实践是否会影响组织承诺。从表4可见，在控制了人口统计学变量之后，人力资源管理实践的四个变量对组织承诺均做出了贡献，回归系数均达显著性水平，解释的变异量增加了46.7%，达到了0.001的显著性水平。

表4　人力资源管理实践对组织承诺影响的回归分析结果

变量		组织承诺	
		第一步	第二步
第一步	人口统计学变量		
	性别	-0.002	-0.080
	年龄层次	0.139*	0.017
	司龄	-0.057	0.015
	教育程度	-0.059	-0.006
	职位层次	0.094*	0.071*

续表

变量		组织承诺	
		第一步	第二步
第二步	人力资源管理实践		
	培训发展		0. 335 ***
	薪酬福利		0. 276 ***
	员工安置		0. 204 ***
	绩效管理		0. 134 ***
	F	4. 326 **	73. 187 ***
	R^2	0. 031	0. 498
	ΔR^2	0. 031 **	0. 467 ***

注：* 表示 $p<0.05$，** 表示 $p<0.01$，*** 表示 $p<0.001$。

（五）优势分析（Dominance Analysis）结果

为了明确地确定人力资源管理实践的四个变量对预测组织承诺的重要性，本研究采用优势分析方法。与传统的分析方法相比，优势分析能将各预测指标对因变量总方差的贡献分解为已预测方差百分比，从而使各预测指标的相对重要性得以更精确地表现[8]。

从表5可见，对于预测组织承诺来说，在已经解释的部分方差中，培训发展贡献了36.7%，薪酬福利贡献了26.8%，绩效管理贡献了20.7%，员工安置解释了15.8%。

表5　人力资源管理实践各因素的相对贡献

变量	R^2	X1	X2	X3	X4
	0	0. 366	0. 290	0. 146	0. 268
X1（培训发展）	0. 366	—	0. 062	0. 054	0. 042
X2（薪酬福利）	0. 290	0. 138	—	0. 091	0. 073
X3（员工安置）	0. 146	0. 274	0. 235	—	0. 181
X4（绩效管理）	0. 268	0. 140	0. 095	0. 059	—
X1 X2	0. 428	—	—	0. 052	0. 017
X1 X3	0. 420	—	0. 060	—	0. 028
X1 X4	0. 408	—	0. 037	0. 040	—
X2 X3	0. 381	0. 099	—	—	0. 040
X2 X4	0. 363	0. 082	—	0. 058	—
X3 X4	0. 327	0. 121	0. 094	—	—
X1 X2 X3	0. 480	—	—	—	0. 008
X1 X2 X4	0. 445	—	—	0. 043	—

续表

变量	R^2	X1	X2	X3	X4
X1 X3 X4	0.448	—	0.040	—	—
X2 X3 X4	0.421	0.067	—	—	—
X1 X2 X3 X4	0.488	—	—	—	—
对 R^2 的分解	—	0.179	0.131	0.077	0.101
在已预测方差中的百分比	—	36.7%	26.8%	15.8%	20.7%

注：X1 X2 指同时包含 X1 和 X2 两个预测变量，X1 X2 X3 指同时包含 X1、X2 和 X3 三个变量，下同。

四　讨论

目前，管理科学领域学者提出了"资源为基础的观点"（Resource-Based View，RBV），认为企业可以通过提高所占有的资源的质量或者通过比竞争对手更有效地使用资源来获得竞争优势[6]。为了促进人力资源的充分利用，从各个层面探讨人力资源管理实践与相关的结果变量之间的关系的研究增加了不少。本研究采用在线调查的方法来探讨人力资源管理实践的四个方面与组织承诺之间的关系，探索性因素分析和验证性因素分析的结果都表明，自行编制的人力资源管理实践调查问卷有较好的结构效度。问卷内部一致性也达到了统计学的要求。以往研究[9]显示，性别、年龄、教育程度等人口学变量可能对组织承诺有影响。我们采用分层回归和逐步回归相结合的方法，在控制了人口统计学变量之后，探讨了人力资源管理实践对组织承诺的影响。分析结果表明，人力资源管理的四个方面，即员工安置、培训发展、绩效管理、薪酬福利均进入了回归方程，使解释的变异量增加了 46.7%。这一结果说明，人力资源管理实践能够较好地预测组织承诺。这说明，企业重视人力资源管理的上述策略，是能够在组织承诺上获得回报的。进一步的优势分析发现，在已解释的变异中，培训发展贡献最大，达到了 36.7%，薪酬福利次之，贡献率达到了 26.8%，而绩效管理贡献了 20.7%，员工安置解释了 15.8%。

社会交换理论的动机过程以及互惠原则可以解释上述的人力资源实践和员工的组织承诺之间的关系。即员工对组织的承诺往往来自组织对他们的支持。Arthur[4]认为，人力资源管理实践可以分成"控制型"和"承诺型"。控制型人力资源管理的目的在于提高效率，降低成本，它往往依赖于严格的工作规范和程序，以及对结果的考核。相比而言，承诺型的人力资源管理实践更加主张通过一系列的政策和程序去影响员工的动机和承诺，通过鼓励员工参与，使他们认同组织目标，并为之而奋斗，以此来提高效率和生产力。

参考文献

[1] Watson Wyatt. Work USA 2002-Employee Commitment and the Bottomline [EB/OL]. http://www.watsonwyatt.com/research/printable.asp？id=W-304，2004-01-31.

［2］颜杰华，仲进，柯恩．最佳雇主何以最佳？［J］．哈佛商业评论，2003，5：12-29.

［3］Mathieu, J. E., Zajac, D. M. A Review and Meta-analysis of the Antecedents, Correlates and Consequences of Organizational Commitment ［J］. Psychological Bulletin, 1990, 108 (2): 171-243.

［4］Arthur, J. B. Effects of Human Resource Systems on Manufacturing Performance and Turnover ［J］. Academy of Management Journal, 1994, 37 (3): 670-687.

［5］Huselid, M. A. The Impact of Human Resource Management Practices on Turnover, Productivity, and Corporate Finarcial Performance ［J］. Academy of Management Journal, 1995, 38 (3): 635-672.

［6］王颖，李树苗．人力资源管理实践与企业绩效关系研究评述［J］．科学学研究，2002，20（6）：640-645.

［7］Allen, N. J., Meyer, J. P. Affective, Continuance, and Normative Commitment to the Organization: An Examination of Construct Validity ［J］. Journal of Vocational Behavior, 1996, 499 (2): 252-276.

［8］张力为，梁展鹏．运动员的生活满意感：个人自尊与集体自尊的贡献［J］．心理学报，2002，34（2）：160-167.

［9］凌文辁，张治灿，方俐洛．影响组织承诺的因素探讨［J］．心理学报，2001，33（3）：259-263.

变革型领导的结构与测量[*]

李超平　时　勘

　　【编者按】 我于 1998 年以硕博连读的身份进入时勘博士课题组学习，是时老师培养的第一名硕博连读学生。时老师是国内管理心理学领域为数不多学术上有建树，同时又对国内企业人力资源实务产生深远影响的学者。在时勘博士课题组学习的五年，为我打开了学术研究的大门。在刚进入中国科学院心理研究所的时候，可以说我完全是管理心理学的"小白"，正是在时老师的指导和帮助下，慢慢地对管理心理学研究产生了较为浓厚的兴趣，掌握了管理心理学研究的基本技能，享受了从事管理心理学研究的乐趣。更重要的是，时老师的战略眼光、积极为学生创造一流学习与研究条件、关键时刻对学生的指导与点拨等优秀品质给我留下了深刻印象，对我一生的工作和生活方式产生了重大的影响。时老师具有很强的战略眼光，总是能快速从纷繁复杂的信息中总结提炼出最核心的内容，在第一时间准确判断理论研究的热点与趋势。跟随时老师学习的五年里，我亲眼见证了时老师带领课题组在国内开展了很多前沿的理论研究，包括胜任特征、变革型领导、360 度反馈评价、健康型组织和抗逆力等。以胜任特征的研究为例，1998 年我刚刚入所的时候，国内基本上还没有学者去关注胜任特征的研究，时老师就已经带着课题组在开展行为事件访谈、胜任特征词典的修订、胜任特征模型建构等工作，完成了一系列应用项目，并在《心理学报》发表了"企业高层管理者胜任特征模型评价的研究"一文，该文发表后很快就成为国内胜任特征研究的经典论文，截至 2019 年上半年，该文已经被引用超过 2000 次，成为《心理学报》所有已经发表的文章中，除了方法类文章外被引次数最高的论文。此外，时老师会想尽一切办法，去给学生创造好的学习与研究条件。2000 年底，时老师就给我创造了去香港学习三个月的机会。正是通过这三个月我在富萍萍老师那里的学习，让我对领导理论探索产生了兴趣。回北京后，我就开始考虑博士论文的选题。当时，课题组正好在与国外学者合作，其中一部分就是变革型领导。但是，数据收集回来后却发现变革型领导问卷的信效度并不理想，时老师提议我关注变革型领导的研究。我在心理所的图书馆和国家图书馆查阅了一些变革型领导的资料，但就是找不到变革型领导原版的问卷。时老师知道后，在去美国出差的时候，通过他在美国的朋友及时帮我带回来了变革型领导问卷的全套资料，解决了我的燃眉之急。拿到国外问卷后，我采用翻译—回译的方式翻译了问卷，请樊景立教授、陈晓萍教授帮忙核对了译文。然后，收集了一批数据，结果表明，采用国外变革型领导问卷的信效度并不理想。在这种背景下，我萌生了采用归纳法编制中国变革型领导问卷的想法。由于在香港学习期间掌握了用 Amos 软件来进行结构方程分析的方法。但回北京后，发现国内很少能找着 Amos 软件，又是时老师利用去美国出差的机会，给课题组带回了最新版的 Amos 软件。有了 Amos 之后，我们进行结构

---

　　*　本研究为国家自然科学基金资助项目（70471060）。

方程分析就方便多了。像我和时老师的"分配公平与程序公平对工作倦怠的影响"等发表在《心理学报》的文章和我博士论文中的验证性因素分析、结构模型分析都是用时老师带回来的软件完成的。可以说，没有时老师的帮助，就没有这些论文。在我们每一个研究的关键节点上，时老师都会高屋建瓴地给予指导与点拨。记得在我博士论文的研究过程中，开放式问卷的编码是一个难点。为了确保编码结果的准确性，时老师亲自带着课题组的 10 多个同学进行了一上午的讨论，这保证了编码的顺利进行。在编制变革型领导问卷过程中，通过探索性因素分析出来了四个维度，如何给这四个维度命名？其他维度的名称很快定了下来，唯独"道德和榜样"这一维度的名称大家没有统一的意见。最后，还是时老师提出以"德行垂范"来命名，成功帮助我克服了博士论文中的最大障碍，保证了博士论文的顺利完稿。值得欣慰的是，博士论文答辩时得到了答辩委员会专家们的一致好评。而且在博士论文基础上修改的几篇论文也大多发表在《心理学报》等权威学术期刊上。其中"变革型领导的结构与测量"一文发表后，很快成为国内一些研究和论文效仿的范文。目前，这篇论文已经被引用将近 800 次，成为国内管理心理学领域一篇高被引的文章。在心理所跟着时老师学习的五年，是我人生非常重要的一段时光，感谢时老师带领我进入了领导理论研究领域！今后我将争取为国内培养一批优秀的领导理论研究者，也为领导理论领域的发展做出一点微薄的贡献。（李超平，中国科学院心理研究所 1998 级硕博连读生，中国人民大学公共管理学院教授、博士生导师）

摘　要： 首先采用开放式问卷对 249 名管理者与员工进行了调查，内容分析表明，我国的变革型领导包括 8 类行为或特征。通过专家讨论，编制了适合我国国情的变革型领导问卷。431 份有效问卷的探索性因素分析表明，变革型领导是一个四因素的结构，具体包括德行垂范、领导魅力、愿景激励与个性化关怀。为了进一步验证变革型领导的构想效度，并考察问卷的信度与同时效度，在 6 家企业进行了调查，获得了 440 份有效问卷。验证性因素分析证实了变革型领导问卷的构想效度，内部一致性分析与层次回归分析的结果也表明，基于我国文化背景新编的变革型领导问卷具有较好的信度与同时效度。

关键词： 变革型领导；德行垂范；愿景激励；个性化关怀；领导魅力；归纳法

一　问题的提出

变革型领导（Transformational Leadership）是 20 世纪 80 年代以来西方领导理论研究的热点问题，且已成为领导理论研究的新范式。Bass[1]认为，变革型领导通过让员工意识到所承担任务的重要意义，激发下属的高层次需要，建立互相信任的氛围，促使下属为了组织的利益牺牲自己的利益，并达到超过原来期望的结果。Bass 还进一步明确了变革型领导的内容，并建立了相应的评价工具 MLQ（Multifactor Leadership Questionnaire）[2]。早期，Bass 认为，变革型领导主要包括三个维度：魅力—感召领导（Charismatic-Inspirational Leadership）、智能激发（Intellectual Stimulation）和个性化关怀（Individualized Consideration）[1,3]。其后，Bass 等进一步把"魅力—感召领导"区分为两个维度：领导魅力和感召力。这样，就得到了变革型领导的四维结构：领导魅力（Charisma or Idealized Influence）、感召力

（Inspirational Motivation）、智能激发（Intellectual Stimulation）和个性化关怀（Individualized Consideration）[2,4]。

目前，Bass 的变革型领导四维结构已经得到了学者们的普遍认同，MLQ 也已经成为变革型领导研究中使用最为广泛的问卷，MLQ 的构想效度和预测效度也得到了一些实证研究的支持[2,5,6]。但是，也有一些实证研究对 MLQ 的内容效度和构想效度提出了质疑[7-9]。Carless 认为，变革型领导并不能区分为不同的维度，而只能得到一个"变革型领导"维度[7]。Den Hartog 等发现，变革型领导的四个维度全部载荷在同一个因素上，而不能区分为四个不同的维度[8]。Tejeda 等发现，每个维度减少一个项目，变革型领导的四维结构才能够得到验证[9]。李超平和时勘通过对 149 名管理人员调查结果的验证性因素分析发现，变革型领导的构想效度虽然获得了一定的支持，但是其结果并不是很理想[10]。正是由于对 MLQ 问卷的不满意，一些学者开始构建新的变革型领导问卷，如 Alimo-Metcalfe 等在英国采用"扎根"技术重新界定了变革型领导的维度，建立了与 Bass 完全不同的结构，并编制了新的变革型领导问卷[11]。

领导作为一种社会影响过程，确实是一种在世界上各个国家都普遍存在的现象，但是它的概念和构成却有可能因国家文化的不同而不同[12,13]。中国作为一个有两千多年历史的古国，有自己悠久的文化传统。Hofstede[12]认为中国是一个高权力距离、高集体主义和高关心长期结果的国家。受儒家思想的长期影响，中国是一个以"和"为贵的社会，特别重视人际关系的和谐，即使在管理过程中也不例外。此外，我国目前正处于从计划经济向市场经济过渡的经济转型期。正是由于这些因素的存在，使我们认为中国的领导过程既应该与西方的领导过程有着共同的地方，同时也应该有自己独特的特色，一些研究结果也证明了这一点。比如，凌文辁在中国验证 PM 理论时就发现，中国还存在一个独特的维度——品德[14,15]。Westwood[16]和中国台湾地区的郑伯勋等[17]的研究也都表明，中国企业的领导者有自己独特的风格——家长式领导（Paternalistic Leadership）。时勘等对国内国有企业高层管理者和民营企业高层管理者的胜任特征模型进行了一系列研究，结果也发现，国内高层管理者与西方管理者的胜任特征模型存在一定的差异[18]。因此，我们认为，很有必要建立适合中国文化背景的变革型领导结构，并开发相应的测量问卷，为今后同类研究奠定基础。

二　研究1：变革型领导的归纳分析结果

步骤一，首先给出 Bass 对变革型领导的定义，要求被试根据他们的经验和观察列出 5~6 条管理人员所表现出来的、符合变革型领导定义的行为或特征。为了保证取样的代表性，本研究在全国七城市（包括北京、杭州、西安、广州、深圳、郑州和重庆）总共调查了 249 名来自不同行业、不同性质单位的被试。

步骤二，根据被试所列出的描述，由两名组织行为学专家对描述进行归纳。

249 名被试总共列出了 1276 条描述（平均每人 5.12 条）。所有描述都输入计算机，并在数据输入之后由两名组织行为学专家对所有描述根据标准进行筛选。标准为：①被试的描述必须有清楚的含义；②必须是管理者所表现出来的行为或特征；③不会明显属于交易型领导。根据以上标准，总共有 93 项（7.3%）描述被认为是"不可用的"。

由于部分被试提供的描述的含义并不具备单一性，同一描述包括两个不同的含义，甚至包括三个不同的含义，因此，对每一描述两名研究者都进行充分讨论，并判断被试列出来的描述含义是否单一。对于含义不单一的描述，两名组织行为学专家经过讨论之后进行相应处理，有些进行了微调，以保证描述含义的单一性；有些进行了拆分，即把原来的描述拆分为含义单一的描述。最后发现被试列出的描述有149项可以拆分为2项含义单一的描述，有19项可以拆分为3项含义单一的描述。这样，本研究总共得到了1370（ = 1276 − 93 + 149 + 19 + 19）项含义单一的描述。

然后，根据1370项描述内容的类似性，2名从事组织行为学研究的专家采用讨论的方式，对所有的描述进行归纳。经过多轮归纳，最后得到了八大类，这八大类的名称和典型描述如表1所示。

表1　八大类特征的典型描述

类的名称	典型的描述
榜样示范	◆能够身先士卒，起到好的表率作用 ◆能注意自己的言行对员工的影响 ◆能以身作则
奉献精神	◆为了部门/单位利益，能牺牲个人利益 ◆不计报酬，加班加点工作 ◆在关键时候，首先牺牲自己的利益
品德高尚	◆为人正派，大公无私 ◆任人唯贤，不嫉妒贤能 ◆处理问题公平、公正
领导魅力	◆对工作非常投入，能保持高度的热情 ◆敢抓敢管，善于处理棘手的问题 ◆业务能力过硬
愿景激励	◆能与员工乐观地畅谈未来 ◆能给员工指明奋斗目标和前进方向 ◆对单位/部门的未来充满了信心
智能激发	◆思想开明，具有较强的创新意识 ◆经常鼓励员工从多个角度考虑问题的解决方法 ◆不满足于现状，在工作中能不断地推陈出新
个性化关怀	◆能根据员工的具体情况，采取合适的管理方法 ◆耐心地教导员工，为员工答疑解惑 ◆愿意帮助员工解决生活和家庭上的难题
寄予厚望	◆在一些重要的事情上，能征求员工意见 ◆鼓励员工承担有挑战性的工作任务 ◆鼓励员工为自己设定更高的工作目标

步骤三，让 3 名研究生重新对所有的描述进行归纳。

为了检验 2 名研究者归纳的正确性和有效性，我们又请 3 名研究生对所有的描述重新进行归纳。在 3 名研究生进行归纳之前，我们先对 3 名研究生进行了培训。首先，研究者让这 3 名研究生认真阅读 8 大类的名称和典型描述，并就这些内容与这 3 名研究生进行了充分讨论。然后，研究者从 8 大类每一类中挑选了 8 项描述，总共 64 项描述。并以这 64 项描述作为培训材料，对 3 名研究生进行了培训。培训完之后，研究者又从 8 大类每一类中挑选了 8 项描述，并随机组合在一起。然后让 3 名研究生把这 64 项描述归纳到这 8 类中去，在归纳的过程中，3 名研究生随时可以互相讨论，研究者也在旁边进行指导，最后所有 64 项描述都得到了与研究者相同的归类。

培训结束之后，让 3 名研究生独立对剩下的 1242 项描述进行归纳。由于是 3 名研究生独立对描述进行归纳，因此对于任何一项描述有四种可能结果：①3 名研究生的归纳与研究者的归纳一致；②2 名研究生的归纳与研究者的归纳一致；③1 名研究生的归纳与研究者的归纳一致；④3 名研究生的归纳与研究者的归纳都不一致。具体的结果如表 2 所示，从表中结果可以看出 3 名研究生或者 2 名研究生与研究者归纳一致的描述有 1061 项，占总项目的85.5%，说明研究者的归纳是合理的、有效的。据此，我们最后确定中国的变革型领导主要包括 8 类行为或特征：榜样示范、奉献精神、品德高尚、领导魅力、愿景激励、智能激发、个性化关怀、寄予厚望。

表 2　归纳的一致性

可能的结果	数目	百分比（%）
3 名研究生的归纳与研究者的归纳一致	889	71.6
2 名研究生的归纳与研究者的归纳一致	172	13.9
1 名研究生的归纳与研究者的归纳一致	139	11.2
3 名研究生的归纳与研究者的归纳都不一致	42	3.4

三　研究 2：变革型领导问卷的编制

（一）方法

1. 变革型领导预试问卷的编制

确定了变革型领导所包括的行为或者特征之后，参考国外变革型领导比较成熟的问卷、开放式问卷调查中所得到的描述，2 名组织行为学专家先编制了部分变革型领导的条目。为了确保条目的内容效度，总共 11 名专业人员（包括 1 名研究员，3 名博士后，3 名博士研究生，4 名硕士研究生）就变革型领导的每一条目进行了讨论，最后综合考虑内容效度、文字表述以及是否符合企业的实际情况等，每个维度保留了 6 个条目，得到了变革型领导问卷的初稿。之后，我们又在北京的某企业让 6 名员工实际填写了问卷，问卷填写完之后，研究者与这 6 名员工进行了个别访谈，征求他们对问卷的意见，并对部分用词进行了调整。最后形成了变革型领导预试问卷，共 48 道题。以李克特 5 分等级量表来测量被试所熟悉的管理人员所表现出来的领导行为，由 "1-非常不同意" 到 "5-非常同意"，分别为 "非常不同意" "比较不同意" "不好确定" "比较同意" 及 "非常同意"。

2. 研究被试

本次研究的被试主要来自在职研究生班、企业管理培训的学员以及部分企业的员工。总共发放约 490 份问卷，实际回收 447 份问卷。当所有问卷回收之后，进行废卷处理的工作，将空白过多、反应倾向过于明显的问卷剔除，最后得到有效问卷 431 份。其中，男性 160 人，占 37.1%，女性 237 人，占 55.0%。30 岁以下 197 人，占 45.7%；31 岁至 40 岁 180 人，占 41.8%；41 岁以上 22 人，占 5.4%。从学历构成来看，大专或以下 29 人，占 6.7%；本科 254 人，占 58.9%；本科以上 121 人，占 28.1%。

3. 调查过程

所有在职学生的调查由任课教师在上课时间发放问卷，并当场回收；企业调查由企业的人力资源部负责人召集，在相对集中的时间内完成，研究者在场对个别问题进行解答。在调查之前，事先告诉被试调查结果会完全保密，调查结果仅用于科学研究。在所有问卷收集结束之后，进行废卷处理的工作；最后，进行资料的统计分析。

4. 统计分析

运用探索性因素分析方法，对变革型领导问卷的结构进行分析。具体的统计处理采用 SPSS 11.0 实现。

（二）结果

对本次调查所获得数据进行了探索性因素分析，采用主成分分析法，斜交极大旋转法抽取因素。以特征根大于等于 1 为因子抽取的原则，并参照碎石图来确定项目抽取因子的有效数目。判断是否保留一个项目的标准定为：①该项目在某一因素上的负荷超过 0.50；②该项目不存在交叉负荷（Cross-loading），即不在两个因素上都有超过 0.35 的负荷。经过几次探索，最终得到了变革型领导的四因素结构，四个因素的特征根都大于 1，累积方差解释率达到了 64.05%，各个项目在相应因子上具有较大的负荷，处于 0.51~0.95。

从因素分析的结果来看，因素一有 11 道题，其主要内容包括奉献精神、以身作则、牺牲自我利益、言行一致、说到做到、严格要求自己等，我们把这一因素命名为：德行垂范。因素二有 8 道题，其主要内容包括向员工描述未来、让员工了解单位/部门的前景、为员工指明奋斗目标和发展方向、向员工解释所做工作的意义等，我们把这一因素命名为：愿景激励。因素三有 8 道题，其主要内容包括业务能力过硬、思想开明、具有较强的创新意识、具有较强的事业心、工作上非常投入、能用高标准来要求自己的工作等，我们把这一因素命名为：领导魅力。因素四有 7 道题，其主要内容包括在领导过程中考虑员工的个人实际情况、为员工创造成长的环境、关心员工的发展、家庭和生活等，我们把这一因素命名为：个性化关怀。

值得注意的是，通过归纳法得到的 "奉献精神" "榜样示范" "寄予厚望" 和 "智能激发" 并没有出现在最终的因素中。这是因为 "奉献精神" "榜样示范" "品德高尚" 三方面在最后的因素分析中大部分都负荷在新的"德行垂范"因素上，而小部分题目要么是交叉负荷过高，要么是负荷没有达到 0.50。智能激发的项目有一部分负荷在"领导魅力"上，有一部分负荷在"个性化关怀"上，有些交叉负荷过高，有些负荷没有达到 0.50，这有可能是因为中国人会把领导者对他们的智能激发知觉为领导者的"领导魅力"或者是领导者的"个性化关怀"造成的。寄予厚望的项目除了极少部分负荷在"愿景激励"上之外，大部分项目的交叉负荷过高，所以也没有出现在最终的因素中。

为了保持问卷的简洁性，以便在今后的研究中使用更方便、快捷，本研究根据因素负荷，项目含义与因素命名的接近性，对上面的 34 个项目进行了压缩，最后在"德行垂范"上保留 8 个项目，其他三个因素上都保留 6 个项目。形成了预试后的变革型领导问卷（Transformational Leadership Questionnaire，TLQ）对压缩后的项目重新进行探索性因素分析，结果如表 3 所示。

表 3　变革型领导问卷因素分析结果

变量	因素 1	因素 2	因素 3	因素 4
廉洁奉公，不图私利	0.92	-0.02	-0.04	-0.04
吃苦在前，享受在后	0.90	0.07	-0.12	-0.05
不计较个人得失，尽心尽力工作	0.89	0.02	-0.11	0.05
为了部门/单位利益，能牺牲个人利益	0.86	0.08	-0.02	-0.02
能把自己个人的利益放在集体和他人利益之后	0.83	0.07	0.05	-0.08
不会把别人的劳动成果据为己有	0.67	-0.07	0.12	0.09
能与员工同甘共苦	0.65	-0.05	0.21	0.10
不会给员工"穿小鞋"，搞打击报复	0.57	-0.17	0.30	0.23
能让员工了解单位/部门的发展前景	0.06	0.91	-0.17	-0.03
能让员工了解本单位/部门的经营理念和发展目标	-0.08	0.83	-0.05	0.15
会向员工解释所做工作的长远意义	0.07	0.82	0.06	-0.12
向大家描绘了令人向往的未来	0.01	0.80	-0.09	0.04
能给员工指明奋斗目标和前进方向	0.06	0.70	0.19	-0.03
经常与员工一起分析其工作对单位/部门总体目标的影响	-0.09	0.56	0.32	0.08
在与员工打交道的过程中，会考虑员工个人的实际情况	-0.10	-0.01	0.89	-0.01
愿意帮助员工解决生活和家庭方面的难题	0.05	-0.04	0.86	-0.14
能经常与员工沟通交流，以了解员工的工作、生活和家庭情况	-0.03	-0.09	0.83	0.05
耐心地教导员工，为员工答疑解惑	0.08	-0.03	0.66	0.08
关心员工的工作、生活和成长，真诚地为他（她）们的发展提建议	0.25	0.14	0.59	-0.05
注重创造条件，让员工发挥自己的特长	-0.05	0.28	0.56	0.07
业务能力过硬	0.06	-0.15	0.02	0.82
思想开明，具有较强的创新意识	-0.21	0.11	0.07	0.81
热爱自己的工作，具有很强的事业心和进取心	0.08	0.02	-0.10	0.80

续表

变量	因素 1	因素 2	因素 3	因素 4
对工作非常投入，始终保持高度的热情	0.15	−0.02	−0.04	0.74
能不断学习，以充实提高自己	−0.04	0.10	0.03	0.68
敢抓敢管，善于处理棘手问题	0.17	0.17	−0.08	0.55
特征根	12.39	2.26	1.35	1.08
解释的方差变异量（累积方差解释率为 65.64%）	47.65%	8.69%	5.17%	4.14%
内部一致性系数	0.94	0.90	0.87	0.86

通过以上研究，我们基本上可以认为，变革型领导的结构是由德行垂范、愿景激励、领导魅力和个性化关怀四个维度构成。从探索性因素分析的结果来看，4 个因素的项目分布合理，而且每个项目在相应因素上的负荷较高，4 个因素累积解释方差变异量为 65.64%，这个解释量比较高，因此可以认为变革型领导问卷的结构是可以接受的。

四　研究 3：变革型领导问卷的验证

（一）方法

1. 研究工具

采用预试后所得到的变革型领导问卷（TLQ）。以李克特 5 分等级量表来测量被试所熟悉的管理人员所表现出来的领导行为。为了获得 TLQ 的同时效度，本研究在将近一半问卷中还采用 Tsui 等[21] 的员工满意度问卷、Allen 等[22] 的组织承诺问卷（只采用了情感承诺这一部分）、Liang[23] 的离职意向问卷、Bass 等[24] 的领导有效性问卷分别对被试的满意度、组织承诺、离职意向与领导有效性进行了调查。在本研究中，这些问卷的内部一致性分别为0.78、0.78、0.80、0.88。

2. 研究被试

总共调查了 6 家企业，发放约 520 份问卷，实际回收 456 份问卷。当所有问卷回收之后，进行废卷处理的工作，将空白过多、反应倾向过于明显的问卷剔除，最后得到有效问卷440 份。其中男性 207 人，占 47.0%，女性 143 人，占 32.5%。30 岁以下 228 人，占51.8%；31~40 岁 57 人，占 13.0%；41 岁以上 28 人，占 6.3%。从学历构成来看，大专或以下 196 人，占 44.6%；本科 134 人，占 30.5%；本科以上 21 人，占 4.8%。

3. 调查过程

所有调查主要由企业的人力资源部或办公室负责人召集，在相对集中的时间内完成，研究者在场对个别问题进行解答；部分调查研究者不在场，在调查之前对代理调查的人进行了培训，并给他们提供了指导语和实施手册。在调查之前，事先告诉被试调查结果会完全保密，调查结果仅用于科学研究，被试填完问卷之后当场回收。在所有问卷收集结束之后，进行废卷处理的工作；最后进行资料的统计分析。

4. 统计分析

本研究先从内部—致性系数（Cronbach's coefficient alpha）、单题与总分相关系数（item-total correlation）以及删除该题后内部—致性系数的变化三个方面对愿景激励、德行垂范、领导魅力和个性化关怀四个维度进行项目分析和信度分析。然后，本研究采用统计软件包Amos 4.0进行了验证性因素分析（Confirmatory Factor Analysis，CFA）。最后，采用层次回归技术考察了在控制人口统计学变量之后，变革型领导对员工满意度、组织承诺、离职意向、领导有效性的影响。

5. 假设模型

CFA技术的关键在于通过比较多个模型之间的优劣，来确定最佳匹配模型。在本研究中，我们拟通过四因素模型与其他可能存在的若干模型的优劣比较，确定最佳模型。从前面的研究结果可知，变革型领导是一个四因素的结构。但研究还发现，这四个因素之间具有中等程度的相关，有没有可能变革型领导本身是一个单因素的结构呢？因此，本研究决定对单因素模型和四因素模型进行比较，并确定最佳模型。单因素模型和四因素模型的假设构想分别如图1、图2所示。

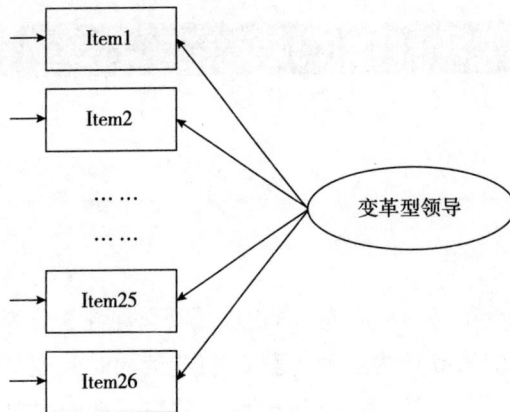

图1　变革型领导单因素模型

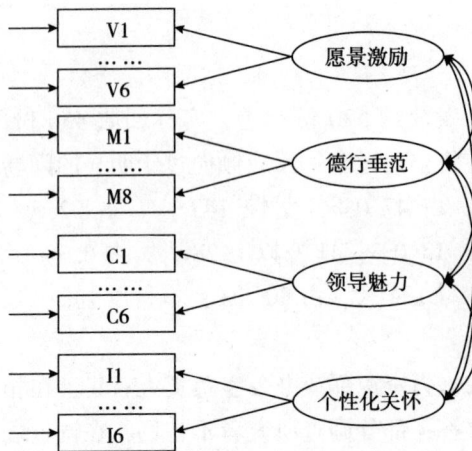

图2　变革型领导四因素模型

表4　变革型领导问卷的项目和信度分析（n=440）

题目	内部一致性系数	该题与总分相关	删除该题后的内部一致性系数
愿景激励	0.88		
V1		0.70	0.86
V2		0.68	0.86
V3		0.70	0.86
V4		0.72	0.85
V5		0.66	0.86
V6		0.68	0.86
德行垂范	0.92		
M1		0.73	0.91
M2		0.72	0.91
M3		0.73	0.91
M4		0.73	0.91
M5		0.71	0.91
M6		0.77	0.90
M7		0.68	0.91
M8		0.76	0.90
领导魅力	0.84		
C1		0.68	0.80
C2		0.57	0.82
C3		0.71	0.79
C4		0.61	0.81
C5		0.60	0.81
C6		0.56	0.83
个性化关怀	0.87		
I1		0.62	0.86
I2		0.76	0.83
I3		0.65	0.85
I4		0.70	0.84
I5		0.62	0.86
I6		0.67	0.85

注：V1 表示愿景激励的第 1 道题；V2 表示第 2 道题；I1 表示个性化关怀的第 1 道题，依此类推。

（二）研究结果

1. 项目分析和信度分析

从内部一致性的结果来看，变革型领导各个维度的内部一致性处于 0.84~0.92，均高于信度的推荐要求值（0.70）。从题目与总分的相关来看，所有题目与总分相关均比较高，而删除任何一道题目之后都不会引起信度的提高。因此，从项目分析与信度分析的结果来看，变革型领导的题目设计是合理的、有效的。

2. 验证性因素分析结果

从表 5 验证性因素分析结果可以看出，四因素模型的各项拟合指数均达到或接近先定的标准，说明变革型领导的四因素结构得到了数据的支持。

另外，评价测量模型好坏的指标还包括每个观测变量在潜变量上的负荷，以及误差变量的负荷。一般来说，观测变量在潜变量上的负荷较高，而在误差上的负荷较低，则表示模型质量好，观测变量与潜变量的关系可靠。表 6 列出了四因素模型每一个项目的负荷和误差负荷。从表中我们可以看出，每一个项目在相应潜变量上的负荷都比较高，最低的为 0.62，最高的达到了 0.81，说明每一个观测变量对相应潜变量的解释率较大，而误差较小。

3. 变革型领导与效标变量的层次回归分析结果

首先本研究将人口统计学变量作为第一层变量引入回归方程，然后将变革型领导作为第二层变量引入回归方程，并计算两层之间 R^2 产生的变化以及这种变化的 F 检验值，考察 R^2 是否有可靠的提高。

从表 7 的结果可以看出，在控制了人口统计学变量之后，变革型领导对员工满意度、组织承诺、离职意向、领导有效性都做出了新的贡献，解释的变异量分别增加了 49%、26%、19% 与 72%。从这一结果我们可以发现，变革型领导对效标变量有显著的影响。此外，从变革型领导与这些效标变量的关系来看，德行垂范与领导魅力对员工满意度有显著的正向影响；德行垂范与愿景激励对组织承诺有显著的正向影响；德行垂范对离职意向有显著的负向影响；愿景激励、领导魅力与个性化关怀对领导有效性有显著的正向影响。变革型领导的任何维度都没有对四个效标变量有显著的影响，且变革型领导的每一维度至少对一个效标变量有显著的影响，这一结果从另一个侧面证实了变革型领导的区分效度与预测效度。

表 5　变革型领导问卷的验证性因素分析结果　（n=440）

模型	χ^2	df	CFI	NFI	IFI	TLI	CFI	RMSEA
虚模型	7276.28	325						
一因素模型	1575.87	299	0.71	0.78	0.82	0.80	0.82	0.10
四因素模型	845.56	293	0.86	0.88	0.92	0.91	0.92	0.06

表 6　四因素模型的观察变量负荷和误差负荷

题目	愿景激励		德行垂范		领导魅力		个性化关怀	
	负荷	误差	负荷	误差	负荷	误差	负荷	误差
Item1	0.76	0.43	0.76	0.61	0.62	0.54	0.71	0.27
Item2	0.75	0.42	0.77	0.48	0.64	0.39	0.73	0.28
Item3	0.74	0.36	0.76	0.36	0.78	0.33	0.65	0.34
Item4	0.76	0.32	0.80	0.34	0.67	0.48	0.75	0.32
Item5	0.71	0.44	0.75	0.21	0.75	0.30	0.81	0.32
Item6	0.73	0.38	0.76	0.32	0.68	0.40	0.71	0.26

续表

题目	愿景激励		德行垂范		领导魅力		个性化关怀	
	负荷	误差	负荷	误差	负荷	误差	负荷	误差
Item7			0.72	0.47				
Item8			0.80	0.44				

注：Item1，Item2，Item3，Item4，Item5，Item6，Item7，Item8 分别指这些维度的第 1 道题、第 2 道题，依次类推。

表7　变革型领导与效标变量的层次回归结果

变量	员工满意度（β）		组织承诺（β）		离职意向（β）		领导有效性（β）	
	第一步	第二步	第一步	第二步	第一步	第二步	第一步	第二步
1. 人口统计学变量								
性别	0.06	-0.02	0.16	0.11	-0.22*	-0.17	0.09	-0.01
年龄	-0.07	-0.04	0.11	0.14	-0.01	-0.04	-0.05	-0.02
教育程度	-0.19	-0.26***	-0.16	-0.20*	0.18	0.23*	-0.08	-0.15
职位层次	-0.02	-0.02	0.12	0.19	0.06	0.03	-0.02	-0.06
工作年限	0.17	0.12	0.08	0.00	-0.16	-0.11	0.11	0.07
2. 变革型领导								
德行垂范		0.20*		0.39**		-0.31*		0.07
愿景激励		0.15		0.43**		-0.06		0.23*
领导魅力		0.30**		0.03		-0.08		0.44***
个性化关怀		0.18		-0.26		-0.05		0.22*
F	1.35	12.28***	1.67	5.13***	2.33*	4.14***	0.46	28.62***
R^2	0.07	0.57	0.09	0.35	0.12	0.31	0.03	0.75
ΔR^2	0.07	0.49***	0.09	0.26***	0.12*	0.19***	0.03	0.72***

注：*** 表示 $p<0.001$，** 表示 $p<0.01$，* 表示 $p<0.05$。

五　分析与讨论

本研究采用归纳法揭示了中国的变革型领导的结构，研究结果表明，在中国这一特殊的文化背景下，变革型领导是一个四因素的结构，包括愿景激励、领导魅力、德行垂范和个性化关怀。Bass 等认为，变革型领导是一个四维的结构，包括领导魅力、愿景激励（也称为感召力）、个性化关怀和智能激发。本研究所得到的结构与 Bass 的结构既有一定的联系，也有一定的区别。从本研究四个维度的内涵来看，领导魅力与愿景激励与 Bass 的基本内涵一致。本研究的个性化关怀与 Bass 的个性化关怀相比，相对来说内涵更广。Bass 的个性化关怀主要强调对员工的工作和个人发展的关注，而本研究的个性化关怀不仅强调对员工的工作和个人发展的关注，而且还强调对员工的家庭和生活的关注。中西方管理者对员工关怀的差异由此可见一斑，西方管理者关心的范畴主要是员工的"工作"范畴，而我国的管理者除了关心员工工作之外，还关心员工的生活以及家庭，在西方员工的家庭和生活属于个人的私人生活，管理者不会也不便去关注员工的私人生活；而在我国，管理者为了更全面体贴地关心员工，更会关心员工的家庭和生活。本研究发现，中国的变革型领导还包括一个独特的维度：德行垂范。我国变革型领导与西方变革型领导在结构上的差异，可以在我国的文化背景中找到依据。孔子相信个人人格与美德的培养是社会的基石。从政府的角度来看，孔子强调道德规范与长者的表率作用，并运用道德原则来感化和说服老百姓，这样才能让老百姓心悦诚服。因此，治理国家最有用的方式，是以身作则，以美德来领导，为幼者和下属树立榜样，并通过潜移默化来影响幼者和下属。体现在组织中，就是管理人员应该以身作则，以美德来领导，为员工树立榜样示范作用，通过潜移默化的方式来影响下属，使下属能够为了实现组织的目标和使命而努力。本研究这一结果，再一次证实了 Hofstede 的观点：领导作为一种社会影响过程，确实是一种在世界上各个国家都普遍存在的现象，但是它的概念和构成却有可能因国家文化的不同而不同[12,13]。我国的变革型领导受中国文化背景的影响，与西方的变革型领导在结构上有着本质的区别，这一点值得我们高度重视。

经过专家讨论，本研究编制了基于我国文化背景的变革型领导问卷，初步的探索性因素分析结果表明，变革型领导是一个四维的结构，包括愿景激励、德行垂范、领导魅力和个性化关怀；问卷各个维度的信度超过了测量学所要求的 0.70。进一步的项目分析表明，变革型领导问卷的每一项目与对应维度的总分相关都比较高，而删除每个维度中的任何一道题都不会引起信度的上升，表明本研究编制的变革型领导问卷的项目设计是合理的、有效的。验证性因素分析结果表明，变革型领导的四维结构模型要明显优于单维结构模型，观测变量在潜变量上的负荷和误差负荷均比较合理，再一次证明变革型领导是一个四维的结构。变革型领导与员工满意度、组织承诺、离职意向、领导有效性的层次回归分析结果表明，变革型领导对员工满意度、组织承诺、离职意向、领导有效性有显著的影响，而且变革型领导的不同维度对员工满意度、组织承诺、离职意向、领导有效性有不完全相同的影响。这一结果证实了变革型领导的区分效度与预测效度。

从上述结果我们可以发现，在中国变革型领导是一个四维的结构，本研究所编制的变革型问卷是一个信度和效度较好的问卷。这一理论结构的发现以及相应问卷的研制具有重要的理论价值和应用价值。

六 结论

在本研究的条件下，得到了以下结论：

（1）在国内这一特殊的文化背景下，变革型领导是一个四维的结构，具体包括：德行垂范、愿景激励、领导魅力与个性化关怀。

（2）本研究所编制的变革型领导问卷（Transformational Leadership Questionnaire，TLQ）具有较好的信度与效度，可以供同类研究今后使用。

参考文献

［1］Bass, B. M. Theory of Transformational Leadership Redux ［J］. The Leadership Quarterly, 1995, 6 (4): 463-478.

［2］Bass, B. M., Avolio, B. J. Multifactor Leadership Questionnaire ［M］. Palo Alto, CA: Consulting Psychologists Press, 1996.

［3］Bass, B. M. Leadership and Performance Beyond Expectations ［M］. New York: Free Press, 1985.

［4］Bass, B. M., Avolio, B. J. Developing Transformational Leadership: 1992 and Beyond ［J］. Journal of European Industrial Training, 1990, 14 (5): 21-27.

［5］Avolio, B. J., Bass, B. M., Jung, D. I. Re-Examining the Components of Transformational and Transactional Leadership Using the Multifactor Leadership Questionnaire ［J］. Journal of Occupational and Organizational Psychology, 1999, 72: 441-462.

［6］Bass, B. M. Does the Transactional-Transformational Leadership Paradigm Transcend Organizational and National Boundaries? ［J］. American Psychologist, 1997, 52: 130-139.

［7］Carless, S. A. Assessing the Discriminant Validity of Transformational Leader Behavior as Measured by the MLQ ［J］. Journal of Occupational and Organizational Psychology, 1998, 71: 353-358.

［8］Den Hartog, D. N., Van Muijen, J. J., Koopman, P. L. Transactional Versus Transformational Leadership: An Analysis of the MLQ ［J］. Journal of Occupational and Organizational Psychology, 1997, 70: 19-34.

［9］Tejeda, M. J., Scandura, T. A., Pillai, R. The MLQ Revisited: Psychometric Properties and Recommendations ［J］. Leadership Quarterly, 2001, 12 (1): 31-52.

［10］Li, C., Shi, K. Transformational Leadership and Its Relationship with Leadership Effectiveness ［J］. Psychological Science, 2003, 26 (1): 115-117.

［11］Alimo-Metcalfe, B., Alban-Metcalfe, R. J. The Development of a New Transformational Leadership Questionnaire ［J］. Journal of Occupational and Organizational Psychology, 2001, 74: 1-27.

［12］Hofstede, G. Cultural Constraints in Management Theories ［J］. Academy of Management Executive, 1993, 7 (1): 81-94.

［13］Hofstede, G. H. Culture's Consequences: Comparing Values, Behaviors, Institutions and Organizations across Nations ［M］. Thousand Oaks, Calif: Sage Publications, 2000.

［14］Ling, W., Chen, L., Wang, D. Construction of Cpm Scale for Leadership Behavior Assessment ［J］. Acta Psychologica Sinica, 1987 (2): 199-207.

［15］Ling, W., Chia, R. C., Fang, L. Chinese Implicit Leadership Theory ［J］. The Journal of Social Psychology, 2000, 140 (6): 729-739.

［16］Westwood, R. Harmony and Patriarchy: The Cultural Basis for Paternalistic Headship' among the Overseas Chinese ［J］. Organization Studies, 1997, 18 (3): 445-480.

［17］Cheng, B., Chou, L., Farh, J. A Triad Model of Paternalistic Leadership: Constructs and Measurement ［J］. Indigenous Psychological Research in Chinese Societies, 2000, 14: 3-64.

［18］Shi, K., Wang, J., Li, C. An Assessment Study on Competency Model of Senior Managers ［J］. Acta Psychologica Sinica, 2002, 34 (3): 306-311.

［19］Farh, J-L., Zhong, C-B., Organ, D. W. Organizational Citizenship Behavior in the People's Republic of China ［J］. Organization Science, 2004, 15 (2): 241-253.

［20］Xin, K. R., Tsui, A. S., Wang, H., et al. Corporate Culture in State-Owned Enterprises: An Inductive Analysis of Dimensions and Influences ［M］//Tsui, A. S., Lau, C-M., eds. Management of Enterprises in People's Republic of China. Boston: Kluwer Academic Publishing, 2001: 415-443.

[21] Tsui, A. S., Egan, T. D., O'Reilly Ⅲ, C. A. Being Different: Relational Demography and Organizational Attachment [J]. Administrative Science Quarterly, 1992, 37: 549-579.

[22] Allen, N. J., Meyer, J. P. Affective, Continuance, and Normative Commitment to the Organization: An Examination of Construct Validity [J]. Journal of Vocational Behavior, 1996, 49 (3): 252-276.

[23] Liang, K-G. Fairness in Chinese Organizations: Old Dominion University, 1999.

The Structure and Measurement of Transformational Leadership in China

Li Chaoping　Shi Kan

Abstract: Data was collected from a diverse sample of 249 managers and employees from different companies using open questionnaire, and then were subjected to content analysis to identify major forms of transformational leadership in China. Results revealed 8 dimensions of transformational leadership. The Transformational Leadership Questionnaire (TLQ) was developed through expert discusions. Exploratory Factor Analysis (EFA) of data from a sample of 431 employees showed that transformational leadership was a four-dimension construct in China, which included Morale Modeling, Charisma, Visionary and Individualized Consideration. Confirmatory Factor Analysis (CFA) of data from another sample of 440 employees further confirmed TLQ's factorial validity. Internal consistency analyses and hierarchical regression analyses showed that TLQ had suitable reliability and high validity.

Key words: transformational leadership; morale modeling; charisma; visionary vision; individualized consideration; inductive method

分配公平与程序公平对工作倦怠的影响*

李超平　时　勘

摘　要：为了探讨分配公平与程序公平对工作倦怠的影响，根据 3 家企业 294 份调查问卷的结果对工作倦怠量表 MBI-GS 进行了修订。然后，利用修订的 MBI-GS 和组织公平量表在 6 家企业进行了调查，524 份有效问卷的调查进一步验证了 MBI-GS 的构想效度和信度；t 检验和方差分析结果表明，人口统计学变量会影响组织公平和工作倦怠；分层回归的结果发现，在控制了人口统计学变量后，组织公平对工作倦怠具有较强的预测作用；进一步的优势分析表明，预测情绪衰竭时，分配公平相对来说更重要，贡献了已解释方差的 65.91%；预测玩世不恭时，程序公平相对来说更重要，贡献了已解释方差的 56.07%。

关键词：工作倦怠；组织公平；分配公平；程序公平

一　问题的提出

组织公平（organizational justice）是指个体或者团体对组织对待他们的公平性的知觉。组织公平可以分为两类：分配公平（distributive justice）和程序公平（procedural justice）。分配公平是指对所得到的结果的公平性的知觉；程序公平是指员工对用来确定结果的程序和方法的公平性的知觉，包括员工的参与、一致性、公正性和合理性等。组织公平是组织层面一个非常重要的因素，甚至有学者认为公平是组织最重要的特性之一。在组织行为学的研究中，组织公平一直是一个非常重要的解释性变量。Maslach 等曾经指出，公平感的缺乏应该是导致工作倦怠一个非常重要的因素。但是到目前为止，还没有研究来考察组织公平与工作倦怠之间的关系。

工作倦怠（job burnout），简称倦怠（burnout），是指个体因为不能有效地应对工作上延续不断的各种压力，而产生的一种长期性反应，包括情绪衰竭（emotional exhaustion）、玩世不恭（cynicism）和成就感低落（reduced personal accomplishment）。情绪衰竭是指个人认为自己所有的情绪资源（emotion resources）都已经耗尽，感觉工作特别累，压力特别大，对工作缺乏冲劲和动力，在工作中会有挫折感、紧张感，甚至出现害怕工作的情况。玩世不恭是指个体会刻意与工作以及其他与工作相关的人员保持一定的距离，对工作不像以前那么热心和投入，总是很被动地完成自己分内的工作，对自己工作的意义表示怀疑，并且不再关心自己的工作是否有贡献。成就感低落是指个体会对自身持有负面的评价，认为自己不能有效地胜任工作，或者怀疑自己所做工作的贡献，认为自己的工作对社会、对组织、对他人并没有什么贡献[1]。

从国外的情况来看，很大比例的上班族都有不同程度的工作倦怠，可以说工作倦怠已经

---

*　本研究为国家自然科学基金资助项目（批准号：70271061，70101009）。

成为上班族的头号大敌[2]。研究结果也表明，工作倦怠会对个体的身心状况和个体的工作以及个体所在的组织产生巨大的影响。随着工作倦怠的加重，个体的焦虑和抑郁程度会更高，甚至有可能会引发一些生理疾病，包括慢性疲劳、头痛和高血压等。工作倦怠还会影响个体的工作：工作倦怠程度越高，工作效率越低，工作效果越差，缺勤率越高，跳槽的可能性越大。工作倦怠对个体身心和工作的影响，自然而然就会影响个体所在组织的绩效。工作倦怠的这种消极影响，使企业界开始关注这一问题的解决，学者们也开始关注这一问题的研究。

自 20 世纪 70 年代以来，学者们围绕工作倦怠开展了大量的研究，探讨的问题主要集中在以下几个方面：工作倦怠本身的结构与测量；工作倦怠的前因变量（antecedent variables），即哪些因素会导致工作倦怠的产生；工作倦怠的结果变量（outcome variables），即工作倦怠会影响哪些结果变量。从现有的研究结果来看，工作倦怠本身的结构与测量的研究以及工作倦怠的结果变量的研究比较成熟[1,3]，而工作倦怠的前因变量的研究还处于探索之中。Maslach 等[1]认为，工作倦怠的前因变量主要有四个方面的因素，即个体本身的特点、工作本身的特点、职业的特点、组织层面的因素，并且指出目前大部分已有的研究都集中在个体本身的特点、工作本身的特点或者职业的特点，而很少有研究关注组织层面的因素。而从实践的角度来看，管理者矫治和预防员工工作倦怠所做的努力，更有可能是改变这些影响因素中的组织因素。因此，从组织层面来研究工作倦怠的前因变量就显得更有必要，也就更有意义。

我国加入 WTO 以后企业所面临的竞争日益激烈，如何不断完善管理，开发员工的潜能，预防和矫治员工的工作倦怠，提高企业的竞争力，也就成为摆在研究者面前的重要任务。工作倦怠的结构及其评价工具的研究在西方虽然已经比较成熟，但是在国内目前还没有进行相关方面的实证研究。依据西方文化背景所开发的工具在中国这一特殊的文化背景下是否适用是一个有待考察的问题。因此，本研究希望能对西方测量工作倦怠的工具进行检验，以期为工作倦怠的诊断和预防以及相关方面的研究提供一个有效的工具。另外，本研究试图在中国这一特殊的文化背景下来考察组织公平与工作倦怠之间的关系，即组织公平是否会影响工作倦怠，组织公平的不同维度对工作倦怠的不同维度是否会有不同的影响，并为企业矫治和预防工作倦怠提供理论依据和实践指导。

二　研究方法

（一）研究对象

1. 工作倦怠量表预试的研究对象

由于工作倦怠量表在国内是第一次使用，所以我们先在 3 家企业对工作倦怠量表进行了预试。预试发放问卷 340 份，收回问卷 303 份，有效问卷 294 份。其中男性 143 人，占 48.64%，女性 136 人，占 46.26%。29 岁以下 132 人，占 44.90%；30～39 岁 84 人，占 28.57%；40 岁以上 68 人，占 23.13%。从学历构成来看，初中或初中以下 13 人，占 4.42%；高中或中专 154 人，占 52.38%；大专 76 人，占 25.85%；大学 37 人，占 12.59%；硕士研究生以上 3 人，占 1.03%。在职位层次上，本研究区分了管理人员与非管理人员，其中管理人员 102 人，占 34.69%；非管理人员 176 人，占 59.86%。

2. 正式调查的研究对象

正式调查总共调查了 6 家企业。正式调查共发放问卷 580 份，回收问卷 536 份，有效问卷 524 份。其中男性 325 人，占 62%，女性 162 人，占 30.9%。29 岁以下 292 人，占 55.7%；30~39 岁 134 人，占 25.6%；40 岁以上 60 人，占 11.5%。从学历构成来看，初中或初中以下 28 人，占 5.3%；高中或中专 191 人，占 36.5%；大专 119 人，占 22.7%；大学 121 人，占 23.1%；硕士研究生以上 17 人，占 3.2%。在职位层次上，管理人员 153 人，占 29.2%；非管理人员 304 人，占 58%。

（二）研究工具

组织公平量表分成程序公平和分配公平两部分。分配公平量表采用 Price 和 Mueller[5] 编写的问卷，包括 5 道题。程序性公平量表由参与工作和投诉机制两部分组成。参与工作是指员工多大程度上参与到日常的工作中来，采用 Alexander 和 Ruderman[6] 编写的问卷，包括 4 道题。投诉机制是指员工能多大程度地质疑上级和单位所作的决策，采用 Alexander 和 Ruderman[6] 编写的问卷，包括 4 道题。组织公平量表采用李克特 5 分等级量表，选项从 1 = 完全不同意，过渡到 5 = 完全同意，分数越高，公平性越强。由于组织公平量表曾经在国内的研究中使用过，且具有较好的构想信度和较高的信度[7]，因此，本文仅采用验证性因素分析验证其构想效度。

工作倦怠量表采用国际通用的 MBI-GS（Maslach Burnout Inventory-General Survey）[8]，先由 4 名专家独立将问卷翻译成中文，再通过讨论确定中文稿。然后，请 6 名来自不同企业不同文化程度的企业员工实际填写了问卷，在问卷填写完之后对他（她）进行了访谈，并根据访谈结果对部分文字表述进行了修改，形成了 MBI-GS 中文版初稿。之后，邀请两名学英文专业的专家通过讨论将中文的问卷回译成英文。最后，将回译的英文稿寄给了 MBI-GS 的主要开发者之一 Michael Leiter，让其对回译的问卷和原来的问卷进行了比较，并根据 Michael 的意见对翻译的问卷进行了部分调整，确定了最后的中文问卷。该问卷采用李克特 7 分等级量表，0 代表"从不"，6 代表"非常频繁"。整个量表包括三部分：情绪衰竭（Emotional Exhaustion）、玩世不恭（Cynicism）和成就感低落（Reduced Personal Act complishment）。情绪衰竭分量表包括 5 道题，玩世不恭分量表包括 5 道题，成就感低落分量表包括 6 道题，整个问卷共 16 道题。由于 MBI-GS 是第一次在国内使用，因此本研究先在 3 家企业对工作倦怠量表进行了预试，并采用探索性因素分析考察了 MBI-GS 的因素结构。在最后的正式调查中，采用预试后所得到的问卷。

在调查过程中，我们还获取了被试的一般人口统计学资料，如年龄、性别、受教育程度和职位层次。

（三）调查过程

所有调查主要由企业的人力资源部或办公室负责人召集，在相对集中的时间内完成，研究者在场对个别问题进行解答；部分调查研究者不在场，在调查之前对代理调查的人进行了培训，并给他们提供了指导语和实施手册。在调查之前，事先告诉被试调查结果会完全保密，调查结果仅用于科学研究，被试填完问卷之后当场回收。

（四）统计方法

进行的统计处理主要包括信度分析、方差分析、探索性因素分析、验证性因素分析、回归分析。信度分析、方差分析、探索性因素分析采用 SPSS11.5 完成，验证性因素分析采用 Amos4.0 完成。

三　结果

（一）工作倦怠量表的探索性因素分析结果

对 MBI-GS 的 16 个项目进行了探索性因素分析，采用主成分法抽取因子，正交转轴，发现"玩世不恭"有一个项目的交叉负荷较高。删除该项目之后，重新进行了因素分析，因素分析结果见表 1。调整后的 MBI-GS 与原来的 MBI-GS 结构完全一致，表明 MBI-GS 在中国具有较好的构想效度。情绪衰竭、玩世不恭和成就感低落三个维度的内部一致性系数分别为 0.88、0.83 和 0.82。

表 1　工作倦怠量表三维模型的因素负荷表（n=294）

项目	情绪衰竭	成就感低落	玩世不恭
E1	0.87		
E2	0.86		
E3	0.81		
E4	0.73		
E5	0.72		
P1		0.77	
P2		0.77	
P3		0.75	
P4		0.70	
P5		0.69	
P6		0.61	
C1			0.80
C2			0.78
C3			0.78

项目	情绪衰竭	成就感低落	玩世不恭
C4			0.78
特征根	4.53	3.12	1.66
解释的变异量（62.01%）	22.81%	21.10%	18.10%

注：①E1 表示情绪衰竭的第一个项目；E2 表示情绪衰竭的第二个项目；C1 表示玩世不恭的第一项目，依此类推。
②所有低于 0.35 的负荷均没有显示。

（二）组织公平量表的验证性因素分析结果

运用正式调查所获得的数据对组织公平量表的因素结构进行验证，并且比较了一因素模型，即所有项目测的是同一个维度；二因素模型，即分配公平的项目测的是分配公平，参与工作和投诉机制的项目测的是同一个维度（程序公平）；三因素模型，即分配公平、参与工作与投诉机制是三个不同的维度。

采用 Amos[9] 进行验证性因素分析，可以得到的拟合指数包括 X^2/df、GFI、AGFI、NFI、IFI、TLI、CFI、RMSEA 等。根据 Bollen[10]、Joreskog 和 Sörbom[11] 与 Medsker 等[12] 的建议，我们决定采用 X^2/df、GFI、NFI、IFI、TLI、CFI 和 RMSEA，并确定各指数的拟合标准分别为 X^2/df 大于 10 表示模型很不理想，小于 5 表示模型可以接受，小于 3 则表示模型较好；GFI、NFI、IFI、TLI、CFI 应大于或接近 0.90，越接近 1 越好；RMSEA 处于 0 和 1 之间，临界值为 0.08，越接近 0 越好。

表 2　组织公平量表的验证性因素分析结果（n=462）

模型	X^2	df	GFI	NFI	IFI	TLI	CFI	RMSEA
虚模型	3937.80	78						
一因素	1283.99	65	0.63	0.67	0.69	0.62	0.68	0.20
二因素	601.44	64	0.78	0.85	0.86	0.83	0.86	0.82
三因素	166.21	62	0.95	0.96	0.97	0.97	0.97	0.06

从表 2 的验证性因素分析结果可以看出，组织公平的三因素模型得到了数据的支持。因此，在后面的统计分析中，本研究从分配公平、参与工作和投诉机制三个方面来考察组织公平对工作倦怠的影响。

（三）工作倦怠量表的验证性因素分析结果

运用正式调查所获得的数据对工作倦怠量表的因素结构进行验证，并且比较了一因素模型，即所有项目测的是同一个维度；三因素模型，即情绪衰竭、玩世不恭和成就感低落是三个不同的维度。

表3 工作倦怠量表的验证性因素分析结果（n=448）

模型	χ^2	df	GFI	NFI	IFI	TLI	CFI	RMSEA
虚模型	3261.99	105						
一因素模型	1530.68	90	0.58	0.53	0.55	0.47	0.54	0.19
三因素模型	347.94	87	0.91	0.89	0.92	0.90	0.92	0.08

从表3的验证性因素分析结果来看，工作倦怠量表的三因素模型的拟合指标均达到了要求，表明工作倦怠量表的三因素结构得到了数据的支持。

表4 主要变量的描述性统计结果

变量	M	SD	1	2	3	4	5	6
1. 分配公平	2.92	0.86	**0.94**					
2. 参与工作	3.37	0.79	0.46 ***	**0.85**				
3. 投诉机制	2.98	0.83	0.44 ***	0.50 ***	**0.84**			
4. 情绪衰竭	2.16	1.29	−0.39 ***	−0.31 ***	−0.24 ***	**0.89**		
5. 玩世不恭	1.45	1.32	−0.42 ***	−0.39 ***	−0.36 ***	0.50 ***	**0.85**	
6. 成就感低落	1.84	1.21	−0.01	−0.15 **	0.00	0.05	0.27 ***	**0.81**

注：① *** 表示 $p<0.001$，** 表示 $p<0.01$，* 表示 $p<0.05$；②对角线上的斜粗体数字是这些变量在正式调查中的内部一致性系数；③n=516~524。

（四）主要变量的描述性统计分析结果

从表4可以看出，组织公平的各个子维度和工作倦怠的各个子维度内部一致性系数处于0.81~0.94，都明显高于所推荐的值0.70。

（五）人口统计学变量对组织公平和工作倦怠的影响

考虑到一些人口统计学变量可能会影响组织公平和工作倦怠，比如不同年龄的员工的工作倦怠情况可能不同，对组织公平的知觉也可能不一样，所以我们先分析了人口统计学变量对组织公平和工作倦怠的影响。

检验的结果表明，在组织公平和工作倦怠上，不同性别的被试不存在显著差异。而在职位层次上存在一定的差异（见表5），在分配公平和参与工作方面，一般员工明显低于管理人员，而在玩世不恭和成就感低落方面，一般员工明显高于管理人员。

表5 组织公平和工作倦怠的职位层次差异

变量	管理人员 (n=151)		一般员工 (n=298)		t
	M	SD	M	SD	
分配公平	3.11	0.75	2.83	0.88	3.43**
参与工作	3.60	0.65	3.27	0.83	4.69***
投诉机制	3.04	0.74	2.94	0.86	1.28
情绪衰竭	2.05	1.15	2.24	1.34	−1.44
玩世不恭	1.19	1.03	1.58	1.41	−3.39**
成就感低落	1.60	1.05	1.89	1.23	−2.68**

注：*** 表示 $p<0.001$，** 表示 $p<0.01$。

表6 组织公平和工作倦怠的年龄差异

变量	29岁以下 (n=289)		30~40岁 (n=130)		40岁以上 (n=56)		F
	M	SD	M	SD	M	SD	
分配公平	2.84	0.87	3.00	0.81	3.05	0.87	2.41
参与工作	3.27	0.85	3.47	0.69	3.69	0.56	8.10***
投诉机制	2.90	0.87	3.03	0.75	3.24	0.70	4.33*
情绪衰竭	2.30	1.31	1.99	1.22	1.90	1.28	4.10*
玩世不恭	1.67	1.43	1.16	1.03	1.13	1.22	8.84***
成就感低落	1.89	1.20	1.68	1.13	1.70	1.31	1.57

注：*** 表示 $p<0.001$，** 表示 $p<0.01$，* 表示 $p<0.05$。

在参与工作方面，方差分析结果表明，不同年龄的被试之间存在显著差异，$F(2, 472)=$ 8.10，$p<0.001$，事后分析结果表明，29岁以下被试显著低于30~40岁的被试和40岁以上的被试，而30~40岁的被试与40岁以上的被试之间差异不显著。

在投诉机制方面，方差分析结果表明，不同年龄的被试之间存在显著差异，$F(2, 472)=$ 4.33，$p<0.05$，事后分析结果表明，29岁以下被试显著低于40岁以上的被试，而29岁以下的被试与30~40岁的被试之间，30~40岁的被试与40岁以上的被试之间差异不显著。

在情绪衰竭和玩世不恭方面，方差分析结果表明，不同年龄的被试之间存在显著差异。事后分析结果表明，29岁以下的被试显著高于30~40岁的被试和40岁以上的被试，而30~40岁的被试与40岁以上的被试之间差异不显著。

在分配公平和成就感低落方面，方差分析结果表明，不同年龄的被试之间不存在差异。

表7 组织公平和工作倦怠的教育程度差异

变量	高中 (n=188)		大专 (n=117)		本科 (n=117)		F
	M	SD	M	SD	M	SD	
分配公平	2.82	0.88	3.01	0.82	2.92	0.83	2.08
参与工作	3.21	0.89	3.47	0.70	3.53	0.64	8.07***
投诉机制	3.07	0.92	2.90	0.79	2.88	0.68	2.83

续表

变量	高中（n=188）		大专（n=117）		本科（n=117）		F
	M	SD	M	SD	M	SD	
情绪衰竭	2.34	1.36	2.03	1.32	2.10	1.14	2.75
玩世不恭	1.51	1.44	1.37	1.25	1.50	1.24	0.47
成就感低落	1.85	1.23	1.82	1.20	1.66	1.12	1.15

注：① *** 表示 $p<0.001$，** 表示 $p<0.01$，* 表示 $p<0.05$；②由于初中或初中以下学历以及研究生以上学历的被试比较少，因此在统计处理时将初中或初中以下的被试与高中学历的被试合并，将研究生以上学历的被试与本科学历的被试合并。

在参与工作方面，方差分析结果表明，不同教育程度的被试之间存在显著差异，F（2，463）= 8.07，$p<0.001$，事后分析结果表明，高中学历的被试显著低于大专和本科学历的被试。在其他方面，方差分析结果表明，不同教育程度的被试之间不存在差异。

（六）组织公平和工作倦怠的回归分析结果

本研究采用分层回归分析，考察在控制了对组织公平和工作倦怠有影响的人口统计学变量（包括职位层次、年龄和教育程度）之后，组织公平是否会影响工作倦怠。首先本研究将人口统计学变量作为第一层变量引入回归方程，然后将组织公平作为第二层变量引入回归方程，并计算两层之间 R^2 产生的变化以及这种变化的 F 检验值，考察 R^2 是否有可靠的提高。

表8 组织公平和工作倦怠的分层回归结果

变量	情绪衰竭（β）		玩世不恭（β）		成就感低落（β）	
	第一步	第二步	第一步	第二步	第一步	第二步
第一步：人口统计学变量						
职位层次	0.04	−0.03	0.12*	0.04	0.11*	0.09*
年龄	−0.13**	−0.09**	−0.16**	−0.10**	−0.06	−0.04
教育程度	−0.05	−0.03	0.03	0.04	−0.07	−0.05
第二步：组织公平						
分配公平		−0.29***		−0.26***		0.03
参与工作		−0.18**		−0.18**		−0.15*
投诉机制		−0.01		−0.14**		0.05
F	3.74*	16.32***	6.51***	24.31***	3.33*	2.76*
R^2	0.03	0.19	0.04	0.25	0.02	0.04
ΔR^2	0.03**	0.16***	0.04***	0.21***	0.02*	0.02

注：*** 表示 $p<0.001$，** 表示 $p<0.01$，* 表示 $p<0.05$。

从表8的结果可以看出，在控制了人口统计学变量之后，分配公平和参与工作对预测情绪衰竭做出了新的贡献，解释的变异量增加了 16%；分配公平、参与工作和投诉机制对预测玩世不恭做出了新的贡献，解释的变异量增加了 21%；参与工作虽然会影响成就感低落，但是解释的变异量并没有显著的变化。

（七）组织公平的优势分析（Dominance Analysis）结果

从层次回归分析的结果来看，分配公平和参与工作能预测情绪衰竭；分配公平、参与工作和投诉机制能预测玩世不恭。也就是说，分配公平和程序公平都影响工作倦怠。为了更明确地确定分配公平和程序公平对预测企业员工工作倦怠的相对重要性，本研究采用了一种新的统计方法即优势分析分析了分配公平和程序公平在预测工作倦怠时的相对重要性。与传统的方法相比较，优势分析将各预测指标对因变量总方差的贡献分解为已预测方差百分比，从而使各预测指标的相对重要性得以更精确地表现出来；同时，优势分析产生的各预测指标的已预测方差百分比还具有模型独立性特征，不受多元回归中不同预测指标不同组合的影响[13,14]。目前，优势分析已经成为分析预测变量相对重要性的重要手段。

表 9　分配公平和参与工作预测情绪衰竭时的相对贡献

变量	R^2	X1	X2
—	0	0.154	0.098
X1（分配公平）	0.154	—	0.022
X2（参与工作）	0.098	0.078	—
X1 X2	0.176		
对 R^2 的分解		0.116	0.06
在已预测方差中的百分比		65.91%	34.09%

注：X1 X2 是指同时包括 X1 和 X2 这两个预测变量，下同。

从表 9 的结果可以看出，对于预测情绪衰竭的回归方程来说，在已解释的那部分方差中，分配公平贡献了 65.91%，参与工作贡献了 34.09%，即在预测情绪衰竭时分配公平的贡献更大。

表 10　分配公平、参与工作和投诉机制预测玩世不恭时的相对贡献

变量	R^2	X1	X2	X3
—	0	0.176	0.148	0.127
X1（分配公平）	0.176	—	0.049	0.037
X2（参与工作）	0.148	0.077	—	0.034
X3（投诉机制）	0.127	0.086	0.055	—
X1 X2	0.225	—	—	0.013
X1 X3	0.213	—	0.025	—

变量	R^2	X1	X2	X3
X2 X3	0.182	0.056	—	—
X1 X2 X3	0.238	—	—	—
对 R^2 的分解		0.105	0.075	0.059
在已预测方差中的百分比		43.93%	31.38%	24.69%

从表 10 的结果可以看出，对于预测玩世不恭的回归方程来说，在已解释的那部分方差中，分配公平贡献了 43.93%，参与工作贡献了 31.38%，投诉机制贡献了 24.69%。从单个变量的角度来说，分配公平的贡献最大，但是如果把参与工作和投诉机制作为一个整体——程序公平来考虑，则其贡献要比分配公平的贡献要大。

四　分析与讨论

工作倦怠研究已经成为管理学和组织行为学研究的热点问题，MBI 是这些研究中最广泛使用的测量工具。探索性因素分析和验证性因素分析结果都表明，修订后（删除了原来属于玩世不恭的一个项目）的 MBI-GS 具有较好的构想效度，内部一致性也达到了测量学的要求。MBI-GS 在国内的有效性和适用性得到了证明，今后的研究者在研究工作倦怠时，可以采用本研究修订过的 MBI-GS 问卷。

从人口统计学变量对组织公平和工作倦怠影响的分析结果来看，职位层次、被试年龄和教育程度对组织公平和工作倦怠有影响，这对企业制定相关的政策和制度具有现实的意义。职位层次的 t 检验结果表明，一般员工在玩世不恭和成就感低落方面明显高于管理人员，而在分配公平和参与工作方面明显低于管理人员，这可能是因为一般员工的职位层次相对来说更低，因而他（她）们参与企业管理的机会更少，其工作成就更低造成的。企业在今后的实际工作中，应该在企业内部建立公平的回报系统；应该让更多的员工参与到公司的管理中来，以充分调动员工的工作积极性。在预防和矫治工作倦怠时，在关心所有员工的同时，应该重点关注一般员工。被试年龄的方差分析结果表明，29 岁以下的被试与 29 岁以上的被试在很多方面都存在差异，包括更低的参与工作，更高的情绪衰竭和玩世不恭。此外，29 岁以下的被试与 40 岁以上的被试相比，还有更低的投诉机制。总体来说，29 岁以下的被试应该是进入企业工作时间较短的员工，这部分员工参与企业管理工作的机会相对来说更少，获得同等回报的可能性更少，这可能是产生这种差异的主要原因。29 岁以下的员工是企业发展的后备军，企业在今后的管理工作中应该给予他们高度的关注，引导他们积极参与到企业的建设中来；在企业预防和矫治工作倦怠时，应该给予 29 岁以下员工更多的关注。被试教育程度的方差分析结果表明，高中学历的被试（代表低学历）在参与工作方面相对来说更低，这虽然符合管理的常理，但是企业在实际工作中，应该力争为所有员工创造平等地参与公司工作的机会。

回归分析结果表明，在控制了人口统计学变量之后，分配公平和程序公平仍都对工作倦怠具有较强的预测作用。进一步的优势分析发现，分配公平对于情绪衰竭具有较强的预测能力，在被解释的情绪衰竭的那部分方差中，分配公平的贡献占到了 65.91%；程序公平对于玩世不恭具有较强的预测能力，在被解释的玩世不恭的那部分方差中，程序公平的贡献占到了56.07%。这一发现提示，组织公平会影响工作倦怠，也就是当企业能公平地对待员工时，员工出现工作倦怠的可能性就会更少；而如果员工没有得到公平的对待，他（她）们出现工作倦怠的可能性会更大。此外，组织公平的不同维度对工作倦怠的不同维度有不同的预测作用，分配公平对情绪衰竭的影响更强，程序公平对玩世不恭的影响更强，这有可能是因为分配公平知觉主要是由资源上的不公平造成的，程序公平主要是由过程上的不公平造成，而个体在某些资源上的不公平知觉会导致个体感觉到自己付出了很多，但是却并没有得到相应的回报，最后会出现挫折感，觉得工作特别累，即出现情绪衰竭的现象；而个体在过程上的不公平知觉，则会导致个体对过程的怨言，久而久之就出现个体不再关心过程的现象，即出现玩世不恭的现象。从本研究的结果来看，今后的研究者应该把组织公平作为工作倦怠的一个重要前因变量来考虑，并进一步研究组织公平究竟是如何影响工作倦怠的，组织公平对工作倦怠的影响是否会受到其他变量的影响等。企业要预防和矫治工作倦怠，可以从组织层面着手来开展工作，提供员工的组织公平知觉。在提高员工公平知觉的过程中，企业不仅要重视分配公平，即员工所获得的各种回报的公平性，而且还应该重视以往所没有重视的程序公平，包括给员工创造各种机会，参与到公司的日常工作中；企业应该重视投诉机制的建设，比如现场办公、意见箱等，让员工能及时发表对公司的各种意见，为公司的发展提出建设性意见。

五 结论

在本研究的条件下，得到以下几条结论：

1. 修订后的工作倦怠量表 MBI-GS 在国内具有较好的信度和效度。

2. 人口统计学变量，包括年龄、教育程度和职位层次，会影响组织公平和工作倦怠。

3. 分配公平和参与工作会影响企业员工的情绪衰竭；分配公平、参与工作和投诉机制会影响企业员工的玩世不恭。

4. 优势分析结果表明，在预测情绪衰竭时，分配公平的贡献更大；在预测玩世不恭时，程序公平的贡献更大。

参考文献

[1] Maslach, C., Schaufeli, W. B., Leiter, M. P. Job Burnout [J]. Annual Review of Psychology, 2001: 397-422.

[2] Maslach, C., Leiter, M. P. The Truth about Burnout: How Organizations Cause Personal Stress and What to Do About It? [M]. San Francisco: Jossey-Bass Inc., 1997.

[3] Cordes, C. L., Dougherty, T. W. A Review and an Integration of Research on Job Burnout [J]. Academy of Management Review, 1993 (18): 621-656.

[4] Rawls, J. A Theory of Justice [M]. Cambridge, MA: Harvard University Press, 1971.

[5] Price, J. L., Mueller, C. W. Handbook of Organizational Measurement [M]. Marshfield, Mass: Pittman, 1986.

[6] Alexander, S., Ruderman, M. The Role of Procedural and Distributive Justice in Organizational Behavior

［J］. Socail Justice Review, 1987（1）: 177-198.

　　［7］ Leung, K., Smith, P. B., Wang, Z., et al. Job Satisfaction in Joint Venture Hotels in China: An Organizational Justice Analysis［J］. Journal of International Business Studies, 1996（27）: 947-962.

　　［8］ Schaufeli, W., Leiter, M. P., Maslach, C., et al. MBI-General Survey［M］. Palo Alto, CA: Consulting Psychologists Press, 1996.

　　［9］ Arbuckle, J. L., Wothke, W. Amos 4.0 User's Guide［M］. Chicago, IL: Smallwaters Corporation, 1999.

　　［10］ Bollen, K. A. Structural Equations with Latent Variables［M］. New York: Wiley, 1989.

　　［11］ Joreskog, K. G., Sörbom, D. Lisrel 8: User's Reference Guide［M］. Chicago: Scientific Software International, 1993.

　　［12］ Medsker, G. J., Williams, L. J., Holahan, P. J. A Review of Current Practices for Evaluating Causal Models of Organizational Behavior and Human Resources Management Research［J］. Journal of Management, 1994（20）: 429-464.

　　［13］ Zhang, L., Leung, J. Athletes's Life Satisfaction: The Contributions of Individual Self-Esteem and Collective Self-Esteem［J］. Acta Psychologica Sinica, 2002（34）: 160-167.

　　［14］ Budescu, D. V. Dominance Analysis: A New Approach to the Problem of Relative Importance of Predictors in Multiple Regression［J］. Psychological Bulletin, 1993（114）: 542-551.

　　［15］ Ambrose, M. L. Contemporary Justice Research: A New Look at Familiar Questions［J］. Organizational Behavior and Human Decision Processes, 2002（89）: 803-812.

　　［16］ Cohen-Charash, Y., Spector, P. E. The Role of Justice in Organizations: A Meta-Analysis［J］. Organizational Behavior and Human Decision Processes, 2001（86）: 278-321.

　　［17］ Cblquitt, J. A., Conlon, D. E., Wesson, M. J., et al. Justice at the Millennium: A Meta-Analytic Review of 25 Years of Organizational Justice Research［J］. Journal of Applied Psychology, 2001（86）: 425-445.

The Influence of Distributive Justice and Procedural Justice on Job Burnout

Li Chaoping　Shi Kan

Abstract: Based on 294 samples from three companies, this study first tested the psychological property of MBI-CS and made some revisions according to the result. Then 524 employees from six companies were invited to join the final survey. CFA was used to confirm the construct validity of MBI-GS. T-test and One-way ANOVA showed organizational justice and job burnout was influenced by demographics variables. Hierarchical regression analyses indicated that organizational justice was a power predict of job burnout beyond demographics variables. Dominance analysis further indicated that when predictng Emotional Exhaustion 65.91% of the predicted variance was attributed to distributive justice. When predicting Cynicism 56.07% of the predicted variance was attributed to procedural justice.

Key words: job burnout; organizational justice; distributive justice; procedural justice

基于胜任特征模型的人力资源开发*

时　勘

　　【编者按】 关于"competence"（胜任特征）真正意义的、严格的学术研究，始于 20 世纪 70 年代麦克利兰的研究。随着国外各个领域对"competence"及"competence model"（胜任特征模型）的应用与推广，其理论、方法和研究成果也得到了发展，并迅速形成了一场"competence movement"（胜任特征运动）。在 20 世纪末和 21 世纪初，这场运动迅速传播到了中国。国内的一批先行研究者随即在中国文化情境下开始了胜任特征的研究，时勘及其研究团队就是这批先行者当中最重要的一支力量。他们陆续在国内高层次刊物上领先发表了相关论文，其主题涉及邮电通信业高层管理者的胜任特征（2002）、家族企业高层管理者的胜任特征（2004）。与此同时，时勘指导的硕博研究生还完成了胜任特征主题的一批学位论文，在国内逐渐掀起了胜任特征研究的一个高潮，许多青年学生和研究者纷纷投入这一主题领域学习、模仿并开展建构其他岗位人员的胜任特征模型的研究。《基于胜任特征模型的人力资源开发》一文正是在这一背景下，于 2006 年发表在心理学核心刊物《心理科学进展》上的。该论文系统地介绍了时勘团队基于胜任特征模型的人力资源的理论和实践探索。为了正本清源，我们创造性地采用"胜任特征"这一准确对应的中文词汇翻译"competence"，从而在学术界取代了国内当时使用的"胜任力""素质"等用法。时勘老师认为，译成"胜任力"会让人将其混淆并视为类似能力，而"素质"一词更多涉及生理属性，它们都难以反映出"competence"这一概念包含的深层次的人格和动机方面的特质。本文基于我国社会经济转型时期和文化背景的差异，介绍了研究团队在不同行业的胜任特征模型建构及其相关的领导行为的研究探索和发现，以及胜任特征模型在国内人力资源开发、管理体系建设实践中的应用。在胜任特征模型作为人力资源开发和应用热点的当时，作为一篇总结性论文，本文对于在国内引进、传播胜任特征模型理论，介绍建构模型的 O*NET 工作分析、BEI 技术和团体焦点访谈方法，以及指导实践应用，促进传统人力资源管理向基于胜任特征的人力资源思想的转型，及时地澄清了思想，指明了方向，集聚了人才，为后续若干年的胜任特征理论和实践研究奠定了非常良好的基础，产生的影响力深远。以胜任特征为研究主题，在 20 多年的研究过程中，国内也由此逐渐形成了以时勘研究团队为主要力量的核心团队，成果丰硕，影响广泛。我作为时勘博士课题组博士后研究人员，同时也是北京师范大学心理学部教师，完成了国内最早的教师胜任力模型建构与测评研究（2004，2006），论文发表在教育类最高级别刊物上。由于关于教师胜任特征持续性的研究及其在国内外产生的影响，2017 年受巴塞罗那大学邀请，我与四国六所大学共同成功申请了欧盟项目"运用全球教师胜任力

　　* 国家自然科学基金资助项目（70471060）和国家科技部 2004 年度软科学重点项目（2004DGS3B039）。谢义忠、李超平、王继承、仲理峰、李文东、刘加艳、王桢、徐建平、罗正学、张宏云、时雨、徐长江、王永丽、陆佳芳、陈雪峰、陈文晶、张欣、张文等同学以及杨继锋、梁开广、潘军等同仁，都在不同阶段对于本研究的发展做出了贡献。

框架提升中国教师关键胜任力"。此外，时勘博士课题组的另一位博士后研究人员、第四军医大学罗正学针对空军、航天员和部队主官的需求，开展了一系列的胜任特征模型研究，成果获得多项国家部委级科学技术进步奖。自 2015 年起，徐建平、王继承、谢义忠相继受邀承担了北京师范大学心理学部设计的国内唯一的"胜任特征建模及其应用"的硕士生课程。2016 年 4 月国际华人心理学大会期间，时勘博士团队组织了"胜任特征建模方法"专题论坛，陈为、梁开广、王继承、李超平、仲理峰、谢义忠、高丽等一批国内胜任特征建模的开创者或权威专家进行了一场有长远影响的交流。这些成果和思想不断地被延续发展，最终凝练并呈现在时勘老师的《人力资源管理：心理学的原理与方法》（2017）之中，他用专章系统、全面地总结了胜任特征模型的思想、方法。这些理论和技术应用在全国铁道团委青年干部胜任特征模型开发项目中，最终形成了胜任特征模型应用类研究专著（2018）。时至今日，该文在 CNKI 数据库中，下载次数已达 8500 多次，被引用 560 多次。从长远来看，该文对于推动胜任特征建模方法的革新及其在人力资源管理与开发中的实际应用，仍然发挥着重要的影响，因为基于对胜任特征模型的探索建立新型的人力资源开发与管理体系依然是组织行为学和人力资源管理研究的前沿课题之一。（徐建平，中国科学院心理研究所 2004 级博士后，北京师范大学　教授）

摘　要： 基于胜任特征模型（Competency Model）的探索，建立新型的人力资源开发与管理体系，是 20 世纪 70 年代以来，组织行为学和人力资源管理理论研究的前沿课题之一。文章主要介绍作者及其领导的课题组自 20 世纪 80 年代以来，基于我国社会经济转型时期和文化背景的差异，在不同行业的胜任特征模型的建构及其相关的领导行为研究方面的探索和发现。由于胜任特征模型也是人力资源开发和应用方面的热点问题，文章还介绍了胜任特征模型在国内人力资源开发、管理体系建设实践应用方面的进展，并对于未来开展本领域的理论研究和实践应用提出了建议。

关键词： 胜任特征；胜任特征模型；BEI 行为事件访谈；变革型领导；人力资源开发

当前，我们正处于由计划经济向市场经济的全面转型时期，中国虽然是世界上人力资源数量最多的国家，但是，够素质的、适应经济全球化要求的人力资源始终是短缺的。随着我国加入 WTO，更加融入国际社会，面对前所未有的国际竞争，企业的组织变革表现得更加剧烈，企业重组、裁员、新管理手段的运用等带来的冲击使原有的领导—员工关系发生了根本性的改变，在这种竞争加剧、不断变化的环境中，管理者究竟应该具备怎样的能力、人格特征和领导风格，才能增强组织的核心竞争力已经成为组织行为学和人力资源开发的紧迫课题之一。在此背景下，自 20 世纪 70 年代以来，探索管理者在变化的情境中如何表现优异、取得成功的胜任特征模型（Competency Model）已经成为人力资源开发的理论研究和实践探索的全球性问题之一[1-3]。据此，本文将主要介绍作者及其课题组在基于胜任特征模型的人力资源的理论和实践探索方面的进展。

一 胜任特征模型的研究沿革

(一) 与胜任特征探索相关的早期研究

胜任特征 (Competency) 的概念可以追溯到古罗马时代,当时人们就曾通过构建胜任剖面图 (Competency Profiling) 来说明"一名好的罗马战士"的属性[2,3]。不过,直到 19 世纪末 20 世纪初,人们才开始采用科学的方法来研究胜任特征。20 世纪初"管理科学之父"泰勒的"管理胜任特征运动"(Management Competencies Movement) 被人们普遍认为是胜任特征研究的发端。他通过"时间—动作研究"(Time and Motion Study),将复杂的工作拆分成一系列简单的步骤,来识别不同工作活动对能力的要求。这里所谓的胜任特征往往指那些可直接观察的动作技能或体力因素 (Physical Factor),如灵活性、力量、持久性等。泰勒的这一思想的影响极为深远,当今盛行的工作分析方法在很大程度上就是"时间—动作分析"的延续。如胜任特征模型评价的主要方法之一行为事件访谈就源于工作分析的关键事件法和心理投射测验之结合,而以人为定向的工作分析则更是直接作为功能分析法的工具和方法来源[4]。需要指出,有两种测试方法的产生对以后的胜任特征评价具有特殊的意义。一种是以罗夏墨迹测验和主观统觉测验 (TAT) 为代表的投射技术;另一种是产生于第二次世界大战的评价中心技术。投射测验通过让被试以讲故事的形式对一组设计好的图片进行描述,或对模糊不清的墨迹做出形状辨认和解释,来评价其思维模式和潜在动机,由于其表面效度较低,能够有效地避免作假行为。评价中心则通过采用多种手段和方法综合测评被试在各测试目标上的表现,达到准确评价的目的。评价中心测试目标常常包含与工作成功密切相关的"特性""特征"和"资格"。如果将其与目前的胜任特征模型评价进行对照,不难发现,两者无论在内容结构维度,还是在操作性行为描述上均具有一定的相似性。

(二) 麦克米兰对于胜任特征研究的贡献

大家知道,尽管心理测验产生了多种有效的手段和方法,由于实际操作难度和成本等因素的限制,人们仍然习惯于采用自陈人格测验和纸笔测验,而缺乏明确的测试目标和测评方式本身的限制,其测验的信度和效度引起人们的普遍质疑,甚至引发种族歧视等方面的争论。20 世纪 70 年代,心理学家麦克米兰受美国新闻署 (USIA) 委托,首次采用了行为事件访谈 (Behavioral Events Interview, BEI) 方法调查了 50 名 USIA 官员。结果发现,带来优秀绩效的胜任特征 (Competency) 并非以往人们熟知的那些管理技能,而是"跨文化的人际敏感性、政治判断力和对他人的积极期待"等潜在的个性特征。根据这一结果,1973 年,麦克米兰在《美国心理学家》(American Psychologist) 杂志上发表文章提出应"为胜任而非为智力进行测验"(Testing for Competence Rather Than for Intelligence)[2~4]。在此文中,他首先运用了大量篇幅分析了传统的人才测量与甄选机制存在的问题,他承认传统的智力和成就测验有一定的信度,但是,他对这些测评工具在企业招聘及学校招生方面的实用效度提出了质疑。他明确指出，有必要对那些支持智力和知识测验预测效度的主要证据进行批判性的分析和评审，并通过列举大量的研究成果和数据，来证实传统智力测验的结果与所预测的工作成功因素之间相关性很低。基于此，他主张用胜任特征评估来代替传统的学绩和能力倾向测试，并提出了基于胜任特征的有效测验的原则[2,3]。后来，麦克米兰的工作被人们视为胜任特征运动取代智力测量运动的一个发展关键点。真正使人们开始广泛接受该概念的是其学生和资深同事鲍耶兹（Boyatzis）。1982 年，鲍耶兹通过大量的文献检索和实证研究，归纳出优秀管理者的胜任特征集，并在其代表作《胜任的经理人》中，对此做了系统的介绍[3]。这本书的出版对北美的广大读者产生了深远的影响，在很大程度上促进了胜任特征研究从学术背景中转移出来，进入直线管理者、咨询顾问和 HR 从业者的世界。稍后，Raven（1984）在英国也出版了《现代社会的胜任》[4]。

（三）胜任特征的定义

对于胜任特征存在着多种翻译，首先，需要区别的是 Competency 和 Competence，Competency 指与优异绩效有因果关联的行为类型和心理属性，而 Competence 指必须做的事情及其标准。本文涉及的主要是 Competency。目前，在国内的出版物中的翻译很不一致，如翻译为"胜任特征""胜任力""胜任素质""胜任特质""能力""职能""素质""资质""才能""受雇用能力""资格"等。目前，前几种翻译用得较多，如"胜任力""胜任素质""胜任特质"等。笔者认为，Competency 并不局限于能力的范畴，而"素质"一词更多涉及生理方面的基础特征，所以，还是建议使用胜任特征更为严密。

对于胜任特征有多种定义的解释，我们比较赞同的是 Spencer 夫妇的概念。他们认为，胜任特征指"能将某一工作（或组织、文化）中有卓越成就者与表现平平者区分开来的个人的潜在特征，它可以是动机、特质、自我形象、态度或价值观、某领域知识、认知或行为技能—任何可以被可靠测量或计数的并能显著区分优秀与一般绩效的个体特征。"[2,3]。这一概念需要从三方面来考虑：深层次特征、引起或预测优劣绩效的因果关联和参照效标。深层次特征指胜任特征是人格中深层和持久的部分，它显示了行为和思维方式，具有跨情景和跨时间的稳定性，能够预测多种情景或工作中人的行为。我们可以把胜任特征描述为在水面漂浮的一座冰山。水上部分代表表层的特征，如知识、技能等；水下部分代表深层的胜任特征，如社会角色、自我概念、特质和动机等。后者是决定人们的行为及表现的关键因素。因果关联指胜任特征能引起或预测行为和绩效，也就是说，只有能引发和预测某岗位的工作绩效和工作行为的深层次特征，才能说它是该职位的胜任特征。如果一种行为不包括意图，就不能称之为胜任特征。参照效标即衡量某特征品质预测现实情境中工作优劣的效度标准，它是胜任特征定义中最为关键的方面。一个特征品质如果不能预测什么有意义的差异（如工作绩效方面的差异），则不能称之为胜任特征[3]。

（四）胜任特征模型的概念

胜任特征模型（Competency Model）是指承担某一特定的职位角色所应具备的胜任特征

要素的总和，即针对该职位表现优异者要求结合起来的胜任特征结构。胜任特征模型主要包括三个要素，即胜任特征的名称、胜任特征的定义（指界定胜任特征的关键性要素）和行为指标的等级（反映胜任特征行为表现的差异）。胜任特征模型的建构是基于胜任特征的人力资源管理和开发的逻辑起点和基石。在很大程度上，它是人力资源管理与开发的各项职能得以有效实施的重要基础和技术前提。胜任特征模型包括名称，通过定义对职位的具体要求进行了解释。更为重要的是，在行为指标方面，从基本合格的行为等级水平到最优秀的表现等级水平，都有详尽的描述。这样，我们就能清楚地知道，该职位表现平平者和表现优异者在行为水平的差异究竟是什么。这就为我们选拔、培训、行为评价和反馈，以及后来的职业生涯发展提供了准确的依据。到目前为止，研究者们已经探索出多种程序来进行胜任特征模型的研究。其中最为有代表性的有：①Spencer 等提出的使用效标样本的经典程序，包括使用专家小组的简略设计以及为单一任职者和未来工作而进行的设计程序；②Dubois 所归纳出的工作胜任特征评价方法、修改的工作胜任特征评价方法、灵活的工作胜任特征模型方法、通用模型的覆盖方法、定制的通用模型方法、资料收集和处理方法[2,3]。

（五）胜任特征模型的应用

近年来，随着国际化、信息化进程的加速，企业所面临的管理环境也发生了翻天覆地的变化。伴随着这些变化，人们越来越意识到以工作分析为基础的传统的人力资源管理模式无法为组织的持续、稳定发展提供充分的保障。在这种情况下，经过大批学者在理论领域的持续探索和 McBer、Hay Group 等专业性咨询公司的强力市场推动，基于胜任特征模型进行人力资源管理的理念日益为人们所接纳，并成为一种全球性的潮流。截至 1991 年，胜任特征评价法已在 26 个国家中得到应用。到 2003 年，《财富》500 强已有超过半数的公司应用胜任特征模型与人力资源开发。根据美国薪酬协会的调查，75% ~ 80% 的美国公司或多或少开展过胜任特征模型的应用，此外，胜任特征的理论和方法同样被广泛应用于政府公共部门，迄今为止，美国、加拿大、澳大利亚、欧洲各国都已相继投入胜任特征运动。其中，美国、英国、中国等国已经有基于胜任特征的国家技能标准和职业资格标准，并以此作为增强经济竞争力的手段。在我国，虽然起步较迟，但已有不少政府机构和企事业单位开始此方面的研究和应用[4]。

二 胜任特征模型评估的方法学研究

从 20 世纪 80 年代后期以来，我们就开始关注胜任特征模型的研究进展，并在国内率先开展了基于中国文化背景的胜任特征模型构建的理论和应用研究。本课题组先后采用模糊评判法和汇编栅格法（Repertory Grid Methods）、行为事件访谈（Behavior Event Interview，BEI）、工作分析（Occupational Networking Information，O*NET）问卷调查和情境模拟等多种主位与客位研究相结合的方法，对不同类型组织中的代表性职位和职级的胜任特征模型进行了系统探索，先后获得了自动机床高级技师、电信产业高层管理者、家族企业管理者和人力资源管理师等职位的通用胜任特征模型，并发现了一些在我国特定文化背景和转型时期所特殊要求具备的胜任特征模型[5-10]。

（一）口语报告与汇编栅格法研究

最早的对于成功的专家解决问题的胜任特征的研究是在北京手表厂多工位联动机的诊断活动的现场实验中进行的。笔者认为，为了探索诊断生产活动的专家经验，可以采用先建立物理模型（能够模拟生产过程设备常见的问题的模拟器），然后呈现相关的问题情境，通过专家与物理模型所呈现的问题情境交互作用的过程分析，并记录专家在解决问题过程中的口语报告的内容，然后，应用模糊评判法和汇编栅格法（Repertory Grid Methods）对于这些内容进行因果决策分析，就建立了反映专家解决问题的心理模型。这项研究成果被用于后来的心智技能模拟培训法，在手表生产线的技术工人培训中取得显著效果，研究中发现的认知地图（Cognitive Map）成为后来验证培训有效性的有效工具[5,6]。后来，依据心智技能模拟培训法的基本原理和方法，本研究选择手表、制糖、造纸、制笔、眼镜制造、车工、汽车驾驶、石油、钻井等行业作为推广试点，各行业的推广实验结果表明：心智技能模拟培训法是一项在各行业有普遍适用价值的培训理论和方法，有助于提高员工素质，并取得了明显的经济效益和社会效益，并被亚太经济合作组织评选为"样板培训模式"[6,7]。

（二）BEI 行为事件访谈研究

前已述及，目前得到公认且最有效的方法是美国心理学家 McClelland 结合关键事件法和主题统觉测验而提出来的行为事件访谈法（Behavioral Event Interview，BEI）[2]。行为事件访谈是建立胜任特征模型不可替代的关键环节，这是因为，问卷方法获得的胜任特征要素有时是评价者认为"应该是需要的"，但实际上"并不会去应用之"[3]。还有另外一个原因是，问卷法只能在现有的结构要素中选择，但职位的特殊需要的特征只有通过开放式的访谈法来获取，行为事件访谈法在发现特定的胜任特征要素、内容、等级性行为方面具有重要作用。

行为事件访谈法采用开放式的行为回顾式探查技术，通过让被访谈者找出和描述他们在工作中最成功和最不成功的三件事，然后详细地报告当时发生了什么。具体包括：这个情境是怎样引起的？牵涉到哪些人？被访谈者当时是怎么想的，感觉如何？在当时的情境中想完成什么，实际上又做了些什么？结果如何？然后，对访谈内容进行内容分析，来确定访谈者所表现出来的胜任特征。通过对比担任某一任务角色的卓越成就者和表现平平者所体现出的胜任特征差异，确定该任务角色的胜任特征模型。该文采用 BEI 行为事件访谈技术[2,10]。时勘、王继承等（1998，2001，2002）在全国电信系统挑选了陕西、湖北、安徽、北京等地20 名通信业高层（局级）管理干部，其中优秀组 10 名，普通组 10 名，初步探讨了通信业高层管理者的胜任特征模型，研究结果表明：优秀组与普通组在访谈字数的长度上无明显差异，而胜任特征编码的频次与访谈长度上有显著性相关，编码指标采用平均分数具有更好的稳定性；采用概化理论计算不同编码者的编码一致性，结果表明，胜任特征评价法具有较好的编码者一致性；此外，效标群体的分析结果证实，我国通信业高层管理者的胜任特征模型包括：影响力、组织承诺、信息寻求、成就欲、团队领导、人际洞察力、主动性、客户服务意识、自信和发展他人[10]。

后来，仲理峰、时勘（2003）根据企业过去一年的销售额、企业的美誉度以及温州企业家协会的提名认可为标准，在浙江省温州市选定了参加行为事件访谈的家族企业高层管理者 20 人，其中，绩效优异者 10 人，绩效一般者 10 人。参加访谈研究的被试分别来自温州的鹿城、瓯海和龙湾三个经济开发区和工业区的中小型家族企业。对这些家族企业高层管理者进行了关键行为事件访谈，初步建立了家族企业高层管理者胜任特征模型。这项研究结果证实，采用 BEI 关键事件访谈方法揭示高层管理者胜任特征模型，胜任特征的出现频次和平均等级是较为稳定的指标，最高等级分数受到了访谈长度的影响。研究还发现，胜任特征的平均等级、最高等级都能区分绩效优异和绩效一般的家族企业高层管理者。我国家族企业高层管理者的胜任特征模型包括：威权导向、主动性、捕捉机遇、信息寻求、组织意识、指挥、仁慈关怀、自我控制、自信、自主学习、影响他人 11 项胜任特征。其中，与国外企业高层管理者通用胜任特征模型的 9 项相一致，与国有企业高层管理者的通用胜任特征模型的 5 项相一致。而威权导向、仁慈关怀是我国家族企业高层管理者独有的胜任特征[11]。这一结果与 Farh 等（2000）有关台湾家族企业的研究结果是一致的[12]。另外，由于处在由初创、资金原始积累到变革、创新、发展时期，家族企业实际上仍然存在着劳动强度大、员工的福利和职业发展投入过少等现象，这是我国一些地区民营企业普遍存在的发展中的问题。

（三） O* NET 工作分析方法研究

作为系统的收集工作相关信息的过程，工作分析（Job Analysis）在胜任特征模型的建立中起着基础性的、不可替代的作用，社会环境和组织环境的迅速变化促进了工作性质的不断改变，这些都对传统的工作分析带来了重大的挑战。主要体现在以下两个方面：一方面，新的工作分析要适应不断变化的竞争环境的需要和技术进步带来的新需求，这改变了从业者的角色定位，并对他们的素质都提出了新的要求。新的工作分析需要提高信度和效度来适应企业经营的法律环境的变化。另一方面，为了解决各种人力资源管理活动（如招聘、绩效考核等）中的潜在法律纠纷，这些管理实践的效度研究日益受到重视，因此作为人力资源管理基础的工作分析需要提高信度和效度来满足这些需求。O* NET 是 Occupational Information Network 的简写，这是一项由美国劳工部组织开发的工作分析系统，吸收了多种工作分析问卷（如 PAQ、CMQ 等）的优点。目前已取代了职业名称词典（Dictionary of Occupational Titles，DOT，也译为职名典），成为美国广泛应用的工作分析工具[13]，由于该问卷基于 BEI 关键事件访谈技术获得的行为指标来锚定问卷评价的维度，在揭示职位胜任特征方面具有新的作用，得到更多的使用[13]。李文东、时勘等在控制了个体人口统计学变量和排除组织水平变量的影响下，探讨了电厂设计和编辑两个职位任职者的任务绩效水平对他们 O* NET 工作分析问卷评价结果的影响。层次回归结果发现，控制了相关因素后，发电厂设计人员的任务绩效水平显著影响其对技术性技能的水平评价，编辑的任务绩效水平显著影响信息处理的重要性评价和水平评价。本研究不仅拓展了工作分析领域对于绩效影响作用的研究，而且给"工作分析结果差异来源于真实差异"的理论以重要支持；同时对人力资源管理实践也带来重要启示[14]。此外，通过我们对人力资源管理人员、软件工程师、网络编辑和报纸广告销售人员四个职业的 272 名任职者调查数据的层次回归分析发现，控制了职业和人口统计学变量的影响之后，工作满意度、情感承诺和工作投入等工作态度变量对工作技能的重要性和水平评价有显著影响。进一步对比发现，工作满意度、工作投入对于技能的水平评价的影响效应较大。该研究拓展了工作分析结果的影响因素的认识，对未来工作分析实践有重要的启示作用。

（四）辅助编码技术及团体焦点访谈技术

建立胜任特征模型的一项关键的工作是对于 BEI 访谈获得的言语文本进行内容分析。通过分析访谈对象汇报的言语文本，确定胜任特征编码框架获得关键胜任特征指标。然后进行言语文本的编码。目前，通用的胜任特征编码词典和 O* NET 问卷的框架都能为编码提供框架，此过程要求至少有两名以上接受过专门编码技术培训的编码者对文本进行独立编码，然后，对双方编码的一致性进行检验，一致性较高的编码结果表明信度较高，才能作为建立胜任特征模型的依据。通过统计分析编码数据，确认胜任特征指标，定义描述和相应的行为等级水平。需要指出的是，编码手册一般不能拘泥于通用手册，我们在机械行业、组工干部、医药、化工销售人员的胜任特征模型研究中，都开发了专用性胜任特征的编码系统。目前，为了提高编码效果，我们还采用了澳洲 La Trobe 大学的 Tom 和 Lyn Richards 所研发的 Nvivo 编码软件，它可以处理 RFT/TXT 等，建立不同类型的 Node（Free，Tree，Case），在任何地方都可以进行编码，Node Document 可以具有属性的功能，Model 可以用图形来显示，是 QSR 最先进的文字质性分析软件，Nvivo 软件还能任意地编辑及撰写庞大的质性数据，且能对于这些数据进行精确的分析。

团体焦点访谈（Focus Group Interview，FGI）也叫专家小组访谈，参与访谈的成员通常由以下成员组成：高层管理者、从事职位工作优异者、胜任特征分析专家、直接上级、同事、下级、客户等。必须指出，团体焦点访谈是胜任特征模型构建不可缺少的环节。其具体作用表现为：①检验问卷调查、行为事件访谈所得信息的真实性。②结合企事业单位的发展战略目标、核心竞争力、独特要求、未来需要和组织文化特征，对于前述环节获得的胜任特征的共性要求（问卷法调查结果）和独特要求（行为事件访谈结果）进行最后裁定和补充，使形成的职位胜任特征模型具有战略性、未来性、独特性和文化性的特点，这就是我们倡导的组织的胜任特征的获取思路[16]。

三 成功的领导者的行为研究

在管理者胜任特征模型的研究基础上，我们从适应变革情境的角度，又探索了领导者究竟应当具备什么样的领导风格，才能带领员工适应不断变化的环境等问题。在这方面，变革型领导（Transformational Leadership）是 20 世纪 80 年代以来领导行为研究的热点问题。而国内有关变革型领导的实证研究并不多见[16,17]。在中国这一特殊的文化背景下，变革型领导是一个什么样的结构，与西方变革型领导的结构有何异同？变革型领导与个体层面以及团体层面的领导有效性之间有什么样的关系？变革型领导在个体层面和团体层面又是如何起作用的？本研究试图结合我国的文化背景和社会经济发展的实际情况，通过实证研究来回答上述问题。近年来，作者及其课题组采用文献研究、问卷调查和专家讨论等方法对变革型领导的结构、变革型领导的测量、变革型领导与 PM 及家长式领导的比较、变革型领导与 OCB 之间的关系、变革型领导在个体层面及团体层面的作用机制进行了研究。整个研究总共调查了 3000 多名被试，获得了一些有意义的结果，也丰富了我们对于成功的领导者的胜任特征模型的认识。

（一）我国领导者变革型领导的结构探索

我们首先采用验证性因素分析对 Bass 等编制的 MLQ 问卷，即变革型领导问卷[16]的构想效度进行了验证，结果表明：变革型领导具有较好的构想效度，可以区分为领导魅力、感召力、智能激发和个性化关怀四个维度。回归分析结果还表明，领导魅力、智能激发和个性化关怀对领导有效性有正面的影响，而感召力对领导有效性的影响没有达到显著水平。不过，我们也发现，交易型领导各因素对于领导有效性的影响并非 Bass 等所发现的负性作用[18]。为了深入探索基于我国文化背景和管理制度下的变革型领导的结构，我们采用了质化研究方法（Inductive Method）来探索变革型领导的结构。首先采用开放式问卷对 249 名管理者与员工进行了调查，内容分析表明，变革型领导的初步结构包括 8 类行为或特征。在专家讨论的基础上编制完成了变革型领导问卷。431 份有效问卷的探索性因素分析表明，在我国企业，变革型领导是一个四因素的结构，具体包括德行垂范、领导魅力、愿景激励与个性化关怀。为了进一步验证变革型领导的构想效度，并考察问卷的信度与效度，本研究在 6 家企业进行了调查，获得了 440 份有效问卷。验证性因素分析证实了我们编制的变革型领导问卷的构想效度，内部一致性分析与层次回归分析的结果也表明，基于我国企业文化背景的新编变革型领导问卷具有较好的信度与同时效度。变革型领导与 PM、家长式领导的比较研究发现，在控制了家长式领导、PM 之后，变革型领导对领导有效性仍然具有额外的解释力，这说明变革型领导相对来说对领导有效性具有更强的预测力。与国内外同类研究结果相比，本研究得到的"德行垂范"更加强调领导者自身德行行为对员工的垂范榜样作用；"个性化关怀"除了包含西方"个性化关怀"的内容之外，还包括领导者对员工个人生活和家庭的关怀[19]。

（二）变革型领导的作用机制

为了进一步检验作者所编制的变革型领导问卷（Transformational Leadership Questionnaire, TLQ）的预测效度，本研究采用了 197 对"管理人员—下属"的匹配数据来考察变革型领导对组织公民行为的影响。层次回归分析与典型相关分析的结果都表明：变革型领导对组织公民行为有显著的正向影响，且解释的方差变异量明显高于国外同类研究。这一研究结果进一步证实了我们编制的 TLQ 问卷的预测效度[20]。此后，我们对 Spreitzer 的授权量表在中国文化背景下的适用性进行了检验。3 家企业 395 份调查问卷的探索性因素分析和内部一致性分析表明，授权量表具有较好的效度和信度；20 家企业 942 份调查问卷的验证性因素分析和内部一致性分析进一步验证了授权量表的效度和信度。这表明 Spreitzer 的授权四维模型得到了我国被试调查结果的验证，具有较强的适用性。然后，我们利用 20 家企业 942 份调查问卷的结果，采用结构方程模型技术对授权与员工满意度、组织承诺、离职意向与工作倦怠等员工工作态度变量之间的关系进行了交叉验证分析，结果表明，工作意义对员工满意度与组织承诺有正向影响，对离职意向与工作倦怠有负向影响；自主性对员工满意度与组织承诺有正向的影响，而自我效能对组织承诺有正向的影响[21,22]。

（三）变革型领导与交易型领导的有效性比较

交易型领导（Transactional Leadership）认为，领导者与成员之间是基于经济的、政治的以及心理的价值互换关系，领导者的任务是设定员工达成组织目标时所能获得的奖酬，界定员工的角色，提供资源并帮助员工找到达成目标及获得奖酬的途径。而变革型领导则是领导者通过改变下属的价值观与信念，提升其需求层次，使下属能意识到工作目标的价值，或是为组织规划出愿景、使命以激励下属，进而使下属愿意超越自己原来的努力程度，并且帮助下属学习新技能、开发新潜能，增进组织的整体效能[17]。对于交易型领导的有效性问题，一直是学术界争议的焦点之一。为此，我们以 489 名高等学校管理者及其下属员工为研究对象，采用问卷调查的方法对变革型领导与交易型领导的有效性进行了研究。结果发现：变革型领导与交易型领导对于工作满意、组织承诺和工作绩效均具有显著的预测作用。通过对变革型领导与交易型领导有效性的比较发现，两者的影响力有明显差异，具体表现为，排除交易型领导的影响后，变革型领导对于工作满意、组织承诺有额外的预测力；排除了变革型领导的影响后，交易型领导对于工作绩效还有额外的预测力。不过，这项研究的结论还需要进一步验证。

（四）危机突发事件中的领导行为

危机管理与应对既是成功的高层管理者最重要的胜任特征之一，也是变革型领导结构需要探索的重要内容。2002 年冬，我国暴发了 SARS 公共卫生事件，在此背景下，本研究考察了我国 17 个城市 4231 名市民对 SARS 疫情信息认知的理性和非理性特征，并初步建立了我国民众 SARS 危机事件中基于风险认知的心理行为预测模型。调查结果发现：第一，负性疫情信息，特别是与民众自身关系密切的信息，更易引起他们的高风险评价，导致非理性的紧张或恐慌；而治愈信息、政府的防范措施等正性信息更能降低个体风险认知水平，使民众保持理性的应对行为，增进其心理健康。第二，风险认知因素空间分布图的结果表明，SARS病因处于不熟悉和难以控制一端，"愈后对身体的影响"和"有无传染性"处于不熟悉一端，需要特别关注。第三，我国民众 SARS 危机中的心理行为预测模型初步得到了验证：SARS 疫情信息是通过风险认知影响个体的应对行为与心理健康的，风险评估、心理紧张度、应对行为和心理健康是有效的预测指标[23]。本研究使我们把胜任特征模型的研究结果与社会安全问题紧密结合起来。目前，这项研究还在继续进行中。

（五）领导行为的跨文化比较研究

近年来，我们与变革型领导问卷的编制者之一 Avolio 等学者在变革型领导及其与家庭冲突、工作投入[23]，与工作结果、工作压力[24]以及员工工作态度的关系[25]等方面进行了跨文化的比较研究。这些研究不仅验证了变革型领导结构的普遍适用性，也发现不同文化背景下的作用机制存在差异。其结构特征也应根据文化背景和管理制度的差异进行协调[24-26]。此外，目前，Bass 和 Avolio 等编制的 MLQ 问卷由于大量跨国公司进入我国，已经在一些外资企业的管理评价和诊断中使用。由于外资企业多数员工是中国公民，在使用 MLQ 和 TLQ 问卷方面，有很多值得协调的问题。

四　基于胜任特征模型的验证

需要指出，实证研究获得的胜任特征模型需要严格的验证，方能应用于实际。通常可以采用的验证方法包括：①验证交叉效度，即选择具有相同样本特点的效标群组，再次进行行为事件访谈，基于已建立的胜任特征模型对所得文本信息，对编码获得的频次进行统计分析，看这些获得的胜任特征要素能否区分业绩优异组和业绩一般组（交叉效度）[2]；②根据构建的胜任特征模型，应用于人力资源管理实践，如员工招聘中评价中心的考核内容，或者根据行为等级编制 360 度反馈评价问卷，或者设计出体现这些胜任特征模型的培训内容，观察实验组和对照组在培训前、后的绩效差异，来验证胜任特征模型的有效性。

（一）基于胜任特征模型的多侧度评价

由于经济全球化的新格局对现代企业管理者提出了全新的要求，能够准确把握管理者应具备的要求和工作行为表现显得尤为重要。在本项研究中，首先确立要依据胜任特征模型的研究成果来设计 360 度反馈评价问卷。360 度反馈评价由于其评价角度的多元化，在评分者间一致性的问题上一直是研究者关注问题之一。许多研究者认为，不同的评价者所能够观察到的被评价者的工作绩效侧面各不相同，或者由于他们的评价标准不同，对被评价者的同一面有着不同的评价，因此，他们之间的评价不可能具有很高的一致性，存在差异是必然的。本项研究发现，360 度反馈评价的自评结果受到评价者的年龄、性别和职位高低因素的影响，即年龄越偏高，男性和职位偏高的员工，越倾向于在自评中打高分，此外，调查结果还发现，在 360 度评价者之间，同事评价与上级评价、下级评价在多项胜任特征的评分结果表现出一定的一致性，但是，下级与上级的评分没有一项的评分一致性达到显著性水平，这可能与我国文化中的权力距离（Power Distance）更大有关[27]。

（二）反馈评价的文化差异

考虑到反馈评价，特别是上级反馈可能存在的文化差异，我们首先就上级反馈对员工行为的影响进行了研究。研究采用 2×2（反馈方式、反馈对象）两因素组间实验设计，选取303 名被试，考察了上级反馈对员工积极整合行为倾向、冲突行为倾向和中立行为倾向的影响，以及个人主义—集体主义倾向对这种影响的调节作用。结果表明，Singelis、Triandis 等有关个人主义、集体主义的理论框架基本适合我国被试，针对个人的还是集体的批评与表扬，是受个人的集体主义倾向影响的，个体的个人主义、集体主义倾向对反馈的效果起到一定的调节作用。结果还发现，领导的反馈方式、反馈针对的对象对员工的行为的主效应都显著，上级的表扬会增加员工的中立行为倾向，针对个人的反馈会引起较强的冲突行为倾向[28]。然后，我们与荷兰学者进行了跨文化比较研究[29]。首先，用实证方法通过对中国内地 303 名被试的调查，对个人主义、集体主义的维度及其测量问卷的构想效度进行初步验证，结果支持 Triandis 提出的个人主义、集体主义可以分成水平、垂直两个维度，在个人水平上，个人主义与集体主义有四种类型的构想。验证性因素分析表明，Singelis 的问卷有较好的构想效度，但在中国被试的测试结果上表现出一些题目的不适合，有待于进一步修正。其次，进行了中国和荷兰的上级反馈对于人际关系的影响的跨文化比较研究。结果表明，出于团队关系的角度的反馈更有助于中国被试的行为改善，而荷兰被试更关注于事件本身[30,31]。

（三）合作性学习与胜任特征模型开发

2005 年 7 月 1 日，在纪念《科学》期刊创刊 125 周年之际，科学家们总结出了当今人类 125 大未解之谜。在重中之重的前 25 个问题中，"合作的行为如何进化？"是其中的问题之一。和谐社会建设并不意味着没有冲突，特别是一个发展、变化的社会更不可能回避冲突。解决问题和矛盾的最佳方法是创拟沟通的情境，特别需要通过建设性争论来增进人们的相互理解，这一方面可以避免矛盾激化，另一方面可以增进探索未知的好奇心，提高工作成效[33]。"合作性学习团队"（Cooperation Learning）培训通过促进人们从不同角度对合作、竞争和独立等情境的亲身体验，增进他们对于合作行为价值的认识，进而改变其行为[32]。基于胜任特征模型的合作性学习有助于提高组织效率[33]。后来，通过探索团队学习的发生过程和影响团队学习的因素之后，就开始用实验、问卷调查和面谈等方法开展研究[34]。结果表明，合作性团队模型在促进组织效率和员工发展、提高组织的学习和创新能力，以及改善人际关系等方面均非常有效。目前，我们初步形成了通过需求调查、公司全员培训、团队例会、专家辅导和反馈等环节的合作性团队模型。在这个过程中，不同的团队和部门之间能够形成良好的沟通渠道和氛围；管理者能进一步领会激励和组织下属的策略；企业员工也能够更好地把个人发展和组织发展统一起来。而更为突出的效果则表现在团队内部和团队之间的协作水平得到增强，该组织模式对于塑造团结、开放、创新的组织文化也有积极影响[35]。

（四）实践应用与开发的验证

近年来，在开展胜任特征模型的理论探索的同时，我们在实践应用与开发方面也取得了明显的进展，我们认为，实践应用是验证胜任特征模型更为有效的途径。为了推进胜任特征模型成果的应用，我们先后参与了国家劳动和社会保障部、国家人事部全国人才交流中心、中央组织部培训中心、国家职业技能鉴定中心、国家外国专家局、国家宇航员科研与训练中心、中国机械行业协会、中国石油化工协会胜任特征模型的建构或指导工作。具体的应用成果包括：国家劳动与社会保障部人力资源管理师职业资格鉴定系统的效度研究，目前，人力资源管理师的四个级别的鉴定系统都是基于胜任特征模型来设计的。已经开发出职业资格鉴定的教材、考试指南和题库系统。此外，在人事部全国人才交流中心的人才测评师资格考试和组工干部的执政能力模型的开发方面，都应用了理论研究成果。此外，我们还与美国国际人事管理协会（International Public Management Association，IPMA）职业资格认证系统合作，完善了考试体统的胜任特征模型。特别需要指出的是，课题组根据我国社会经济转型时期的特殊需要，最近又开发了通用胜任特征模型问卷，使企事业单位能够在已有研究成果的基础上，快速获得职位的通用胜任特征模型要素，并通过深入访谈方法，获得本职位特殊的胜任特征要求。在工作分析方面，目前，国家新职业申请的审定已经把我们修订的 O^*NET 问卷作为鉴定手段，提高了审定的科学化水平。在人员招聘方面，我们与北京双高人才评价中心合作，对于北京市公开选拔领导干部提供了技术支持。我们基于胜任特征的选拔标准，通过结构化面试、情境评价技术，在航天员、空军、中国移动、北京电信和蒙牛集团全球总裁招聘中发挥了较好的预测作用。我们在海关出版社和中国科学院的所长年薪制设计方面，也采用了基于胜任特征模型的评价系统，得到了有关应用部门的认同[36]。在高等学校的领导行为评价及绩效管理方面，也取得了一些可喜的进展。这些应用实践的成果也为胜任特征模型的验证提供了证据。

五　未来研究展望

胜任特征模型虽然是产生于西方心理学的一个概念，但是，将它引入国内人力资源管理的理念体系之后，较好地与我国社会经济转型时期的人力资源管理结合起来，并适应了我国经济高速增长的需要，在整个人力资源开发模式中发挥了至关重要的作用。那么，在今后的研究与实践工作中，为了推进基于胜任特征模型的人力资源开发的理论和实践探索，作者认为，需要开展以下工作：

第一，把胜任特征模型开发与和谐社会建设结合起来，从组织战略的层次探索胜任特征模型的功效。最近，作者提出和谐社会健康型组织（Healthy Organization）建设的构思，把健康型组织的主要功能归纳为正常的心理状态、成功的胜任特征和创新的组织文化三方面。这样，我们就能从社会经济的和谐发展的角度，探索社会和组织层面的胜任特征模型，使其在社会安全、组织文化和创新中发挥作用。

第二，继续探索胜任特征模型与领导行为、风格的关系。胜任特征模型的核心要素不是知识、技能，其鉴别性胜任特征要素与人格特征有更密切的关系。因此，变革型领导的要素在管理者胜任特征模型中究竟是什么作用，交易型领导结构中是否也存在中国特色的内容，需要深入探索。最近，我们正在探索 Qunn 的领导角色结构，这一领导角色理论结构是否可能统一胜任特征模型与领导行为的研究，需要我们深入探索。

第三，胜任特征模型的开发目前已经具备一个开发范式，其中 BEI 行为事件访谈技术是不可或缺的，因为这种方法才能真正揭示成功任职者的行为特征。但是，BEI 行为事件访谈技术需要耗费大量的人力、物力，但是，又不能走捷径。我们在各行业的胜任特征模型开发方面已经有相当的积累，我们是否能够把这些积累和 BEI 技术结合起来，探索一套更为便捷、科学的胜任特征模型开发途径，可能是今后研究必须面对的挑战性课题。当然，如何联合国内理论、实践工作者，集中和整合力量，探索具有中国特色的胜任特征模型的开发模型是我们今后更应该关注的问题。

参考文献

[1] Shi, K. Organizational Behavior Research in Transitional Time of China [J]. Journal of Management, 2005, 12 (1): 1-16.

[2] McClelland, D. C. Testing for Competence Rather than for Intelligence [J]. American Psychologist, 1973, 28: 1-14.

[3] Spencer, L. M. Competence at Work [M]. John Wiley & Sons, Inc., 1993.

[4] 仲理峰，时勘. 胜任特征研究的新进展 [J]. 南开管理评论，2003，6 (2)：4-8.

[5] 时勘，徐联仓等. 高级技工诊断生产活动的认知策略的汇编栅格法研究 [J]. 心理学报，1992，24 (3)：288-296.

[6] Shi, K., Wang, X. C. A Research of Psycho-simulation Training on Modern Operators. In: Proceedings of the Second Afro-Asian Psychological Congress [M]. Beijing: Peking University Press, 1993: 156-159.

[7] 时勘. 心理模拟教学简介 [J]. 心理学动态，1991，1：87-91.

[8] 时勘，李超平. 领导者胜任特征评价的理论与方法 [J]. 人力资源开发，2001，5：33-35.

[9] 时雨，仲理峰，时勘. 团体焦点访谈方法 [J]. 中国人力资源开发，2003，1：37-40.

[10] 时勘，王继承，李超平. 企业高层管理者胜任特征评价的研究 [J]. 心理学报，2002，34 (3)：193-199.

[11] 仲理峰，时勘. 家族企业高层管理者胜任特征模型的评价研究 [J]. 心理学报，2004，36 (1)：110-115.

[12] Farh, J. L., Cheng, B. S. A Cultural Analysis of Paternalistic Leadership in Chinese Organization [C] // Li, J. T., Tsui, A. S., Weldon, W. Management and Organization in the Chinese Context. ST. Martin's Press, INC, 2000.

[13] 李文东，时勘. 工作分析研究的新趋势 [J]. 心理科学进展，2006，14 (3)：418-425.

[14] 李文东，时勘，吴红岩，贾娟，杨敏. 任职者任务绩效水平对其工作分析评价结果的影响 [J]. 心理学报，2006，38 (3)：428-435.

[15] 梁建春，时勘. 组织的核心胜任特征理论及其人力资源管理 [J]. 重庆大学学报（社会科学版），2005，11 (4)：127-129.

[16] Bass, B. M., Avolio, B. J. Multifactor Leadership Questionnaire [M]. Palo Alto, CA: Consulting Psychologists Press, 1996.

[17] 徐长江，时勘. 变革型领导与交易型领导的权变分析 [J]. 心理科学进展，2005，13 (5)：

672-678.

[18] 李超平，时勘．变革型领导与领导有效性之间关系的研究 [J]．心理科学，2003，26（1）：115-117.

[19] 李超平，时勘．变革型领导的结构与测量 [J]．心理学报，2005，37（6）：803-811.

[20] 李超平，孟慧，时勘．变革型领导对组织公民行为的影响 [J]．心理科学，2006，29（1）：175-177.

[21] 李超平，李晓轩，时勘，陈雪峰．授权的测量及其与员工工作态度的关系 [J]．心理学报，2006，38（1）：99-106.

[22] 李超平，田宝，时勘．变革型领导与员工工作态度：心理授权的中介作用 [J]．心理学报，2006，38（2）：297-307.

[23] Shi, K., Lu, J. F., Fan, H. X., Jia, J. M., Song, Z. L., Li, W. D., Gao, J., Chen, X. F., Hu, W. P. The Rationality of 17 Cities' Public Perception of SARS and Predictive Model of Psychological Behaviors [J]. Chinese Science Bulletin, 2003, 48（13）：1297-1303.

[24] Wang, P., Lawler, J., Walumbwa, F. O., Shi, K. Work-family Conflict and Job Withdrawal Intentions：The Moderating Effect of Cultural Differences [J]. International Journal of Stress Management, 2004, 11：392-412.

[25] Walumbwa, F. O., Wang, P., Lawler, J., Shi, K. The Role of Collective Efficacy in the Relations between Transformational Leadership and Work Outcomes [J]. Journal of Occupational and Organizational Psychology, 2004, 77：515-530.

[26] Walumbwa, F. O., Lawler, J., Avolio, B. J., Wang, P., Shi, K. Transformational Leadership and Work-related Attitudes：The Moderating Effects of Collective and Self-efficacy across Culture [J]. Journal of Leadership and Organizational Studies, 2005, 11（3）：2-16.

[27] 时雨，张宏云，范红霞，时勘．360度反馈评价结构与方法的研究 [J]．科研管理，2002，23（5）：124-129.

[28] 王永丽，时勘．上级反馈对员工行为的影响 [J]．心理学报，2003，35（2）：255-260.

[29] 王永丽，时勘，黄旭．个人主义与集体主义结构的验证性研究 [J]．心理科学，2003，26（6）：996-999.

[30] Vliert, E. D., Sanders, K., Shi, K., Wang, Y. L., Huang, X. Interpretation and Effects of Supervisory Feedback in China and the Netherlands [J]. Gedrag & Organisatie, 2003, 16（2）：125-139.

[31] Vliert, E. D., Sanders, K., Shi, K., Wang, Y. L., Huang, X. Chinese and Dutch Interpretations of Supervisory Feedback [J]. Journal of Cross-Cultural Psychology, 2004, 35（4）：417-435.

[32] 时勘．合作团队是怎么演化而来的．人类危机时代的25个难题 [J]．瞭望东方周刊，2005，43：38.

[33] 时勘，胡志强，张宏云．小组工作（GW）及其作用 [J]．中国人力资源开发，2004（1）：39-41.

[34] Tjosvold, D., 陈国权，刘春红．团队组织模型：构建中国企业高效团队 [M]．上海：上海远东出版社，2003.

[35] 陆佳芳，时勘．影响团队学习的人际因素研究 [J]．管理学报，2004，1（3）：316-319.

[36] 李晓轩，时勘，石兵．中国科学院法定代表人年薪制的实践与思考 [J]．科研管理，2001，22（6）：97-101.

[37] 时勘，高利苹．提高学校改革中领导效能的心理学思考 [J]．教育管理研究，2005（5）：48-52.

Human Resource Development Based on Competency Model

Shi Kan

Abstract: Research into Human Research Development and Management based on Competency Model has been momentum in last forty years in Organizational Behavior and Human Resource Management research. The author summarized the main research conducted by his work team since 1980s, about Competency constructing in different industry, and the leadership behavior related to it based on Chinese transition economy background and special cultural background. Also, since Competency Model is one of most popular practice in Human Resource Development, the author introduced the application of Competency Model in Chinese Human Resource Development and Management System practices. The suggestion for further research was discussed.

Key words: competence; competency model; BEI; transformational management; human resource development

工作分析研究的新趋势[*]

李文东　时　勘

【编者按】很荣幸能在中华人民共和国成立七十周年的时候，有这个机会回顾以前在中科院心理所跟随时老师读书的经历。我是时老师 2003~2008 年的硕博连读生，从北京师范大学心理系保送的事情确定后，在时老师的建议下，提前进入课题组进行学习和研究工作。2003 年的 SARS 风波结束后，我参与了时老师和当时香港中文大学心理系的 Paul Taylor 教授（后在新西兰 Waikato 大学任教，现已退休）合作的跨文化研究。该研究的主要目的是比较不同国家和地区之间工作要求的差异，在国际化和经济全球化的今天，这个选题仍然是有意义的。从参加这个研究项目开始，我对工作分析和工作设计这两个领域进行了文献回顾，同时产生了浓厚的兴趣（现在想来，当时的这个研究对我后面的研究生涯发展起到了锚定的作用）。还记得当年时老师主持劳动部人力资源管理师的培训和考核工作，他充分调动各种资源，帮助我们完成了中国的四个职业的工作分析研究工作。在此基础上，我们比较了中国大陆、中国香港、新西兰以及美国的工作要求，后来文章发表在 *Personnel Psychology* 上。从这个研究项目开始，在时老师的指导下，并且受当时课题组研究胜任特征以及领导行为的影响，我自己逐渐对工作分析和工作设计领域有了一些独特的认识。记得当时在时老师的支持下，我还访问了新西兰 Waikato 大学一个多月，好像是在 2003 年左右。在时老师的资助下，我一个人住在新西兰，每天到学校做研究，自己做饭，周末 Paul 开车带我一起逛当地的景点，现在还是印象深刻的。访问期间我也对什么是科学研究以及如何进行科学研究有了更深刻的认识。此后，我对工作分析领域的最新文献进行了整理，加入了自己的一些看法，完成了对当时该领域研究的一篇综述文章，后来发表在《心理科学进展》上。再往后，自己尤其对"为什么同样工作职位的人，他们对自己应该承担哪些工作职责有不同看法"这个问题产生了浓厚的兴趣。后来我研究了很多个体层面的变量，例如任职者的绩效水平、工作投入和工作满意度等，有两篇文章发表在《心理学报》（现在很荣幸被学报邀请成为编委，想来也是有当时发表文章的原因）。再到后来，我又探究了组织文化的影响，在新加坡国立大学求学的时候，研究基因以及人格的影响，都和我最初感兴趣的工作分析研究有很大关系。直到现在，我的研究兴趣之一仍然是工作分析。还有主动性人格和主动性行为的研究，这也是与当时在时老师的指导下研究工作分析分不开的。这次选择的这两篇稿件（一篇《心理科学进展》，一篇《心理学报》）都是在当时这样的背景下完成的，可以算作一个系列研究中的两个代表性成果。当时能够完成这些研究，需要感谢时老师的指导，感谢课题组各位的帮助。读书的时候，研究条件比较艰苦，但是大家研究热情很高涨，经常热烈讨论。记得当时有长江、红霞、雪峰、义忠、佳芳、加艳、王桢、

---

　　* 本研究为国家自然科学基金项目（70471060）和中华人民共和国劳动和社会保障部 2005 年度软科学项目。

筱璐、林琳等，大家一起讨论问题、一起聚餐等，现在回想起来，似乎都在昨天。当时，有人戏言，说以后应该拍一部影视作品，把当时的生活和社会大事，例如 SARS 和 2008 年北京奥运会等各种事情串联起来，收视率肯定不低。书生意气，挥斥方遒，现在想来，都要感谢时老师能够把大家聚到一起，从相逢到相识，虽然现在大家各奔东西，也算是有缘。（李文东，中国科学院心理研究所 2003 级硕博生，香港中文大学管理系　副教授）

　　摘　要：社会和组织环境的变化对工作性质的影响及法律制度的规范，给传统工作分析带来了重大挑战。文章首先介绍了未来导向的工作分析和战略性工作分析对工作未来需求和组织特定需求的关注；接着对有关工作分析和胜任特征关系的研究进行了介绍，并提出了将胜任特征和工作分析结合的观点；之后文章回顾了工作分析结果影响因素研究的新进展及新测量理论在该领域的应用；最后简要介绍了该领域最新的 O*NET 工作分析系统，并指出了未来工作分析研究的几个发展方向。

　　关键词：工作分析；胜任特征；概化理论；O*NET

一　引言：环境变化给传统工作分析带来挑战

　　作为一个系统的收集工作相关信息的过程[1,2]，工作分析（Job Analysis）在人力资源管理中起着基础性的、不可替代的作用[3]，它是企业招聘选拔、培训、薪酬管理及裁员等各种管理活动的决策基础[4]。但近年来，随着经济发展、科技进步和全球竞争的加剧，社会环境发生着急剧的变化；社会环境的变化导致了组织结构的变化：组织需要对自己的战略、结构以及内部的工作流程进行相应的调整，进而使组织内部的雇佣关系、工作和职业结构以及工作组织的业务流程也受到重大影响。社会环境和组织环境的迅速变化促进了工作性质的不断改变[5-8]，这些都给传统的工作分析带来了重大挑战，主要体现在以下两个方面：

　　首先，新的工作分析要适应不断变化的竞争环境和技术进步所带来的新需求。不断变化的竞争环境、竞争的全球化和自由竞争市场的发展加剧了价格竞争、产品创新和对个性化产品的需求[5]，进而促使企业对市场和客户迅速做出反应，以应对环境的不确定性[6]。这种趋势下学习型组织不断涌现，组织结构日益扁平化，自我管理团队大量出现以更好地调配资源[8]。技术的进步导致生产和服务的数字化发展，这就使一方面组织不断地引进新技术、新设备；另一方面组织结构也不断调整，裁员使员工产生了工作不安全感：传统的雇佣关系发生了变化。上述变化改变了从业者的角色定位，并对他们的素质提出了新的要求。

　　其次，企业经营的法律环境的变化对新的工作分析信度和效度的要求也提高了。随着国家各种法律制度的健全，规范商业活动的法律框架逐渐变得完善[7]，保障员工利益和维护劳资双方的关系逐渐得到重视，这就促进了人力资源各项管理实践的规范化。为解决各种人力资源管理活动（如招聘、绩效考核等）中的潜在法律纠纷，这些管理措施的效度研究日益受到重视，这使作为人力资源管理基础的工作分析需要不断提高信度和效度。

　　通过以上分析可以看到，社会环境、组织环境的变化和高新技术的应用使现代社会的工作性质正处于不断的变化中[9,10]。针对这些新的挑战，有学者提出了疑问：我们还需要工作分析吗[11]？

为了适应上述的各种新需求，新的工作分析方法需要体现工作的未来发展变化趋势，同时还需要体现组织特定情境下对工作的特殊要求[9]。Sanchez 提出的新的工作分析（Work Analysis）方法[9]，Landis、Fogli 和 Goldberg 提出未来导向的工作分析[10]，Schneider 和 Konz 强调的战略性工作分析[7]，虽然可以从一些侧面来满足这些需要，但从系统的观点来看，这三种方法需要有机地结合起来。针对管理实践中胜任特征模型的大量应用，国内某些学者提出了基于胜任特征的工作分析[12]，Shippmann 等还探讨了胜任特征建模和工作分析之间的关系[13]，此外 Lawler 还提出了建立基于胜任特征的组织[6]。工作分析应该从胜任特征的广泛应用中获得启示，从而使自己获得新的生机。

为了适应法律制度的健全对人力资源管理实践规范性所提出的更高要求，工作分析结果的信度研究应该得到更多重视。实际上，有关工作分析结果影响因素的研究[14-21]正成为该领域的重要研究方向。并且随着统计方法和测量理论的迅速发展，研究者已开始思考并运用新的测量理论来探讨工作分析工具以及工作分析信息的变异来源问题[4,22-24]。

本文以下内容将就上述问题进行详细阐述，在最后还将介绍美国劳工部开发的 O*NET 工作分析系统，该系统能够在一定程度上反映这些新的发展趋势[25,26]。

二 未来导向的工作分析和战略性工作分析

急剧变化的社会环境和组织环境，要求工作分析不仅能体现大背景下工作内容和性质的发展变化趋势，而且还能够跟具体组织的特性及组织的发展目标结合起来。Sanchez 在 1994 年提出了新的工作分析的概念，并就传统工作分析的不足对未来的工作分析提出了一系列建议[9]。他认为，工作分析应首先采取自下而上的方式收集信息，而不是根据原有的职业设定自上而下地来进行；即先分析工作活动和工作流程，再根据岗位工作活动的异同，从现实出发确定工作流程以及相应的工作。其次，通过自上而下的方式对前一个步骤收集的信息进行补充：设计"如果那么……"的假设情境并通过对主域专家（Subject Matter Expert, SME）进行访谈，据此确定未来工作对知识、技能、能力和其他特征的要求；这样就能够满足由于工作性质的变化带来的工作职责和任职要求的变化，促进组织更好地适应不断变化的环境。最后，则需要通过分析不同工作活动所需要的技能，建立基于技能的薪酬系统，对组织内部的不同工作岗位进行统合。

那么，如何体现组织自己的特定需求呢？首先，工作分析应该结合组织的文化和战略特点，对任职者的素质提出特定要求。在对现有员工的素质有了清楚了解之后，进行焦点组访谈，可以明确企业的特殊要求和员工具有的素质之间存在的差距。这样既可以了解到组织的人力资源需求状况，又可以对组织进行长期的人力资源规划；同时还能对员工进行效用分析，确定最有价值的员工。

为了更好地实施工作分析，Sanchez 在 2000 年进一步提出了在迅速变化的环境下如何进行工作分析的两个问题[27]。传统工作分析往往把任职者作为主要的信息来源，Sanchez 认为，为了适应新的需要，不能仅仅把任职者作为唯一的工作信息来源，还应该让一些非任职者，例如企业的战略制定者和人力资源管理者以及相关领域的行业专家，加入到工作分析的过程中，这样他们可以就企业需要的一些比较抽象的个性特质和企业的战略需求提出建议。

另外，为节省时间和成本，他提出应改变传统的用纸笔测验和面谈收集工作信息的方式，代之以计算机等现代通信设备来收集和保存工作信息。

综上所述，工作分析应当体现工作的未来发展趋势和组织的战略需求。实际上，战略性工作分析和未来导向的工作分析早就被许多学者重视。Schneider 和 Konz 早在 1989 年就提出了战略性工作分析的概念[7]。其主要思想是将环境变化因素、企业战略以及特定工作的未来发展趋势纳入传统的工作分析中。在操作层面上，邀请相关人员进行访谈和讨论，采取自上而下的方法；参加访谈的人员除了工作分析专家、任职者、任职者的上级和人力资源管理专家等传统工作分析包含的人员外，还应包括企业的战略规划者、相关技术领域的技术专家和经济学家，因为他们能够提供关于技术进步和经济发展等影响工作的环境因素的信息。这样通过将得到的对未来需要的任务、知识、技能和能力等（Knowledge, Skills, Abilities, KSAs）和现有的 KSAs 进行对比，就能对现有的任务和 KSAs 进行修正，把自上而下得到的信息和自下而上的信息有机结合。这种思想在 Summers、Timothy 和 Suzanne 关于战略性技能分析的文章中[28]也得到了充分体现。

Landis 等使用了未来导向的工作分析的方法[10]。他们的文章描述了咨询公司进行战略性工作分析的工作过程。首先，仍然是采取自上而下的方法，咨询公司派出咨询团队和企业的相关人员，包括人力资源管理人员、项目经理以及公司高层管理团队进行商讨，确定现有工作可能发生的变化、未来工作可能的需要；然后咨询团队对获得的工作资料进行整理，找出工作任务和需要的 KSAs。接下来咨询团队和公司的主域专家一起讨论工作任务和 KSAs，并将其具体化、详细化。在此基础上编写任务分类问卷并测试，验证得到的初步结果，并找出有争议的内容。然后实施工作分析问卷测试，找出可能遗漏的工作任务和 KSAs。最后则通过"任务—KSAs"联系问卷，找出完成任务需要的 KSAs，把结果提交组织讨论，得到工作的任职资格。

综上所述，战略性工作分析和未来导向的工作分析是将来工作分析发展中需要关注的重要方面。而事实上，战略性和未来导向的工作分析主要是采取自上而下的方式进行的，这是对传统工作分析中自下而上信息收集方式的重要补充。新的工作分析应该符合未来的工作需求，体现组织战略。

三　工作分析和胜任特征的结合

胜任特征（Competence）也称为胜任力、胜任能力或者胜任素质。自 McClelland（1973）提出要用胜任特征代替传统的智力测验以来，胜任特征不仅对心理学研究产生了巨大影响[31]，而且在研究和实践中得到了广泛应用[33]。但目前学界对胜任特征的定义尚未达成一致[29]。相对而言，被引用比较多的概念主要是 Spencer、McClelland 和 Spencer 的定义，即认为胜任特征是动机、特质、自我概念、态度或价值观、知识或认知行为技能的组合以及其他任何能够被稳定测量的、能够区分绩效优秀者和绩效平平者的个人特征[33-35]。

工作分析和胜任特征模型构建（Competency Modeling）之间存在重要的联系。首先在定义方面，有学者将工作分析定义为确定和描述能够区分高低绩效的工作者表现的一系列程序[13]，这与上面提到的胜任特征的定义非常相近。其次在研究方法上，胜任特征研究中常

用的行为事件访谈法（Behavioral Event Interview，BEI）就是从工作分析关键事件技术
（Critical Incident Technique，CIT）中发展而来的。最后从两种方法的分析结果来看，工作分
析和胜任特征的相似性就更多了。工作分析的结果往往是以工作说明书（Job Description）
和工作规范（Job Specification，或称工作要求）的形式表现的。工作说明书通常是工作任务
和职责等工作方面的要求，而工作规范则强调对从业者的素质要求。胜任特征强调的是能够
区分不同绩效的任职者的特征，因此在某种程度上可以看作对工作规范的拓展和深化。具体
而言，工作分析强调的是对任职者基本的素质要求，这些要求通常是某项工作的任职资格要
求；而胜任特征强调的是在任职者具备了基本的任职资格的基础上那些能够区分出不同绩效
水平的个人特征。因此，从某种意义上我们可以推论，通过工作分析得到的基本任职要求
中，那些能够区分高低绩效的素质就可以认为是胜任特征。

近年来，随着胜任特征在管理实践中得到了广泛应用，传统的工作分析开始面临着比较
尴尬的局面。为了探讨传统的工作分析和"新兴"的胜任特征两者之间的联系，美国专业
实践委员会（Professional Practice Committee）和工业组织心理学会（Society For Industrial
and Organizational Psychology）联合成立了工作分析和胜任特征建模任务小组（Job Analysis
and Competency Modeling Task Force，JACMTF）。该小组主要由对工作分析和胜任特征建模非
常熟悉的专家组成。在文献查阅、专家访谈的基础上，经过多年的努力，该小组的专家根据
两个领域的专业经验，在诸多因素上对工作分析和胜任特征建模进行了评价，发现两者的差
异主要体现在两个主要方面[13]。

（一）信度

首先工作分析通常根据具体需要和研究情境，自下而上地收集工作任务、KSAs 和绩效
标准等信息；而胜任特征建模通常只收集胜任特征和绩效信息，较少收集工作任务的相关信
息，因此工作分析获得的信息更多、更具体。其次工作分析通常可以进行信度研究，但是对
于胜任特征建模进行的信度研究往往较少；并且有学者对胜任特征建立的主要方法 BEI 提出
了批评，其中包括该方法很难确定被访谈者所提供信息的准确性[29]等。

（二）与组织目标和战略的相关程度

胜任特征模型构建的过程，通常会考虑组织情境、组织目标和战略等信息，这样从个人
身上得到的胜任特征模型就体现了组织的特定要求。而传统的工作分析，如本文第一部分所
述，则很少明确涉及组织的特定要求。

除此之外，胜任特征建模关注的是找出整个职业或者类似的一组工作中共同的、核心的
个体水平的胜任特征。因此，在同一个组织中将不同职位的胜任特征进行整合，就可以得到
组织层面的胜任特征；如果组织层面的胜任特征能够给组织带来竞争优势，使组织能够进入
广阔的市场，给组织带来利润，并且这些优势在短时间无法被别人模仿[37]，那么组织层面
的胜任特征就可以成为组织的核心竞争力（Core Competency）的一部分。需要指出的是，
核心竞争力是一个非常广泛的概念，根据 Prahalad 和 Hamel（1990）的确定胜任特征的方

法[36]，组织的技术研发、营销策略、沟通措施和文化价值观等都可以成为组织的核心竞争力。胜任特征更多涉及的是组织在人力资源方面的特点，如果组织的人力资源战略符合核心竞争力的特点，那么就可以认为胜任特征也是组织核心竞争力的一部分。在每个企业都关注自己核心竞争力的今天，这一点无疑具有重要意义。相反，传统的工作分析主要关注不同工作之间的差异。

基于上面的分析我们可以看到，工作分析方法的信度优于胜任特征模型构建的方法，却缺乏对组织战略等组织特定要求的关注，这跟战略性工作分析以及未来导向的工作分析对传统工作分析带来的挑战是非常一致的。此外，胜任特征建模更多关注长期的员工—组织匹配，从而将组织的愿景和核心价值观体现在得到胜任特征中。这也是对将来工作分析的重要启示。

（三）　工作分析与胜任特征的结合

从发展趋势来看，工作分析和胜任特征建模之间的界限正在变得模糊，如果将两种方法综合起来，就能使其相互补充、相得益彰。工作分析能够为胜任特征模型提供大量的实证数据，例如关于工作任务、工作要求等具体信息，这也就为抽象的胜任特征的提取提供了丰富的资料；不仅如此，从具体工作情境中得到工作分析结果还可以对这些胜任特征进行具体解释。而另一方面，胜任特征可以体现组织特性和工作未来需要，它能够弥补工作分析对于组织层面信息和工作未来需求的不足。因此，体现胜任特征的工作分析能够把工作分析和胜任特征两种方法的优点结合起来，能够为建立组织的核心竞争力提供更为有效的实证数据，这也应该成为未来工作分析的发展需要探索的重要发展方向之一。

四　工作分析结果的信度研究

近年来，对工作分析结果影响因素的研究日益成为该领域的重要发展趋势。此类研究不仅具有重要的理论和方法学意义，而且对管理实践也至关重要：如果不能证明工作分析结果是有效可信的，那么以此为基础的其他人力资源管理活动，如选拔招聘、绩效考核等的可靠性就会受到质疑；运用这些措施的组织甚至可能受到法律诉讼[38]。归纳起来，在这方面的研究主要在两个层面上展开。

（一）　对个体水平影响因素的探讨

关于工作分析结果影响因素的早期研究并没有得到一致的结论[14]。较早的研究[1]认为工作分析的结果是高度可信的。但随后的研究却发现，工作分析结果不仅受评价者的人口统计学变量，如性别[15]、年龄[18]、种族[17]和教育程度[39]的影响，而且受评价者的其他特征，如任职经验[16]、绩效水平[20]和认知能力[19]等的影响。此外，工作分析工具[40]、工作分析信息来源等其他因素也都会对工作分析的结果造成影响。

然而，上述因素的影响作用往往较小，研究结果不完全一致，并缺乏系统研究和充分的理论解释[2,41]。并且，这些差异反映的是评价者对相同工作要求的认知差异还是说明他们从事工作的内容或者方式确实是不同的这一问题也没得到好的解决[14]。

值得指出的是，Morgeson 和 Campion（1997）根据社会和认知心理学的研究，从工作分析评价的信息加工过程出发，提出了系统的理论框架，阐述了影响工作分析准确性的社会和认知因素[14]。其中，社会因素主要从社会影响过程和自我表现过程分析，而认知方面主要从信息加工系统的局限以及信息加工系统的偏差来阐述。在其后来的研究中，他们也一直努力验证这些影响因素的作用[42]，这极大地推动了工作分析结果准确性的研究[21]。

同时还需要指出的是，最近有研究者开始探讨一些态度变量，如工作满意度、组织承诺和工作卷入对工作分析结果的影响，并且发现它们具有显著的作用[43]。

有趣的是，虽然前人对于工作分析信息准确性进行了大量的研究，但仅仅是在不久前，研究者才开始直接探讨可靠有效的工作信息的定义[4,23,44]。Morgeson 和 Campion 提出了 Inference-based 模型，建议研究者从探讨工作分析结果的效度转移到研究从工作分析结果得出的推论（如任职者的 KSAs 的要求等）的效度上来[23]；Sanchez 和 Levine 批评了传统工作分析中以评价者评价一致性等指标来研究准确性的做法，指出应该探讨工作分析结果的推论的有效性，从而提出工作分析的结果效度（consequential validity）的概念[4]。这些都是对工作分析准确性研究意义的质疑。但是 Harvey 和 Wilson 却不同意他们的看法，他们认为研究工作分析的准确性具有重要的意义，因为只要应用可靠的工作描述指标和高信效度的量表并控制其他影响因素，就能够得到准确的工作分析结果[44]。

由此可见，对工作分析的准确性的讨论似乎还会延续下去；但这些影响因素是确实存在的，并在一定程度上是可控的[44]，因此关于工作分析结果的影响因素的研究[22]，对于证实工作分析信息的可信性、解决可能引起的法律问题仍具有重要价值。

（二） 组织水平影响因素的探讨

前面介绍的研究关注的仅仅是个体水平因素对工作分析的影响。在有关组织水平影响因素的探讨中，影响较大的是 Lindell 等的研究[40]。该研究探讨了组织结构的规范化程度、组织规模、计算机技术的应用和与外部组织的接触次数等因素对工作任务重要性和时间花费的影响作用。结果发现，组织因素对任职者工作任务的时间花费评价方面有重要影响。

目前为止，似乎仅有一个研究同时探讨个体水平的因素（如评价者的性别、任职年限等）和组织因素对工作分析信息的影响：Van Iddekinge 等（2005）运用方差成分模型（Variance Component Model）探讨工作分析的差异是源于真实差异还是评价者的、职位的或者组织的因素[45]。研究结果表明，组织水平的变量是工作分析差异的重要来源之一。无疑，在一个快速变化的环境中，在组织不断调整自身以适应竞争以及工作性质不断变化的情况下，同时从个体水平和组织水平探讨对工作分析结果的影响因素具有重要的意义，而这可以通过采用新的测量理论和测量方法实现[22]。

在管理实践方面，上述个体水平和组织水平的研究结果提醒人力资源管理者在进行工作分析的时候，应该全面收集信息，不仅要考虑到个体水平的影响因素，同时还要考虑信息收集的组织情境和工作情境。

（三）新测量理论在工作分析研究中的应用

传统的工作分析中，经典测量理论一直居于统治地位，真分数模型被广泛应用于所有职业的工作分析中[2,22]。研究者认为可以通过平均的方法消除误差，因此在工作分析的信息收集方面，他们常采用大样本取样的方法，通过计算评价者的评价一致性来获得工作分析工具的信度指标等。

随着经济的发展、技术进步以及组织变革，工作处于不断的变化之中。工作的动态性使得任职者的工作任务具有了变化的特征。这样出现了一个问题：如何找出某种特定职业工作分析结果的变异源，确定引起工作变化的影响因素[22]，进而把握职业的发展方向？

真分数理论似乎不能满足这种需要。因为经典测量理论假设，特定的工作存在真实分数，它是固定而不随时间改变的；此外，经典测量理论也不能同时估计多种测量误差来源[23]。相反，概化理论（Generalizability Theory）则可以满足这种研究需要[22]。它能够将工作分析结果的变异来源进行分解，进而不仅能够对 Morgeson 和 Campion 提出的影响工作分析准确性的社会和认知因素[14]进行综合分析，而且也为同时探讨不同水平的变异源提供了有效工具。

五　O*NET 工作分析系统

O*NET 是 Occupational Information Network 的简写，这是一项由美国劳工部组织发起开发的工作分析系统，吸收了多种工作分析问卷（如 PAQ、CMQ 等）的优点。目前 O*NET 已取代了职业名称词典（Dictionary of Occupational Titles，DOT，也译为职名典），成为美国广泛应用的工作分析工具[26]。

（一）O*NET 的设计原则

O*NET 工作分析系统设计遵循三个原则[15]：多重描述（Multiple Windows）、共同语言（Common Language）和职业描述的层级分类（Taxonomies and Hierarchies of Occupational Description）。O*NET 设计了多重指标系统（如工作行为、能力、技能、知识和工作情境等），不仅考虑职业需求和职业特征，而且还考虑到任职者的要求和特征；更重要的是，它还考虑到整个社会情境和组织情境的影响作用。同时，该系统具有跨职位的指标描述系统，为描述不同的职位提供了共同语言，从而使不同职业之间的比较成为可能。O*NET 运用了分类学的方法对职位信息进行分类，使职业信息能够广泛地被概括，使用者还可以根据自己的需要选择适合自己的从一般到具体不同层次的工作描述指标。

O*NET 系统综合了问卷法和专家访谈法等各种工作分析方法，能够将工作信息（如工作活动、组织情境和工作特征等）和工作者特征（如知识、技能、兴趣）等统合在一起，不仅是"工作导向"的工作分析和"任职者导向"的工作分析的结合[28]，考虑到组织情

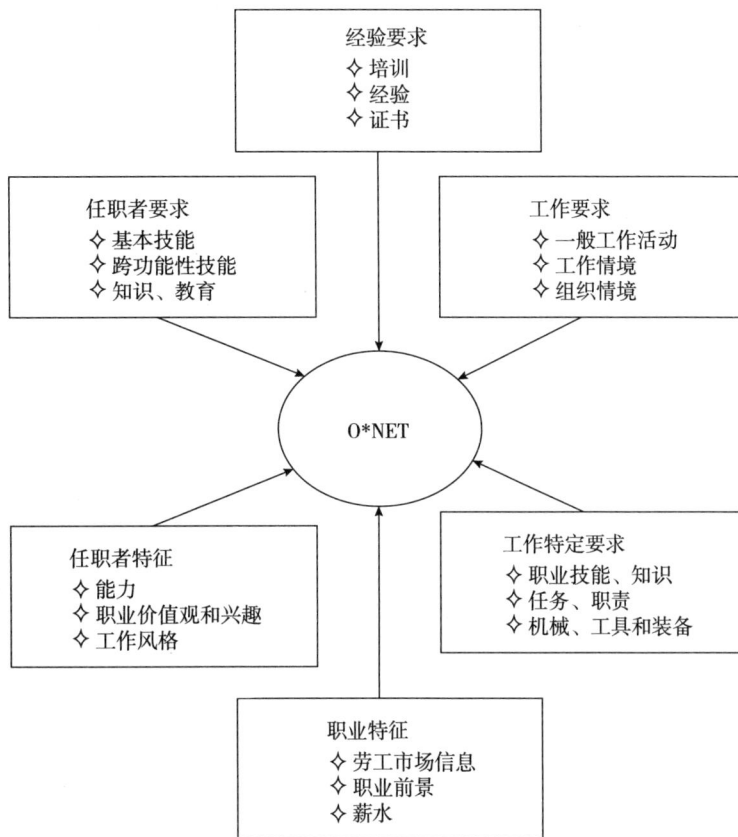

图1 O*NET 的内容模型

资料来源：Peterson N G, Mumford M D, Borman W C et al. Understanding Work Using the Occupational Information Network (O*NET) [J]. Personnel Psychology, 2001, 54: 451-492.

境、工作情境的要求，而且还能够体现职业的特定要求。Hough 和 Oswald 在 2000 年指出，在经济和市场急剧变化的现代社会，O*NET 是工作分析领域体现最新趋势的、能够应对新挑战的一大进展[30]。

（二） 在研究和实践中的应用

虽然 Hollander 和 Harvey 曾对 O*NET 数据收集方法提出一定的质疑[23]，但 Jeanneret 和 Strong 根据 Job Component Validity（JCV）的模型，采用 249 个职业的工作分析数据和能力倾向测验数据，发现 O*NET 的一般工作活动来预测能力倾向测验（GATB）分数的效度很好，证明采用 O*NET 工作分析来确定人员选拔的工具是可靠的[32]。

国内也有学者经运用 O*NET 对人力资源管理等职位进行了工作分析，并发现该工具具有较好的信效度指标[46]。

目前，美国劳工部正在应用该系统建立美国国家职位分析信息数据库，并且定期进行更新，以适应不断变化的工作性质和内容的需要。收集到的信息有两个主要用途：一是将工作信息和任职者特征进行比较，得到人职匹配的资料；二是比较任职者和组织特征信息，得到员工—组织匹配的资料。因此，O*NET 不仅可以帮助求职者和毕业生寻找新工作，而且能够为组织选拔招聘称职的员工提供有效资料[31]。

六　小结

通过以上文献分析，关于未来的工作分析研究我们可以得到如下启示：

第一，在社会和组织环境日益变化的情况下，作为人力资源管理的重要工具之一，我们需要把自上而下的战略性工作分析、未来导向的工作分析和由现实出发自下而上收集信息的传统的工作分析方法结合起来。只有这样就才能够将企业的战略、工作的发展趋势、未来要求和胜任特征跟现实工作的具体要求综合起来，建立企业的核心竞争力，从而能够更好地为企业人力资源管理服务。

第二，工作分析与胜任特征建模各有所长：胜任特征更侧重组织战略和未来需求，注重自上而下的分析流程，而传统工作分析能够系统地分析工作要求和任职者要求，从而提供更量化和更具可比性的详尽信息。因此，工作分析系统方法与胜任特征模型构建方法的结合，也是未来工作分析方法研究的重要发展趋势。

第三，由于工作环境的复杂化和法律制度的健全，工作分析结果影响因素的研究更需要引起注意。管理实践方面，我们收集的工作分析的数据应该充分考虑到已有研究中这些影响因素的作用，避免法律纠纷；研究方面，除个体水平的影响因素外，还需要应用最新的测量理论（如概化理论等）并运用系统的观点，采用多水平的方法同时探讨个体因素和组织因素的影响作用。

第四，O*NET 工作分析系统能够在很大程度上体现社会和组织环境对工作的影响作用，并具有较好的信度。虽已在我国进行了初步修订，但在中国现阶段特殊的社会转型期，如何结合现阶段的特点和中国文化特点，开发出基于中国背景的 O*NET 应该成为中国人力资源管理研究考虑的重要问题。不难预见，这一问题的解决必将大大推动中国人力资源管理研究和实践的发展。

参考文献

［1］McCormick, E. J. Job and Task Analysis. In：Dunnette M D（ed.），Handbook of Industrial and Organizational Psychology ［M］. Chicago：Rand McNally, 1976.

［2］Harvey, R. J. Job Analysis. In：Dunnette M D, Hough L M（eds.），Handbook of Industrial and Organizational Psychology（Vol. 2, 2nd ed.,）［M］. Palo Alto, CA：Consulting Psychologists Press, 1991.

［3］Butler, S. K., Harvey, R. J. A Comparison of Holistic Versus Decomposed Rating of Position Analysis Questionnaire Work Dimensions ［J］. Personnel Psychology, 1988, 41：761-771.

［4］Sanchez, J. I., Levine, E. L. Accuracy or Consequential Validity：Which Is the Better Standard for Job Analysis Data? ［J］. Journal of Organizational Behavior, 2000, 21：809-818.

［5］Committee on Techniques for the Enhancement of Human Performance：Occupational Analysis, Commission on Behavioral and Social Sciences and Education, & National Research Council. The Changing Nature of Work：Implications for Occupational Analysis ［M］. Washington D. C.：National Academy Press, 1999.

［6］Lawler, E. E. From Job-based to Competency-based Organizations ［J］. Journal of Organizational Behavior, 1994, 15 (1): 3-15.

[7] Schneider, B., Konz, A. M. Strategic Job Analysis [J]. Human Resource Management, 1989, 28: 51-63.

[8] Carson, K. P., Stewart, G. L. Job Analysis and the Sociotechnical Approach to Quality: A Critical Examination [J]. Journal of Quality Management, 1996, 1: 49-64.

[9] Sanchez, J. I. From Documentation to Innovation: Reshaping Job Analysis to Meet Emerging Business Needs [J]. Human Resource Management Review, 1994, 4 (1): 51-74.

[10] Landis, R. S., Fogli, L., Goldberg, E. Future-Oriented Job Analysis: A Description of the Process and Its Organizational Implications [J]. International Journal of Selection & Assessment, 1998, 6 (3): 192-197.

[11] May, K. E. Work in the 21st Century: Implications for Selection [J]. The Industrial-Organizational Psychologist, 1996, January.

[12] 陈民科. 基于胜任力的职务分析及其应用 [J]. 人类工效学, 2002, 8 (1): 23-26.

[13] Shippmann, J. S., Ash, R. A., Battista, M. et al. The Practice of Competency Modeling [J]. Personnel Psychology, 2000, 53: 703-740.

[14] Morgeson, F. P., Campion, M. A. Social and Cognitive Sources of Potential Inaccuracy in Job Analysis [J]. Journal of Applied Psychology, 1997, 82: 627-655.

[15] Arvey, R. D., Passino, E. M., Lounsbury, J. W. Job Analysis Results as Influenced by Sex of Incumbent and Sex of Analyst [J]. Journal of Applied Psychology, 1977, 62 (4): 411-416.

[16] Tross, S. A., Maurer, T. J. The Relationship between SME Job Experience and Job Analysis Ratings: Findings with and without Statistical Control [J]. Journal of Business & Psychology, 2000, 15 (1): 97-110.

[17] Schmitt, N., Cohen, S. A. Internal Analyses of Task Ratings by Job Incumbents [J]. Journal of Applied Psychology, 1989, 74 (1): 96-104.

[18] Avolio, B. J., Waldman, D. A. Ratings of Managerial Skill Requirements: Comparison of Age-and Job-related Factors [J]. Psychology & Aging, 1989, 14 (4): 464-470.

[19] Harvey, R. J., Friedman, L., Hakel, M. D. et al. Dimensionality of the Job Element Inventory, A Simplified Worker-oriented Job Analysis Questionnaire [J]. Journal of Applied Psychology, 1988, 73: 639-646.

[20] Wexley, K. N., Silverman, S. B. An Examination of Differences between Managerial Effectiveness and Response Patterns on a Structured Job Analysis Questionnaire [J]. Journal of Applied Psychology, 1978, 63: 646-649.

[21] 罗凤英, 王二平. 职务分析的不准确性来源 [J]. 心理科学进展, 2003, 11 (2): 214-219.

[22] Campion, M. A., Morgeson, F. P., Mayfield, M. S. O*NET's Theoretical Contribution to Job Analysis Research [C] // Peterson N G, Mumford M D, Borman W C, Jeanneret P R, Fleishman E A. (ed.). An Occupational Information System for the 21st Century: The Development of O*NET. Washington, D. C., American Psychological Association, 1999.

[23] Morgeson, F. P., Campion, M. A. Accuracy in Job Analysis: Toward an Inference-based Model [J]. Journal of Organizational Behavior, 2000, 21: 819-827.

[24] Hollander, E., Harvey, R. J. Generalizability Theory Analysis of Item-Level O*NET Database Ratings [J]. In: Wilson M A ed. The O*NET: Mend It, or End It? Symposium Presented at the Annual Conference of the Society for Industrial and Organizational Psychology, 2002, Toronto.

[25] Dye, D., Silver, M. The Origins of O*NET [C] // Peterson, N. G., Mumford, M. D., Borman, W. C., et al. (eds.). An Occupational Information System for the 21st Century: The Development of O*NET. Washington, D. C., American Psychological Association, 1999.

[26] Peterson, N. G., Mumford, M. D., Borman, W. C. et al. Understanding Work Using the Occupational Information Network (O*NET) [J]. Personnel Psychology, 2001, 54: 451-492.

［27］Sanchez, J. I. Adapting Work Analysis to a Fast-paced and Electronic Business World ［J］. International Journal of Selection and Assessment, 2000, 8: 207-215.

［28］Summers, A., Timothy, P., Suzanne, B. Strategic Skills Analysis for Selection and Development ［J］. Human Resource Planning, 1997, 20: 14-19.

［29］Barrett, G., Depinet, R. A Reconsideration of Testing for Competence Rather than Intelligence ［J］. American Psychologist, 1991, 1012-1023.

［30］Hough, L. M., Oswald, F. L. Personnel Selection: Looking toward the Future-remembering the Past ［J］. Annual Review of Psychology, 2000, 51: 631-664.

［31］Borman, W. C. Personnel Selection ［J］. Annual Review of Psychology, 1997, 48: 299-337.

［32］Jeanneret, P. R., Strong, M. H. Linking O*NET Job Analysis Information to Job Requirement Predictors: An O*NET application ［J］. Personnel Psychology, 2003, 56 (2): 465-492.

［33］Spencer, L. M., McClelland, D. C., Spencer, S. Competency Assessment Methods: History and State of The Art ［M］. Boston: Hay-Mcber Research Press, 1994.

［34］时勘, 王继承, 李超平. 企业高层管理者胜任特征模型的评价研究 ［J］. 心理学报, 2002, 34 (3): 306-311.

［35］仲理峰, 时勘. 家族企业高层管理者胜任特征模型 ［J］. 心理学报, 2004, 36 (1): 110-115.

［36］Boyatzis, R. E. Rendering unto Competence the Things That are Competent ［J］. American Psychologist, 1994, 49 (1): 64-66.

［37］Prahalad, C., Hamel, G. The Core Competence of the Corporation ［J］. Harvard Business Review, 1990, 79-91.

［38］Werner, J. M., Bolino, M. C. Explaining U. S. Courts of Appeals Decisions Involving Performance Appraisal: Accuracy, Fairness, and Validation ［J］. Personnel Psychology, 1997, 50: 1-24.

［39］Landy, E. J., Vasey, J. Job Analysis: The Composition of SME Samples ［J］. Personnel Psychology, 1991, 44: 27-50.

［40］Lindell, M. K., Clause, C. S., Brandt, C. J. et al. Relationship between Organizational Context and Job Analysis Task Ratings ［J］. Journal of Applied Psychology, 1998, 83 (5): 769-776.

［41］Schmitt, N., Chan, D. Personnel Selection: A Theoretical Approach ［J］. Thousand Oaks, CA: Sage, 1998.

［42］Morgeson, F. P., Delaney-Klinger, K., Mayfield, M. S. et al. Self-Presentation Processes in Job Analysis: A Field Experiment Investigating Inflation in Abilities, Tasks, and Competencies ［J］. Journal of Applied Psychology, 2004, 89 (4): 674-686.

［43］Conte, J. M., Dean, M. A., Ringenbach, K. L., et al. The Relationship between Work Attitudes and Job Analysis Ratings: Do Rating Scale Type and Task Discretion Matter? ［J］. Human Performance, 2005, 18 (1): 1-21.

［44］Harvey, R. J., Wilson, M. A. Yes Virginia, There is an Objective Reality in Job Analysis ［J］. Journal of Organizational Behavior, 2000, 21: 829-854.

［45］Van Iddekinge, C. H., Putka, D. J., Raymark, P. H., et al, Modeling Error Variance in Job Specification Ratings: The Influence of Rater, Job, and Organization-Level Factors ［J］. Journal of Applied Psychology, 2005, 90 (2): 323-334.

［46］Li, W. D., Shi, K., Taylor, P. J. Reconsidering Within-Job Variance in Job Analysis Ratings: Replication and Extensions ［J］. Journal of Business and Psychology, 2005, under Review.

Advances in Job Analysis Studies

Li Wendong   Shi Kan

Abstract：The influences of changing social and organizational context on the nature of work and law issues have brought great challenges to traditional job analysis. This article first introduced future-oriented job analysis and strategic job analysis, which give more concern to future demands of work and organization specific requirements. Then studies on the relationship between job analysis and competency modeling was illustrated, suggesting that competency modeling and job analysis need to be combined. After that, the authors reviewed the studies on sources of variance in job analysis ratings and new psychmetric theories used in these studies. Lastly, as an example of new job analysis system, the Occupational Information Network (O*NET) developed by U.S. Department of Labor was briefly addressed and new study directions in this field were suggested.

Key words：job analysis；competency；generalizability theory；O*NET

任职者任务绩效水平对其工作分析评价结果的影响[*]
——来自电厂设计人员和编辑的证据

李文东　时　勘　吴红岩　贾　娟　杨　敏

摘　要： 在控制了个体人口统计学变量和排除组织水平变量的影响下，探讨了电厂设计和编辑两个职位任职者的任务绩效水平对于他们 Occupational Information Network（以下缩写为 O*NET）工作分析问卷评价结果的影响。层次回归结果发现，控制了相关因素后，发电厂设计人员的任务绩效水平显著影响其对技术性技能的水平评价，编辑的任务绩效水平显著影响信息处理的重要性评价和水平评价，在一定程度上证实了"工作分析结果差异来源于真实差异"的理论。

关键词： 工作分析；O*NET；任务绩效

一　引言

作为系统的收集、分析工作相关信息（包括工作要求和对任职者的要求）的过程[1]，工作分析在人力资源管理中起着基础性的作用；它是企业的人力资源管理实践，例如招聘、培训和考核等的基础[2]。如果工作分析结果不准确，会直接影响到在此基础上建立的其他人力资源管理实践活动。因此，探讨工作分析结果的影响因素对人力资源管理实践有着重要意义，也因此逐渐成为该领域的研究热点之一[3-8]。

工作分析收集信息的来源通常是主题问题专家（Subject Matter Experts），包括任职者、任职者的上级和人力资源管理专家等。对于某个特定工作来说，由不同群体（例如不同的任职者）提供信息，所得的工作分析结果往往存在差异，而且这些差异几乎是不可避免的[9]；这跟工作分析领域最初的研究假设，即认为对特定工作的工作分析结果没有差异[1]是不一致的。综合前人的研究结果，该领域大致有两种理论来解释某一特定工作、针对不同任职者进行工作分析所得结果的差异。一种理论强调工作分析评价过程中的影响因素，认为某特定工作针对不同群体工作分析结果的差异是评价误差。其中 Morgeson 和 Campion（1997）[6]的研究是该理论导向研究的一个重要代表。Morgeson 和 Campion 根据社会和认知心理学的研究结果，从工作分析评价的信息加工过程出发，提出了系统的理论框架，阐述了影响工作分析准确性的社会和认知因素[6]。其中，社会因素主要从社会影响过程和自我表现过程分析，而认知方面主要从信息加工系统的局限以及信息加工系统的偏差来阐述。在后来的研究中，他们在一直努力验证这些影响因素的作用[7]。该理论框架很好地回应了 Harvey[9]提出的对工作分析结果的差异进行系统研究和理论解释的建议，并极大地推动了工作分析结果准确性的研究[10]。

与第一种理论不同，另一种理论则把工作分析结果的差异归因为有意义的，认为这些差

---

　* 本研究为国家自然科学基金项目（70471060）。

异反映的是真实的工作任务差异或者从事同样工作的任职者的工作方式的差异[11-13]。该理论导向的研究中比较典型的是对绩效对于工作分析结果影响的探讨（如 Borman 等[11]、Sanchez 等[12]），这方面的研究将在下面详细论述。总体来说，某一特定工作针对不同人群进行工作分析所得结果之间的差异可以归结为认知差异和真实工作差异两种类型。

近几年来，为了从理论方面更好地解释工作分析结果差异，该领域的研究出现了一些新的研究动向。一方面，有研究者开始将工作性质模型（Job Characteristic Model）理论引入了该领域[8,14]。工作性质模型主要探讨感知到的工作性质（如感知到的技能多样性和自主性）对工作结果变量（如工作满意度）的影响[15]。感知到的工作性质测量的是任职者对自己在组织中的角色和所从事工作任务的广泛认知[16]，相对而言，工作分析所得到的详尽具体的工作任务和任职资格结果可以看作对工作性质的具体认知[9,14]。由此，研究者建立了工作分析和工作性质模型研究之间的关系，并开始探讨工作态度变量对于工作分析结果的影响[8]。

另一方面，该领域的研究开始从个体水平逐渐拓展到了组织水平。其中比较有代表性的是 Lindell 等（1998）的研究[14]和 Van Iddekinge 等（2005）的研究[17]。Lindel 等探讨了组织结构的规范化程度、组织规模、计算机技术的应用和与外部组织的接触次数等因素对工作任务重要性和时间花费的影响作用，发现组织因素对任职者工作任务的时间花费评价方面有重要影响[14]。Van Iddekinge 等探讨了工作分析的差异是源于真实差异还是评价者的、职位的或者组织的因素[17]。研究结果表明，组织水平的变量是工作分析差异的重要来源之一。工作性质模型理论应用和组织水平影响因素的深入探讨是该领域的重要发展方向[18]。

该领域最早的研究主要关注人口统计学变量，例如性别、年龄、民族、文化程度等因素对于工作分析结果的影响[5,19-21]。采用前面所述第二种理论，即认为工作分析结果差异反映的是真实工作差异的学者提出了一个重要因素——任职者的任务绩效水平对于工作分析结果的影响。例如 Borman 等（1992）研究[11]发现，不同任务绩效的任职者对于工作任务花费时间的评价是存在显著差异的。他们认为，不同绩效水平的任职者完成工作任务时，分配时间的策略是不同的：绩效高的销售人员花费更多的时间跟客户打交道。Sanchez 等（1998）的研究[12]也发现，不同任务绩效的任职者对于工作任务重要性的评价是不同的。但是，前人对任务绩效对于工作分析结果的影响研究存在严重的不足。首先，这些研究在探讨工作绩效的影响时，都没有控制任职者的其他个体水平的因素，例如人口统计学变量的影响，因此对绩效对工作分析结果的影响作用可能是一种不严格的检验。其次，除了个体水平的变量之外，Lindell 等[14]和 Van Iddekinge 等[17]的研究指出，组织情境的因素，例如组织规模和组织跟其他相关组织联系的频率等，对工作分析结果有显著影响，这提示探讨工作分析的影响因素时，应该重视组织因素的影响作用。最后，这些研究都是探讨任务绩效对工作分析的时间花费和重要性评价的影响，没有考虑对其他量表形式（如水平评价）的可能影响。

针对以上不足，本研究力图更加严格地考察任职者的任务绩效水平对于工作分析结果的影响。首先，探讨任务绩效的影响作用时，严格控制性别、年龄、文化程度和工作年限的作用。其次，本文的两个研究中，每个研究的样本都在一个单位获得，这样就使组织水平的变量影响是恒定的，从而排除了组织水平因素对工作分析结果的影响。最后，该研究不仅考察任务绩效对工作分析的重要性评价的影响，还考察对工作分析水平评价的影响。

本文主要报告两个研究的结果。第一个研究的对象为某研发机构的发电厂设计人员，任务绩效采用的是自评的方法。为了弥补第一个研究样本量较小的局限以及任务绩效和工作分析在同一次调查中进行同时评价可能存在的同方法误差（Common Method Variance）的影响，研究者又在某个出版社选取编辑填写了工作分析问卷，并追踪了他们实际绩效考核中的工作绩效评价结果，进一步探讨了工作绩效的作用。通过两个研究（两个职位）来探讨任务绩效对工作分析结果的影响，也提高了研究结果的概括化程度（generalizability）。

二　研究一：电厂设计人员样本的检验

（一）研究目的

探讨电厂设计人员工作分析结果是否受他们的任务绩效水平的影响。

（二）方法和程序

1. 研究对象

某研发机构的 38 名发电厂设计人员参加了工作分析的调查。男性 21 人，女性 17 人。平均年龄为 26.66 岁（标准差为 4.11），专科以上学历的人占 94.60%；平均工作年限为 1.46 年（标准差为 3.29）。

2. 测量工具

（1）工作分析。研究采用美国劳工部最新开发的 Occupational Information NetWork（O*NET）工作分析系统中的技能问卷。O*NET 工作分析系统是美国劳工部根据工作性质的不断变化开发的一套工作分析系统，综合了多年工作分析研究领域的成果，并且已经取代了职业名称词典，成为美国应用非常广泛的工作分析工具[18]。在问卷的修订过程中，使用了"翻译—回译"程序来保证不同版本问卷的等价性。问卷的信度和效度已经有人在研究中通过探索性因素分析和验证性因素分析得到了验证[23]①。

问卷采用 Likert 量表进行双重评价：首先让任职者对某个项目，例如社交洞察力，进行重要性评价，从"不重要"（1）到"极其重要"（5）。然后在七点量表上对该项目进行水平等级（从事这项工作需要的程度有多高）评价，每个项目有三个点进行了锚定，说明该点所代表的程度的含义。例如"社交洞察力"这个项目，三个锚定的点分别是：2（注意到顾客因等候太久而感到愤怒）、4（觉察到一位同事的晋升如何影响一个工作小组）、6（辅导在危险时期的抑郁病人）。

因此该研究中用的工作分析问卷有两个：技能重要性评价问卷和技能的水平评价问卷。两个技能问卷的结构一致，都由三个维度组成：技术性技能（9 题）、组织技能（5 题）和认知技能（6 题）。

（2）任务绩效。任务绩效评定采用自评的方式完成，让任职者在李克特 7 点量表上

---

① Li, W. D., Shi, K., Taylor, P. J. Reconsidering Within-Job Variance in Job Analysis Ratings Replication and Extension [J]. Journal of Business and Psychology, 2005, under review.

（1非常不准确，7非常准确）对四个题目进行评价，主要考虑完成任务的效率和质量等方面。例如："我总能如期完成上级交给的工作""我的工作表现总是能够合乎上级要求的标准"等。因素分析的结果表明，这四个题目共同测量一个因素，解释的方差为60.99%。因此在后面的分析中，采用四个题目的平均分作为工作绩效的分数。

3. 数据处理

采用层次回归分析（Hierarchical Regression Analysis）的方法，在控制人口统计学变量的基础上，探讨任务绩效水平对工作分析结果的影响。

（三）结果

1. 量表信度检验及相关分析

首先对量表的信度进行检验（由于样本量过少，没有进行验证性因素分析再次检验结构效度），并对绩效和两个工作分析量表的维度分数进行了相关分析，结果见表1。

表1 发电厂设计人员任务绩效和技能的评价量表各维度的平均数、标准差以及相关系数

变量	M	SD	1	2	3	4	5	6	7
1. 任务绩效	4.51	0.81	(0.65)						
2. 技术性技能（重要性）	2.47	0.66	0.36*	(0.80)					
3. 组织技能（重要性）	249	0.91	0.45**	0.76***	(0.83)				
4. 认知技能（重要性）	3.37	0.71	0.18	0.45**	0.35*	(0.79)			
5. 技术性技能（水平）	2.89	1.14	0.38*	0.92***	0.74***	0.39*	(0.83)		
6. 组织技能（水平）	2.79	1.58	0.47**	0.73**	0.95**	0.34*	0.76***	(0.86)	
7. 认知技能（水平）	4.29	1.11	0.24	0.46**	0.38*	0.85***	0.49***	0.38*	(0.81)

注：* 表示 $p<0.05$，** 表示 $p<0.01$，*** 表示 $p<0.001$，$n=38$，对角线上的数字表示量表的信度（Cronbach's α）系数。

从上面对量表的信度分析可以看出，两个量表中每个分量表的信度系数（Cronbach's α）绝大多数在0.70以上（仅仅有一个为0.65），说明使用的量表具有较好的信度。

从上面的相关表中还可以看出，任职者的任务绩效指标跟四个维度分数显著相关：技术性技能和组织技能的重要性评价和水平评价。

2. 任务绩效的影响作用

从相关分析中可以发现，任务绩效跟技术性技能和组织技能的重要性评价和水平评价显著相关。因此在下一步的分析中，采用层次回归的方法，控制其他相关变量作用的前提下，深入探讨任务绩效的影响。

分别以技术性技能和组织技能的重要性评价和水平评价作为因变量进行了四次层次回归分析。在每一个回归分析中，第一步将人口统计学变量（性别、年龄、工作年限和文化程度）引入方程，第二步引入任务绩效。层次回归结果见表2。

表 2　发电厂设计人员任务绩效作用的层次回归结果

变量	技术性技能的重要性		组织技能的重要性		技术性技能的水平		组织技能的水平	
第一步：控制变量								
性别	0.034	0.074	−0.106	−0.062	−0.012	0.048	−0.011	0.035
年龄	0.074	0.276	−0.083	0.140	0.007	0.224	−0.097	0.132
文化程度	0.296	0.381*	0.069	0.164	0.383	0.466*	0.015	0.113
工作年限	−0.281	−0.284	−0.173	−0.177	−0.269	−0.282	−0.166	−0.170
第二步：自变量								
任务绩效		0.426*		0.472*		0.436*		0.484*
R^2	0.172	0.314	0.077	0.252	0.252	0.398*	0.051	0.235
Adjusted R^2	0.039	0.171	−0.070	0.096	0.128	0.267*	−0.100	0.075
F	1.30	2.20	0.524	1.614	2.023	3.044*	0.339	1.473
ΔR^2	0.172	0.142*	0.770	0.174*	0.252	0.146*	0.051	0.183*

　　注：* 表示 $p<0.05$，** 表示 $p<0.01$，$n=38$，性别、年龄、文化程度、工作年限和任务绩效所在行的数字表示该变量的标准化回归系数。

　　层次回归的结果表明，在控制了人口统计学变量的可能影响后，任职者的任务绩效水平仍然显著影响技术性技能的水平评价结果，并且整个模型是显著的；其他三个因素虽然标准化回归系数仍然显著，增加的方差解释量也显著，但是整个模型不显著。

　　为了进一步探讨任务绩效对其他三个技能评价因素的影响，我们进行了偏相关分析：在控制人口统计学变量的情况下，检验任务绩效跟其他三个技能评价因素的相关。偏相关分析结果表明，控制了人口统计学变量后，虽然任务绩效跟组织技能的重要性评价的相关（0.40，$p<0.05$）和跟组织技能的水平评价相关（0.41，$p<0.05$）仍然显著，但是跟技术性技能的重要性评价结果的偏相关为 0.38，只达到了边缘显著（$p=0.06$）。

三　研究二：编辑样本的检验

(一)　研究目的

　　采用追踪绩效的方法，探讨某出版社编辑的工作分析结果是否受任务绩效水平的影响。

(二)　方法和程序

1. 研究对象

　　某出版社 99 位编辑参加了最初的工作分析的调查。两个月后，追踪他们在公司考核中的总体任务绩效情况。排除离职等因素，最后获得 88 个编辑任务绩效的总体评价，流失率为 11.1%。其中，男性 18 人，女性 70 人；平均年龄为 29.23 岁（标准差为 5.37），本科以上学历的人占 91.2%；工作年限从 3 个月到 10 年以上，97.8% 在 1 年以上。

2. 测量工具

（1）工作分析。跟研究一一样，采用了 O*NET 的工作分析问卷。除了两个技能问卷之外，还采用了工作活动的重要性和水平问卷，评价方式跟技能问卷类似。工作活动的两个评价问卷的结构是相同的，由五个维度组成：协调发展他人（7 题）、手工体力活动（6 题）、沟通（4 题）、信息加工（4 题）以及推理和决策（3 题）。问卷的信度和效度已经有人在研究中通过探索性因素分析和验证性因素分析得到了验证[23]。

（2）任务绩效。在进行工作分析评价约两个月后，研究者获得了出版社年度考核的任务绩效数据。该评价主要由任职者的直接上级提供，由任职者的直接上级充分考虑任职者的完成工作任务的数量、质量和效率等情况后，在 Likert5 分等级量表上对任职者的工作绩效进行综合评价：5 分表示"出色"，4 分表示"优秀"，3 分表示"合格"，2 分表示"待改进"，1 分表示"非常差"。这跟 Tsui 等[24]测量任务绩效时主要考虑完成任务的数量、质量和效率等方面的策略是一致的。

（三）结果

1. 量表信度检验及相关分析

跟研究一一样，首先对绩效和四个工作分析量表的维度分数进行了相关分析，结果见表 3 和表 4。

从上面对量表的信度分析可以看出，四个量表中每个分量表的信度系数（Cronbach's α）绝大多数在 0.70 以上（仅仅有一个为 0.66），说明量表具有较好的信度。

从上面的相关表中还可以看出，任职者的任务绩效指标跟两个分量表的分数（信息加工的重要性评价和水平评价）显著相关。

表 3　编辑任务绩效和工作活动、技能的重要性评价量表各维度的平均数、标准差及相关系数

变量	M	SD	1	2	3	4	5	6	7	8	9
1. 任务绩效	3.49	0.742									
2. 协调发展他人	2.18	0.81	0.06	(0.87)							
3. 手工体力活动	1.44	0.58	0.04	0.41**	(0.78)						
4. 信息加工	3.16	0.84	0.31**	0.37**	0.32**	(0.66)					
5. 沟通	3.51	0.70	0.15	0.55**	0.40**	0.47**	(0.78)				
6. 推理和决策	3.65	0.81	0.17	0.44**	0.22*	0.60**	0.51**	(0.70)			
7. 技术性技能	1.77	0.85	−0.02	0.64**	0.67**	0.42**	0.34**	0.33**	(0.92)		
8. 组织技能	2.16	0.81	0.09	0.87**	0.45**	0.37**	0.55**	0.43**	0.63**	(0.81)	
9. 认知技能	3.60	0.70	0.08	0.58**	0.29**	0.51**	0.53**	0.57**	0.45**	0.62**	(0.77)

注：* 表示 p<0.05，** 表示<0.01，n=88，对角线上的粗体数字表示量表的信度（Cronbach's α）系数。

表4 编辑任务绩效和工作活动、技能的水平评价量表各维度的平均数、标准差及相关系数

变量	M	SD	1	2	3	4	5	6	7	8	9
1. 任务绩效	3.49	0.742									
2. 协调发展他人	2.08	1.40	0.03	(0.89)							
3. 手工体力活动	0.83	1.10	0.01	0.49**	(0.81)						
4. 信息加工	3.47	1.33	0.27*	0.46**	0.40**	(0.72)					
5. 沟通	4.03	1.14	0.15	0.64**	0.48**	0.54**	(0.78)				
6. 推理和决策	4.21	1.31	0.07	0.58**	0.34**	0.53**	0.68**	(0.74)			
7. 技术性技能	1.47	1.48	0.00	0.65**	0.70**	0.46**	0.42**	0.40**	(0.92)		
8. 组织技能	2.28	1.37	0.09	0.86**	0.47**	0.40**	0.60**	0.51**	0.58**	(0.81)	
9. 认知技能	4.27	1.04	0.08	0.64**	0.39**	0.50**	0.61**	0.61**	0.47**	0.62**	(0.79)

注：* 表示 $p<0.05$，** 表示 $p<0.01$，n=88，对角线上的粗体数字表示量表的信度（Cronbach's α）系数。

2. 任务绩效的影响作用

从相关分析中可以发现，任务绩效跟信息加工的重要性和水平得分显著相关。因此下一步采用层次回归的方法，控制相关变量的前提下，深入探讨任务绩效的影响。

分别以信息加工的重要性和水平评价作为因变量进行了两次层次回归分析。在每一个回归分析中，第一步将人口统计学变量（性别、年龄、工作年限和文化程度）引入方程，第二步引入工作绩效。层次回归结果见表5。

层次回归的结果表明，在控制了工作分析的可能影响因素后，任职者的任务绩效水平仍然显著影响信息加工的重要性评价和水平评价结果。

表5 编辑任务绩效作用的层次回归结果

变量	信息加工的重要性		信息加工的水平	
第一步：控制变量				
性别	-0.076	-0.087	-0.060	-0.080
年龄	0.055	0.115	0.060	0.120
文化程度	0.195	0.166	0.209	0.190
工作年限	-0.188	-0.137	-0.138	-0.100
第二步：自变量				
任务绩效		0.327**		0.290**
R^2	0.070	0.170	0.060	0.140
Adjusted R^2	0.020	0.120	0.020	0.090
F	1.560	3.430**	1.390	2.690*
ΔR^2	0.070	0.100**	0.060	0.080**

注：* 表示 $p<0.05$，** 表示 $p<0.01$，n=88，性别、年龄、文化程度、工作年限和任务绩效所在行的数字表示该变量的标准化回归系数。

四 综合分析与讨论

该研究在以下几个方面拓展了当前工作分析领域任务绩效对工作分析结果影响的研究。首先，该研究回应了 Lindell 等（1998）的建议[14]，在探讨任务绩效对于工作分析结果影响因素的时候，不仅控制了个体水平的影响变量，例如性别、年龄等因素的作用，而且每个研究的调查取样都在一个组织进行，这样使组织水平因素的作用恒定，较好地控制了可能的组织水平变量的影响。在一个研究里面同时控制个体水平和组织水平因素的影响，这在前人的研究里面几乎是没有的，本研究似乎是第一次尝试。因此，本研究的结果更具有说服力。同时，研究一的结果显示，在控制了其他相关因素后，工作绩效对技术性技能的重要性评价由显著变成了边缘显著，这也说明控制其他相关因素是必要的。

其次，本研究拓展了任务绩效对于工作分析影响的研究结论。最早对工作绩效作用的探讨，没有发现它对工作分析结果有显著的影响。例如 Wexley 和 Silverman（1978）的研究[25]，没有发现不同绩效水平的任职者在工作任务的重要性和花费时间评价以及对其他任职者素质要求的重要性评价上面有显著差异。Conley 和 Sackett（1987）的研究[26]，也没有发现绩效对于工作任务的诸多评价和任职者素质要求评价有显著影响。这些研究没有发现绩效的显著作用可能是因为他们的调查对象在工作中的自主性不足造成的[11]。相反，Borman 等（1992）的研究[11]发现，任务绩效能够显著影响工作任务的时间花费的评价，Kerber 和 Campbell（1987）的研究[27]也发现，任务绩效能够显著影响工作活动的时间花费评价；Sanchez 等（1998）的研究[12]揭示出任务绩效能够显著影响工作任务的重要性评价。在本研究中，不仅发现绩效能够显著影响工作分析的工作活动（信息处理）的重要性评价，而且还能够影响工作活动的（信息处理）水平评价以及技术性技能的水平评价。这提示工作分析领域的研究者在探讨任务绩效对于工作分析结果的影响时，不仅要考虑到工作任务和工作活动的重要性评价和花费时间评价，而且要考虑到对工作活动的水平等级的影响。

需要指出的一点是，本研究跟李文东、时勘和 Taylor 对于人力资源管理者绩效对工作分析作用研究的结果[23]不是非常一致。在他们的研究中，控制了个体水平的变量后，发现绩效对协调发展他人的重要性评价、组织技能的重要性评价以及对推理决策的水平评价都有显著影响。考虑到这些活动和技能对于人力资源管理工作的重要性、信息加工对于编辑工作的重要性以及技术性技能对于设计人员的重要性，可以看出这样的结果带有很大的职位特点，我们将这种差异解释为职位本身的原因造成的。

再次，本研究的结果提示我们需要更多关注对工作分析结果差异解释的第二种理论，即某一特定工作不同群体的任职者工作分析的差异反映的是工作的真实差异，而不仅仅是误差。对于技术性技能的水平与设计人员绩效的关系，可以解释为不同绩效的设计人员，他们的技术性技能的水平是不同的；对于编辑职位而言，信息处理重要性和水平等级跟任务绩效之间的关系，我们可以解释为绩效水平不同的编辑，他们的信息处理水平是不同的，对信息处理重要性的认识上也是不同的。这都提示我们，绩效对于工作分析结果的影响是具有实际意义的，不仅仅是误差。绩效和工作分析结果因果关系的解释方面，由于两者的复杂关系，目前研究者还没有完全解决这个问题[11]。根据目前发现的显著相关关系，一方面可以解释为不同绩效的任职者对于工作的认知或者从事工作的方式是不同的，而反过来，也可能正是由于这种差异导致了他们工作绩效的差异。如对发电厂设计人员，可能由于技术性技能的不同导致了绩效的差异。根据前人的研究[11,28]，本研究中研究者更倾向于把结果解释成工作绩效不同的任职者对工作的认识或者从事工作的方式是不同的。例如在 Borman 等（1992）[11] 的研究中，他们对不同绩效的任职者对工作任务花费时间评价的差异更倾向于解释为不同绩效水平的任职者采取不同的时间分配策略，而不是由于不同的时间分配策略导致了不同的绩效。其中的因果关系究竟如何，以后的研究者可以设计更严密的追踪研究，或者采取实验研究或准实验研究的方式来进行深入探讨。

最后，本研究对于人力资源管理实践有着重要的启示。就工作分析信息收集而言，企业中人力资源管理者在进行工作分析时，需要考虑到各种不同绩效水平任职者，广泛收集资料，这样得到的工作分析信息才能更完整并具有代表性。对于基于工作分析的其他人力资源管理实践，例如招聘选拔、培训和绩效考核等，也应该在工作分析的基础上进行调整，并考虑到不同绩效水平的任职者的实际情况。

本研究也存在一些有待进一步改善的地方。比如为了控制组织因素的影响，每个研究在一个组织里面进行调查，样本量似乎略显不足；其次该研究仅仅考虑发电厂设计人员和编辑工作，没有涉及其他工作的情况，这也会对研究结论的外部效度带来一些限制。这些都可以作为以后研究的方向。

五　结论与启示

本研究在控制个体水平变量和排除组织因素影响的情况下，探讨了任务绩效对于工作分析结果的影响。得到如下结论与启示：

第一，对任务绩效对工作分析结果影响的探讨，应该控制个体水平变量的影响。控制了相关因素后，对任务绩效作用的检验更加严格。

第二，不同任务绩效水平的发电厂设计人员，在技术性技能的水平上存在显著差异；不同任务绩效水平的编辑在信息加工的水平上存在显著差异，并且对信息加工对于编辑工作的重要性的认识存在显著差异。

第三，特定工作，不同群体工作分析结果的差异可能是有意义的，不仅仅是评价误差。因此在人力资源管理中实施工作分析的时候，需要收集不同绩效水平任职者的信息。

参考文献

［1］McCormick, E. J. Job and Task Analysis in Dunnette M D（ed.），Handbook of Industrial and Organizational Psychology ［M］. Chicago：Rand McNally，1976，651-696.

［2］Sanchez, J. I., Levine, E. L. Accuracy or Consequential Validity：Which is the Better Standard for Job Analysis Data? ［J］. Journal of Organizational Behavior，2000，21（7）：809-818.

［3］Mc Cormick, E. J., Jeanneret, P. R., Mecham, R. C. A Study of Job Characteristics and Job Dimensions as based on the Position Analysis Questionnaire（PAQ）［J］. Journal of Applied Psychology，1972，56（4）：347-368.

［4］Harvey, R. J., Lozada-Larsen, S. R. Influence of amount of Job Descriptive Information on Job Analysis Rating Accuracy［J］. Journal of Applied Psychology, 1988, 73（3）: 457-446.

［5］Landy, E. J., Vasey, J. Job Analysis: The Composition of SME Samples［J］. Personnel Psychology, 1991, 44: 27-50.

［6］Morgeson, F. P., Campion, M. A. Social and Cognitive Sources of Potential Inaccuracy in Job Analysis ［J］. Journal of Applied Psychology, 1997, 82（5）: 627-655.

［7］Morgeson, F. P., Delaney-Klinger, K., Mayfield, M. S. et al. Self-presentation Processes in Job Analysis: A Field Experiment Investigating Inflation in Abilities, Tasks, and Competencies［J］. Journal of Applied Psychology, 2004, 89（4）: 674-686.

［8］Conte, J. M., Dean, M. A., Ringenbach, K. L., et al. The Relationship between Work Attitudes and Job Analysis Ratings: Do Rating Scale Type and Task Discretion Matter?［J］. Human Performance, 2005, 18（1）: 1-21.

［9］Harvey, R. J. Job Analysis［C］//Dunnette, M. D., Hough, L. M.（eds.）, Handbook of Industrial and Organizational Psychology（Vol. 2）. 2nd ed. Palo A Ito, CA: Consulting Psychologists Press, 1991: 71-164.

［10］Luo, F., Wang, E. Potential Sources of Inaccuracy in Job Analysis（in Chinese）［J］. Advances in Psychological Science, 2003, 11（2）: 214-219.

［11］Borman, W. C., Dorsey, D., Ackerman, L. Time-spent Responses as Time Allocation Strategies Relations with Sales Perfomance in a Stockbroker Sample［J］. Personnel Psychology, 1992, 45（4）: 763-777.

［12］Sanchez, J. I., Prager, I., Wilson, A. et al. Understanding with in-job Title Variance in Job-analytic Ratings［J］. Journal of Business & Psychology, 1998, 12（4）: 407-420.

［13］Tross, S. A., Maurer, T. J. The Relationship between SME. Job Experience and Job Analysis Ratings: Findings with and without Statistical Control［J］. Journal of Business & Psychology, 2000, 15（1）: 97-110.

［14］Lindell, M. K., Clause, C. S., Brandt, C. J. et al. Relationship between Organizational Context and Job Analysis Task Ratings［J］. Journal of Applied Psychology, 1998, 83（5）: 769-776.

［15］Hackman, J. R., Oldham, G. R. Motivation through the Design of Work: Test of a Theory［J］. Organizational Behavior and Human Performance, 1976, 16: 250-279.

［16］Ilgen, D. R., Hollenbeck, J. R. The Structure of Work: Job Design and Roles［C］//Dunnette, M. D., Hough, L. M.（Eds）, Handbook of Industrial and Organizational Psychology（Vol. 2）. 2nd ed. Palo Alto, CA: Consuting Psychologists Press, 1991: 165-207.

［17］Van Iddekinge, C. H., Putka, D. J., Raymark, P. H., et al. Modeling Error Variance in Job Specification Ratings: The Influence of Rater, Job, and Organization-level Factors［J］. Journal of Applied Psychology, 2005, 90（2）: 323-334.

［18］Li, W. D., Shi, K. Advances in Job Analysis Studies（in Chinese）［J］. Advances in Psychological Science, 2006, in press.

［19］Schmitt, N., Cohen, S. A. Internal Analyses of Task Ratings by Job Incumbents［J］. Journal of Applied Psychology, 1989, 74（1）: 96-104.

［20］Avolio, B. J., Waldman, D. A. Ratings of Managerial Skill Requirements: Comparison of Age-and Job-related Factors［J］. Psychology & Aging, 1989, 14（4）: 464-470.

［21］Mullins, W. C., Kinbrough, W. W. Group Composition as a Determinant of Job Analysis Outcomes［J］. Journal of Applied Psychology, 1988, 73（4）: 657-664.

［22］Peterson, N. G., Mumford, M. D., Borman, W. C., et al. Understanding Work Using the Occupational Information Network（O﹡NET）［J］. Personnel Psychology, 2001, 54: 451-492.

［23］Li, W. D., Shi, K., Taylor, P. J. Reconsidering within-job Variance in Job Analysis Ratings: Replication and Extensions [J]. Journal of Business and Psychology, 2005, Under review.

[24] Tsui, A. S., Pearce, J. L., Porter, L. W., et al. Alternative Approaches to the Employee-organization Relationship: Does Investment in Employees Pay Off? [J]. Academy of Management Journal, 1997, 40 (5): 1089-1121.

[25] Wexley, K. N., Silverman, S. B. An Examination of Differences between Managerial Effectiveness and Response Patterns on a Structured Job Analysis Questionnaire [J]. Journal of Applied Psychology, 1978, 63 (5): 646-649.

[26] Conley, P. R., Sackett, P. R. Effects of Using High-versus low-performing Job Incumbents as Sources of Job-analysis Information [J]. Journal of Applied Psychology, 1987, 72 (3): 434-437.

[27] Kerber, K. W., Campbell, J. P. Correlates of Objective Performance among Computer Salespeople [J]. The Journal of Personal Selling & Sales Management, 1987, 7 (3): 39-50.

[28] Wright, P. M., Anderson, C., Tolzman, K., et al. An Examination of the Relationship between Employee Performance and Job Analysis Ratingis [J]. Academy of Management Proceedings, 1990, 299-303.

The Effects of Job Incumbents' Task Performance on Their Job Analysis Ratings
—Evidence from Power Plant Designers and Editors

Li Wendong   Shi Kan   Wu Hongyan   Jia Juan   Yang Min

Abstract: Two surveys were conducted to explore the effects of incumbents' task performance on their job analysis ratings, using four job analysis scales (importance and level rating scales of generalized work activities and skills) from Occupational Information Network (O*NET). We examined these while controlling for such demographic variables as gender, age, tenure and education. In the first study, skill importance, level ratings, and self-rated performance were obtained from 38 power plant designers in one organization. The results of hierachical regression analyses showed that, after controlling for the individual demographic variables, task performance still had significant impacts on the level ratings of technical skills. However, the partial correlation coefficient between task performance and technical skill importance ratings became marginally significant after controlling for the demographic variables. The second study involved 88 book editors from one publishing company, with task performance ratings collected from their direct supervisors Hierarchical regression analyses showed that, after controlling for the demographic variables, editor's task performance had significant effects on both importance and level ratings of information processing activities.

These two studies extended existing research on job analysis ratings of identical jobs in several ways. First, we examined the effect of job performance on job analysis ratings with individual demographic variables controlled for. The resulting partial correlations from the first study were different or moderately different from the zeo-order correlations without partiallig out the demographic varia-tions. Second, following the suggestion by Lindel et al. (1998) and Van Iddekinge et al. (2005) that organizational level variables may affect job analysis ratings of the same job in different organiza-tions, we explored the influence of task performance on job analysis ratings of one job in one organi-zation. Therefore, in each study, the potential effects of possible organization-level variables on job analysis ratings were controlled for. In many ways, our analyses ensured a relatively stringent evalu-ation of the effects of job performance on job analysis ratings. Third, the findings indicated that task performance influenced job analysis ratings of many sales, including level ratings and importance ratings. Fourth, consistent with Borman et al. (1992), the present results suggest that differences in job analysis ratings may reflect real differences, either among tasks assigned to different job in-cumbents under identical job titles or differences in ways by which job incumbents complete the same task. One practical implication is that, when conducting job analysis in organizations, practitioners need to consider the potential influence of task performance on incumbents' job analysis ratings as well as individual demographic variables.

Key words: job analysis; O*NET; task performance

核恐怖袭击救援人员的风险知觉研究[*]

简留生 郑 蕊 时 勘 沈庭云 王其锋

【编者按】我和时老师的缘分有幸从 2002 年开始。2002 年，我爱人跨专业报考了中科院心理所的硕士研究生，结果专业考试成绩很差，她想不通为什么按照参考书准备考试，最后成绩仍然不理想，就给时老师发了邮件表达疑惑，当时只是一种抱怨，没指望能得到回复。结果令我们惊讶的是，时老师很快就回复了邮件，解释了我爱人考试成绩差的原因，并耐心地针对她考研、工作等提出了建议，我们都很感动。时老师能在百忙中给一个"落榜差生"回复邮件，并以一个长者的身份给她职业发展的指导，从那时起，时老师有爱有责任的专家学者的形象深深印在了我们的脑海里。2003 年，我考入了中国人民解放军陆军防化学院，攻读核能与核技术工程专业硕士研究生。在学习过程中，我对核事故、核生化恐怖袭击的社会影响、危机管理等产生了浓厚的兴趣，急于寻求心理学专家的指导。此时，我妻子马上向我提出，是否可以联系一下时老师。我抱着试一试的心态给时老师发了邮件，介绍了自己专业研究的情况，并表达了希望得到时老师指导的强烈愿望。很快我便收到时老师的回复：愿意指导我的毕业论文，并提议与我导师沈庭云教授商议具体事宜。在时老师和沈老师的帮助下，我有幸于 2005~2006 年到时老师课题组进修，研究方向是核事故、核生化恐怖袭击后的应急救援及危机管理。此时，我将风险认知等心理学理论引入核应急响应的研究，主要探索核事故、核生化恐怖袭击对公众和应急救援人员的影响机制、公众宣传教育方法和应急响应的人员培训等。时老师安排他的博士生郑蕊老师指导我学习心理学基础知识，学习如何运用风险认知、结构方程等理论和方法，并最终确定将毕业论文集中于核恐怖袭击救援人员的风险认知研究。时老师带领的课题组是一个有着浓厚学术氛围的、温馨的大家庭，多年以后我仍然记得大家通过头脑风暴方法给我提意见和建议的情形，仍然记得郑蕊老师耐心地给我讲解相关理论知识的背景，仍然记得时老师高屋建瓴地指出我研究中存在的问题、让我茅塞顿开的情景。"不登高山，不知天之高也；不临深渊，不知地之厚也"，在时老师课题组的帮助和指导下，我如饥似渴地浸染于浓厚的、高水平的学术氛围中，经历了我的一次难得的学术生涯的历练，并顺利地完成了毕业论文答辩，同时在《防化学报》《南华大学学报》等期刊发表了多篇相关论文。2006 年毕业后，我历任中国人民解放军92330 部队司令部剂量监测站工程师、剂量处参谋、基层艇队技术员和海军潜艇学院代职教官等职务，2014 年由部队转业到青岛市旅游信息中心工作。总之，在时老师课题组学习的经历，时老师细心的指导与激励，以及课题组温馨的学术氛围和家庭般的关爱，让我永生难忘！（简留生，中国科学院心理研究所 2005~2006 年研修生，青岛市旅游信息中心 经理）

---

* 本研究得到了国家自然科学基金的资助（项目资助号：70573108）。

摘　要：核恐怖袭击是未来战争中的一个重大问题，而救援人员的风险知觉是实施救援成功和有效性的关键，本文通过对230名防化专业学员进行的核应急救援风险认知的调查研究，通过结构方程分析模型，获得了救援人员的风险认知空间分布图，建立了核救援人员的预测模型，并针对救援任务指挥人员和救援人员训练提出了建议。

关键词：核恐怖袭击；救援；风险认知；训练

一　前言

国外已经发生的几起重大核事故表明，核事故引起的公众心理社会影响所造成的健康效应和在政治经济等方面的损失，远远大于辐射本身所造成的损失[1]。在恐怖袭击发生后，有些人群或称亚人群，会受到较大的心理影响或风险，包括儿童、孕妇、年轻母亲、老人、残疾人，以及在危险和极端条件下致力于应急响应的工作人员和从事恢复清除工作的人员[2,3]。因此，对执行救援工作人员可能的心理效应进行研究，预防发生心理障碍，提高工作绩效，具有重要的意义。

核恐怖袭击等危机事件下救援人员的心理行为的研究，更多涉及的是人的风险认知领域的研究，即把核恐怖袭击救援任务作为风险事件，以对这个风险事件的认识——风险认知为核心变量来进行研究。所谓风险，从最一般的意义可表示为事件发生的概率及其后果的函数[4]：$R=F(P, C)$。式中，R 表示风险程度，P 表示事件发生的概率，C 表示事件发生的后果。风险认知（Perception of Risk）指个体对存在于外界各种客观风险的感受和认识，且强调个体由直观判断和主观感受获得的经验对个体认知的影响。这种认知有可能与实际情况相符或不相符，它更多强调的是个体通过直观判断和主观感受获得的经验，而这些主观感觉是受到心理、社会、情境和文化等多方面因素的影响[5]。

Slovic从心理学角度提出了心理测量学模型，总结出影响风险认知的重要维度和特征，认为对各种风险事件的评判主要从"难以控制的"和"未知风险"出发，其高风险一端易被知觉为"未知的、不熟悉的"两大类。由这两个因素构成的因素空间上，各风险事件都有一个相对位置，其位置可以直接显示出人们对风险的知觉特征[6]，核恐怖袭击救援人员心理特征也能够用这种心理测量模型来表示。

二　研究目的和研究假设

（一）研究目的

本研究试图以核恐怖袭击事件为刺激背景，对防化专业人员进行问卷调查，考察其对参加核恐怖袭击发生后的救援任务的风险认知特征及其影响因素，并揭示风险认知对其行为和心理健康的影响，尝试通过实证研究建立一个以风险认知为核心变量的救援人员心理行为预测模型，为上级机关的指挥决策提供心理学依据和管理对策。

（二）研究假设

假设风险认知作为风险和心理行为的中介变量，社会支持、主观状态对风险认知起到一定的调节作用。研究框架如图 1 所示。

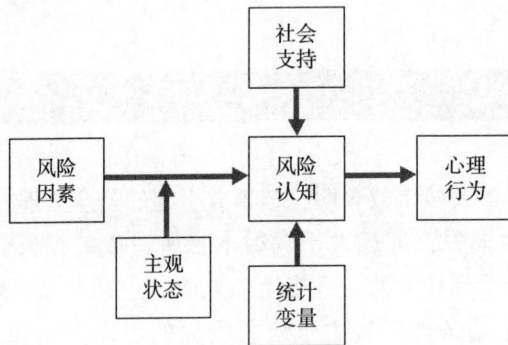

图 1　研究框架

三　研究方法

（一）调查问卷

根据研究问题和研究对象的特殊性，经过学员访谈、专家访谈、预试验、问卷修改等反复的过程，最终确立了问卷。调查问卷由风险认知问卷和影响风险认知的因素问卷两大部分组成。

风险认知调查问卷。根据 Slovic（1987）的风险认知模型，采用了熟悉性、可控性两个风险测量指标，考察了人们对十类风险事件的知觉和人们的总体感受，这些事件分别为：核辐射对救援人员所造成的急性放射病、核辐射对救援人员所造成的长期影响、核辐射对救援人员的生育能力和遗传的影响、核辐射的特性、执行救援任务地点的辐射强度、在辐射区执行任务的工作时间的长度、袭击后的建筑倒塌大火等事故、执行救援任务期间的饮水和食品受放射性污染的程度、辐射防护措施的效果、再次遭受核袭击的可能性等。均采用李克特 5 点量表进行测量。

影响风险认知的因素的调查。心理健康问卷采用标准的心理健康量表 12 项版（GHQ-12）。奖励和健康保证措施、成就感、社会支持等问卷采用自编问卷。

（二）调查样本

在 3 个防化专业学员队取得有效样本 230 个。总体样本的人口统计学指标如表 1 所示。

表1 调查样本基本情况统计

类别		百分比	类别		百分比
性别	男	91.7%	军龄	0~5 年	73.04%
				6~10 年	25.22%
	女	8.3%		11~15 年	1.74%
年龄	20 岁及 20 岁以下	19.57%	专业	防化指挥	67.83%
	21~25 岁	70.00%			
	26~30 岁	9.57%		核技术	18.26%
	31 岁以上	0.87%		军事化学	13.91%

四 结果与分析

(一) 风险认知特征分析

根据问卷调查的统计数据绘制的救援人员风险认知空间分布如图2所示。可以看出，救援人员总体感到的风险性处在风险因素空间的右下区域，偏向完全失控和完全熟悉一端。说明救援人员总体知觉到的风险水平偏高，而且主要是感到无法控制。核恐怖袭击与核事故救援的实践经验极少或基本没有，因此救援人员对于救援任务特别是在执行救援任务中，对能否防止自己受到伤害，信心不足。

具体而言，对于这十类风险事件，在四个区域内都有分布。核辐射特性分布在完全熟悉和完全失控构成的区域内，也就是说，救援人员非常熟悉核辐射的特点，但是却感到核辐射是难以控制的，危险性很高。核辐射对救援人员可能造成三种类型的疾病——急性放射病、长期影响、生育能力和遗传疾病，也是处在完全熟悉和完全失控的区域内，控制水平相近，但是熟悉水平有所差异。救援人员都了解从事核专业可能对身体健康造成的影响，总体来说对于这些可能的危害后果是熟悉的，但是对于急性放射病的熟悉程度却明显差于另外两种疾病，这是需要关注的问题。救援人员对三种疾病的控制感都很差，风险水平都很高。救援地点的辐射强度和再次遭受袭击位于完全失控和非常陌生的区域内，再次遭受袭击比救援地点辐射强度的风险水平要高很多。这说明，如果发生袭击，救援人员除因在辐射区域工作感到危险外，更会因袭击的发生使人们的安全感大为降低，担心自己成为恐怖袭击的直接间接受害者，或担心袭击对整个社会造成的冲击和破坏。救援人员对救援地点的辐射强度分布、沾染水平等，没有系统地研究和学习，因此，可能是造成对其偏于陌生的原因。袭击后的建筑倒塌、大火等事故，处在完全熟悉和完全失控的区域内。救援人员对这类事故是很熟悉的，但是略微失控。在辐射区执行任务的工作时间的长度、执行救援任务期间的饮水和食品受放射性污染的程度、辐射防护措施的效果处在完全熟悉和完全可控的区域内，说明他们对于救援工作和期间的后勤保障有足够的信心，因此控制水平较高。

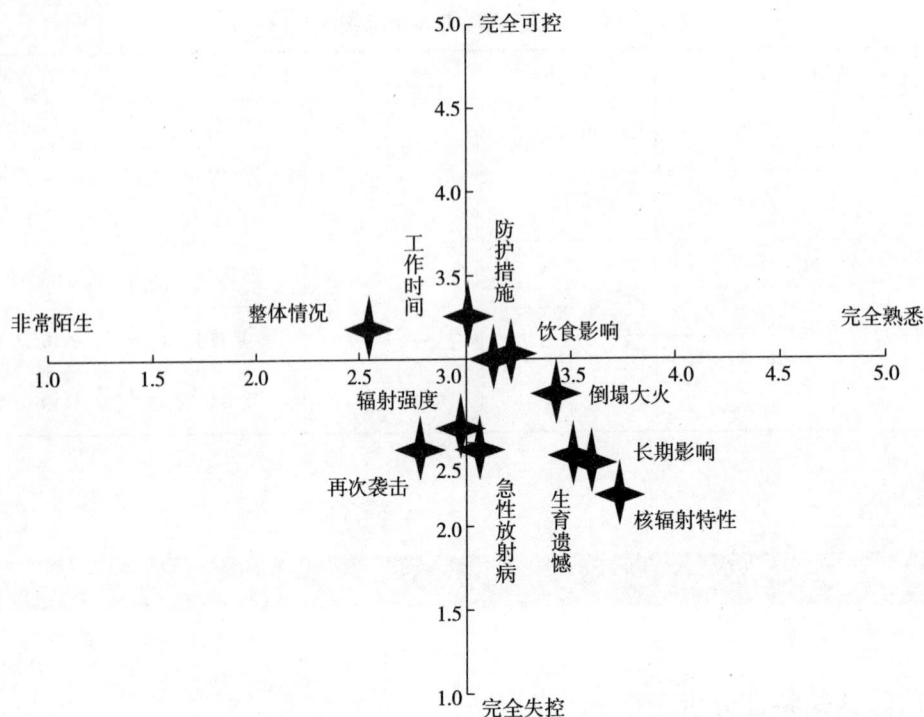

图 2　救援人员对各类风险的认知分布

（二）风险认知模型构建

本研究运用结构方程模型方法构建了救援人员的风险认知模型。根据调查数据，对风险认知、社会支持等进行因素分析。

在假设模型的基础上，根据 Amos 提供的修正指数对模型设置进行相应修改。模型 1 是最初的模型，模型 2 在模型 1 基础上删除了从可控性到应对能力的路径，模型 3 在模型 1 基础上增加了从应对能力到工作效率的路径。从表 2 可以看出，模型 3 的拟合效果最好，故选择了模型 3 作为最终的风险认知模型。如图 3 所示。

表 2　模型的拟合度指数

	X^2/df	GFI（>0.9）	AGFI（>0.9）	CFI（>0.9）	TLI（>0.9）	RMSEA（<0.08 可）
模型 1	148.63/82=1.81	0.92	0.88	0.91	0.89	0.06
模型 2	153.92/83=1.85	0.92	0.88	0.91	0.89	0.06
模型 3	131.95/81=1.63	0.93	0.90	0.94	0.92	0.05

从图 3 可以看出，救援人员的风险认知即熟悉性和可控性对其心理和行为有直接或间接的影响。个体对风险事件越熟悉，感到应对能力越高；个体感到风险事件的可控水平越高，心理越健康、应对能力和军人满意度越高，从而工作效率越高，也越愿意参加救援任务。得到越多的社会支持，心理越健康、自愿水平越高。个体对自己的专业知识评价越高，熟悉性、可控性越高，因此感到的风险就越小。

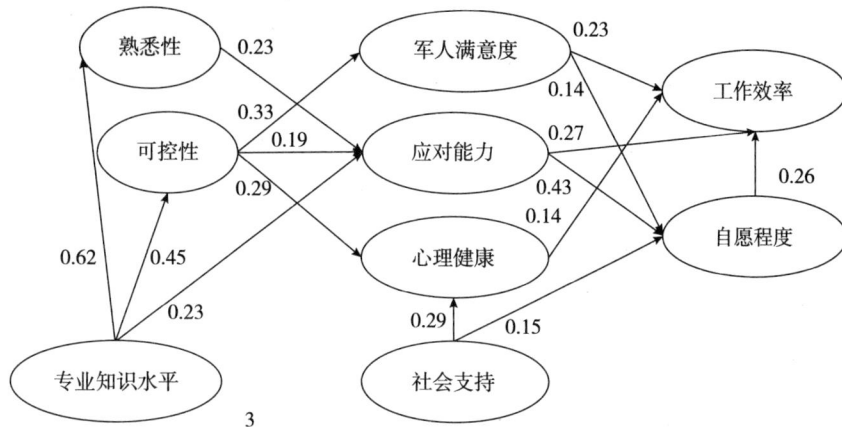

图3 风险认知模型

五 建议

专业知识是影响风险认知的重要因素，因此应加强救援人员相应的专业教育和训练。除了通常的学习训练以外，更应加强救援人员救援任务风险方面的研究，特别是利用网络和多媒体等手段，建立核事故和核袭击救援人员生理、心理伤害情况的论文集和数据库，并组织他们进行学习，减少"非理性"对风险认知造成的认知偏差。

风险事件可控性的知觉影响救援人员的很多心理和行为变量，因此训练应当有意识地增强救援人员对现场和自身工作的控制感。利用虚拟现实、网络等手段，把模拟训练从功能性模拟向情景性、对抗性方向发展，增强模拟训练的真实性、现场性和可参与性，最大化发挥救援人员在任务中的主观能动性，增强其对现场和工作的控制感。

参考文献

[1] 潘自强，等. 核与辐射恐怖事件管理 [M]. 北京：科学出版社，2005：121.

[2] 美国国家辐射防护和测量委员会. 涉及放射性物质的恐怖事件的管理 [M]. 潘自强，陈竹舟，等，译. 北京：原子能出版社，2002.

[3] WHO. Managing the Psychosocial Consequences of Disasters-Training Modules World Health Organization [Z]. Geneva, 2000.

[4] Slovic, P. Perception of Risk [J]. Science, 1987, 236：280-285.

[5] 时勘. SARS 危机中 17 城市民众的理性特征及心理行为预测模型 [J]. 科学通报，2003，48（13）.

[6] 谢晓非. 风险认知的心理学研究 [D]. 中国科学院心理研究所博士学位论文，1994.

组织干预对西藏高原护士工作倦怠的影响*

鞠钟鸣　时　勘　万　琪　何　娟　王南青

【编者按】 我 1999 年于第二军医大学本科毕业后便到西藏军区总医院工作，由于工作的原因和继续深造的愿望，以及自己对心理学和人力资源管理工作的浓厚兴趣，通过相关考核后，在 2005 年联系了时勘老师，希望他能接收我这个学生。2005 年我只是医院的一名普通工作人员，时老师却是国内外心理学研究领域的名人，我怀着试一试的心态给时老师发了邮件，介绍了自己的情况，并表达了希望拜入他门下的强烈愿望。令人惊讶的是，很快我便收到时老师的回复：时老师表示愿意接收我这个来自边疆的学生，并希望以此来为祖国边疆建设多出力，推动边疆心理学的发展。作为一名学者，时老师站在国家建设的高度对待自己的工作和教育事业，着实令我深深地感动和敬佩。之后，我便顺利加入了课题组，在时老师细心的指导和课题组浓厚的学术氛围中，我如饥似渴地学习。在北京学习期间，除了学习本身之外，时老师在生活上也给予了我很大的帮助，包括联系解决住宿、一日三餐和交通等问题，以及教我如何为人处世，尤其就我来自边疆这一点，给予了我很多的鼓励。时勘博士课题组是一个温馨的大家庭，在时老师的统一引领和课题组成员们的关心帮助下，2006 年我便顺利完成了硕士论文的书写和答辩，并获得答辩老师们的一致好评。我在硕士学习期间除了完成论文课题之外，还撰写了相关学术论文 5 篇，分别为《国内关于医护人员工作倦怠研究的现状》《西藏高原护士工作倦怠的调查分析》《西藏高原护士工作倦怠感的初步研究》《不同海拔地区护士工作倦怠感及与组织公平的关系》和《组织干预对西藏高原护士工作倦怠的影响》，先后发表在《青海医药杂志》《中华护理杂志》《人类工效学》《中国心理卫生杂志》和《中国临床心理学杂志》上，并获得军队科技成果三等奖。目前，我已经成长为西藏军区总医院人力资源中心主任，在课题组学习的知识和锻炼的能力为我在这一岗位顺利开展工作起到了至关重要的作用，这要感谢时老师细心的指导与激励，也要感谢课题组同学们对我无私的帮助。人生路漫长，师恩永难忘！（鞠钟鸣，中国科学院心理研究所 2005 级硕士生，西藏军区总医院人力资源中心主任）

摘　要： 目的：分析组织公平对护士工作倦怠的影响，并在此基础上制定和实施组织干预措施，为预防和矫治西藏高原地区护士工作倦怠提供理论依据和实践指导。方法：对某军区下属的三所总医院的 309 例临床女性护士（均为非管理人员）采用马氏倦怠感通用量表和组织公平量表进行调查，以获得工作倦怠与组织公平的相互关系。对西藏军区总医院的 108 例临床女性护士（均为非管理人员）（含干预组 54 例、对照组 54 例）在实施组织干预措施半年后采用马氏倦怠感通用量表和组织公平量表进行调查，以检测组织干预措施对提高组织公平感和改善工作倦怠

---

　　*　本研究得到了国家自然科学基金的资助（70573108）。

感的实效性。结果：分配公平会影响护士的情绪衰竭和玩世不恭，程序公平会影响成就感降低。组织干预措施可以提高护士的组织公平感和降低工作倦怠感。结论：通过实施组织干预措施可以预防和降低护士的工作倦怠感。

　　关键词：组织干预；工作倦怠感；护士；高原

　　工作倦怠（job burnout）是指个体因为不能有效地应对工作上延续不断的各种压力，而产生的一种长期性反应，包括情绪衰竭（emotional exhaustion）、玩世不恭（cynicism）和成就感低落（reduced personal acomplishment）[1]。

　　国外一些研究指出[2]，在为人群服务的机构中的工作人员经常要花费大量时间与其他人打交道，工作人员与服务对象的关系是以服务对象的现存问题为中心的，并经常围绕他们的精神、心理、社会问题，如窘迫、恐惧、失落等进行工作，而解决问题的方法又常常是不容易获得的，因而工作情景难免令人沮丧。护士的服务对象通常是患病的人或欠健康的人，已有研究表明，高强度的工作压力会使护士产生工作倦怠感，且中国护士中工作高度倦怠感的人占59.1%[3]。高强度的工作倦怠感不仅会影响护士的心身健康、工作热情及工作效率，而且会影响其护理质量，工作压力对护士健康的影响已得到国内外学者的普遍关注。我国在这方面的研究正在加强。西藏地处中国的西南边疆，平均海拔3800米以上，是真正医学意义上的高原[4]，特殊的政治、地理环境以及护士本身的工作特征使这里的护士不同程度地存在工作倦怠现象。组织公平是影响工作倦怠的因素之一，国内李超平和时勘[5]以企业员工为样本考察分配公平与程序公平对工作倦怠的影响，结果表明，组织公平的不同维度对工作倦怠的不同维度有不同的预测作用，分配公平和程序公平中的参与工作会影响企业员工的情绪衰竭，分配公平和程序公平则影响企业员工的去人性化，即企业可以通过提高员工的组织公平知觉来预防和矫治工作倦怠。

　　本研究试图分析组织公平对护士工作倦怠的影响，并在此基础上制定和实施组织干预措施，为预防和矫治西藏高原地区护士工作倦怠提供理论依据和实践指导。

一　对象与方法

（一）调查对象

　　某军区下属的三所总医院的临床女性护士（均为非管理人员）。本次研究共发放问卷328份，全部收回，其中有效问卷309份。年龄24.81±4.741岁；中专140人、大专129人、本科及以上40人；军人95人、聘用人员214人；职称护士226人、初级51人、中级18人，14名被试职称资料缺失；已婚116人、未婚171人，22名被试婚姻资料缺失。本组调查结果用于分析组织公平对护士工作倦怠的影响。

　　西藏军区总医院（地处西藏拉萨，海拔3800米，为调查对象中三所总医院之一）的108名临床女性护士（均为非管理人员）。随机将被试按所在科室分成两组，即干预组和对照组，两组被试均为54名。两组被试的基本资料如下：年龄上，干预组23.07±4.339岁，对照组23.28±3.563岁；学历上，干预组中专31人、大专16人、本科及以上7人，对照组中专 28 人、大专 15 人、本科及以上 11 人；干预组军人 15 人、聘用人员 39 人，对照组军人 18 人、聘用人员 36 人；职称上，干预组护士 45 人、初级 8 人、中级 1 人，对照组护士 42 人、初级 9 人、中级 3 人；婚姻上，干预组已婚 11 人、未婚 43 人，对照组已婚 14 人、未婚 40 人。两组被试在年龄、学历、是否军人、婚姻、职称、工作倦怠、组织公平上均无显著差异。本组调查结果用于检测组织干预措施对护士工作倦怠的防治效果。

（二）方法

采用经李超平等[5]调整后的马氏倦怠感通用量表（Maslach Burnout Inventory–General Survey，MBI–GS）和由 Niehoff 和 Moorman 于 1993 年编制，经国内阳志平等编译[6]的组织公平量表（在正式使用的量表中将"总经理"和"员工"分别改为"护士长"和"护士"），用于调查所有被试工作倦怠感和组织公平感的情况。所有调查对象由医院相关负责人召集，在相对集中的时间内完成，研究者在场对个别问题进行解答，被试填完问卷之后当场回收。调查量表包括两部分：第一部分收集被试的一般资料，包括年龄、学历、是否为军人、职称、婚姻状况等；第二部分是 MBI–GS 问卷和组织公平量表。全部资料经 SPSS11.0 进行统计处理。

依据工作倦怠与组织公平的相互关系，制定相应的组织干预措施，以提高被试的组织公平感。组织干预措施包括：①在各类考试或比赛中获医院前三名者医院和科室分别予以物质奖励；②聘用护士与军人护士同等参与评选先进个人、优秀护士等；③加班者给予加班费；④每月评选出科室的"明星护士"，严格控制评选过程和标准，确保评选的公平性；评选结果公布于科室较醒目的地方，以便医护人员及病人能经常看到；给予"明星护士"物质奖励；⑤工作过程中表现比较出色的及时予以赞扬，并进行宣传和表彰，以激发护士的工作热情；⑥对于对科室提出建设性建议的护士给予物质奖励；⑦提高护士在决策过程中的发言权，让护士参与病房管理，以增强她们的主体意识和责任感；⑧设立护士留言信箱，鼓励护士留下自己的真实想法，无论任何想法，护士长应给予及时、客观的（避免偏见）反馈，必要时可更改决策的内容；⑨护士长主动观察决策实施过程中护士的反应，必要时个别谈心了解。组织干预措施由干预组护士所在科室的护士长实施，护士长统一使用实施登记本，将每日实施的措施一一详细记录，并于每周末进行一次小结，研究人员根据实施情况及时调整干预措施，干预措施实施半年后评估组织干预措施的实施效果。

二 结果

（一）分层回归分析

采用分层回归分析，考察在控制了人口统计学变量之后，组织公平对工作倦怠的影响。首先将人口统计学变量作为第一层变量引入回归方程，然后将组织公平作为第二层变量引入回归方程，并计算两层之间 R^2 产生的变化以及这种变化的 F 检验值，考察 R^2 是否有可靠的提高。

从表1的结果可以看出，在控制了人口统计学变量之后，分配公平对预测情绪衰竭做出了新的贡献，解释变异量增加了17.4%；分配公平对预测玩世不恭做出的贡献依然为11.6%；程序公平对预测成就感降低做出了新的贡献，解释变异量增加了6.5%。

（二）组织干预措施对护士工作倦怠的防治效果

从表2的结果可以看出，干预组和对照组被试在情绪衰竭、玩世不恭、成就感降低、分配公平和程序公平各个维度上都具有显著差异：干预组在情绪衰竭和玩世不恭维度的得分低于对照组，在成就感降低、分配公平和程序公平维度的得分高于对照组。对照组被试前、后测试在情绪衰竭和玩世不恭两个维度上都具有显著差异。从趋势上看，对照组后测试在成就感降低、分配公平和程序公平三个维度上的得分均低于前测试，即总体上，对照组被试随着时间的推移体验到更高工作倦怠和更低的组织公平。

干预组被试干预前后在情绪衰竭、成就感降低、分配公平和程序公平四个维度上都具有显著差异：干预后在情绪衰竭维度上的得分低于干预前，在成就感降低、分配公平和程序公平维度上的得分高于干预前。干预后被试的玩世不恭程度低于干预前，即从总体趋势看，干预后被试的工作倦怠降低、组织公平增强。

表1　工作倦怠与组织公平的分层回归结果

变量		情绪衰竭（β）		玩世不恭（β）		成就感降低（β）	
		第一步	第二步	第一步	第二步	第一步	第二步
人口统计学变量	年龄	-0.112	-0.065	0.013	0.088	0.072	
	学历	0.154*	0.149**	0.107	0.017	0.037	
	是否军人	-0.022	-0.098	-0.123	0.028	0.022	
	婚姻	-0.119	-0.084	-0.002	0.168**	0.145*	
	职称	-0.056	-0.027	0.068	-0.108	-0.090	
组织公平	分配公平		-0.417***	-0.340***		0.089	
	程序公平		-0.014	-0.075		0.257***	
	相互作用的公平		0.078	0.051		0.091	
	F	6.736*	34.252***	36.483***	8.060**	14.331***	
	R²	0.024	0.198	0.116	0.028	0.093	
	ΔR²	0.024*	0.174***	0.116***	0.028**	0.065***	

注：* 表示 $p<0.05$，** 表示 $p<0.01$，*** 表示 $p<0.001$。

表2　两组被试工作倦怠和组织公平得分干预前后差值的比较（x̄±S）

维度	两组被试干预后差值			对照组干预前后差值			干预组干预前后差值		
	干预组	对照组	t	前测	后测	t	干预前	干预后	t
情绪衰竭	1.13±0.93	2.23±1.30	-5.082***	1.64±0.89	2.23±1.30	-2.734**	1.76±0.88	1.13±0.93	3.666***
玩世不恭	0.64±0.88	1.38±1.36	-3.392***	0.83±0.64	1.38±1.36	-2.725**	0.81±0.69	0.64±0.88	1.158
成就感降低	5.01±1.09	3.63±1.09	6.555***	3.65±1.24	3.63±1.09	0.069	3.76±1.25	5.01±1.09	-5.543***

续表

维度	两组被试干预后差值			对照组干预前后差值			干预组干预前后差值		
	干预组	对照组	t	前测	后测	t	干预前	干预后	t
分配公平	26.00±5.59	20.81±7.22	4.159***	21.54±6.60	20.81±7.22	0.543	20.91±6.59	26.00±5.59	-4.308***
程序公平	34.13±5.51	26.94±7.78	5.520***	28.91±6.95	26.94±7.78	1.383	29.30±6.37	34.13±5.51	-4.202***

注：** 表示 p<0.01，*** 表示 p<0.001。

三 讨论

　　回归分析结果表明，在控制了人口统计学变量之后，分配公平和程序公平仍都对护士工作倦怠具有较强的预测作用，这与李金波等[5]关于组织公平对工作倦怠影响程度的研究结果基本一致，与国内李超平和时勘[6]以企业员工为样本考察分配公平与程序公平对工作倦怠的影响的研究结果也相一致，不同的是本次调查采用的组织公平量表由分配公平、组织公平和相互作用的公平三个维度组成，较国内李超平和时勘采用的组织公平量表增加了相互作用的公平这一维度，但结果表明相互作用的公平这一维度对工作倦怠无明显的预测作用。分配公平分量表用于评估员工在多大程度上认为他（她）的工作结果（如奖励和赞誉）是公平的，工作结果包括收入水平、工作安排、工作量和工作责任；程序公平分量表描述正式程序的存在程度如何以及这些实行的程序是否考虑到了员工的需求，涵盖了工作决策在多大程度上是基于完全而无偏见的信息制定的，并且使员工有机会提出问题并可以向既成的决策发起挑战[7]。本研究针对以上结果及分配公平、程序公平所指向的内容制定组织干预措施。

　　干预后的调查结果显示，干预组护士的组织公平之分配公平和程序公平维度显著高于干预前和对照组护士，而工作倦怠感三个维度则显著低于干预前和对照组护士，表明组织干预措施对提高西藏高原护士的组织公平感和降低工作倦怠感有良好的影响作用。而对照组护士的工作倦怠程度随着时间的推移呈现加重的趋势，表明在不采取有利措施干预护士工作倦怠的情况下，护士的工作倦怠感会日趋严重，因此，有必要对防治护士工作倦怠予以重视。

参考文献

　　[1] Maslach, C., Schaufeli, W. B., Leiter, M. P. Job Burnout [J]. Annual Review of Psychdogy, 2001：397-422.

　　[2] 陈素坤，王秋霞. 护士职业压力与心理适应的调查研究 [J]. 中华护理杂志，2002，37（9）：659-662.

　　[3] 李小妹，刘彦君. 护士工作压力源及工作疲溃感的调查研究 [J]. 中华护理杂志，2000，35（11）：645-648.

　　[4] 信兵，李素芝. 高原病学（第1版）[M]. 拉萨：西藏人民出版社，2001.

　　[5] 李金波，许百华，左伍衡. 影响工作倦怠形成的组织情境因素分析 [J]. 中国临床心理学杂志，2006，14（2）：146-149.

　　[6] 李超平，时勘. 分配公平与程序公平对工作倦怠的影响 [J]. 心理学报，2003，35（5）：677-684.

［7］［美］Dail L. Fields. 工作评价—组织诊断与研究实用量表（第 1 版）［M］. 北京：中国轻工业出版社，2004.

Effect of Organizational Intervention on Job Burnout of the Plateau Nurses in Tibet

Ju Zhongming　Shi Kan　Wan Qi　He Juan　Wang Nanqing

Abstract：Objective：To study the effect of Organizational Intervention on Job Burnout of The Plateau Nurses in Tibet. Methods：MBl-GS and Distributive，Procedural and interactive Justice Inventory were applied to assess nurses from Tibet Military Regional Hospital and another two hospitals. Results：Hierarchical regression analyses indicated that organizational justice was a power predict of job burnout beyond demographics variables. Conclusion：Organizational Intervention can prevent or cure job burnout.

Key words：organizational intervention；job burnout；nurse；plateau

基于胜任特征模型的人才招聘
——蒙牛全球总裁招聘的理论与实践*

张 文 时 勘

【编者按】 2003～2006 年，我一边在蒙牛乳业集团担任副总裁、人力资源总监和战略规划组组长，一边在中科院心理所读在职博士，由于工作繁忙，除了保证时间上课之外，一直没有抽出时间来静心去做博士研究，至今心中遗憾！2004 年 6 月 10 日，蒙牛成功在香港上市，2005 年，集团董事会责成作为人力资源总监的我做蒙牛全球总裁招聘的工作。回想两年来，我虽在心理所跟随时勘教授学习了组织行为学、人力资源管理等课程，在人才测评系统方面收获良多，但是没有实践的机会，得到这份工作后，我第一时间和导师时勘教授探讨，制订了计划，用一年的时间完成了这份理论上站得住脚、实践中完全科学的基于胜任特征模型的人才甄选体系。在时勘教授的指导下，通过一年的实践及半年的修改，完成了这篇博士论文。岁月荏苒，一晃 12 年过去了，这 12 年，我虽然从蒙牛辞职了，又换了新的单位，但是时勘教授当年的指导历历在目，也成为我工作的方向。不论是我在工作中的实践，还是我在企业中的讲课，都或多或少地运用着所学的知识，并且越发感觉到读博时的松懈。幸甚时勘教授细致耐心地对待我这个差生，使我受益匪浅。为了让我这个不太用功的学生扎扎实实学到点儿东西，时勘教授还聘请我担任中科院管理学院的硕士生导师，每次学生答辩的时候让我坐在旁边，在实践中学会了不少。由于都在北京，我私下也经常去时教授办公室讨教学术问题，时教授成为了我遇到问题马上能想起来请教的一位人生导师，真的是十分感激。百战归来再读书！为此，在两年前，我放下所有的工作，远渡重洋，去英国牛津大学做宗教与哲学的博士后研究。我的本科和硕士读的是中国古代思想专业（2000 年后国家教委把这个专业改成中国哲学），通过在中科院心理所的博士学习，将中国哲学思想与西方心理学融会贯通，再去研究西方的宗教学，可以瞬间了解西方宗教与哲学的起源，心理学为此功不可没。事实上，中国古代的先贤们不自觉地将心理学的概念引入到人生哲理之中，从孔子的《论语》，到老子的《道德经》，再到王阳明的《阳明心学》及王夫之的《船山思想》等，处处体现出以人为本，解决人的心理问题的人生哲理。从这个层面上讲，两者是相通的。目前，我就职于全国总工会中国职业教育研究院国学院，担任副院长，同时也是《中华易藏》编委会副总主编、办公室主任。我将用所学的心理学、宗教学与哲学知识，为中华文明的伟大复兴、为中国人的文化自信贡献自己微薄的力量！（张文，中国科学院心理研究所 2003 级在职博士班，全国总工会中国职业教育研究院国学院副院长）

---

* 本研究为国家自然科学研究基金资助项目（70471060）。

摘　要： 在市场环境瞬息万变、知识更新速度极快的 21 世纪，企业核心竞争力的形成与增强越来越依靠人力资源来实现，建立基于胜任特征模型的人力资源管理体系已经成为企业管理者的共识。本文首先对胜任特征模型等的国内外研究沿革进行了介绍，然后详尽地介绍了构建胜任特征模型的基本过程、常用方法，重点介绍了建构通用胜任特征模型的两种途径，还阐明了验证胜任特征模型有效性的途径。本文以蒙牛乳业集团全球总裁招聘的实践为例，介绍了应用胜任特征模型于人才招聘的基本程序，主要包括胜任特征模型的总体构建、系统方法和工具设计、测评的实施以及综合录用决策等环节。根据实践的效果，本文还对胜任特征模型开发所面临的问题与挑战进行了剖析，展望了未来研究的发展趋势。

关键词： 胜任特征模型；BEI 行为事件访谈；蒙牛集团；总裁招聘

一　前言

随着市场竞争的加剧和高素质人才缺口的加大，企业的成功比以往任何时候都更加依赖于员工（尤其是高专业技术和成熟技能的员工）的技术和能力表现。而企业总裁的素质更是决定企业生存和发展的重中之重。

目前，大多数企业的胜任特征模型主要是以美国文化背景下的企业为研究对象所得到的，在实证研究上则多止步于胜任特征模型的建立，对组织胜任特征的研究也不足，因此，研究在中国企业环境下的胜任特征模型是非常必要的。本文将对如何建立胜任特征模型进行详细论述，并结合具体企业举例说明胜任特征模型在企业人才选招聘中的应用。其研究目的是探索如何在中国企业的文化背景下建立和发展胜任特征模型，并对此模型的应用做有益的尝试。

二　胜任特征模型概述

（一）胜任特征的基本含义

本文所涉及的主要是 Competency，是指"能将某一工作（或组织、文化）中有卓越成就者与表现平平者区分开来的个人的潜在特征，它可以是动机、特质、自我概念、态度或价值观、某领域知识、认知或行为技能——任何可以被可靠测量或计数的并能显著区分优秀与一般绩效的个体特征"[3,4]。

胜任特征能够在广泛的环境和工作任务中预测人的行为，自上至下可包括如下几个层面：

- 技能：将事情做好的能力（如商业策划能力）。
- 知识：对某职业领域有用信息的组织和利用（如对产品市场营销策略的了解）。
- 社会角色：一个人在他人面前试图表现的形象（如以企业领导、主人的形象展现自己）。
- 自我概念：对自己身份的认识或知觉（如将自己视为权威或教练）。
- 特质：身体特征及典型的行为方式（如善于倾听他人、谨慎、做事持之以恒等）。

·动机：决定外显行为的自然而稳定的思想（如总想把事情办好，控制影响别人，让别人理解、接纳、喜欢自己）。

上述概念包括三个方面需要考虑的问题：深层次特征、引起或预测优劣绩效的因果关联和参照效标。深层次特征指胜任特征是人格中深层和持久的部分，它显示了行为和思维方式，具有跨情景和跨时间的稳定性，能够预测多种情景或工作中人的行为。我们可以把胜任特征描述为在水中飘浮的一座冰山。水上部分代表表层的特征，如知识、技能等；水下部分代表深层的胜任特征，如社会角色、自我概念、特质和动机等。后者是决定人们的行为及表现的关键因素。因果关联指胜任特征能引起或预测行为和绩效。一般来说，动机、特质、自我概念和社会角色等胜任特征将预测行为反应方式，而行为反应方式又影响工作绩效。其模式可以表述为：意图→行为→结果。也就是说，只有能够引发和预测某岗位的工作绩效和工作行为的深层次特征，才能够说是该职位的胜任特征。胜任特征总是包括意图，也就是动机、特质、自我概念、社会角色和知识。如果一种行为不包括意图，就不能称之为胜任特征。参照效标即衡量某特品质预测现实情境中工作优劣的效度标准，它是胜任特征定义中最为关键的方面。一个特征品质如果不能预测什么有意义的差异（如工作绩效方面的差异），则不能称之为胜任特征。[9]

（二）胜任特征模型库

所谓胜任特征模型库，实际上就是企业各关键职位胜任特征模型及其用于招聘、培训、绩效评价与反馈、职业生涯发展的管理策略和方法的总和。表1就是某销售管理职位"客户服务"这一胜任特征模型的说明。

表1　理解和满足客户需要的胜任特征模型说明

胜任特征名称	胜任特征定义	行为指标等级
理解和满足客户需要	为客户提供服务，有帮助或与之协同工作的意愿，包括理解和满足内容客户、外部客户的需要的主动性和坚持性	水平1：在客户问题出现后做出反应 水平2：主动寻求理解客户问题 水平3：对解决客户问题充分承担责任 水平4：超载客户问题添加服务价值 水平5：理解客户深层需要 水平6：成为客户忠诚的建议者 水平7：为客户与组织的长期互惠牺牲短期利益

可以看到，该胜任特征模型表明了胜任特征的名称（理解和满足客户需要），并对该定义进行了符合职位具体要求的解释。更为重要的是，从基本合格的行为等级水平1（在客户问题出现后做出反应）到最优秀的表现等级水平7（为客户与组织的长期互惠牺牲短期利益）做了详尽的描述。这样，我们就能清楚地知道，该职位表现平平者和表现优异者在行为水平上的差异究竟是什么。这就为我们选拔、培训、行为评价和反馈，以及后来的职业生涯发展提供了准确的依据，大家就能更好地理解开发关键职位胜任特征模型的意义。

（三） 构建胜任特征模型的过程

为最大可能地保证所构建的胜任特征模型既满足科学性又满足实用性的要求，胜任特征模型的构建应严格遵守图 1 所示基本流程：

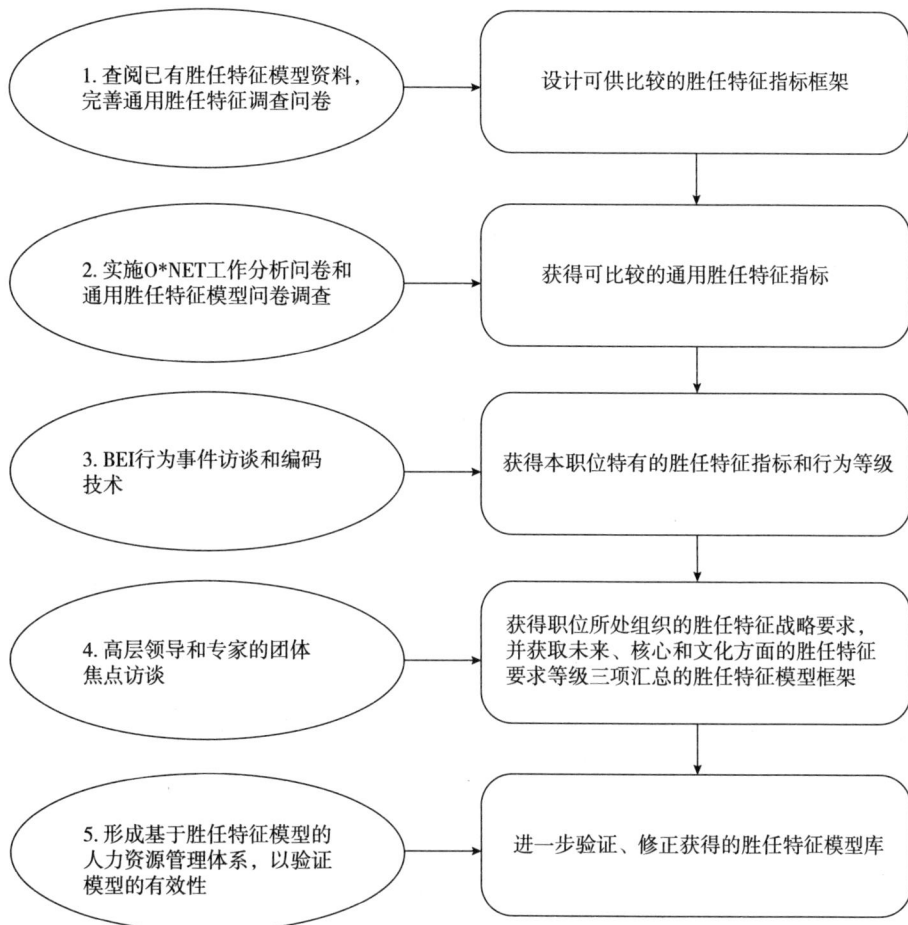

图1　胜任特征模型构建流程

1. 问卷调查

问卷调查可以分为两种途径进行：基于 O*NET 工作分析问卷的调查和通用职位胜任特征模型的问卷调查。企事业单位完全可以根据需要来选择采用的问卷。

（1）基于 O*NET 工作分析的问卷调查。

采用 O*NET 问卷对特定职位进行问卷调查，可以帮助调查单位建立岗位责任说明书。确定的主要信息包括职位目的、职位关系、职位应负责任、工作环境、工作任务的主要特征以及从事该职位工作所必备的知识、技能、能力和其他人格特性（KSAO）的要求。O*NET 工作分析的结果可以用于确定胜任特征模型的基本轮廓。

（2）通用职位胜任特征模型的问卷调查。

管理者通用型胜任特征问卷是参考了众多相关的研究成果和国内外著名咨询公司的胜任特征问卷，具体包括个性特征、专业知识技能、管理技能、人际沟通、组织发展、认知能力、任务导向、影响能力和跨文化适应九方面维度。在胜任特征的重要性评价之后，为了避免评价中的"天花板效应"，还要求评价者针对九个方面的胜任特征进行排序和分类别评价，以提高鉴别度。所以，通用职位胜任特征模型的问卷调查是各类企事业单位花较少代价可以建立胜任特征模型的有效途径。

2. 行为事件访谈

行为事件访谈（Behavioral Event Interview，BEI）是胜任特征模型建立不可替代的关键环节，在发现特定的胜任特征要素、内容、等级性行为方面具有重要作用。其具体步骤为：

确定效标和效标群组。效标的确定既可以根据客观的绩效标准，如销售额或利润、获得的专利和发表的文章、客户满意度等，也可以通过上级评定、360度评价方法来确定。在此基础上，再根据一定的标准（如占员工前5%或10%的比例）区分业绩优异组和业绩一般组。

实施行为事件访谈。运用STAR技术对业绩优异组和业绩一般组分别进行访谈，叙述的内容包括事件发生的情境（Situation）、当时所面临的任务（Task）和所采取的行动（Action）、最后达到的结果（Result）。

对言语文本进行内容分析。通过分析访谈对象汇报的言语文本，确定胜任特征编码框架，获得关键胜任特征指标。

进行言语文本的编码。根据胜任特征编码框架，对言语文本进行编码。此过程要求至少有两名以上具有丰富编码经验的编码者对文本进行独立编码，并应对编码的一致性进行检验。一致性低说明结果不可靠，一致性较高则表明编码的信度较高。

确定胜任特征模型。通过统计分析编码数据，确认胜任特征指标，定义和描述相应的行为等级水平[10]。

需要注意的是，由于前面已经有问卷调查结果（包括 O* NET 或者通用胜任特征模型问卷的调查结果），因此，行为事件访谈可以参考问卷调查的结果来设计题目，这样更能聚焦于重要问题。当然，如果需要完全独立地获得关键事件访谈的结果来与问卷法的结果进行对比也是允许的。

3. 团体焦点访谈

团体焦点访谈（Focus Group Interview，FGI）也叫作专家小组访谈，参与访谈的成员通常由以下成员组成：高层管理者、从事职位工作优异者、胜任特征分析专家、直接上级、同事、下级、客户等。

4. 胜任特征模型的验证

通过团体焦点访谈获得的胜任特征模型必须通过严格的验证方能应用于实际。通常可以采用如下方法来进行模型的验证：①验证交叉效度。选择具有相同样本特点的效标群组，再次进行行为事件访谈，然后基于已建立的胜任特征模型对所得文本信息进行编码，对编码频次进行统计分析，看能否区分业绩优异组和业绩一般组（交叉效度）[9]。②根据构建的胜任特征模型，形成应用于人力资源管理的胜任特征模型库的内容，来达到对于开发的胜任特征模型的验证。

（四）胜任特征模型的应用

胜任特征模型是人力资源管理体系建设的基石，基于胜任特征模型的人力资源管理和开发主要涉及八方面问题：战略规划、工作分析、人员招聘、薪酬设计、绩效管理、员工培训、职业发展和变革创新（见图2）。可以认为，人力资源领域内的主要工作都可以基于胜任特征模型来进行。本文我们重点介绍在人员招聘方面的应用。

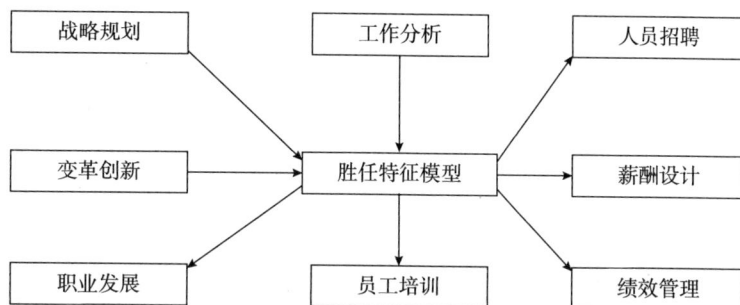

图2　胜任特征模型与人力资源管理体系建设的关系

1. 战略规划

人力资源管理最大的变化在于从个体层面向群体、组织层面发展。从上图的箭头指向可以发现，战略规划和工作分析是对胜任特征模型的构建起制约作用的，而其他六项则是在胜任特征模型建构基础上形成的。所以，首先要考虑组织发展战略的需要。企业的人力资源规划如果不基于胜任特征，就很可能导致不能清楚地审视企业人力资源的现状和未来需求，就极有可能影响到企业核心竞争力的保持。

2. 工作分析

基于胜任特征模型的工作分析突出了与优异表现相关联的特征及行为，将有关人的特征和行为等级的分析结果作为分析依据，这一思路明显地体现在胜任特征模型构建的问卷调查阶段。职位说明书是胜任特征模型建立的基础，在这里我们把目前国际通用于职业分类和工作分析的 O^*NET 问卷用于胜任特征模型建构的问卷调查阶段，继而为后面的选拔、培训、职业发展规划和薪酬设计等人力资源管理措施提供评价标准依据。

3. 人员选拔

"水下冰山"部分的社会角色、自我认知、特质和动机等鉴别性胜任特征的要求是难以评估和培养的，应该成为选拔中的淘汰标准。开发基于胜任特征的选拔标准，通过评价中心对于动机、特质等因素的评价，更有利于从求职者中选拔出优秀者来。

4. 薪酬设计

薪酬设计需要解决公平问题，包括外部公平（即人才市场回报水平的相互比较带来的公平感）和内部公平（即企业内部不同层级人员的相互比较带来的公平感）的问题。而基于胜任特征模型的薪酬评价和管理体系则能较好地解决上述问题。如目前 Hay Group 和 CRG 公司的薪酬模式就体现了胜任特征模型在薪酬设计中的指导作用。

5. 绩效管理

绩效管理的目的在于最大可能地发挥人的潜能，促进员工创造最高的绩效，使员工和组织双方均得到发展。基于胜任特征模型的360度反馈评价成为当前绩效管理变革的关键手段。超越与绩效工资挂钩的多侧度行为评价成了推动绩效管理人性化的有效手段。通过这种评价获得的多侧度信息对于被评价者的反馈使受评价者更能理解管理者的真实意图，获得合理的反馈和发展的建议的员工会更加主动地参与企业文化的建设。[11,12]

6. 员工培训

以培训对象所需的关键胜任特征为培训大纲的设计依据，增加了培训的有效性，特别是表现在增强受训者适应未来环境的能力和发展潜能方面。这类课程主要包括改善业绩的动机优化课程（Managing Motivation for Performance Improvement）、领导风格评价（Leadership Style Assessment）、组织改善课程（Organizational Improvement Program）和绩效管理课程（Performance Management Program）等体现管理者通用胜任特征模型的课程以及压力管理（Stress Management）和合作性团队模型（Cooperation Leaning Model）等突出危机应对、合作沟通等的课程。

7. 职业发展

人在不同发展阶段职业生涯发展的影响因素不同，组织的管理措施有异，把握了各职位的胜任特征要求就能形成相对可行的职业指导方案，达到员工个人发展和组织的和谐发展的双赢目的。

8. 变革创新

"变者生存，适者生存"，变革时期的领导应该具备什么心理品质？变革型领导的结构表明，德行垂范、愿景激励、个性化关怀和智能激发等胜任特征是其关键组成要素。创新是企业保持核心竞争力的关键。近年来，我们提出和谐社会健康型组织（Healthy Organization）建设的构思，并把健康型组织的主要功能归纳为正常的心理状态、成功的胜任特征和创新的组织文化三方面，其中，强调创新的组织文化，既强调了组织的胜任特征模型的重要性，也强调了组织文化在激发创新中的作用。

三　基于胜任特征模型的蒙牛总裁招聘

（一）背景介绍

蒙牛集团于 1999 年创立，作为乳业的后起之秀，蒙牛以出色的战略决策和营销实现了快速的增长。2004 年 6 月，中国蒙牛乳业有限公司在香港上市。企业进入"二次创业"阶段，正逐步进入国际化道路，实现"蒙牛—中国牛—世界牛"的发展。蒙牛的创始人现任总裁牛根生先生根据集团发展的需要，将于 2006 年辞去集团总裁之职，仅保留董事长职务，以集中精力于集团的发展战略。集团面向全球公开招聘总裁，领衔蒙牛集团的未来发展。

报名参与总裁竞聘方面，有 64 名外部人员、4 名内部人员参与应聘。经过前期的筛选，共有 7 名人员进入测试环节。测试环节主要采取评价中心技术。外聘专家组基于蒙牛的发展战略和对总裁的胜任特征模型的分析，决定采用评价中心技术进行选拔，为此编制完成了公文测试、职业人格测试、结构化面试和情境评价测试系统，并最终通过对 7 名应聘者的综合测试，顺利完成了蒙牛集团总裁的中期选拔工作，并形成了招聘建议。

（二）目的与意义

在蒙牛国际化的进程中，重要的是积极地"走出去"，这种全球观会给蒙牛带来全球化的思维方式和进步。从这一点上看，蒙牛全球招聘总裁的象征意义远远大于实际意义。如何有效地形成招聘体系不仅关系到招聘结果，也将直接关系到企业能否保持优良的员工素质和合理的结构，这对蒙牛来说是至关重要的。在管理学中有一条"总裁定理"，意思是企业最高领导人的水平决定了企业发展的上限，如果企业领导人的素质不高，将会制约企业的成长。所以此次蒙牛集团总裁的公开招聘对于蒙牛进一步的持续健康发展具有重大现实意义。

基于胜任特征模型的人力资源开发是对传统职务分析技术的发展和完善，它更能为人力资源各环节的顺利实施提供结构要素及其相互关系的依据。在蒙牛总裁公开招聘的测试阶段，蒙牛集团人力资源部在中国科学院时勘博士课题组的协助下，基于蒙牛集团胜任特征模型和核心竞争力的前期研究，获得了蒙牛集团总裁的胜任特征模型，并在此基础上形成了完善的测评系统。

（三）总体设计流程

基于胜任特征模型的蒙牛全球招聘总裁研究分为八大阶段，总体流程如图3所示。

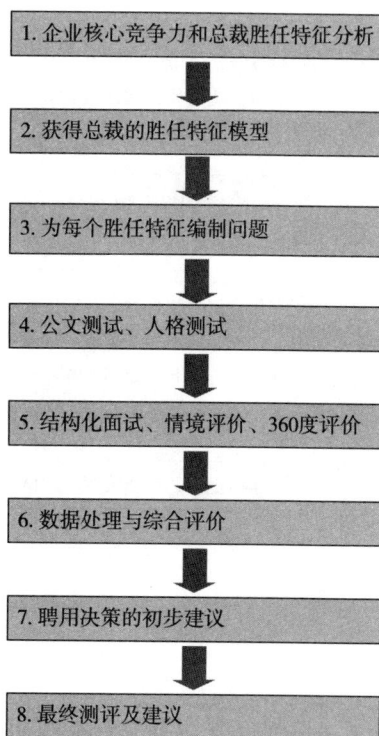

图3　研究的总体设计流程

四　总裁招聘胜任特征的构建与应用

（一）总裁招聘胜任特征模型的构建

在蒙牛集团管理人员胜任特征前期研究的基础上，结合对于企业发展战略以及蒙牛集团核心竞争力的分析，考核组确定了蒙牛集团总裁的胜任特征模型。具体见表2。

表2　蒙牛集团总裁胜任特征模型

知识与相关经验	专业知识、相关的管理经验
心理层面	人格因素
胜任特征模型	
判断决策能力	在决策时能够在选择某种决策之前，权衡出各种替代决策的优势或缺陷，在一些可以替代的决策中做出理性选择，并基于现有信息和合理假设，做出更符合逻辑的决定。决策过程体现出果断、科学以及对结果的预测能力
过程管理能力	把对员工或者中层管理者等关键岗位的结果和过程的管理结合起来，能采取一定策略分解长期目标，并保证管理过程中及时对员工进行指导和监督
资源整合能力	体现为在全面把握信息的前提下，基于投入与产出，认真分析潜在利润、投资回报或进行成本收益分析。在不确定的情况下，运用巧妙方法，使用内外部资源来提高工作绩效，并能尝试新途径和方法，达到预期目标（如开发新产品和服务、进行反方向的经营），在敢于冒险的前提下，采取有效行动规避风险，达到目标（如提前评估顾客的数量等）
危机管理能力	指面对危机事件时，能对事件发生、发展的原因进行分析，及时针对核心原因采取有效的应对策略，并对策略的可行性和结果进行准确的预测。管理过程中体现出敏感性、灵活性
华商价值观	华人企业家所独有的，对于中华文化价值观和哲学传统的信仰和认同。具体表现为尊重儒家文化、倡导德行垂范等集体主义的价值取向，比如尊崇孔孟儒学，敬佩毛泽东、邓小平等领袖人物的风范；表现出立国为公、关心社会公益事业、热心福利事业等行为
人际关系因素	容纳、情谊、控制
其他关键因素	主动进取、组织承诺、系统思维、学习能力、优化流程、团队领导、变革管理、创新能力、发展关系

（二）测评系统的设计

本测评系统包括公文写作（包括述职报告和文件筐测试）、职业人格测试、结构化面试、情境评价、360度测试五部分。

1. 公文写作

（1）公文写作采用笔试完成，测试时间为2小时。考察三方面内容：①岗位基础：应聘岗位的主要职责和工作目标的基础。②任职准备：应聘者报告的对于自身能力的看法和上岗工作的心理准备、对自身的认识，以及未来工作的打算。③文件处理能力：通过文件筐测试来完成，测试包括10个需要处理的文件，主要考察应聘者处理信息的能力以及处理过程中所表现出的对问题的判断能力、领导决策、授权，以及对工作的关注重点。

（2）测试的能力要素。最常见的考评维度有七个，即个人自信心、企业领导能力、计划安排能力、书面表达能力、分析决策能力、敢担风险倾向与信息敏感性，也可按具体情况增删，如加上创造思维能力、工作方法的合理性等，总的来说，是评估应聘者在拟予提升岗位上独立工作的胜任特征。

（3）评价要点。包括：是否每份文件都看过，并做了相应批复；是否利用了各种文件所提供的信息；能否分清轻重缓急，有条不紊地处理这些文件；对问题的判断是否得当，处理办法是否合理；是否依据文件所提供的事实进行判断和决策；是否恰当授权；是关注大局还是拘泥于细节。

2. 职业人格测试

职业人格测试采用笔试完成，测试时间为15小时。职业人格测试会在结构化面试和情境测试的基础上，从人格方面提供一个参照标准。

（1）职业人格描述。

人格是对人自身的个性特征的总体描述，是不同于他人活动特征的稳定态度和习惯化的行为方式。如果一个人所从事的工作与其人格（性格、气质）不相适应就会导致在工作中产生不愉快或不满足；反过来，这些情绪又会影响工作本身的效果。

根据霍兰德的职业人格理论和我国心理学家的研究结果，可把职业人格划分为常规型（C）、现实型（R）、研究型（I）、管理型（E）、社会型（S）、艺术型（A）六种类型。

（2）职业人格分析程序。

第一，艺术型与常规型、现实型的全距是否较大；若太小，则测试结果不可靠。

第二，将得分最多的三种人格类型依次排列，作为被测者人格类型，并综合起来解释。

第三，针对最低得分的人格特征提出问题，最后提出咨询意见。

（3）结构化面试。

采用团体测试方法，由小组成员按照设计的测评材料和标准，对被测试者进行不同方面的评分。通过结构化面试主要考察蒙牛集团总裁职位所需要的核心胜任特征，具体包括判断决策能力、过程管理能力、资源整合能力、危机管理能力、华商价值观等几个方面。

（4）情境评价。

采用团体测试方法，由两个4人小组的情境互动来完成，有两个情境评价的材料。材料1为《海上遇险》，材料2为针对指导式管理和参与式管理两种管理方式哪种更适合蒙牛目前发展的辩论。考察参与者在互动情境中的人际适应特征。其测试因素分别为容纳、情谊、控制。每一因素又分为两个方面：主动表现者和被动期待别人的行动者。这六种评价标准的操作性定义是主动容纳、被动容纳、主动情谊、被动情谊、主动控制、被动控制。

3. 360 度评价

360 度反馈评价可称为多源评估或多评价者评估，在此模式中，评价者不仅仅是被评价者的上级主管，还可以包括其他与之密切接触的人员，比如同事、下属、客户等，同时包括管理者的自评。在和蒙牛人力资源部商谈的基础上，本次使用的 360 度反馈评价问卷包括 9

个胜任特征，即主动进取、组织承诺、系统思维、学习能力、优化流程、团队领导、管理变革、创新能力、塑造关系。

（三）测评系统参评人员及评价方法

（1）参评人员。参与评价的人员为此次招聘小组的全部人员。

（2）评价方法。为了更加充分地反映各候选人的胜任特征，从两个角度报告评价结果：专家小组、评估小组所有成员。其中，现任总裁的评估为公司内部评价的均分。

（四）分值的权重分布和评分等级

基于胜任特征的前期研究以及对蒙牛核心竞争力的分析，我们提出了蒙牛总裁的胜任特征模型，并确定各项目分值所占的权重及评分等级。

五　测试的实施过程及结果评价

（一）测试实施前的准备

为保证实施的效果，我们在实施前对考场的环境要求、材料准备、人员准备等方面做了周密的安排。

（二）测试实施

（1）公文测试、人格测试。其中述职报告 30 分钟，公文筐测试 2 小时，人格测试 30 分钟。参与人员为 7 位应聘者、蒙牛管理人员、中科院心理所人员。

（2）结构化面试。每人 60 分钟，参与人员为面试考官、应聘者、服务人员。

（3）情境测试。参与人员为面试考官、应聘者、服务人员。

（4）360 度评价。参与人员为面试考官、应聘者、服务人员。

（三）测试结果及分析

从总分来看，无论是专家小组，还是评估小组全部人员，在对候选人的排序上不存在任何的差异。按此结果，选出了前三名。同时，为了更加清晰地反映候选人在各胜任特征上的差异，以及各候选人与现任总裁的对比，我们使用折线图对评估结果进行了深入分析。

（四）初选综合评价与建议

根据对整个招聘结果的系统分析，我们对每位候选人提出了综合评议和建议。

六　最终测评及建议

（一）测评考核要素的构建

在本环节的测试中，采用面向蒙牛集团管理层公开演讲的方式对进入本环节的候选人各方面的要素进行考察。招聘项目组根据蒙牛集团总裁胜任特征模型与上一环节的考察要素及候选人表现，选择战略性/预见性、重大事件的决策能力、行业基础背景/资源整合能力、表述的可信性/构思的说服力、现场应对/局面把控能力五个方面的要素作为此次考察的重点，且每个要素赋值20分。

（二）测评实施

通过40分钟的面向蒙牛集团管理人员的公开演讲及评委10分钟的提问，对候选人的战略性/预见性、重大事件的决策能力、行业基础背景/资源整合能力、表述的可信性/构思的说服力、现场应对/局面把控能力五个方面的要素进行了测试。

（三）最终测评结果及分析

我们对候选人进行了各素质维度综合对比分析，从而得出了最后的结果。

（四）候选人的综合评价结果及建议

综上所述，结合蒙牛集团总裁招聘前几环节的测试情况，某先生的表现最为优秀，我们认为某先生是最符合蒙牛集团总裁任职需求的候选人。因此，建议蒙牛集团聘请某先生担任集团总裁，并提请董事会批准。

七　胜任特征模型理论探讨

（一）胜任特征研究领域的问题与争议

胜任特征从诞生开始就是一个饱受争议的概念，一直与素质、能力等相关概念纠缠不清。实证性数据不足也是胜任特征研究面临的一个大问题。直到 1989 年，英国四个著名公司应用胜任特征方法来增强招聘、选拔、评估管理等人力资源战略，才开始有论文对胜任特征进行集中讨论，因此学术研究来源很少。从实践上来说，由于产权问题，胜任特征建模的某些核心工具无法公开，也限制了胜任特征研究的进一步发展。

有的学者还认为，胜任特征模型法与工作分析没什么区别（Sanchez，2000），然而这些批评和质疑并不影响胜任特征模型在实践中被越来越广泛地应用。许多世界著名的公司和组织都运用胜任特征模型，使之成为一个有力的人力资源管理工具。实际上，胜任特征研究本身的实践性意义要大于它的理论性意义。作为一个不断发展和完善的理论，胜任特征还有许多问题等待我们探索。

（二）胜任特征模型发展方向展望

国内现在逐渐有部分学者和实践者在尝试着建立各种职业、职位的胜任特征模型，但是，在建模过程中存在着两难境地：要么为了做到简单、省事，而难以兼顾建模过程的科学性和客观性；要么固于定量研究，过分追求数据统计技术的应用，增加建模难度或遗漏重要信息，从而影响到胜任特征模型的应用与推广。

虽然日前胜任特征模型仍只是与工作分析一样，被看作人力资源管理的一项有效方法或手段进行研究与应用，但是组织胜任特征正是所有个体胜任特征的整合和表征。通过个体胜任特征的发展，建立组织胜任特征，帮助组织获得竞争优势，也是管理实践发展的必然趋势。

未来的公司将强调培养员工的个人专长，认识到提高员工技术和专长是公司发展的必要前提，招募和培养人员不再是维持企业运营的一般职能，而是组织获得竞争优势的核心，是组织区别于其他对手的关键。

八　结束语

胜任特征模型虽然是产生于西方心理学的一个概念，但是，将它引入国内人力资源管理的理念体系之后，较好地与我国社会经济转型时期的人力资源管理结合起来，并适应了我国经济高速增长的需要，在整个人力资源开发模式中发挥了至关重要的作用。今后，我们将继续努力，把基于胜任特征模型的人力资源开发模式的理论和实践探索深入下去，总结提炼出更加适合我国经济发展和和谐社会建设的理论和方法，为提高我国人力资源管理和开发工作的效率服务。

参考文献

［1］时勘 . 人力资源开发的心理学研究概况［J］. 管理科学学报，2001，4（3）：30-35.

［2］时勘，卢嘉 . 管理心理学的现状与发展趋势［J］. 应用心理学，2001，7（2）：52-56.

［3］McClelland，D. C. Testing for Competence Rather than for Intelligence［J］. American Psychologist，

1973 (28): 1-14.

[4] Spencer, L. M. Competence at Work [M]. John Wiley & Sons, Inc., 1993.

[5] 仲理峰, 时勘. 胜任特征研究的新进展 [J]. 南开管理评论, 2003, 6 (2): 4-8.

[6] 时勘, 李超平. 领导者胜任特征评价的理论与方法 [J]. 人力资源开发, 2001 (5): 33-35.

[7] 时勘, 王继承, 李超平. 企业高层管理者胜任特征模型评价的研究 [J]. 心理学报, 2002, 34 (3): 306-311.

[8] 仲理峰, 时勘. 家族企业高层管理者胜任特征模型评价研究 [J]. 心理学报, 2004, 36 (1): 110-115.

[9] 王重鸣, 陈民科. 管理胜任力特征分析: 结构方程模型检验 [J]. 心理科学, 2002.

[10] 时勘, 侯彤妹. 关键事件访谈的方法 [J]. 中外管理导报, 2002 (3): 52-55.

[11] 时雨, 张宏云, 时勘. 360 度反馈评价结构与方法的研究 [J]. 科研管理, 2002, 23 (5): 124-129.

[12] 王永丽, 时勘. 上级反馈对员工行为的影响 [J]. 心理学报, 2003, 35 (2): 255-260.

Recruitment based Competency Model
—Theory and Practice of Recruiting CEO of Mengniu Group

Zhang Wen   Shi Kan

Abstract: With the rapid changing of the market circumstance and the fast renovating of the knowledge, the formation and enhancement of the core competition of enterprises increasingly dependent on human resources. At present, building human resource management system based on competency model has already become a common understanding of managers. Firstly, the paper clearly and strictly defines the competency model. Secondly, it explicates how to construct the competency model. Thirdly, it focuses on clarifying the two methods of building competency model and demonstrates how to test its validity. Further more, taking the recruiting CEO of Mengniu Group as an example, the paper illustrates how to apply competency model in recruiting, which includes model design, systematic tests, integrative assessments and so on. Finally, the paper analyzes the problems and challenges to which the competency model researches faced, and further points out the future development orientation of competency model.

Key words: competency model; BEI; mengniu group; recruiting CEO

健康型组织建设的思考*

时　勘　郑　蕊

【编者按】2004年，我以科研助理的身份加入了时勘博士课题组。来课题组之初，我一直很踌躇，一方面要完成课题组的各项事务性工作，另一方面也希望能够进一步找机会攻读博士学位。我本以为这个阶段会很漫长，然而，在时老师多次鼓励和督促下，我坚定了尽快完成学业的信念。2005年，我通过了博士生考试，正式成为课题组科研团队中的一员。在博士就读期间，我主要师从时勘老师完成社会风险识别与社会预警方面的工作。时老师充沛的工作热情、勤奋的工作态度、对于重大学术问题的把握能力和实干精神都给我留下了深刻的印象。时老师在学业上对我谆谆教导，帮助我构建了对于社会风险与预警的研究思路，引导我接触了众多的研究和实践机会，认识了各个学术领域的前辈，并促使我走向更高的学术发展阶梯。在此，我也要一并感谢李纾、牛文元、顾基发和唐锡晋等各位老师在我准备博士论文期间给予的诸多帮助。这篇《健康型组织建设的思考》也是在和谐社会建设方面的理论探讨，健康型组织的概念旨在从各个方面提高组织的管理水平。从组织成员的角度，它表现在创造良好的工作环境、劳动关系，保障和促进员工的心理健康，通过系列的人力资源管理策略和文化建设，提升员工生活质量以及适应变革和未来发展能力。从组织整体的角度，它表现为组织向社会提供高质量的产品和服务；提高组织运作效率，增加组织的市场价值；不断提升组织的学习和创新能力，以应对不确定的市场环境；同时，组织对社会也承担起更多的责任。我这些年先后主持国家自然科学基金青年基金项目"非风险中心区个体风险知觉偏差的机制探索"和中国科学院心理研究所青年基金项目"城市化进程中民众地区认同及其影响因素研究"，先后在国内外期刊发表学术论文。在完成管理事务方面，时老师也在为人涉世方面给我以各种建议，让我逐渐熟悉了科研管理的各层面需要注意的问题。如今，我已经毕业十年有余，回首在课题组中的生活，我时常感慨博士期间的工作和学习经历不仅让我在科研学术上受益匪浅，也让今天同样在带硕士生和博士生的经历中去更深地理解该如何成为一位合格的导师。（郑蕊，中国科学院心理研究所2005级博士生，研究助理，中国科学院心理研究所　副研究员）

摘　要： 健康型组织包括正常的心理状态、成功的胜任特征和创新的组织文化三方面，本文从健康型组织、健康型社区和健康型社会建设三方面入手，对和谐社会的健康型组织建设进行了详细阐述。最后，提出了实施健康型组织建设的几点建议。

关键词： 和谐社会；健康型组织；压力管理；胜任特征；创新文化

---

*　国家自然科学基金项目"公共危机事件中民众的社会心理行为预警模型及管理对策"（70573108）。

一　健康与健康型组织

(一) 心理健康与和谐社会

关于健康的概念，世界卫生组织（WHO）1948 年就在其成立宪章中有明确的阐述："健康是一种在躯体上、心理上和社会上的完美状态，而不仅仅是没有疾病和虚弱的状态"（WHO，1948）。也就是说，健康是躯体、心理和社会功能三个方面的统一体，而心理健康是人类社会整体健康不可分割的关键部分，依据 WHO 成立宪章的概括，人的健康包括积极的心理健康状态、有效的生活应激和恢复、卓越的工作成效和宽松、创新的组织文化，并能对社会做出贡献等方面。

那么，和谐社会与心理健康之间存在着什么关系呢？从"和谐"二字的中文构形也可以理解其基本含义。"和"，其左边的是"禾"，禾苗可以长粮食和长棉花，右边是"口"，表示要让每一个人有饭吃、有衣穿；"谐"，其左边是"言"，表示言论的自由，右边是"皆"，表示人人应该有发表自己意见的权利和自由。其实，从一个人到他所在的团队、组织，以至于社区、整个社会，如同人体的健康一样，也应该有好坏之分，所以完全可以把用于解释个体心理健康的概念引入到对于组织乃至社会、自然环境的和谐层面上。因此，完全可以把健康作为整个和谐社会建设的质量标准，从个体、群体、组织和社会、自然环境等多层次，系统探索我国社会经济转型时期的和谐社会建设的机制问题。

(二) "健康型组织" 概念的提出

如前所述，基于发展和稳定的需要，中国共产党提出了科学发展观的思想，这必然会带动全社会关注身心健康、劳动关系、和谐发展等变革与发展中的长远问题。而处于经济高速发展中的组织自身，客观上也具有维系其稳定性和持续性的管理需求。目前解决问题的关键是，如何寻求到我国转型时期和谐社会建设的关键切入点，这需要从哲学的高度进行更为系统的思考。

自改革开放以来，我国经济取得了令人瞩目的高速增长。目前，世界各国管理学者都对中国改革开放带来的经济成功的原因表现出很大的研究兴趣，我国有自己独特的文化传统，目前尚处于从计划经济向市场经济全面转型的特殊时期，在管理制度方面也有着完全不同于西方文化的特点。作为中国学者，更有责任来探索其中的规律，形成具有中国特色的管理理论来解释周围发生的现象。我们认为，学习型组织已不能完全概括中国企业成功的因素。近年来，组织行为学研究领域出现了组织健康（Organizational Health）的新概念。依据该概念，一个组织、社区和社会，如同人体健康一样，也有好坏之分。其衡量标准是：能正常地运作，注重内部发展能力的提升，有效、充分地应对环境变化，合理地变革与和谐发展（Matthew Miles & Fairman）。此外，在组织行为学界，针对社区、企业也提出了一系列有关健康的标准，比如，关注目标、权利平等、资源利用、独立性、创新能力、适应力、解决问题、士气、凝聚力、充分交流 10 项指标。我们认为，这些指标不仅适用于企业，也适用于社区甚至一个更大的区域。

二　健康型组织建设的内容

我们将根据健康型组织建设的三个方面，即正常的心理状态、成功的胜任特征、创新的组织文化，来阐述健康型组织建设的内容。

（一）正常的心理状态

1. 心理行为的健康指标体系

建立心理行为的健康标准体系是构建和谐社会的基础和评价依据。我们认为，通过评价指标体系的导向作用，将引导组织的健康发展和人力资源的合理布局，促进和谐社会的建设。心理行为的健康指标体系应该包括民众心理行为指标体系、管理者心理行为指标体系、组织心理行为指标体系、社区民众心理行为指标体系和社会环境心理行为指标体系。对于民众而言，健康意味着懂得适应外部世界的各种变化，如自然环境的变化，维护生态平衡，适应社会经济转型时期的各种变化，并通过不断学习和职业生涯规划，解决好工作—学习—家庭冲突，达到和谐发展之目的；对于领导干部而言，健康意味着科学、理性地决策，遵循大自然的客观规律，在决策中适应客观规律，建构人与自然的和谐环境，以提高自身的执政能力，使决策更能代表广大人民群众的根本利益；对于社会中不同层级的组织，要研究影响各层级健康型组织形成的影响因素；对于整个国家而言，健康则意味着人力资源系统在全社会范围内的合理布局与有效调控。最终形成健康型组织、健康型社区和健康型社会的评价指标及其促进机制，多层次心理行为健康指标体系的建立将为建设和谐社会奠定理论和方法学基础。

2. 员工援助计划

早在 1917 年，美国企业就开始提供员工援助计划（Employee Assistant Program，EAP）的支持，以提高工作绩效。R. M. Macy 公司和北洲电力公司最早意识到了对 EAP 的需要，并建立了 EAP 服务体系。在 20 世纪 40 年代，大多数的 EAP 服务主要是针对当时一些企业白领员工的酗酒问题，还专门建立了职业酒精依赖项目（Occupational Alcoholism Program，OAP），这可以视为员工援助计划的雏形。对 EAP 的大量应用始于 20 世纪 60~70 年代，1972 年，酒精滥用和酗酒联邦研究所职业项目办公室提供的联邦资助数量得到了很大提高。

EAP 员工援助计划是一项为工作场所中个人、组织提供咨询的服务项目，它帮助管理者识别员工所关心的问题，这些问题可能会影响到员工的工作表现，甚至影响到整个组织的业绩，咨询专家会为此提出解决问题的方案。员工援助计划的服务包括个人生活、工作问题和组织发展三方面内容：个人生活方面涉及健康问题、人际关系、家庭关系、经济问题、情感困扰、法律问题、焦虑、酗酒、药物成瘾及其他相关问题；工作问题涉及工作要求、工作公平感、工作关系、欺负与威吓、人际关系、家庭/工作平衡、工作压力及其他相关问题；组织发展涉及的与组织发展战略的服务项目，比如能给组织带来一定的效益，需要通过组织措施、系统的人力资源管理方法，使组织能够从员工援助计划中获得最大益处的服务计划，比如组织变革过程中员工对于裁员的适应等，这些援助计划完全是根据组织发展的要求来进行量身定制式的设计的。一些研究结果表明，员工援助计划的开展可以有效地提高工作绩效、工作满意度和组织承诺，并降低离职倾向（Wolfe，1994；Degroot，2003）。

随着现代社会形态的急剧变迁，现代人们的物质生活虽然越来越丰富，但是精神生活却令人担忧。徐安琪（2003）对上海地区的调查表明，从社会或单位获得的教育、就业、住房、医疗等保障和福利的明显削减，子女教育和老人赡养成本的急剧上升，社会竞争的不断激烈以及生活节奏的不断加快，导致亚健康人群日益增多。针对于此，在全社会范围内进行员工援助计划和压力管理，将能够更有效地防止亚健康状态的扩展。目前，员工援助计划已经开始在国内推广，但是，由于其源于西方文化和管理制度，对于集体主义导向、处于社会经济转型时期的中国，EAP 的实施还需要经历一个适应本地文化的过程。

3. 医学康复与职业康复

工伤康复与工伤补偿、工伤预防三者是国家《工伤保险条例》的三大宗旨。工伤康复包括两方面的康复：医学康复和职业康复。医学康复致力于最大限度地提高工伤职工的身体功能和生活自理能力；职业康复则致力于恢复伤者的职业劳动能力。过去，我国的工伤保险工作主要关注工伤预防与工伤补偿，对于工伤康复，特别是患者的心理康复和职业康复比较忽视。从和谐社会建设的角度来看，仅仅关注医学康复是不够的，因为那些工伤者如果不能获得再就业机会，随着时间的推移，他们将成为全社会最为贫穷的阶层，这样，就会成为给社会带来不稳定因素的一部分人群。

在我国现阶段的工伤康复管理中，为了弥补以往对患者职业康复、心理康复的忽略，政府及社会保障机构的管理者要从和谐社会建设的高度，重视工伤康复中职业康复的经费投入，加强社会舆论的引导，建立以预防、职业康复、重新就业为主体的工伤康复模式。要加强工伤康复的理论和应用的研究工作，强调多学科的配合，特别要重视工伤康复中心理辅导对于患者恢复的作用。另外，要加强对于社会保障系统中从事工伤康复工作人员的队伍建设，健全工伤康复人员的职业资格认证制度，在全社会普及工伤康复的理念。此外，还要加强工伤康复基地的建设，不仅通过这些基地为伤者生理健康的恢复提供支持，还要通过职业康复训练，使他们实现再就业，并根据地区差异，探索工伤康复中心建设的多种模式。

4. 压力管理

由于生活节奏越来越快，人们的工作压力也越来越大，可以说，我们进入了一个情绪多变的时代，它要求人们及时进行自我调整，以便适应新的生活环境。面对这种计划赶不上变化的外部环境，人们不知道如何去应对，从而造成不良的后果。工作压力影响人的身体和心理健康，更影响工作效率。英国的一项研究显示（Cooper & Cartwright，1997），精神健康的问题导致英国每年近八千万工作日的损失，这相当于 37 亿英镑的价值（US3 billion in the US）。另一项调查结果表明，跳槽现象导致中国香港商界的损失高达 39 亿港元，直接削弱了中国香港地区与其他地区的竞争力。可见，工作压力状况不仅直接地影响着组织的生产力及利润，而且间接地影响到国民生产总值。因此，工作压力管理已经成为人们必须面对的尖锐问题。

压力主要是由于工作和生活而产生的一些消极后果的反应，其中包括了主观幸福感和满意感减弱或下降、身心健康问题；而在行为上的转变主要表现为注意力低下、生产力下降、工作安全出现问题。其后果是以上各反应均可演变为旷工、缺席和跳槽，从而最终危及个体的身心健康。一些研究还表明，社会的高速发展和人际竞争的加剧造成的工作和生活压力是个体亚健康状态的主要原因之一。因此，对压力的有效应付与管理是在建构和谐社会过程中务必要充分重视的问题。

组织中的压力管理可以分为三个步骤来开展：①进行事前的调查和诊断。目前，我国已经有了专门的压力管理咨询服务。该项服务多采用"工作生活平衡及压力管理"咨询的方法，包括深度访谈、团体焦点访谈和问卷调查，以及与工作主题专家（SMEs）进行访谈和团体焦点访谈，以了解个体的职业压力状态和工作/生活平衡状态。②咨询服务工作的推动。社会如何推动工作生活平衡及压力管理主要通过维持生活平衡来管理压力呢？首先，要找出员工的心理需求，然后制定出相应的政策，通过宣传将改变现状的管理措施，扩大计划的实施范围，提醒人们了解对于管理层、员工进行工作生活平衡、压力管理方法的重要性，并应用于工作和生活的实践。在这里，组织管理层的态度至关重要，要求他们不断支持和鼓励员工去主动适应环境，通过不断评估自己的工作生活现状，找出应对、调试的方法。此外，还应该向管理层提供相应的培训，使他们掌握正确的工具、技巧和方法，推动公司的某些工作生活平衡方法及压力管理的措施。③在压力管理的最后一个阶段，就要设计出量身定做的咨询服务。具体的内容包括工作压力现状诊断、工作压力管理训练，并根据学员情况提出改进措施，这些措施主要在组织内部环境进行。比如，在单位设置幽默角，收集趣闻、笑话，要求与周围的人们共享这些快乐，以缓解压力等。通过这样的咨询服务，可以真正降低员工所感知到的工作压力，使焦虑症状有所减轻。

5. 工作—家庭冲突

工作—家庭冲突问题是 20 世纪 60 年代以来组织行为学研究者越来越关注的问题之一，能否处理好工作和家庭之间的关系，对于个人身心健康、家庭功能、组织效率和社会和谐发展都具有重要的意义。工作家庭冲突是指当来自工作和家庭两方面压力出现难以调和的矛盾时产生的一种角色交互冲突。也就是说，由于工作任务或者工作需要，使人们难以尽到对家庭的责任，或是因为家庭负担过重，影响工作任务的顺利完成。

以往的研究表明，工作—家庭冲突作为一种压力源，也会带来很多消极的影响，尤其是对于有子女的员工造成诸多生理和心理上的不适症状、工作效率低下、态度倦怠、缺勤和离职、士气受挫、生活质量以及精神健康水平下降等情况。我国正处于社会经济转型的关键时期，随着全球化、信息化带来的工作节奏加快，员工的工作—家庭冲突问题将会越来越突出。但是，与国外逐渐实行的部分工作日制、弹性工作时间等家庭友好政策相比，国内企事业的女性员工的生育照顾、员工幼年子女医疗和教育费用的少量补贴等家庭友好政策仍然停留在初级阶段。因此，开展工作—家庭冲突及其作用机制的研究，对员工工作和生活质量的改善、组织长期竞争力的提高，以及新型的人力资源管理政策的产生，都会产生有益的影响。

陆佳芳等（2005）采用文献研究、访谈和问卷调查等方法对来自全国 11 个高收入城市的 107 对夫妇（家庭有高中以下孩子、夫妻都有全职工作且双方至少有一位是管理者）进行了访谈和问卷调查，综合采用多种统计分析技术得到研究结果。研究发现，我国双职业家庭所经历的工作—家庭事件可以归类到角色负荷、角色冲突、角色渗溢和角色交错 4 个大的类别。研究结果还表明，国家政策、经济体制的特点是影响我国管理者夫妇所经历的工作—家庭事件的独特因素之一。在解决工作—家庭冲突事件中，相对于独立和竞争的目标依存关系，当事人与交涉者之间营建合作的目标依存关系会更有益于事件得到高质量的处理结果、维系人际关系，并能够增强当事人对于将来工作和家庭生活的信心。夫妻的综合策略对于减轻工作—家庭冲突，特别是家庭—工作冲突有显著的独立贡献。而性别、夫妻事业发展对比和家务分工等家庭结构变量对于这个过程有调节作用。组织政策、支持性上司和支持性同事等组织场景因素有助于提高员工感受到的工作助益家庭、家庭助益工作、工作满意感和组织承诺水平。工作和家庭的相互助益能够部分中介组织政策、支持性上司和支持性同事对工作满意感的积极作用。我们的研究发现，合作和竞争理论对于我们理解工作—家庭冲突事件同样有效，未来研究者可以尝试把其他的冲突理论框架引进到工作—家庭问题的冲突管理中来，以进一步丰富工作—家庭冲突的应对理论。

6. 组织变革与裁员管理

建立一套具有中国特色的劳动关系协调体系，是世界经济一体化对于向市场经济过渡中的我国劳动保障体系建设的基本要求。目前，随着产权关系的多元化和劳动关系市场化，在企业追求利益最大化的同时，劳工关系问题甚为敏感。因此，需要对组织内员工利益与公司利益之间的协调机制进行探索，还需要对组织变革中的劳工关系，特别是裁员、失业等问题进行审慎的探索，为政府和企业的社会保障政策的制定提供理论依据。由于国际经济竞争日益加剧，企业要在极其复杂、变化剧烈的环境中生存和发展，必须不断地进行组织变革，这必然会涉及组织结构的调整、组织减员、员工失业和再就业等问题。变革在给组织带来发展契机的同时，也会为员工带来恐惧、不安等负面的心理反应。任何企事业单位都是社会不可分割的单元，企业变革和裁员带来的问题，必然会波及家庭、社区甚至整个社会，因此，组织变革的管理效能如何，也直接关系到和谐社会的建设。所以，为了保障组织平稳发展，在实施变革的同时，领导者应特别关注信息沟通的对称性、变革的渐进性，通过与各类员工多层次地沟通、让员工参与变革的设计过程、随时提供支持与指导，把变革的阻力和对员工的伤害降至最低。同时，政府也应采取更好的社会福利政策和培训支持，帮助失业人员尽快适应社会，重新找到适合自己的职位。这样做的理由是，组织裁员的消极影响不仅波及失去工作的失业者或者转岗人员，对于留岗人员的消极影响也不容忽视（时勘等，1998）。

（二） 成功的胜任特征

1. 什么是胜任特征

建立胜任特征模型（Competency Model）是人力资源管理与开发理论和方法的基础。作为一个现代化的组织，建立基于胜任特征模型的人力资源管理体系，已经成为现代人力资源企业高层管理者的共识。对于胜任特征存在着多种翻译，首先需要区别的是 Competency 和 Competence，前者指与优异绩效有因果关联的行为类型和心理属性，而后者指必须做的事情及其标准。

胜任特征（Competency）是指"能将某一工作（或组织、文化）中有卓越成就者与表现平平者区分开来的个人的潜在特征：它可以是动机、特质、自我形象、态度或价值观、某领域知识、认知或行为技能——任何可以被可靠测量或计数的并能显著区分优秀与一般绩效的个体特征"（Spencer，1993）。这一概念包括三个方面需要考虑的问题：深层次特征、引起或预测优劣绩效的因果关联和参照效标。深层次特征指胜任特征是人格中深层和持久的部分，它显示了行为和思维方式，具有跨情景和跨时间的稳定性，能够预测多种情境或工作中人的行为。我们可以把胜任特征描述为在水中飘浮的一座冰山。水上部分代表表层的特征，如知识、技能等；水下部分代表深层的胜任特征，如社会角色、自我概念、特质和动机等。后者是决定人们的行为及表现的关键因素。因果关联指胜任特征能引起或预测行为和绩效，也就是说，只有能够引发和预测某岗位工作绩效和工作行为的深层次特征，才能够说是该职位的胜任特征。如果一种意图不能引发行为，则就不能称之为胜任特征。参照效标即衡量某特征品质能否预测现实情境中工作优劣的效度标准，它是胜任特征定义中最为关键的方面。一个特征品质如果不能预测什么有意义的差异（如工作绩效方面的差异），则也不能称之为胜任特征。

2. 什么是胜任特征模型

胜任特征模型是指承担某一特定的职位角色所应具备的胜任特征要素的总和，即针对该职位表现优异要求结合起来的胜任特征结构。胜任特征模型主要包括三个要素，即胜任特征的名称、胜任特征的定义（指界定胜任特征的关键性特征）和行为指标的等级（反映胜任特征行为表现的差异）。胜任特征模型的建构是基于胜任特征的人力资源管理和开发应用模式的逻辑起点，在很大程度上，它是人力资源管理与开发的各项职能得以有效实施的重要基础和技术前提（见图1）。

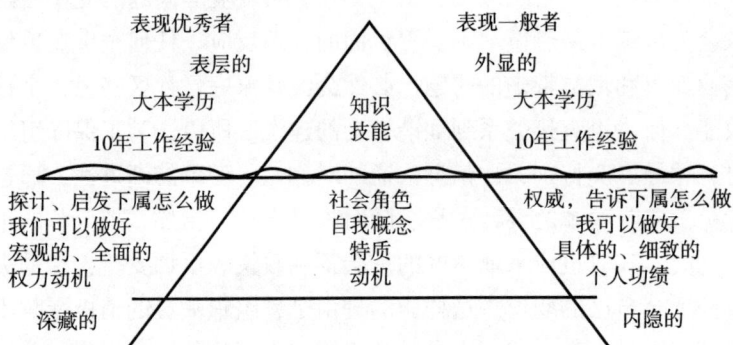

图1　胜任特征示意图

所谓胜任特征模型库实际上就是企业各关键职位胜任特征模型及其用于招聘、培训、绩效评价与反馈、职业生涯发展的管理策略和方法的总和。表1就是对某销售管理职位"客户服务"这一胜任特征模型的说明。可以看到，该胜任特征模型表明了胜任特征的名称（理解和满足客户需要），并对于该定义进行了符合职位具体要求的解释。更为重要的是，从基本合格的行为等级水平1（在客户问题出现后做出反应）到最优秀的表现等级水平7（为客户与组织的长期互惠牺牲短期利益）做了详尽的描述。这样，我们就能清楚地知道，该职位表现平平者和表现优异者在行为水平上的差异究竟是什么。这就为我们选拔、培训、行为评价和反馈，以及后来的职业生涯发展，提供了准确的依据。

表1　理解和满足客户需要的胜任特征模型说明

名称	定义	行为指标等级
理解和满足客户需要	为客户提供服务，有帮助或与之协同工作的意愿，包括理解和满足内部客户、外部客户的需要的主动性和坚持性	水平1：在客户问题出现后做出反应 水平2：主动寻求理解客户问题 水平3：对解决客户问题充分承担责任 水平4：超越客户问题添加服务价值 水平5：理解客户深层需要 水平6：成为客户的忠诚的建议者 水平7：为客户与组织的长期互惠牺牲短期利益

3. 胜任特征模型的应用

胜任特征模型是人力资源管理体系建设的基石，也就是说，要开发适合我国社会经济转型时期的人力资源体系，应该迈出的第一步，就是建立组织的胜任特征模型和关键岗位的胜任特征模型。基于胜任特征模型的人力资源管理和开发主要涉及八个方面问题：战略规划、工作分析、人员招聘、薪酬设计、绩效管理、员工培训、职业发展和变革创新。人力资源领域内的主要工作都可以基于胜任特征模型来进行。

（三）创新的组织文化

1. 理性的管理决策

决策是管理的基本要素之一，是管理的核心。可以认为，整个管理过程都是围绕决策的制定和实施而展开的。Simon（1960）甚至强调指出，决策贯穿于管理过程的始终，"管理就是决策"。如何在激烈动荡的市场竞争和纷繁多变的环境中，制定和执行正确的决策，是组织能否立于不败之地的关键。理性决策包括从发现问题、确定目标、制订方案、收集信息、评价方案、选择最佳方案到实施决策的全过程。在这个过程中，不确定、复杂、冲突的环境因素、时间竞争性、心理因素等是领导决策的关键影响因素。

传统经济学理论的无限理性人假设主张期望效用理论，即效用最大化原则，推崇贝叶斯法则的理性推理，但是，1978年获得诺贝尔经济学奖的Simon提出的有限理性（bounded rationality）理论认为，人的记忆、思维等方面是存在局限性的，这种知识储备空间的有限性约束了人的认知与决策，从而产生认知的巨大偏差；而认知心理学家Kahneman于2002年获得诺贝尔经济学奖的原因，则是在解释、演示这些约束条件上做出了贡献，他在前景理论（Prospect Theory）中描述了期望效用理论所无法解释的人们在认知选择中出现的系统性偏差，并发现个体的认知策略会极大地影响人的推理绩效。行为决策学是一门研究人在决策过程中的行为规律的科学。它对提高领导决策有效性有重要意义，有助于领导了解决策的系统性误区，从而避免决策偏差，提高决策所能带来的收益，行为决策理论在领导决策中的应用有独特的作用。因此，要建设社会主义和谐社会，领导人的执政能力是关键，保持科学冷静的头脑，使自己的决策更加理性，是保证执政的科学决策的关键。

2. 变革型领导

优秀的领导者是发展健康型组织的关键。一个好的领导者才能充分利用各种工具，使组织的各种技术、经营方法的优势有所依托。Bass 的交易型领导（transactional leadership）与变革型领导（transformational leadership）理论为我们探讨社会经济转型时期的领导行为提供了一个重要的研究方向。基于社会交易的观点，交易型领导强调领导者与成员之间是基于经济的、政治的及心理的价值的互换的关系。这里，领导者的任务是设定员工达成组织目标时所能获得的奖酬，界定员工的角色，提供资源并帮助员工找到达成目标及获得奖酬的途径。而变革型领导则是领导者通过改变下属的价值与信念，提升其需求层次，使下属能意识到工作目标的价值，或是为组织规划出愿景、使命以激励下属，进而使下属愿意超越自己原来的努力程度而工作，变革型领导还强调帮助下属掌握新的知识技能，开发他们的潜能，以增进组织的整体效能。

西方学者们的研究证实，变革型领导对领导效能、工作满足、工作绩效及组织承诺等诸多变量的影响力都比交易型领导高，它能对下属有额外的影响效果（Cameron & Ulrich，1986；Hater & Bass，1988；Lowe，1996；Sosik，Avolio & Kahai，1997）。那么，在我国文化背景下，变革型领导的效能是否在任何条件下都优于交易型领导？对于这个问题需要进行权变分析，即有效的领导不仅仅取决于领导者本身，而且与被领导者以及情境因素有密切的联系。我们的实证研究结果也表明，变革型领导与交易型领导对于工作满意、组织承诺和工作绩效均具有显著的预测作用。通过对变革型领导与交易型领导的有效性的比较发现，两者的影响力有明显差异，具体表现为，排除交易型领导的影响后，变革型领导对于工作满意、组织承诺有额外的预测力；排除了变革型领导的影响后，交易型领导对于工作绩效还有额外的预测力（徐长江、时勘，2005）。因此，变革型与交易型领导并非两个互相独立的领导风格，领导者在组织的实际运作中，为了提升员工的动机水平，同一个领导者在不同的情境和时间下，可以根据需要交替表现出交易型领导及变革型领导的风格。

3. 合作性学习

团队是组织成功的基础，团队合作是进行各种创新、提高服务质量及降低运行成本的重要管理方法。目前，团队建设的重要性已经得到越来越多人的认同，但是，在管理实践中，真正要成为高效的团队，需要理念、思维和行为方式的改变，需要依靠个人和团队的相互合作和共同学习。合作是相对于竞争和独立而言。Deutsch 认为，人们对彼此目标相互依赖性的认识，会影响他们的相互沟通和共同工作状态，进而影响他们最后的工作成果。在通常的人际互动中，目标的相互依赖性有三种可能：合作、竞争和独立。在合作中，个人的目标达成之间呈现正相关。他们相信，当别人达到目标时，也会有利于他们达到自己的目标。这个时候，他们才能够有效合作，考虑每一个人的想法，并尝试将这些想法结合成对彼此都有益的解决方案。在目标竞争的环境下，大家都争取抢在别人面前达成自己的目标，目标达成之间呈负相关。每个人都认为，当别人达到其目标时，自己就无法达到目标。这使工作和人际关系都很糟糕。目标之间也可能独立，人们目标达成之间没有关联。每个人都认为，不管别人是否能达到其目标，自己总能达到目标。因而每个人都会"做自己的事情"，而对别人成功与否并不关心。当然，多数情况是这三种状况的混合，而有一个相对占主导优势的模式。而这种占主导优势的目标关系会对他们的合作有更大的影响。

三 健康型组织的研究展望

（一）前景展望

我们对于在中国普及健康型组织是持乐观态度的，我们预言，在未来的5～10年，健康型组织建设必然会有一个飞速的发展。主要原因在于：

首先，我国经济高速增长的客观要求。其一，我国处于经济高速增长时期，由此带来的各方面的矛盾会越来越突出，明智的管理者都会意识到，不解决因为高速发展带来的劳动关系的冲突，最终会使高速运转的组织夭折于冲突之中，给改革发展带来不可估量的损失。市场经济的发展要求所有的参与者具有更健康的生理和心理状态，能够以一种更加饱满的精神状态投入经济建设的过程中。其二，经济的快速发展导致人们的生活节奏得到提速、物质生活水平得到提高，人际关系变得更具有挑战性，对个人发展和在社会中的竞争力和适应性的要求也变得越来越高，所有这一切将促使组织机构的高层管理者和员工对心理健康的关注提升到一个更高的层面。其三，经济的高速增长也使组织对于 EAP 的投入变成了可能，企业有足够的资金支持来增强员工福利体系，而增加投入直接与提高工作绩效有关，因此，只要领导者增强了对于健康型组织建设的长远回报的认识，就为实施这些计划做出更多的参与和投入。

其次，和谐社会建设带来的深远影响。中央政府提出了科学发展观，建设社会主义和谐社会的思想，各级组织的管理者要提高自己的执政能力，首先是要保证整个社会、社区、企业、群体和个人等多层次的劳动关系处于和谐状态，组织是和谐社会的基本单元，仅仅注重经济发展，忽视民众的心理平衡，就可能增加社会的不和谐因素。因此，建设社会主义和谐社会的客观环境要求必然会从国家政策、社会氛围方面增强企业管理者对健康型组织的投入意识，所以我们认为，目前是健康型组织建设和心理科学得以发展的良机。

最后，对于科学研究和组织管理实践的深入思考。我国已经加入 WTO，国际合作交流使得国际先进的管理理念和方法以更加迅猛之势影响着我国。在我国企业界和管理科学界，随着中西管理思想和文化的交流，一些有识之士也逐渐摆脱单纯追求绩效的研究范式，试图深入探究能说明中国自身发展规律的管理模式。因此，对于组织内的劳动关系与冲突、工作—家庭冲突与平衡、危机管理、压力管理、工伤康复等涉及员工利益的问题更加关注，在研究和实践中，人们甚至在探究我国文化传统的影响和思想政治工作的有效性等问题。总之，这些对于东西方文化差异影响的理性探索、对于 EAP 员工援助师职业标准的探索，都在从多方面促进解决健康型组织建设的障碍问题。所以我们认为，健康型组织建设的前景是乐观的。

（二）发展建议

构建社会主义和谐社会离不开两种力量：一是"活力"，二是"合力"。要使社会充满活力，必须进一步深化市场取向的改革，通过体制机制创新，制定适合先进生产力、先进文化发展要求的方针政策，促进社会经济的和谐发展。要使社会有"合力"，就必须协调不同利益群体之间的矛盾。建设健康型组织正是解决这一问题的关键，只有从国家长治久安的角度来考虑对于民众心理健康的尊重，在劳动关系、城乡关系、民族关系等多层次上，考虑在实现经济繁荣的同时，追求民众幸福的最大化，才能最终实现和谐社会。为建立具有正常心理状态、成功的胜任模型和创新的组织文化的健康型组织，并在此理论框架的基础上建设健康型社区、健康型社会，我们提出如下建议：

第一，高层管理者领导改变观念，重视健康型组织的建设，把员工援助计划看成是增强企业核心竞争力和稳定发展的基础，从组织发展战略的高度来看待健康型组织建设的实施问题。

第二，学一些心理学知识，从心理学理论的角度认识人、激励人、发展人；学会理性地决策，避免因常识性错误带来的损失。倡导和谐、民主和信任的领导—员工关系，认真处理好因变革带来的劳动关系冲突问题，预防和化解各种矛盾。

第三，倡导健康型组织的建设的理念，掌握科学的组织行为学和人力资源管理的理论、手段和开发技术，建立基于胜任特征模型的人力资源管理体系，增强组织的核心竞争力。

第四，建立一支高素质的、服务企业的专业人员队伍，配合政府和行业协会加强员工援助师的职业资格认证和市场监管，在培养人力资源开发的专业干部的同时，在中层管理干部中普及健康型组织的管理理论、技术和方法。

Reflection on the Building of
Health-style Organization

Shi Kan　Zheng Rui

Abstract：The traits of a health-style organization are including normal psychological state, successful qualification character and innovative organizational culture. This article analyses the building of health-style organizations in a hominy society.

Key words：hominy society；health-style organization；pressure management；qualification character；innovative culture

后悔倾向、后悔反应与风险偏好的关系研究*

赖志刚　时　勘

【编者按】2006 年，我从北京师范大学心理学院保送到中国科学院心理研究所硕博连读，师从时勘教授，研究方向是我的本科毕业论文选题——后悔，一种与人格、认知纠缠不清的情绪，这在现今和彼时都并非主流研究领域，也非时勘博士课题组一贯的研究方向，足见时勘博士课题组的自由学术氛围和对学生的尊重与包容。在时勘教授的悉心指导下，我的论文以《后悔倾向、后悔反应与风险偏好的关系研究》为题发表在《管理评论》上，我本人则在时勘教授资助下前往柏林第 29 届世界心理学大会做相关学术报告。2009 年，我因个人原因中断了硕博连读计划，在做出这个决定前后，时勘教授再次给予我莫大的理解和支持，师恩风度，没齿难忘。我目前在中国主权财富基金—中国投资有限责任公司从事组织工作。若没有在中国科学院心理研究所时勘博士课题组三年学术训练获得的科学精神、思维方法，我是难以胜任现在的职务的。尽管早已从时勘博士课题组毕业，但恩师数十年来身体力行，对真理锲而不舍的追求始终激励着我，在工作中坚持着理论思考，在思考中坚持着知行合一。时勘教授高屋建瓴，近年来又承担了"中华民族伟大复兴的社会心理促进机制"这一国家社会科学基金重大项目，我是这片领域的小小实务者，深知该研究领域过去犹如真空。而时勘教授就像一棵大树，总是能撑起天空，让后来者可以大有所为。我不禁想起了十几年前刚进课题组时的情境，当时，时勘教授正在领导前辈师兄师姐进行变革型领导的若干研究，在经典的"领导魅力""愿景激励""智能激发""个性化关怀"四维度之外，提取出"德行垂范"这一中国维度。这样的研究应该就是时代所呼唤的，具有中国特色、中国风格、中国气派的心理学研究成果，中华民族的伟大复兴必须中国学者发出自己的声音来提出中国理论、传播中国思想。我的恩师时勘教授无疑是先行者，希望这样的中国学者未来能从时勘博士课题组的队伍中继续走出来。（赖志刚，中国科学院心理研究所 2006 级硕士生，中国投资有限责任公司　经理）

摘　要：后悔和风险认知均是行为金融学的研究热点。本研究将后悔区分为后悔倾向和后悔反应，编制了《后悔倾向问卷》，考察了被试在人格层面上的后悔倾向与风险偏好的关系，同时探讨了被试在行为层面上后悔反应与风险偏好的关系。结果发现，后悔倾向与风险偏好呈负相关，后悔反应程度在收益框架下与风险偏好呈正相关。

关键词：后悔倾向；后悔反应；风险偏好

---

* 本研究受国家自然科学基金资助（70573108）。

一　问题与背景

后悔是指"将事件的真实结果和可能发生的一个比真实结果更好的假设结果相比较并伴随痛苦情绪的过程"[1]。有关日常对话中的情绪表达的研究[2]表明，后悔是日常交流中涉及较多的负面情绪。人们在判断过程中，不但会将结果和其他状况进行比较，而且还会与可能出现的假设状况进行比较[3]。这一过程被称为假设思维（Counterfactual Thinking），心理学对后悔的研究正是在假设思维的范式下展开的[4]。1982 年，Kahneman 和 Tversky[5] 提出了后悔的"作为效应"（Action Effect）：同样的损失，由做一件事（Action）导致的后悔要比由没有做一件事（Inaction）导致后悔的程度高。他们的这一发现不仅开创了心理学对后悔研究的先河，随着 Kahnemen 获得 2002 年诺贝尔经济学奖和行为金融学的升温，该领域也成为社会心理学最活跃的研究之一[6]。

后悔和其他情绪因素的最大差异在于，它是以判断为中心的[7]。Loomes 等提出的理性选择的后悔理论，正是通过把后悔和惊喜当作正负效用，从而拓宽了传统理性决策理论的使用范围[8]。在决策领域中，后悔理论揭示了人们在决策时会避免更大的后悔的现象，例如，一般投资人之所以被股票套牢，是因为之前投资人在风险情境下，若抛出股票，由于"作为效应"会带来更强烈的后悔，因此，投资人宁可继续持有亏损的股票，以延迟后悔的到来。与期望理论中的损失厌恶（Loss Aversion）相同，一些行为金融研究者认为，后悔对于个人来说，是一种除了损失之外，还自认为必须要负责任的感受，因此，后悔带来的痛苦比因错误导致的损失带来的痛苦还要大，这种心理特征研究者称之为后悔厌恶（Regret Aversion）[9]。在金融市场上，即使是同样的决策结果，如果某种决策方式可以减少投资者的后悔，这对于投资者来说，该方式将优先于其他决策方式。于是，为了避免决策失误带来的后悔，人们往往采取委托他人代为投资，"随大溜"，即仿效多数投资者的行为进行投资等方式[9]。这证实，后悔以某种方式影响了人们的风险决策。在多数的研究[8,10]中，后悔被当作了一系列行为的终端与结果，研究者关注的往往是影响后悔的因素，很少有研究将后悔作为自变量来研究，即便考虑了，也是预期的后悔对决策的影响[11]，很少关注既成事实的后悔反应会带来哪些结果。作者认为，既然已有研究证明了预期的后悔对决策存在影响，且后悔总是和不好或相对不好的结果联系在一起[11]，并伴随了负性情绪的发生，那么既成事实的后悔反应势必会对决策，特别是对风险偏好产生影响。在现实生活的博弈中，包含着这样的现象：输钱的赌徒会对自己此前错误的下注决策产生强烈的后悔反应，然而却继续下注，甚至加倍下注，似乎在后悔反应中他们对风险产生了偏好和追逐。本研究拟用情境法诱导被试产生后悔反应，来探查行为层面上后悔反应与决策中的风险偏好的关系。

本研究将后悔倾向定义为：个体易于认识到或者想象出如果先前采取其他行为，其结果会更好，并容易伴随负性情绪产生的一种持久而稳定的特质——短期的后悔反应可能影响决策，长期的后悔反应累积形成的后悔倾向势必也会影响决策者对风险偏好的认知。作者认为，既然人们是后悔回避者，那么，后悔倾向强的人在风险情境中面临决策时，由于决策失败的后悔带来的损失会越大，势必影响决策的过程，因此，探查在人格层面上后悔倾向程度不同的个体的风险偏好的差异也是必要的。

二　研究目的与假设

1. 研究目的

在将后悔区分为后悔倾向与后悔反应的基础上，通过两个相关研究，揭示后悔与风险偏好的深层次关系。

2. 研究假设

假设1：后悔倾向与风险偏好呈负相关，后悔倾向强的人对风险持回避的态度，后悔倾向弱的人对风险持追求的态度。

假设2：后悔反应程度与风险偏好呈正相关，在后悔反应中体验后悔程度越高的人，对风险持越追求的态度，体验后悔程度越低的人对风险持越回避的态度。

三　后悔倾向与风险偏好的关系（研究一）

1. 被试

方便取样39名被试，男女比例大致为1:1，年龄20~25岁，均为自愿参加。

2. 方法

研究者将后悔倾向定义为个体易于认识到或者想象出如果先前采取其他行为，行为结果会更好，并容易伴随负性情绪产生的一种持久而稳定的特质。对于后悔倾向，由于目前还没有专门的问卷，因此，我们自编了《后悔倾向问卷》。问卷包括两个维度，分别为后悔易感性和后悔反应性，每个维度4个条目，共计8个条目，每个条目均让被试根据自己的真实情况用7分量表进行回答。在问卷的编制过程中，采用41名被试对问卷进行了初测。分别用收益框架和损失框架下的后悔情境故事1和故事2（与研究二中使用的情境故事相同），让被试判定自己的后悔程度，对回收的问卷用SPSS11.5进行分析发现，内部一致性系数Alfha=0.74，后悔倾向总分与效标的Spearman相关系数为0.61***，Sig. (2-tailed)=0.000。《后悔倾向问卷》的内部一致性和效标关联效度都达到了设计的要求，其信度和效度达到使用的基本要求。在此基础上，我们对问卷个别条目进行了修改，最终形成的问卷如表1所示。

被试的风险偏好的操作定义是其在两道风险偏好问题上的选择，其中题目1测试被试在收益框架下的风险偏好，题目2测试被试在损失框架下的风险偏好。

表1　《后悔倾向问卷》内部结构

维度	后悔易感性	后悔反应性
条目1	我习惯反思自己的行为。（第1题）	当我后悔时，我会对自己生气。（第4题）
条目2	虽然知道没有必要，但我还是会为一些很小的事情而后悔。（第8题）	当我后悔时，我感到胸闷。（第7题）

续表

维度	后悔易感性	后悔反应性
条目3	我会强迫性地回想自己已经做过的决定是否正确。（第3题）	当我后悔时，我老是去想当时如果换一种做法就好了，以至于没有心思做其他事情。（第6题）
条目4（反向记分题）	我从来没有产生过"要是当时……就好了"的想法。（第5题）	当我有过失时，我仅仅认识到自己不应该那么做，并不会伴随情绪上的负性反应。（第2题）

注：被试在8个条目上得分之和作为其后悔倾向的指标。

（1）如果一笔生意A可以稳赚800元，另一笔生意B有85%的可能性赚1000元，但也有15%的可能分文不赚。你选择A还是B?

（2）如果一笔生意A要稳赔800元，另一笔生意B有85%的可能性赔1000元，但也有15%的可能分文不赔。你选择A还是B?

这两道风险偏好问题源于Kahneman和Tversky有关"确定性效应"和"反射效应"的实验。他们用美国被试做实验（n=150）的结果发现，在第一种情况，有84%的被试选择A，即收益的框架下，人们是风险回避者；在第二种情况下，有87%的被试选择B，即在损失框架下，人们是风险寻求者。

3. 研究过程

所有的实验材料（指导语、风险偏好问题和《后悔倾向问卷》）被制作成一封邮件，随机发送给10个E-mail地址，请求收件人填完问卷后将问卷发至指定邮箱，并将原始邮件转发出去，以一个月后被试将获得实验报告的反馈作为报酬吸引被试，10天内吸引了39名被试参加实验。

4. 结果及分析

研究者在正式实验前，用97名四川省某高校的本科生被试重复了Kahneman和Tversky提出"确定性效应"和"反射效应"的实验，做采集被试的风险偏好数据点所使用的实验材料的跨文化检验，结果发现，在损失框架下的风险偏好上并未发现差异（81.4%的被试选择B），但是，在收益框架下，被试中只有48人，即49.5%选择了A，与原始实验的结果（126人，即84%的被试选择A）做卡方检验，$\chi^2 = 33.7$ [***]，Sig. (2-tailed) = 0.000，差异显著。这说明，本实验的被试表现出了更高程度的风险追求。该结果支持了奚恺元（2001）、彭凯平（2003）与李纾（2005）的发现，即中国人比美国人有着更高程度的风险追求[12]的结论。

正式实验收集的数据经录入整理后由SPSS11.5统计软件包进行分析。被试的《后悔倾向问卷》得分平均数为36，标准差为6。《后悔倾向问卷》得分与风险偏好问题1的Spearman相关系数为-0.47 [**]，Sig. (2-teiled) = 0.003。《后悔倾向问卷》得分越高，在风险偏好问题1上选择A的概率也越高，这说明后悔倾向越高的被试，其在收益框架下越倾向于选择保守的决策，对风险持越回避的态度。此结果支持了Loomes等提出的理性选择的后悔理论，即后悔是一种负效用。一个后悔倾向性很高的个体，势必很容易后悔（易感性），后悔的反应也容易趋于强烈（反应性），所以，当该个体面临决策的时候，未来可能的后悔的负效用是大于后悔倾向性低的个体的，所以，在其他条件相同的前提下，后悔倾向性高的个体越倾向于

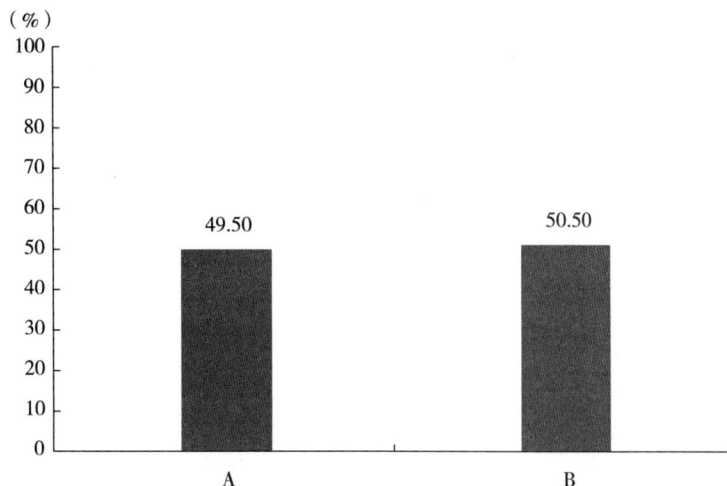

图 1 被试在收益框架下的风险偏好选择分布（n=97）

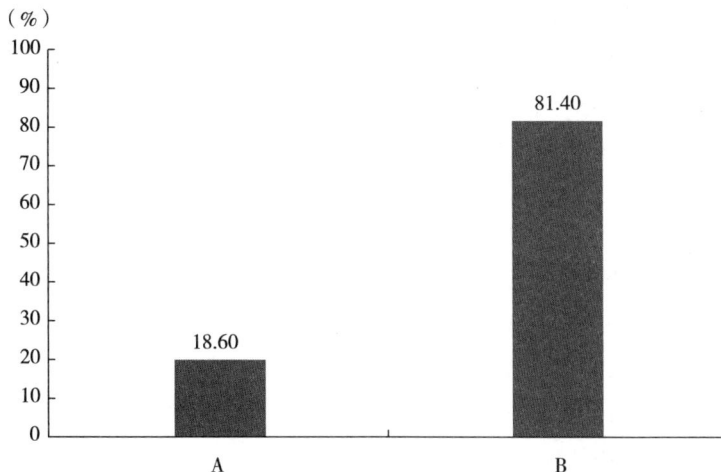

图 2 被试在损失框架下的风险偏好选择分布（n=97）

选择保守的决策（收益框架下），对风险持越回避的态度，因为这能避免可能的后悔带来的高额代价。

四 后悔反应与风险偏好的关系（研究二）

1. 被试

方便取样 82 名被试，男女比例大致为 1∶1，年龄 20~25 岁，均为自愿参加，不付报酬。所用被试与研究一使用的为不同批被试。

2. 材料

被试由一个情境故事诱导出后悔反应，约 1/2（48 名）的被试接受在损失框架诱发后悔的情境故事：

（1）某项生意你一直都是与甲合作，并没有出任何意外，虽然和甲可以继续合作，但不久前你将合作对象改成了乙，结果这让你白白损失了 12000 元。

另外约 1/2（34 名）的被试接受在收益框架诱发后悔的情境故事：

（2）某项生意你一直都是与甲合作，并没有出任何意外，虽然和甲可以继续合作，但不久前你将合作对象改成了乙，结果你发现，如果你继续跟甲合作，会多赚 12000 元。

这两个诱发后悔的情境故事源于 Kahneman 和 Tversky 提出后悔的作为效应的著名实验[4]，用 40 名被试初测后，对故事进行了略微的修改，确保能引起被试的足够程度的后悔反应。两个情境故事进行了匹配。当被试阅读完这段材料后，要求被试就其后悔程度在 7 点量表上评分。然后要求被试假设自己正处在这种情境中，对 2 道风险偏好问题进行作答，这里使用的风险偏好问题正是研究一中使用的风险偏好问题。

3. 研究过程

将所有的实验材料（指导语、情境故事和风险偏好问题）制作成一封邮件，随机发送给 20 个 E-mail 地址，请求收件人填完问卷后将问卷发至指定邮箱，并将原始邮件转发出去，以一个月后获得实验报告的反馈作为报酬吸引被试，10 天内吸引了 82 名被试参加实验。

4. 结果及分析

正式施测收集的数据经录入整理后由 SPSS11.5 统计软件包进行分析。被试被后悔情境故事诱发的后悔反应程度平均数为 4，标准差为 1.87。接受在收益框架诱发后悔的情境故事后的后悔程度与风险偏好问题 1 的 Spearman 相关系数为 0.57**，Sig.（2-tailed）= 0.001。即在收益框架下，被试在后悔反应中体验到的后悔程度越高，其风险偏好越高，偏向于冒险。

如果这只是一个单一的相关研究，我们有足够的理由来怀疑，并不是被试体验了更强烈的后悔反应而导致了风险追求，而是因为能体验更高程度后悔反应的被试本来就是风险追求者。但是，幸好这是一个组合研究，在研究一中，《后悔倾向问卷》调查结果已经清楚报告，能体验更高程度后悔反应的被试有更高的得分（Spearman 相关系数为 0.61**），而得分是与风险偏好呈负相关的（Speerman 相关系数为 -0.47**），即能体验更高程度后悔反应的被试对风险持越回避的态度，所以，并非能体验更高程度后悔反应的被试本身就是风险追求者，而导致了在收益框架下被试在后悔反应中体验到的后悔程度越高，其风险偏好越高，偏向于冒险这一结果的出现。同时，这也并非因为情境故事中的收益框架的效应，因为 Kahneman 和 Tversky 早期实验证明，人们在收益框架下，恰恰是风险回避者，而非风险追求者。

这也并非情境故事本身的无关变量的效应，能得此结论也得益于组合研究的对比，因为如果将研究一的所有被试和研究二的所有被试组合在一起，正好能形成一个严格的被试间单因素实验设计，该被试间变量为情境故事的有无，因变量为被试在风险问题 1 中的选择。研究一中的被试没有接受情境故事，他们被分配到水平一；研究二中的被试接受了情境故事，他们被分配到水平二。两组被试都回答了风险问题 1，卡方检验的结果并未发现主效应显著，即未发现有无情境故事对风险偏好造成影响。

综上所述，在收益框架下，被试体验到的后悔程度与其随后的风险偏好正相关，排除了其他可能的原因，很可能正是因为被试体验到了强烈的后悔反应，导致了对风险的追求，成为了更高程度的风险追求者。

五 讨论与结论

1. 讨论

无论是在研究一中还是在研究二中，在风险偏好问题 2 上均未得到显著差异的结果，一种可能的解释是，问题 1 的基线比率是 49.5%（50.5%），而问题 2 的基线比率是 18.6%（81.4%），存在天花板效应；若实验条件刚好是诱发被试在问题 2 上更倾向于选择 B，即与问题 1 表现出的倾向相同——追求风险的程度升高，那么，由于基线比率的限制，这种变化无法被统计检验出来（天花板效应）。在今后类似的研究中，可以考虑将问题 2 中赔的概率升高（>85%），降低其基线比率，避免"天花板效应"。

本组研究中还出现了一个值得深入探讨的"悖论"。根据《后悔倾向问卷》的分析结果，被试的后悔倾向得分与后悔情境故事的后悔程度得分呈正相关，Spearman 相关系数为 0.61**。研究二的结果还发现，后悔情境故事（收益框架）的后悔程度与风险偏好问题 1 得分正相关，Spearman 相关系数为 0.57**，而研究一结果显示，被试的后悔倾向得分与风险偏好问题 1 得分负相关，Spearman 相关系数为 -0.47**。这里出现了一个 A 与 B 正相关，B 与 C 正相关，但是 A 却和 C 呈负相关的现象，即个体后悔倾向越强越倾向于产生强烈的后悔反应，在越强的后悔反应下越追求风险；而越强的后悔倾向又同时意味着在决策时越回避风险。

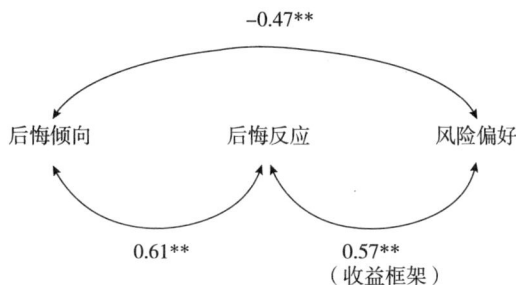

图 3　后悔倾向、后悔反应与风险偏好三者的关系

这个表面上的"悖论"其实是可以被解释的。在没有后悔反应的条件下，后悔倾向与风险偏好呈负相关，即后悔倾向越强的人越回避风险；在有后悔反应的条件下，后悔倾向与风险偏好呈正相关，即后悔倾向越强的人越追求风险。即后悔反应使平时的风险回避者变成了风险偏好者。后悔倾向经过了后悔反应的中间作用后，不但不会规避风险，反而助长了对风险的追求。这个结果提示我们，后悔倾向受后悔反应的中介作用，与风险偏好的关系可能发生了逆转。后悔倾向与风险偏好的关系逆转过程对揭示后悔与风险偏好的深层次关系是很有意义的。不过，由于相关研究在揭示因果关系上的局限性，有必要设计实验研究或准实验研究来进一步加以证实上述因果关系，以及后悔反应对后悔倾向与风险偏好的中介作用。

2. 初步结论

本研究得到如下初步结论：

第一，后悔倾向与风险偏好呈负相关，即后悔倾向越高的被试对风险持越回避的态度。

　　第二，在收益框架下，后悔反应的程度与风险偏好呈正相关，即在收益框架下，后悔反应程度越高的被试对风险持越追求的态度。

参考文献

［1］Sugden，R. Regret，Recrimination and Rationality ［J］. Theory and Decision，1985，19：77-99.

［2］Shimanoff，B. Commonly Named Emotions in Everyday Conversations ［J］. Perceptual and Motor Skills，1984，58：498-514.

［3］张结海，张玲. 现实理性：一个理解经济行为的框架 ［J］. 心理科学进展，2003，11（3）：267-273.

［4］Kahneman，D.，A. Tversky. The Simulation Heuristic. In：D. Kahneman，P. Slovic，A. Tversky（ed.）. Judgment under Uncertainty：Heuristics and Biases ［M］. New York：Cambridge Univeraity Press，1982：201-208.

［5］Kahneman，D.，A. Tversky. The Psychology of Preferences ［J］. Scientific American，1982，246：160-173.

［6］张结海. 后悔的"状态改变—状态继续"效应：一个概念框架 ［J］. 心理学报，2003，36（5）：701-710.

［7］Gilovich，T.，V. H. Medvec. The Experience of X Egref：What，When and Why ［J］. Psychological Review，1995，102：379-395.

［8］张结海，仰颐. "心理距离"在后悔加工中作用的初步研究 ［J］. 心理科学，1997，20（3）：255-261.

［9］杨秀萍，王素霞. 行为金融学的投资者风险偏好探析 ［J］. 四川大学学报（哲学社会科学版），2006，1：24-29.

［10］施俊琦，王垒，彭凯平. 作为效应的象征性与利益性影响因素：后悔理论的经济心理学分析 ［J］. 心理科学，2004，27（4）：1016-1018.

［11］Loomes，G.，R. Sugden. Regrel Theory：An Alternatrave Theory of Rational Choice under Uncerfainfy ［J］. Economic Journal，1982，92：805-824.

［12］王筱璐，时勘等. 我国行为金融学研究的心理学思考 ［J］. 管理评论，2004，11：58-62.

工作家庭冲突对电讯人员工作倦怠和心理健康的影响 *

谢义忠　曾垂凯　时　勘

【编者按】2003 年春天，正是 SARS 疫情肆虐中国之际，在这个特殊的时间，我有幸考入时老师课题组攻读博士研究生。笔试后的考察录取的过程是一个严格而特殊的阶段，一是我直接参与了国家自然科学基金应急项目"'非典'时期中国民众的社会心理特征及预警研究"的调研工作；二是即时翻译文献提交和远程集体电话面试。在此过程中，我深刻地体验到时老师及其所带领的课题组的爱国为民情怀和科学务实学风。由于课题组当时承担了国家劳动部人力资源管理师国家职业资格鉴定的设计、培训和考试工作，我于 7 月就被时老师"特招"到课题组开始入学前"试习"。我在"试习"期间的主要工作是参与人力资源管理师（二级）国家职业技能鉴定的命题和教材编写。在此过程中，时老师的指导和课题组丰硕的研究积累使我深深获益，尤其在胜任特征、人事测评和薪酬设计等方面。不久，时老师又出于对我学术发展的关心，让我有机会参与到此时在明尼苏达大学攻读博士学位的宋照礼师兄的求职研究，耳濡目染国际化的影响。正式入学后，时老师根据我的专业特长、实务咨询和教学经历，建议我致力于胜任特征模型的构建与应用、人事测评、领导力等方向的研究。由于时老师的信任和关心，我作为主要成员陆续参加了 3 个国家自然科学基金项目："变革型领导的结构及其作用机制"（李超平）、"失业人员压力-应对机制及干预模式"（张淑华）和"领导行为复杂性的测量、影响因素及机制研究"（罗正学）。此外，时老师还不时为我创造机会，如劳动部职业技能鉴定中心项目——"人力资源管理师能力提升培训""人才测评师能力提升培训"等，这些安排既有效地锻炼和提高了我的授课能力，同时也解决了我当时的经济窘迫问题。2004 年，我开始了博士毕业论文选题。时老师建议我沿着课题组变革型领导研究的轨迹，做交易型领导的结构和作用机制研究，以完整化"全范围领导"的研究。但是，我却因在文献阅读和学习中对领导竞争价值框架产生了浓厚兴趣，感觉这一框架能为领导胜任特征模型构建提供更好的理论基础，而坚持要做领导行为复杂性方面的选题。在这种情况下，时老师充分理解我的"执拗"选择，并在后续研究中给了我无微不至的指导和资源支持。博士论文的研究过程和成果使我后续不断受益。2005 年，萧爱铃教授来课题组访问期间，时老师向她极力推荐我去香港岭南大学学习。在香港的半年时间里，在时老师和萧老师的共同关心和指导下，我有幸参与了"香港地铁员工的压力管理"这一重要的研究课题，这有力地提高了我的科研能力和英文水平。在工作选择和生活上，时老师也给予了我特殊的关爱。临近毕业时，他首先希望我留在心理所工作，我也十分愿意，但由于档案问题最终功亏一篑。他随后又希望我去中国科学院研究生院管理学院继续读他的

* 本项目得到了国家自然科学基金委项目资助（70573108、70402014）。

博士后，也由于同样的问题没有成行。于是我决定去中兴通讯"理论联系实践"。对于此决定，时老师是不同意的，甚至有点生气。我清晰地记得离开北京去深圳之前，在机场接到时老师最后的挽留电话。尽管我还是坚持己见去了深圳，但之后，时老师仍然一直关心着我的职业发展状况，因为他知道我内心还是偏执于学术的。后来，他给我发了一封邮件，说南京理工大学经济管理学院不要档案。于是，我又回到了学术圈子。在我人生中遇到重大问题时，时老师总会及时地给我送来鼓励和宽慰。我亏欠老师太多，每次见面，老师最怕学生麻烦，连吃饭都是老师请的……写到这里，才发现以上内容更多是关于老师的德行垂范、个性化关怀、智能激发……也许这与众不同的描述，恰能表达我深藏内心的体验。（谢义忠，中国科学院心理研究所 2003 级博士生，南京理工大学管理学院 副教授）

摘 要：采用工作家庭冲突问卷、工作倦怠问卷（MBI-GS）和一般健康状况问卷（GHQ-12）调查了某国营电讯公司 526 名员工。中介回归分析（Mediating Regression Analysis）的结果显示，工作家庭冲突及其两个子成分（工作浸扰家庭和家庭浸扰工作）都对心理健康具有显著的负向影响；工作倦怠对工作家庭冲突影响心理健康具有完全中介作用；具体而言，工作浸扰家庭对心理健康的影响受情绪衰竭和玩世不恭的完全中介；家庭浸扰工作对心理健康的影响受工作倦怠所有三个子成分的完全中介。

关键词：工作家庭冲突；工作倦怠；心理健康；中介作用

一 引言

近年来，随着越来越多的女性由家庭走向职场和越来越多的男性开始承担家庭责任，工作和家庭的相互依赖日益增强，人们经常不得不同时扮演来自工作和家庭生活方面的多重角色。在这种情况下，很多工业和组织心理学家开始将研究视角转向工作和家庭生活的交互作用领域。其中，工作家庭冲突对员工工作倦怠和心理健康的影响是一个备受关注的主题[1-2]。

工作家庭冲突（Work family conflict，WFC）是"当来自工作和家庭领域的角色压力在某些方面不能相互调和时产生的一种角色间冲突。也就是说，其中一个方面（工作或家庭）的角色介入，会使个体在另一个方面（家庭或工作）的角色介入变得更为困难"[3]。Greenhaus 等认为，工作家庭冲突这一概念具有双向的本质（Bidirectional nature），可以进一步区分为两种情形：因工作角色介入而影响家庭角色介入的工作→家庭冲突（W→F conflict），和因家庭角色介入而影响工作角色介入的家庭→工作冲突（F→W conflict）[13,4]。为避免混淆，也有人将其命名为工作浸扰家庭（Work interference with family，WIF）和家庭浸扰工作（Family interference with work，FIW）[5]。

已有的研究一致表明，员工所面临的工作家庭冲突水平过高会对其心理健康产生消极影响。例如，Parasuraman 等发现工作家庭冲突和一般生活压力（如沮丧感、挫折感和紧张感）显著相关[6,7]，其水平的提高会带来抑郁、焦虑、易怒/敌意水平的增加[4,8,9]，并常伴随情绪低落、消沉不振和工作外的负性情绪[10,11]。O'Driscoll 等则进一步考察了工作家庭冲突的子成分对心理健康预测作用的差异，结果发现，工作浸扰家庭和家庭浸扰工作的上升均能正向预测用一般健康问卷（General Health Questionnaire，GHQ）所测量到的心理紧张[12]，前者的影响更大；陆佳芳、时勘等以银行、科研机构等单位员工为对象的研究亦得到了类似的结果[13]。

工作倦怠（Job Burnout）是个体对工作中所持续面临的情绪和人际应激源所产生的一种长期性应激反应，包括情绪衰竭、玩世不恭和成就感低落三个方面[14]。尽管有关工作倦怠的研究大多将工作绩效作为其后果变量，但由于工作倦怠本身就是一种应激现象，因此也有不少研究者将注意力放在与心理健康相关的变量上。迄今为止，工作倦怠导致心理健康水平降低已经为众多研究所证明[15]。例如，Jackson 和 Maslach 等的研究表明，工作倦怠通过降低自我效能感，带来抑郁、烦躁、无助感和焦虑等负面情绪而破坏心理健康[16,17]。Lee 等发现，工作倦怠的三个子成分中情绪衰竭、玩世不恭和心理紧张的关系比成就感低落更强；该结论在我国银行职员中的适用性为蒋奖、张西超等的研究所证实[18]。

来自工作家庭冲突后果变量和工作倦怠前因变量的研究证据，则从不同的角度证实了两者之间的紧密关系。Allen 的元分析研究表明，在与工作家庭冲突相关的压力性后果变量中，工作倦怠占有重要的位置，工作家庭冲突的上升和工作倦怠的上升相联系[19]。Cordes 则在对工作倦怠的相关研究进行综述和整合时，明确将角色过载、角色模糊和角色冲突作为工作倦怠重要的前因变量[20]。李超平、时勘等对工作家庭冲突的子成分和工作倦怠子成分之间的关系进行了探究，结果表明：基于时间/压力的家庭浸扰工作均对情绪衰竭、玩世不恭有正向的预测作用，基于压力的家庭浸扰工作对成就感低落有负向预测作用，（基于时间的冲突是指在一种角色上投入的时间和另一种角色上的时间投入冲突；基于压力的冲突是指在一种角色上承受的压力影响到另一种角色上的表现）。基于压力的工作浸扰家庭对情绪衰竭有正向预测作用，基于时间的工作浸扰家庭对玩世不恭和成就感低落具有正向的预测作用[21]。

以上文献表明，工作家庭冲突对工作倦怠和心理健康均能产生显著影响，而工作倦怠又对心理健康具有明显的消极效应。那么，工作倦怠（及其子成分）在工作家庭冲突（及其子成分）与心理健康的关系中是否扮演着中介的角色？如果是，是部分还是完全中介？本研究将以电讯人员为研究对象，对此予以考察。

二　方法

（一）被试

本研究的被试为某大型国营电讯公司员工。共发放问卷 550 份，回收有效问卷 526 份，有效回收率为 95.6%。有效问卷中，男性 263 人，女性 258 人，未填 5 人；未婚 149 人，已婚 350 人，未填 27 人；年龄在 24 岁以下 61 人，25~34 岁 249 人，35~44 岁 143 人，45~54 岁 61 人，55 岁以上 11 人，未填 1 人；教育程度在高中以下 6 人，高中或中技 85 人，大专 172 人，本科 246 人，硕士以上 15 人，未填 2 人。

（二）测量工具

工作家庭冲突：采用 Gutek 等编制，Carlson 和 Perrewe 补充的工作家庭冲突问卷[15]。它包括工作浸扰家庭和家庭浸扰工作两个子量表，各包含 6 个项目。问卷项目呈现形式为 5 点李克特量表，"1"代表"完全同意"，"5"代表"完全不同意"。对所有项目反向记分后，得分越高表示冲突程度越高。本研究中，总量表和两个子量表的 α 系数分别为 0.82、0.83 和 0.76。

工作倦怠：采用李超平、时勘修订的 MBI-GS 量表（Maslach Burnout Inventory-General Survey)[22]。它包括情绪衰竭、玩世不恭和成就感低落三个子量表，分别包含 5 个、4 个、6 个项目。问卷项目呈现形式为 5 点李克特量表，"1"代表"完全同意"，"5"代表"完全不同意"。对情绪衰竭和玩世不恭两个子量表的 9 个项目反向记分后，得分越高表示工作倦怠程度越高。本研究中总量表和各子量表的 α 系数分别为 0.89、0.89、0.88 和 0.90。考虑到该问卷为修订版，研究者运用 Amos4.0 对问卷的结构进行验证性因素分析，结果显示，三因素结构得到了数据的有效支持（$\chi^2/df = 4.478$，NFI = 0.983，IFI = 0.986，TLI = 0.981，CFI = 0.986，RMSEA = 0.081）。

心理健康：采用 Chan[23] 翻译的 GHQ-12，共包括 12 个项目。项目呈现形式采用四点量纲形式，"0"代表"一点也不"，"3"代表"比平时多得多"。对其中 6 个项目反向记分后，得分越高表明心理健康状况越好。本研究中 α 系数为 0.75。

（三）调查程序

所有调查问卷由该公司人力资源部统一发放给各抽样部门，所有被试匿名填写，直接邮寄回收。整个调查在 3 天内完成。

三 结果与分析

（一）描述统计分析结果

本研究采用 SPSS13.0 分析数据，各人口统计学变量、预测变量、中介变量和因变量的描述统计分析结果见表 1。

表 1 研究变量的描述统计分析结果（n=526）

变量	M	SD	r										
			1	2	3	4	5	6	7	8	9	10	11
1. 性别	NA	NA											
2. 年龄	2.45	0.92	0.06										
3. 婚姻状况	NA	NA	0.08	-0.54 **									

续表

变量	M	SD	r										
			1	2	3	4	5	6	7	8	9	10	11
4. 教育程度	3.29	0.78	-0.15*	-0.32**	0.16*								
5. 情绪衰竭	2.52	0.91	0.05	-0.01	0.06	0.04							
6. 玩世不恭	2.08	0.89	-0.03	-0.07	0.08	0.09*	0.62**						
7. 成就感低落	1.79	0.67	0.04	-0.09	0.12	0.00	0.16**	0.37**					
8. 工作倦怠总分	2.37	0.82	0.03	-0.04	0.08*	0.06	0.96**	0.82**	0.25**				
9. 工作浸扰家庭	2.80	0.82	-0.01	0.03	-0.10*	0.10*	0.66**	0.45**	0.03	0.65**			
10. 家庭浸扰工作	1.92	0.58	0.03	0.04	0.01	0.01	0.32**	0.39**	0.27**	0.38**	0.32**		
11. 工作家庭冲突总分	2.36	0.57	0.01	0.04	-0.07	0.08	0.63**	0.52**	0.15*	0.65**	0.88**	0.73**	
12. 心理健康	1.90	0.39	0.02	0.03	-0.09*	0.03	-0.48**	0.43**	-0.32**	-0.51**	-0.28**	-0.23**	-0.31**

注：NA 表示不适用。** 表示 $p<0.01$，* 表示 $p<0.05$。性别：女表示 0，男表示 1。婚姻状况：0 表示已婚，1 表示未婚。教育程度：1 表示小学，2 表示初中，3 表示高中（中专），4 表示大专，5 表示大学本科，6 表示研究生以上。

（二）中介回归分析结果

研究者采用 Baron 和 Kenny 所建议的方法来检验和评价中介作用[24]。具体来说，其检验步骤为：第一，求中介变量在自变量上的回归；第二，求因变量在自变量上的回归；第三，求因变量在中介变量上的回归（含自变量）。而衡量中介作用存在的标准是：在第一个回归方程中，自变量显著影响中介变量；在第二个回归方程中，自变量显著影响因变量；在第三个回归方程中，中介变量显著影响因变量，同时自变量对因变量的影响减弱。在如上三个条件同时满足的情况下，如果在第三个回归方程中，自变量对因变量的影响（β 值）减弱为不显著，则存在完全中介，如果仍然显著则为部分中介。

首先，本研究分别以工作倦怠总分及其三个子成分作为因变量，相应考察它们在工作家庭冲突总分及其子成分上的回归效应。表 2 的结果显示，工作家庭冲突（总分）对工作倦怠（总分）具有显著的正向预测作用（$β=0.65$，$p<0.01$）。从各子成分的情况来看，工作浸扰家庭对情绪衰竭和玩世不恭具有显著的正向预测作用（$β=0.63$，$p<0.01$；$β=0.35$，$p<0.01$），对成就感低落的预测作用则不显著，家庭浸扰工作则对情绪衰竭、玩世不恭和成就感低落均具有显著的正向预测作用（$β=0.11$，$β<0.01$，$p=0.28$，$p<0.01$，$β=0.30$，$p<0.01$）。

随后，研究者以心理健康为因变量，分别以工作家庭冲突总分及其两个子成分作为自变量进行回归分析。表 3 的结果显示，工作家庭冲突总分对心理健康具有显著的负向预测作用（$β=-0.31$，$p<0.01$）。工作家庭冲突的两个子成分均对心理健康具有显著的负向预测作用（$β=-0.23$，$p<0.01$；$β=-0.15$，$p<0.01$）。

表 2　工作倦怠在工作家庭冲突上的回归效应 （n=526）

变量	工作倦怠（总分）	变量	情绪衰竭	玩世不恭	成就感低落
工作家庭冲突（总分）	0.65 **	工作浸扰家庭	0.63 **	0.35 **	-0.08
		家庭浸扰工作	0.11 **	0.28 **	0.30 **
F	382.51 **	F	205.10 **	53.39 **	22.00 **
df	1.513	df	2.510	2.510	2.510
R^2	0.43	R^2	0.45	0.27	0.08
Adjusted R^2	0.43	Adjusted R^2	0.44	0.27	0.08

注：** 表示 $p<0.01$，* 表示 $p<0.05$；主表中的值为标准回归系数。

表 3　心理健康在工作家庭冲突上的回归效应 （n=526）

变量	心理健康	变量	心理健康
工作家庭冲突（总分）	-0.31 **	工作浸扰家庭	-0.23 **
		家庭浸扰工作	-0.15 **
F	55.32 **	F	27.62 **
df	1510	df	2509
R^2	0.10	R^2	0.10
Adjusted R^2	0.10	Adjusted R^2	0.09

注：** 表示 $p<0.01$，* 表示 $p<0.05$；主表中的值为标准回归系数。

　　最后，研究者以心理健康为因变量，分别以工作倦怠总分（及其三个子成分）和工作家庭冲突总分（及其两个子成分）为预测变量进行回归分析。表 4 的结果显示，在同时考虑工作家庭冲突总分的影响的情况下，工作倦怠总分对心理健康具有显著的负向预测作用（β=-0.53，$p<0.01$），同时工作家庭冲突总分的影响变为不显著；在同时考虑工作家庭冲突两个子成分的影响的情况下，工作倦怠的三个子成分均对心理健康具有显著的负向预测作用（β=-0.41，$p<0.01$；β=-0.13，$p<0.05$，β=-0.19，$p<0.01$），同时工作家庭冲突两个子成分的影响均变为不显著。

表 4　心理健康在工作倦怠上的回归效应 （含工作家庭冲突） （n=526）

变量	心理健康	变量	心理健康
中介变量		中介变量	
工作倦怠（总分）	-0.53 **	情绪衰竭	-0.41 **
		玩世不恭	-0.13 *
		成就感低落	-0.19 **
自变量		自变量	
工作家庭冲突（总分）	0.02	工作浸扰家庭	0.07
		家庭浸扰工作	-0.04

变量	心理健康	变量	心理健康
F	89.34 **	F	43.41 **
df	2506	df	5501
R^2	0.26	R^2	0.30
Adjusted R^2	0.26	Adjusted R^2	0.30

注：** 表示 $p<0.01$，* 表示 $p<0.05$；主表中的值为标准回归系数。

综合以上统计分析结果，可以得出以下结论：工作倦怠对工作家庭冲突影响心理健康具有完全中介作用；具体地说，工作浸扰家庭对心理健康的影响受情绪衰竭和玩世不恭的完全中介；家庭浸扰工作对心理健康的影响受工作倦怠所有三个子成分的完全中介。

四 讨论

本研究的结果表明，工作倦怠在工作家庭冲突和心理健康的关系中扮演重要的中介角色，即工作家庭冲突对心理健康的影响是间接的，需要通过工作倦怠方能发挥作用。该结果为解决工作家庭冲突对心理健康的消极作用这一问题提供了新的视角和思路。也就是说，除了可以继续采用平衡工作—家庭冲突的相关措施（如弹性工作时间、工作分享、远程办公等）外，还可以通过直接干预工作倦怠，来达到消除工作家庭冲突对心理健康产生消极影响的目的。例如，通过有效的调节性措施（如为员工提供更多的社会支持、进行有针对性的应对方式训练等），来缓冲工作家庭冲突对工作倦怠的整体影响；通过工作丰富化（如技能多样化、及时反馈、拓展工作范围等）和变革型领导风格（智能激发、愿景激励）等来激发员工低落的工作效能感；通过明确工作职责、营造良好的人际氛围和提供足够的工作支持等，来减少员工在这些方面的应对资源耗费，从而能有足够的精力去减缓情绪衰竭和玩世不恭状态的扩张等[25]。

本研究还表明，工作家庭冲突的两个子成分对成就感低落的预测作用存在显著差异。家庭浸扰工作能够导致员工的成就感低落，而工作浸扰家庭则没有这种影响。造成这种情况的原因可能是，家庭事务给员工的工作带来侵扰，使其难以尽到对工作的责任，难以实现工作的相关成就目标，因而产生成就低落的感觉。而当工作浸扰家庭时，员工更多的是为了满足工作的需要，而消耗了较多的时间和精力，从而难以尽到对家庭的责任，这样，员工虽然容易感到精疲力竭，造成工作倦怠，但是，由于其工作方面的需要得到了满足，因而并不影响其工作的成就感。

需要说明的是，以上结论仅基于某大型电讯企业的员工样本得出。此外，研究中各变量的测量都采用自我报告的形式，难免会存在方法本身不足所带来的实验误差。研究者将在后续的研究中通过扩大取样范围，以期获得更具代表性的研究结论。

参考文献

［1］宫火良，张慧英．工作家庭冲突研究综述［J］．心理科学，2006，29（1）：124-126.

[2] 李超平，时勘，罗正学等．医护人员工作倦怠的调查［J］．中国临床心理学杂志，2003，11（3）：170-172.

[3] Greenhaus, J. H., Beutell, N. J. Sources of Conflict between Work and Family Roles［J］. The Academy of Management Review, 1985, 10 (1): 76-88.

[4] Frone, M. R., Russell, M., Cooper, M. L. Antecedents and Outcomes of Work-Family Conflict: Testing a Model of the Work-Family Interface［J］. Journal of Applied Psychology, 1992, 77 (1): 65-78.

[5] Gutek, B. A., Searle, S., Klepa, L. Rational Versus Gender Role Explanations for Work-Family Conflict［J］. Journal of Applied Psychology, 1991, 76 (4): 560-568.

[6] Parasuraman, S., Greenhaus, J. H., Granrose, C. S. Role Stressors, Social Support, and Well-Being among Two-Career Couples［J］. Journal of Organizational Behavior, 1992, 13 (4): 339-356.

[7] Parasuraman, S. Work and Family Variables, Entrepreneurial Career Success, and Psychological Well-Being［J］. Journal of Vocational Behavior, 1996, 48 (3): 275-300.

[8] Beatty, C. A. The Stress of Managerial and Professional Women: Is the Price Too High?［J］. Journal of Organizational Behavior, 1996, 17 (3): 233.

[9] Greenglass, E. R., Burke, R. J. Work and Family Precursors of Burnout in Teachers: Sex Differences［J］. Sex Roles, 1988, 18 (3): 215-229.

[10] Clark, S. C. Work/Family Border Theory: A New Theory of Work/Family Balance［J］. Human Relations, 2000, 53 (6): 747-770.

[11] Klitzman, S., House, J. S., Israel, B. A., et al. Work Stress, Nonwork Stress, and Health［J］. Journal of Behavioral Medicine, 1990, 13 (3): 221-243.

[12] O'Driscoll, M. P., Ilgen, D. R., Hildreth, K. Time Devoted to Job and Off-Job Activities, Interrole Conflict, and Affective Experiences［J］. Journal of Applied Psychology, 1992, 77 (3): 272-279.

[13] 陆佳芳，时勘，Lawler J. 工作家庭冲突的初步研究［J］．应用心理学，2002，8（2）：45-50.

[14] Maslach, C., Schaufeli, W. B., Leiter, M. P. Job Burnout［J］. Annual Review of Psychology, 2001, 52 (1): 397-422.

[15] 陆昌勤．工作倦怠感研究及展望［J］．中国心理卫生杂志，2004，18（3）：206-207.

[16] Jackson, S. E., Maslach, C. After-Effects of Job-Related Stress: Families as Victims［J］. Journal of Occupational Behaviour, 1982, 3 (1): 63-77.

[17] Burke, R. J., Deszca, E. Correlates of Psychological Burnout Phases among Police Officers［J］. Human Relations, 1986, 39: 487-502.

[18] Lee, R. T., Ashforth, B. E. On the Meaning of Maslach's Three Dimensions of Burnout［J］. Journal of Applied Psychology, 1990, 75 (6): 743-747.

[19] Allen, T. D., Herst, D. E., Bruck, C. S., et al. Consequences Associated with Work-to-Family Conflict: A Review and Agenda for Future Research［J］. Journal of Occupational Health Psychology, 2000, 5 (2): 278-308.

[20] Cordes, C. L., Dougherty, T. W. A Review and an Integration of Research on Job Burnout［J］. The Academy of Management Review, 1993, 18 (4): 621-656.

[21] 李超平，时勘，罗正学等．医护人员工作家庭冲突与工作倦怠的关系［J］．中国心理卫生杂志，2003，17（12）：807-809.

[22] 李超平，时勘．分配公平与程序公平对工作倦怠的影响［J］．心理学报，2003，35（5）：677-684.

[23] Chan, D. W. The Chinese Version of the General Health Questionnaire: Does Language Make a Difference?［J］. Psychological Medicine, 1985, 15 (1): 147-155.

[24] Baron, R. M., Kenny, D. A. The Moderator-Mediator Variable Distinction in Social Psychological Research: Conceptual, Strategic, and Statistical Considerations［J］. Journal of Personality and Social Psychology,

1986, 51 (6): 1173-1182.

　　[25] 徐长江, 时勘. 工作倦怠: 一个不断扩展的研究领域 [J]. 心理科学进展, 2003, 11 (6): 680-685.

The Effects of Work-Family Conflict on Telecom Employees' Job Burnout and General Health

Xie Yizhong　Zeng Chuikai　Shi Kan

Abstract: To explore the effects of work-family conflict on job burnout and general health, 526 telecom employees were assessed by the questionnaire of *Work Interference with Family and Family Interference with Work*, *Maslach Burnout Inventory-General Survey*, *and General Health Questionaire*-12. Mediating regression analysis indicated that work-family conflict and its two components (WIF, Work-interference-with family & FIW, Family-interference-with-work) were powerful negative predictors of general health; job burnout was an important mediator between work-family conflict and general health; specifically, emotional exhaustion and cynicism fully mediated the relation between WIF and general health; emotional exhaustion, cynicism and diminished personal accomplishment fully mediated the relation between FIW and general health.

　　Key words: work-family conflict; job burnout; general health; mediating regression

工作压力与员工心理健康的实证研究 *

曾垂凯　时　勘

【编者按】2006 年 3 月，我有幸成为时勘教授的博士生，和师姐李淑敏一起，是时老师从中科院心理所来到管理学院后指导的第一届博士生。时老师经常跟我们说，要做变革型领导。其实他自己就是一个变革型领导的典范。他通过自己独特的领导魅力与感召力，吸引了全国优秀学子。他那时每天收到的邮件有 200 多封，都会一一回复。对那些索取量表、问卷等研究工具的邮件，时老师会转发给相应同学，要求给予支持；对想要考研考博的邮件，时老师在回复时，会同时抄送给一名研究兴趣相近的在读学生，让他们无缝对接，这让考生感到特别温暖。我收到时老师的邮件，有时是凌晨三点发出的，感动地想，不知道时老师是熬夜工作到凌晨，还是已经起床开始第二天的工作了。时老师善于智能激发，新生一入学，时老师第一个星期就会找去谈话，然后根据学生的兴趣爱好和专业特长，为其描绘出一个清晰的未来愿景，并提供支持，激励其朝着那个目标努力。有了明确的目标，学生就有了方向，学习起来就事半功倍，效率飙升。时老师还根据每个学生的特点，提供个性化关怀。对于跨专业的学生，时老师会找一名研究方法过硬的同学提供专业支持；对于家庭困难的学生，时老师不仅自己慷慨解囊，而且会号召课题组同学捐助扶持，在时老师门下，没有一个因为经济困难未能完成学业的同学。时老师指导研究生，强调"干中学"，带领学生深入企业组织，了解企业实际，让学生将理论知识运用于管理实践，帮助解决企业的现实问题，真正做到理论和实践相结合。我至今还记得，当时参加高等教育出版社关键岗位胜任特征建模项目时，自己一个一个深度访谈高教社策划编辑的情境。他们对自己策划的项目，就像对自己的孩子，有着深厚的感情，介绍起来滔滔不绝，趣味横生，让我这个一直生活在学校象牙塔里的博士生切实了解了出版行业，增长了见识，开阔了眼界。当这个项目完成后，自己对胜任特征模型这一方面的内容，从理论起源到模型应用，掌握得特别牢固。在时老师课题组，我还感受到了一种密切合作的团队精神，不仅在读的学生大家互帮互助，共同进步，而且已经毕业的学长经常回课题组分享自己的经验与智慧，还有跟时老师读完硕士就去国外攻读博士的学生仍然念念不忘课题组，经常回来传经送宝。在这里，我特别要感谢的是时老师 1996 级心理所硕士生宋照礼师兄，宋师兄多年来对我学术上进行无私的指导、帮助和支持，并慷慨为我提供了去新加坡国立大学访学的机会。师兄的提携之恩，跟时老师的师恩一样，山高水长！（曾垂凯，中国科学院管理学院 2006 级博士生，浙江财经大学　副教授）

摘　要：通过对 354 名企业被试的问卷调查，探讨工作压力对员工心理健康的影响。结果表

---

*　基金项目：科技部 863 重点项目资助（项目资助号：2006AA022426）。

明，工作需求与情绪衰竭正相关，与一般健康状况负相关；工作控制与情绪衰竭负相关，与一般健康状况正相关。工作压力过高会导致员工的心理健康下降，心理健康是工作需求和工作控制共同作用的结果。

关键词：工作压力；心理健康；工作需求；工作控制

一 引言

工作压力一直是组织行为学家的一项重要研究课题。在当前社会背景下，企业组织对员工在工作中的生理和心理需求不断提高，员工的工作安全感和工作控制力不断降低，所面临的工作压力不断增大，因工作压力而引发的各种问题不断增多[1]。在这种情境下，工作压力的研究备受关注。

在工作压力研究领域，Karasek 的工作需求—控制模型广为关注[2]。该模型认为，工作压力是个体所面临的工作需求与其所拥有的工作控制相互作用的结果。工作需求是存在于工作情境中反映员工所从事的工作任务的数量和困难程度的因素，而工作控制则反映了员工能够对工作行为施加影响的程度。根据工作需求和工作控制的高低，Karasek 将工作环境分为四种类型：高需求低控制的高压力工作（high-strain jobs）；高需求高控制的主动性工作（active jobs）；低需求高控制的低压力工作（low-strain jobs）和低需求低控制的被动性工作（passive jobs）[2]。

高压力工作会增大生理疾病和心理压力的风险，因为高工作需求使个体产生一种较高的能量唤醒状态（如心率加快、内分泌增加），然而，由于工作条件的限制（缺乏工作控制），这种唤醒不能通过有效的渠道得到较好的释放。主动性工作和写意（flow）、工作投入和发展新技能的动机相联系，可以产生促进健康和提高工作投入等积极的结果。这是因为高能量的唤醒可借助被授予的权力通过积极有效地解决问题（高工作控制）等渠道得到合适的释放。低压力工作所预测的生理疾病和心理压力均低于平均水平。"因为这类工作于健康无碍，所以经常为关注社会问题的学者们所疏忽"。由于这类工作的工作需求较低，其薪水通常也较低。被动性工作可能使从事这类工作的个体已经习得的技能和能力逐渐消退。由于被动性工作不利于人类潜能的发展，这种工作环境中的个体将体验到"平均水平的心理压力和疾病风险"[1]。Karasek 在模型中指出，当面临高的工作需求时，工作控制的数量决定个体是在主动性工作中积极学习，还是在高压力工作中承受压力[2]。

以往的研究表明，高压力的工作环境不仅会增大员工出现生理疾病的风险，也可能增加员工的心理压力（如焦虑、抑郁和衰竭），损害员工的心理健康，并影响员工的工作效率。工作压力对心理健康的消极影响，Karasek 最初的研究就得到了验证[2]。在一个对我国五个城市 1200 名员工的研究中，Xie 发现高压力工作环境中员工的焦虑和抑郁水平显著高于其他员工[3]。Jonge 等的研究发现，员工的高工作需求可以预测情绪衰竭[4]。Landsbergis 的一项研究也验证了工作需求对情绪衰竭的这种影响[5]。有趣的是，Landsbergis 发现，高工作需求和高工作控制（即主动性工作）的员工竟然报告了比其他员工更高的情绪衰竭[5]。de Rijk 等则发现，工作控制的缓冲作用只对那些采取积极应对方式的员工有效[6]。

不同工作压力水平下员工的心理健康是怎样的？工作需求与工作控制对心理健康有什么

影响？两者的交互效应能否预测员工的心理健康？本文拟从 Karasek 的工作压力模型出发，以情绪衰竭和一般健康状况作为心理健康的指标，通过实证的方法，检验工作压力对员工心理健康的影响，以期为企业有效地开展工作压力管理提出建议，促进企业长远健康发展。

二　被试与方法

（一）被试

研究者在五家企业发放问卷 450 份，回收有效问卷 354 份，回收率 78.7%。其中男性 170 人，女性 184 人；年龄分布：24 岁以下的 3 人，25～34 岁 159 人，35～44 岁 128 人，45～54 岁 54 人，55 岁以上 10 人；受教育程度：高中以下 4 人，高中或中技 63 人，大专 140 人，本科 138 人，硕士以上 9 人。工作年限：4 年以下的 95 人，5～9 年 56 人，10～14 年 94 人，15～19 年 64 人，20 年以上 37 人。

（二）测量

工作压力：采用 Karasek 的工作需求—决策自主问卷[2]，通过测评员工面临的工作需求和拥有的工作控制来测评工作压力。问卷包括工作需求（7 个项目）和工作控制（8 个项目）两个分量表。采用 5 点计分，工作需求的得分越高，表示员工所从事的工作任务的数量越大、难度越高；工作控制的得分越高，表示员工能够对自己的工作行为施加影响的程度越高。

心理健康：通过情绪衰竭和一般健康状况两个指标测评。情绪衰竭采用李超平等修订的工作倦怠问卷中的相应子量表（5 个项目）[7]。问卷为 5 点量表，得分越高表示员工的心理健康状况越差。一般健康状况采用 Chan 翻译的 GHQ-12（General Health Questionnaire 12，12 个项目）[8]。项目采用四点量纲形式，"0"代表"一点也不"，"3"代表"比平时多得多"。对其中 6 个项目反向记分后，得分越高表示员工的心理健康状况越好。

三　结果

（一）不同压力水平下员工的心理健康差异比较

本研究用 SPSS13.0 处理数据。首先通过单因素方差分析比较了不同工作压力水平下员工的心理健康差异，并采用 LSD 法进行了事后检验。根据被试工作需求和工作控制的高低将被试分为四组（高于平均分的为高分组，反之为低分组，然后两两匹配）：高压力组（高需求低控制组）、主动性组（高需求高控制组）、低压力组（低需求高控制组）和被动性组（低需求低控制组）。结果表明，不同压力水平下员工的情绪衰竭和一般健康状况均存在显著差异（见表1）。在情绪衰竭上，高压力组得分最高，显著高于被动性组和低压力组；低压力组得分最低，显著低于其他三组。在一般健康状况方面，低压力组得分最高，显著高于被动性组和高压力组；高压力组得分最低，显著低于主动性组和低压力组。

表1 不同压力水平下员工的心理健康差异（n=354）

组别	n	情绪衰竭		一般健康状况	
		x̄±s	LSD 事后检验	x̄±s	LSD 事后检验
1. 被动性组（低需求低控制）	119	2.37±0.85	显著高于2组，低于3组	3.36±0.34	显著低于2组
2. 低压力组（低需求高控制）	71	2.09±0.68	显著低于其他三组	3.54±0.39	显著高于1、3两组
3. 高压力组（高需求低控制）	73	2.85±0.97	显著高于1、2两组	3.30±0.41	显著低于2、4两组
4. 主动性组（高需求高控制）	91	2.60±0.83	显著高于2组	3.45±0.35	显著高于3组
$F_{3,350}$		11.12		6.07	
p		0.00		0.00	

表2 研究变量的平均数、标准差和相关系数（n=354）

	x	s	1	2	3	4
1. 工作需求	3.36	0.61	0.78			
2. 工作控制	3.27	0.52	0.12*	0.75		
3. 情绪衰竭	2.47	0.88	0.32**	-0.20**	0.88	
4. 一般健康状况	3.41	0.37	-0.12*	0.29**	-0.47**	0.74

注：** 表示 $p<0.01$，* 表示 $p<0.05$；对角线上的粗体数字是各变量的内部一致性系数。

（二）研究变量的相关分析

表2呈现了研究变量的平均数、标准差、相关系数和信度。由表2可见，工作需求与情绪衰竭正相关，与一般健康状况负相关；工作控制与情绪衰竭负相关，与一般健康状况正相关。此外，工作需求与工作控制正相关，情绪衰竭与一般健康状况负相关。表格对角线上的粗体数字是变量在本研究中的内部一致性系数，可以看出，本研究所用量表的信度在0.74~0.88，说明本次调查具有较高的测量质量。

（三）工作需求、工作控制对心理健康的回归分析

本研究分别以情绪衰竭和一般健康状况为因变量，采用分层回归分析的方法考察工作压力对心理健康的影响，并检验了工作需求和工作控制的交互效应的影响。为了消除变量共线性的消极影响，将工作需求和工作控制做了中心化变换之后再相乘得到交互效应项。所得结果见表3。

表3   工作需求、工作控制对心理健康的回归分析（n＝354）

	情绪衰竭 β			一般健康状况 β		
	模型一	模型二	模型三	模型一	模型二	模型三
第一步						
性别	—	—	—	—	—	—
年龄	—	—	—	—	—	—
教育程度	—	—	—	0.12*	0.12*	0.12*
工作年限	—	—	—	0.17*		
第二步						
工作需求	—	0.36***	0.37***	—	−0.16**	−0.17**
工作控制	—	−0.25***	−0.27***	—	0.32***	0.33***
第三步						
工作需求×工作控制	—	—	0.12*	—	—	−0.11*
R^2	0.01	0.18	0.20	0.02	0.13	0.14
Adjusted R^2	0.00	0.17	0.19	0.00	0.11	0.12
R^2 change	0.01	0.17	0.02	0.02	0.11	0.01
F change	0.59	35.99***	2.95*	1.45	21.15***	2.71*
df	4/341	2/339	1/338	4/341	2/339	1/338

注：*** 表示 $p<0.001$，** 表示 $p<0.01$，* 表示 $p<0.05$，+表示 $p<0.1$，"—"表示不显著。

表 3 的结果表明，当以情绪衰竭为因变量时，各控制变量的预测作用均不显著；工作需求对情绪衰竭有显著的积极影响，工作控制则有显著的消极影响，在控制了人口统计学变量之后，所解释的方差变异为 17%（模型二）；工作需求和工作控制的交互效应对情绪衰竭具有显著的积极影响（β＝0.12，$p<0.05$，模型三）。当以一般健康状况为因变量时，教育程度和工作年限的标准回归系数都边缘显著；工作需求对一般健康状况有显著的消极影响，工作控制对之有显著的积极影响，在控制了人口统计学变量之后，所解释的方差变异量为 11%（模型二）；两者的交互效应对一般健康状况具有显著的消极影响（β＝−0.11，$p<0.05$，模型三）。

（四）工作需求、工作控制与心理健康的关系图示

为了更加清晰地揭示工作需求、工作控制与心理健康之间的关系，研究者采用 Aiken 等所建议的程序对上述三组交互效应展开进一步分析[9]。分别根据工作需求和工作控制的分数，以平均分为基准将被试分为高、中、低三组。将低于平均数一个标准差的被试作为低分组，高于平均数一个标准差的被试作为高分组，在正负一个标准差之间的被试作为中间组。分别估计当工作需求处于高、中、低三种不同水平时，工作控制和心理健康的关系。分析结果如图 1、图 2 所示。

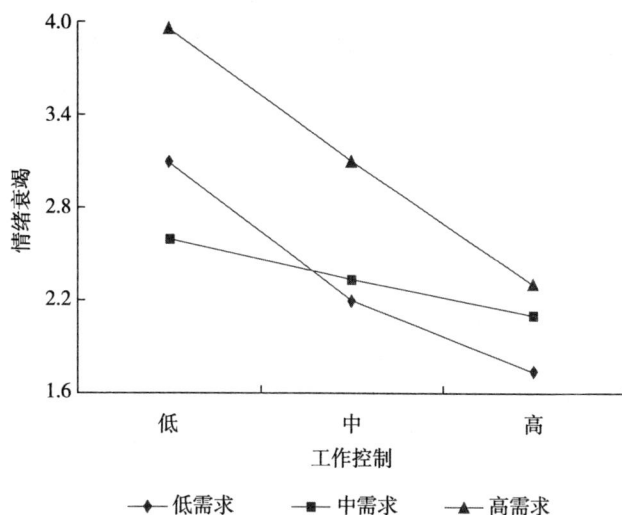

图 1　工作需求、工作控制与情绪衰竭的关系

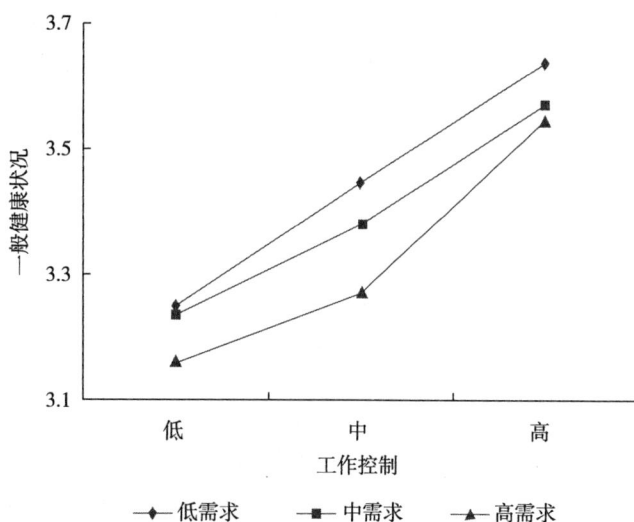

图 2　工作需求、工作控制与一般健康状况的关系

从图 1 可以看出，工作需求高时，员工的情绪衰竭最高；在各种不同水平的工作需求上，情绪衰竭都随着工作控制的提高而下降；工作控制较低时，中等程度的工作需求情绪衰竭最低。

从图 2 可看出，员工的一般健康状况随着工作需求的提高而下降；随着工作控制的提高而上升。

四　讨论与建议

本研究结果显示，员工的工作压力对其心理健康具有显著影响。具体而言，低压力组被试的情绪衰竭显著低于高压力组、主动性组和被动性组，其一般健康状况也显著高于高压力组和被动性组；高压力组被试的情绪衰竭显著高于低压力组和被动性组，其一般健康状况也显著低于低压力组和主动性组。工作需求和工作控制都是心理健康的有效预测因子。工作需求对员工心理健康的影响是消极的，工作控制对心理健康的影响是积极的；员工的心理健康水平是两者共同作用的结果。因此，要提升员工的心理健康水平，需要从适当降低工作需求和提高工作控制两个方面同时入手。在管理实践中，在工作需求和工作控制难以同时调整的情况下，根据本文的研究发现，研究者向管理工作者提出以下建议：

对工作需求、工作控制和情绪衰竭的关系，我们的建议是：一般地说，在工作需求既定的情况下，降低情绪衰竭的方法是提高工作控制。在工作控制既定的情况下，降低情绪衰竭的方法是适当降低工作需求。但有一种情况例外，即在工作控制较低的情况下，以中等程度的工作需求为宜。此时过分降低工作需求，情绪衰竭反而上升。

对工作需求、工作控制和一般健康状况的关系，我们的建议是：一般地说，适当降低对员工的工作需求和提高员工对工作的控制程度都能有效地提高员工的一般健康状况。

参考文献

[1] Lovelace, K. J., Manz, C. C., Alves, J. C. Work Stress and Leadership Development: The Role of Self-leadership, Shared Leadership, Physical Fitness and Flow in Managing Demands and Increasing Job Control [J]. Human Resource Management Review, 2007, 17 (5): 374-387.

[2] Karasek, R. A. Job Demands, Job Decision Latitude, and Mental Strain: Implications for Job Redesign [J]. Administrative Science Quarterly, 1979, 24 (2): 285-308.

[3] Xie, J. Karasek's Model in the People's Republic of China: Effects of Job Demands, Control, and Individual Differences [J]. Academy of Management Journal, 1996, 39 (6): 1594-1618.

[4] Jonge, J. D., Gerard, J. P., Breukelen, V., et al. Camparing Group and Individual Level Assessments of Job Characteristics in Testing the Job Demand-control Model: A Multilevel Approach [J]. Organizational Behavior, 1999, 52 (2): 95-122.

[5] Landsbergis, P. L. Occupational Stress among Health Case Workers: A Test of the Job Demand Control Model [J]. Journal of Organizational Behavior, 1988, 9 (1): 217-239.

[6] De Rijk, A., Le Blanc, P., Schaufeli, W., et al. Active Coping and Need for Control as Moderators of the Job Demand-control Model: Effects on Burnout [J]. Journal of Occupational and Organizational Psychology, 1998, 71 (1): 1-19.

[7] 李超平, 时勤. 分配公平与程序公平对职业枯竭的影响 [J]. 心理学报, 2003, 35 (5): 677-684.

[8] Chan, D. W. The Chinese Version of the General Health Questionnaire: Does Language Make a Difference [J]. Psychological Medicine, 1985, 15 (1): 147-155.

[9] Aiken, L. S., West, S. Multiple Regression: Testing and Interpreting Interactions [M]. New York: Sage, 1991: 9-27.

An Empirical Research on Work Stress and Employees' Psychological Health

Zeng Chuikai   Shi Kan

Abstract: To explore the effect of work stress on employees' psychological health, 354 subjects from five enterprises were surveyed by some questionnaires. The results indicated that job demands was significantly positively related to emotional exhaustion but negatively related to general health. Job control was significantly negatively related to emotional exhaustion but positively related to general health. High work stress led to low psychological health of employees. Psychological health was due to the interaction of job demands and job control.

Key words: work stress; psychological health; job demands; job control

工作投入研究现状与展望*

林　琳　时　勘　萧爱铃

【编者按】站在 2021 年回望 2003 年，颇为感慨。此时，全球公共卫生的敌人是新型冠状病毒；彼时，是 SARS 病毒。时老师给我的第一个任务，就在 SARS 疫情期间，且和 SARS 有关，即在广州取样200 人，调查民众对 SARS 的认识和感受。刚接到任务时我很是惶恐，无关自身健康，更多是担忧找不到那么多人填问卷，耽误课题组的项目进度。幸运的是，在朋友的帮助下我最终取得了足够的数据，没耽搁大家；更幸运的是，在 2003 年入学后，我亲眼见证了课题组是如何基于这一全国性调查，不断钻研，不仅发表了若干篇优秀的研究论文，还形成了有自身鲜明特色的公共危机事件的预测模型理论体系，为政府进行危机管理和对民众进行心理调适提供了理论依据。课题组对解决公共危机事件的努力并未止步于 2003年，而是一直在前行；2008 年汶川地震，课题组再出发；2020 年新冠肺炎疫情，课题组更是身先士卒。做有情怀、有格局的学术研究，既要推动理论发展，更要让现实变得更美好，这是课题组教我的一课。2003 年 8 月，我加入课题组进行学习。进组后我就被安排到由芝加哥大学主导的美国 NIAAA、NIMH、FIC 合作项目 （1R01 TW006359）"Stigma and Behavioral Health in Urban Employers from China and USA"，参与这个国际合作项目的与 HIV 相关的污名化研究的学者还包括了北京中国科学院心理研究所时勘等、北京师范大学金盛华和香港理工大学曾永康、美国明尼苏达州立大学的黎岳庭等教授，首席科学家是美国加州理工学院的Patrick Corrigan 教授。该项目从 2003 年 9 月至 2008 年 8 月，资助经费达 240 万美元，应该是当时国际合作持续时间较长、资助强度较大的项目。现在看来，这个项目非常有先锋意识，可惜当时的我却没意识到，未能成为我硕博期间的主要研究议题。不过当年埋下的种子，也有生根发芽，我现在也开始关注弱势群体的工作体验，希望这颗种子能茁壮成长，最终能让现实变得更美好。2008 年，我和时老师合作发表论文《工作投入研究现状与展望》，这篇论文的选题可追溯到我参与的工作压力研究项目。阅读文献时发现，当时积极心理学正风起云涌，几乎所有工作倦怠研究权威都提到，缓解工作压力不是终点，让员工既快乐又高效地投入工作才是管理心理学家的使命，也才能让现实变得更美好，而这也成为我们关注工作投入的缘起。做有情怀、有格局的学术研究，既要推动理论发展，更要让现实变得更美好，这是我在课题组学到的一课，虽然现在我仍未参透，更谈不上做到，但已是我心之所向，行之所往。（林琳，中国科学院心理研究所 2003 级硕博连读生，中央财经大学商学院副教授）

摘　要：工作投入是组织行为学研究中的新概念，文章从五个方面对国内外工作投入研究

---

* 　基金项目：国家自然科学基金资助项目（70573108）。

的最新进展进行了综述：工作投入的研究背景；工作投入的概念界定与测量；工作投入与工作倦怠、工作卷入和组织承诺的区别与联系；工作投入作用机制的理论解释框架；工作投入的影响因素和影响结果。最后在分析工作投入研究现有问题的基础上，文章认为日后研究应着力于明晰概念的内涵与外延，拓展研究的领域和层次，丰富研究方法，夯实与完善理论基础，开发干预措施和开展跨文化因素的影响研究。

关键词：工作投入；工作倦怠；工作—个人匹配理论；工作要求—资源模型；工作压力；积极心理学

一　引言

现代社会中，快速的工作节奏和激烈的市场竞争在较大程度上影响着工作场所中的个体，工作倦怠（job burnout）已成为世界范围内的普遍现象。研究发现，工作倦怠对个体的身心健康、工作与生活乃至其所在组织均有较大的负面影响。历经30多年的探索，对工作倦怠的界定及量化已日趋成熟，对其影响因素、状况改善等各方面的研究也已取得许多成果。2001年，Maslach等回顾与展望了工作倦怠的研究[1]，指出研究需往纵深方向发展，其中，应扩大工作倦怠的研究范围，将其积极对立面工作投入（work/job engagement）也纳入研究框架中。

研究范畴的扩展实际上是受到积极心理学（positive psychology）的影响。积极心理学是近年来西方心理学界出现的一种新的研究取向[2]。传统上，心理学的研究焦点在于人的负性状态，而积极心理学则强调研究应从过分关注人类心理问题转向关注个体积极力量，它主张心理学要从人实际的、潜在的具有建设性的力量、美德和机能等出发，用积极的方式来重新解读人的心理现象，并在此过程中寻找帮助人们在良好条件下获得自己应有幸福的各种因素。积极心理学是当代心理学研究的最新进展之一[3]，将取代以往那些对于病理及缺陷的研究[4]。有关的元分析证明，积极的工作情绪有利于提升员工的工作满意度和工作绩效，甚至还有利于提高组织绩效[5]。因此，在工作倦怠研究中引入与之对立的、有积极导向的工作投入概念，是组织行为学和健康心理学研究的必然趋势。

二　工作倦怠的概念及其测量

作为工作倦怠的对立面进入研究视野，工作投入的概念、结构、测量均离不开与工作倦怠进行对比。因此，要清楚认识工作投入，首先需要明晰工作倦怠。

Maslach等对工作倦怠的定义被引用最多，他们认为，工作倦怠是个体不能有效应对工作上持续不断的各种压力而产生的一种长期反应，具体表现为情绪衰竭（emotional exhaustion）、疏离感（cynicism）和职业自我效能感低落（reduced professional efficacy）。其中，情绪衰竭是工作倦怠的核心维度，它以疲乏和感觉情绪资源耗尽为特征；疏离感是个体对工作和工作相关人员漠不关心的态度；职业自我效能感低落是个体负面评价自身，认为自己不能胜任工作或对工作有所贡献[6]。

目前，最普及的工作倦怠测量工具是 Maslach 工作倦怠调查表（Maslach Burnout Inventory，MBI)[6,7]。据统计，90%以上的工作倦怠研究都采用了该问卷[8]。对应于 Maslach 的工作倦怠定义，MBI 包含情绪衰竭、疏离感和专业自我效能感低落 3 个分量表，共有人际工作者版（MBI-HSS）、教师版（MBI-ES）以及通用版（MBI-GS）三个版本。其中，中国学者在中国文化背景下对通用版进行了修订[9]。此外，工作倦怠测量（Burnout Measure，BM)[10]与 Oldenburg 工作倦怠调查表（Oldenburg Burnout Inventory，OLBI)[11]也是较常用的工作倦怠测量工具。

三　工作投入的概念

1. 工作投入的定义

Kahn、Maslach 和 Schaufeli 等各自对工作投入进行了代表性阐述。Kahn 是研究工作投入的先驱，他通过个体深度访谈及其结果分析，提出了工作投入（personal engagement at work）和工作不投入（personal disengagement at work）两个概念[12]。受角色理论启发，Kahn 认为，工作投入是员工的自我与其工作角色的结合，工作投入意味着个体在其工作角色扮演过程中，在生理、认知和情感三个层次上表达和展现自我[13]，而个体所拥有的身体、情绪和心理资源是工作投入的必要前提[14]。

Maslach 等则从工作投入与工作倦怠关系的角度来界定工作投入[1]，并提出两极观（见图 1）。他们视倦怠与投入为一三维连续体的两极，精力（energy）、卷入（involvement）和效能（efficacy）构成了连续体的三个维度。工作投入位于积极的一端，是感觉到精力充沛，能有效地进入工作状态并与他人和谐相处的状态。在这种情况下，个体与组织均处于积极、高效的工作状态。而倦怠则位于消极一端，它是对工作投入的销蚀[15]，个体会感觉到效能低、耗竭以及与工作或他人疏离。在这种状态下，个体精力耗竭，卷入程度降低，效能感低下[1,15-19]。可见，根据两极观，应该观察到工作倦怠和工作投入是完全负相关的关系（r=-1）。

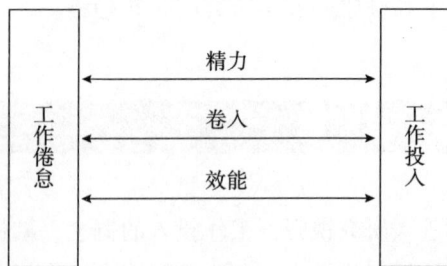

图 1　工作投入与工作倦怠的两极观（Maslach & Leiter，2001）

同时，从工作投入和工作倦怠的关系出发，Schaufeli 及其同事却不同意两极观。基于前人对正、负向情感关系的研究结果[20]，他们认为，工作投入与工作倦怠并非简单的直接对立，而应是既相互联系又相对独立的两种心理状态，即它们应是中等程度负相关。顺此思路，Sctiaufeli 从幸福感的两个维度——快乐和激发出发，结合访谈的结果，将工作投入定义为个体的一种充满着持久的、积极的情绪与动机的完满状态，表现为活力（vigor）、奉献

（dedication）和专注（absorption）三方面特征。活力是指具有出众的精力与韧性，愿意在自己的工作上付出努力，不容易疲倦，面对困难时具有坚忍力等；奉献是一种对工作的强烈卷入，伴随着对工作意义的肯定及高度的热情，以及自豪和受鼓舞的感觉；而专注则是一种全身心投入工作的愉悦状态，感觉时间过得很快，不愿意从工作中脱离出来[21]。

尽管 Kahn 首先提出了工作投入这一概念，但他的研究仅停留在思想阐述层面，没有实质性地提出可操作性定义和进行实证研究。Maslach 等随后在理论和操作层面清晰定义了工作投入，但其工作也仅止步于此，仍没有继续深入。目前，Schaufeli 的研究团队走得最远，他们的看法得到数据的支持，成为学术界的主流。实证研究发现，工作倦怠和工作投入仅为中度负相关[22,23]，另外，验证性因素分析结果也表明，二阶两维模型（核心工作倦怠——情绪衰竭、疏离感，与扩展工作投入——活力、奉献、专注、专业自我效能）较一阶单维模型更吻合数据[21,24]。这一结果否定了两极观点。

2. 相似概念的辨析

除工作倦怠外，工作投入还与工作满意度、组织承诺和工作卷入（job involvement）、工作狂（workholism）等有所区别和联系。在过去几年间，学者们分别在理论和实证层面对这些概念进行了辨析[25,26]。工作投入与前三者同是描述个体对工作的积极依恋情感（work attachment），在理论层面上互有重叠。Hallberg 和 Schaufeli 认为，工作投入是一种全情投入工作的心理健康状态，它在某种程度上借鉴了工作卷入（奉献于工作、对工作充满热情和受工作激发）和承诺（对工作的依恋）两个概念。

然而，工作投入与这些概念还是有实质性区别的。首先，工作投入是从健康心理学角度提出的，工作投入不仅关注个体与工作的关系，还关注其对个体身心健康的影响，而其他概念均无涉及此点。其次，在描述个体与工作的心理关系时，这些概念所针对的对象也各有侧重。工作满意度是指工作在多大程度上满足个体自我实现的需要，带来满足感，又或者是工作在多大程度上把员工从麻烦和不满中解脱出来。可见，工作满意度只反映了个体的主观体验，而没有描述个体与工作本身的关系[26]。至于组织承诺，尽管其中的情感承诺（affective commitment）与工作投入有一定相似，但组织承诺强调个体对组织的情感依赖，更多的是关注个体与组织的雇佣关系，而非工作投入所关注的个体与工作的关系。另外，在目前的研究中，组织承诺更多地被看作工作投入的结果变量[27]。工作卷入与工作投入中的卷入奉献维度很相像，但在描述员工与工作的关系时，工作投入的内涵比工作卷入更加丰富和全面，不仅仅包括了卷入，还包括精力活力、高效能感和专注等方面。工作狂包括过度工作（excesswork）和内部驱动（inner drive）两个维度，它与工作倦怠正相关，而与工作投入有较大区别。工作投入的员工是愉快、健康和充分地工作；而工作狂的员工经常过度工作，因而他们很少参加工作以外的社交活动，精神紧张，工作满意度很低[28]。

工作投入与这些概念的区别得到了实证研究的支持[25]。当把工作投入与工作卷入和情感承诺共同做验证性因素分析时，三个潜变量的结构明显优于单潜变量结构，这三个概念仅为中度相关，相关系数在 0.35~0.46。此外，三者与员工的工作特征、内部工作动机、离职意向和身心健康等变量的关系也不尽一致。工作卷入的模式与其他两个概念有较大差异，它与员工的身心健康无显著关系，而与员工的内部工作动机显著相关；尽管情感承诺的模式与工作投入相类似，但与这些变量的相关关系的强度明显弱于工作投入。

四　工作投入的测量

学者们对工作投入定义的分歧反映在测量工具上。Maslach 认为，既然工作投入与工作倦怠完全对立，则它们在维度上也应一一对应：精力、卷入与效能分别对应于情绪衰竭、疏离感以及职业自我效能感低落，工作投入可被 MBI 的反向计分直接估计，即 MBI 既是工作倦怠量表，也是工作投入量表[1,19]。

Schaufeli 等认为，工作投入与工作倦怠是两种相对独立的心理状态，应该用不同的量表分别测量。结合质化和量化研究，他们开发了 Utrecht 工作投入量表（Utrecht Work Engagement Scale，UWES)[21]。该量表包含活力、奉献和专注三个分量表，分全版（17 个项目）和简版（9 个项目）两个版本。迄今为止，多数学者采纳 UWES 来测量工作投入。研究表明，UWES 三维度的内部一致性信度均大于 0.80，再测信度在 0.65 和 0.70 之间[28]；另外，UWES 的结构效度在不同文化背景（如东亚、欧洲和南非）和不同职业类型（如学生和专业人士）中都得到了较好的验证[21,22,29-34]。但在某些国家（如美国和德国），该结构却没有得到重复[35,36]。

五　解释工作投入的理论模型

目前主要有两个理论模型解释工作投入的形成机制和影响作用：工作—个人匹配理论（Job-Person Fit Theory）和工作要求—资源模型（Job Demands-Resources Model）。

1. 工作—个人匹配理论

Maslach 等基于工作—个人匹配理论对工作投入/倦怠过程中的个人与情境因素加以整合，用以解释工作投入的形成机制。当个体的情绪、动机或压力反应与工作/组织环境持久匹配时，就会工作投入；而不匹配时，则会工作倦怠（见图 2）。个体与工作情境的匹配度可从工作负荷、控制感、报酬、团队、公平以及价值观六个方面进行评定。个体与环境在这六个方面越匹配，工作投入的程度就越高；越不匹配，工作倦怠的可能性越高[15]。此外，工作投入/工作倦怠是人职匹配与结果变量（如身心健康、工作满意度、承诺水平、工作绩效等）之间的中介变量。

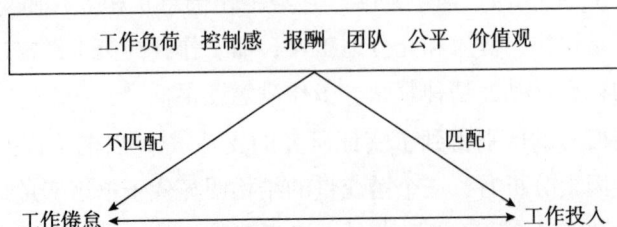

图 2　工作—个人匹配理论对工作投入的解释（Leiter & Maslach, 2001）

2. 工作要求—资源模型

Schaufeli 采用工作要求—资源模型[37]来解释工作投入的作用机制（见图 3）。工作要求—资源模型源于工作要求—控制模型和资源保存理论，它强调工作中的两类特性——工作要求和工作资源。工作要求指的是工作的物理、社会和组织方面的要求，需要个体以生理和心理为代价，持续不断地在身心方面付出努力。工作资源指来自工作的物理、社会和组织方面的资源，这些资源有益于实现工作目标，减轻工作要求，或者激励个人成长、学习和发展。该模型的核心在于工作要求和工作资源分别引发出两种心理过程：一种是影响健康的过程：持续的工作要求→耗尽员工精力→工作倦怠→损害健康，工作倦怠是工作要求与个体健康的中介变量；另一种是工作的动机过程：可得的工作资源→激发了员工工作动机→工作投入→积极的工作结果（如组织承诺和组织绩效等）。该模型得到了实证研究的支持[38]，也有研究发现，工作要求—资源模型比工作要求—控制模型更能解释数据[39]。

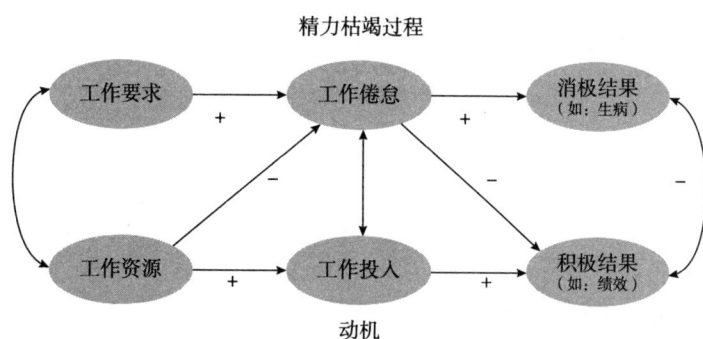

图3 工作要求—资源模型对工作投入的解释（Schaufeli & Bakker，2001）

六 工作投入的影响因素

到目前为止，实证研究发现影响工作投入的因素可分为三类：人口统计学变量、个性特征因素与工作特征因素。这些因素对工作投入的具体影响如下：

1. 人口统计学变量

已有研究证明，性别、年龄、职业等人口学变量是工作投入的影响因素。关于性别的研究尚无定论，有研究发现男性的工作投入水平较女性更高[40]。然而，Schaufeli在分析了来自世界各地的31916个数据后发现，工作投入的性别差异并不显著；工作投入与年龄正相关，相关系数介于0.05和0.17；经理、企业家和农民三种职业的工作投入程度较高，而蓝领工人、警察和家庭护理员的工作投入较低[28]。

2. 个性特征

一些涉及个性特征的研究表明，具有某些个性特征的员工工作更投入。坚韧[41]、成就驱动[42,43]、情绪智力[44]等与工作投入正相关。另外，抗逆力（resilience）[45]较好的老年人护理员表现出较高的工作投入水平。控制了人口统计学变量后，外向性、灵活性和低神经质等人格特质仍能有效预测员工的工作投入程度[46]。

3. 工作特征

工作要求—资源模型具体解释了工作投入与工作倦怠由不同的工作特征所引发，工作资源是前者的前因变量，工作要求则是后者的前因变量[38]。工作资源的可得性[27,47]、控制感[39]、社会支持[28]、主管支持[48]、知觉到的组织支持[32]、创新[48]、绩效反馈[27]、组织公平[32]等都能激发员工更加投入工作。

七　工作投入的影响结果

从现有文献看来，工作投入的结果变量研究主要集中在个体在工作场所和其他生活领域的态度与行为，心理与生理状态；另外研究还关注到工作投入这一情绪在个体内与个体间的渗溢与传递作用。工作投入的影响结果具体如下：

1. 工作态度和工作行为

众多研究表明，工作投入能使员工快乐而高效地工作。工作投入的员工对工作和组织有正面的态度[49]，较高的工作满意度[28]、工作卷入[25]和组织承诺[25,39,50]，以及较低的离职意向[27]。工作投入还能促进员工个体绩效甚至组织绩效。在个体层面，工作投入能有效预测员工的工作绩效[14]，且其预测力要强于工作倦怠[22]，而工作投入程度较高的员工表现出更多的角色外行为和较低的缺勤率[28]；在组织层面，员工快乐是企业有效的生产力（Happy-Productive Hypothesis），员工的工作投入能对整个组织绩效产生积极的影响，Harter 等分析了 2000 个企业的数据后发现，员工的工作投入与员工的安全绩效、组织生产力和盈利、客户满意度正相关，而与员工离职率负相关[5,51,52]。

2. 主观幸福感和身体健康

研究表明，工作投入的状态还能帮助员工健康快乐地生活。Britt 等[41,53]发现，当士兵处于压力情境中时，工作投入能起到缓冲压力的作用，帮助个体面对充满压力的工作，降低心理紧张程度。另一针对企业领导的研究也发现，工作投入的领导在生活中总是伴随着高涨的积极情绪[54]。另外，工作投入也能使个体维持良好的身体状态，研究发现，工作投入的员工较少患病，其心理与生理健康水平更高[27,39]。

3. 工作投入的积极渗溢（spillover）和交错（crossover）

研究发现，通过渗溢和交错，工作投入这一积极心理状态还能传递到个体的生活领域和感染他人。渗溢是指情绪在工作与家庭两生活领域的相互影响和渗透。Rothbard 探过了工作投入和家庭投入间的相互作用，发现男性的工作投入会增强其家庭投入；与此相反，女性对工作的投入会减少其对家庭的投入，但对家庭投入却会增强其工作投入[49]。交错是指情绪在个体间的传递。多层线性模型分析的结果揭示，在控制个体水平的工作要求和资源后，团队水平的工作投入仍会影响团队成员个体水平的工作投入[55]。工作投入的积极情绪不仅可以在工作领域扩散，还可在家庭领域传递。双职工夫妇间的情绪会互相感染，在控制了工作和家庭环境中一系列变量后，研究者发现，夫妻一方的工作投入和工作倦怠会传递给另一方[56]。

八　问题与展望

迄今为止，对工作投入的研究已取得一定进展，研究内容广泛涉及工作投入的测量方法、前因后果等方面。但同时，目前的研究也存在一些问题，有待进一步探讨。

第一，概念内涵与外延的明晰。目前，工作投入概念的分歧制约着研究的继续深入。Leiter 在 26 届国际应用心理学大会上指出，对工作投入的研究还处于起步阶段，准确定义工作投入是首要任务。因此，有必要进一步明晰工作投入的理论定义及其结构，并在此基础上发展出科学和通用的测量工具。目前争议主要集中在两点：工作投入与工作倦怠的关系；工作投入与其他相似变量的区别。工作投入是否为工作倦怠的直接对立面，能否被工作倦怠量表直接测量，以往对工作倦怠的研究能否同样适用于工作投入……类似问题仍是研究的焦点。此外，曾有学者指出，工作投入的奉献维度与工作卷入非常相似[21,31,57]，因此，也有必要深入探讨工作投入与其他相似变量的关系。

第二，研究领域和层次的扩展。现有研究主要局限于工作领域中的投入，如探讨工作投入的维度等，这只涉及概念的构面（fecets）问题。而在现实中，个体在不同领域中均存在投入问题，因此，应考虑将概念扩展到各个生活领域（如学习投入、家庭投入等）加以研究，即探讨概念的焦点（foci）问题。此外，随着团队研究广泛开展，投入概念还可从不同层面展开，对团队水平和组织水平的投入加以研究。这对于从积极心理学角度探索团队建设和组织文化建设，具有一定的理论价值。

第三，研究方法的多样化和结果的交叉验证。现有研究几乎都采用自我报告法测量工作投入，难以避免社会称许性问题，污染了其研究结论。因此，需要控制因主观测量而产生的方法效应，可借鉴压力研究，采取客观测量如采用生理指标等方法探讨工作投入的影响效果、影响因素以及发展变化趋势等问题。此外，纵向研究也将有助于工作投入研究的深入。采用追踪调查，可帮助我们深入了解工作投入的发展过程及动态考察各变量间的相互关系。

第四，理论基础的夯实与完善。目前解释工作投入作用机制的理论基础还相当薄弱，仅局限在少数几个工作压力理论里。然而，作为积极心理学和工作压力的相互作用而涌现出来的概念之一，工作投入与工作动机密切相关。因此，它能否为动机理论所解释，其内在的作用机制等问题，仍有待研究。

第五，干预措施的开发以及实践和理论研究的互动。以往鲜有对工作投入的干预研究，仅有的一些尝试也多沿用工作倦怠的干预方法或将之加以改进，再用于提高工作投入。但既然这两个概念是相对独立的，其干预机制也应针对各自的特点而有所区别。那么，是否存在提高工作投入的更为独特而有效的方法？今后有必要进一步加强此方面研究，这不仅有利于理论本身的发展，也便于各应用领域更有效地应用该领域的研究结论，充分发挥其实践价值。

第六，文化因素的影响及跨文化研究。工作投入与工作动机是密切相关的，而工作动机又深受社会文化的影响，因此，不同文化背景下工作投入的影响因素及干预机制也应有所不同。因此，对于处于东方文化背景下的国内的研究者和实践者而言，西方的相关研究结论只具有参考意义，并不能直接搬用。但目前国内有关工作投入的实证研究还相对薄弱，仍有待继续发展。我们有必要以处于转型期的中国文化为研究背景，对工作投入的相关问题进行广泛而深入的探讨，这不仅对工作投入研究的发展与完善有重要的理论价值，还对企业激励机制建设具有重要的现实意义。这也是我们今后在工作投入领域的主要努力方向。

参考文献

［1］Maslach, C., W. B. Schaufeli, M. P. Leiter. Job Burnout ［J］. Annual Review of Psychology, 2001, 52: 397-422.

［2］Sheldon, K. M., L. King. Why Positive Psychology Is Necessary ［J］. American Psychologist, 2001, 56 (3): 216-217.

［3］Schultz, D. P., S. E. Schultz. A History of Modern Psychology ［M］. Wadsworth Publishing, 2004.

［4］Seligman, M. E. P., M. Csikszentmihalyi. Positive Psychology: An Introducticn ［J］. American Psychologist, 2000, 55 (1): 5-14.

［5］Harter, J. K., F. L. Schmidt, C. L. Keyes. Well-being in the Workplace and Its Relationship to Business Outcomes: A Review of the Gallup Studies. In Flourishing: Positive Psychology and the Life well-lived ［M］. Washington, D. C.: American Psychological Association, 2003: 205-224.

［6］Maslach, C., S. E. Jackson, M. P. Later. Maslach Burnout Inventory Manual (3 ed.) ［M］. Palo Alto, CA: Consulting Psychologists Press, 1996.

［7］Maslach, C., S. E. Jackson. The Measurement of Experienced Burnout ［J］. Journal of Occupational Behavior, 1981, 2 (2): 99-113.

［8］Schaufeli, W. B., D. Enzmann. The Burnout Companion to Study and Practice: A Critical Analyss ［M］. Washington, D. C.: Taylor & Francis, 1998.

［9］李超平, 时勘. 分配公平与程序公平对工作倦怠的影响 ［J］. 心理学报, 2003, 35 (5): 677-684.

［10］Pines, A. M., E. Arcnson, D. Kafry. Burnout: From Tedium to Personal Growth: Free Pressi, 1981.

［11］Demsrouti, E., A. B. Bakker, I. Vardakou, A. Kantas. The Convergent Validity of Two Burnout Instruments: A Multitrait-multimethod Analysis ［J］. European Journal of Psychological Asaessment, 2003, 19 (1): 12-23.

［12］Kahn, W. A. Adjusting self-in-role: Influences on Personal Engagement and Disagement at Work ［D］. Yale University, 1987.

［13］Kahn, W. A. To be Fully There: Psychological Presence at Work ［J］. Human Relations, 1992, 45: 321-349.

［14］Kahn, W. A. Psychological Conditions of Personal Engagement and Disengagement at Work ［J］. Academy of Management Journal, 1990, 33 (4): 692-724.

［15］Maslach, C., M. P. Leiter. The Truth about Burnout: How Organizations Cause Personal Stress and What to Do about It ［M］. San Francisco, CA: Jossey-Bass, 1997.

［16］Later, M. P., C. Maslach. Banishing Burnout: Six Strategies for Improving Your Relationship with Work ［M］. San Francisco, CA: Jossey-Bassi, 2005.

［17］Maslach, C., M. P. Leiter. Reversing Burnout: How to Rekindle Your Passion for Your Work ［J］. Stanford Social Innovation Review, 2005, 3 (4): 42.

［18］Maslach, C., M. P. Leiter. An Organizational Approach to Healing Burnout: Stanford Social Innovation Review, 2005, 3 (4): 46.

［19］Maslach, C. Job Burnout: New Directions in Research and Intervention ［J］. Current Directions in Psychological Science, 2003, 12 (5): 189-192.

［20］Russell, J. A., J. M. Carroll. On the Bipolarity of Positive and Negative Affect ［J］. Psychdogical Bulletin, 1999, 125: 3-10.

［21］Sohaufeli, W. B., M. Salanova, V. Gonzalez-Roma, A. B. Bakker. The Measurement of Engagment and

Burnout: A Two Sample Confirmatory Factor Analytic Approach [J]. Journal of Happiness Studies, 2002, 3: 71-92.

[22] Schaufeli, W. B., I. M. Martinez, A. Marques Pinto, M. Salanova, A. B. Bakker. Burout and Engagement in University Students: A Cross-national Study [J]. Journal of Cross-Cultural Psychology, 2002, 33 (5): 464-481.

[23] Durán, A., N. Extremera, L. Rey. Engagement and Burnout: Analyzing Their Association Patterns [J]. Psychological Reports, 2004, 94: 1084-1050.

[24] Gonzalez-Roma, V., W. B. Schaufeli, A. B. Bakker, S. Lloret. Burnout and Work Engagement: Independent Fectors or Opposite Poles? [J]. Journal of Vocational Behavior, 2006, 68 (1): 165-174.

[25] Hallberg, U. E., W. B. Schaufeli. "Same Same" But Different: Can Work Engagement be Discriminated from Job Involvement and Organizational Commitment? [J]. European Psychologist, 2006, 11 (2): 119-127.

[26] Leiter, M. P., C. Maslach. Burnout and health. In Baum A., T. A. Revenson, J. E. Singer (eds.), Handbook of Health Psychology [C]. Mahwah, N. J: Lawrence Erlbaum Associates, 2001: 415-426.

[27] Sohaufeli, W. B., A. B. Bakker. Job Demands Job Resources, and Their Relationship with Burnout and Engagement: A Multi-sample Study [J]. Journal of Organizational Behavior, 2004, 25 (3): 293-315.

[28] Schaufeli, W. B. From Burnout to Engagament: Toward a True Occupaticnal Health Psychdogy [R]. 26th International Congress of Applied Psychdogy. Athena, Greece, 2006.

[29] Brake, J. H. M., M. A. J. Eijkman, J. Hoogstraten, R. C. Gorter. Job Engagement and Burnout among Dutch Dentists (Manuscript Submittedfor Publication), 2005.

[30] Schaufeli, W. B., A. B. Bakker. Work Engagement: The Measurement of a Concept [Dutch] Gedragen Organisatie, 2004, 17: 89-112.

[31] Shin, K. H. Job Engagement and Job Burnout in a South Korean Sample [D]. Kansas State University, US, 2004.

[32] 李金波, 许百华, 陈建明. 影响员工工作投入的组织相关因素研究 [J]. 应用心理学, 2006, 12 (2): 176-181.

[33] 张轶文, 甘怡群. 中文版 Utrecht 工作投入量表 (UWEs) 的信效度检验 [J]. 中国临床心理学杂志, 2005, 13 (3): 268-270, 281.

[34] Jackson, L. T. B., S. Rothmann, F. J. R. Van deVijver. A Model of Work-related Well-being for Educators in South Africa [J]. Stress and Health, 2006, 22 (4): 263-274.

[35] Sabine, S. Recovery, Work Engagement, and Proactive Behavior: A New Look at the Interface between Nonwork and Work [J]. Journal of Applied Psychology, 2003, 88 (3): 518.

[36] Halbesleben, J. R. B. Burnout and Engagement: Correlates and Measurement University of Oklahcma, 2003.

[37] Dernerouti, E., A. B. Bakker, F. Nachreiner, W. B. Sohaufel. The Job Demands-resources Model of Burnout [J]. Journal of Applied Psycholgy, 2001, 86 (3): 499-512.

[38] Hakanen, J. J., A. B. Bakker, W. B. Schaufeli. Burnout and Work Engagement among Teachers [J]. Journal of School Psychology, 2006, 43: 495-513

[39] Demerouti, E., A. B. Bakker, J. de Jonge, P. P. Janssen, W. B. Schaufeli. Burnout and Engagement at Work as a Function of Demands and Control [J]. Scandinavian Journal of Work, Environment & Health, 2001, 27 (4): 279-286.

[40] Watkins, C. E., Jr., R. M. Tipton. Role Relevance and Role Engagement in Contemporary School Psychology [J]. Professional Psychdogy: Research and Practice, 1991, 22 (4): 328-332.

[41] Britt, T. W., A. B. Adler, P. T. Bartone. Deriving Benefits from Stressful Events: The Role of Engagement in Meaningful Work and Hardiness [J]. Journal of Occupational Health Psychology, 2001, 6 (1):

53-63.

[42] Hallberg, U. E. , W. B. Schaufeli and G. Johansson. Individual Behaviour Patterns, Burnout and Work Engagemant Manuscript Submitted for Publication, 2004.

[43] Hallberg, U. E. A Thesis on Firer: Studies of Work Engagement, Type A Behavior and Burnout [J]. Stockholm University, Stockholm, 2005.

[44] Duran, A. , N. Extremera, L. Rey. Self-reported Emotional Intelligence Burnout and Engagement among Staff in Services for People with Intellectual Disabilities [J]. Psychological Reports, 2004, 95 (2): 386-390.

[45] de Lucena Carvalho, V. A. M. , B. F. Calvo, L. H. Martin, F. R. Campos, I. C. Castillo Resilience and the Burnout-engagement Model Informal Caregivers of the Elderly [J]. [Spanish]. Psicothema, 2006, 18 (4): 791-796.

[46] Langelaan, S., A. B. Bakker, L. J. P. Van Doornen, W. B. Schaufeli. Burnout and Work Engagement: Do Individual Differences Make a Difference? [J]. Personality and Individual Differences, 2006 (40): 521-532.

[47] Hakanen, J. J. , A. B. Bakker, E. Demerouti. How Dentists Cope with Their Job Demands and Stay Engaged: The Moderating role of Job Resources [J]. European Journal of Oral Sciences, 2005, 113 (6): 479-487.

[48] Bakker, A. B. , J. J. Hakanen, E. Demerouti, D. Xanthopoulou. Job Resources Boost Work Engagement Particularly When Job Demands Are High [J]. Journal of Educational Psychology, in press.

[49] Rothbard, N. P. Enriching or Depleting? The Dynamics of Engagement in Work and Family Roles [J]. Administrative Science Quarterly, 2001, 46 (4): 655-684.

[50] Richardsen, A. M. , R. J. Burke, M. Martinussen. Work and Health Outcomes among Police Officers: The Mediating Role of Police Cynicism and Engagement [J]. International Journal of Stress Management, 2006, 13 (4): 555-574.

[51] Harter, J. K. , F. L. Schmidt, T. L. Hayes. Business-unit-level Relationship between Employee Satisfaction, Employee Engagement, and Business Outcomes: A Meta-analysis [J]. Journal of Applied Psychology, 2002, 87 (2): 268-279.

[52] Harter, J. K. Managerial Talent, Employee Engagement, and Business-unit Performance [J]. Psychologist-Manager Journal, 2000, 4 (2): 215-224.

[53] Britt, T. W. , P. D. BIiese. Testing the Stress-buffering Effects of Self Engagement among Soldiers on a military Operation [J]. Journal of Personality, 2003, 71 (2): 245-265.

[54] Little, L. M. , B. L. Simmons, D. L. Nelson. Health among Leaders Positive and Negative Affect, Engagement and Burnout Forgiveness and Revenge [J]. Journal of Management Studies, 2007, 44 (2): 243-260.

[55] Bakker, A. B. , H. van Emmerik, M. C. Euwema. Crossover of Burnout and Engagement in Work teams [J]. Work and Occupations, 2006, 33 (4): 464-489.

[56] Bakker, A. B. , E. Demerouti, W. B. Schaufeli. The Crossover of Burnout and Work Engagement among Working Couples [J]. Human Relations, 2005, 58 (5): 661-689.

[57] Shirom, A. Feeling Vigorous at Work? The Construct of Vigor and the Study of Positive Affect in Organizations [C] // Ganster, D. , P. L. Rerrewe (eds.), Research in Organizational Stress and Well-being. Greenwich, CN: JAI Press, 2003, 3: 135-165.

参与式领导行为的作用机制：
来自不同组织的实证分析*

陈雪峰　　时　勘

【编者按】2002 年，我考入中国科学院心理研究所，在时勘老师指导下，作为硕博连读生攻读博士学位。这篇文章的研究设计和数据收集是在我参与时老师承担的横向项目过程中完成的。我很喜欢做这种科研严谨性与实践连带性都比较强的研究。领导行为是工业与组织心理学研究中一个长盛不衰的热点，也是时勘老师课题组一直以来的重要研究方向之一。领导行为理论不断更新，从传统理论到权变理论再到现代理论，虽然侧重点各有不同，但"激励下属参与"被认为是有效领导行为的一个重要特征。"心理授权"是激励下属参与的一个关键变量，我参与了心理授权量表的修订。我对参与式领导行为和心理授权的理论很认同，也很好奇在管理实践中应该如何发挥作用，因此有了这个研究设计，并在完成横向项目的过程中收集了三个不同类型组织的数据，发表了这篇文章。在关注领导行为的同时，我也很关注员工行为以及两者的相互影响。当时，香港理工大学的黄旭博士来课题组访问，他正在做上下级关系的研究，提及国际国内的同事关系研究很少。在与他交流的过程中，这个主题越来越吸引我，并最终促成我的博士学位论文《同事关系质量及其作用机制》。博士学位论文的预研究和正式研究是在北京和长春的两个商场里进行的，我深度访谈了 53 位营业员，收取了 297 对匹配样本，编制了同事关系质量问卷，考察了员工相似性对工作结果的影响以及同事关系质量的中介作用。完成博士学位论文的过程，也是我接受严格的质化研究和量化研究方法训练的过程。黄旭博士对我的博士学位论文选题和数据分析、论文撰写给予了很多指导，对此我一直心存感激。时老师为我们课题组搭建了很好的科研训练和学术交流平台，使我们有更多机会接触到本领域知名专家、参加学术会议和专题培训、到国外或香港的大学交流和学习，这些经历对学生的成长大有裨益。回想在课题组读书期间，我撰写过国家自然科学基金申请书、进展报告、结题报告，撰写过横向项目标书，编制过预算书，组织过学术会议，为研究生讲过课，担任过两年课题组秘书。在 SARS 疫情肆虐的那个春天，我曾冒着风险亲手录入了近两百份病人和医生填写的问卷。当我埋头于这些事情时，并不知道自己会从中收获什么，只是觉得应该认真去做、用心做好。2007 年毕业后，我留在心理所工作，2010 年担任科研业务处处长职务，2015 年被任命为心理所副所长，2016 年又当选党委副书记、纪委书记，2020 年换届时继续担任副所长职务。在从事科研管理工作的同时，我的研究兴趣中增加了心理健康和社会心理的政策研究，这也是当前"健康中国、平安中国"建设的国家需求。我参与撰写了 2016 年 22 部委联合发布的《关于加强心理健康服务的指导意见》、2018 年 10 部委联合发布的《全国社会心理服务体系建设试点工作方案》、《健康中国

* 本项目得到了国家自然科学基金的资助，项目资助号：70471060。

行动（2019—2030 年）》"心理健康促进行动"等文件，为国家政策的出台提供咨询建议和学科支撑。一路走来，我日益感受到当年在课题组学到的理论和方法及掌握的宏观与微观并重、理论与实践结合的思维方式，在潜移默化地影响着我的工作行为和研究兴趣，推动着我的职业生涯发展。在课题组期间接受的专业训练、公共服务意识和综合素质培训，耳濡目染时老师的战略意识、开拓思路和敬业精神，与同门同学的齐心协力、愉快合作和深厚情谊，已成为我人生中最宝贵的财富。走进新时代，心理学的社会需求凸显，心理学研究越发重要。作为一名心理学工作者，唯有继续努力、学以致用、尽己所能、报国为民。（陈雪峰，中国科学院心理研究所 2002 级硕博连读生，中国科学院心理研究所副所长、研究员）

摘　要：分析参与式领导行为的作用机制对领导行为研究和组织激励有重要的现实意义。本研究考察了参与式领导行为通过心理授权的中介作用影响员工满意度和组织承诺的作用机制。通过对事业单位行政工作人员、企业一线员工和科研机构的科研人员 3 组样本共 545 人进行问卷调查，结果显示：首先，基于激励模型的参与式领导行为作用机制的假设得到验证；其次，不同类型组织中参与式领导行为的作用机制不同，对行政员工而言，参与式领导行为通过工作意义和工作影响力影响员工的满意度，通过工作意义影响员工的组织承诺；对企业一线员工而言，参与式领导行为通过工作意义和工作影响力影响员工的满意度，通过工作意义、工作自主性和工作影响力影响员工的组织承诺；对于普通科研人员，参与式领导行为通过工作意义和工作自主权影响员工的满意度，通过工作意义、工作能力和工作影响力影响员工的组织承诺。

关键词：参与式领导行为；心理授权；员工满意度；组织承诺

一　引言

随着改革开放步伐的不断加大，西方管理理论和实践经验对中国组织的管理模式产生的影响也越来越大（Tsui, Wang, Xin, Zhang & Fu, 2004），领导行为的研究及其对组织管理实践的影响即是一个典型代表。在层出不穷的各种领导行为的研究中，参与式领导行为一直是研究者关注的主题之一。

领导行为的研究从早期 Likert 提出的 4 种领导方式（极端专制、仁慈专制、民主协商、民主参与）、Tannenbaum 和 Schmidt 等提出的领导连续体理论（从民主到独裁的领导连续带）、House 的领导方式理论（指令型、支持型、参与型、成就型）、Vroom 和 Yettoi 等的参与决策理论、Hersey 等发展起来的 Karman 的领导生命周期理论（命令式、说服式、参与式、授权式）、Fiedler 的权变理论，到新型领导理论如魅力型领导、变革型领导、战略型领导等的兴起，包括在管理实践中取得过较大成功的"目标管理"（彼得·德鲁克）等，都把"激励下属参与"作为有效领导行为的一部分。参与式领导行为有助于增强员工对组织的承诺感，进而改善员工的绩效，这一研究结果在西方学界已达成共识（Lashley, 2000; Quinn & Spreitzer, 1997）。

参与式领导行为是如何对组织绩效产生影响的呢？动机模型（Motivational Model）对此有一个基本假设，即参与式领导行为通过增加下属参与组织管理的程度，给予下属足够的判断力、注意力、影响力、支持、信息以及其他资源，使下属体验到这些领导行为带来的内在激励，产生自我价值、自我效能、自我决策能力等主观感觉（Sashkin & Williams, 1990;

Deci, Connell, Ryan, 1989；Arnold, Arad, Rhoades & Drasgow, 2000），从而提高下属的动机水平，增强下属参与决策的能力和行为，进而提高组织绩效（Bass, 1990；Nystrom, 1990）。这个基本假设在参与式领导行为和授权之间建立了联系。通过授权体现的参与式领导行为在最初的管理实践中尽管在一定程度上获得了预想中的激励作用，但这种作用并不稳定，甚至往往由于授权过程中操作方式不当或控制不好，导致权力失控并最终导致绩效下降。Thomas 和 Velthouse（1990）对此进行分析并提出心理授权的概念，认为授权是个体体验到的心理状态或认知的综合体，包括 4 个维度：工作意义，即个体对工作目标和价值的认知；工作能力，即个体对自身完成工作的能力的认知；工作自主性，即个体对工作活动的控制能力；工作影响力，即个体在多大程度上能够对所在组织产生影响。心理授权作为一种内在激励形式，能够激发下属提升绩效（Ahearne, Mathieu & Rapp, 2005；Leach, Wall & Jackson, 2003）。授权的管理活动只有使下属产生这些心理授权的感觉，才可能真正产生作用。简言之，心理授权逐渐成为参与式领导行为影响员工组织绩效的一个中介变量，并得到诸多以西方企业员工为样本的研究的验证。Koberg 等（1999）的研究显示，参与式领导行为与心理授权正相关，能够预测下属自评的工作绩效。Careless（2004）的研究显示，心理授权在参与式领导风格和工作态度、工作绩效之间起中介变量作用。Ahearne、Mathieu 和 Rapp（2005）的研究也显示，参与式领导行为能够提高下属（销售人员）的工作能力感并进而提高他们的销售业绩和顾客满意度。

但是，在借鉴吸收国外兴起的领导理论的同时，领导行为的研究必须考虑中西方文化背景和国情的差异，特别是在中国这样一个儒家文化（特别是君权、父权影响）统治了 2000 多年、组织中上下级关系间权力距离较大（Hofstede, 1991, 2001）、组织中人际互动呈现"关系取向"特点（杨国枢，1992），同时又处于社会和经济急速变革的特殊时期的国家中，领导行为对组织绩效的影响必然有不同于西方研究结论的地方。有研究发现，中国的组织也在越来越多地运用参与式管理方式来提高员工的组织承诺、应对激烈的环境变革和市场竞争（Chen, 2002；Wong, Wong, Hui & Law, 2001）。同时也有跨文化研究认为，参与式领导行为在权力距离比较大的国家不一定能够带来积极的组织绩效（Eylon & Au, 1999）。国内目前鲜有针对参与式领导行为、授权以及员工工作态度和行为之间关系的研究。参与式领导行为在中国组织中是否普遍存在？其作用机制与西方研究结果相比，是否存在不同？这些问题都有待实证研究的解释。

此外，还需注意的是，领导理论的研究先后经历特质理论、行为理论、权变理论和新型理论 4 个时期之后（Bryman, 1993），领导行为复杂性的研究开始浮出水面，研究者认为，随着社会和经济环境的日益复杂，处于上级、同事和下属的复杂关系网络中的领导者需要扮演多种角色并采取多样行为，来满足关系网络中不同主体的期望，其最基本的思想是，领导者应该具备实施多种领导行为的能力，而且应当在需要的时候根据情境要求表现出恰当的角色行为（Hooijberg, 1996）。从领导理论研究热点的变迁可以看到，领导行为的类型研究逐渐减弱，而越来越受关注的是情境对领导行为有效性的影响。那么，组织类型作为一种最普遍的情境因素，是否对参与式领导行为的作用机制有影响？

基于上述原因，本研究主要目的有两点：第一，参与式领导行为是否通过心理授权的中介作用对员工满意度和组织承诺有影响；第二，参与式领导行为的作用机制是否在不同类型的组织中存在差异。

二 研究方法

（一）研究对象

本研究选择了三种类型的组织进行数据采集，样本 1 为某国家事业单位普通行政人员，发放问卷时由该单位人事部门的工作人员协助，依次到各个部门发放问卷，说明填写方法、注意事项并承诺保密，各部门依次发放完毕后即从第一个发放的部门开始回收。样本 2 为企业一线员工，发放问卷时由该企业人力资源部门工作人员在工作现场发放并指导填写，现场回收。样本 3 为某科研单位一线科研人员，因其工作性质，部分科研人员无须坐班，发放问卷时由人教部门到各研究室统计常在科研人员的数量并发放问卷，同时发放填写说明，次日回收。研究者对回收问卷进行处理：第一步，整页漏选的问卷视为无效问卷；第二步，整页选择同一数字的问卷视为无效问卷；第三步，未填写人口统计学信息的问卷视为无效问卷；第四步，雷同的问卷同时视为无效问卷。最后，样本 1 发放问卷 178 份，回收 142 份，回收率为 79.8%，剔除无效问卷，最后进入分析的问卷为 141 份。样本 2 发放问卷 156 份，回收 123 份，回收率为 78.8%，剔除无效问卷，最后进入分析的问卷为 110 份。样本 3 发放问卷 446 份，回收 314 份，回收率为 70.4%，剔除无效问卷，最后进入分析的问卷为 294 份。被试基本信息见表 1。

表 1　被试基本信息

类型	分类	样本 1		样本 2		样本 3	
		人数	百分比（%）	人数	百分比（%）	人数	百分比（%）
性别	男	67	47.50	60	54.50	177	60.20
	女	64	45.40	45	40.90	105	35.70
年龄	21~30 岁	42	29.80	43	39.10	142	48.30
	31~40 岁	40	28.40	24	21.80	86	29.30
	41~50 岁	32	22.70	27	24.50	23	7.80
	51 岁以上	13	9.20	10	9.10	18	6.10
受教育年限	大专及以下	42	29.80	48	43.60	26	8.80
	本科	89	63.10	46	41.80	217	73.80
	硕士	2	1.40	11	10.00	41	13.90
	博士	0	0.00	0	0.00	3	1.00
工作时间	20 年以上	39	27.70	36	32.70	46	15.60
	15~19 年	19	13.50	8	7.30	30	10.20
	11~14 年	12	8.50	9	8.20	25	8.50
	7~10 年	29	20.60	15	13.60	44	15.00
	4~6 年	19	13.50	14	12.70	82	27.90
	3 年以下	16	11.30	25	22.70	64	21.80

（二）研究工具

本研究考察了参与式领导行为、心理授权、员工满意度和组织承诺。测量工具如下：

参与式领导行为采用 Arnold 等（2000）编制的参与式领导行为问卷（participative leadership behavior）。

员工满意度选用 Spector（1985）编制的员工满意度调查问卷（job satisfaction survey）中的员工满意度量表。

以上两个问卷在李克特 6 点量表上评分，从 1 到 6 分别是非常不同意、一般不同意、有点不同意、有点同意、一般同意、非常同意。得分越高，说明员工感受到的参与式领导行为越强，感受到的满意度越强。

心理授权采用 Spreitzer（1995）编制，李超平等在国内修订的量表，包括 4 个维度：工作意义、工作能力、工作自主权、工作影响力。

组织承诺采用 Mowday 等（1979）编制的组织承诺问卷（Organizational Commitment Questionnaire，OCQ）的压缩版，用来测量员工对组织的态度或情感承诺。

以上两个问卷在李克特 7 点量表上进行评分，从 1 到 7 分别是非常不同意、很不同意、有点不同意、不清楚、有点同意、很同意、非常同意。得分越高，说明员工感受到的心理授权程度越强，组织承诺感越强。

4 个测量工具中，参与式领导行为、员工满意度和组织承诺是经过双向翻译并已经使用过的工具，心理授权量表是作者参与修订的量表，也在中国样本中得到过验证。

（三）统计分析

采用 SPSS11.5 和 Amos4.0 进行统计分析，具体的分析内容包括样本的描述性统计分析、问卷的信度和效度分析、回归分析。

本研究的主要内容是分析参与式领导行为通过心理授权的中介作用影响员工满意度和组织承诺的作用机制。目前，考察变量中介作用的方法通常有两种。一种是运用结构方程模型进行分析。但是由于受样本容量的影响，本研究有两组样本无法满足通常需要 200 个以上样本才可进行结构方程模型分析的基本要求。因此，本研究将使用另一种常用的中介作用分析方法，即 Baron 和 David（1986）提出的 3 步骤检验模型：第一步，自变量与中介变量有显著相关，本研究中即参与式领导行为与心理授权各维度显著相关；第二步，自变量与因变量显著相关，本研究中即参与式领导行为与员工满意度和组织承诺显著相关；第三步，在控制自变量后，中介变量与因变量仍然有显著相关，在本研究中，即控制参与式领导行为之后，看心理授权各维度对员工满意度和组织承诺的预测作用。如果最后一步中自变量的回归系数值仍然显著，说明有部分中介效应；如果自变量的回归系数值不显著，则说明有完全中介效应。

三　研究结果

（一）心理授权量表的验证性因素分析结果

心理授权问卷是 Spreitzer 编制，李超平等（2006）在国内修订的量表，包括 4 个维度：工作意义、工作能力、工作自主权、工作影响力。3 组样本中分别比较了心理授权的一因素模型和四因素模型。

采用 Amos4.0 对数据进行验证性因素分析，根据 Medsker、Williams 和 Holahan（1996）的建议，采用 χ^2/df、GFI、NFI、IFI、TLI、CFI 和 RMSEA 来说明模型的拟合情况，各指标的界值为：χ^2/df 大于 10 表示模型很不理想，小于 5 表示模型可以接受，小于 3 则表示模型较好；GFI、NFI、IFI、TLI、CFI 应大于或接近 0.90，越接近 1 越好；RMSEA 处于 0 和 1 之间，越接近 0 越好。从表 2 的结果可以看出，与一因素模型相比，3 组样本中心理授权的四因素模型的各项拟合指数更接近或达到推荐界值的要求，四因素模型得到了数据的支持。

表 2　心理授权量表的验证性因素分析结果

	模型	χ^2	df	RSMEA	GFI	NFI	CFI	IFI	TLI
样本 1	独立模型	792.05	66						
	一因素模型	258.45	54	0.16	0.74	0.67	0.72	0.72	0.66
	四因素模型	120.70	48	0.10	0.89	0.85	0.90	0.90	0.86
样本 2	独立模型	743.00	66						
	一因素模型	290.43	54	0.20	0.68	0.61	0.65	0.66	0.57
	四因素模型	129.31	48	0.13	0.85	0.83	0.88	0.88	0.84
样本 3	独立模型	1612.68	66						
	一因素模型	763.28	54	0.21	0.62	0.53	0.54	0.55	0.44
	四因素模型	190.55	48	0.10	0.90	0.88	0.91	0.91	0.87

（二）主要变量的描述性统计分析结果

表 3、表 4 和表 5 是 3 组样本中主要变量的平均数、标准差、内部一致性系数和相关分析结果。除样本 1 中工作自主权的内部一致性系数较低外，其他结果都在 0.70～0.90。Devellis（1996）认为，分量表的内部一致性系数在 0.60 以上是可以接受的，因此可以认为 3 组样本中各主要变量的内部一致性系数值是可以接受的。4 个维度之间的相关系数在 0.15～0.69，大部分为中低程度的相关，李超平等的研究中各维度相关系数在 0.14～0.34。由此可以看出，本研究中心理授权各维度之间的相关也是可以接受的。

（三）心理授权的中介效应分析结果

采用 Baron 等提出的三步骤检验模型来检验心理授权的中介效应。首先看参与式领导行为对员工满意度、组织承诺及心理授权的预测作用。表6、表7和表8显示，在3组样本中参与式领导行为都能够显著预测心理授权的各个维度及员工满意度和组织承诺。

进行中介效应分析时，首先控制人口学变量的影响，其次控制参与式领导行为的影响，最后将心理授权的4个维度同时放入回归方程。表9是3组样本中，心理授权四维度的中介效应的分析结果。

表3　样本1主要变量的描述性统计分析结果（N=141）

	M	SD	1	2	3	4	5	6	7
1. 参与式领导行为	5.06	1.28	0.90						
2. 工作意义	5.62	1.05	0.28**	0.88					
3. 工作能力	6.06	0.73	0.31**	0.53**	0.80				
4. 工作自主权	5.14	1.11	0.44**	0.45**	0.36**	0.60			
5. 工作影响力	4.01	1.35	0.49**	0.47**	0.28**	0.69**	0.81		
6. 员工满意度	4.40	1.15	0.35**	0.70**	0.35**	0.34**	0.46**	0.80	
7. 组织承诺	5.45	0.91	0.47**	0.63**	0.49**	0.49**	0.50**	0.58**	0.87

注：* 表示 $p<0.05$，** 表示 $p<0.01$。对角线上的值是变量的内部一致性系数。

表4　样本2主要变量的描述性统计分析结果（N=110）

	M	SD	1	2	3	4	5	6	7
1. 参与式领导行为	5.15	1.16	0.84						
2. 工作意义	5.63	1.10	0.38**	0.88					
3. 工作能力	5.82	0.86	0.43**	0.59**	0.85				
4. 工作自主权	5.24	1.14	0.64**	0.57**	0.58**	0.64			
5. 工作影响力	3.79	1.35	0.16**	0.51**	0.29**	0.45**	0.82		
6. 员工满意度	4.50	0.99	0.39**	0.71**	0.41**	0.49**	0.47**	0.73	
7. 组织承诺	5.32	1.13	0.56**	0.72**	0.63**	0.74**	0.54**	0.65**	0.93

注：* 表示 $p<0.05$，** 表示 $p<0.01$。对角线上的值是变量的内部一致性系数。

表5　样本3主要变量的描述性统计分析结果（N=294）

	M	SD	1	2	3	4	5	6	7
1. 参与式领导行为	4.64	1.14	0.87						
2. 工作意义	5.42	1.03	0.33**	0.85					
3. 工作能力	5.50	0.95	0.18**	0.58**	0.83				

续表

	M	SD	1	2	3	4	5	6	7
4. 工作自主权	4.43	1.29	0.50**	0.36**	0.32**	0.73			
5. 工作影响力	3.48	1.28	0.33**	0.24**	0.15**	0.57**	0.80		
6. 员工满意度	4.26	0.98	0.37**	0.63**	0.42**	0.37**	0.25**	0.77	
7. 组织承诺	4.88	1.07	0.48**	0.67**	0.48**	0.45**	0.38**	0.69**	0.90

注：* 表示 p<0.05，** 表示 p<0.01。对角线上的值是变量的内部一致性系数。

结果显示，样本 1 中心理授权的部分中介作用得到验证，将心理授权放入回归方程后，β 值分别从 0.41 和 0.49 降低为 0.19 和 0.27，其预测作用显著下降。在参与式领导行为对员工满意度的影响中，起部分中介作用的是工作意义和工作影响力，而在参与式领导行为对组织承诺的影响中，起部分中介作用的只有工作意义这一个维度。

样本 2 中将心理授权放入回归方程后，参与式领导行为的预测作用显著降低，对员工满意度的预测不再显著，心理授权的完全中介作用得到验证，其中起完全中介作用的心理授权维度是工作意义和工作影响力。对组织承诺的预测作用显著降低，β 值由原来的 0.62 降低为 0.25，心理授权的部分中介作用得到验证，起部分中介作用的是工作意义、工作自主权和工作影响力。

表 6　样本 1 参与式领导行为的预测作用分析

	员工满意度	组织承诺	心理授权			
			意义	能力	自主权	影响力
第一步：人口学变量						
性别	0.04	-0.06	0.06	-0.001	-0.01	-0.11
年龄	-0.04	-0.05	-0.13	-0.37	-0.14	0.30
教育水平	0.15	0.01	-0.51	-0.007	-0.05	-0.02
任职期限	-0.20	-0.02	0.04	-0.31	0.002	-0.35
第二步：参与式领导	0.41***	0.49***	0.24*	0.23*	0.42***	0.51***
F	19.83***	30.95***	5.90*	5.64*	22.35***	37.37***
R^2	0.18***	0.25***	0.09*	0.10*	0.21***	0.28***
ΔR^2	0.15***	0.22***	0.05*	0.05*	0.17***	0.26***

注：* 表示 p<0.05；*** 表示 p<0.001。

表 7　样本 2 参与式领导行为的预测作用分析

	员工满意度	组织承诺	心理授权			
			意义	能力	自主权	影响力
第一步：人口学变量						
性别	-0.11	-0.08	-0.20*	-0.17	-0.10	-0.14

续表

	员工满意度	组织承诺	心理授权			
			意义	能力	自主权	影响力
年龄	0.24	0.35*	0.34*	0.22	0.21	0.07
教育水平	−0.23	−0.20*	−0.20	−0.18	−0.01	−0.13
任职期限	0.22	0.25	0.31	0.07	−0.003	−0.05
第二步：参与式领导	0.39***	0.62***	0.43***	0.52***	0.64***	0.22*
F	15.49***	55.53***	20.95***	32.40***	58.53***	4.42*
R^2	0.21***	0.44***	0.28***	0.32***	0.42***	0.10*
ΔR^2	0.14***	0.36***	0.17***	0.25***	0.39***	0.05*

注：* 表示 $p<0.05$；*** 表示 $p<0.001$。

表8　样本3参与式领导行为的预测作用分析

	员工满意度	组织承诺	心理授权			
			意义	能力	自主权	影响力
第一步：人口学变量						
性别	0.10	0.04	0.04	−0.002	−0.10	−0.12
年龄	0.25*	0.29**	0.01	0.16	−0.02	−0.01
教育水平	0.04	−0.10	0.03	−0.02	−0.02	−0.05
任职期限	−0.09	0.04	−0.28*	−0.02	−0.09	−0.07
第二步：参与式领导	0.45***	0.53***	0.41***	0.25***	0.51***	0.34***
F	65.26***	99.25***	49.37***	15.25***	80.17***	30.36***
R^2	0.26***	0.32***	0.20***	0.08***	0.25***	0.12***
ΔR^2	0.19***	0.27***	0.16***	0.06***	0.24***	0.11***

注：* 表示 $p<0.05$；*** 表示 $p<0.001$。

样本3中将心理授权放入回归方程后，参与式领导行为对员工满意度和组织承诺的预测作用显著降低，β 值分别由原来的 0.45 和 0.53 降低为 0.17 和 0.25。心理授权的部分中介作用得到验证。在参与式领导行为对员工满意度的影响中，起中介作用的维度是工作意义和工作自主权，在参与式领导行为对组织承诺的影响中，除工作自主权外，其他3个维度都有部分中介作用。

四　分析与讨论

Eby 等（1999）基于动机模型运用元分析方法来考察工作特征（job characteristics）、环境特征（work context variables）等与员工工作态度（包括组织承诺、满意度等）之间的关系，及内在激励（intrinsic motivation）的中介变量作用。他用4个变量来表示内在激励的作用：工作意义（meaningfulness）、责任感（responsibility）、对结果的预知（knowledge of results）、授权和交换（empowerment and exchange）。结果发现，内在激励对组织承诺和工作满意度有显著的预测作用，中介模型得到了验证。他的"内在激励"的内涵与心理授权四维度的内涵相当接近。李超平等（2006）在验证心理授权在中国文化背景下的适用性时，运用结构方程模型技术对心理授权与员工满意度、组织承诺、离职意向与工作倦怠等员工工作态度变量之间的关系进行了交叉验证，发现心理授权对这些变量有显著的预测作用。Xu等使用国有企业员工作为被试考察参与式领导行为对组织承诺的影响和心理授权的中介作用，其模型也得到了验证，但该研究未考虑员工的满意度。本研究同时选取员工满意度和组织承诺作为结果变量，考察参与式领导行为的作用机制和心理授权的中介效应。研究结果显示，基于动机模型的参与式领导行为通过心理授权影响员工满意度和组织承诺的假设得到验证，其中，工作意义是唯一一个3组样本中都显示在参与式领导行为和员工满意度与组织承诺之间起中介作用的变量。工作意义指个体根据自己的价值体系和标准对工作目标和价值的认知。这一结果再次说明在管理实践中管理者应当使员工对工作目标和价值产生认同，认为自己的工作有意义。

研究结果显示，3组样本中，参与式领导行为对组织承诺和员工满意度都有显著预测作用，但对组织承诺的预测作用更强。在国家事业单位行政人员的样本中，参与式领导行为对工作自主权和工作影响力的预测作用更强，相对而言，参与式领导行为对工作意义和工作能力的影响较弱；在企业一线员工的样本中，参与式领导行为对工作意义、工作能力和工作自主权的预测作用较强，而对工作影响力的预测作用较弱；在科研人员样本中，参与式领导行为对心理授权4个维度都有较强的预测作用。

考察心理授权的中介作用时，研究结果显示，对事业单位普通行政员工而言，参与式领导行为通过工作意义和工作影响力影响员工的满意度，通过工作意义影响员工的组织承诺；对企业一线员工而言，参与式领导行为通过工作意义和工作影响力影响员工的满意度，通过工作意义、工作自主性和工作影响力影响员工的组织承诺；对于普通科研人员，参与式领导行为通过工作意义和工作自主权影响员工的满意度，通过工作意义、工作能力和工作影响力影响员工的组织承诺。已有的中西方研究中，Spreiszer（1995）的研究发现，工作能力与工作满意度没有显著相关，工作自主性对员工满意度和组织承诺有正向影响，工作影响力对员工满意度等没有影响。Liden等（2000）的研究却发现，工作能力与员工满意度有负向相关，而对组织承诺没有显著影响。李超平的研究发现，工作能力对组织承诺有正向预测作用，与工作满意度、离职意向和工作压力等没有显著相关，工作自主性对员工满意度和组织承诺有显著预测作用，工作影响力则对此没有显著影响。这些研究结果不一致的原因可能与文化背景（中西方）、样本（企业、学生等）、测量工具的不同有关。本研究中3组样本来自不同类型的组织，其工作性质有很大差异，如科研工作的性质与其他两组样本相比较更强调独立工作的能力，其绩效也与个人能力的关系更紧密。对这些研究结果的解释有待同质样本的重复验证，同时也提出了新的研究主题，本研究从不同组织类型的角度考察参与式领导行为作用机制的差异，从工作性质不同的角度来解释这一差异，但是影响领导行为的组织情境因素很多，如组织文化的影响；领导行为作用于员工组织绩效的过程中，影响因素也很多，如上下级关系、同事关系、任务类型等。对参与式领导行为作用机制的深入了解需要从多方入手进行综合考察。

　　本研究的局限性主要有两个方面，一是所有数据都来自同一员工的调查问卷，有可能产生同源误差（same source bias）或共同方差变异（common method variance），但是由于本研究选取了 3 组不同样本进行分析，理论假设基本得到验证，且与已有研究结果较为一致，而且有学者认为同源误差或共同方差变异不一定会对结论造成重大影响，因此可以认为研究结果是可靠的。第二个局限性是对参与式领导行为作用机制的解释基于激励模型，且样本都是普通工作人员。对领导行为影响员工态度和行为的研究是组织行为学研究中的一个恒久主题，其理论基础除了经典的激励理论，还有 20 世纪中期开始流行的交换理论，即认为领导行为通过信任、关怀和尊重下属，使下属产生对上级的信任，并以相同或更好的行为来回报上级，从而表现出更好的角色内和角色外行为（Cohen，1992；Zallars & Tepper，2003）。有的研究者认为，基于激励理论解释领导行为更适用于不同层级的管理者，其理由是不同管理层级的下属由于社会化程度和工作内容的不同，其工作价值观和其他与工作相关的评价也不同。有一些研究证明了这一基本理论假设。如 Ronen 和 Sadan（1984）的研究显示，工作自主性等内在激励措施对中高层管理者的影响要大于基层管理者或一线员工。Sashkin 等（1990）的研究报告指出，中层管理者对自主权和影响力的需求较高，而非管理者的员工更关注与工作相关的报酬和其他回报等外在激励。与基层和一线的员工相比，中高层管理者更希望被授权，从而能够更有效地完成工作（Kanter，2004）。但是同时也有相当多的研究显示，无论对不同层级的管理者还是普通员工，激发内在动机的参与式领导行为都能产生积极影响。这一研究争论仍然在继续。本研究证明了领导行为对普通员工产生作用的理论背景是激发其内在动机，但由于样本限制，没有考察交换理论是否适用，这是本研究的局限性之一，同时也为以后的研究提供了一个方向。

　　本研究对组织的管理实践有一定的借鉴意义。首先，参与式领导行为是当前中国组织中普遍存在的一种领导行为。这种领导行为并非独一或排他的。有研究认为，领导者在实施领导行为的过程中并非只显示一种领导行为，更多时候是多种领导行为综合产生作用。本研究中在李克特 6 点量表上评价参与式领导行为，得分越高，说明员工感受到的参与式领导行为越强。数据显示，行政人员和企业员工的平均分都在 5 以上，科研人员样本的平均分也在 4.5 以上。这一结果进一步说明了对参与式领导行为进行研究的必要性。其次，参与式领导行为对员工产生影响的过程中，心理授权起中介作用。这一结果对组织制定相应的管理和培训措施有借鉴意义。工作意义是个体对工作目标和价值的认知。如果员工对工作目标并不清晰，对工作职责并不了解，对工作价值并不认同，即使领导者给予其足够的参与管理的自由，也很难产生预想的积极效果，而且很有可能适得其反。工作意义的中介效应在 3 组样本中都得到了验证，这一结果应当引起管理者的重视。工作能力，即个体对自身完成工作的能力的认知；工作自主性，即个体对工作活动的控制能力；工作影响力，即个体在多大程度上能够对所在组织产生影响。这 3 个心理授权维度都需要组织制定合理的管理措施加以保证。如果工作任务与能力不匹配、任务清晰能力足够但自主空间很小，参与式的领导行为也很难带来较高的组织绩效。对心理授权 4 个子维度的理解是领导者制定参与式管理措施、实施参与式领导行为的很重要的一个环节。4 个子维度环环相扣，但针对不同的员工又各有侧重。

　　领导行为的研究在组织行为学和人力资源管理的研究中历来是一个重点和热点，但到目前为止关于领导的定义、研究范式以及最佳的发展领导行为的战略和方法等尚无定论，因此《美国心理学家》（American Psychologist）在 2007 年有一期专门讨论领导行为，并提出了 5

个问题，用以引导以后的领导行为研究，这 5 个问题是：①是否并非领导者有什么差异，而是领导行为所处的情境有差异？②是否并非领导者的特质有什么影响，而是领导者的性格特征与环境的交互作用导致了绩效有差异？③是否并非领导者们存在什么共同特点，并因为这些特点的好坏不同导致领导行为的差异，而是领导行为本身的质量高低导致了绩效有差异？④是否并非领导者和下属的角色不同，而是上司也充当着下属的角色，而下属有时候也可能表现出领导者的行为来？⑤是否并非领导行为课程上讲什么内容，而是怎么样帮助领导者学习更为重要？这 5 个问题总结了以往的领导行为研究，也为未来的领导行为研究指明了方向，即对行为的作用机制的研究可能更有意义，对企业管理者而言，这样的结果会更具有参考价值和可操作性。

五 结论

本研究的主要结论如下：

（1）在中国文化背景下，参与式领导行为对员工的满意度和组织承诺有显著的影响。

（2）参与式领导行为通过心理授权的中介作用对员工满意度和组织承诺产生影响。

（3）不同类型的组织中参与式领导行为的作用机制不同。对事业单位普通行政员工而言，参与式领导行为通过工作意义和工作影响力影响员工的满意度，通过工作意义影响员工的组织承诺；对企业一线员工而言，参与式领导行为通过工作意义和工作影响力影响员工的满意度，通过工作意义、工作自主性和工作影响力影响员工的组织承诺；对于普通科研人员，参与式领导行为通过工作意义和工作自主权影响员工的满意度，通过工作意义、工作能力和工作影响力影响员工的组织承诺。

参考文献

［1］Ahearne，M.，Mathieu，J.，Rapp，A. To Empower or Not to Empower Your Sales Force? An Empirical Examination of the Influence of Leadership Empowerment Behavior on Customer Satisfaction and Performance ［J］. Journal of Applied Psychology，2005，90（5）：945-955.

［2］Arnold，J. A.，Arad，S.，Rhoades，J. A.，Drasgow，F. The Empowering Leadership Questionnaire：The Construction and Validation of a New Scale for Measuring Leader Behaviors ［J］. Journal of Organizational Behavior，2000，21（1）：249-269.

［3］Baron，R. M.，David，D. A. The Moderator-mediator Variable Distinction in Social Psychological Research：Conceptual Strategic，and Statistical Considerations ［J］. Journal of Personality and Social Psychology，1986，51（6）：1173-1183.

［4］Bass，B. M. Bass and Stodgill's Handbook of Leadership（3rd ed.）［M］. New York：Free Press，1990.

［5］Bryman，A. Charismatic Leadership in Business Organizations：Some Neglected Issues ［J］. The Leadership Quarterly，1993，4（3）：289-304.

［6］Careless，S. A. Does Psychological Empowerment Mediated the Relationship between Psychological Climate and Job Satisfaction? ［J］. Journal of Business and Psychology，2004，18（4）：405-425.

［7］Chen，X. P. Leadership Behavior and Employees' Intention to Leave ［C］// Tsui，A. S.，Lau，C. M.（eds.）. The Management of Enterprises in the P. R. C. Peking University Press，2002：293-311.

［8］ Cohen, A. Antecedents of Organizational Commitment across Occupational Groups: A Meta-analysis ［J］. Journal of Organizational Behavior, 1992, 13 (6): 539-588.

［9］ Deci, E. L., Connell, J. P., Ryan, R. M. Self-determination in a Work Organization ［J］. Journal of Applied Psychology, 1989, 74 (4): 580-590.

［10］ Devellis, R. F. A Consumer's Guide to Finding, Evaluating and Reporting on Measurement Instruments ［J］. Arthritis Care and Research, 1996, 9: 239-245.

［11］ Eby, L. T., Treeman, D. M., Rush, M. C., Lance, C. E. Motivational Bases of Affective Organizational Commitment: A Partial Test of an Integrative Theoretical Model ［J］. Journal of Occupational and Organizational Psychology, 1999, 72: 463-483.

［12］ Eylon, D., Au, K. Y. Exploring Empowerment Cross-cultural Differences Along the Power Distance Dimension ［J］. International Journal of Intercultural Relation, 1999, 23 (3): 373-385.

［13］ Fiedler, F. E. A Contingency Model of Leadership Effectiveness ［J］. Advances in Experimental Social Psychology, 1964 (1): 149-190.

［14］ Hersey, P., Blanchard, K. H. Life Cycle Theory of Leadership ［J］. Training and Development Journal, 1969, 23 (2): 26-34.

［15］ Hofstede, G. H. Culture's Consequences: Comparing Values, Behaviors, Institutions and Organizations across Nations ［M］. Thousand Oaks: Sage, 2001.

［16］ Hofstede, G. H. Cultures and Organizations: Software of the Mind ［M］. London: McGraw-Hill, 1991.

［17］ Hooijberg, R. A Multidirectional Approach Toward Leadership: An Extension of the Concept of Behavioral Complexity ［J］. Human Relations, 1996, 49 (7): 917-947.

［18］ House, R. J. A Path Goal Theory of Leader Effectiveness ［J］. Administrative Science Quarterly, 1971, 16 (3): 321-338.

［19］ Kanter, R. M. The Middle Manager as Innovator ［J］. Harvard Business Review, 2004 (7-8): 150-160.

［20］ Koberg, C. S., Boss, R. W., Senjem, J. C., Goodman, E. A. Antecedents and Outcomes of Empowerment: Empirical Evidence from the Health Care Industry ［J］. Group & Organization Management, 1999, 24 (1): 71-91.

［21］ Lashley, C. Empowerment through Involvement: A Case Study of TGI Fridays Restaurants ［J］. Personnel Review, 2000, 29: 791-815.

［22］ Leach, D. J., Wall, T. D., Jackson, P. R. The Effect of Empowerment on Job Knowledge: An Empirical Test Involving Operators of Complex Technology ［J］. Journal of Occupational and Organizational Psychology, 2003, 76 (1): 27-52.

［23］ Liden, R. C., Wayne, S. J., Sparrowe, R. T. An Examination of the Mediating Role of Psychological Empowerment on the Relations between the Job, Interpersonal Relationships and Work Outcomes ［J］. Journal of Applied Psychology, 2000, 85 (3): 407-416.

［24］ Likert, R. New Patterns of Management ［M］. McGraw Hill, 1961.

［25］ Medsker, G. J., Williams, L. J., Holahan, P. J. A Review of Current Practices for Evaluating Causal Models of Organizational Behavior and Human Resources Management Research ［J］. Journal of Management, 1994, 20 (2): 429-464.

［26］ Mowday, R. T., Steers, R. M., Porter, L. W. The Measurement of Organizational Commitment ［J］. Journal of Vocational Behavior, 1979, 14: 224-247.

［27］ Nystrom, P. J. Vertical Exchanges and Organizational Commitment of American Business Managers ［J］. Group and Organization Studies, 1990, 15 (3): 296-312.

［28］ Quinn, R. E., Spreitzer, G. M. The Road to Empowerment: Seven Questions Every Leader Should Consider [J]. Organizational Dynamics, Autumn, 1997: 37-49.

[29] Ronen, S., Sadan, S. Job Attitudes among Different Occupational Status Groups [J]. Work and Occupations, 1984, 11 (1): 77-97.

[30] Sashkin, M., Williams, R. L. Does Fairness Make a Difference? [J]. Organizational Dynamics, 1990, 19 (2): 56-71.

[31] Spector, P. Job Satisfaction [M]. Thousand Oaks, CA: Sage, 1985.

[32] Spreitzer, G. M. Psychological Empowerment in the Workplace: Dimensions, Measurement and Validation [J]. Academy of Management Journal, 1995, 38 (5): 1442-1465.

[33] Tannenbaum, R., Schmidt, W. H. How to Choose a Leadership Pattern [J]. Harvard Business Review, 1973, 162-180.

[34] Thomas, K. W., Velthouse, B. A. Cognitive Elements of Empowerment: An "Interpretive" Model of Intrinsic Task Motivatian [J]. Academy of Management Review, 1990, 15 (4): 666-681.

[35] Tsui, A. S, Wang, H., Xin, K., Zhang, L., Fu, P. P. Let a Thousand Flowers Bloom: Variation of Leadership Styles among Chinese CEOs [J]. Organizational Dynamics, 2004, 33 (1): 5-40.

[36] Vroom, V., Yetton, P. Leadership and Decision Making [D]. University of Pittsburgh, Pittsburgh, PA, 1973.

[37] Wong, C. S., Wong, Y. T. Hui, C., Law, K. S. The Significant Role of Chinese Employees' Organizational Commitment: Implications for Managing Employees in Chinese Societies [J]. Journal of World Busines, 2001, 36 (3): 326-340.

[38] Xu Huang, Kan Shi, Zhijie Zhang, Yat Lee Cheung. The Impact of Participative Leadership Behavior on Psychological Empowerment and Organizational Commitment in Chinese State-owned Enterprises: The Moderating Role of Organizational Tenure [J]. Asia Pacific Journal of Management, 2006 (23): 345-367.

[39] Zallars, K. L., Tepper, B. J. Beyond Social Exchange: New Directions for Organizational Citizenship Behavior Theory and Research [J]. Research in Personnel and Human Resources Managsment, 2003 (22): 395-424.

[40] 李超平, 李晓轩, 时勘, 陈雪峰. 授权的测量及其与员工工作态度的关系 [J]. 心理学报, 2006 (1).

[41] 杨国枢. 中国人的社会取向: 社会互动的观点 [C] //杨国枢, 余安邦. 中国人的心理与行为. 台北: 桂冠图书公司, 1992.

基于组织危机管理的员工援助计划 *

时　雨　罗跃嘉　徐　敏　时　勘

【编者按】危机管理指管理者在面对威胁或意识到潜在威胁时，努力去应对、阻止危机事件发生、发展的管理行为。在员工援助计划里涉及的危机管理更多属于组织危机，而不是个体危机事件，它对员工、资源和组织会造成更大的影响。从危机管理的角度来看，应对危机的反应时间有限，要求在短时间内迅速决策，而此时应对危机所需的信息、人力和设备却严重缺失。在此情况下，领导决策的模糊或犹豫不决、组织的管理失控、预案准备和资源不能及时到位，均会导致员工集体性恐慌，组织危机事件的应对不力还会引发社会大众对组织的质疑，组织的形象将大打折扣，甚至关乎组织的存亡。危机应对也是组织自身的一次成长机会，当出现危机事件时，组织如果有行之有效的对策，及时解决问题，也可以转"危"为"机"。在危机事件下，如何对员工进行有效的心理、医疗、技能和物质上的援助，使他们安然渡过危机，从而保证个人与组织的可持续发展，乃至整个社会秩序的稳定，成为企业管理者普遍关注的问题。企业在危机时期实施员工援助计划，不仅有助于员工和组织的自我修复，而且是企业履行社会责任的机遇。当前，我国的劳动关系市场化已经基本完成，但调整机制尚不完善，劳资矛盾成为影响社会和经济发展的首要因素，而且劳动关系正在由个别劳动关系向集体劳动关系发展。在劳资关系已经进入一个新阶段的情况下，劳动争议呈现不断增长的趋势。目前，我国企业的这种争议表现的基本趋势是，由个别调整向集体调整转变，企业发生的群体性事件更具有暴力化倾向，集体行动呈现无序化现状。其具体表现为个人暴力行为、行业集体行动，在某些企业开始出现工人依法集体争议情况。解决这些问题的关键，是掌握职工的动态诉求，与职工实行有效沟通，理性地分析劳资关系动态，特别是建立企业员工帮助计划，为员工提供系统的、长期的援助与福利项目，通过员工援助专业人员的配合，提供专业指导、培训和咨询。此外，还应该建立企业内投诉机制，及时化解矛盾。在一些企业建立工会，进行有组织的对话，可能是较好的沟通方法。在我国的新闻媒体，要避免相关的误导信息，采取劳资冲突处理的正确方法和途径。在我国，存在不同所有制、不同规模、不同发展阶段的企业组织等，其危机管理也存在不同程度的需求，需要开发出与不同需求相适应的危机管理技术和方法。
（时勘）

摘　要： 近年来，由于大陆地区跨国公司的大量进入，把 EAP 带入了一些企业。由于大陆地区企业在管理制度和社会保障制度方面与国外、港台地区的差异，员工援助计划的推行遇到了不少的困难。由于地震灾害等非常规突发事件的产生，使员工援助计划被列入企业危机管理

---

* 基金项目：国家自然科学基金项目（70573108）；教育部创新团队、教育部重点项目（106025）。

的系统予以考虑。在文章中，作者提出了解决这一问题的心理学研究构思和管理对策建议。

关键词： 员工援助计划；压力管理；危机管理

一　员工援助计划概述

（一）员工援助计划的起源

自 1917 年以来，美国员工援助项目（EAP）已经开始向一些有工作绩效问题的员工提供支持和帮助，而这些问题往往源于一些个人问题。R. M. Macy 公司和北洲电力公司最早意识到了对 EAP 的需要，并建立了 EAP。在 20 世纪 40 年代出现的大多数 EAP 是由于当时美国一些企业对白领酗酒问题的担忧，后来建立了职业酒精依赖项目（Occupational Alcoholism Program，OAP），诞生了员工帮助计划的雏形。对 EAP 的大量应用，始于 20 世纪六七十年代。1972 年，酒精滥用和酗酒联邦研究所职业项目办公室提供的联邦资助大大提高了项目的数量。[1]

（二）什么是员工援助计划

员工心理援助项目是一项为工作场所中个人和组织提供的咨询服务的服务项目。它帮助识别员工所关心的问题，并且给予解答。这些问题会影响到员工的工作表现，同时影响到整个组织机构的业绩目标的实现。具体内容包括个人生活水平的、工作问题水平的和组织发展水平的三个维度。其中个体生活维度包括健康问题、人际关系、家庭关系、经济问题、情感困扰、法律问题、焦虑、酗酒、药物成瘾及其他相关问题；工作维度包括工作要求、工作中的公平感、工作中的人际关系、欺负与威吓、人际关系、家庭/工作平衡、工作压力及其他相关问题；组织发展也是一项具有战略性的项目，能给组织带来一定的收益，所以，在组织发展水平主要是通过系统的方法进行人力管理，使一个组织结构从员工心路援助项目中获得最大益处，完全可以根据组织发展的要求来进行量身定制式的设计。

（三）有效的员工援助计划的特征

研究表明，有效地推广 EAP 员工援助计划，需要考虑的因素有组织高层管理人员的支持；有一套清晰的、书面的政策和程序，说明 EAP 的目的和它在组织中如何运行和起作用；与当地企业要保持密切的联系；要关注对于管理人员（上级）的培训，以提高辨认员工问题的能力；为了提高在公司里的广泛利用率，应对员工进行教育和推广 EAP 服务；还要持续地关注，包括向社区机构中介和对每一个个案进行跟踪；还要有关员工信息保密性的明确政策；建立基于项目评价目的的保存记录；并得到组织的支持，由公司的健康保险福利支付员工援助计划。

二 国内外员工援助计划的发展概况

（一）国外员工援助计划的现状与发展

随着跨国公司扩张、军队外驻、学术交流以及商学院留学生的培养，美国的 EAP 被引入欧洲及其他地区。特别是 20 世纪 80 年代以来，随着社会进步、企业壮大、管理思想的革新，EAP 在英国、加拿大、澳大利亚等发达国家都有长足发展和广泛应用。目前世界 500 强中，有 80%以上建立了 EAP，美国有将近 1/4 企业的员工享受 EAP 服务。一些国家的政府对 EAP 的态度越来越积极，认为 EAP 不仅给企业带来收益，也给社会带来好处，因而，EAP 在政府部门、军队得到广泛应用。一些政府在立法方面加强了对 EAP 的监管，有助于 EAP 得到更多关注、尊重、规范和传播。EAP 的发展还有赖于专业机构和专家的推动，已成为一个新的就业领域。在美国、英国等 EAP 发达国家，已有不少专业服务机构，其中不乏具有一定规模的跨国 EAP 服务公司。我国的香港和台湾地区也成立了一些专业 EAP 服务机构，内地开始诞生提供 EAP 服务的专业机构。

经过几十年发展，现在的 EAP 已远远超出了原有 OAP 模式。服务内容包含工作压力、心理健康、灾难事件、职业生涯困扰、健康生活方式、法律纠纷、理财问题、减肥和饮食紊乱等，全方位帮助员工解决个人问题。1988 年，美国劳工统计局进行了一个全国性的调查，结果发现，在 6.5%的公共和私人工作场所都采用了 EAP。两年后，对同样的这些工作场所进行了跟踪调查，发现 EAP 的普及率已经上升到了 11.8%。[①] EAP 普及率上升的事实进一步说明了员工援助项目在我国的发展前景。1993 年国家调查发现，所有超过 50 人的私人工作场所中有 33%购买了 EAP。根据第二次 NSWEAPs 调查数据，1995 年所有超过 50 人的私人工作场所中购买了 EAP 的上升到了 39%。另外，两次调查都表明，没有使用 EAP 的工作场所中近 10%表示正在考虑在来年开始这个项目。[②] 从工作场所收集的证据清楚地指出了这样一个事实，即在现代工作场所 EAP 正在成为一种常规化的实践。

（二）国内员工援助计划的现状与发展

中国香港和台湾地区 EAP 的发展要领先于内地，常常是从一些社会工作的形式开始的。在香港，20 世纪 90 年代初，一些非营利机构开始提供一些"工作社会服务"和 EAP。而在台湾最早从事劳工辅导工作（现在称为 EAP）的是天主教会的"天主教职工青年会"，当时，以促进青年劳工人格发展和引发社会大众对职工青年的重视为服务目的，其服务内容包括休闲娱乐、工作技能与生活知识，主要通过座谈会、演讲及联谊等活动方式进行，协助青

---

① Heather M Zoller. Manufacturing Health: Employee Perspectives on Problematic Outcomes in a Workplace Health Promotion Initiative [J]. Western Journal of Communication. Salt Lake City: Summer 2004, 68 (3): 278.

② William Atkinson, EAPs: Investments, Not Costs, Textile World; May 2001, 151, 5; Wilson Applied Science & Technology Abstracts.

年劳工了解人生、婚姻真谛和生活适应等。至于台湾企业实行 EAP（企业内称为员工咨询）则是从台湾松下电器公司于 1972 年成立大姊姊组织开始的（Big Sister，BS）。这个组织协助新进员工尽快适应工作环境，以及扮演作业员与主管间的沟通桥梁。之后，许多企业也陆陆续续在其公司内部提供此项员工服务，甚至聘请专业人员协助员工。后来，政府为谋求解决劳工人口急剧增加所产生的许多问题，在 1981 年订颁了"加强工厂青年服务要点"，以加强对农工青年的联系与辅导。并在同年根据这个要点另订定"厂矿劳工辅导人员设置要点"推动厂矿事业单位在内部设置"劳工辅导人员"，办理各项劳工服务工作，并协助解决劳工生活与工作的问题，这是政府运用社会工作方法解决工业社会的问题的一种尝试。1997 年，第一本关于 EAP 的书在台湾出版，第二年当地政府开始积极地在企业中推广 EAP。[2]

事实上，在中国的企业很早就有关注员工身心健康的意识，尤其是在最近的 20 年来，开始强调用行为科学的方法关注员工管理问题和思想政治工作科学化等。另外，随着中国心理咨询业的发展并开始走出校园，企业员工的心理健康和卫生问题也逐渐受到重视。但是，采用 EAP 模式来关注员工职业心理健康和组织发展只是在最近的 4~5 年内才开始的，主要是首先从国内的大型外资企业中开始流行起来。随着中国改革开放的深入发展，吸引了越来越多的外资企业在中国投资，设立分支机构，同时带来包括 EAP 在内的各种现代管理理念和方法。另外，EAP 在西方国家发展了二三十年后，随着全球经济一体化的步伐，也开始了对 EAP 全球化的关注。作为全球经济发展"一枝独秀"的中国，这片经济发展的热土自然受到全世界的青睐，EAP 登陆中国成了一个必然的结果。在这种背景下，诸如惠普、摩托罗拉、思科、阿尔卡特、诺基亚、爱立信、北电网络、可口可乐、杜邦、宝洁和亨斯曼等一大批外商投资企业，尤其是 IT 行业的外企纷纷开始启动它们在中国境内的 EAP 项目。虽然，一些外企采用内部的 EAP 服务模式，即由公司内部的 EAP 专门人员来提供或协调相关的服务，但是，为了绝对保障员工的个人隐私性，大多数企业采用的是由外部专业机构来提供 EAP 服务的模式。国外的 EAP 服务机构也因此开始进入中国市场。如在亚太地区比较活跃的澳大利亚国际心理服务有限公司和香港亚太天力人力资源发展有限公司等。有的 EAP 服务公司采用诸如电话等远程服务方式直接从国外向在中国境内的员工提供服务，某些 EAP 组织干脆把有关的 EAP 研讨会开到了北京。

在中国境内接受 EAP 服务的对象除了少数的外籍员工外，绝大多数是中国的本地员工。由于文化背景、员工的观念或意识等的差异，面向本地员工的 EAP 服务内容和方式需要进行必要的调整。其中的一个非常重要的因素是必须由本地的专业人员来向本地员工提供相关的服务。因此，一些本地的 EAP 服务机构也相继出现，如在上海的中国 EAP 服务中心、中智德慧企业管理咨询有限公司和北京易普斯咨询有限公司等。一些本地企业也开始使用 EAP 或相关的服务，如联想集团、中国国家开发银行和上海大众集团等。

相信随着本地企业对员工关注的日益加强，相关的意识或理念越来越清晰，加上各类专业服务机构的推动和来自本地高校和研究单位的支持等，中国本地的 EAP 行业会变得日趋成熟，EAP 也会成为向企业员工提供的一种非常普及的服务。2003 年 10 月 23 日在上海举行了首届中国 EAP 年会，而在 2004 年 8 月，在北京举行的第二届 EAP 年会更把 EAP 的应用普及推向一个新的高潮。

三 员工援助计划面临的问题和发展前景

（一）存在的问题

　　EAP 已被公认为是一个非常好的概念，它既可以帮助员工及其家属更好地面对在个人生活和工作生涯方面的种种困惑或问题，同时也能够因此而帮助组织机构更好地实现组织机构的目标。EAP 能够很好地体现人文管理的精神：关注人、尊重人、注重人的价值、帮助人面对困难、开发潜能以及保持人的心理健康和成熟等。但是，和任何其他新生事物一样，EAP 作为一个起源于西方社会的一种服务模式也将经历一个适应当地文化和人群的过程，其中也会出现一些问题，甚至面临相当的挑战。比如在 EAP 的推广方面，会碰到来自许多方面的困难。EAP 服务机构通常是把它作为一种有偿服务推广给一个企业或组织的，然后，由企业组织再作为一项福利项目免费提供给员工。在这个过程中，企业组织会特别关注它的成本效益或投资回报，如何在短时间内来评价一个 EAP 项目的成功与否，具有很大的挑战性。事实上，一个企业组织是否接受 EAP，这与该机构的决策者们对人的观念和意识是非常相关的，同时也决定于他们对企业员工的心理和行为问题及其对工作结果的影响等方面的敏感性。所以，靠专业的 EAP 服务公司单枪匹马地作战，成效会很不显著。而政府部门的支持、政策的倾斜以及对员工心理健康保护的正式宣传等，能够减轻 EAP 服务机构的压力和企业用户的负担，扩大 EAP 的推广力度。当然，来自咨询公司的宣传、市场培育等也能在一定程度上加强决策者的意识，促进 EAP 的推广。

　　EAP 是一项必须非常关注个人隐私的服务。这样一个特点会对在中国推广和实施 EAP 带来很大的问题或挑战。因为这种隐私性特殊要求，EAP 项目必须建立在服务公司、企业组织以及员工三方之间非常信任的基础上。但在现实中，服务公司往往会受到来自员工的怀疑，是否能够真正做到中立，确实保障员工的隐私，尤其是不受项目费用支付方的任何制约。一旦员工有任何怀疑的话，就会极大地影响员工使用这类服务，最终导致项目的失败。所以，先期的推广说明，使员工确信其隐私权会得到充分保护等是运作 EAP 项目成败的关键。

　　还有一个影响 EAP 在中国发展的挑战来自 EAP 自身服务的专业水平和人员素质。从 EAP 提供的服务性质来看，专业服务人员应该有咨询心理学、社会工作者、组织行为学者、职业发展咨询、教育学或精神医学等领域的专业背景，从事咨询助人工作的专业服务人员必须具备相关领域的专业实践资格，相当地熟悉和了解所服务的组织机构和员工，基本把握公司内部作业流程的一般知识，并能够理解员工在工作中各种面临的问题的心理原因和对策。

　　EAP 的最大挑战之一可能来自其运作效果的评估。有很多的研究对 EAP 的成本效益或投资回报作了比较系统的分析（对 EAP 项目费用更应该看作一种对员工的投资），这些研究证明，EAP 不仅能够促进工作绩效的提高，而且能够降低员工管理的成本，减少由于人为因素发生的事故可能给公司带来的损失。在实际操作中，对 EAP 效果的评估往往需要一个长期过程，还需要对相关资料进行较系统的积累。而一些企业组织希望 EAP 在短期内看到效益，这是一种必须面对的艰难挑战。

（二）员工援助计划在我国的发展展望

我们认为，在未来的 5~10 年中，EAP 在中国必然会有一个飞快的发展。

首先，企业在经济高速发展中的管理需求。中国经济的快速发展会带来人们更多的心理健康问题，企业也将更有兴趣和能力来关注和支持相关咨询行业的发展。这是因为，市场经济的发展要求所有的参与者具有更健康的生理和心理状态，能够以一种更加饱满的精神状态投入到经济建设的过程中；另外，经济的快速发展导致人们的生活节奏得到提速、物质生活水平得到提高、人际关系变得更具有挑战性、对个人发展和在社会中的竞争力与适应性的要求也变得越来越高，所有这一切将促使组织机构的高层管理和员工对心理健康的关注提升到一个更高的层面。

其次，政府将加大支持的力度来保证组织变革健康、稳定地发展。EAP 在中国这块土地上的发展，必然带有转型时期的中国特色。其中，政府的相关支持将表现得更加突出。从工作人员的职业安全与健康、福利、工会和妇联的工作都可能作为一个切入点来进行推动。相信政府在这个领域给予政策上的支持和财务上的资助，能够更充分地体现其在关注所有工作人员的身心健康以及从这个角度来推动或加速经济发展的作用。

最后，国际合作交流将提升中国 EAP 快速发展及 EAP 自身的完善。EAP 源自西方国家，并在西方经济发达国家蓬勃发展和盛行。在这个过程中，国际 EAP 行业积累了相当多的成功经验和行业标准。借鉴这些经验对加速 EAP 在中国的发展速度、少走歪路、提高 EAP 服务质量以及提升 EAP 发展潜力等将起到很好的作用，尤其是来自中国香港和台湾地区、新加坡以及日本等的经验，将更加宝贵。因此，EAP 在中国的未来发展中，除了需要探寻具有中国特色的 EAP 发展道路外，还必然会与国外的同行有大量的交流，包括与国际 EAP 协会的沟通和合作等。

四 结束语

健康型组织的发展将促进 EAP 在中国的推广和发展。在未来的发展中，我们必须将关注点转移到更切合实际需要这个方面来。否则，将难以生存。我们认为，在中国目前这种特定的社会历史文化和经济发展环境下，存在各类不同所有制性质、不同规模大小、不同发展阶段以及不同员工构成的企业组织等，它们会对 EAP 以及相关产品表现出不同程度或形式的需求状态。未来 EAP 在中国的走势将肯定需要考虑在培育市场的同时，需要采用非常灵活的形式来满足针对不同的形式的需要。而组织水平的 EAP 服务，如组织变革咨询、领导决策的理性化、变革型领导风格及其评价、学习型组织建设、360 度反馈评价、员工组织公民行为的培育、员工自愿离职行为及其预防，我们把这些内容统称为基于组织和个人发展的 EAP，将是吸引处于转型时期的中国企业介入 EAP 的关键切入点。

参考文献

［1］王燕飞．国外员工援助计划相关研究述评［J］．心理科学进展，2005，13（2）：219-226.

［2］张西超．员工帮助计划——中国 EAP 的理论与实践［M］．北京：中国社会科学出版社，2006.

Employee Assistance Program Based on Organizational Crisis Management

Shi Yu　Luo Yujia　Xu Min　Shi Kan

Abstract: Recently, with the vast emerging of multinationals in mainland China, EAP has become a newly introduced concept into some enterprises. For the differences of enterprises from mainland China, foreign countries. Taiwan, Hong Kong and Macao regions in the regulations of management and social security, EAP program has come up with much difficulty in process of pushing abroad. Since abnormal incidents and disasters, eg, earthquakes have occurred, EAP program has been involved into the system of Enterprise Crisis Management. In the context, the anthor has advanced several psychological designs and managing countermeasures to solve the problem.

Key words: employee assistance program; stress management; crisis management

失业人员求职行为的影响因素及作用机制[*]
——基于沈阳市的一项研究

张淑华　郑久华　时　勘

【编者按】我与时勘老师结缘于 2003 年 12 月在沈阳师范大学召开的一次有关人力资源开发与管理研究的座谈会。这次会上我聆听了时老师团队开展的研究，一听到"人力资源开发与管理"我就热血沸腾，因为我在华东师范大学正是攻读的这一方向。会议进入讨论阶段时，学校的相关学科专家对沈阳师范大学筹建人力资源开发与管理科学院的问题展开了讨论。记得当时我提了两点建议：一是这个方向的研究在全国都很薄弱。二是大力开展企业人力资源开发与管理问题研究正应东北振兴之需。会后，时勘老师问了我的博士研究方向和导师的名字。第二天，我就接到学校党办通知，要派我到北京拜访时勘教授，后来于书记跟我谈，沈阳师范大学与中国科学院心理研究所将联合组建沈阳师范大学人力资源开发与管理科学院，时勘老师提议让我做管理科学院的常务副院长，我这才恍然大悟。当时，正值我博士毕业，并已接到上海某高校的人才引进邀请。我向于书记和盘托出去上海的想法。当天晚上10：30，我家的电话铃声响起，在时老师的激情阐释和劝谏下，我决定留在沈阳师范大学，肩负起常务副院长的职务。后来，在时老师返回北京的路上就跟大家讲："张淑华说话，好像就是我们课题组的人。"时老师真有远见，没过半年，我就真的成了时勘老师课题组名副其实的一员——时老师的博士后。时勘老师的识人、机智、果断、说服力和迅速的反应能力给我留下了深刻印象。时隔 15 年后，时勘老师问我当年没有去上海后不后悔，我说不后悔。因为恰恰因为没有去上海，我有了留在妈妈身边尽孝的机会。妈妈的离世因为我尽了所能而没有内疚感，这成为我一生的慰藉。自从做了常务副院长、时勘老师的博士后以后，我就经常收到时老师的工作指示和学术指导。每次的文档都被时老师用修改模式修改得天地一片红。有时与时老师同乘一辆车外出，我都会接收到很多新的指示，时老师只需要几分钟就能休息，眨眼间醒来，又进入了工作状态，而我却一直需要保持工作状态。更令我震惊的是，我凌晨 1 点钟收到时勘老师的邮件，同一天的早上 5 点又会收到时勘老师的邮件，难道时勘老师整夜不睡？我还不到 40 岁就跟不上时勘老师的节奏了？时老师的精力、体力、智慧和敬业精神成为我学习的楷模。我的硕士研究生赵星去时勘老师课题组进修了一个月就从一个安静的、善于倾听的学生转变成积极的、独立的、有自己见解的学生，可见时老师课题组的魔力和魅力。这是一个民主、崇尚独立思考、思想自由、充满活力的团队。时勘老师在我第一次申请国家自然科学基金的时候，耐心地修改我的申请书不下五遍，每一遍的修改都是通红一片，每一遍的修改意见都将我的学术思维提升到新的高度。直至今日，我还保留着时老师每一次修改我的文稿的版本，这个过程真是一个非常经典的提升过程。经过我和时老师反

　　* 国家自然科学基金项目资助（项目资助号：70571080）和辽宁省教育厅 A 类科研课题的资助（项目资助号：2004G141）。

复打磨的文稿，在国家自然基金委申报中一举中标。时老师就这样带我走上了科研的"星光大道"，我也一发不可收拾，连续获批3项国家自然基金项目，为我的职业生涯发展奠定了坚实的科研基础。我的技术职称也接二连三地通过了三级教授、二级教授的评审，并获得了国务院特贴、辽宁省特聘教授、辽宁省教育厅创新团队带头人和中国心理学会认定的心理学家等诸多殊荣。此外，经时老师推荐，沈阳师范大学先后引进了国际学者孙河川教授和非常有科研潜力的硕士刘长江、曾垂凯，凝聚了一支人力资源开发与管理方向的教师团队，在各级项目的申请、论文发表和国际会议中频繁展露，为沈阳师范大学的科学研究奠定了非常好的基础。这一方向先后参与了应用心理学和公共管理硕士一级学科的申报、体育社会学和企业管理二级硕士点申报，并连连通过评审，为沈阳师范大学的学科建设做出了贡献。在时老师的策划下，科学院成功承办了国际人力资源开发与管理论坛，邀请了众多国际国内知名学者聚集在沈阳师范大学。我发自内心地感恩、祝福时老师！（张淑华，中国科学院心理研究所2004级博士后，沈阳师范大学人力资源开发研究所所长、教授）

摘　要： 对失业人员求职行为影响因素的研究是开展失业人员求职培训的重要依据。本文对272名失业人员的求职行为的影响因素及作用机制进行了研究。多元回归分析的结果表明：①环境变量对求职行为没有显著的预测作用，而经济压力和知觉到的就业机会对求职意向有显著的预测作用。②求职自我效能感和就业承诺对求职行为起到了显著的预测作用。求职自我效能感和就业承诺越高，求职行为的频率越高。③求职意向对求职行为有显著的正向预测作用。④求职意向在求职自我效能感、就业承诺对求职行为的作用过程中中介作用显著；在知觉到的就业机会、经济压力和社会支持对求职行为的作用过程中中介作用不显著。

关键词： 失业人员；求职行为；求职意向；环境因素；个体因素

一　问题提出

求职行为是失业者旨在受薪就业（paid employment）或自雇就业（self employment）的行为（ILO，1983：401）。对于求职行为影响因素及心理机制的探索是揭示失业人员再就业心理规律的核心内容，也是开展再就业辅导工程的重要依据。

有关失业人员求职行为心理机制的探索可追溯到20世纪30年代英国心理学家Jahoda进行的失业对个体、家庭和社区影响的研究。在此之后，国外专家对失业人员的求职行为进行了深入的研究，也形成了不同的求职理论模型，在众多的求职行为预测模型中最有说服力的理论首届Ajzen的计划行为理论（Theory of Planned Behavior，TPB）。这一理论被用于解释目标和机会是怎样引导行为的，是什么因素导致人们改变他们的意图或者阻止他们意图行为的实现[1,2]。它认为，大多数的社会行为都是有目的性的[1]，求职行为就是能够解释的就业目标所驱使的计划行为，即直接决定求职行为的因素是求职意向。然而，并不是所有的意图都能转化为行为，有一些被放弃了，有一些改变了。因为求职意向还要受到失业人员对周围事物的判断和自身的感觉如求职自我效能感等其他因素的影响。

国外学者对于求职行为的作用机制进行了广泛的研究。Vinokur和Caplan对297名失业者进行追踪研究，结果表明，求职意向是求职行为的最强预测因素[3]。Caska（1998）也证实了该理论的有效性，特别是对于失业人群，TPB 理论能够很好地预测求职行为[4]。国外很多有关失业人员求职行为预测因素的研究结果表明：环境变量和个体变量对求职行为都有较强的预测作用，求职意向对求职行为有直接的预测作用。Kanfer 等（2001）的元分析表明：自尊（rc = 0.25；k = 22）、求职自我效能感（rc = 0.27；k = 28）、就业承诺（rc = 0.29；k = 16）、察觉到的财政需要（rc = 0.21；k = 14）和察觉到的社会支持（rc = 0.24；k = 15）等心理变量与求职行为有显著的相关[5]。这些结果都表明，在西方的环境下，个体变量对失业人员的求职行为是起到预测作用的。

国内对失业人员进行的系统实证研究较为少见，对于预测因素对求职行为的作用机制的研究更少。时勘等（2001）在中国做过的研究中把求职行为和心理健康的预测因素分为环境因素（求职支持、主观标准和经济压力）和个人因素（就业价值观、求职自我效能感、动机控制和情绪控制）。研究发现，下岗职工的认知归因、情绪控制、求职自我效能感和求职应对技能等心理行为因素是制约其能否再就业的关键要素[6]，但是作用机制如何并未提及。

为了探索求职行为预测模型在中国的适用性，我们对沈阳的 29 名失业人员的失业压力和应对方式进行了访谈。结果表明，中国失业人员面对失业压力可能采取三种应对方式：问题应对、情绪应对和无为应对。问题应对主要指向再就业所采取的求职行为。访谈中发现，直接指向求职行为的预测因素有求职自我效能感、经济压力等因素，如在访谈中失业人员（在国有企业工作了十多年）说："人家要找的人不是年轻的就是有技术的，还要有学历。像我这样的又不年轻又没有技术根本就不行。我这样的肯定找不到工作！""以前真是不愁吃不愁穿的，现在你去干，挣得钱才有吃的，挣不到吃什么？""我们俩都下岗了，没有经济来源了，这日子可怎么过啊，整天这个愁啊。"

那么，国外研究理论是否在我国也同样适用呢？这些预测变量是如何对求职行为发生作用的呢？结合国内外文献和访谈资料，本研究以计划行为理论为基础，结合我们的访谈结果，把对求职行为的预测因素分为两类：环境因素和个体因素。环境因素主要包括社会支持（来自配偶或其他的家庭成员的支持）和经济压力（知觉到的经济困难）；个体因素主要包括求职自我效能感（个体对自己完成求职行为活动的能力的信心）、就业承诺（个人对工作重要性或中心性的一种态度）、知觉到的就业机会（对就业机会的感知）。然后着重探讨中国文化背景下，东北老工业地区失业人员求职行为的影响因素及其作用机制。具体而言，即探索失业人员的求职意向在环境因素、个体因素与求职行为之间的中介作用，探讨求职意向对求职行为是否具有直接的预测作用，从而丰富心理学理论，为有针对性地对失业人员进行辅导提供现实依据。

二 研究方法

（一）被试及程序

样本来自沈阳市大东区随机选取的三个社区，每个社区选择 100 名被试，选取被试的标准是：失业一个月以上，退休年龄前一年以上，有劳动能力，属于失业的人员。

调查工作由每个社区的管理干部将本社区内的失业人员召集到一起，在相对集中的时间内完成，被试填完问卷后当场收回。共发放 300 份问卷，在所有问卷收集结束后进行废卷处理工作，最后得到有效问卷 272 份进行统计分析。被试的分布情况如表 1 所示。

表 1　被试基本信息一览

变量	类别	人数	百分数（%）
性别	男	105	38.6
	女	163	59.9
	未填	4	1.5
文化程度	小学	2	0.7
	初中	138	50.7
	高中	77	28.3
	大专	49	18
	大本及以上	4	1.5
	未填	2	0.7
年龄	35 岁以下	56	20.6
	36~45 岁	95	34.9
	46 岁以上	118	43.4
	未填	3	1.1

（二）工具

1. 经济压力问卷

采用 Vinokur 和 Caplan 于 1987 年编制的由 3 个题目组成的问卷[3]，其内部一致性很高[7,8]。问卷采用从 1（没有困难）到 5（很大困难）的 5 点计分，最后合计总分，分数越高表明有越大的经济压力。在本研究中此量表的 Cronbach's α 系数为 0.87，具有良好的信度。

2. 社会支持问卷

采用肖水源于 1986 年设计的由 10 个题目组成的《社会支持评定量表》1990 年修订版。此问卷包括三个维度：客观支持（3 条）、主观支持（4 条）和社会支持的利用度（3 条）。在本研究中此量表的 Cronbach's α 系数为 0.64，具有良好的信度。

3. 求职自我效能感问卷

采用密歇根大学社会研究所开发的量表[9]中国修订版。此量表由 6 个项目组成，采用从 1（没有把握）到 5（很大把握）的 5 点计分的方式。在此研究中该量表的 Cronbach's α 系数为 0.92，具有良好的信度。

4. 就业承诺问卷

采用 Rowley 和 Feather（1987）编制的 8 个项目量表[10]的中国版。西方被试的检验结果显示此量表有很好的内部一致性系数[8]。此量表要求被试回答他们想要被雇佣的程度，采用5点计分。在此研究中的Cronbach's α系数为0.89，具有良好的信度。

5. 求职意向问卷

采用Vinokur和Caplan于1987年编制的问卷[3]。问卷包括2道题：①下个月您准备花多大力气去找工作？②下个月您有多大可能花很大力气去找工作？量表的第一个问题计分从1（不花力气）到5（很大力气），而第二个问题是从1（没有可能）到5（很大可能）。van Ryn和Vinokur（1992）测得的量表Cronmbach's α系数为0.80[9]，在此研究中的Cronbach's α系数为0.84，具有良好的信度。

6. 求职行为问卷

本量表采用Blau（1994）的求职强度量表（JSI）[11]在中国修订版，由12个项目组成。此量表直接测量了具体求职行为的频率，JSI是测量求职行为应用最广泛的量表，在此研究中的Cronbach's α系数为0.90，具有良好的信度。此量表要求被试回答在过去的两周里他们求职的频率，采用从1（没有）到5（非常频繁）的5点计分方式。如果他们回答已经就业了，他们要求回答在获得现在的工作之前的两周里求职的强度水平，之后计算总分，得分越高表明求职强度越高。

7. 知觉到的就业机会问卷

采用自编问卷，共3道题。要求被试回答他们对社会上提供的就业机会多少的感知，采用5点计分。此量表的Cronbach's α系数为0.60。

（三）统计方法

本研究采用文献法、问卷调查法。对正式问卷收集上来的数据用SPSS 11.5统计软件包进行多元回归分析统计。

三 研究结果及分析

（一）描述性统计分析结果

影响求职行为的环境变量和个人变量与求职行为之间的描述统计结果见表2。

表2 各变量之间的相关分析

变量	M	SD	1	2	3	4	5	6
1. 求职行为	24.30	10.06						
2. 求职自我效能感	17.60	7.97	0.71**					
3. 就业承诺	28.67	7.14	0.29**	0.29**				
4. 求职意向	6.52	2.09	0.31**	0.28**	0.29**			

续表

变量	M	SD	1	2	3	4	5	6
5. 经济压力	9.53	3.09	0.06	0.05	0.17**	0.36**		
6. 知觉到的就业机会	8.98	2.51	0.19**	0.30**	0.31**	0.28**	0.06	
7. 社会支持	37.75	10.04	0.18*	0.26**	0.07	0.03	−0.12	0.07

注： ** 表示 $p<0.01$ ； * 表示 $p<0.05$ 。

结果显示，各变量之间存在显著的相关，说明有必要对各个变量之间进行进一步的分析。

（二）求职行为的影响因素研究

表3 环境因素和个体因素对求职行为回归分析

变量	β	t	R^2	F
1. 求职自我效能感	0.70	15.11***	0.52	42.60***
2. 就业承诺	0.09	2.03*		
3. 经济压力	0.03	0.59		
4. 知觉到的就业机会	−0.05	−1.03		
5. 社会支持	0.01	−0.12		

注： ** 表示 $p<0.01$ ； * 表示 $p<0.05$ 。

表3结果显示，经济压力、知觉到的就业机会和社会支持的三个维度对求职行为的预测作用不显著，表明这些变量对求职行为没有直接的预测作用，不用检验求职意向在这些变量和求职行为之间的中介作用。那么下一步的检验中只对个体变量中的求职自我效能感和就业承诺进行检验。

（三）求职行为影响因素的作用机制研究

本研究根据 TPB 理论，探讨求职意向在求职行为及其影响因素之间的中介作用。为了检验求职意向是否在预测变量和求职行为间起中介变量作用，本研究采用温忠麟等提出的中介效应检验程序来分析它们之间的关系。温忠麟等认为，可以采用如下的方式对中介效果进行检验：①检验自变量对因变量的标准回归系数，如果显著，继续下面的步骤，否则停止分析。②检验自变量对中介变量的标准回归系数和中介变量对因变量的标准回归系数，如果都显著，意味着自变量对因变量的影响至少有一部分是通过了中介变量实现的，如果至少有一个不显著，还不能下结论，要对他们进行 Sobel 检验。③做完全中介检验，即同时检验自变量和中介变量对因变量的标准回归系数，如果标准回归系数不显著，说明是完全中介过程，即自变量对因变量的影响都是通过中介变量实现的；如果显著，说明只是部分中介过程，即自变量对因变量的影响只有一部分是通过中介变量实现的。④做 Sobel 检验，如果显著，意味着中介变量的中介效应显著，否则中介效应不显著。因此，求职意向对环境预测变量、个体预测变量和求职行为之间的中介效果，可以通过如下方式来检验：首先，做求职自我效能感和就业承诺对求职行为的回归分析，如果分析结果显著则继续下面的步骤，否则停止分析。其次，求职自我效能感和就业承诺对求职意向进行回归分析和求职意向对求职行为进行回归分析，如果标准回归系数显著，意味着这两个变量对求职行为的影响至少有一部分是通过了求职意向实现的，如果不显著，对它们进行 Sobel 检验。最后，进行完全中介检验，即同时检验求职自我效能感、就业承诺和求职意向对求职行为的多元回归分析，如果自变量标准回归系数不显著，说明是完全中介过程。在 Sobel 检验中，如果自变量显著意味着求职意向的中介作用显著，如果不显著则求职意向的中介效果不显著[12,13]。

由于在求职行为的影响因素研究中我们已经分析了中介检验的第一步，所以此部分从第二步开始检验，见表4。求职自我效能感和就业承诺对求职意向的作用都显著。求职意向对求职行为的作用也显著。

表4　求职行为影响因素的作用机制分析

	第一步：求职意向		第二步：求职行为		第三步：求职行为	
	β	t	β	t	β	t
1. 求职自我效能感	0.28	4.84***			0.67	15.14***
求职意向			0.12	2.73**	0.12	2.58*
R²		0.08		0.51		0.51
F		23.48***		142.58***		140.19***
2. 就业承诺	0.29	4.93***			0.22	3.62***
求职意向			0.12	2.73**	0.24	4.11***
R²		0.08		0.51		0.14
F		24.30***		142.58***		21.04***

注：** 表示 p<0.01；* 表示 p<0.05。

从第三步的回归分析中可以看到：求职自我效能感和就业承诺对求职行为有显著的预测作用。结果表明，求职意向在求职自我效能感、就业承诺对求职行为的作用过程中中介作用显著。

中介效应分别为：求职自我效能感 0.711-0.674=0.037，占总效应的5%左右；就业承诺为 0.286-0.215=0.071，占总效应的 24.8%左右。

（四）求职意向的间接作用分析

从表5结果中可以看到，知觉到的就业机会和经济压力虽然对求职行为预测作用不显著，但是对求职行为的最重要预测变量——求职意向是有预测作用的。

表5　求职意向的间接作用分析

变量	β	t	R^2	F
经济压力	0.35	6.28 ***	0.20	21.62 ***
知觉到的就业机会	0.25	4.55 ***		
社会支持	0.05	0.86		

注：** 表示 $p<0.01$；* 表示 $p<0.05$。

从以上的分析中可以得出结论：求职意向只在求职自我效能感和就业承诺对求职行为之间起到中介作用。在本研究中经济压力、知觉到的就业机会、社会支持对求职行为的预测作用没有达到显著水平。

四 讨论

（一）环境因素和个体因素对失业人员求职行为的直接作用

1. 经济压力和知觉到的就业机会对求职意向有显著的预测作用，对求职行为预测作用不显著。失业最明显的消极作用就是经济收入的被剥夺。经济收入的被剥夺被作为可预见的生活困难而引起知觉到的经济困难，这些困难来自现在的收入和与房租、食物和医疗等相联系的经济问题[8]。对于大部分的失业工人来说，经济压力普遍很大，这是促使失业人员求职意向强烈的最显著因素。没有生活来源是失业职工面临的最大问题，在这种压力下，每个失业者都想尽快地找到工作缓解这种压力，但并不是有意向就能付出行动。很多的下岗失业人员在国有企业中已经工作了十几年甚至几十年，他们从来都没有考虑过找工作这个问题。而现在突然面对下岗，很多人虽然想找，但他们不知道如何去找工作，也没有信心踏入职场，或者认为到人才市场上去求职是一件非常丢脸的事情。即使他们走入了求职的路途，在寻找的过程中大部分人会把原有的工作和现在的工作相对比，在衡量自己能力的过程中总认为自己不行，社会上提供的职位不适合，感觉适合自己的机会很少，如果在求职的过程中遭受到拒绝就更加剧了这种想法而放弃找工作。这可以解释 Kinicki、Prussia 和 Mckee-Ryan（2000）提出的"经济压力会使失业期延长"这一结论的原因[19]。

而现阶段失业人员知觉到的就业机会很少。随着经济体制、经济结构和技术结构的快速变动，从劳动力资源存量中转移出来的劳动力供给加大。同时，在需求方面，经济技术结构的推进使经济增长对就业的吸纳能力不断下降，因而形成了就业岗位与就业需求不平衡，失业人数呈逐年增加态势。另外，下岗失业人员现在的年龄（40~50岁）正处在尴尬的阶段，而大部分工作以35岁为界限导致下岗失业人员就业机会明显减少。尽管失业人员苦苦寻觅就业的机会，但还是不能有所获。

2. 社会支持的三个维度对求职行为和求职意向的预测作用不显著。在很多时候，人们也会借助于市场以外的渠道来追求自己的目标。社会支持理论（social support theory）的内在假设之一是危机中由他人处获得的支持信息有利于个人提高应变能力（Rife，1994）。失业与社会支持之间存在推拉（push-pull）现象，其中拉力即社会支持会帮助失业者较好地应对失业问题，促进其在社会环境中的新平衡[8]。无疑，社会支持对于失业者来说是一个重要的资源[20]。对于中国人来说，主要的社会支持包括家庭、亲戚、单位等方面的支持，支持的方式主要是情感上的安慰和关心、烦恼的述说等。对于失业人员来说，虽然社会支持和求职支持[9]对再就业和求职的强度有预测作用，人际关系网络所提供的信息以及实质性帮助往往有助于自己更快地适应现在的状态，但是从结果中看到中国人得到实质性的帮助很少，部分原因是中国人持有面子文化，他们很在意周围人对自己的看法，不愿意去求别人帮忙。在我们对失业人员的访谈过程中，当问到他们的社会支持方面的状况时，有人回答："别人也挺忙的，不好意思去打扰他们。"也有被试所结识的社会关系不能够提供实质性的帮助，如有的失业者说："帮什么啊，他们自己也挺困难了，不用我们帮就不错了！自己顾自己吧。"当然解释的原因可能有很多种，对于这方面的原因探讨有待以后进一步的研究。

（二）求职意向在失业人员求职行为的影响因素与求职行为之间的中介作用

从结果中我们注意到，求职意向的中介作用得到了部分的支持。只有求职自我效能感和就业承诺是通过求职意向对求职行为起中介作用的。这个结论与 TPB 理论相同，即求职意向在个体变量和求职行为之间起到了中介作用，并且对求职行为有直接的预测作用，同时这也验证了 TPB 理论解释失业人员求职行为机制的有效性。从认知的角度来讲，个体会在求职前根据自身情况与外界条件进行比较来确定求职意向的强度。

1. 求职意向在求职自我效能感（job-search self-efficacy）和求职行为间的中介作用显著。求职自我效能感是指个体对自己完成求职行为活动的能力的信心。大量文献表明：报告求职自我效能感低的人比有高求职自我效能感的人更不愿意去找工作，也更加倾向于使用无效的求职技能[14][9]。我国的相关研究也发现，下岗后职工的自信程度由下岗前的 78.1% 下降到 22.1%[21]。在本研究中，求职自我效能感的满分为 40 分，而结果显示所有样本求职自我效能感的平均分只有 17.6 分。表明整体被调查对象求职自我效能感不高。虽然下岗工人的求职意向都很强烈，他们渴望重新就业，但有些下岗职工不自信，常常怀疑自己的能力，摆脱不了"事事不如人"的心态，缺乏自信，没有勇气参与就业竞争。求职行为本身就是一种容易受挫折的行为，求职人员必须有足够的耐心和信心才能做出有效的求职行为。所以导致的结果如本研究所显示，求职自我效能感越高，求职行为的频率也就越高。

2. 求职意向在就业承诺和求职行为之间的中介作用显著。就业承诺（employment commitment）是个人对工作重要性或中心性的一种态度[15]。也就是工作在一个人生活中的中心性。Battista 和 Thompson（1996）认为，把工作当作生活乐趣的人比把工作看得不是那么重要的人更愿意保留工作本身[8]。就业承诺对求职行为有积极的影响作用。Feather 和 O'Brien（1987）、Rowley 和 Feather（1987）、Ullah（1990）的调查也证明了相似的结论：就业承诺和求职行为之间有正相关[16-18]。也有证据显示失业时就业承诺水平越高，求职的范围也越广阔[8]。它同求职自我效能感和求职意向一样都是个体变量，属于认知的范畴。如果一个人越自信，把工作看得越重要，这样的认知导致找工作的愿望就会越强烈，作为行动的结果也就会更多的付诸行动。

在本研究中通过调查的方法对求职行为的影响因素及作用机制进行了研究，但需要说明的是，在本文中的求职行为是通过问卷调查得到的，和现实中失业人员的实际求职行为不可能完全等同。本研究探讨了从理论上和以往研究基础上来说重要的几个影响因素，为我国开展失业人员再就业实证研究奠定了基础。除了本研究中考察的变量外，还有许多其他变量以及内部机制有待后来研究者进一步的探索研究。

五 结论

1. 环境变量对求职行为没有起到预测作用。即知觉到的就业机会、经济压力和社会支持对求职行为都没有显著的预测作用，而知觉到的就业机会和经济压力对求职意向有显著的预测作用。

2. 求职自我效能感和就业承诺对求职行为起到了显著的预测作用。求职自我效能感和就业承诺越高，求职行为的频率越高。

3. 求职意向对求职行为有显著的正向预测作用。求职意向越高，求职行为的频率越高。

4. 求职意向在求职自我效能感、就业承诺对求职行为的作用过程中的中介作用显著；在知觉到的就业机会、经济压力和社会支持对求职行为的作用过程中中介作用不显著。

参考文献

[1] Ajzen, L., Timko, C. Correspondence between Health Attitudes and Behavior [J]. Basic & Applied Social Psychology, 1986, 7 (4): 259-276.

[2] Doll, J., Ajzen, L. Accessibility and Stability of Predictors in the Theory of Planned Behavior [J]. Journal of Personality & Social Psychology, 1992, 63 (5): 754-765.

[3] Vinokur, A. D., Caplan, R. D. Attitudes and Social Support Determinants of Job-seeking Behavior and Well-being among the Unemployed [J]. Journal of Applied Social Psychology, 1987, 17 (12): 1007-1024.

[4] Caska, B. A. The Search for Employment: Motivation to Engage in a Coping Behavior [J]. Journal of Applied Social Psychology, 1998, 28 (3): 206-224.

[5] Kanfer, R., Wanberg, C. R., Kantrowitz, T. M. Job Search and Employment: A Personality-motivational Analysis and Meta-analytic Review [J]. Journal of Applied Psychology, 2001, 86 (5): 837-855.

[6] Shi, K., Song, Z. L., Zhang, H. Y. The Behaviors Study in Reemployment of Laid-off Job Seekers and Psychological Counseling Model (in Chinese) [J]. Human Engineering, 2001, 7 (4): 1-5.

[7] Wanberg, C. R., Watt, J. D., Rumsey, D. J. Individuals without Jobs: An Empirical Study of Job-seeking Behavior and Reemployment [J]. Journal of Applied Psychology, 1996, 81 (1): 76-87.

[8] Wanberg, C. R., Bunce, L. W., Gavin, M. B. Perceived Fairness of Layoffs among Individuals Who Have Been Laid off: A Longitudinal Study [J]. Personnel Psychology, 1999, 52 (1): 59-85.

[9] Price, R. H., Van, R. M., Vinokur, A. D. Impact of a Preventive Job Search Intervention on the Likelihood of Depression among the Unemployed [J]. Journal of Health & Social Behavior, 1992, 33 (2): 158-167.

[10] Rowley, K. M., Feather, N. T. The Impact of Unemployment in Relation to Age and Length of Unemployment [J]. Journal of Occupational Psychology, 1987, 60 (4): 323-332.

[11] Blau, G. Testing A Two-dimensional Measure of Job Search Behavior [J]. Organizational Behavior & Human Decision Processes, 1994, 59 (2): 288-312.

[12] Wen, Z. L., Hau, K. T., Chang, L. A Comparison of Moderator and Mediator and Their Applications

(in Chinese) [J]. Acta Psychologica Sinica, 2005, 37 (2): 268-274.

[13] Wen, Z. L., Chang, L., Hau, K. T., et al. Testing and Application of the Mediating Effects (in Chinese) [J]. Acta Psychologica Sinica, 2004, 36 (6): 614-620.

[14] Eden, D., Aviram, A. Self-efficacy Training to Speed Reemployment: Helping People to Help Themselves [J]. Journal of Applied Psychology, 1993, 78 (3): 352-360.

[15] Feather, N. T., Bond, M. J. Time Structure and Purposeful Activity among Employed and Unemployed University Graduates [J]. Journal of Occupational Psychology, 1983, 56 (3): 241-254.

[16] Feather, N. T., O'Brien, G. E. A Longitudinal Study of the Effects of Employment and Unemployment on School-leavers [J]. Journal of Occupational Psychology, 1986, 59 (2): 121-144.

[17] Rowley, K. M., Feather, N. T. The Impact of Unemployment in Relation to Age and Length of Unemployment [J]. Journal of Occupational Psychology, 1987, 60 (4): 323-332.

[18] Ullah, P. The Association between Income, Financial Strain and Psychological Well-being among Unemployed Youths [J]. Journal of Occupational Psychology, 1990, 63 (4): 317-330.

[19] Kinicki, A. J., Prussia, G. E., Mckee-Ryan, F. M. A Panel Study of Coping with Involuntary Job Loss [J]. Academy of Management Journal, 2000, 43 (1): 90-100.

[20] Rife, J. C., Belcher, J. R. Assisting Unemployed Older Workers to Become Reemployed: An Experimental Evaluation [J]. Research on Social Work Practice, 1994, 4 (1): 3-13.

[21] Li, Y. H. A Study on Laid-off Unemployment and Re-employment (in Chinese) [J]. Central China Normal University, 2003.

Factors and Mechanism of the Job Search Behavior of the Unemployed
—Based on a Study in Shenyang

Zhang Shuhua   Zheng Jiuhua   Shi Kan

Abstract: For unemployed individuals, a job search is not only critical for shortening the career gap and gaining a new job but also for training in job searching. The current study plans to survey a group of unemployed job seekers in Shenyang. which is a part of the old industrial bases in Northeast China, in order to test a new job search model. Further, it also aims to explore the predictive factors and mechanism of the job search behavior of job seekers. In most researches on organizational behavior in China, greater attention has been paid to a mechanism of job search behavior that can directly predict reemployment. In the course of China's socieconomic reconstruction, researches pertaining to the mechanism of job search behavior of job seekers have immense theoretical and practical significance. However, in China, few empirical researches have been conducted to explore the mechanism of job search behavior from the perspective of psychology, and most of the researches were only conducted from the standpoints of sociology and economics. In view of the present situation in China, the characteristics of labor relationships and management systems, this research, based on the theory of planned behavior (TPB), intends to explore the predictive factors and mechanism of the job search behavior of job seekers from a psychological perspective in Shenyang. In concrete terms, predictive factors (self-efficacy, employment commitment, social support, employment opportunities, and economic stress) have positive predictive effects on job search behavior. Job search intensity acts as a mediator between the predictive factors and job search behavior.

This study aims to explore the predictive factors and mechanism of the job search behavior of job seekers. The questionnaires we administered included those on self-efficacy, employment commitment, social support, employment opportunities, eonomic stress, job search intensity, and job search behavior. Three hundred unemployed participants were recruited randomly from Dadong District, Shenyang. All of them were laid-off workers, who had been unemployed for over four weeks. Trained workers of community centers contacted them beforehand in order to ascertain if they were willing to complete the survey. They also verified if they met two other additional criteria: no intention of retiring withim the next year or expectation of being recalled to their former jobs.

To ensure a high level of participation from the subjects, the interviewers emphasized the importance of the study during the invitation call; moreover, the surveys were completed before the subjects. In addition, the participants received a gift after completing the survey.

To test the hypotheses, the multiple regression mediation approach suggested by Wen Zhonglin (2004) was employed. The multiple regression medation analysis involves a series of regression equations. In the first step, the hypothesized independent variables were used to predict the hypothesized outcome variables. The hypothesized mediator was then regressed on the hypothesized independent variables. Finally, in the last equation, the dependent variables were regressed on the hypothesized independent variables along with the mediator variables.

The results indicate the following: (1) external variables do not have predictive effects on job search behavior, however, economic stress and perceived employment opportunities have positive effects on job search intensity but no predictive effects on job search behavior; (2) job-search self-efficacy and employment commitment have positive predictive effects on job-search behavior; in concrete terms, the higher the self-efficacy and employment commitment, the higher the frequency of job search behavior; (3) job-search intensity has a positive influence on job search behavior; (4) job-search intensity acts as a partial mediator between sel-efficacy, employment commitment, and job search behavior, moreover, it has no mediating effects between the environmental variables (social support, enployment opportunities, and economic stress) and job search behavior.

Based on the research results, we conclude that future reemployment counseling methods should not only focus on improving job seekers' skills but also consider their job search intensities. We should improve their self-confidence and find suitable opportunities based on their job search intensity; moreover, we should make the reemployment counseling model for unemployed people increasingly humanistic. The provision of social support can accelerate the speed of reemployment success; therefore, we should expand the scope of social support for reemployment.

Key words: unemployed people; job search behavior; job search intensity; environmental factor; individual factor

震后都江堰市高三学生的心理健康状况及抗逆力研究 *

时 勘 江新会 王 桢 王筱璐 邹义壮

【编者按】 2008 年 5 月 12 日，一场 8.3 级的特大地震灾难降落在天府之国、成都平原。震后仅两周时间，时老师即派我参与由中华慈善总会、中国教育学会和中国医师协会发起的"1+1 心联行动"，赶赴灾区前线。当时，我到心理所仅一个多学期。课题组把这一重任交给我，现在回想不禁哽然。当时工作的一些基本情况在这篇论文中已有记述。今天来看文中的叙述是否符合纯学术的标准，我不得而知，但重读旧文，往事历历，这些文字对我显得弥足珍贵。在灾区，在沉重的心情下，该做什么？能做什么？作为心理学专业的人，首先应努力保护和恢复一颗颗受伤的心灵，这变得实实在在地重要。但它的难度并不亚于重起楼宇、再建家园。可恨我学识有限、技能不足。我已记不清在心联行动每日的课堂辅导活动中我说了什么、做了什么，只记得孩子们夹杂着求助和信任的眼神、临时的同事们基于鼓励的肯定。这时，如何科学评估心理创伤的程度和表现，寻找干预措施的指导原理愈显紧迫起来。对此，我并无经验和知识储备。这时，课题组的力量马上彰显出来！远在北京的时老师、王桢、筱璐、加艳等一起准备测量工具、抽样方案，问题很快都得到了解决。没有课题组的支持，这些今天看更觉宝贵的数据资料就无法获取和分析，对心理学有用性的一次切身理解的难得机会就会错过。很快，时老师亲自来到了灾区。他的到来让我有一种莫名的如释重负的感觉。他很快组织了规模大、影响广的现场辅导活动，这让我心中那个"心理学应该做点什么有用的"隐隐的焦虑得到了很多平息。抑或是他一贯的沉稳让我也沉静了下来。时老师亲赴灾区开展工作后，反而让我对此行有了交了一份答卷的感觉。在回心理所后的写稿过程中，王桢从征稿信息到论文意见方面都给了我最多的帮助，这种无私在今天显得更加清晰起来。今天看，这篇论文在创新性、理论的深度和数据挖掘的充分性上都令我有不圆满的感觉，但是从所写文字中我却能清楚地解读到时老师、课题组包括我自己的一种责任感、一颗担当心！而论文中的一些朴实的发现，经过多年后再看，仍发人深省！若是没有那次特殊的事件，没有课题组的集体力量，这些宝贵的东西也是很难发掘出来的。感恩时老师！感谢课题组！（江新会，中国科学院心理研究所 2007 级博士生，云南财经大学商学院 教授）

摘 要： 本研究以卫生部发布的震后心理健康自评问卷（SRQ-20）和贝克抑郁症状量表第二版（BDI-Ⅱ）为工具，于震后早期对 675 名都江堰市高三学生进行问卷调查。结果表明，

---

* 基金项目：国家高技术研究发展计划（863 计划）资助（2006AA02Z431、2006AA02Z426）；国家自然科学基金面上项目"公共危机事件中民众的社会心理行为预警模型及管理对策"（70573108）。

44.3%的学生存在精神失调问题，28.6%的学生达到中度和重度抑郁水平。亲人遇难受伤对学生的心理健康有显著影响。结构方程分析表明，社会支持对精神失调和抑郁症状有显著的缓冲保护作用，积极应对在社会支持和精神失调、抑郁症状间起部分中介作用，而消极应对与低水平的心理健康有直接关联。本研究为灾后心理重建工作积累了一定的数据资料和理论依据。

关键词：心理健康；灾后心理重建；心理抗逆力；社会支持；应对方式

一　研究背景

汉川大地震在造成空前的人员伤亡和经济财产损失外，同时也给受灾群众带来了强烈的精神刺激。随着抗震救灾工作的推进，灾后心理危机干预工作越来越受到重视。作为科学、规范开展心理援助的依据，5月19日，卫生部迅速发布《紧急心理危机干预指导原则》。在国务院6月8日发布的《汉川地震灾后恢复重建条例》中也明确指出了心理援助工作的重要性。

青少年学生的心理正处于成熟前的可塑时期，因此巨大的创伤容易烙印化，形成终生的心理阴影。令人痛心的是，在这次地震中，多所学校发生了建筑轰塌，造成了极为惨痛的大面积伤亡。不管是直接目睹，还是通过相互间的信息传递，本身身处学校环境中的孩子们，其惊恐异于其他人群是可想而知的。而他们的消极情绪还会交互感染，有可能形成一种集体创伤[1]。

都江堰市高三学生是一个规模不小的特殊群体。这些高三学生不仅承受着地震带来的恐惧和伤痛，还面临着决定自己未来前途的大考压力。面对这一情况，当地政府采取了果断措施：将灾区4000名高三师生转移到成都市温江区成都农业科技职业学院，为师生提供了一个相对独立的生活学习环境。为进一步帮助这批特殊的师生保护好精神健康，应都江堰市教育局要求，在中华慈善总会、中国教育学会、中国医师协会发动的"1+1心联行动"的协调资助下，课题组会同回龙观医院的精神病学专家迅速组织专业力量，于6月初到达了温江区安置点，以卫生部《紧急心理危机干预指导原则》为指导，开展了咨询室个别辅导、以班级为单位进行的集体的心理交流和疏导、专门针对教师的紧急团体辅导等一系列心理干预和疏导工作。

为了诊断筛查和后期综合研究，专家组以卫生部《紧急心理危机干预指导原则》中的自评问卷SRQ-20（Self Report Questionaire）结合贝克抑郁量表第二版（Beck Depression Inventory-2nd Edition，BDI-Ⅱ）作为心理健康评估工具，重点考察社会支持和应对方式这两个心理抗逆力因素，在学生中进行了抽样施测。

抗逆力（resilience）又被称作复原力或心理弹性，包含两个关键因素：一是个体面临严重的威胁，遭遇重大的不幸；二是尽管在这样的逆境下，当事个体仍然实现了积极的调整适应[2-4]。保护性因子是在抗逆力概念框架下进一步产生的概念，而社会支持和应对方式是被研究最多的保护性因子[2,4-10]。社会支持对于心理健康相关的结果变量同时存在直接效应和通过应对方式的特定因子中介存在间接效应的关系已经得到了很多研究的支持[5,6,9,10]。国内王桢等人的研究中运用多元回归分析实证了积极应对方式对社会支持和心理健康（GHQ）关系的部分中介作用[11]。而本研究的意义在于，首先，本研究是在震后早期收集的数据，在灾害对所有个体都形成直接而强烈精神刺激的情况下，探索上述因子是否已经产生个体抗逆力表现的分化有着特殊的意义。其次，我们用有别于以往研究的测量工具同时考察了综合精神健康和抑郁症状两种不同的心理健康指标。

积极的应对有助于获取社会支持和安慰，将注意力从不幸事件上转移，因此积极应对有助于维系精神健康，且部分中介社会支持的缓解效应。消极应对无助于投身到新的活动中，难以摆脱消极事件在头脑中的反复，往往最终形成闭锁、逃避的心态，因此对心理健康有可能是一种损伤功能。由此，结合已有的研究结论，我们对社会支持、应对方式、精神失调和抑郁症状之间的关系的假设是：①积极应对负向预测精神失调和抑郁症状；②消极应对正向预测精神失调和抑郁症状；③社会支持对精神失调和抑郁症状有负向的直接预测效应；④社会支持通过积极应对的部分中介作用间接影响精神失调和抑郁症状。

依据本次调查数据，本文首先对这次重大事件后尚处于紧急干预期的高三学生的心理健康状况进行了描述分析，然后对社会支持和应对方式对心理健康的影响模式进行了结构方程模型分析，最后结合已有的理论和我们在现场工作中的其他信息进行了讨论。

二 研究方法

1. 研究对象

安置点集中了都江堰中学、都江堰一中、都江堰私利玉垒中学、水利十局学校等近十所各类中学，这些学校的规模差异较大，因此其高三学生数差异也较大，我们按每校高三学生总数的 25% 除以 50 人的方式确定每个学校抽取的班级数，然后进行随机整群抽样，不足一个班级的抽取一个班级。施测在 6 月 4 日晚自习期间，在当值老师的协助下一次性发放填答回收，共发放问卷 820 份，回收 707 份，剔除缺失数据严重的问卷后得到有效问卷 675 份，回收率和有效率分别为 86% 和 95%。有效问卷中男女构成比例为男 44.8%，女 55.2%，年龄分布在 16~20 岁，平均 18.31 岁，标准差 0.62。所调查的班级最少人数 38，最多 78，平均 48.98。

2. 研究变量和测量工具

考虑到调查对象尚处于灾后急性应激期[1]，以及面临紧张的高考备考，为尽可能少地侵扰被试情绪和打扰学校教学工作，本次调查立足关注最关键的变量和尽可能使用简易的测量工具。

SRQ-20 是世界卫生组织发布的精神失调诊断筛查工具，具有权威性，也是本次我国卫生部《紧急心理危机干预指导原则》中推荐的工具，是一个两点计分的量表。在 WHO 发布的 SRQ 指导手册中，全面分析了 SRQ 的表面效度、内容效度和校标效度[12]。以临床诊断结果为校标的效度分析表明，该量表具有良好的预测能力。但是在因子结构效度方面，不同的国家地区探索性因素分析的结果和解释有多种研究结论。本研究用探索性因素分析得到的因子结构与 Iacoponi 和 Maria 的结果比较接近[12]，其中抑郁念头（Depressive Thoughts）因子条目完全一致，而精力衰减（Decreased Energy）因子在他们的 6 个条目上我们增加了 3、6、9 这 3 个条目，其中第 3 个条目在他们的结果中是被删除的，在躯体症状因子（Somatic Symptoms）中我们没有包含第 1 个条目，因而似乎集中反映了消化系统方面的躯体症状，而他们的抑郁情绪（Depressive Mood）因子只有 10 和我们的一致，我们的该因子条目 4、5 是在他们的结果中被排除的条目，这样也许我们的第四个因子应该定义为惊吓反应（包含头痛、惊吓、手抖、哭泣4个方面）更为合理。不过世卫组织的手册指出，这些因子间都有很高的关联，加上其良好的内部一致性，因此整个量表存在一个共同因子也非常合理[12]。本研究得到的内部一致性系数为0.829。贝克抑郁量表第二版与临床诊断结果的校标关联效度也很好，且有很好的单维性[8,13]，其重测信度达到0.93。本研究用验证性分析进行了单维验证，各项指标达到可接受水平，内部一致性系数为0.865。

我们采用了简易应对方式问卷，该问卷可以分为积极应对和消极应对两个因子，其重测相关系数为0.89[14]。本研究得到的一致性系数为0.754。Ralf Schwarzer 和 Ute Schulz 设计的柏林社会支持量表系统（Berlin Social Support Scales，BSSS）中的"领悟可获性支持"量表（Perceived Available Support）被用于本次调查，该量表分为情绪的（Emotional）和实用的（Instrumental）两个维度[15]。本次数据得到的分量表和总量表的一致性系数分别为0.843、0.839和0.890。用验证性因素分析，除 RMSEA 为0.087略不满意外，别的指标都良好，而每个条目的因子载荷都在0.59以上，因此我们认为其结构效度是良好的。

除了以上心理变量，我们还同时调查了被试在地震中是否遭受家庭财产损失和是否有亲人遇难或受伤。

3. 数据处理

数据手工录入 SPSS 进行管理，缺失值以均值插补处理。结构方程模型分析用 Amos7.0处理，其余统计分析用 SPSS15.0 处理。

三 研究结果

1. 心理健康状况

SRQ-20 的临床参考指标为7分或8分，高于标准则应引起关注[12]。我们可以看到，总样本的均分已达到7.481分，男生的均分甚至在8分之上（见表1）。进一步以8分为标准进行筛查，可以看到，高于临床标准的比例达到了44.3%。BDI-II 的指标是：14~19分为轻度抑郁，20~28分为中度抑郁，29~63分则为重度抑郁。14分以下的比例为52.4%，14~19分为19%，20~28分为21.2%，29~63分为7.4%。可以看出，抑郁量表的结果也显示了相当严重的情况。图1和图2是两个量表得分的频数分布直方图。

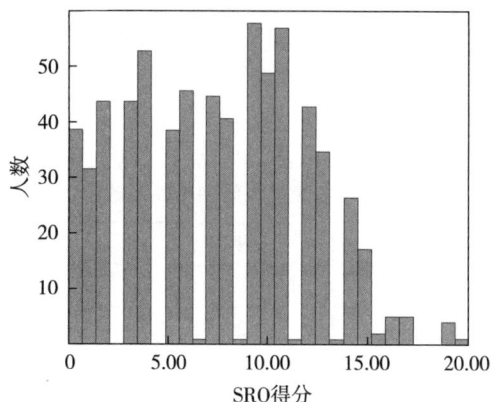

图1 被试 SRQ 得分的频数分布

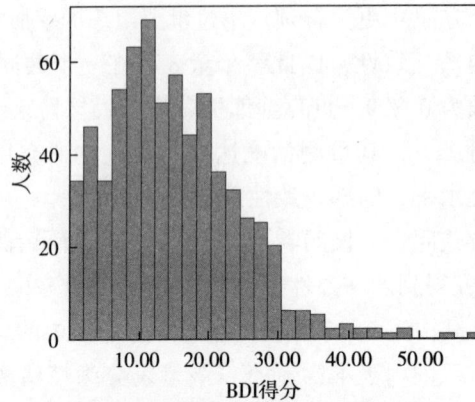

图 2　被试 BDI 得分的频数分布

从表 1 中还可以看出，男女性别显示出了统计意义上的差异。男生在 SRQ 和 BDI 上的均分都高于女生，表现出了更严重的精神失调和抑郁倾向。为进一步解释结果，我们做了性别、财产损失、遇难伤亡、社会支持、应对方式对两个结果变量的逐步层次回归分析。结果发现，性别的效应并不随其他因素的加入而消失。不过性别效应的方差解释率不是很大，调整后的 R^2 为 0.020。

表 1　心理健康指标均值、标准差和性别比较

	总体	男	女	T	p
SRQ-20	7.481±4.445	8.391±4.290	6.750±4.420	4.599	0.000
BDI-Ⅱ	15.103±9.087	16.712±9.013	13.973±9.024	3.715	0.000

在 608 个提供了家庭财产是否受损和是否有亲人遇难或受伤的信息的样本中，有财产损失的为 573 人，达到了 89%，而有亲人遇难受伤的家庭有 187 个，达到了 31%。独立样本 T 检验的结果，家庭财产是否受损在 SRQ 和 BDI 上都没有显示出显著性差异，显著性水平分别为 0.088 和 0.668。而家中是否有亲人遇难或受伤在 SRQ 得分上有显著差异，p 值为 0.001，在 BDI 上的差异未达到统计意义上的显著水平，p 值为 0.205。

2. 心理健康的抗逆力因子

以上我们主要发现了研究对象总体上的精神失调和抑郁倾向水平非常高，同时也发现了亲人的遇难或受伤带来更强烈的精神打击。除了这些主效应，本研究同时还关注支持和应对灾难创伤的缓冲保护作用。表 2 是精神失调（SRQ）、抑郁症状（BDI）、社会支持、积极应对、消极应对之间的零序相关。

表 2　各变量之间的相关系数

	社会支持	积极应对	消极应对	抑郁症状
积极应对	0.422**			
消极应对	0.050	0.294**		
抑郁症状（BDI）	-0.329**	-0.377**	0.037	
精神失调（SRQ）	-0.291**	-0.324**	0.059	0.695**

注：** 表示 p<0.01。

为进一步考察这些变量之间的共变关系，我们进行了结构方程模型分析。根据研究背景部分提出的假设，我们提出的模型预设了社会支持到精神失调和抑郁症状的直接路径和通过积极应对的中介路径，以及消极应对到结果变量之间的路径。作为对比，我们也考察了将消极应对作为社会支持和结果变量之间中介角色的路径（即加上社会支持到消极应对之间的路径）。由于精神失调和抑郁症状以及积极应对和消极应对之间的概念关系，我们设定了这两对潜变量误差项之间的相关。最后得到的模型结果如图3所示。

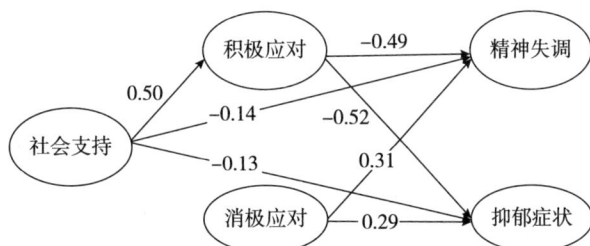

图3　社会支持、应对方式与心理健康的关系

注：图中路径系数为标准路径系数。

从图3中可以看出，社会支持对抑郁症状和精神失调都有直接的解释力，且积极应对部分中介了社会支持和两结果变量之间的关系。社会支持和积极应对能负向预测抑郁症状和精神失调，而消极应对的作用则正好相反，即消极应对越高，精神失调和抑郁症状表现越严重。社会支持与消极应对之间没有直接关系。我们评估了对比模型，当加上社会支持和消极应对之间的路径后，路径系数达不到显著水平，且模型的拟合指标有所下降。最终模型中社会支持到抑郁症状的路径系数 p 值为 0.02，社会支持到精神失调的路径系数 p 值为 0.01，其余路径系数的 p 值都为 0.000。模型的各项拟合指标如表3所示，除 NFI 略低于通常标准外，其余都达到或超过了可接受水平。

表3　模型拟合指标

模型	χ^2	df	GFI	NFI	IFI	TLI	CFI	RMSEA
对比模型	641.698	199	0.900	0.884	0.929	0.917	0.929	0.057
理论假设模型	643.154	200	0.900	0.885	0.929	0.917	0.929	0.057

四　结果讨论与展望

1. 震后精神创伤特点及其启示

面对大地震惊人的破坏力和杀伤力，亲身经历和见证的每一个人都会受到巨大的精神打击。WHO 的资料显示，20%~40%的人在灾难之后会出现轻度的心理失调，而他们可以通过自身的调节逐渐缓解。30%~50%的人则会达到中至重度，这部分人需要及时的心理援助。在灾难一年之内，20%的人可能会出现严重心理疾病[1]。本研究的结果在 SRQ 指标上，

44.3%的学生超出标准，在抑郁症状上，接近30%的人达到中度和重度抑郁水平。这些都提示我们，高度关注受灾民众的精神健康有绝对的必要性。在灾后的恢复重建中，要最大限度地减少这些高危人群形成延迟性创伤后应激障碍的比例。财物损失没有表现出心理健康指标上的差异，我们认为，这一方面是因为遭受财产损失的比例很高，样本数不对称，另一方面则显示了地震造成的精神创伤的普遍性。相对来说，亲人遇难受伤所造成的创伤仍显得更加强烈，且似乎突出表现在抑郁症状之外的躯体症状、惊恐反应和精力衰减上，因此在后期的心理重建部署工作中应注意区分和重点关注这一部分人群。尤其是在灾后对学生的心理健康教育和辅导工作中，应注意把握这一点。

另外，抑郁反应仍然是最常见的一种精神失调反应。仅从零序相关系数我们就可以发现，BDI能解释SRQ变异的接近50%。因此关于抑郁症状的特征规律及其缓解方法和技术应作为心理干预的方法重点[16]。

2. 抗逆力因素的作用模式及其启示

尽管地震造成了普遍性的精神伤害，但是个体在精神失调和抑郁症状上的分化仍然是明显的。在我们的结果模型中，积极应对和消极应对在正、反两个方向的路径系数都不仅显著，且绝对值也比较高，社会支持的总路径系数也非常高，说明社会支持和应对方式这两个抗逆力因子对这种分化有很强的解释力，再次验证了社会支持和应对方式对心理应激的缓冲保护作用，这种缓冲保护作用对于综合的精神失调和单纯的抑郁症状作用方式都是一致的。值得注意的一点是，我们的数据资料是在灾后很短时间内（3周）收集的，足见这些因子在第一时间就已经开始发挥作用。

从抗逆力理论来看，一些学者认为抗逆力体现了一种个性特质，有一些学者则反对把抗逆力看成是一种特质[2]。后者认为如果把抗逆力看作一种个体特质，无益于在心理疏导和干预中挖掘可操控的因素，他们认为，抗逆力应该是在个体从创伤到恢复的过程中起保护作用的那些动态因素。从我们的分析结果来看，社会支持不仅具有间接效应，且有独立的直接效应说明个性特质和动态因素都是抗逆力的来源。应对方式对社会支持和精神健康之间的中介作用则进一步提示我们，客观的因子很多时候需要通过主体的内化而起作用。

从现实应用来看，社会支持的解释力提示我们两点：一是对于受灾民众，各种实质性的援助，如捐助钱物、医疗救助、帮助恢复生产，这些工作只要做扎实、做到位，对形成精神上的支持是不言而喻的。有序有力的重建工作必然会提升灾区民众从灾难中重新振作起来的信心和动力。二是各种心理关怀，包括各种慰问性的社会活动，以及灾区民众自发的亲人、朋友、同学之间的相互交流沟通、倾诉都会发挥实质性的影响。从应对方式对结果变量的影响，我们可以看出，积极的应对方式与更轻的抑郁倾向和其他失调联系在一起，而消极应对则正好相反，预示着更差的健康状态。心理抗逆力体现在应激与应对方式之间的良性匹配[4,7,16]。本研究和其他已有的相关研究都提示我们，为灾后学生进行心理健康教育可以从教给学生多采用积极的应对方式入手，即学会向他人获取建议，与他人交流情感和能够以恰当的方式在他人面前宣泄情绪，而尽量减少消极的应对方式，如逃避事实，通过虚幻排解痛苦和压力等。

本研究受实际情况的限制，有一些方面的局限性是应该注意的。一是本研究的数据都是自陈报告，因此一些结论可能存在一定程度的因素混淆。比如社会支持，就是被试感知到的社会支持而不是收集的客观资料，也就是说，社会支持对结果变量的影响实际上也许部分是由于被试对象的个性差异造成的。二是数据是单次收集而来，由于对象都是高三学生，也不太可能做跨时段的追踪，因此同源误差也是潜在存在的。不过本研究的主要研究结论与以往可参照的资料和研究结果都有很高的一致性，加上我们对全体测量变量的因素分析没有发现一个单一的、解释率很高的因子，因此这个问题并不影响本研究的主要结论。

3. 展望

在灾区和学生接触包括在心理辅导室接待来访学生中，我们倾听了他们的恐惧、困扰、烦躁、担心，陪伴了他们的哭声和眼泪。而一次次，到最后都能听到他们坚强的理性思考，看到他们再次迸发出有神的目光和迈出振作的步伐。不管是他们自己的抗逆力在起主要作用，还是交流疏导工作有所成效，我们都充满了欣慰。现在，很多孩子都已经上了大学，看到他们寄来的信件、发来的消息，知道他们仍然保持着乐观和积极，更是释怀。灾后心理重建工作还有很多工作要做，但我们相信在政府的有力组织和规划下，在广大卫生工作者和心理学工作者以及教育工作者的努力下，依靠科学，一定能大有作为。

参考文献

［1］张侃，王日出．灾后心理援助与心理重建［J］．中国科学院院刊，2008，23（4）：304-310.

［2］Suniya, S., Luthar, D. C. B. B. The Construct of Resilience: A Critical Evaluation and Guidelines for Future Work［J］. Child Development, 2000, 71（3）：543-562.

［3］席居哲，桑标，左志宏．心理弹性（Resilience）研究的回顾与展望［J］．心理科学，2008，31（4）：995-998.

［4］Michelle Dumont, M. A. P. Resilience in Adolescents: Protective Role of Social Support, Coping Strategies, Self-esteem, and Social Activities on Experience of Stress and Depression［J］. Journal of Youth and Adolescence, 1999, 28（3）：343-362.

［5］Kitaoka-Higashiguchi, K., et al. Social Support and Individual Styles of Coping in the Japanese Workplace: An Occupational Stress Model by Structural Equation Analysis［J］. Stress and Health: Journal of the International Society for the Investigation of Stress, 2003, 19（1）：37-43.

［6］Schwarzer, R., N. Knoll. Functional Roles of Social Support within the Stress and Coping Process: A Theoretical and Empirical Overview［J］. International Journal of Psychology, 2007, 42（4）：243-252.

［7］Siu, O.-l., P. E. Spector, C. L. Cooper. A Three-phase Study to Develop and Validate a Chinese Coping Strategies Scales in Greater China［J］. Personality and Individual Differences, 2006, 41（3）：537-548.

［8］Steer, R. A., et al. Common and Specific Dimensions of Self-reported Anxiety and Depression: The BDI-II Versus the BDI-IA［J］. Behaviour Research and Therapy, 1999, 37（2）：183-190.

［9］Terry, D. J., R. Rawle, V. J. Callan. The Effects of Social Support on Adjustment to Stress: The Mediating Role of Coping［J］. Personal Relationships, 1995, 2（2）：97-124.

［10］Valentiner, D. P., C. J. Holahan, R. H. Moos. Social Support, Appraisals of Event Controllability, and Coping: An Integrative Model［J］. Journal of Personality and Social Psychology, 1994, 66（6）：1094-1102.

［11］王桢，陈雪峰，时勘．大学生应对方式、社会支持与心理健康的关系［J］．中国临床心理学杂志，2006（4）：378-380.

［12］WHO. A User's Guide to the Self Reporting Questionnaire（SRQ）［M］. Geneva: World Health Organisation, 1994.

［13］Whisman, M. A., J. E. Perez, W. Ramel, Factor Structure of the Beck Depression Inventory-Second Edition（BDI-II）in a Student Sample［J］. Journal of Clinical Psychology, 2000, 56（4）：545-551.

［14］汪向东，王希林，马弘．心理卫生评定量表手册（增订版）［J］．中国心理卫生杂志社，1999：122-124.

［15］Ralf Schwarzer, Ute Schulz. Berlin Social Support Scales, 2000［EB/OL］. http：//web. fu-berlin. de/gesund/skalen/Language_Selection/Turkish/Berlin_Social_Support_Scales/berlin_social_support_scales. htm.

［16］王筱璐，王桢，时勘．工作场所中员工抑郁症状的发生机制及干预模式［J］．管理评论，2008，20（10）：75-82.

北京奥运会的精神文化遗产

时　勘　贾宝余

【编者按】2006年秋天的一个晚上，我慕名给时勘老师写了一封电子邮件，希望他能指导我硕士论文的写作。第二天一大早，我就接到了时老师的电话，他同意指导论文，并要求择时具体谈谈。我是在职学习，工作压力很大，在论文上的投入自然有限。时老师建议我说，"你在宣传部门工作，青年的思想政治教育是工作的重要方面。论文写作可以和这个主题结合。"当时，全社会都在迎奥运，北京奥运成了学界关注的热点。于是，我决定围绕《北京奥运对青年学生心理行为的影响》开始做调研，我选定了这个题目后，在写作方法上得到了课题组郑蕊博士的具体帮助。这篇文章发表在《科学对社会的影响》上，后来成为我硕士论文的组成部分。记得在时老师六十寿辰之际，中科院研究生院管理学院师生专门为他举办了生日庆祝会。时老师与祖国同龄，他的青春岁月首先奉献给了祖国工业生产一线，改革开放后又进入了学术领域，他在与时间赛跑，将心理学的学术成果与社会需求紧密结合起来。这种赛跑精神和家国情怀很值得我们学习。这不是恭维之辞，而是我的心声。2008年春节前后，我国南方发生了严重的雨雪冰冻灾害，《科学时报》副总编李占军致电京区党委宣传部，希望请一名心理学专家就如何应对雨雪冰冻提出专业建议。时勘老师当然是最合适的人选。《科学时报》记者与时老师长时间电话交流后，我整理了访谈的内容。第二天天还未亮，我就接到时老师从首都机场打来的电话，他特别叮嘱：在稿件中的"心理学家"应改成"心理学者"。最后，访谈以《重要的是坚定信念——心理学者时勘谈雨雪冰冻灾害的心理应对》在《中国科学报》头版头条予以刊发。在全国上下齐心协力应对灾害的艰难时刻，这也算发出了科学界特别是心理学界的声音。当然，这是自谦的"心理学者"的声音。2008年汶川地震发生后，时老师带领课题组成员第一时间奔赴抗震救灾一线，对受灾群众进行心理援助，帮助救灾官兵克服心理困惑。时老师还在中国教育电视台做抗击地震的系列心理学讲座。当时，正值研究生院评选二级教授，学校党委主要负责同志打电话给时老师，要求他认真对待，做好准备。在抗震救灾第一线，面对大自然面前不堪一击的人类生命和生离死别的伤痛，时老师想的更多的是如何尽好心理学者所担负的责任，至于二级教授，用他的话来说"不太在乎"。后来，时老师还在中国政府网就抗震救灾心理援助做了在线访谈，成为该栏目设立以来受邀参与访谈的首位专家。时老师从心理学角度解读了应对突发灾难的对策和建议，这些内容都被编入《灾难心理学》一书中。记得有一天，我在宁夏休假时，突然接到时老师发来的短信，问当前面对的是灾难心理学问题还是灾害心理学问题。我一时不知如何作答。仔细一想，灾害仅仅停留在自然层面，但灾难则与生命攸关。既然是从心理学角度解读灾害，不妨直接用《灾难心理学》。直白地说，《灾难心理学》的中心是人，而《灾害心理学》至少从字面上还看不出这一点。这个想法第一时间发给时老师，后来正式的出版物果然是《灾难心理学》。或许这个书名时老师早已拟定，发短信问我仅是

对学生的一次非正式考核。此外，时老师对学生的关心也是有口皆碑的。在北沙滩的中国舰船研究院，时老师曾租了一套房供外地来京的学生们住。2008 年 7 月到 2010 年 2 月，我在时老师照顾下在此租住，我父母此时来京，还在这儿度过了一个愉快的春节。2011 年后，时老师的工作重心转到了中国人民大学，我硕士毕业后也调到中科院北京分院工作，此后的联系就减少了。时老师对我的言传身教是我受益终生的。诚挚祝愿时老师健康快乐！希冀下一个十年，下下个十年，再祝老师生日快乐！（贾宝余，中国科学院管理学院 2006 级硕士生，中国科学院北京分院党群办公室　副主任）

奥林匹克运动会是当今世界最大规模的体育盛事，奥林匹克宪章指出："从鼓励建设一个维护人之尊严的、和平的社会这样一种理念出发，在任何地方，体育都要服务于人类的和谐发展。"顾拜旦先生在 1892 年所倡导的现代奥林匹克运动，经过 100 多年的发展，其足迹从古希腊的发祥地步入中华文明的核心区，影响力早已经超越了体育本身，对主办国乃至全世界的政治、经济、文化产生着全方位的影响。百年奥运，百年圆梦。北京奥运会提出了"绿色奥运、科技奥运、人文奥运"的理念。经过七年筹备，奥林匹克的圣火终于于 2008 年 8 月 8 日在北京鸟巢点燃，第 29 届北京国际奥林匹克运动会的成功举办，使奥林匹克的人文精神在 13 亿中国人民中得到广泛的实践和弘扬，使全世界人民更加了解中国文化和改革开放三十年的巨大进步，使中国更加融入世界。那么，作为一种精神文化遗产的北京奥运精神怎样得以弘扬和发展，是本文关注的核心问题。

一　奥运影响与奥运遗产

1. 奥运影响

奥运影响（Olympic Impact）和奥运遗产（Olympic Legacy）是近年来奥林匹克研究领域的热点问题之一。奥运影响主要是指奥运会的举办给举办国、地区和城市带来的经济、社会和文化效应。奥运影响的研究包括两类：一类为事前研究，另一类为事后研究。事前研究一般是奥运申办、筹办期间对奥运影响的预测研究。这类研究往往以历届奥运会的经验作为参考，运用比较分析和经验数据实证的方法，结合本地实际论证奥运所带来的正面效应和风险因素，为筹办国政府决策提供依据；奥运影响的事前研究一般集中在奥运对承办国的经济、旅游、体育、场馆、市政、房地产、劳动力等领域带来的影响。一些学者（任海，2005；董杰，2004；魏纪中，2004，2006）分别探索了奥运对中国政治、经济的影响，对举办城市经济的影响和后奥运经济的趋势，时勘（2008）等人研究了奥运会与志愿者和民众在心理行为等方面的互动作用机制。事后研究则通过搜集大量的统计数据和调查报告，考察奥运会举办带来的综合效应，国际奥委会（IOC）对历届奥运会最权威的研究是每届奥运会总结报告。目前，第 29 届北京奥林匹克运动会的 OGGI 的总结报告正在由中国人民大学人文奥运研究中心来完成。

2. 奥运遗产

"奥运遗产"是一个全新的概念，"奥运遗产：1984—2000 研讨会"于 2002 年 11 月在瑞士洛桑召开。与会者认为，奥运遗产应该包含两层含义：一是古代奥运会留给现代人的奥运精神和理念；二是伴随奥运会而产生的、在奥运结束后仍然存在的、有形或无形的影响物。"奥运遗产"一词最早被主办城市提起是在悉尼奥运会的官方总结报告中，主办国认为奥运会给澳大利亚带来了丰厚的遗产。

本文主要讨论奥运精神文化遗产，即奥运会在提高民族自信心、国家凝聚力、民众体育参与度和认识，以及改善国民心态等方面所发挥的作用。

二　历届奥运的精神文化遗产比较

1. 东京

目前达成共识的是，东京奥运会的成功使日本"作为经济大国回归到国际社会"，通过奥运会的承办，使欧美人感到"日本焕然一新"。东京奥运会也激发了日本人的民族精神，促进日本保持了"持续40多年的经济高度增长和中度增长"（铃木贵元，2002）。可以认为，东京奥运会不仅向世界展示了日本第二次世界大战后的复兴，同时也拉开了经济高速增长的序幕，东京奥运会是日本经济发展的一个重要的里程碑，给日本刚开始复苏的经济注入了强大的活力，被经济学家们称为日本经济腾飞的发动机（石秀梅，2004）。

2. 汉城（首尔）

在奥运会的准备和举办过程中，韩国人的心理经历了一次根本性的转变，这就是自信心的确立和增强。改变了"不可救药的国民性"。韩国提出的"政治开拓，体育振兴，经济发展"这三个目标都达到了。当局和经济学家就汉城奥运会心理效果的持续时间进行了测算，他们研究了历届奥运的经验，认为这种效果的持续期为两个月左右，他们试图"科学地"给国民心理进行连续性刺激，使之始终处在上进的气氛中。1989年3月，韩国人均GNP达到4000美元，"汉城奥运会作为引爆剂，推动韩国经济进入发达国家行列。"此外，汉城奥运会的成功举办，使韩国各界对待此后出现的各种内部问题的态度发生了变化，在面对出口竞争力下降、劳资纠纷和学生运动等问题时，民众有了"更宽松的心理"：过去那么多沟沟坎坎过来了，奥运会都开成了，这些问题算什么？

3. 巴塞罗那

1992年巴塞罗那奥运会举办得非常成功，使巴塞罗那这样一个不太出名的城市举世瞩目，成了世界的"首都"，钱虽然赚得不如汉城、洛杉矶多，但是，城市建设的发展提前了30年。通过筹备和举办奥运会，宣传了西班牙，尤其是巴塞罗那的历史、文化体育传统和取得的成就，促进了社会经济的发展。由于在新的体育设施和城市基础设施方面投入大量的资金，也留下了可观的物质遗产。不过，奥运会结束后，市民们曾出现了"赛后倦怠"，即市民的热情和注意力在奥运比赛结束后戏剧性地衰落下来。但这种赛后倦怠并没有持续多久，三四年后就给"怀旧"让路了。

4. 美国

1972年慕尼黑和1976年蒙特利尔奥运给主办国带来沉重经济负担，从而给奥运蒙上阴影。20世纪70年代末的经济危机使美国政府对1984年的奥运投资极其有限。洛杉矶市民对奥运的支持率也只有34%。可是，尤伯罗斯领衔的洛杉矶奥组委采取商业化手段挽救了奥运会，创造了办奥运会能赚钱的奇迹，洛杉矶奥运会成为现代奥林匹克运动的转折点。

洛杉矶奥运会使奥运与市场经济原则紧密结合，丰富了奥林匹克精神的内涵，扩展了奥运的组织形式。该届奥运会最后盈利高达 2.5 亿美元，到今天还为人们津津乐道。奥运精神的精髓之一就是强调体育运动的全民化，洛杉矶奥运会的贡献还在于，倡导全民参与体育运动，以"更快、更高、更强"的精神提升人类的体质，使民众感受到了参与奥运的幸福和光荣。

5. 悉尼

悉尼奥运会的一个主要特色就是媒体称之为的"绿色奥运"，就这一贡献，悉尼奥运会远比任何一届奥运会的影响都要深远。绿色奥运为我们勾画出一个美好蓝图，有朝一日，这些问题终能解决，并且从举办奥运会开始，向着更好的方向发展。悉尼利用举办奥运会之机，打破了一些陈腐举办模式，使澳大利亚展示出一个人口血统复杂、多文化和开放社会的形象，更让世人了解鲜明的澳大利亚民族身份。2000 年悉尼奥运会把推动大众参与体育运动当作一个奥运理想目标，但没有真正地去检验它是否奏效（理查德·卡什曼，2007），不过，由于受 IOC 有关男女平等政策的影响，女性参赛者增长明显（董进霞，2006）。此外，悉尼奥运会的火炬接力是有史以来规模最大的一次，除经过了每一届夏季奥运会的举办城市和下一届举办城市之外，还选择了有代表性的其他城市，使该活动成为一个有意义的全球活动。此外，开幕式以其高超技巧将历史、艺术、体育和科学技术巧妙地融合在一起，让全世界人民叹为观止。来自 30 多个国家的志愿者参加了闭幕式的演出和辅助性的工作。此外，铅球、马拉松、射箭三大比赛在希腊原有的世界奥运遗产原址举行，这无形中增强了人们对于希腊传统文化的了解。

三　北京奥运会的精神文化遗产

奥运会首次在中国举办，必然导致蓝色文明和黄色文明之间的交融和碰撞，引起奥林匹克精神和中国民族精神的交融和碰撞。这种交互作用，一方面会推动奥林匹克运动的多元化发展，另一方面必然对中华民族自身的文化精神、国民心态产生深远的影响。那么，北京奥运会可能会给我们留下哪些精神文化遗产呢？

胡锦涛同志 8 月 1 日在回答俄新社记者提问时说，北京奥运会的举办，将为我们留下一批体育场馆和基础设施。我们十分珍惜这些物质遗产，并将充分发挥它们的功能和作用。同时，我们认识到，北京奥运会的精神遗产更为持久、更为宝贵。更为重要的还有其他三个方面：一是弘扬团结、友谊、和平的奥林匹克精神；二是实践绿色奥运、科技奥运、人文奥运的理念；三是促进世界各国文化的相互交流、相互借鉴。可见，我们应该更加珍惜北京奥运会留给我们的精神遗产，并使之发扬光大。

国民心态是一个国家在一定历史时期内社会成员与社会现实之间的互动而形成的社会心理，它包括认识倾向、情感倾向和行为倾向，这是国民对现实社会存在的心理反应的总和。总体而言，目前我国国民的心态与经济、社会的快速发展还是不够匹配的，主要表现为民众的心理状态的转化还适应不了经济高速增长带来的变化，而北京奥运会的举办，以及国民为适应这一国际盛事而付出的努力，在行为、意识和文化上发生的变化，大大地促进了民众大国心态的培育，不过，奥运会后，这种良好的国民心态还需要相当长一段时间的推广和固化，我们认为，20~30年之后，北京奥运会在国民心态方面的精神文化遗产将会全面展现出来。

1. 奥林匹克精神的实践和弘扬

《奥林匹克宪章》指出："奥林匹克主义是增强体质、意志和精神并使之全面发展的生活哲学"，"奥林匹克主义的宗旨是使体育运动为人的和谐发展服务，以促进建立一个维护人尊严的、和平的社会"。奥林匹克精神就是相互了解、友谊、团结和公平竞争的精神。北京奥运会的成功举办，使奥林匹克精神在13亿中国人民中得到广泛的实践和弘扬，增进了国民对奥林匹克运动会和奥林匹克精神的认识，增进了中国和世界各国人民的相互了解，加深了中国人民和世界各国人民的友谊，促进了世界大家庭的团结，使公平竞争的理念随着市场经济制度的确立更加深入人心。由中科三方互联网研究公司面向全国网民的调查显示，89.3%的网民认为，北京奥运会增强了自己的民族自豪感；八成以上的网民认为，北京奥运会提升了中国的国家形象，提升了民族自信心、国家凝聚力。由此可以看出，北京奥运会对中国网民在国家意识形态方面的影响巨大。

2. 促进了国民心态的成熟

奥运前夕，外界一度担忧，北京奥运会期间可能会出现民族主义情绪，以激烈报复西方某些政治势力破坏北京奥运会的行径。而事实证明，这种担忧是多余的。在北京奥运会期间，中国不仅获得金牌总数第一，而且营造出一个宽容和谐的赛场气氛：民众自觉维护公共秩序，展现出良好的文明修养；支持奥运相关政策，体现出民众对政府的拥护；人人争当志愿者，体现出民众的奉献精神；热情接待世界各地宾朋，尽显热情友好的待客之道；对刘翔退赛、郎平执教美国的态度，体现出国民包容淡定的心态；大多数中国观众展示了良好的体育精神。虽然他们很爱国，把欢呼声给了本国运动员，但他们在日本队或美国队得分时也同样鼓掌加油，没有表现出丝毫的狭隘心态。这一切表明，经过改革开放30周年的发展，中国国民心态已逐渐成熟，逐趋自信和开放。从申奥成功到奥运会圆满结束，中国在7年筹办奥运的旅程中经历了种种磨砺和考验，中国的社会心理从躁动逐渐走向沉稳，从情绪化日益走向理性，从"金牌第一"到开始关注"人"本身，一个泱泱大国所应具备的自信与包容逐渐在中国人的心中生根、发芽、开花。

3. 全新塑造了国家形象

奥运会开闭幕式、组织管理方式让西方媒体为之赞叹。境外媒体为精彩纷呈的开幕式所震撼、为无可挑剔的赛事组织所折服、更为细致周到的媒体服务所感动，客观、正面、积极的报道占其报道总量的90%，较大程度上扭转了西方媒体长期以来围绕北京奥运会对我国进行攻击和抹黑的局面。外国记者们评价说：北京奥运会是为媒体考虑最全面、服务最好的一届。英国BBC总裁说："我这次来北京的一个明显感受，就是中国政府为媒体尤其是西方媒体提供了更多的机会和更大的采访空间。毋庸置疑，中国比以前任何时候都更加开放。"据清华大学国际传播研究中心调查，世界主流报纸刊登的北京奥运会新闻中正面报道占到一半以上。越来越多的人开始用客观理性的眼光来看待中国，一些人眼中陈旧偏颇的"中国印象"开始得以纠正，一些无端的批评与指责正在失去市场。北京奥运会是中国第一次有机会如此集中、如此大规模地向世界传递自己的声音，有力地塑造了中国的国家形象。这有助于拓展中国国际空间，以更积极的形象参与国际事务、促进世界的和谐。

4. 志愿者精神发扬光大

志愿者人数达到170万名，这是奥运史上志愿者最多的一届。他们克服了种种困难，尽职尽责、耐心细致地做好自己岗位的工作，始终以默默的付出、真诚的微笑和热情周到的服务得到了各方的好评。以奉献、友爱、互助、进步为主要内容的志愿精神是"奥运精神"的生动体现，同时也体现了中华民族的传统美德。志愿服务是道德追求、是价值认同，志愿服务的过程是志愿者的自我教育、自我提高的过程。在这次奥运志愿者服务行动中，许多志愿者用自己的亲身经历和真情实感传播志愿理念、弘扬志愿精神。这种伟大的志愿精神与奥运精神成为我国的道德文明程度大大提升的重要标志。广义上，北京奥运会期间，北京及其他六个协办城市（天津、上海、沈阳、青岛、秦皇岛和香港）的每一位市民，包括全国的普通民众、港澳台同胞和海外华人，都是奥运服务的志愿者，都为奥运的举办付出了自己的心血和努力。

5. 管理实践中的"奥运标准"

北京奥运会经历了两次申办、七年筹备，最终获得了"无与伦比"的好评。这与奥运筹备和举办期间的高标准、严要求"奥运标准"密切相关。奥运建筑标准增加了场馆的科技和艺术含量，使一些静态物体能够绽放人文思想的光芒，奥运建筑达到了工程进度和工程质量的双丰收。奥运环保标准改善了空气质量，绿色奥运的承诺变为现实，使北京的环境接近国际水准。奥运交通标准解决了大城市的"堵车"难题，交通限行措施得到广大市民的热情支持。奥运工作标准使大型的赛事安排井井有条，万无一失。在今后的社会经济管理实践中，应大力发扬这种"奥运标准"，促进社会公平和效率。

6. 民众的体育意识和参与

举办奥运会既是展现国家实力和形象、促进中西文化交流的一个载体，也是促进民众体育参与、提高群众体育水平、增强人民体质的一个契机。人们在观看奥运的过程中，无形中受到体育精神的感染，愿意把体育运动作为生活不可或缺的一个组成部分，从而愿意花费更多的时间参与体育锻炼。由中科三方互联网研究公司面向全国网民的调查显示，奥运后网民每周动的频率明显高于奥运前。

7. 环境保护意识和环境保护行为

绿色奥运是北京奥运会的三大理念之一。通过大力实施"绿色奥运"理念，开展环境整治工作，从1998年至今，北京对环保的投资达到1200多亿元，与人民生活息息相关的空气、水等环保指标不断改进。2007年，北京市的大气和水主要污染物二氧化硫和化学需氧量排放量分别下降了7.9%和5.2%；市区空气质量二级和好于二级天数达到246天，占全年总天数的67%还多，实现了首都大气环境质量连续九年的改善。城市污水处理率、垃圾无害化处理率继续提高，城市林木覆盖率达到51%。北京已不再是为工业污染所困扰的"烟囱之城"，城市国际形象进一步改善。绿色奥运不仅仅是改善奥运生态环境的一种措施，更是一个城市可持续发展的基本理念。绿色奥运不仅使北京成为奥运会历史上真正无与伦比的盛会，也在努力克服那些在工业化进程中以获取最大物质利益为动力的现代大都市弊端，培育城市主体的国际服务意识、知识创新能力、解决问题协调发展的城市再造功能，培育一个和谐、宜居、安全、舒心的国际城市品质。科技的力量使北京奥运会美轮美奂。在场馆设施、交通通信、媒体服务等方面运用了最先进的科学技术，鸟巢的钢结构，水立方空气的循环，北京的大气质量控制，开幕式上电子声、光、色彩的应用等这些高技术的应用体现了中国科技自主创新的水平。

参考文献

［1］何小锋等.2008奥运会对北京产业发展的联动作用［C］.北京大学出版社，2008.

［2］任海，罗湘林.论2008年奥运会对中国政治的影响［J］.体育与科学，2005（2）.

［3］董杰.奥运会对举办城市经济的正面影响与负面影响及对策研究［J］.西安体育学院学报，2004（3）.

［4］魏纪中.关于北京奥运经济研究［J］.北京社会科学，2003（4）.

［5］时勘.志愿者服务心理指南（第1版）［M］.北京：清华大学出版社，2008.

［6］戚永翎.北京奥运会经济遗产及后奥运经济策略研究［M］.北京：对外经贸大学出版社，2007.

［7］奥运我参与：“奥运影响”调查报告［R］.中科三方互联网研究，2008.

［8］陈俊侠，韩冰.外媒盘点北京奥运遗产［J］.中国青年报，2008-08-27。

［9］刘光牛.北京创举：奥林匹克的精神财富论文集［C］.中国人民大学人文奥运研究中心，2008.

［10］王伟.改革开放三十年的道德建设［N］.光明日报，2008-10-07.

［11］董进霞.北京奥运会遗产展望：不同洲际奥运会举办国家的比较研究［J］.体育科学，2006（6）.

中文版学习倦怠量表的信效度研究*

方来坛　时　勘　张风华

【编者按】 2005 年，我很荣幸进入中国科学院研究生院管理学院学习，不久便加入到时勘博士课题组。时老师当时刚到管理学院不久，给了我诸多的学习和发展空间。2006 年 11 月，我跟随时老师开始筹备中国科学院研究生院社会与组织行为研究中心，从实验室的一桌一椅一电脑搭建开始。由于有组织每周的课题组例会的习惯，我就有机会接触和学习从心理所带来的课题组各个研究方向的内容，向师兄师姐学习和请教。后来，管理学院成立社会与组织行为研究中心之后，各项工作逐渐进入正轨。从 2007 年 1 月开始，我又协助时老师申请管理科学与工程博士后流动站，申报 EAP 员工援助师的国家职业资格，还有幸参加了 912 航天员选拔的认知实验、新华人寿高管人员选拔和国资委副局级领导干部选拔中的访谈。这时，我们在评价中心方法上，也是在管理学院首次采用情境模拟评估技术。我就是通过在这些工作中的参与，逐步掌握了 BEI 行为事件访谈和编码技术、结构化面试和 360 度反馈评价技术。最后，我还有幸参加了时老师领衔的中科院研究生院危机突发事件专家小组工作，使我在人力资源管理研究方面有了质的提高。在时老师言传身教，特别是严谨治学精神的感召下，厚积则能薄发，我在工作投入（员工敬业度、工作卷入）、团队创新以及学生心理健康和学习投入等方面，在《管理评论》《心理科学》《科研管理》《中国临床心理学杂志》等核心期刊上发表了系列的学术文章，特别是中文版学习倦怠和学习投入量表的信效度研究的文章得到了后续研究者们的大量引用，后来的硕士论文也是围绕工作投入和团队创新展开的。毕业时，时老师还帮助我这个硕士生解决进京户口问题，虽然最后没有成行，但是感恩常在。今天，我虽然没有在学术道路上继续前行，但是从时老师身上所习得的学术素养依然相随相伴！作为学生，在此向时老师表达的是感触、感谢、感恩！（方来坛，中国科学院管理学院 2005 级硕士生，北大资源集团战略投资和运营　负责人）

摘　要： 目的：研究中文版学习倦怠量表的结构和信效度。方法：研究翻译 MBI-SS 量表和学习绩效量表，有效测量了 79 名大学生和 191 名研究生。结果：探索性因素分析和验证性因素分析结果交叉验证了学习倦怠的三因素模型，各量表的内部一致性信度在 0.79~0.86，相关系数显著，并在 0.30~0.56，项目荷载在 0.48~0.90，具有较好的拟合指标。结论：中文版学习倦怠量表具有较好的信效度，可为相关研究所采用。

关键词： 学习倦怠；学习绩效；学习倦怠量表

学习倦怠（Study Burnout）的研究源于工作倦怠（Job Burnout）的研究[1]。近年来，随着工作倦怠研究的不断深入和发展，逐渐扩展到了学习倦怠的研究，特别是中小学生学习倦

---

* 基金项目：国家自然科学基金（70573108）和国家 863 计划（2006AA02Z426、2006AA02Z431）。

怠的研究，目前，国内外对于大学生的倦怠研究还刚刚起步[2]。Schaufeli 等人在工作倦怠量表（MBI）的基础上，以大学生为样本编制了学习倦怠量表（Maslach Burnout Inventory-Student Survey[3-5]。学习对于大学生和研究生来说是一种专业性很强的活动，特别是研究生，学习和科研工作与工作的职业性非常相似，在学习中进行科研工作，在科研工作中不断学习。学习倦怠是由于学生的学业、科研或就业的压力而感到情绪衰竭、玩世不恭和效能感低落。学习倦怠是一种主要发生在学生身上的与学习、科研或就业相关的、持续的、负面的情感和动机的心理状态。它包含三个维度：情绪衰竭、玩世不恭和效能感低落。

学习倦怠的研究作为学习心理研究的重要指标，对于中小学生和大学生的学习倦怠研究日益引起国内外学者的关注，而对于研究生学习倦怠的研究尚处空白，其测量工具的缺乏乃是主要瓶颈。本文通过修订 Schaufeli 等人的学习倦怠量表，检验其在中国研究生中应用的信效度，为开展研究生学习倦怠问题研究提供工具。

一 对象与方法

（一）测量对象

选择两所大学的本科生，分别发放 50 份问卷，分别回收有效问卷 40 份和 39 份。另外，在某研究生院选取研究生为测量对象，共发放 200 份问卷，回收有效问卷 191 份。共计本科 79 人，研究生 191 人。男生 148 人，女生 122 人；18 岁以下 1 人，18~22 岁 149 人，23~26 岁 108 人，26 岁以上 12 人。并随机分成两个样本 N=100（本科生 29 人，研究生 71 人）和 N=170（本科生 50 人，研究生 120 人）。

（二）测量工具

学习倦怠：Schaufeli 等人的学习倦怠量表中译本[3,4]。共有 15 个项目，采用李克特 7 点量表，"1" 代表 "从来没有"，"7" 代表 "总是/每天"。

学习绩效：基于 Tsui 等人的绩效量表[6]，原量表包括 11 个项目，本文选择与学生的情况相应的项目修订成适合学生表述的 5 个项目的量表，包括学习任务绩效、关系绩效和创新绩效三个方面，采用李克特 7 点量表，"1" 代表 "非常不同意"，"7" 代表 "非常同意"。

二 结果

（一）内部相关分析和项目分析

本研究采用 SPSS13.0 和 Amos4.0 进行所有数据的统计分析。相关分析结果显示，学习倦怠量表的总分与各项目的相关系数均大于 0.422(p<0.001)。对量表进行项目分析,按 27%的高分组和27%的低分组得分的平均值之差值,再除以评定量表的全局"7"作为项目的鉴别度指数 D。项目分析结果显示,D 值均大于 0.300。学习倦怠总分与各项目的相关系数和 D 值如表 1 所示。

表 1 学习倦怠的总分与各项目的相关和 D 值 (N=270)

	项目号	r	D
情绪衰竭	1	0.579 **	0.403
	2	0.487 **	0.415
	3	0.574 **	0.438
	4	0.422 **	0.370
	5	0.688 **	0.411
玩世不恭	6	0.666 **	0.407
	7	0.662 **	0.413
	8	0.610 **	0.431
	9	0.583 **	0.423
效能感低落	10	0.514 **	0.489
	11	0.474 **	0.523
	12	0.666 **	0.562
	13	0.646 **	0.479
	14	0.645 **	0.462
	15	0.745 **	0.497

注: * 表示 p<0.05 (2-tailed), ** 表示 p<0.01 (2-tailed),下同。

(二) 探索性因素分析结果

探索性因素分析结果显示,KMO 的值为 0.857,巴菲特半球检验值为 2019.62(p<0.001),适合做因子分析。本文采用主成分分析方法,经方差最大旋转法旋转后提取三个特征根大于 1 的因子。三个因子累计解释了 63.65%的方差。量表各项目的因素荷载和共同度见表2。

表 2 学习倦怠量表三维度模型的标准化因素荷载和共同度 (N=100)

	项目	共同度	荷载
情绪衰竭	1	0.616	0.720
	2	0.682	0.822
	3	0.597	0.731

续表

	项目	共同度	荷载
情绪衰竭	4	0.437	0.654
	5	0.628	0.479
玩世不恭	6	0.605	0.651
	7	0.651	0.680
	8	0.817	0.895
	9	0.781	0.875
效能感低落	10	0.528	0.726
	11	0.497	0.664
	12	0.637	0.771
	13	0.685	0.805
	14	0.673	0.792
	15	0.712	0.769

（三）验证性因素分析结果

利用 Amos 4.0 进行验证性因素分析。M_0 表示学习倦怠的单一维度的模型，M_1 是三维度模型。由于三维度模型 M_1 拟合不太理想，因此，对因素荷载太小（<0.50）和相关系数太大（≥0.70）的度量项目予以剔除[7,8]。而项目 5 与 6 相关系数为 0.73，其所反映的内容也很相似；8 和 9 相关系数为 0.82，其所反映的内容也很相似；项目 5 的因素荷载小于项目 6；项目 9 的共同度和荷载都小于项目 8。所以，先剔除 9，把模型修正为 M_2，然后，保留 9 而剔除 5，把模型修正为 M_3，最后，剔除 5 和 9，把模型修正为 M_4。修正后的 M_4 模型的各项拟合指标都非常好，其结果见表 3。

表 3 学习倦怠量表的验证性因素分析结果 （N=170）

模型	χ^2	df	χ^2/df	GFI	AGFI	RMSEA	NFI	CFI	TLI	IFI
M_0	996.83	90	11.08	0.59	0.45	0.19	0.52	0.54	0.46	0.54
M_1	395.91	87	4.55	0.84	0.78	0.12	0.81	0.84	0.81	0.84
M_2	260.40	74	3.52	0.88	0.82	0.10	0.85	0.89	0.86	0.89
M_3	240.48	74	3.25	0.88	0.83	0.09	0.87	0.90	0.88	0.90
M_4	130.77	62	2.11	0.93	0.90	0.06	0.91	0.95	0.94	0.95

（四）信度检验

学习倦怠量表的总信度系数为 0.872，情绪衰竭的信度系数为 0.794，玩世不恭的信度系数为 0.850，效能感低落的信度系数为 0.863。

（五）效标关联效度

学习倦怠量表与学习绩效量表的相关系数如表 4 所示，均达到显著水平（p<0.001）。

表 4　学习倦怠与学习绩效的相关（N=270）

变量	1	2	3	4	5
学习倦怠	(0.87)				
情绪衰竭	0.75**	(0.79)			
玩世不恭	0.76**	0.56**	(0.85)		
效能感低落	0.80**	0.30**	0.34**	(0.86)	
学习绩效	−0.51**	−0.33**	−0.34**	−0.47**	(0.76)

注：括号内数字表示信度系数。

（六）人口统计学变量和学习倦怠对学习绩效的多元回归分析

多元回归分析结果（见表 5）显示，在控制了人口统计学变量后，学习倦怠对学习绩效额外解释了 24% 的方差；情绪衰竭解释了 10% 的方差，玩世不恭解释了 12% 的方差；效能感低落解释了 20% 的方差。

表 5　人口统计学变量和学习倦怠对学习绩效的回归分析（N=270）

变量		性别	年龄	教育程度	学习倦怠	情绪衰竭	玩世不恭	效能感低落	F	R^2	ΔR^2
学习绩效	第一步	−0.03	−0.24***	0.25**					5.82**	0.06	0.06
					−0.49**				27.42**	0.30	0.24
	第二步	−0.07	−0.18**	0.17**		−0.31**			12.14**	0.16	0.10
							−0.35**		13.81**	0.18	0.12
								−0.45**	21.96**	0.26	0.20

三　讨论

探索性因素分析和验证性因素分析结果验证了 MBI-SS 三维度结构模型的有效性。且与国内外大量的研究相一致[3-5,9-11]。相关分析和信度分析结果表明，此量表具有良好的信度。

分量表之间的相关系数在 0.30~0.56，也与大量的研究相一致[3-5]。

　　效标关联效度分析显示，学习倦怠及各维度都对学习绩效具有显著负面的影响，而其中效能感低落的负面效应最强。多元回归分析结果也交叉验证了这一点。因此，在教育过程中，一定要加强和提高学生的自尊感和自我效能感，以期对学习倦怠产生"抗体"，激发更高的成就动机和抗逆力。然而，由于学习模式的转变和自我发展的需要，研究生更强的专业性也带来了更窄的就业面，而更大的科研、就业压力和更高的期望使研究生的学习倦怠更具慢性和隐蔽性的特征。因此，研究生的学习倦怠与本科生具有共性，也具有一定的特性。学生的学习倦怠问题，特别是研究生的学习倦怠问题值得进一步深入的探讨和研究。

参考文献

　　[1] Maslach, C., Schaufeli, W. B., Leiter, M. P. Job Burnout [J]. Annual Review of Psychology, 2001 (52): 397-422.

　　[2] Chemiss, C. Role of Professional Self-efficacy in the Etiology and Amelioration of Burnout. In: Schaufeli, W. B., Maslach, C., Marek, T. (eds.). Professional Burnout: Recent Development in Theory and Research [C]. Washington D. C.: Taylor and Francis, 1993.

　　[3] Schaufeli, W. B., Martinez, I. M., Marques-Pinto, A., et al. Burnout and Engagement in University Students: A Cross-national Study [J]. Journal of Cross-Cultural Psychology, 2002, 33 (5): 464-481.

　　[4] Schaufeli, W. B., Salanova, M., Gonzalez-Roma, V., et al. The Measurement of Engagement and Burnout: A Two Sample Confirmatory Factor Analytic Approach [J]. Journal of Happiness Studies, 2002 (3): 71-92.

　　[5] Jacobs, S. R., Dodd, D. K. Student Burnout as a Function of Personality, Social Support, and Workload [J]. Journal of College Student Development, 2003 (44): 291-303.

　　[6] Tsui, A. S., Pearce, J. L., Porter, L. W., et al. Alternative Approaches to the Employee-organization Relationship: Does Investment in Employees Pay Off [J]. Academy of Management Journal, 1997, 40 (5): 1089-1121.

　　[7] Joreskog, K. G., Sorbom, D. Lisrel 8: User's Reference Guide [M]. Chicago: Scientific Software International, 1993.

　　[8] 陈明亮. 结构方程建模方法的改进及在 CRM 实证中的应用 [J]. 科研管理, 2004, 25 (2): 70-75.

　　[9] 连榕, 杨丽娴, 吴兰花. 大学生的专业承诺、学习倦怠的关系与量表编制 [J]. 心理学报, 2005 (37): 632-636.

　　[10] 曾垂凯, 时勘. 大五人格因素与企业职工工作倦怠的关系 [J]. 中国临床心理学杂志, 2007, 15 (6): 614-616.

　　[11] 李永鑫, 谭亚梅. 大学生学习倦怠的初步研究 [J]. 中国临床心理学杂志, 2007, 15 (8): 730-732.

Research on Reliability and Validity of Maslach Burnout Inventory-student Survey

Fang Laitan　Shi Kan　Zhang Fenghua

Abstract: Objective: To study the factorial, reliability and structural validity of Maslach Burnout Inventory-Student Survey. Methods: The scales, composed of MBI-SS and study performance, were used to assess 79 undergraduate students and 191 graduate students. Resuls: Exploralory and confirmalory factor analyses showed the scale was composed of 3 factors, and α of the 3 subscales were between 0. 79 and 0. 86. The loadings of the items were between 0. 48 and 0. 90. The fit indices of the 3 factors model were all above 0. 90. The correlations of the 3 factors and crierions were significant, between 0. 30 and 0. 56. Conclusion: The reliability and validiy of the 3 factors model of the scale are strongly supported, and could be adopted by related researches.

Key words: study burnout; study performance; maslach burnout inventory-student survey

组织文化的尽职审查和兼容性分析

时 勘 杨成君

【编者按】本人有幸于 2007 年拜入时勘老师门下，在中国科学院大学管理学院就读企业管理专业。2010 年硕士研究生毕业后，在时老师的帮助与推荐下，我经过层层笔试和面试选拔，进入中国五矿集团有限公司，从事企业管理工作。离开校园已近十年，生活、工作起起伏伏，但我始终认为，时老师招我进入中国科学院大学是我人生轨迹的重大转折。时老师既是我学业的引路人，更是我人生的指路人。在作为时老师学生的十多年里，有三个场景是最让我印象深刻的。一是初识。时老师没有高冷的教授架子，只有一副栽培年轻人的古道热肠。我清晰地记得与时老师的初次接触是在大学本科即将结束之际。当时我有意继续在心理学领域深造，怀着惴惴不安的心情向时老师发送了一封毛遂自荐的邮件，本想着多半会石沉大海，一位国内著名大学者、大教授哪有时间看一位远在上海的普通学生的自荐信。没想到时老师居然很快回复了我，并说可在讲学交流期间抽空见面。在简单面试后，时老师随即给予了我在上海协助取样的实践机会，并以此对我进一步进行考察。二是家访。时老师丝毫没有轻视学生的贫寒家境，而是再三勉励我报恩尽孝。时老师曾在上海出差之际，顺道走访了我家。虽然我家简居陋室，但时老师丝毫没有任何轻视，与我父母坦诚相交，并以自己努力改变命运为例，鼓励我抓紧学业，用自己的奋斗改善家境来回报父母。三是毕设。时老师没有对我们放任自流，而是悉心指导，并用自己的资源帮助我完成毕业设计。从选题开始，时老师就高屋建瓴地发现了"并购整合"的巨大价值，指导我选择以并购整合与组织文化为切入点进行研究。后来，时老师又在我的实验过程中提供经费支持、帮助取样。在时老师的指导与帮助下，我通过大量文献检索，对组织文化尽职审查的重要性、内容和方法进行了系统整理，并进一步探讨了组织文化兼容性的分析方法；同时，采用实验法来研究文化预览对并购整合的影响，为并购重组的组织文化整合提供了有价值的新的证据。天涯海角有尽处，只有师恩无穷期，时老师就是这样一位学者：严师和慈父。（杨成君，中国科学院管理学院 2007 级硕士生，中国五矿集团有限公司企业管理部 经理）

摘 要：企业并购前的组织文化尽职审查对并购的成功影响很大。本文阐述组织文化尽职审查的两种模式及其步骤，并强调组织文化审查之后需要对文化的兼容性进行分析，以指导并购过程中的组织文化整合。

关键词：企业并购；组织文化尽职审查；文化兼容性

　　并购浪潮早在 20 世纪 80 年代就已开始席卷全球，在 20 世纪 80 年代末，美国已有 1/4 的企业受到了并购的影响；进入 90 年代后，随着科技进步和全球经济一体化的日益加快，并购浪潮波及的范围更广，交易金额更大，全球企业 1999 年并购交易总额达到了 33100 亿美元。进入 21 世纪后，并购事件更是此起彼伏，一浪高过一浪，不仅在欧美盛行，在中国也是汹涌澎湃。申奥成功、加入 WTO 等一系列大事件直接推动了中国企业的并购发展。不过大量的研究和实践表明，并购的成功率非常低，而组织文化的消极影响是并购失败的主要原因之一。因此，许多学者开始关注并购中组织文化的问题，现今的研究主要集中于组织文化间的差异对于并购绩效的影响，很少有对于并购中文化整合的实证探索，更少有对并购前的组织文化兼容性评估的探讨。本文着重讨论企业并购前组织文化尽职审查的内容与方法，并对文化兼容性的相关问题进行初步分析和讨论。

一　组织文化尽职审查及其重要性

文化尽职审查（Cultural Diligence）是指对并购目标组织的基本政策、语言模式、沟通方式和核心价值观等各层面的组织文化信息进行全面深入的分析评估，以探索双方的组织文化的兼容性（Cultural Compatibility）。不少研究发现，组织文化在整合过程中容易被忽视，尤其是在并购前更难得到并购双方的重视。许多公司由于没有足够重视并购前的文化尽职审查，导致并购后的一系列麻烦。戴姆勒-克莱斯勒公司的合并就是典型案例，虽然两个企业在并购前都是业界的佼佼者，都有着引以为傲的企业文化，但企业并购后，德国人的严谨和美国人的自由并没有帮助新企业提升文化优势，反而成了并购后企业的"绊脚石"。不仅跨国和跨地区的企业并购需要关注文化差异，即使是来自同一国家、地区或行业的不同企业，也会存在组织文化的差异，对于这些差异也必须预先有所了解。Chatterjee 等人指出，在并购前，对于双方组织间组织文化适应的关注程度至少应该等同于对于战略适应的关注程度。因此，在并购前阶段必须对并购目标组织的组织文化进行尽职审查。在不少欧美企业，目前已经开始在并购前的评估审查中增加界定组织文化的标准，如果发现潜在并购目标的基本价值观与并购方不兼容，无论对方有多么优越的商业计划和战略，谨慎的买家最后都会放弃并购计划。其中最典型的企业就是思科，思科为了实施组织文化尽职审查、比较文化兼容程度的差异，在并购前专门设立了"文化警察"这一职能，负责在并购前审查并购对象的企业文化及其与思科文化的兼容性。思科的并购理念是，目标公司的技术和人才再好，如果文化不能兼容，就应当毫不犹豫地放弃。

二　尽职审查的内容及方法

大部分审查只是简单地审视目标公司的主要价值观、信念和行为方式，以帮助预测双方之间的兼容程度。组织文化审查则是要根据并购企业的实际情况，进行具体的选择判断。一般来说，主要的文化审查内容包括了团队导向、能力发展、创新变革、战略导向、成功标准和领导风格等方面。随着组织文化在并购中研究的深入，一些实践咨询专家更加深化了组织文化审查的内涵和外延，以求揭示出公司文化和企业竞争优势之间的关系。以华信惠悦公司为例，其组织文化审查就包含了多达 12 方面内容，主要包括战略方向、成功的主要标准和定义、结构和协议、计划和控制、员工参与度、信息技术的使用及其理念、自然环境、历史问题和未来期望、组织范围内的信息传递、个人之间的信息传递、高层领导和部门经理的行动以及人力资本。

并购中组织文化审查的方法主要包括定量和定性两种模式：

1. 定性的审查模式

Schein 等学者认为，处于组织文化中最高层面的东西无法通过问卷法测得，而通过小组访谈等质化研究方法来探索是比较可行的选择。其大致步骤如下：①组建一个包括组织成员和专家的小组，确保小组成员理解文化的层次模型；②提出企业存在的问题，聚焦于可以改善的具体领域（问题）；③确定组织文化的表象、组织外显价值观，并探索价值观与组织表象的匹配度，从不匹配处探查深层次的潜在假设；④如果探查效果不理想，再重复以上步骤，直到理想为止；⑤探索出最深层的共享假设。虽然整个讨论一般需要花费 3~4 个小时，却能够帮助企业深入地挖掘组织文化的核心内涵。定性的方法除了小组讨论之外，还包括团体焦点访谈、高层管理者的集中交流。此外，还可以采用人类学研究中常用的田野观察法来深入探索组织文化特征，即投身于所要研究的企业人群之中，参与他们的工作生活，观察周围正在发生的事情，进而分析该企业成员们的规范与价值，这种方法能够深入组织内部进行观察体验，可以详尽、细致地揭示出并购双方组织文化核心特征的差异。

2. 定量的审查模式

测量组织文化的定量模式主要指问卷调查方式，比较有影响力的测查工具大致包括：Quinn 和 Cameron 的组织文化评价问卷（Organizational Culture Assessment Instrument，OCAI）、Denison 等构建的组织文化问卷（Organizational Culture Questionnaire，OCQ）、Chatman 的组织文化剖面图（Organizational Culture Profile，OCP），其中又以 Quinn 和 Cameron 的 OCAI 问卷使用得最为广泛。OCAI 组织文化评价问卷把组织文化划分为宗族（Clan）、活力（Adhocracy）、市场（Market）及层级（Hierarchy）4 种类型，包括主导特征、领导风格、员工管理、组织凝聚力、战略重点和成功准则 6 个判据，每个判据包含四种不同的陈述，分别对应四种类型的组织文化，共 24 题。OCAI 问卷要求被试对现实和理想的组织文化分别作答，它能够通过图像呈现的方式，为组织管理人员提供一种直观、便捷的测量工具。这一工具在辨识组织文化的类型、强度和一致性等方面比较有效，尤其在组织文化测量、诊断、变革方面具有较大的实用价值，可以直观地测量出理想的组织文化和现实情况的差异，便于有针对性地进行文化整合改造。但其维度过于简单，题量偏少，提供的信息量有限，无法细致地体现组织文化中的一些具体内容。

在企业并购的现实情境中，对于组织文化审查常常是结合了定性和定量两种方法，根据所需达到的目的，合理分配两种方法的实施比例，从而对所得到的结果进行综合分析。

三 组织文化审查的步骤

第一，组建专门文化整合小组。小组一般由双方多个职能部门且有企业文化管理经验和影响力的人员参与，也可以从社会上聘请相关专家。小组成员首先接受组织文化的基本概念、资料搜集技术和沟通技巧等方面的训练。组建专业的文化整合团队旨在提高整合的效率和专业化管理水平，如美国通用电器公司在兼并之初就任命"文化整合经理"，专门负责有关文化整合的工作。

第二，召开启动会议。在进行正式的组织文化审查之前，需要召开一个由文化整合小组参加的"启动"会议。会议的目的在于了解对文化审查步骤的不同看法，并对方案的执行达成共识，同时还需要确定具体进行组织文化审查的手段：问卷调查、访谈、客户座谈会或者多种方法的组合。

第三，收集特定的数据。在确定了调查方向后，就可以访问并购双方高层，目的在于了解双方对并购的看法、企业历史等关键问题。

第四，实施问卷调查。对双方企业发放调查问卷，一般调查企业管理干部、员工对现在企业组织文化的描述和对未来的企业组织文化的期望。

第五，进行团体焦点访谈或者小组讨论。参加访谈或讨论的人员为10~15名员工，时间在2~3个小时，其目的在于让成员有机会了解问卷调查所获得结果，并对组织文化审查的意图细化的问题进行深入讨论，寻找具有代表性的故事和事例，探索深层次的文化基本假设。另外，团体焦点访谈让更多人参与组织文化审查，它传递了企业领导高度重视组织文化这一关键信息。

第六，形成审查报告。根据多种组织文化审查的结果及分析来完成审查报告。基于审查报告的结果，确定文化兼容性判断的标准与结果，制订相应的并购企业选择和文化整合计划方案。

四　文化兼容性分析

在明确了进行文化评估审查的重要性、内容、方式以及操作步骤之后，接下来最关键的就是如何评判组织的文化兼容性。目前在文化兼容性分析方面，大致有以下三种观点：

一是差异说。大多数学者认为，组织文化差异越大，并购后的绩效会越不理想，这些观点得到了采用问卷调查、访谈以及案例研究方法的证实。这是因为，相似的组织文化表示企业间的文化冲突可能会比较少，从而避免因文化差异而带来的各种负面影响，使并购中的实际管理相对要便利一些。

二是多因素说。有些学者提出，组织间文化的异质也会带来一定的积极作用，Shanley和Correa（1992）就认为一定程度上的差异是有利于并购的。从逻辑上分析，知识和经验的差异可以帮助组织成员之间更好地互补。不过，发挥差异的协同效应需要在整个并购过程中保障有效的控制管理。除了文化差异之外，文化强度和文化吸引力也是并购中很重要的判断文化兼容性的因素。文化强度是指组织中的个体对组织文化所包含的价值观的共享程度，这也可以近似地理解为个体对于组织文化的认同程度。可以设想，如果被并购方的组织文化强度比较弱，相对而言更容易进行文化整合。文化吸引力是指个体认为对方的组织文化与自身的匹配程度。当两个组织合并时，组织中个体的情绪反应很大程度上取决于个体如何评判对方文化对自己的吸引力。Very和Lubatkin等通过对英、法、美三国公司高层管理者的调查研究证实，并购方组织文化的吸引力与并购后的绩效呈正相关。

三是类型说。一部分学者认为，组织文化存在一定的分类，不同的组织文化对应着不同的并购难度。Harrison（1972）提出，组织文化可以分为四种主要的类型：权力型（power）、角色型（role）、任务/成就型（task-achievement）和个人/支持型（person-support）。虽然目前还无法证明哪种类型的组织文化更易帮助组织成功，但组织文化的不同类型组合在并购中的确可能导致不同的结果。Harrison 对不同的文化类型对并购的组合效果的分析结果表明（见表1），相同类型的组织文化的并购效果也会不同，如权力型文化特征的企业之间的并购也会出现冲突问题，而角色型文化特征的企业之间的并购却存在潜在的优势。

表1　各种类型组织文化并购组合的可能产生的结果

并购方文化类型	被并购方文化类型	可能的结果
权力型	权力型	存在问题
	角色型、任务/成就型、个人/支持型	潜在灾难
角色型	权力型、角色型	潜在优势
	任务/成就型	潜在问题
	个人/支持型	潜在灾难
任务/成就型	权力型、任务/成就型、个人/支持型	潜在优势
	个人/支持型	潜在问题
个人/支持型	所有类型	潜在优势

总的来看，上述三种文化兼容性的观点并没有优劣之分。在进行实际的文化审查时，需要根据自身企业的实际情况，综合考虑财务等其他方面的因素，做出最终的文化兼容判断，并且结合文化审查的结果，分析不同企业间的文化兼容程度。

五　结束语

组织文化尽职审查是并购过程文化整合中至关重要的第一步。通过本文，我们吁请企业界、学术界和咨询界的同仁予以充分关注。今后，笔者及课题组还将陆续发表有关企业并购中组织文化评估及其干预模式的系列研究成果，以推动企业组织变革中文化整合的研究与实践探索工作。

参考文献

［1］Lodorfos, Boateng. The Role of Culture in the Merger and Acquisition Process—Evidence from the European Chemical Industry ［J］. Management Decision, 2006, 44（10）：1405-1421.

［2］Weber, Camerer. Cultural Conflict and Merger Failure：An Experimental Approach ［J］. Management Science, 2003, 49（4）：400-415.

［3］Badrtalei, Bates. Effect of Organizational Cultures on Mergers and Acquisitions：The Case of Daimler-Chrysler ［J］. International Journal of Management, 2007, 24（2）：303-317.

［4］Chatterjee, Lubatkin, Schweiger, Weber. Cultural Differences and Shareholder Value in Related Mergers：Linking Equity and Human Capital ［J］. Strategic Management Journal, 1992, 13（5）：319-334.

［5］马里恩·迪瓦恩. 成功并购指南［M］. 北京：中信出版社，2004.

［6］埃德加·H. 沙因. 企业文化生存指南［M］. 北京：机械工业出版社，2004.

［7］金·S. 卡梅隆，罗伯特·E. 奎因. 组织文化诊断与变革［M］. 北京：中国人民大学出版社，2006.

［8］Appelbaum, Gandell, Yortis, Proper, Jobin. Anatomy of a Merger：Behavior of Organizational Factors and Processes throughout the Pre-during-post-Stages（Part 1）［J］. Management Decision, 2000, 38（9）：649.

［9］查尔斯·甘瑟尔，艾琳·罗杰斯，马克·雷诺. 并购中的企业文化整合［M］. 北京：中国人民大学出版社，2004.

［10］Shanley, Correa. Agreement between Top Management Teams and Expectations for Post Acquisition Performance［J］. Strategic Management Journal, 1992, 13（4）：245-266.

［11］Very, Lubatkin, Calori, Veiga. Relative Standing and the Performance of Recently Acquired European Firms［J］. Strategic Management Journal, 1997, 18（8）：593-614.

［12］Cartwright, Cooper. The Role of Culture Compatibility in Successful Organizational Marriage［J］. The Academy of Management Executive, 1993, 7（2）：57-70.

救援人员心理健康促进系统的建构与实施*

时 雨　时 勘　王雁飞　罗跃嘉

【编者按】时雨，1997 年 7 月毕业于北京工业大学计算机科学与
工程专业，2003 年 7 月毕业于中国科学院大学（原研究生院）管理
学院，获管理科学与工程硕士学位，2010 年 7 月毕业于北京师范大
学学习与认知研究所认知神经科学重点研究室，获心理学博士学位。
她曾经在北京创智集团总部担任技术总监助理、研发中心研发人员
等职位，后转入北京赛思博科技发展有限公司任项目经理；获得博
士学位之后，到北京联合大学从事人力资源管理教学工作；近年来，
还在中国人民大学中国企业员工心理援助研究中心做兼职工作，主
要从事组织行为学、人力资源管理和组织与员工促进的研究和实践工作。她与课题组合作，
先后发表了《抗逆力对工作投入的影响：积极应对和积极情绪的中介作用》《安全心智模式
的重塑》《情绪劳动者的行为特征及其抗逆力模型研究》《抗逆力在企业应对危机事件中的
作用机制探索》《情绪劳动者心理健康促进系统的建构与实施》《工作压力的研究概况》
《团队创新氛围的研究述评》《工作卷入研究的新趋势》《基于组织危机管理的员工援助计
划》《团体焦点访谈方法》《360 度反馈评价结构与方法的研究》《西部行动计划中的科技人
力资源开发》12 篇学术论文。载入本文选的是作者和时勘、王雁飞、罗跃嘉于 2009 年在
《管理评论》第 19 卷第 6 期联合发表的《救援人员心理健康促进系统的建构与实施》一文。
大家知道，在灾难救援和危机的应对过程中，救援人员更多考虑的是他们如何去援救他人、
如何帮助受灾群体应对灾难，而对于救援人员自身的心理健康和帮助问题尚未引起足够的重
视。然而，大量的调查结果证实，在灾后重建的相当长的一段时期里，救援人员自身的心理
健康问题层出不穷，这给灾后的重建管理工作带来了很多新的问题。因此，救援人员的心理
健康及其促进问题已经成为国内外灾害心理学、员工援助计划关注的重大问题之一。为了解
决上述问题，本文从救援人员的心理健康与压力源、心理健康促进系统的理论依据、心理健
康促进系统的建构及其实施建议四个方面进行介绍。目前，此方面的研究成果在心理健康促
进研究中仍然具有重要的应用价值。（编委会）

摘　要：救援人员的心理健康问题，由于该群体在灾难援助中工作任务和角色的独特性，是
目前心理援助中较为忽视的问题之一。本文在分析心理健康促进系统 MHPS 的发展历程的基础
上，提出了我国救援人员心理健康促进系统的基本框架、实施环节以及心理健康促进系统的实
施建议。

关键词：救援人员；心理健康促进系统；实施建议

*　基金项目：科技部 863 重点项目（2006AA02Z431、2006AA02Z426、2008AA021204）；教育部创新团队项目
（IRT0710）；教育部博士点基金资助项目（20070561018）。

在灾难救援和危机的应对过程中，我们对于救援人员，考虑更多的是他们如何去援救他人，如何帮助受灾群体应对灾难，而对于救援人员自身的心理健康和帮助问题，尚未引起足够的重视。然而，大量的调查结果证实，在灾后重建的相当长的一段时期里，救援人员自身的心理健康问题层出不穷，这给灾后的重建管理工作带来了很多新的问题。因此，救援人员的心理健康及其促进问题，已经成为国内外灾害心理学、员工援助计划关注的重大问题之一（时勘等，2008）[1]。为了解决上述问题，本文将从救援人员的心理健康与压力源、心理健康促进系统的理论依据、心理健康促进系统的建构及其实施建议四个方面进行介绍。

一　救援人员的心理健康与压力源

1. 救援人员的心理健康

经历过地震或其他重大灾难的救援人员，由于长时间地亲身目睹惨绝人寰的自然灾害场景，近距离、反复地接触各种遇难人员、伤残人员，会不断出现对死者、生还者或创伤者的同情和共情，加之体力的严重消耗，心理免疫力下降，会出现严重的身心困扰等心理健康问题，这些问题涉及躯体、心理和社会功能等多方面问题，若不能及时得到咨询或干预，极有可能因为自我压抑而逐渐转化为严重的心理问题。心理学的研究表明，无论是创伤的受害者，还是看到创伤情境的人，都有可能患上创伤后应激障碍（Post-Traumatic Stress Disorder，PTSD）；如果持续下去，患 PTSD 的人也可能同时患上重度抑郁、物质滥用和性功能障碍等问题。因此，救援人员也应该成为需要他人救助的"救援对象"。

2. 救援人员的压力源

1989 年，Loma Prieta 地震使旧金山 880 号 Nimitz 高速公路上的一段双层结构发生崩塌，造成 42 人死亡，多人受伤。警察、消防队员及加州运输部公路建设、维修人员等救援人员赶赴现场参加救援行动。在救援行动结束后，Marmar 等人对救援人员的压力反应进行了对比研究。他们以 198 名救援人员作为实验组，同时设置了两个非救援人员的对照组，对他们承受的压力及相关反应进行了测量。结果发现，实验组的危机事件暴露水平（Incident Exposure）、威胁唤醒水平的回忆（Retrospective Reports of Overall Threat Appraisal）要显著高于对照组，对比分析结果还表明，实验组被试报告出更多的患病天数[2]。根据多项研究的结果，救援人员的工作压力来源主要有三个方面：

（1）个体因素。个体因素在压力反应中起着重要的调节作用，这些因素包括对变化的容忍、坚持、个性特征和积极归因等。一些研究者认为，心理资本（PsychCap）[3] 是救援人员应对压力的有效的个人因素，这包括乐观、韧性、希望、自我效能感四个核心概念。此外，有一些变量却具有负向调节作用，它们的存在反而会增加救援人员的工作压力，如低自尊、自我中心主义、A 型人格等。Schaubroeck 的研究发现，增强对救援人员工作的控制是一种减轻压力的方法，但这种方法只适用于具有高自我效能感者；对于低自我效能感的救援人员，由于不能很好地控制自己，对他们放权反而会增加其工作压力感[4]。

（2）工作环境与组织因素。工作环境、组织因素本身也是引起工作压力的重要因素。Kahn（1982）在总结以往经验的基础上，将组织压力分为两类：一类是同工作任务有关的压力因素，如任务的简单与复杂、多样与单调以及工作环境的物理条件等；另一类是同角色特点有关的压力因素，如角色冲突：救援人员不能调和同一时间源于环境的多种角色关系[5]。总之，角色模糊、时间压力、低自主工作、能力低下、管理氛围、组织冲突等因素都能够引起工作压力。由于救援行动需要多个团队的临时协作，任务复杂、沟通困难、指挥混乱、程序不合理等组织因素都会给救援人员带来压力。

（3）社会因素。社会因素包括双重职业、技术变化、社会角色的变化、工作—家庭冲突等因素。Marmar（1996）分析了地震救援人员面临的压力源后指出，参加地震救援的人员往往会担心自己的家人和朋友是否在地震中受到伤害或遇难，参与地震救援行动会导致与自己的家人、朋友的分隔，这会导致他们对于亲友的负疚感[2]。

二 救援人员心理健康促进的理论依据

1. 心理健康促进系统的基本概念

随着人们对于健康概念认识的深入，在"生理健康促进"中逐渐植入了"心理健康"的内容，心理健康促进系统（Mental Health Promotion System，MHPS）就是近年来兴起的新领域之一。心理健康促进系统从系统的角度，通过考察影响心理健康的各种要素后，全面整合了心理援助的各种资源和措施，来促进救援人员心理健康水平的提高，是员工援助计划（Employee Assistance Programs，EAP）的进一步延伸和发展[5]。它不仅可以为个体提供科学完善的诊断、评估、培训、指导与咨询，帮助人们解决各种心理行为问题，还能从救援人员的身（身体）、心（心理）、灵（价值观）等方面，全面促进人的和谐发展，不仅满足个人发展的需求，而且也促进了组织的和谐发展。

2. 创伤后应激障碍（PTSD）

救援人员的心理健康促进系统的建立，首先涉及的是创伤后应激障碍（Post Traumatic Stress Disorder，PTSD），这是一种由重大灾难引发的焦虑障碍，其特征是通过痛苦的回忆、梦境、幻觉，或者闪现持续的重新体验到创伤性事件。救援人员既可能是生命受到威胁或严重伤害者，也可能是创伤情境的观察者，这两种情境都可能使救援人员患创伤后应激障碍，同时还会产生其他的心理疾病，如重度抑郁、物质滥用和性功能障碍等问题。PTSD 发生率一般范围是 20.0%~30.0%。唐山大地震 PTSD 发生率为 18.48%，延迟性 PTSD 发生率为 22.17%，救援人员受到伤害的程度，由于其特殊身份，受到伤害后不能得到充分的表露，其总体发生率不会低于 23.0%。因此，救援人员在参与救灾活动后，更应该有专门的心理健康促进服务[1]。

3. 风险认知与沟通理论

风险认知与沟通是指救援人员在经历重大灾难与风险之后，对风险事件特征的知觉、解释以及与相关人员的沟通与交流。大量研究已经证实，救援人员对于风险事件的沟通方式会影响其风险认知水平，进而影响其心理状态和行为反应。风险沟通不仅传达着与风险有关的信息，也传达着发布者对风险事件的看法、反应以及组织的风险管理法规和措施等。救援人员的信息发布风格、准确性、真实性、发布方的权威性与可信赖性都会影响公众的情绪。在沟通信任方面，救援团队成员相互之间的信任关系在沟通中也具有重要作用。因此，心理健康促进系统的设计应该考虑救援人员对风险认知的规律，也要注意风险沟通在救援活动中的作用，特别是相互理解和信任对于救援活动的影响。

4. 危机事件的压力管理理论

危机事件的压力管理理论（Critical Incident Stress Management，CISM）的出现，标志着危机干预从单一的干预手段向综合性干预手段的转变。CISM 是一种整合的、综合的、多元素的危机干预手段，它既有助于缓解危机发生时民众焦躁的心理症状，又能减轻创伤后应激障碍（PTSD）带来的消极影响[6-7]。CISM 是 Everly 等人 20 世纪 90 年代提出的一个概念，在美国海军陆战队、新加坡军方、香港医疗局、澳大利亚海军等多个机构得到广泛的使用。Flannery 等人认为[6-7]，CISM 包括三个阶段：①事前训练（Pre-incident Training）：它能改进人群面对危机事件时的心理行为反应模式；②心理服务（Acute Psychological Service）：危机发生后，个体、团队、家庭、组织等多个层面上任何可能的心理干预；③事后反应（Post-incident Response）指事件发生后为个体、组织或社区提供的康复服务。总之，CISM 是一个多层次和多方位的支持系统。Castellanno 等人[8]对参与"9·11事件"救援的新泽西州某警察局进行了有关 CISM 的个案研究发现，救援人员在现场获得的有效的心理健康促进服务包括：同辈咨询、学科知识讲解、团体工作坊和创伤后再体验项目（这是专门为高危险事件的救援人员提供的专业健康服务）等 CISM 服务。

三 救援人员心理健康促进系统的建构

根据大量有关员工援助计划有效性的系统分析[9]，应该在考虑救援人员的特殊职能和胜任特征要求的前提下，建构救援人员的心理健康促进系统，其内容结构如图 1 所示。

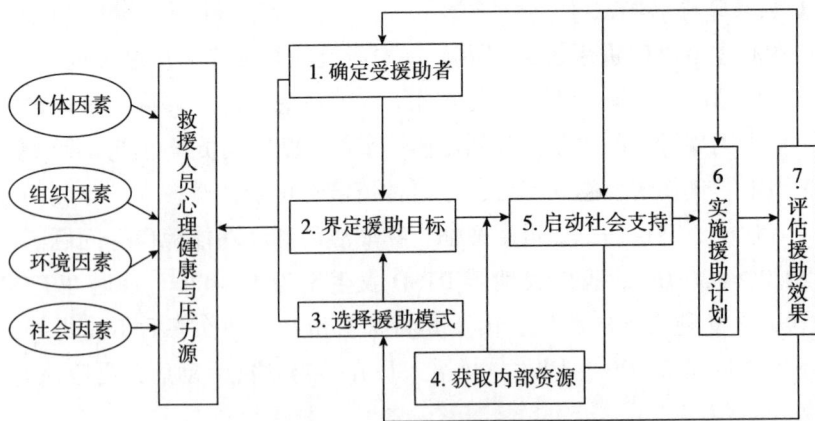

图1 救援人员心理健康促进系统

根据影响救援人员的心理健康和产生压力源的分析，主要从影响救援人员的个人因素、工作环境、组织因素以及社会因素四个方面来设计救援人员的心理健康促进系统。从图 1 可以看到，要建立救援人员心理健康促进系统，需要系统形成一套预防、消除或转化救援人员的压力源、保障他们的心理健康的促进措施的系统。根据已有的研究成果和救援人员在灾难事件中的特殊的职责和任务要求，我们认为，心理健康促进系统需要通过如下七个环节来实现其保障功能。它们分别是确定受援助者、界定援助目标、选择援助模式、获取内部资源、启动社会支持、实施援助计划和评估援助效果。现分述如下：

1. 确定受援助者

首先，要确定哪些救援人员是促进系统的受援助者，这需要通过专门的测试或者案例评估，按照 Quick（2004）提出的区分受援助者等级的分类，应该包括[4]：

（1）初级受援助者。这种受援助者只是表现出一般的心理问题，只要确定了压力的来源，形成一个支持性的健康环境。比如采用较好的沟通、改变人事政策即可解决，通过一些诊断压力工具发现问题所在，发展一些支持性的组织气氛，或者让救援人员参与救援组织的决策，开设减压、提升健康生活质量的活动课程，即可解决问题。

（2）次级受援助者。次级援助对于咨询人员本身的素质有一些特殊要求，不是一般管理干部能够完成的，需要有一些专业训练，掌握一些专业技巧的人员才能实施，比如心理咨询师、员工援助师等被国家职业资格鉴定机构确认的专业人员，他们通过一些专业测试和技巧，可以测试出救援人员的心理状态，并能缓解受援助者的一些典型的心理障碍问题。例如，开设心理调节及管理压力课程，传授给受援助者一些简单的松弛方法（如渐进式肌肉松弛法）、健康生活方式、时间管理技能（如定下目标、优先次序）、培养敢言及解决问题的技巧等。

（3）高级受援助者。也称为接受临床援助者，这类救援人员的心理健康促进工作是一般专业咨询人员无法胜任的，对于一个组织而言，我们把这方面的援助称为"外包"，主要指因参与特殊的救援活动引致严重病态的救援人士的康复及痊愈。对于这类援助者，一般都是送专业医院治疗，返回本部门后，也是需要保密的专业辅导服务、24小时热线全程追踪服务。还有一些接受高级援助者，还需要一些药物治疗的辅助手段。这样，根据以上对受援助者的层次划分，就能把不同创伤水平的接受援助者区分开来了。

2. 界定援助目标

在确定了救援人员心理健康援助的层次之后，就要确定处于某一层次的接受援助者，通过心理促进系统所要达到的援助目标是什么。由于对救援人员的心理援助活动要服从于特定的组织目标，更带有组织或团队活动的特征，因此，援助目标既可能是个体水平的，如增强职位工作能力、增加适应能力、提升救援工作效能，缓解个人心理创伤；也可能是团队、组织水平的，如同事之间的情绪支持、压力纾解、团体咨询，甚至是灾难事件引起的群发事件的集体应对等。因此，援助目标会因面临问题的种类的不同，设计出不同的援助方式。此外，要根据促进系统的目标，选择心理学家、心理咨询师、社会工作者、临床心理治疗师和精神科医师，确定安排人员的档次——非专业助人者、次专业助人者或专业助人者，使心理健康促进系统的援助目标更加清晰。

3. 选择援助模式

在确定援助目标之后，就要选择心理健康促进系统的援助模式。这一方面需要考虑救援人员的实际需求，另一方面要考虑救援人员承担的工作任务的特殊性。可供选择的援助模式有如下四种方式：

（1）内置式。组织自行设置心理健康援助实施的专职部门，主要由内部管理人员来兼任咨询服务工作，必要时也会聘请社会工作、心理咨询和辅导的专业人员来部门协助、实施健康援助。内置式的优点是针对性强，适应性好，能够及时为救援人员提供援助服务。

（2）综合式。这种模式与内置式的区别在于，在救援组织内部成立一个专门为救援人员心理健康援助的服务机构，并在组织内部配备了不同部门管理干部和社会工作、心理咨询和辅导的专业人员。综合式的优点是专业性强，效率高，内部协调好，能够整合内部力量，为援助人员和组织量身定制不同类型的促进计划。

（3）外设式。组织将救援人员的心理健康促进计划外包，由外部具有心理咨询和临床治疗的专业人员或机构来提供心理健康援助服务。外设式的优点在于保密性好，专业性强，服务周到，能够为组织提供最新的信息与技术，更能赢得救援人员的信任。在有些情况下，由于救援人员的特殊身份，不宜采用内置式来解决问题，并非内部人员不能解决这些心理健康问题，只是出于尊重救援人员的隐私要求，才采用外设式的援助模式。

（4）联盟式。组织内部的实施部门与外部的专业咨询机构联合行动，共同为救援人员提供援助项目。该模式的优点在于能够降低组织内部人员负担，内外互补，既减少组织经济支出，提高知名度，也能充分发挥内外部的优势。

4. 获取内部资源

无论是哪种心理健康的促进系统，都需要从内部获取各方面的资源支持。这些资源支持包括：内容培训系统、监督执行系统和援助合作系统（如大学、研究所、专业社团机构）的支持。此外，还包括实施心理健康促进功能的服务系统的支持，比如专业咨询的网络资源服务，对于救援人员专门设置的心理测试和远程互动咨询互动式的心理咨询网等，还包括必要的生理、心理训练的设备和场所。

5. 启动社会支持

在确定援助模式之后，就要启动社会支持系统，来充分利用救援人员所处社会环境的心理支持。一般来说，对心理健康援助的社会资源系统进行审视和评估，有利于制定出更为个性化的援助方案。需要启动的社会支持系统的内容包括：心理健康援助的原有的经验积累，接受援助者的亲友、家庭和同事的援助服务；接受援助者所在的组织党政工团等机构。具体的社会支持活动包括：营造一个关爱救援人员的社会心理氛围；通过组织的法规、救援人员的家庭成员的协同支持，使救援人员认识到，参与灾难援助活动后自己存在心理问题是正常的。在完成灾难援助任务后返回工作单位之前，接受一些心理健康辅导，以便告别过去的救援情境，适应正常的工作和生活，也是正常的，也需要得到全社会的理解和支持。

6. 实施援助计划

在完成上述五个步骤的准备工作之后，心理健康促进系统就要为救援人员提供稳定的诊断、培训、指导与咨询，也就是正式开始实施援助计划。具体的心理健康促进援助计划，包括需求评估、心理咨询室的服务和数据库的信息支持三个方面的工作。通过心理测量工具（如 SCL-90、EPQ、MMPI 等）的使用，对救援人员的心理状况进行测量，发现导致救援人员心理问题的根本原因；心理咨询室是组织开展多种形式心理咨询的固定场所，服务内容主要包括咨询热线、网上咨询和团体辅导等多种方式；数据库主要用于建立救援人员心理健康档案，进行救援人员心理状况的跟踪与记录。总之，心理健康促进系统通过专业人员的心理咨询、知识讲座和数据库等科学手段，来帮助救援人员解决各类心理问题，完成常态情况下和突发事件情况下的心理援助服务工作。

7. 评估援助效果

为了评估救援人员心理健康促进系统的服务效果，建构效果评估反馈系统是相当必要的。评估心理援助的效果主要收集的信息包括：接受过促进系统帮助的人员反馈信息、其他参与促进系统工作的相关人员的反馈信息；直接执行促进系统工作的人员的自评信息；监督机构或专家反馈的信息等。评估部门将根据救援活动的周期，选定一定的评估指标来收集信息，获得救援人员心理健康促进系统设置必要性的证据，此外，对于促进系统的有效性的效标不仅来自增益效果，也来自减少或避免了多少损失。

四 救援人员心理健康促进系统的实施建议

本文就救援人员的心理健康促进系统（Mental Health Promotion System，MHPS）进行了初步的介绍，作为近年兴起的健康心理学的新领域之一，救援人员的心理健康促进系统要在我国灾害救援中发挥作用，还有一个漫长的适应和完善的过程。本文根据国内外研究成果提出的心理健康促进系统的结构框架和实施环节，还有待实践的不断检验和完善。最近，我们已经获得一些大型国有企业、公安系统、武警部队和医护救援部门的允许，将针对救援人员的心理健康问题展开追踪调查，并在此基础上，来验证和完善救援人员心理健康促进系统。为了推进救援人员的心理健康促进系统在灾区重建和其他灾害救援中的实施工作，特提出如下建议：

第一，采用预防为主、主动关注的服务模式。自然灾害和社会安全事件等非常规突发事件，不仅给社会和民众带来巨大的伤害，而且会给救援人员带来较为长远的、潜伏的心理危机。所以，心理健康促进系统应该更多地考虑预防性的心理干预问题，而不是"心理急救"。我国是一个幅员辽阔的、多灾多难的大国，而且处在社会经济转型时期，各方面的社会矛盾时有发生，我们面对灾难事件的救援工作应该逐渐走向常规化、稳定应对的阶段。因此，救援人员的心理健康促进系统的实施，在保障个人隐私的前提下，不能只解决已经存在的问题，而应该采用预防为主、主动关注的服务方式，提前发现救援人员可能出现的问题，防患于未然。

第二，采用个别辅导与团体辅导相结合的服务模式。在救援人员心理促进系统实施过程中，应注意针对不同的情况，将个别辅导与团体辅导相结合，以便快速有效地解决救援人员的一些共性问题，扩大服务的覆盖面，同时，还需要针对个体的特殊情况，推广个别专业辅导服务。此外，还要注意对于救援人员的心理行为健康与整体组织机构和谐的结合，救援人员的心理行为存在于所在集体的互动关系中，因此，心理健康促进系统的实施需要关心救援组织的整体和谐。

第三，采用全方位的心灵关爱、内外结合的服务模式。心理健康促进系统还要满足救援人员的家属、管理人员的需要，及时准确地提供各种关爱服务，这种关爱服务可以由外部的专业人员和内部的相关人员通过内外结合的方式来共同完成。内部的促进活动要更多地从单一的项目服务发展到整体的服务推广，还要及时发现周边人员的问题，及时予以解决。内部的促进活动的参与人员包括人力资源管理、职业健康服务、直线主管或员工援助师等；而外部的专业机构需要提供更多的技术支持，这可以采用团体心理辅导、团体互助沙龙及个别咨询活动等多种形式。首先，对救援者的团体心理辅导包括：健康人格辅导、人际交往辅导、职业生涯设计辅导和心理健康自我维护；其次，团体互助沙龙主要体现的是朋辈关系方面的"同伴指导"，即两位或更多的从事过援助工作的同事在一起交流，分享看法和体会，共同解决工作过程中出现的问题；最后，个别咨询活动的目标是提高个体适应救援后新环境的能力，个别咨询活动并不是改变周围环境、生活现实，更多的是改变受援助者的思维方式，使他们能客观地分析自己、认识自己，改变对周围事物的看法，提高应对能力，从逆境中走出来。

第四，强化对于心理健康促进系统的组织支持。组织支持是成功实施救援人员心理健康促进系统的关键因素，这可以营造一个推进救援人员的生理健康、情感调节和心理适应的良好环境。组织支持包括正式的组织支持和非正式的组织支持两个方面，正式的组织支持在这方面发挥着更大的作用。比如，灾害之后会遇到日常管理难以遇到的一些特殊的需求，如救援人员会在情感支持、职业发展、报酬体系提出一些过分的要求，如减低绩效考核的标准，增加更多的经济补贴等。在灾后重建的工作再设计中，会备感压力增大，需要组织提供相应的有效缓解压力的方法指导。此外，在心理健康促进系统的实施过程中，比较紧迫的任务是加强救援人员的工作—家庭平衡指导，提升救援人员及其家属的生活质量，需要通过组织支持，来减轻曾参与救援工作带来的心理创伤。

第五，通过研究和实践，不断完善心理健康促进系统。一个有效的心理健康促进系统，必须通过研究和实践，来不断完善之。我们建议采用项目管理模式来完善心理健康促进系统。为了达到这一目标，需要有针对性的服务项目设计、严格的服务流程控制和相对准确的效果评估系统来保证。此外，作为一个心理健康的促进系统，需要及时地从服务对象那里获得反馈信息，这些信息主要通过观察、访谈、座谈、问卷调查和心理测量等方法来获得，并把数据不断加入救援人员的心理档案。同时，对采集到的信息进行统计分析，提交反馈报告。并根据研究获得的结论和经验，不断改善救援人员的个别辅导与危机干预方法，为改进心理健康促进系统提供依据。此外，如果条件允许，应该为救援人员建立有长远意义的心理档案，通过心理健康促进系统不断跟踪救援人员的心理变化动态，及时总结和调整应对策略，使心理健康促进系统得到不断的完善。

参考文献

［1］时勘，秦弋，王雁飞，陈阅. 地震救援人员的压力管理［J］. 宁波大学学报（人文科学版），2008，21（4）：15-19.

［2］Marmar, C. R., D. S. Weiss, et al. Stress Responses of Emergency Services Personnel to the Loma Prieta earthquake Interstate 880 Freeway Collapse and Control Traumatic Incidents［J］. Journal of Traumatic Stress, 1996, 9（1）：63-85.

［3］Fred Luthans 等. 心理资本：打造人的竞争优势［M］. 李超平译. 北京：中国轻工业出版社，2008.

［4］石林. 工作压力的研究现状与方向［J］. 心理科学，2003，26（3）：494-497.

［5］Kirk, A. K., Brown, D. F. Employee Assistance Program: A Review of the Management of Stress and Wellbeing Through Workplace Counseling and Consulting［J］. Australian Psychologist, 2003, 38（2）：138-143.

［6］Flannery Jr, R. B. and G. S. Everly Jr. Critical Incident Stress Management (CISM)：Updated Review of Findings, 1998-2002［J］. Aggression and Violent Behavior, 2004, 9（4）：319-329.

［7］Everly, J. G. S., R. B. Flannery J, et al. Critical Incident Stress Management (CISM)：A Statistical Review of the Literature［J］. Psychiatric Quarterly, 2002, 73（3）：171-182.

［8］Castellano, C., E. Plionis. Comparative Analysis of Three Crisis Intervention Models Applied to Law Enforcement First Responders During 9/11 and Hurricane Katrina［J］. Brief Treatment and Crisis Intervention, 2006, 6（4）：326-336.

［9］Degroot, T., Kiker, D. S. A Meta-analysis of the Non-monetary Effects of Employee Health Management Programs［J］. Human Resource Management, 2003, 42（1）：53-69.

Construction and Implementation of Mental Health Promotion System of Rescuers

Shi Yu　Shi Kan　Wang Yanfei　Luo Yuejia

Abstract：As one of the special problems in the disaster，the psychological health of rescuers should be paid extra attention. Thus，this paper discusses how to solve this kind of psychological problems of rescuers in disaster by building mental health promotion system，MHPS. Based on the development of western researches on theoretical，practical origin and construct of mental health promotion system of rescuers，this paper proposes some important building frameworks，implemental emphasis，practical strategies and suggestions for China.

Key words：rescuer；mental health promotion system MHPS；suggestion

基于胜任特征的培训需求分析

李淑敏　时　勘

【编者按】我于 2006 年考入中国科学院研究生院管理学院攻读博士学位，成为时老师在管理学院培养的第一批博士生。在入学之前，我虽然已经是北京外国语大学的一名副教授，但由于自己的文科教育背景，对定量研究几乎没有涉猎。在时老师的鼓励、指导和帮助下，我开始全面系统地学习定量研究的方法和工具。在时老师课题组的三年多时间里，我拓宽和提高了自己的研究视野，对组织行为学产生了浓厚的兴趣。时老师是国内最早开始对胜任特征进行理论研究和实践探索的专家，他领导的课题组先后完成了中共中央组织部领导干部、航天员、飞行员、中国移动高层管理者和国家人力资源管理师的胜任特征模型研究，在胜任特征模型构建的理论和方法上取得了丰硕的成果。我非常感谢时老师的信任，给了我宝贵的学习和实践机会，让我有幸作为项目执行人参与了高等教育出版集团关键岗位胜任特征模型的开发和研究的全过程。从战略访谈、工作分析到 BEI 行为事件访谈运用的全过程的经历，使我掌握了胜任特征模型的构建全过程。后来，我们所开发的胜任特征模型的应用工具，对于我国的出版行业的人力资源开发做出了重要贡献。毕业之后我继续专注于这一领域的研究，主持并完成了教育部人文社会科学研究规划基金项目"高等院校教师的胜任特征研究"。总之，时老师对科学研究的执着追求以及对管理实践的热情深深地感染着我，坚定了我从事组织行为学研究的信念和信心。现在回想起来，跟随时老师读博的经历确实成为我的职业生涯的转折点，让我的学术研究能力发生了质的飞跃。今后，我将继续以时老师为学习的榜样，在组织行为学的科研和教学中不断努力探索，争取以更好的工作成绩来报答老师的培养之恩。（李淑敏，中国科学院管理学院 2006 级博士生，北京外国语大学国际商学院　教授）

摘　要：企业的核心胜任力包括核心运作能力和核心技术竞争力两个方面，对企业核心胜任力的识别实现了培训需求与企业经营战略的有机结合。企业关键岗位胜任特征模型的构建可以挖掘产生优秀绩效的能力要素，利用胜任力评价问卷评估人员的胜任力水平，为培训需求分析提供了科学、全新的范式。

关键词：培训需求分析；核心胜任力

传统的培训需求分析往往不能结合企业经营战略，致使企业的培训活动没有起到提高员工个体乃至整个企业优势的作用。基于胜任特征的培训需求分析通过组织核心能力分析、企业关键岗位的胜任特征模型构建、现有任职人员的胜任能力评估三大步骤，发现每一个个体的能力优势和弱项，找出与胜任特征模型要求的差距，从而找到企业整体的能力"短板"，将培训内容与企业的业务活动进行完美结合。

一　传统的培训需求分析及其存在的问题

　　传统的培训需求分析包括组织分析、任务分析和人员分析。其中，组织分析主要判断组织目标和组织资源对培训的要求和限制，决定组织中哪里需要培训，为任务分析和人员分析提供实施情景。这种分析是培训资源分配的基础，如得出培训者、培训时间、预算、材料等信息，它是培训需求分析中非常重要的一环。但在传统的培训需求分析中，组织分析常不被重视甚至被忽视。即使进行组织分析，也缺乏从组织战略的高度对培训需求进行分析的实用方法。

　　任务分析主要是通过分析"工作"的内容与要素，界定出工作的任务与活动，再由此确认出完成这些任务与活动所需的能力，以此作为培训人员的标准。这种以工作为中心的分析方式，得出的只是基本的任职能力。利用其作为培训的依据不一定会产生优秀的工作绩效，比较可能的是平均甚至是最低的工作绩效。

　　人员分析是从员工的实际状况出发，分析员工的知识、技能、态度等方面的现有状况与理想状况之间的差距，以形成具体的培训目标和内容。传统的人员分析缺乏一套对员工现有知识、技能、态度进行科学评价的方法。

二　胜任特征模型在培训需求分析中的运用

　　基于胜任特征的培训需求分析也包括组织分析、任务分析和人员分析，但这三部分的内容发生了很大变化。基于胜任特征的培训需求分析，主要通过组织环境变化的判断，识别出企业的核心胜任力，并在这个基础上确定企业关键岗位的胜任素质模型，同时对比员工的能力水平现状，找出培训需求。

　　与传统的培训需求分析相比较，基于胜任特征的培训需求分析有以下几个特点：

　　1. 强调组织分析在需求分析中的重要作用，通过组织分析统领其他环节。

　　2. 较好地融合了组织长期发展和战略的要求。

　　3. 变传统培训需求分析中"绩效差距分析""缺点分析"等消极的应对现状式分析为"胜任能力差距分析"的积极的战略式分析，分析的范式发生转变。

　　4. 利用胜任评价问卷科学地评判出人员的绩效差距，最后得出比较合理的培训需求。

三　基于胜任特征的培训需求分析步骤

　　第一步，进行组织分析，确定企业的核心胜任力。

　　Allee（1997）指出，企业的核心胜任力包括核心运作能力和核心技术竞争力。核心技术能力包括以下四个互相关联的维度：

　　1. 员工的知识和技能：员工头脑中积累起来的知识和技能。

2. 物理技术系统：随着时间的流逝，技术竞争力在物理系统中的积淀，如数据库、机械和软件程序等。

3. 管理系统：公司的教育培训和激励系统对员工知识的引导、传递和管理。

4. 价值和规范：支持和鼓励知识与技能背后的指导理念。

核心运作能力是使企业能快速、高效率生产高质量产品和服务的过程和功能。

在实践中，可以采用个案研究的方法分析组织的核心技术能力和核心运作能力，包括企业档案查询、访谈、现场调查。

1. 企业档案查询。企业档案主要包括企业三年内的培训档案、企业制定的各种程序文件、企业的各种技术合同。通过对这三类档案的收集、分析，提炼出企业在市场竞争中体现出的独特优势。

2. 高层管理者访谈。通过企业高层管理者的团体焦点访谈，运用 SWOT 分析和价值链分析方法了解企业发展所面临的外部机遇、威胁和企业内部具有的优劣势以及企业价值链的变化。在此基础上，了解企业的发展战略和组织文化，结合这三者的分析结果，得出企业发展对人才的要求。

3. 现场调查。查询企业技术资料，理解企业的核心业务流程，结合现场调查研究的记录，确认企业的核心技术能力和核心运作能力。

第二步，任务分析，建立岗位胜任模型。

开展基于胜任特征的任务分析的关键在于企业各关键岗位胜任特征模型的构建，具体包括以下五个步骤：

1. 定义绩效标准。理想的绩效标准应该是"硬"指标，如销售额或利润、获得的专利和发表的文章、客户满意度等。如果没有合适的"硬"指标，可以采取让上级提名，同事、下属和客户评价的方法来确定。

2. 确定效标样本。根据已经确定的绩效标准，选择杰出绩效者和一般绩效者，确定优秀组和普通组。如果客观绩效指标不容易获得或经费不允许，一个简单的方法就是采用"上级提名"的方法确定绩效好、表现优秀的样本。

3. 获取效标样本有关的胜任特征的数据资料。收集数据的主要方法有 BEI 行为事件访谈（Behavioral Event Interview）、团体焦点访谈与专家小组、问卷调查、德尔菲技术（Delphi）、网络项目技术（Repertory Grid Technique）、系统性多层次团体观察等。就目前应用实践来看，胜任特征建模时收集客观数据最常用的方法是 BEI 行为事件访谈法。作为一种结构化的访谈，BEI 事件访谈遵循 STAR 标准进行，包括四个方面的内容，即事件的情景（Situation）、任务（Task）、行动（Action）和结果（Result）。它的实施步骤，一是设计访谈提纲；二是根据访谈提纲，询问受访者一些工作过程中发生的关键成功事件和不成功事件。根据受访者对每个事件的描述，访谈主持者追问一系列问题。如事件发生的条件，即该事件是在什么情况下发生的、发生的地点和时间等。不同条件会导致不同结果，尽可能让受访者详尽描述整个事件的起因、过程、结果、时间、相关人物、涉及的范围以及影响层面等。同时也要求受访者描述自己当时的想法或感受。描述时要求尽可能使用可视化的语言，对个体的行动进行"拍照"，准确获取个体动作视觉化的信息。这样，研究者收集的资料就是受访者描述的那些看得见的行为资料。

4. 分析数据资料并建立胜任特征模型。首先，结合国内外构建的该类关键岗位的胜任特征模型和工作分析调查的结果，初步形成胜任特征的编码词典。其次，依据词典对行为事件访谈的文本编码。再次，根据初步编码结果，对优秀绩效任职者和一般绩效任职者的胜任特征编码频次和等级进行统计比较分析。最后，进行第二次编码，收集每个胜任特征不同水平的行为表现，获得关键岗位的胜任特征模型。

5. 验证胜任特征模型。一般可采用三种方法来验证胜任特征模型：

一是选取第二个效标样本，再次用行为事件访谈法来收集数据，分析建立的胜任特征模型是否能够区分第二个效标样本（分析员事先不知道谁是优秀组或普通组），即考察"交叉效度"。

二是针对胜任特征编制评价工具来评价第二个样本在上述胜任特征模型中的关键胜任特征，考查绩效优异者和一般者在评价结果上是否有显著差异，即考察"构念效度"。

三是使用行为事件访谈法或其他测验进行选拔，或运用胜任特征模型进行培训，然后追踪这些人，考察他们在以后工作中是否表现更出色，即考察"预测效度"。

第三步，人员分析，确定培训需求。

这一步的关键是分析员工的现有状况与理想状况之间的差距。其过程是：依据关键岗位胜任特征模型，编制能力评价问卷，对现有人员的胜任能力进行 360 度评估，得出能力差距。主要包括以下六个环节：

1. 组建 360 度评估队伍。此处应注意：无论是由被评价人自己选择还是由上级指定的评估者，都应该得到被评价者的同意，这样才能保证被评价者对结果的认同和接受。

2. 对被选拔的评价者进行"如何向他人提供反馈"和评估方法的培训、指导。

3. 实施 360 度评价。对具体施测过程加强监控和质量管理。比如，从问卷开封、发放、宣读指导语到疑问解答、收卷和加封保密的过程，实施标准化管理。

4. 统计评分数据并报告结果。目前，已有专门的 360 度反馈评价结果分析软件，能绘制多种统计图表，使用起来相当方便。

5. 对被评价人进行"如何接受他人反馈"的训练。可以采用讲座和个别辅导的方法进行。重点建立评价人对于评价目的和方法可靠性的认同，并指出 360 度反馈评价结果主要用于员工工作改进和未来发展道路选择提供建议，与奖励、薪酬挂钩程度有限。

6. 就反馈的问题，企业管理部门和员工共同商量制订相应的培训计划。

（四）讨论

在进行基于胜任特征的培训需求分析时，依据的是该工作岗位的优秀绩效与取得此优秀绩效的人所具备的胜任特征和行为。处于胜任特征结构中表层的知识和技能，相对易于改进和发展，培训也是最经济、有效的改善方式；位于胜任特征结构中部的社会角色和自我概念，决定人的态度和价值观，对其进行改进和发展存在一定的难度，需要设计独特的培训方式。

参考文献

［1］李中斌，郑文智，董燕. 培训管理 ［M］. 北京：中国社会科学出版社，2008.

［2］雷蒙德·A. 诺伊. 雇员培训与开发［M］. 徐芳译. 北京：中国人民大学出版社，2007.

［3］洪亮. 胜任素质模型在员工培训中的应用［J］. 中国培训，2007（2）.

［4］陶祁，冯明. 基于胜任力的培训设计研究［J］. 外国经济与管理，2002（4）.

［5］Morror, C. C. , Jarrett, M. Q. , Rupinski, M. T. An Investigation of the Effect and the Economic Utility of Corporate-wide Training［J］. Personnel Psychology, 1997, 50：93-119.

［6］仲理峰，时勘. 胜任特征研究的新进展［J］. 南开管理评论，2003（2）.

［7］唐京. 基于胜任力的培训需求分析模式研究［D］. 浙江大学博士学位论文，2001.

企业裁员沟通与被裁失业人员
再就业关系的概念模型*

牛雄鹰　时　勘

【编者按】我是 1998 年开始跟随导师时勘先生从事组织变革研究的。多年来，个人体会时老师的研究特点可以用"前沿、及时、实用"六个字概括。那个时候我们从事组织变革研究的切入点是裁员（Downsizing），裁员问题的研究当时是国际热点问题，也是前沿问题之一，在国内则是开创性研究问题。时老师从美国带回来一大包一大包的复印文献，都是很难得的经典或前沿的学术论文。其中最前沿的是 James B. Shaw 的裁员决策模型，该模型成为我们提出国有企业裁员危机决策模型的蓝本。20 世纪 90 年代中期，是我国经济社会转型大踏步与西方接轨的十年，国家要"入世"，企业要改制，社保要重建。1996 年以后，全国上下成千上万的国有企业因国家政策要求，开始大规模的转型改制、结构调整和裁员重组，而如何操作并没有完善的做法，都是"摸着石头过河"。企业层面上急需及时的理论指导。时勘老师的应急课题《国有企业结构调整中员工的心态变化及对策研究》（项目批准号 79841005）的确是"及时雨"，时老师的研究不仅及时，而且实用。其中，裁员沟通的指导原则、实际裁员预审（Realistic Downsizing Preview，RDP）措施等，能够实实在在地帮助企业实施有效的裁员。其中，下岗失业人员的心理调适和再就业职业指导规程，也能够帮助到下岗失业人员以及再就业职业指导人员。跟随老师做研究的过程中，我能够清晰感觉到导师身上的三个特质，而这也是从导师的课题中得出的优秀管理者与平庸管理者胜任特征模型差别的本质区别，即"主动、敏锐、抓本质"。用时老师的话来说，就是"主动提前行动（Proactive），不要被动反应（Reactive）"。导师无论在做课题研究还是领导学术团队方面都是主动性的，从不被动反应。所谓敏锐，就是要有事物发展趋势的洞察力，"要先知先觉，不要后知后觉，不知不觉就更可悲了"。所谓抓本质，就是能够对事务的内在核心以及事态发展的必然趋势进行高度的概括和总结，时老师 conceptual 技能绝对超一流，导师的大局观、领悟力和视界，彰显大师风范。可以说，时勘老师的"主动、敏锐、抓本质"胜任特征，加上"前沿、及时、实用"的研究特色，成就了导师的高产、系统、高价值的研究成就。我作为学生，从导师处学到的仅九牛一毛，然而，这九牛一毛也足以安身立命。我从导师那里毕业后，在导师原来课题的基础上继续从事组织变革和个体再就业研究，获得了多项国家自然科学基金和国家哲学社会科学基金项目，也发表了多篇中英文学术论文。这篇刊出的文章就是我们师生思想结合的产物，是在时勘老师指导下，将组织裁员和个体再就业连接

* 国家自然科学基金项目"组织裁员沟通模式与下岗（失业）人员再就业的关系研究"（70472004）、国家社会科学基金项目"下岗失业人员再就业职业指导技术规程的开发"（03BJY028）、香港浸会大学王宽诚（K. C. WONG）教育基金支持。

起来系统解决问题的理论尝试。日月如梭，师恩不忘。导师致力学科建设的辛勤耕耘和提携后辈学术成长的潜心雕琢是学生心中永远的丰碑。（牛雄鹰，中国科学院心理研究所 1997 级博士生，对外经济贸易大学国际商学院教授、博士生导师、HROB 系主任）

摘　要：文章首先从全球和我国经济社会发展的实际情况出发提出探讨企业裁员与被裁失业人员再就业关系的必要性。然后通过对企业裁员研究和再就业研究状况的回顾和分析，提出了企业裁员沟通与被裁失业人员再就业关系的概念模型。该模型认为，企业裁员沟通的效果将作用于被裁失业人员的求职自我效能、职业生涯承诺和就业承诺而影响其求职意向，并进而影响他们的再就业行为和再就业结果。最后对该模型的理论和实践意义做了探讨。

关键词：裁员沟通；再就业；概念模型

一　问题的提出

从 20 世纪中叶开始，科技进步推动全球经济迅猛发展。尤其是从工业时代跨入信息时代后，随着经济全球化竞争的加剧，企业组织经历了剧烈的变革。企业间合并、收购、重组、分拆等此起彼伏。企业追求大而全的观念开始动摇。20 世纪五六十年代，企业还以大而全为荣，但到了七八十年代便追求灵活和扁平。工业时代"企业是机器"的比喻很快被"企业是有机体"的比喻替代。为了更好地适应全球化竞争和以信息技术为特征的新经济，企业"有机体"需要"减肥"，于是裁员（Downsizing）登场了。而且，裁员像瘟疫一样，从美国爆发，迅速席卷全球。有了企业裁员，就有了相应的被裁失业人员；而有了这些被裁失业人员，也就有了他们的再就业问题。西方国家通过几十年的努力，摸索出了"法律规范企业、政府培育市场、市场调节再就业"的路子。这种做法虽然有一定体制上的优势，仍不能很好解决大量被裁失业人员的再就业问题。被裁失业人员的再就业成为困扰世界各国的全球性难题。

我国自 20 世纪 90 年代以来，企业组织变革与裁员的浪潮就没有中断，但主要集中于国有企业。进入 21 世纪之后，我国国有企业改革改制的步伐更快、力度更大。"企业主辅分离""辅业改制""富余人员分流""职工身份置换""下岗（失业）人员再就业"等成了经济领域企业深化改革的主题。在建立和完善社会主义市场经济方针指引下，我国政府立足实际，创造性地出台了成效显著而又颇具中国特色的一系列用于指导企业改革与下岗（失业）人员再就业工作的政策，出色地完成了经济体制转轨期间艰巨的人员善后工程。2006 年 1月 1 日，下岗与失业并轨，政府主导的下岗制度完结，我国解决被裁失业人员再就业问题的模式也开始与西方"法律规范企业、政府培育市场、市场调节再就业"的路子并轨。然而，我国相关法律不健全，人才市场不完善的现状，在政府政策转型的情况下将出现被裁失业人员再就业的新问题。目前，我国被裁失业人员再就业服务机构大多是从下岗（失业）人员再就业服务机构转化来的。这里的从业人员对服务国有企业下岗职工的政策比较熟悉，对正常经济性裁员带来的被裁失业人员的再就业服务和职业指导相对陌生。而自 2001 年我国加入 WTO 以来，受全球经济的大气候影响，中国的改制国企、朝阳民企、在华外企等纷纷依照国际惯例、仿效跨国巨头的做法，开始了舶来的企业自主的经济性裁员。由于这些裁员多为简单的拿来主义，虽然研究了中国法律的漏洞，但是由于对中国社会心理、道德诉求的忽视却导致了一系列诸如"网络传书""集体抗议""法庭相见"等令人反思的问题①。2008年新《劳动法》的出台，对企业裁员有了更多明确规定，既加强了对员工利益的保护，也强化了企业在必要情况下实施裁员的自由。新劳动法的实施将遏制企业不规范零碎辞退员工的势头，而不匹配员工的积聚则必然导致规模性企业自主裁员的增加。随着中国企业国际化的发展、相关法律法规的健全以及我国劳动力市场的完善，企业自主的裁员行为将更普遍，而被裁失业人员的再就业问题将更艰巨。

笔者认为，"解铃还须系铃人"，要妥善解决被裁失业人员的再就业问题，需要将上游的裁员和下游的再就业联系起来，探索其内在必然规律，然后用这种规律规范企业的裁员行为尤其是裁员沟通模式。本文拟通过对裁员研究和被裁失业人员再就业研究的回顾和分析，探讨企业裁员沟通与被裁失业人员再就业之间的内在联系。

二　企业裁员研究概况

企业裁员（Corporate Downsizing），简称裁员（Downsizing），原意是企业组织的规模缩减，包括人员缩减、成本缩减、资产缩减等，后特指人员缩减，是"一种经过认真考虑的，由削减劳动力来提高企业组织绩效的组织决策"。裁员自20世纪七八十年代在北美尤其是美国开始盛行，之后席卷全世界。关于裁员方面的研究也从20世纪八九十年代开始不断升温，至今仍是企业变革和人力资源管理领域的研究热点问题。有关裁员问题的研究可以概括为三个方面：裁员起因的研究、裁员影响的研究和裁员过程的研究。

在裁员起因的研究方面，研究者们一般从经济学角度、体制性角度和社会认知角度来分析和解释企业组织的裁员现象。从经济学角度研究的学者认为，企业行为是理智的，其裁员的原因是经营上的压力，裁员的目的是降低成本，提高效率和利润。基于此，有学者通过对公司低迷期经营数据的研究为裁员决策和经营复苏提供支持。从体制性角度研究的学者认为，企业行为未必是理智的，其裁员的原因是来自体制上的约束，裁员的目的是赢得继续存在的合法性。而从社会认知角度研究的学者则认为，企业行为是由管理层的社会认知图式决定的，企业之所以做出裁员决策是因为管理层形成了"裁员有效"的心理定式，其裁员的目的在于摆脱困境。也有研究者从综合的角度对企业裁员的起因进行研究，比如 Shaw（1996）等认为，企业裁员是在对企业内外影响因素综合分析后做出的战略决策，并从澳大利亚的具体情况出发提出了企业裁员的危机决策模型。笔者曾对我国322名参与过企业裁员的国有企业管理者进行了调查研究，认为我国国有企业裁员是典型的体制性裁员，属于外部政策驱动的危机决策下的一种特殊形式的裁员。

在裁员影响的研究方面，学者们主要关注两个焦点。首先是关于裁员效果的研究。研究者多从经济学角度探讨裁员对企业绩效的影响，企业绩效的变量包括资本盈余率（ROA = EBIT/Assets）、销售成本/销售额（Cost of Goods/Sales）、固定成本/销售额（SG&A Expense/Sales）和边际利润（Profitmargin = EBD IL/Sales）等。总体来讲，裁员对企业绩效的影响不显著。但是，不同类型的裁员对企业绩效的影响又是不一样的。比如有研究表明，收益重组（Revenue Refocusing）式裁员，其当时的市场反应和后来的财务业绩都是积极的；降低成本式裁员，其当时的市场反应和后来的财务业绩基本是中性的；而关闭工厂式裁员，其当时的市场反应和后来的财务业绩则都是消极的。另外，我国学者对国内部分商业银行 1996~2001 年的数据研究表明，我国银行裁员的目的在于增效，然而从结果上看裁员并未增效，有些银行反而出现了业绩下降的趋势。其次是关于对员工心理影响的研究。大量研究表明，裁员对被裁失业人员造成了心理打击，甚至导致了健康问题。裁员同时还导致了留岗员工士气低落、组织承诺下降、工作不安全感上升等负面效应。笔者曾深入辽宁鞍山和山东枣庄的部分企业调研，发现裁员对员工心理的影响取决于裁员策略（裁员方式、沟通模式、指导思想等的组合），即不同的裁员策略对留岗员工的激励水平、离职倾向等心理特征有不同的影响。廖建桥等（2005）认为，员工对裁员的恐惧心理是一种负面影响，而国有企业员工的裁员恐惧心理与其前景预期、自信度和对裁员的理解度密切相关。

在裁员过程的研究方面，学者们多使用案例的方法，研究裁员决策和裁员实施的过程，发现其中的问题，探索相应的规律。Gandolfi（2007）对比了澳大利亚和瑞士大银行裁员的具体做法，发现两国大银行的裁员策略和实施方法明显不同，前者服务于战略转型而采用单一的人员缩减的裁员策略，而后者为强化战略和使命则采用集人员缩减、组织再设计和系统化于一身的综合性裁员策略。而学者们早就通过各式各样的裁员手段，提出了程序公平是企业裁员过程中最重要的原则。员工内心愿意接受变革，并对相应变革做好心理准备是变革成功的必要前提；而做到这两点，必须进行有效的沟通。学者们高度重视对裁员沟通模式②的研究，提出了裁员操作的注意事项和相关建议。Appelbaum 和 Dania（2001）综合以前的裁员文献，认为制定裁员决策方案的前期内部沟通最为重要；在对加拿大九家实施过裁员并且在所在行业里有一定影响力的公司的人力资源总监进行了采访调查和案例研究后，提出了一个符合公平理论而又现实可行的"实际裁员预审"（Realistic Downsizing Preview，RDP）模型。其核心是强调在正式裁员之前要做出尽可能优化的裁员方案，并先行预演和审查以考验其合理性。后来，Appelbaum 又和其他同事 Lopes 等（2003）应用这种"实际裁员预审"模型的思想对加拿大一家特大型电讯公司（Tele Link）的裁员沟通实践进行了案例研究。研究发现，该公司在裁员过程的各个阶段都存在严重的沟通问题，尤其是前期的方案决策阶段和中期的方案实施阶段。公司前期决策的沟通失误，导致宣布裁员前的流言产生和失控，并迫使从宣布裁员到实施裁员之间的间隔时间延长。由于在裁员实施期间缺乏对留岗人员有效的沟通和安置方案，进一步导致裁员后留岗人员在生产率、激励水平、心理健康、工作满意度和对管理层信心方面明显下降，而缺勤率则上升。Tele Link 公司的做法给笔者的直接启发是：在处理裁员这类危机事件时，没有比关注沟通更重要的了；而信息交流的时点、分寸和方式是关键，须知不会保密和不会透明同样有害。Gandolfi（2007）在对一家欧洲企业的裁员研究中则发现裁员后期的重组阶段存在严重的沟通问题：由于培训的意义解释不明，留岗员工对培训安排不满，认为这种"公司内具体岗位导向而非普遍性工作技能导向"的培训手段，不利于其就业能力（Employability）的提高，从而增加了他们对裁员后再就业难度的担忧。而较新的研究表明，裁员沟通中的问题可能主要源于"裁员执行者"（Executioners）③这个特殊群体；这些裁员执行者的语言技巧、情绪特征、以往经验、对裁员的自我认知以及他们与相关人员的私人关系等都将直接影响与离岗和留岗员工的沟通效果，而现实情况常常是裁员执行者的沟通结果与裁员决策者的心理预期差距很大，这意味着对裁员执行者群体的选拔、培训等裁员前沟通手段同样要重视。笔者曾于 2000 年前后对我国石油行业和煤炭行业中被剥离的部分国有企业进行过有关裁员过程的案例研究，同样发现沟通中的问题，比如裁员标准缺乏说服力、转变员工就业观念乏术、执行裁员人员心理压力过大等；好在决策者充分发挥基层民主和政策影响力，才使裁员工作顺利进行。孙慧（2007）则以中国石油天然气公司及其下属单位为例，归纳探讨了自 1985 年以来我国国有企业的裁员模式及其对员工和社会的影响，她认为我国国有企业的裁员模式和国企改革的发展阶段密切相关，是国有经济转型的客观反映，共有四种常见的裁员模式，其中"提前退休"和"买断工龄"是规模化裁员的主要模式。

综上，企业裁员的原因是多方面的，企业裁员带来的影响也是全方位的，裁员过程尤其是裁员沟通则成为制约裁员效果和影响的关键因素。宏观上看，企业裁员作为社会经济发展中的特殊现象，在规范的市场经济环境下，是竞争的产物，难以避免也无可厚非。微观上看，企业裁员是在企业内外交困的险境中做出的图存图强的战略决策，同样难以避免也无可厚非。然而，企业裁员的确给个人和社会带来大量负面影响，尤其是被裁失业人员的再就业难题。将被裁失业人员的再就业难题完全丢给个人和社会是企业不负责任的做法。那么企业应如何裁员，才能既达到预期目的又不给个人和社会增添被裁失业人员再就业难题呢？我们从企业裁员研究的回顾中得到的启发是，企业决策者们一定要格外重视企业裁员的沟通环节。然而，他们如何重视裁员的沟通环节，还需要我们再从被裁失业人员再就业的相关研究中寻找启发。

三　被裁失业人员再就业研究概况

被裁失业人员再就业问题的研究多从宏观经济学视角或者从社会行为学视角出发，前者的研究结果通常服务于政府的宏观经济政策调控，而后者的研究结果则主要服务于就业服务机构和裁员企业的策略指导。从宏观经济学视角出发的学者普遍认为解决被裁失业人员再就业难题的大前提是保证经济增长方式促进就业增长。新加坡学者近来的研究则表明，长期失业率不仅与经济的内生性增长有关，更与失业福利、雇佣成本等劳动力市场参数有关，政府改进劳动力市场效率会降低长期失业率。从社会行为学角度研究的学者则侧重于探讨影响被裁失业人员成功再就业的预测因素分析，认为只有先识别出那些对被裁失业人员再就业真正有帮助的方面，然后再给他们提供具体的、有针对性的帮助，才能有效解决被裁失业人员的再就业难题。由于本文的目的在于探讨裁员沟通模式和被裁失业人员再就业的关系，进而为裁员企业提供策略指导，因此笔者将重点回顾从社会行为学视角出发的研究。

与裁员研究相伴而生，学者们起初着眼于被裁人员如何应对因被裁离岗带来的心理压力，后来开始注重被裁失业人员成功再就业的预测因素探讨。比如，Wanberg 等（1996，1997）在研究中发现，被裁失业人员的个人变量（求职的自我效能、就业承诺、责任感等）和环境变量（社会支持、经济困难、失业的消极程度等）通过求职强度这一行为变量为中介，最终影响到再就业率。后来 Wanberg 等人在和我国学者时勘（2001）合作的研究中又发现，被裁失业人员对关系网络的感觉以及自身的个性特征会影响其通过关系网络求职的行为强度，进而影响再就业率。综合相关文献可以看出，就业承诺、自我效能感和社会支持是三个非常重要的预测变量。

就业承诺（Employment Commitment）指个人对工作重要性的评价。高就业承诺的人会把工作看得很重要。Rowley 和 Feather（1987）、Wanberg 等（2001）在研究中发现，高就业承诺的被裁失业人员求职频率也高。与就业承诺相近而又不同的反映就业观念的变量还有组织承诺（Organizational Commitment）和职业生涯承诺（Career Commitment），前者指个体对特定组织的认同和归属，后者则是指对自身所选择的职业生涯路径的认同和投入。笔者在与部分"再就业老大难"的访谈中了解到，他们之所以很难再就业，直接的感觉是"观念陈旧"，深入剖析一下会发现，更准确地说他们在就业承诺、组织承诺和职业生涯承诺方面出现了问题。首先是将组织承诺和就业承诺混同，认为就业就是在本单位工作，不能在本单位工作就是丢了就业的饭碗。其次是职业生涯的概念模糊，不了解个人在职业生涯中的作用，也就很难建立起真正的职业生涯承诺。没有了必要的就业承诺和职业生涯承诺，等于失去了宝贵的求职积极性和主动精神，再就业的难度自然加大。

求职自我效能（Job-search Self-efficacy）指个体对自身成功完成一系列求职行为所具有能力的自信。在 Bandura（1983）的社会认知理论中，自我效能是一个很重要的概念。他认为，一个人对自身效能的判断决定其对目标与自我表现差距的反应：自我效能感高的人会进一步努力，自我效能感低的人会放弃努力。Kanfert 和 Hulin（1985）、Wanberg（1996，1997，2001）在研究中报告，较高的求职自我效能与求职频率、再就业正相关。Blau（1994）对失业经理的调查发现，与求职自我效能类似的、对特定任务的自信较一般性自信能更好预测人的求职行为。

社会支持（Social Support）是人际关系中的支持因素，指个体遇到紧张情境，如被裁失业时的一种应对资源。Kessler（1987）的研究表明，社会支持与再就业正相关。上文有关 Wanberg 等（1996，1997，2001）的研究中也发现了社会支持对再就业的预测作用。

我国学者针对国内的现实情况也做了相应实证研究，比如时勘等（2000，2001）在研究中发现，下岗职工的认知归因、情绪控制、求职自我效能等心理因素直接制约着其主动求职行为，并进一步影响到其再就业的成功率和稳定性；魏立萍则通过生存模型探讨了企业产权性质对失业人员再就业的影响（魏立萍，2007），发现国有、集体企业失业者与其他性质企业的失业者在失业持续时间和再就业机会上存在显著差异，国有、集体企业失业者的再就业机会只有其他企业失业者的 0.52 倍。笔者曾与国内外学者合作，以北京市西城区再就业服务中心为基地，于 2003~2005 年对北京市 328 名被裁失业人员的再就业过程进行了跟踪研究，发现了再就业人员的求职意向、社会支持对求职行为的正向影响，以及和再就业结果之间的相关关系；在这次研究中我们还同时探讨了就业承诺等对被裁失业人员心理健康的影响。

综合上述研究，尤其结合笔者几年来对近百名下岗失业人员和下岗再就业服务人员的访谈所得，我们得到如下启示：被裁失业人员的就业承诺、职业生涯承诺和求职自我效能是三个可以和企业裁员沟通相衔接又能够有效促进被裁失业人员成功再就业的预测变量[④]。我们认为，企业在裁员沟通环节应当采取有效手段加强被裁失业人员对就业的愿望、对职业生涯发展的信念以及对成功再就业的信心。

（四）连接企业裁员沟通与被裁失业人员再就业的概念模型

将来自企业裁员研究和被裁失业人员再就业研究的启发相结合，再加上我们实践调研中的切身感悟，笔者认为企业层面的裁员与社会和个人层面的再就业有必然联系，有效的裁员沟通能够促进被裁失业人员的再就业。这种裁员沟通的有效性可以从裁员沟通内容即"沟通什么"和裁员沟通方式即"怎样沟通"两个方面体现出来。前者裁员沟通内容方面应注重对被裁失业人员再就业的实用性，后者裁员沟通方式方面要让被裁失业人员感觉到信息交流的合理性。裁员沟通内容实用性和裁员沟通方式合理性作为裁员沟通效果的两个维度，直接作用于被裁失业人员的就业承诺、职业生涯承诺和求职自我效能，并以求职意向为中介变量，以社会支持为协变量，影响被裁失业人员的求职行为，进而以市场行情为协变量，最终影响再就业效果（见图1）。

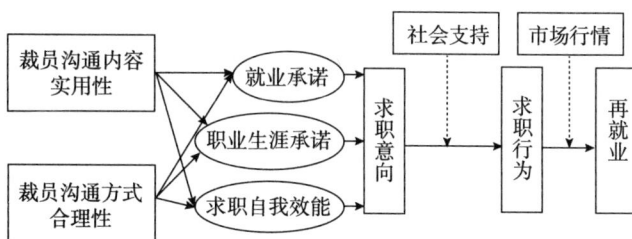

图1　企业裁员沟通与被裁失业人员再就业关系的概念模型

图1直观地反映了10个变量间的内在关系，箭头方向代表前因后果的预测方向，虚线代表协变关系。除本文第三部分做出解释的四个变量（就业承诺、职业生涯承诺、求职自我效能和社会支持）外，将其余六个变量给出解释说明如下。

裁员沟通内容实用性指企业在其裁员前、中、后三个阶段与被裁失业人员沟通交流的内容对他们成功再就业的价值大小或实用程度。一般来讲，"为什么裁我""对我有什么补偿"和"我以后怎么办"等是被裁失业人员最关心的问题，对类似这些问题的回答越是让被裁失业人员满意，那么裁员沟通内容的实用性就越高。该变量的测量可以用为被裁失业人员编制的评价量表来完成，也可以用更为客观的专家评价系统来完成。

裁员沟通方式合理性指企业在其裁员前、中、后三个阶段与被裁失业人员就相关信息进行交流的时机、场合、深浅等方面为被裁失业人员感知到的合理程度。比如，"裁员消息至少提前一个月宣布""将员工个人的业绩表现和能力评价信息保密地与员工本人交流"会被员工评价为合理；反之，"裁员消息只提前一周宣布""在他人在场的情况下，与员工交流其业绩表现和能力评价信息"会被员工评价为不合理。该变量的测量在原理上与裁员沟通内容实用性相同。

求职意向（Job-search Intention）指内心想找工作的意愿强度。可以使用自我报告的评价量表测量。

求职行为（Job-search Behavior）指制作简历、参加面试、搜寻招募信息等以就业为目的的行为。通常测量求职行为的强度（Job-search Intensity），即单位时间内表现出上述求职行为的频率。

市场行情指与经济状况相联系的职场上空缺岗位的情况，它反映被裁失业人员再就业的难易程度。可以使用1、2、3分别代表市场行情的好、中、差三个水平。

再就业（Reemployment）通常指是否再就业的状态。在测量上可以使用1代表已经再就业，2代表尚未再就业。如果要测量再就业质量，则需要使用再就业满意度的评价工具。

此外，图1中揭示的内在关系可以具体表述为有待实证检验的三个假设命题。

命题1：裁员沟通内容实用性和裁员沟通方式合理性均与被裁失业员工的就业承诺、职业生涯承诺和求职自我效能正相关。换言之，企业裁员沟通内容越实用、方式越合理，被裁失业人员的就业承诺、职业生涯承诺和求职自我效能就越好。

命题2：裁员沟通内容实用性和裁员沟通方式合理性能够通过被裁失业员工的就业承诺、职业生涯承诺和求职自我效能预测其求职意向。

命题3：裁员沟通内容实用性和裁员沟通方式合理性在经就业承诺、职业生涯承诺和求职自我效能作用于求职意向以后，仍不能直接预测被裁失业人员的再就业状态，中间要以求职行为为中介，且分别受到社会支持和市场行情的制约后，才能对再就业状态有部分预测作用。

五　该模型的理论和实践意义

进入21世纪后，国际社会普遍强调企业的社会责任，企业裁员中的表现被作为企业道德模型中的要素加以考察。而企业为在激烈竞争的人才市场上赢得青睐也开始打造自身的雇主品牌，当裁员无可避免时力争好的表现。然而如何认识裁员过程中的企业社会责任，如何指导企业裁员中的沟通管理，本文模型的理论和实践意义可以给出相应答案。

该模型的理论意义首先在于，将企业、社会、政府和个人在被裁失业人员再就业过程中的责任系统地整合在一起，便于人们更理性地认识裁员企业在被裁失业人员再就业中应承担的社会责任。某种意义上讲，企业裁员是企业用人权与员工就业权的博弈，双方都应当受到尊重。当裁员无可避免时，裁员企业对被裁失业人员的再就业负有一定限度又很重要的社会责任，需要通过恰当的裁员沟通手段有助于被裁失业人员再就业。从图1中可以看出，裁员企业的责任在于促使被裁失业人员的就业承诺、职业生涯承诺和求职自我效能的改善和提高，为成功再就业奠定基础；社会的责任则反映在被裁失业人员的亲朋好友、同事等社会关系以及就业服务机构的关怀和帮助方面；政府的责任主要体现在政策调控市场状况上。另外，通过法律手段规范企业裁员行为也是政府的责任；而个人在整个再就业求职过程中则自始至终负有最主要的责任，没有当事人内在的努力，所有外援都是徒劳。而整个模型反映出的责任关系与我国"劳动者自主择业、政府促进就业、市场调节就业"的就业方针正好相符。

该模型的理论意义还在于将组织层面的裁员研究和个人、社会层面上的再就业研究联系起来，是一种跨层次、多领域的研究创新。基于该模型的实证研究还将解决裁员沟通的评价问题，对进一步深化企业裁员研究有一定的借鉴意义。

该模型的实践意义主要体现在三个方面。

第一，服务于企业裁员管理。裁员企业首先要从"被动防范被裁失业员工惹事"的心态转变为"主动促进被裁失业人员再就业"的心态；其次要以有利于被裁失业人员就业承诺、职业生涯承诺和求职自我效能的提高为指针决定裁员沟通内容和方式，比如遣散费中若包含一笔相应技能的培训费将正向影响被裁失业员工的心态进而有利于他们的再就业。

第二，应用裁员沟通的专家诊断工具，服务于雇主品牌建设。企业裁员是有成本预算的，一味地要求裁员企业对被裁失业人员大量投入并不合理。裁员企业在合法的前提下，尽可能地多尽些社会责任是可取的，但是如果能够开发并应用裁员沟通的专家诊断工具，则能够在有限的裁员预算范围内，更好地满足裁员相关方的心理预期，进而在裁员情景下仍能够服务于雇主品牌建设。

第三，促使企业完善自身人力资源开发（Human Resource Development，HRD）的体系建设。一项非常有用的沟通内容是为被裁失业人员提供一份他们供职期间所受培训情况清单，以及对他们目前拥有就业技能的评价报告。但是，能够进行这样的沟通需要企业有完善的人力资源开发体系。如果说企业 R&D（Research and Development）是社会知识创新的基地，那么企业 HRD 同样应该是社会人才发展的基地。

最后，基于此模型，回应本文第一部分问题的提出，我们认为，被裁失业人员的再就业是涉及企业、社会、政府和个人的系统工程，但是源头在企业；如果企业能够高度重视裁员沟通问题，让被裁失业人员"有自尊、有补偿、有时间、有途径、有信息、有技能"，那么被裁失业人员对其职业生涯中的再就业自然"有愿望、有动力、有信心"，然后"个人努力""社会关怀"和"政府帮助"相结合，相信被裁失业人员的再就业难题便相对容易解决了。

注释

①2004 年联想公司的裁员惹来了网络传书《裁员纪实：公司不是我的家》，2005 年西门子中国公司的裁员惹来了该公司总部（北京望京）门前的集体静坐和抗议，2006 年百度公司的裁员惹来了官司。参见相关文献：张建设. 从裁员看公司的经济和社会属性 [J]. 信息空间，2004（9）：106-108；刘红霞.2004 年国内企业裁员的回顾与反思 [J]. 人才资源开发，2005（9）：14-15；人间. 西门子：工会制度下的裁员 [J]. 经营者，2006（8）：64-65；况杰. 百度"裁员门"事件全剖析 [J]. 中国机电工业，2006（9）：74-77；张瑜. 百度裁员诉讼案升级 [J]. 互联网周刊，2006（28）：10.

②本文主要指裁员前、中、后三个时期，企业决策层内部、企业和员工、企业和外界之间发生的有关裁员方面的信息交流活动。通常所说的裁员沟通主要是裁员执行者和相关员工之间的交流活动。

③这里有三个相关的英文词汇，分别是 Executioners、Survivors 和 Victims，它们都有强烈的情感色彩，可以直译成"刽子手、幸存者和遇害者"。但是，出于学术研究的客观中性原则，本文使用意译"裁员执行者、留岗者和离岗者"。

④社会支持虽然也是被裁失业人员成功再就业的有效预测变量，但是笔者认为此变量不宜与裁员企业相联系。因为如果让裁员企业加强对被裁失业人员的社会支持，将提高其组织承诺水平，强化与裁员企业的情感依恋，不利于他们重新找到满意的工作。许多实例表明，恰恰是原单位的情感挽留降低了下岗失业人员的再就业速度和再就业效果。

Conceptual Model of the Relationship between Corporate Downsizing Communication and Laid-offs Reemployment

Niu Xiong-Ying　Shi Kan

Abstract：The authors firstly demonstrated the necessity of exploring the relationship between corporate downsizing and laid-offs reemployment from both global and Chinese social-economic development perspectives and then put forward a conceptual model about the relationship between corporate downsizing communication and laid-offs reemployment after reviewing and analyzing both corporate downsizing and laid-offs reemployment studies. Based on the model, it was hypothesized that the effect of corporate downsizing communication would impact laid-offs' job-search intension mediated by their job-search by their job-search self-efficacy, employment commitment and career commitment and would further impact the laid-offs' reemployment behaviors and status. In he end, both theoretical and practical implications of the model were also discussed.

Key words：downsizing communications；reemployment；conceptual model

艾滋病污名的形成机制、负面影响与干预*

刘　颖　时　勘

【编者按】 我是 2006 年开始跟随导师时勘教授从事心理学研究的。2006 年对我而言是永生难忘的一年，那年除夕的前一天，我们一家遭遇了一场惨烈的车祸，导致的结果是我的大四最后一个学期的主要工作是在家中照顾母亲。2006 年对我更是非同寻常的一年，我通过了研究生考试，进入了中国科学院心理研究所，正式成为了时老师的学生。当我通过面试后，时老师了解到我的家庭情况，多次询问并关切妈妈的伤病，关心我生活上的困难，使我备受感动。进入课题组后，时老师针对我的兴趣，安排我参加了由北京、芝加哥、香港三地的学者共同进行的污名（stigma）项目。《艾滋病污名的形成机制、负面影响与干预》这篇文章，正是在我参与了这一项目的具体工作并受到启发之后完成的，同时，也是我 2009 年公派留学之前完成的一篇文章。文章接收后不久，时老师又鼓励我积极申请了国家公派留学的项目，在芝加哥跟随 Patrick Corrigan 教授继续进行污名项目的研究，一直到博士毕业，我的研究都是与污名相关的内容。回国后，我延期一年时老师仍继续资助我每个月 1000 元的研究生补助，直到我毕业为止。每每念及这些点点滴滴，对时老师的感激之情溢于言表。时老师亦师亦父，带领我一步步走进了科学研究的神圣大门，尤记得在研究生面试结束时，时老师与我握手，恳切地对我说："我希望你能够成为一名科学家，为我们石油子弟争光！"如今言犹在耳，我却做得不够好，有些愧对恩师。今后只有加倍努力，力争在科研上有所成就，方能不辜负时老师的谆谆教诲。衷心感谢时老师多年的栽培和支持，感谢课题组所有兄弟姐妹的关怀和帮助！（刘颖，中国科学院心理研究所 2006 级硕博连读生，首都医科大学讲师）

摘　要： 艾滋病污名主要包括实际污名、感知污名和自我污名，这些不同形式的污名给艾滋病患者带来了精神上的痛苦、社会资源的剥夺等一系列的负面影响。归因理论、社会文化理论和道德理论分别从社会心理学、社会不平等和文化道德的角度阐述了艾滋病污名的形成机制。从这些机制出发，减少艾滋病污名可以结合接触假设、知识传播以及认知行为疗法，并注意改变艾滋病患者的自身观念。未来的艾滋病污名研究应更多地从社会文化以及道德的角度进行跨文化的量化研究。

关键词： 艾滋病；污名；归因理论；社会文化理论；文化道德理论

　　"污名"这一概念在 20 世纪 60 年代由 Goffman 重新提出后，对污名的研究至今从未中断过。根据 Goffman 的定义，污名（stigma）指的是"一种非常不光彩的，具有耻辱性质的

---

* 科技部 863 重点项目（2006AA02Z426、2006AA02Z431）。

特征"（Goffman，1963）。随着对污名现象研究的细化，研究者们逐渐区分出不同的污名类型，受到较多关注的有精神疾病的污名（Corrigan，2000；Rüsch，Angermeyer & Corrigan，2005），传染疾病的污名（Des Jarlais，Galea，Tracy，Tross & Vlahov，2006；Mak et al.，2006；Zhang，Liu，Bromley & Tang，2007），性取向的污名（Neilands，Steward & Choi，2008），性别（Herek，2007）、种族的污名（Dean，Roth & Bobko，2008）以及肥胖的污名（Roehling，Roehling & Pichler，2007）等。在传染疾病的污名当中，艾滋病污名是近些年来备受重视的污名现象之一。艾滋病，医学上称之为获得性免疫缺陷综合征，是由于感染了人类免疫缺陷病毒而导致免疫系统的摧毁。在高效抗逆转录病毒疗法（highly active antiretroviral therapy，HAART)①应用于艾滋病治疗之前，艾滋病被普遍认为具有高度致死性，因此导致人们对它产生本能上的恐惧；不仅如此，由于艾滋病的传染通常与一些被公众认为是"不道德"的行为，如使用注射针具吸毒、同性恋或性交易等相联系，因此对艾滋病患者的污名常常伴随着道德上的谴责与排斥（Deng，Li，Sringernyuang & Zhang，2007；Liu & Choi，2006，杨清等，2007）。加上艾滋病在世界各地的广泛传播，以及由此所引起的文化方面的关注（Choi，Hudes & Steward，2008；Goffman，1963），都使公众对艾滋病的污名无论是程度还是范围都远远超过对其他传染疾病的污名（Mak et al.，2006）。

一　艾滋病污名的形成机制

（一）归因理论

社会心理学家通常采用社会认知理论对艾滋病污名的成因进行分析，其中主要是归因理论的运用。1988年Weiner在研究中让被试判断十种不同污名情况的发生原因的可控性和稳定性，并记录被试在面对这些污名情况时的情绪反应，由此将污名研究引入了一个新的时代（Weiner，Perry & Magnusson，1988）。根据Weiner的归因理论，对致病原因的归因会导致个体对患病者产生不同的情绪反应，进而影响其对患者采取的态度和行为。在这一归因过程中，可控性（controllability）是最为重要的维度，如果致病原因是不可控的——不管患者是否预期到其行为所能导致的后果，只要致病行为并非其能够控制的——那么人们对因此而患病的人会产生同情，进而导致了人们将对患者做出帮助行为；如果某一疾病的致病原因是患者可控的，人们对患者的情绪反应则变为愤怒，认为患病者应该为自己的行为负责，因此会做出歧视行为（Weiner et al.，1988）。换句话说，对可控性的认知导致对患者致病责任的判断，是产生污名情绪以及污名行为的主要原因。

归因理论从心理学的角度明确了污名现象的形成过程，为大多数的污名研究者所接受，并不断被应用于研究各种疾病的污名现象。2006年Mak等人的研究中，对艾滋病、非典型性肺炎（SARS）和肺结核三种传染型疾病的归因模型进行了检验，得出了由归因模式导致

---

① 高效抗逆转录病毒疗法，俗称鸡尾酒疗法，是指用三种以上的抗病毒药物混合治疗艾滋病的疗法，这样能够针对艾滋病毒的不同部位，阻止病毒进入血细胞，延长患者寿命。但此疗法只能够使病毒以较慢速度繁殖，无法彻底清除艾滋病毒。

公众污名的模型（见图1）。其中，相比于非典型性肺炎和肺结核，艾滋病患者受到更加严厉和公开的污名，被调查者普遍认为罹患艾滋病的患者是咎由自取，感染艾滋病毒是由患者自身可控的行为所造成的，因此艾滋病患者更应该为自己的病情负责，也受到更多的指责，这一系列的归因导致了公众给予艾滋病患者更多的污名（Mak et al.，2006）。

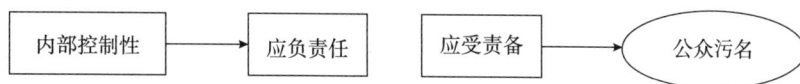

```
┌─────────┐      ┌─────────┐      ┌─────────┐      ╭─────────╮
│ 内部控制性 │ ───→ │ 应负责任 │      │ 应受责备 │ ───→ │  公众污名  │
└─────────┘      └─────────┘      └─────────┘      ╰─────────╯
```

图1　归因模式导致污名

资料来源：Mak et al.，2006。

然而，归因理论有时候并不能完全解释艾滋病污名的发生原因。Peter 等人1994年的研究中以小品文的形式控制了艾滋病患者得病的可控性，即情景描述分别为个人可控的和个人不可控的原因，要求被试对艾滋病患者的污名进行评价，尽管对疾病来源的归因能够解释部分污名的减少，但艾滋病的致死性、感染的风险等其他变量相比归因更多地解释了人们对艾滋病患者的反应行为（Peters，den Boer，Kok & Schaalma，1994）。因此，尽管归因理论在对各种疾病，包括对艾滋病的公众污名的解释，得到了研究者的广泛认可，但在艾滋病污名的发生过程中，还有一些其他的因素，可能对污名的形成起到了更加关键的作用，有待以后的研究进一步验证。

（二）社会文化理论

在归因理论得到广泛应用和认可的同时，2003年Parker等人从社会文化的角度重新诠释了污名的概念框架（Parker & Aggleton，2003）。Parker认为以往研究中对污名的研究存在概念上的局限，对污名的定义是非常模糊的，偏离了Goffman对污名的经典定义。污名，归根结底，应该是一种能够降低个体社会地位的属性，污名他人的过程是通过建立各种规则而提升优势群体的利益，制造等级观念和次序，并进一步用制度化的手段使等级观念和等级次序合法化的过程。归因理论过于强调对个体的研究，强调个体的知觉以及这些知觉对社会交往的影响，而忽略了这样一个事实：污名和歧视是与整个人类群体相联系的社会文化现象，而不是简单的个人行为的结果。Parker援引法国哲学家Foucault和社会学家Pierre Bourdieu对权力和社会文化的观点，认为污名作用于文化、权力和差异的交叉点上，污名和歧视不仅仅在差异中出现，而是更加明确地与社会结构的不平等相关联。污名他人是社会生活中复杂的权力斗争的部分内容，是一部分人通过制度或霸权而追求权力、地位和社会资源的过程，并且在获得优势地位之后继续污名他人，以社会结构的不平等实现他们的优势地位合法化。

社会文化理论提出后得到了很多研究者的支持。Padilla 等人以一个特殊群体，拉丁美洲双性恋艾滋病男性为被试，考察他们对其父母及配偶公开其性取向的行为以及这种行为在多大程度上受到污名经历和社会不平等的影响。对70名被试进行深度半结构化访谈的结果发现，这些被试普遍受到社会的歧视和排挤，而导致他们从事性交易活动的一个很重要的原因是他们早年的无家可归、贫穷以及被虐待的社会经历（Padilla et al.，2008）。社会的不平等使他们失去了大部分的社会资源，为了获得社会资源，他们选择从事性交易活动，但这导致他们被污名情形的出现，而且会进一步加剧他们社会资源的缺失。

对巴西艾滋病儿童进行的一项研究证实，文化习俗、社会不平等以及权利差异的交互作用导致了对艾滋病儿童的污名（Abad Ã-a-Barrero & Castro，2006）。研究者对接受高效抗逆转录病毒疗法的艾滋病儿童进行访谈，发现艾滋病相关污名很大程度上是由社会的不平等所造成的，而高效抗逆转录病毒疗法不仅仅提高了艾滋病儿童的存活率和生活质量，更重要的是，它使这些儿童有机会获得这种帮助其抵御艾滋病的医疗资源，从而在一定程度上改善了社会的不平等，进而降低了艾滋病儿童的污名。

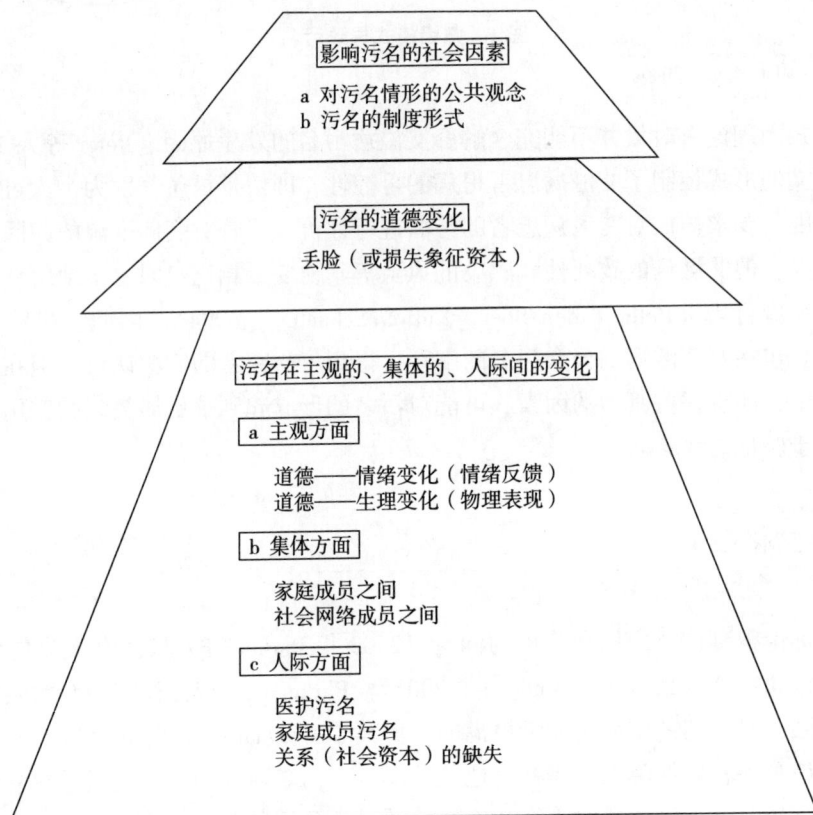

图2　中国人污名影响三层模型

资料来源：Yang & Kleinman，2008。

（三）文化道德理论

社会文化理论提出之后，被一些研究者所采纳并发展。2007 年 Yang 等人在此基础上提出了污名的概念模型（conceptual model），他们认为污名最主要的特点是使人感受到其珍视的某些精神层面的东西（名誉、地位等）面临即将失去或减少的危险，或正在遭受着损失（Yang et al.，2007）。污名他人，是为了应对知觉到的威胁或真实的危险以及对未知的恐惧，它不仅是污名者自我保护和心理防御的一种机制，而且已经上升到了道德的层面。对于被污名者，污名使其痛苦复杂化，即不仅要面对自身某些缺陷，更重要的是，还要面临精神世界的损失（地位、声誉等）。污名的跨文化相似性表明，污名是人类进化过程中发展出的一种认知适应能力——通过排斥那些具有（或可能具有）某种不良特质的人来避免群居生活中的潜在危险（Major & Brien，2005）。Yang 等人将污名的概念模型应用于中国人对"面子"的研究，综合了近年来对中国艾滋病患者和精神分裂症的污名研究，提出了如图2所示的中国人的污名三层次模型，用以解释污名的社会特征是如何产生恶劣影响的（Yang & Kleinman，2008）。模型的最上层是影响污名的社会因素，它包含污名情形的公共观念和污名的制度形式，具体到艾滋病患者的情形中，前者包含公众对艾滋病的刻板印象、社会的等级结构等，后者则代表了由经济、政治、历史等方面原因造成的对艾滋病的歧视方式。这两个因素是决定艾滋病污名在社会中存在的宏观因素，与社会文化理论中的阐述相类似；模型的第二层为污名的道德变化，具体来说，就是"丢脸"或失去获得社会资源的象征资本。尽管"丢脸"与污名的发生是不可分离的，但对道德的评价在污名的发生过程中具有媒介的作用。艾滋病患者通常被认为"丢脸"的原因，就在于对其患病原因的道德评价。有研究表明，通过献血、卖血或输血等无关道德评价的方式感染艾滋病的患者，更容易获得同情，也不会产生较大的心理压力，在这中间，对患病原因的道德评价起了决定性的作用（Zhou，2007）；模型的第三层包含了三个既相互独立又彼此联系的方面，这三者共同作用于污名对社会中个体的影响：在主观或个体层面上，道德的变化影响情绪的变化，在道德系统中丧失声誉导致情绪上的低落，如艾滋病患者道德上的"丢脸"被强烈的感知为羞愧或屈辱。另外，污名的道德变化还导致生理变化，正如"丢脸"有其心身表现一样，个体的社会价值也是有其生理机能的，颜面扫地或者没脸见人都会导致其生理上的变化。在集体层面上，污名是在家庭成员之间或社会网络中间发生的。"丢脸"会成为一种集体的感受，一名艾滋病患者公开其患病身份后，其整个家庭或整个社交网络都会共同感到羞愧。这一集体的羞辱可以理解为是一个互动的过程，个体之间的语言、手势、含义、感觉和个体自身的感觉在产生污名的过程中同样重要。污名的人际层面包括所有个体对个体形式的歧视和社会排斥，如在艾滋病污名中普遍存在的医护污名和家庭成员的污名。另外，关系（或社会资本）的缺失同样是人际方面的重要组成部分。具体到艾滋病患者，这种关系或社会资本的缺失则可能表现为在求职、租房、受教育等方面的歧视。

二 艾滋病污名的影响

（一）对艾滋病患者的影响

污名对艾滋病患者的影响是巨大的，它使艾滋病患者在承受疾病痛苦的同时，也承担着巨大的心理压力。污名化程度越高，其心理压力越大（Steward et al.，2008）。从某种程度上来说，由艾滋病污名所带来的伤害，不亚于疾病对他们造成的伤害（Bogart et al.，2008；Link & Phelan，2006；Mak et al.，2006）。由于害怕面对因为疾病而引发的污名，有些艾滋病患者可能会不愿意暴露自己的病情，或拒绝求医和接受治疗，这一行为进而会加剧病情的恶化，因此有研究者认为，对艾滋病的污名能够导致对其治疗作用的降低，还可能会导致艾滋病毒的进一步传播（Anderson et al.，2008；Liu & Choi，2006）。对于已经暴露病情的艾滋病患者而言，普遍存在的污名使他们在经济上和生活上陷入巨大的困境。主要表现在失去工作或不被雇佣，租不到房子，被亲友所疏远或孤立等（Li et al.，2008；Link & Phelan，

2006）。

Scambler 根据对癫痫病的观察提出了疾病污名的隐瞒—痛苦模型。他将污名分为了两种类型，即感知污名（felt stigma）和实际污名（enacted stigma）。感知污名是指担心被侮辱或被拒绝的感受，即没有受到实际的污名或歧视时对可能发生污名的担心，实际污名是指被污名者遭受的公开歧视或敌对。隐瞒—痛苦模型主要有四个主张：第一，已确诊患者在没有遭受实际污名之前，已经感觉到强烈的感知污名；第二，感知污名驱使患者首先选择隐瞒自己的病情，以避免可能发生的实际污名；第三，由于较少人意识到患者的病情，因此实际污名发生的概率和实例都是非常小的；第四，由于成功地隐瞒了自己的病情，影响患者生活较大的是感知污名而非实际污名（Scambler，1998）。

这一模型已经在包括艾滋病在内的多种疾病污名研究中得到了证实。Steward 等人（2008）在隐瞒—痛苦模型的基础上对 229 名印度艾滋病患者进行了一项调查，结果发现实际污名通常会导致感知污名，但实际污名往往出现较少，而感知污名反而被更多艾滋病患者被试报告。Bogart 等人最近的一项研究发现，感知污名对艾滋病毒感染者的影响非常大，几乎比疾病本身带来的伤害要多。尽管这两种污名实际上是分别发生的，但它往往对艾滋病患者知觉为一种感受（Bogart et al.，2008）。这为我们试图消除或减少有关艾滋病污名的方案提供了新的思路，消除患者的感知污名可能是比消除公众对他们的实际污名更加直接而有效的办法。研究者认为，当个体没有经历过实际污名时，他们有可能通过观察学习从其他艾滋病患者那里体会到实际污名的痛苦，称之为间接污名（vicarious stigma），它也同样会导致感知污名的出现。遭受感知污名痛苦的艾滋病患者通常会隐瞒自己的病情，而在这一避免暴露的过程中他们承受了巨大的心理压力。

除了实际污名和感知污名，有些艾滋病患者还会承受自我污名（self-stigma），即患者认识到公众对自己的污名后，认同和内化这些信念、态度或行为（Corrigan & Watson，2002）。在 Mak 等人对 150 名中国香港艾滋病患者的自我污名的调查中发现，艾滋病患者自我污名的程度因人而异，但这种自我污名对他们的心理幸福感有显著的负面影响，同时自我污名也会降低其知觉到的支持程度，这将进一步加剧他们的心理痛苦（Mak et al.，2007）。

（二）对艾滋病患者家庭的影响

艾滋病污名不仅对艾滋病患者造成影响，还会伤害患者的家庭和亲友（Li et al.，2008，曹广华、支玉红、刘莉红、刘高旺、张世霞，2009），发生连带污名。连带污名（courtesy stigma）是指因为与被污名个体或群体有联系而间接获得污名的情况。研究表明，与艾滋病有关的污名和歧视在家庭中是非常严重的，而且这一现象在可预见的未来没有减弱的趋势。它不仅会影响到家庭的脸面，使整个家庭的社会交往圈变小，也可能影响家庭成员间的和睦甚至导致家庭的破裂（Li et al.，2008；Zhou，2007）。但是，艾滋病污名对家庭的影响中也有积极的一面。在度过家庭最初的排斥和孤立后，艾滋病患者会得到来自家庭的支持和帮助，并且家庭能够为其中的其他成员提供支持以应对他们所遭受的污名和歧视。对艾滋病人自杀意念的研究中发现，家庭的关怀能够增加艾滋病患者生活的信心，让患者感受到关心、爱护以及自身的价值（吴红燕、孙业桓、张秀军、张泽坤、曹红院，2007）。因此，有研究者由此获得启示，建议将家庭纳入对艾滋病污名的干预范围以内，很多家庭在经过特殊的艾滋病教育和培训后，能够找到有用的应对策略，通过与其他艾滋病家庭建立联系获得支持和鼓励，特别是对于重视关系的中国家庭来说，这种针对家庭的污名干预计划可能会更加的有效（Li et al.，2008）。

三 减少艾滋病污名的干预措施

（一）接触假设

接触假设指的是被污名者与公众的任何形式的相互作用，它是污名研究中用来减少污名的一种办法（Heijnders & Van Der Meij，2006）。心理学家 Allport 在 *The Nature of Prejudice* 一书中提到，不同群体在追求共同目标的过程中，通过地位平等的接触而减少彼此间的偏见（Herek & Capitanio，1997）。在艾滋病污名的干预过程中，接触被认为能够起到减少污名的作用。Herek 等人 1997 年进行的艾滋病污名的追踪研究中对接触假设进行了检验，结果发现，与艾滋病患者有过直接接触的被试比那些没有过直接接触的被试更加同情和理解艾滋病患者，也较少回避或责备他们（Herek & Capitanio，1997）。Brown 等人认为，与艾滋病患者更加个体化的接触能够降低对艾滋病的神秘感与误解，增加人们对艾滋病患者的同情（Brown，Macintyre & Trujillo，2003）。Zhou 等人对北京的 21 名艾滋病患者进行的访谈结果表明，非感染者与艾滋病患者的积极接触，不仅帮助他们正确地理解了这一疾病，更重要的是能够为艾滋病患者建构起一个良好的支持环境（Zhou，2007）。然而，到目前为止在艾滋病污名领域对这一干预措施的实证研究还十分少见，已有的结果或是从其他污名干预中的借鉴，或是对已经实际发生相互接触的结果的调查，还没有出现专门针对一般民众与艾滋病患者的接触而设计的实际干预项目。

（二）知识传播

针对普通民众进行的艾滋病污名调查中，研究者普遍发现民众对艾滋病传播途径的常识缺乏了解，主要表现为对何种途径不会导致艾滋病毒的传播存在极大的误解（Herek，Capitanio & Widaman，2002），而在艾滋病患者实际遭受到的污名中，大部分的拒绝和回避是来源于对艾滋病毒传染的恐惧以及对病毒传播途径的不了解（Bogart et al.，2008），甚至有的医护人员或艾滋病毒感染者本人也不了解什么样的接触不会传播艾滋病毒（Bogart et al.，2008；Pisal et al.，2007），因此有研究者认为，可以将艾滋病知识的传播作为减少艾滋病污名的一项干预措施，并且已有研究者以此作为干预艾滋病污名的实践项目。对 928 名纽约市民进行的电话调查发现，对艾滋病相关知识了解越多，对艾滋病患者产生污名和责备越少（Des Jarlais et al.，2006），国内研究也表明，对艾滋病没有歧视和偏见的调查对象比对其有歧视和偏见的调查对象所掌握的有关艾滋病的知识多（郭欣等，2006）。并且，对艾滋病相关知识了解较高的学生群体愿意与艾滋病患者交往的比率也较高（邹艳杰、潘京海、马立宪、朱林，2006）。但是，近年来一些研究者发现，仅仅向民众传播艾滋病知识来达到消除或减少艾滋病污名是不够的。一项在加勒比地区进行的艾滋病污名调查发现，在已经获得艾滋病相关知识的情况下，人们仍然对罹患艾滋病的人表现出歧视行为，这种污名源于根植于文化或宗教信仰当中的信念，使人们认为感染艾滋病毒的人都是"罪孽深重"的，而感染这种疾病就是对他们的罪孽的惩罚（Anderson et al.，2008）。以中国人为被试的调查研究也获得了类似的结果，尽管公众对疾病的传播知识有所了解，但这与他们对患者产生污名几乎没有相关（Mak et al.，2006）。遵从归因理论的研究者认为，这是因为对患病原因的归因是一个非常复杂的框架模型。在这一框架中，对疾病真实情况的了解对产生污名几乎不起作用，这种大众的观念或信念才是污名产生的最重要的原因。因此建议在减少污名的努力中，不必大费周章地宣传疾病常识，因为这些常识与公众的基本信念相悖，不容易对公众的污名态度产生较大的影响。更多的努力应该放在改变公众对传染性疾病的归因方式上。

但大量的研究证明，知识传播确实能够对不了解艾滋病毒传播方式的民众起到教育作用，并减少他们因为误解而产生的污名，因此，对艾滋病知识的普及与传播还是十分必要的。同时，由于对艾滋病患者的污名不仅仅由于对艾滋病传播方式的误解和恐惧而造成，也有艾滋病的致死率高和一些信仰的原因，因此，仅仅对民众灌输艾滋病相关知识并不能导致污名态度的彻底改变。与其他干预方式相结合，如与艾滋病人增加接触或培训艾滋病患者的社交技能，可能会更好地减少艾滋病污名（Heijnders & Van Der Meij，2006）。

（三）艾滋病患者的自我观念的改变

通常人们认为，减少艾滋病污名的方法主要是针对施加污名的人，目的在于改变他们对艾滋病患者的态度和行为，但是近年来对感知污名、实际污名和自我污名的研究发现，有相当一部分被污名者所遭受的污名不是客观存在的，而是源于自身对污名的预期，以及自我污名的影响。Thornicroft 等（2009）发现，感知污名与实际污名是彼此独立的，没有经历过实际污名的个体也有很大可能遭受感知污名的困扰。Heijnders 等人在综合比较了多种污名干预策略后指出，污名并不是某些个体的行为，被污名者在对抗污名的过程中并不是消极的接受者，他们同样也可以在这一过程中起到积极的作用（Heijnders & Van Der Meij，2006）。已有研究中有一些是通过心理咨询的方法来达到减少污名的效果的。一项针对中国香港的艾滋病患者的认知行为干预的项目（Cognitive-behavioral Program，CBP）帮助患者辨别并改变关于自身疾病的不正确观念，提高他们应对压力的技能，以获得更多的社会支持并减少心理压力。与没有接受认知行为治疗的艾滋病患者相比，患者在接受治疗后心理压力明显的降低，同时伴随着生活质量的提升（Chan et al.，2005）。类似的实证研究虽然不多见，但该疗法在精神疾病的污名干预中收到了良好的效果（Corrigan，Kerr & Knudsen，2005），可以认为减少被污名者的感知污名和自我污名，提升其自尊，是减少艾滋病污名困扰的重要途径。

Brown 等（2003）在综述了不同的艾滋病污名干预项目后也发现，多重干预措施或多通道的干预方法在许多研究中都出现过。综合不同学者对艾滋病污名的形成机制的研究，我们可以认为艾滋病污名是由社会和个体共同的原因导致的，因此，对艾滋病污名的干预也需要是多方面、针对不同的对象的（Link & Phelan，2001）。

四 未来研究展望

第一，针对污名现象的形成机制，归因理论往往作为一种较普遍为研究者接受的理论解释。但是归因理论并不能解释所有艾滋病污名研究的结果。这一方面与艾滋病污名的复杂原因有关，另一方面也是艾滋病污名的社会制度或文化原因造成的。近年来，有一些研究者开始提倡从社会、文化的角度来研究污名的问题，这提示我们对不同文化下的艾滋病污名现象进行跨文化的研究，以验证社会文化对艾滋病污名的影响。因此，进一步地完善和发展归因理论，更多地尝试从社会的文化的观点来探讨污名的形成机制并制定相应的干预措施，对艾滋病污名进行跨文化的综合研究，将是今后研究的一个重要方向。

第二，当前研究通常以访谈或问卷调查的形式进行，较少有实验或准实验研究。早先的大部分研究主要应用质化访谈，对艾滋病患者或普通民众的某一群体进行访谈，考察他们的态度以及所关心的问题。近年来，在（Joint United Nations Programme on HIV/AIDS，UNAIDS）提出发展各种艾滋病污名的测量问卷后，出现了许多开发验证测量工具，以问卷法调查艾滋病患者或民众的态度的研究。然而，无论是访谈法还是问卷法，最大的限制就是可能受到社会称许性的影响，而且由于没有对照组的比较，使结论的推广受到一定限制。在今后的研究中有必要采用更多的实验或准实验设计，或在调查研究中结合一些实验的处理。

第三，结合我国国情和社会文化特点，尽早深入开展针对我国民众艾滋病污名的研究势在必行。根据 UNAIDS 的报告，截至 2007 年，我国估计有大约 70 万的艾滋病患者和艾滋病毒携带者，而且发病情况近年来呈逐年上升的趋势（UNAIDS，2008）。与世界各国类似，艾滋病相关的污名现象在我国也是十分严重的（Lee et al.，2005；Liu et al.，2006；Stein & Li，2008；Wu，Sullivan，Wang，Rotheram-Borus & Detels，2007）。针对中国艾滋病毒感染者的污名研究已经在全国各地，特别是一些艾滋病高发地区，和艾滋病毒易感人群中进行（Deng et al.，2007）。但艾滋病污名作为一种广泛存在的社会现象，不仅仅存在于艾滋病高发地区和高危人群中，普通民众对艾滋病患者的污名现象是普遍存在的。因此有必要针对我国民众对艾滋病毒感染者的污名态度进行广泛而深入的调查研究，并结合文化道德理论，探讨我国民众艾滋病污名的特点并针对具体国情制定相应的减少艾滋病污名的制度和策略。

参考文献

[1] 曹广华，支玉红，刘莉红，刘高旺，张世霞. 艾滋病高发农村少年儿童生长发育及心理健康调查 [J]. 中国居药导报，2009（6）：107-109.

[2] 郭欣，程怡民，李颖，黄娜，武俊青，汝小美. 对艾滋病歧视与偏见的研究 [J]. 中国妇幼保健，2006（21）：3300-3303.

[3] 吴红燕，孙业桓，张秀军，张泽坤，曹红院. 艾滋病病人自杀意念的心理、社会影响因素研究 [J]. 疾病控制杂志，2007（11）：342-345.

[4] 杨清，潘晓红，蔡高峰，马瞧勤，陈钢，徐云，等. 艾滋病防治公务人员对 HIV/AIDS 态度分析 [J]. 中国公共卫生，2007（23）：1424-1426.

[5] 邹艳杰，潘京海，马立宪，朱林. 艾滋病患者及感染者被歧视现况调查 [J]. 中国公共卫生，2006

（22）：1472.

［6］Abad A-a-Barrero, C. E. & Castro, A. Experiences of Stigma and Access to HARRT in Children and Adolescents Living with HIV/AIDS in Brazil ［J］. Social Science & Medicine, 2006（62）：1219-1228.

［7］Anderson, M., Elam, G., Gerver, S., Solarin, I., Fenton, K. & Easterbrook, P. HIV/AIDS - related Stigma and Discrimination：Accounts of HIV-positive Caribbean People in the United Kingdom ［J］. Social Science & Medicine, 2008（67）：790-798.

［8］Bogart, L. M., Kennedy, D., Ryan, G., Schuster, M. A., Cowgill, B. O. & Elijah, J., et al. HIV-related Stigma among People with HIV and Their Families：A Qualitative Analysis ［J］. AIDS and Behavior, 2008（12）：244-254.

［9］Brown, L., Macintyre, K. & Trujillo, L. Interventions to Reduce HIV/AIDS Stigma：What Have We Learned? ［J］. AIDS Education and Prevention, 2003（15）：49-69.

［10］Chan, I., Kong, P., Leung, P., Au, A., Li, P. & Chung, R., et al. Cognitive - behavioral Group Program for Chinese Heterosexual HIV-infected Men in Hong Kong ［J］. Patient Education and Counseling, 2005（56）：78-84.

［11］Choi, K., Hudes, E. & Steward, W. Social Discrimination, Concurrent Sexual Partnerships, and HIV Risk among Men Who Have Sex with Men in Shanghai, China ［J］. AIDS and Behavior, 2008（12）：71-77.

［12］Corrigan, P. W., Kerr, A. & Knudsen, L. The Stigma of Mental Illness：Explanatory Models and Methods for Change ［J］. Applied and Preventive Psychology, 2005（11）：179-190.

［13］Corrigan, P. W. Mental Health Stigma as Social Attribution：Implications for Research Methods and Attitude Change ［J］. Clinical Psychology, 2000（7）：48-67.

［14］Corrigan, P. W. & Watson, A. C. The Paradox of Self-stigma and Mental Illness ［J］. Clinical Psychology, 2002（9）：35-53.

［15］Dean, M. A., Roth, P. L. & Bobko, P. Ethnic and Gender Subgroup Differences in Assessment Center Ratings：A Meta-analysis ［J］. Journal of Applied Psychology, 2008（93）：685-691.

［16］Deng, R., Li, J., Sringernyuang, L. & Zhang, K. Drug Abuse, HIV/AIDS and Stigmatisation in a Dai Community in Yunnan, China ［J］. Social Science & Medicine, 2007（64）：1560-1571.

［17］Des Jarlais, D. C., Galea, S., Tracy, M., Tross, S. & Vlahov, D. Stigmatization of Newly Emerging Infectious Diseases：AIDS and SARs ［J］. American Journal of Public Health, 2006（96）：561-567.

［18］Goffman, E. Stigma Notes on the Management of Spoiled Identity ［M］. Englewood Cliffs, N. J. Prentice-Hall, 1963.

［19］Heijnders, M. & Van Der Meij, S. The Fight Against Stigma：An Overview of Stigma - reduction Strategies and Interventions ［J］. Psychology, Health & Medicine, 2006（11）：353-363.

［20］Herek, G. M. Confronting Sexual Stigma and Prejudice：Theory and Practice ［J］. Journal of Social Issues, 2007（63）：905-925.

［21］Herek, G. M., Capitanio, J. P. & Widaman, K. F. HIV-Related Stigma and Knowledge in the United States：Prevalence and Trends, 1991-1999 ［J］. American Journal of Public Health, 2002（92）：371-377.

［22］Herek, G. M. & Capitanio, J. P. AIDS Stigma and Contact with Persons with AIDS：Effects of Direct and Vicarious Contact ［J］. Journal of Applied Social Psychology, 1997（27）：1-36.

［23］Lee, M. B., Wu, Z., Rotheram-Borus, M. J., Detels, R., Guan, J. & Li, L. HIV-related Stigma among Market Workers in China ［J］. Health Psychology, 2005（24）：435-438.

［24］Li, L., Wu, Z., Wu, S., Jia, M., Lieber, E. & Lu, Y. Impacts of HIV/AIDS Stigma on Family Identity and Interactions in China ［J］. Families, Systems & Health, 2008（26）：431-442.

［25］Link, B. G. & Phelan, J. C. Conceptualizing Stigma ［J］. Annual Review of Sociology, 2001（27）：

363-385.

［26］Link, B. G. & Phelan, J. C. Stigma and Its Public Health Implications ［J］. The Lancet, 2006（367）：528-529.

［27］Liu, H. , Hu, Z. , Li, X. , Stanton, B. , Naar-King, S. & Yang, H. Understanding Interrelationships among HIV-related Stigma, Concern about HIV Infection, and Intent to Disclose HIV Serostatus: A Pretest-posttest Study in a Rural Area of Eastern China ［J］. AIDS Patient Care and STDs, 2001（20）：133-142.

［28］Liu, J. X. & Choi, K. Experiences of Social Discrimination among Men Who Have Sex with Men in Shanghai, China. AIDS and Behavior, 2006（10）：25-33.

［29］Major, B. & O'Brien, L. T. The Social Psychology of Stigma ［J］. Annual Review of Psychology, 2005（56）：393-422.

［30］Mak, W. W. S. , Cheung, R. Y. M. , Law, R. W. , Woo, J. , Li, P. C. K. & Chung, R. W. Y. Examining Attribution Model of Self-stigma on Social Support and Psychological Well-being among People with HIV+/AIDS ［J］. Social Science & Medicine, 2007（64）：1549-1559.

［31］Mak, W. W. S. , Mo, P. K. H. , Cheung, R. Y. M. , Woo, J. , Cheung, F. M. & Lee, D. Comparative Stigma of HIV/AIDS, SARs, and Tuberculosis in Hong Kong ［J］. Social Science & Medicine, 2006（63）：1912-1922.

［32］Neilands, T. , Steward, W. & Choi, K. Assessment of Stigma Towards Homosexuality in China: A Study of Men Who Have Sex with Men ［J］. Archives of Sexual Behavior, 2008（37）：838-844.

［33］Padilla, M. , Castellanos, D. , Guilamo-Ramos, V. , Reyes, A. M. , Sanchez Marte, L. E. & Soriano, M. A. Stigma, Social Inequality, and HIV Risk Disclosure among Dominican Male Sex Workers ［J］. Social Science & Medicine, 2008（67）：380-388.

［34］Parker, R. & Aggleton, P. HIV and AIDS-Related Stigma and Discrimination: A Conceptual Framework and Implications for Action ［J］. Social Science & Medicine, 2003（57）：13-24.

［35］Peters, L. , den Boer, D. J. , Kok, G. & Schaalma, H. P. Public Reactions Towards People with AIDS: An Attributional Analysis. Patient Education and Counseling ［J］. Special Issue: Current Perspective: AIDS/HIV Education and Counseling, 1994（24）：323-335.

［36］Pisal, H. , Sutar, S. , Sastry, J. , Kapadia-Kundu, N. , Joshi, A. & Joshi, M. , et al. Nurses' Health Education Program in India Increases HIV Knowledge and Reduces Fear ［J］. The Journal of the Association of Nurses in AIDS Care, 2007（18）：32-43.

［37］Roehling, M. V. , Roehling, P. V. & Pichler, S. The Relationship between Body Weight and Perceived Weight-related Employment Discrimination: The Role of Sex and Race ［J］. Journal of Vocational Behavior, 2007（71）：300-318.

［38］Rüsch, N. , Angermeyer, M. C. & Corrigan, P. W. Mental Illness Stigma: Concepts, Consequences, and Initiatives to Reduce Stigma ［J］. European Psychiatry, 2005（20）：529-539.

［39］Scambler, G. Stigma and Disease: Changing Paradigms ［J］. The Lancet, 1998（352）：1054-1055.

［40］Stein, J. & Li, L. Measuring HIV-related Stigma among Chinese Service Providers: Confirmatory Factor Analysis of a Multidimensional Scale ［J］. AIDS and Behavior, 2008（12）：789-795.

［41］Steward, W. T. , Herek, G. M. , Ramakrishna, J. , Bharat, S. , Chandy, S. & Wrubel, J. , et al. HIV-related Stigma: Adapting a Theoretical Framework for Use in India ［J］. Social Science & Medicine, 2008（67）：1225-1235.

［42］Thornicroft, G. , Brohan, E. , Rose, D. , Sartorius, N. & Leese, M. Global Pattern of Experienced and Anticipated Discrimination against People with Schizophrenia: A Cross-sectional Survey ［J］. The Lancet, 2009（373）：408-415.

[43] UNAIDS. Report on the Global AIDS Epidemic [R]. [Geneva]: Joint United Nations Programme on HIV/AIDS (UNAIDS), 2008.

[44] Weiner, B., Perry, R. P. & Magnusson, J. An Attributional Analysis of Reactions to Stigmas [J]. Journal of Personality and Social Psychology, 1988 (55): 738-748.

[45] Wu, Z., Sullivan, S. G., Wang, Y., Rotheram-Borus, M. J. & Detels, R. Evolution of China's Response to HIV/AIDS [J]. The Lancet, 2007, 369: 679-690.

[46] Yang, L. H., Kleinman, A., Link, B. G., Phelan, J. C., Lee, S. & Good, B. Culture and Stigma: Adding Moral Experience to Stigma Theory [J]. Social Science & Medicine, 2007 (64): 1524-1535.

[47] Yang, L. H. & Kleinman, A. "Face" and the Embodiment of Stigma in China: The Cases of Schizophrenia and AIDS [J]. Social Science & Medicine, 2008 (67): 398-408.

[48] Zhang, T., Liu, X., Bromley, H. & Tang, S. Perceptions of Tuberculosis and Health Seeking Behaviour in Rural Inner Mongolia, China [J]. Health Policy, 2007 (81): 155-165.

[49] Zhou, Y. R. "If You Get AIDS, You Have to Endure It Alone": Understanding the Social Constructions of HIV/AIDS in China [J]. Social Science & Medicine, 2007 (65): 284-295.

Mechanism, Negative Effect and Interventions of HIV Stigma

Liu Ying　Shi Kan

Abstract: HIV related Stigma was reviewed from attribution theory, social cultural framework, and cultural moral conception. HIV stigma included the enacted stigma, felt stigma and the self stigma, which all brought physical and psychological distress to people living with HIV/AIDS. Several interventions including contact hypothesis, information diffusion as well as cognitive behavioral therapy worked together to reduce HIV stigma. Future research is suggested to focus on social cultural and moral viewpoint, and with more quantitative and cross-cultural investigation.

Key words: HIV; stigma; attribution theory; social cultural framework; cultural moral conception

家长式领导与员工工作投入：
心理授权的中介作用*

魏 蕾 时 勘

【编者按】 2007年，我进入中国科学院大学管理学院就读企业管理专业，有幸拜读于时勘老师门下，成为"时勘博士课题组"成员之一。在读期间主要从事领导风格、工作投入及胜任特征相关内容的研究。毕业后在黄埔海关隶属东莞海关就职，目前，主要从事企业信用管理、AEO认证等相关工作。时光如梭，转眼毕业已经近10年，和时老师和课题组一起朝夕相处的日子仍历历在目。可以记得，还在本科大三时徘徊胆怯地给时老师发去自荐邮件，收到时老师温暖回复的雀跃；仍可回忆，和加艳师兄在管院实验室做航天员选拔模型的认知测试，那个晴朗暑假的蝉鸣；至今想起，为了一篇论文、一份报告，甚至一个PPT的精益求精，手机里时老师凌晨三四点就发来短信；还可记得，受时老师推荐，和邱晨一起跟随义忠师兄在中兴通讯开发中层干部胜任特征模型，数个同力协契的日夜；曾经经历，在汶川特大地震后、在北京奥运会前，时老师执着、笃定的公益之心；……在学术上，时老师博学却不乏严谨，专业方面却不傲气，对学生总是倾囊相授、指点迷津；在生活上，时老师严于律己却宽以待人，怀瑾握瑜却不负才傲物，对学生总是将顺其美、无微不至。近年来，虽不在时老师身边，仍一直关注时老师及课题组的发展。当我看到时老师承担的国家自然科学基金重大项目、国家社会科学基金重大项目成功结题，并获基金委高度评价，看到中华民族伟大复兴的社会心理促进机制研究、"一带一路"沿线国家文化心理行为等紧扣国家政策的研究成果得到社会各界的认同，看到课题组的师兄师姐师弟师妹活跃在心理学乃至其他的各行各业发光发热，由衷地为时老师感到骄傲，为自己能成为其中一员感到自豪。一日为师，终身为父。我受教于时老，吾之甚幸也！（魏蕾，中国科学院管理学院2007级硕士生，东莞海关人力资源部 经理）

摘 要： 对国内402名员工的关于家长式领导、工作投入和心理授权的问卷数据进行了分析，探索中国文化背景下组织特有的家长式领导与员工工作投入之间的关系及心理授权在两者关系中的中介作用。结果表明，家长式领导中的仁慈领导和威权领导两维度对员工工作投入有显著的预测作用；心理授权在仁慈领导和工作投入之间起着部分中介作用。

关键词： 家长式领导；工作投入；心理授权

---

* 本研究得到了国家自然科学基金委员会重大项目的培育项目（90924007）的资助。

一　引言

在近十多年来，主张发扬乐观、投入、创造力等积极品质的积极心理学研究领域正在不断扩大。工作投入（job involvement）作为对企业员工研究的一个积极研究面，顺应了积极心理学的研究导向。工作投入不仅仅涉及企业员工的心理、行为层面，还与组织绩效息息相关，它被视为激励员工的关键因素，提高工作投入程度可以使员工更全力以赴地投入工作，从而提升组织的效能及生产力[1]。

家长式领导的特点是在一种人治的氛围下，彰显父亲般的仁慈与威严，并具有道德的无私典范。其包含三个维度：威权领导（authoritarianism leadership）、仁慈领导（benevolence leadership）、德行领导（moral leadership）[2]。在华人企业组织中，上位者会极端地自我展现；下属则要自我约束，表现服从的行为。目前，关于家长式领导有效性的实证研究主要是在我国台湾进行的，大陆学者近些年来也逐步开始关注。领导效能与西方领导理论的比较研究发现，在军事组织和政府组织中，变革型领导要比家长式领导对领导有效性有更强的预测作用；在企业组织中，家长式领导比变革型领导对领导有效性有更强的预测作用[3-5]。因此，家长式领导对于组织的领导有效性有不可忽视的解释力和预测作用。

国内外研究皆发现领导者的领导风格对员工的工作投入有显著影响。陈玫秀研究表明银行业主管的体恤、结构领导风格与工作投入呈显著正相关。Fung-sheng Wei 研究发现关怀领导和教师工作投入正相关，而结构领导（强调绩效）则和工作投入呈显著负相关。上述两个研究中的关怀领导和体恤领导与家长式领导中的仁慈领导有一定相似之处[6]；赖秋江研究发现，对小学教师工作投入的预测作用中，以校长领导风格最具预测力[7]，此处的校长领导风格与家长式领导风格的威权领导有一定相似之处。家长式领导的三维度，对领导有效性有着显著的解释力，与前人研究中能影响工作投入的领导风格有相似内容，因此我们推测家长式领导对员工的工作投入有显著预测作用。

心理授权（psychological empowerment）是授权的个体体验的综合体，这个综合体是四种认知的格式塔：工作意义（meaning）、自我效能（self-efficacy or competence）、自主性（self-determination）和工作影响（impact）。Conger 等指出，心理授权的研究应该关注授权后个体所产生的体验，从个体体验的角度来定义授权[8]，它已经成为组织行为学研究的另一个热点。有授权体验的员工工作会更积极、更主动、更有活力。过去研究表明，心理授权的提升可以提高员工的组织承诺[9,10]，提高员工的自我效能感从而提高工作效率[10]，与工作投入之间也存在极其显著的相关[11]。关于领导风格与心理授权之间的关系，国内外也已经有了很多有价值的研究结论。Avolio 发现心理授权受到变革型领导的影响，并对变革型领导与组织承诺之间的关系具有完全的中介作用[12]。Hepworth 等的研究发现，心理授权受到魅力型领导的影响[13]；李超平等的研究表明，心理授权受到变革型领导中的德行垂范维度的影响[14]。由此，心理授权也极有可能受到家长式领导中的德行领导的影响。宋高升发现心理授权受到领导部属交换的影响[15]，家长式领导的仁慈领导与 LMX 有较高相关，所以仁慈领导也极有可能显著的影响心理授权。综上，本文认为，心理授权很有可能会受到家长式领导的影响。家长式领导可能对工作投入有显著的预测作用，心理授权既可能受前者的显著影响，也与后者显著相关。因此，心理授权极可能在其间扮演中介变量的角色。

二　研究方法

（一）被试

对国内在职人员进行调查，发放问卷 461 份，回收 426 份，有效问卷 402 份。其中，男性 186 人，女性 212 人；高中以下学历有 21 人，高中、中专学历有 35 人，大专学历有 35 人，本科学历有 224 人，研究生及以上学历有 73 人；23.40%的被试来自公务员和事业单位，17.20%来自国企，15.40%来自外企，42.50%来自民企。

（二）工具

1. 家长式领导量表

家长式领导量表（paternalistic leadership scale，PSL）由中国台湾学者郑伯壎等于 2000 年编制[16]，量表包括 33 道题目，其中包括仁慈领导、德行领导、威权领导 3 个分量表。量表采用 Likert 6 点量表计分，其中有 6 题反向计分。分数越高，表示领导展现仁慈领导行为、德行领导行为和威权领导行为的程度越高。该量表在我国台湾、香港、大陆的研究中均使用过，具有良好的内部一致性信度和结构效度，之前研究的各个分量表的 α 系数为 0.73 ~ 0.92，三因素总共可解释 76%的变异。

2. 工作投入量表

工作投入量表（the utrecht work engagement scale，UWES）是由 Schaufeli 于 2002 年编制[17]，中文版由李金波 2005 年进行修订。我国学者李金波、刘华等都曾对该量表进行过信效度检验，结果表明具有较好的信效度。该量表包括"活力""奉献"和"专注"两个分量表。量表采用 Likert 7 点量表计分，分数越高，表示员工工作投入程度越高。

3. 心理授权量表

心理授权量表是由 Spreitzer 于 1997 年编制[18]，李超平等 2006 年进行修订[19]。整个量表包括工作意义、自我效能、自主性和工作影响 4 个部分共 12 题，每部分 3 道题。量表采用 Likert 5 点量表计分，分数越高表示在该维度上心理授权程度越高，之前研究的各个分量表的 α 系数为 0.72 ~ 0.86。

三　结果

（一）量表信效度检验

本研究首先对研究中使用的各量表的信效度进行检验。结果表明，本研究使用的量表的

各分量表 α 值均在 0.79~0.92，具有良好的信度。采用 LISREL 8.50 软件，对数据与各变量模型拟合性进行验证，验证各量表的结构效度。结果各项指标如表 1 所示，三个量表的各项指标均在可接受范围内，表明此次研究所用的量表均有良好的结构效度。

表 1　研究量表结构验证性因素分析结果（N=402）

拟合指标	家长式领导	心理授权	工作投入
χ^2	2226.44 **	97.38 **	380.16 **
df	492	48	101
χ^2/df	4.53	2.03	3.76
NNFI	0.92	0.96	0.91
CFI	0.94	0.97	0.92
GFI	0.92	0.95	0.93
RMSEA	0.04	0.04	0.05

注：** 表示 $p<0.01$，下同。

（二）相关分析

对问卷进行家长式领导、心理授权、工作投入进行 Pearson 相关分析检验结果如表 2 所示：家长式领导、心理授权和工作投入的内部维度两两间存在极其显著的相关（$p<0.01$）。

在家长式领导与结果变量的相关中，仁慈领导、德行领导与工作投入中的活力、奉献、专注均显著正相关（$p<0.05$），相关系数在 0.13~0.33。威权领导与员工的工作投入均无显著相关。

在家长式领导与心理授权的相关中，仁慈领导与工作意义、自主性、工作影响呈显著正相关（$r=0.23~0.27$，$p<0.01$）；德行领导与工作意义、自我效能显著正相关（$r=0.19~0.25$，$p<0.01$）；威权领导与自我效能呈显著正相关（$r=0.13$，$p<0.01$），与自主性呈显著负相关（$r=-0.31$，$p<0.01$）。

表 2　各变量的相关分析（N=402）

	平均数	标准差	1	2	3	4	5	6	7	8	9
1. 仁慈领导	3.61	0.84									
2. 德行领导	4.08	0.96	0.55 **								
3. 威权领导	3.46	0.80	-0.39 **	-0.51 **							
4. 工作意义	3.51	0.78	0.27 **	0.19 **	-0.09						
5. 自我效能	3.76	0.60	-0.04	-0.04	0.13 **	0.18 **					
6. 自主性	3.56	0.79	0.24 **	0.25 **	-0.31 **	0.24 **	0.24 **				
7. 工作影响	2.95	0.78	0.23 **	0.06	0.09	0.39 **	0.25 **	0.37 **			
8. 活力	3.00	0.95	0.31 **	0.16 **	-0.01	0.43 **	0.28 **	0.24 **	0.31 **		

续表

	平均数	标准差	1	2	3	4	5	6	7	8	9
9. 奉献	2.93	1.27	0.33 **	0.17 **	-0.06	0.68 **	0.17 **	0.22 **	0.35 **	0.68 **	
10. 专注	3.25	1.16	0.24 **	0.17 *	0.01	0.43 **	0.17 **	0.24 **	0.25 **	0.62 **	0.64 **

注：* 表示 p<0.05，下同。

（三）回归分析

本研究采用 SPSS 分层回归分析方法，以工作投入为因变量，第一步把人口学变量如性别、婚姻、年龄等七个变量放入回归方程，第二步分别把仁慈领导、德行领导和威权领导放入回归方程。

如表3所示，在排除人口学变量对工作投入各个维度的关系后，家长式领导分别可以解释工作投入中的三个维度活力、奉献和专注 10%、11%、6% 的变异。其中，仁慈领导对活力、奉献和专注三个维度回归系数显著正向；威权领导对活力和专注回归系数显著正向。德行领导则对三个维度均无显著的预测作用。

表3 家长式领导对工作倦怠的回归结果（N=402）

	变量	活力			奉献			专注		
		B	Sb	β	B	Sb	β	B	Sb	β
第一步	人口统计学变量	$R^2 = 0.06^*$			$R^2 = 0.05^*$			$R^2 = 0.07^{**}$		
第二步	仁慈领导	0.40	0.07	0.35 **	0.55	0.09	0.36 **	0.36	0.08	0.26 **
	德行领导	0.02	0.06	0.02	0.02	0.08	0.01	0.04	0.08	0.04
	威权领导	0.16	0.07	0.14 *	0.16	0.09	0.10	0.19	0.08	0.14 *
		$R^2 = 0.16^{**}$			$R^2 = 0.16^{**}$			$R^2 = 0.13^{**}$		
		$\Delta R^2 = 0.10^{**}$			$\Delta R^2 = 0.11^{**}$			$\Delta R^2 = 0.06^{**}$		

（四）心理授权中介分析

中介分析只考虑对工作投入有显著预测作用的仁慈领导和威权领导。在仁慈领导和威权领导对心理授权的回归分析中，只有仁慈领导回归系数达到显著水平（β=0.25，p<0.01）。因此只需对仁慈领导进行中介分析。

表4 心理授权在仁慈领导与工作投入之间的中介检验

中介作用路径	a	S_a	b	S_b	Sobel 检验（Z）	中介效应大小（%）
仁慈领导→心理授权→活力	0.24 **	0.03	039 **	0.09	3.81 **	30.19
仁慈领导→心理授权→奉献	0.24 **	0.03	0.48 **	0.12	3.58 **	34.91
仁慈领导→心理授权→专注	0.24 **	0.03	0.35 **	0.12	2.74 **	38.18

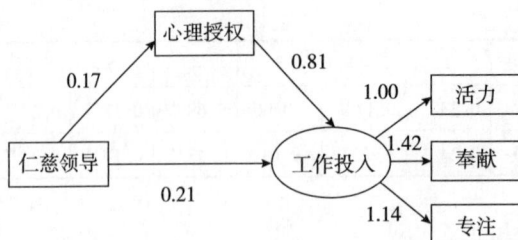

图1　心理授权在仁慈领导与工作投入间的中介作用

在中介变量检验中，有3项Sobel达到显著。这一结果证实了心理授权在仁慈领导和工作投入三个维度之间起部分中介作用。从三者之间的比较看，心理授权在仁慈领导与工作投入三个维度中的中介效应最大的是专注这个维度，达到38.18%，而最低中介效应的活力，也能有30.19%。这样的中介效应是很高的比例，说明心理授权在仁慈领导方式与员工工作投入之间的中介作用明显。

为进一步探索心理授权的中介效应，挖掘中介效应更深层次的原因，研究对心理授权的各维度进行了中介检验，结果如表5所示。

表5　心理授权各维度在仁慈领导与工作投入的中介检验

中介作用路径	a	S_a	b	S_b	Sobel检验（Z）	中介效应大小（%）
仁慈领导→工作意义→工作投入	0.25 **	0.04	0.39 **	0.09	3.81 **	32.24
仁慈领导→自我效能→工作投入	0.25 **	0.04	0.48 **	0.12	3.58 **	42.36
仁慈领导→自主性→工作投入	0.25 **	0.04	0.35 **	0.12	2.74 **	39.58
仁慈领导→工作影响→工作投入	0.25 **	0.04	0.43 **	0.11	2.85 **	36.43

由表5可以得出，自我效能在仁慈领导和工作投入之间的中介效应最大，达到42.36%，接下来依次是自主性（39.58%）、工作影响（36.43%）、工作意义（32.24%）。综合来看，心理授权的四个维度的中介效应都在30%以上，说明心理授权的各维度在仁慈领导方式与员工工作投入之间的中介作用明显。

四　讨论

本研究基于中国大陆特有的文化背景，在选用中国台湾学者开发的家长式领导问卷并验证其信效度的基础上，研究了具有中国特色的家长式领导对员工工作投入的预测作用。研究结果表明，家长式领导分别可以解释活力、奉献和专注10%、11%、6%的变异。其中，仁慈领导对工作投入中的活力、奉献和专注三个维度有显著正向预测作用，这个结果支持了前人的研究。高尚仁的研究发现仁慈领导能够部分地缓解威权领导带来的负面效应[20]。林锋在研究中发现，变革领导风格中的个别关怀维度在疏通员工之间的人际关系方面显得更为有效，更有利于员工投入到工作之中[21]。虽然变革领导行为的个别关怀维度和仁慈领导维度不完全一样，但是仁慈领导比个别关怀的施恩面更广，所以本研究的结果是和前人一致的。不难理解，仁慈领导的关怀和照顾可缓解员工的压力，营造融洽、友善的人际关系，促进员工更积极地面对工作中的人和事，带来自我效能的提升。面对领导的仁慈，部属则表现出感恩图报等行为。这就说明员工信任上司为员工设身处地地着想，进而自己会在工作上有更大的投入。

本研究还发现，威权领导对工作投入中活力和专注回归系数显著正向，威权领导对员工的工作投入中活力、专注维度反而有显著的正向预测作用，这是与之前预期不一致的地方。本研究认为，取样是在金融危机的大背景下进行的，在金融危机引起的大量裁员、就业状况不稳定的情况下，威权领导能够给员工以更大的工作安全感，让员工能够把精力投入到工作中。另外一种解释认为，下属面对威权领导的压力，更能在工作时具有高水平能量，愿意投入努力，不易疲劳，面对困难时能坚持不懈；全身心沉浸于工作中的愉悦状态，觉察时间稍纵即逝。由本研究中可以看出，在特殊时期，威权领导能够提高员工的工作投入程度，提高员工的成就感；因此，在这种金融危机的大背景下，领导是应当适当表现出威权领导行为的。

然而，本研究中并未发现德行领导对工作投入有显著预测作用。对于此结果的出现，我们认为一方面是由于不同组织样本造成；另一方面，由于仁慈领导与德行领导相关程度过高（r=0.55，p<0.01），德行领导、仁慈领导对工作投入解释量过于重合，所以当仁慈领导和德行领导同时进入回归方程时，德行领导对因变量的预测作用变得不显著。

中介效应的结果表明，心理授权只在仁慈领导和工作投入关系中起中介作用。如图1所示，心理授权在仁慈领导和工作投入关系中起着部分中介作用。领导者保护照顾部属，扮演着类似父亲的角色[22]，员工自我决策，自我效能提高，从而在心理上认同自己工作。在这种状态下，工作就有了更大的主动性和成就感，对自己工作就会有一种满足感，工作投入水平就越高。

进一步的分维度中介分析结果表明，心理授权的自我效能这个分维度表现出来的中介作用最强。仁慈领导行为常表现出更多的长期而全面的关怀和支持，让员工在组织中能够具有更强的自我效能感（自信），而通过个人的自我价值认知，一个人的自我效能越强，其工作积极性也将越大，工作就会更努力，工作投入也将更大。中介效应排在第二位的自主性也是影响工作投入的直观因素，工作的积极性很大程度上受到员工自我决策等工作自主性的影响，而仁慈领导方式的鼓励等行为，有利于个人这种自主性的提高。相反，工作影响和工作意义在仁慈领导和工作投入之间关系的中介作用相对较弱。所以，综合分维度的中介分析结果，仁慈领导更多的是通过提高员工自我效能、增加自主性来提高员工的工作投入。

威权领导虽然对员工的工作投入有正向的预测作用，但心理授权在两者之间并无中介作用。今后的研究有必要考察其他变量对威权领导与员工工作态度之间关系的中介作用，以期更深入地了解威权领导与工作投入之间的关系。

五 结论

根据本研究的结果，得出以下结论：

（1）基于我国特殊的文化背景下所特有的家长式领导，对员工的工作投入有显著的预测作用。仁慈领导对工作投入中的活力、奉献和专注三个维度有显著正向预测作用；威权领导对员工的工作投入中活力、专注维度反而有显著的正向预测作用。

（2）心理授权对仁慈领导与员工工作投入之间的关系具有一定的中介作用：仁慈领导部分地通过心理授权影响工作投入三个维度；心理授权对威权领导与员工工作投入之间的关系并不具有中介作用，此影响并不是通过心理授权实现的。

（3）在仁慈领导方式和工作投入之间的中介作用，心理授权的四个维度都表现出较高的中介效应，其中自我效能的中介效应最高。

参考文献

［1］Brown, Steven P. A Meta-analysis and Review of Organizational Research on Job Involvement ［J］. Psychological Bulletin, 1996, 120 (2): 235-255.

［2］樊景立, 郑伯壎. 家长式领导：模式与证据 ［J］. 本土心理学研究, 2000 (13): 127-180.

［3］周浩, 龙立荣. 恩威并济, 以德服人——家长式领导研究述评 ［J］. 心理科学进展, 2005(13): 227-238.

［4］林道钦. 领导型态与员工效能之研究——以台湾南区邮政管理局为例 ［J］. 台湾中山大学硕士论文, 2002.

［5］王新怡. 家长式领导、信任与员工效能 ［D］. 台湾中山大学硕士论文, 2002.

［6］李佳穗. 主管领导风格对部属工作投入影响之研究——以高雄地区国立大学为例 ［D］. 高雄师范大学工业科技教育学系硕士论文, 2000.

［7］赖秋江. 国民小学学校行销、校长领导风格与教师投入之相关因素研究 ［D］. 台湾中央大学人力资源硕士论文, 2006.

［8］Jay, A. C., Rabindra, N. K. The Empowerment Process: Integrating Theory and Practice ［J］. Academy of Management Review, 1988, 13 (3): 471-482.

［9］Liden, R. C., Wayne, S. J., Spartowe, T. R. An Examination of the Mediating Role of Psychological Empowerment on the Relationship between the Job, Interpersonal Relationships, and Work Outcomes ［J］. Applied Psychology, 2000, 85 (3): 407-416.

［10］Tracey, H. S., Christine, M. P. Creating an Empowering Culture: Examining the Relationship between Organizational Culture and Perceptions of Empowerment ［J］. Journal of Quality Management, 2000, 5 (1): 27-52.

［11］李超平, 李晓轩, 时勘, 等. 授权的测量及其与员工工作态度的关系 ［J］. 心理学报, 2006, 38 (1): 99-106.

［12］Bruce, J. A., Weichun, Z., William, K., et al. Transformational Leadership and Organizational Commitment: Mediating Role of Psychological Empowerment and Moderating Role of Structural Distance ［J］. Journal of Organizational Behavior, 2004, 25 (8): 951-968.

［13］Hepworth, W., Towle, A. The Effects of Individual Differences and Charismatic Leadership on Workplace Aggression ［J］. Journal of Occupational Health Psychology, 2004 (9): 176-185.

［14］李超平, 田宝, 时勘. 变革型领导与员工工作态度：心理授权的中介作用 ［J］. 心理学报, 2006, 38 (2): 297-307.

［15］宋高升. LMX 与团队效能关系研究——心理授权的中介作用 ［J］. 苏州大学应用心理学硕士论文, 2008.

［16］郑伯壎, 周丽芳. 家长式领导量表：三元模式的建构与测量 ［J］. 本土心理学研究, 2000 (14): 1-2.

［17］Schaufeli, W. B., Salanova, M., Gonzalez-Roma, V., et al. The Measurement of Engagement and

Burnout：A Confirmatory Analytic Approach［J］. Journal of Happiness Studies，2002，3（1）：71-92.

［18］Spreitzer，G. M. Psychological Empowerment in the Work Place：Dimensions，Measurement，and Validation［J］. Academy of Management Journal，1995，38（5）：1442-1465.

［19］李超平，李晓轩，时勘，等. 授权的测量及其与员工工作态度的关系［J］. 心理学报，2006，38（1）：99-106.

［20］赵安安，高尚仁. 台湾地区华人企业家族式领导风格与员工压力之关联性研究［J］. 应用心理学研究，2005（27）：111-131.

［21］林锋. 领导风格和心理控制源对工作倦怠的关联影响研究［D］. 同济大学企业管理硕士研究生论文，2006：56-58.

［22］樊景立，郑伯壎. 华人组织的家长式领导：一项文化观点的分析［J］. 本土心理学研究，2002（13）：127-180.

Paternalistic Leadership and Job Involvement:
The Mediating Role of Psychological Empowerment

Wei Lei　Shi Kan

Abstract：This research was conducted to explore the relationship between paternalistic leadership. which is prevalent in Chinese organizations, and job involvement in the background of the economic crisis in a Chinese context. We also examined the contribution of psychological empowerment in mediating the relation between paternalistic leadership and job involvement. Through statistical analysis of survey data collected from 402 employees in China, the results indicated：authoritarianism leadership and benevolence leadership had significant predictive effect on job involvement；Psychological empowerment was a mediator in the relationship between benevolence leadership and job involvement.

Key words：paternalistic leadership；job involvement；psychological empowerment

高校毕业生求职行为的影响机制研究 *

冯彩玲　时　勘　张丽华

【编者按】回顾过去，无限感慨，时勘老师是我学术生涯和人生道路的启蒙导师。本科期间，我在担任学生会主席、学习部部长、团支部书记等学生干部践行管理时，逐渐对管理心理学（又称组织行为学）、人事心理学等偏管理类课程产生了浓厚的兴趣。日常学生事务繁杂又费时，当其他同学从大三开始备考研究生的时候，直到考研前3个月我才踏下心来复习。当时全国拥有应用心理学专业（人力资源管理方向）招生资格的高校相对较少（以师范类高校居多），最终慕名并且非常荣幸地来到时勘博士课题组学习，经历了一段刻骨铭心、难以忘怀的岁月。在读期间，除了日常学习之外，我参与的学习和研究工作主要包括大学生求职就业、沈阳军区胜任特征模型、职业经理人能力发展、辽宁电信公司的绩效考核项目、沈阳课题组负责人等。时老师关心我们的学习和生活，总能在百忙之中为我们指点迷津，鼓励和启发我们，引导我们尽快调整角色、调整心态并适应研究生生活。时老师经常告诫我们要"leaning by doing""只有静心才能思考"，培养我们独立思考和解决问题的能力，使课题组成员相互之间建立了兄弟姐妹般的友情，引领我们在浩瀚的知识海洋里遨游。时勘博士课题组是一个由硕士生、博士生、博士后等人员组成的高层次创新团队，作为初入门的小硕的我感到压力倍增。记得在心理所学习时，我每天早上7点钟来到办公室（心理所正常上班时间是9点），自学了统计软件SPSS、AMOS等，还不时地得到课题组成员陈雪峰、李文东、王桢、王大超、曾垂凯、刘长江、高利苹等师兄师姐的帮助。时老师还推荐我担任海外高端人才孙河川特聘教授的研究助理。2004年，孙教授刚从荷兰格罗宁根大学学成归国，留学十年，学识厚重，治学严谨，当时我的主要工作是协助孙教授指导硕士生论文、统计学和SPSS软件操作，受益匪浅。功夫不负有心人，沈阳和北京两地间奔波、忙碌而充实的3年研究生生活使我们在论文选题、研究方法、统计软件、论文撰写、调查报告等方面得到了全方位的系统训练。我的硕士毕业论文经过与时老师多次沟通讨论，确定题为《高校毕业生求职行为的作用机制研究》，硕士毕业时相关文章发表在《管理评论》《心理科学》《中国青年研究》等CSSCI核心刊物上，这极大地增强了我的研究信心。时老师还因材施教，关心我们的职业生涯发展，临近研三时，我与时老师沟通未来发展问题，他建议我留校或者读博深造，在他的鼓励支持下，我在收集国内外考博院校资料的基础上，决定报考中国人民大学劳动人事学院人力资源管理专业的博士。作为我国人力资源管理领域的"品牌"，劳动人事学院人力资源管理专业博士报考竞争非常激烈，但我不服输的劲头又来了，经过顽强拼搏最终如愿以偿，成为大学同学中（烟师01心理班）唯一一个从心理学专业跨到人力资源管理专业的管理学博士。可以说，这段特殊的学习经历对我后来的人力资源管理研究打下了坚

＊　本研究得到国家自然科学基金（70573108）资助。

实的基础。

三年硕士生涯结束后，时老师在人力资源开发与管理科学院（沈阳师范大学和中国科学院心理研究所联合成立）指导的硕士研究生们均有了满意的就业去向：高利苹是中国科学院研究生院管理学院和荷兰格罗宁根大学联合培养的管理科学与工程专业（人力资源管理方向）博士；龙建华也是荷兰格罗宁根大学博士（世界排名前100名大学）；孙书华是新加坡国立大学商学院人力资源管理方向博士（世界排名前100名大学）；侯雪艳毕业后顺利进入沈阳医学院工作；周海明2013年考入中国人民大学心理学系攻读博士学位，现在山东科技大学工作；何万里进入东风日产人力资源部工作。回忆过去的点点滴滴，时老师始终以其深厚渊博的理论素养、海纳百川的博大胸怀启迪我们做人、做事、做学问，使大家受益终身。提笔再回首，泪眼斑驳，我们的每一步成长都离不开时老师的引导教诲，我们将坚定地在人力资源管理研究与实践道路上不断前行，争取取得更大的成绩来回报恩师。（冯彩玲，沈阳师范大学2005级硕士研究生，中国科学院心理学研究所社会与组织行为研究中心联合培养，曾任鲁东大学教授，鲁东大学人力资源创新与人才发展研究院创院院长、MPA中心主任，现任南京农业大学教授）

摘　要：基于计划—行为理论，考察了836名高校毕业求职行为的预测因素及其影响机制。层次回归和结构方程分析表明，控制了城乡和政治面貌的效应后，求职自我效能、求职期望、情绪控制、人格外倾和主观支持是影响求职行为的有效因素，其中求职自我效能、情绪控制、人格外倾和主观支持分别正向预测求职行为，而求职期望则负向预测求职行为；求职意向在求职期望和求职行为、情绪控制和求职行为、主观支持和求职行为之间的中介效果均显著，在求职自我效能和求职行为以及人格外倾和求职行为之间的中介效果不显著。

关键词：求职行为；求职意向；求职自我效能；求职期望；情绪控制；人格外倾；社会支持

一　引言

社会经济方式的变化导致我国就业方式发生了重大转变，由此带来的大学生就业心理和行为模式的变化成为改革开放以来中国社会最重大的变革之一。求职行为作为预测就业的重要因素，近几年已得到心理学和管理学的关注。求职行为是动态的、循环的自我调适过程，是一种有目的的且受主观意愿驱动的行为模式，它开始于就业目标的识别，进而为实现就业目标付出努力（Kanfer, Wanberg & Kantrowitz, 2001）。求职行为研究中最具代表性的理论是Ajzen（1985）的计划—行为理论（Theory of Planned Behavior, TPB），即行为的产生直接取决于行为意向。行为意向表明一个人执行某种特定行为的动机，反映出一个人愿意付出多大努力、花费多少时间去执行某种行为。行为意向又受个体因素（态度和感知到的行为控制）与社会因素（主体规范）影响。该理论经常被用来预测各种情境中的意志行为，也被成功地应用于求职和就业研究中。有关失业下岗人员的实证研究验证了该理论模型（Song, 2004; Vinokur & Caplan, 1987），但中国背景下的求职行为研究还处于初级阶段，且基于西方失业人员求职行为研究而获得的结论未必适用于高校毕业生群体，因此，探讨高校毕业生求职行为的影响机制对于大学生就业辅导具有重要的理论和现实意义。

归纳起来,求职行为的影响因素主要包括两类:个体因素(如人口学变量、人格特质、求职期望、自尊、就业承诺、就业价值观、求职自我效能、动机控制、情绪控制、知觉到的就业机会、就业状况、职业偏好、培训和个人能力)和社会因素(如经济压力、社会支持、主观标准、就业政策和劳动力市场供求状况)。许多实证研究也在尝试验证不同的个体因素和社会因素对求职行为的影响,但研究结果却不尽相同。本研究在文献和访谈的基础上,拟将求职自我效能、求职期望、情绪控制、人格外倾作为个体因素,社会支持作为社会因素,试图揭示高校毕业生求职行为的影响因素及其"黑箱"。

二　研究方法

(一) 样本

本文中的高校毕业生特指初次进入劳动市场的大学应届本科毕业生。采用分层随机抽样法从中国东北、华东、华南和西北 4 个区域中选取沈阳、烟台、南京、广州、西安、兰州 6 个城市部分高校的部分毕业生。共发放问卷 1000 份,回收有效问卷 836 份,有效率 83.6%。其中,男生占 55.9%,女生占 44.1%;城市占 41.1%,乡镇占 26.2%,农村占 32.1%;共产党员占 33.3%,共青团员占 56.4%,群众占 9%。

(二) 研究工具

①求职行为问卷,由 Blau(1994)编制的求职强度问卷在中国的修订版。12 道题,5 点记分。②求职自我效能问卷,由 Lewen 和 Maurer(2002)编制,5 点记分,1 道题。③求职期望问卷,由 Maarten、Willy、Hans 和 Feather(2005)编制,3 道题,7 点计分。④情绪控制问卷,由 Wanberg、Kanfer 和 Rotundo(1998)编制,6 道题,5 点记分。⑤社会支持问卷,由肖水源(1987)编制,有较好的重测信度。⑥人格内外倾量表,采用艾森克等人编制、陈仲庚主持修订的成人 EPQ 版本中的 E 分量表,共 21 道题。⑦求职意向问卷,由 Vinokur 等(1987)编制,2 道题,5 点记分。

三　研究结果

(一) 描述统计、相关和信度分析

各研究变量的描述统计、相关和信度系数如表 1 所示。

表 1　变量的描述统计、相关和信度系数

变量	M	SD	1	2	3	4	5	6	7	8	9	10
1. 自我效能	3.35	0.91	−									
2. 求职期望	4.94	1.08	0.383**	0.626								
3. 情绪控制	3.33	0.69	0.208**	0.286**	0.773							
4. 人格外倾	1.60	0.16	0.311**	0.226**	0.192**	0.622						
5. 客观支持	2.56	0.82	−0.02	0.173**	0.023	0.132**	0.633					
6. 主观支持	3.07	0.58	0.051	0.144**	−0.023	0.190**	0.440**	0.683				
7. 支持利用	2.57	0.57	0.098*	0.043	−0.115**	0.247**	0.197**	0.324**	0.646			
8. 求职意向	3.53	0.95	0.043	0.125**	−0.127**	0.031	0.110**	0.162**	0.121**	0.915		
9. 求职行为	2.94	0.58	0.172**	0.104**	−0.180**	0.161**	0.086*	0.170**	0.166**	0.285**	0.829	
10. 城乡	1.89	0.86	−0.058	0.034	0.037	−0.062	−0.082*	−0.052	0.094*	0.04	−0.100*	
11. 政治面貌	1.79	0.60	−0.102**	0.044	−0.082**	0.085*	−0.063	0.071	0.124**	−0.05	−0.123**	0.042

注：＊表示 $p<0.05$，＊＊表示 $p<0.01$；对角线上的斜体数据是各变量的内部一致性系数。

（二）求职行为影响因素的层次回归分析和中介效应检验

根据 Baron 和 Kenny（1986）的建议，中介效应的存在须满足以下条件：①自变量的变化能够显著地解释因变量的变化；②自变量的变化能够显著地解释中介变量的变化；③当控制中介变量后，自变量对因变量的影响应等于零或者显著降低，同时中介变量对因变量的影响仍显著。另外，Preacher 和 Hayes（2004）也建议，最好使用 Sobel test 来检验间接效果是否显著，将更能符合中介效应的意义。见表 2 和表 3。

表 2　Baron 和 Kenny 的中介检验结果

变量	求职意向		求职行为			求职行为	
城乡	0.046	0.06	−0.084*	−0.097*	−0.083*	−0.035	−0.052
政治面貌	−0.062	−0.053	−0.115**	−0.097*	−0.104*	−0.088*	−0.074*
自我效能		0.008				0.226***	0.223***
求职期望		0.116*				−0.202***	−0.233***
情绪控制		−0.168***				−0.191***	−0.146***
人格外倾		−0.018				0.108*	0.113**
客观支持		0.033				0.032	0.024
主观支持		0.104*				0.118**	0.090*
支持利用度		0.072				0.055	0.035
中介变量求职意向				0.287***			0.270***
F	1.699	4.867***	6.609***	23.643***	5.546**	11.968***	16.732***
R^2	0.006	0.071	0.021	0.103	0.019	0.157	0.225
ΔR^2	0.006	0.065***	0.021*	0.082***	0.019	0.139***	0.068***

注：＊表示 $p<0.05$，＊＊表示 $p<0.01$，＊＊＊表示 $p<0.001$。

如表 2 所示，在自我效能、求职期望、情绪控制、人格外倾、社会支持与求职行为的关系中，排除了控制变量的影响后，其 $\Delta R^2 = 0.139$，即除客观支持和支持利用度对求职行为的影响没达到显著外，自我效能、求职期望、情绪控制、人格外倾和主观支持对求职行为的影响均达到显著水平，说明自我效能、求职期望、情绪控制、人格外倾和主观支持是求职行为的有效影响因素。在求职意向的预测因素方面，求职期望、情绪控制和主观支持对求职意向的影响均达到显著水平，解释的方差变异量为 6.5%（排除控制变量的影响）。求职意向对求职行为的影响也达到显著水平，变异量贡献为 8.2%。当同时考虑自我效能、求职期望、情绪控制、人格外倾、社会支持和求职意向时，求职意向对求职行为具有显著的影响，而情绪控制、主观支持虽然依然显著，但它们与求职行为之间的关系已经大为减弱，说明求职意向在情绪控制与求职行为、主观支持与求职行为之间均具有部分中介效应。此外，情绪控制、主观支持分别通过求职意向对求职行为的间接效果也都是显著的（见表 3）。相比较而言，自我效能、求职期望和人格外倾对求职行为的影响仍然都显著且都未减弱，没有达到 Baron 和 Kenny（1986）的中介检验标准，然而如表 3 所示，求职期望通过求职意向对求职行为有显著的间接影响，因此，求职意向在求职期望和求职行为之间的中介效果也显著。

表 3 Sobel test 的中介效应检验结果

变量	中介效应	Z
自我效能→求职意向→求职行为	0.008	1.08
求职期望→求职意向→求职行为	0.02	2.94 *
情绪控制→求职意向→求职行为	−0.029	2.85 *
人格外倾→求职意向→求职行为	0.03	0.74
主观支持→求职意向→求职行为	0.043	3.56 *

注：* 表示 $p < 0.05$。

四 讨论

1. 自我效能、情绪控制、人格外倾对求职行为均有显著的正向影响，而求职期望对求职行为则有显著的负向影响。

随着高校扩招和就业市场对用人标准的日益提高，大学生的就业压力越来越大。面对日益激烈的就业竞争环境，大学生在求职时可能屡试不爽，连遭挫折，对找工作失去信心，情绪低落烦躁，求职消极被动，相反，对找工作充满信心的学生，工作期望值也较高，情绪控制能力较强，心理承受力较好，求职行为更积极主动，因此，职业心理辅导和干预对于提高大学生的求职自信心，保持情绪稳定，促进积极求职非常重要。人格外倾也能有效预测求职行为，这与以往研究结果相一致。外倾的大学生更具社会性——开朗乐观、精力充沛、友好自信、善于与人沟通，从而获得更多的求职信息。求职期望对求职行为有显著的负向影响，该研究结果与期望—价值理论不符，但与 Maarten 等（2005）的研究结果一致。在文献和访谈的基础上，我们认为，该研究结果与期望—价值理论不符可能是由以下原因造成的：对就业非常自信没必要求职、临时选择了其他事情而没有时间找工作（如考研、考公务员等）、就业市场上有许多工作不需要频繁地求职、在等待工作时机、工作动机不强、自身比较懒惰被动、不知道如何求职、现实与期望不符、期望过高难以实现等。

2. 主观支持对求职行为有显著的正向影响，而客观支持和支持利用度对求职行为的影响不显著。

求职行为作为一个易受挫折的活动，大学生更需要心理上的情感支持而非物质援助。主观支持是求职行为的重要预测源，来自家人、朋友、同学、舍友等的主观支持越多，求职心态就越积极，求职频率就越高。这点也可以通过社会资本理论来解释。Burt（1984）认为，社会资本是指朋友、同事和更普遍的联系，通过它们获得了使用资本的机会，它是竞争成功的最后决定者，相当于中国社会中人们通常所理解的"关系"。转型时期中国劳动力市场的特殊性给了社会资本更大的发挥空间，大学生就业市场上信息的复杂性和竞争的激烈性为社会资本发挥作用提供了条件。社会资本在高校毕业生求职中的重要作用已经被验证（曾湘泉，2008）：谁拥有更多的社会资本，谁就有可能表现出更多的求职行为，更容易找到工作，谋得更满意的职位。

3. 求职意向在求职期望和求职行为、情绪控制和求职行为、主观支持和求职行为之间的中介效果均显著，在自我效能和求职行为及人格外倾和求职行为之间的中介效果不显著。

大学生求职是一种针对就业目标而采取的有计划的行为，因此可以用计划—行为理论来解释整个求职过程。根据计划—行为理论，个体的态度、主体规范越积极、感知到的行为控制力越强，则执行某种行为的意向越强，而这种意向越强，则越可能最终执行某种行为（Armitage & Christian，2003）。本研究表明，TPB 在我国高校毕业生群体中得到了部分验证，大学生可以根据个体因素（自身期望、情绪控制）和社会因素（主观支持）调整求职意向的强弱，进而增强求职频率。但求职意向在自我效能和求职行为之间的中介效果不显著，原因可能是：求职意向调节自我效能和求职行为的关系、对就业非常自信没必要花力气去找工作等。求职意向在人格外倾和求职行为之间的中介效果也不显著，表明外向的大学生善于与人打交道，无形中获得了较多的面试信息，在面试过程中善于沟通交流，面试成功的可能性较高，无须花费较大力气去找工作。

参考文献

［1］肖水源. 社会支持对身心健康的影响［J］. 中国心理卫生杂志，1987（4）：23-25.

［2］曾湘泉. 劳动力市场中介与就业促进［M］. 北京：中国人民大学出版社，2008.

［3］Ajzen, I. From Intentions to Actions：ATPB. In：Kuhl, J., Beckmann, J. eds. Action Control：From Cognition to Behavior［J］. Berlin：Springer，1985：11-39.

［4］Armitage, C. J. & Christian, J. From Attitudes to Behavior：Basic and Upplied Research on the Theory of Planned Behavior：Current Psychology；Developmental, Learning, Personality［J］. Social, Fall, 2003, 22（3）：187-195.

［5］Baron, R. M. & Kenny, D. A. The Moderator-Mediator Variable Distinction in Social Psychological Research：Conceptual, Strategic, and Statistical Consideration［J］. Journal of Personality and Social Psychology, 1986（51）：1173-1182.

［6］Blau, G. Testing a Two-dimensional Measure of Job Search Behavior［J］. Organizational Behavior and Human Decision Processes, 1994（59）：288-312.

[7] Burt Ronald. Network Items and the General Social Survey [M]. Social Networks, 1984.

[8] Kanfer, R., Wanberg, C. R. & Kantrowitz, T. M. Job-search and Employment: A Personality-motivational Analysis and Meta-analytic Review [J]. Journal of Applied Psychology, 2001 (86): 837-855.

[9] Lewen, L. J. & Maurer, T. J. A Comparison of Single-item and Traditional Measures of Self-efficacy. Paper Presented at the Annual Meeting of the Society for Industrial and Organizational Psychology [J]. Toronto, 2002.

[10] Maarten, V., Willy, L., Hans, D. W. & Feather, N. T. Understanding Unemployed People's Job Search Behavior, Unemployment Experience and Well-being: A Comparison of Expectancy-value Theory and Self-determination Theory [J]. British Journal of Serial Psychology, 2005 (44): 269-87.

[11] Preacher, K. J. & Hayes, A. F. SPSS and SAS Procedures for Estimating Indirect Effects in Simple Mediation Models [J]. Behavior Research Methods, Instruments & Computers, 2004, 36 (4): 717-731.

[12] Song Zhaoli. Action-State Orientation and the Theory of Planned Behavior: A Study of Job Search in China [D]. Unpublished Doctoral Dissertation, University of Minnesota, 2004.

[13] Vinokur A. & Caplan, R. D. Attitudes and Social Support: Determinants of Job-seeking Behavior and Well-being among the Unemployed [J]. J Appl Soc Psychol, 1987, 17 (12): 1007-1024.

[14] Wanberg, C. R., Kanfer, R. & Rotundo. Unemployed Individuals: Motives, Job-search Competencies, and Job-search Constraints as Predictors of Job Seeking and Reemployment [M]. Unpublished Manuscript, 1998.

Mechanism of University Graduates' Job-Search Behavior

Feng Cailing   Shi Kan   Zhang Lihua

Abstract: Job-search behavior has attracted more and more attention in psychology and management. While most studies have focused on the job-search behavior of unemployment groups, little has been known about it in university graduates. Since job-search behavior is one of the most important factors in predicting employment, revealing determining factors and the "black box" of job-search behavior will be of great significance in college students' career guidance. Existing studies have been focused on two sorts of factors influencing job-search behavior: individual facors and social factors. Here we regard self-efficacy, job-search expectation, emotional control and extraversion as individual factors, and social support as social factors according to literature and interviews. Based on the Theory of Planned Behavior, this paper aims to explore the mechanism of job-search behavior of university graduates.

Here "university graduates" refers particularly to fresh graduates who for the first time enter the labor market. A total of 836 students from nine universities in six cities (Shenyang, Yantai, Nanjing, Guangzhou, Xi'an and Lanzhou) were recruited on the basis of stratified random sampling. The participants filled out seven validated questionnaires in the classroom, including Job-Search Behavior Scale (JSBS), Job-Search Self-Efficacy Scale (JSSES), Job-Search Expectation Scale (JSES), Emotional Control Scale (ECS), Social Support Scale (SSS), Extroversion Scale (ES) and Job-

Search Intention Seale (JSIS). It took about 30 minutes to complete the above questionnaires. The correlations, hierarchical regression, Sobel's test and structure models among factors were calculated with SPSS 16. 0 and AMOS 17. 0.

The important findings include: beyond family and political status, self-efficacy, job-search expectation, emotional control, extraversion and subjective support are the effective predictors for job-search behavior; there was a statistically significant positive relationship among self-efficacy, emotional control, extraversion, subjective support and job-search behavior, but there was a statistically significant negative relationship between job-search expectation and job-search behavior; job search intention was a mediator for the relationship between job-search expectation and job search behavior, enotional control and job-search behavior, subjective support and job-search behavior, but it was not a mediator between self-efficacy and job-search behevior, extraversion and job-search behavior.

In line with the Theory of Planned Behavior, these findings demonstrated that different factors, including individual factors, such as self-efficacy, job-search expectation, emotional control and extraversion, as well as social factors such as subjective support have significant impact on job-search behavior. Moreover, job-search expectation, emotional control and subjective support all have an indirect effect on job-search behavior through job-search intention. These findings firstly and partly confirmed the Theory of Planned Behavior in university graduates in China, and suggest that in order to enhance the job-scarch behavior of university graduates, it is crucial to improve their self-efficacy, keep stable emotion, mold extroversive personality, have appropriate job-search expectation, and get more subjective support; furthermore, university students can also adjust their job-search intention through individual factors (job-search expectation and emotional control) and social factor (subjective support) to enhance their job-search frequency.

Key words: job-search behavior; job-search intention; self-efficacy; job-search expectation; emotional control; extraversion; social support

裁员风波中针对存续员工的员工援助计划 *

于鉴夫　时　勘

【编者按】时勘教授多年来致力于工业与组织心理学和人力资源管理研究，带领课题组承担了多项国家重点研究课题，提出的"智能模拟培训法"被 APEC 亚太经合组织推荐为"亚洲地区样板培训模式"，所研制开发的人力资源管理与评价系统和职业心理测试系统在各部门得到了广泛的应用，是我多年敬仰的知识楷模和学界榜样。我有幸于 2007 年正式拜入时勘教授门下，在中国科学院研究生院就读管理与系统工程博士。30 多年前，我师从车文博教授研习理论心理学和分析心理学，正式开启了心理学领域的逐梦之路。改革开放以来，国内和国外、政治和经济、市场和文化、群体和个体等方方面面都对我们的管理带来变革冲击，管理者和相关学者的重要研究课题也逐渐从现象研究发展到探索有效的培训干预管理模式。1987 年我硕士研究生毕业后，来到北京工作，先后在高等院校、国家部委、中央企业以及事业群团任职，无论在哪个岗位担任何种职务，我对心理、教育、培训和管理的思考和实践都从未间断过。我与时老师的缘分始于对理论研究的进一步探索和对这些管理实践的需求。在博士学习期间，老师精心、精准的指导，帮助我克服了工作与学习之间平衡的困难。我通过汇集课题组多年来的研究精华，直击变革管理中难点痛点，在老师的悉心指导和师妹赵晶的精诚合作下，我们发布了国家成人教育培训组织服务评价标准指南、成人教育培训工作者服务能力评价标准指南以及成人教育培训的服务术语；此外，还发布了 ISO10015 国际培训标准读本/修订版，并把企业组织变革管理能力研究成果应用于相关企业的培训实践。在此基础上，我们参与了国家社科基金重点项目"中国特色的组织变革领导培训模式及管理创新研究"（10AGL003），后来发表了相关学术论文 4 篇，在此基础上，我完成了博士论文《基于 ISO10015 的组织变革管理能力过程培训开发研究——以国有企业基层组织管理者培训为实证案例》，圆了自己多年的梦想。回顾往昔点点滴滴，时勘教授的指导与关怀历历在目，师恩难忘。赵晶同学的协作与分享频频回闪，友谊绵长。时至今日，老师依然奋战在学术研究的第一线，笔耕不辍、勤奋进取，为我国的工业与组织心理学研究界、实践界输送了大量的人才。目前正值中华人民共和国 70 周年华诞，导师是祖国的同龄人，也正好 70 周岁，真是双喜临门！在此，我衷心祝贺祖国繁荣昌盛，祝导师桃李满天下、永葆青春！（于鉴夫，中国科学院管理学院 2007 级博士，中国核学会　秘书长）

摘　要：一项失败的裁员计划将带来许多负面影响。本文认为，裁员管理是一项持续性、整体性的管理。企业应针对存续员工实施员工援助计划，以便通过明晰组织发展战略、持续沟通和强有力的领导真正实现"减员增效"。

关键词：裁员风波；存续员工；员工援助计划

---

* 本文受 2010 年度国家社科基金重点项目（10AG1003）资助。

在全球金融风暴的冲击下，许多企业面对巨大的竞争压力，试图通过削减成本、重新配置组织资源来提高生产效率，经济性裁员是开展较多的一项人力资源政策。企业出于经济效率实施裁员政策时，涉及的人员不仅是被解雇的员工，人力资源管理专业人员、组织的管理者以及作为普通员工的裁员幸存者都将被卷入其中，并产生持续影响。

一　存续员工症候及其成因

"幸存者"这一概念由社会心理学引入，描述了经过重大灾难后侥幸活下来的人复杂而矛盾的心理状态。Brockner（1992）用"幸存者"一词描述裁员后留在组织中的成员，认为留岗者的心理应激反应不亚于被裁的员工。Noer（1993）将存续员工的心理反应和情感体验归结为工作不安全感、不公平感、沮丧压力、情绪衰竭、降低成就动机和风险承担、对周边环境不信任甚至违背契约、不满意组织的计划编制和沟通方式、希望这一切快点结束、对解雇的流程表示不满和愤怒、缺少战略方向、缺乏交易型承诺、对管理层不信任、短期利益导向、感觉变革会是持久的等，而这些都会降低幸存者的工作积极性，进而影响组织绩效。

上述幸存者症候起初是个人对组织变革的应激性反应，组织行为学的 MARS 模型可以分析这些存续员工的心理状态形成过程（见图1）。其中，动机是指如何在裁员风暴中，先让自己生存下来，重新回到一种稳定状态；能力是指对周围发生的变化能够快速反应；角色知觉是指过去和我在一起工作的同事已经被裁员了，也许我就是下一个被裁的对象。情境因素是指组织动荡，士气低落，谣言四起。

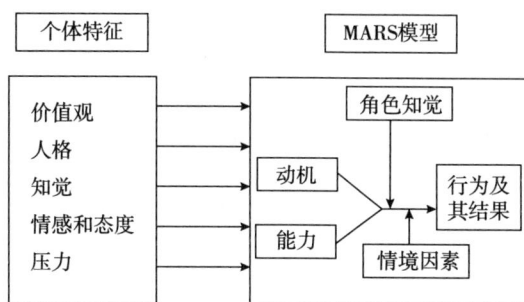

图 1　麦克沙恩的 MARS 模型

Mishra 和 Spreitzer（1998）对前人相关研究进行分析后总结了幸存者心理反应的四种类型（见图2）。

组织的存续员工也许不会单一地属于哪个类型，可能是多种类型的混合，并且随着时间推进和周围环境、人群的变化，其反应模式有所变化、反复。这种消极情绪如果没有组织干预，在幸存者之间传染开来，将会成为今后组织发展、效率提升的一大障碍。

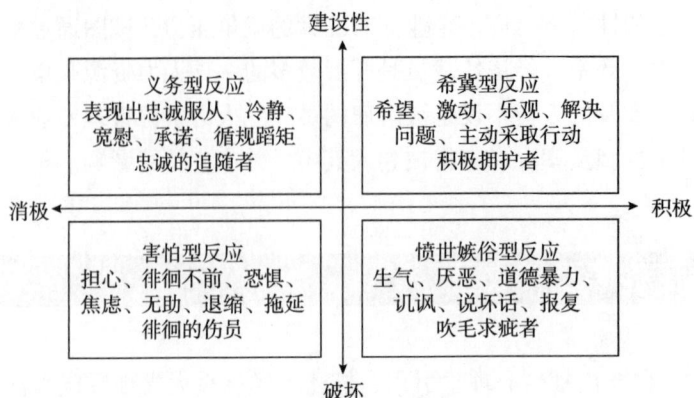

图2　幸存者反应模型

二　员工援助计划的目的和原则

员工援助计划（Employee Assistance Program，EAP）是由组织主动为其员工提供的一项系统的、长期的服务项目。通过专业人员对组织的诊断和建议以及对员工及其亲人提供的专业咨询、指导和培训，旨在帮助改善组织的环境和气氛，解决员工及其家庭的心理和行为问题，以及提高员工在组织中的工作绩效，改善组织管理。

企业实行 EAP 的主要动机，一是降低成本，提高生产率。通过节省培训开支、减少错误解聘、降低缺勤（病假）率，减轻管理人员的负担，提高组织的形象，改善组织气氛，提高员工士气，增加留职率（尤其对关键职位的员工），改进生产管理，提高生产效率。二是提高个人生活质量，保持社会安宁。降低员工的工作压力，减少失业机会，消除不良嗜好，节省家庭开支。增进个人身心健康，促进家庭和睦，改善家庭与工作单位的关系，改善个人与社区的关系。

一个系统的 EAP 项目通常从对组织的调查和诊断、对各级员工的教育和培训以及个别心理咨询和辅导三个层面展开。EAP 主要借助心理咨询的方式，同样遵守心理咨询的原则，只是它通常采用短期咨询的形式，一般平均在 3~6 次。对那些具有较严重心理行为障碍的咨询对象，通过 EAP 能够使组织和员工本人尽早发现问题，并及时转到相关的咨询或者医疗机构进行适当的处理或治疗。

三　存续员工员工援助计划实施策略

Niendstedt（1989）认为，裁员是为了减少成本、改进生产力、对竞争威胁反应、兼并重组后的组织加固、增加组织效率。Charlie O. Trevor 和 Anthony J. Nyberg（2008）的研究指出大规模的解雇通常更加刺激离职率，甚至一个小的解雇也会引来相当多的员工逃离。当员工后来才发现被公司裁员时，裁员和离职率的关系被认为是一个伤心的讽刺。公司本来想裁去冗员，而令人遗憾的是这种不安在组织中传递开来将很有可能导致他们丧失本想要保持的员工。

（一）对组织的诊断和调查

1. 在裁员之前要有前瞻性的战略思考。主要是思考组织未来的发展方向、业务流程中的核心环节、关键岗位、明确岗位职责、识别关键员工、整合新的工作关系。裁员的政策与原则要具有全局观，裁员计划要体现公司的核心价值观念和指导原则，通过充分的沟通使员工对裁员有一个良好的把握，更多地采用人性化操作。

2. 裁员过程操作可视化并用实践传达组织公平的理念。裁员要分阶段行动、帮助减少裁员对现存员工负面影响的方法、在动荡时期改进契约、在沟通中告诉真相并寻求意见。企业要做出一些特别的努力来保持你的最优绩效者，确保现存者知道被裁减的员工会被很好地对待。当非自愿裁员不可避免的时候，以资历为标准可以最大限度地减少裁员对企业和员工的伤害，并且能有效地重新建立幸存者对企业的认同感。

3. 用多种渠道来保持开放的沟通线路，能让员工感知到裁员的阶段性和终点。采用一种帮助的关系，而不是一种命令的口吻，可以通过非正式的会议、视频会议"聊天"、电子邮件、公司局域网中的聊天室，甚至是高管的博客来进行。要让组织成员感受到"你们是和我在一条船上"，大家正共同经历着这场组织变革。

（二）对各级员工的教育培训

1. 公司高管。当组织进行变革的时候，过去的行为模式将要被打断，这时高层的一举一动就成了员工感知未来动荡的信号。公司高管无疑在变革时期成为敏感人物，做任何事情都必须从全局和未来着眼，率先垂范。通过在公开场合的沟通让员工明白裁员是万不得已的选择，每个人必须以对自己负责的态度去开拓和创造未来。

2. 中层管理者。中层管理者在组织变革中是传导层，要学习如何用感情投入地去聆听和回应员工。宣布裁员的管理人员在整个裁员实施过程中，要面临诸多问题，如以何种方式宣布裁员消息、预料员工会有何反应、应采取何种措施以应对各种问题、如何维护组织形象等。面对上级的要求、下级的期待以及特殊的人际关系网，他们会感到无比的困扰与难堪。因此，在裁员前对裁员的执行者进行培训，对裁员的目的、意义、操作流程、可能遇到的问题及解决方法、压力管理等进行培训，能起到良好的效果。

3. 人力资源管理专业人员。人力资源管理专业人员是高管决策的支持者与专业的咨询者，更是组织变革的推进者。他们要帮助高管做到程序公平，识别到基于伦理、制度、法律各层面上的行为底线，避免今后的纷争。制定自愿离职政策需要小心谨慎，否则优秀员工很有可能离开企业并带来一系列不良反应，同时注意不要过分限制优秀员工的选择，破坏公正原则，也许最为明智的办法是将优秀员工和多余的员工分而治之。人力资源管理人员通常知道幸存者症状的近况如何，能比高层领导更迅速地面对现实去协助高管，使员工知道未来将会发生什么，怎样跟上公司的反弹进度和改进计划。

4. 留下来的普通员工。人们需要相信组织能运转起来，但是他们需要先看到公司运转的能力。通过提供团队心理训练、心理知识讲座、自信心训练等培训，让员工从自身做起，增强自信与抗压能力。根据企业在裁员之后的考察与分析，有针对性地对留任员工进行技能培训，增强可以继续留任的安全感。

（三）个性化干预

每个幸存者的人格特质、生活阅历都有所不同，除了组织、群体层面的整合，还需要个性化的干预设计，来缓冲组织成员的这种不安情绪。例如，针对员工及其家庭成员的一系列援助计划，包括福利计划、周期性轮岗休息、定点儿童看护、雇佣与组织匹配的人员、弹性工作时间。在经历了裁员风波后，为了将裁员的消极后果最小化，组织需要有针对性地设计一些员工援助计划对这些裁员幸存者进行干预，制定配套的人力资源实践在一定程度上缓冲裁员对于并发离职率的影响。

参考文献

［1］Brockner, J. Managing the Effects of Layoffs on Survivors ［J］. California Management Review, 1992, 34 （2）: 9-28.

［2］Noer, D. M. Healing the Wounds-Overcoming the Trauma of Layoffs and Revitalizing Downsized Organizations ［M］. Jossey-Bass, San Francisco, CA, 1993.

［3］［加］史蒂文·麦克沙恩，［美］玛丽·安·冯·格里诺. 麦克沙恩组织行为学 ［M］. 汤超颖等译. 北京: 中国人民大学出版社, 2008.

［4］Mishra, A. K., Spreitzer, G. M. Explaining How Survivors Respond to Downsizing the Roles of Trust, Empowerment, Justice and Work Redesign ［J］. Academy of Management Review, 1998, 23 （3）: 567-588.

［5］Nienstedt, P. R. Effectively Downsizing Management Structures ［J］. Human Resource Planning, 1989, 12 （2）: 155-165.

［6］周文霞，肖平. 国外裁员幸存者综合征研究综述 ［J］. 外国经济与管理, 2008 （2）.

［7］王雁飞. 国外员工援助计划相关研究述评 ［J］. 心理科学进展, 2005 （2）.

［8］Charlie, O. Trevor, Anthony, J. Nyberg. Keeping Your Headcount When all about You are Losing Theirs: Downsizing, Voluntary Turnover Rates, and the Moderating Role of HR Practices ［J］. Academy of Management Journal, 2008, 51 （2）: 259-276.

［9］Kim, W. B. Economic Crisis, Downsizing and Layoff Survivor's Syndrome ［J］. Journal of Contemporary Asia, 2003, 33 （4）: 449-64.

［10］牛雄鹰，王永锋. 实际裁员预审模型及其应用 ［J］. 中国人力资源开发, 2003 （8）.

［11］Brockner, J. The Effects of Work Layoffs on Survivors: Research, Theory, and Practice. In Staw, B. M. and Cummings, L. L. （eds.）, Research in Organizational Behavior ［M］. Greenwich, CT: JAI Press, 1988, 10: 213-255.

［12］Brockner, J., Grover, S., Reed, T. F., Dewitt, R. & O'Malley, M. Survivors' Reactions to Layoffs: We Get by with a Little Help from Our Friends ［J］. Administrative Science Quarterly, 1987, 32: 526-541.

［13］谷向东，郑日昌. 员工援助计划: 解决组织中心理健康问题的途径 ［J］. 中国心理卫生杂志, 2004 （6）.

挑战-阻碍性压力源与工作投入和满意度的关系*

刘得格　时　勘　王永丽　龚　会

【编者按】2008 年，我非常幸运地考入中山大学管理学院，成为时勘老师在中山大学的第一位博士生。在跟随恩师时老师攻读博士学位的三年间，虽然时老师远在北京，但是他却给了我很多指导、帮助和关怀。为了克服不能面对面沟通的困难，时老师通过邮件的形式紧紧把我团结在课题组周围，电子邮件内容涉及统计研究方法、论文写作诸方面。在三年里，时老师和我之间往来的电子邮件就达 714 封之多，几乎每两天一封邮件。除了邮件联系之外，时老师还时常来学校指导我的学习和论文。记得我毕业论文开题的时候，时老师早晨五点钟就起床审阅我的开题报告，认真阅读并用"修订模式"将自己的观点表达出来。后来，时老师又陆续招收了龚会、韩晓燕和陈晨三位师妹，队伍逐渐壮大起来。另外，我的研究也得到了第二导师孙海法老师和王永丽老师的热情帮助。作为第二导师，孙海法老师在节日的时候还邀请我和其他同门去家里吃饭。在入学面试时，感觉王老师是一位比较严厉的老师，随后的接触和了解才知道，王老师是一位和蔼可亲、体贴学生的良师益友，也是我们的大师姐。在时老师和王老师的指导下，我们的论文成果顺利地发表在《管理科学》和《首都经济贸易大学学报》杂志上。毕业之后，我依然和时老师保持着紧密的联系。在我的印象之中，时老师不仅是一位勤奋工作、孜孜不倦、热爱生活的老师，更是一位充满激情、体贴学生、无微不至的长者，他的精神一直鼓励我不断前行，努力追求，为心理学事业而奋斗一生。（刘得格，中山大学管理学院 2008 级博士生，广州大学工商管理学院　副教授）

摘　要：工作压力一直受到实践者和研究者关注，是组织行为和人力资源管理等学科研究的重要问题。以中国企业员工为样本，采用探索性和验证性因子分析法对挑战性压力源和阻碍性压力源的二维结构观点进行检验，运用层级回归分析方法分析这两类压力源与员工工作投入和整体工作满意度的关系。研究结果表明，压力源的二维结构同样适合于中国企业员工样本，并不是所有的压力源都会带来消极影响，挑战性压力源与员工的工作投入和整体工作满意度显著正相关，而阻碍性压力源与员工工作投入和整体满意度显著负相关。最后对研究结果和未来研究方向进行讨论和说明，该结果不仅在一定程度上丰富了压力管理研究内容，也为企业的管理实践提供指导思想。

关键词：挑战性压力源；阻碍性压力源；工作投入；工作满意度

一　引言

工作压力几乎存在于任何工作组织和工作个体中，是实践者和研究者关注的重点问题，

---

* 基金项目：国家自然科学基金（90924007）；973 重大项目（2010CB731406）。

但以往研究却得出不一致的结果。有些研究表明工作压力源对与工作有关的一些变量（如工作满意度和组织承诺等）有消极影响，对离职倾向有积极影响[1]，对工作绩效有消极影响[2]；Bretz等[3]的研究表明，经理人的工作压力与工作搜寻行为之间不存在显著关系；Leong等[4]的研究也没有证实中层管理者的工作压力与工作满意度之间存在显著关系；甚至还有研究表明对图书销售员较多的角色期望会对其单位销售额有积极影响[5]。

对此，Cavanaugh等[6]和LiPine等[7]认为其中的原因是，个体会根据压力对自己是否有利来区分压力，所以压力源与一些变量之间的关系取决于压力源的不同类型。有些压力源能激发挑战和成就感，并能带来积极的情绪和结果，这些压力源被称为挑战性压力源；有些压力源会带来消极的结果，阻碍个人能力的有效发挥和顺利完成工作目标，这些压力源被称为阻碍性压力源。

由于压力源的二维结构还没有被充分认识和研究，且目前关于压力源二维结构的结论大多是采用西方国家样本得出的，因此采用中国样本研究压力源的二维结构有重要的意义。根据以往研究，工作投入作为一种积极工作状态，有利于工作绩效的提高，但目前很少有研究探讨这两类压力源与工作投入的关系；另外，虽然以往西方学者的研究结果显示这两类压力源与工作满意度有不同的关系，但仍需要进一步对结果的可推广性进行验证。所以，验证压力源的二维结构及其与员工整体满意度和工作投入的关系是本研究的主要目的，这不仅可以进一步明确挑战性和阻碍性压力源的不同作用，而且也为中国的管理实践提供有益的依据。

二 相关研究评述和假设

与以往研究结果不同，一些研究表明压力源并不是总会产生负面影响[8]。在回顾以往文献和调查分析的基础上，Cavanaugh等[6]、LePine等[9]、Podsakoff等[10]和时雨等[11]将压力源分为挑战性压力源和阻碍性压力源，前者是能给员工带来积极影响的一类压力源，包括高工作负荷、时间压力、工作范围和高工作责任，这种压力源虽然会带来压力，但同时也会带来未来的成长、回报和收益，能激发成就感，因此会带来积极的影响；阻碍性压力源是给员工带来消极影响的压力源，包括组织的政策、烦琐和拖拉的公事程序、角色模糊以及顾虑工作安全，它会阻碍个人的成长和目标的达成，限制个体能力的发挥，所以这种压力源会带来消极的影响。

这种分类也得到其他学者的支持，Selye[12]认为不同类型的压力应根据要求的不同类型来划分，而不是根据要求的水平；Folkman等[13]认为，应根据压力源是否被评价为阻碍和促进获得知识、个人增长或者是未来的收益来划分；Bhagat等[14]的研究发现，被研究参与者评为有积极作用的工作要求会对一些与组织相关的结果变量有积极的影响，被被试评为有消极作用的工作要求会对一些与组织相关的结果变量有消极的影响。与此相似，McCauley等[15]认为，虽然有些工作要求会带来压力，这些工作要求却被认为是有回报的工作经历，这些工作要求带来的回报足以抵消它所带来的不适，他们将这些工作要求视为挑战性要求，包括工作负荷、时间压力和高水平的责任。

Cavanaugh等[6]提出压力源二维结构的同时，也开发了压力源二维结构量表。虽然LePine等[7]在压力源二维结构框架内根据自己的研究目的开发了新量表，不过后来的研究大多使用 Cavanaugh 等[6] 开发的量表。目前，关于挑战性和阻碍性压力源的研究并不是太多，主要有 Cavanaugh 等[6]、Wallace 等[8]、Podsakoff 等[10]、Boswell 等[16] 和 Haar[17]。总结已有研究，虽然挑战性压力源和阻碍性压力源会带来焦虑和情绪枯竭，但是挑战性压力源却与学习绩效、忠诚度、工作动机、工作绩效、组织支持感、组织承诺正相关，与工作搜寻行为、工作退缩行为、离职意向负相关[7,9-10,16]；而阻碍性压力源却与工作搜寻行为、自愿离职率、离职意向、工作退缩行为正相关，与学习绩效、忠诚度、工作动机、工作绩效、组织支持感、组织承诺负相关[6,16]。此外，以往研究也表明挑战感在挑战性压力源与忠诚度、工作退缩行为、工作搜寻行为和离职意向之间起中介作用[16]，工作动机在两类压力源与工作绩效之间起不同的中介作用[9]，工作自主性和挑战性压力源的交互作用与情绪枯竭和工作不投入负相关，低神经质和阻碍性压力源的交互作用与情绪枯竭正相关[18]，组织支持能够强化挑战性压力源与工作绩效的正向关系[8]，一般自我效能感能够缓解阻碍性压力源带来的心理紧张、加强挑战性压力源与离职意向的负相关关系[19]。

虽然挑战性压力源和阻碍性压力源的观点已被学者接受，关于这两类压力源的研究也取得一定成果，但是这种分类是否同样适用其他国家和地区有待进一步验证。研究表明，东西方社会之间存在文化差异，如中国的文化类型属于高权利距离、集体主义倾向的国家，而美国则属于低权利距离、个人主义倾向的国家。在不同文化背景下，人适应物理环境、社会环境和处事方式会有所不同[20-21]。然而，有些研究已经证实，压力源的二维结构在其他地方有其适用性，如 Haar[17] 运用新西兰样本同样验证压力源的二维结构，表明压力源的二维结构在其他地方有其适用性。此外，虽然张韫黎等[19] 的研究采用飞行签派员样本验证了压力源的二维结构，但其样本有一定的特殊性，压力源二维结构的分法是否具有普适性仍需要进一步检验。因此，本研究提出假设：

H_1：压力源可以分为挑战性压力源和阻碍性压力源。

工作投入是一种与工作有关的积极、完满的情感和认知状态，这种状态具有持久性和弥散性的特点，而不是针对某一特定的目标、事件、个体或行为，表现为活力、奉献和专注三方面的特征。活力指高水平的能量、工作时有韧性、愿意为工作付出努力、不容易疲劳、面对困难仍然能够坚持；奉献涉及高强度的工作卷入、特定的认知和信念状态、情感因素，伴随有热情、灵感和重要感、自豪和挑战；专注指完全沉入到工作中的愉悦状态，工作时感觉时间过得很快，不愿从自己的工作中脱离开来[22,23]。

根据工作要求-资源模型理论，工作环境特征包含工作要求和工作资源两个方面。工作要求是指工作的物理、社会和组织方面的要求，需要个体持续不断地付出身体和心理方面的努力，因此会使个体付出生理和心理代价（如枯竭）[24]。员工在工作中为了应付工作要求，需要付出多方面的努力，同时也会消耗个体所拥有的一些资源，包括心理资源，付出的努力越多，个体付出的心理或生理成本越大，进而会使个体产生疲劳、情绪枯竭状态[25]。挑战性压力源和阻碍性压力源作为工作要求，在员工完成工作的过程中同样需要员工付出多方面的努力来面对挑战，因此会使员工产生情绪枯竭等方面的问题。基于此本研究提出假设：

H_2：挑战性压力源与工作投入负相关。

H_3：阻碍性压力源与工作投入负相关。

根据 Folkman 等[13] 的压力应对理论，员工在与周围环境互动的过程中会启动认知评价过程，在初级评价过程中，员工会评价其所遇到的事件、情景或问题是否与自己有关，是不是良性的、积极的，或者是不是有压力的。如果与自己无关，那么对员工来说就无关紧要；如果遇到的事件、情景或问题是有益的、积极的，员工会做出好的评价，如得到晋升机会；如果遇到的事件、情景或问题具有威胁性或伤害性，员工会做出不好的评价，如与主管发生冲突，或者被炒鱿鱼[11]。员工根据初级评价会采取进一步的措施应对所遇到的事件、情景或者问题，所采取的措施包括情绪应对策略和问题应对策略，进而会影响员工的情绪或行为。

挑战性压力源虽然会给员工带来压力，但也会带来潜在的成长和收获[6,8-9]；阻碍性压力源不仅会带来压力，而且阻碍个体能力发挥、绩效的提高。如果员工在初级评价过程中能够认识到这一点，他在面对挑战时就会投入更多的精力和资源去应对这些挑战；在面对阻碍时，他就会倾向于选择消极的应对方式。再者，根据自我决定理论，个体面对挑战时，自我决定的潜能可以引导个体从事感兴趣的、有益于能力发展的活动或者任务，从而使个体更投入于所从事的活动中，并从中获得满足感；而面对阻碍时个体则不会体验上述状态[26]。另外，以往西方学者的研究也表明，挑战性压力源对满意度等态度变量有积极影响，阻碍性压力源对工作满意度等变量有消极影响[6,10]，但这些结果大多是基于西方学者的样本得出的。而张韫黎等[19]的研究却没有证实挑战性压力源与工作满意度之间的正相关关系。因此，以往西方学者的研究结果是否可以推广到文化背景不同的其他行业和企业，仍是值得进一步探讨的重要问题。由此本研究提出假设：

H_4：挑战性压力源与工作投入正相关。

H_5：挑战性压力源与工作满意度正相关。

H_6：阻碍性压力源与工作满意度负相关。

三　研究方法

（一）数据来源

调查期为 2010 年 1 月至 2 月。根据本研究目的，且在选择样本时为了与张韫黎等[19]的样本有所区别，本研究样本来自广东地区的非国有企业和非国有控股企业的员工。在征得员工同意的情况下，将自填式问卷发放给员工匿名填写。共发放问卷 308 份，回收 245 份，由于压力源部分的问卷个别题目有缺失值，所以在对压力源二维结构进行检验时，本研究首先剔除有缺失值的 9 份样本，然后用剩下的 236 份样本对压力源的二维结构进行检验。用于层级回归分析的样本是从 245 份样本中剔除有缺失值样本之后的样本，有效样本为 178 份，剔除标准是人口统计学变量有缺失值、工作满意度变量缺失题目数大于 1、工作投入变量缺失题目数大于 3，共剔除样本 67 份。为了检验被剔除样本与用于回归分析样本在学历、在目前工作单位的年限、性别、年龄和婚姻状况等方面的差别，本研究对它们进行 T 检验，检验结果显示，被剔除样本与用于回归分析的样本在以上 5 个方面没有差别，其 p 值范围为 0.143~0.786，均在 0.050 水平下不显著。用于回归分析样本的平均年龄为 28.530 岁（标准差为 5.626），平均工作年限为 5.958 年（标准差为 5.525），男性占 56.7%，已婚占 48.3%，大专以上学历的人占 94.4%。

（二）研究工具

挑战性–阻碍性压力源量表。目前，有关挑战性–阻碍性工作压力源的测量问题，多数研究都使用由 Cavanaugh 等[6] 开发的量表[8,10]。本研究也使用 Cavanaugh 等[6] 开发的量表，在确定中文版问卷的过程中，根据 Brislin[27] 和 Cha 等[28] 的翻译和回译思路，先由两名博士生单独将问卷翻译成汉语，与一位相关专业的教授一起讨论翻译的问卷，然后请一位从事英语教学工作的老师回译，最终形成挑战性压力源和阻碍性压力源问卷定稿。挑战性压力源包括 6 个题目，如我体验到的时间紧迫性；阻碍性压力源有 5 个题目，如在工作上我不能清楚地理解对我的期望。采用 4 点 Likert 量表评分，让被调查者评价题目中描述的情景给自己带来的压力程度，不会带来压力为 1，会带来很大压力为 4，得分越高说明感受到的压力水平越高。

工作投入量表。采用 Schaufeli 等[22] 开发的工作投入量表，量表分为 UWES-17 和 UWES-9，UWES 量表是目前在相关实证研究中被广泛用于测量工作投入的工具，包括活力（如工作时即使感到疲劳，我也能很快恢复）、奉献（如我对工作充满热情）和专注（如当我工作时，时间总是过得很快）3 个维度。采用 7 点频率量表评分，从 0（从不）到 6（每天）[22,29-30]，得分越高说明越频繁。本研究使用 UWES-9，因为简版量表已被 Seppälä 等[29] 证实有较好的稳定性。

由于活力、奉献和专注之间有较高的相关性，Schaufceli 等[22] 认为，按照分析目的的不同，研究者可以将量表看作单一维度来分析，也可以按多维度来分析，如果是从整体上研究工作投入，就适合按单维度来分析[29]。本研究从整体上研究工作投入，因此在分析时将 UWES-9 视为单一维度处理。

工作满意度。采用 Cammann 等[31] 开发的整体工作满意度量表中的 3 个题目，如"总的来说，我对自己的工作感到满意"，采用 5 点 Likert 量表评分，1 为非常不同意，5 为非常同意，得分越高说明工作满意度越高。该量表已被王永丽等[32] 研究者使用，表现出较好的有效性。

控制变量。选择工作年限、年龄、婚姻状况和性别为控制变量。

（三）数据处理

运用 SPSS13.0 进行探索性因子分析，用 Amos17.0 进行验证性因子分析，验证挑战性–阻碍性压力源的二维结构。运用 SPSS 13.0 进行层级回归分析，在进行回归分析时，根据龙立荣[33] 的建议，首先把控制变量放进方程，再将挑战性压力源和阻碍性压力源放进方程。

④ 研究结果

（一）压力源二维结构验证

为了验证压力源的二维结构，先从回收的样本中随机选取 110 份进行探索性因子分析，分析时根据结果删除一个题目（str_9：为了完成工作，我需要处理的签字、盖章手续的数量），最终的分析结果如表1所示，KMO值为0.772，两个因子共解释53.631%的方差变异。分析结果显示压力源可以分为挑战性压力源和阻碍性压力源两个维度。

表1 探索性因子分析结果

题目	因子	
	挑战性压力源	阻碍性压力源
str_4	0.828	−0.019
str_3	0.799	−0.090
str_2	0.764	0.274
str_1	0.744	0.304
str_5	0.719	0.152
str_6	0.697	0.273
str_{11}	0.124	0.746
str_8	0.197	0.696
str_7	0.093	0.684
str_{10}	−0.013	0.593
str_9	0.309	0.377

注：抽取方法为主成分分析，旋转方法为方差最大化正交旋转。

为了进一步验证压力源的二维结构，用其余有效样本对探索性因子分析结果进行验证性因子分析，模型拟合结果比较理想，$\frac{\chi^2}{df}=1.252$，RMSEA $=0.045$，GFI $=0.980$，CFI $=0.980$。此外，本研究还对压力源的单维结构进行验证分析，其结果并不理想，$\frac{\chi^2}{df}=3.277$，RMSEA $=0.135$，GFI $=0.842$，CFI $=0.811$，N $=126$。因此，H_1 得到验证。

（二）问卷的信度和变量间的相关分析

在分析两类压力源对工作投入和工作满意度的影响之前，首先对相关变量进行描述性统计分析。分析结果如表2所示，挑战性压力源与工作投入和整体工作满意度有正相关关系，而阻碍性压力源与工作投入和整体工作满意度有负相关关系，工作满意度与工作投入存在正相关关系。

（三）自变量对因变量的回归分析

表3给出两类压力源对整体工作满意度和工作投入影响作用的层级回归分析结果，挑战性压力源对工作满意度（$\beta=0.258$，$p<0.010$）和工作投入（$\beta=0.164$，$p<0.050$）有积极影响，阻碍性压力源对工作满意度（$\beta=-0.318$，$p<0.010$）和工作投入（$\beta=-0.215$，$p<$

0.010）有消极影响。因此，H_3、H_4、H_5 和 H_6 得到验证，H_2 没有得到验证。

另外，如表 3 所示，性别对工作投入也有显著影响。为了确定工作投入在性别之间的差异，本研究针对男女两组做 T 检验分析，结果发现男性的工作投入程度要显著高于女性（平均值$_{女性}$=2.991，平均值$_{男性}$=3.335，p<0.010）。

表 2　相关变量的平均数、标准差、相关系数和信度系数（N= 178）

变量	均值	标准差	挑战性压力源	阻碍性压力源	工作投入	工作满意度	性别	年龄	婚姻状况	教育程度
挑战性压力源	2.579	0.617	0.857							
阻碍性压力源	2.201	0.614	0.248 ***	0.632						
工作投入	3.187	0.668	0.145 *	−0.187 **	0.874					
工作满意度	4.037	1.069	0.189 **	−0.264 ***	0.415 ***	0.812				
性别ª	0.570	0.497	0.142 *	−0.015	0.256 ***	0.041	—			
年龄	28.530	5.626	0.063	−0.089	0.206 ***	0.191 **	0.237 ***	—		
婚姻状况ᵇ	0.480	0.501	0.029	−0.060	0.108	0.145 *	0.073	0.547 ***	—	
教育程度ᶜ	1.800	0.641	−0.117	−0.086	−0.027	−0.052	0.043	−0.018	−0.081	—
工作年限	5.958	5.525	0.092	−0.073	0.156 **	0.193 **	0.149 **	0.923 ***	0.564 **	−0.105

注：* 表示 p<0.100，** 表示 p<0.050，*** 表示 p<0.010，下同；对角线上的数据为量表的信度 Cronbach's α 系数；a.1 为男性，0 为女性；b.1 为已婚，0 为未婚；c.1 为大专，2 为本科，3 为硕士，4 为博士，0 为其他。

表 3　层级回归分析结果

变量	满意度			工作投入		
	β	容忍度	膨胀因子	β	容忍度	膨胀因子
第一步：控制变量						
性别	0.007			0.211 ***		
年龄	0.089			0.299		
婚姻状况	0.048			0.020		
教育程度	−0.038			−0.047		
工作年限	0.079			−0.167		
R^2	0.042			0.093		
F	1.491			3.516 ***		
第二步：主效应						
挑战性压力源	0.258 ***	0.897	1.115	0.164 **	0.897	1.115
阻碍性压力源	−0.318 ***	0.923	1.083	−0.215 ***	0.923	1.083
R^2	0.165			0.147		
ΔR^2	0.123 ***			0.054 ***		
+	4.797 ***			4.191 ***		

注：回归系数为标准化系数。

五 分析和讨论

（1）通过以上分析，本研究结果证实了挑战性压力源和阻碍性压力源的二维结构，表明这种分类在其他国家同样有其适用性，与 Haar[17]、Tai 等[18]和张韫黎等[19]的研究结果类似，都支持 Cavanaugh 等[6]提出的压力源二维结构的观点，这说明压力源的二维结构有一定的普遍适用性。

这种分类不同于压力源与绩效呈倒 U 型关系的观点，该观点关注压力的水平，并认为当压力水平较低时，增加压力会提高绩效，随着压力水平的增加，绩效会达到一个最大值，这时如果再增加压力水平就会产生负面影响，即绩效会下降[34-35]，而压力源的二维结构关注良性压力源和非良性压力源的分类。

（2）本研究结果表明，挑战性压力源与工作满意度之间存在显著正相关关系，这与 H_5 的叙述一致；阻碍性压力源与工作满意度之间存在显著负相关关系，这与 H_6 的叙述一致。根据自我决定理论[26]，自我决定不仅是个体的一种能力，也是个体的一种需要，个体具有一种内在的自我决定倾向，这种倾向能够引导个体从事有益于能力发展的、感兴趣的活动。挑战性压力源为员工的能力提升提供了空间，因此员工在迎接并克服挑战的努力中可以体会到一种满意感。而在面临阻碍性压力源时，员工感知到这种压力源与自己的心理需求不一致，因而会产生消极的体验，并减少自身内在动机，进而降低工作满意度。本研究结果与国外其他学者的研究结果相符合，如借鉴 Dohrenwend 等[36]编制的总体生活压力问卷，Bhagat 等[14]的研究表明，被被试评为有积极作用的工作要求对工作满意度有正向显著影响，而被被试评为有消极作用的工作要求对工作满意度有负向显著影响，对工作厌倦有正向显著预测作用；Cavanaugh 等[6]研究发现，挑战性压力与高层管理者的工作满意度显著正相关，阻碍性压力与高层管理者的工作满意度显著负相关。这些研究结果在一定程度上说明本研究结果的可靠性。

然而，与张韫黎等[19]的研究稍有不同，他们的研究并没有证实挑战性压力源与工作满意度之间的正相关关系，对此他们认为其中原因包括样本之间的差异问题以及挑战性压力源与工作满意度之间存在曲线关系。本研究认为还可能存在其他原因，如个体的人格特质可能会调节它们之间的关系，但具体是哪种原因需要以后研究进一步探索。

（3）工作要求-资源模型认为，工作要求会带来消极影响，如工作倦怠；工作资源会带来积极影响，如高绩效、工作投入[24,37]。而本研究依据不同的理论，提出相反的假设（H_2 和 H_4），研究结果与 H_2 的叙述相反，表明工作要求不一定会产生消极影响。这一结论与 Tai 等[18]的研究结论一致，他们的研究表明，阻碍性压力源对员工的工作不投入有积极影响，挑战性压力源对员工的情绪枯竭有积极影响。

对于阻碍性压力源与工作投入之间存在显著负相关关系的结论，工作要求-资源模型可以提供有力的解释依据，因为阻碍性压力源作为一种工作要求会带来消极结果。而挑战性压力源与工作投入之间存在显著正相关关系的结论则与工作要求-资源模型的理论思想稍有不同[25]，本研究结论表明，挑战性压力源作为一种工作要求也会使员工体验到工作投入状态。根据期望理论[38]，员工认为挑战性压力源会给自己带来回报，从事挑战性任务会锻炼自身的能力，因而他会更倾向于积极投入工作。这一结论也为以后研究提供了新研究方向，挑战性压力源与工作投入之间还可能存在其他变量,挑战性压力源和阻碍性压力源对工作投入的影响机制可能有所不同。另外,对于挑战性压力源与工作投入之间呈显著正相关关系的结论与积极组织行为学的研究观点不谋而合,积极组织行为学研究认为,关于消极面的研究与积极面的研究同样重要,同时关注这两方面的研究对我们探寻变量间的不同机制和理论有重要的价值[39-40]。因此,工作投入作为一种积极组织行为学变量,同样作为工作要求,这两类压力源与工作投入之间的作用机制可能会有所不同,这一问题值得以后进一步深入研究。此外,未来研究还可以考虑以下问题,比如,如果员工认识不到工作要求和工作资源的存在,工作要求和工作资源对他不会产生什么影响;其次,不同的员工对工作要求和工作资源认识不同,有些员工认为有些工作要求虽然会带来较大压力,但如果能够克服挑战可以获得能力的提升和成长,那么即使在缺少工作资源的情况下,员工也可能会积极地寻找各种资源来应对遇到的工作要求,从而带来较好的业绩。

(4)本研究与其他研究一样也有一定的局限。①本研究使用横截面数据进行分析,研究结果无法说明这两类压力源与工作投入和工作满意之间的因果关系,其结果只能说明它们之间的相关关系。未来的研究可以采用纵向数据,进一步验证本研究的结果,以分析变量间的因果关系。②在本研究中,阻碍性压力源的内部一致性系数($\alpha=0.632$)比较低,虽然没有挑战性压力源内部一致性系数高,但与 Boswell 等[16]的研究中阻碍性压力源内部一致性系数($\alpha=0.680$)相近,为此有研究者认为大于 0.600 的内部一致性系数是可以接受的[41]。考虑到阻碍性压力源只有 4 个题目,较低的内部一致性系数也是可以理解的。从验证性因子分析的结果看,这两类压力源的模型拟合度比较好,这两类压力源与其他变量的不同关系也表明它们之间有较好的区别效度,因此说明压力源的二维结构是合理的。未来研究可进一步探讨这两类压力源的内容。③由于每份问卷是由一位员工填写,这可能会导致共方法偏差。从同一来源收集数据,其中一个原因是由本研究的目的决定的,本研究探讨两类压力源对工作满意度和工作投入的影响,研究中关于工作态度和投入状态的数据只能通过自评方式获得。更重要的是,本研究在调研过程中采用匿名调查的方式,在程序上尽量减小共方法偏差的影响。为了检验共方法偏差对研究结论的影响,本研究采用两种方法对共方法偏差进行分析[42-43],共方法偏差检验结果如表 4 所示。首先使用验证性因子分析对两类压力源、工作投入和工作满意度进行 Harman 单因子检验,该方法的基本假设是当方法变异大量存在时,进行因素分析可能会析出一个单独因子或者变量的大部分变异被一个公共因子代表。Harman 单因子模型拟合结果并没有达到可接受的标准(见表 4);然而,鉴于 Harman 单因子检验也存在一定的问题,即除非存在非常严重的共方法偏差,一般不会出现测量不同概念的所有项目被一个公因子代表的情况,本研究采用不可测量潜在方法因子检验。该方法既允许各测项负荷在各自的理论维度,也允许所有测项负荷在一个潜在的共同方法变异因子上。如果有共同方法变异因子模型的拟合指数明显优于无共同方法变异因子的模型,则认为各变量间存在严重的同源方差(见表 4)。

表 4　共方法偏差检验

模型	$\dfrac{\chi^2}{df}$	RMSEA	GFI	CFI
M_1	4.781	0.146	0.584	0.468

续表

模型	$\dfrac{\chi^2}{df}$	RMSEA	GFI	CFI
M_2	1.694	0.063	0.861	0.915
M_3	1.839	0.069	0.838	0.885

注：M_1 为 Harman 单因子模型，即工作投入、工作满意度和两类压力源的所有项目负荷在一个因子上；M_2 为不可测潜在因子模型，即工作投入、工作满意度和两类压力源的项目除负荷在各自的理论维度，还负荷在一个潜在的共同方法变异因子上；M_3 为所有项目负荷在各自的理论维度上；$N=178$。

表 4 结果显示，M_2 的拟合指数并不明显优于 M_3，$\dfrac{\Delta \chi^2}{df}$ 也比较小，M_1 的拟合结果也不理想；另外，表 3 中回归分析过程中的膨胀因子和容忍度数值也显示，变量间不存在严重的多重共线性问题。综上所述，本研究中各变量间不存在严重的共方法偏差，可以认为共方法偏差对研究结果影响不大。

六　结论

压力究竟是动力还是阻力，本研究在已有研究的基础上对此进行深入探讨。以中国企业员工为样本，采用探索性因子分析和验证性因子分析方法对压力源的二维结构进行验证，并对压力源与工作投入和工作满意度之间的关系进行实证分析。研究结果表明，压力源可以分为挑战性压力源和阻碍性压力源，这表明压力源二维结构的观点有其普适性。层级回归分析结果显示，挑战性压力源与员工的整体工作满意度和工作投入显著正相关，而阻碍性压力源与它们显著负相关，这意味着区分不同类型的压力源及其与结果变量的关系有助于促进我们对工作压力的进一步了解。

本研究结论对企业的管理实践有一定的启示作用。①在工作过程中，应尽量减少阻碍员工顺利完成工作的因素，如尽量清楚地表述对员工的期望、为员工提供发展机会、为员工提供必要的支持和帮助以清除完成工作过程中的阻碍等，因为这些阻碍因素会给员工的工作投入和满意度带来消极影响，而工作投入和工作满意度是员工绩效等结果变量的有力预测因素；②随着市场竞争程度日趋激烈，吸引并保留充满活力和具有奉献精神的员工对企业来说显得尤为重要，因此鉴别能够使员工更加投入的工作环境同样显得很重要，本研究结果为企业进行工作设计提供了基础，企业在进行工作设计时可以适当增加有挑战性的因素，如扩大员工的责任范围等；③虽然本研究结果表明挑战性压力源与工作投入和满意度之间存在显著正相关关系，但这并不表明管理者改变员工对压力源的认知评价、提高员工对工作的挑战感认知是一种有效领导方式，因此想通过改变员工对工作的挑战感认知来改变员工工作态度和绩效的管理者在实践中应谨慎地运用本研究结果。同时，管理者改变员工的工作挑战感认知是不是一种有效的领导方式及其与相关变量的作用机制值得进一步深入研究。

参考文献

[1] Griffeth, R. W., Horn, P. W., Gaertner, S. A Meta-analysis of Antecedents and Correlates of Employee

Turn-over: Update, Moderator Tests, and Research Implications for the Next Millennium [J]. Journal of Management, 2000, 26 (3): 463-488.

[2] Fox, S., Spector, P. E., Miles, D. Counterproductive Work Behavior (CWB) in Response to Job Stressors and Organizational Justice: Some Mediator and Moderator Tests for Autonomy and Emotions [J]. Journal of Vocational Behavior, 2001, 59 (3): 291-309.

[3] Bretz, R. D., Jr. Boudreau, J. W., Judge, T. A. Job Search Behavior of Employed Managers [J]. Personnel Psychology, 1994, 47 (2): 275-301.

[4] Leong, C. S., Furnham, A., Cooper, C. L. The Moderating Effect of Organizational Commitment on the Occupational Stress Outcome Relationship [J]. Human Relations, 1996, 49 (10): 1345-1363.

[5] Beehr, T. A., Jex, S. M., Stacy, B. A., Murray, M. A. Work Stressors and Coworker Support as Predictors of Individual Strain and Job Performance [J]. Journal of Organizational Behavior, 2000, 21 (4): 391-405.

[6] Cavanaugh, M. A., Boswell, W. R., Roehling, M. V., Boudreau, J. W. An Empirical Examination of Selfreported Work Stress among U. S. Managers [J]. Journal of Applied Psychology, 2000, 85 (1): 65-74.

[7] LePine, J. A., LePine, M. A., Jackson, C. L. Challenge and Hindrance Stress: Relationships with Exhaustion, Motivation to Learn, and Learning Performance [J]. Journal of Applied Psychology, 2004, 89 (5): 883-891.

[8] Wallace, J. C., Edwards, B. D., Arnold, T., Frazier, M. L., Finch, D. M. Work Stressors, Role-based Performance, and the Moderating Influence of Organizational Support [J]. Journal of Applied Psychology, 2009, 94 (1): 254-262.

[9] LePine, J. A., Podsakoff, N. P., LePine, M. A. A Meta-analytic Test of the Challenge Stressor-hindrance Stressor Framework: An Explanation for Inconsistent Relationships among Stressors and Performance [J]. The Academy of Management Journal, 2005, 48 (5): 764-775.

[10] Podsakoff, N. P., LePine, J. A., LePine, M. A. Differential Challenge Stressor-hindrance Stressor Relationships with Job Attitudes, Turnover Intentions, Turnover, and Withdrawal Behavior: A Meta-analysis [J]. Journal of Applied Psychology, 2007, 92 (2): 438-454.

[11] 时雨, 刘聪, 刘晓倩, 时勘. 工作压力的研究概况 [J]. 经济与管理研究, 2009 (4): 101-107.

[12] Selye, H. History and Present Status of the Stress Concept [M]. New York: Free Press, 1982: 7-17.

[13] Folkman, S., Lazarus, R. S. If It Changes It Must be a Process: Study of Emotion and Coping During Three Stages of a College Examination [J]. Journal of Personality and Social Psychology, 1985, 48 (1): 150-170.

[14] Bhagat, R. S., Mcquaid, S. J., Lindholm, H., Segovis, J. Total Life Stress: A Multimethod Validation of the Construct and Its Effects on Organizationally Valued Outcomes and Withdrawal Behaviors [J]. Journal of Applied Psychology, 1985, 70 (1): 202-214.

[15] McCauley, C. D., Ruderman, M. N., Ohlott, P. J., Morrow, J. E. Assessing the Developmental Components of Managerial Jobs [J]. Journal of Applied Psychology, 1994, 79 (4): 544-560.

[16] Boswell, W. R., Olson-Buchanan, J. B., LePine, M. A. Relations between Stress and Work Outcomes: The Role of felt Challenge, Job Control, and Psychological Strain [J]. Journal of Vocational Behavior, 2004, 64 (1): 165-181.

[17] Haar, J. M. Challenge and Hindrance Stressors in New Zealand: Exploring Social Exchange Theory Outcomes [J]. International Journal of Human Resource Management, 2006, 17 (11): 1942-1950.

[18] Tai, W. T., Liu, S. C. An Investigation of the Influences of Job Autonomy and Neuroticism on Job Stressor-strain Relations [J]. Social Behavior & Personality: An International Journal, 2007, 35 (8): 1007-1019.

［19］张韫黎，陆昌勤. 挑战性-阻断性压力（源）与 员工心理和行为的关系：自我效能感的调节作用 ［J］. 心理学报，2009，41（6）：501-509.

［20］Hofstede, G. National Cultures in Four Dimensions ［J］. International Studies of Management & Organization, 1983, 13（1/2）：46-74.

［21］Hofstede, G., Bond, M. H. The Confucius Connection：From Cultural Roots to Economic Growth ［J］. Organizational Dynamics, 1988, 16（4）：5-21.

［22］Schaufeli, W. B., Salanova, M., Gonzalez-Roma, V., Bakker, A. B. The Measurement of Engagement and Burnout：A Two Sample Confirmatory Factor Analytic Approach ［J］. Journal of Happiness Studies, 2002, 3 （1）：71-92.

［23］林琳，时勤，萧爱铃. 工作投入研究现状与展望 ［J］. 管理评论，2008，20（3）：8-14.

［24］Demerouti, E., Bakker, A. B., Nachreiner, F., Schaufeli, W. B. The Job Demands-resources Model of Burnout ［J］. Journal of Applied Psychology, 2001, 86（3）：499-512.

［25］Schaufeli, W. B., Bakker, A. B. Job Demands, Job Resources, and Their Relationship with Burnout and Engagement：A Multi-sample Study ［J］. Journal of Organizational Behavior, 2004, 25（3）：293-315.

［26］Ryan, R. M., Deci, E. L. Self-determination Theory and the Facilitation of Intrinsic Motivation, Social Development, and Well-being ［J］. American Psychologist, 2000, 55（1）：68-78.

［27］Brislin, R. W. Back-translation for Cross-cultural Research ［J］. Journal of Cross Cultural Psychology, 1970, 1（3）：185-216.

［28］Cha, E. S., Kim, K. H., Erlen, J. A. Translation of Scales in Cross Cultural Research：Issues and Techniques ［J］. Journal of Advanced Nursing, 2007, 58（4）：386-395.

［29］Seppälä, P., Mauno, S., Feldt, T., Hakanen, J., Kinnunen, U., Schaufeli, W. The Construct Validity of the Utrecht Work Engagement Scale：Multisample and Longitudinal Evidence ［J］. Journal of Happiness Studies, 2009, 10（4）：459-481.

［30］Schaufeli, W. B., Bakker, A. B., Salanova, M. The Measurement of Work Engagement with a Short Questionnaire：A Cross National Study ［J］. Educational & Psychological Measurement, 2006, 66（4）：701-716.

［31］Cammann, C., Fichman, M., Jenkins, G. D., Klesh, J. R. Assessing the Attitudes and Perceptions of Organiza-tional Members ［M］//Seashore, S. E., Lawler, E. E., Mirvis, P. H., Cammann, C. Assessing Organizational Change：A Guide to Methods, Measures, and Practices. New York：Jone Wiley, 1983：464.

［32］王永丽，邓静怡，何熟珍. 角色投入对工作满意度和生活满意度的影响 ［J］. 管理评论，2009，21（5）：61-69，85.

［33］龙立荣. 层级回归方法及其在社会科学中的应用 ［J］. 教育研究与实验，2004（1）：51-56.

［34］Yerkes, R. M., Dodson, J. D., Smith, D., Bar-Eli, M. The Relation of Strength of Stimulus to Rapidity of Habit Formation ［M］//Smith, D., Bar-Eli, M. Essential Readings in Sport and Exercise Psychology. Champaign, IL, US：Human Kinetics, 2007：13-22.

［35］Yerkes, R. M., Dodson, J. D. The Relation of Strength of Stimulus to Rapidity of Habit Formation ［J］. Journal of Comparative Neurology & Psychology, 1908, 18（5）：459-482.

［36］Dohrenwend, B. S., Askenasy, A. R., Krasnoff, L., Dohrenwend, B. P. Exemplification of a Method for Scaling Life Events：The PERI Life Events Scale ［J］. Journal of Health and Social Behavior, 1978, 19（2）：205-229.

［37］Bakker, A. B., Demerouti, E., Verbeke, W. Using the Job Demands-resources Model to Predict Burnout and Performance ［J］. Human Resource Management, 2004, 43（1）：83-104.

［38］Vroom, V. H. Ego-involvement, Job Satisfaction, and Job Performance ［J］. Personnel Psychology, 1962, 15（2）：159-177.

［39］Roberts, L. M. Shifting the Lens on Organizational Life: The Added Value of Positive Scholarship ［J］. Academy of Management Review, 2006, 31 (2): 292-305.

［40］Bakker, A. B., Schaufeli, W. B. Positive Organizational Behavior: Engaged Employees in Flourishing Organizations ［J］. Journal of Organizational Behavior, 2008, 29 (2): 147-154.

［41］Luthans, F., Avolio, B. J., Walumbwa, F. O., Li, W. The Psychological Capital of Chinese Workers: Exploring the Relationship with Performance ［J］. Management and Organization Review, 2005, 1 (2): 249-271.

［42］Podsakoff, P. M., Mackenzie, S. B., Lee, J., Podsakoff, N. P. Common Method Biases in Behavioral Research: A Critical Review of the Literature and Recommended Remedies ［J］. Journal of Applied Psychology, 2003, 88 (5): 879-903.

［43］周浩, 龙立荣. 共同方法偏差的统计检验与控制方法 ［J］. 心理科学进展, 2004, 12 (6): 942-950.

Relationships between Challenge-hindrance Stressor, Employees' Work Engagement and Job Satisfaction

Liu Dege　Shi Kan　Wang Yongli　Gong Hui

Abstract: Work stress has always been concerned by the practitioners and researchers, and is an important issue in organizational behavior and human resource management research. Firstly, this paper confirmed the validity of two-dimensional model of challenge-hindrance stressor based on the data from Chinese samples using EFA and CFA analyses. Then, this paper analyzed the relationship between challenge-hindrance stressor, employees' work engagement and general job satisfaction using hierarchical regression analyses. The results indicate that not all stressors will bring about negative impact, challenge stressor is positively related to work engagement and job satisfaction, however, hindrance stressor is negatively related to work engagement and job satisfaction. Discussion and future research direction are provided in the end. The results of this study not only enrich the content of stress management, but also provide guiding ideas for companies' management practice.

Key words: challenge stressor; hindrance stessor; work engagement; job satisfaction

管理行为策略对员工变革态度的影响：
LMX 的调节作用 *

赵 晶 陆佳芳 于鉴夫 时 勘

【编者按】写下这段话时，时光忽而拉回到 2007 年的夏天。我本科就读于南开大学人力资源管理系，大三开始接触人力资源管理专业类课程，特别对组织如何运作、如何调动一群人的积极性，达到高效地开展工作等研究产生了兴趣。2007 年夏，当得知有望保送读研后，我抱着试试看的态度，向时勘老师呈送了自己的简历，自此开始了与老师的接触。经过老师和课题组师兄师姐的帮助，我在 2007 年冬季提前来到课题组学习、打基础，在此期间系统地梳理学习了课题组近年来的研究成果。当时，时老师经常邀请国内外高水平同行来课题组做前沿的学术交流，进一步地开阔了我们的研究视野。从 2008 年 9 月起，我正式开始了在中国科学院大学经济与管理学院的学习。时老师传统招收的学生在本科阶段就受到良好的心理学基础研究的训练。相比之下，我的底子较薄，经过阅读大量的文献，却迟迟未能有像样的研究思路的产生，因此过得比较自卑、愧疚、焦灼，感觉辜负了时老师招录时的信任。时老师很快发现了我的这一问题，并鼓励我找准自己的研究方向，发挥个人优势。直到 2010 年，受来自中国香港地区的 Philip Hallinger 和陆佳芳师姐做的组织变革工作坊的启发，之后，我结合培训所学，参与了社科基金课题"中国特色的组织变革领导培训模式与管理创新的作用机制研究"的申请工作。后来，该课题成功立项为当年度社科重点研究课题。随后，在该课题的支持下开展了与香港教育学院的合作，后来取得的成果获得了第七届中国心理学会社会心理学分会全国代表大会一等奖。同时，我在时老师和陆佳芳师姐的联合指导下，发表了《管理行为策略对员工变革态度的影响：LMX 调节作用》一文。2011 年硕士研究生毕业后，在时老师的推荐下，我加入了中国核电工程有限公司，先后在商务部、人力资源部、党委工作部等部门锻炼，负责合同管理、人才管理和组织与干部管理等具体工作并逐渐成长起来。今年是我离开校园的第八个年头，在来北京的第十二年，我也成为两个孩子的母亲。回想起过去在学习、生活中的点滴，总是难忘老师在深夜发邮件"要有思路、有创新"的悉心指导，难忘老师各地忙碌奔波、帮助学生研究论文取样的身影，难忘老师以任务为依托鼓励"干中学"相互配合，提升课题组研究合力的高效管理，难忘老师勉励我们"青春多美丽，时序若飞驰，前程未可量，奋发而为之"。好好地把握机遇，难忘老师教养之恩，谨记将心理学学术研究与祖国需要密切联系的初心和使命。在校的学习时间有限，回报老师的培养、回报祖国与社会的未来需要将是无限的。感恩遇见，感恩前行。祝时老师和课题组的每一位再创佳绩！

* 基金项目：国家社科基金管理类重点项目（10AGL003）；香港教育学院（Ref. RG53/2009—2010）。

（赵晶，中国科学院管理学院 2008 级硕士生，中国核电工程有限公司党委工作部　部长）

摘　要：讨论了管理行为策略对成员抵制变革的态度和变革成效的影响，以及领导–成员交换关系（LMX）在这种影响中的调节作用。通过对 246 份有效问卷的数据分析发现：组织变革管理行为策略能解释相当一部分成员抵制变革的态度和变革成效的变异。当 LMX 在较低水平时，随着迎合策略使用程度的增加，抵制变革的态度愈加明显；当 LMX 处于较高水平时，交易策略和个人请求策略使用程度的增加将显著地提升变革成效。研究结果对企业变革管理实践具有一定借鉴意义。

关键词：影响策略；领导–成员交换关系；抵制变革；变革成效

一　引言

多数管理者能够意识到变革的需求，但成功地使"变革成真"却是很多组织难以克服的难题。有效的管理者常常需要通过影响他人来获得支持、协助完成任务。管理效果在很大程度上取决于他们使用的影响行为策略。已有的很多研究关注组织所采用的影响行为策略以及这些策略如何影响变革效果[1]。国内学者过去对组织变革的研究多集中在对企业外部环境的变化分析，即趋势研究上。近年来对变革方式、过程、内容和管理的研究逐渐增多，但仍缺乏对基于我国文化和管理制度背景下变革管理模式的整合研究[2]。组织变革的概念和技巧在一些发达国家企业提升组织能力和效率方面均起到重要的作用，这些理论也需要在中国进行验证[3]。

二　研究假设的提出

无论变革属于什么类型，规模大小如何，获得成员的认同和参与对变革即将取得的效果至关重要。领导者最应具备的能力是使用语言和符号来为变革赋予含义，扮演"知觉制造者"的角色[4]。领导采用什么样的策略来影响成员对待变革的态度非常关键。Yukl 等[5]通过编码描述、组织发展实验室研究、现场研究以及问卷调查等方法，将影响行为的管理策略归纳为以下 11 类：合理劝说、等价交换、精神鼓舞、合法性、告知好处、施加压力、同甘共苦、迎合、咨询、个人请求、联盟等策略。他们发现，变革管理行为策略对成员的变革态度（抵制变革和变革成效）均有显著的影响作用。为此，本研究提出研究假设：

1a：变革管理行为策略的程度与抵制变革的态度呈负相关。

1b：变革管理行为策略的使用程度与变革成效呈正相关。

有些人会认为变革带来了满意、快乐、优势、工作上的成就感；而有一些人则会认为，变革将带来劣势、痛苦、悲哀，甚至是仇恨；还有一些人几乎没有感受到变革[6]。这些感受和行为受到某种能带来奖励和报酬的交换活动的支配。领导–成员交换关系（Leader-Member Exchange，LMX）被定义为员工与其上级之间交换关系的质量，其中心前提是：在工作中，领导者发展出与其下属的不同关系类型。不同关系类型决定着领导与下属之间交换的努力程度、物质资源、信息和/或生活支持的数量等[7]。高质量的 LMX 代表两者之间相互的信任（忠诚）、专注性尊重、资源的支持和贡献性行为，而低质量的 LMX 则意味着这些方面的匮乏[8]。据此，我们假设领导-成员交换关系调节着变革管理行为策略与成员变革态度之间的关系：

2a：当 LMX 处于较高水平时，管理行为策略的使用程度与抵制变革态度呈负相关；当 LMX 低时呈正相关。

2b：当 LMX 处于较高水平时，管理行为策略的使用程度与变革成效呈正相关；当 LMX 低时呈负相关。

三　研究方法

（一）被试

向参加管理培训的天津、广东、江苏、河南等地企业中层管理者及员工分发纸质问卷进行调查。共发放问卷 367 份，回收率 71.4%。剔除空白项过多以及未对员工变革态度进行填答的问卷，最终有效问卷 246 份。其中男 112 人，女 124 人；普通员工 20 人，专业技术员工 10 人，初级管理者 33 人，中级管理者 119 人；工作年限 1~30 年，平均 11 年；供职于事业单位和社会团体的占 5.3%，国有企业占 64.23%，外资企业占 6.5%，民营企业占 18.7%。

（二）测量工具

1. 变革管理行为策略：采用 Yukl 等编制的 IBQG 量表，共 44 道题，从 1 到 5 分别代表策略使用的频繁程度。

2. 领导-成员交换关系：使用 Scandura 和 Graen[9] 的量表，共有 7 道题，用 Likert 5 分量表从低到高评价与管理者之间的交换关系。

3. 对变革的态度：均采用 Likert 5 分量表评价。抵制变革的态度采用 Tyler[10] 的量表，共有 3 道题；变革成效包括两道自编题目。

4. 基本信息：包括被试所在企业的基本信息及个人信息。

四　结果及分析

（一）量表信效度检验

本研究使用的各分量表 α 值均在 0.79~0.95，具有良好的信度，接下来采用 Amos 18.0

检验影响行为策略量表的结构效度。在尽可能保持各维度完整性的前提下，删除了载荷小于 0.7 且不符合中国文化语境的题目 8 道，最终保留 36 道题。如表 1 所示，各项拟合指标均在可接受范围内，问卷具有较好效度。

表 1　验证性因素分析结果　（N=246）

拟合指标	χ^2	df	χ^2/df	IFI	CFI	RMSEA
影响行为策略	1074.89**	541	1.99	0.86	0.86	0.06

注：** 表示 $p<0.01$。

（二）共同方法偏差检验

采用 Harman 单因素检验来检查研究中是否存在严重的共同方法偏差问题[11]。将所有变量进行探索性因子分析，共有 11 个因子，并且第 1 个因子仅贡献 26.38%。因此，本研究不存在严重的共同方法偏差。

（三）变革管理行为策略与成员对变革态度影响的相关分析

等价交换（$r=0.18$，$p<0.01$）、压力（$r=0.24$，$p<0.01$）、联盟策略（$r=0.14$，$p<0.05$）与抵制变革态度之间显著正相关，其他策略与抵制变革态度无显著相关，拒绝了假设 1a。除了压力策略之外的管理行为策略与变革成效之间显著正相关（$r=0.17\sim0.34$，$p<0.01$），部分验证了假设 1b（见表 2）。

（四）回归分析

1. 变革管理行为策略对变革抵制的影响作用

如表 3 所示，人口学变量作为第 1 层变量，各管理行为策略作为第 2 层引入回归方程，解释的变异量增加了 14%（$p<0.01$）。其中，压力策略的主效应临界水平显著（$\beta=0.15$，$p<0.1$）。领导成员交换关系作为第 3 层变量，主效应显著（$\beta=-0.18$，$p<0.05$），解释的变异量增加 2%。最后，验证交互作用项[12]，解释的变异量增加了 10%（$p<0.35$），其中迎合策略的交互作用显著（$\beta=-0.38$，$p<0.01$）。

领导—成员交换关系对迎合策略与抵制变革态度影响的调节作用显著。如图 1 所示，当 LMX 低时，随着迎合策略使用程度的增加，抵制变革的程度也在显著增加（$\beta=0.49$，$p<0.001$）；LMX 高时该影响不显著（$\beta=-0.05$，$p=$ n. s.），部分支持假设 2a。

表 2　各研究变量的信度、平均数、标准差和研究变量之间的相关系数（N =246）

	M	SD	1	2	3	4	5	6	7	8	9	10	11	12	13	14	15	16	17
1. 性别	1.53	0.5	—																
2. 职位	3.73	1.11	-0.16*	—															
3. 工龄	11.03	8.02	-0.25**	0.15*	—														
4. 合理劝说	2.7	0.87	-0.02	0.10	-0.03	0.72													
5. 等价交换	2.06	0.82	-0.05	0.13*	-0.02	0.31**	0.72												
6. 精神鼓舞	2.66	0.78	0.10	0.17**	-0.07	0.63**	0.36**	0.76											
7. 合法性	2.44	0.76	-0.01	0.03	0.04	0.52**	0.41**	0.53**	0.62										
8. 告知好处	2.36	0.88	0.06	0.07	-0.09	0.53**	0.50**	0.63**	0.54**	0.79									
9. 压力	1.75	0.97	-0.13*	0.01	0.22**	0.09	0.46**	0.09	0.29**	0.24**	0.67								
10. 同甘共苦	2.47	0.78	0.00	0.02	-0.10	0.55**	0.38**	0.56**	0.46**	0.58**	0.05	0.76							
11. 迎合	2.46	0.81	0.00	0.163*	-0.05	0.51**	0.46**	0.57**	0.50**	0.60**	0.19**	0.51**	0.72						
12. 咨询	2.52	0.72	0.07	0.06	-0.04	0.56**	0.49**	0.61**	0.47**	0.58**	0.10	0.64**	0.57**	0.75					
13. 个人请求	2	0.84	0.04	0.06	0.02	0.40**	0.58**	0.49**	0.45**	0.60**	0.31***	0.49***	0.62**	0.52**	0.75				
14. 联盟	2.22	0.79	0.07	0.11	0.02	0.42**	0.67**	0.52**	0.51**	0.63**	0.40**	0.58**	0.64**	0.63**	0.70**	0.69			
15. LMX	2.65	0.63	0.00	0.148*	-0.05	0.37**	0.18*	0.36**	0.22**	0.26**	0.24**	0.42**	0.21**	0.47**	0.18**	0.25**	0.80		
16. 抵制变革	1.53	0.98	0.01	0.09	-0.01	-0.13	0.18*	-0.11	-0.03	-0.02	-0.12	-0.08	0.09	-0.05	0.10	0.14*	-0.18*	0.86	
17. 变革成效	2.54	0.76	-0.03	-0.02	-0.08	0.33**	0.20*	0.29**	0.29**	0.27**	-0.01	0.37**	0.19**	0.34**	0.17**	0.27**	0.42**	-0.30*	0.67

注：性别：1表示男性，2表示女性。职位：1表示普通职能员工，2表示专业技术员工，3表示初级管理人员，4表示中级管理人员，5表示高级管理人员。LMX：领导-成员交换关系。对角线为各变量内部一致性系数。** 表示 p<0.01，* 表示 p<0.05。

表3　管理行为策略对变革抵制的影响[a]

	变量	第1步	第2步	第3步	第4步
第1步：人口统计学变量	性别	0.02	0.04	0.04	0.05
	职位	0.08	0.07	0.09	0.04
	工龄	-0.02	-0.06	-0.07	-0.02
第2步：自变量	合理劝说		-0.06	-0.04	0.01
	等价交换		0.13	0.15	0.15
	精神鼓舞		-0.14	-0.12	-0.09
	合法性		-0.03	-0.02	0.02
	告知好处		-0.08	-0.10	-0.14
	压力		0.15^+	0.11	0.06
	同甘共苦		-0.08	-0.05	-0.02
	迎合		0.11	0.07	0.07
	咨询		-0.11	-0.05	-0.14
	个人请求		0.05	0.05	0.02
	联盟		0.16	0.16	0.23^*
第3步：调节变量	领导成员交换关系			-0.18^*	-0.14
第4步：交互项	合理劝说 * 领导成员交换				-0.03
	等价交换 * 领导成员交换				0.13
	精神鼓舞 * 领导成员交换				0.00
	合法性 * 领导成员交换				0.03
	告知好处 * 领导成员交换				0.16
	压力 * 领导成员交换				-0.11
	同甘共苦 * 领导成员交换				0.19
	迎合 * 领导成员交换				-0.38^{**}
	咨询 * 领导成员交换				-0.16
	个人请求 * 领导成员交换				0.06
	联盟 * 领导成员交换				0.04
	R^2	0.01	0.15	0.17	0.26
	Adjusted R^2	-0.01	0.09	0.11	0.17
	F Change	0.45	3.13^{**}	5.15^*	2.33^*
	ΔR^2	0.01	0.14	0.02	0.10

注：+表示 $p<0.1$，* 表示 $p<0.05$，** 表示 $p<0.01$（双尾）；a. 因变量：抵制变革的程度。

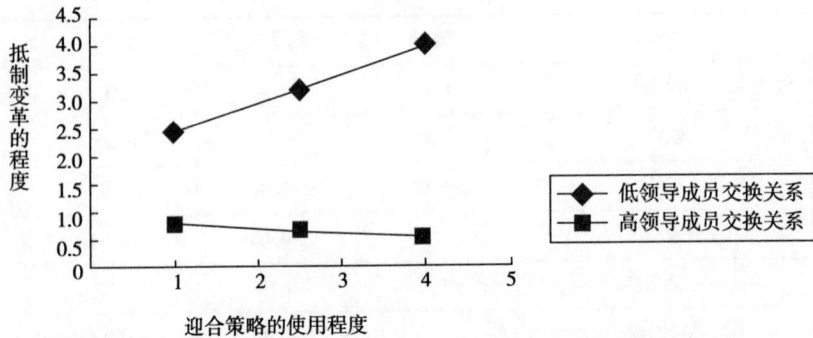

图1 迎合策略对变革抵制程度的影响：领导成员交换关系的调节作用

2. 变革管理行为策略对变革成效的影响作用

如表4所示，与上述步骤类似，最后将管理行为策略和领导成员交换关系的交互作用引入回归方程，解释的变异量增加了7%，交易策略的交互作用显著（$\beta = -0.22$，$p < 0.05$），个人请求的交互作用临界水平显著（$\beta = 0.20$，$p < 0.10$），总体交互作用的解释力临界水平显著（$\Delta R^2 = 0.07$，$p < 0.10$），假设2b得到一定的支持。

领导—成员交换关系（LMX）对交易策略与变革成效影响的调节作用较为显著。如图2所示，当LMX高时，交易策略（等价交换）的使用导致变革成效显著提升（$\beta = -0.29$，$p < 0.05$）；当LMX低时，这一影响不显著（$\beta = -0.12$，$p = n.s.$），部分支持了假设2b。

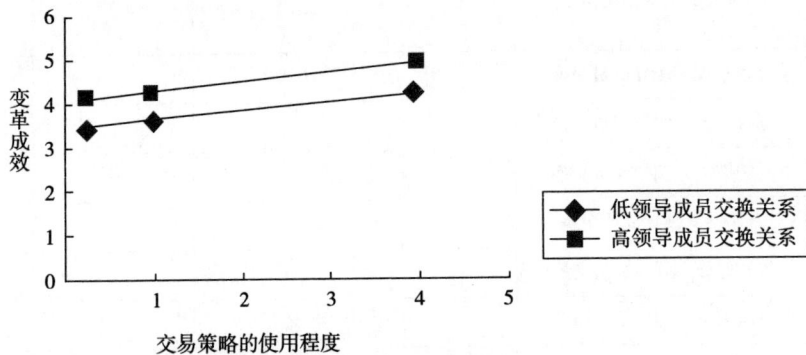

图2 交易策略对变革成效的影响：领导成员交换关系的调节作用

领导—成员交换关系对个人请求策略与变革成效影响的调节作用较为显著。如图3所示，当LMX高时，个人请求策略的使用导致变革成效显著提升（$\beta = 0.32$，$p < 0.05$）；当LMX低时，该影响不显著（$\beta = -0.23$，$p = n.s.$），部分支持了假设2b。

表4 管理行为策略对变革成效的影响[b]

	变量	第1步	第2步	第3步	第4步
第1步：人口统计学变量	性别	-0.05	-0.07	-0.06	-0.07
	职位	-0.02	-0.04	-0.07	-0.05
	工龄	-0.08	-0.05	-0.05	-0.05

续表

	变量	第1步	第2步	第3步	第4步
第2步：自变量	合理劝说		0.16+	0.13	0.14
	等价交换		0.12	0.09	0.09
	精神鼓舞		0.00	−0.03	−0.04
	合法性		0.13	0.11	0.10
	告知好处		0.01	0.05	0.10
	压力		−0.11	−0.05	−0.09
	同甘共苦		0.17+	0.11	0.05
	迎合		−0.18+	−0.11	−0.10
	咨询		0.10	−0.01	0.05
	个人请求		−0.10	−0.10	−0.10
	联盟		0.11	0.10	0.05
第3步：调节变量	领导成员交换关系			0.30**	0.27**
第4步：交互项	合理劝说 * 领导成员交换				−0.15
	等价交换 * 领导成员交换				−0.22*
	精神鼓舞 * 领导成员交换				0.01
	合法性 * 领导成员交换				0.01
	告知好处 * 领导成员交换				0.02
	压力 * 领导成员交换				0.08
	同甘共苦 * 领导成员交换				−0.15
	迎合 * 领导成员交换				−0.05
	咨询 * 领导成员交换				0.16
	个人请求 * 领导成员交换				0.20+
	联盟 * 领导成员交换				0.17
	R^2	0.01	0.21	0.27	0.33
	Adjusted R^2	−0.01	0.15	0.21	0.24
	F Change	0.60	4.72**	16.95**	1.76+
	ΔR^2	0.01	0.20	0.06	0.07+

注：+表示 $p<0.1$，* 表示 $p<0.05$，** 表示 $p<0.01$（双尾）。b 表示因变量：变革成效。

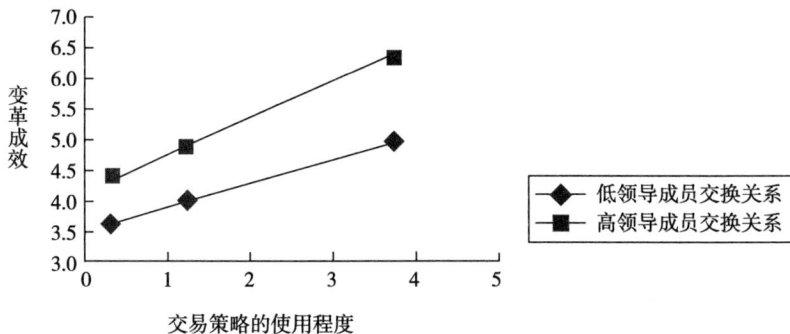

图 3　个人请求策略对变革成效的影响：领导成员交换关系的调节作用

五 讨论

(一) 变革策略的有效性

本研究结果表明，部分西方文化背景下使用影响行为策略在我国企业中有着同样的预测作用。组织有计划地实施变革干预，在变革过程中及时沟通变革的目的、过程以及对组织成员的福利提升等信息，有助于减少因变革所致的不确定性给员工带来的负面工作表现[13]。

然而，压力与对抵制变革态度之间显著正相关。这可能是由于组织变革经常涉及短期的、一定范围内组织利益和员工利益的冲突。如果没有进行有效的沟通，使成员充分了解变革的计划，以及变革可能为个人和组织带来的提升机会，成员对于变革带来的不确定性的考虑会更多。在此时，警告威胁的方式（压力策略）可能更容易引起员工的对抗性反应。

(二) 基于社会交换关系的策略影响作用

领导—成员交换关系对迎合策略与抵制变革态度影响的调节作用显著。当 LMX 在较低水平时，随着迎合策略使用程度的增加，抵制变革的程度也在显著增加；当 LMX 在较高水平时，迎合策略的使用导致对变革抵制程度的影响不显著，交易策略和个人请求策略使用程度的增加将显著地提升变革成效。这与 Furst 和 Cable 等人的研究一致[4]，员工会在强化对领导–成员交换关系现有感知的基础上，有选择地适应和理解管理行为。但是，不同的是本研究并没有发现领导—成员交换关系对制裁（压力）和合法性行为策略与抵制变革的影响有显著调节作用。主要原因之一：在中国这样典型的关系型社会中，成员自然而然地将管理者所使用的行为策略视作他们之间的关系质量，特别是信任水平的判断。压力、合法性策略等单向沟通方式的使用，被解读为"不信任"的关系信号，这与过去的关系基础好坏无关，直接导致对变革的抵制。

六 研究结论

本研究基于中国大陆企业特有的文化背景，在选用 Yukl 等人开发的影响行为策略问卷并验证其信效度的基础上，探索了这些行为策略对员工变革态度的影响作用。研究发现：①组织变革管理影响行为策略能有效地影响组织成员抵制变革的态度和变革成效的变异。②本研究发现了当领导—成员交换关系对于组织变革管理行为策略的调节作用，具体表现为，当 LMX 低时，随着迎合策略使用程度的增加，抵制变革的态度愈加明显；当领导—成员交换关系处于较高水平时，等价交换和个人请求策略使用程度的增加将显著地提升变革成效。③重视双向沟通机制。注重建立长期稳定的上下级关系，并基于领导成员交换关系水平来选择变革策略。

另外，本研究发现西方组织情境下有效的一些变革策略在我国文化背景下效果并不显著，未来有必要深入挖掘特殊文化背景下的影响因素，进一步探索中国企业变革管理的有效影响行为策略。

参考文献

［1］Kipnis, D., Schmidt, S. M. Intraorganizational Influence Tactics：Explorations in Getting One's Way ［J］. Journal of Applied Psychology, 1980, 65（4）：440-452.

［2］李作战. 组织变革理论研究与评述［J］. 现代管理科学, 2007（4）：49-50.

［3］Sun, J. M. Organization Development and Change in Chinese State-owned Enterprises：A Human Resource Perspective ［J］. Leadership & Organization Development Journal, 2000, 21（8）：379-389.

［4］Kotter, J. P. Leading Change：Why Transformational Efforts Fail ［J］. Harvard Business Review, 1995, March/April：59-67.

［5］Gary Yukl, Charles F. Seifert, Carolyn Chavez. Validation of the Extended Influence Behavior Questionnaire ［J］. The Leadership Quarterly, 2008, 19：609-621.

［6］Carnal, C. A. Toward a Theory for the Evaluation of Organizational Change ［J］. Human Relations, 1986, 39（8）：745-766.

［7］Liden, R. C., Sarrowe, R. P., et al. Leader-member Exchange Theory：The Past and Potential for the Future ［J］. Research in Personnel and Human Resources Management, 1997, 15：47-119.

［8］Liden, R. C., Maslyn, J. M. Multidimensionality of Leader-member Exchange：An Empiaical Assessment Through Scale Cleveiopment ［J］. Journal of Management, 1998, 24（1）：43-72.

［9］Scandura, T. A., Graen, G. B. Moderating Effects of Initial Leader-member Exchange Status on the Effects of a Leadership Intervention ［J］. Journal of Applied Psychology, 1984, 69（3）：428-436.

［10］Tyler, P. R. Why People Cooperate with Organizations：An Identity Based Perspective ［J］. Research in Organizational Behavior, 1999, 21：201-246.

［11］Podsakoff, P. M., Mackenzie, S. B., Podsakoff, N. P. Common Method Biases in Behavioral Research：A Critical Review of the Literature and Recommended Remedies ［J］. Journal of Applied Psychoogy, 2003, 88（5）：879-903.

［12］Aiken, L. S., West, S. Multiple Regression：Testing and Interpreting Interactions ［M］. New York：Sage, 1991：9-27.

［13］Schalk, R., Campbeli, J. W., Freese, C. Change and Employee Behavior ［J］. Leadership & Organization Development Journal, 1998, 19（3）：157-173.

［14］Furst, S. A., Cable, D. M. Employee Resistance to Organizational Change：Managerial Influence Tactics and Leader-member Exchange ［J］. Journal of Applied Psychology, 2008, 93（2）：453-462.

电信服务业员工的情绪劳动与生活满意度
——心理解脱的调节作用*

龚　会　时　勘　卢嘉辉

【编者按】2009年夏，辗转多时，我终于就读中山大学管理学院，有幸被时老师收入门下，加入时勘博士课题组这个大家庭。应该说，诸多幸运，诸多感慨，诸多感恩。回忆十年前的那个暑假，到中科院研究生院管理学院参加总课题组的学习，不仅聆听来自中国香港、荷兰、美国的诸多心理学大家之高见，更是认识了课题组的师兄姐妹。大家在管理学院的会议室探讨课题，分享经验，其情奕奕，其乐融融。在这段时间里，不仅看到时老师治学之严谨，为研之勤勉，思想之深刻，胸襟之广阔，更是感受他在课题组建设上付出的心血和努力。时老师为师作范，为长则亲，无不令人折服。后来到了广州中山大学，求学期间时老师与我们时刻保持沟通，经常都是晚上11点多和早上5点多就把邮件发回给我们。三年期间，节假日无休，几乎每日一封，凝聚了他对我们的谆谆教诲和殷切期待。在此期间，他对每一个研究生都是非常信任的，给我们提供了很多平台，如提供亚运会志愿者培训、自然科学基金课题等机会让我们学习、锻炼和成长，经常带领我们了解最新的学术前沿，进一步夯实科研基础，提高理论和应用能力。同时，他还细心嘱咐早就毕业分配到中山大学的师姐王永丽老师对我们大力帮助和支持。在这期间，在他的指导下，我在职业健康领域，如工作压力应对与职业生涯、新生代员工适应性等方面发表了文章，也参与编写了我国第一本《员工援助师》职业专项教材，为我在职业心理健康领域内的研究工作打开一扇新的窗户。最记得在博士论文预答辩的时候，他专门邀请广东省内相关领域的老师们来帮忙指导，花了近两个小时。在结束后，他不顾劳累，依然和课题组一起帮我讨论如何修改，直至12点。这份情谊让我至今热泪盈眶，成为激励我不断前进的动力。秋去春来，转眼已十年过去了，时老师依然对学术事业孜孜追求，对实践工作拳拳热情，对学生们关怀备至。这些情境至今依然历历在目。他依然是我心目中最值得尊敬的老师，能成为时老师门生三生有幸焉！（龚会，中山大学管理学院2009级博士生，中共四川省委党校　副教授）

摘　要：通过对332名电信营业厅服务岗位员工进行问卷调查，探讨员工工作中的心理解脱在情绪劳动与倦怠、情绪劳动与生活满意度的关系，以及在他们关系中的调节作用。结果发现，心理解脱不仅调节表层动作对生活满意度的负作用，而且调节倦怠对生活满意度的预测作用。当员工在下班之后，经历高的心理解脱时，表层动作和倦怠对生活满意度的负面影响作用将会降低。研究结果有助于解释努力-恢复理论中，工作压力可以通过远离工作任务的方式，重新获得心理资源，促进这些因素在家庭界面的积极作用，提高个人幸福感和心理健康水平。

关键词：表层动作；深层动作；倦怠；心理解脱；生活满意度

---

* 本研究得到了国家自然科学基金重点项目的支持（90924007）。

一 引言

随着服务业市场竞争的加剧，提供高质量的服务成为企业生存发展之道。"微笑服务"成为员工工作的常态。在面对顾客时，表现出积极的情绪会直接影响到顾客感知到的服务质量[1]。这种在工作中表现出组织需要的积极情绪行为就是情绪劳动。对于服务业员工来说，情绪劳动是主要的工作内容。Hochschild 提出，情绪劳动是在工作中表现出合适情绪的行为，是对自己情绪的管理，通过面部表情和身体语言的展示而让他人能够看到[2]。已有大量研究表明，情绪劳动会给员工带来一系列的问题，如倦怠、身心紧张、满意度下降、情绪失调、工作压力增加、离职等[2-4]。服务业员工的情绪劳动与个体的心理健康水平密切相关[5]。已有的实证研究主要关注的是个体情绪劳动在工作场所中心理健康水平的影响，而较少关注到其他界面的因素，如幸福感、快乐等。对于员工来说，尤其是双职工和未婚员工，个体的工作界面和家庭界面并不是完全分开的，在某种程度上甚至达到了融合的程度[6]。所以，介于工作/家庭界面的这种灵活性，情绪劳动带来的一些情绪问题，如耗竭、失调、倦怠等，可能会渗入到家庭生活界面，对家庭生活带来负面影响[7]。个体生活满意度作为幸福感的重要指标，对个体的积极情绪具有重要作用。而国内对生活满意度的影响因素研究主要集中在人格因素上，对工作中的相关因素关注不够[8]。所以，本文将情绪劳动的研究引入到工作/家庭界面，探索情绪劳动、倦怠对生活满意度的作用，有助于从个体整体社会功能完善的角度去理解情绪劳动与幸福感、生活满意度等因素的关系及其作用机制。

美国前任心理学会主席 Seligman（1998）提出要从积极角度去研究心理学，帮助人们过更快乐、更积极健康的生活[9]。当前对情绪劳动的研究还是集中于情绪劳动的负面结果，而较少关注如何去避免这些负面影响，有哪些心理因素可以去缓冲或者减少这些负面影响，从而改善个人的生活满意度。从当个体在情绪劳动中经历了高水平的耗竭和失调时，需要进行心理修复，以提高幸福感[10]。情绪劳动带来的压力需要个体采用一些方式给予克服[11]。心理解脱作为心理修复的策略之一，对个体幸福感和生活满意度的重要作用，对工作带来的耗竭和压力具有重要的缓冲作用[12]。所以，本文从个体积极感受的角度去探讨心理解脱感在情绪劳动与生活满意度之间的关系，这对于情绪劳动和幸福感的理论研究具有重要的意义。从组织管理实践来看，情绪劳动是服务业员工的主要工作，如果可以通过心理修复的方式有效缓和情绪劳动的负面作用，提高个体的幸福感和健康水平，这对于人力资源管理、职业健康的压力管理实践，具有重要的指导意义。

二 假设提出

（一）情绪劳动策略与生活满意度

Ashforth 和 Humphrey（1993）认为，情绪劳动是员工为了满足组织的要求而表达出恰当情绪的行为。在需要与顾客面对面沟通的工作中，情绪劳动非常重要。这些调节情绪的策略主要包括表层动作和深层动作两种。表层动作是着重通过调节自己的表情行为以满足组织需要的展示规则，内心未必真实感觉到这种情绪。深层动作是通过调节认知，让自己内部的情绪与组织需要的情绪保持一致。Amy（1999）认为，情绪劳动使个体面临自我和工作角色的融合，可能使人面临倦怠[13]。Grandey（2000）则是从情绪劳动内在的心理加工角度，提出情绪劳动是"为表达组织期望的情绪进行必要的心理调节加工"，即为调节情绪行为而进行的目标确认、计划、监控、信息反馈等内在心理活动[14]。Brotheridge 和 Grandey 认为，情绪劳动分为"以工作为中心"和"以人员为中心"两个维度。其中，以人员为中心则是从情绪劳动过程来分析，分为表层行为和深层行为两个方面[15]。这样的分类方式，既关注组织对情绪劳动的要求，又关注员工管理情绪的过程，能够全面地反映情绪劳动的含义和过程。在本研究中，主要关注以"人员为中心"这个层面的情绪劳动。

情绪劳动对个体心理健康、工作满意度、工作绩效等都有显著性的预测作用，其中表层动作和情绪失调对心理健康具有削弱作用，而深层动作能够正向预测个体的心理健康[16]。大量实证研究表明，表层动作和深层动作是情绪劳动的主要策略，对心理健康、幸福感的作用不一样。幸福感包含一系列的情感、满意度和精神健康的内容，其内涵非常丰富。生活满意度作为个人幸福感的一个指标，具有比较稳定的特征[17]，在实证研究中应该更多地关注。因此，笔者提出以下假设：

假设 1：情绪劳动与生活满意度负相关。

假设 1A：表层行为与生活满意度显著负相关。

假设 1B：深层行为与生活满意度显著正相关。

（二）心理解脱感及其作用

当今，压力广泛存在于工作场所中，特别是在服务类行业中。而压力会导致个体在下班之后，也难以从工作中摆脱出来，进而导致个体的幸福感降低[11]。根据资源保存理论（Resource-Conservation Theory）[18]，个体在情绪劳动中需要去投入，付出努力，消耗心理资源。资源的缺乏会迫使员工在下班之后或者闲暇时间去采取一些活动，如看书、运动、旅游等，重新获得能量，克服倦怠，提高满意度[19,20]，这就是心理修复的过程。实证研究证明，在工作之后的这种恢复过程对个体心理健康的积极作用，心理解脱是心理恢复过程中一个重要的策略[21]。工作压力越大，个体的倦怠感越多，使员工想要远离工作情景，迫切地从工作任务中"解放"出来，这就是从工作中的"解脱"。这种从工作中的解脱是与工作的一种心理隔离状态，一般发生在下班之后，如假期、娱乐时间、家务劳动时间等[22]。所以，个体从工作中的解脱需要从"工作模式"切换到"生活模式"，这种解脱不仅需要发生在时间和行动上，更强调从压力或者工作中完全脱离出来的心理感觉，所以被称为"心理解脱"[23]。大量的实证研究也证明了心理解脱在压力源和压力反应之间起着调节作用[11,24-26]。Moreno-Jimenez 的研究证明，心理解脱调节工作-家庭冲突（WFC）和心理紧张、家庭-工作冲突（FWC）与心理幸福感之间的关系。Sonnentag 等人认为，心理解脱实际上更像是一种从工作状态到非工作状态的"切换"模式，能够帮助个体很快地从工作角色中脱离出来，迅速进入到其他活动领域，如社会交往、家务劳动、照顾小孩等，并通过这些活动提高个体的幸福感。所以，当个体面临高水平的工作要求时，如果没能得到心理解脱，则会预测低水平的幸福感。情绪劳动作为组织对员工的工作要求，要求个体在工作中去努力管理情绪，表现出特定或者多样化的情绪，也需要进行一定的心理解脱。所以，这种情绪劳动对身心健康和幸福感的负面影响也能通过心理解脱得到一定的缓解，笔者提出以下假设：

假设 2A：心理解脱调节表层动作与生活满意度之间的关系。

假设 2B：心理解脱调节深层动作与生活满意度之间的关系。

情绪劳动和工作负荷是一种比较普遍的压力源[27]。工作、家庭界限的模糊导致倦怠的情绪耗竭可能浸入到个体的家庭生活之中，影响个体的生活满意度[28]。个体的倦怠感对个体的生活满意度具有负向影响作用[30]。Sonnentag（2010）的研究证明，高的工作负荷水平与非工作时间的心理解脱负相关[31]。此外，心理解脱在压力源（工作负荷、情绪失调）与紧张（修复需要）之间，具有部分中介作用。而且，情绪劳动导致的情绪失调会引起情绪耗竭，这就需要进行心理修复。因此，倦怠作为一种压力源，可能会与低水平的心理解脱相关。个体从工作中的心理解脱能够缓和压力源带来的倦怠感，提高幸福感。因此，作者提出以下假设：

假设 3：心理解脱在倦怠感与工作满意度之间具有调节作用。

三　研究方法

（一）被试

本研究被试来自中国电信广州分公司的 300 多个营业厅，随机选取了 103 个营业厅里面从事一线服务的员工，并以组织要求的方式填写问卷。被试主要岗位涉及销售员、营业员、收银员、生产岗等，共发出问卷 500 份，回收问卷 400 份，剔除无效和缺失样本，有效样本共计 332 份。其中，男性员工占 35.8%，女性员工占 64.2%，平均年龄 25.13 岁，平均参工时间为 4.25 年，已婚员工占 27.7%，被试教育程度在大专及其以上的占 80.6%。

（二）测量工具

情绪劳动。参照 Brotheridge 的情绪劳动测量问卷，并参考时雨[32]对情绪性劳动的研究问卷。对于服务业员工来说，表层动作和深层动作是情绪劳动的主要表现，在本研究中，用这两个因素来代表，并在本研究中进行验证。其中，"表层动作" 3 个项目，"深层动作" 4 个项目，共计 7 个项目，采用从 "从不" 到 "经常" 的李克特 5 点量表。在本研究中，采用探索性因素分析，抽取 2 个因子，KMO = 0.781，Bartlett 球形检验呈显著性（$p < 0.05$），2 个因子的累积解释量为 61.30%。表层行为的 3 个条目因子负荷在 0.700~0.805，内部一致性 α 系数为 0.74；深层行为的 4 个项目因子负荷在 0.700~0.862，内部一致性 α 系数为 0.73。

心理解脱。心理解脱参考 Sonnentag 的心理恢复量表[33]，共有 3 个项目。通过两名英语翻译专业研究生和两名心理系研究生互译，并经过 1 名人力资源专业博士和 1 名心理学教授进行评价，在本研究中进行验证。经过探索性因素分析和验证性因子分析，其中第 4 个条目"我想在繁忙的工作中休息一下"因子载荷没达到要求，因此将其删去。其内部一致性 α 系数为 0.70，因子载荷在 0.719~0.770，能解释变异量的 59.6%，AVE 值为 0.513，CR 值为 0.618，具有较好的聚合效度和结构效度。该问卷主要询问员工在生活中的状态，条目包括"我能忘记与我工作相关的事情""我根本不考虑工作的事情""我能让自己从工作中解脱出来"，采用"我非常不同意"到"我非常同意"的李克特 5 点量表。得分越高，代表个体的心理解脱感越高。

生活满意度。生活满意度量表（The Satisfaction with Life：Scale，SWLS）采用由 Diener 等编制的量表，并在周春森和郝兴昌等人研究中验证[34]，共计 5 个项目。本研究中，其内部一致性 α 系数为 0.79。标准化因子载荷在 0.778~0.895，能解释总变异量的 69%，信效度达到要求。

倦怠[35,36]。该问卷在 MBI-GS 的基础上进行修改和完善，在国内应用中有比较好的信度和效度。因为情绪劳动者的情绪衰竭是倦怠的核心表现，最能够反映倦怠的压力维度和复杂症状[37,38]。在本研究中，使用其中的情绪衰竭分量表，共计 5 个项目代表倦怠。由于"只要我的工作不被打扰便好"在李超平的研究中交叉负荷较高，但是在本研究中因子负荷较高，保留了此条。因此，最后量表共计 6 个项目，采用李克特 5 点量表，从"很不同意"到"很同意"。因子分析结果显示，本量表共同解释一个因子，解释量达到总变异量的 62.1%，每个项目的因子载荷均达到了 0.60 以上，内部一致性 β 系数为 0.89，信效度均达到了要求。

（三）统计

采用 SPSS16.0 进行相关分析和回归分析，检验研究假设。

四 结果分析与讨论

（一）描述性分析

表 1 对所有变量进行描述性统计，包括平均数、标准差和所有变量间的相关系数。

表 1　描述性统计

变量	Mean	SD	1	2	3	4	5
表层行为	3.175	0.820	—				
深层行为	3.576	0.620	0.389**	—			
倦怠	3.064	0.847	0.168**	-0.148**	—		

续表

变量	Mean	SD	1	2	3	4	5
心理解脱	2.523	0.742	−0.035	−0.070	0.124*	—	
生活满意度	3.064	0.939	−0.120*	0.087	−0.130*	0.373**	—

注：*** 表示 $p<0.001$，** 表示 $p<0.01$，* 表示 $p<0.05$；M 表示变量的均值，SD 表示变量的方差；N=332。

上述的相关分析结果表明：①表层行为与倦怠显著正相关（γ>=0.168，$p<0.01$），与生活满意度显著负相关（γ=−0.120，$p<0.05$）；②深层行为与生活满意度正相关，但是没有达到显著性水平；③倦怠与心理解脱显著正相关（γ=0.124，$p<0.05$），与生活满意度负相关，达到显著性水平（γ=−0.130，$p<0.05$）。假设1和假设1A得到了验证。

（二）心理解脱的调节作用

采用层级回归的方法，对心理解脱的调节作用进行验证。为避免共同方法偏差，将所有的数据中心化之后再进行回归分析。为从统计上控制共同方法偏差，采用 Harman 方法进行验证，发现所有条目均可以分为5个因子，最大因子解释量为14.4%，并没有很大地解释总变异量。所以，可以认为本研究中并没有存在严重的共同方法偏差。

为探讨心理解脱的调节作用，采用了以下做法：第一步的回归分析中，将控制变量，包括性别、年龄、婚姻状况、教育程度、岗位时间和参工时间放入回归方程，进行回归分析；第二步，将表层动作和深层动作分别放入对生活满意度的回归方程中，验证情绪劳动策略对生活满意度的主效应；第三步，将心理解脱和心理解脱与两个策略的乘积项分别纳入回归方程中，考察心理解脱在表层动作、深层动作对生活满意度的调节作用。回归结果如表2所示。

表2 生活满意度的回归结果

变量	βStep1	βStep2	βStep3	变量	βStep1	βStep2	βStep3
性别	0.083	0.094	0.089	性别	0.083	0.086	0.086
年龄	−0.029	−0.034	−0.042	年龄	−0.029	−0.027	−0.027
婚姻状况	0.099	0.084	0.083	婚姻状况	0.099	0.092	0.093
教育程度	0.000	0.020	0.018	教育程度	0.000	0.016	0.015
参工时间	0.083	0.058	0.074	参工时间	0.083	0.029	0.030
岗位时间	−0.148	−0.110	−0.114	岗位时间	−0.148	−0.098	−0.099
表层动作		−0.083	−0.425*	深层动作		0.366*	0.084
心理解脱		0.358***	−0.049	心理解脱		0.104***	0.329
表层动作×心理解脱			0.5365*	深层动作×心理解脱			0.041
R²	0.023	0.158	0.168			0.162	0.132
F	1.232	7.535***	7.046***			7.567***	6.707
ΔR²	0.023	0.135	0.011			0.139	0.000
F	1.232	25.150***	4.023*			25.987***	0.16

注：回归方程系数为标准化系数。性别：0=男，1=女；婚姻状况：0=未婚，1=已婚；* 表示 $p<0.05$，** 表示 $p<0.01$，*** 表示 $p<0.001$；N=332。

多层回归结果表明，以生活满意度为因变量时，如表 2 所示：①在控制人口统计变量之后，心理解脱对生活满意度有非常显著性的预测作用（$\beta = 0.358$，$p<0.001$；$\Delta R^2 = 0.135$，$F = 25.150$，$p<0.001$）；当将心理解脱与表层动作的交互乘积项纳入到回归方程中时，表层动作对满意度的负向预测作用达到了显著性水平（$\beta = -0.425$，$p<0.05$），交互乘积项对满意度的正向预测作用达到了显著性水平（$\beta = 0.5365$，$p<0.05$；$\Delta R^2 = 0.011$，$F = 4.023$，$p<0.05$）。②深层动作对生活满意度具有显著的正向预测作用（$\beta = 0.366$，$p<0.05$）；将深层动作与心理解脱的交互乘积项纳入到回归方程后，深层动作和心理解脱对生活满意度的正向预测作用均不显著，交互乘积项也不显著。因此，从上述结果看出，心理解脱在表层动作与生活满意度的调节作用显著，假设 2A 得到了验证。

同样地，笔者采用层次回归方法，以生活满意度为因变量，倦怠为自变量进行层次回归分析，结果如表 3 所示。结果表明，在模型 2 中考虑了控制变量之后，倦怠对生活满意度具有负向预测作用（$\beta = -0.189$，$p<0.01$；$\Delta R^2 = 0.160$，$p<0.001$），心理解脱对生活满意度也具有正向预测作用。在模型 3 中，倦怠对生活满意度的负向预测作用依然显著（$\beta = -0.643$，$p<0.01$），倦怠与心理解脱的交互乘积项对生活满意度的预测作用达到显著性程度（$\beta = 0.734$，$p<0.01$；$\Delta R^2 = 0.022$，$p<0.001$）。由此可见，心理解脱在倦怠与工作满意度之间具有一定的调节作用。

表 3 倦怠对生活满意度的回归结果

变量	Model 1		Model 2		Model 3	
	β	t	β	t	β	t
性别	0.083	1.444	0.103	1.941	0.102	1.958
年龄	-0.029	-0.260	0.014	0.137	0.023	0.226
婚姻状况	0.099	1.416	0.096	1.482	0.093	1.467
教育程度	0.000	0.000	0.037	0.664	0.026	0.484
参工时间	0.083	0.721	-0.014	-0.130	0.000	-0.008
岗位时间	-0.148	-1.574	-0.060	-0.687	-0.052	-0.604
倦怠			-0.189	-3.473 **	-0.643	-3.959 ***
心理解脱			0.387	7.453 ***	-0.120	-0.672
倦怠×心理解脱					0.734	2.962 **
R^2	0.023		0.182		0.205	
F	1.232		8.762 ***		8.956 ***	
ΔR^2	0.004		0.160		0.022	
F	1.232		30.655 ***		48.774 **	

注：回归方程系数为标准化系数。性别：0=男，1=女；婚姻状态：0=未婚，1=已婚；＊表示 $p<0.05$，＊＊表示 $p<0.01$，＊＊＊表示 $p<0.001$。

（三）讨论

本研究结果表明，表层动作与生活满意度显著负相关，心理解脱在表层动作与生活满意度的关系中具有调节作用。当个体经历高水平的心理解脱时，表层动作对生活满意度的负向影响作用将会降低。同时，心理解脱调节倦怠对生活满意度具有负向预测作用。此外，倦怠感负向预测生活满意度，在心理解脱的调节作用下，倦怠感对生活满意度的预测作用将会减弱。

Etzion（1998）认为，个体在工作中的压力反映在非工作时间可能会降低，特别是那些能够完全从工作中解脱出来，或者能够积极放松的人。心理解脱作为心理修复过程中一个重要的策略，对工作场所的某些压力源，如暴力、耗竭、情绪失调等，能够通过其缓冲作用，降低其对身体疾病和睡眠质量的影响。这说明心理解脱在压力源与压力反应之间具有一定的缓冲作用，在工作中的心理解脱感是应对工作压力的有效策略[39]。本研究结果表明，从工作中的心理解脱能够调节表层动作与生活满意度的关系，减弱表层动作对生活满意度的负面作用，这与已有的实证研究结果一致，也验证了努力—恢复模型（Meijman and Mulder, 1998）的假设。此外，从倦怠与生活满意度的关系来看，倦怠作为情绪劳动的结果，对生活满意度也具有显著的负向影响作用。当经历高水平的心理解脱时，倦怠对生活满意度的影响作用减弱。因此，个体虽然经历了情绪劳动中的努力，但是如果能够及时摆脱工作任务，转换工作状态，个体更容易在家庭生活中进行放松活动，补充失去的能量或者资源，对家庭的态度自然更加积极，更有助于个体的幸福感提升。从已有的研究来看，从工作中的心理解脱具有一定的缓冲作用。在这里，高水平的心理解脱可能具有一种隔离作用，将工作场所的因素隔离于家庭生活之外，形成两个系统之间的分离。

值得注意的是，深层动作与生活满意度没有达到显著性相关，对生活满意度的影响作用并没有达到显著性水平。这说明深层动作是员工的自主情绪管理，不需要太多的努力，对个体的幸福感没有影响作用。深层动作与表层动作具有不同的作用。因此，在对服务业员工进行管理培训过程中，要多激发员工采取深层策略，鼓励员工真实表达组织要求的积极情绪，并提供渠道让员工发泄负面情绪，减少个体在情绪劳动上的努力和心理资源消耗，提高满意度。从倦怠对生活满意度的回归模型来看，主效应和调节效应都比较显著，而调节因素心理解脱感与生活满意度的影响作用发生变化，这说明心理解脱感可能具有其他的效应作用，在以后的研究中可以做进一步的分析。这是因为个体在工作中投入越多并产生有耗竭感后，个体越难以从工作中脱离出来，进行心理恢复。这也进一步说明当个体能够达到高水平的心理解脱时，倦怠对工作家庭促进的负向预测作用得到一定程度的缓和。这可能是因为从工作中的心理解脱促使个体远离工作，不再想工作的事情，这有利于阻止个体继续被工作中的负面因素影响，并及时通过一些方式去获得新的资源。而且，根据资源—保存理论，心理解脱过程，有助于个体在非工作时间获得或者更新资源，恢复个体的心理水平，保证了个体的心理健康和幸福感。

五 应用与未来研究方向

（一）实践应用

　　一直以来，对工作场所中员工所面临压力的看法都比较负面，大量的实证研究也证明了情绪劳动、倦怠感等对员工的身心健康具有负面影响作用。而且，网络技术和通信技术的发达，很多员工以及管理者，如销售、保险和服务人员等难以将个体的工作和生活完全分开，工作的过分侵入严重影响了个体的家庭关系和幸福感，这也使个体寻找方式以摆脱这种负面作用的需求迫切。心理恢复和努力—恢复模型在工作场所的研究结果表明，个体可以通过一定的方式去缓冲压力因素对员工的影响，还可以促使个体关注家庭生活及满意度。心理解脱在工作要求与生活之间有着类似"缓冲器"的作用，能够缓解工作要求和工作负担或者其他压力源对个体身心的负面影响，甚至将其隔离于生活界面之外，保证个体的心理健康水平。从个体来说，如果能够在非工作时间，不思考工作相关的事情，摆脱个体工作带来的倦怠感，能够全心投入到家庭生活中，关注家人，及时放松，则更容易感受到生活的美好，获得幸福感。家庭系统作为个体系统中不可分割的部分，与工作系统同样重要。这两个系统之间并不都是冲突，高的工作压力也能够催化个体在家庭生活中发挥积极作用，促使个体达到工作-家庭的平衡。而且，从某种意义上说，在工作和家庭生活并没有完全隔离的今天，对工作场所和任务的远离能够帮助员工很好地转换角色，避免角色冲突带来的压力，更好地承担家庭生活责任。这样，既能满足家庭生活的需要，提高家庭成员的满意度，同时个人也能获得能量，减少工作压力，达到身心的平衡。

　　同时，组织和管理者要考虑到情绪劳动者所承受的情绪失调及其带来的工作压力对员工身心和工作绩效的不良影响，可以从几个方面进行管理：第一，灵活性工作设计，合理进行绩效管理，在考虑到员工实际工作能力和工作时间的情况下保证员工的家庭生活空间不被打扰，做到工作放松两不误；第二，定期举行多种业余团队活动，家庭开放日，帮助员工从工作压力中释放出来；第三，健全工作交接制度，尽量不在休息时间打扰员工，保证员工能够充足地休息；第四，员工要做好时间管理，高效工作，合理安排工作时间和休息时间，避免低效工作以及对休息时间的占用，多参加其他活动，如旅游、运动、家务劳动等，保持轻松愉快的心情，提高心理健康水平。

（二）未来研究方向

　　本研究基于大样本的被试进行问卷调查，样本集中于电信服务厅员工，具有一定的局限性。在未来的研究中，应该采用跨部门、跨行业的方式，去研究不同类型、行业员工的心理解脱特点及其作用。而且，本研究主要采用横截面的数据，虽然在一定程度上能够反映被试的心理状态，但不够全面。在未来的研究中，可以采用准实验设计等方法进行干预研究，准确地把握心理恢复以及从工作中的心理解脱发生和促进机制，更有效地为实际应用服务。

Sonnentag 在 2007 年提出了四种心理恢复策略：从工作中解脱策略、放松策略、掌控策略和控制感 4 个方面，并开发了相应的测量问卷。后来，Moreno 在研究中又提出了情绪的言语表达作为恢复策略之一。已有的研究大多集中在心理解脱感在压力源与幸福感之间的积极作用，对心理解脱感关注较多。在未来的研究中，可否考虑其他的恢复策略在压力源与压力反应、幸福感之间的作用。

而且，Sonnentag 在 2010 年研究中发现，在非工作时间，个体的工作与家庭的空间界面越低，则心理解脱的水平越低。在下一步的研究中，需要对工作/家庭界面以及三维空间与心理解脱的关系方向以及对个体工作家庭平衡策略的作用做进一步的探讨。

参考文献

［1］Robin, L. Emotional Labor in Service Work ［J］. Annals of the American Academy of Political and Social Science, 1999, 561 (1): 81-95.

［2］A. R. Hochschild. The Managed Heart: Commercialization of Human Feeling ［M］. Berkeley: University of California Press, 1983.

［3］Ashforth, B. E. H. R. H. Emotional Labor in Service Roles: The Influence of Identity ［J］. Academy of Management Review, 1993, 18 (1): 88-115.

［4］Chau, S., Dahling, J., Levy, P., et al. A Predictive Study of Emotional Labor and Turnover ［J］. Journal of Organizational Behavior, 2009, 30 (8): 1151-1163.

［5］黄敏儿，吴钟琦，唐淦琦. 服务行业员工的人格特质、情绪劳动策略与心理健康的关系 ［J］. 心理学报, 2010, 42 (12): 1175-1189.

［6］Anthony, J. M., Efharis, P., Martijn, D. W., et al. Workfamily Interference, Emotional Labor and Burnout ［J］. Journal of Managerial Psychology, 2006, 21 (1/2): 36.

［7］Ashforth, B. E., Kreiner, G. E., Fugate, M. All in a Day's Work: Boundaries and Micro Role Transitions ［J］. Academy of Management Review, 2000, 25 (3): 472-491.

［8］姚本先，石升起，方双虎. 生活满意度研究现状与展望 ［J］. 学术界, 2011 (8).

［9］Seligman, M. E. Building Human Strength: Psychology's Forgotten Mission ［EB /OL］. APA Monitor, 1998, 29 (1). www. apa-org/monitor ljan 98 /pres. html.

［10］Zapf, D. Emotion Work and Psychological Well-being: A Review of the Literature and Some Conceptual Considerations ［J］. Human Resource Management Review, 2002, 12 (2): 237.

［11］Sonnentag, S., Kuttler, I., Fritz, C. Job Stressors, Emotional Exhaustion, and Need for Recovery: A Multi-source Study on the Benefits of Psychological Detachment ［J］. Journal of Vocational Behavior, 2010, 76 (3): 355-365.

［12］Sonnentag, S. Burnout Research: Adding an Off-work and Day-level Perspective the Views Expressed in Work & Stress Commentaries are Those of the Author (s), and Do not Necessarily Represent Those of any Other Person or Organization, or of the Journal ［J］. Work & Stress, 2005, 19 (3): 271-275.

［13］Amy, S. W. The Psychosocial Consequences of Emotional Labor ［J］. Annals of the American Academy of Political and Social Science, 1999, 561 (1): 158-176.

［14］Grandey, A. A. Emotional Regulation in the Workplace: A New Way to Conceptualize Emotional Labor ［J］. Journal of Occupational Health Psychology, 2000 (5): 95-110.

［15］Brotheridge, C. E. M., Grandey, A. A. Emotional Labor and Burnout: Comparing Two Perspectives of "People Work" ［J］. Journal of Vocational Behavior, 2002, 60: 17-39.

［16］Lsheger，U. R. H.，Schewe，A. F. On the Costs and Benefits of Emotional Labor：A Meta-Analysis of Three Decades of Research ［J］. Journal of Occupational Health Psychology，2010，16（3）：339-361.

［17］Danna，K.，Griffin，R. W. Health and Wellbeing in the Workplace：A Review and Synthesis on the Literature ［J］. Journal of Management，1999，28：357-384.

［18］Hobfoll，S. E. The Influence of Culture，Community，and the Nested-Self in the Stress Process：Advancing Conservation of Resources Theory ［J］. Applied Psychology，2001，50（3）：337-421.

［19］Hobfoll，S. F. Conservation of Resources：A New Attempt at Conceptualizing Stress ［J］. The American Psychologist，1989，44（3）：513.

［20］Etzion，D.，Eden，D.，Lapidot，Y. Relief from Job Stressors and Burnout：Reserve Service as a Respite ［J］. Journal of Applied Psychology，1998，83（4）：577-585.

［21］Sonnentag，S.，Kruel，U. Psychological Detachment from Work During Off-job Time：The Role of Job Stressors，Job Involvement，and Recovery-related Self-efficacy ［J］. European Journal of Work and Organizational Psychology，2006，15（2）：197-217.

［22］Sonnentag，S. Work，Recovery Activities，and Individual Well-being：A Diary Study ［J］. Journal of Occupational Health Psychology，2001，6（3）：196-210.

［23］Sonnentag，S.，Bayer，U. V. Switching off Mentally：Predictors and Consequences of Psychological Detachment from Work During Off-job Time ［J］. Journal of Occupational Health Psychology，2005，10（4）：393-414.

［24］Sonnentag，S.，Binnewies，C.，Mojza，E. J. Staying Well and Engaged when Demands are High：The Role of Psychological Detachment ［J］. Journal of Applied Psychology，2010，95（5）：965-976.

［25］Moreno-Jim，E. Nez，B.，Rodr，I. Guez-Mu N. Oz，A.，Pastor，J. C.，et al. The Moderating Effects of Psychological Detachment and Thoughts of Revenge in Workplace Bullying ［J］. Personality and Individual Differences，2009，46（3）：359-364.

［26］Fritz，C.，Yankelevich，M.，Zarubin，A.，et al. Happy，Healthy，and Productive：The Role of Detachment from Work During Nonwork Time ［J］. Journal of Applied Psychology，2010，95（5）：977-983.

［27］Hill，E. J. Work-family Facilitation and Conflict，Working Fathers and Mothers，Work-family Stressors and Support ［J］. Journal of Family Issues，2005，26（6）：793-819.

［28］Ashforth，B. E.，Humphrey，R. H. Emotional Labor in Service Roles：The Influence of Identity ［J］. Academy of Management Review，1993：88-115.

［29］张冬红，牛智斌，职彦敏. 不同医院护士的工作倦怠与生活满意度的调查 ［J］. 中国民康医学，2005（12）.

［30］王侠，罗红格，石荣光. 护理人员职业压力与生活满意度的相关研究 ［J］. 中国健康心理学，2011（2）.

［31］Croon，E. M.，Sluiter，J. K.，Blonk，R. W. B.，et al. Stressful Work，Psychological Job Strain，and Turnover：A 2-Year Prospective Cohort Study of Truck Drivers ［J］. Journal of Applied Psychology，2004，89（3）：442-454.

［32］时雨. 情绪劳动者的行为特征及其抗逆力模型研究 ［D］. 北京师范大学，2010.

［33］Sonnentag，S.，Fritz，C. The Recovery Experience Questionnaire：Development and Validation of a Measure for Assessing Recuperation and Unwinding from Work ［J］. Journal of Occupational Health Psychology，2007，12（3）：204-221.

［34］周春森，郝兴昌. 企业员工工作-家庭冲突与生活满意度的关系：大五人格的中介效应检验 ［J］. 心理科学，2009（5）.

［35］Schaufeli，W. B.，Leiter，M. P. Maslach Burnout Inventory-general Survey ［J］. The Maslach Burnout Inventory-Test Manual，1996：19-26.

［36］李超平，时勘．分配公平与程序公平对工作倦怠的影响［J］．心理学报，2003，35（5）：677-684.

［37］Maslach, C., Schaufeli, W. B., Leiter, M. P. Job Burnout［J］. Annual Review of Psychology, 2001, 52（1）：397-422.

［38］Halbesleben, J. R. B., Wheeler, A. R., Rossi, A. M. The Costs and Benefits of Working with One's Spouse：A Two-sample Examination of Spousal Support, Work-family Conflict, and Emotional Exhaustion in Work-linked Relationships［J］. Journal of Organizational Behavior, 2011.

［39］Sonnentag, S., Binnewies, C., Mojza, E. J. "Did You Have a Nice Evening?" A Day-level Study on Recovery Experiences, Sleep, and Affect［J］. Journal of Applied Psychology, 2008, 93（3）：674-684.

Emotional Labor and Life Satisfaction of Staffs in Telecom Service Company
—Psychological Detachment as a Moderator

Gong Hui   Shi Kan   Lu Jiahui

Abstract：The paper aim to explore how psychological detachment from work can influence the relationship between emotional labor strategies, job burnout and life satisfaction. 332 staffs in service position in a telecom company were recruited to finish a questionnaire. Results show that, psyechological detachment moderates effects of surface acting and job burnout on life satisfaction. When a staff experienced high psychological detachment during off-job time, the negative impacts on life satisfaction of surface acting and job bunout were buffered. The results help better understanding effort-recovery theory that people can detach stress from job to attain psychological resources, and then in turn improve satisfaction and psychological well-being.

Key words：surface acting; deep acting; job burnout; psychological detachment; life satisfaction

基于 Akers 社会学习理论的司机超速驾驶的影响因素研究*

时 勘 邱 晨 江 南 高利苹 Judy Fleiter

【编者按】我于 2007 年以港澳台留学生的身份，拜入时勘老师门下，在中国科学院研究生院管理学院开始人力资源与组织发展方向的学习。毕业后在咨询公司、企业从事人力资源工作，主要围绕人才测评、领导力发展、组织发展等领域进行。虽然目前在公司中扮演人力咨询专家角色，但其实我本科学的是海洋生物，入学的时候在心理学或管理学上基本是白纸一张。能够进入这个领域，除了在学校与课题组的学习之外，尤其要感谢时老师给予的两个重要机会。一是研究生二年级期间推荐我去中兴通讯实习，跟随谢义忠师兄从事中层干部领导力模型开发的工作，深度地参与了 BEI 访谈、胜任力编码、词典撰写、应用手册开发等环节，让我对时老师课题组的重要研究成果——胜任特征模型，有了更为深刻的理解，也对心理学在企业人力资源管理中的价值有了初步的认知。二是时老师安排我对接与澳大利亚昆士兰科技大学道路交通安全中心的合作项目，与 Judy Fleiter 博士共同开展了超速驾驶状况及影响因素研究。在历时一年的时间里边学边做，完成了文献研究、调研取样、数据分析的定性定量研究。后来还发表了文章，并以此作为我的研究生毕业设计的内容。这段国际合作的经历使我的学术研究功底更加扎实，系统地掌握了思考问题与分析问题的方法论，对后续的职业生涯有莫大的帮助。最终我的毕业设计在时勘老师和高利苹学姐的帮助下，获得了当年的优秀毕业论文的评价，为三年的研究生生涯画上完美的句号。十年弹指一挥间，但与时老师和课题组兄弟姐妹相伴的日子仍历历在目。时老师身上有三个方面特质最令我钦佩。第一，是他在学术研究上孜孜不倦的奋斗精神，毕业后每一次见到时老师，都会不禁感叹他在花甲之龄做事情的激情和严谨，比我们年轻人有过之而无不及；第二，是他对每一个学生的成长都能够尽心尽责，不仅能够为我们提供专业的指导与帮助，还尽其所能为大家提供更大的平台和资源；第三，是他的格局与爱国情怀，读研期间时老师带领课题组同学，在汶川大地震、北京奥运会志愿者培训等重大事件中，用我们的专业知识为国家和社会贡献了心理学者的力量。时老师对于我而言，不仅是在专业上的领路人，更是做人做事的榜样！我会在自己从事的领域中努力奋斗，不辜负老师的培养。最后，感谢老师将我的拙作编入此书，作为您学生的荣耀莫过于此。（邱晨，中国科学院管理学院 2007 级硕士生，中集物流人力资源部）

摘 要：本研究基于 Akers 社会学习理论，通过对北京 288 名司机进行抽样调查，探索了各个社会学习变量对司机超速驾驶频次的影响。研究结果表明：Akers 社会学习理论对于超速驾驶行为有着较好解释力。具体表现为，司机对超速驾驶态度将显著影响其超速驾驶行为的发生，而

* 本研究得到了国家自然科学基金《救援人员应对非常规突发事件的抗逆力模型研究》（项目编号：90924007）的资助。

司机所处的社群以及其身边的家人和朋友对超速驾驶行为的态度显著影响其超速驾驶行为的发生；他们接触到身边越多的超速驾驶行为促使其超速驾驶；最后，司机预期超速驾驶行为所产生的积极后果作为差异强化变量之一，将显著提高其超速驾驶的频次。

关键词：超速驾驶；交通安全；Akers 社会学习理论

一 引言

自汽车发明的一个多世纪以来，全世界累计因道路交通事故死亡的人数将近 3 千万人，交通事故死亡人数占非自然死亡人数的 1/4 左右[1]。据公安部交管局资料显示，2008 年全国共发生道路交通事故 265204 起，造成 73484 人死亡、304919 人受伤，直接财产损失 10.1 亿元。其中，超速行驶、疲劳驾驶、酒后驾驶为事故的主要因素[2]。

影响道路交通安全的因素错综复杂，其中超速行驶是引发交通事故的重要诱因之一。驾驶速度与事故之间的关系已经在多项研究中得到验证。Rune Elvik 等人对前人 175 篇相关文献进行分析后，发现超速驾驶与道路安全之间存在高度的统计学相关性：当道路上平均驾驶速度升高时，交通事故的发生率和严重性均显著增加[3]。在中国，车速和事故之间的高度相关性也同样得到了实证研究的支持[4]。

司机超速驾驶的影响因素同样纷繁复杂。经过一系列定量和定性研究，目前西方学者把影响司机驾驶行为的因素大致归为四类：个体因素、法规因素、情景因素和社会因素[5]。①个体因素一直以来都是研究者们重点考察的对象，例如驾驶员的年龄、性别、个性特质、态度、风险认知、价值观等都可能对司机的驾驶速度产生影响[6]。②法规因素是指司机由于担心会因违规驾驶所受到法规制裁而规范自己的驾驶行为。传统的威慑理论认为，法规制裁的效力主要体现在驾驶员所感知到制裁的确定性、严重性和及时性[7]。③情景因素主要指一些即时性的因素对驾驶员速度选择的影响。Stradling（2000）的一项探索性研究中发现：天气、路况、驾驶员的情绪、驾驶员的疲劳度以及赶时间等情境性因素会提高超速驾驶行为的发生概率[8]。④社会因素主要考察驾驶员所处的群体、身边的朋友和家人对于其违规行为的影响。Hagland 和 Rothen-Gatter 在各自的研究中探索了驾驶员身边的家人、朋友、乘客以及当地媒体等一系列社会因素对驾驶员超速行为的影响[9][10]。然而，单独仅仅考量某几个变量显然是无法帮助我们来真正地来理解违规驾驶行为的成因。近年来，国外的研究倾向于借助一些经典的行为理论在社会和文化背景下，来探索影响违规驾驶行为的因素及其影响机制。其中，作为犯罪心理学中最为重要的理论之一的 Akers 社会学习理论正是心理学和社会学的一个交织。

社会学习理论假设人类行为都是由社会互动过程学习而来的，而违规行为也同样是经由不良的社会化过程习得。Akers（1977）提出的社会学习理论接纳了 Sutherland（1947）的差异接触理论，认为个人和他人以及其所处群体之间的互动将会影响违规观念者；他进而提出社会行为的习得既非直接通过环境塑造，也非间接通过模仿他人行为，一个人的行为同时会因该行为受到的奖励和处罚规避而强化，并会因该行为受到的制裁和失去奖励而弱化（这个过程称为差异强化）[11][12]。Akers 的社会学习理论包含如下变量：个体态度（定义）、行为榜样（模仿）、重要人对目标行为的信念（差异接触信念）以及预期的社会性和非社会性奖励和处罚（差异强化）。Akers 的理论已经被广泛应用于研究一系列的违规行为，包括药物滥用、青少年吸烟、行为不良、青少年性行为等[13]。在道路安全领域，DiBlasio（1987）利用 Akers 社会学习模型来预测青少年是否会选择搭乘边开车边喝酒司机的座驾[14]。Waston（2004）对比了威慑理论和 Akers 社会学习理论在预测司机无照驾驶行为上的有效性[15]。

二 对象和方法

（一） 被试

本研究在北京市多个加油站、洗车店以及 4S 店进行取样。总共发放问卷 330 份，收回有效问卷 298 份，有效回收率为 90.3%。其中，男性 208 名（占 72.2%），女性 91 名（占 27.8%）。被试年龄介于 21~65 岁，平均年龄为（31.85±8.7 岁）。80% 以上（247 名）的被试司机驾龄都在 1 年以上。

（二） 问卷

社会学习理论问卷使用 Judy 等人基于 Akers 理论针对超速驾驶行为设计的调查问卷[16]。问卷共分为 4 个部分：定义问卷（对超速驾驶的态度），5 个项目，李克特 7 点量表，α 系数为 0.82；差异接触信念问卷（社群、朋友和家人对超速驾驶的信念），5 个项目，李克特 7 点量表，α 系数为 0.85；模仿（身边其他超速驾驶司机的数量），4 个项目，李克特 6 点量表，α 系数为 0.74；差异强化问卷共有 12 个项目，依据实测和探索性因素分析结果，进而发现差异强化维度可分为三个维度：重要人的反应、预期的积极后果以及预期的消极后果，其 α 系数分别为 0.77、0.84、0.87。社会学习理论各问卷的内部一致性系数均大于 0.70，解释总方差的 63.54%。

因变量为司机对于自己在过去一周内在限速为 60 千米/小时和限速为 80 千米/小时的道路上超速驾驶的频次和程度。国外相关研究表明，自我报告问卷在道路安全研究领域，尤其是针对超速驾驶行为有着较高的可靠性[17]。人口统计学变量包括司机的年龄、性别、驾龄以及平均每周开车时长。

（三） 统计分析

本研究采用 SPSS11.5 进行所有的统计分析，具体包括对所采用问卷的信度检验，各变量之间的相关分析，并采用层次回归的方法探索社会学习各个变量对超速驾驶行为的影响。

三　结果与分析

（一）主要变量之间的相关系数

表 1 中列出了各研究变量的平均数、标准差以及各变量间的相关系数。据相关分析显示，在人口统计学变量中，司机超速驾驶频次与性别和驾龄相关不显著，与年龄呈显著负相关，与每周开车时长呈显著正相关。Akers 社会学习理论的各个变量与司机超速驾驶频次之间的相关性均为显著，其中定义、差异接触信念、模仿和预期的积极后果为显著正相关，而重要人的反应和预期的消极后果为显著负相关。

表 1　变量的基本统计和相关矩阵（N=298）

	平均数	标准差	超速驾驶频次	性别	年龄	驾龄	开车时长	定义（态度）	差异接触信念	模仿	重要人的反应	预期的积极后果	预期的消极后果
超速驾驶频次	0.31	0.46											
性别	31.03	8.66	0.017										
年龄	6.25	5.28	-0.126*	-0.008									
驾龄	5.24	5.17	-0.050	-0.217**	0.524**								
开车时长	19.65	17.7	0.241**	-0.162**	0.074	0.264**							
定义（态度）	11.21	4.7	0.550**	0.006	-0.163**	-0.034	0.111	0.82					
差异接触信念	11.49	512	0.547**	-0.024	-0.139*	-0.033	0.134**	0.826**	0.85				
模仿	7.078	1.81	0.442*	-0.003	-0.049	-0.044	-0.053	0.482**	0.483**	0.74			
重要人的反应	10.44	2.53	-0.173**	-0.033	-0.011	0.124*	-0.043	-0.369**	-0.286**	-0.202**	0.77		
预期的积极后果	16.85	6.23	0.407**	-0.127**	-0.079	-0.097	-0.039	0.578**	0.526**	0.393*	-0.286**	0.84	
预期的消极后果	23.16	6.43	-0.184**	-0.025	0.080	0.018	-0.002	-0.332**	-0.262*	-0.091	0.276**	-0.131*	0.87

注：** 表示 $p<0.01$，* 表示 $p<0.05$（双侧检验）。

（二）社会学习变量与超速驾驶频次的层次回归分析结果

如表 2 所示，在控制了人口统计学变量之后，基于 Akers 社会学习理论的模型 2 对超速驾驶频次的影响显著，所解释的方差变异量为 40%。其中，定义（态度）（β=0.206，p<0.05）、差异接触信念（β=0.19，p<0.05）、模仿（β=0.28，p<0.05）、预期的积极后果

（β＝0.148，p<0.05）四个变量对超速驾驶频次有显著预测作用。

表2　社会学习变量对超速驾驶频次影响的层次回归

变量	模型1	模型2
第一步　人口统计学变量		
性别	0.036	0.052
年龄	-0.136*	-0.034
驾龄	-0.015	-0.030
开车时长	0.272**	0.237**
第二步　社会学习变量		
定义（态度）		0.206*
差异接触信念		0.19*
模仿		0.28*
重要人的反应		0.064
预期的积极后果		0.148*
预期的消极后果		-0.025
F	6.34**	18.99**
R^2	0.086	0.42
Adj R^2	0.00	0.40**

注：** 表示 p<0.01，* 表示 p<0.05。

四　讨论

总体而言，Akers 社会学习理论对于超速驾驶行为有着较好的解释力（R^2＝0.42）。这与 Judy Fleite（2006）在澳大利亚的研究[16]是一致的。通过回归分析，我们发现司机自身对于超速驾驶的态度将显著地影响其超速行为的发生；在社会网络下，司机所处的社群、其身边家人和朋友对于超速驾驶的信念也会显著影响司机超速驾驶行为的发生；司机在生活中接触到越多的他人（家人、朋友、其他司机、驾驶教练）的超速驾驶行为也将促使其超速驾驶；最后经由各种强化变量和弱化变量之间的平衡，使司机的超速驾驶行为得到巩固。研究结果表明超速驾驶不是一种个体自己发展起来的行为，而更多的是一种受到周围人和环境氛围影响而习得的行为。从应用层面来看，借助社会学习理论我们可以探究超速驾驶行为是如何习得和强化的。国外研究中发现如果想改变司机的违规驾驶行为不能仅仅依靠法规处罚[18]，而应该从影响个体违规驾驶行为的主要因素出发，探讨如何行之有效的对策。社会学习理论揭示了影响司机驾驶行为的社会性因素，这一方面说明我们需要加大教育和宣传的力度，从信念上来改变整个社会对超速驾驶的态度；更重要的是应该着眼于差异强化变量，进一步探索超速驾驶行为会给司机带来哪些社会性和非社会性的奖惩。

五　结论

Akers 的社会学习理论为我们分析研究影响违规行为提供一个社会情境下的理论框架，同时也揭示了违规驾驶行为习得的机制。本研究采用问卷调查法，以超速驾驶行为为例验证了社会学习理论在中国文化背景下的有效性。发现在各社会学习变量中，驾驶员对超速行为的定义、驾驶员所处的社群以及家人朋友对超速驾驶的态度、驾驶员接触到他人的超速行为以及驾驶员对于超速驾驶的积极后果预期都会对其超速驾驶行为产生显著的影响。本研究的被试局限于北京市的司机，所有社会学习理论在中国情景下的普适性需要今后在更大范围和更多领域进行验证。

参考文献

［1］Faith, N. Crash the Limits of Car Safety ［M］. London Boxtree，1997：45.

［2］公安部交通管理局. 中华人民共和国道路交通事故统计资料汇编 ［R］. 北京：公安部交通管理局，2008.

［3］Rune Elvik，Peter Christensen，Astrid Amundsen. Speed and Road Accidents ［R］. Oslo：Transport Konomisk Lnstitutt，2004.

［4］裴玉龙，程国柱. 高速公路车速离散性与交通事故的关系及车速管理研究 ［R］. 中国公路学报，2004，17（1）：74-78.

［5］Margie Peden. The World Report on Road Traffic Injury Prevention，Geneva ［R］. World Health Organization，2004：4-7.

［6］A. Quimby. The Factors that Influence a Driver's Choice of Speed—A Questionnaire Study ［R］. TRL，1999：34-37.

［7］Homel, R. Policing the Drinking Driver：Random Breath Testing and the Process of Deterrence ［M］. Federal Office of Road Safety，1986：169.

［8］Stradling, S. G. The Speeding Driver：Who，How and Why ［R］. Edinburgh：Scottish Executive Social Research，2003.

［9］Haglund, M.，Aberg, L. Speed Choice in Relation to Speed Limit and Influences from Other Drivers ［J］. Transportation Research Part F，2000，51（3）：39-51.

［10］Rothengatter, T. Risk and the Absence of Pleasure：A Motivational Approach to Modelling Road User Behaviour ［J］. Ergonomics，1988，31（2）：599-607.

［11］Akers, R. L. Deviant Behaviour：A Social Learning Approach ［R］. California：Wadsworth Publishing Company，1977.

［12］Akers, R. L.，Jensen, G. F. Social Learning Theory and the Explanation of Crime：A Guide for the New Century ［M］. New Jersey：Transaction Publishers，2003.

［13］Akers, R. L. Criminological Theories：Introduction and Evaluation ［M］. Los Angeles：Roxbury Publishing Company，1994.

［14］DiBlasio, F. A. Predriving Riders and Drinking Drivers ［J］. Journal of Studies on Alcohol，1988，49（1）：11-15.

［15］Watson, B. How Effective is Deterrence Theory in Explaining Driver Behaviour：A Case Study of Unlicenced Driving [M]. Paper Presented at the Road Safety Research, Policing & Education Conference, Perth, 2004: 38-40.

[16] Fleiter, J. J., Watson, B. The Speed Paradox: The Misalignment between Driver Attitudes and Speeding Behaviour [J]. Journal of the Australasian College of Road Safety, 2006, 17 (2): 23-30.

[17] Corbett, C. Explanations for "Understanding" in Selfreported Speeding Behaviour [J]. Transportation Research Pert F, 2001 (4): 133-150.

[18] Elliott, B. Can We Rely on Deterrence Theory to Motivate Safe Road User Behaviour [M]. Joint ACRS-Travelsafe National Conference-Non-Peer Reviewed Papers, 2008: 216.

Factors Influencing Drivers' Speeding Behavior, A Study Base on Akers' Social Learning Theory

Shi Kan   Qiu Chen   Jiang Nan   Gao Liping   Judy Fleiter

Abstract: This research has explored various social learning variables on speeding frequency based on Akers' social learning theory with a sample survey of 288 drivers in Beijing. The result shows that Akers' social learning theory can explain speeding behavior well. In particular, the driver's attiude on speeding significantly affects his speeding behavior; the attitudes of community, family and friends on speeding significantly influence a driver's speeding behavior; the more speeding behaviors occur about, the more he will speed. Finally, the positive effect a driver expectad on speeding, as one of the different strengthening variables, will significantly increase the frequency of speeding.

Key words: speeding; influence factor; Akers' social learning theory

抗逆力对工作投入的影响：
积极应对和积极情绪的中介作用*

李旭培　王　桢　时　勘

【编者按】我于 2008 年考入时老师课题组开始博士研究生的学习，对时老师的第一印象是"严厉"。记得复试结束后，看到其他导师的学生去找老师交流，我也敲开了时老师 214 办公室的门，由于那一届报考时老师心理所博士的学生中，只有我一个人通过了初试，所以，敲门之前还有些小得意。时老师从繁忙的工作中抽出时间跟我做了简短交谈。出门时，小得意已变成了诚惶诚恐，这种感觉也一直伴随着我三年的学习生涯和后来的职业生涯，让我时刻不敢懈怠。我对时老师的第二个印象是"认真"，应该是 2008 年底，我接到时老师交代的任务，要协助撰写国家自然科学基金重大研究计划的培育项目《救援人员应对非常规突发事件的抗逆力模型研究》，当时作为博一的学生，第一次承担如此重任，既开心又忐忑不安。于是，我把自己关了两个月，研究时老师发来的课题组以前的基金申请书，读了两百多篇文献，整理出了申请书初稿，后来又经时老师十几轮的修改。现在记得，经常是我晚上睡觉前写完，时老师夜里审阅，我第二天一早继续调整，修改内容细致到了每一句话的表述是否妥当。这种认真细致的工作，让我们顺利拿下了这个重大研究计划的培育项目。那段时间的经历也让我的科研能力得到了明显的提升。遗憾的是，由于我研究兴趣的转移，没有在这个方向做下去。而庆幸的是，课题组后来的同门们顺着这一方向做出了丰富而卓有成效的成果。我前期进行的文献梳理也没有浪费。本文选收录的这篇文章就是基金研究的一个成果。每次想起这篇文章，都能让我回忆起 2009 年春节前后那段全心投入的时光。我对时老师第三个印象是"接地气"，博二时，我参与了一个横向课题，并承担了一些主要工作，当时陪时老师去一个偏远地区上课，三天的讲座，时老师一个人讲下来，一百多位中层干部们非但没有审美疲劳，反而渐入佳境。让我第一次感觉到，原来课还可以这样讲。这项研究算是我第一个以"项目经理"的角色承担的项目。毕业后我进入心理所 EAP 中心做心理学应用工作，之所以能很快上手，并做出成效，也得益于这段时间的锻炼。时老师虽严厉认真，但对学生也充满关怀，尤其非常关注学生的前途和职业发展。我毕业前，为了帮我争取到某大学的任教机会，时老师多次与对方院领导（时老师并不认识）沟通，甚至不惜把自己搭进去，给出帮那边带研究生、建项目组的承诺，大学那边确认没有名额后，又时刻关注其他单位。特别是获得心理所的招聘信息之后，立即敦促我投简历。我在所里工作后，时老师得知我并无编制，又多次找我沟通，让我参与管理学院或人民大学的一些工作，以便给我争取那边的机会，只是由于工作之后，时间精力有限，未能再跟随老师一

* 本研究得到了国家自然科学基金重点项目（90924007）的资助。

起做具体工作。诸多关怀，历历在目，每忆至此，都想特别感谢时老师的引领，感谢课题组的培养，感谢课题组同学们的陪伴！（李旭培，中国科学院心理研究所2008级博士生，中国科学院心理研究所心理健康应用中心　执行主任）

摘　要：为探究抗逆力对工作投入的影响及作用机制，选取北京、深圳两地8家单位456人进行问卷调查。通过相关分析和结构方程分析，结果发现，抗逆力对工作投入有显著正向预测作用；积极应对和积极情绪在抗逆力与工作投入的关系中有部分中介作用。

关键词：抗逆力；工作投入；积极应对；积极情绪

一　引言

近年来，随着积极心理学的发展，研究者越来越关注个体积极心理品质，在这一趋势之下，发展出了积极组织行为学的概念（Positive Organizational Behavior，POB）[1]，积极组织行为学强调对于工作场所中有助于绩效增长的积极心理能力的测量、培养和有效管理，特别强调积极途径（positive approach）的重要性[1,2]。在积极组织行为学框架之下，Luthans等进行了一系列关于心理资本的研究。所谓心理资本是指那些能够使员工在工作场所中应对挑战或逆境的能力或资本，主要包括了四个重要的因素，即自我效能、希望、乐观和抗逆力[1,3]。其中，抗逆力对快节奏、高压力、不稳定的工作环境显得尤为重要[4]。这种抗逆力（resilience）通常是指个体面对负性事件时所表现出来的，维持相对稳定的心理健康水平和生理功能，且成功应对的能力[5,6]。有关抗逆力的早期研究主要关注于逆境中的儿童和青少年，随着对于工作人员抗逆力关注的增加，近年来，抗逆力的探讨和研究开始出现于积极组织行为学研究领域。Youssef和Luthans研究发现，抗逆力对工作满意度、工作幸福感（work happiness）以及组织承诺具有显著的正向预测作用[2]；Siu等采用自编的抗逆力问卷，探究了工作场所中抗逆力的作用，结果发现，抗逆力与工作满意度、工作生活平衡和生活质量存在显著正向关联，与生理和心理健康、工伤存在显著负向关联[4]。除了基于问卷的研究之外，也有一些实验研究考察了抗逆力的干预效果，Steinhardt研究发现，抗逆力高的实验组在抑郁症状和感知到的压力水平方面均显著低于控制组[7]；Liossis对工作人员进行的为期七周的成人抗逆力促进计划之结果发现，与对照组相比，实验组被试在培训之后表现出更高水平的自我效能、家庭满意度、工作生活平衡和更少的家庭-工作溢出（spillover），并且这一效果在六个月之后的追踪研究中依然明显[8]，不过，这些研究更多是探讨抗逆力对于员工心理健康、工作家庭平衡等方面的总体影响。随着研究的深入，一些研究者开始考察抗逆力对于工作倦怠、工作投入等特定心理状态的作用。工作投入被看作一种积极的、令人愉快的（fulfilling）、与工作相关的心理状态，包括活力、奉献和专注三个维度，对个体和组织层面因素有积极影响[9,10]。工作投入是与工作倦怠相对应的一个概念[11]，尽管研究者们对抗逆力与工作投入的关系探讨较少，但以往研究考察了抗逆力与工作倦怠的关系，发现抗逆力有助于缓解工作倦怠。例如，Schonberg对裁员幸存者的研究发现，员工抗逆力水平越高，工作倦怠水平越低[12]；Howard等在质性研究基础之上指出，具有高抗逆力水平的教师能够较好地应对工作压力和工作倦怠[13]；Timmerman采用网上问卷进行的员工调查也发现，个体抗逆力对工作倦怠有负面影响[14]。有研究同时考察了抗逆力对工作倦怠和工作投入的作用，结果发现，具有较高抗逆力的个体，职业效能和工作投入水平较高，而情绪衰竭和玩世不恭水平较低，研究同时还指出，这一结果并不能够说明高抗逆力的个体就不会倦怠，但他们可以发展出更好的工作投入技能（engagement skills）[15]。

在抗逆力作用机制的研究中，研究者们特别关注情绪状态和应对方式的作用。在抗逆力与情绪状态的关系上，Tugade 等的研究发现，抗逆力与积极情绪存在正向关联，而与消极情绪不存在显著关联[16]，而积极的情绪感受使人们更愿意去表现出对组织有益的行为[17]。其他研究也证实了积极情绪在抗逆力与结果变量间的中介作用，例如，Fredrickson 等考察了积极情绪在抗逆力与抑郁症状、心理资源增加之间的中介作用[18]；Ong 等考察了积极情绪在抗逆力与疼痛减少之间的中介作用[19]。在抗逆力与应对的关系上，研究表明，高抗逆力的个体倾向于采用积极的应对方式[20,21]，Fredrickson 等进一步指出，高抗逆力的个体通常采用幽默、创造性探究（creative exploration）、放松和积极思考等应对方式[18]。而当个体采用积极的应对方式时，会表现出更高水平的工作投入[22]。此外，在积极应对和积极情绪的关系上，Folkman 和 Moskowitz 通过对自己研究的总结指出，面对压力情境时，积极的应对策略（如认知重评）会使个体体验到更多的积极情绪和心理幸福感[23]。基于以上研究结果的综合分析，本研究假设：抗逆力对工作投入有显著正向预测作用。此外，本研究引入了积极应对和积极情绪两个变量，来考察其在抗逆力与工作投入关系中的作用。我们的研究假设是：积极应对和积极情绪在抗逆力和工作投入关系间具有中介作用。研究假设模型如图 1 所示。

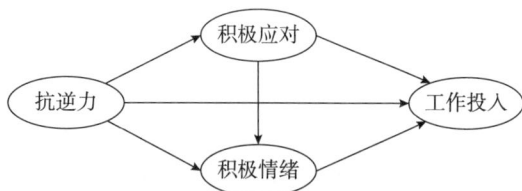

图 1　假设模型

二　研究方法

1. 取样程序和样本

研究者分别在北京、深圳两地 5 个行业 8 家单位中进行了取样，各个单位的被调查者均由该单位人事部门召集到一起，在研究者宣读指导语后填写问卷，问卷统一发放、统一回收。研究共发放问卷 500 份左右，回收有效问卷 456 份。其中男性 229 人，占 50.2%，女性 185 人，占 40.6%，42 人未填性别，占 9.2%；平均年龄 30.67 岁（标准差为 8.28）；平均工龄 8.58 年（标准差为 8.65）；高中或以下学历者 105 人，占 23%，大专学历者 105 人，占 23%，本科学历者 167 人，占 36.6%，硕士及以上学历者 39 人，占 8.6%，40 人未填学历，占 8.8%；普通员工 192 人，占 42.1%，基层管理者 128 人，占 28.1%，中层管理者 79 人，占 17.3%，高层管理者 9 人，占 2.0%，42 人未填职位，占 9.2%。

2. 研究工具

本研究的变量包括抗逆力、工作投入、积极应对和积极情绪，其测量工具分别如下：

（1）抗逆力。采用 Siu 等编制的抗逆力问卷。[4]该问卷由 9 个条目组成，采用李克特 5 分等级量表，由员工对自己的抗逆力水平进行评价，1 表示"非常不同意"，5 表示"非常同意"。例题为"我有信心克服目前或将来的困难，能解决面对的难题"。

（2）工作投入。采用 Schaufeli 等编制的工作投入问卷 UWES[11]。共 17 个条目，包括活力、奉献、专注 3 个子维度。采用李克特量表 5 点评分，1 代表"非常不同意"，5 代表"非常同意"。例题为"工作时，我感到自己强大而且充满活力"，"我对工作充满热情"，"当我工作时，时间总是过得飞快"。

（3）积极应对。基于 Carver 编制的简易应对问卷（Brief COPE）[24]，该问卷包含了 14 种应对方式。本研究选取其中 8 个条目代表积极应对，利用李克特 7 分等级量表由员工对各条目与自己常用应对方式的相符程度进行评价，1 表示"完全不符合"，7 表示"完全符合"。例题为"集中精力、采取行动去面对困难情境"。

积极情绪基于 Watson 等编制的正性负性情绪量表（PANAS）[25]，该问卷包括积极情绪和消极情绪两个维度。本研究选取代表积极情绪的 10 个词汇，由员工根据过去一个月内的感受判断每种情绪在工作中出现的频率，利用李克特 7 分等级量表，0 表示"从不"，6 表示"总是"。情绪词汇的例子如"热情的""感兴趣的""专心的"等。

3. 统计分析

采用 SPSS13.0 和 Amos4.0 进行统计分析。首先，采用验证性因素分析考察了变量的区分性，然后，对各变量之间的关系进行相关分析，在相关分析基础之上，采用结构方程模型考察了抗逆力、积极应对、积极情绪和工作投入之间的关系。

三 研究结果

1. 验证性因素分析及结果

本研究探查的 4 个变量均采用问卷进行测量，在进一步分析前，先采用验证性因素分析考察变量区分性。由于条目较多，对部分变量进行了打包处理[26]。对于抗逆力采用载荷最高和载荷最低平均法[27]，打包为 3 个测量指标；对于工作投入，根据 3 个子维度打包为 3 个测量指标。根据 Medsker 等的建议[28]，采用了 χ^2/df、NFI、IFI、TLI、CFI 和 RMSEA 等拟合指数，各指数的拟合标准分别为：χ^2/df 大于 10 表示模型很不理想，小于 5 表示模型可以接受，小于 3 则模型较好；NFI、IFI、TLI、CFI 应大于或接近 0.90，越接近 1 越好；RMSEA 应处于 0 和 1 之间，临界值为 0.08，越接近 0 越好。本研究在验证四因素模型的同时，还做了其他备择模型的比较，将积极应对和积极情绪的条目落在同一个潜变量上，形成三因素模型；将抗逆力、积极情绪、积极应对的条目落在同一潜变量上，形成两因素模型；将四个变量的条目均落在同一潜变量上，形成单因素模型。验证性因素分析结果如表 1 所示。可以看出，四因素模型的各项拟合指标均较好。卡方检验也表明，四因素模型显著优于其他模型，这说明 4 个研究变量之间具有较好的区分性。

表1　验证性因素分析结果

模型	χ^2	df	χ^2/df	NFI	IFI	TLI	CFI	RMSEA
四因素	722.25	246	2.94	0.98	0.99	0.98	0.99	0.07
三因素	1055.36	249	4.24	0.97	0.97	0.97	0.97	0.09
两因素	1338.15	251	5.33	0.96	0.97	0.96	0.97	0.10
单因素	1813.04	252	7.20	0.94	0.95	0.94	0.95	0.12

2. 描述性分析

各主要变量及人口统计学变量的平均数、标准差以及它们之间的关系如表2所示。从表中可以看出，抗逆力与积极应对、积极情绪和工作投入存在显著正相关，积极应对和积极情绪与工作投入存在显著正相关。

表2　各变量的描述性统计分析

变量	M	SD	1	2	3	4	5	6	7	8
1. 抗逆力	3.46	0.55	0.84							
2. 积极应对	5.09	0.68	0.31***	0.65						
3. 积极情绪	3.89	0.95	0.04***	0.34***	0.88					
4. 工作投入	3.52	0.59	0.39***	0.26***	0.48***	0.90				
5. 性别	50.20	40.60	0.31***	−0.04	0.11*	0.009				
6. 年龄	30.67	8.28	0.02	−0.03	−0.13*	0.20***	0.14**			
7. 工龄	8.58	8.65	−0.01	0.01	−0.10	0.21***	0.07	0.90***		
8. 文化程度	3.32	0.98	−0.05	0.08	−0.04	−0.02	0.07	0.31***	0.23***	
9. 职位	2.53	1.23	0.01	0.02	−0.05	0.13**	0.08	0.48***	0.49***	0.36***

注：* 表示 $p<0.05$，** 表示 $p<0.01$，*** 表示 $p<0.001$；$N=403\sim456$；对角线上的数字表示量表的信度（Cronbach's α）系数；性别一栏中，M 代表男性百分比，SD 代表女性百分比。

3. 结构方程分析

为探究抗逆力对工作投入的作用机制，研究采用结构方程模型对假设模型（见图1）进行了验证。考虑到工作投入变量所包含的条目数较多，我们对该变量进行了打包，按照维度将工作投入打成了三个包，然后，再进行相关的统计分析。对假设模型的分析结果发现，该模型拟合较好（χ^2/df、NFI、IFI、TLI、CFI、RMSEA 分别为 2.731、0.974、0.983、0.981、0.983、0.062）。然而，该模型中积极应对对工作投入的路径并不显著（$\beta=0.088$，$p>0.05$），因此，我们删去了该条路径，对假设模型进行了修正，得到了修正模型（如图2所示）。对修正模型的分析结果发现，模型拟合指标变化不大，模型拟合良好（χ^2/df、NFI、IFI、TLI、CFI、RMSEA 分别为 2.729、0.974、0.983、0.981、0.983、0.062）。

根据 Mathieu 和 Taylor 的观点，验证部分中介作用时需要同时考察三条路径，分别是自变量（X）对中介变量（M）的预测作用（β_{mx}）、引入中介变量之后自变量对因变量（Y）的预测作用（β_{yxm}）、引入自变量之后中介变量对因变量的预测作用（β_{ymx}），只有在这三条路径都达到显著水平时，才能支持部分中介作用的假设[29]。从图2中可以看出，抗逆力和积极情绪对工作投入的影响路径系数标准化估计值分别是 0.26 和 0.41，抗逆力对积极应对

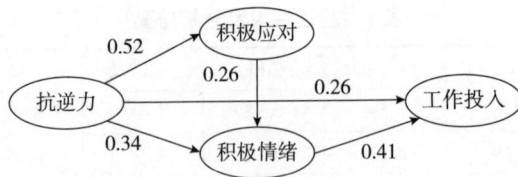

图 2 修正模型

和积极情绪的影响路径系数标准化估计值分别是 0.52 和 0.34，积极应对对积极情绪的影响路径系数标准化估计值为 0.26，均达到了显著性水平。然而，积极应对对工作投入的影响并不显著。可见，积极情绪在抗逆力和工作投入间的部分中介作用得到了验证；而积极应对在抗逆力和工作投入间的部分中介作用未得到验证。

路径分析结果还表明，抗逆力对工作投入的影响存在三条途径"抗逆力→工作投入""抗逆力→积极情绪→工作投入""抗逆力→积极应对→积极情绪→工作投入"。各路径效应大小如表 3 所示。

表 3 抗逆力对工作投入的效应分解

影响路径	标准化效应值	比例
抗逆力→工作投入	0.26	57.27%
抗逆力→积极情绪→工作投入	0.34×0.41＝0.139	30.62%
抗逆力→积极应对→积极情绪→工作投入	0.52×0.26×0.41＝0.055	12.11%
抗逆力影响工作投入总效应	0.454	—

四 分析与讨论

首先，通过本研究结果发现，抗逆力除了对工作投入有直接预测作用之外，还通过积极应对和积极情绪对工作投入有间接预测作用。这一结果验证了我们的研究假设，也与前人的研究相一致。[15,21]该结果表明，具有高抗逆力的个体在工作中会表现出更高水平的工作投入；抗逆力对工作投入作用在某种程度上是通过积极应对和积极情绪实现的，高抗逆力的个体在面对工作所遇到的各种问题时，倾向于采用积极的应对方式，并保持积极的情绪状态，而积极的应对方式又有助于促进积极情绪的保持[30]，这种积极的情绪状态使个体维持了较高水平的工作投入。

其次，本研究结果也表明，抗逆力对工作投入的影响是通过积极路径实现的，抗逆力作为一种重要的心理资源，能够有助于个体应对环境的变化：当个体面对压力情境时，抗逆力水平较高的员工更倾向于寻找积极的解决途径。抗逆力水平较高的个体，通常表现出低的神经质与高的外倾性和开放性[18]，会体验到更多的积极情绪，同时倾向于表现出积极的情感，所产生的情绪问题也较少，而 Fredrickson 等在其提出的积极情绪扩展和建设理论（broaden-and-build theory of positive emotions）中指出，积极情绪通过扩展个体的思维活动扩大了认知和行为范围，它有助于个体构建生理、智力和社会资源[31,32]，进而有助于个体维持较好的工作状态。

　　再次，我们通过结构方程分析还发现，引入积极应对和积极情绪之后，抗逆力对工作投入的影响依然显著。而中介效应检验结果发现，积极应对和积极情绪的中介效应占总效应的42.73%，这说明积极应对和积极情绪是抗逆力影响工作投入的重要解释变量。在今后的研究中还应注意考察其他变量在抗逆力与工作投入关系中的中介作用问题。

　　最后，还需要强调，本研究进一步揭示了抗逆力的积极意义和积极作用路径，这在一定程度上有助于促进积极组织行为学的理论建构。从研究的实践意义来看，本研究发现的抗逆力与积极工作行为之间的关联性，对于人力资源开发有启发性意义。比如，可以在招聘时选拔那些抗逆力水平较高的员工，或者在企业员工职业发展指导方面，关注在岗员工抗逆力水平的提升，以促进员工较高的工作投入水平；此外，本研究发现的抗逆力对积极应对和积极情绪存在促进作用，因此，提高员工的抗逆力也是维持员工的心理健康水平，从更为长远的角度给企业带来更好的经济效益和增进劳资和谐的一种新途径。

　　当然，本研究也存在一些不足，如采用横断面相关研究在进行因果关系的判断上还不如追踪研究准确。此外，本研究调查了 5 个行业内的 8 家单位，由于各行业或组织内的不同情境因素可能会对结果造成影响，这一点在未来的研究中也应加以考虑。

参考文献

　　[1] Luthans, F. Positive Organizational Behavior: Developing and Managing Psychological Strengths [J]. Academy of Management Executive, 2002, 16 (1): 57-72.

　　[2] Youssef, C. M., F. Luthans. Positive Organizational Behavior in the Workplace: The Impact of Hope, Optimism, and Resilience [J]. Journal of Management, 2007, 33: 774-800.

　　[3] Luthans, F., C. M. Youssef. Emerging Positive Organizational Behavior [J]. Journal of Management, 2007, 33 (3): 321-349.

　　[4] Siu, O. L., C. H. Hui, D. R. Phillips, et al. A Study of Resiliency among Chinese Health Care Workers: Capacity to Cope with Workplace Stress [J]. Journal of Research in Personality, 2009, 43 (5): 770-776.

　　[5] Bonanno, G. A. Loss, Trauma, and Human Resilience: Have We Underestimated the Human Capacity to Thrive after Extremely Aversive Events? [J]. American Psychologist, 2004, 59 (1): 20-28.

　　[6] McMahon, C. A., F. L. Gibson, J. L. Allen, D. Saunders. Psychosocial Adjustment during Pregnancy for Older Couples Conceiving through Assisted Reproductive Technology [J]. Human Reproduction, 2007, 22 (4): 1168-1174.

　　[7] Steinhardt, M., C. Dolbier. Evaluation of a Resilience Intervention to Enhance Coping Strategies and Protective Factors and Decrease Symptomatology [J]. Journal of American College Health, 2008, 56 (4): 445-453.

　　[8] Liossis, P. L., I. M. Shochet, P. M. Millear, H. Biggs. The Promoting Adult Resilience (PAR) Program: The Effectiveness of the Second, Shorter Pilot of a Workplace Prevention Program [J]. Behavior Change, 2009, 26 (2): 97-112.

　　[9] Schaufeli, W. B., A. B. Bakker. Job Demands, Job Resources, and Their Relationship with Burnout and Engagement: A Multi-sample Study [J]. Journal of Organizational Behavior, 2004, 25 (3): 293-315.

　　[10] Bakker, A. B., J. J. Hakanen, E. Demerouti, D. Xanthopoulou. Job Resources Boost Work Engagement, Particularly When Job Demands are High [J]. Journal of Educational Psychology, 2007, 99 (2): 274-284.

　　[11] Schaufeli, W. B., M. Salanova, V. Gonzalez-Romá, A. B. Bakker. The Measurement of Engagement and Burnout: A Two Sample Confirmatory Factor Analytic Approach [J]. Journal of Happiness Studies, 2002, 3 (1): 71-92.

［12］Schonberg, S. E. The Role of Stress Resiliency and Perceived Procedural Fairness in the Coping Processes of Layoff Survivors ［C］. Dissertation Abstracts International: Section B: The Sciences and Engineering, 2003, 64 (6-B): 2938.

［13］Howard, S. , B. Johnson. Resilient Teachers: Resisting Stress and Burnout ［J］. Social Psychology of Education, 2004, 7 (4): 399-420.

［14］Timmerman, P. D. The Impact of Individual Resiliency and Leader Trustworthiness on Employees' Voluntary Turnover Intentions ［C］. Dissertation Abstracts International: Section B: The Sciences and Engineering, 2009, 69 (11-B): 7178.

［15］Menezes, L. C. V. A. , C. B. Fernández, M. L. Hernández. , et al. Resilience and the Burnout-engagement Model Informal Caregivers of the Elderly ［J］. Psicothema, 2006, 18 (4): 791-796.

［16］Tugade, M. M. , B. L. Fredrickson. Resilient Individuals Use Positive Emotions to Bounce Back from Negative Emotional Experiences ［J］. Journal of Personality and Social Psychology, 2004, 86 (2): 320-333.

［17］Rick, B. L. , J. A. Lepine, E. R. Crawford. Job Engagement: Antecedents and Effects on Job Performance ［J］. Academy of Management Journal, 2010, 53 (3): 617-635.

［18］Fredrickson, B. L. , M. M. Tugade, C. E. Waugh, G. R. Larkin. What Good are Positive Emotions in Crises? A Prospective Study of Resilience and Emotions Following the Terrorist Attacks on the United States on September 11th, 2001 ［J］. Journal of Personality and Social Psychology, 2003, 84 (2): 365-376.

［19］Ong, A. D. , A. J. Zautra, M. C. Reid. Psychological Resilience Predicts Decreases in Pain Catastrophizing through Positive Emotions ［J］. Psychology and Aging, 2010, 25 (3): 516-523.

［20］Sexton, M. B. , M. R. Byrd, S. Kluge. Measuring Resilience in Women Experiencing Infertility Using the CD-RISC: Examining Infertility-related Stress, General Distress, and Coping Styles ［J］. Journal of Psychiatric Research, 2010, 44 (4): 236-241.

［21］Li, M-H. Relationships among Stress Coping, Secure Attachment, and the Trait of Resilience among Taiwanese College Students ［J］. College Student Journal, 2008, 42 (2): 312-325.

［22］Parker, P. D. , A. J. Martin. Coping and Buoyancy in the Workplace: Understanding Their Effects on Teachers' Work-related Well-being and Engagement ［J］. Teaching & Teacher Education, 2009, 25 (1): 68-75.

［23］Folkman, S. , J. T. Moskowitz. Stress, Positive Emotion, and Coping ［J］. Current Directions in Psychological Science, 2000, 9 (4): 115-118.

［24］Carver, C. S. You Want to Measure Coping but Your Protocol's Too Long: Consider the Brief COPE ［J］. International Journal of Behavioral Medicine, 1997, 4 (1): 92-100.

［25］Watson, D. , L. A. Clark, A. Tellegen. Development and Validation of Brief Measures of Positive and Negative Affect: The PANAS Scales ［J］. Journal of Personality and Social Psychology, 1988, 54 (6): 1063-1070.

［26］Russell, D. , et al. Analyzing Data from Experimental Studies: A Latent Variable Structural Equation Modeling Approach ［J］. Journal of Counseling Psychology, 1998, 45 (1): 18-29.

［27］Landis, R. , D. Beal, P. Tesluk. A Comparison of Approaches to Forming Composite Measures in Structural Equation Models ［J］. Organizational Research Methods, 2000, 3 (2): 186-207.

［28］Medsker, G. J. , L. J. Williams, P. J. Holahan. A Review of Current Practices for Evaluating Causal Models of Organizational Behavior and Human Resources Management Research ［J］. Journal of Management, 1994, 20 (2): 429-464.

［29］Mathieu, J. E. , S. R. Taylor. Clarifying Conditions and Decision Points for Mediational Type Inferences in Organizational Behavior ［J］. Journal of Organizational Behavior, 2006, 27 (8): 1031-1056.

［30］Folkman, S. , R. S. Lazarus. Coping as a Mediator of Emotion ［J］. Journal of Personality and Social

Psychology, 1988, 54 (1): 466-475.

　　[31] Fredrickson, B. L. , R. W. Levenson. Positive Emotions Speed Recovery from the Cardiovascular Sequelae of Negative Emotions [J]. Cognition and Emotion, 1998, 12 (2): 191-220.

　　[32] Fredrickson, B. L. The Role of Positive Emotions in Positive Psychology: The Broaden-and-build Theory of Positive Emotions [J]. American Psychologist: Special Issue, 2001, 56 (3): 218-226.

Resilience and Work Engagement: The Mediating Effects of Positive Coping and Positive Emotions

Li Xupei　Shi Yu　Wang Zhen　Shi Kan

Abstract: Aiming to examine the relationship between resilience and work engagement, we invite 456 employees from 8 organizations to complete a self-reported questionnaire. Structural Equation Model is used to explore the effects of resilience, positive coping and positive emotions on work engagement. Results indicate that resilience is positively associated with work engagement, and this relationship is partially mediated by positive coping and positive emotions.

Key words: resilience; work engagement; positive coping; positive emotion

不同层次的领导行为对健康型组织建设影响的比较研究[*]

邢 雷 时 勘 刘晓倩

【编者按】2006 年，我从事企业管理咨询已经三年有余，早期的咨询经历主要是关于组织文化变革，在咨询过程中，我渐渐发现心理学领域的专门化知识、方法对组织成员的价值观、信念、行为习惯的改变与重塑能提供更大的帮助。那时候，我就萌生了读心理学博士，系统提升自己理论功底的念头。我在网上找到了时勘老师的联系方式，就给他发了一封电子邮件，介绍了一下自己的工作背景、博士学习计划与自己的专业兴趣。我没有想到，时老师认真地给我回了信，介绍了他 2007 年的招生计划，由于那年直博的学生比较多，我联系他的时机也较晚。他很负责任地建议我，最好第二年做好充足准备再行报考。这时，我虽然放弃了报考，但对跟随时老师读博一直心心念念。我至今依然清晰地记得，2007 年 6 月，我偶然登录邮箱，惊喜地发现时老师十几天前发给我的电子邮件，问我是否还计划报考他的博士，并邀请我见面一叙。记得见面的时候，时老师仔细问了我的工作经历、考博士的动机、英语能力，并且还考了我几个统计学的问题，记得他当时一再问我对于学习的困难有没有充足的心理准备。在听到我坚定的回答后，时老师给我讲了他自己的工作、求学与研究经历，并给我讲了一个"钢铁是怎样炼成的"故事。他勉励我要好好备考。在时老师的鼓励和课题组同学们的帮助下，我于 2008 年顺利地考入了中科院管理学院，成为了时勘博士课题组的一员。2008 年 5 月，中国发生了 5·12 汶川地震，中国的心理学界都行动起来开始灾后的心理救援工作。我也在接到录取通知书的同时，参加了课题组的心理救援教材的紧急编写任务，负责灾后企业重建的部分，就这样开始了我的博士学习生涯。2009 年 10 月，我策划了华夏基石管理咨询集团与中科院管理学院社会与组织行为研究中心联合举办的"中国健康型组织论坛"，并联合成立了以促进企业良性发展为宗旨的"中国健康型组织研究院"。当时，国内有知名影响力的新闻媒体都做了专门报道。此后，健康型组织建设的话题引起了社会和企业的更广泛关注。我博士论文选题的时候，时老师鼓励我选择了健康型组织建设的相关论题，并对于组织健康等维度的测量、健康型组织建设的关键影响因素等问题展开了专门研究。后来，我们在全国 100 多家企业做了取样和定量的实证研究。2012 年我获得博士学位顺利毕业之后，继续回到华夏基石管理咨询集团从事管理咨询工作，并担任公司业务副总裁，专注于人力资源、文化变革、组织设计等领域。回首这些年来自己的学习成长、事业的发展，我认为都离不开"时勘博士课题组"这个大平台、大家庭给予的学术滋养。在四年的学习生涯中，课题组每周的组会上同学们之间的分享与研讨给我的收获是非常

* 基金项目：国家社会科学重点基金项目（10AGL003）、国家 973 重大项目（2010CB731406）、国家自然科学基金项目（90924007）。

巨大的。时老师对理论前沿的把握、对现实问题的深度洞察与提炼，以及用故事案例、比喻的方式讲明白抽象深奥的复杂理论问题的能力，都令我印象深刻、获益良多。不得不说，课题组正是在时老师的辛勤培育下，才能结出累累硕果，时老师也为"那时的我们"铺展了理论探求的前进之路，搭建了振翅起飞的事业平台。2019 年 12 月，时老师又要出任温州模式发展研究院院长，在北京和温州两地拓展出一个崭新的研究和应用领域，我也期待能积极参与其中，衷心祝愿时老师及其课题组探索在理论前沿、紧扣时代脉搏、蒸蒸日上，在 21 世纪再上一个新台阶！（邢雷，中国科学院管理学院 2008 级博士生，华夏基石集团　副总裁）

摘　要：本研究以来自 51 家企业的 1766 名员工为被试，根据问卷调查结果，通过相关分析、验证性因素分析和分层回归等方法，在对高层领导的授权和威权行为以及基层领导的授权和威权行为进行比较和研究的基础上，分析了 2（高层、基层）×2（授权、威权）种领导行为方式对组织健康的影响作用，发现高层领导的授权行为比基层领导的授权行为对组织健康具有更积极的影响，而基层领导行为会对高层领导行为对组织健康的影响产生调节作用。

关键词：高层领导；基层领导；授权行为；威权行为；健康型组织

一　前言

随着经济的不断发展，技术革新的加快，外部竞争的日趋激烈，社会可持续发展的要求日益提高，如何促进组织健康的问题受到越来越多企业家、学者的高度关注。因此，到 20 世纪 90 年代，"健康型组织"和"组织健康"也逐渐成为人力资源管理和组织行为学的研究热点。本研究通过对国内外健康型组织概念的总结，并结合中国现阶段的社会经济背景，认为"健康型组织"需要具有一种既能维持现状又能实现可持续发展的组织状态；既包含组织健康的结果表征，也包含实现组织健康运行的运作机制；它既注重维持组织当前的有效正常运营，又注重有效适应外部环境变化，其目标是实现员工、组织和社会的健康、持续、协调发展。而根据定义，健康型组织的评价指标主要包括六个方面，分别是组织的环境适应能力、内部协调能力、员工关怀能力、组织内的员工健康、组织绩效和社会责任[1]。

本研究希望在明确了健康型组织概念和评价指标的基础上，探讨健康型组织建设的影响因素，从而为企业或组织在进行健康型组织建设的过程中提供具有理论基础的建设性建议。而领导作为组织中的决策者和管理者，其有效性对组织的发展和健康具有重要影响。Bass[2] 的研究结果显示，组织的成败与否有 45%～65% 的因素是由领导的行为所决定的；Quick 等[3]也认为，健康的领导是组织健康的核心。所以，本文以领导作为切入点，选取领导行为这一概念，以实证研究的方法探讨不同层次的领导行为方式对健康型组织建设的影响作用。同时，由于有研究表明不同层级的领导行为虽然都对员工的心态和组织绩效具有影响，但其影响作用机制并不相同[4]。本研究还将分别探讨高层领导和基层领导对于健康型组织建设的影响作用，以及高层领导和基层领导间的相互作用对健康型组织建设产生的影响。

二　理论基础与假设

关于领导行为的理论有很多，其中授权行为是领导行为研究的一大热点。20 世纪 80 年代以来，授权这一概念就在组织行为学和企业管理领域被广泛使用。授权行为主要被定义为一系列授予管理决策权的行为[5]。国内外对于授权这一概念的研究主要集中在两大类，一类是从员工角度出发，主要考察员工所感受到的授权，称为"心理授权"；另一类则从领导的角度出发，主要考察领导对员工进行授权的一系列行为特征，称为"领导授权行为"。

1. 领导授权行为

领导的授权行为根据 Borer[6]的定义，主要包括授予权力和赋予能力两方面：授予权力是指将权力转移给员工；而赋予能力是指帮助员工发展其自身能力。也就是说，领导的授权行为主要是指"管理者基于对下属的信任而运用多种技能以提高其现有能力及潜在能力的行为"。以往的研究中，对于领导的授权行为和维权行为对于员工工作态度、工作行为和工作绩效的影响作用分析中，发现领导的授权行为具有正向的影响作用：Block[7]认为，当领导表现出更多的授权行为时，员工在获得更多自主权的同时，也会对工作产生更多的兴趣，从而更容易发挥潜力。Liden[8]认为，领导的授权行为会加强员工对组织的承诺，当领导给予员工一部分决策的机会及责任时，员工就会感激组织，同时也会对工作的价值产生更强的感知力，从而对组织具有更高的归属感和更高的组织承诺。Siqler 和 Pearsorn[9]的研究结果表明，领导的授权行为与员工个人的生产绩效具有显著的正相关。Laschinger[10]的研究结果表明，领导的授权行为对员工的工作满意度具有显著的正向影响，领导的授权行为越多，员工的工作满意度越高。李超平等[11]的研究发现，领导的授权行为与员工的工作倦怠存在显著的负相关。

2. 领导威权行为

相对应领导的授权行为，领导的威权行为则是指一系列体现领导绝对权威，要求员工绝对服从的行为。领导的威权行为最早是由中国台湾学者郑伯埙[12]提出的，是作为家长式领导的其中一种行为类型而被学者所关注。在以往的研究中，在领导的威权行为对于员工工作态度、工作行为和工作绩效的影响作用分析中，发现威权行为的影响作用存在争议无法确定：部分学者发现威权行为对员工自我效能感、组织承诺、员工工作满意度、离职意向和绩效有显著的负向影响[13-15]，但也有学者的研究发现威权行为对组织承诺、员工满意度、领导有效性的影响不显著[16]。

3. 不同层级领导行为的影响

一直以来，基层领导的领导行为对工作结果的影响是国内外管理学者研究的重点，而高层领导的领导行为对员工工作结果的影响则常常被忽略。但是仍有部分学者对比研究了高层领导和基层领导的领导行为对员工心理感受、工作态度和工作行为的影响。可是这些比较研究的结果并未有统一的定论。部分学者认为，高层管理者比基层管理者更倾向于表现较多的变革型领导和魅力型领导，对员工产生的影响可能更大[17]。而另一部分学者则认为，基层管理者与员工直接接触，并负责解释企业的政策，可能会更多地影响员工的心理感受、工作态度和工作行为[18]。而 Antonakis 和 Atwater[19]则从员工个体和团体两个层面考虑领导行为的影响，他们认为高层领导因为远离员工而不经常与每位员工直接接触，所以他们更多的是与员工团队交往。因此，高层领导的领导行为，比起对员工个体的工作态度、工作行为和工作绩效，对集体的工作结果变量产生的影响更大。而基层领导则会更常与员工有直接的接触，所以他们对于员工个体水平的变量，如工作态度、工作行为和工作绩效等产生的影响更大，而对集体变量产生影响较小。

根据以上对不同层级领导行为作用机制理论的剖析，由于组织健康作为一个组织层面的集体变量，在对高层领导和基层领导的授权或威权行为进行比较分析时，提出如下研究假设：

假设1：高层领导的授权行为比基层领导的授权行为对组织健康产生更积极的影响。

假设2：高层领导的威权行为比基层领导的威权行为对组织健康产生更消极的影响。

另外，各个管理层级领导者的行为虽然都会对员工的身心健康、工作绩效以及组织的运营能力产生影响[19]。但是，由于不同管理层级的领导者的具体工作内容和影响机制不同，其在组织中发挥的作用也并不相同。而一个组织健康与否，不单取决于高层领导或基层领导的领导行为，还取决于两者的工作配合程度。高层领导在管理过程中，其下达的管理指示必须有效地被基层领导所接受并正确执行，才能达到理想的组织目标。类似的，高层领导的行为有效性，取决于基层领导行为的有效性。因此，本研究做出如下假设：

假设3：基层领导的行为方式对高层领导行为方式与组织健康之间的关系具有调节作用。

研究整体假设模型如图1所示。

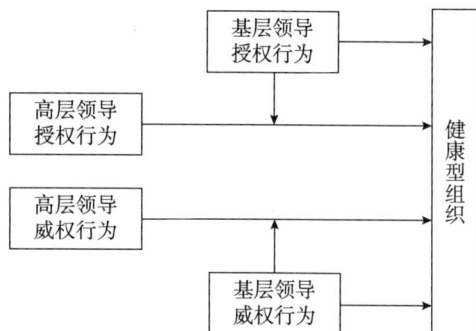

图1 研究假设模型

三 研究方法及程序

1. 被试

本研究调查对象主要来自北京、天津、山东、江西、陕西等地的51家单位331个团队的员工，平均每家企业6.5个团队，共发放问卷2100份，回收1897份，团队-组织匹配后的可用问卷1699份。问卷回收率为90.3%，回收问卷有效率为80.9%。本研究采用的所有变量都是通过员工自评问卷取样，每个企业至少选取4~6个工作团队进行调查，每个工作团队最少有4人参与调查。本研究被试在最后用于数据分析的1699份问卷中，其中男性占47.5%，女性占45.1%，7.4%的人未填答性别信息；被试年龄在20~29岁的占36.2%，30~39岁的占55.7%，年龄缺失的占8.1%；其中初中及以下学历占9.4%，高中及中专占18.45%，大专占25.45%，本科占34.5%，硕士占5.7%，博士占0.3%，6.3%的人教育背景信息缺失；36.2%的人来自国企，45.1%来自私企，5.2%来自外企，3.55%来自合资企业，1.7%来自失业单位，3.1%属于其他类型组织，5.2%的人未填答此题；关于被试的职位信息，普通员工占 72.3%，基层管理者占 15.2%，中层管理者占 8.4%，高级管理者占 1.2%，其他职位占 0.2%，职位未知占 2.6%。

2. 研究问卷

本研究所使用的问卷主要有领导授权行为问卷、领导威权行为问卷和组织健康问卷。所有问卷均由员工自评，其中领导授权行为和威权行为问卷要求员工分别评价"部门/团队领导"和"组织/企业领导"在此两类行为上的得分。除领导授权行为问卷的中文版本采用了 Brislin 提出的"翻译-回译"的方法进行确定以外[20]，其他问卷均采用已有的中文版本。计分方法都沿用了原问卷的模式，采用的都是 Likert 五点量表（1 非常不同意—5 非常同意）进行评价。测量工具分别如下：

（1）领导授权行为量表。采用的是 Arnold 等[21]开发的领导授权式行为量表，共包括 29 个条目，5 个维度：榜样领导（5 条目）、参与性决策（6 条目）、指导（6 条目）、告知（6 条目）和表现关系（6 条目）。例题为："领导鼓励我们相互交换信息或意见""领导关心我们的个人问题"等。本研究中该问卷在基层领导和高层领导评价得分的信度 α 系数分别为 0.84、0.85。

（2）领导威权行为量表。采用的是郑伯埙等[13]编制的家长式领导量表中的威权领导分维度内的条目。这个问卷的最初版本较长，本研究采用的是每个维度有 5 个条目的简化版本问卷。本研究中该问卷的基层领导和高层领导层级的信度 α 系数分别是 0.87、0.88。

（3）健康型组织评价量表。该量表是通过对健康型组织概念和内涵的理论分析、访谈以及预试编制而成，共包括 52 个条目，6 个维度：员工健康、组织绩效、社会责任、员工关怀、内部协调能力、环境适应能力。采用验证性因素分析法（CFA），对量表的六维度模型进行验证，结果发现模型具有良好的拟合度（$x^2 = 4524.11$，CFI = 0.87，RMSEA = 0.07），这表明：健康型组织评价指标体系包括 6 个维度，且各条目在相应维度上的负荷较大。同时，该量表具有良好的信度，本研究中该量表的信度 α 系数为 0.97。

3. 统计分析方法

本研究采用 SPSS18.0 和 Amos18.0 进行所有的统计分析。具体包括为了保证问卷的有效性，首先对所采用问卷的信效度进行了检验，并通过验证性因素分析验证本研究 5 个变量之间的区分效度，另外对研究中各变量进行了相关矩阵分析。同时本研究采用回归方程的方法分别探索了领导授权行为和领导威权行为对组织健康的影响，以及比较了不同层级领导行为对组织健康的影响。最后，通过层次回归的方法探索高层领导行为对组织健康的影响过程中，基层领导行为的调节作用。

四　研究结果及分析

1. 验证性因素分析

为了考察各测量工具之间的聚合效度和区分效度，我们在假设检验之前，首先进行了验证性因素分析[22]。本研究中包括 5 个变量：基层领导的授权行为、高层领导的授权行为、基层领导的威权行为、高层领导的威权行为和组织健康。我们进行了五因素模型（五个变量）、二因素模型（四种领导行为负荷到一个因素，组织健康单独负荷到一个因素）和单因素模型（所有变量对应一个因素）的验证性因素分析。结果如表1所示，五因素模型（$\chi^2 =$ 13777.19，CFI = 0.77，RMSEA = 0.12）明显优于二因素模型（$\chi^2 = 23471.91$，CFI = 0.61，RMSEA = 0.16）和单因素模型（$\chi^2 = 27790.92$，CFI = 0.54，RMSEA = 0.18）。结果显示5个变量之间具有良好的区分效度，同源误差不会影响统计分析结果，可以进行下一步的假设检验分析。

表1　验证性因素分析模型比较结果

模型	χ^2	df	CFI	TLI	RMSEA
五因素模型	13777.19	512	0.77	0.75	0.12
二因素模型	23471.91	526	0.61	0.58	0.16
单因素模型	27790.92	527	0.54	0.51	0.18

2. 描述性分析

表2呈现了本研究所涉及变量的描述性统计分析结果。结果显示，高层和基层领导的授权行为与组织健康均呈显著正相关（0.65**、0.57**）；而高层和基层领导的威权行为与组织健康的相关系数均不显著但呈负相关趋势（−0.05、−0.07）。这为进一步探讨不同层级的不同领导行为方式对组织健康的影响作用提供了前提条件。

表2　研究变量的描述性统计结果

变量	平均数	标准差	1	2	3	4	5
1. 基层领导授权行为	3.87	0.57	(0.97)				
2. 高层领导授权行为	3.79	0.67	0.75**	(0.98)			
3. 基层领导威权行为	2.99	0.82	−0.03	−0.00	(0.84)		
4. 高层领导威权行为	3.10	0.84	−0.01	0.03	0.80**	(0.85)	
5. 组织健康	3.60	0.57	0.57**	0.65**	−0.07	−0.05	(0.97)

注：** 表示 $p < 0.001$，对角线上的斜体数字是这些变量在正式调查中的内部一致性系数。

3. 不同层级领导行为对组织健康影响作用的比较分析

为了验证不同层级领导行为对组织健康的直接影响作用，采用分层回归的分析方法，以组织健康作为因变量，将基层领导行为和高层领导行为分别纳入回归方程中，比较两个层级领导行为的回归系数大小。根据表3显示的结果，基层领导和高层领导的授权行为均能够显著正向预测组织健康，其中高层领导授权行为的预测作用大于基层领导授权行为的预测作用（$\beta = 0.52$，$p < 0.001$；$\beta = 0.18$，$p < 0.001$），假设1得到验证。对领导威权行为而言，高层领导和基层领导的威权行为对组织健康的预测作用均不显著（$\beta = 0.01$，$p = $ n.s.；$\beta = −0.08$，$p = $ n.s.），假设2没有得到支持。

表 3　不同层级领导行为方式对组织健康的影响作用

自变量	因变量：组织健康	
	β	Total R^2
1. 授权行为		
高层领导授权行为	0.52 ***	
基层领导授权行为	0.18 ***	0.442 ***
2. 威权行为		
高层领导威权行为	0.01	
基层领导威权行为	−0.08	0.003 ***

注：*** 表示 p<0.001，** 表示 p<0.01，* 表示 p<0.05。

4. 高层领导对组织健康的影响：基层领导的调节作用

为了验证基层领导行为对高层领导行为的调节作用，本研究采用层次回归的方法，首先将自变量（高层领导行为）以及调节变量（基层领导行为）纳入回归方程，最后将自变量与调节变量的乘积纳入回归方程，检验调节作用。从表 4 可以看出，基层领导的授权行为会调节高层领导的授权行为与组织健康之间的关系（高层领导授权行为 * 基层领导授权行为，β = 0.30，p<0.001），基层领导的威权行为会调节高层领导的威权行为与组织健康之间的关系（高层领导威权行为 * 基层领导威权行为，β = 1.8，p<0.001），假设 3 得到验证。

表 4　基层领导行为方式对高层领导行为方式的调节作用分析

统计步骤		因变量：组织健康		
		β	Total R^2	ΔR^2
授权行为				
调节作用				
Step1	高层领导授权行为	0.52 ***		
	基层领导授权行为	0.18 ***		
			0.442 ***	0.015 ***
Step2	高层领导授权行为	0.35 ***		
	基层领导授权行为	0.03		
	高层领导授权行为 * 基层领导授权行为	0.30 ***		
			0.444 ***	0.001 *
威权行为				
调节作用				
Step1	高层领导威权行为	0.01		
	基层领导威权行为	−0.08		
			0.003 ***	0.002
Step2	高层领导威权行为	−0.089 ***		
	基层领导威权行为	−1.03 ***		
	高层领导威权行为 * 基层领导威权行为	1.8 ***		
			0.13 ***	0.127 ***

注：*** 表示 p<0.001，** 表示 p<0.01，* 表示 p<0.05。

为了更直接考察在调节变量处于不同水平时，自变量和因变量之间的关系，我们对调节作用显著的交互作用项进行了简单效应分析。为了便于直接观察，本研究进一步绘制了调节变量的高（高于 1 个标准差）、低（低于 1 个标准差）两种水平时自变量与因变量的关系图。

在领导授权行为方面，结果如图 2 所示，当基层领导授权行为水平高时，高层领导的授权行为对组织健康有显著的正向预测作用（$\beta = 0.60$，$t = 11.67$，$p < 0.001$）；当基层领导授权行为水平低时，高层领导的授权行为对组织健康的正向预测作用较小（$\beta = 0.37$，$t = 8.26$，$p < 0.001$）。

在领导威权行为方面，通过对基层领导威权行为调节作用的简单效应分析，结果如图 3 所示，当基层领导的威权行为水平高时，高层领导的威权行为对组织健康有显著的正向预测作用（$\beta = 0.43$，$t = 7.22$，$p < 0.001$）；而当基层领导威权行为水平低时，高层领导的威权行为对组织健康有显著的负向预测作用（$\beta = -0.26$，$t = 4.06$，$p < 0.001$）。

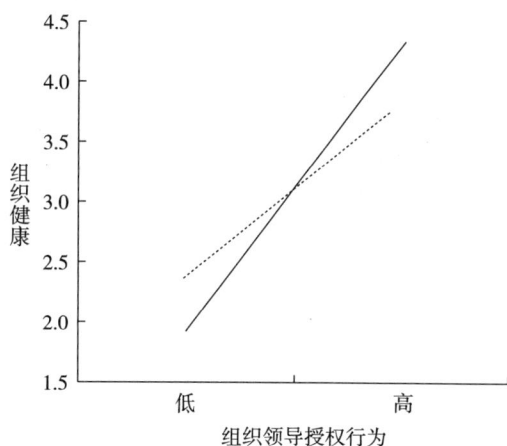

……… 低授权领导行为（团队领导）　　—— 高授权领导行为（团队领导）

图 2　团队领导授权行为对组织领导授权行为与组织健康的调节作用

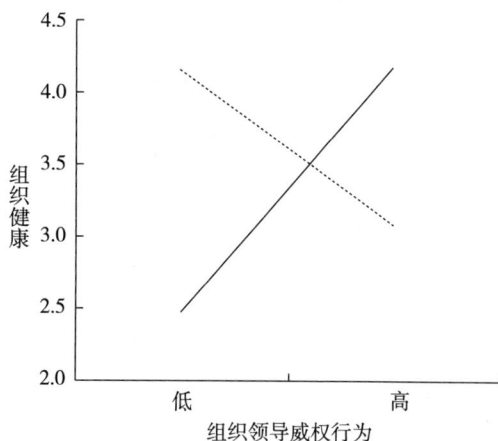

……… 低威权领导行为（团队领导）　　—— 高威权领导行为（团队领导）

图 3　团队领导威权行为对组织领导威权行为与组织健康的调节作用

五　结论与讨论

本研究分别探讨了不同层级领导的授权和威权行为对健康型组织建设的影响，并对高层领导和基层领导行为方式对组织健康的影响进行了比较分析，最后探讨了高层领导与基层领导行为方式的相互作用，及两者交互作用于健康型组织建设的方式。根据以上数据分析，本研究发现结果具体如下：

在领导授权行为方面，本文的发现与之前的研究结果[10]相一致，高层领导和基层领导的授权行为均对组织健康有显著的正向影响。而且由于高层领导的工作性质主要作用于整个组织或企业，基层领导则更多作用于员工个体，所以高层领导的授权行为对整个组织的健康水平的积极影响，要高于基层领导的影响。另外，在对基层领导授权行为调节作用的分析中，本研究发现当基层领导授权行为水平高时，高层领导的授权行为会对组织健康产生更高的影响作用。也就是说，只有基层领导在工作中实际地将权力下放给员工时，高层领导的授权行为才能发挥较好的作用。

而在领导威权行为方面，以往关于威权行为对员工心态和组织绩效等影响的研究结果存在争议，部分研究发现威权行为具有显著的负向影响，而本研究的结果与李超平等[16]的研究结果相类似，发现不论是高层领导还是基层领导，威权行为对组织健康均没有显著影响。而根据 Waldman 和 Yammarino[4] 的理论，员工态度、行为等变量的变化，不只是由某个层级的领导单独决定的，往往还取决于不同层级领导间的相互作用。基于此理论，本研究和以往的研究[15]之所以发现领导威权行为对健康型组织建设、组织承诺、员工满意度以及领导有效性的影响不显著，其原因可能是因为只以一个层级的领导作为研究对象进行分析，而没有分析不同层级领导行为间的相互作用。

通过对不同层级领导相互作用的分析，发现领导的威权行为与健康型组织间相关不显著，主要是由于高层领导威权行为和基层领导威权行为的交互作用所产生的。研究发现，当高层和基层领导的威权行为水平相匹配时，即高层领导和基层领导都是高威权领导或都是低威权领导时，组织会有更高的健康水平；而当高层和基层领导的威权行为水平不匹配时，即高层领导是高威权领导而基层领导是低威权领导或者相反时，组织健康状况较差。

本研究从授权和威权行为的角度，分析比较了高层领导和基层领导的行为方式对组织健康的影响，同时本研究还强调了高层领导和基层领导行为方式匹配性对组织健康的影响，为以后研究不同层级领导作用机制提供了实证基础。另外，本研究通过对中国背景下企业的分析，对不同层级领导理论的中国化研究做了较好的探索，在一定程度上推动了不同层级领导行为在中国文化背景下的比较研究，为进一步研究不同层级领导行为作用机制奠定了基础。

同时，本研究也为企业的健康型组织建设实践提供了启示：可以通过对领导者，尤其是高层领导的培训，来帮助企业实现健康型组织建设；提倡领导者适当地表现授权行为，更多地为员工提供支持，帮助员工实现自我成长；同时，不要一味地否定领导的威权行为，而应强调高层和基层领导管理模式和行为方式的匹配性，只有当两者相一致时，领导行为才能最大限度地发挥作用，实现组织的健康发展。

参考文献

[1] 邢雷，时勘，臧国军，刘晓倩. 健康型组织相关问题研究 [J]. 中国人力资源开发，2012，263 (5)：15-21.

[2] Bass, B. M. Leadership and Performance Beyond Expectations [M]. New York：Free Press, 1985.

[3] Quick, J. C., Macik-Frey, M., Cooper, G. Managerial Dimensions of Organizational Heath：The Healthy Leader Work [J]. Journal of Management Studies, 2007, 44 (2)：189-205.

[4] Waldman, D. A., Yammarino, F. J. CEO Charismatic Leadership：Levels-of-Management and Levels-of-Analysis Effects [J]. The Academy of Management Review, 1999, 24 (2)：266-285.

[5] Mainiero, L. A. Coping with Powerlessness：The Relationship of Gender and Job Dependency to Empowerment-Strategy Usage [J]. Administrative Science Quarterly, 1986, 31 (4)：633-653.

[6] Boren, R. Don't Delegate-Empower [J]. Supervisory Management, 1994, 39 (10)：10.

[7] Block, P. The Empowered Manager. Positive Political Skills at Work [M]. San Francisco, CA：Jossey-Bass, 1987.

[8] Liden, R. C., Wayne, S. J., Sparrowe, R. T. An Examination of the Mediating Role of Psychological Empowerment on the Relations between the Job, Interpersonal Relationships, and Work Outcome [J]. Journal of Applied Psychology, 2000, 85 (3)：407-416.

[9] Siqler, T. H., Pearson, C. M. Creating an Empowering Culture：Examining the Relationship between Organizational Culture and Perceptions of Empowerment [J]. Journal of Quality Management, 2000, 5 (1)：27-52.

[10] Laschinger, H. K., Finegan, J., Shamian, J. Promoting Nurses' Health：Effect of Empowerment on Job Strain and Work Satisfaction [J]. Nursing Economics, 2001, 19 (2)：42-52.

[11] 李超平，李晓轩，时勘等. 授权的测量及其与员工工作态度的关系 [J]. 心理学报，2006，38 (1)：99-106.

[12] 郑伯埙. 家长权威与领导行为之关系：一个台湾民营企业主持人的个案研究 [C]. 台湾民族学研究所集刊，1995，79：119-173.

[13] 郑伯埙，黄敏萍，周丽芳. 家长式领导及其效能：华人企业团队的证据 [J]. 华人心理学报，2002，3 (1)：85-112.

[14] 苏英方. 附加道德的魅力领导、家长式领导与领导效能之研究 [D]. 台湾中山大学企业管理研究所硕士学位论文，2007.

[15] 吴敏，黄旭，徐玖平等. 交易型领导、变革型领导与家长式领导行为的比较研究 [J]. 科研管理，2007，28 (3)：168-176.

[16] 李超平，孟慧，时勘. 变革型领导、家长式领导、PM 理论与领导有效性关系的比较研究 [J]. 心理科学，2007，30 (6)：1477-1481.

[17] Grojean, M. W., Resick, C. J., Dickson, M. W., et al. Leaders, Values, and Organizational Climate：Examining Leadership Strategies for Establishing an Organizational Climate Regarding Ethics [J]. Journal of Business Ethics, 2004, 55 (3)：223-241.

[18] Chen, G., Bliese, P. D. The Role of Different Levels of Leadership in Predicting Self and Collective Efficacy：Evidence for Discontinuity [J]. Journal of Applied Psychology, 2002, 87 (3)：549-556.

[19] Antonakis, J., Atwater, L. Leader Distance：A Review and a Proposed Theory [J], The Leadership Quarterly, 2002, 13 (6)：673-704.

[20] Triandis, H. C., Berry, J. W. Handbook of Cross-Cultural Psychology [M]. Boston：Allyn & Bacon, 1980.

[21] Arnold, A. J., Arad, S., Rhoades, J. A., et al. The Empowering Leadership Questionnaire: The Construction and Validation of a New Scale for Measuring Leader Behaviors [J]. Journal of Organizational Behavior, 2000, 21 (3): 249-269.

[22] Podsakoff, P, M., MacKenzie, S. M., Lee, J., et al. Common Method Variance in Behavioral Research: A Critical Review of the Literature and Recommended Remedies [J]. Journal of Applied Psychology, 2003, 88 (5): 879-903.

The Comparative Study of the Impact of Senior and Grassroots Leadership on Healthy Organizations

Xing Lei   Shi Kan   Liu Xiaoqian

Abstract: In this study, based on the data form 1766 employees, and according to the survey results, correlation analysis, confirmatory factor analysis and hierarchical regression methods, we compare the effects of 2 (senior, grassroots) ×2 (empowerment, authoritarian) leadership on organizational health. Based on the results of the study, we find that: 1) the impact of empowerment of senior leader on organizational health is more positive than the effect of empowerment of grassroots leader, 2) the effect of authoritarian of senior leader on organizational health is more negative than the impact of authoritarian of grassroots leader, 3) the impacts of the senior leadership on organizational health are moderated by the level of grassroots leadership.

Key words: senior leadership; grassroots leadership; empowerment; authoritarian; organizational health

心理授权与情绪智力对科研人员创新绩效的影响[*]

高　丽　曲如杰　时　勘　陆佳芳　宋继文

【编者按】 我是 2009 年加入时勘博士课题组，正式成为时勘教授的博士生的。那时，我在中国民用航空局民用航空医学中心从事航空心理学研究工作。刚刚参加工作不久，就有幸参与了民用航空飞行员心理选拔系统的研发。时勘教授是我国航空航天心理学领域的知名心理学家，也是我国航天员心理选拔的负责人之一。受到时勘教授的影响，我下定决心在职攻读博士学位，并力争报考时勘教授的博士研究生，期盼未来成长为一名航空心理学专家。经过激烈的初试、复试的竞争，我终于如愿以偿。但是，快报到时，发现自己怀孕了，这让我该怎么办呢？记得 2009 年 7 月 1 日晚上，时勘老师和我、我爱人进行了促膝夜谈，从职业生涯发展到家庭事业的平衡、从个人发展到人生的理性哲学，使我非常感恩于时教授的人性理念，且又要奋发上进……总之，要正确处理两者的关系，我们夫妻俩决心迎接这一挑战。后来我读博士的三年，我们夫妻俩在时老师的鼓励与支持下，在家人的倾力帮助下，宝贝女儿顺利出生，且工作顺利，学习也没有耽误，我还顺利毕业。记得攻读博士学位期间，我跟随时勘教授从中国科学院学部心理研究中心的筹建到开展一系列研究项目，从创新研究到战略性新兴产业选择调查，再到院士制度改革等。在开展中科院科研人员的创新研究中，我完全被时勘教授的大家风范所折服，我们的工作和我个人的博士论文紧密相连，环环相扣，高屋建瓴，而研究方法且能保持科学严谨，最后到对研究结果深入分析，把实践需求和科学探索巧妙地结合起来，这一探究过程没有出任何漏洞，后来，这几项研究都得到了中国科学院学部的认可，调研报告还由王志珍院士在全国科学大会上报告，获得了很好的评价；我们社会心理调研中心关于我国战略性新兴产业的建议书还得到了全国人大常委会副委员长路甬祥院士的赞扬，在研究过程中从时老师那里的收获让我受益终身！现在想起这篇被《时勘心理学文选》收录的文章《心理授权与情绪智力对科研人员创新绩效的影响》就是在此阶段发表的报告改写而成的。当然，这个选题在初期阶段，还得到了香港教育大学陆佳芳师姐的帮助，她多次从香港赶来和我们促膝长谈，在研究方法的选择和结果分析方面，曲如杰师姐也耐心指导，这些都是我终生难忘的，我永远也忘不了时老师带领我们走过的这一历程，永远也忘不了课题组给我们带来的温暖。（高丽，中国科学院管理学院 2009 级博士生，民航总医院科教处副处长，研究员）

摘　要： 目的：探讨情绪智力与心理授权对科研人员创新绩效的影响机制。方法：采用情绪智力、心理授权以及科研人员创新问卷，在科研团队中收集了 128 个团队中的 333 对上下级配对调查问卷数据。结果：多层线性分析的结果表明心理授权对情绪智力与科研人员创新之间的关

---

　*　国家自然科学基金（71102162）。

系具有中介作用。结论：情绪智力对心理授权没有显著的正向预测作用；情绪智力可通过心理授权影响科研人员的创新绩效。

关键词：情绪智力；心理授权；创新

一　引言

提高科研人员的创新绩效一直是心理学与管理学界共同关注的重要研究课题。作为复杂创新系统过程的第一环节，员工创新不仅关系着国家竞争力，而且对创新起着至关重要的作用。创新理论研究提出，个体创新的影响因素包括个体特征、环境因素以及个体特征与环境因素的交互作用。但是对于这些因素对创新影响的内部机制有待进一步分析[1]。

情绪智力是指个体监控自己及他人的情绪和情感，并识别、利用这些信息指导自己的思想和行为的能力[2]。目前，情绪智力的有关研究与测量较为广泛。由 Wong 等人编制的情绪智力量表（WLEIS），其信效度得到了多数研究的验证[3]。且以往研究表明情绪智力与工作绩效有一定程度的相关[4-8]。但情绪智力对员工创新影响机制的研究刚刚起步，情绪智力对创新影响的内部机制研究尚不多见。本研究拟探讨心理授权在情绪智力与科研人员创新绩效之间的中介作用。Thomas 等提出的心理授权概念及其结构得到了大多数研究者的认可[9]。心理授权是指个体体验到的心理状态或认知的综合体，包括工作意义、自我效能、自主性和工作影响。基于 Thomas 等的理论，Spreitzer 编制了测量心理授权的问卷，其信度和效度得到了验证[10]。

到目前为止，还没有情绪智力、心理授权与科研人员创新的实证研究。因此，本研究重点探讨情绪智力与心理授权对科研人员创新绩效的影响。具体假设为：假设1，情绪智力对科研人员的心理授权具有正向预测作用；假设2，心理授权对情绪智力与科研人员创新的关系具有中介作用。

二　对象与方法

（一）样本

本研究样本选自中国科学院所属学部的全体院士所在单位的科研负责人及科研人员。为避免同源误差，采用上—下级配对的方式获取数据。回收128个团队中上下匹配的有效问卷333对。其中参与调查的男性占77.6%，女性占22.4%。20~29岁年龄段的占12.1%；30~39岁年龄段的占45.3%；40~49岁年龄段的占36.0%；50~59岁年龄段的占5.0%；60岁以上年龄段的占1.6%。平均工作年限为10.82年，与直接上级共事的平均年限为8.96年。

（二）研究工具

本研究所包括的变量有情绪智力、心理授权、科研人员创新绩效。各变量的测量工具如下：

1. 情绪智力：采用 Wong 和 Law[3] 编制的情绪智力量表。整个问卷测量了自我情绪觉察、他人情绪评估、情绪运用及情绪管理 4 个维度，包括 16 道题目。采用李克特 6 分等级量表进行评价，分别为"完全不同意""比较不同意""有点不同意""有点同意""比较同意"及"完全同意"。

2. 心理授权：采用由 Spreitzer[10] 编制，由李超平等[12] 修订的心理授权问卷。整个问卷测量了工作意义、自我效能、自主性和工作影响 4 个维度。问卷共 12 道题。采用李克特 5 分等级量表进行评价。

3. 科研人员创新问卷：根据科研人员的工作特征和访谈，选取 George 和 Zhou 开发的员工创新问卷[11] 中与科研工作紧密相关的 5 个题目。由直接上级对科研人员进行评价。评价采用李克特 5 分等级量表，由"1-非常不同意"到"5-非常同意"，分别为"非常不同意""比较不同意""不好确定""比较同意"及"非常同意"。

根据相关研究，本研究选取控制变量为科研人员性别、年龄、单位性质、技术职称、工作年限、与直接上级共事年限。

三 结果分析

本研究运用 SPSS15.0 和 MLwiN 进行统计分析。

（一）研究变量的描述性统计结果

表 1 提供了本研究各变量的均值、标准差、相关系数和内部一致性系数。由表 1 可知，情绪智力、心理授权和创新绩效的内部一致性系数 α 为 0.89~0.96，各量表具有较好的内部一致性特征；情绪智力与心理授权显著正相关，心理授权与科研人员创新显著正相关。

表 1　研究变量的平均数、标准差和相关分析结果（n=333）

	MEAN	SD	1	2	3	4	5	6	7	8
1. 性别	—	—								
2. 年龄	—	—	-0.14*							
3. 单位性质	—	—	-0.02	-0.04						
4. 技术职称	—	—	-0.11	0.53**	-0.06					
5. 工作年限	10.82	8.70	-0.13*	0.57*	0.02	0.39*				
6. 共事年限	8.96	6.64	-0.08	0.45**	-0.10	0.24**	0.43**			
7. 情绪智力	4.60	0.58	-0.03	0.02	0.01	0.06	0.00	-0.10 (0.89)		
8. 心理授权	3.74	0.49	-0.11*	0.12*	-0.08	0.12*	0.04	-0.01	0.40** (0.96)	
9. 创新绩效	3.66	0.81	-0.14*	0.01	-0.02	0.05	0.05	0.12*	-0.01	0.17** (0.92)

注：括号内数字为内部一致性系数；** 表示 p<0.01，* 表示 p<0.05。

(二) 心理授权的中介作用

本研究采用 MLwiN 进行多层次回归分析，以控制组间效应。表 2 和表 3 所示的是各预测变量的回归系数及 X^2 值。针对假设 1，采用多层分析方法。首先，放入控制变量（见表 2，模型 1）；其次，放入情绪智力（见表 2，模型 2）。结果显示情绪智力对心理授权有显著的正向预测作用。

表 2   检验假设 1 的多层回归分析结果

模型和变量	心理授权	
	1	2
1. 性别	−0.10	−0.11
年龄	0.08	0.06
单位性质	−0.04	−0.04
技术职称	0.01	0.00
工作年限	0.00	0.00
共事年限	−0.01	0.00
2. 情绪智力		0.36 ***
ΔX^2		45.89
X^2	319.52	273.63

注：表中系数是各个模型分别检验的结果；*** 表示 p<0.001，** 表示 p<0.01，* 表示 p<0.05。

表 3   检验假设 2 的多层回归分析结果

模型和变量	科研人员创新		
	1	2	3
1. 性别	−0.29 *	−0.29 *	−0.25
年龄	−0.04	−0.04	−0.07
单位性质	0.09	0.09	0.11
技术职称	0.00	0.00	0.00
工作年限	0.00	0.00	0.00
共事年限	0.02 *	0.02 *	0.02 *
2. 情绪智力		0.01	−0.13
3. 心理授权			0.38 **
ΔX^2		0.01	10.33 **
X^2	530.87	530.86	520.53

注：表中系数是各个模型分别检验的结果，** 表示 p<0.01，* 表示 p<0.05。

采用 Baron 和 Kenny（1986）建议的方法，本研究进行了中介效应的检验以验证假设 2。当控制了情绪智力对科研人员创新影响后，心理授权对科研人员创新有正向作用且差异显著（0.38，p<0.01；模型 3），且此时情绪智力对科研人员创新的作用从 0.01 减至−0.03（p>

0.05；模型3）。因此，心理授权对情绪智力与科研人员创新具有中介作用。基于此，进一步进行 Sobel 检验，检验结果也证实了心理授权对变革型领导影响科研人员创新的过程具有中介作用（z=2.95，p<0.01）。假设2得到了进一步验证。

四 讨论

本研究结果表明，情绪智力对心理授权具有较强的正向预测作用，说明具有较高情绪智力的科研人员，在面对同样的团队任务时，其心理授权会较高，更能够体验到工作本身的意义，工作自主性更强，进一步增加其自我效能感，积极推进工作进度。然而情绪智力变量对科研人员创新的直接影响作用不显著。

因此，情绪对创新绩效的直接影响作用没有被证明，因为情绪智力对创新绩效的影响很大程度上要通过科研人员的心理授权为中介而产生传导效应。如果情绪智力较高的科研人员，其心理授权较低，那么它对科研人员的创新绩效的影响就一定程度上会削弱。可以认为对于科研人员的创新绩效而言，情绪智力的作用是间接的、可以替代的，而科研人员的心理授权则是一个相对更加不可替代的直接影响因素。

由于本研究样本为科研人员，研究所得到的结果仅限于科研人员群体，对我们理解如何促进科研人员创新具有一定的实践意义。如果能够为具有较高情绪智力的科研人员提供较好的科研环境，那么科研人员就能够自由地讨论、自主地探索，这将进一步增强科研人员的心理授权，以促进科研人员的创新绩效。

五 结论

结果表明情绪智力对心理授权没有显著的正向预测作用。心理授权对情绪智力与科研人员创新绩效间的关系有中介作用。也就是说，情绪智力可以通过增加科研人员的心理授权进而影响科研人员创新。

参考文献

［1］龚增良，汤超颖 . 情绪与创造力的关系［J］. 人类工效学，2009，15（5）：62-64.

［2］卢家楣 . 对情绪智力概念的探讨［J］. 心理科学，2005，28（5）：1246-1249.

［3］Law, K., Wong, C., Song, L. The Construct and Criterion Validity of Emotional Intelligence and Its Portential Utility for Managament Studies［J］. Journal of Applied Psychology, 2004, 89（3）：483-496.

［4］满莉芳 . 情绪劳务工作者情绪劳务负荷与工作结果之研究——以情绪智力与工作特性为干扰［D］. 静宜大学企业管理研究生硕士论文，2003.

［5］Slaski, M., Cartwright, S. Health, Performance and Emotional Intelligence an Exploratory Study of Retail Managers［J］. Stress and Health, 2002, 18（1）：63-68.

［6］Zeiolner, M., Matthews, Q., Roberts, R. D. Emotional Intelligence in the Workplace：A Critical Review［J］. Applied Psychology, 2004, 53（2）：371-399.

[7] Abraham, R. Emotional Intelligence in Organizations: A Conceptualization [J]. Genetic, Social & General Psychology Monographs, 1999, 125 (3): 209-214.

[8] Abraham, R. The Role of Job Control as a Moderator of Emotional Dissonance and Emotional Intelligence-Outcome Relationships [J]. The Journal of Psychology, 2000, 134 (2): 169-184.

[9] 李超平, 李晓轩, 时勘, 等. 授权的测量及其与员工工作态度的关系 [J]. 心理学报, 2006, 38 (1): 99-106.

[10] Spreitzer, G. M., Janasz, S. C. D., Quinn, R. E. Empowered to Lead: The Role of Psychological Empowerment in Leadership [J]. Journal of Organizational Behavior, 1999, 20 (2): 511-526.

[11] George, J. M., Zhou, J. When Openness to Experience and Conscientiousness are Related to Creative Behavior: An Interactional Approach [J]. Journal of Applied Psychology, 2001, 86 (3): 513-524.

[12] Scbel, M. E. Asymptotic Intervals for Indirect Effects in Structural Equations Models. In S. Leinhart (ed.), Sociological Metholology [M]. San Francisco Jossey-Bass, 1982: 290-312.

Effects of Emotional Intelligence and Psychological Empowerment on Researchers' Creativity

Gao Li   Qu Rujie   Shi Kan   Lu Jiafang   Song Jiwen

Abstract: Objective: This study aimed at investigating the effect mechanism of emotional intelligence and Psychological empowerment on the creativity performance of researchers. Methods: This study collected the data from 128 teams, including 333 superior-subordinate pairs with the questionnaires of emotional intelligence, psychological empowerment, and researchers' creativity. Results: The multilevel analysis showed that psychological empowerment mediated the relationship between emotional intelligence and researcher creativity. Conclusion: There was no significantly positive effect of emotional intelligence on predicting the psychological empowerment. It was suggested that emotional intelligence should affect the researchers' creativity by means of the psychological empowerment.

Key words: emotional intelligence; psychological empowerment; creativity

员工谏言的影响作用探究*

时　勘　高利苹　曲如杰

【编者按】高利苹博士，1980 年 10 月生，山东省无棣县人。2002 年 7 月毕业于鲁东大学（原烟台师范学院）心理与教育学院，毕业后在山东省北镇中学当教师，在此期间考了两年中国科学院心理研究所的研究生，两次都达到分数线要求，但由于竞争激烈，均未被录取。在第二次考试失利之后，她来到我的办公室寻求咨询。与她初步接触后，我发现高利苹是一位聪明能干、坚韧不拔、思想成熟、对事物有自己独到见解的女孩子。我建议她转入沈阳师范大学人力资源开发科学院，因为我 2003 年已经在沈阳师范大学招生。高利苹听从了我的建议，自此开启了我们 8 年多的师徒缘分。她于 2004 年 9 月转入沈阳师范大学教育学院，开始从事应用心理学专业的硕士学习，随即参加了沈阳军区政治部作战部队基层主官胜任特征模型开发研究，立即表现出了出色的组织协调能力。2007 年 8 月她考入中国科学院研究生院攻读博士学位后，先后参与了国家自然科学基金项目"变革型领导的结构及其作用机制""公共危机事件中民众的社会心理行为预警模型及管理对策研究"等科研项目的工作。在 2008 年北京奥运会前后，她还参与了"超速驾驶及其影响因素的跨文化比较研究"，作为中方项目负责人，协同澳大利亚昆士兰道路安全中心开展调研工作，合作发表了 SSCI 文章 "Availability, functionality and use of seat belts in Beijing taxis prior to the 2008 Beijing Olympic Games"。在实践研究方面，她还参与了蒙牛集团总裁招聘等结构化面试系统开发工作。2007~2011 年，她成功入选了中国科学院研究生院与荷兰格罗宁根大学的双博士项目，由我和 Onne Janssen 教授共同指导。利苹独具慧眼，与我们几经讨论后，选择了当时刚刚起步的员工谏言与沉默作为博士论文研究方向，并且取得了丰硕的研究成果，在 *Journal of Management*、*Leadership Quarterly* 等高水平期刊发表了多篇论文。在学习期间，她还参与了国家自然科学基金委员会重大项目"救援人员应对非常规突发事件的抗逆力模型研究"、国家 973 重大项目"混合网络下社会集群行为的感知及规律研究"。高利苹与曲如杰、刘晔等同学先后在荷兰方面的合作导师 Onne Janssen 教授指导下，完成了有关创新影响机制系列研究的博士学位论文。这次入选文章《员工谏言的影响作用探究》是她和时勘、曲如杰在 2013 年《心理与行为研究》第 11 卷第 2 期联合发表的文章。高利苹同学认为，组织创新需要员工敢于越轨，对现存的理念或问题从全新的角度提出自己的想法，如果员工不发表意见、保持沉默，将会限制决策者获得不同意见，这从另一方面会危害组织决策和组织变革的有效性。相关结果与建议在我国当前人力资源管理的理论研究与实践应用中具有重要的价值。之所以我要这么详细地记述她在我的指导下的科研业绩，是因为她毕业到心理所 EAP 中心工作之后，就在一切苦尽甘来之时，身体却每况愈下，先天性肺病和心脏病不断

* 本研究得到了国家自然科学基金（71272156）和国家社会科学重点基金（10AGL003）的资助。

折磨着她，在苦苦支撑一年之后竟然于 2012 年 6 月 17 日凌晨不幸去世，享年 31 岁。这篇文章也是她去世后才发表的。此事在课题组引起了全体成员的极大悲痛，当这个噩耗传出之后，惊动了世界各地时勘博士课题组的成员们，同学们纷纷捐款来资助她在农村的年迈父母，中国科学院研究生院管理学院、心理研究所的教师们也解囊相助，荷兰格罗宁根大学经济与管理学院的教师闻讯也自发地向死者家属捐款。荷兰方面的指导教师 Janssen 教授也特意代表格罗宁根大学赶来参加了利苹的告别仪式，并将利苹已完稿的博士论文出版成册，以表达对她的哀思。这里，我们用高利苹同学临终前留下的一首短诗来结束对她的悼念：

如果真的有来世，

你是不是还会重复现在的人生？

遇到不顺意时，我总是在不断的郁闷辗转之后想起这个问题。

然后，会回忆起自己经历的那些所谓的痛苦，满怀着感伤。

可是，让自恋的我否认自己的人生，毕竟是不太可能的事情，

一段伤心之后，我还是觉得自己的人生其实还是有很多光点的。

虽然不够好，但是却足够让我留恋。（时勘）

摘　要：选取 314 对公司员工-上司配对被试作为研究对象，采取问卷调查的方法，探讨员工谏言行为对工作结果变量（工作绩效、工作满意度、组织承诺）是否有积极的影响作用。分析结果表明，员工谏言行为对工作绩效和工作满意度有显著正向预测作用，而对组织承诺没有显著作用。与组织公民行为进行比较分析的结果显示，员工谏言行为能更好地预测工作绩效，而组织公民行为是更为宽泛的概念，对工作绩效、工作满意度、组织承诺都有一定的预测作用。

关键词：员工谏言行为；工作满意度；工作绩效；组织承诺；组织公民行为

一　引言

在面对工作中的一些重要问题时，员工经常会面临谏言还是沉默的选择，Milliken 等人的一项研究报告显示超过 85% 的管理者和专家会对工作中的至少某一些问题保持沉默（Milliken, Morrison & Hewlin, 2003）。大量团队决策的研究表明，只有考虑了不同的观点、不同的备选方案之后，决策的质量才能提高。Nemeth（1997）认为，组织创新需要员工敢于越轨，对现存的理念或问题从全新的角度提出自己的想法。而如果员工不发表意见，保持沉默会限制决策者获得对决策有益的不同意见，从而危害组织决策和组织变革的有效性（Morrison & Milliken, 2000）。研究者对谏言的影响效果的研究相对局限于对管理决策有效性和程序公平的探讨，而针对沉默对员工个体的影响的描述相对细致。Ryan 和 Oestreich 形象地描述了组织沉默对员工心理感受的影响："如果每天都在恐惧中度过，你会压抑自己，最后变得懦弱"；"当我的建议不予理睬，我的工作照旧但我的心已不在了。"（Ryan & Oestreich, 1991）。员工的担心、无用、失控的感觉会长期影响组织产出。对于个体来说，对问题提出自己的建议是有风险的，但保持缄默却会引发一系列不良后果。如此反复，对问题和关注的事件不能提出建议的感觉使员工产生了无助感，进而降低了员工的工作满意度、提高了离职率，以及更多对员工产生长期影响的后果（Milliken & Morrison, 2003）。虽然大多数的研究

是基于谏言行为对员工和组织具有积极作用，员工沉默对员工和组织具有消极作用，但是缺乏实证研究的验证。基于此，本研究希望探讨员工谏言行为对员工在工作场所的状态是否有影响作用，以及有多大的影响效果。

二　理论背景与研究问题

组织行为学领域对员工行为的关注和研究，最初的兴趣应该都是为了提高工作绩效。管理者希望通过对员工行为的观察、控制和预测，从而有更高质量的组织产出。因为地位的不同，管理者和员工之间的距离感是很难消除的。对很多管理者而言，和员工保持距离会使他们感到自我满足，而对员工而言，老板经常是他们不得不小心提防的人。所以造成的后果是：在管理者大谈变革计划的时候，应者寥寥；在管理者希望与员工坦诚相对时，员工一般会缄默不语。由于企业不断信息化、国际化的趋势，很多管理者越来越意识到员工意见的重要性，并寻找各种方式让员工发表意见，例如，"Speak up"计划、员工参与管理以及自我管理团队的出现，都是为了让员工在更适合沟通的环境下发表自己的意见。虽然大多数研究假设员工沉默会严重影响产出变量，但是至于可以影响哪些产出变量，尤其在中国权力距离比较大的文化背景下，员工谏言是否会影响所有的产出变量需要深入探讨。

本研究从谏言行为对员工个体的影响着眼，引入三个结果变量。

工作满意度：工作满意度（job satisfaction）的概念最早由Hoppock（1935）提出，他认为工作满意度是员工心理和生理上对工作环境与工作本身的满意感受，也就是员工对工作环境和工作本身的主观反应。Syptak、Marsland、Ulmer（1999）的研究结果也表明，工作满意度不仅对员工有利，而且对组织同样有益，因为满意程度较高的员工倾向于更具生产力、更积极，对组织也更为负责。

组织承诺：组织承诺是员工对组织的一种情感上的依附，这种情感来自对组织的认同、参与和自豪感。同时组织承诺还是员工对于特定组织及其目标的认同，并且希望维持组织成员身份的一种状态（Blau & Boal，1987）。

工作绩效：业绩被定义为在特定的时间内，由特定的工作职能或活动产生的产出纪录。工作业绩的总体相当于关键或必要工作职能中业绩的总和（Bernardin et al.，1995）。

根据Ryan和Oestreich（1971）的描述，组织沉默会让员工产生担心、无用、失控的感觉，进而会长期影响组织产出。因为个体意识到谏言行为是有风险的，就会保持沉默，但对问题和关注的事件不能提出建议的感觉使员工产生了无助感，进而降低了员工的工作满意度；会使员工希望脱离当前的工作，降低其组织承诺；而这种负性情绪对心理能量的消耗会降低其工作投入，严重影响员工的工作绩效。与此相反，如果员工能够有机会发表自己的建议和意见，并且能够得到重视，就会激发正性的工作状态。基于此，本研究的假设如下：

研究假设1：员工谏言对其工作满意度、组织承诺、工作绩效有正向预测作用。

在对员工谏言行为进行考察时，还需要把握谏言行为是角色内行为还是角色外行为。有的研究假设谏言行为是一种角色外行为，认为对组织和工作的建议超出员工工作需要的。而Edmondson（2003）研究了跨学科团队中的员工的建议行为，对于这个研究中关注的员工的建议行为是工作所需要的，是角色内行为；也有一些研究把员工的建议行为直接作为一种组织公民行为（Hirschman，1970）。与此类似的是，关于组织公民行为的研究也常常遇到这样的问题。所以再探讨谏言行为的影响效果时，需要同时关注员工组织公民行为的作用，只有控制了组织公民行为的作用，才能更好地分析谏言行为的效力。

对组织公民行为的界定也一直存在其到底是角色内行为还是角色外行为的问题，由于对组织公民行为的范围的认识不同，有些学者采取较为宽泛的界定方式。如 Williams 和 Anderson（1991）就主张，组织公民行为应该将组织规范中角色内行为涵盖进去。他认为，组织公民行为应该包括三个维度：角色内行为、朝向个人的人际利他行为和朝向组织的公益行为。Morrison（1994）则用知觉到的工作宽度（Perceived Job Breadth）来说明员工会受到个人所知觉到的工作宽度的干扰，对于哪些工作是属于角色内的工作，哪些又是角色外的工作往往会产生不一致的认识，工作宽度越大的员工，越会倾向于将一些其他的工作视为自己承担的角色内的工作。基于工作角色知觉宽度这一概念：角色内行为是组织要求和期待的行为，它是常规绩效的基础，而员工谏言的目的更多是为了保持或者提高绩效，所以本研究假设员工的谏言行为与组织公民行为的关系是这样的：两者关系密切，但员工的建议行为更倾向于属于角色内行为，由此提出如下假设：

假设 2：员工建议行为和组织公民行为都对结果变量（工作满意度、工作绩效、组织承诺）具有预测效力，可能会因为结果变量的不同，两者的预测效力有差异：具体表现为员工谏言行为对工作绩效有更高的预测效力，而组织公民行为对工作满意度和组织承诺此类情感类变量具有更高的预测效力。

三 研究方法

（一）被试与取样

本研究采用的是员工与其直接上级的配对取样，共选取 400 对被试，800 人次，其中问卷回收 759 份，回收率为 94.9%，其中有效问卷为 628 份，有效率为 78.5%。有效样本的构成情况：男性 111 人，女性 203 人；本科及以上学历的占 16.5%，大专占 38.2%，中专与高中占 37.3%，中专以下占 7.9%；年龄平均为 27.54 岁，工作年限平均为 6.23 年。

（二）研究工具

本研究采取问卷调查的方式，其中上级完成的问卷有员工谏言、员工组织公民行为、员工工作绩效；下级完成的问卷有工作满意度、组织承诺。对于可观察的外部行为采用上级评价的方法，而对工作和组织的情感评价采用自评的方法，这在一定程度上避免了同方法误差的影响。

员工谏言问卷采用的是 Van Dyne 和 LePine（1998）编制的援助和谏言（Helping and voice Behaviors）问卷中的 Voice 部分，包括 6 道题目，采用李克特 7 点计分法，1 为非常不同意，7 为非常同意（计算员工沉默时进行了反向计分，低分表示较少保持沉默）。

工作满意度：本量表是由坎曼等（Cammann，Fichman，Jenkins & Klesh，1983）编制的，属于密歇根（Michigan）组织评估调查问卷（OAQ）的一部分。它通过 3 道题目描述了员工对他的工作和组织的主观反应。是一个通用的反映工作满意度的量表。量表采用七点计分法，依照完全不同意、不同意、有点不同意、不确定、有点同意、同意、完全同意，分别给予 1、2、3、4、5、6、7 分。

组织承诺：本研究只对组织承诺"规范性承诺、持续性承诺和情感性承诺"中的情感性承诺进行测量，变量的测量采用了 Allen 和 Meyer（1997）的情感承诺测量问卷，问卷共有 8 个问题，如：我很乐意在这家公司发展自己的事情；本单位对我来说有重要的意义；我不觉得对自己所在公司有强烈的归属感等。量表采用七点计分法，依照完全不同意、不同意、有点不同意、不确定、有点同意、同意、完全同意，分别给予 1、2、3、4、5、6、7 分。

工作绩效的测量采用的是龙立荣和方利洛（2001）修订的 Gould（1979）和 Pazy（1988）的问卷，通过测量员工在组织评价、上司评价以及与他人比较中的表现获得对其成就水平的评估。问卷由 4 个条目组成，例如：与同事相比，该员工的工作成绩比较优秀；领导层对该员工的工作成绩比较满意。量表采用七点计分法，依照完全不同意、不同意、有点不同意、不确定、有点同意、同意、完全同意，分别给予 1、2、3、4、5、6、7 分。

组织公民行为（OCB）：Lee 和 Allen（2002）的问卷分别由以个人为导向的组织公民行为（OCBI）八个问题和以组织为导向的组织公民行为（OCBO）八个问题构成。十六个问题（例如，与同事分享自己的拥有，来帮助同事的工作，提供建议以提高组织的绩效）被标以七个量度，依次是完全不同意、不同意、有点不同意、不确定、有点同意、同意、完全同意，分别给予 1、2、3、4、5、6、7 分。人口统计学变量包括性别、年龄、学历、工作时间。

四 结果分析

本研究的统计分析，具体包括对所采用的问卷的信效度检验、各变量之间的相关分析，以及层次回归分析方法。

（一）描述统计分析结果

表 1 呈现了本研究描述性统计分析的结果，对角线上的黑体数字是各问卷的内部一致性系数（α 系数为 0.81~0.92），说明问卷符合统计学指标。从各变量的相关可以看到员工谏言与工作绩效和工作满意度呈正相关；个人导向的组织公民行为和组织导向的组织公民行为都与工作绩效、工作满意度和组织承诺呈正相关；而员工谏言、个人导向的组织公民行为、组织导向的组织公民行为三者的相关较大，这也在一定程度上说明了把员工谏言和组织公民行为放在一起进行区分研究的必要性。

表 1　研究变量描述统计分析

	平均数	标准差	性别	年龄	教育水平	部门工作时间	员工谏言	组织公民行为（个人）	组织公民行为（组织）	工作满意度	组织承诺	工作绩效
性别	—	—										
年龄	27.54	10.33	0.12*									
教育水平	2.61	0.91	0.12*	0.12*								
部门工作时间	7.78	8.27	0.08	069**	-0.04							
员工谏言	5.18	0.95	0.08	0.09	0.09	0.01	(0.87)					
组织公民行为（个人）	5.53	0.83	0.08	0.10	-0.02	-0.05	0.67**	(0.92)				
组织公民行为（组织）	5.31	0.78	0.06	0.09	0.03	-0.01	0.73**	0.75**	(0.87)			
工作绩效	5.63	0.88	0.03	0.09	0.02	-0.07	0.65**	0.65**	0.65**	(0.81)		
工作满意度	5.28	1.21	-0.03	0.13*	-0.13*	0.12*	0.15*	0.25**	0.28**	0.24**	(0.84)	
组织承诺	5.03	0.92	-0.06	0.00	-0.13*	-0.02	0.07	0.12*	0.16**	0.13*	0.72**	(0.85)

注：*** 表示 $p<0.001$，** 表示 $p<0.01$，* 表示 $p<0.05$，下同。

（二）研究假设检验

1. 员工谏言对结果变量的预测效果分析

由表2可以看出，在控制了人口统计学变量之后，员工谏言行为对工作绩效和工作满意度有较强的预测作用；而对组织承诺没有预测作用。这一结果部分验证了假设1。

表2　员工谏言与工作满意度、组织承诺、工作绩效的层次回归分析结果

预测变量	工作绩效		工作满意度		组织承诺	
	第一步	第二步	第一步	第二步	第一步	第二步
1						
性别	0.03	-0.01	-0.03	-0.04	-0.05	-0.05
年龄	0.26***	0.17**	0.13	0.11	0.07	0.06
学历	-0.02	-0.06	-0.13*	-0.14*	-0.12*	-0.13*
部门工作时间	-0.25**	-0.20***	0.03	0.04	-0.07	-0.07
2						
员工谏言		0.65***		0.15**		0.07
F	3.22*	50.61***	2.81*	3.65**	1.51	1.55
R^2	0.04*	0.45***	0.04*	0.06**	0.02	0.03
ΔR^2	0.04*	0.41***	0.04*	0.02**	0.02	0.01

2. 员工谏言与组织公民行为对结果变量的预测效果比较分析

对员工谏言行为而言：由前面的分析可知，员工谏言行为对工作绩效和工作满意度具有正向预测作用，而对比表3可知，在控制了组织公民行为后，员工谏言行为对工作绩效仍有很强的解释效力，再对比员工谏言和组织公民行为对工作绩效的回归系数可以看出，员工谏言行为相对而言能更好地预测工作绩效；但是员工谏言行为对工作满意度的预测效力变得不显著。

对组织公民行为而言：由表3可知，在先把组织公民行为放进回归模型时，组织公民行为尤其是组织导向的组织公民行为对工作绩效、工作满意度和组织承诺都具有正向的预测效力；对比表4可以看出，在控制了员工谏言行为后，组织公民行为对三个结果变量都仍具有显著的解释效力；但是控制了员工谏言行为后，组织公民行为对工作绩效的预测效力即模型中的回归系数有明显的降低。

由上述分析可以看出，员工谏言行为和组织公民行为尤其是组织导向的组织公民行为有一定的含义重叠。相比较而言，员工谏言行为能更好地预测工作绩效，更倾向于属于角色内行为的范畴；而组织公民行为是更为宽泛的概念，对工作绩效、工作满意度和组织承诺都有一定的预测效力。这一结果使假设2得到了验证。

表 3　员工谏言对工作满意度、组织承诺、工作绩效的层次回归分析结果

预测变量	工作绩效			工作满意度			组织承诺		
	第一步	第二步	第三步	第一步	第二步	第三步	第一步	第二步	第三步
1									
性别	0.03	−0.02	−0.02	−0.03	−0.05	−0.05	−0.05	−0.05	−0.05
年龄	026***	0.10	0.11*	0.13	0.07	0.06	0.07	0.04	0.04
学历	−0.02	0.01	−0.02	−0.13*	−0.12*	−0.11	−0.12*	−0.12*	−0.11*
部门工作时间	−0.25**	−0.12*	−0.14*	0.03	0.07	0.08	−0.07	0.05	−0.05
2									
个人 OCB		035***	0.25***		0.09	0.14		0.00	0.03
组织 OCB		0.39***	0.22***		0.22**	0.30***		0.15	0.20*
3									
谏言行为			0.32***			−0.16			−0.09
F	3.22*	49.31***	50.29***	2.81*	6.69***	6.34***	1.51	2.26*	2.08*
R^2	0.04*	049***	0.54***	0.04*	0.12***	0.13***	0.02	0.04*	0.05*
ΔR^2	0.04*	0.45***	0.05***	0.04*	0.08***	0.01	0.02	0.02*	0.01

表 4　组织公民行为对工作满意度、组织承诺、工作绩效的层次回归分析结果

预测变量	工作绩效			工作满意度			组织承诺		
	第一步	第二步	第三步	第一步	第二步	第三步	第一步	第二步	第三步
1									
性别	0.03	−0.01	−0.02	−0.03	−0.04	−0.05	−0.05	−0.05	−0.05
年龄	026***	0.17**	0.11*	0.13	0.11	0.06	0.07	0.06	0.04
学历	−0.02	−0.06	−0.02	−0.13*	−0.14*	−0.11	−0.12*	−0.13*	−0.12*
部门工作时间	−0.25**	0.65***	−0.14*	0.03	0.04	0.08	−0.07	−0.07	−0.05
2									
谏言行为		0.35***	0.32***		0.15**	−0.16		0.07	0.09
3									
个人 OCB			0.25***			0.14			0.03
组织 OCB			0.22***			0.30***			0.20*
F	3.22*	50.61***	50.29***	2.81*	3.65***	6.34***	1.51	1.55*	2.08*
R^2	0.04*	0.45***	0.54***	0.04*	0.06***	0.13***	0.02	0.03*	0.05*
ΔR^2	0.04*	0.41***	0.09***	0.04*	0.02***	0.07***	0.02	0.01	0.02*

五 讨论

本研究发现员工谏言行为对工作绩效和工作满意度有较强的预测作用，而对组织承诺没有预测作用。在对员工谏言行为和组织公民行为对结果变量的预测比较分析中发现，在控制了组织公民行为后，员工谏言行为对工作绩效仍有很强的解释效力；在控制了员工谏言行为后，组织公民行为对三个结果变量都仍具有一定的解释效力，但是组织公民行为对工作绩效的预测效力会因为员工谏言行为的剥离而明显降低。这一实证研究结果一方面说明了员工谏言行为的重要作用，另一方面也凸显了对其概念的内涵和外延进行界定以及与相关概念进行区分的必要性。

研究采用问卷调查的实证研究方法探讨了员工谏言行为对员工工作绩效、工作满意度和组织承诺的影响作用，这在一定程度上拓宽了人们对员工谏言行为的认识。谏言行为比组织公民行为要复杂，一方面它可以给员工带来益处，比如可以向上司和同事展示出自己的能力，以得到认可；另一方面又具有风险，如果自己的建议被认为是抱怨或者没有价值，就会影响自己的发展。所以未来对谏言行为的研究需要考虑到不同的情境因素和员工自身对情境的风险评价。

在对员工谏言和员工沉默的影响因素的探讨中，文化因素是经常被提及的。儒家文化的中庸之道、明哲保身、对面子和关系的顾及，以及高权力距离文化等因素都会使员工对谏言或者沉默的决策思考过程变得更为复杂。故而未来的研究中应该考虑到文化价值观不同所导致的对员工谏言和员工沉默的认识和评价不同于西方，这种从文化规则和制度规则本身的考察会让员工谏言/沉默的研究更具有理论意义和实践价值。

六 结论

本研究得出如下结论：员工谏言行为对工作绩效和工作满意度有显著正向预测作用，而对组织承诺没有显著作用；与组织公民行为进行比较，分析的结果显示员工谏言行为能更好地预测工作绩效，而组织公民行为是更为宽泛的概念，对工作绩效、工作满意度、组织承诺都有一定的预测作用。

参考文献

［1］段锦云，陈红，孙维维．沉默：组织改变和发展的阻力［J］．人类工效学，2007，13（2）：69-71.

［2］何铨，马剑虹，Hora H. Tjitra. 沉默的声音：组织中的沉默行为［J］．心理科学进展，2006，14（3）：413-417.

［3］李锐，凌文辁，柳士顺．上司不当督导对下属建言行为的影响以及作用机制［J］．心理学报，2009，41（2），1189-1202.

［4］许思安，张积家．探析中小学校教师管理中的组织沉默现象［J］．中国特殊教育，2009，111（9）：76-80.

［5］姚圣娟，邓亚男，郑俊虎．中国背景下企业员工沉默行为的文化根源［J］．华东经济管理，2009，23（6）：135-138.

［6］郑晓涛，柯江林，石金涛，郑兴山．中国背景下员工沉默的测量及其信任对其的影响［J］．心理学报，2008，40（2）：219-227.

［7］郑晓涛，郑兴山，石金涛．透视员工沉默［J］．理论·前沿，2006（12）：100-101.

［8］Blau，G. & Boal，K. Conceptualizing How Job Involvement and Organizational Commitment Affect Turnover and Absenteeism［J］．Academy of Management Review，1987，12（2）：288-300.

［9］Botero，L. C. & Van Dyne，L. Employee Voice Behavior：Interactive Effects of LMX and Power Distance in the United States and Colombia［J］．Management Communication Quarterly，2009，23（1）：84-104.

［10］Van Dyne，L.，Ang，S. & Botero，I. C. Conceptualizing Employee Silence and Employee Voice as Multi-dimensional Construct［J］．Journal of Management Studies，2003，40（6）：1359-1392.

［11］Edmondson，A. C. Speaking Up in the Operating Room：How Team Leaders Promote Learning in Interdisciplinary Action Teams［J］．Journal of Management Studies，2003，40（6）：1419-1452.

［12］Landau，J. To Speak or not to Speak：Predictors of Voice Propensity［J］．International Journal of Organizational Culture，Communications and Conflict，2009，13（1）：35-54.

［13］Liu，W.，Zhu，R. & Yang，Y. I Warn You Because I Like You：Voice Behavior，Employee Identifications，and Transformational Leadership［J］．Leadership Quarterly，2009（21）：189-202.

［14］Milliken，F. J. & Morrison，E. W. Shades of Silence：Emerging Themes and Future Directions for Research on Silence in Organizations［J］．Journal of Management Studies，2003，40（6）：1563-1568.

［15］Milliken，F. J.，Morrison，E. W. & Hewlin，P. F. An Exploratory Study of Employee Silence：Issues That Employees Don't Communicate Upward and Why［J］．Journal of Management Studies，2003，40（6）：1453-1476.

［16］Morrison，E. W. & Milliken，F. J. Organizational Silence：A Barrier To Change and Development in a Pluralistic World［J］．The Academy of Management Review，2000，25（4）：706-725.

［17］Nemeth，C. Managing Innovation：When Less is More［J］．California Management Review，2007（40）：59-74.

［18］Ryan，K. D. & Oestreich，D. K. Driving Fear Out of the Workplace：How to Overcome the Invisible Barriers to Quality，Productivity，and Innovation［M］．San Francisco：Jossey-Bass Publishers，1991.

［19］Syptak，M. J.，Marsland，D. W. & Ulmer，D. Job Satisfaction：Putting Theory into Practice［J］．Family Practice Management，1999，6（9）：26-31.

［20］Walumbwa，F. O. & Schaubroeck，J. Leader Personality Traits and Employee Voice Behavior：Mediating Roles of Ethical Leadership and Work Group Safety［J］．Journal of Applied Psychology，2009，94（5）：1275-1286.

［21］Williams，L. J. & Anderson，S. E. Job Satisfaction and Organizational Commitment as Predictors of Organizational Citizenship and In-role Behaviors［J］．Journal of Management，1991（17）：601-617.

An Empirical Study on the Effect of Employee Voice

Shi Kan   Gao Liping   Qu Rujie

Abstract: Organizations are increasingly demanding more and more from their employees such as taking initiative, speaking up and accepting responsibility because of more intensive competition, higher customer expectations, more focus on quality indicating a constant word of change (Quinn and Spreitzer, 1997). Employee voice, as one kind of proactive working behavior, has got many researchers and practitioners' attention, especially since Van Dyne et al.'s (2003) study on the motivation behind employee voice and employee silence. But there is little study focusing on the outcome of employee voice.

In order to examine the potential effect of employee voice on outcomes (performance, job satisfaction and organizational commitment), an empirical study was carried out through the survey on 314 pairs of supervisor employee. Base on the data analysis, we got the following results: employee voice is significantly and positively related to performance and job satisfaction, but is not related to organizational commitment; when comparing with organizational citizenship behavior, employee voice is much better in predicting performance, while organizational citizenship behavior is a more general concept and is significantly and positively related to performance, job satisfaction and organizational commitment.

Key words: employee voice; job satisfaction; performance; organizational commitment; organizational citizenship behavior

应聘者印象管理研究进展[*]

崔 璨 时 雨 邱孝一 时 勘

【编者按】我是时老师在中国人民大学心理学系指导的第一批研究生之一，我加入课题组时，时老师早已是德高望重的心理学家，能跟随时老师和一批优秀的师兄弟姐妹一起学习，我至今都感到十分幸运。"应聘者印象管理"是我从本科时期就非常感兴趣的一个话题，这是因为，在面试这一特定情境中，人们试图操控自己给别人留下的印象，这种行为的原因、效果和影响因素等相关的信息一直深深吸引着我。在人大学习人格心理学期间，任课教师张登浩老师要求我们每个人都就自己感兴趣的话题写一篇综述，我就将此作为主题，查找阅读整理国内外文献，并形成了综述。后来，这篇文章经历了从课堂作业到学术论文的蜕变。在时老师的帮助下，我决定将此作为我的硕士论文的选题。当时正值我在芬兰拉普兰大学交换学习，时老师通过邮件，一字一句地修改我的开题报告和学术论文，使文章最终得以发表，也为我后来的毕业论文打下了坚实的基础。时至今日，我成为人才测评行业的一员，"应聘者印象管理"的概念还常常在我的脑海浮现。这篇文章的发表，只是时老师帮助我进步的一个小小的例子，类似的事情还有太多，在国际合作项目中给我提供锻炼的机会、为我的实验调动各种资源、在求职时给我出谋划策……可以说，时老师总是支持、鼓励并无私地帮助每一名学生。他对事业孜孜不倦的追求、对工作勤勤恳恳的奉献，常常激励着像我这样的年轻人，作为他的学生，我收获良多。（崔璨，中国人民大学心理学系2011级硕士，58集团中华英才网 人才测评顾问）

摘 要：应聘者在面试中有意无意地试图控制面试官对自己形成某种印象，这被称为应聘者印象管理。本文在回顾有关应聘者印象管理、面试中的作假与自我表现三个概念争议的基础上，重点介绍了应聘者印象管理的效果及机制的研究进展，分别从应聘者、面试官和面试场景角度归纳其影响因素，并对该领域的主要研究方法进行了剖析。最后提出，应聘者印象管理的"概念界定和类别划分、个体差异和在特殊职业岗位的外部效度"是未来值得关注的三个方向。

关键词：应聘者印象管理；作假；自我表现；面试

一 前言

对于多数人来说，由于交往的需要，人们常常希望给别人留下一个好的、恰当的印象，这种试图控制别人对自己形成某种印象的过程，就是印象管理（impression management，

---

* 本研究得到了国家自然科学基金项目（项目编号：71272156）和教育都人文社会科学基地重大项目（2009 JJD630006）的支持。

IM）（章志光，2008）。而工作情境的特殊性使身处其中的人们多数情况下都希望给别人带来既专业又友好的印象，这也就要求他们比在休闲和家庭生活中更多地使用印象管理策略。印象管理的影响力，从个体水平的招聘、绩效评估、职位晋升、离职等行为，到组织水平的寻求反馈、组织公民行为、工作分析、专业形象建设等，都成为心理学家关注的对象。特别是这其中的"面试"情境。不难理解，在面试情境中，应聘者要在有限的时间里，为面试官留下一个与岗位高度匹配的印象，而面试官们则需要从应聘者行为传达出的大量信息中快速做出判断，由此，"应聘者印象管理"（applicant impression management，AIM）成为一个研究热点。

从20世纪80年代中后期至今，关于应聘者印象管理的研究层出不穷，在国外的相关研究持续进行的同时，进入到21世纪后，我国关于该领域的探讨也逐渐丰富起来。Huffcutt（2011）认为，应聘者表现（interviewee performance）对面试结果的影响将取代有关面试效度的研究，成为面试研究领域的新趋势，而应聘者印象管理正是应聘者表现中"社交影响技巧"（social influence skills）的重要组成部分。本文希望在已有的综述文章的基础上，对于近年来有关应聘者印象管理研究的最新进展进行梳理和分析。

二　应聘者印象管理、面试中的作假与自我表现

Baron（1989）对应聘者印象管理概念的界定十分简明，即"应聘者改变并且管理某些行为，以便给招聘者留下积极印象的过程"。这里，印象管理行为的发出者是应聘者，目标是招聘者，目的是给招聘者留下积极的印象，而采用的方法就是改变和管理自己的某些行为。应聘者印象管理到底是一种能力还是一种假象，研究者并没有达成一致意见，也相应成为学者们争论的焦点。Eder和Ferris（1989）曾指出，印象管理是"一种具有合法权利的人事选拔与应聘技术"。Fletcher（1992）也认为，在求职面试中不可避免地存在着印象管理，这在本质上未必都具有欺骗性和操纵性。但是，也有不少研究者将应聘者印象管理视为面试场景中的一道障碍。近些年来，虽然多数的实证研究者将印象管理看作一种"在交往中有意或无意的影响印象的尝试"（Chen，Yang & Lin，2010；Lievens & Peeters，2008；Van Iddekinge，McFarland & Raymark，2007）。但还是有一些研究将应聘者印象管理与作假（faking）现象联系甚至等同起来。

在面试中，求职者作假和印象管理达到的目的看起来比较相似，都是为了给面试官留下积极的印象，但在怎么区分这两个概念方面，还缺乏共识。一些研究者认为，印象管理策略可以分为两类：诚实的或是欺骗性的。应聘者可以通过诚实的方式让自己看起来很积极，但也有一些策略是欺骗性的。而我们又不能单纯地根据应聘者的表达是否与客观事实相符合来判断其是否作假，因为应聘者的表达确实会与客观事实有出入，但与其主观意识上是一致的，这就是自我欺骗（Self-deception）。Lavashina和Campion（2006，2007）发现，在以往与人格相关的文献中，印象管理不同于自我欺骗，属于作假行为；而在有关"组织中的社交行为"的文献中，印象管理是依附于社交情境的，并不属于作假。他们（2007）将作假定义为欺骗性的印象管理和为了在面试中得到更高分数的有意的歪曲，提出作假是应聘者作假能力、作假意愿和作假机会三者的函数，并由此开发出了一套面试作假行为量表

(Interview Faking Behavior Scale)。该量表分为四个维度：轻微的印象创造（Slight image creation）、广泛的印象创造（Extensive image creation）、印象保护（Image protection）和逢迎（Ingratiation）。Weiss 和 Feldman（2006）也认为欺骗（Deception）是印象管理的一种，应聘者会捏造假信息来构造一个不太真实的自我形象，而其他印象管理策略则是有选择性地展示有关自己的信息，但这些信息都是真实的。

另外一些学者则将印象管理和自我表现（self-presentation）联系起来，Honkaniemi、Tolvanen 和 Feldt（2011）在研究应聘者作假行为的前因变量时，采纳了 Paulhus（1984）的看法，认为社会称许性回答（socially desirable responding）包括两类，一类是自我欺骗，也就是无意识的、诚实的但确是过度的自我表现；另一类则是故意地作假，有意地歪曲，这也是印象管理。Bye 等（2011）认为，印象管理和自我表现在他们的研究范围内是可以互换的两个概念。通过自我表现，人们试图影响他人对自己人格特质、价值观、能力和意图的感知。Barrick、Shaffer 和 DeGrassi（2009）认为，自我表现的策略包含三种：外表（appearance）、印象管理及言语和非言语行为（verbal and nonverbal behavior）。

由此看来，印象管理、作假和自我表现之间的关系如何，它们是并列关系还是相互包含的关系，目前还没有一致的结论，我们认为，这可能与研究者切入的角度不同有关。

如果从印象管理角度切入，我们可以把作假和自我表现都看成应聘者管理印象的手段。自我表现是面试中最为常见的一大类策略，它自然而然地出现在每一位应聘者的言行中，无法避免且合情合理。应聘者会通过展现自己让面试官相信自己的行为可用作表率（例证，exemplification）；声称自己是导致那些积极事件发生的主要原因（权利，entitlement）；让自己做过的事看起来更有价值（增强，enhancements）。但自我表现显然不是应聘者控制面试官对自己的印象的唯一手段，例如，讨好和逢迎这些聚焦于面试官的策略就不属于自我表现这一类别。自我表现的内容可以是真实的，但如果是过度的、夸张的或是有选择的，则必须是在应聘者无意识的情况下，或者说应聘者认为自己表现的是真实的。

作假则是印象管理手段中较为特殊的一种，它试图传达的印象不仅与客观事实不符合，与应聘者的主观事实也不相符，是应聘者为了达到目的捏造、隐瞒信息的一种行为。由于其危害性，许多文献单独对此策略进行研究，Levashina 和 Campion（2007）采用自编的面试作假行为量表（Interview Faking: Behavior Scale）来测量印象管理策略中作假行为对面试结果的影响，研究发现，在一个包含两轮面试的情境中，如果不使用广泛的印象创造策略（Extensive image creation），被试得到下一轮面试机会的可能性为 0.31，只要很小程度地采用此种作假行为，获得下一轮面试机会的可能性就猛增至 0.77。对作假的影响因素的探究大多集中于面试的情境变量，研究者们试图找出这些情境因素，通过控制它们来减少作假，作假也与应聘者人格相关（可参见本文第四部分）。对于作假这种违背道德甚至违反法律的手段，我们应予以警惕，并且努力甄别和摒除，这依赖于学者们发现更多可控的影响因素。此外，对于类似"自我表现"等其他策略，面试官则应尝试从积极的角度予以评价，而不是一味地把它当作障碍。

三 应聘者印象管理的效果

应聘者印象管理的有效性是近年来研究的又一热点，主要探索应聘者的印象管理在多大程度上能够影响面试官的评价，其中不少研究都证实了应聘者印象管理的作用，同时还比较了不同策略作用的差异，研究有更加细致、深入的趋势。

获得性印象管理策略仍是最为热门的研究内容之一。Lönnqvist 等（2011）研究了那些申请加入军队、希望成为军人领导的应聘者的两种自我提升（Self-enhancement）策略。他们使用赞许性回答量表（Balanced Inventory of Desirable Responding，BIDR）中的印象管理分量表（BIDB Impression Management scale）来测量社会性的自我提升（communal self-enhancement）状况，使用自我欺骗性提升分量表（BIDR Self-Deceptine Enhancement scale）测量自高自大型的自我提升（agentic self-enhancement）。他们发现，那些更多使用自我提升策略的应聘者，无论使用这两种策略中的哪一种，被录取的可能性都得到增加，印象管理分量表得分与应聘者最终总得分的相关为 0.25，自我欺骗性提升分量表得分与应聘者最终总得分的相关为 0.21，均达到了显著性水平。Proost 等（2010）把研究集中于逢迎和自我提升这两种策略上，他们采用自制的视频材料来操控应聘者的印象管理策略，在保证非言语行为和与工作内容相关的回答均相同的前提下，分别录制了不采用印象管理策略组、逢迎组、自我提升组和逢迎自我提升综合组四种视频情境让被试观看，结果发现，被评价最高并且被实际推荐率最高的是综合组，其次是自我提升组和逢迎组，最低的是不使用印象管理策略组。Chen、Yang 和 Lin（2010）在一项基于 20 家公司真实面试的研究中发现，自我聚焦型印象管理策略与面试官最终评价的相关达到 0.50，与以往研究不一样的是，他人聚焦型印象管理策略似乎比自我聚焦型印象管理策略的效果更好，其与面试官最终评价的相关达到了 0.56，但是，这项研究中与面试官最终评价的相关最高的是非言语型印象管理策略（r = 0.63），原因可能是他们使用了包含六个条目的量表测量非言语型印象管理行为，而以往研究则大多数只使用量表中 1~2 个条目，可以发现，更全面的测量加强了非言语型印象管理与面试官评价的关系。

此前的研究大多认为保护性印象管理策略效果不佳，但 Tsai 等（2010）专门将几种保护性印象管理策略：道歉（Apologies）、否认（Excuses）和辩解（Justifications）作为研究对象，他们在面试中创设了两种情境，面试官要么质疑应聘者的道德，要么质疑他们的能力，结果发现，与控制组相比，使用保护性策略的应聘者得到了更高的评价，尤其是当面试官对应聘者做出与其道德相关的负面评价时，"道歉"这一策略最为有效。

看来，对于具体的印象管理策略究竟效果如何，不同研究者各执一词。这些相关系数上的差异，恰巧反映了印象管理的效果受到多方因素的影响，不同的测量方法、不同的面试情境，都可能导致最终的结果不同。例如，Tsai 等（2010）的研究发现了保护性策略的有效性，但如果我们将其与获得性策略一同研究，其作用又可能并不显著。这使我们此刻仍无法指出某种策略在多大程度上影响了面试结果，也提示未来的研究者更加细化地探究各类策略作用的机制和影响因素。

此外，还有部分研究者关注了印象管理策略起效的时间点。Barrick、Swider 和 Stewart（2010）的研究发现，面试官对应聘者评价的差别可能在谈话最初的两三分钟就已经显现，在这看似只有闲谈的几分钟内，给面试官留下较好印象的应聘者能得到更多的实习机会和更高的面试评价。Varma、Toh 和 Pichler（2006）的研究方法则更加特别，他们用不同的求职信（cover letter）操纵应聘者是否使用印象管理策略，结果发现，使用了迎合类印象管理策略的应聘者得分显著高于没有使用印象管理的应聘者。其中，自我聚焦型的策略比他人聚焦型的策略更为有效。可见，印象管理的作用甚至在面试还未正式开始时就已经生效了。

近年来，对于以往研究的元分析也逐渐增多。Huffcutt（2011）基于对 6 项相关实证研究的回顾发现，自我聚焦型印象管理策略与面试结果的相关最高（r=0.26），保护性印象管理策略与面试结果的相关最低（r=0.03），而他人聚焦型印象管理策略与面试结果的相关为 0.20。不过，Barrick 和 Shaffer 等（2009）的元分析却发现，应聘者印象管理与面试官评价结果的相关系数达到了 0.47。仅次于与面试官评价相关最高的变量——应聘者的外表。可见，印象管理确实是我们在面试决策中务必关注的重要影响因素。

Lievens 和 Peeters（2008）的有关印象管理效果研究也值得我们关注，他们发现，结构化面试可以使面试官更加专注于与工作相关的回答内容，在此情况下，其他方面的信息，如应聘者的印象管理，对面试官的最终决策的影响则会降低。也就是说，在结构化面试中，与应聘者的胜任特征（interviewee's job-related competencies）相比，印象管理策略的重要性相对较小。不过，Barrick 和 Shaffer 等（2009）的元分析还是发现，应聘者印象管理与面试结果的相关还是大于其与工作表现的相关。这些都提醒我们，在层层剥离影响面试结果的所有因素的同时，也不应只见树木不见森林，毕竟面试是一个十分复杂的场景，面试的目的是选拔适合的人才，所有对其他因素的考量都应以"选拔人才"为中心。

（四）应聘者印象管理的调节变量和前因变量

（一）应聘者

应聘者人格特征的差异始终是学者们关注的前因变量。Van Iddekinge、McFarland 和 Raymark（2007）用他评法评价应聘者人格发现，人格特征中宜人性包含的利他性（altruism）可预测保护性印象管理策略，情绪稳定性包含的敏感性（vulnerability）能预测自我聚焦型印象管理策略和他人聚焦型印象管理策略。此外，他们的研究还发现，应聘者人格及其对印象管理策略的使用受到面试情境的调节，在模拟面试之前，强情境组的应聘者被鼓励要像真实面试情境中那样表现，对每个问题都要像最佳候选人那样去回答，表现最好的参与者会得到 50 美元的奖励，而弱情境组的应聘者则没有受到任何暗示，结果发现，在强情境下，人格特征与应聘者印象管理间的关系会变弱，在弱情境下，印象管理会部分地调节人格特征对面试结果的影响。Weiss 和 Feldman（2006）发现，应聘者人格的外倾性（extraversion）与面试时的说谎数量相关，而应聘者的自我监控（self-monitoring）与说谎无关。Bye 等（2011）使用价值观问卷（The Portrait Values Questionnaire，PVQ）发现，个人价值观中的三个维度：成就（achievement）、安全（security）和仁慈（benevolence），可以预测应聘者印象管理行为。

Honkaniemi 等（2011）将应聘者对面试的反应（Applicant Reactions）引入对应聘者印象管理的研究中，他们发现，应聘者反应越积极，也就是应聘者越把面试知觉成表面效度高、预测效度好、公平性强的手段，他们使用的印象管理策略就越多。

（二）面试官

从面试官角度，Chen 等（2010）将面试官的情感性（affectivity）引入，作为应聘者印象管理与面试官评价之间的调节变量，研究发现，面试官的正性情感（positive affecivity）可以加强自我聚焦型印象管理策略与评价的关系，这是因为，高正性情感的面试官有更高的避免风险的倾向，他们更加注意应聘者通过自我聚焦型策略所体现出的能否"入职匹配"的信息，而对于那些用于增加好感的他人聚焦型策略则不敏感；而高负性情感（negative affectivity）则会削弱非言语型印象管理策略与评价结果之间的关系，这是因为，高负性情感的面试官在做决定的时候更加谨慎，他们更加关注与工作相关的信息，而容易忽视非言语信息。

（三）情境因素

先前研究已经证实，面试形式是印象管理与面试结果之间的调节变量（Stevens & Kristof, 1995）。Peeters 和 Lievens（2006）发现，行为描述性面试（behavior description interview, BDI）会使应聘者更多地使用自我聚焦型和防御型的言语性印象管理策略，而情境面试（situational interview, SI）会使应聘者更多地采用聚焦他人的言语性印象管理策略。Levashina 和 Campion（2007）发现，应聘者在回答行为描述型问题时，会比回答针对假设情境型问题时有更多的作假行为。如果面试官根据应聘者的回答还提出一些更深入的追问（Follow-up question），那么，应聘者的作假行为则表现得更加突出。

情境变量的改变确实是应聘者采用不同印象管理策略的原因。Weiss 和 Feldman（2006）就把欺骗看作一种印象管理策略，他们发现，工作要求和不同类型的谎言之间存在交互作用。在招聘专业技术岗位时，应聘者会更多地采用以技术为导向的谎言，而在招聘需要人际技能的岗位时，应聘者则会更多地采用以人际关系为导向的谎言。Peeters 和 Lievens（2006）发现，不同的印象管理指示（IM instructions）会导致不同类型的印象管理行为，那些被事先提示传递出令人满意的印象的应聘者，相比于被事先提示传递出一种准确客观印象的应聘者，会更多地分别表现出自我聚焦型和他人聚焦型的言语性印象管理策略。但是，非言语印象管理行为似乎不受印象管理提示的影响，显示非言语印象管理行为受到了更少的主动控制。

（四）文化背景

不仅是微观的面试场景，更大范围的文化背景也会对应聘者的印象管理产生影响。Schmid Mast、Frauendorfer 和 Popovic（2011）发现，由于加拿大人会更加积极地评价自我抬高（Self-promotion），而挪威人则崇尚一种谦虚、团队合作和避免对抗的文化，所以，加拿大的面试官比挪威的面试官更倾向于雇用使用自我抬高的应聘者；而且比起谦虚的应聘者，加拿大的面试官更喜欢录用自我抬高的应聘者。Bye 等（2011）发现，不同文化背景下的应聘者采用印象管理策略的情况是不同的，如加纳和土耳其的应聘者比挪威和德国的应聘者更有可能使用印象管理，其深层原因可能源于不同文化背景的应聘者价值观的差异，研究结果表明，如果将价值观的两个维度（成就和安全）进行控制，文化差异对印象管理使用意图差异的影响可减少 19.6%。但是，最具解释力的变量并非价值观，研究者将默许现象（acquiescence），也就是"不顾问题的内容，而给予肯定回答的一种倾向"考虑其中之后发现，这种倾向在不富裕、集体主义文化背景的国家中（如加纳和土耳其）更为常见，如果将默许作为协变量控制，文化的差异性可降低 52.8%，所以，文化差异可能是预测应聘者使用印象管理意图的有效变量之一。这提示我们在该领域开展本土化研究的必要性和意义。

五　研究方法

通过目前有关应聘者印象管理研究方法的发展轨迹，也可以发现该领域的一些新动向。从最近的研究文献来看，主要采用了以下方法和手段：

（一）视频材料

目前，以自制视频为材料的研究多见于真实验设计，因为视频材料是根据事先编制的剧本录制的，不仅可以很好地控制应聘者使用的印象管理策略，而且可以有效地控制除印象管理以外的、与面试结果相关的额外变量，比如不同应聘者、面试官带来的变化和不同的提问方式、应答带来的变化等。不过，实验过程中，一段视频只能呈现一个情境，有一定的局限性，而研究的外部效度也不如现场研究。此外，以视频为材料的研究还包括将真实或模拟面试场景录制下来，交由第三方评价，根据评价将视频分为不同类别，再将面试官随机分配到不同组看不同的视频进行评价的设计，这样的方法在一定程度上提高了研究的外部效度。以视频为材料的研究比较便于实施，主试在前期精心制作和挑选的基础上，甚至不用出现在研究现场，就可借助网络设备直接为面试官播放指导语和视频材料来获取实验数据，可以大大地节省研究消耗的人力、物力。

不过，Barrick 等（2009）的元分析结果也发现，采用第三方评价的方法时，应聘者印象管理和评价结果之间的相关会降低。这是因为，以视频为材料的实验研究要求观看视频的面试考官以"第三方"的身份出现，实际上被试们扮演的是面试的"评价者"，而不是"面试官"。真正的面试官在面试过程中需要与应聘者互动，而这种互动会对应聘者印象管理的使用和面试官的评价同时产生重要影响，以视频为材料的研究则完全屏蔽了这一因素。

（二）现场研究

与事先录制视频的研究方法不同，另一些研究者采用了现场研究的方式来探讨应聘者印象管理行为的影响因素。这类方法还原了面试的本来面目，外部效度自然获得了提高。在这种背景下，无论是研究者创设的模拟面试情境，还是在不同组织背景下选择的真实面试，让不同的应聘者和面试考官参与到现场研究中来，适合研究印象管理的前因变量和印象管理与面试结果间的调节变量。另外，真实面试不仅可以用来探索面试中的相关影响因素，还可以将面试研究中获得的数据与应聘者入职后的工作表现结合起来，这种纵向研究更加凸显了现场面试研究的意义。当然，现场研究也存在一定问题，比如让应聘者在面试后自我评价面试的印象管理水平（Chen，Yang & Lin，2010）或者回答人格问卷的问题，这种自评方式很难避免社会称许性效应。此外，模拟面试实验的成本较高，实施有不小的困难，而真实面试由于牵涉到招聘方的切实利益，对现场的控制显得力不从心。

六 展望

本文在简要回顾有关应聘者印象管理、面试中的作假与自我表现三个概念的争议的基础上，重点介绍了应聘者印象管理的效果及其机制的研究新进展，还分别从应聘者、面试考官和面试场景角度归纳了近年来有关应聘者印象管理行为的影响因素，并对于该领域采用的主要研究方法的利弊进行了剖析后，特提出未来研究需要关注的如下问题：

第一，深入探索印象管理的概念界定和类别划分问题。

面试考官究竟该如何看待应聘者的印象管理行为，这个问题的答案始终没有统一，它到底是蒙蔽双眼的障碍，还是体现高适应性的途径？是掩盖真相的作假，还是并无大碍的策略？不同的研究者站在自己的角度，选择了不同的研究取向。这也是许多文献将印象管理、自我表现和作假几个概念混用的原因之一。其实，对于印象管理的概念界定和类别划分达成共识，这些问题就有了共有的平台。当然，这里提到的概念不清不仅包括如何定义"应聘者印象管理"这个大概念，还包括如何定义具体的应聘者印象管理策略。因为并非所有学者都遵从"流行"的分类方法（例如，Varma，Toh & Pichler，2006）。某些具体的策略尚不能被清晰地归为某一类，各类别之间存在重叠的情况，而在另外的情况下，也会出现不同名称的概念所指的是相同的行为，这就会导致对具体策略进行实验操作时出现混乱，也使有些采用第三方编码评价方法的研究遇到困境，对于最终的研究结果分享也会产生障碍。所以，未来应逐步统一对应聘者印象管理概念的界定和各具体策略的分类，为进一步细化和深入探究应聘者印象管理的机制扫清障碍。

第二，进一步探索应聘者印象管理策略有效性的个体差异。

近些年来，人们的关注点逐渐从研究应聘者印象管理的有效性，向更加细化的具体策略和更深层次的前因变量、调节变量、中介变量转化。以往研究集中于考察各变量对印象管理行为的影响，而缺乏对这些变量与印象管理的不同成分或过程之间关系的研究（刘娟娟，2006）。为此，Huffcutt、Van Iddekinge 和 Roth（2011）提出，由于我们对应聘者印象管理策略有效性的个体差异知之甚少，尽管在相同的情境中使用相同的策略，但不同应聘者却得到了不同的评价，其中的原因值得深入探究。

第三，将研究对象拓展到高层职位和更为广泛的工作岗位。

目前关于应聘者印象管理的研究大多将研究情境限定在某招聘岗位的面试上，如助理、秘书、调度员等，被试也以大学生为主，很少有关于高层管理者和特殊人才的招聘面试的研究，可以推测，印象管理对不同层次应聘者的作用是不同的，而不同层次的应聘者对印象管理的应用水平也是不同的。此外，某些职业的招聘，对应聘者印象管理能力要求较高，如公关、销售、客服等，在以往研究中却较少涉及。未来应考虑将研究的触角深入到高层职位和更为广泛的工作岗位中去，使该领域的研究数据获得更好的外部效度的支持。

参考文献

［1］刘娟娟. 印象管理及其相关研究述评［J］. 心理科学进展，2006，14（2）：309-314.

［2］王沛，冯丽娟. 应聘者印象管理研究述评［J］. 心理科学进展，2006，14（5）：743-748.

［3］章志光. 社会心理学（修订版）［M］. 北京：人民教育出版社，2008.

［4］Baron, R. A. Impression Management by Applicants During Employment Interviews: The "Too Much of a Good Thing" Effect. In R. W. Elder & G. R. Ferris（eds.）. The Employment Interview: Theory, Research and Practice［J］. Newbury Park, CA: Sage, 1989.

［5］Barrick, M. R., Shaffer, J. A. & DeGrassi, S. W. What You See May Not Be What You Get: Relationships among Self-presentation Tactics and Ratings of Interview and Job Performance［J］. Journal of Applied Psychology, 2009, 94（6）: 1394-1411.

［6］Barrick, M. R. Swider, B. W. & Stewart, G. L. Initial Evaluations in the Interview: Relationships with Subsequent Interviewer Evaluations and Employment Offers［J］. Journal of Applied Psychology, 2010, 95（6）: 1163-1172.

［7］Bye, H. H., Sandal, G. M., Van De Vijver, F. J. R., Sam, D. L., Cakar, N. D. & Franke, G. H. Personal Values and Intended Self-presentation During Job Interviews: A Cross-cultural Comparison［J］. Applied Psychology, 2011, 60（1）: 160-182.

［8］Chen, C., Wen-Fen Yang, I. & Lin, W. Applicant Impression Management in Job Interview: The Moderating Role of Interviewer Affectivity［J］. Journal of Occupational and Organizational Psychology, 2010, 83（3）: 739-757.

［9］Eder, R. & Ferris, G. The Employment Interview: Theory, Research, Practice, Thousand Oaks［M］. CA, US: Sage Publications, 1989.

［10］Fletcher, C. Ethical Issues in the Selection Interview［J］. Journal of Business Ethics, 1992, 11（5）: 361-367.

［11］Honkaniemi, L., Tolvanen, A. & Feldt, T. Applicant Reactions and Faking in Real-life Personnel Selection［J］. Scandinavian Journal of Psychology, 2011, 52（4）: 376-381.

［12］Huffcutt, A. I. An Empirical Review of the Employment Interview Construct Literature［J］. International Journal of Selection and Assessment, 2011, 19（1）: 62-81.

［13］Huffcutt, A. I., Van Iddekinge, C. H. & Roth, P. L. Understanding Applicant Behavior in Employment Interviews: A Theoretical Model of Interviewee Performance［J］. Human Resource Management Review, 2011, 21（4）: 353-367.

［14］Levashina, J. & Campion, M. A. A Model of Faking Likelihood in the Employment Interview［J］. International Journal of Selection and Assessment, 2006, 14（4）: 299-316.

［15］Levashina, J. & Campion, M. A. Measuring Faking in the Employment Interview: Development and Validation of an Interview Faking Behavior Scale［J］. Journal of Applied Psychology, 2007, 92（6）: 1638-1656.

［16］Lievens, F. & Peelers, H. Interviewers' Sensitivity to Impression Management Tactics in Structured Interviews［J］. European Journal of Psychological Assessment, 2008, 24（3）: 174-180.

［17］Lönnqvist, J., Paunonen, S., Nissinen, V., Ortju, K. & Verkasalo, M. Self-Enhancement in Military Leaders: Its Relevance to Officer Selection and Performance［J］. Applied Psychology, 2011, 60（4）: 670-695.

[18] Paulhus, D. L. Two-component Models of Socially Desirable Responding [J]. Journal of Personality and Social Psychology, 1984, 46 (3): 598-609.

[19] Peeters, H. & Lievens, F. Verbal and Nonverbal Impression Management Tactics in Behavior Description and Situational Interviews [J]. International Journal of Selection and Assessment, 2006, 14 (3): 206-222.

[20] Proost, K, Schreurs, B., De Witte, K. & Derous, E. Ingratiation and Self-promotion in the Selection Interview: The Effects of Using Single Tactics or a Combination of Tactics on Interviewer Judgments [J]. Journal of Applied Social Psychoiogy, 2010, 40 (9): 2155-2169.

[21] Schmid Mast, M., Frauendorfer, D. & Popovic, L. Selfpromoting and Modest Job Applicants in Different Cultures [J]. Journal of Personnel Psychology, 2011, 10 (2): 70-77.

[22] Stevens, C. K. & Kristof, A. L. Making the Right Impression: A Field Study of Applicant Impression Management during Job Interviews [J]. Journal of Applied Psychology, 1995 (80): 587-606.

[23] Tsai, W. C., Huang, T. C., Wu, C. Y. & Lo, I. H. Disentangling the Effects of Applicant Defensive Impression Management Tactics in Job Interviews [J]. International Journal of Selection and Assessment, 2010, 18 (2): 131-140.

[24] Van Iddekinge, C. H., McFarland, L. A. & Raymark, P. H. Antecedents of Impression Management Use and Effectiveness in a Structured Interview [J]. Journal of Management, 2007, 33 (5): 752-773.

[25] Varma, A., Toh, S. M. & Pichler, S. Ingratiation in Job Applications: Impact on Selection Decisions [J]. Journal of Managerial Psychology, 2006, 21 (3): 200-210.

[26] Weiss, B. & Feldman, R. S. Looking Good and Lying to Do it: Deception as an Impression Management Strategy in Job Interviews [J]. Journal of Applied Social Psychology, 2006, 36 (4): 1070-1086.

New Researches on Applicant Impression Management

Cui Can　Shi Yu　Qiu Xiaoyi　Shi Kan

Abstract: Job applicants often attempt to control the images they give to interviewers consciously or unconsciously within an interview setting. This is what we called applicant impression management (AIM). This article reviews the dispute on the difference of AIM, faking and self-presentation in the interviews, and also highlights the newly founded results and the mechanism of AIM from the respect of the applicants, interviewers and interview circumstances. Moreover, this review summaries and analyses the main research methods of AIM and finally offers the limitations and advices from three aspects: concept definition and classification, individual differences and AIM in other special occupations and posts, so that autochthonous and deeper seated studies could be expected.

Key words: applicant impression management; faking; self-presentation; interview

网络集群行为执行意向的维度研究 *

王 林 时 勘 赵 杨

【编者按】2009 年我非常荣幸地来到中国科学院时勘博士课题组，开始读博后，发现课题组很多同学都是科研能手，相比之下，自己科研底子薄，心理压力倍增。幸运的是，时老师看好我在计算机方面的能力和工作经验，让我专心做混合网络下社会集群行为的研究。当时，我在心理学科研方面基本处于零基础，时老师并没有放弃我，督促我坚持参加每周三的课题组会议，还让我跟着朱廷劭老师钻研网络在线行为的规律。2010 年，时老师给我创造条件和机会，去人大参加由李超平师兄主持的中国情境下组织行为研究学术论坛。在那里我真正领悟到徐淑英老师的实证研究思想，深受启发。冬去春来，师恩难忘，我慢慢地从一个科研小白成长起来。2011 年，时老师带我进入国家 973 项目组第六课题组，专家们的精彩报告使我对交叉学科的研究更加好奇，但感觉自己的无知面也在增大。此时，时老师不断点拨我，使我保持信心和勇气。此后，我系统地从问卷编制、统计分析、心理实验、大数据采集、数据挖掘等方面逐步强化自己的能力，特别是对网络行为的研究兴趣也日渐浓厚起来，更加明确了博士论文的研究目标。到了 2012 年，经过三年的学习、训练，逐渐成长起来。此时，我将信息技术和心理学研究的方法结合起来，完成了我的第一篇学术文章《网络集群行为执行意向的维度研究》，2013 年发表在《管理评论》上，这一变化给了我很大的信心。接着，我的博士论文就在此基础上发展起来。对于我的开题报告、中期检查，在课题组会议上被时老师和同学们反复讨论，并提出修改意见，最后，我的博士答辩得以顺利通过。毕业后我被东北大学秦皇岛分校聘用，当我忙着从北京往秦皇岛搬家时，一周后才在新家接上宽带网络，打开邮箱的一刹那，我非常感动，原来我的另一篇投稿到《情报学报》的论文也被录用了，我因为搬家，一直无法获知这个信息。时老师一遍遍地联系我，要我尽快给编辑部回话，真是心底里感谢时老师给予我各方面的帮助和支持！转眼间，我已经在东北大学工作七年了，我一直在努力，前后承担了教育部人文社科青年基金和国家社科基金面上项目，并被授予"河北省三三三人才工程"第三层次人才称号。今天，我在课堂上的精气神、在科研上的开放式思维都是时老师传承给我的宝贵财富！我相信未来一定很美好，我要在交叉学科领域不断寻找科研的蓝海，在学术的海洋里尽情遨游，时老师，您对科研的热情、视野与社会责任感将永远激励我去探索人生的未知和真谛！(王林，中国科学院管理学院 2009 级博士生，东北大学秦皇岛分校　副教授)

摘　要：网络集群行为执行意向作为重要的预测变量，对探测网络集群行为的作用机制和引导策略具有十分重要的作用，成为当前信息安全和社会管理的研究热点。本研究通过文本数

---

* 国家 973 重大项目（2010CB731406）、教育部人文社会科学研究青年基金项目（13YJCZH180）。

据挖掘技术、团体焦点访谈和问卷调查法编制了网络集群行为执行意向测量工具，探索性因素和验证性因素分析结果表明，其测量工具有良好的信度和效度。实证分析发现网络集群行为执行意向由三个维度构成，分别是可控性执行意向、安全性执行意向和价值性执行意向。

关键词：集群行为；执行意向；意向；线索特征

一 引言

网络集群行为的发生源于网络群体的空间聚集，其行为表现为集体化。近年来，网民在网络空间中的位置变得越来越重要，网民聚集的力量也越来越强大，网民在热点事件、社会问题的讨论上，信息交流显得特别活跃，这有利于对各种问题的督办和持续关注，也对社会管理和创新奠定了群众基础，可以广泛听取网民意见，这对鼓励网民建言献策起到了良好的示范作用。但是，在这样的公共话语平台上网民的行为和言论常常变得非常激烈和情绪化。这在微博等新媒体中产生了巨大影响力。与此同时，网民在认知、情感或信念等方面的一致认同导致群体极化现象非常严重，使网络集群行为产生了无法预知的结果。因此，网络集群行为的规律感知成为当前信息安全和社会管理的热点课题。本文将编制网络集群行为的科学测量工具，重点探索网络集群行为执行意向的规律及其内部结构维度，这对进一步探索网络集群行为执行意向的影响因素及作用机制具有重要的理论和实践意义。

二 理论分析与研究假设

对于网络集群行为很难直接去测量，需要借助行为意向来预测集群行为发生的可能性，而且在诸多心智状态中，行为意向显得尤为重要，它是计划行为（Planned behaviors）的最佳预测指标[1,2]。通常人们很少停留在外显行为的表象，而更多是基于行动者的动机和目标去思考其行为的潜在意向[3]，这说明人们根据其行为意向对感知到的行为信息进行选择性编码。这一事实促动了学术界对意向研究的兴趣，学者们对公众是如何理解意向充满了好奇，从而对行为意向的概念进行了有意义的探索。Carver 等认为，意向可以帮助测量行为发生的可能性，意向是目标导向行为的核心预测因素[4]。因为意向会影响人们为完成某种行为计划尝试付出的努力程度和努力方式[5,6]。这表明意向塑造行为过程，行为意向是作为一种促进目标指向行为的发生策略而被引入的[7-10]，它在个体的认知结构中处于核心位置[3]。然而，Armitage 和 Conner 的元分析研究结果显示意向只能解释 20% 至 30% 的行为方差，仍有大部分的行为方差不能被解释[11]。基于这种发现，学者 Gollwitzer 提出了引导个体实现目标的两种心理意向——目标意向（Goal intentions）和执行意向（Implementation intentions），用于解释社会中具有相同行为意向的个体却在实际行为上表现出的差异性[7-10]。目标意向强调的是个体对既定目标的明确感知，而执行意向强调的是个体根据特定情境所做出的具体行动计划，它包括何时、何地以及以何种方式执行个人意向。

根据 Gollwitzer 的研究，执行意向主要包含特定的情境线索[12]、合适的目标导向反应，通过"如果"和"那么"假设形式而建立起来的认知成分联结[7-10]。Gollwitzer 在研究行为执行意向时所采取的形式为：如果我遇到线索 A，那么我将执行情景 B。在当前的混合网络中这样的情景非常普遍，而且网络融合的便利化使网民花费很小的代价就可以将很多情景线索联系在一起，这比行为意向更加提高了实际行为发生的可能性，同时相似的个体行为意向聚集也助推了网民集群行为执行意向。然而，网络集群行为具有两面性，一方面，混合网络给网民带来了种种便利，如团购等网络集群行为改变了人们的生活方式，满足了人们的多种需求；另一方面，伴随着网络群体性事件产生的集群行为也对网民个体、社会及国家带来巨大的冲击和伤害，这就对网络集群行为发生及发展的规律认识提出了更高的要求。不过，由于在当前混合网络环境中影响网络集群行为执行意向的因素呈现出复杂性、多样性、线索特征的不确定性，使测量网络集群行为执行意向时很难用传统的"如果-那么"测量工具测定，这主要归于两方面的原因：一方面，虚拟网络中界定"如果"和"那么"成分的因素受到社会因素的影响，比如社会与网络规范、网络群体认同、网络意见领袖等的影响；另一方面，网络集群行为执行意向还受到网络因素的影响，比如社交网络连接强度、网络中心性、网络边缘性、网络子群等的影响。由此，根据执行意向概念及网络集群行为研究现状，提出如下研究假设：

假设 1：网络集群行为执行意向呈现多个维度的结构。

假设 2：网络集群行为执行意向具有多重特性。

因此，为了验证上述研究假设及测量网民对网络集群行为执行意向的感知，根据执行意向线索特征和执行意向的定义，本文从"如果"和"那么"成分编制测量条目，开发网络集群行为执行意向问卷，通过探索性因素和验证性因素的分析，探索并验证网络集群行为执行意向的内部结构，为进一步研究网络集群行为执行意向作用机制和引导策略奠定理论基础。

三　研究方法与程序

1. 研究被试

（1）执行意向的探索性因素分析。研究被试来自中国国际网络电视台国际在线、问卷星及自建的网络问卷系统等网站平台上的网民，通过在线取样的方式共收集到 210 份问卷，其中从中国国际网络电视台国际在线上获得 90 份有效问卷；从问卷星上获得 40 份有效问卷；从自建的网络问卷系统获得 61 份有效问卷。三个在线抽样均采取了三种限制填答措施：第一，通过限定 IP 地址进行问卷填写，排除了重复提交问卷的可能性；第二，通过限定整个问卷填答的时间及单个问题的思考时间尽量保证被试真实的问卷评价；第三，通过限定问卷配额（地区、性别、居住地和学历等），使取样工作避免依赖某一类人群。通过废卷处理，得到 191 份有效问卷，被试的基本信息如表 1 所示。

（2）执行意向的验证性因素分析。研究被试主要来自网络论坛、门户网站、社交网络、博客、微博等网络平台上的会员，并且年龄在 18 周岁以上的网民，研究共取得 256 份有效问卷。其中来自网络论坛的有效问卷为 16 份，占有效问卷的 6.3%；来自门户网站的有效问卷为 80 份，占有效问卷的 31.2%；来自社交网络、博客和微博的有效问卷为 160 份（其中手机用户参与填答的有效问卷数为 10 份，第三方移动终端用户参与填答的有效问卷数为 10 份，电脑网络用户参与填答的有效问卷数为 140 份），占有效问卷的 62.5%，被试的基本信息如表 2 所示。

表1 执行意向的探索性因素分析——被试情况一览

		样本量	百分比（%）			样本量	百分比（%）
年龄	16~24 岁	166	86.9	性别	男	97	50.8
	25~30 岁	15	7.9		女	94	49.2
	31~40 岁	9	4.7		总数	191	100.0
	41~50 岁	0	0.0	职业	学生	177	92.7
	50 岁以上	1	0.5		教师	1	0.5
	总数	191	100.0		中高层管理人员	8	4.2
月收入	低于 2000 元	172	90.0		普通员工	2	1.0
	2000~3000 元	3	1.6		进城务工	0	0.0
	3001~5000 元	1	0.5		其他	3	1.6
	5001~8000 元	3	1.6		总数	191	100.0
	8001 元以上	12	6.3	学历	初中及以下	4	2.1
	总数	191	100.0		高中/中专	27	14.1
居住地	农村	12	6.3		大专	0	0.0
	城镇	133	69.6		本科	132	69.1
	中等城市	21	11.0		研究生及以上	28	14.7
	大城市	25	13.1		总数	191	100.0
	总数	191	100.0				

表2 执行意向的验证性因素分析——被试情况一览

		样本量	百分比（%）			样本量	百分比（%）
年龄	16~24 岁	187	73.0	性别	男	141	55.1
	25~30 岁	49	19.2		女	115	44.9
	31~40 岁	18	7.0		总数	256	100.0
	41~50 岁	1	0.4	职业	学生	228	89.0
	50 岁以上	1	0.4		教师	6	2.3
	总数	256	100.0		中高层管理人员	1	0.4
月收入	低于 2000 元	8	3.1		普通员工	13	5.1
	2000~3000 元	223	87.1		进城务工	5	2.0
	3001~5000 元	2	0.8		其他	3	1.2
	5001~8000 元	5	2.0		总数	256	100.0
	8001 元以上	18	7.0	学历	初中及以下	0	0.0
	总数	256	100.0		高中/中专	27	10.5
居住地	农村	12	4.7		大专	9	3.5
	城镇	141	55.1		本科	132	51.6
	中等城市	59	23.0		研究生及以上	88	34.4
	大城市	44	17.2		总数	256	100.0
	总数	256	100.0				

2. 研究工具

采用初步编制的网络集群行为执行意向测量问卷。以 Likert 七点评分量表来测量网民群体在集群行为执行意向上的差异，其中执行意向分量表每个测量条目均采用 Likert 七点量表评定。

3. 研究程序

（1）执行意向问卷的编制过程。首先，本研究通过 LocoySpider 数据采集软件连续 30 天对 50 多家互联网大型网站的网络集群行为信息进行元采集，还对新浪微博 30 名活跃网民交流信息进行滚雪球式采集，总共采集到 18000 多条网络集群行为相关主题信息。在此基础上，如图 1 所示，研究者利用 ROST Content Mining System 文本数据挖掘软件（基于文本挖掘的人文社会科学数字化研究平台，简称 ROST CM，由武汉大学沈阳教授课题组开发的科研工具软件）对集群行为信息进行了文本数据挖掘，主要方法是对采集到的微博信息进行中文分词、中文词频分析、词频编码和验证一致性。通过 ROST CM 文本挖掘软件共归纳出 360 多个信息特征高频词，再通过 2 名研究生独立手工编码，将已经分词后的语义进行归类，并通过一致性检验，归类出 17 类语义线索特征。结果发现，这些高频词类特征与网络集群行为类型之间存在对应关系，包含了七大集群行为类型特征，说明这 17 类语义特征可以进一步提炼执行意向的情景线索特征。

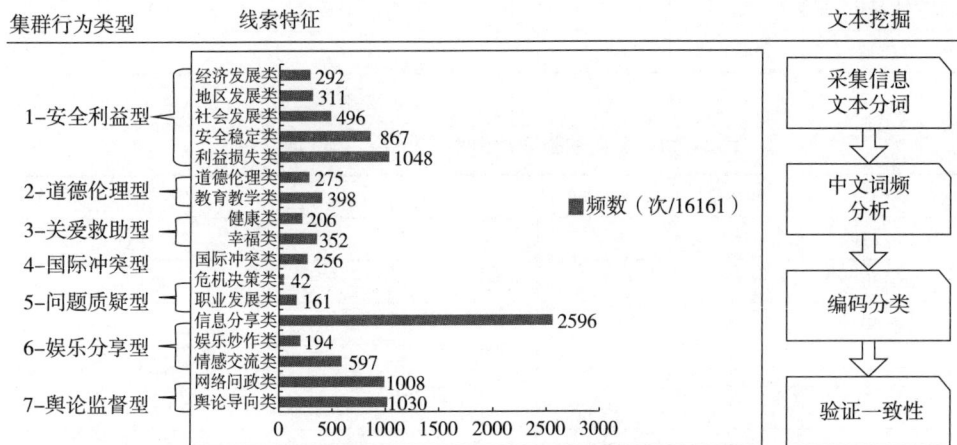

图 1 网络集群行为的语义分析结果

研究者进一步对 17 类特征进行语义分析，发现有些特征之间还存在彼此包含和补充的关系，需要进一步进行提炼。因此，如图 2 所示，通过团体焦点访谈和文献研究，对上述方法采集到的信息进一步整理归纳。第一，研究者召集 10 名研究生、5 名企业管理人员和 3 名教师进行了团体焦点访谈。由研究者汇报集群行为线索特征的研究经过及初步结果。第二，来自新浪微博企业团队的负责人就集群行为线索特征提出修改建议，教师们从科学研究角度提出归纳方法，课题组研究生们根据文献研究和日常的网络集群行为特点提出了线索特征的名称及含义，这样保证了研究方法的科学性，充分吸取了网络企业管理人员的实践建议，同时利用课题组师生的科学研究方法及学术资源使集群行为线索特征的研究更加严谨。第三，研究者综合团体焦点访谈和文献研究的结果对线索特征进行了归类和命名，最终归纳出如图 2 所示的网络集群行为执行意向的 11 大线索特征。

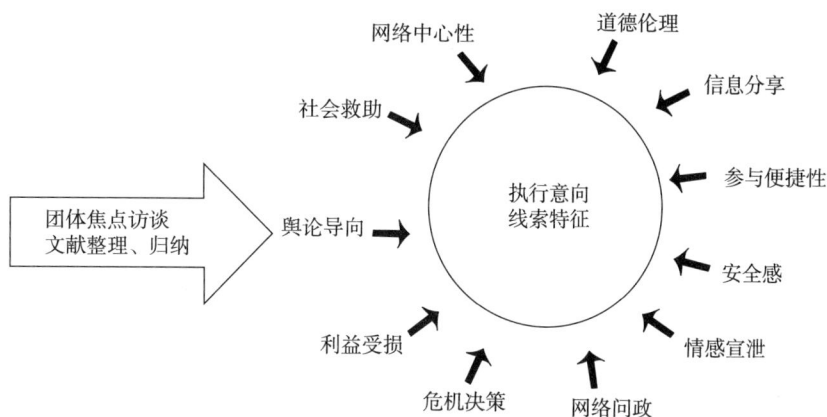

图2　混合网络下网络集群行为执行意向线索特征归纳、提炼结果

其次，由1名应用心理学和1名管理学专业的博士生与2名硕士生组成问卷编制小组，根据执行意向的定义和11个执行意向信息线索特征，严格按照"如果"和"那么"成分编制执行意向测量问卷，如表3所示，最后共编制了测量执行意向的16个条目。

（2）混合网络条件下问卷取样过程。本部分的数据主要是通过设计网络版的问卷调查系统在线填答获得，在该系统里对样本配额进行了设置，同时在系统后台对在线网民的IP进行了限制，避免同一被试多次填答问卷。其中，通过e-mail邀请了山东师范大学、河北师范大学、中国人民大学、中国科学院大学等高校的本科生及研究生进行网上问卷填答。另外，还邀请企业、事业单位、公务员等不同职业人员参与网络问卷调查。为保证数据调查的科学性、有效性，对企业人员网民以一对一的方式进行施测，在调查之前，对参与问卷调查的人员前往企事业单位进行培训，尽可能保证调查数据的真实性与可靠性。在调查时，调查者需要告知被试此次调查结果不会针对个人，仅作科学研究应用，所有数据将会进行统一处理，并保证对外完全保密，最后让所有被试利用办公电脑、手机及家庭电脑在线填答网络问卷。整个调查历时1个月左右，总共在线反馈问卷890份，完整反馈问卷540份，完整反馈率为61%。结束网上在线问卷调查之后，进行废卷处理的工作，最后得到256份有效问卷。相对于纸质问卷的取样，网络问卷取样比较便利，效率很高，不过也有弊端，如有效且完整反馈信息比较少，很多被试中途没有填完，经过多次e-mail提醒之后才进行完整反馈，随着混合网络在各行业的深入应用，相信网络问卷调查将会有新的突破。

（3）统计方法。第一，采用SPSS18.0，运用探索性因素分析的方法，对网络集群行为执行意向的内部结构进行了分析；第二，采用SPSS18.0，在初测问卷的基础上分析问卷的内在一致性系数（Cronbach's Coefficient α）；第三，采用结构方程软件Amos17.0对网络集群行为执行意向的结构效度进行验证性因素分析。

表3　网络集群行为执行意向测量条目

编码	测量条目
ZX1	1. 如果我看到道德败坏的报道，那么我将和网友评论或转发它
ZX2	2. 如果我认为某事件值得关注，那么我将它分享给更多的网友
ZX3	3. 如果我非常方便参与网络群体事件的讨论，那么我将主动参与

编码	测量条目
ZX4	4. 如果我缺乏安全感，那么我会寻求网友的帮助
ZX5	5. 如果我遇到情感问题，我将在网络里进行宣泄
ZX6	6. 如果我的利益直接或间接地受到损伤，那么我会在网络里进行控诉
ZX7	7. 如果我面临重大危机，那么我会根据网友的建议进行决策
ZX8	8. 如果舆论认为政府或媒体报道的事情与真相不符，那么我会和舆论保持一致
ZX9	9. 如果我得到社会的救助，那么我会救助更多的人
ZX10	10. 如果我遇到某官员不作为的行为，那么我将发动更多的网友参与网络问政
ZX11	11. 如果有大量网友转发或评论我撰写的文章，那么我会努力吸引更多人的目光
ZX12	12. 如果我掌握着大量的信息，那么我会与更多的网友分享它
ZX13	13. 如果我是信息传递的中间人，那么我会使信息很快地传递下去
ZX14	14. 如果我能不受别人的控制发布信息，那么我会发布更多的信息
ZX15	15. 如果我不受别人的控制随时能获取信息，那么我会获取更多的信息
ZX16	16. 如果我所在的网络成员集中发布或获取信息，那么我也会参与其中

四　结果及分析

1. 网络集群行为执行意向的探索性因素分析

首先，对本次问卷的调查数据进行 KMO 检验，其结果为 0.914，且 Bartlett 的球形度检验 Sig. 值为 0，该结果表明此数据符合探索性因素分析的条件；其次，采用主成分分析法与正交极大旋转法抽取因子对调查数据进行探索性因素分析[13]。提取特征根大于等于 1 的因子，根据碎石图抽取因子有效数目[14]。判断一个项目是否保留的标准有两点：一是该条目是否在某一因素上的负荷超过 0.30[15]；二是该条目是否存在交叉负荷，即在两个因素上是否都有 0.30 的负荷。依照此原则，经过几次探索性因素分析，最终获得如表 4 所示的结果：获得了网络集群行为执行意向的三因素结构。这三个因素的特征根均大于 1，单个方差解释率大于 20%，累积方差的解释率达到了 66.63%，如表 4 所示，各项目在相应因子上具有较高的负荷，处于 0.59~0.81。

具体而言，因素一含有七个测试条目，因素命名为"可控性执行意向"；因素二含有五个测试条目，因素命名为"安全性执行意向"；因素三含有四个测试条目，因素命名为"价值性执行意向"。

表 4　网络集群行为执行意向问卷的因素分析结果

条目编码	因素 1	因素 2	因素 3
ZX11	0.768	0.117	0.278
ZX15	0.707	0.343	0.189
ZX16	0.686	0.433	0.111

续表

条目编码	因素 1	因素 2	因素 3
ZX10	0.682	0.114	0.386
ZX13	0.658	0.230	0.431
ZX14	0.625	0.405	0.219
ZX12	0.592	0.192	0.500
ZX7	0.258	0.789	
ZX5	0.284	0.764	0.166
ZX6	0.168	0.744	0.230
ZX4		0.722	0.484
ZX8	0.338	0.719	
ZX1	0.216	0.163	0.809
ZX2	0.295	0.201	0.776
ZX3	0.261	0.351	0.725
ZX9	0.357		0.629
特征根	6.895	6.287	5.933
解释的方差变异量	23.87%	22.35%	20.40%
总计	66.63%		

基于上述结果，网络集群行为执行意向维度由可控性执行意向、安全性执行意向、价值性执行意向三个因素构成。上述探索性因素分析结果表明，这三个因素的项目分布合理，且因素积累解释方差变异量为 66.63%，解释比例较高。因此，网络集群行为执行意向结构是可以接受的。

2. 网络集群行为执行意向的验证性因素分析

（1）信度分析。从内部一致性的结果来看，网络集群行为执行意向整个问卷的内在一致性分数为 0.922，其中可控性执行意向（7 个条目）的内部一致性系数为 0.89，安全性执行意向（5 个条目）的内部一致性系数为 0.847，价值性执行意向（4 个条目）的内部一致性系数为 0.826。这表明网络集群行为执行意向问卷的题目设计是合理的、有效的。

（2）验证性因素分析结果。采用 Amos 17.0 对网络集群行为执行意向的结构效度进行验证性因素分析，可以得到拟合指数包括 χ^2/df、GFI、AGFI、NFI、IFI、TLI、CFI、RMSEA 等。参考 Bollen、Joreskog、Sorbom、Medsker、Willams 和 Holahan 等学者的建议，在本研究中我们采用 χ^2/df、NFI、IFI、TLI、CFI、RMSEA，各指数的拟合标准如下：χ^2/df 小于 3 表示拟合模型较好，小于 5 表示模型可以接受，但大于 10 表示模型不能接受[16]；NFI、TLI、CFI、IFI 最好能大于 0.90，并且其值越接近 1 越好，但最低要求是大于 0.85；RMSEA 介于 0 和 1 之间，越接近于 0 越好，而其临界值为 0.08[17]。

表 5　网络集群行为执行意向的验证性因素分析结果

拟合指标	χ^2/df	RMSEA	GFI	TLI	CFI	NFI	IFI
拟合指标值	3.097	0.091	0.92	0.87	0.90	0.87	0.91

　　如表 5 所示，验证性因素分析的模型拟合指标结果表明，各拟合指标基本符合统计测量学的要求。与此同时，如图 3 所示，通过验证性因素分析，网络集群行为执行意向三因素模型得到了数据的支持，即网络集群行为的执行意向维度由价值性、可控性和安全性执行意向构成。由此可知，研究假设 1 得到支持。

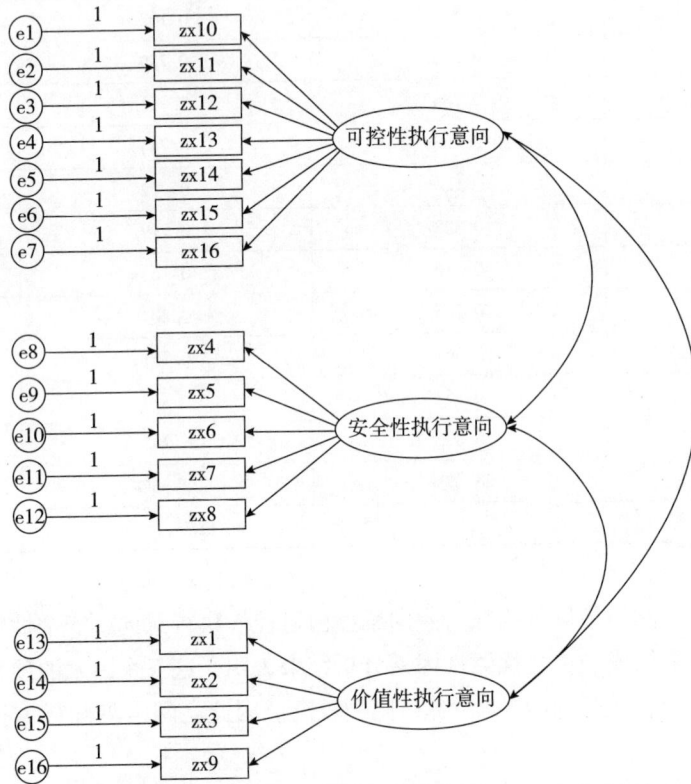

图 3　网络集群行为执行意向的验证性因素分析结构

五　讨论与结论

1. 讨论

　　可控性、价值性、安全性执行意向可能有不同的层次结构，而且在不同的情景和热点事件中，网络集群行为都有可能从某一单一的执行意向裂变为一至两种类型的执行意向。通常可控性执行意向对信息的发布、传播和中介作用比较显著，且网民群体规模大，涉及的人群广泛，信息传播速度快；安全性执行意向更多的是网民对于外界客观环境的安全性及利益平衡性的知觉；价值性执行意向强调群体行为的价值取向，是网民个体自我的价值判断和自我对热点事件的心理价值评估。

　　网络集群行为可能从较低层次的执行意向维度上升到较高层次的执行意向维度，例如，2012 年网络上高度关注的"少女毁容"事件中网络集群行为从安全性执行意向裂化为价值性执行意向，全国"两会"热点事件中网络集群行为从可控性执行意向裂化为价值性执行意向，网民不满足于信息分享和娱乐方面，更加关注提案的价值和会议的实质性成果。不过，网络集群行为也有可能从价值性执行意向裂化为可控性执行意向或安全性执行意向，这主要受到事件本身的属性、外部环境及网民群体情绪和话题走势等的影响，这就需要在今后的研究中去探索、实践和验证。由此可知，研究假设 2 得到支持，即网络集群行为执行意向具有多重特性，三个维度的执行意向既有自身的特征，又彼此相互转化和影响。

另外，执行意向的研究对于行为预测具有特别重要的作用，其意义在于：第一，研究所编制的网络集群行为执行意向问卷其效度和信度指标符合测量学的标准，这为今后探索网络集群行为规律提供了基本分析工具，这也有助于决策部门更好地把握网络集群行为发生、发展的规律；第二，在以往学者研究互联网集体行为意向的基础上推进到网络集群行为执行意向的研究，通过关联情景线索特征和个体的目标导向使执行意向研究更具有可操作性和行为演化规律的解释力；第三，执行意向的研究对于网络消费行为具有启示意义，如分析产生实际购买行为的情景线索特征、网民消费的心理机制，还可进行大规模团购行为预测；第四，价值性、安全性和可控性执行意向可以分类预测集群行为，如安全利益型和国际冲突型的集群行为可以通过安全性执行意向进行预测，道德伦理型、关爱救助型和舆论监督型的集群行为可以通过价值性执行意向进行预测，娱乐分享型和问题质疑型集群行为可以通过可控性执行意向进行预测。

尽管如此，执行意向对网络集群行为预测也具有一定的局限性：第一，目前还无法将执行意向所有线索特征进行计算机编程，无法在网络中进行大规模连续跟踪分析；第二，现实和虚拟行为有更多的相互交互反应，很难用问卷直接测量，需要进一步将网络语义和执行意向测量条目进行关联，以提高网络集群行为预测的准确性。

2. 初步结论

本研究得到如下初步结论：第一，网络集群行为执行意向测量问卷具有较好的信度和结构效度，可以进一步在真实网络环境中加以修正和应用；第二，网络集群行为执行意向的内部结构由可控性执行意向、安全性执行意向和价值性执行意向构成。

3. 本文存在的不足及未来展望

本文通过数据采集方法和问卷调查法对网络集群行为执行意向的维度进行了深入研究，获得了一些有意义的研究发现。然而，由于混合网络刚刚处于融合阶段，各种网络之间的边界并不是非常明确，使数据抽样并没有完全涵盖所有其他网络。因此，研究发现或许并不能完整地反映当前混合网络中的所有网民的集群行为执行意向，需要研究者今后密切关注网络发展的动态。

近年来，由于网络技术和互联网应用的相互渗透，网民不再使用单一网络，越来越多的网民依靠更加先进的移动互联网终端、智能手机、PAD 等设备随时随地接入各种网络，使不同渠道的网络彼此融合助推了网络集群行为的发生和演化。执行意向作为预测网络集群行为的重要变量也日益受到研究者们的关注，成为当前信息安全和社会管理的重要课题。因此，本文研究发现有助于推动社会网络、社会计算、信息管理、社会管理等领域的学术研究和实践探索，未来将在视频网络、交通网络、电信网络、电脑网络等多网融合环境下继续研究网络集群行为执行意向和实际行为的中介变量，进而建立网络集群行为预警指标，为制定更有针对性的引导策略奠定理论和实践基础。

参考文献

［1］ Ajzen, I. The Theory of Planned Behavior ［J］. Organizational Behavior and Human Decision Processes, 1991, 50 (2): 179-211.

［2］ Conner, M., Armitage, C. J. Extending the Theory of Planned Behavior: A Review and Avenues for Further Research ［J］. Journal of Applied Social Psychology, 2006, 28 (15): 1429-1464.

［3］ Baldwin, D. A., Baird, J. A. Discerning Intentions in Dynamic Human Action ［J］. Trends in Cognitive Sciences, 2001, 5 (4): 171-178.

［4］ Carver, C. S., Scheier, M. F. Control Theory: A Useful Conceptual Framework for Personality-Social, Clinical, and Health Psychology ［J］. Psychological Bulletin, 1982, 92 (7): 111-135.

［5］ Ajzen, I., Fishbein, M. The Prediction of Behavior from Attitudinal and Normative Variables ［J］. Journal of Experimental Social Psychology, 1970, 6 (4): 466-487.

［6］ Ajzen, I., Madden, T. J. Prediction of Goal-Directed Behavior: Attitudes, Intentions, and Perceived Behavioral Control ［J］. Journal of Experimental Social Psychology, 1986, 22 (5): 453-474.

［7］ Gollwitzer, P. M., Schaal, B. Metacognition in Action: The Importance of Implementation Intentions ［J］. Personality and Social Psychology Review, 1998, 2 (2): 124-136.

［8］ Sheeran, P., Webb, T. L., Gollwitzer, P. M. The Interplay between Goal Intentions and Implementation Intentions ［J］. Personality & Social Psychology Bulletin, 2005, 31 (1): 87-98.

［9］ Gollwitzer, P. M., Sheeran, P. Implementation Intentions and Goal Achievement: A Meta-Analysis of Effects and Processes ［J］. Advances in Experimental Social Psychology, 2006, 38 (6): 69-119.

［10］ Gollwitzer, P. M., Sheeran, P. Self-Regulation of Consumer Decision Making and Behavior: The Role of Implementation Intentions ［J］. Journal of Consumer Psychology, 2009, 19 (4): 593-607.

［11］ 王光武. 执行意向对前瞻记忆影响的发展研究 ［D］. 河南大学硕士学位论文, 2010.

［12］ 曲英. 城市居民生活垃圾源头分类行为研究 ［D］. 大连理工大学博士学位论文, 2007.

［13］ 刘晓菁. 科研人员个体人力资本与社会资本对组织绩效影响实证研究 ［D］. 上海交通大学博士学位论文, 2009.

［14］ 陈永艳. 大学生迷信心理研究 ［D］. 西南大学硕士学位论文, 2008.

［15］ 曹仰锋, 吴春波, 宋继文. 高绩效团队领导者的行为结构与测量: 中国本土文化背景下的研究 ［J］. 中国软科学, 2011 (7): 131-144.

［16］ 高杰, 彭红霞. 成分品牌来源国形象、品牌资产及消费者购买意愿 ［J］. 审计与经济研究, 2009 (5): 106-112.

［17］ 刘佳, 马世超. 大学生心理健康观问卷编制的验证性因素研讨 ［J］. 黑龙江高教研究, 2008 (5): 150-152.

Study on The Dimensions of Implementation Intentions of Cyber Collective Behavior

Wang Lin　Shi Kan　Zhao Yang

Abstract：Implementation intentions of cyber collective behavior, which as a predictor variable plays an important role in detecting the mechanism and guidance strategy of cyber collective behavior, has become a hot research topic in the information security and social management. In the research, we develop a measurement tool about implementation intentions of cyber collective behavior by using text data mining technique, focus group interviews and questionnaire, and the results of exploratory factor analysis and confirmatory factor analysis show that the tool has good reliability and validity. The results also show that implementation intention of the cyber collective behavior is composed of three dimensions: controllable-oriented implementation intentions, safety-oriented implementation intentions and value-oriented implementation intentions.

Key words：collective behavior; implementation intentions; intention; cue characteristics

奖励的价值导向对绩效反馈效果的影响*

戴文婷　时　勘　韩晓燕　周欣悦

【编者按】我有幸在 2009 年加入到中国科学院管理学院时勘博士课题组，从事社会与组织行为研究。虽然我本科毕业于浙江大学心理系，但时勘老师真正将我带入了一个富有社会责任感的心理学学术研究领域。犹记得作为新生参加时勘老师课题组的第一次组会时，时老师针对课题组每个同学提出了要求，要做有社会价值和意义的研究，这给了我非常大的震撼。在时勘老师课题组的两年多时间里，我得到了老师悉心的指导。时老师从文献研究、课题研究、社会调研，到带领我们参加国际、国内的学术论坛，提供海外院校交流的学习机会，给我们创造条件，与学者们充分地交流，不论从研究方法还是研究理论上，都有一套非常完善的培养体系。作为课题组的一员，我深深感到受益匪浅。这篇文章是我在课题组发表的第一篇论文，是受时勘老师领导的国家 973 重大研究项目"混合网络下社会集群行为感知与规律研究"的启发完成的。彼时正是上海世博会举办期间，结合当时国际、国内形势的变化，时勘老师敏锐地觉察到重大社会集群行为的研究意义，以及对社会的重大影响。在这个背景下，时勘老师带领我们深入到上海世博会的群体行为中，率先提出了混合网络的概念和互联网化的调研理念，这在当时是非常有前瞻性的。这项研究在课题组的共同努力下获得了突出的研究成果，包括对群体情绪传染、社会事件对群体情绪的影响规律等方面。在这篇论文的完成过程中，数理统计方法层面是非常有挑战性的，时勘老师鼓励我攻克难关，也特别感谢江新会师兄给予我的莫大帮助，让这篇论文成为我学术生涯中重要的一笔。在时勘老师门下学习的这段时间里，我不仅精进了学术研究的功底，还从时勘老师对科学研究的热爱、勤勉敬业的工作态度方面找到了我前行路上不断学习的榜样。虽然我在完成博士学业后没有继续学术工作，但这种精神已经渗入我的工作和生活当中，成为了我的一种精神源泉。我会在今后从事的领域中努力奋斗，不辜负老师的培养。谢谢时老师和课题组的同学们！（戴文婷，中国科学院管理学院 2009 级硕士生，云锋基金　人力资源总监）

摘　要：本研究探讨了奖励形式启动的价值框架效应在调节绩效反馈对绩效提升与行为塑造的效果中发挥的作用。对 231 名大学生的问卷调查结果表明，采用金钱奖励时，接受个人绩效反馈的个体效能感更高，也有更好的绩效和合作行为表现；采用荣誉奖励时，集体绩效反馈的效果更好。即奖励形式与绩效反馈的匹配会提高组织成员绩效，增加其合作行为。基于该结果，建议管理者关注奖励体系中的价值信息与组织的管理方式相匹配，以推进组织的可持续发展。

关键词：金钱；荣誉；绩效反馈；合作行为；任务绩效

---

*　本研究得到国家 973 重大项目"混合网络下社会集群行为感知与规律研究"的子项目"集群行为感知与管理的应用示范"（2010CB731406）和国家自然科学基金项目"组织文化对企业并购有效性的影响机制及干预研究"（71272156）的资助。

一 引言

绩效反馈是被许多组织广泛采用的激励手段。人们普遍认为，组织对成员绩效的正面反馈能够提高成员的绩效水平（Judge et al.，2007）、改善行为表现（Creyer，Bettman & Payne，2011）。然而，De-Nisi 和 Kluger（2000）的研究表明反馈的有效性存在限制条件，包括个体差异（Amah，2008）、反馈信息特征（Gielen et al.，2010），以及任务特征（Hattie，Timperley，2007）等。然而以往对限制条件的讨论忽视了组织情境中奖励体系的潜在影响：组织采用金钱/荣誉的奖励形式（Incentive style）会唤起与之相应的价值情境，而与价值情境相一致的反馈才能够更有效地对成员的绩效提升与行为塑造产生积极影响。

（一）奖励形式唤起的价值情境

最常见的奖励形式是金钱与荣誉。根据 Heyman 和 Ariely（2004）的研究，金钱是以市场规范（money market）为核心的价值情境的代表符号。Vohs 等人通过 9 项系列实验发现，金钱概念的激活会将人们引入市场规范的思维（Vohs，Mead & Goode，2008），重视平等、独立，遵循利益的交换原则（Ariely，2009），追求价值最大化（Heyman & Ariely，2004），更使人们关注自我和个人目标的实现（Vohs，Mead & Goode，2006）。另外，荣誉是社会对人们履行社会道德行为的肯定和褒奖（仇德辉，1998），它是社会规范（social market）体系中的社会报酬的代表。在中国"伦理本位"的价值体系下（廉如谦，2010），倡导控制个体的"自我"主张，讲究人际和谐与共同命运，而非利益的争夺（沈毅，2007）。在这样的格局下，人们更关注和谐关系，而人的经济属性则难以最大限度得到彰显。一些研究还表明，金钱与荣誉背后的价值情境中，人际互动有着不同的内涵：在荣誉的价值情境下，合作是个体基于发展友好人际关系的情感需求，为了维系团队和谐所进行的情感互动（沈毅，2007；Yang，2000）。而在金钱的价值情境下，合作是利益互动，是实现短期成就与财富收益的工具（黄光国，1988）。沈毅（2007）认为，这种合作蕴藏着由"无我"而"有我"的辩证思维。

（二）奖励形式对绩效反馈与自我效能感关系的影响

在上述两种价值情境下，个体分别对任务情境形成"情义"或是"交换"的假设，并且以不同的"关系特征"来认识"自我"（杨宜音，2008）。根据多位学者对于中国人自我概念的研究（费孝通，1947；杨红升，黄希庭，2007；杨宜音，1999，2008），中国人的自我边界富有伸缩性和变化性，情境对"自我"具有激活和建构的作用。根据研究，荣誉背后的价值情境强调维系和谐关系的道德责任感，使个体以充满关系包裹的"我们"作为自我评价的锚（梁建，王重鸣，2001；杨宜音，2008）。而在金钱背后的价值情境中，个体则以更为独立的"我"作为自我评价的锚（Ariely，2009）。自我效能感是自我评价体系的重要成分，根据社会学习理论，自我效能感的建构受一系列情境因素的制约，包括情境中的自我评价锚定的影响（Tschannen-Moran, Hoy, 2007；Usher, Pajares, 2008）。因此，结合前面的分析，尽管正向的绩效反馈是提升个体效能感的重要途径（Ashford, Edmunds & French, 2010；Tolli, Schmidt, 2008），但自我评价锚定在两种价值情境中的差异可能制约反馈对效能感的积极贡献。Earley（1994）的一项实验研究就探讨了在组织通过针对个人能力/针对团体能力的培训来提升成员自我效能感的过程中，个体—集体主义的组织文化的影响。结果显示，来自集体主义倾向组织的成员接受针对团体能力的培训后产生了更高的效能感，而来自个人主义倾向组织的成员更能从针对个人能力的培训中获益。Earley 认为，组织的价值情境影响了成员对培训信息的利用，因为个体对符合自我评价锚定的信息更敏感、偏好，也更易接受。因此，若绩效反馈的对象不能与特定价值情境中的自我评价锚保持一致，反馈信息被利用的有效性就会降低，反馈对效能感的强化也会受到限制。相反，则能够有效地强化被反馈者的自我效能感。因此，本研究的假设 H1 是：

H1：采取金钱奖励时，个人绩效反馈组的自我效能感高于集体绩效反馈组；采取荣誉奖励时，集体绩效反馈组的自我效能感高于个人绩效反馈组。

（三）奖励形式对绩效反馈与任务绩效及合作行为关系的影响

自我效能感是个体行为及任务绩效表现最重要的、基本的决定成分（龙君伟，2003）。在特定的奖励形式下，受到绩效反馈强化的效能感能够影响个体的认知过程、动机过程、情感过程和选择过程来影响个体对行为活动的选择、目标的设定、行为的努力程度和坚持性（王建侠，2007），进而提升成员在完成任务方面的绩效水平（Judge et al., 2007；Smith et al., 2006）。另外，效能感的提升也能够促使成员增加对互动的投入。个体的效能感是其对自己在符合任务要求基础上，通过努力来完成目标的信念程度（王建侠，2007）。在专业化分工较高的组织或团队中，目标的实现离不开成员之间的协作和信息共享（Pearsall, Christian & Ellis, 2010），尤其是在项目团队这种逐渐兴起的组织形式中更注重合作。因此，不论是在荣誉的价值情境下，个体以集体和谐为最终诉求进行情感互动，或是在金钱的价值情境下，个体通过合作来交换他需要的支持与信息，提升个体对完成任务的效能感都有助于他在这些活动中表现出更积极的互动行为。综上，我们认为，绩效反馈与奖励形式相匹配，能够在强化个体效能感的基础上，进一步提升个体任务绩效，激发合作行为。本研究的假设 H2 和 H3 是：

H2：采取金钱奖励时，个人绩效反馈组的任务绩效、合作行为水平高于集体绩效反馈组；采取荣誉奖励时，集体绩效反馈组的任务绩效、合作行为水平高于个人绩效反馈组。

H3：奖励形式与绩效反馈的交互作用，通过效能感的中介，影响任务绩效与合作行为。

二　方法

（一）调查问卷

合作行为：本研究以信息分享行为和后援行为来衡量合作行为水平。①信息分享行为：

采用郑仁伟和黎士群（2001）编制的知识分享行为问卷，以 3 个条目测量分享个人知识、分享学习机会和鼓励他人学习等内涵。要求被试依据"1 = 没有""2 = 偶尔""3 = 有时""4 = 经常""5 = 很频繁"的标准评价过去一周工作中与他人信息分享行为的频率。该量表前后两次测量的内部一致性系数分别为 0.692 和 0.749。②后援行为：采用 Porter 等（2003）对后援行为的测量，以 3 个条目测量被试帮助同伴完成任务的行为。要求被试依据"1 = 没有""2 = 偶尔""3 = 有时""4 = 经常""5 = 很频繁"的标准评价过去一周工作中相应行为的频率。该量表前后两次测量的内部一致性系数分别为 0.726 和 0.828。

任务绩效：采用 Egan 和 Song（2008）的绩效评定量表。量表的 4 个条目测量了被试完成任务符合工作要求的程度。采用 Likert 7 点量表，被试依据"1 = 完全不同意"到"7 = 完全同意"进行评价。该量表前后两次测量的内部一致性系数分别为 0.913 和 0.920。

效能感：采用 Jes 和 Bliese（1999）的自我效能感量表。量表的 4 个条目测量了被试对完成志愿者工作的效能感信念。采用 Likert 5 点量表，被试依据"1 = 很不同意"到"5 = 很同意"进行评价。该量表在后测的内部一致性系数为 0.794。

积极情绪：采用 Watson、Clark 和 Tellegen（1988）编制的积极与消极情绪量表（PANAS）中的积极情绪分量表。选择了兴奋、快乐、高兴、幸福四种积极情绪，要求被试依据"1 = 一点也没有""2 = 有一点""3 = 中等程度""4 = 有些强烈""5 = 非常强烈"的标准评判过去一周工作中的整体情绪基调。该量表在前后两次测量的内部一致性系数分别为 0.953 和 0.943。

工作描述：采用 Roznowski（1989）修订的工作描述指数（JDI）量表中关于工作本身的评价部分，并编制了测量有关被试工作的任务量、难度、时间压力、挑战性、吸引力等方面的工作描述问卷。采用 Likert 7 点量表，被试依据"1 = 完全不同意"到"7 = 完全同意"进行评价。该量表作为检验被试分组同质性的依据之一。在前测的内部一致性系数为 0.899。

（二）被试与方法

以某城市大型活动中高等学校的志愿者为被试。研究者作为活动组织方的合作伙伴，提供志愿者服务质量评估，并借此机会开展了为期 20 天的现场实验研究。志愿者按职能被分配在大型活动的各片区，以小队的形式开展服务工作，每一小队的志愿服务包括了观众服务、交通指引、语言翻译、医疗服务、技术统计、应急协调、场馆保障等方面。在志愿者开始服务工作前，实验者进行了志愿者基本信息资料的采集。400 名志愿者完成资料采集后，被分配进各组工作。服务历时 20 天，在此期间进行了两轮问卷调查。第一阶段（历时 7 天）结束时实施前测并进行了实验干预，获得有效问卷 328 份；第二阶段（历时 13 天）结束时实施后测，获得有效问卷 274 份。根据志愿者编号对问卷进行匹配，并筛除缺失数据较多（答题少于 85%）的问卷和无法通过实验干预有效性验证的问卷，最终获得 231 个有效样本。其中男生 118 人，女生 113 人；最小年龄 19 岁，最大 27 岁，平均年龄 21.37 岁（SD = 1.47）。经检验，有效被试与未能完成全部调查的被试在人口统计学变量无显著差异。按照实验干预的四个类型，个人反馈/荣誉奖励组 62 人，个人反馈/金钱奖励组 42 人，集体反馈/荣誉奖励组 79 人，集体反馈/金钱奖励组 48 人。

（三）实验程序

应用现场实验的研究方法，采用2（绩效反馈：个人反馈/集体反馈）×2（奖励形式：金钱奖励/荣誉奖励）被试间设计进行实验干预。根据被试在效能感、后援行为、信息分享行为、任务绩效及积极情绪等后测问卷上的得分（控制前测问卷各变量水平）考察实验干预的效果。

基本资料采集及分组在活动开幕的3天前，采用团体测试的办法，在志愿者集中培训会议上采集志愿者的基本信息，包括志愿者编号、人口统计学信息、服务赛区、工作类型和职能等。志愿者以小队形式在该大型活动的四个赛区提供服务，各小队在工作类型和工作强度上基本一致，且四个赛区的志愿者在日常工作时仅在负责的范围内活动，基本不需与其他赛区的志愿者互动。研究者根据志愿者基本资料采集的结果，以小队为单位分别随机选取了四个赛区的志愿者各100人，作为四个实验组。

1. 前测（T1）。在结束第一阶段工作当晚，召集被试实施前测。要求被试填答工作描述量表，以检验组间同质性；同时获得各因变量的基线水平。

实验干预。在前测问卷末尾通过文字通知的形式进行实验干预。包括金钱或荣誉的奖励办法以及对个人或集体在第一阶段服务表现的正面反馈。

（1）奖励形式。我们以活动组织方的名义，告知被试将设立一项奖励计划。有2组被试（金钱奖励组）被告知能够得到"一定数额的奖金"，另2组被试（荣誉奖励组）则能被"授予'志愿者之星'的荣誉称号"。

（2）反馈。对志愿者在第一阶段的服务表现给予正面反馈。在金钱组和荣誉组分别有一半被试得到个人反馈"根据我们对全体志愿者服务状况的客观、公平的评估，你在上一周的工作当中表现优秀"。另一半得到集体反馈"根据我们对全体志愿者服务状况的客观、公平的评估，你们团队在上一周的工作当中表现优秀"。

为确保实验干预被有效感知，我们在问卷末尾询问被试"现在我们将征询你的意见，你是否愿意加入这一项奖励计划？"请志愿者选择"愿意参加"或"不愿意参加"。若被试勾选"不愿意参加"或未填答则问卷作废。该问卷由志愿者在当晚自行独立填写，并在第二天早上由实验助手统一回收。

2. 后测（T2）。在志愿者完成20天工作当日召集被试实施后测。要求被试根据第二阶段服务的情况进行自评。该问卷于第二日早上由实验助手统一回收。问卷设一道操作检验题"我知道若我在第二阶段的工作中表现出色，我将有可能：①被评为'志愿者之星'；②得到一笔奖金；③不知道"。如果被试的选择与其接受的干预类型不符或回答不知道，则问卷作废。整个过程中，共有23份问卷做不合格处理。

三 结果及分析

运用后测所获得的数据对任务绩效、效能感、信息分享行为、后援行为和积极情绪五个量表的结构进行验证。从表1的验证性因素分析结果可以看出，五因素模型得到了数据的支持。因此，本研究所用量表具有较好的效度。

本研究在本质上是实验研究，自变量及调节变量均是实验操作，只有中介变量和因变量是采用自陈式量表测量，这能够从程序上控制共同方法偏差对实验主效应的影响；至于自变量与调节变量对因变量的交互作用，共同方法偏差本身不足以导致交互效应偏差。然而，鉴于中介变量和因变量的测量数据同源，对中介效应的分析结果可能会受到共同方法偏差的影响，对此本研究采用不可测量潜在方法因素效应控制技术，即将方法作为潜变量因子，通过检验模型拟合度来检验共同方法偏差。如表1所示，当在五因素模型中加入共同方法潜变量后，模型拟合数据的程度并未获得非常大的改善，因此可以认为本研究中共同方法偏差的问题并不严重，不至于影响研究的主要结论。

表1　本研究所用量表的验证性因素分析结果（N=231）

模型	χ^2	df	CMIN/DF	GFI	IFI	CFI	NFI	RMSEA
五因素模型	224.69	80	2.81	0.910	0.951	0.950	0.926	0.079
六因素模型	191.29	62	3.08	0.911	0.952	0.951	0.927	0.077
虚模型	3023.49	120	25.196					

注：五因素模型是项目负荷在各自的理论维度上；六因素模型是项目同时负荷在各自的理论维度及公共因子上。

采用多元方差分析检验前测中四个实验组在人口统计学、各项工作描述，以及各因变量上的差异后，未发现显著效应［Wikis' Lambda F(11，214)=0.87，p=0.57］，对各变量单独进行的多因素方差分析也无显著差异。表明实验分组保证了组间同质性，也说明在接受实验干预前，四组被试在各因变量水平上无显著差异。研究的各结果变量在前后测的相关，及其与人口统计学变量的相关如表2所示。

表2　研究关键变量的相关系数矩阵（包括 T1 与 T2 两次测量）

变量	信息分享行为	后援行为	任务绩效	积极情绪	年龄	性别
信息分享行为	0.020	0.510**	0.258**	0.401**	0.011	0.083
后援行为	0.517**	0.062	0.289**	0.422**	0.008	0.012
任务绩效	0.380**	0.356**	0.050	0.270**	0.012	-0.012
积极情绪	0.367**	0.460**	0.373**	0.004	0.031	-0.015
效能感	0.478**	0.423**	0.500**	0.430**	0.020	0.010
年龄						0.022
性别						

注：* 表示 p<0.05，** 表示 p<0.01；性别为哑变量（0=男性，1=女性）；对角线上为前后两次测量的相关系数，对角线右上方的上三角区为前测中各变量间的相关系数，对角线左下方的下三角区为后测中各变量的相关系数。

为检验假设 H1 和 H2，首先，进行多次一元协方差分析来检验奖励形式与绩效反馈对效能感、任务绩效及合作行为的实验效应，该方法相比多元协方差分析具有更强的统计检验力并节省自由度（Bond，Flaxman & Bunce，2008）。分别以后测（T2）的效能感、信息分享行为、后援行为、任务绩效等为因变量，以绩效反馈和奖励形式的哑变量为固定因子，以前测（T1）中结果变量的基线水平为协变量。结果如表3所示，实验干预对各变量的交互效应均显著。此外，研究考察了实验干预对积极情绪的影响，结果显示交互作用显著。

表3 实验效应的协方差分析（ANCOVA）结果

变异来源	信息分享行为		后援行为		任务绩效		积极情绪		效能感	
	F	η^2	F	η^2	F	η^2	F	η^2	F	η^2
协变量	0.01^a	0.000	0.17^b	0.001	0.38^c	0.002	0.50^d	0.002		
奖励	0.95	0.006	1.35	0.006	0.36	0.002	0.06	0.000	0.021	0.000
反馈	0.11	0.001	1.14	0.005	0.01	0.000	0.28	0.001	0.01	0.000
奖励×反馈	16.66***	0.071	12.52***	0.055	4.35*	0.020	8.09**	0.036	8.93**	0.038

注：* 表示 $p<0.05$，** 表示 $p<0.01$，*** 表示 $p<0.001$；a. T1 的信息分享行为；b. T1 的后援行为；c. T1 的任务绩效；d. T1 的积极情绪。

其次，我们针对两种奖励形式分别考察了个人绩效反馈组与集体绩效反馈组在各结果变量上的差异。表4所示的简单效应分析表明，在金钱奖励形式下，个人反馈组的效能感、后援行为、信息分享行为均高于集体反馈组；个人反馈组的任务绩效和积极情绪高于集体反馈组，但未达到显著水平。在荣誉奖励形式下，集体反馈组的效能感、任务绩效、后援行为、信息分享行为和积极情绪均显著高于个人反馈组。因此，假设 H1 得到了验证，假设 H2 部分得到了验证。

本研究 H3 假设，奖励形式与绩效反馈对任务绩效及合作行为的交互效应，是通过效能感的传递发生作用的。Baron 和 Kenny（1986）将这种机制定义为带中介的调节效应（mediated moderation）。

表4 交互效应简单效应检验结果

因变量	奖励形式	反馈对象		F	P
		个人	集体		
效能感	金钱	4.22（0.10）	3.95（0.09）	3.88*	0.050
	荣誉	3.95（0.08）	4.20（0.07）	5.40*	0.021
后援行为	金钱	3.77（0.10）	3.36（0.10）	8.23**	0.005
	荣誉	3.34（0.08）	3.58（0.08）	4.37*	0.038
信息分享	金钱	3.80（0.10）	3.42（0.09）	8.13**	0.005
	荣誉	3.36（0.08）	3.69（0.07）	9.67**	0.002
任务绩效	金钱	5.72（0.16）	5.47（0.15）	1.30	0.255
	荣誉	5.49（0.13）	5.84（0.12）	4.03*	0.046
积极情绪	金钱	3.70（0.14）	3.40（0.13）	2.38	0.124
	荣誉	3.31（0.12）	3.73（0.11）	7.26**	0.008

注：M = Estimated Marginal Means；（SE）= Std. Error；* 表示 $p<0.05$，** 表示 $p<0.01$，*** 表示 $p<0.001$。

Preacher、Rucker 和 Hayes（2007）进一步提出并细化了检验此类效应的分析方法，且成为了当前主流的分析方法。本研究采用了这一方法来检验带中介的调节效应的显著性。表5中的模型1以效能感为因变量，以反馈、奖励及奖励×反馈为自变量，模型2以四个结果变量为因变量，以效能感、反馈、奖励及奖励×反馈为自变量。根据 Preacher、Rucker 和 Hayes（2007）的分析，该类模型中介效应的显著性以 $\hat{b}_1$（$\hat{a}_1 + \hat{a}_1 W$）系数是否显著为判断

表 5　带中介的调节效应检验结果

变异来源	因变量															
	信息分享行为				后援行为				任务绩效				积极情绪			
	模型 1		模型 2		模型 1		模型 2		模型 1		模型 2		模型 1		模型 2	
	B	t	B	t	B	t	B	t	B	t	B	t	B	t	B	t
Constant	16.09	10.24***	2.75	4.81***	15.49	10.31***	2.82	4.82***	16.39	9.75***	7.94	2.19*	16.08	10.99***	5.66	2.33*
控制变量	-0.06[a]	-0.35	0.03[a]	0.50	0.12[b]	0.80	0.05[b]	0.94	-0.02[c]	-0.54	-0.03[c]	-0.44	-0.03[d]	-0.70	0.03[d]	0.54
效能感			0.15	7.57***			0.14	6.46***			1.25	10.30***			0.59	6.50***
奖励	-2.39	-2.80**	-0.71	-2.73**	-2.43	-2.84**	-0.68	-2.42*	-2.44	-2.88**	0.07	0.05	-2.44	-2.89**	-1.91	-1.67
反馈	-2.38	-2.68**	-0.69	-2.57*	-2.42	-2.73**	-0.68	-2.34*	-2.42	-2.74**	-0.61	-0.38	-2.35	-2.66**	-1.59	-1.33
奖励×反馈	1.57	2.98**	0.43**	2.65**	1.60·	3.04**	0.38*	2.22*	1.61	3.07**	0.30	0.31	1.62	3.11**	1.20	1.69
金钱奖励　$\hat{b}(\hat{a}_1+\hat{a}_3w)$	-0.12				-0.11				-1.01				-0.42			
金钱奖励　z	-1.96*				-1.95*				-1.90†				-1.71†			
金钱奖励　Bootstrap (95%)[e]	{-0.24, -0.02}				{-0.23, -0.02}				{-1.95, -0.19}				{-0.90, -0.02}			
荣誉奖励　$\hat{b}(\hat{a}_1+\hat{a}_3w)$	0.12				0.11				1.01				0.53			
荣誉奖励　z	2.21*				2.22*				2.39*				2.56*			
荣誉奖励　Bootstrap (95%)[e]	{0.02, 0.28}				{0.02, 0.26}				{0.19, 2.29}				{0.13, 1.10}			

注: 模型 1: 效能感 $=a_0+a_1$ 反馈 $+a_2$ 奖励 $+a_3$ 奖励×反馈 $+r$; 模型 2: 因变量 $=b_0+b_1$ 效能感 $+c_1$ 反馈 $+c_2$ 奖励 $+c_3$ 奖励×反馈 $+r$; †表示 $p<0.1$, *表示 $p<0.05$, **表示 $p<0.01$, ***表示 $p<0.001$。

$B=$ unstandardized coefficient; a. T1 的信息分享行为; b. T1 的后援行为; c. T1 的任务绩效; d. T1 的积极情绪; e. 95% Confidence Intervals for Conditional Indirect Effect。W=奖励形式的二分变量的取值, 1 代表金钱奖励, 2 代表荣誉奖励。Number of bootstrap samples=5000; e. 95% Confidence Intervals for Conditional Indirect Effect。

标准（W 代表调节变量的两个水平）。如表 5 所示，在以四个结果变量为因变量的四个模型中，这一系数在金钱奖励和荣誉奖励两个水平上均显著，说明效能感中介了奖励形式与绩效反馈对四个结果变量的交互作用。具体而言，表 5 的四个模型 2 结果显示，奖励×反馈对任务绩效与积极情绪的效应不显著，说明效能感完全中介了奖励形式与绩效反馈对任务绩效与积极情绪的交互作用。同时，奖励×反馈对后援行为的效应仍显著（B = 0.38，p<0.05），说明效能感部分中介了奖励形式与绩效反馈对后援行为的交互作用（金钱奖励下，中介效应/总效应 = 27.68%；荣誉奖励下，中介效应/总效应 = 57.72%）。另外，奖励×反馈对信息分享行为的效应也仍显著（B = 0.43，p<0.01），说明效能感部分中介了奖励形式与绩效反馈对信息分享行为的交互作用（金钱奖励下，中介效应/总效应 = 31.58%；荣誉奖励下，中介效应/总效应 = 41.38%）。根据以上结果，效能感部分中介了奖励×反馈对后援行为及信息分享行为的交互作用，完全中介了对任务绩效和积极情绪的作用。假设 H3 得到了验证。

四　讨论与结论

（一）讨论

本研究发现，奖励形式与组织绩效反馈对效能感的交互效应显著：采用金钱奖励时，个人绩效反馈组较集体绩效反馈组有更高的效能感；而采用荣誉奖励时，集体绩效反馈组的效能感高于个人绩效反馈组，这一结果与 Earley（1994）的实验研究结论相一致。与他们不同的是，我们在此基础上进一步检验了奖励形式与绩效反馈通过效能感的中介对个体的任务绩效和互动行为表现的影响。研究结果支持了效能感是奖励形式与绩效反馈对任务绩效、合作行为与积极情绪产生影响的中介这一假设。具体而言，采用金钱奖励时，个人绩效反馈组较集体绩效反馈组表现出更多的后援行为和信息分享行为，且差异显著；个人绩效反馈组的任务绩效也高于集体绩效反馈组，但未达到显著水平，这有待于我们进一步研究的检验。而采用荣誉奖励时，集体绩效反馈组的任务绩效、后援行为和信息分享行为水平均高于个人绩效反馈组，且差异显著。研究还尝试探索了实验干预对积极情绪的影响，结果说明在奖励形式与绩效反馈相匹配的条件下，个体有更积极的情绪体验。

本研究从以往研究关注的个体差异、任务特征和反馈特征之外的一个新角度探讨了影响绩效反馈对组织及其成员产生积极促进的因素。作为重要的情境因素，由奖励形式设定的价值背景对绩效反馈在激发组织成员效能感，鼓励成员相互协作，和提高组织的工作效率和质量方面的效果因较为隐蔽而容易被管理者忽视。本研究在综合了前人理论及研究结果的基础上，重点验证了奖励形式对绩效反馈效果的潜在影响。本研究的结果说明，组织在最初明确任务报酬方案时，选择强调金钱形式或荣誉形式的奖励，可能已在潜移默化中引导了成员对于工作情境价值观的认识。接受金钱奖励为主的成员倾向于根据按劳取酬的原则追求更高的个人成就，他们更关注与自己表现有关的信息，因而对组织提供的个人绩效反馈更敏感，却不太在意集体绩效的反馈信息；针对个人绩效的正面反馈能被他们选择性地注意并加以利用，增强他们完成任务的信心，促进他们通过更多的互动努力来达成目标，并最终产生较高的任务绩效。然而相对的，接受荣誉奖励为主的成员感到有维系团队和谐的需要；他们的目标不仅仅是完成任务，塑造一个稳固、凝聚的集体成为共同使命；因而相对于个人的表现，他们更在意有关集体绩效的信息反馈；正面的集体绩效反馈能够有效提升他们的效能感，并激发更多的合作行为与工作努力，也为组织带来更积极的结果。

需要注意的是，本研究采用纵向研究设计检验了奖励形式对于组织绩效反馈效果的调节作用，研究对象是以临时团队为组织形式，在时间限制内实现既定目标的项目团队。这种团队已经成为当下各类社会机构（包括政府、企业、非营利机构等）为应对复杂任务而广泛采用的战略，它们有着更强的适应性，也整合了更多优势的人力资源（Smith-Jentsch，Mathieu & Kraiger，2005）。然而有关如何激励这类团队成员的动机，提升个人绩效表现和互动合作却是管理者面临的挑战（Pearsall，Christian & Ellis，2010），因此对这一议题的探讨具有重要意义。基于这类团队的时限特征，本研究前后两次测量的时间间隔以活动起止为标准，而未考察奖励形式在一般的正式群体或组织中是否在更长的时间内对绩效反馈效果发生持续作用，这可能在一定程度上产生了研究外部效度的局限性。因此，本研究基于现场研究的结论对于短程的项目团队的建设及管理实践具有一定的解释力和借鉴作用，而在将本研究结论推广到与项目团队性质差异较大的组织情境时需更为谨慎，也需要进一步的研究。此外，本研究尚存在以下不足：在现场研究中，复杂的环境因素对实验效应产生干扰在一定程度上难以避免，但我们尽可能通过对实验分组同质性的处理、研究环境的控制以及通过事后统计检验的方式来确保实验组间的差异最大限度地反映实验处理的效应。然而仍有必要在实验室环境下，在对更多的影响因素进行控制的基础上进一步验证本研究的结论。

本研究发现对于项目团队管理实践的启示在于：倘若组织对成员强调工作的使命感和荣誉感等精神财富，而淡化物质报酬的重要性，那么投入过多精力强调成员的个人表现可能杯水车薪；但若组织从一开始就向成员明确了工作的交换本质，可能没必要专注在为成员塑造模糊不清的团队形象上来打造"人情"关系。不管组织是否有意通过奖励体系来塑造内部文化氛围，在日常管理和规范成员行为时，应尽可能保持管理方式与奖励体系背后的价值情境的一致性。这不仅是为得到一个理想的激励管理实效，也是为组织维持一个协调的、一以贯之的价值原则，有利于组织的健康发展。

（二）结论

1. 当采用金钱奖励时，组织向成员反馈个人绩效信息较反馈集体绩效信息更有利于促进组织成员的效能感、后援行为和信息分享行为；接受个人绩效反馈也能比接受集体绩效反馈产生更高的任务绩效的趋势。

2. 当采用荣誉奖励时，组织向成员反馈集体绩效信息较反馈个人绩效信息更能显著提升组织成员的效能感和绩效表现，并增加后援行为和信息分享行为。

3. 奖励形式与绩效反馈对任务绩效、合作行为的影响是通过效能感为中介发生作用的。

参考文献

［1］仇德辉. 统一价值论［M］. 北京：中国科学技术出版社，1998.

［2］费孝通，刘豪兴.乡土中国［M］.北京：生活·读书·新知三联书店，1985.

［3］黄光国，胡先缙.人情与面子：中国人的权力游戏［M］.北京：中国人民大学出版社，2010.

［4］廉如谦."差序格局"概念中三个有待澄清的疑问［J］.开放时代，2010（7）：46-57.

［5］梁建，王重鸣.中国背景下的人际关系及其对组织绩效的影响［J］.心理学动态，2001，9（2）：173-178.

［6］龙君伟.反馈干预及其影响绩效的内部机制［J］.心理科学进展，2003，11（4）：452-456.

［7］沈毅."差序格局"的不同阐释与再定位——"义""利"混合之"人情"实践［J］.开放时代，2007（4）：105-115.

［8］王建侠.近十年国内自我效能感的研究进展［J］.社会心理科学，2007，22（1）：27-34.

［9］温忠麟，张雷，侯杰泰.有中介的调节变量和有调节的中介变量［J］.心理学报，2006，38（3）：448-452.

［10］杨红升，黄希庭.中国人的群体参照记忆效应［J］.心理学报，2007，39（2）：235-241.

［11］杨宜音.自我与他人：四种关于自我边界的社会心理学研究述要［J］.心理学动态，1999，7（3）：58-62.

［12］杨宜音.关系化还是类别化：中国人"我们"概念形成的社会心理机制探讨［J］.中国社会科学，2008（4）：148-159.

［13］郑仁伟，黎士群.组织公平、信任与知识分享行为之关系性研究［J］.人力资源管理学报，2001，1（2）：69-93.

［14］朱晓妹，王重鸣.中国背景下知识型员工的心理契约结构研究［J］.科学学研究，2005，23（1）：118-122.

［15］Amah, O. E. Feedback Management Strategies in Perceived Good and Poor Performance: The Role of Source Attributes and Recipient's Personality Disposition［J］. Resource and Practice in Human Resource Management, 2008, 16（1）：39-59.

［16］Ariely, D. Predictably Irrational, Revised and Expanded Edition: The Hidden Forces That Shape Our Decisions［M］. New York: Harper Collins, 2009.

［17］Ashford, S., Edmunds, J. & French, D. P. What is the Best Way to Change Self-efficacy to Promote Lifestyle and Recreational Physical Activity? A Systematic Review with Meta-analysis［J］. British Journal of Health Psychology, 2010, 15（2）：265-288.

［18］Bandura, A. Social Foundations of Thought and Action: A Social Cognitive Theory［J］. Annual Review of Psychology, 2001（52）：1-26.

［19］Baron, R. M. & Kenny, D. A. The Moderator-mediator Variable Distinction in Social Psychological Research: Conceptual, Strategic, and Statistical Considerations［J］. Journal of Personality and Social Psychologyt, 1986, 51（6）：1173-1190.

［20］Bond, F. W., Flaxman, P. E. & Bunce, D. The Influence of Psychological Flexibility on Work Redesign: Mediated Moderation of a Work Reorganization Intervention［J］. Journal of Applied Psychology, 2008, 93（3）：645-656.

［21］Creyer, E. H., Bettman, J. R. & Payne, J. W. The Impact of Accuracy and Effort Feedback and Goals on Adaptive Decision Behavior［J］. Journal of Behavioral Decision Making, 2011, 3（1）：1-16.

［22］DeNisi, A. S. & Kluger, A. N. Feedback Effectiveness: Can 360-degree Appraisals be Improved?［J］. The Academy of Management Executive, 2000, 14（1）：129-139.

［23］Earley, P. C. Self or group? Cultural Effects of Training on Self-efficacy and Performance［J］. Administrative Science Quarterly, 1994, 39（1）：89-117.

［24］Egan, T. M. & Song, Z. Are Facilitated Mentoring Programs Beneficial? A Randomized Experimental

Field Study [J]. Journal of Vocational Behavior, 2008, 72 (3): 351-362.

[25] Gielen, S., Peeters, E., Dochy, F., Onghena, P. & Struyven, K. Improving the Effectiveness of Peer Feedback for Learning [J]. Learning and Instruction, 2010, 20 (4): 304-315.

[26] Hattie, J. & Timperley, H. The Power of Feedback [J]. Review of Educational Research, 2007, 77 (1): 81-112.

[27] Heyman, J. & Ariely, D. Effort for Payment a Tale of Two Markets [J]. Psychological Science, 2004, 15 (11): 787-793.

[28] Jex, S. M. & Bliese, P. D. Efficacy Beliefs as a Aoderator of the Impact of Work-related Stressors: A Multilevel Study [J]. Journal of Applied Psychology, 1999, 84 (3): 349-361.

[29] Pearsall, M. J., Christian, M. S. & Ellis, A. P. J. Motivating Interdependent Teams: Individual Rewards, Shared Rewards, or Something in Between? [J]. Journal of Applied Psychology, 2010, 95 (1): 183-191.

[30] Preacher, K. J., Rucker, D. D. & Hayes, A. F. Addressing Moderated Mediation Hypotheses: Theory, Methods, and Prescriptions [J]. Multivariate Behavioral Research, 2007, 42 (1): 185-227.

[31] Porter, C. O. L. H., Hollenbeck, J. R., Ilgen, D. R., Ellis, A. P. J., West, B. J. & Moon, H. Backing up Behaviors in Teams: The Role of Personality and Legitimacy of Need [J]. Journal of Applied Psychologyt, 2003, 88 (3): 391-403.

[32] Roznowski, M. Examination of the Measurement Properties of the Job Descriptive Index with Experimental Items [J]. Journal of Applied Psychology, 1989, 74 (5): 805-814.

[33] Smith, S. A., Kass, S. J., Rotunda, R. J. & Schneider, S. K. If at first You don't Succeed: Effects of Failure on General and Task-specific Self-efficacy and Performance [J]. North American Journal of Psychology, 2006, 8 (1): 171-182.

[34] Smith-Jentsch, K. A. et al. Investigating Linear and Interactive Effects of Shared Mental Models on Safety and Efficiency in a Field Setting [J]. Journal of Applied Psychology, 2005, 90 (3): 523-535.

[35] Tolli, A. P. & Schmidt, A. M. The Role of Feedback, Casual Attributions, and Self-efficacy in Goal Revision [J]. Journal of Applied Psychology, 2008, 93 (3): 692-701.

[36] Usher, E. L. & Pajares, F. Sources of Self-efficacy in School: Critical Review of the Literature and Future Directions [J]. Review of Educational Research, 2008, 78 (4): 751-796.

[37] Vohs, K. D., Mead, N. L. & Goode, M. R. The Psychological Consequences of Money [J]. Science, 2006, 314 (5802): 1154-1156.

[38] Vohs, K. D., Mead, N. L. & Goode, M. R. Merely Activating the Concept of Money Changes Personal and Interpersonal Behavior [J]. Current Directions in Psychological Science, 2008, 17 (3): 208-212.

[39] Watson, D., Clark, L. A. & Tellegen, A. Development and Validation of Brief Measures of Positive and Negative Affect: The PANAS Scales [J]. Journal of Personality and Social Psychology, 1988, 54 (6): 1063-1070.

[40] Yang, C. F. Psychocultural Foundations of Informal Groups: The Issues of Loyalty, Sincerity, and Trust [C]. In Dittmer, L., Fukui, H. & Lee, P. S. (eds.). Informal Politics in East Asia. Cambridge, UK: Cambridge University Press, 2000: 85-105.

The Impact of Reward Value Orientation on Performance Feedback Effectiveness

Dai Wenting　Shi Kan　Han Xiaoyan　Zhou Xinyue

Abstract: Although performance feedback has been given great importance in fostering employee self-efficacy that provides access to performance and other positive outcomes, contrasting views still exist on the effectiveness of performance feedback. The potential impact of reward system on feedback effectiveness was previously overlooked. Reward system may knock out the benefit that comes from feedback for the value orientation implied in reward changes individual cognition and behavior pattern and it influences the effectiveness of those feedback messages. Merely reminders of the concept of money or honor could change personal cognition and interpersonal behavior. On one hand, money is linked to a focus on personal inputs and outputs in a transactional term, In terms of that, individuals reminded of money are more interested in self-achievement. On the other hand, honor is the most typical form of social approval, sense of honor makes individuals obliged to follow the social norms. Besides, interpersonal harmony is the core element of traditional social values in China. As a result, the emphasis on reputation may arouse desire to satisfy the collective needs. Accompanied with this value orientation difference produced by incentive styles, individual self-concept tends to vary in accordance with the inner state of the incentive styles. Specifically, the market-pricing mode stresses the concept of private self, while social norms emphasize the concept of collective self. As it is demonstrated that people tend to respond more rapilly and are more sensitive to information that is in consistent withtheir sef-concept, it seems reasonable that a feedback message will be accepted and utilized more efficaciously when the feedback adjusts its target according to the individual self-concept. As a consequence, the performance feedback designed based on reward system will effctively increase individual self-efficacy, and lead to preferred outcomes eventually. In this stutly we discussed the interaction of performance feedback and incentive style in the process of promoting task performance and cooperation. We conducted a field study among undergraduate students to lest our hypothesis. Data were collected in 2 rounds of surveys during 20 days in a large-scale urban event. In total, 231 useable responses were available. We measured the independent variables in the 2 rounds of surveys. While we manipulated incentive style (money/honor) and performance feedback (personal/collective) right after the fist survey conducted. The resuls of this study showed that incentive style and performance feedback had an interaction effect on task performance, $F(1, 226) = 4.35$, $p = 0.038$, and cooperation behavior, back-up behavior: $F(1, 226) = 12.52$, $p < 0.001$, knowledge sharing, $F(1, 226) = 16.66$, $p < 0.001$. Specifically, when monetary incentives were adopted, personal feedback improved task performance and increased cooperation more than collective feedback. In contrast, collective feedback produced higher task performance and cooperation when honor incentives were adopted. Meanwhile, self-efficacy moderated this process. Based on this result, we suggest administrators be cautious of the value message underlying the reward system. And it is recommended that organization should implement management styles that are in accordance with its culture in order to facilitate sustainability of the organization.

Key words: money; honor; performance feedback; cooperation behavior; task performance

公务员抗逆力的干预策略实证研究[*]

郝帅 江南 时勘

【编者按】本人有幸于 2008 年拜入时勘老师门下，在中国科学院大学管理学院就读管理心理学专业人力资源管理方向。当时，我已经参加工作三年有余，离开校园环境较久，加之我属于跨专业考博，初入学时对学习非常不适应。在时老师的指导与帮助下，我积极地参加课题组的各项集体学习研讨，逐渐适应了学习环境和工作节奏。时老师的课题组就像一个大家庭一样温暖，大家来自五湖四海，为了变成更好的自己而不断努力学习，整个课题组的氛围非常友好。当我遇到不懂的情况就可以和师兄师弟们一起探讨，激发灵感、启迪思考。在逐渐掌握学习方法的基础上，我通过阅读大量文献，对抗逆力的重要性、内容和方法等进行了系统的整理，进一步梳理了前人的研究进展。同时，我采用实验法探讨抗逆力的结构，为后续研究提供了有价值的参考。在三年多的时间里，时老师既是一位严师，以身作则、率先垂范，每天辛勤工作，给我们树立了良好的学习榜样；同时也是一位慈父，关心着每一位同学在学习和生活上遇到的困难，并尽力帮助大家解决问题。在我读博期间，时老时给予我很多鼓励，支持我开展多项实证研究，并在论文撰写过程中经常彻夜帮我修改，非常令人感动。今天，我在人才济济的中国科学院机关能够立足，而且有很好的发展，除了本院各级领导的关心和扶植之外，在时老师课题组这几年的经历、受益是我成长不可或缺的宝贵财富，我将受用终身！令公桃李满天下，何用堂前更种花，对老师的恩情永诉不完，唯愿吾师身体更康健！（郝帅，中国科学院管理学院 2008 级博士生，中国科学院直属机关党委 副处长）

摘 要：抗逆力是从积极心理学角度诠释心理健康的重要指标，提升抗逆力对促进心理健康具有重要意义。本研究基于公务员抗逆力模型的结构要素，设计了干预方案并进行了为期 6 个月的干预实验和 3 个月的追踪研究，对比了不同干预策略的效果。实验结果为公务员抗逆力的理论模型提供了很强的效度指标，研究结论对于公务员抗逆力的干预策略提供了理论及实际参考。

关键词：公务员；抗逆力；干预

一 研究背景

长期以来，人们非常重视身体健康，但对于呈显性爆发趋势的心理疾病却不够重视。抗逆力（resilience）从积极心理学的角度为促进心理健康提供了很好的解释。"抗逆力"一词原指物体受到外力挤压时的回弹，随着学者关于良好适应（invulnerability）、易染性（vul-

---

* 本文受国家自然科学基金项目（71272156）资助。

nerability）和抗压力（stress resistance）的研究的深入，逐渐形成了对抗逆力概念的理解（Jew et al.，1999）。抗逆力的研究始于美国20世纪70年代中期，目前对"抗逆力"一词还没有统一的界定标准和一致的中文翻译。有香港学者将resilience译为"抗逆力"（李德仁，2006），大陆有些学者将其翻译为"心理弹性"（曾守锤，2003；于肖楠等，2005），也有些学者把它翻译为"韧性"（刘取芝等，2005）。萧爱玲（Siu，2006）对抗逆力有自己独特的观点，认为抗逆力是指个人面对生活逆境、创伤、悲剧、威胁以及其他重大压力的良好适应，也是个人面对生活压力和挫折的"反弹能力"。本研究比较认同萧爱玲的观点，这一观点反映了抗逆力在压力情境下的主要功能，是应激（stress）和应对（coping）的和谐统一，是良性应激（eustress）的突出表现。抗逆力在压力管理中能够起到激发潜能、振奋情绪、增进健康的作用。

随着研究的日益深入和发展，抗逆力越来越被人们熟悉和关注，并在特殊高危人群（如生活条件恶劣的青少年、危机儿童等）的心理健康方面得到广泛的研究和应用（Anthony，1974；Werner et al.，1992；Luthor et al.，2000），但抗逆力对于普通人群心理健康积极意义的研究仍为鲜见。已有的研究一般通过比较高危样本中高抗逆力和低抗逆力两组人群在一些特征上的差异，得出影响抗逆力的因素。这种研究范式虽然可以得到比较明确的因果关系，却忽略了更为庞大的普通人群，他们在生活中或未来的某一刻随时可能遭遇危机。压力和抗逆力是在哲学意义上互伴的对象。与其在人们遭遇危机之后再进行心理救援，不如预先进行提升抗逆力水平的培训。如何通过培训和干预提高人们的抗逆力，使之面临危机时能显示出较好的身心健康和积极的行为表现，是抗逆力研究的重要意义所在。

目前，国内外对于公务员压力方面的研究不太多，主要集中于压力来源和表现等方面（Moriko，2007；潘莉等，1997；崔会玲等，2005；李志等，2006；禹玉兰，2007；高电玻，2009），而并没有从抗逆力机制上开展相关研究。鉴于此，本研究针对公务员抗逆力模型，通过设计对比试验，测量不同干预策略实施前后的抗逆力水平和追踪测量的抗逆力水平，并进行对比，验证干预策略的有效性。

二 研究内容

1. 研究设计

将被试分为实验组（根据不同干预策略分为实验组A、B、C、D共4组）和控制组；对4组实验组和控制组被试同时实施抗逆力水平前测，然后对实验组被试进行6个月的基于抗逆力模型的干预，而对控制组被试不进行任何干预；6个月之后，同时对4组实验组和控制组被试实施后测；后测之后，对所有的被试均不再进行任何干预，3个月后进行追踪测量。

选择北京4家机关的公务员作为被试人群。为方便研究干预的实施，首先在其中3家单位每个单位中随机抽取80人，分别称为实验组A、B和C，另外在这3家单位中每个单位随机抽取最终组成80人的实验组D，最后一家单位抽取80人作为控制组。选取被试群体的人员性别、年龄、学历、职级等构成比例比较接近，人口统计学因素引起的误差忽略不计。

2. 研究工具

本课题组研究开发公务员抗逆力问卷共20道题目，包含5个结构因素：人际关系、职业发展、自我认知、积极心态和环境互动。

本问卷编制过程严格遵守心理学问卷编制要求，经过 300 人预试和 700 人复试，经探索性因素分析和验证性因素分析验证，5 个子量表的信度都在 0.70 以上，符合测量学的标准；各项目在相应的因子上均有较大的负荷，负荷值在 0.50~0.74。各因子之间有较大的相关，相关系数在 0.58~0.85。

通过与 Block 和 Kremen（1996）编制的自我弹性问卷（E98）做效标关联效度分析，公务员抗逆力问卷与自我弹性问卷（E89）的相关系数为 0.57，且具有显著性（$p<0.01$）。公务员抗逆力各分量表与心理弹性的相关系数在 0.47~0.53，均达到统计学显著（$p<0.01$），具有较好的效标关联效度。同时，公务员抗逆力各分量表之间都相关显著，相关系数在 0.42~0.70，各分量表与总量表的相关都在 0.70 以上，表明该问卷具有较高的会聚效度。

自编公务员抗逆力问卷，信度和效度都符合测量学的要求，可以作为今后开展这方面实证研究的有效测评工具。

3. 研究设计和分组实施

干预实验时间为 2010 年 4 月 2 日至 9 月 30 日。具体分组如下：

（1）实验组 A：拓展训练组。每个月集体前往密云某拓展基地进行拓展训练，每次训练时间约 3 小时，一共进行 6 个月，共 6 次。

（2）实验组 B：团体讲座组。每个月在单位集体组织听心理健康讲座，每次讲座时间约 2 小时，一共进行 6 个月，共 6 次。

（3）实验组 C：电子邮件组。每周周末由研究者聘用的专人向被试发送电子邮件，通过电子邮件内容传授心理健康知识和心理调适方法。一共进行 6 个月，共进行 23 次。

（4）实验组 D：综合干预组，同时接受拓展训练、心理健康讲座和电子邮件的干预措施。

（5）控制组：不进行任何干预。

4. 研究方案

本研究干预方案的内容均选取围绕公务员抗逆力模型的五个结构因素来设计干预内容，以强调人际沟通、交往能力以及培养创新能力、树立正确的职场心态、培养高效的工作效率等方面进行有针对性的干预。

（1）拓展训练方案。实验组 A 的拓展训练方案具体如表 1 所示。每次训练项目开始之前，都有 10 分钟左右的破冰起航，进行热身，消除隔阂，舒展筋骨。训练项目结束之后，教练引导队员以互动问答的形式分享体会和收获，最后教练对本次训练进行总结，布置思考问题，引导队员将训练中的收获迁移至实际工作、生活和学习中，并从中受益。

由表 1 可以看出，拓展训练中的高台演讲、盲人方阵、圈中取水等项目主要是培训与人交往、沟通的能力；通天塔、信任背摔、穿越电网等项目主要培训的是团队合作能力；高空断桥、飞檐走壁等项目主要培训的是正确认知自我、挑战自我等能力；七巧板等项目主要训练的是突破思维模式的能力。其中每个项目并不只是单方面对一项能力起作用，而是对好几种能力产生影响，针对公务员抗逆力的人际关系、职业发展、自我认知、积极心态、环境互动等因素进行干预。

表 1   拓展训练实验方案

序号	时间	项目	培训目的
1	4月2日	1. 团队破冰	宣讲训练要求，组建训练团队，打破队员间的隔阂
		2. 高台演讲	学习倾听的能力，提高语言表达能力；提高时间感觉和掌控能力；学会如何正确对队友给予评价
2	5月7日	1. 盲人方阵	增强团队凝聚力；学习面对困难时如何解决；突破定式思维，培养创新能力；形成个人在团队中的自我定位
		2. 通天塔	
3	6月18日	1. 信任背摔	培养队友之间的信任与支持；发扬团队精神、互帮互助、培养责任感受；培养换位思考的意识
		2. 飞檐走壁	增强挑战自我的勇气、培养良好的心理素质；通过挑战理解突破本能的重要意义
4	7月16日	1. 穿越电网	培养合理计划、有效组织、统一行动、团队协作的意识；增强学员充分利用资源和对资源的配置能力；认识合理分工与服从组织安排的重要性；培养科学决策方法和严谨细致的工作作风；理解合理节约时间的意义和作用
		2. 圈中取水	
5	8月30日	1. 高空断桥	培养在困难面前永不放弃、战胜自我的品质；增强自我控制与决断能力；学会自我说服；学会激励他人和获取鼓励；体会面对困境时的互助精神；体会认知心态对行动的影响；学会缓解心理压力
		2. 七巧板	
6	9月29日	毕业墙	培养团队协作精神，培养甘为人梯的奉献精神；提高危机时刻的生存技能

（2）团体心理健康讲座方案。实验组 B 的团体心理健康讲座方案具体如表 2 所示。

表 2   团体心理讲座方案

序号	时间	讲座	培训目的
1	4月8日	从容应对压力	正确认识压力，学习克服紧张焦虑的方法
2	5月10日	工作—家庭冲突	了解什么是工作—家庭冲突以及如何妥善处理这种冲突
3	6月24日	和谐沟通	学习沟通的技巧和方法
4	7月20日	培养幸福感	培养幸福感意识
5	8月31日	玩转时间管理	学习时间管理的技巧，提高工作效率
6	9月28日	公务员心理调适能力	时代发展对公务员能力素质的要求、心理压力分析、心理健康标准和心理调适方法

由表 2 可以看出，团体心理健康讲座的培训内容，主要针对公务员抗逆力中的人际关系、职业发展和积极心态等因素进行干预。

（3）电子邮件干预方案。每周一次选取中国公务员心理健康网（http：//www. psy gwy. com/）上合适的内容或文章，以电子邮件形式由专人发至实验组 C 全体被试的电子邮箱。选择内容主要是针对公务员抗逆力模型中的人际关系、职业发展、自我认知和积极心态几个因素进行干预。

三　研究结果

1. 组间测量结果

（1）实验组与控制组被试在实施干预前后的差异。具体结果见表3。干预实验的结果表明：控制组的前测和后测抗逆力水平没有显著性差异。实验组 A（拓展训练组）、实验组 B（心理健康讲座组）、实验组 D（综合干预组）的抗逆力在接受干预前后发生了显著性变化，得分差异显著，初步说明这几组被试的抗逆力水平有所提高。而实验组 C（电子邮件干预组）的被试抗逆力得分在干预前后并没有变化，说明实验组 C 的干预没有起到明显作用。笔者推测，这可能是由于工作繁忙而忽略了相关邮件。

表 3　实验组与对照组在干预前后的差异

组别	人数	前测	后测	t
		M±SD	M±SD	
实验组 A	80	3.556±0.341	4.251±0.570	2.762*
实验组 B	76	3.663±0.398	4.190±0.462	2.659*
实验组 C	92	3.564±0.404	3.611±0.351	0.579
实验组 D	60	3.608±0.475	4.390±0.298	2.748*
控制组	82	3.662±0.493	3.560±0.355	0.502

（2）实验组与控制组被试后测与追踪测量的差异。具体结果见表4，可以看出：实验组 A（拓展训练组）、实验组 D（综合干预组）的后测和追踪测量抗逆力得分没有显著性差异，表明在停止拓展训练干预 3 个月后，被试抗逆力水平还维持在干预后的水平，没有明显降低。实验组 B（心理健康讲座组）的后测和追踪测量抗逆力得分差异显著，说明停止团体心理健康讲座之后，抗逆力水平有明显下降，说明在停止干预后，实验组 B 被试抗逆力没有得到保持。实验组 C（电子邮件干预组）和控制组后测与追踪测量之间均无明显差异。可见，实施拓展训练和综合干预的两组，在追踪测量时抗逆力仍然得到了维持，并没有明显随时间下降。

表 4　实验组与控制组干预后测与追踪测量的差异

组别	人数	后测	追踪测量	t
		M±SD	M±SD	
实验组 A	80	4.251±0.570	4.17±0.490	0.706
实验组 B	76	4.190±0.462	3.695±0.600	2.196*
实验组 C	92	3.611±0.351	3.627±0.444	0.561
实验组 D	60	4.390±0.298	4.345±0.457	0.435
控制组	82	3.560±0.355	3.619±0.461	0.625

（3）实验组 A 组前测、后测与追踪测量的差异。具体结果见表5。可以看出，经过拓展训练，前测与后测主要在人际关系、职业发展、自我认知、环境互动因素上产生明显差异，说明拓展训练可以较为有效地影响以上几个因素，产生有益的效果，对被试产生积极的影响。经过3个月的追踪测量后发现，拓展训练对于人际关系和环境互动仍在起着积极的作用。

表5　实验组 A 干预前测、后测与追踪测量的差异

组别	A 前测	A 后测	A 追踪测量	t1	t2	t3
	M±SD	M±SD	M±SD	后—前	追—前	追—后
人际关系	3.501±0.390	4.271±0.490	4.165±0.490	4.097***	3.950**	−0.371
职业发展	3.690±0.462	4.220±0.460	3.901±0.533	2.623***	1.217	−0.778
自我认知	3.535±0.667	4.188±0.462	4.009±0.390	2.403*	1.019	0.230
积极心态	3.611±0.351	3.585±0.444	3.623±0.376	0.995	1.073	0.199
环境互动	3.560±0.355	3.619±0.461	4.1983±0.339	2.887*	2.585*	0.778

研究发现，由于拓展训练的主要训练内容是基于公务员抗逆力模型中结构因素制定的，主要培养沟通能力、人际交往能力和团队凝聚力，而且与心理健康讲座相比，拓展训练更注重个人亲身的体验性，因此干预效果较为明显。

（4）实验组 B 组前测、后测与追踪测量的差异。具体结果见表6。可以看出，经过集体心理健康讲座的干预，前测和后测主要在人际关系和积极心态因素上差异显著，说明心理健康讲座对以上两个因素产生有益的效果和积极的作用。经过后测，心理健康讲座的积极效果变得不显著，说明心理健康讲座的效果维持性不是很理想，需要持续进行才能加强。

表6　实验组 B 干预前测、后测与追踪测量的差异

组别	B 前测	B 后测	B 追踪测量	t1	t2	t3
	M±SD	M±SD	M±SD	后—前	追—前	追—后
人际关系	3.257±0.570	4.170±0.315	3.541±0.570	4.097***	1.430	−2.450*
职业发展	3.190±0.462	3.695±0.683	3.488±0.420	2.623***	1.217	−0.778
自我认知	3.611±0.351	3.627±0.441	3.658±0.534	0.995	1.001	1.089
积极心态	4.06±0.529	4.191±0.370	4.258±0.298	0.876	1.345	1.073
环境互动	3.560±0.355	4.258±0.499	4.339±0.463	2.887*	1.917	1.595

（5）控制组前测、后测与追踪测量的差异。为了对照说明控制组在正常的生活中的抗逆力变化情况，本研究对控制组前测、后测与追踪测量也进行了比较，结果见表7。

表7　控制组前测、后测与追踪测量的差异

组别	控制组前测	控制组后测	控制组追踪测量	t1 后—前	t2 追—前	t3 追—后
	M±SD	M±SD	M±SD			
人际关系	3.555±0.570	3.895±0.490	3.701±0.332	2.025*	0.430	−1.950

续表

组别	控制组 前测 M±SD	控制组 后测 M±SD	控制组 追踪测量 M±SD	t1 后—前	t2 追—前	t3 追—后
职业发展	3.598±0.462	3.695±0.600	3.620±0.516	1.009	1.217	-0.778
自我认知	3.611±0.351	4.427±0.444	3.660±0.489	3.096*	0.876	-2.420*
积极心态	3.233±0.471	3.254±0.522	3.298±0.570	1.247	0.919	0.256
环境互动	3.560±0.355	3.619±0.461	3.602±0.512	1.017	0.992	1.256

由表 7 可以看出，对照组在实验前后测中人际关系、自我认知因素差异显著，在追踪测量和后测之间自我认知因素差异显著，但抗逆力总分差异均不显著，说明控制组在正常的生活中，抗逆力水平也许会受到生活事件的影响，产生波动。

2. 组内测量结果

我们在实施干预的前测时发现，组内被试表现出了个体抗逆力水平差异。在干预过程中发现，同样的干预措施和干预内容对不同个体产生的效果也不同，有的研究对象经过干预培训后抗逆力得到提高，而有的研究对象通过抗逆力干预培训后抗逆力并没有提高。这种现象不仅在几个单一项目的实验组（组 A 和组 B）中出现，在综合干预组（组 D）中也发现有 3 名被试在参加了集体心理讲座、拓展训练、电子邮件干预三种复合干预之后，抗逆力没有提高。也就是说，这几种措施对这 3 名被试都没有起到干预效果，而这 3 名被试的共同点是前测时抗逆力水平较低。

四 分析与讨论

组间抗逆力干预对比结果表明，通过设计针对公务员抗逆力模型五个结构因素（人际关系、职业发展、自我认知、积极心态和环境互动）的干预方案，经历长达 6 个月的分组对比干预实验和 3 个月的追踪，产生了一定干预效果。其中，以拓展训练和心理健康讲座的干预形式效果较为显著。具体结果为：

1. 拓展训练方式在人际关系、职业发展、自我认知和环境互动因素上积极作用显著，而且在停止干预后 3 个月的追踪测量中仍表现出对人际关系和环境互动产生积极效果。

2. 团体心理健康讲座在干预期间对抗逆力中人际关系和积极心态有积极效果，但是一旦停止干预，效果变得不再明显。

3. 电子邮件干预则在整个实验干预过程中未能体现出明显的效果。研究表明，抗逆力是可以通过培训被提高的，选取合适的干预策略非常重要。拓展训练由于其更注重个人亲身的体验性，增加公务员的团体归属感，增强人际关系协调能力，从而对提升抗逆力效果明显。

对于组内个体的抗逆力研究，我们发现任何干预策略均未产生效果的 3 名被试有共同的特点：前测时就表现出抗逆力水平比较低。笔者曾以电话、电子邮件等形式联系这 3 名被试，试图建议他们到更专业的心理诊所接受检查并进行心理调适，但均无回应。公务员的心理问题十分隐蔽，不容易被外界发现。鉴于此，笔者认为，在对被试进行干预培训前，应首先对被试根据其抗逆力水平进行分级，确定被试的抗逆力水平层级后，再根据实际情况选择合适措施进行干预。

在实际干预实施过程中，笔者发现：公务员人群自尊感比较强，对于让他们主动前往到外包型专业心理机构进行治疗可能性比较小。本研究在取样过程中曾遭遇过困难，多数公务员单位都拒绝进行员工的心理健康调查，笔者曾联系过北京市近 40 家单位，但大部分单位都不愿意参与研究，而且大部分单位都没有设置专门的内部心理调适部门或机构。

综上可以看出，基于抗逆力模型的干预对提升抗逆力起到一定的作用，但是无论是以上哪种方式，都是单一的干预行为，而非系统的促进干预。实际生活中，影响心理健康的因素有很多，不可能有一种干预措施能解决全部的问题。

基于以上研究，笔者提出公务员抗逆力提升系统框架图（见图1），并认为提升公务员抗逆力应该从以下几方面着手：

1. 加强组织支持，深化组织对公务员心理问题的重视和对抗逆力提升工程的重视和支持力度。

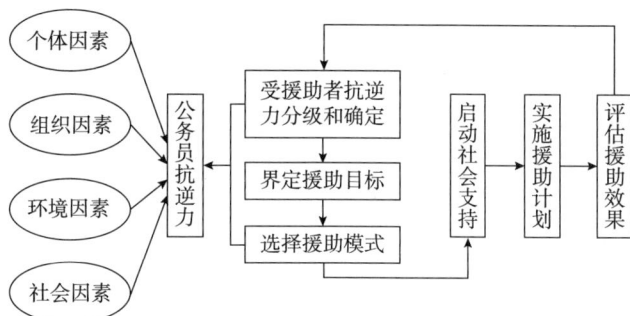

图1　公务员抗逆力提升系统框架

2. 要根据抗逆力水平对公务员进行分级，然后根据其所在级别采取针对性更强、更合适的培训策略。

3. 结合组织内部和组织外部的两方面形式进行援助，由组织内部机构将外界专业心理咨询机构请到组织中来，对组织内部每个员工进行援助和干预。这样能使每个员工都参与其中，减少个案被关注的程度，才能保证公务员在不被泄露个人隐私情况下，愿意投身参与抗逆力的培养。

本研究只选取了公务员作为试验被试，但选取不同干预策略作了长达 6 个月的研究以及 3 个月追踪的纵向研究，并验证了不同干预策略的有效性，具有一定的实践创新性，为证实公务员抗逆力的理论模型提供了很强的效度指标。

笔者认为，经济社会发展到一定阶段，必须高度重视人们的心理健康问题。不仅要从卫生系统，而且要从教育系统、劳动与社会保障系统甚至法律保障系统来全方位、切实有效地加以保护和提高，形成一个有利于提高国家竞争力的心理健康促进体系，努力从个体、组织和社会各个层面缩减处于亚健康状态人群比例，从而提升国民素质，激发国民活力，推动民族振兴。

参考文献

［1］Jew, C. L., Green, K. E. & Kroger, J. Development and Validation of a Measure of Resiliency ［J］. Measurement & Evaluation in Counseling & Development, 1999（32）: 75-90.

［2］Siu, O. L. Resilience ［J］. Peking U Business Review, 2006（4）: 72-74.

［3］Anthony, E. J. The Syndrom of the Psychologically Invulnerable Child. The Child in His Family: Children at Psychiatric Risk, International Yearbook ［M］. New York: Wiley, 1974（3）: 529.

［4］Werner, E. E. & Smith, R. S. Overcoming the Odds: High Risk Children from Birth to Adulthood ［M］. Ithaca, NY. Cornell University Press, 1992.

［5］Luthar, S. S., Cicchetti, D. & Becker, B. The Construct of Resilience: A Critical Evaluation and Guidelines for Future Work ［J］. Child Development, 2000（71）: 543-562.

［6］Mariko Kawaharada. Department of Public Health, Graduate School of Medicine. Hokkaido University, Sapporo, Japan Ind Health, 2007, 45（2）: 47-55.

［7］Block, J. & Kremen, A. M.. IQ and Ego Resiliency: Conceptual and Empirical Connections and Separateness ［J］. Journal of Personality and Social Psychology, 1996, 70（2）: 349-361.

［8］李德仁. 以培育少年人的抗逆能力作为预防香港青少年问题恶化的一种对策: 成长的天空 ［R］. 首都师范大学"跨越文化背景的抗逆力途径——中国的研究研讨会"会议论文, 2006.

［9］曾守锤, 李其维. 儿童心理弹性发展的研究综述 ［J］. 心理科学, 2003（6）.

［10］于肖楠, 张建新. 韧性（resilience）——在压力下复原和成长的机制 ［J］. 心理科学进展, 2005（3）.

［11］刘取芝, 吴远. 压弹: 关于个体逆境适应机制的新探索 ［J］. 湖南师范大学教育科学学报, 2005（3）.

［12］崔会玲, 田俊. 公务员心理困境——一个亟待关注和解决的现实问题 ［J］. 华中师范大学研究生学报, 2005（3）.

［13］潘莉, 佘双好, 李怀军, 戴永胜. 公务员工作压力与心理健康的关系研究 ［J］. 四川行政学院学报, 1997（2）.

［14］李志, 李政. 公务员工作压力调查及相关建议 ［J］. 重庆行政, 2006（3）.

［15］禹玉兰. 澳门公务员压力现状及影响因素的研究 ［J］. 中国健康心理学杂志, 2007（15）.

［16］高电玻, 危莹. 我国公务员职业倦怠的成因和对策 ［J］. 当代社科视野, 2009（6）.

Comparative Study of Intervention Strategies to Improve the Civil Servants' Resilience

Hao Shuai　Jiang Nan　Shi Kan

Abstract: Resilience is an important indicator of mental health from a positive psychology perspective interpretation. Enhance resilience can improve the level of mental health. According to the design scheme of the resilience model, we carried out intervention study for 6 months and 3 months follow-up, the experimental results provide a validity index strong theory model to prove that the civil servant resilience. The conclusion of the research also provides certain theory reference and practical intervention strategies regarding the civil servants.

Key words：civil servant；resilience；intervention

中国管理者交易型领导的结构与测量*

陈文晶　时　勘

【编者按】我在 2004 年非常幸运地加入中国科学院心理研究所时勘博士课题组，从教育心理学转到工业与组织心理学范畴，虽然有一定的相通，但也遇到了很多挑战。回想起来，刚刚进入研究所的时候，时老师就已经对我的学习进行了规划。时老师针对我统计基础的不足，安排我参加统计培训；跟着师兄做项目，逐渐培养我的主动性和独立性，并在实际工作中不断完善自己。在选择自己的博士研究方向时，时老师鼓励我继续延续变革型和交易型领导的研究思路。随着对文献的整理，我更加明确了自己的博士论文应聚焦在交易型领导上。虽然很多研究都表明变革型领导对于交易型领导有扩大的效果（augmentation effect），但徐长江等人的研究发现，在我国文化背景下，变革型领导对于工作满意度和组织承诺有显著的预测力，而交易型领导则对于组织绩效有更大的效能。这激发了我更加深入地探讨我国文化背景下交易型领导的结构及其作用机制。时老师从选题、查文献、问卷设计、结构访谈、数据收集与分析，一直到研究报告的撰写，每一个关键点都进行认真的指导。在我的博士论文中，通过三次取样，涉及 1944 份有效样本，研究结果表明，我国文化背景下的交易型领导包括四因素：过程监控、预期投入、权变奖励以及权变惩罚。研究发现了中国交易型领导的一个独特维度——预期投入，这个维度强调了领导者事先对下属的一种投入，不论是物质方面的还是情感方面的，期望下属用工作来进行回报，这样的交易是相对隐性的，也是和西方交易型领导的最大区别所在。中国交易型领导与西方交易型领导在结构上的差异，可以在中国文化背景中找到依据。西方式的管理讲究制度和规则，而中国人讲"仁、义、礼、智、信"，孟子提出"仁、义、礼、智"，董仲舒扩充为"仁、义、礼、智、信"，也就是人们常说的"五常"，这"五常"贯穿于中华伦理的发展中，是中国文化体系中最核心的价值因素。在我们研究中发现的"预期投入"可以说就是"义"的一种体现。孔子在《礼记·礼运》中提出"十义"作为人伦关系的准则："何为人义？父慈，子孝，兄良，弟恭，夫义，妇听，长惠，幼序，君仁，臣忠，十者谓之人义。"依照十义的原则，扮演不同角色的人，其行为处事应依照相应的原则。在企业的管理实践中，企业的资源以及资源的分配都是掌握在领导者手中，管理者为下属提供良好的工作环境和需要完成工作任务的资源、关心员工的个人生活等都是预期投入的内容，是作为管理者"义"中的"长惠"和"君仁"的表现。在 Bass 的交易型领导理论中，交易型领导是能够达到预期绩效的领导行为，因此，在中国文化背景下的交易型领导，仅仅包含对工作内容的要求是不够的，还应结合我们的文化和具体国情加入对员工的投入，以期望他们能够以完成工作作为回报，而不是依据西方的规则和原理简单对员工进行管理。同时，我们研究发现，交易型领导和变革型领

　　* 基金项目：国家社会科学基金资助重点项目（10AGL003）；国家自然科学基金资助项目（70471060）；中央高校基本科研业务费专项资金资助项目（2012RC1005）。

导对不同的结果变量有不同的效果，交易型领导在离职意向方面的负向预测力明显强于变革型领导；而在 OCBO、角色内绩效、工作满意等方面，变革型领导的解释力强于交易型领导，但是变革型领导的扩大效果并没有完全得到验证。研究立足我国的文化背景，构建了交易型领导的理论结构，延续多因素领导的本土化研究，又完善了 MLQ 的理论体系，这对本土的管理实践有重要的理论和实践指导价值。借此，我能够有两篇相关的文章在级别比较高的杂志上得以发表：在《管理评论》上发表了《变革型领导和交易型领导的回顾与展望》，在《管理学报》上发表了《中国管理者交易型领导的结构与测量》。时老师对学生有慈父般的关爱，对科学研究执着热情，他的敬业精神和勤奋的工作态度深深地感染着我，鼓励我不断前行、努力奋斗，并把这份精神传承给我的学生。（陈文晶，中国科学院心理研究所 2004级博士生，北京邮电大学经济管理学院　副教授）

摘　要： 通过 3 次研究取样，在 1944 份有效调查样本的基础上，探究中国管理者交易型领导的行为和理论。立足中国情境，构建了交易型领导的理论结构，并进行有关测量。研究表明，编制的交易型领导问卷具有较好的信度和效度；同时，层次回归、偏相关分析的结果显示，交易型和变革型领导对不同的结果变量有不同的影响。本研究延续多因素领导的本土化研究，对本土管理实践具有相当的理论和应用价值。

关键词： 交易型领导；过程监控；预期投入；权变奖励；权变惩罚

BASS[1]提出的多因素领导理论（如变革型领导、交易型领导）一直是前沿的领导理论之一，也是近 20 年来领导理论研究的热点。变革型领导与交易型领导并非两个互相独立的领导风格，而是共存和相互补充的，其领导效能的好与坏还要受到情境与被领导者的影响。例如，交易型领导风格或变革型领导风格在什么情况下采用会更加有效[2]。目前，在中国情境下的交易型和变革型领导研究，所采用的问卷大多是基于西方文化背景编制的[3]。然而，针对领导过程，中国与西方相比而言有共同的地方，但也有自身的独特之处。例如，文献 [4，5] 的研究发现，针对 PM 理论，中国存在品德这个独特维度。Westwood[6]和 Cheng 等[7]的研究表明：家长式领导是中国企业领导者的独特风格。时勘等[8]也发现，国内高层管理者与西方管理者的胜任特征模型存在一定的差异。在李超平等[8]发展了变革型领导的问卷后，国内在交易型领导研究方面尚缺乏相应的工具。本研究认为，在中国的文化背景与管理现状下，加强对交易型领导的研究可能更符合中国的客观现实[10]。本研究借鉴扎根理论，参考文献 [9，11~13] 的研究，立足我国文化背景，构建交易型领导的结构，完善多因素理论体系的本土化研究。

一　交易型领导的归纳分析

本研究采用主位研究和客位研究相结合的方法，在概念层面借鉴国外交易型领导的概念，参考 FARH 等[11]的研究，使用 NVIVIO 8.0 编码软件，基本过程如下：

1. 设计开放式问卷

要求被试列出 5~6 条管理人员所表现出来的符合交易型领导定义的行为或特征。共有

303 名不同行业被试参与调查。

2. 归纳整理

将获得的 1619 项描述（平均 5.34 项/人）输入计算机后，由两名组织行为学专家对所有描述根据以下标准进行筛选：①被试的描述有清楚的含义；②描述的行为或特征必须是管理者所表现出来的；③不属于变革型领导的行为和特征。通过筛选，共有 298 项（18.41%）描述是"不可用的"。

此外，针对部分被试提供不具备单一性的描述（如同一描述可能包括两个或者更多不同的含义），本研究采取微调和拆分的方式，以保证所描述含义的单一性。在所有的描述中，有 97 项拆分为 2 项含义单一的描述，有 14 项为 3 项含义单一的描述。由此，一共得到 1446 项含义单一的描述。

此后，由两名相关领域专家采用讨论的形式根据 1446 项描述内容的类似性，对所有的描述进行编码。经过多轮归纳，最后得到了三大类典型描述（见表 1）。在 1446 项描述中，权变奖惩有 542 条，占 37.48%；过程监控有 451 条，占 31.19%；预期投入有 453 条，占 31.33%。权变奖惩、过程监控和预期投入的比例是 6∶5∶5。

表 1　三大类典型描述

名称	权变奖惩	过程监控	预期投入
含义	指领导者按下属的表现情况提供其应得的奖赏或惩罚	即领导者通过目标的设立，对下属的例外行为，包括错误与不合乎标准的行为，或者是加以纠正、反馈或处罚的历程	即领导者事先对下属的一种投入，不论是物质方面的还是情感方面的，期望下属用工作来进行回报
典型行为	明确任务与奖惩之间的关系。当完成任务时给予表扬或奖励；当任务没有完成时予以批评或惩罚	监督任务的完成，避免发生偏差；直到出现问题和失误，才采取干预行为	关心员工个人工作、生活，期望员工以完成工作为回报；提供良好的工作环境和办公条件，期望员工以完成工作为回报；对优秀员工超前投入、施恩以换取未来回报
三者区别	权变奖惩是针对结果的，按照事先的约定以及员工的具体表现来进行权变的奖励。预期投入是针对开始阶段的，领导者的预期投入，不论是物质方面的还是情感方面的，都期望下属用工作来进行回报，并没有确定这样的预期投入的具体回报结果。过程监控，是针对过程而言的，即在过程中的监督，避免错失的产生。三者是相对独立的		

本研究通过质化研究所确定的维度与 BASSW[1] 所得到的结构相比，既有相同之处，也有不同之处，即得到了一个具有中国特色的维度——预期投入；将权变奖励和权变惩罚合并为权变奖惩。此外，本研究的过程监控与 BASSW[1] 的例外管理相比，内涵更宽，即管理人员在具体的工作过程中，为了保证工作任务的完成，除需关注错误和过失，以避免发生问题外，还要在整个过程中，根据具体不同的目标采用相应的管理方式（如目标确定、目标分解等）。

3. 归纳分析

由 3 名组织行为学领域的研究生对所有的描述进行重新归纳，以检验之前归纳的信度和效度。归纳的一致性见表2。

表2　归纳的一致性

描述项可能结果	数目	比例（%）	向下累积（%）
3 名研究生——研究者一致	998	75.26	92.3
2 名研究生——研究者一致	226	17.04	99.25
1 名研究生——研究者一致	92	6.95	100
3 名研究生与研究者都不一致	10	0.75	

二　编制交易型领导问卷

（一）研究方法

首先邀请 10 名专业人员（包括有关领域的研究人员、企业中高层管理者）对交易型领导的每一题项进行小组讨论。然后，根据描述的比例，考虑文字表述以及企业实际情况等，得到了交易型领导问卷的初稿，共 32 个题项。其中，权变奖惩 12 个题项，过程监控和预期投入各 10 个题项。采用 Likert 5 点法测度，1~5 分别代表从"非常不同意"到"非常同意"。

本研究的被试主要来自某大学管理学院 MBA 班的学员以及部分企业员工，共发放交易型领导初试问卷 450 份，回收 439 份。剔除无效问卷后，得到有效问卷 433 份，问卷有效回收率为 96.2%。其中，性别方面，男性占 48.7%、女性占 37.4%、数据缺失值占 13.9%；年龄方面，30 岁占 41.3%、31~40 岁占 33.3%、41~50 岁占 11.5%、51 岁及以上占 1.6%、数据缺失值占 12.3%；教育程度方面，高中及以下占 6.0%、大专占 27.3%、本科占 45.7%、硕士及以上占 7.4%、数据缺失值占 13.6%。

在本研究被试中，MBA 班学生的调查由任课教师在课间完成；企业员工的调查由企业人力资源部和研究者共同完成。在调查之前，告诉所有被试调查结果将会严格保密，仅用于科学研究。

（二）数据分析结果

本研究通过 SPSS17.0 统计软件，采用探索性因素分析方法，分析新编交易型领导的问卷结构。采用主成分—斜交极大旋转法抽取因素，根据特征根大于等于 1 的原则，同时参照碎石图，确定有效因子的数目。判断某个题项是否属于该因子的标准为该项目在某一因子上的载荷超过 0.50 且不存在交叉负荷。经反复探索分析，获得交易型领导的四因素结构，累积方差解释率为 63.28%，该 4 个因素共 28 个题项，各个因素的因子载荷，处于 0.57~0.95。

从因素分析的结果可知，因素 1 有 10 个题项（包括针对员工工作中的问题给予监督指导、及时反馈考核结果等），该因素同 BASS[1] 提出的"例外管理"接近，但是范畴更广，将其命名为"过程监控"。因素2有8个题项（包括节假日及员工生日发放额外奖金或物资补贴等），将其命名为"预期投入"。因素3有6个题项（包括承诺对工作出色的员工发放额外奖励等），将其命名为"权变奖励"。因素4有4个题项（包括对任务完成不力的员工实行一定的处罚等），将其命名为"权变惩罚"。

从数据的具体结构看，这4个因素的题项分布合理，且每个题项在相应因素上的负荷较高，因素累积解释方差异变量为63.28%，因此，交易型领导问卷的结构是可以接受的。

在质化研究中，将权变奖励和权变惩罚合并为一个因素，称为权变奖惩。通常在数据分析中，如果有相互相反的题项，探索性因素分析会因为相反的原因而把同一内容的因素分为2个。Podsakoff等[14]将"交易型领导分为权变奖励和权变惩罚两个维度"，很大原因就是在进行探索性因素分析的时候，将奖励和惩罚予以分开。本研究认为，EFA的分析结果进一步证明了质化研究的可靠性，虽然权变奖励和权变惩罚分成了两个维度，这可能是在具体的理论构建中，奖励和惩罚是两个不同的方面，在后续的研究中可以继续探讨奖惩的不同作用。在具体的数据分析中，本研究认为交易型领导是一个四因素的结构，这一数据结构需要进一步通过验证性因素分析来确定。

三 交易型领导问卷验证

（一）研究方法

1. 变量测量

采用通过预试的交易型领导问卷以及BASS[1]编制的交易型领导问卷，以Likert 7等级量表来测量被试直接管理人员的领导行为，1~7表示从"非常同意"到"非常不同意"。此外，为了获得问卷的关联效度和效标效度，本研究还采用了组织行为学领域中常用的满意度，角色内、外绩效以及离职意向等效标指标体系，匹配管理者相应的员工进行测量，其测量的工具分别如下。

（1）员工角色内绩效。

该变量的测量采用VAN SCOTTER等[15]编制的量表。共3个题项，问卷采用Likert 7点法测度，1~7代表从"优异"到"不理想"。

（2）员工角色外绩效。

该变量的测量采用Lee等[16]编制的组织公民行为量表（包括对同事的组织公民行为和对公司的组织公民行为）。共16个题项。

（3）员工满意度。

该变量的测量采用Tsui等[17]编制的总体员工满意度量表。共6个题项。

（4）离职意向。

该变量的测量采用Liang[18]修订的离职意向问卷。共3个题项。

除员工角色内绩效外，其他3个变量的测量量表均采用Likert 7点法测度，1~7代表从"非常同意"到"不同意"。

2. 研究被试

本研究的被试主要来自北京、上海、深圳等 8 个城市的 10 家企业。采用上—下级直接配对的对应方式来获取相关数据。即管理者填写管理者问卷，包括对其直接下属的绩效评价以及管理者自己的相关信息；管理者的直接下属，填写员工问卷，包括对该上级领导行为的评价以及相关的个人信息。总共发放管理者问卷和员工问卷各 1300 份，一一匹配。剔除无效问卷后，获得管理者有效问卷 920 份，占 70.77%；员工有效问卷 961 份，占 73.93%。其中，管理者和员工能相匹配的数据点共有 604 对（1208 份），占管理者问卷的 65.65%，占员工问卷的 62.85%。被试的分布情况见表 3。

表 3　配对取样被试基本信息

变量	类别	被试（员工）		被试（管理者）	
		人数	比例（%）	人数	比例（%）
性别	女	279	46.2	141	23.3
	男	292	48.3	395	65.4
	未填	33	5.5	68	11.3
年龄/岁	≤30	313	51.8	113	18.6
	31~40	215	35.5	328	54.3
	41~50	42	7.0	91	15.1
	≥51	7	1.2	10	1.7
	缺失值	27	4.5	62	10.3
教育程度	高中及以下	34	5.6	15	2.5
	大专	195	32.3	93	15.4
	本科	294	48.7	343	56.8
	硕士及以上	55	9.1	76	12.6
	缺失值	26	4.3	77	12.7
工作年限/年	≤2	61	10.1	3	0.5
	3~5	151	25.0	40	6.6
	6~10	161	26.7	218	36.1
	>10	206	34.1	300	49.7
	缺失值	25	4.1	43	7.1
职位层次	一般员工	348	57.6	4	0.7
	基层管理者	140	23.2	302	50.0
	中层管理者	77	12.7	157	26.0
	中高层管理者	1	0.2	61	10.1
	高层管理者	1	0.2	10	1.7
	缺失值	37	6.1	70	11.7
总计		604	100	604	100

3. 匹配调查过程

在所有的匹配调查中，由企业相关部门的负责人进行召集，在相对集中的时间内统一完成。研究者通过对问卷的编号来控制上—下的配对。在调查之前，研究者事先告诉被试调查结果仅用于科学研究，并对个别问题进行解答。印制的问卷，被试填写完成后由研究者当场收回；电子邮件形式的问卷，由被试填答完毕后直接发回研究者的电子信箱。此外，数据的具体配对通过对应的编号来完成。在问卷搜集结束之后，保留有效问卷进行统计分析。

4. 数据统计分析

本研究首先以内部一致性系数、删除该题项后内部一致性系数的变化以及单个题项与总分相关系数来进行权变奖励、权变惩罚、过程监控和预期投入4个因素的项目分析和信度分析。其次，采用Amos 4.0统计软件包进行验证性因素分析（CFA）。再次，采用相关分析考察交易型领导的内容关联效度。最后，通过层次回归技术分析交易型、变革型领导对员工满意度，离职意向，角色内、角色外绩效的不同作用，分析交易型领导的实证效度。

5. 验证性因素分析的假设模型

CFA技术的关键在于通过比较多个模型之间的优劣，来确定最佳匹配模型。在本研究中，通过分析三因素的理论模型和探索性因素分析得到的四因素模型以及交易型的单因素理论的结构。本研究还发现，这4个因素之间具有中等程度的相关，因此，本研究决定对单因素模型、三因素模型和四因素模型进行比较，并确定最佳模型。模型的假设构想见图1和图2。

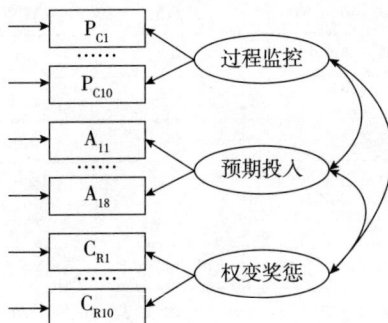

图1 交易型领导三因素模型

注：P_{C1}表示过程监控的第一道题项；A_n表示预期投入第一道题项；C_{Ri}在三因素模型中表示权变奖惩的第一道题项，在四因素模型中表示权变奖励的第一道题项，依次类推。

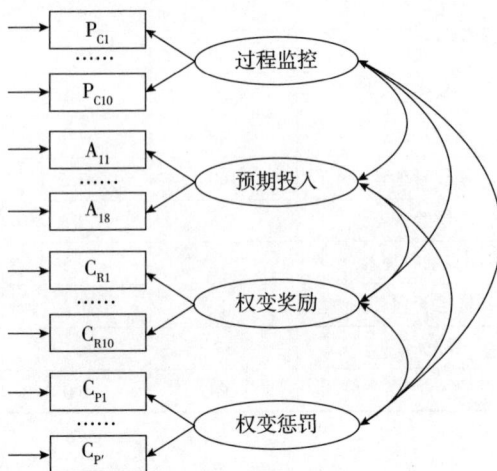

图2 交易型领导四因素模型

注：C_{P1}表示权变惩罚的第一道题项，依次类推。

（二）研究结果

1. 项目分析和信度分析

从内部一致性的结果来看，交易型领导各个维度的内部一致性系数处于 0.85~0.95，均高于信度的推荐要求值（0.70）。从题项与总分的相关来看，所有题项与总分相关均比较高（0.51~0.85），而删除任一题项后都不会引起信度的提高，由此，从信度分析的结果来看，交易型领导的题项设计是合理有效的。

2. 验证性因素分析结果

根据 Bollen[19]、Joreskog 等[20] 以及 Medsker 等[21] 的研究建议，本研究采用χ^2/df、NFI、IFI、TLI、CFI 和 RMSEA 进行验证性因素分析，并确定各指数的拟合标准。

验证性因素分析结果见表4。由表4可知，三因素模型和四因素模型的各项拟合指数均达到或接近预计的标准，但是从各个指标来看，四因素的结构，即权变奖励、权变惩罚、过程监控和预期投入比三因素的结构好。虽然在理论上，奖励和惩罚是一种手段，但是其具体的效果是不同的，由此，在做验证性因素分析的时候，一方面可能由于权变奖励和权变惩罚是相对的数据，所以会独立出来；另一方面也可能说明奖励和惩罚是两种不同的方式。关于权变奖励和权变惩罚的实证效果将在后面的分析中介绍。通过验证性因素分析，交易型领导的四因素模型得到了数据的支持，可认为交易型领导分为 4 个因素的结构。

表 4　交易型领导问卷的验证性因素分析结果（N=604）

模型	χ^2	df	χ^2/df	NFI	IFI	TLI	CFI	RMSEA
一因素模型	3042.69	350	8.69	0.949	0.954	0.947	0.954	0.113
三因素模型	1987.03	347	5.73	0.966	0.972	0.967	0.972	0.079
四因素模型	1409.65	344	4.09	0.976	0.982	0.979	0.982	0.068

关于权变奖励和权变惩罚的实证效果将在后文分析中阐述。

3. 内容关联效度分析

本研究通过探讨自编交易型问卷与 BASS[1] 编制的交易型领导问卷各维度的相关系数，以获得内容关联效度的指标。自编交易型领导的各个维度与 BASS 各个维度的相关分析见表5。

表 5　内容关联效度分析（N=604）

变量	平均值	标准差	1	2	3	4	5	6	7
1. BA 权奖	5.425	1.037	**0.833**						
2. 被动例外	3.488	1.647	0.065	**0.788**					
3. 主动例外	4.420	0.886	0.347**	0.471**	**0.675**				
4. 预期投入	5.062	1.104	0.831**	0.008	0.372**	**0.912**			
5. 权变奖励	4.864	1.219	0.685	0.119**	0.429**	0.712**	**0.855**		

续表

变量	平均值	标准差	1	2	3	4	5	6	7
6. 权变惩罚	5.347	1.043	0.555**	0.030	0.319**	0.443**	0.491**	**0.852**	
7. 过程监控	5.737	0.936	0.818**	-0.195**	0.280**	0.743**	0.587**	0.581**	**0.953**

注：** 表示 $p < 0.01$；对角线上的粗体数字是这些变量的内部一致性系数，下同。

由表 5 可知，自编问卷各维度的一致性系数处于 0.852~0.953，相对比较高，同时各维度与 BASS[1] 编制交易型领导问卷的各个对应维度的相关系数也比较高，权变奖励和 BASS[1] 的权变奖励相关系数为 0.685，过程监控与主动的例外管理相关系数为 0.280，与被动例外管理的相关系数为 -0.195。由此，本研究编制的建立在 BASS[1] 研究之上的交易型领导问卷，适合我国文化背景，其内容效度达到了统计的要求。

4. 实证效度——层次回归分析

经典的针对变革型和交易型领导的研究普遍认为，变革型领导在领导有效性的各个方面比交易型领导强[2,22]，本研究希望通过变革型和交易型领导的两两对比，探讨其不同的作用机制，进而验证实证效度。

本研究借鉴偏相关和两次层次回归分析，假设 A 和 B 是两个需要比较的自变量，结果变量相同，在本研究中 A 和 B 分别表示交易型领导和变革型领导，变革型领导的问卷采用李超平等[9]编制的中国文化背景下的变革型领导问卷，包括愿景激励、德行垂范、个性化关怀和领导魅力 4 个维度。结果变量为角色内绩效与角色外绩效（OCBO 和 OCBI）、工作满意度和离职意向。具体的数据分析过程如下：在两张对应的多层回归分析结果表中，某一张表格，假设为表Ⅰ，第一层回归是控制变量，第二层回归是变量 A，第三层回归是变量 B；则在另一张表中，假设为表Ⅱ，第一层回归是控制变量，第二层回归是变量 B，第三层回归是变量 A。首先，查看每张表格的第三层回归的 ΔR^2 值，如果表Ⅰ和表Ⅱ中的 ΔR^2 值是显著的，则通过偏相关或净相关的方法来判定，在相关显著的前提下，依据净相关系数的绝对值大小决定各自变量对因变量的影响大小；如果偏相关系数不显著，则直接说明了因变量和自变量之间的回归影响也是不显著的。如果某张表的第三层 ΔR^2 值显著，而另一张不显著，则显著方的第三层变量有效性大于不显著方。如果两者都不显著，就转移看第二层的 ΔR^2 值变化。同样，如果表Ⅰ和表Ⅱ中的 ΔR^2 值是显著的，则依据净相关系数的绝对值大小决定其有效性的强弱；如果某张表的 ΔR^2 值显著，而另一张不显著，则显著方的第二层变量有效性大于不显著方的第二层变量，如果都不显著，则说明第二层变量的效果都不显著[23]。

交易型领导对各结果变量的预测效果均达到显著水平。排除控制变量的影响之后，其 ΔR^2 值分别是 OCBO 为 0.037、OCBI 为 0.035、角色内绩效为 0.038、工作满意度为 0.272、离职意向为 0.208。变革型领导对各结果变量的预测效果均达到显著水平。排除控制变量的影响之后，其 ΔR^2 值分别是 OCBO 为 0.049、OCBI 为 0.040、角色内绩效为 0.043、工作满意度为 0.295、离职意向为 0.162①。

本研究中，在控制了交易型领导后，变革型领导对工作满意度还有显著的预测作用，其 ΔR^2 值为 0.026；控制了变革型领导后，交易型领导就不显著了，由此认为，变革型领导在解释工作满意度时，其预测力比交易型领导强。对于 OCBO、OCBI、角色内绩效和离职意向

―――――――――――――

① 限于篇幅，有关研究的表格暂略，有兴趣的读者可与笔者联系。

方面，第三层 ΔR^2 值都不显著，在第二层 ΔR^2 值的变化都显著，因此，引入偏相关的方法。

由表6和表7可知，在OCBO和角色内绩效方面，变革型领导的偏相关系数显著，而交易型领导不显著，可以认为在OCBO和角色内绩效方面，变革型领导比交易型强。在离职意向方面，交易型领导的偏相关系数显著，而变革型不显著，可以认为在离职意向方面，交易型领导比变革型强。对于OCBI，两者的偏相关系数都不显著，因此，在本研究的数据中无法比较。

表6　交易型领导与OCBO、OCBI、角色内绩效和离职意向的偏相关系数（N=604）

控制因素	员工类：性别、教育、职位、年龄、工龄；管理者类：性别、教育、职位、年龄、工龄、德行垂范、愿景激励、个性化关怀、领导魅力				
OCBO 1.00	过程监控 −0.03	预期投入 −0.05	权变奖励 −0.01	权变惩罚 0.05	交易型领导 −0.02
OCBI 1.00	过程监控 0.02	预期投入 −0.03	权变奖励 −0.03	权变惩罚 0.01	交易型领导 −0.01
角色内绩效 1.00	过程监控 0.02	预期投入 −0.09	权变奖励 −0.04	权变惩罚 0.03	交易型领导 −0.04
离职意向 1.00	过程监控 −0.11*	预期投入 −0.00	权变奖励 −0.04	权变惩罚 −0.09	交易型领导 −0.09*

注：*** 表示 $p<0.001$，* 表示 $p<0.05$，下同。

表7　变革型领导与OCBO、OCBI、角色内绩效和离职意向的偏相关系数（N=604）

控制因素	员工类：性别、教育、职位、年龄、工龄；管理者类：性别、教育、职位、年龄、工龄、过程监控、预期投入、权变奖励、权变惩罚				
OCBO 1.00	德行垂范 0.05	愿景激励 0.11*	个性化关怀 0.10	领导魅力 0.06	变革型领导 0.13**
OCBI 1.00	德行垂范 0.07	愿景激励 0.04	个性化关怀 0.04	领导魅力 0.03	变革型领导 0.08
角色内绩效 1.00	德行垂范 0.05	愿景激励 0.03	个性化关怀 0.11*	领导魅力 0.04	变革型领导 0.09*
离职意向 1.00	德行垂范 −0.04	愿景激励 −0.09	个性化关怀 −0.06	领导魅力 0.02	变革型领导 −0.08

总体来说，交易型领导在离职意向方面，解释力比变革型领导强；在OCBO、角色内绩效、工作满意度方面，变革型领导的解释力比交易型领导强。对于OCBI，在数据中无法比较。通过效标变量的分析，变革型领导在很多方面的优势作用得到了验证，但是本研究也发现，交易型领导在离职意向方面的预测力要比变革型领导强。

四　讨论与分析

本研究结果表明，在中国文化背景下，交易型领导是一个四维的结构，包括权变奖励、权变惩罚、过程监控和预期投入。Bass[2]等认为，交易型领导是两因素的结构，包括权变奖酬和例外管理。从本研究4个维度的内涵来看，权变奖励与BASS[1]的权变奖酬的内涵基本一致，与权变奖励相对应的是权变惩罚，权变奖励和权变惩罚丰富了西方权变奖酬的内容。在组织管理中，实施惩罚的威胁或者给予奖励的引诱，是组织鼓励员工执行自己意图时最常用的方法。在本研究中发现的权变奖励和权变惩罚，用通俗的话来讲就是"胡萝卜加大棒"。本研究中的过程监控维度与例外管理相比，其内涵更为丰富，除了西方的例外管理的内容之外，还包括领导者对工作目标的设立以及工作过程的管理。在交易型领导的理论体系中，领导者需要下属完成既定的工作任务，如果没有清晰的工作目标，员工将很难完成上级所交代的任务。

值得一提的是，本研究还发现了中国交易型领导的一个独特维度——预期投入。该维度强调了领导者事先对下属的一种投入，不论是物质方面的还是情感方面的，期望下属用工作来进行回报，这样的交易是相对隐性的，这也是和西方交易型领导的最大区别所在。中国情境下的交易型领导与西方背景下的交易型领导在结构上的差异，可以在中国文化背景中找到依据。西方式的管理讲究制度和规则，而中国人讲"仁、义、礼、智、信"，也就是人们常说的"五常"，是中国文化体系中最核心的价值因素。本研究发现，预期投入就是"义"的一种体现。依照孔子在《礼记·礼运》中提出的"十义"的原则。扮演不同角色的人，其行为处事应依照相应的原则。在企业的管理实践中，企业的资源以及资源的分配都掌握在领导者手中，管理者为下属提供良好的工作环境和需要完成工作任务的资源，关心员工的个人生活等都是预期投入的内容。在 Bass[1]的交易型领导理论中，交易型领导是能够达到预期绩效的领导行为，因此，在中国文化背景下的交易型领导，仅仅包含对工作内容的要求是不够的，应结合中国的文化和具体国情加入对员工的投入，以期望他们能将完成工作作为回报，而非依据西方的规则和原理简单地对员工进行管理。

交易型领导在对离职意向的影响方面，解释力比变革型领导强。这可能是因为交易型领导中对离职意向有显著作用的是过程监控这个维度。也即领导者通过目标的设立，对下属的例外行为，包括错误与不合乎标准的行为，加以纠正、反馈或处罚，这样的行为对下属的离职意向具有显著的负向预测作用。换言之，让下属明白自己要做什么以及该怎么做，这样下属的离职意向就会相对降低。在具体的工作实践中，就是领导要让下属知晓自身的工作职责和工作流程，并给予及时的反馈。在中国文化背景下，人们崇尚"宁可人人负我，不可我负人人"的价值观念。如果领导者没有"负下属"下属也不会"负领导"，下属会根据既定的目标来完成工作，这个时候领导行为对其他的指标（如工作满意度、领导有效性和绩效等）尚未形成影响。如果目标不明确，且下属不知道自己该做些什么，即便领导个人再有魅力、德行再高，下属也不愿意留在这样的环境里，更不用说对领导者进行回报了。由此可以认为，离职意向是一个比较敏感的基准性指标，在一项任务的开始阶段影响比较显著。在下属与上级交往的开始阶段，下属能够感受到的具体的领导行为，更多的是交易型领导，而对变革型领导的感受需要更长的时间，因此，在预测离职意向这个指标时，交易型领导比变革型领导敏感。

在双因素理论中的保健因素，即那些造成员工不满的因素，使其得以改善能够解除员工的不满，但不能使员工感到满意并激发起员工的积极性。保健因素主要包括企业的政策、行政管理、工资发放、劳动保护、工作监督以及各种人事关系处理等。由于保健因素只带有预防性，只起到维持工作现状的作用，也被称为"维持因素"。所谓激励因素，就是那些使员工感到满意的因素，唯有它们的改善才能让员工感到满意，给员工以较高的激励，调动积极性，提高劳动生产效率，这主要包括工作表现机会、工作本身的乐趣、工作上的成就感、对未来发展的期望、职务上的责任感等。应用到交易型领导和变革型领导方面，可认为在一定程度上，交易型领导扮演了保健因素的角色，而变革型领导扮演了激励因素的角色。针对离职意向这个指标，AMYL 等[24]认为，离职意向是一个敏感的保健因素的指标。相对应于交易型领导的保健性，本研究认为交易型比变革型领导在离职意向方面具有更强的预测力。

总之，交易型领导在我国文化背景下是一个四因素（过程监控、预期投入、权变奖励和权变惩罚）结构。项目分析、信度分析以及因素分析，包括探索性因素分析和验证性因素分析等都表明，本研究所编制的交易型领导问卷具有较好的信度和效度，有关假设也得到数据支持，即交易型领导是一个多维结构，与西方的交易型领导具有一定的一致性，同时具有明显的中国特色。当然，关于我国文化背景下的交易型领导和变革型领导有效性的差异，后续还需要更多的相关研究来证实。

参考文献

［1］Bass, B. M. Leadership and Performance beyond Expectations ［M］. New York：Free Press, 1985.

［2］BASS, B. M. Theory of Transformational Leadership Redux ［J］. Leadership Quarterly, 1995, 6 （4）：463-478.

［3］Bass, B. M., Avolio, B. J., Jung, D. I. Predicting Unit Performance by Assessing Transformational and Transactional Leadership ［J］. Journal of Applied Psychology, 2003, 88 （2）：207-218.

［4］凌文辁, 陈龙, 王登. CPM 领导行为评价量表的构建 ［J］. 心理学报, 1987, 19 （2）：199-207.

［5］Ling, W., Chia, R. C., Fang, L. Chinese Implicit Leadership Theory ［J］. Journal of Social Psychology, 2000, 140 （6）：729-739.

［6］Westwood, R. Harmony and Patriarchy：The Cultural Basis for "Paternalistic Headship" among the Overseas Chinese ［J］. Organization Studies, 1997, 18 （3）：445-480.

［7］Cheng, B. S., Chou, L. F., Farh, J. L. A Triad Model of Paternalistic Leadership：Constructs and Measurement ［J］. Indigenous Psychological Research in Chinese Societies, 2000, 14 （6）：3-64.

［8］时勘, 王继承, 李超平. 企业高层管理者胜任特征模型评价的研究 ［J］. 心理学报, 2002, 34 （1）：306-311.

［9］李超平, 时勘. 变革型领导的结构与测量 ［J］. 心理学报, 2005, 37 （6）：803-811.

［10］陈文晶, 时勘. 变革型领导和交易型领导的回顾与展望 ［J］. 管理评论, 2007, 19 （9）：22-29.

［11］Farh, J. L., Zhong, C. B., Organ, D. W. Organizational Citizenship Behavior in the People's Republic of China ［J］. Organization Science, 2004, 15 （2）：241-245.

［12］Xink, R., Tsui, A. S., Wang, H. Corporate Culture in State-Owned Enterprises：An Inductive Analysis of Dimensions and Influences ［M］// Tsui, A. S., Lau, C. M. Management of Enterprises in People's Republic of China. Boston：Kluwer Academic Publishing, 2001：46-59.

［13］吴继霞, 黄希庭. 诚信结构初探 ［J］. 心理学报, 2012, 44 （3）：354-368.

［14］Podsakoff, P. M., Mackenzie, S. B., Painep, J. B. Organizational Citizenship Behaviors：A Critical Review of the Theoretical and Empirical Literature and Suggestions for Future Research ［J］. Journal of Management, 2000, 26 （3）：513-563.

［15］Van Scotterj, Motowidlo, S. Interpersonal Facilitation and Job Dedication as Separate Facets of Contextual

Performance [J]. Journal of Applied Psychology, 1996, 81 (5): 525-531.

[16] Lee, K., Allen, N. J. Organizational Citizenship Behavior and Workplace Deviance: The Role of Affect and Cognitions [J]. Journal of Applied Psychology, 2002, 87 (1): 131-142.

[17] Tsui, A. S., Egan, T. D. Being Different: Relational Demography and Organizational Attachment [J]. Administrative Science Quarterly, 1992, 37 (4): 549-579.

[18] Liang, K. G. Fairness in Chinese Organizations [D]. NORFOLK: Business School of Old Dominion University, 1999.

[19] Bollen, K. A. Structural Equations with Latent Variables [M]. New York: Wiley, 1989.

[20] Joreskog, K. G., Sorbom, D. Lisrel 8: User's Reference Guide [M]. Chicago: Scientific Software International, 1993.

[21] Medsker, G. J., Williams, L. J., Holahan, P. J. A Review of Current Practices for Evaluating Causal Models of Organizational Behavior and Human Resources Management Research [J]. Journal of Management, 1994, 20 (6): 429-464.

[22] Karina, N., Kevin, D. Does Shared and Differentiated Transformational Leadership Predict Followers's Working Conditions and Well-being? [J]. Leadership Quarterly, 2012, 23 (3): 383-397.

[23] 薛薇. 统计分析与 SPSS 的应用 [M]. 北京: 中国人民大学出版社, 2011.

[24] Amyl, K. B., Ryand, Z., Erin, C. J. Consequences of Individuals's Fit at Work: A Meta-Analysis of Person-Job, Person-Organization, Person-Group, and Person-Supervisor Fit [J]. Personnel Psychology, 2005, 58 (2): 281-342.

The Structure and Measurement of Transactional Leadership in China

Chen Wenjing   Shi Kan

Abstract: Researchers in China found that there are different structures of transformational leadership, but have ignored the transactional leadership. This study attempts to investigate the transactional leadership in China by three samplings, involving 1944 valid samples. Content analysis, the Explored Factor Analysis (EFA) and the Confirmed Factor Analysis (CFA) showed that, based on Chinese cultural background, the new transactional leadership questionnaire has good reliability and validity. The mechanisms of transformational and transactional leadership are different. Based on Chinese cultural background, the structure of the transactional leadership is built, which further extends the localization studies of the MLQ (Multi-factor Questionnaire) theoretical system. And it has important theoretical value for local management practices. Further research was discussed finally.

Key words: transactional leadership; process control; anticipated investment; contingent reward; contingent punishment

组织文化图式观的研究述评[*]

时　勘　韩晓燕　郑丹辉　时　雨　邱孝一

【编者按】师恩似海，衔草难报。2010 年，我有幸入读中山大学管理学院，成为时勘老师的博士研究生。初见时老师，即折服于他坚定的学术梦想和超高的学术造诣。我首先感受到的是时老师对学术始终保持着敬畏之心和无尽热情，我的内心是既欣喜又紧张，恐个人难及同门弟子之优秀，又虑个人之所学无法匹敌时门之风。从学术经历来看，我应该是心理学科班出身，也积累了一些人力资源管理、社会心理学、心理咨询和心理测量等基础知识，但心理学的魅力却在于它关注行为背后的故事和逻辑，并能激发人思考。时老师注意到了我对学术研究的热情，从入学一年级开始，就操心我的研究选题，还带领我和得格师兄、龚会师姐、陈晨师妹一起走进企业、走进社区，让我们看到真实的世界，以此来提升我们研究的丰富性和社会价值。印象最为深刻的是前往山东某煤矿企业调研，我们驻场长达几个星期，开展了一系列的访谈、调研和观察。由此，我初步形成了关于组织文化的研究思路。我觉得文化研究的魅力就在于它是一座桥梁，连接着个人、团队、组织以及区域社会，是一个中观甚至是宏观层面的主题。但它又离不开个人认知，也脱离不了由个体认知所搭建而成的组织记忆。时老师对我的研究选题给予了最大限度的支持，指引我先从前人的研究中梳理出框架性的综述，并激励我从中找出自己研究的基点，这就是《组织文化图式观的研究述评》的起源。时老师对于"认知图式"的理解非常深刻，也非常欣喜能将这一理论扩展至组织文化的研究之中。这使我进一步坚定了信心，将此确定为我博士学位论文的选题。正是由于这一选题的新颖性，《组织文化图式观的研究述评》这篇文章得以在《管理学报》发表。还记得时老师曾说过，"我们做研究选题尤为重要的，就是要敢于融合不同领域的学术成果，善于从实践、社会民生问题中去挖掘有意义的选题，然后，再通过学术的语言将你的观点表达出来"。感谢时老师和课题组给予我的精神食粮，我至今仍受益匪浅。毕业后很遗憾没有继续做学问，但企业也是一个丰富的"学术域"，时老师和课题组的领导行为研究、组织文化研究、组织管理研究等，都在不停地给我的工作带来新灵感。我将循着时老师和课题组的脚步一直努力下去，像时老师一样，守着初心，做一个坚定的学术"行者"，也希望各位课题组同门能永远"无惧、无忧"。（韩晓燕，中山大学管理学院 2010 级博士生　山东银行人力资源管理　主管）

　　摘　要：简要论述了组织文化图式观的具体内容，并从共享组织图式的形成、变革过程以及组织图式变革的前因变量和结果变量 4 个方面对国内外的相关研究文献进行了回顾和梳理，总结了组织文化图式观在中国企业文化管理和变革中的应用前景，最后提出了未来值得关注的研究

---
　　* 基金项目：国家自然科学基金资助项目（71272156）；教育部人文社会科学重点研究基地资助重大项目（2009JJD630006）。

议题和可能面临的挑战。

关键词：组织文化；共享图式；变革；意义建构

20 世纪 70~80 年代日本企业在美国市场上的成功表现，引发了组织文化研究的热潮。学者们普遍认为，组织文化建设对企业的发展和成长至关重要，一旦企业的文化不再适应外部环境的要求，又无法通过变革实现组织文化从一种状态向另一种状态的演变，企业的发展就会出现"瓶颈"。日本企业目前在中国市场上的衰落①就凸显了组织文化的反向作用力。从根本上说，组织文化是通过影响组织中个体的心理和行为，进而影响企业经营业绩的，组织成员对变革的感知和解释同时也影响着组织文化变革的能力[1]。然而，这一内在过程却是组织领域的研究者至今尚未解决的问题。

作为"组织中共享的信念、价值观和基本假设"，组织文化同时涵盖了群体水平和个体水平的现象[2]。目前，关于组织文化的理论和实证研究大多集中在群体水平的表现形式，如描述表达和传递组织文化的象征物（语言、故事、神话和仪式等）[3]、文化强度[4]、组织文化对绩效的影响[5]以及组织文化的变革与管理[6]等。相比之下，个体水平的组织文化研究相对零散，所依据的理论也不成体系，仅有的研究关注了组织文化对员工工作行为和变革态度的影响[7]，以及创始人或领导者的信念、价值观和认知风格对组织文化形成、维持和变革的影响[8]等。

事实上，正如 Van Maanen 等[9]所言，"群体对组织文化的形成和维持非常必要，但文化只能通过个体才能进行传播"。那么，个体所体验到的"共享文化"是怎样形成的？它是通过什么样的内在心理机制对个体的价值创造活动产生影响的？管理者应如何消除来自员工的反作用力以使组织文化变革更为有效？对经济转型期的企业家和管理者来说，只有了解员工如何解读他们目前所面临的组织情境、已有经验和未来可能面临的情境，才能持续发挥组织文化在企业获取竞争优势中的积极作用。对此，Harris[2]提出了一个旨在探讨组织文化形成对组织成员心理和行为产生影响的内在机理的理论，即组织文化的图式观。本文首先介绍了其理论基础——意义建构理论和图式观；其次着重介绍组织文化图式观的观点和主要内容，以及它在理论和实证研究中的主要研究结论；最后提出未来可能的研究方向。

（一）　意义建构与图式观

从自身经验出发，每个个体都会对其所处的情境进行解释，即意义建构。Weick[10]指出，意义建构主要体现在个体和组织两个层面上。当发现组织情境中不符合以往认知的事物，个体就会利用经验挖掘造成认知差异的线索，然后提出一些合理的推测来解释线索产生的原因，从而形成对事物的新认识。与个体层面的意义建构相似，组织在面对不熟悉的环境时，也会对情境进行意义建构，试图认清、理解情境的意义，指导行动。组织中各行为主体的互动和沟通是实现组织意义建构，形成集体意义的主要方式[1]。在这一过程中，某些主体会充当主要的意义建构者，通过意义赋予，引导着组织中其他个体的意义建构方向，如创

---

① 真相 80 分第 3 期：日系家电，谁能活着走出中国？http://finance.ifeng.com/news/corporate/20120810/6901458.shtml；为什么日企在中国正走向衰落？http://finance.ifeng.com/news/corporate/20120625/6887911.shtml。

始人和管理者对组织文化象征物的意义赋予。

认知图式是个体意义建构的基础[2]，它会促进个体对组织中出现的问题和事件进行归类。例如，"她是一个顾客"，"她讲的是产品质量问题"。在归类之后，个体就会有意或无意地判断这些问题和事件对自我的意义，然后做出反应。由于接触组织情境的经验太少，一个新员工很可能需要有意识的、带有反省的意义建构。然而，随着时间的累积，新员工就会逐渐适应，表现出更多的与组织要求相一致的行为，自动化、无意识的加工就会慢慢出现，形成组织图式[13]。Rerup 等[14]将其定义为组织中一系列共享的假设、价值观和参照框架，指导着个体对组织中存在的事物的属性，以及发生在组织中的不同事件之间关系的认知性理解。例如，创造性图式能帮助管理者解释"这些想法是怎么来的？为什么会出现这些想法？是否符合当前特殊的组织情境？"并根据这些解释对"这些想法是否有意义？""能否被成功实施？实施之后，对管理者和组织会有什么影响？"等问题做出回答[15]。

二 组织文化的图式观

组织文化的大多数定义都强调其"共享性"特征，组织文化的图式观就将组织文化视为组织中个体所形成的关于组织情境的共享图式系统，阐释了组织文化形成的内在心理机制，即客观的组织现实—共享图式—主观体验和行为选择—共享文化—文化固着（见图 1）。该理论指出，组织文化的形成首先需要组织成员都拥有共同的图式。在组织情境下，个体在对组织文化的理解过程中需要五种类型的图式知识：自我图式、个人图式、组织图式、物体/概念图式和事件图式。这些图式是个体储存组织文化知识的"仓库"，它包括价值观、信念、不同情境下的合理行为、处理事情的传统方式、来自同伴和规则的压力、角色知识以及组织和子群体的明确特征等。

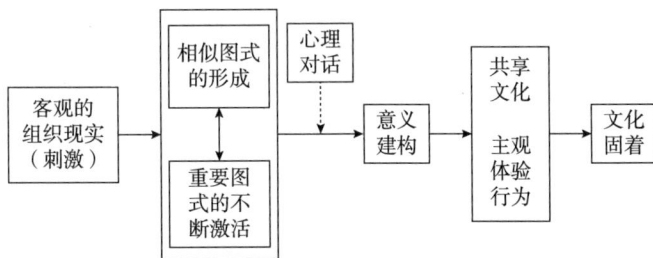

图1　组织文化图式观的结构示意图[2]

自我图式是关于自己在组织情境中的概括性认识，如一个会计可能认为自己"诚实、努力工作，很看重工作和家庭之间的平衡"。个人图式是指对特定个体、某个群体和组织角色的特点、目标、行为、偏好的结构化记忆、印象和行为预期，如"我的老板非常独立、聪明、外向"。组织图式是个人图式的子集，指组织成员抽象出来的关于组织内部某一群体（或子群体）实体的知识和印象，如"人力资源部门主要负责培训、绩效考核和招聘等工作"，它对理解个体如何认识组织文化（或亚文化）至关重要；物体/概念图式是关于不具社会性的刺激的知识，如"有阳台的大办公室""质量"和"参与"，它能促进组织成员对组织文化象征物的理解；事件图式是关于社会情境、形势、遭遇和事件的知识，如部门成员聚会、顾客抱怨、解雇员工等，它不但为个体提供了特定情形中的一系列有标准过程和系列顺序的合理行为，还引导着组织成员对仪式和典礼等行为象征物的理解。

组织成员所拥有的这些图式知识不但要在内容和相对重要性上相似，还必须在个体进行意义建构时不断被激活（即拿来使用），才能促进共享组织文化的形成。通常情况下，组织中的任何刺激（仪式、人物、标志、愿景、横幅等）都拥有各自相应的图式。当这些刺激的某些方面与一个图式的主要特征相匹配，就会激活该图式，并根据记忆中的原有知识进行相应的思维或行动反应。然而，在组织情境下出现的许多刺激可能有很多意义，其特征可能与许多不同的图式相匹配，如对经理人来说，一个战略行动既可以被认为是威胁，也可以被认为是机会[16]。这时，那些突出的、最重要的或最容易提取的图式可能会被用来进行意义建构。同一个组织内的成员由于拥有共同的经历并接触着共同的社会线索（通常是关于他人对现实的解释），能促进相似图式的形成。即同一时间、同一空间内组织成员之间的沟通、交流和问题解决行为有助于共享组织图式的形成，并增强其被组织成员拿来使用的可能性。同时，这一过程也会受到组织中社会信息的影响，如个体会通过社会比较获得他人理解组织情境和反应的信息，也会通过沟通交流将自己的理解传递给他人。因此，组织中流传的故事、领导者的信念和价值观以及组织的奖励体系等都在传递着组织期望的意义建构方式，并不断激励着组织成员形成相似的图式，然后在不同的组织情境中激活这些图式，对那些组织文化象征物的意义建构过程实施影响，最终形成共同的心理体验和行为模式。

该理论同时指出，图式是通过"内心对话"操纵着个体对组织事件的有意识加工，即组织成员会不自觉地思考：以往的哪个情境与当前的情境类似？与当前的情境又有什么不同？可能会出现哪些不同的结果？该做什么样的回应？他人对这种回应会有什么样的看法？正是通过这样的意义建构过程，组织成员在相同的时间和空间中逐渐形成了共享的价值观和信念（即共享的文化），并在一定时期内出现对这些内化信念和价值观的心理依恋。

三　基于组织文化图式观的相关研究

组织文化的图式观认为，个体的意义建构过程是组织文化形成的基础，标志是共享图式的出现。因此，该理论在解释组织情境下组织文化的形成和使用过程，以及与员工工作行为、组织变革之间关系的"黑箱"时具有独特的作用。基于组织文化的图式观，许多学者从理论和实证方面展开了研究，主要体现在：共享组织图式的形成、变革过程以及组织图式变革的前因和结果变量。

（一）共享组织图式的形成途径

宏观层面的组织文化形成路径主要是"自上而下"的过程，即组织领导者会有意识地建立组织文化价值观，并通过各种沟通方式将这种价值观传递给员工，然后通过人力资源管理政策（选聘机制、培训发展机制、绩效评估和薪酬机制）与组织文化价值观的匹配来加强组织文化[17]。与宏观层面的组织文化形成路径相对应，微观层面的组织文化形成通常起步于组织的内外环境，企业创始人或管理者对环境信息的意义建构过程不但决定了与组织文化相关的图式的内容，还运用自身占优势的正式权力和沟通互动渠道，作为组织意义建构的引导者，对组织成员的意义建构过程施加影响，使管理层期望的图式成为组织所有成员集体认知和行动的导向（见图2)[11]。

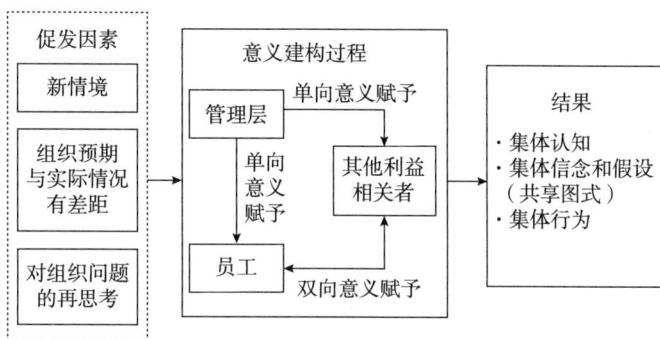

图2　共享组织图式的形成过程示意图

员工个体在最初进入一个组织时，头脑中几乎没有关于组织文化的任何图式，对各种文化象征物的特殊意义也不太了解，但他们可能由于过去的经验和信念而拥有与当前组织完全不同的图式。结合组织文化图式观的理论，研究者认为组织内所有成员的共享组织图式主要是通过选拔和社会化两种途径实现的。一方面，为了避免图式的多样性，组织会尽可能选择与组织的信念和价值观相一致的新员工，这同时也是候选员工通过自我感知进行自我选择的过程[18]；另一方面，组织也会在新员工入职之后，通过正式和非正式的社会化过程来增加其图式的相似性[19]。正式的社会化过程包括结构化的培训项目（如入职培训、培训营和辅导）和激励机制（如战略目标、奖励系统和典礼仪式等），非正式的社会化过程主要包括日常工作中组织成员间的沟通交流等。无论是哪种途径，共享组织图式的形成都能促进个人与组织文化价值观的匹配，从而增加组织成员的组织认同。

一旦大部分组织成员形成了对组织价值观、规范和前景的一致的感知，即"共识"时，就表明共享图式已经存在了。Jordan[20]也认为，只有当团队或组织成员拥有了共享的图式时，才能被认为组织已经形成了统一的文化，而组织内部借助关键事件而开展的创造故事和讲故事行为，就是组织有意识表达和传递共享图式的方式。例如，组织成员可能对组织中发生的某一事件及其前因后果有共同的认识，这就形成了关于该事件意义的知识结构。不同组织事件之间的重合程度越大，组织成员们的图式的同质性就越高，就更能说明这些人共享了相似的文化，而那些对组织认同度不高的个体，就会有不同的价值观和认知水平，也就意味着他们有着不同的图式。已有文献表明，因果关系、重要性和推理是组织图式的三个关键维度[15]，其中因果关系指事件之间的序列关系，使个体能够做出因果关系的归因，并推测出那些隐含的或未知的信息；重要性指个体对特定事件、任务、过程或关系重要性的评估；推理则是指图式能促进个体对未来可能发生的事的预期。

（二）变革情境下共享图式的变化过程

组织在生存和发展过程中，变革在所难免，如重组、并购、新技术的应用、工作内容或绩效考核机制的变化等。组织文化的图式观认为，组织共享图式的变革是组织变革的重要元素。在变革过程中，个体原有的图式不能再同化新信息，组织成员在以往工作经验中所建立的共享图式也慢慢不再适应组织的内外环境[21]。已有文献中也用了二级变革、双环学习、深层变革或者转型变革等概念来描述这种变革[22]。

组织文化变革在个体层面的分析是异常复杂的，Feldman[23]指出，如果组织缺乏变革能力或存在组织惰性，其根本原因可能就在于组织中的"人"对组织结构和文化紧密相关的制度化习惯。Lau 等[1]描述了个体层面组织图式的形成和变革过程，并借助质性和量化研究证明了共享文化变革图式存在于认同度高的组织成员中。George 等[24]则更详细地描述了这一过程，认为当个体意识到自己的已有图式与当前情境存在不一致时，就会引发个体内部的不协调，从而产生减少这种差距的需要。这一阶段变革的阻力主要来自个体可能会继续让这些信念保留在自己的图式中，以合理化这些差距，或者可以不改变图式也能理解这些差距。但同时，已有图式和当前情境的差距也会引发个体对变革过程的情绪反应（如无助感），并成为这一时期变革阻力的来源。如果这些情绪反应没有引发消极反应或无助感，个体就会尝试寻找导致已有图式与新信息不一致的原因，或问题的症结所在。这时，个体会倾向于对所获得的信息进行加工，以解释自己当前的顾虑、问题或潜在的机会：首先个体可能会质疑自己头脑中的已有图式结构，然后在记忆或当前情境中搜索更为详细的新信息，以确认自己对已有图式的质疑是合理的，继而转变自己的预期，再重构图式，最终实现图式的变革。

已有文献从组织层面上对组织图式的变革过程和路径进行了研究。Jordan[20]通过案例分析发现，当组织遇到变革情境时，组织中发生的事件会被组织成员当作故事来传播。这种故事传播行为为团队和组织成员提供了共同的因果图式[25]，不但描述了新文化下的行为方式，还提供了合理行为所需的新图式知识。Balogun 等[26]甚至分辨出了图式变化的"替代"模式，他们通过纵向的质性研究发现，当组织从层级结构向分权结构转变时，中层经理从共享的、聚合的意义建构转变成了共享的、差异化的意义建构。Rerup 等[14]则将组织惯例作为组织图式变革的根源，通过质性研究发现，组织要想构建一个所有成员都遵守的共同行为准则，管理者就需要营造一个新的或不同的组织解释图式，即改变所有成员解释组织日常事务的共同假设和价值观，这样组织成员就通过不断的试误学习，在发现问题—尝试着解决问题—再发现新问题—再解决问题的循环往复中，逐步形成组织新的惯例，最终将新的组织图式固定下来。由此，通常情况下的组织图式变革，是管理层有意识地逐步淘汰现存图式而引进新图式的过程，所采用的管理策略主要是：①强化能够表达预期变革的新图式；②重新演绎管理活动中非常重要的事件；③重新分配资源，并招聘那些图式与变革预想一致的新员工。高层管理者也会通过正式的沟通和互动方式改变组织图式，如奖励和惩罚，借助科层制的权力去推动和支持变革[27]。

（三）组织图式变革的前因变量

综合认知心理学的研究成果，影响组织图式变革的因素很多，比如在认知过程中刚刚获得的信息与员工原有认知结构之间的关系、信息的重要性和易获得性以及个体的期望、动机、情绪、情境等都会对组织文化变革的社会认知过程和结果产生影响。已有文献中对组织图式变革影响因素的研究并不多，且零散分布在组织行为学的各个领域内，这些影响因素主要表现在管理层的个人特征、图式本身的因素和组织特征三个方面。

管理层个人特征方面是 Greve 等[28]的研究，但他们没有将重点放在组织图式的变革上，而是关注创新在组织变革中的催化剂作用，认为当已有图式无法解释创新过程时，组织就会搜寻新的与创新有关的机会和威胁信息，管理者对这些新信息的加工会直接改变其管理图式，或引发对于新图式的搜寻行为，这一图式变革过程受到管理者对已有图式自信水平的影响。高静美等[29]在梳理组织变革研究体系时，指出个人层面上的控制点、对新想法的开放程度以及组织承诺等都会影响变革图式的内容以及个体对变革的态度。

图式本身的因素包括图式自身的特性，如图式的复杂性和中心性[30]，以及图式的外显表达方式等[31]。

相比前两个方面的影响因素，组织方面的影响因素研究相对较为丰富。Lau 等[32]对3960 位不同层级员工（组织高管、中层管理者和基层员工）的调查分析结果表明，组织成员已有的变革经验、对变革的控制感、地区经济发展水平、企业所有权类型和变革前的组织文化等因素都会对员工在变革重要性、变革效价和变革推理这 3 个变革图式维度上的判断产生影响。Sloyan 等[33]则指出组织成员对变革过程、结果和领导的信任程度会影响组织内部对"有计划的变革"的共同因果图式，从而影响着来自员工的变革阻力大小。Labatut 等[34]采用民族志案例研究的方法，认为组织象征物可以是代表高层次制度过程的"广义技术"范畴，并分析了管理技术（如全面质量管理、标准化操作等）在组织图式和组织惯例变革中的作用，认为技术的目标在于使管理理念和组织中习惯化的做事方式相匹配，并引导组织成员实践组织图式，但由于组织成员在使用时会加入自己的理解，导致代表组织内部运作的组织惯例与象征物存在不一致，从而使组织图式和组织惯例变革存在困难。

（四）组织图式变革的结果变量

共享图式的变化对组织和组织中个体的影响是深远的。Labianca 等[35]指出管理者即使只是改变了对完成工作任务截止时间的表述，也会导致个体和工作团队内在的时间图式发生变化，从而影响其完成工作的节奏和最终的绩效。理论研究上，Cornelissen 等[31]分析了不同的战略变革表达方式，认为类比在渐进式变革的情境下能增强员工对组织变革合法性评估以及变革意义的理解，使变革更为有效；隐喻更适合替代式变革。同时，由于单一的表达方式（类比或隐喻）强调的是变革情境的共同属性，它的有效性通常不及同时采用两种表达方式。

已有实证研究采用的组织图式变革的结果变量，主要是个体层面的工作行为、变革承诺和变革过程评估等。Labianca 等[36]的质性分析结果表明，即使被授权参与到新的组织发展项目中，根深蒂固的图式也会使员工抵制组织变革，他们会认为，管理者的实际行动肯定会与组织的新目标和管理规定不一致，从而怀疑管理者对新决策图式的承诺。Bordia 等[37]在考察组织变革管理历史对员工变革态度和工作行为的作用时发现，不理想的变革管理历史会引发员工对这一不理想状态的信念图式，较容易引发低水平的组织信任、工作满意度和变革开放性，以及更高水平的离职意向，并且，这种信念图式对员工离职行为的预测功能延续了两年多的时间。Sonenshein 等[38]分析了员工自我成长图式在组织战略变革实施中的作用，他们的质性分析研究结果表明，随着企业的发展，员工会发展出 3 种类型的成长自我建构因素：成功、学习和互助，同时为了实现组织与自我的同质化成长，员工会利用情境资源

（组织特有的资源，如文化和工作）和个人资源（员工个人特有的资源，如背景和成长经历）参与到组织战略变革中，积极应对战略变革中可能的挑战，并使组织战略变革更为有效。

四　组织文化图式观与中国企业的文化管理和变革

目前，国内学者重点关注了静态方面的组织文化，包括组织文化的概念、内容、结构及其对企业行为和企业绩效的影响，如刘理晖等[39]的本土组织文化的度量模型，王晓晖[40]对学习型组织文化与员工工作满意度和所感知组织绩效的关系，樊耘等[41]的竞合（双C）文化模型和组织文化四层次模型，以及朱春燕等[42]对不同类型组织文化对企业知识管理作用的探讨等。但过去10年中，随着中国经济体制改革的逐渐深入，无论是国有企业还是民营企业都面临着外部经营环境的快速变化和发展，维持现状或简单的组织变革方法如全面质量管理、减小规模和流程再造等[43]，只能改变企业的经营程序和策略，如果组织内在价值观、基本构架和目标设定没有改变时，企业还是会很快恢复现状，或面临变革失败的命运。像五矿集团、联想、中国移动和上海贝尔等在内的许多中国企业很早就开始致力于通过ERP实现精细化管理，但由于组织内部不同部门员工对其理解存在很大差异，许多企业的ERP并没有发挥实效①。国内学术界虽然也开始关注组织文化变革的研究，如纪晓鹏等[44]的研究区分了组织文化变革的两种类型：改革与演变，并提出了组织文化演变的三种驱动力；于天元等[45]提出的组织文化变革路径以及樊耘等[41]的组织文化友好性对组织变革的影响研究等，但这些研究却不能对中国企业在组织变革过程中所面临的重重阻力做出细致深入的解释。从组织文化图式观的角度看，管理层对信息化、质量管理等组织变革的认识和理解并不必然引发员工的集体行为。管理层只有将这些重大调整与组织文化管理和变革结合起来，形成组织内所有成员对企业变革的集体意义建构，才能借助共享的组织图式使员工积极应对变革中的挑战，在适应企业内外环境的同时，提高企业的经营效率。因此，组织文化图式观是解释中国转型经济背景下组织变革过程及其有效性的重要理论基础。

五　评价与研究展望

组织文化图式观尝试从意义建构的视角，将组织文化视为一套共享的图式系统，深刻揭示了组织文化的形成机制，它不但为组织行为学领域开展个体水平的组织文化研究提供了整合的思路，还是解释转型经济背景下企业组织变革阻力的来源和干预方式的重要理论基础。我们相信组织文化的图式观会在未来的组织行为学、战略管理和创业等领域发挥重要的指导作用。在未来有关组织文化的研究中，应该重点关注以下3个方面的问题：

1. 更加系统化地探索组织文化的形成和变革过程。首先，组织文化是一个连接个体水

---

① "中国ERP第一案"结局：爱ERP不容易，http：//tech. sina. com. cn/s/n/2002-06-14/120727. shtml；ERP变局哈药1000万计划的悔与梦，http：//tech. sina. com. cn/it/m/2002-09-12/1748138329. shtml；五矿集团：信息化对实际工作和企业文化的变革，http：//www. itxinwen. com/view/new/html/2008-12/2008-12-29-252981. html。

平和群体水平现象的概念，当前的理论和实证研究大多将两个层面的研究分离开来，虽然有研究者已经开始尝试融合两个层面的研究[14,34]，但仍分散在各个研究领域。由于组织成员对文化的意义建构会严重影响组织文化的积极作用和组织变革的进程，而这一过程又不可避免受到组织层面战略决策图式的影响，迄今为止，这方面的研究还比较欠缺。其次，需深入探索组织内部不同群体之间共享图式差异的形成机制。组织文化的图式观认为，组织成员共享图式的形成源于其对同一时间、空间内社会信息的加工，然而，不同群体内部的个体获得社会信息的内容、途径和信息量都有很大的不同，这可能是造成组织内部存在亚文化的根本原因，但仍需进一步验证之。此外，共享图式的形成和影响机制是复杂的，如变革失败在不同个体和群体所形成的共享图式既可能引发员工的离职行为，员工也可能因为共享图式而对组织有很强的承诺，未来研究应对这一问题深入探讨。

2. 更多考虑组织文化与其他理论的整合研究。如情感事件理论[46]。George 等[24]已经指出了组织文化变革过程中情感因素对员工变革反应的影响，而情感事件理论关注的是个人层次的情感反应机制，今后的研究可以探索 2 种理论的结合，深入探索个人、团队层面上的情感因素在共享图式形成和变革过程中的作用。

3. 借助组织文化图式观重新解读组织成员在变革情境下的反应，寻找最大限度化解变革阻力的有效办法。Oreg 等[47]回顾了 1948～2007 年这 60 年的组织员工变革反应研究，总结了当组织面临变革时，员工的外显反应涵盖了情感、认知和行为上的反应，而影响这些反应和行为结果的变革过程、变革感知、变革内容等因素都与员工的内在图式密切相关。因此，利用组织文化的图式观展开相关研究，能深入理解转型经济背景下企业组织变革所面临的种种阻力的来源。

与此同时，组织文化的图式观在应用中还会面临很多挑战，这主要是由于图式的情境性特征给实际的研究带来了许多方法学问题。纵观已有研究，质性研究方法（如民族志、扎根理论等）通常被用于特定情景的图式对组织文化形成和变革的影响，如信任图式、管理层变革决策图式、不理想变革管理的信念图式和自我成长图式等，这事实上是基于图式内容展开的研究，对具体情景的关注很容易遭遇"只见树木不见森林"的研究困境，无法从全局上把握组织文化形成、变革和影响因素，而实证研究则关注了图式本身的维度。未来的研究者只有将两种方法结合在一起，才能真正把握组织文化形成和变革的过程，以及文化变革所带来的力量和影响力。

参考文献

[1] Lau, C. M., Kibourne, L. M., Woodman, R. W. A Shared Schema Approach to Understanding Organizational Culture Change [J]. Research in Organizational Change and Development, 2003, 14 (14): 225-256.

[2] Harris, S. G. A Schema-Based Perspective on Organizational Culture [C] //Best Papers Proceedings of the 49 th Annual Meeting of the Academy of Management, 1989: 178-182.

[3] Trice, H. M., Beyer, J. M. Studying Organizational Cultures through Rites and Ceremonials [J]. Academy of Management Review, 1984, 9 (4): 653-669.

[4] Kotrba, L. M., Gillespie, M. A., Schmidt, A. M., et al. Do Consistent Corporate Cultures Have Better Businsss Performance? Exploring the Interaction Effects [J]. Human Relations, 2012, 65 (2): 241-262.

[5] Carr, C., Bateman, S. Does Culture Count? Comparative Performances of Top Family and Non-Family

Firms [J]. International Journal of Cross Cultural Management, 2010, 10 (2): 241-262.

［6］樊耘, 邵芳, 张翼. 基于文化差异观的组织文化友好性和一致性对组织变革的影响 [J]. 管理评论, 2011, 23 (8): 152-161.

［7］Ford, J. D., Foed, L. W. Resistance to Change: A Reexamination and Extension [C] //Woodman, R. W., Pasmore, W. A., Shani, A. B. Research in Organizational Change and Development. Bingley: Emerald Group Publishing Limited, 2009: 211-239.

［8］Block, L. The Leadership-Culture Connection: An Exploratory Investigation [J]. Leadership & Organization Development Journal, 2003, 6 (24): 318-334.

［9］van Maanen, J., Barley, S. R. Cultural Organization: Fragments of a Theory [C] //Frost, P. J., Moore, L. F., Louis, M. R., et al. Organizational Culture. Beverly Hills, CA: Sage, 1985: 31-54.

［10］Weick, K. E. Sensemaking in Organizations [M]. Beverly Hills: Sage Publications, 1995.

［11］Weick, K. E., Sutcliffe, K. M., Obstfeld, D. Organizing and the Process of Sensemaking [J]. Organization Science, 2005, 16 (4): 409-421.

［12］Gioia, D. A., Chittipedd, K. Sensemaking and Sensegiving in Strategic Change Initiation [J]. Strategic Management Journal, 1991, 12 (6): 433-448.

［13］Bartunek, J. M., Rousseau, D. M., Rudoiph, J. W., et al. On the Receiving End: Sensemaking, Emotion, and Assessments of an Organizational Change Initiated by Others [J]. Journal of Applied Behavioral Science, 2006, 42 (2): 182-206.

［14］Rerup, C., Feldman, M. Routines as a Source of Change in Organizational Schemata, The Role of Trial-and-Error Learning [J]. Academy of Management Journal, 2011, 54 (3): 577-610.

［15］Zhou, J., Woodman, R. W. Managers' Recognition of Employees' Creative Ideas: A Social-Cognitive Model [C] //Shavinina, L. V. The International Handbook on Innovation. The Boulevard, Langford Lange: Pergamon, 2003: 631-640.

［16］Dutton, J. E., Jackson, S. E. Categorizing Strategic Issues: Links to Organizational Action [J]. Academy of Management Review, 1987, 2 (1): 76-90.

［17］黄河, 吴能全. 组织文化形成途径——我国中小型民营企业的跨案例研究 [J]. 管理世界, 2009 (2): 56-64.

［18］van Vianen, A. E. M. Person-organization Fit: The Match between Newcomers' and Recruiters' Preferences for Organizational Cutures [J]. Personnel Psychology, 2000, 53 (1): 113-149.

［19］Cable, D. M., Aiman-Smith, L., Mulvey, P. W., et al. The Sources and Accuracy of Job Applicants' Beliefs about Organizational Culture [J]. Academy of Management Journal, 2000, 43 (6): 1076-1085.

［20］Jordan, A. T. Critical Incident Story Creation and Culture Formation in a Self-Directed Work Team [J]. Journal of Organizational Change Management, 1996, 5 (9): 27-35.

［21］Weick, K. E., Quinn, R. E. Organizational Change and Development [J]. Annual Review of Psychology, 1999, 50 (1): 361-386.

［22］Thompson, R. M. Bottom-up Constructions of Top-Down Transformational Change: Change Leader Interventotions and Qualitative Schema Change in a Spatially Differentiated Technically-Oriented Public Professional Bureaucracy [D]. Queensland: Queensland University Technology, 2006.

［23］Feldman, M. S. Organizational Routines as a Source of Continuous Change [J]. Organization Science, 2000, 11 (6): 611-629.

［24］George, J. M., Jones, G. R. Towards a Process Model of Individual Change in Organizations [J]. Human Relations, 2001, 54 (4): 419-444.

［25］Weber, P. S., Manning, M. R. Cause Maps, Sensemaking, and Planned Organizational Change [J].

Journal of Applied Behavioral Science, 2001, 37 (2): 227-251.

[26] Balogun, J., Johnson, G. Organizational Restructuring and Middle Manager Sensemaking [J]. Academy of Management Journal, 2004, 47 (4): 523-549.

[27] Peter, P. P., Gioia, D. A., Gray, B. Influence Moden, Schema Change, and Organizational Transformation [J]. Journal of Applied Behavioral Science, 1989, 25 (3): 271-289.

[28] Greve, H. R., Taylor, A. Innovations as Catalysts for Organizational Change: Shifts in Organizational Cognition and Search [J]. Administrative Science Quarterly, 2000, 45 (1): 54-80.

[29] 高静美, 郭劲光, 李宇. 组织变革研究体系的嬗变与中国维度的本土考量 [J]. 管理世界, 2010 (9): 150-164.

[30] Nadkarni, S., Narayanan, V. K. Strategic Schemas, Strategic Flexibliity, and Firm Performance: The Moderating Role of Industry Clockspeed [J]. Strategic Management Journal, 2007, 28 (3): 243-270.

[31] Cornelissen, J. P., Holt, R., Zundel, M. The Role of Analogy and Metaphor in the Framing and Legitimization of Strategic Change [J]. Organization Studies, 2011, 32 (12): 1701-1716.

[32] Lau, C., Tse, D. Z., Zhou, N. Institutional Forces and Organizational Culture in China: Effects on Change Schemas, Firm Commitment and Job Satisfaction [J]. Journal of International Business Studies, 2002, 33 (3): 533-550.

[33] Sloyan, R. M., Luderma, J. D. That's Not How I See It: How Trust in the Organization, Leadership, Process, and Outcome Influence Individual Responses to Organizational Change [M] //Pasmore, W. A., Shani, A. B. R., Woodman, R. W. Research in Organizational Change and Development, Bingley Emerald Group Publshing Limited, 2010: 233-277.

[34] Labatut, J., Aggeri, F., Girad, N. Discipline and Change, How Technologies and Organizational Routines Interact in New Practice Creation [J]. Organization Studies, 2012, 33 (1): 39-69.

[35] Labianca, G., Moon, H., Watt, I. When Is an Hour Not 60 Minutes? Deadines, Temporal Schemata, and Individual and Task Group Performance [J]. Academy of Management Journal, 2005, 48 (4): 677-694.

[36] Labianca, G., Gray, B., Brass, D. J. A Grounded Model of Organizational Schema Change during Empowerment [J]. Organization Science, 2000, 11 (2): 235-257.

[37] Bordia, P., Lloyd, S., Restubog, D., et al. Haunted by the Past, Effects of Poor Change Management History on Employee Attitudes and Turnover [J]. Group & Organization Management, 2011, 36 (2): 191-222.

[38] Sonenshein, S., Jones, J. H., Dutton, J. E., et al. Growing at Work: Employees Interpretations of Progressive Self-Change in Organizations [J]. Organization Science, 2013, 24 (2): 552-570.

[39] 刘理晖, 张德. 组织文化度量: 本土模型的构建与实证研究 [J]. 南开管理评论, 2007, 10 (2): 19-24.

[40] 王晓晖. 学习型组织文化的差异与影响研究——基于广东地区国有企业和民营企业样本相比较的实证分析 [J]. 管理世界, 2007 (1): 76-86.

[41] 樊耘, 张翼, 杨照鹏. 组织文化友好性对员工变革态度影响的实证研究 [J]. 管理学报, 2009, 6 (7): 910-917.

[42] 朱春燕, 孙林岩, 汪应洛. 组织文化和领导风格对知识管理的影响 [J]. 管理学报, 2010, 7 (1): 11-16.

[43] Cameron. Techniques for Making Organizations Effective: Some Popular Approaches. Enhancing Organizational Performance [M]. Washington D. C.: National Academy Press, 1997.

[44] 纪晓鹏, 樊耘, 刘人境. 组织文化演变驱动力的实证研究 [J]. 南开管理评论, 2011, 14 (4): 50-58.

[45] 于天远, 吴能全. 组织文化变革路径与政商关系 [J]. 管理世界, 2012 (8): 129-146.

［46］Weiss, H. M., Cropanzano, R. Affective Events Theory: A Theoretical Discussion of the Structure, Causes and Consequences of Affective Experiences at Work ［J］. Research in Organizational Behavior, 1996, 18 (8): 1-74.

［47］Oreg, S., Vakola, M., Armenakis, A. Change Recipients' Reaction to Organizational Change, an 60 Year Review of Quantitative Studies ［J］. Journal of Applied Behavioral Science, 2011, 47 (4): 461-524.

Review and Commet on Research Based on Schematic Perspective of Organizational Culture

Shi Kan　Han Xiaoyan　Zheng Danhui　Shi Yu　Qiu Xiaoyi

Abstract: This article first elaborates on the content of this theoretical perspective and then reviews the previous literatures about the formation, change of shared organizational schema, and then reviews the previous literatures about the formation, change of shared organizational schema, and the antecedent variables and outcomes. Also, its future application in the research of Chinese enterprises' organizational culture management and change has been discussed. Finally, this paper proposes the promising topic in the future research.

Key words: organizational culture; shared schema; organizational change; sense-making

先前情绪和过度自信对灾难事件后继风险决策的影响 *

王大伟　胡艺馨　时　勘

【编者按】我是中国科学院研究生院管理学院 2010 级博士后。我还清楚记得，2007 年刚刚于华东师范大学心理与认知科学学院博士毕业后，自我感觉管理与组织心理学知识的匮乏，亟须努力学习与深造，就怀着忐忑的心情联系我仰慕已久的时勘教授。时老师给我回复了一封很长的邮件，慈父般地关心我的工作与生活，并给我做了详细的博士后学习规划，给了我前行的信心和力量。时老师让我坚决地停下在山东师范大学心理学院的教学与科研工作。三年后，我来到了我心中向往的学习圣地，开始博士后学习和研究工作。刚刚进入课题组时，我对课题组的研究工作不是很熟悉，时老师就耐心地给我介绍课题组进行的每一项研究，由于这些工作都有很高的理论和应用价值，让我充满了巨大的力量去跃跃欲试，但是，又觉得无从着手。此时，时老师给我看了刚刚获批的国家自然科学基金重大研究计划的培育项目《救援人员应对非常规突发事件的抗逆力模型研究》的申请书，其中救援人员的危机决策行为部分深深地吸引着我，于是，我便请求时老师将该项研究工作交给我来做，这样，就开始了博士后的学术研究工作。"万事开头难"，危机决策虽然同博士期间的决策工作相关联，但是，危机决策更具有社会价值，用实验方法探究该问题又让我不知所措。在研究的关键环节，时老师给了我设计生态效度高的危机决策任务的启发，并给我提供了理论指导和技术支持，这些巨大的精神动力让我从宏观和微观层次来审视该问题，并聚焦于问题的关键。这项工作开启了我博士后出站报告的思路，于是，我把出站报告定名为《认知和情绪对灾难事件后继风险决策的影响及机制研究》。在时老师和课题组同学的帮助下，我较为顺利地完成了出站报告的撰写工作。虽然较早地完成了出站报告，但是，自我感觉需要学习的东西还很多，迟迟不想出站，想跟随老师和课题组多汲取一些学术营养，所以，我的博士后共读了 4 年，直到博士后负责老师"赶"我才离开。博士后期间的学习与工作是我人生的巨大财富，也促进了我随后的学术研究生活。在站期间，我先后完成了相关论文：*The effect of emotion and time pressure on risk decision-making*、*The effects of cognitive style and emotional trade-off difficulty on information processing in decision-making*、先前情绪和过度自信对灾难事件后继风险决策的影响，这些文章先后发表在 *Journal of Risk Research*、*International Journal of Psychology*、《心理科学》上，而且，后来还获批了国家自然科学基金面上项目。感恩时老师对我学术上的谆谆教诲，为我的工作和生活不辞辛苦地规划；也感谢课题组的同门们对我的帮助与激励。时光流转，岁月更迭，诸多事情随风而逝，唯有师恩、同门情永驻心中。（王大伟，中国科学

＊　本研究得到教育部人文社会科学一般项目（10YJCXLX043）、国家自然科学基金项目（71272156）、国家 973 重大项目（2010CB731406）和中国博士后科学基金面上项目（2011M500426）的资助。

院管理学院 2010 级博士后，山东师范大学心理学院　教授、博士生导师）

摘　要：研究考察了先前情绪和过度自信对灾难事件后继风险决策的影响。结果发现：①先前情绪的主效应显著，积极情绪比消极情绪的个体在灾后风险决策时更加倾向于风险寻求；过度自信的主效应显著，高过度自信比低过度自信个体在灾后风险决策时更加倾向于风险寻求。②先前情绪和过度自信水平交互影响灾难事件后继风险决策。高过度自信者在积极情绪状态下比在消极情绪状态下更倾向于风险寻求；消极情绪状态下过度自信水平不同的个体之间没有显著差异。

关键词：先前情绪；过度自信；灾难事件；风险决策

一　引言

大量的研究者认为灾难事件不仅严重影响了人们的生活，而且对灾后的风险决策也产生了重要影响（李金珍、李纾和许洁虹，2008；Adams & Boscarino，2005；Li，2004）。由于灾难事件后继风险决策这一领域的特殊性，至今缺乏较多的实证成果的支持。有研究者尝试用认知神经经济模型来讨论灾难事件后继风险决策，认为个体神经生理支持的情绪与认知因素是影响灾难事件后继风险决策的重要因素，并且两者可能共同对灾难事件后继风险决策产生影响（李金珍等，2008；Gutnik，Hakimzada，Yoskowitz & Patel，2006）。

关于情绪与风险决策的研究，近年来主要集中在探讨先前情绪对风险决策的作用上。Mano（1992，1994）发现，积极情绪状态下的个体更倾向于规避损失，而消极情绪状态下的个体则更倾向于风险寻求。Lemer 和 Keltner（2001）发现，处于气愤情绪状态下的人们更加倾向于搜寻风险。研究者尝试用心境一致性假设来解释该现象，积极情绪状态下的个体为了保持当前的情绪而规避风险，而消极情绪状态下的个体为了改变当前不好的情绪倾向于风险寻求（Isen & Patrick，1983）。

认知神经经济模型以及 Choi，Choi 和 Norenzayan（2004）的研究表明，风险偏好与人类的"过度自信"有关：过度自信会让个体决策建立在失真的假设上，而无法做出理性决策。许多研究支持或部分支持了这一假设。Lichtenstein（1982）指出，个体在进行判断与决策时的自信心水平的概率远远高于实际的概率。Oskamp（1965）发现，医生在进行临床诊断决策随着信息量增大的过度自信水平没有使诊断正确率相应提高。Malmendier 和 Tate（2008）发现，市场对过度自信 CEO 的风险决策做出了强烈的负反应。

虽然上述研究都不同程度地涉及情绪与过度自信因素对风险决策的影响，却未考察两者是否共同影响风险决策，更未涉及其对灾难事件后继风险决策的影响。先前情绪和过度自信是单独影响灾难事件后继风险决策，还是共同影响灾难事件后继风险决策？实际上，认知与情绪因素在决策中孰轻孰重一直是研究者争论的问题。早期的很多研究认为认知因素主导决策，完全把情绪阻挡在决策研究的大门之外。而随着认知神经科学等学科的不断发展，有些研究者考虑情绪在决策中的作用，尝试将情绪和理性结合起来进行探讨，找到对决策行为的准确解释。有的研究者甚至提出情绪对决策的作用超过了理性。Loewenstein（2001）提出决策过程中的情绪可以直接影响决策。因此，为了进一步探讨先前情绪和过度自信是单独还是共同影响灾难事件后继风险决策，我们设计了本研究，拟考证这样的假设：情绪和过度自信显著影响灾难事件后继风险决策，并且两者存在显著的交互作用。

二　方法

（一）　被试

80 名大学生参加本次实验。其中，高低过度自信的被试各 40 人，男生 35 人，女生 45 人，平均年龄为 22.23 岁（标准差为 0.34），听力和视力（或矫正视力）正常，以前均未参加过类似的实验。需要说明的是，高低过度自信的被试是通过使用自编的《过度自信问卷》对 200 名大学生的测量而选出的。

（二）　实验设计

采用 2（先前情绪：积极情绪和消极情绪）×2（过度自信水平：高和低）的两因素被试间实验设计，其中自变量为先前情绪、过度自信水平，因变量为风险决策策略，即通过风险偏好的得分来确定风险规避或风险寻求。

（三）　实验材料和工具

1. 情绪诱发材料

Forgas 和 Moylan（1987）指出，视频是诱发情绪最为直接有效的方式。本研究使用 Corel VideoStudio Pro X4 视频处理软件截取《说不出的爱》和《笑话》两段视频分别做出诱发消极和积极情绪的材料，每段视频持续 4 分钟左右。通过对视频诱发效果的检测发现，两段视频各自能够诱发出实验需要的情绪。最终确定这两段视频作为诱发积极和消极情绪的材料。

2. 过度自信问卷

在参考以往过度自信问卷（胡辉，2009；Russo & Schoemaker，1992）的基础上，自编《过度自信问卷》。问卷包含 10 个题目，内容是关于一般性知识，而非任何专业知识。每一题目后两个选项，每个选项要求被试在 5 点量尺上对自我做出这一选择的自信心水平进行选择，其中 1 代表 50%~60% 的把握正确完成这一题目，而 5 代表 90%~100% 的把握正确完成这一题目，依次类推。该问卷的 Cronbach's α 系数为 0.88。

3. 灾后风险决策问卷

风险决策是通过灾后风险偏好问卷进行测量。该问卷包括 14 个项目，每个项目都置于灾后情境中，包括 A、B 两个方案，每个方案后面用五点计分的方式要求被试对其风险偏好进行选择，其中 1 表示非常不喜欢该方案，5 表示非常喜欢该方案。经检验，该问卷的 Cronbach's α 系数为 0.80，具有跨项目的一致性。

4. 情绪自评量表

使用 Waston, Clark 和 Tellegen (1988) 编制, 张卫东、刁静和 Constance (2004) 修订的 PANAS 量表, 即情绪自评量表。量表主要使用情绪形容词来评定个体的情绪, 主要包括 PA (积极情绪) 和 NA (消极情绪) 两部分。个体在进行情绪评定时, 需要在 5 点量表上对情绪进行评估, 其中 1 表示没有体会到情绪, 5 表示体验到的情绪非常强烈, 依次类推。该量表的 Cronbach's α 系数为 0.87, 表明具有良好的信度。

(四) 实验程序

实验在安静的实验室内进行, 随机选取 20 名高过度自信和 20 名低过度自信被试参加积极情绪组的实验, 而其余的 20 名高过度自信者和 20 名低过度自信者则参加消极情绪组实验。实验程序采用 E-Prime 2.0 编制, 整个实验在计算机由被试独立完成。

积极情绪组: 被试进入实验室后, 安静坐在座位上, 然后开始实验。先请被试观看一段《笑话》的视频, 接下来被试独立完成灾后风险决策问卷。指导语为"该测验是一个有关个人倾向程度的测验。每个项目都假如你正处于灾后的情境中, 请您完成后面的题目, 您有大量的时间完成问卷, 请独立完成"。正式实验开始前, 被试完成两道练习题目, 但不记录实验结果。

消极情绪组: 基本程序同积极情绪组。只是被试观看的视频为《说不出的爱》, 以诱发其消极情绪。最后向被试说明实验, 并就实验给被试造成的负面情绪给予适当安抚。

三 结果与分析

(一) 共同方法偏差检验

研究采用控制非可测潜在方法因子的方法对样本数据进行共同方法偏差 (common method bias) 的检测。温忠麟、侯杰泰和马什赫伯特 (2004) 指出, 采用卡方规则进行模型比较, 并针对样本大小来选取临界值。按照本研究的样本量, 应该选取 $\alpha = 0.01(N \leqslant 150)$ 为临界值。表 1 显示了检测结果。进一步的分析表明, $\Delta x^2 = 43.6$, $\alpha = 0.018 > 0.01$。也就是说, 共同方法因子模型并没有显著优于无共同方法因子模型, 本研究的共同方法偏差不显著。

表 1 共同方法偏差检验结果

模型	x^2/df	CFI	GFI	IFI	TLI	RMSEA
控制前	1.91	0.94	0.89	0.93	0.95	0.048
控制后	1.91	0.94	0.90	0.93	0.95	0.048

（二）先前情绪诱发效果

表2显示了使用PANAS量表对两段视频诱发的情绪效果的得分。对积极视频诱发的积极情绪得分和消极情绪得分进行差异显著性检验，结果显示，$t_{积极}(78) = 20.36$，$p<0.001$，$d=0.82$，统计检验示力 $1-\beta=0.91$。同样，对消极视频诱发的积极情绪得分和消极情绪得分进行差异显著性检验，结果显示 $t_{消极}(78) = 26.44$，$p<0.001$，$d=0.84$，统计检验力 $1-\beta=0.92$。

表2 两段视频诱发出相关情绪的平均数与标准差

视频	积极情绪		消极情绪	
	平均数	标准差	平均数	标准差
笑话	4.28	1.03	1.22	0.55
说不出的爱	1.18	0.23	4.27	1.02

（三）先前情绪和过度自信对灾难事件后继风险决策的影响

实验中没有发现无效数据，各种实验条件下冒险得分的平均数与标准差见表3。

表3 不同情绪状态和过度自信水平下冒险得分的平均数与标准差

过度自信水平	积极情绪		消极情绪	
	平均数	标准差	平均数	标准差
高过度自信	3.29	0.29	2.12	0.28
低过度自信	1.98	0.23	1.88	0.22

利用SPSS16.0对表3中数据进行方差齐性检验，结果发现 Levene's 检验中的积极与消极情绪组的 p 值均大于0.05，两者都通过检测，方差同质，可以进行方差分析。进行2（先前情绪：积极情绪和消极情绪）×2（过度自信水平：高和低）的方差分析，结果显示：先前情绪的主效应显著，$F(1, 76) = 13.08$，$p<0.01$，$\eta_p^2 = 0.51$，统计检验力 $1-\beta=0.97$，积极情绪状态下被试的冒险得分更高；过度自信的主效应显著，$F(1, 76) = 14.55$，$p<0.01$，$\eta_p^2 = 0.48$，统计检验力 $1-\beta=0.95$，高过度自信比低过度自信的冒险得分更高；先前情绪和过度自信的交互作用也显著，$F(1, 76) = 6.63$，$p<0.05$，$\eta_p^2 = 0.36$，统计检验力 $1-\beta=0.85$。进一步的简单效应检验显示，过度自信水平不同的被试在积极情绪状态下的差异显著，$F(1, 76) = 11.17$，$p<0.01$，$\eta_p^2 = 0.42$。高过度自信比低过度自信的被试在积极情绪状态下冒险得分高，更加倾向于风险寻求。

四 讨论

本研究的实验结果表明，先前情绪的主效应显著，积极情绪比消极情绪的个体更加倾向于风险寻求，这与情绪维持假说相悖（Isen & Patrick，1983）。情绪维持假说认为，处于积极情绪状态的个体为了维持好的情绪而倾向于风险规避，而处于消极情绪状态下的个体则为了缓解自我不好的情绪更愿意冒险。造成本研究与先前研究相悖的原因可能是实验任务造成的差异。先前研究使用的实验任务大部分为经济决策等任务，而本研究则采用灾难事件风险决策为任务，两者的风险程度以及造成后果具有显著性差异。在灾难情境中，处于积极情绪状态下的个体由于对情境把握程度较低，则出现更愿意赌一把的决策倾向。这进一步支持了情绪泛化假说（Johnson & Tversky，1983），即积极情绪导致个体对风险事件的感知频率显著降低，做出较为乐观的预测与估计，而消极情绪则提升了对风险事件的感知频率，对风险做出较为悲观的估计。本研究积极情绪状态的个体会低估灾难事件和风险事件发生的概率，从而对灾难事件后继风险决策趋向于风险寻求。而处于消极情绪状态的个体感知灾难事件和风险事件发生的频率上升，为了避免产生更强烈的消极情绪，对灾难事件后继风险决策趋向于风险规避。这同以往一些研究的发现一致（皮力，2009；庄锦英，2003；Yuen & Lee，2003）。除了情绪对灾难事件后继风险决策影响外，认知神经经济模型认为过度自信（认知因素）也是影响灾难事件后继风险决策的重要因素。以往研究对过度自信影响风险偏好至今未有定论，本研究结果显示过度自信显著影响风险偏好，并且高过度自信比低过度自信个体更加倾向于风险寻求，这主要是因为过度自信水平较高的个体往往低估小概率事件发生的频率，对自我决策持有较高的效能感，往往决策建立在失真的基础上，无法进行理性决策，灾难事件后继风险决策倾向于风险寻求。而低过度自信的个体虽然自信心程度较高过度自信水平低，但是在实际决策过程中对事件发生的自信心水平高于实际发生概率，有时会影响决策绩效，这同以往的发现一致（Malmendier & Tate，2008）。

解释灾难事件后继风险决策的认知神经经济模型还非常关注个体神经生理支持的两个基本过程：情绪与认知是否共同影响灾难事件后继风险决策。本研究的结果显示，情绪（先前情绪）和认知（过度自信）的交互作用显著，表明两者交互影响灾难事件后继风险决策。进一步地分析发现，高过度自信者在积极情绪状态下比在消极情绪状态下更倾向于风险寻求。积极情绪让高过度自信的个体更加高估自我进行决策或控制结果的能力，对不同信息源的预测效度估计存在误差，低估风险事件发生的概率，从而决策倾向于风险寻求，这与自我提升理论的假设一致，即风险的价值取决于服务内心深处的自我提升的期望（刘永芳、毕玉芳和王怀勇，2010）。而对低过度自信水平的个体而言，积极情绪并未过度提升其自信心水平，但是他们希望能够规避风险，以维持现状和保持稳定的局势，所以灾后的风险决策倾向于风险规避。

总之，灾难事件后继风险决策偏好是对内、外部环境变化非常敏感的变量。本研究在严格控制个体性别、年龄、决策风格等特征的条件下，研究了先前情绪和过度自信对灾难事件后继风险决策的影响，获得了一些有意义的发现，但远没有搞清楚灾难事件后继风险决策偏好发展的规律。特别是，本研究中严格控制的变量是否影响灾难事件后继风险决策？它们同本研究设计的变量之间是否存在交互影响？如果存在，是如何影响？上述这些问题需要在未来的研究中进一步探讨。

参考文献

［1］胡辉. 认知偏差影响下的企业家机会识别模式研究［D］. 暨南大学硕士学位论文，2009.

［2］李金珍，李纾，许洁虹．灾难事件后继风险决策［J］．中国安全科学学报，2008，18（4）：37-43．

［3］刘永芳，毕玉芳，王怀勇．情绪和任务框架对自我和预期他人决策时风险偏好的影响［J］．心理学报，2010（42）：317-324．

［4］皮力．具体情绪对决策影响的实验研究［D］．华东师范大学硕士学位论文，2009．

［5］温忠麟，侯杰泰，马什赫伯特．结构方程模型检验：拟合指数与卡方准则［J］．心理学报，2004（36）：186-194．

［6］于窈，李纾．"过分自信"的研究及其跨文化差异［J］．心理科学进展，2006，14（3）：468-474．

［7］张卫东，刁静，Constance，S. J. 正、负性情绪的跨文化心理测量：PANAS 维度结构检验［J］．心理科学，2004（27）：77-79．

［8］庄锦英．情绪与决策的关系［J］．心理科学进展，2003，11（4）：423-431．

［9］Adams, R. E. & Boscarino, J. A. Stress and Well-being in the Aftermath of The World Trade Center Attack: The Continuing Effects of a Communitywide Disaster［J］. Journal of Community Psychology, 2005, 33（2）: 175-190.

［10］Choi, I., Choi, J. A. & Norenzayan, A. Culture and Decisions［A］. In: D. J. Koehler & N. Harvey. (Ed). Blackwell Handbook of Judgment and Decision Making. Malden: Blackwell Publishing Ltd., 2004: 551-568.

［11］Doukas, J. A. & Petmezas, D. Acquisitions, Overconfident Managers and Self-attribution Bias［J］. European Financial Management, 2006, 13（2）: 531-577.

［12］Forgas, J. P. & Moylan, S. J. After The Movies: The Effects of Transient Mood States on Social Judgments［J］. Personality and Social Psychology Bulletin, 1987（13）: 478-489.

［13］Gutnik, L. A., Hakimzada, A. F., Yoskowitz, N. A. & Patel, V. L. The Role of Emotion in Decision-making: A Cognitive Neuroeconomic Approach Towards Understanding Sexual Risk Behavior［J］. Journal of Biomedical Informatics, 2006（39）: 720-736.

［14］Isen, A. M. & Patrick, R. The Influence of Positive Feelings on Risk Taking: When the Chips are Down［J］. Organizational Behavior and Human Performance, 1983（31）: 194-202.

［15］Johnson, E. J. & Tversky, A. Affect Generalization and the Perception of Risk［J］. Journal of Personality and Social Psychology, 1983（45）: 20-31.

［16］Lerner, J. S. & Keltner, D. Fear, Anger, and Risk［J］. Journal of Personality and Social Psychology, 2001（81）: 146-159.

［17］Li, S. Equate-to-differentiate Approach: An Application in Binary Choice under Uncertainty［J］. Central European Journal of Operations Research, 2004, 12（3）: 269-294.

［18］Loewenstein, G., Weber, U. E. & Hsee, K. C. Risk as Feelings［J］. Psychological Bulletin, 2001（127）: 267-286.

［19］Malmendier, U. & Tate, G. Who Makes Acquisitions? CEO Overconfidence and the Market's Reaction［J］. Journal of Finance Economics, 2008（89）: 20-43.

［20］Mano, H. Judgments Underdistress: Assessing the Role of Unpleasantness and Arousal in Judgment Formation［J］. Organization Behavior and Human Decision Processes, 1992（52）: 216-246.

［21］Mano, H. Risk Taking, Framing Effects, and Affect［J］. Organization Behavior and Human Decision Processes, 1994（57）: 38-58.

［22］Mittal, V. & Ross, J. W. T. The Impact of Positive and Negative Affect and Issue Framing on Issue Interpretation and Risk Taking［J］. Organizational Behavior and Human Decision Processes, 1998（76）: 298-324.

［23］Oskamp, S. Overcondence in Case Study Judgments［J］. Journal of Consulting Psychology, 1965（29）: 261-265.

［24］Russo, J. E. & Schoemaker, P. J. H. Managing Overconfidence［J］. Sloan Management Review, 1992

（33）：7-17.

[25] Yuen, K. S. L. & Lee, T. M. C. Could Mood State Affect Risktaking Decisions? [J]. Journal of Affective Disorders, 2003 (75)：11-18.

The Effect of Previous Emotion and Overconfidence on Risk Decision-Making Following Disaster Event

Wang Dawei　Hu Yixin　Shi Kan

Abstract： According to the cognitive neuroeconomic model, emotion and cognition are the important factors affecting risk decision-making following a dlisaster event. Previous emotion and overconfidence are the emotion and cognition factors influencing risk decision-making following disaster event. Do previous mood and overconfidence affect risk decision-making following a disaster event separately, or influence risk decision-making following disaster event jointly? The answer is still unclear in previous studies.

Purposes： The study explored the effect of previous emotion and overconfidence on risk decision-making following a disaster event.

Procedures & Methods： Firstly, 200 undergraduales were measured by using overconfidence questionnaire. 40 undergraduates were chosen as high overconfidence individuals because their overconfidence scores were higher than or equal to 35 points, and 40 undergraduates were chosen as low overconfidence individuals because their overconfidence scores were lower than or equal to 20 points. Thus, 80 subjects were obtained in the formal experiment. In the formal experiment, 20 high overconfidence and 20 low overconfident subjects were selected randomly to participate in the experiment of the positive emotional group, while the remaining 20 high overconfidence individuals and 20 low overconfidence subjects took part in the negative emotional group experiment. All formal experiment subjects had to complete the emotion self-rating scale and risk decision-making questionnaire following the disaster.

Results & Conclusions： The results showed that ①Positive and negative emotions video induced the emotions the experiment required. ②The main effect of the previous emotion was significant, and risk decision-making individuals under positive emotion were more likely to seek risks than those under negative emotion. The research outcome further supported the affective generalization hypothesis (Johnson & Tversky, 1983). Positive emotion led to a significant individual reduction of perceptions of risk events frequency, which made the prediction and estimation of decision makers more optimistic. However, negative emotion enhanced the perceived frequency of risk events, which made individuals have more pessimistic risk estimate. The main effect of overconfidence was significant and the risk decision-making of the individuals with high overconfidence was more likely to seek risks than those with low overconfidence. Positive emotions made overconfident individuals overestimate their ability of self decision or self-control results, and led them to err in predictive validity of different information sources, underestimate the probability of risk events and be more risk-seeking. The above results confomed to the hypothesis of the self-improvement theory, which states that the risk value depends on the expectations of self-improvement. And for individuals of low overconfident, positive emotions did not enhance their confidence level, but they tried to avoid risks and maintained the status and tended to risk aversion following the disaster event. ③Previous emotion and overconfidence had an interaction effect. Individuals of high overconfidence in a positive emotional state were more likely to seek risk than those in the negative emotional state. There was no significant difference on overconfident level of individuals in the different negative emotional states.

Innovation: The study expands the risk decision making theory, which also supports the cognitive neuroeconomic theory. Furthermore, both emotion and overconfidence jointly affect risk decision making following the disaster event. The study provides new evidence for the neural mechanism of risk decision-making following the disaster event.

Key words: previous emotion; overconfidence; disaster event; risk decision-making

持续联结量表中文版的修订与初步应用*

李梅 李洁 时勘

【编者按】我是 2013 年 9 月进入中国人民大学心理学系攻读博士学位的，这四年的深造使我终身都受益良多。入学之初，我就感受到了时勘老师对学生的关注和关爱，老师教导我们，要理论与实践相结合，让我有机会和梁社红、刘鑫、万金等同门迅速投入到了山东某煤矿集团的安全心智模式实验项目当中。在践行项目中，我进一步感受到了时勘老师的专家风采和大家风度，以及对细节的完美追求。至今，我仍然记得每一个不眠之夜，甚至凌晨四五点发给老师的邮件，都能得到及时的回复。在这个项目中，我开阔了视野，对研究思路有了更多的思考，也更加了解当地的风土人情。后来，我逐渐把研究兴趣和方向确定在临床心理学方面。敬爱的时勘老师十分关心我的博士论文研究方向，还邀请了心理学系深耕于临床心理学方向的李洁老师对我的研究主题和论文撰写进行手把手的指导。时勘老师当时承担了国家社会科学基金重大项目"中华民族伟大复兴的社会心理促进机制研究"，他将丧亲人群的哀伤研究列为子课题内容来促进研究的进程。在时勘老师的大力支持下，我来到上海市静安区静安寺对丧亲人群进行深度访谈和问卷调查。大家知道，当个体长期难以缓解丧亲的悲痛时，往往会形成病理性哀伤，并可能会出现抑郁、焦虑或创伤后应激障碍等心理问题，亟须专业的哀伤辅导人员提供服务。哀伤相关变量的研究中特别需要适合中国文化情境的多种量表。此时我们通过文献检索发现，持续联结量表已经有 Field 和 Filanosky 的研究基础，共包括了内化联结和外化联结两部分。在此基础上，我们经过双盲翻译，并通过多轮问卷测量对因素结构进行探索性分析以及验证性分析，最终修订出适用于中国文化背景丧亲人群的测量工具。量表的使用情况表明，外化联结与哀伤症状正相关，内化联结与个人成长正相关，支持了双维度的结构，也进一步验证了该量表工具的效度。研究结果验证了持续联结量表中文版的信效度和跨文化适应性，该量表便利了国内学者对哀伤领域的实证研究，更有利于了解丧亲群体，促进个体对丧亲的适应。丧亲人群哀伤的主题近年来越来越受到学术领域的重视，我们开发的持续联结量表中文版以及丧亲社会支持量表也日益显现出其价值。如今想来，博士期间的学习和最终的毕业论文真的是饱含了泪水和感慨！值得铭记的是，课题组每周定期的开会研讨，以及老师和师兄弟姐妹一起聚餐，都是人大校园留给我的温暖回忆。感激时勘老师、李洁老师对我一路的指导和支持！这些经历如同春日里的繁花一样美丽，如同冬日里的阳光一般温暖。(李梅，中国人民大学心理学系 2013 级博士生，中国戏曲学院心理咨询中心 主任、讲师)

摘 要：目的：对引进的持续联结量表（Continuing Bonds Scale，CBS）进行修订和中文版

---

* 基金项目：中国人民大学科学研究基金项目（14XNLF10）；2013 年度国家社科基金重大项目（第二批）（13&ZD155）。

的信效度检验。方法：采用持续联结量表中文版进行调查，获得了 1288 份有效数据。通过探索性因素分析、验证性因素分析、偏相关分析及内部一致性检验等方法评估该量表的信效度，并初步探索中国丧亲群体持续联结的特点。结果：持续联结量表中文版包括内化联结与外化联结两个维度。外化联结与复杂哀伤症状显著正相关，内化联结与个人成长显著正相关。结论：持续联结量表中文版具有良好的信度和结构效度，具有跨文化的适应性，可用于哀伤领域的研究和实践。

关键词：丧亲；哀伤；持续联结；信效度

亲人的离世是几乎每个人一生中都会经历的事件。大部分人在丧亲之后都会经历悲痛、渴望与思念等反应，甚至有少部分丧亲者会经历强烈而持续的痛苦，出现复杂哀伤（Complicated Grief）的反应，对其身心健康和正常生活造成严重损害[1]。对于丧亲者来说，丧失的整合与哀伤适应是他们面临的重要发展任务[2]。因此，关于哀伤的适应过程以及影响适应的相关因素一直是研究者以及临床工作者关注的重点。

在哀伤适应的过程中，持续联结（Continuing Bonds）是近年来被热切关注和讨论的因素之一。"Continuing Bonds" 在早期文献中也用作 "Continuing Attachment" "Ongoing Attachment"，中文的翻译曾有 "情感联结"[3] "联结"[4] "持续的联结"[5]，本文译作 "持续联结"。早期的观点[6]认为，丧亲者应该切断与已逝亲人的联结，在心理上逐步与之分离，完成悲伤过程（grief work）。但是，从依恋理论的角度来看，丧亲者与已逝亲人之间的关系不会随着现实关系的断开而完全断开，丧亲者会保持与逝者心理层面的持续联结[7]。持续联结最早的定义始于 Shuchter 与 Zisook[8]，但被普遍接受和使用的是 Stroebe 等提出的定义："丧亲者与逝者之间心理内在关系的持续存在"。

研究者对于持续联结与哀伤适应的关系持有不同的观点。Klass[10]提出联结的持续性有益于丧失整合与哀伤适应。有研究发现，持续联结为丧亲者带来了支持感和安慰感，促进丧亲的应对与适应[11]。Chan[12]对中国香港丧亲人群的质性研究发现，通过梦到、谈论逝者或是供奉牌位等形式的持续联结可以使丧亲者感觉到安慰。但是，另一些研究发现，持续联结与哀伤以及抑郁症状呈正相关[13]。例如，Boelen[14]发现，回忆和持有逝者遗物的联结方式，不同程度地预测了哀伤与抑郁症状。这些不一致的研究结果可能与持续联结的不同类型有关。丧亲者与逝者之间的持续联结包含多种形式[15]，因此不可一概而论。例如，有研究者认为，在成功的丧亲适应过程中，部分联结形式需要切断，而部分联结形式需要持续，并转化成为个体内部新的心理表征[16]。Field 等[17,18]从依恋理论的角度将持续联结区分为两种不同的类型：外化联结与内化联结。外化联结是物理的、僵化的联结形式，无法承认亲人丧失的现实，包括个体有关于逝者以某种感觉形式（视觉、听觉、触觉等）出现的错觉和幻觉，例如，误将他人认为是逝者，或者将某种声音误认为是逝者的声音。而内化联结是心理的、象征的、弹性的联结形式，能够承认亲人丧失的现实。比如当遇到压力时，个体会在内心激活逝者的形象表征以作为安全基地或是提供抚慰和指导的来源。外化联结可能与未解决的丧失有关，而内化联结则可能更有利于对丧失的成功整合与哀伤的适应[18]。

基于对内外化联结的定义和区分，Field 等将其早期编制的持续联结量表（Continuing Bonds Scale，CBS)[13]，从一维结构的 11 个项目扩展到 16 个项目。因素分析验证了这个版本的持续联结量表包含两个维度：内化联结与外化联结[18]。该二维结构的持续联结量表对哀伤领域的研究有重要意义。Stroebe[19]认为Field编制的持续联结量表在一定程度上反映出个体的心理表征，而其他测量工具几乎都无法直接评估个体心理表征。同时，这个量表将内化与外化联结分离，因此可以弥补以往研究中使用一维结构的量表测量持续联结而得出不一致结果的缺陷。已有研究使用该二维结构的量表发现内化联结与丧亲者的心理健康正相关，而外化联结并没有显示出与心理健康的正向关系[20]。

本研究将Field等[18]的持续联结量表引入国内，并验证其在中国的信效度。

一　对象与方法

(一)　对象

本研究通过在线祭奠网站发布研究介绍和被试招募信息。合格的参加者为近10年内有直系亲属去世的成年人。被试通过登录研究网站，阅读研究介绍和知情同意书，点击"同意"后进入调查页面。

参加调查者共有1359人，其中71人因数据缺失值大于20%无法进行有效分析而删除。剩余有效被试1288人。其中，年龄18~80岁，平均年龄41.81±11.11岁。男631人，女657人。小学及以下8人，中学276人，大专491人，本科433人，研究生及以上80人。单身152人，已婚981人，离异46人，丧偶109人。丧亲时间1~117个月，平均25.88±25.14个月。与去世亲人的关系：父母923人，配偶148人，子女79人，兄弟姐妹138人。亲人死亡原因：自然原因1037人，非自然原因251人。无宗教信仰975人，有宗教信仰313人。

(二)　工具

1. 持续联结量表 (Continuing Bonds Scale, CBS)

Field与Filanosky[18]编制的持续联结量表，包括内化联结和外化联结两个维度，共16个项目。本研究中先由一位研究者将持续联结量表译为中文，再由另一位独立的双语研究者（心理学博士）将中文版回译，通过对比和讨论的结果再次修改，形成了持续联结量表中文版。为了增加估计的相对准确性以及相关统计方法对数据是连续变量的要求，依据Johnson等[21]，选项数在5个以上可以近似看作连续变量，因此中文版的CBS将其由原来的4点计分改为5点计分。1表示"完全不符合"，5表示"完全符合"。

2. 复杂性哀伤量表 (Inventory of Complicated Grief, ICG)

复杂性哀伤量表是目前评估复杂哀伤方面应用最广泛的工具之一，具有良好的信效度[22]。其共有19个项目，采用0~4计分，得分越高代表复杂哀伤症状出现的频率越高，症状越严重。本量表采用与持续联结量表同样的双盲翻译程序，在本研究中的科隆巴赫α系数为0.934，采用探索性因素分析发现提取一个因子，方差解释量为46.43%，因素负荷在0.477~0.819。

3. 丧亲者个人成长量表 (Personal Growth Scale, RPGS)

丧亲者个人成长量表来自《霍根哀伤反应问卷》(The Hogan Grief Reaction Checklist,

HGRC)[23]中的"个人成长"分问卷,用于评估丧亲后个体积极方面的改变。该问卷有 12 个项目,采用 1~5 计分,得分越高代表个人成长程度越高。本量表采用与持续联结量表同样的双盲翻译程序,在本研究中的科隆巴赫 α 系数为 0.947。采用探索性因素分析发现提取一个因子,方差解释量为 60.38%,因素负荷在 0.651~0.819。

(三)统计分析

本研究采用 SPSS16.0 进行描述统计、偏相关分析、协方差分析和探索性因素分析等统计分析,采用 Mplus 6.0 进行验证性因素分析。

二 结果

(一)项目分析

各项目的均数、标准差与题总相关系数见表 1。各项目的题总相关在 0.567~0.788,因此保留全部项目。

(二)效度

1. 探索性因素分析

将数据随机分为两半,其中一半有效数据为 647 个,用于探索性因素分析。KMO 为 0.933,Bartlett 球形检验结果为 $\chi^2 = 7507.00$,$p < 0.001$,表明数据适合做探索性因素分析。采用主轴因子法,使用正交旋转,参考碎石图和特征值抽取 2 个因子,解释率为 66.72%。其中因子一、因子二的特征值分别为 7.932 与 2.742,解释率分别为 49.58% 与 17.14%。由表 1 可见第 1~10 个项目明显负载于第一个因子"内化联结";第 11~16 个项目明显负载于第二个因子"外化联结"。

2. 验证性因素分析

另一半有效数据为 641 个,用于验证性因素分析。采用极大似然法估计,比较一因素模型和二因素模型,并构建二因素修正模型,结果见表 2。统计结果显示,二因素模型的各项拟合指标都优于一因素模型,且二因素修正模型的拟合指数较二因素模型得到了改善,且达到统计学标准[24],验证了量表的二因素结构。

表 1　持续联结量表中文版各项目的均数、标准差、题总相关与因素负荷（N=1288）

项目	$\bar{x}$	s	r	因素负荷	
				因素 1	因素 2
1	3.79	1.10	0.567 **	0.771	

续表

项目	$\bar{x}$	s	r	因素负荷	
				因素1	因素2
2	3.56	1.14	0.637**	0.765	
3	3.38	1.23	0.723**	0.765	
4	3.97	1.08	0.726**	0.763	
5	3.51	1.20	0.776**	0.748	
6	3.60	1.13	0.746**	0.738	
7	3.53	1.21	0.775**	0.735	
8	3.75	1.07	0.713**	0.731	
9	3.77	1.09	0.722**	0.723	
10	3.71	1.16	0.788**	0.717	
11	2.76	1.35	0.718**		0.868
12	2.91	1.37	0.699**		0.828
13	2.72	1.39	0.609**		0.781
14	2.40	1.31	0.698**		0.724
15	3.18	1.42	0.664**		0.720
16	2.39	1.36	0.678**		0.687

注：* 表示 $p<0.05$，** 表示 $p<0.01$，*** 表示 $p<0.001$，下同；s，r 分别代表标准差与题总相关系数；小于 0.40 的因素载荷未在表中呈现。

表2　持续联结量表中文版验证性因素分析模型拟合指数（N=641）

因素模型	χ^2/df	CFI	TLI	SRMR	RMSEA
一因素模型	25.821	0.667	0.616	0.138	0.197
二因素模型	8.637	0.899	0.882	0.060	0.109
二因素修正模型	5.638	0.940	0.928	0.054	0.085

3. 分量表的相关分析

由表3可见，内、外化联结两个分量表的相关为中等相关，提示两者既相关又独立。由于内化联结与外化联结之间存在显著相关关系，因此以下统计分析中，对两者的共变进行了统计控制。

4. 效标关联效度

将背景变量作为协变量进行控制，采用偏相关分析考察持续联结与哀伤适应结果变量的关系。结果（见表4）显示，外化联结与复杂哀伤症状显著正相关，与个人成长适应显著负相关。内化联结与复杂哀伤症状相关不显著，与个人成长适应显著正相关。

表3　持续联结量表中文版及各分量表的相关系数（N=1288）

	内化联结	外化联结	总量表
内化联结	1		
外化联结	0.47**	1	
总量表	0.90**	0.81**	1

表 4　持续联结与哀伤适应结果变量的偏相关分析（N=1288）

	内化联结	外化联结
复杂哀伤症状	−0.02	0.40***
个人成长适应	0.44***	−0.13***

注：表中数字为偏相关系数 r，下同。

表 5　背景变量与持续联结的偏相关分析（N=1288）

	内化联结	外化联结
丧亲者年龄	0.040	−0.10**
逝者年龄	0.21***	−0.24***
去世时间	−0.02	−0.00
教育水平	0.08**	−0.08**

表 6　背景变量与持续联结的协方差分析（N=1288）

	内化联结			外化联结		
	M（SE）	SS（df）	F	M（SE）	SS（df）	F
丧亲者性别		2.28（1）	3.52		0.25（1）	0.25
男	3.61（0.03）			2.74（0.04）		
女	3.70（0.03）			2.71（0.04）		
死亡原因		6.86（1）	10.65**		28.44（1）	28.64***
自然原因	3.69（0.03）			2.65（0.03）		
非自然原因	3.51（0.05）			3.03（0.06）		
关系类型		51.41（3）	28.09***		94.45（3）	33.38***
父母	3.78（0.03）	2.58（0.03）				
配偶	3.47（0.06）	2.98（0.08）				
子女	3.11（0.09）	3.60（0.11）				
兄弟姐妹	3.37（0.07）	2.93（0.08）				
宗教信仰		1.16（1）	1.79		11.19（1）	11.12**
无宗教信仰	3.67（0.03）	2.67（0.03）				
有宗教信仰	3.60（0.05）	2.89（0.06）				

注：表中 M 代表边际均数，SE 代表标准误，SS 代表平方和，df 代表自由度。

（三）信度

持续联结量表的内部一致性信度（Cronbach's α 系数）为 0.930。内、外化联结分量表的 α 系数分别为 0.938 与 0.913。

(四) 中国丧亲群体持续联结的特点

采用偏相关分析（连续型背景变量）和协方差分析（类别型背景变量）探索持续联结与性别等相关背景变量的关系，结果分别见表5和表6。结果显示，逝者年龄和教育水平都与内化联结显著正相关，与外化联结显著负相关。死亡原因、关系类型和宗教信仰与内、外化联结协方差分析结果均显著。进一步事后检验发现，死亡原因中，非自然死亡原因的内化联结显著低于自然死亡原因，而外化联结显著高于后者。关系类型中，失去子女的内化联结显著低于失去父母（$p<0.001$）、失去配偶（$p<0.01$）、失去兄弟姐妹（$p<0.05$），而外化联结则显著高于后三种类型（$p<0.001$，$p<0.001$，$p<0.001$）。失去配偶和失去兄弟姐妹的内化联结都显著低于失去父母（$p<0.001$，$p<0.001$），而外化联结则显著高于后者（$p<0.001$，$p<0.001$）。宗教信仰中，有宗教信仰的外化联结显著高于无宗教信仰（$p<0.01$）。丧亲者性别与内、外化联结的协方差分析结果均不显著。

三 讨论

本研究采用较大的中国丧亲人群样本，对中文版的持续联结量表进行了修订。统计结果表明该量表具有较好的信度和效度。探索性因素分析与验证性因素分析都表明持续联结包含内化和外化两个维度，与其英文版一致[18]。有研究在中国香港地区丧亲人群中使用不同版本的持续联结量表也发现了类似的结果[25]。因此，到目前为止，并未有证据发现持续联结在结构上的中西方差异。

从依恋理论的角度来看，外化联结暗示生者难以接受亲人去世的现实，而想要重新找回物理/身体上的联系，重新回到逝者还在世时的关系互动，因此，这会阻碍对丧亲的适应，与哀伤症状呈正相关。而内化联结则反映的是丧亲者接受了逝者已矣的现实，将与亲人的关系转化成一种内在的心理联结，更有利于丧亲者去理解亲人去世的含义，重新建构个体新的意义系统[26]有利于个人成长[24]。本研究结果中，外化联结与哀伤症状以及内化联结与个人成长之间的正相关支持了这种理论假设，同时也进一步验证了该测量工具的效度。

在对持续联结的个体特点所进行的探索中，本研究发现有一些变量（教育水平、逝者年龄等）与内化联结呈正相关而与外化联结呈负相关。这些结果提示在有些情况下亲人去世更容易被接受，内部表征的新关系更容易被建立起来，而另一些情况下则相反。例如，亲人因为自然原因去世，其事件的突然性和创伤性相对小于非自然原因去世的情形，因此前者相对后者来说会更倾向于使用内部联结，而较少使用外部联结。同时，本研究所发现的一些与内/外化联结相关的变量，例如教育水平、死亡原因、与逝者的关系等，也在以往研究中被发现与哀伤症状有关[27,28]。持续联结的类型是否中介了这些变量与哀伤适应结果之间的关系有待将来的研究进一步探索。值得注意的是，本研究发现有宗教信仰和外化联结呈正相关，这似乎暗示宗教信仰不利于哀伤适应。但是，在宗教信仰与丧亲适应的关系上，中西方的研究似乎存在相反的结果[29]。这可能与宗教信仰的复杂性（宗教的类型、虔诚度、参加宗教活动的频率等）有关[30]。因此在未有更精细的进一步深入探索前，未可定论。

参考文献

［1］Stroebe, M. S., Schut, H., Stroebe, W. Health Outcomes of Bereavement ［J］. The Lancet, 2007, 370: 1960-1973.

［2］Baltes, M. M. Altern und Tod in der Psychologischen Forschung ［Aging and Death in Psychological Research］. In Tod und Sterben (R. Winau, (Eds.) HPR eds.). Berlin, Germany: de Gruyter, 1984.

［3］刘建鸿, 李晓文. 哀伤研究: 新的视角与理论整合 ［J］. 心理科学进展, 2007, 15 (3): 470-475.

［4］徐洁, 陈顺森, 张日昇, 等. 丧亲青少年哀伤过程的定性研究 ［J］. 中国心理卫生杂志, 2011, 25 (9): 650-6545.

［5］唐信峰, 贾晓明. 农村丧亲个体哀伤反应的质性研究 ［J］. 中国临床心理学杂志, 2013, 21 (4): 690-695.

［6］Freud, S. Mourning, Melancholia. In A General Selection from the Works of Sigmund Freud (JR ed) ［M］. New York, NY: Liveright Publishing, 1957.

［7］Bowlby, J. Loss, Sadness and Depression ［M］. New York: Basic Books, 1980.

［8］Shuchter, S. R., Zisook, S. The Course of Normal Grief. In Handbook of Bereavement: Theory, Research and Intervention. Edited by Stroebe, M. S., Stroebe, W., Hansson, R. O. ［M］. New York: Cambridge University Press, 1993.

［9］Stroebe, M. S., Schut, H. To Continue or Relinquish Bonds: A Review of Consquences for the Bereaved ［J］. Death Studies, 2005, 29 (6): 477-494.

［10］Klass, D., Silverman, P., Nickman, S. Continuing Bonds: New Understandings of Grief ［M］. Washington, DC: American Psychological Association Press, 1996.

［11］Suhail, K., Jamil, N., Oyebode, J., et al. Continuing Bonds in Bereaved Pakistani Muslims: Effects of Culture and Religion ［J］. Death Studies, 2011, 35 (1): 22-41.

［12］Chan, C. L. W., Chow, A. Y. M., Ho, S. M. Y., et al. The Experience of Chinese Bereaved Persons: A Preliminary Study of Meaning Making and Continuing Bonds ［J］. Death Studies, 2005, 29 (10): 923-947.

［13］Field, N. P., Gal-Oz, E., Bonanno, G. A. Continuing Bonds and Adjustment at 5 Years after the Death of a Spouse ［J］. Journal of Consulting and Clinical Psychology, 2003, 71 (1): 110-117.

［14］Boelen, P. A., Stroebe, M. S., Schut, H. A. W., et al. Continuing Bonds and Grief: A Prospective Analysis ［J］. Death Studies, 2006, 30 (8): 767-776.

［15］Field, N. P., Nichols, C., Holen, A., et al. The Relation of Continuing Attachment to Adjustment in Conjugal Bereavement ［J］. Journal of Consulting and Clinical Psychology, 1999, 67 (2): 212-218.

［16］Boerner, K., Heckhausen, J. To Have and Have Not: Adaptive Bereavement by Transforming Mental Ties to the Deceased ［J］. Death Studies, 2003, 27 (3): 199.

［17］Field, N. P., Gao, B., Paderna, L. Continuing Bonds in Bereavement: An Attachment Theory Based Perspective ［J］. Death Studies, 2005, 29 (4): 277-299.

［18］Field, N. P., Filanosky, C. Continuing Bonds, Risk Factors for Complicated Grief, and Adjustment to Bereavement ［J］. Death Studies, 2010, 34 (1): 1-29.

［19］Stroebe, M. S., Schut, H., Boerner, K. Continuing Bonds in Adaptation to Bereavement: Toward Theoretical Integration ［J］. Clinical Psychology Review, 2010, 30 (2): 259-268.

［20］Gassin, E. A., Lengel, G. J. Let Me Hear of Your Mercy in the Mourning: Forgiveness, Grief, and Continuing Bonds ［J］. Death Studies, 2014, 38 (7): 465-475.

［21］Johnson, D. R., Creech, J. C. Ordinal Measures in Multiple Indicator Models: A Simulation Study of Categorization Error [J]. American Sociological Review, 1983, 48 (3): 398-407.

[22] Prigerson, H. G., Maciejewski, P. K., Reynolds, C. F., et al. Inventory of Complicated Grief: A Scale to Measure Maladaptive Symptoms of Loss [J]. Psychiatry Research, 1995, 59 (1-2): 65-79.

[23] Hogan, N. S., Greenfield, D. A., Schmidt, L. A. Development and Validation of the Hogan Grief Reaction Checklist [J]. Death Studies, 2001 (25): 1-32.

[24] 侯杰泰，温忠麟，成子娟. 结构方程模型及其应用 [M]. 北京：教育科学出版社，2004.

[25] Ho, S. M. Y., Chan, I. S. F., Ma, E. P. W., et al. Continuing Bonds, Attachment Style, and Adjustment in the Conjugal Bereavement among Hong Kong Chinese [J]. Death Studies, 2013, 37 (3): 248-268.

[26] Neimeyer, R., Baldwin, S. A., Gillies, J. Continuing Bonds and Reconstructing Meaning: Mitigating Complications in Bereavement [J]. Death Studies, 2006, 30 (8): 715-738.

[27] Newson, R. S., Boelen, P. A., Hek, K., et al. The Prevalence and Characteristics of Complicated Grief in Older Adults [J]. Journal of Affective Disorders, 2011, 132 (1-2): 231-238.

[28] Fujisawa, D., Miyashita, M., Nakajima, S., et al. Prevalence and Determinants of Complicated Grief in General Population [J]. Journal of Affective Disorders, 2010, 127 (1-3): 352-358.

[29] He, L., Tang, S., Yu, W., et al. The Prevalence, Comorbidity and Risks of Prolonged Grief Disorder among Bereaved Chinese Adults [J]. Psychiatry Research, 2014 (219): 347-352.

[30] Wortmann, J. H., Park, C. L. Religion and Spirituality in Adjustment Following Bereavement: An Integrative Review [J]. Death. Studies, 2008 (32): 703-736.

Chinese Version of Continuing Bonds Scale:
Validation and Preliminary Application

Li Mei   Li Jie   Shi Kan

Abstract: Objective: To validate the Chinese version of Continuing Bonds Scale (CBS-C). Methods: Data was collected from 1288 bereaved Chinese adults through a questionnaire survey. The construct validity of the measure was assessed through both exploralory and confirmatory analysis. The criterion-related validity and reliability of the scale was also examined. Background variables associating with continuing bonds were explored too. Results: The CBS-C contained internalized and externalized dimensions, and its psychometric properties were proved to be good. Internalized and externalized continuing bonds were found to be associated with a group of background variables. Conclusion: CBS-C is a valid tool to be applied in Chinese context.

Key words: bereavement; grief; continuing bonds; reliability; validity

组织文化预览对企业并购绩效的影响[*]

时　勘　林振林　杨成君　姚子平

【编者按】2011 年 5 月中旬，当我得知自己有幸考上了中国人民大学社会心理的博士研究生时，感到非常喜悦！在 5 月底的某一天，我突然接到一个电话，对方告诉我他的名字，原来是我国非常著名的心理学家时勘教授，我当时非常疑惑这位著名学者怎么会给我打电话。通过通话才了解到，时老师从 2011 年秋季开始，要在中国人民大学心理学系招收研究生，而我则非常有幸地被中国人民大学心理导师组分配给了时老师课题组，正式成为了时老师在中国人民大学的第一位博士生！从那时起，我便正式进入时勘博士课题组，进行博士阶段的科研和学习。记得当时，由于我的研究方向转变非常大，因此对于组织行为学研究完全处于一种迷茫的状态。时老师从最开始的学科内容介绍，到后来大大小小的课题组会议，将我逐渐引入组织行为学研究的大门。在四年的博士生学习阶段，时老师对我来说，既是学业上的导师，更是人生的引路人。在学业上，时老师在理论建树和实践拓展方面，都为我们展示了很好的榜样作用，更为重要的是，作为一名心理学者，对科学研究的求真、严谨的态度，让我至今记忆犹新！时老师从课题申请、研究设计到方法指导等方面，都对我后来的理论研究和实践产生了非常重要的影响！《时勘心理学文选》中收录的这篇论文，是在时老师的细心指导下，对以前课题组师兄已有成果的汇总和再加工而成的。不得不说，时老师对这篇文章的细致把握，让我感受到了一名真正科学家的态度，不管是问题的提出与假设，还是对研究本身的阐述以及存在局限的认知，时老师都有着非常独到且深刻的见解，这也是文章能够顺利发表的重要原因。当然，我博士生涯最后的成果——博士论文更是在时老师的耐心帮助下完成的。论文的选题、研究的框架、设计的思路与方法等方面，均得益于时老师的耐心指导和课题组的全力支持。应该说，这些学术支持不仅来自中国人民大学，还包括心理研究所、中国科学院大学时勘博士课题组的研究生们。在成文过程中，时老师经常帮我修改论文至大半夜，第二天一早又及时发回电子邮件催我继续调整。有时候我自己想想都惭愧，甚至觉得自己还不如导师努力。除此以外，时老师在论文成果汇报方面也对我们悉心指导，这些言传身教感动了课题组的每位同学。作为人生的导师，时老师还对我的未来发展道路给予指引，他对我在生活上关心与爱护，特别是在就业方面，及时提供帮助与建议，这些都深深地感动了我和家人。总而言之，能成为时老师的学生，是我一生难以忘却、值得庆幸的事情！（林振林 2015 级中国人民大学心理学系博士生，青岛认知人工智能研究院　研究员）

---

* 基金项目：国家自然科学基金项目（71272156）和国家社科基金重大项目（13&ZD155）。

【编者按】2007 年，我有幸考取了中国科学院研究生院管理科学与工程专业博士研究生，跟随时勘老师学习管理学和心理学方面的知识，并参与了诸多重要课题研究。当时，在中国五矿集团公司任职集团企业规划发展部总经理，负责世界五百强大型中央企业的战略研究和编制、企业并购重组整合以及企业业绩考核等管理工作。在时老师的悉心指导与关怀下，让我有机会将理论学习、课题研究和工作实践紧密地结合在一起。自 2000 年以后，中国五矿实现快速发展，其中一个重要原因得益于国际、国内的大量兼并收购，我参与了其中相当多的战略研判和后期管理、业务和企业文化的整合工作。对此，时老师敏锐地发现了其中的重大研究价值，亲自指导我将研究课题锁定在并购重组领域。通过一段时间的深入思考和学习研究，我发现国内从组织文化视角探讨对并购有效性影响的实证研究非常匮乏，国外关于组织文化差异对并购绩效影响作用也未取得共识，因此，最终我将博士论文的研究方向确定为"组织文化对企业并购有效性的影响机制研究"。此时，时老师又不辞辛劳帮助我组建专项课题小组，并通过其在学界及实践领域的巨大影响力，帮助收集到了充足的研究样本，在时老师的指导和直接参与下，我围绕中国五矿的并购重组实践和大量的外部并购重组案例开展了大量的分析和研究，历时两年多时间，最终完成了博士学位论文《组织文化对企业并购有效性的影响机制研究》。在这一过程中，时老师始终在每个关键节点给予我莫大的精神鼓励与学术指导，有时甚至亲自帮我修改论文到深夜。记得临近答辩时更是再三叮嘱，帮我严格把关每一个细节，现在回忆起来仍历历在目。山高水长有时尽，唯我师恩日月长。在时老师的悉心指导下，本人的毕业设计在答辩中获得优秀论文评价。该项研究既综合考虑多种文化因素（文化差异性、文化认同度、文化容忍度、整合投入度）的影响作用，采用实证研究方法探索了组织文化对并购有效性的影响机制，又结合研究成果和跨案例分析结论，提炼出一套基于影响机制的组织文化双向预览整合干预模式。距博士毕业已时隔十年，这十年正是中国经济和世界经济跌宕起伏的十年，企业并购一直是世界经济的主旋律，事实一再佐证组织文化对企业并购，尤其是国际并购和跨文化并购是否能够取得成功起到了至关重要的作用。经历的并购重组案例越多，我越发感到并购决策的核心要素之一就是组织文化，有时它甚至会成为并购整合案例能否成功的关键性影响因素。十年来，本人陆续担任了上市公司五矿发展总经理和董事长、中国五矿集团公司副总经理、上市公司欧浦智网总裁、上市公司复星国际副总裁以及上市公司海南矿业、招金矿业、上海钢联董事等职务，以各种角色主导或者参与了各种类型的企业并购重组工作。跟随时老师的学习和研究经历对我承担的各种领导工作均起到了巨大的作用，这种受益必将使我受用终身。对此，本人深感幸运和感激，也希望能够有机会重返校园和研究机构，把多年的实践积累和理论认知，进行与时俱进的总结和提炼，以期能够帮助到更多的人。（姚子平，中国科学院管理学院 2007 级博士生，复星国际 副总裁）

摘 要：在 Weber 和 Camerer 实验范式的基础上，基于真实并购预览概念提出了组织文化并购预览，通过实验室模拟研究探索了组织文化预览对并购后绩效的影响。结果表明：①组织文化预览对提高并购后组织绩效有积极作用，其中双向组织文化预览对改善并购后的整体绩效以及主、并双方各自的绩效都有显著的积极作用，而单向组织文化预览未显示出显著的积极影响；

②组织文化预览可能主要起效于并购后初期，在并购后短期内对整合组织文化有积极促进作用，利于并购后的快速整合。实验结果为组织文化预览在企业并购整合中的应用提供了理论依据和实证支持。

关键词：组织文化预览；企业并购；文化整合；绩效

一 引言

20 世纪 80 年代以来，全球企业并购频繁发生，但过高的并购失败率（Weber & Tarba，2012）让研究者们开始寻找各种解释原因。早期研究主要聚焦于财务、组织战略等对并购成败的影响。直至 20 世纪 70 年代人们才注意到并购失败 80% 是由组织文化问题所致（李建民，2014），而组织文化间的差异是关键所在。研究发现，组织文化差异越大，并购成功率越低（Sarala，2010），而这些消极影响体现在方方面面，如绩效（Ahammad & Glaister，2011）、市场股份（Slangen，2006）、并购后整合的成功与否（Weber，Tarba & Bachar，2012）等。近十多年来，研究者们开始从人的角度进行研究，如合作与组织认同（Knippenberg et al.，2002）等，同样发现文化差异的消极影响。

针对已有结果，不确定性降低理论（URT）与社会认同理论（SIT）给予了令人较为满意的解释。根据不确定性降低理论，并购中员工会产生各种不确定感，为此他们会通过各种手段来获取与组织特别是组织文化有关的信息来降低不确定性（Grecd & Roger，2001）。因此，直接让员工了解并购另一方的组织文化，可能是一个获取信息的有效途径。而依据社会认同理论，并购会导致员工的并购前后组织认同间的紧张，进而产生一系列消极的心理行为（Giessner et al.，2012），而这其中就包含了组织文化认同的紧张（魏钧，陈中原，张勉，2007）。依据共同认同模型观点，在了解双方文化基础上的共同认同的建立是降低认同紧张的有效方式（Giessner et al.，2012）。因此，在 Dovidio 等（2004）看来，不管是不确定性降低还是认同紧张的消除，都可以通过对外群体的了解得以实现。

组织文化差异对并购结果的消极影响已成为研究者们的共识。不过，Weber 和 Camerer（2003）认为以往研究中的问卷法、访谈法等存在局限。一方面是回溯式的不可逆研究，另一方面是对典型企业和并购后企业员工的偏向性样本选择，这两方面都可能导致研究结果的偏差。他们认为，实验法能在一定程度上进行弥补，并通过实证研究检验了实验法的可行性。

尽管目前组织文化尚缺乏一个公认的精确定义，但绝大多数学者都支持其共享性这一特点（Jacobs et al.，2013），即为群体所有成员所共早。Weber 和 Camerer（2003）在共早性的基础上结合了 Arrow（1974）和 Cremer（1993）的"代码"观，着重强调了组织文化的"代码"（codes）这一特点。"代码"体现的是文化特殊片段或基本要素，如 Schein（1990）关于组织文化阐述中的"穿着代码"（dress code）。在 Weber 和 Camerer（2003）的实验研究中，他们将文化模拟为一种为解决图片挑选任务而由小组成员共同形成的特殊语言，即所谓的"代码"。该独特的语言系统随着任务的进行逐渐形成，体现了文化的积淀形成过程。并购后初期，由于语言系统上的差异，会导致工作效率的下降，而随着语言系统间的磨合，工作效率便逐步提高。另外，在他们看来，由于这种语言系统的独特性，外群个体几乎难以第一时间做出精确的判断，因此，也就无须对这种"文化差异"进行量化测量。因此，本研究采用了 Weber 等的组织文化代码观。

虽然，Weber 和 Camerer（2003）的研究验证了文化差异对并购后绩效的消极影响，但更为现实的问题在于如何通过干预措施降低这种消极影响，这在实践中更被关注。鉴于前文所述的组织文化差异对组织并购的消极影响以及文化间的互相了解可能在并购中产生的积极作用，本研究提出了"组织文化预览"（organizational culture preview）这一概念。该概念源自"真实并购预览"（realistic merger preview, RMP）（Schweiger & DeNisi, 1991）。虽然研究已表明真实并购预览对于帮助企业减轻由于并购所带来的各种不适应具有积极作用，但是真实并购预览所涉及的内容过于宽泛，且大部分预览内容都与工作本身相关，而大量研究显示组织文化影响作用更为明显，鉴于此，本研究认为，从组织文化的角度来进行干预，可能更具针对性。在此，将"组织文化预览"初步界定为：在企业并购过程中，运用恰当的手段（如书面报告、影音资料、团体焦点访谈等），让并购企业双方了解对方企业的组织文化，最终帮助企业进行有效的组织文化整合。

因此，本研究是在 Weber 和 Camerer（2003）经典实验范式的基础上，引入组织文化预览的干预措施，旨在考察组织文化预览对解决文化差异的负面效应的贡献。鉴于前文所述的组织文化间的互相了解可能在并购中产生的积极作用，本研究的基本假设是组织文化预览能有效地缓和由于文化差异引起的并购后绩效下降。Weber 和 Camerer（2003）认为，并购后两种组织文化的匹配与整合需要一段时间，而匹配需要来自双方的共同努力（Chatman, 1991），只有双方间的互相了解才能最快最好地实现匹配与整合。因此，我们进一步假设，单向的文化预览会比无文化预览效果好，而且双向的文化预览会比单向文化预览干预效果好。

二 方法

（一） 被试

120 名在校研究生作为被试，男性占 60.2%，女性占 39.8%；年龄范围为 21~30 岁。

（二） 实验材料

本研究的图片材料与 Weber 和 Camerer（2003）的实验材料相同，共 16 幅图片，呈现在同一张页面上，每幅图片下有一个英文字母表示图片编号，便于实验操作。图中大多数有着相同的元素，如办公室、家具、房间特色等，但是每一张又是相对独特的，如图片中人的数量和他们的性别、衣着等（见附录一）。

（三） 实验设计与程序

实验采用单因素被试间设计，自变量为组织文化预览方式，分为三个水平，即双向预览、单向预览和无预览（控制组）。

共进行 30 组实验，每组需要 4 名被试，每次实验需要 1 小时左右。三个实验组，各进行 10 组实验，按平衡法则安排三个实验组的实验次序。现在说明单独一个组的实验过程。4 名被试到达实验室后，通过抽签决定扮演经理和员工角色。一名经理和一名员工构成一个企业。实验分为三个阶段，分别是并购前阶段、干预阶段和并购后阶段。

1. 并购前阶段

两个企业各自的两名被试（经理和员工）进入两个独立的实验室。给员工和经理分别呈现一张相同的包含了 16 幅图片的页面。这 16 幅图片特征相似但又相互区别（如图 1 所示），且每幅图片下方标注编号加以区分。主试随机生成一份含有 8 个目标图片的编号清单给经理，并要求经理用其任意喜好的方式向员工分别描述这 8 幅图片，员工则需要在尽可能短的时间内，按照经理的描述正确地选出目标图片。另外，被试被告知他们在整个实验中完成图片选择任务的时间将和其他组进行比较，完成任务最快一组的两名成员都将获得价值 400 元的苹果牌 MP3 一个。经理和员工之间可以就图片的内容进行沟通，但不能暗示图片的编号或位置等信息。当员工选答好全部 8 幅图片后，主试会检查员工回答情况，如有错误，被试需重新作答，并增加计时。这样直到员工选对所有 8 幅图为止，一轮实验结束。一共重复这样的实验 20 轮，每一轮除要求经理描述的 8 幅图的编号清单都独立随机生成外，其余实验要求不变。

图K   图L

图 1　实验图片范例

2. 干预阶段

并购前阶段结束后，定义高绩效企业为主并方，低绩效企业为被并购方，两个企业进行合并，被并购方公司经理结束实验任务，离开实验室。对于控制组：宣布并购情况后，让被试观察图片和回忆实验过程，以利于后一阶段的实验绩效，但不能做交流，回忆的时间相当于组织文化预览的时间。对于单向组织文化预览组：宣布并购情况后，让被并购方员工参照图片材料和最后一轮目标图片清单的同时，听主并方在并购前阶段实验的最后一轮的录音。而主并方这时进行和控制组相同的实验操作。对于双向组织文化预览组：宣布并购情况后，在参照图片材料和最后一轮目标图片清单的情况下，让并购双方人员（即经理和两个员工）听对方组织在并购前阶段实验的最后一轮录音。

3. 并购后阶段

干预阶段结束后，被并购方员工进入主并方公司所在组的实验室，完成与实验第一阶段同样的实验任务。员工之间独立完成实验任务，由两名主试分别计时。实验共进行 10 轮。

（四）因变量与干扰变量测量

1. 因变量

因变量是并购后的组织绩效。本实验用被试完成实验任务的时间作为绩效指标,时间越少绩效越高。并购后的组织绩效是用并购后阶段两名员工完成 10 轮任务的时间均值。即先将每轮两个员工的用时平均后,再计算这 10 轮均值的均值。

2. 干扰变量

并购前的绩效差异有可能是因变量差异的真正原因,因此并购前绩效是必须控制的一个干扰变量。

与并购后绩效的计算相似,以两个企业的员工在第一阶段后 10 轮实验用时的均值的平均数计算并购前绩效。排除前 10 轮时间是考虑到前 10 轮被试缺乏练习,绩效尚未稳定。

本研究中,当控制了并购前绩效后,年龄、性别等因素所产生的效应应该已经转换到了并购前绩效中,从而已经得到了控制,因此在后续分析中不再对这些因素做处理。

三　结果及分析

(一) 并购前组织文化

经过几轮实验,被试描述图片的语言会逐渐精炼成特有的短句或者词语,一旦提到相应描述,经理和员工就能理解是哪幅图片。以图 1 中 K 图为例,第 16 组的经理从最开始的"一个很大的工作场所,人非常多,其中最前面是一个人对着台式机电脑"的描述,最后演变为"工作区,深色条纹";第 22 组从最开始的"人非常多,每个人前面都有电脑,其中映入眼帘的第一人,穿着竖条衬衫"的描述到最后演变为"一黑底,白竖条";第 23 组也出现了相同的现象。表 1 给出了这三组文化的演变过程(详见附录二)。从这一结果可以发现,每组文化都有其独特性,而且不管是最初描述、演变过程还是最终成型,都具有非常大的差异。这一结果与 Weber 和 Camerer (2003) 的结果是一致的,而且在他们看来这一定性结果已经充分体现了组织文化的差异,因而无须进行量化测量。也是基于这一结果,本研究的组织文化预览以听取最后一轮实验任务的录音来模拟。

表 1 不同实验组次对 K 图描述方式的演变过程（详细见附录二）

出现顺序	第 16 组次被试	第 22 组次被试	第 23 组次被试
1	一个很大的工作场所，人非常多，其中最前面是一个人对着台式机电脑	人非常多，每个人前面都有电脑，其中映入眼帘的第一人，穿着竖条衬衫	在一个大的办公室里面，有一个男士在接电话，穿条纹西服
...	...	...	...
6	一个工作区，离我们最近的男士穿着条纹状衣服	格子办公室，黑底衣服，白竖条	每个格里有两个人的办公室
...	...	...	...
10	工作区，深色条纹	一黑底，白竖条	一个格里两个人

（二）组织文化预览对并购绩效的影响

图 2 是每个处理组在每一轮实验中的绩效平均值，在并购前是主并方和被并购方的绩效均值，在并购后是主并方公司的绩效，即两个员工完成时间的均值。

观察图 2 可以发现有两个方面的特征符合本研究的预期：首先，除了在并购前后呈现一个断裂外，各组成绩均随着实验进程呈提高趋势（时间减少），而且在后期逐渐趋于稳定。本研究认为，这一结果主要是由于经理和员工间的共享性组织文化的形成，而不仅仅是练习效应的结果。因为如果仅仅是练习效应，则不太能合理地解释并购后初期各组绩效的明显下降。而且，表 1 提供了质性证据，被试的语言效率明显越来越高，故而可以缩短选择图片的时间。

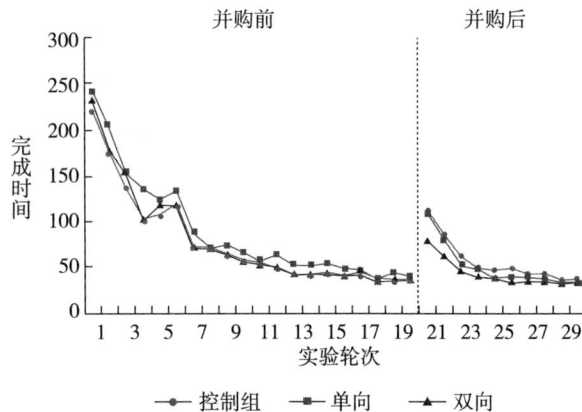

图 2 并购前后组织绩效比较

其次，观察并购前和并购后各组之间差异，发现只有并购后（干预后）双向预览组的绩效与其他两组有较明显的分离。为此，对干预效果进行了检验。

表 2 不同组别并购后组织绩效的协方差分析

变异源	df	MS	F	P
组别	2	461.594	5.127 *	0.013

续表

变异源	df	MS	F	P
并购前水平	1	181.772	2.019	0.167
误差	26	90.028		
总体	30			

注：* 表示 p<0.05，** 表示 p<0.01。

由于并购前绩效可能会对并购后绩效产生影响，因此将其设置为协变量，然后进行了并购后组织绩效的协方差分析。如表 2 所示，自变量的主效应显著（p=0.013<0.05），而协变量的影响未达到显著水平（p=0.167>0.05）。事后检验发现，双向预览组绩效显著高于控制组（MD=13.62，P=0.004），但是单向组织文化预览组和控制组没有显著性差异（MD=6.694，P=0.149）。由此，假设得到了部分验证。不过观察各组的平均绩效可以发现，双向预览组（57.67）>单向预览组（50.97）>无预览组（44.05），如图 3 所示。

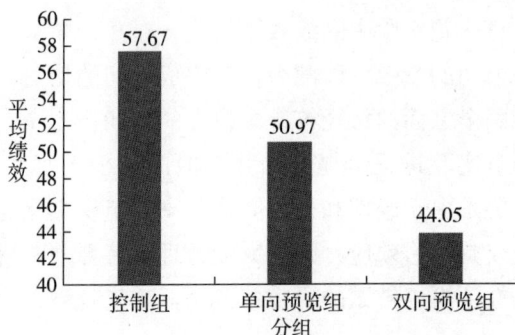

图 3　各组别并购后组织绩效均值比较

另外，本研究还进行了两项事后的追加分析。首先，由于从图 2 中发现各组的差异在并购后初期比较明显，但是在后期又渐趋一致，因此分别以并购后的前 5 轮和后 5 轮的绩效作为因变量进行了分析。结果发现，前 5 轮的结果与以上主分析一致：组织文化预览主效应显著（F=3.55，p=0.043<0.05），且差异体现在双向预览组和控制组之间；而后 5 轮绩效则没有发现组织文化预览的主效应。另外，还就组织文化预览对主并方和被并购方是否都存在影响进行了检验，结果发现，组织文化预览对主并方和被并购方在并购后的组织绩效都有显著影响（主并方：F=5.17，p=0.013<0.05；被并购方：F=3.58，p=0.042<0.05），且差异同样体现在双向预览组和控制组之间。

四　讨论

本研究基于不确定性降低理论与社会认同理论在并购中的应用，指出可以通过并购双方间的文化交流与了解来降低并购中由于组织文化间的差异而带来的消极影响。为此，本研究提出了"组织文化预览"这一概念，并在 Weber 和 Camerer（2003）经典实验范式的基础上，引入组织文化并购预览这一干预措施，并最终验证了组织文化预览的积极效果。

首先，本研究结果显示，在组织文化代码的形成过程中，不同组之间代码存在巨大差异，并且在并购后初期，这种文化差异会带来绩效的明显下降。这一结果与以往关于组织文化差异对组织绩效的消极影响的研究结果一致（Weber & Camerer，2003；Ahammad & Glaister，2011）。并购后，当员工进入新组织，由于对组织的不熟悉会导致他们产生不确定感，从而导致绩效下降（乐琦，华幸，2012）。随着员工对新组织文化逐渐"熟悉"，其绩效也大幅度提升。Weber 和 Camerer（2003）认为，这一"熟悉"过程可能是新员工同化了新的组织文化，也可能是新组织文化有了革新，但不论如何，它都需要一定的时间。

其次，本研究还发现，组织文化预览能够有效地缓和由于并购中文化差异所带来的绩效下降。以往研究已经验证预览的积极作用（Schweiger & DeNi，1991），而其实不管是真实工作预览还是真实并购预览，其预览内容中都或多或少体现了组织文化的一些重要方面（Jusoh，Simun & Chong，2011；黄玉清，2007）。依据社会认同理论、不确定性降低理论，可以认为组织文化预览之所以产生积极影响，是因为它能够事先降低员工并购后的不确定感以及认同紧张等，并进而通过员工对新组织的组织文化认同来达到逐渐提升员工的绩效水平。

不过，本研究只部分验证了假设，只发现了双向预览的显著影响，单向预览效果并未达到显著水平。首先，这可能是由于实验范式本身问题所致。Weber 和 Camerer（2003）认为，在该实验范式中，员工进入新组织后既可能是单方面内化新组织的文化，也可能与新组织的成员共同创造一种新的文化。如果是单方面内化，员工只需将已预览的组织文化迅速"内化"，那么单向预览就能实现绩效提高的效果。但结果并非如此，因此本研究认为，在这一过程中可能还存在文化的重新创造，从而延长了文化整合的时间，最终导致单向预览与无预览之间无显著差异。相较于单向预览，双向预览之所以效果显著，可能是在文化的重新创造这一阶段上缩短了时间，这是因为在双向预览的条件下，主并方可能会根据被并购方的组织文化来相应调整自己的文化描述，这样，双方的文化磨合时间就可能减少。其次，在现实中，双向沟通是尊重与重视的重要体现，而它们是影响员工组织认同的重要因素（Tyler & Blader，2003；Blader & Tyler，2009），因此，双向预览更能有效促进员工的组织认同，进而提高绩效。而单向预览由于是一种单向的了解，主并方在不了解被并购方文化的情况下更可能采用文化强制同化的方式，从而导致了文化间的冲突，这不但不利于员工对新组织的认同，甚至可能造成反面效果，最终导致单向预览不能实现缓和文化差异的积极效果。因此在现实企业并购中，当双方通过文化尽职性审查与兼容性分析（时勘，杨成君，2009）等一系列方法与手段明确并购双方之间的文化差异后，则需尽早进行组织文化预览的干预，特别是双向预览，这将有利于并购双方特别是被并购方尽早了解新组织的文化，促进对新组织的认同，从而为有效地缓解由于文化差异带来的组织不适应做准备。

本研究的另一个重要发现是，组织文化预览的起效时间在并购后初期。虽然以往关于并购后整合速度与并购成功率之间的关系一直存在争议（Gerpott，1995；张宁，张文涛，2013），但研究者们比较一致的观点是，文化的整合时间最缓慢。不过基于本研究的结果，本研究认为，组织文化预览有利于提高并购后文化的整合速度。文化预览使员工初步了解组织双方文化上的异同，有利于他们将新组织文化与原有组织文化图示进行整合。在这一心理准备的基础上，并购后，由于文化差异而导致的组织不适应过程将会缩短，从而能更有效快速地进行组织文化的整合。大量研究表明，并购初期是组织的震荡期，绩效等方面都可能出现明显下降（李国锋，2010），而根据本研究结果，文化预览干预能在一定程度上起到缓和作用，使并购后初期的绩效下降减少，且更快速地恢复到并购前的水平。因此，其现实意义就在于缩短震荡期，有效促进组织与文化的整合。

虽然本研究得到了一些重要的研究结果，但也存在一些不足之处，包括：①非本土化企业场景（图片）所体现出来的文化可能与我国企业有所差异，所得出的结果可能在结论推广上存在一定的局限，因此，在未来的研究中应该开发本土化的实验材料，进一步验证实验结果；②实验室模拟的组织文化（代码）过于简化且单一，无法全面深刻体现组织文化的内涵（如价值观），而现实并购中存在如影音资料、书面报告、当面交流、模拟情境等一系列组织文化预览方式，这些都可以成为有效的实验材料，因此，今后不论是在实验室研究中还是现场研究中，采用多种不同形式的材料对不同层次的组织文化进行模拟，从而使实验操纵内容更具外部效度；③因变量较单一，只涉及效率，且体现的是个体水平绩效，因此，今后的研究有必要从不同方面来考察这一干预的有效性，如工作投入、团队创新、合作水平等；④虽然本研究认为并购后可能存在重新创造文化的过程，但在本研究中并未进行有效验证，为此，今后的研究中可以就该问题进行深入探索。

五 研究结论

本研究得出结论如下：

（1）组织文化预览对提高并购后组织绩效有积极作用，其中双向组织文化预览对改善并购后的整体绩效以及主、并双方各自的绩效都有显著的积极作用，而单向组织文化预览未显示出显著的积极影响。

（2）组织文化预览可能主要起效于并购后初期，在并购后短期内对整合绩效有积极促进作用，利于并购后的快速整合。

参考文献

［1］黄玉清. 真实工作预览的有效实施［J］. 中国人力资源开发，2007（1）：52-54.

［2］李国锋. 港口业的跨国并购研究［D］. 博士学位论文，南开大学，2010.

［3］李建民. 企业跨国并购中的文化冲突与文化整合［J］. 山东社会科学，2014（2）：140-143.

［4］时勘，杨成君. 组织文化的尽职审查和兼容性分析［J］. 中国人力资源开发，2009（7）：31-33.

［5］魏钧，陈中原，张勉. 组织认同的基础理论，测量及相关变量［J］. 心理科学进展，2009，15（6）：948-955.

［6］张宁，张文涛. 跨国并购文化整合的五大悖论［J］. 企业管理，2013（12）：28-31.

［7］Ahammad, M. F. & Glaister, K. W. The Double-edged Effect of Cultural Distance on Cross Border Acquisition Performance［J］. European Journal of International Management, 2011, 5（4）：327-345.

［8］Arrow, K. A. The Limits of Organization［M］. New York：W. W. Norton & Company, 1974.

［9］Blader, S. L. & Tyler, T. R. Testing and Extending the Group Engagement Model：Linkages between Social Identity, Procedural Justice, Economic Outcomes, and Extrarole Behavior［J］. Journal of Applied Psychology, 2009, 94（2）：445-464.

［10］Chatman, J. A. Matching People and Organizations：Selection and Socialization in Public Accounting Firms［J］. Administrative Science Quarterly, 1991（36）：459-484.

［11］ Cremer, J. Corporate Culture and Shared Knowledge. Industrial and Corporate Change, 1993, 2 (3): 351-386.

［12］ Dovidio, J. F., Gaertner, S. L., Stewart, T. L., Esses, V. M. & ten Vergert, M. From Intervention to Outcomes: Processes in the Reduction of Bias ［C］. In W. G. Stephan & P. Vogt (Eds.), Intergroup Relations Programs: Practice, Research, and Theory. New York: Teachers College Press, 2004.

［13］ Gerpott, T. J. Successful Integration of R&D Functions after Acquisitions: An Exploratory Empirical Study ［J］. R&D Management, 1995, 25 (2): 161-178.

［14］ Giessner, S. R., Ullrich, J. & van Dick, R. A Social Identity Analysis of Mergers & Acquisitions ［C］. In D., Faulkner, S., Teerikangas & R. J., Joseph, (Eds.). Handbook of Mergers & Acquisitions (pp. 474-495). Oxford: Oxford University Press, 2012.

［15］ Greco, V. & Roger, D. Coping with Uncertainty: The Construction and Validation of a New Measure ［J］. Personality and Individual Differences, 2001, 31 (4): 519-534.

［16］ Jacobs, R., Mannion, R., Davies, H. T., Harrison, S., Konteh, F. & Walshe, K. The Relationship between Organizational Culture and Performance in Acute Hospitals ［J］. Social Science & Medicine, 2013 (76): 115-125.

［17］ Jusoh, M., Simun, M. & Chong, S. C. Expectation Gaps, Job Satisfaction, and Organizational Commitment of Fresh Graduates: Roles of Graduates, Higher Learning Institutions and Employers ［J］. Education + Training, 2011, 53 (6): 515-530.

［18］ Knippenberg, D., Knippenberg, B., Monden, L. & Lima, F. Organizational Identification After a Merger: A Social Identity Perspective ［J］. British Journal of Social Psychology, 2002, 41 (2): 233-252.

［19］ Sarala, R. M. The Impact of Cultural Differences and Acculturation Factors on Post-Acquisition Conflict ［J］. Scandinavian Journal of Management, 2010, 26 (1): 38-56.

［20］ Schein, E. Organizational Culture ［J］. American Psychologist, 1990, 45 (2): 109-119.

［21］ Schweiger, D. M. & DeNisi, A. S. Communication with Employees Following a Merger Longitudinal Field Experiment ［J］. Academy of Management Journal, 1991, 34 (1): 110-135.

［22］ Slangen, A. H. National Cultural Distance and Initial Foreign Acquisition Performance: The Moderating Effect of Integration ［J］. Journal of World Business, 2006, 41 (2): 161-170.

［23］ Tyler, T. R. & Blader, S. L. The Group Engagement Model: Procedural Justice, Social Identity, and Cooperative Behavior ［J］. Personality and Social Psychology Review, 2003, 7 (4): 349-361.

［24］ Weber, R. A. & Camerer, C. F. Cultural Conflict and Merger Failure: An Experimental Approach ［J］. Management Science, 2003, 49 (4): 400-415.

［25］ Weber, Y. & Tarba, S. Y. Mergers and Acquisitions Process: The Use of Corporate Culture Analysis ［J］. Cross Cultural Management: An International Journal, 2012, 19 (3): 288-303.

［26］ Weber, Y., Tarba, S. Y. & Bachar, Z. R. The Effects of Culture Clash on International Mergers in the High Tech Industry ［J］. World Review of Entrepreneurship, Management and Sustainable Development, 2012, 8 (1): 103-118.

The Effects of Organizational Culture Preview on M&A Performance

Shi Kan   Lin Zhenlin   Yang Chengjun   Yao Ziping

Abstract: Based on realistic merger preview we proposed the concept organizational culture preview (OCP) to examine its positive effect on post‐merger performance. One hundred and twenty graduate students participated in an experiment which was based on the paradigm of Weber and Camerer (2003). They were randomly arranged to bilateral‐OCP group, unilateral‐OCP group, or none‐OCP group. The results showed that: ①OCP had positive efect on the postmerger performance. To be specific, bilateral OCP significantly facilitated the postmerger performance of both acquiring, acquired group and also the new group while unilateral OCP did not. ②OCP took effects majorly on the early stage of postmerger. These results provide the practitioners with empirical support on the applying OCP to M&A integration.

Key words: organizational culture preview; M&A; culture integration; performance

附录一 实验图片材料

图 A	图 B	图 C	图 D
图 E	图 F	图 G	图 H
图 I	图 J	图 K	图 L
图 M	图 N	图 O	图 P

附录二 不同实验组次对图 K 描述方式的演变过程

出现次数	第 16 组次被试	第 22 组次被试	第 23 组次被试
1	一个很大的工作场所，人非常多，其中最前面是一个人对着台式机电脑	人非常多，每个人前面都有电脑，其中映入眼帘的第一人，穿着竖条衬衫	在一个大的办公室里面，由一个男士在接电话，穿条纹西服
2	一个很大的工作场所，最前面的人对着台式电脑，穿着竖条的衬衣	也是一个格一个格，映入你眼帘的第一个，是一个男的，在打电话，穿的是黑色衣服，白色竖条的	人特别多的办公室，有个男士穿条纹西服，在打电话
3	工作区，正对着我们的那个人，穿着竖条纹衣服，对着台式电脑	也是格子办公室，映入眼帘的一个人，穿的是黑衣服，白竖条	两个人一格的办公室，男士穿黑色条纹西服，在打电话
4	一个工作区，最前面是穿着竖条纹的男士	格子办公室，映入眼帘第一人，黑衣服，白竖条	人比较多的办公室，两个人一格，靠近我们的男士穿黑色条纹型西服
5	一个工作区，离我们最近穿着深色条纹状衣服	映入眼帘第一人，黑色衣服，白竖条	两个人一格的办公室，穿条纹西服
6	一个工作区，离我们最近男士穿着条纹状衣服	格子办公室，黑底衣服，白竖条	每个格里有两个人的办公室

续表

出现次数	第 16 组次被试	第 22 组次被试	第 23 组次被试
7	一个穿着深色条纹状的人	黑衣，白竖条	两人一格办公室
8	工作区，穿着深色条纹状的男人	黑底，白色竖条	两人一个格
9	工作区，穿着深色条纹	黑底，白竖条衬衫	一个格里有两个人
10	工作区，深色条纹	一黑底，白竖条	一个格里两个人

变革型领导与创新行为：
一个被调节的中介作用模型[*]

陈 晨 时 勘 陆佳芳

【编者按】领导力一直是组织行为学研究中最主要的研究话题之一，这其中又以变革型领导为最，受到学术界的广泛关注。变革型领导也是时勘老师课题组关注的重点研究课题之一，目前被国内学者广泛引用的变革型领导量表中文版也是来自师门李超平师兄和时老师2005年发表的经典论文。我于2011年硕博连读进入时老师课题组时，课题组在变革型领导方面的研究已经取得了很多突破，积累了丰富的实证经验和一手数据。因此，我在读博初期将领导力尤其是变革型领导选作自己研究的重点方向，这很大程度上得益于时老师以及课题组师兄师姐们早期研究的积累。2013年秋，时老师为我提供了去香港教育大学陆佳芳老师处学习的机会，这也成为了我针对变革型领导进行研究的一个重要契机。还记得去见陆老师的第一天，陆老师就发给我一系列论文和实证数据让我学习和熟悉，这是当时她与时老师合作开展的、针对中科院各院所科研人员调研项目的相关资料。陆老师告诉我，在我前往香港之前，时老师就已经和她进行了详细沟通，让我去了之后聚焦于这一研究项目的内容进行深挖，以避免没有目的抓瞎似的学习，浪费去香港的宝贵学习机会，这也由此开启了我学习独立做研究的旅程。从变革型领导相关研究来看，当时研究主要关注变革型领导对于下属工作投入、工作绩效、组织公民行为等方面的积极影响，而其对于下属创新行为的作用却尚不明确，未能形成一致结论。因此，结合科研人员这一特别的样本，我最终选择了探究变革型领导对下属创新行为的影响机制这一问题。当时，正值国内组织行为学领域开始应用更加全面、严谨的统计方法来验证理论假设的阶段，这一研究也成为了国内较早一批采用国际流行的被调节的中介检验的实证研究方法尝试。2015年，我完成了论文《变革型领导与创新行为：一个被调节的中介作用模型》，并得以发表。此时，我已从香港返回广州继续学业，老师们对我的指导和关怀却一直牢记心中。在中山大学的学生中，我是跟随时老师学习时间最久的一位学生，从大四提前进入课题组以来，一直接受时老师的指导。在这六年中，时老师不仅经常来广州指导我的学习和论文，还会通过邮件、微信、电话等多种方式与我进行交流沟通，将我和北京课题组的同学们团结在一起。尤其在我博士论文的完成过程中，时老师从最初选题，做职场排斥相关的研究，到取样、形成初稿、论文修改和定稿等方面，都给予了我极大的支持与帮助。而陆老师则是在我工作之后，申请国家自然科学基金项目时，作为课题组成员给予我最大的支持。工作之后，我的研究兴趣范围逐渐拓展到领导力和（非）伦理行为的结合研究方面，先后在国内外顶尖学术期刊发表数篇论文，这都与博士期间所受到的科研训练以及从老师们身上学到的对科研工作的热情、对学术研究抱有的勤勉与严谨态度

---

* 基金项目：国家自然科学基金（71272156）；国家社会科学基金（13&ZD155）。

密不可分。从求学到如今独立做研究的过程有苦有甜，经历过严重的迷茫，也体会过探索未知的美妙，体验过忙碌到崩溃的痛苦，也感受过与他人想法产生共鸣的欣喜。即使在很多年后某一天想起，我也依然很庆幸，能在时老师课题组度过这一段博士求学时光。我认真地对待了的这段时光，真切地哭过，真挚地笑过，实在地烦恼过，认真地生活着。我想，这些体验也会在我未来的科研旅程中一直伴我前行，给我力量。愿时老师和课题组同仁们在未来能获得更多突破，收获所想。（陈晨，中山大学管理学院2011级直博生，中山大学管理学院副研究员）

摘　要：以认知机制和内在动机理论为基础，探究在科研团队中变革型领导对下属成员创新行为的影响及其内在作用机制。采用问卷调查方法，对中国科学院所属学部内科研团队中的领导者及其直属下属进行调研。由下属完成员工问卷（包括变革型领导、心理授权、工作复杂性），领导者对其下属的创新行为进行评价，共获得79名领导者和237名科研人员的配对数据，采用 Mplus 软件进行统计分析。研究结果表明，在科研团队中，变革型领导对其下属的创新行为有显著正向影响；下属的心理授权在变革型领导和下属创新行为间起中介作用；下属所从事工作的复杂性对变革型领导→心理授权→下属创新行为这一中介作用有正向调节作用，即工作复杂性较高时，变革型领导通过心理授权影响下属创新行为的正向中介作用显著，而工作复杂性较低时该中介作用不显著。

关键词：变革型领导；创新行为；心理授权；工作复杂性；科研人员

一　引言

团队创新是提高生产力、技术进步、获取竞争优势的重要手段[1]，研究人员的创新行为是科研团队创新的主要来源[2]。如今，如何增强科研团队成员的创新行为已成为研究者们关注的重点话题。

已有研究表明，领导风格对推动团队创新起着关键性作用[3]，其中，变革型领导对下属创新行为的影响更是受到学者们的广泛关注[4]。然而，目前针对两者关系的实证研究尚未达成一致结论，已有研究发现，变革型领导对团队成员的创新行为有显著正向影响[5]，也有研究表明两者之间存在负相关关系[6]或并不存在显著相关[7]。基于此，本研究认为，之所以存在以上不同的研究结果，是由于在变革型领导与下属创新行为之间存在着影响两者关系的中介变量和调节变量，而探讨这一作用机制正是本研究的目的所在。

以内在动机理论为基础，已有研究提出变革型领导会影响团队成员的内在动机，从而作用于其创新行为[8]。心理授权作为个体内在动机的具体表现形式[9]，是揭示变革型领导作用机制的重要中介变量[10]。因此，本研究试图检验在科研团队中，心理授权在变革型领导与个体创新行为之间的中介作用。已有研究表明，个体的内在动机不仅来自对工作的兴趣、好奇心和参与度等，还来自工作复杂程度所带来的挑战性[11]。与从事常规、简单工作的个体相比，从事复杂工作的个体会表现出更高的内在动机，从而更有可能引发其创新行为[12]。据此，本研究试图探究工作复杂性在变革型领导、心理授权和下属成员创新行为之间的调节作用。

二　相关研究评述和研究假设

（一）变革型领导与下属创新行为

变革型领导的概念起源于20世纪80年代，Burns[13]提出变革领导是一个领导通过宣扬鼓舞人心的理想和价值观来激励下属，从而提升下属内在动机水平的动态过程。随后，Bass等[14]和Avolio等[15]对这一概念进行了进一步发展，并提出"变革型领导"一词。Burns[13]提出的构念具有更加丰富的内涵，他认为变革型领导会通过赋予下属自身所承担任务的重要意义，使其内在动机和高层次需要得以激发，他们与下属建立起相互信任的氛围，促使下属能够为了组织利益而牺牲自身利益，从而达到超过原来期望的结果。与传统领导风格（如交易型领导）以与下属之间交易为目的而建立起联系不同，变革型领导是以构建更高水平的激励和道德为目的而与下属之间建立联系。同时，变革型领导赋予下属充分的自主权，并激励下属提出新的解决问题的方式[16]。

变革型领导包括领导魅力、愿景激励、智能激发和个性化关怀4个维度[17]。领导魅力是指领导自身拥有过硬的业务能力，并以良好形象为下属树立榜样，从而获得下属的尊重、认同和信任；愿景激励是指领导向下属清晰地描绘组织前景，为其指明奋斗方向，并赋予下属所做工作的重要意义，从而感染员工；智能激发是指领导鼓励下属挑战现状，开发创造性思维，不断为现有问题寻找新的解决办法；个性化关怀则是指领导者关注团队中每一位下属的不同需求，并根据其特点有针对性地提供个性化的支持。

李超平等[18]结合中国文化背景，提出中国文化下变革型领导的4维度模型，包括愿景激励、领导魅力、个性化关怀和德行垂范。其中，德行垂范是中国变革型领导所特有的维度，指领导者的率先垂范、以德服人、奉献精神、言行一致、以身作则等特点。变革型领导使自身作为道德榜样潜移默化地影响下属，这与中国深受儒家文化影响、强调以德服人的传统有关。另外，与西方研究相比，中国变革型领导的个性化关怀维度所涵盖的内容也更为丰富，不仅包括对下属在工作和个人职业发展等方面的关注，还包括对下属家庭和生活方面的关怀[19]。愿景激励和领导魅力两个维度的内涵则与Bass[17]的研究相一致。周浩等[19]认为，对比Bass[17]所提出的变革型领导4维度构念模型，中国组织情景下的变革型领导将Bass理论中的智能激发维度一部分归于领导魅力维度，另一部分归于个性化关怀维度。

与传统领导风格强调监管和控制不同，变革型领导在组织中更强调设置愿景、提倡变革，并鼓励下属提出解决问题的新方法[20]，因此，变革型领导被认为是促进个体和组织创新的潜在动力[21]。

个体的创新行为是指个体在工作中产生的新颖的、对组织有潜在价值的想法或产品以及解决问题的新方法和新流程等[22]，是组织创新过程的重要组成部分[23]。已有研究表明，变革型领导主要通过认知机制和动机机制影响下属的创新行为[20]。以认知机制为基础，首先，变革型领导能够运用自身领导魅力激发下属的尊敬和崇拜，从而促使下属的效仿行为[24]。由于变革型领导在工作中更加倾向于打破常规思维、提倡新观点和推动组织变革，这些行为和主张会使领导者自身成为组织中倡导创新的模范，而下属对领导魅力的崇拜和信任会激发其自发地效仿领导行为，从而促使自身也积极地进行创新。其次，变革型领导不仅自身提倡创新和变革，还会鼓励下属应用批判性思维反思工作中的现有问题[14]，激励下属在工作中以探索、开放的心态思考问题，打破陈规，从而促使下属们激发自己的好奇心，运用想象力，形成原创、独特的想法，并使下属们更愿意提出解决现有问题的新方法[25]。

以内部动机理论为基础，虽然变革型领导在组织中常常扮演着"变革推动者"的角色，但仅仅通过向下属描述现状的不足、宣扬与其共同构建的美好愿景还并不足以促使下属的创新行为。下属必须要意识到他们自身有能力改变现状[20]，才有可能激发其创新行为。变革型领导通过激发下属的激情、动力和自信以及传达积极期望等方式增强下属的创新自我效能感，不断巩固下属改善现状的意愿[26]，从而促进下属的创新行为。借助个性化关怀，变革型领导关注到下属在创新过程中的不同需求，有针对性地对下属表达出关怀和支持，有助于下属克服挑战现状时的恐惧，从而促使创新行为的产生[5]。根据以上分析，本研究提出假设：

H_1：变革型领导对科研人员的个体创新行为有正向影响。

（二）心理授权的中介作用

心理授权是个体感知到的工作意义、自我效能、自主性和工作影响的内在体验综合体[27]。不同于管理实践中的实际管理或决策授权，心理授权更强调下属对于授权的个体感知和心理体验[28]，反映了个体对自身工作角色的积极定位[29]。工作意义是指个体根据自己的价值标准所认识到的自身工作的价值[27]，自我效能是个体对自己是否有能力完成工作的信念，自主性指个体所感知到的在工作决策等方面的自主控制能力，工作影响则是指个体对工作结果、团队管理或组织战略等方面的影响程度。

一方面，根据变革型领导理论的相关研究可知，变革型领导通过愿景激励为员工建立充满吸引力的愿景，使下属认识到自身工作的价值和意义[28]；通过领导魅力为员工提供工作的荣誉感；通过激励和个性化关怀提高下属的自信水平和自我效能；积极鼓励下属挑战现有陈旧思维，发挥想象力和创造力，赋予下属在工作中更多的自主权，使其在工作中发挥作用和影响，从而增强下属的心理授权。Avolio 等[30]、陈永霞等[31]、李超平等[10]和丁琳等[32]的实证研究都发现变革型领导对下属的心理授权有正向影响。由此可见，变革型领导风格有助于下属心理授权体验的增强。

另一方面，已有实证研究表明，心理授权对个体的工作态度、行为等方面都有重要影响[27]，有授权体验的个体在工作中会更加积极主动。Spreitzer 等[29,33]和 Sun 等[34]的研究发现，个体的心理授权与他们的创新行为及组织创新绩效之间存在正相关关系。基于内在动机理论，学者们也提出个体的创新行为不仅受到来自组织环境因素（如领导风格、组织支持感、团队网络等）的影响，在更大程度上还会受到个体自身内在工作动机的影响[26]，而心理授权则是个体积极内在动机的体现。个体的心理授权体验越高，越能够激发其内在工作动机，并促使其对自身工作进行更积极的定位[35]，这对个体创新行为有重要驱动作用。与心理授权体验低的个体相比，心理授权体验高的个体更能够认识到自身工作意义的重要，更加积极主动地投入工作，对自己能够进行创新行为的自信更大，运用资源能力及组织把握能力更强，从而能够更加有效地激发个体创新。另外，心理授权的另一维度——自主性也能够刺激个体在工作中的创造力。Amabile 等[36]认为，当个体在工作中拥有更高的自主性，感觉对自己承担的工作、提出的观点等有更强的控制感时，更有可能促使个体的创新行为。由此可见，下属自身的心理授权体验能够促进其创新行为。

事实上，目前学者们已经开始关注企业中员工心理授权在变革型领导与领导有效性之间的中介作用，但较多关注员工工作满意度[10]、组织承诺[31]、组织公民行为[37-38]、员工建言行为[19]、幸福感[39]等方面，对下属创新行为，尤其是专门针对科研人员创新行为的研究还较为缺乏。Eisenbeiβ 等[20]和洪雁等[40]针对企业员工的研究发现，创新角色认同和创新自我效能感在变革型领导与下属创新行为之间起到中介作用，这一实证结果在一定程度上间接反映了心理授权的中介作用。而 Sun 等[34]和刘景江等[41]直接验证了心理授权在变革型领导与员工创新行为之间的中介作用。由此可见，变革型领导作为一种组织环境因素，会促使其下属内在动机的产生，影响下属的心理授权，而心理授权又会作用于个体的创新行为。据此，本研究提出假设：

H₂：心理授权在变革型领导与科研人员的创新行为之间起中介作用。

（三）工作复杂性的调节作用

工作复杂性是工作特征的一个维度，涉及工作可划分模块的数量、不确定性和成功完成该项工作所需协调配合的步骤[42]。复杂性较高的工作会存在更多不确定性和更加繁杂的变化性因素，这就要求从事该工作的个体具有较高的智力水平、丰富全面的知识储备、综合处理复杂数据的能力以及快速准确应对不确定性的能力[42]。已有研究发现，工作复杂性是影响个体创新行为的重要环境因素[43]。与从事常规、简单工作的员工相比，从事较难工作的员工会表现出更强的内部动机，从而促进其在工作中的创新行为[44]。目前，工作复杂性在员工工作行为、绩效等方面所起到的调节作用已受到学者们的广泛关注[45]。

科研人员从事的工作无论在创造性还是挑战性方面都明显区别于一般员工。因此，工作复杂性对科研人员心理授权、创新行为的影响尤其值得关注。本研究认为，虽然变革型领导能够为科研人员提供支持和激励，但由于承担工作的复杂性不同，个体在心理授权方面仍会存在差异，进而对个体的创新行为产生影响。具体来说，从事较高复杂性工作的下属在受到来自变革型领导的激励后，会产生更强的创新角色认同，更加有作为创新型人员的自我认知，并具有更强的创新自我效能，对自己有能力进行创新行为的自信更高，从而在自身的工作中也会产生更多的创新行为[21]。而对于从事较低复杂性工作的下属来说，变革型领导通过下属心理授权对其创新行为的影响则不大。已有的实证研究也支持本研究这一观点。Wang 等[21]针对服务型员工的实证研究发现，工作复杂性对变革型领导与下属的创新自我认知、自我效能、创新行为之间起调节作用；Wang 等[46]基于 167 位员工与领导的配对数据研究发现，员工工作复杂性、自主性对领导力与下属创新角色认同之间的关系起正向调节作用；Tierney 等[47]在对 536 名员工的实证研究中发现，领导行为与工作复杂性的交互作用会增强员工的创新自我效能。因此，根据以上分析，本研究提出假设：

H₃：在科研团队中，工作复杂性正向调节变革型领导与下属心理授权的作用，即与工作复杂性较低的情况相比，当科研人员所从事的工作复杂性较高时，变革型领导对下属心理授权的正向影响更强。

综合以上分析和假设，本研究认为，工作复杂性对变革型领导—心理授权—个体创新行为三者间的关系起调节作用，即这一中介作用会受到工作复杂性的影响。由此，本研究提出被调节的中介作用模型假设：

H_4：在科研团队中，工作复杂性正向调节变革型领导、心理授权和个体创新行为间的中介作用，即与工作复杂性较低的个体相比，工作复杂性较高时，下属心理授权对变革型领导与下属创新行为间的正向中介作用更强。

综上所述，本研究整体框架见图1。

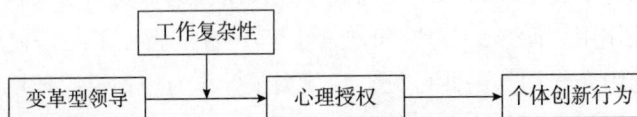

图1　研究框架

三　研究方法

（一）样本和数据收集

本研究采用问卷调查方式进行数据收集，研究样本为中国科学院所属学部全体科研院所的科研人员。调查问卷分为员工问卷和领导问卷，由科研人员完成员工问卷，负责对其直属领导的领导风格、自身心理授权和工作复杂性进行评价；由该科研人员的直属领导（如该课题组的院士、教授）完成领导问卷，负责对该科研人员的创新行为进行评价。

从2011年5月开始，本研究向700位科研团队的领导发出邮件，邀请其与研究团队中的3名成员共同参与本次问卷调查。截至2011年8月，有158位领导接受邀请，543名科研人员完成本次问卷调查，回收率为25.86%。本研究规定只有领导和团队成员4人都参与本次问卷调查，该团队的数据才作为有效配对样本进行分析。据此，最终获得有效样本包括科研团队79个、科研人员237人，问卷总有效率为43.65%。其中，男性175人，占73.84%；女性53人，占22.36%；另有9人未提及性别，占3.80%。参加调查的科研人员职位构成为，博士生占10.55%，博士后占5.06%，技术人员占3.37%，研究助理占3.37%，助理研究员/讲师占18.14%，副研究员/副教授占23.63%，其他人员占31.22%，有4.66%的人未填写。科研团队的平均成立时间为10.82年（标准差为8.70），科研人员平均工作年限为5.14年（标准差为4.72）。

（二）研究工具

为确保测量工具的信度和效度，本研究尽量采用在已有研究中已经使用过的成熟量表进行调查研究。对于英文量表，本研究采用 Brislin[48] 的标准方法进行翻译和回译，以保证测量对等性。本研究问卷中共包括以下量表：

1. 变革型领导。本研究采用李超平等[18]开发的中国情境下变革型领导量表，该量表共26 个题项，包括愿景激励、个性化关怀、领导魅力、德行垂范 4 个维度。用 6 个题项测量愿景激励，包括该领导"能让成员了解本单位/课题组的发展前景""能让成员了解本单位/课题组的工作理念和发展目标""会向成员解释所做工作的长远意义""向大家描绘令人鼓舞的职业前景""能给成员指明奋斗目标和前进方向"和"经常与成员一起分析其工作对单位/课题组总体目标的影响"；用 6 个题项测量个性化关怀，包括该领导"在与成员打交道的过程中会考虑成员的个人实际情况""愿意帮助成员解决生活方面的难题""能经常与成员沟通交流，以了解成员的工作和生活情况""耐心地教导成员，为成员答疑解惑""关心成员的工作、生活和成长，真诚地为他们的发展提建议"和"注重创造条件，让成员发挥自己的特长"；用 6 个题项测量领导魅力，包括该领导"在本领域科研能力过硬""思想开明，具有较强的创新意识""热爱自己的工作，具有很强的事业心和进取心""对工作非常投入，始终保持高度的热情""能不断地学习，以充实提高自己"和"敢抓敢管，善于处理棘手问题"；用 8 个题项测量德行垂范，包括该领导"廉洁奉公，不图私利""吃苦在前，享受在后""不计较个人得失，尽心尽力工作""为了单位/团队的利益，能牺牲个人利益""能把自己的个人利益放在集体和他人利益之后""不会把别人的劳动成果据为己有""能与成员同甘共苦"和"不会给成员穿小鞋，不搞打击报复"。采用 Likert 5 分等级量表进行评价，1 分为完全不同意，5 分为完全同意。该量表的 Cronbach's α 值为 0.98，AVE 值为0.73，表明该量表的信度和效度均达到可接受标准。

2. 心理授权。本研究采用 Spreitzer[33]编制的心理授权量表，李超平等[49]对该量表进行修订以更适合中国组织情境。该量表共 12 个题项，包括工作意义、自我效能、自主性和工作影响 4 个维度。用 3 个题项测量工作意义，包括"我所做的工作对我来说非常有意义""工作上所做的事对我个人来说非常有意义"和"我的工作对我来说非常重要"；用 3 个题项测量自我效能，包括"我自信自己有干好工作上的各项事情的能力""我对自己完成工作的能力非常有信心"和"我掌握了完成工作所需要的各项技能"；用 3 个题项测量自主性，包括"我自己可以决定如何来着手做我的工作""在如何完成工作上，我有很大的独立性和自主权"和"在决定如何完成我的工作上，我有很大的自主权"；用 3 个题项测量工作影响，包括"我对发生在本部门的事情的影响很大""我对发生在本部门的事情起着很大的控制作用"和"我对发生在本部门的事情有重大的影响"。采用 Likert 5 分等级量表进行评价，1 分为完全不同意，5 分为完全同意。该量表的 Cronbach's α 值为 0.88，AVE 值为 0.54，表明该量表的信度和效度均达到可接受标准。

3. 工作复杂性。本研究选用 Hackman 等[50]编制的工作特征模型问卷中的题项，该量表共 5 个题项，包括"我的工作需要运用复杂的知识""我的工作需要运用复杂的技能""我的工作需要为繁复的问题找出解决方法""我的工作需要大量的思考分析"和"我的工作需要大量的工作或多重步骤才能得到结果"。采用 Likert 5 分等级量表进行评价，1 分为完全不同意，5 分为完全同意。该量表的 Cronbach's α 值为 0.81，AVE 值为 0.56，表明该量表的信度和效度均达到可接受标准。

4. 个体创新行为。本研究采用 George 等[51]编制的个体创新行为量表，原始量表共 13题，为保证问卷填答质量，避免领导由于评价多位下属时问卷过长而导致偏差，特将问卷压缩，删除意义相近的题目，最终保留 4 题，包括该下属能够"提出新的、实用的方法改进工作"寻找出新的技术、程序、技能或研究课题""经常向相关的人员讲解并推进他/她的新想法"和"对于新的点子能提出足够的计划及实施方案"。采用 Likert 5 分等级量表进行评价，1 分为完全不同意，5 分为完全同意。该量表的 Cronbach's α 值为 0.90，AVE 值为 0.70，表明该量表的信度和效度均达到可接受标准。

5. 控制变量。相关研究表明，个体的性别会对心理授权产生影响[52]，男性与女性在心理授权体验方面存在差异。另外，研究人员的年龄、工作职位会对个体的创新行为产生一定影响。因此，本研究将个体性别、年龄、职位作为控制变量处理。

（三）数据分析方法

本研究统计分析采用 SPSS 20.0 和 Mplus 7 软件。首先采用相关分析进行假设检验的初始测试，然后采用结构方程模型检验变革型领导、心理授权、工作复杂性与个体创新行为之间的关系。依据 Anderson 等[53]的研究，结构方程模型检验分为两步进行，首先用验证性因子分析进行模型比较，检验变革型领导、心理授权、工作复杂性和个体创新行为这 4 个变量是否相互独立；然后再通过结构方程模型进行假设检验。

研究中所用量表均为成熟量表，分析结果显示均具有较高的信度和效度，因此，为了得到较为简约的模型，也使参数估计更为稳定，对于多维度变量，本研究采取先将测量题项分维度求均值进行打包处理的方法，再对各维度进行验证性因子分析检验[54]。

考虑到数据的层次嵌套性问题，本研究先对个体创新行为进行方差分析。结果表明，个体创新行为的组间方差不显著，$F = 0.83$，$p = n.s.$，即不需要进行跨层次分析。另外，Shi 等[55]认为，进行第一阶段被调节的中介作用检验时，将第一阶段斜率设置为随机斜率，该斜率的组间方差显著则表示应采用多层次模型分析更为适宜。本研究分析结果显示，本研究提出的模型中，第一阶段随机斜率的组间方差不显著，$r = 0.03$，$p = n.s.$。因此，本研究采取在个体层次上建模来检验第一阶段被调节的中介作用。

四 结果分析

（一）相关性分析

本研究各变量的均值、标准差和相关系数见表 1。由表 1 可知，变革型领导与个体创新行为呈显著正相关关系，$r = 0.13$，$p < 0.05$，H_1 得到初步验证。另外，变革型领导与心理授权存在显著正相关关系，$r = 0.25$，$p < 0.01$；心理授权与个体创新行为存在显著正相关关系，$r = 0.24$，$p < 0.01$。该结果为后续进行中介作用检验奠定了基础。

（二）模型检验

在对研究假设进行检验之前，本研究采用验证性因子分析进行模型比较，以确保模型中

表 1 变量描述性统计和相关系数

变量	变革型领导	心理授权	工作复杂性	个体创新行为	性别	年龄	职位
变革型领导	(0.98)						
心理授权	0.25**	(0.88)					
工作复杂性	0.11*	0.33**	(0.81)				
个体创新行为	0.13*	0.24**	0.07	(0.90)			
性别	0.04	1.42**	0.03	0.03			
年龄	-0.23**	0.05	0.01	0.03	0.20**		
职位	-0.03	0.07	0.11	-0.01	0.14*	0.51**	
平均值	3.90	3.73	4.35	3.68	0.74	2.26	4.93
标准差	0.68	0.47	0.52	0.77	0.44	0.94	2.25

注：N=237；* 表示 $p<0.05$，** 表示 $p<0.01$；下同。括号中的数据为该量表 Cronbach' α 系数；在性别中，男性取值为 1，女性取值为 0；在年龄中，1 为 20~29 岁，2 为 30~39 岁，3 为 40~49 岁，4 为 50~59 岁，5 为 60 岁以上；在职位中，1 为博士生，2 为博士后，3 为技术人员，4 为研究助理，5 为助理研究员/讲师，6 为副研究员/副教授，7 为其他。

的所有变量具有较好的区分效度。本研究对变革型领导、心理授权和个体创新行为的三因素模型（M1）和将变革型领导、心理授权负载在同一因子上的二因素模型（M2）进行比较。结果表明，本研究提出的研究模型（M1）具有较好的模型拟合度，$\chi^2=106.94$，$df=52$，$CFI=0.96$，$TLI=0.95$，$RMSEA=0.07$，$SRMR=0.05$。各项拟合指标均达到可接受水平，说明模型的拟合度符合要求。

（三）假设检验

1. 中介作用检验

已有研究中常采用 Baron 等[56]的逐步法和 Sobel 检验法对中介作用进行检验，然而这两种方法在被广泛使用的同时也受到部分研究者的批评和质疑[57]。Mackinnon 等[58]认为，逐步法的统计功效最低，而且容易低估第 I 类错误率。Sobel 法的检验力高于逐步法，但该检验要求中介作用的效应统计量（a·b）服从正态分布，但事实上这一乘积变量通常都不是正态分布，因而 Sobel 检验法也存在一定的局限性[59]。

Bootstrap 法是一种从样本中重复取样的方法，通过有放回地重复抽样产生出多个样本[60]。Bootstrap 法比上述两种检验法具有更高的检验力，且不要求检验统计量服从正态分布。因此，在检验中介作用的研究中，Bootstrap 法受到越来越多学者的青睐。本研究采用 Mplus 7 对心理授权在变革型领导与个体创新行为之间的中介作用进行 Bootstrap 检验，表 2 给出对整体模型的中介效应检验结果。由表 2 可知，变革型领导对个体的心理授权有显著正向影响，$r=0.21$，$p<0.01$；而个体的心理授权又对其创新行为有显著正向作用，$r=0.42$，$p<0.01$；且在控制了心理授权的影响后，变革型领导对个体创新行为的直接效应不再显著，$r=0.02$，$p>0.05$。根据 Bootstrap 法检验结果可知，变革型领导通过心理授权对个体创新行为的中介作用显著，$r=0.09$，$p=0.01$，95% 置信区间为 [0.02，0.14]，不包含 0。由此可知，心理授权的中介效应显著，H_2 得到初步验证。图 2 描述了该中介作用。

表2　心理授权的中介作用

	第一阶段：心理授权			第二阶段：个体创新行为		
	系数	标准误	显著性	系数	标准误	显著性
性别	0.16	0.07	0.02	0.01	0.11	0.99
年龄	0.07	0.04	0.08	0.01	0.08	0.93
职位	0.01	0.01	0.50	0.01	0.03	0.76
变革型领导	0.21**	0.05	0.00	0.02	0.09	0.78
心理授权				0.42**	0.12	0.00
中介作用（a·b）				0.09	0.03	0.01

注：系数是对全部连续变量进行中心化处理后的参数估计结果，下同；** 表示 p<0.01。

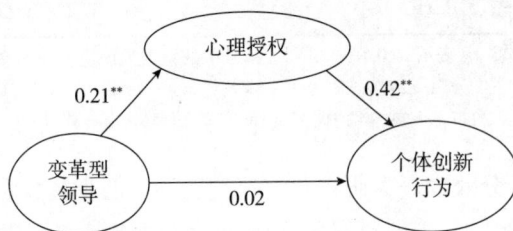

图2　心理授权的中介作用示意图

2. 被调节的中介作用检验

当自变量通过中介变量影响因变量之间的中介作用受到调节变量的影响时，便存在被调节的中介作用[61]。因此，要证明被调节的中介作用存在，必须能够证明，当对调节变量取值较高与较低的情况进行比较时，中介作用（a·b）会随之发生变化（而非自变量与因变量之间的直接效应或总效应发生变化）。一般认为，以±1 个标准差作为调节变量较高和较低取值，检验在这两个取值条件下中介作用之间的差异，如果这个差异的95%置信区间中不包括 0，则认为被调节的中介作用显著[62]。

根据 Edwards 等[61]提出的方法，本研究运用 Mplus 7 采取回归方法对整体模型进行检验，并用 Bootstrap 法检验第一阶段被调节的中介作用。实际的检验方程为[61]：

$$M = b_0^2 + b_1^2 X + b_2^2 W_1 + b_3^2 X W_1 = b_0^2 + (b_1^2 + b_3^2 W_1) X + b_2^2 W_1 \tag{1}$$

$$Y = b_0^3 + b_1^3 X_1 + b_2^3 M + b_3^3 W_1 + b_4^3 X W_1 \tag{2}$$

$$Y = (b_0^3 + b_2^3 b_0^2) + [b_1^3 + b_2^3 (b_1^2 + b_3^2 W_1)] X + (b_3^3 + b_2^3 b_2^2) W_1 + b_4^3 X W_1 \tag{3}$$

其中，X 为自变量，M 为中介变量，W_1 为第一阶段调节变量，Y 为因变量。将（1）式代入（2）式，得到（3）式。由（3）式可知，整体中介作用的效应规模是 $b_2^3 (b_1^2 + b_3^2 W_1)$。也就是说，如果当 W_1 分别取值较高和较低时，两种条件下中介作用的差异的 95%置信区间中不包括 0 就可证明第一阶段被调节的中介作用显著。相关结果见表 3 和表 4。

表3 给出在 Mplus 7 中进行全模型检验的结果。由于全模型检验同时考虑所有变量间的关系，在第一阶段中已经控制性别、年龄和职位等变量的影响，在第二阶段则不再纳入回归方程中。由表 3 可知，变革型领导对个体的心理授权有显著正向影响，r=0.15，p<0.01；工作复杂性对个体的心理授权有显著正向影响，r=0.28，p<0.01；而心理授权对个体创新行为有显著正向影响，r=0.39，p<0.01；且工作复杂性对变革型领导与心理授权之间关系

起显著正向调节作用，r=0.24，p=0.01。因此，H_2 和 H_3 得到验证。

表3　回归分析结果

	第一阶段：心理授权			第二阶段：个体创新行为		
	系数	标准误	显著性	系数	标准误	显著性
性别	0.13	0.07	0.02			
年龄	0.07	0.04	0.01			
职位	0.01	0.01	0.40			
变革型领导	0.15 **	0.05	0.00	0.01	0.09	0.97
工作复杂性	0.28 **	0.05	0.00	0.05	0.09	0.76
变革型领导×工作复杂性	0.24	0.09	0.01	0.14	0.17	0.51
心理授权				0.39 **	0.13	0.00

注：** 表示 p<0.01。

表4给出工作复杂性对中介作用的调节作用。由表4可知，工作复杂性会调节心理授权在变革型领导与个体创新行为之间的中介作用（即间接效应）。无论在高工作复杂性还是低工作复杂性下，变革型领导对个体创新行为的直接效应都不显著；而通过心理授权这一中介变量对个体创新行为的间接效应在不同程度的工作复杂性下差异显著。具体来说，在高工作复杂性下，间接效应的95%置信区间中不包括0，即变革型领导通过心理授权影响个体创新行为的作用显著，r=0.11，p=0.01，95%置信区间为［0.03，0.19］；而在低工作复杂性下，间接效应的95%置信区间中包括0，即变革型领导通过心理授权影响个体创新行为的作用不显著，r=0.01，p>0.05，95%置信区间为［-0.05，0.07］；两种情景下的中介作用有显著差异，r=0.10，p<0.05，95%置信区间为［0.01，0.19］。由此，H_4 得到验证。

表4　被调节的中介作用 Bootstrap 检验结果

效应	调节变量	效应量系数	标准误	显著性	95%置信区间	
					下限	上限
间接效应	高工作复杂性	0.11	0.04	0.01	0.03	0.19
	低工作复杂性	0.01	0.03	0.72	-0.05	0.07
	差异性	0.10	0.05	0.04	0.01	0.19
直接效应	高工作复杂性	0.06	0.09	0.51	-0.12	0.25
	低工作复杂性	-0.06	0.15	0.71	-0.35	0.24
	差异性	0.12	0.18	0.52	-0.24	0.48
总效应	高工作复杂性	0.17	0.09	0.09	-0.03	0.36
	低工作复杂性	-0.04	0.15	0.76	-0.33	0.24
	差异性	0.21	0.18	0.24	-0.14	0.57

为更加直观地表现该调节作用，本研究以调节变量（工作复杂性）的均值加减一个标准差作为分组标准，分别对高工作复杂性和低工作复杂性情况下变革型领导与团队成员心理授权的关系进行描绘，具体见图3。由图3可知，当工作复杂性更高时，变革型领导对团队

成员心理授权的正向作用越强。

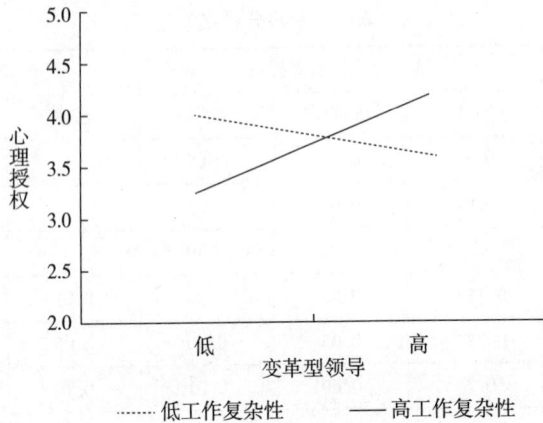

图 3　工作复杂性的调节作用

五　结论

本研究以认知机制和内在动机理论为基础，以科研团队的研究人员为对象，采用问卷调查方法，对变革型领导与下属创新行为间的作用机制进行研究。研究结果表明，在科研团队中，变革型领导对下属创新行为有正向影响；下属的心理授权在变革型领导与下属创新行为间起中介作用；下属工作的复杂性会调节变革型领导—心理授权—创新行为间的中介作用，具体来说，当个体的工作复杂性较高时，变革型领导通过心理授权影响下属创新行为的中介作用显著；而在工作复杂性较低时，这一中介作用不显著。

本研究结果具有重要的理论意义。首先，尽管目前已有学者在研究变革型领导与个体创新行为之间的关系[5]，但专门针对科研工作者的研究却较少。科研团队是基础科学创新、技术进步、企业 R&D 的重要来源，而科研人员个体的创新行为是反映科研团队绩效和有效性的重要衡量指标。变革型领导在多数情景下已被验证是有效的领导方式，而本研究则验证了变革型领导在科研团队中的有效性，尤其是对科研人员个体创新行为的重要作用，这对变革型领导行为的有效性范围进行了拓展。

其次，鉴于目前实证研究中变革型领导与个体创新行为之间关系的不一致性，本研究对变革型领导与个体创新行为之间的内部作用机制进行了进一步探究。已有研究发现，创新角色认同、自我效能感等都对个体的创新行为有积极影响，而对于心理授权这一重要变量在领导风格与个体创新行为之间作用的研究则为数较少。基于内部动机理论，本研究提出心理授权在变革型领导与个体创新行为之间起中介作用，这对变革型领导、心理授权与个体创新行为之间的关系研究进行了丰富和拓展。本研究结果发现，在科研团队中，变革型领导通过愿景激励、领导魅力、个性化关怀、德行垂范等维度对科研人员的心理授权产生积极影响，使科研人员充分认识到自己所承担工作的重要意义，自信有能力完成自身工作，对自身工作拥有自主决定的权力并感知到自己能够对工作、团队或组织产生重要影响，激发其内部动机，从而促进科研人员的创新行为。正如 Menon[63] 所提出的，个体只有在有心理授权体验之后，授权型的领导风格才会对其有影响作用，而本研究结果也验证了这一观点。

最后，本研究验证了工作复杂性对变革型领导—心理授权—个体创新行为间中介作用的调节作用，这一被调节的中介作用模型对心理授权在变革型领导与个体创新行为间中介作用所发生的边界作用条件进行了深入拓展。研究发现，当工作复杂性较高时，心理授权对变革型领导与个体创新行为间的中介作用显著，而工作复杂性较低时该中介作用不显著。已有研究提出，复杂性较高的工作作为一种刺激因素能够激励个体发展。基于个体认知机制和动机机制，领导为个体提供复杂性较高的工作或设定较高的工作目标能够提高个体的任务绩效[43]，本研究结果从实证角度支持了这一观点。本研究认为，与较为常规、简单的工作相比，个体被赋予复杂性较高的工作时会增强其自身的角色认同、自我效能感，而变革型领导开放、授权、提倡新观点和新方法的领导风格在这种工作特点下更能够发挥其有效性，增强下属对于工作意义、价值、自主性的感知和体验，从而更加有利于激发下属创新行为。因此，本研究结果对今后从工作特点角度入手探究领导风格对下属创新行为的影响有重要意义。

本研究对中国科研团队的管理也具有重要的实践意义。创新是科研团队的核心任务之一，如何激发科研团队成员的创新行为对团队管理者来说至关重要。①对于领导者来说，采取不同类型的领导行为对团队成员创新可能起到截然相反的作用[64]。本研究发现变革型领导对科研团队成员的创新行为有促进作用，因此，基于变革型领导的4个维度，科研团队的领导者通过积极向成员传达美好愿景、提高自己的领导魅力、注重以德服人、鼓励创新以及对不同成员提供个性化支持等方式，都能够提高科研人员的创新行为。②在实际管理中，科研团队的领导者需要关注下属的心理授权体验，本研究结果表明，只有当科研人员自身感受到授权体验后，才有可能激发其内在动机，从而促进创新行为。因此，领导者在实际工作中应通过建立激励和保障下属创新行为的制度，营造开放的内部沟通机制，对下属的新想法、创新行为提供积极的反馈，为下属提供较大的工作自主性等，不断巩固科研人员对自身工作意义的认知，增强其创新自我认同和创新自我效能感，从而促进其创新行为。③领导者通过适当地将一些复杂性较高的工作委托给下属、为下属设置较高的科研目标或是采取轮岗等方式，也能够在一定程度上增强下属的创新行为。

由于客观条件限制，本研究仍存在一些局限性。①本研究的结论都是基于科研团队人员得到的，这降低了研究的外部效度，后续研究可尝试在企业员工中进行重复检验。②本研究只考虑了变革型领导这一单一领导风格对下属创新行为的影响，事实上，在管理实践中，变革型领导风格和交易型领导风格可能会同时存在，只是在不同情景下运用程度有所差异。在后续的研究中可以同时考虑变革型领导和交易型领导风格对下属创新行为的影响。③本研究虽然采取下属自评和领导者评价的方法减少同源方差的影响，但同源方差仍有可能会影响分析结果。④研究数据为截面数据，这在一定程度上对研究的因果推理和作用机制推论的解释效力有所影响，未来研究可考虑采取纵向研究或实验研究方法，以获得更为严谨的结论。本研究针对变革型领导对个体创新行为作用机制的研究只是打开了"黑箱"一角，目前越来越多的研究开始关注变革型领导所带来的消极作用，如由于下属对变革性领导的依赖性增强，反而会减少下属的创新行为[20]。结合本研究结果，变革型领导与个体创新行为之间很有可能是由变革型领导—心理授权—创新行为（正向中介）和变革型领导—下属依赖性—创新行为（负向中介）在共同起作用，因此，未来的研究可以同时考虑这两条作用路径的共同影响，从而完善这一作用机制。

参考文献

［1］Oldham, G. R., Cummings, A. Employee Creativity: Personal and Contextual Factors at Work ［J］. The Academy of Management Journal, 1996, 39 (3): 607-634.

［2］顾远东，周文莉，彭纪生. 组织支持感对研发人员创新行为的影响机制研究 ［J］. 管理科学，2014, 27 (1): 109-119.

［3］Gumusluoglu, L., Ilsev, A. Transformational Leadership, Creativity, and Organizational Innovation ［J］. Journal of Business Research, 2009, 62 (4): 461-473.

［4］Aryee, S., Walumbwa, F. O., Zhou, Q., Hartnell, C. A. Transformational Leadership, Innovative Behavior, and Task Performance: Test of Mediation and Moderation Processes ［J］. Human Performance, 2012, 25 (1): 1-25.

［5］Gong, Y., Huang, J. C., Farh, J. L. Employee Learning Orientation, Transformational Leadership, and Employee Creativity: The Mediating Role of Employee Creative Self-Efficacy ［J］. The Academy of Management Journal, 2009, 52 (4): 765-778.

［6］Basu, R., Green, S. G. Leader-member Exchange and Transformational Leadership: An Empirical Examination of Innovative Behaviors in Leader-member Dyads ［J］. Journal of Applied Social Psychology, 1997, 27 (6): 477-499.

［7］Wang, P., Rode, J. C. Transformational Leadership and Follower Creativity: The Moderating Effects of Identification with Leader and Organizational Climate ［J］. Human Relations, 2010, 63 (8): 1105-1128.

［8］Shin, S. J., Zhou, J. Transformational Leadership, Conservation, and Creativity: Evidence from Korea ［J］. The Academy of Management Journal, 2003, 46 (6): 703-714.

［9］丁琳，席酉民. 变革型领导对员工创造力的作用机理研究 ［J］. 管理科学，2008, 21 (6): 40-46.

［10］李超平，田宝，时勘. 变革型领导与员工工作态度：心理授权的中介作用 ［J］. 心理学报，2006, 38 (2): 297-307.

［11］Amabile, T. M. Entrepreneurial Creativity through Motivational Synergy ［J］. The Journal of Creative Behavior, 1997, 31 (1): 18-26.

［12］Shalley, C. E., Zhou, J., Oldham, G. R. The Effects of Personal and Contextual Characteristics on Creativity: Where Should We Go from Here? ［J］. Journal of Management, 2004, 30 (6): 933-958.

［13］Burns, J. M. Leadership ［M］. New York: Harper & Row, 1978: 19.

［14］Bass, B. M., Waldman, D. A., Avolio, B. J., Bebb, M. Transformational Leadership and the Falling Dominoes Effect ［J］. Group & Organization Management, 1987, 12 (1): 73-87.

［15］Avolio, B. J., Bass, B. M. Individual Consideration Viewed at Multiple Levels of Analysis: a Multi-level Framework for Examining the Diffusion of Transformational Leadership ［J］. The Leadership Quarterly, 1995, 6 (2): 199-218.

［16］Avolio, B. J., Bass, B. M., Jung, D. I. Re-examining the Components of Transformational and Transactional Leadership Using the Multifactor Leadership Questionnaire ［J］. Journal of Occupational and Organizational Psychology, 1999, 72 (4): 441-462.

［17］Bass, B. M. Two Decades of Research and Development in Transformational Leadership ［J］. European Journal of Work and Organizational Psychology, 1999, 8 (1): 9-32.

［18］李超平，时勘. 变革型领导的结构与测量 ［J］. 心理学报，2005, 37 (6): 803-811.

［19］周浩，龙立荣. 变革型领导对下属进谏行为的影响：组织心理所有权与传统性的作用 ［J］. 心理

学报，2012，44（3）：388-399.

［20］Eisenbeiβ，S. A.，Boerner，S. A Double-edged Sword：Transformational Leadership and Individual Creativity［J］. British Journal of Management，2013，24（1）：54-68.

［21］Wang，C. J.，Tsai，H. T.，Tsai，M. T. Linking Transformational Leadership and Employee Creativity in the Hospitality Industry：The Influences of Creative Role Identity，Creative Selfefficacy，and Job Complexity［J］. Tourism Management，2014（40）：79-89.

［22］Amabile，T. M. A Model of Creativity and Innovation in Organizations［M］//Staw，B. M.，Sutton，R. Research in Organizational Behavior. Greenwich，CT：JAI Press，2000：123-167.

［23］Anderson，N.，De Dreu，C. K. W.，Nijstad，B. A. The Routinization of Innovation Research：A Constructively Critical Review of the State-of-the-Science［J］. Journal of Organizational Behavior，2004，25（2）：147-173.

［24］Bandura，A. Social Cognitive Theory：An Agentic Perspective［J］. Annual Review of Psychology，2001，52（1）：1-26.

［25］Cheung，M. F. Y.，Wong，C. S. Transformational Leadership，Leader Support，and Employee Creativity［J］. Leadership & Organization Development Journal，2011，32（7）：656-672.

［26］de Jesus，S. N.，Rus，C. L.，Lens，W.，Imaginário，S. Intrinsic Motivation and Creativity Related to Product：A Meta-analysis of the Studies Published between 1990-2010［J］. Creativity Research Journal，2013，25（1）：80-84.

［27］Thomas，K. W.，Velthouse，B. A. Cognitive Elements of Empowerment：An "Interpretive" Model of Intrinsic Task Motivation［J］. The Academy of Management Review，1990，15（4）：666-681.

［28］Conger，J. A.，Kanungo，R. N. The Empowerment Process：Integrating Theory and Practice［J］. The Academy of Management Review，1988，13（3）：471-482.

［29］Spreitzer，G. M.，de Janasz，S. C.，Quinn，R. E. Empowered to Lead：The Role of Psychological Empowerment in Leadership［J］. Journal of Organizational Behavior，1999，20（4）：511-526.

［30］Avolio，B. J.，Zhu，W.，Koh，W.，Bhatia，P. Transformational Leadership and Organizational Commitment：Mediating Role of Psychological Empowerment and Moderating Role of Structural Distance［J］. Journal of Organizational Behavior，2004，25（8）：951-968.

［31］陈永霞，贾良定，李超平，宋继文，张君君. 变革型领导、心理授权与员工的组织承诺：中国情景下的实证研究［J］. 管理世界，2006（1）：96-105，144.

［32］丁琳，席酉民. 变革型领导如何影响下属的组织公民行为：授权行为与心理授权的作用［J］. 管理评论，2007，19（10）：24-29.

［33］Spreitzer，G. M. Psychological Empowerment in the Workplace：Dimensions，Measurement，and Validation［J］. The Academy of Management Journal，1995，38（5）：1442-1465.

［34］Sun，L. Y.，Zhang，Z.，Qi，J.，Chen，Z. X. Empowerment and Creativity：A Cross-level Investigation［J］. The Leadership Quarterly，2012，23（1）：55-65.

［35］魏峰，袁欣，邸杨. 交易型领导、团队授权氛围和心理授权影响下属创新绩效的跨层次研究［J］. 管理世界，2009（4）：135-142.

［36］Amabile，T. M.，Conti，R.，Coon，H.，Lazenby，J.，Herron，M. Assessing the Work Environment for Creativity［J］. The Academy of Management Journal，1996，39（5）：1154-1184.

［37］宋继文，孙志强，孟慧. 变革型领导的中介变量：一个整合的视角［J］. 心理科学进展，2009，17（1）：147-157.

［38］于博，刘新梅. "揭开黑箱" 变革型领导中介变量的研究现状与展望［J］. 心理科学进展，2009，17（1）：158-164.

［39］Krishnan, V. R. Transformational Leadership and Personal Outcomes：Empowerment as Mediator ［J］. Leadership & Organization Development Journal, 2012, 33 (6)：550-563.

［40］洪雁, 王端旭. 领导行为与任务特征如何激发知识型员工创造力：创意自我效能感的中介作用［J］. 软科学, 2011, 25 (9)：81-85.

［41］刘景江, 邹慧敏. 变革型领导和心理授权对员工创造力的影响［J］. 科研管理, 2013, 34 (3)：68-74.

［42］赵西萍, 孔芳. 科研人员自我效能感与三维绩效：工作复杂性的调节作用［J］. 软科学, 2011, 25 (2)：104-107.

［43］Charness, N., Campbell, J. I. D. Acquiring Skill at Mental Calculation in Adulthood：A Task Decomposition ［J］. Journal of Experimental Psychology：General, 1988, 117 (2)：115-129.

［44］Coelho, F., Augusto, M., Lages, L. F. Contextual Factors and the Creativity of Frontline Employees：The Mediating Effects of Role Stress and Intrinsic Motivation ［J］. Journal of Retailing, 2011, 87 (1)：31-45.

［45］Wood, R. E., Mento, A. J., Locke, E. A. Task Complexity as a Moderator of Goal Effects：A Meta-analysis ［J］. Journal of Applied Psychology, 1987, 72 (3)：416-425.

［46］Wang, A. C., Cheng, B. S. When does Benevolent Leadership Lead to Creativity? The Moderating Role of Creative Role Identity and Job Autonomy ［J］. Journal of Organizational Behavior, 2010, 31 (1)：106-121.

［47］Tierney, P., Farmer, S. M. Creative Selfefficacy：Its Potential Antecedents and Relationship to Creative Performance ［J］. The Academy of Management Journal, 2002, 45 (6)：1137-1148.

［48］Brislin, R. W. Translation and Content Analysis of Oral and Written Material ［M］//Triandis, H. C., Berry, J. W. Handbook of Cross-Cultural Psychology. Boston：Allyn and Bacon, 1980：349-444.

［49］李超平, 李晓轩, 时勘, 陈雪峰. 授权的测量及其与员工工作态度的关系［J］. 心理学报, 2006, 38 (1)：99-106.

［50］Hackman, J. R., Oldham, G. R. Development of the Job Diagnostic Survey ［J］. Journal of Applied Psychology, 1975, 60 (2)：159-170.

［51］George, J. M., Zhou, J. When Openness to Experience and Conscientiousness are Related to Creative Behavior：An Interactional Approach ［J］. Journal of Applied Psychology, 2001, 86 (3)：513-524.

［52］Itzhaky, H., York, A. S. Empowerment and Community Participation：Does Gender Make a Difference? ［J］. Social Work Research, 2000, 24 (4)：225-234.

［53］Anderson, J. C., Gerbing, D. W. Structural Equation Modeling in Practice：A Review and Recommended Two-step Approach ［J］. Psychological Bulletin, 1988, 103 (3)：411-423.

［54］王济川, 王小倩, 姜宝法. 结构方程模型：方法与应用［M］. 北京：高等教育出版社, 2011：36-37.

［55］Shi, J., Johnson, R. E., Liu, Y., Wang, M. Linking Subordinate Political Skill to Supervisor Dependence and Reward Recommendations：A Moderated Mediation Model ［J］. Journal of Applied Psychology, 2013, 98 (2)：374-384.

［56］Baron, R. M., Kenny, D. A. The Moderator-mediator Variable Distinction in Social Psychological Research：Conceptual, Strategic, and Statistical Considerations ［J］. Journal of Personality and Social Psychology, 1986, 51 (6)：1173-1182.

［57］Zhao, X., Lynch, J. G., Jr, Chen, Q. Reconsidering Baron and Kenny：Myths and Truths about Mediation Analysis ［J］. Journal of Consumer Research, 2010, 37 (2)：197-206.

［58］Mackinnon, D. P., Lockwood, C. M., Williams, J. Confidence Limits for the Indirect Effect：Distribution of the Product and Resampling Methods ［J］. Multivariate Behavioral Research, 2004, 39 (1)：99-128.

［59］温忠麟，叶宝娟．中介效应分析：方法和模型发展［J］．心理科学进展，2014，22（5）：731-745.

［60］Wen, Z., Marsh, H. W., Hau, K. T. Structural Equation Models of Latent Interactions：An Appropriate Standardized Solution and its Scale-free Properties［J］. Structural Equation Modeling, 2010, 17（1）：1-22.

［61］Edwards, J. R., Lambert, L. S. Methods for Integrating Moderation and Mediation：A General Analytical Framework Using Moderated Path Analysis［J］. Psychological Methods, 2007, 12（1）：1-22.

［62］陈晓萍，徐淑英，樊景立．组织与管理研究的实证方法（2 版）［M］．北京：北京大学出版社，2012：554-575.

［63］Menon, S. T. Employee Empowerment：An Integrative Psychological Approach［J］. Applied Psychology, 2001, 50（1）：153-180.

［64］曲如杰，康海琴．领导行为对员工创新的权变影响研究［J］．管理评论，2014，26（1）：88-98.

Transformational Leadership for Creative Behavior: A Moderated Mediation Effect Model

Chen Chen　Shi Kan　Lu Jiafang

Abstract：Researcher' creative behavior has received considerable attention from researchers as an important source of scientfic team's imnovation. It is of great importance to understand the factors affecting researcher' individual creative behavior. However, some studies find that transformational leadership is not correlated, even negative correlated with followers' creative behavior. Given the inconsistent findings about the relationship between transformational leadership and followers' creative behavior in previous research, we propose that mediating and moderating variables may help us better understand the dynamics between transformational leadership and individual creative behavior. For this reason, this study aims at refining the effect of transformational leadership on followers' creative behavior and the mechanism between these two variables in teams of researchers.

On the basis of recognition mechanism and intrinsic motivation theory, this study investigates the influence of transformational leadership on follower individual creative behavior, as well as the mediating（psychological empowerment）and moderating（job complexity）variables of this relation in researchers' team. This stutdy was conducted by questionnaire investigation. The sample for this study is composed of research leaders and members of active laboratories in China. These research laboratories are embedded within a larger research group that is led by a Member of the Chinese Academy of Sciences（CAS）. The laboratory members were asked to complete the measures of transformational leadership, psychological empowerment, and job complexity. The laboratory leaders rated their direct subordinates' creative behavior respectively. Multisource data were collected from 79 active laboratory leaders and 237 team members. Then we adopt regression, as well as bootstrap to test our hypotheses by Mplus7 statistical software.

The results of our study indicate that transformational leadership is positively related to followers' creative behavior in researchers' team. Researchers' psychological empowerment mediated the relationship between transformational leadership and researchers' creative behavior. Further, this mediating effect was moderated by job complexity. That is, the indirect effect of transformational leadership on researchers' creative behavior via researchers' psychological empowerment was significant stronger when job complexity was high, whereas the indirect effect between transformational leadership and followers' creative behavior was not significant when job complexity was low.

This study makes several contributions to the current literature. Firstly, this study extends and deepens the research about transformational leadership and individual creative behavior. It confirms the effectiveness of transformational leadership in team of researchers. Secondly, it specifies the intrinsic mechanism between transformational leadership and followers' individual creative behavior. Thirdly, combining personal intrinsic motivation and the characteristics of their job, it makes in depth discussions on the boundary conditions between transformational leadership, psychological empowerment and individual creative behavior. Implications of the findings and areas for future research are discussed.

Key words: transformational leadership; creative behavior; psychological empowerment; job complexity; researchers

安全心智培训的系统集成方法*

时　勘　朱厚强　郭鹏举　朱立新　陈向阳

【编者按】我是2015年进入中国科学院管理学院进行硕士学位学习的，研究方向是组织行为学和人力资源管理。这里发表的有关智能模拟系统的系列研究，是我在时勘博士课题组期间的系列工作的一部分。特别是《安全心智培训的系统集成方法》一文，是跟随时勘老师和郭鹏举等发表在2016年《电子科技大学学报（社科版）》第18卷第1期上的成果，这项研究得到了国家社科基金重大项目"中华民族伟大复兴的社会心理促进机制研究"（13&ZD155）的支持。说到智能模拟培训，还要追溯到时勘老师开创的智能模拟培训法。不过，到了21世纪初期，煤矿安全培训系列研究则在时勘教授长久耕耘基础上，在培训模式方面，吸取了自动化、大数据领域的最新成就，已经是比较成熟的安全文化建设的成果。大家知道，煤矿、电力行业的安全事故是能源企业面临的一个重要问题，主要表现为违章现象反复发生，长期困扰企业发展，要想从根本上解决这一问题，还得从人的因素上下功夫。时勘博士课题组与山东某矿业公司合作，开展了煤矿企业"安全心智培训"的系列研究，在深入调查、反复论证的基础上，构建了安全心智培训的系统集成方法。本文通过问卷调查、安全行为事件访谈等形式，深入分析了生产一线各层级人员的安全行为以及价值观，运用心理学、认知行为科学及行为强化理论，探索了安全心智模式形成规律，最终形成包括目标定向、情境体验、心理疏导、规程对标、心智重塑、现场践行和评价反馈在内的安全心智"七步法"培训模式。该矿业公司率先构建了安全文化培训学院，对员工进行个体化、针对性的培训和效果评估，使公司全员安全素质得到质的提升，为企业的安全管理提供了全面、科学的理论和方法支撑。由于理论与实践两方面的突出创新，该项目得到了国家九七三专家评审组的一致认可，并且为煤矿企业提供了样板培训模式，该项目荣获山东省软科学优秀成果一等奖，同时"安全心智培训"的经验由国家煤矿安监局办公室印发全国，借鉴推广。作为时勘博士课题组的一位硕士研究生，在三年的学习时间里，我不仅在安全文化建设方面协助课题组做了大量的总结工作，在健康型组织的定量评价模型研究方面也发表了一系列文章，特别值得骄傲的是，2017年7月1日，我和时勘老师双双获得"成思危基金优秀教师奖"和"成思危基金优秀学生奖"。今后的人生道路还很长，我将继续前行，不辜负时老师的殷切期望。（朱厚强，中国科学院管理学院2015级硕士生，百度公司　人工智能产品经理）

摘　要：安全心智培训集成系统是根据组织的危机管理的需求而形成的智能模拟系统，主要分为需求分析系统与安全心智培训系统两大部分，其中，需求分析系统主要能识别生产过程中的风险源、发现生产环节中的脆弱性因素，并通过对个体的基本能力、人格特质、情绪心理、

---

　*　基金项目：国家社科基金重大项目"中华民族伟大复兴的社会心理促进机制研究"（13&ZDI55）。

抗逆能力方面进行综合评价，以此确定特定岗位的胜任特征要求，进而制定个性化培训方案。在培训模式上，创造了安全心智培训七步法来达到受训者心智重塑的目的。安全心智培训主要包括目标定向、情境体验、心理疏导、规程对标、心智重塑、现场践行和评价反馈七大环节，强调根据个体差异进行培训和效果评估，为制定和实施个性化培训方案提供依据，并且对于企业的安全管理提供全面、科学的理论和方法支持。

关键词：系统集成；需求分析；安全心智；培训模式；抗逆力

一　引言

改革开放以来，企业组织成为我国市场经济背景下推动生产和发展的中坚力量，为社会创新提供了资本和人才支持。但市场机制通过竞争配置资源的方式存在的客观弊端给企业运营带来了诸多挑战，生产安全是较为突出的问题之一。尤其在煤矿、电力、核能、化工等支柱性产业组织中，工伤事故多发，安全生产形势严峻，对安全绩效的管理成为该类企业的工作难点。国家近年逐步采取了一系列措施来严抓安全生产工作，自"十一五"规划起开始设立安全生产指标，"安全发展"理念首次出现在党的文献中，并在党的十六届六中全会后逐渐纳入社会主义现代化建设的总体战略[1]。然而，目前政府仍主要通过监管机构采取管制的手段来加强安全生产工作，但因监管机制不够健全、中西方生产和管制间的关系存在差异，单纯的管制手段已被理论和实践证明效果不理想，普遍存在"管制失灵"现状[2]。从经济角度看，金融危机过后我国企业一直受资金短缺制约，竞争激烈的行业环境下生存成为企业首要着眼点，有限的资金更多投入到生产运营过程中，导致安全管理在软、硬件设施上的需求难以达到。在社会层面，由于安全生产相关法规在立法和宣传上不够完善，社会各阶层的安全意识和安全素质仍难以支持企业的安全生产，社会氛围未发挥对企业不安全行为的强有力规范作用。

二　文献与理论综述

面对安全问题凸显的社会背景，近年来学术界对企业安全生产展开了广泛研究。初期国外学者多基于管制的视角集中探索安全生产方案，主要研究内容一方面集中在对管制必要性的探讨，从管制的动因、主体、手段等方面展开分析[3~5]；另一方面侧重于对管制效果的考量，多围绕管制后的事故发生率、生产效率、资源利用率等指标与管制的关系展开关系性研究[6~8]。国内学者则普遍针对我国安全事故频发的煤矿企业，着眼于安全监管的理论研究，但多以定性的静态分析为主，缺乏对微观个体动态演化过程的深层次分析[9~11]。孙晶将量化评价思想引入企业安全生产绩效的评定之中，建立分级评价指标体系，以供企业自身、外部政府部门对生产安全进行标准化考核[12]。张经阳等针对安全生产系统建立集成模型，为实现对生产安全的保障和事故防范提供了定量控制方法[13]。然而，单从企业生产的外部角度入手研究控制、约束生产安全的途径，始终受管理机制和企业内外部条件的制约，并未从生产的本质上对安全管理产生显著作用。目前逐步有研究者发现，生产型企业员工的不安全心理是引发风险性生产行为的根本原因，从而转向对企业员工、管理者个体，及组织群体安全心智模式的研究[14~15]。心智模式（Mental Models）指每个人在探索周围环境的过程中，形成的对于外界的认知地图，类似于车载导航仪（GPS），能指导人们对于外界的看法和行为，隐含着关于处理周围世界各种问题的方法和思想，即心灵地图[16]。而生产型企业探索的安全心智模式则指所有根植于广大管理者和职工心中，影响安全生产行为方式的认知、情感和行为模式的总和。探明企业管理者和关键岗位的安全心智模式，是安全文化建设的关键。本研究亦从心理层面出发，通过分析安全生产所要求的心智模式，结合企业组织行为理论和系统集成思想，提出企业安全文化建设和安全心智培训的系统性思路。

（一）安全三角形模型

企业生产安全要求管理者制定与生产配套的战略性安全管理方案。针对公共安全体系多主体、多目标、多层级和多类型的复杂特征，范维澄院士提出的安全三角形理论，将公共安全体系分为突发事件、承灾载体和应急管理三大组成部分，并通过物质、能量和信息三个灾害要素将三者联系起来，形成一个有机整体。该理论指出，突发事件指可能对人、物或社会系统带来灾害性破坏的事件；承灾载体指突发事件的作用对象，包括人、物、系统三个方面；应急管理指可以预防或减少突发事件及其后果的人为干预手段[17]。本研究认为，安全三角形理论模型从突发事件、承灾载体和应急管理三个方面，将风险性、脆弱性和抗逆力等概念综合起来考虑，形成了较为全面的突发事件风险理论与方法。

（二）抗逆力模型

抗逆力（Resilience）最早是用于解释人们在面对挫折和逆境时能够有效地应对，从困境中恢复甚至反弹的心理特征，也指个体在应对负性事件以及处理突发危机事件时表现出的维持其稳定的心理健康水平及生理功能、成功应对逆境的胜任特征[18]。亦有学者提出，抗逆力是一种抑制最大潜在危险的能力以及灾后恢复能力[19]。本研究将个体抗逆力看作个体在应对非常规突发事件中能维持自身心理健康水平和生理功能的胜任特征，其核心是人和系统遭受重创时能积极适应并恢复反弹的能力。

（三）心理行为耦合模型

主观的心理行为数据来源包括两方面：一是大范围心理学问卷网络调查的数据；二是运用认知实验任务和情境模拟技术，考察人们在危机状态中的注意、执行功能等认知功能的行为特点和脑机制，确定的心理行为的因果关系模型，此外，也包括测量问卷的常模。为了实现集成系统获取的海量的主客观大数据的融合，我们在系统集成研究中提出了心理行为耦合模型的构思，可以为海量的心理行为大数据分析提供多测度的分析途径[20]。即在系统集成平台中，将获得的心理行为数据的挖掘、分析与心理测量的常模、心理行为实验获得的因果关系模型分析结合起来，从而使集成系统的数据分析和对策建议远远超越一般的描述性水平的结果呈现，这将大大增强集成系统的分析功能，可望实现主客观大数据的系统融合，为提升整体集成平台的决策功能做出贡献。

三 研究方法

（一）问卷调查

本研究根据心理学的实证研究范式，依据对于个体、组织和社会层面的脆弱性评估的结果，进一步对于所获得的抗逆力评估问卷进行修订和完善，并且从培养安全心智的客观要求角度，补充完善企业员工的基本能力、人格特质、情绪心理和心理资本等测量工具，形成综合性评估问卷系统。

（二）质化研究

依据安全三角形模型，在风险性识别和脆弱性分析方面，结合特定行业的历史灾害数据和典型事故案例分析，选取企业管理者、基层生产人员，通过日记重构法、BEI 关键行为事件访谈方法和 FGI 团体焦点方法获取质化分析数据，为实证研究提供补充性数据支持。

（三）模拟仿真

运用认知实验任务和情境模拟技术（即通过不同方式呈现风险信息），记录被试在不同风险信息下的行为反应（包括正确率和反应时）和脑电活动，考察人们在危机状态中的注意、执行功能等认知功能的行为特点和脑机制，为模拟仿真提供心理行为外化的依据。目前通过集成系统获取的大数据，更多的是以描述性统计结果展示，而实验任务的研究结果提供的因果关系模型，则可以为海量大数据的分析提供多测度的分析方法，使数据挖掘方法与心理模型分析方法得到更好的结合，进而使仿真模拟的设计更加符合科学研究发现的规律。

（四）协同模型

依据上述理论和相关实证研究结果，我们可以找出依据风险性识别、脆弱性分析和抗逆力评估三个关键环节获取的系统分析的各变量的关系。在此基础上，我们提出，安全心智培训需要从协同的角度，设计基本能力、人格特质、情绪心理、抗逆能力、心理资本和综合访谈评估六个模块，以全面、全员、全过程、全动态对非常规突发事件中的心理学相关变量进行评估和监控。

四 安全心智培训集成系统设计

基于上述理论背景，经各行业生产型企业的广泛调研实证，提出安全心智培训集成系统设计方案。总集成系统分为需求分析系统和安全心智培训系统两大模块，其中需求分析系统作为整个集成系统的理论支撑模块，为参与安全心智培训的员工提供培训方案的多维分析，提取出特定层级和岗位安全缺失性信息，进而自动生成有针对性的心智培训方案。安全心智培训系统则依照需求分析模块提供的建议培训信息，通过线上—线下结合的培训方式，最大信息化限度地完成整个培训流程。

（一）需求分析系统

需求分析模块根据安全三角形模型理论，主要进行企业安全事故的风险性识别、基于人—机—环—管系统的脆弱性分析和个体—团队抗逆力评估。本模块的三维需求分析如图1所示。

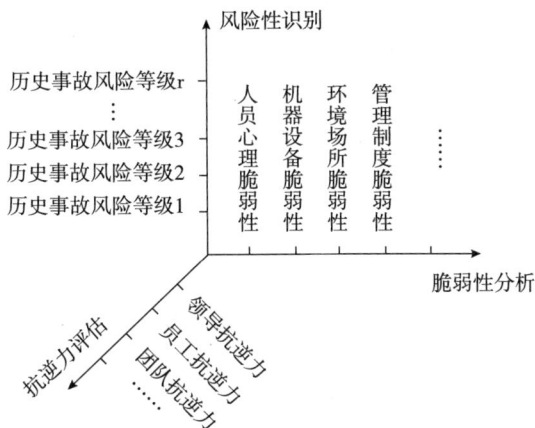

图1　需求分析系统三维度结构

其中，风险性识别要按照 ARIS 流程分析法，在运营架构上，坚持从战略地图、部门任务分工矩阵及流程区域图、主流程模型到具体的岗位流程模型的层层分解，来实现各岗位风险性因素的系统分析，并通过整合本企业所发生的风险事件历史数据，实现对企业整体的风险识别。

脆弱性分析则从物理环境的灾难事故繁衍、反思中进行致灾因子分析，通过对生产的各环节单个致灾因子的提取及无限关联分析，将风险所在的动作进行归类整合，在多个致灾因子中通过关联分析形成灾难的预判分析，对相应风险进行描述并生成控制措施。

抗逆力评估主要根据企业的岗位构成和生产经营实际情况，综合灵活采用员工抗逆力、领导抗逆力、团队抗逆力等心理量表对不同类别人员抗逆能力指标进行测度。由此将需求分析系统上升为三维立体结构，形成以风险性识别（D）、脆弱性分析（C）、抗逆力评估（R）作为坐标轴的集成体，如图2所示。通过计算集成体的体积，将企业对应内容的抗逆能力程度量化评估，进而形成对应的安全心智培训方案，供培训系统实施操作。

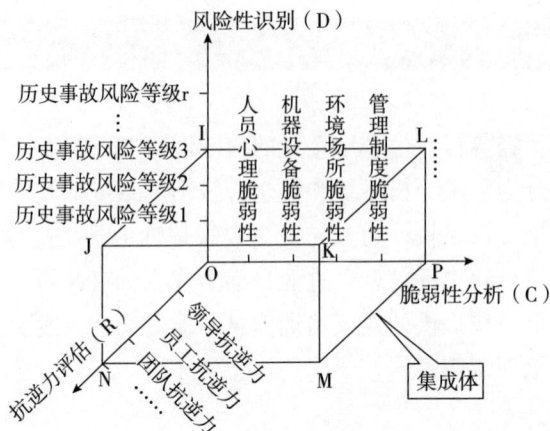

图2　抗逆力指标量化集成图

由于脆弱性分析、抗逆力评估维度指标具有多样性，对集成体体积量化计算的过程中可锚定其中一个维度，计算另一维度不同指标下的抗逆能力水平值。此处将锚定抗逆力评估（R）维度的集成体抗逆能力大小举例计算如下：

$$V_i = OD \times OC \times \sum_{i=1}^{n} OR_i$$

其中，各维度边长 OD、OC、OR 代表风险性识别、脆弱性分析、抗逆力评估各维度中表现出的非安全性因素大小，V 为集成体反映的总抗逆能力水平，i 为维度指标项。

（二）安全心智培训系统

本系统基于智能模拟培训法（The Methods of Intellectual Simulation）的指导思想，吸收国内外企业安全管理的先进理论和方法，形成了有关安全管理和文化建设的安全心智培训模式[20]。这种方法倡导以人为本、突出心智模式的改变和重塑，并借助现代化模拟培训手段，参照"智力动作按阶段形成""智能模拟培训法"和体验式教学的理论和程序，达到了重塑学习者心智模式，固化安全生产行为之目的。

一般来说，心智模式包含了情感、认知和态度三方面要素，安全心智模式培训则倡导人在安全生产过程的身、心、灵的和谐统一。通过目标定向、情境体验、心理疏导、规程对标、心智重塑、现场践行、评价反馈七个关键环节，实现受培训者（包括管理人员和一线员工）心智模式的改变和重塑。系统流程如图3所示。

第一步：目标定向。

目标定向是心智模式培训的第一步，目的在于让学习者明确什么是心智模式、什么是安全心智模式培训法，这是目标定向的基础。通过访谈沟通，促使学员明确所在岗位在企业整个生产系统中的作用，进而理解所在岗位的胜任特征模型要求。然后，培训机构对于入学前管理人员和操作人员的行为、态度和价值取向等心智模式（胜任特征）现状进行评定，发现受培训者现有的心智模式与企业风险管理要求的差距，确定本次培训的学习目标以及个性化教学的培训方案。生产人员的抗逆力评估主要在目标定向环节实施，包括员工一般心理特

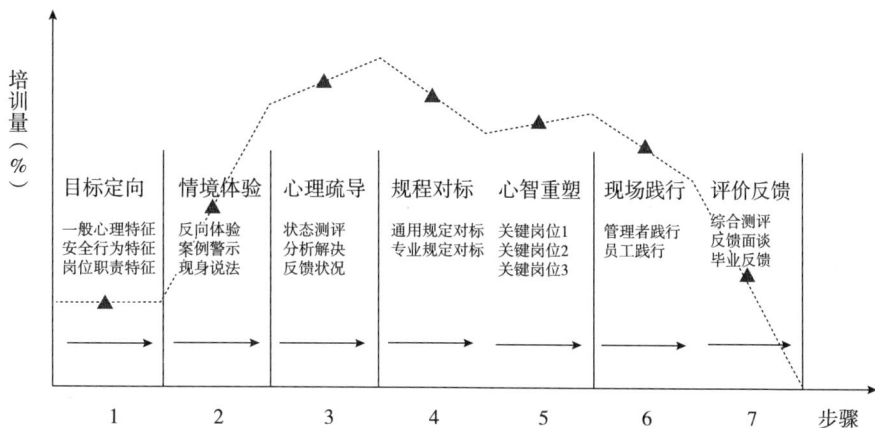

图3　安全心智培训系统流程

征、安全行为特征和岗位职责特征三大类抗逆力特征。

目标定向环节使用抗逆力量表、情绪状态量表、抑郁量表、焦虑量表、心理资本等量表测评一般心理特征，使用安全意识量表并对接企业生产运营系统中的违章事故积分来获取员工安全行为特征，通过理论知识考试、职业人格、职业能力、个性特质及胜任特征水平测试来评估该岗位的脆弱性与抗逆力。上述测评结果在需求分析系统中进行，为培训设计提供理论依据。此环节与前一系统完成数据对接，系统根据测评结果数据形成量化培训建议。

受测人员登录系统完善个人信息后，系统根据量化培训建议自动生成"一人一案"制测评培训方案。受测人员按流程选择并进行各项测试，系统针对每项测试根据预先设定的评分标准和计分规则进行分数计算，并将测评结果评价呈献给受测人员，同时将量化结果归档于后台，供安全文化培训教师及员工上级管理者整理、查阅及企业整体数据统计。在受测人员完成各项抗逆力测评后，结合前期系统整合的风险性识别、脆弱性分析、抗逆力评估数据，系统根据员工岗位特征及测评结果自动生成安全培训方案，将培训内容、顺序、各项培训时长等信息一并呈献给培训师、受训员工及其管理者。以上各环节描述的是系统的反馈测评部分，员工在完成测评环节工作后，进入系统培训环节，遵照系统自动生成的个性化培训方案，按安全文化培训七步法顺序，逐项完成培训。

第二步：情境体验。

通过情境模拟激活学习者原有的心智模式，采用方法是让学员（管理者、违章员工或其他人员）从负面的角度，亲身体验因安全事故致残人员的生活情境，感受伤残导致的生活艰难，触动其心理防线，警示违章管理和违章行为的严重后果，促进学习者从负面、消极后果的角度深刻体验，认同企业安全文化建设和参与安全心智培训的必要性。

情境体验环节分为反例体验、案例警示和现身说法三个模块，代表着情境体验教学环节包含的三个阶段的内容，分别是：第一个阶段要求通过自身亲自参与体验，感悟身体伤残给身体、心灵带来的创伤，警示其违章后果；第二个阶段通过视频、图片警示冲击视觉，震撼心灵；第三个阶段是结合自身经历和体验，换位思考，通过反例体验、案例警示心得体会帮教身边的人，达到一人培训、多人受益的目的。系统根据受训员工在测评阶段表现出的安全行为缺陷，针对性地生成情境体验案例、活动，由培训教师组织员工完成线下体验，并将线下培训结果以过程记录、文字总结等形式上传至系统，供后期归档整合。

第三步：心理疏导。

属于积极主义导向的心理沟通阶段，关键是促进学员心智模式的正面转化，也包括促进管理人员的疏导方法从违章惩罚向科学的咨询、疏导方法的转化。将通过个性化咨询和团体心理辅导等模式来疏通学员在学习、工作或生活中遇到的心理困扰或情绪问题，促使其改变不合理的认知观念，侧重正向情感诱发和抗逆力提升，为塑造理性、科学的安全心智模式奠定基础。

心理疏导环节分为状态测评、分析解决和反馈调节三个模块。在第一个阶段中，将测试考量学员的情绪、心理状态；在第二个阶段中，帮助学员分析不良心理、压力的来源，问题出现的原因，找出解决问题、改变现状的方法，从根本上化解学员负面情绪，改善不和谐心理状态；在第三个阶段中，将通过系统综合分析确定学员心理状态调节到最佳水平。系统根据学员暴露出的安全心理缺陷，自动生成个人及团体心理辅导培训方案，采用线上—线下结合的方式对学员予以培训，并上传过程记录及总结报告。

第四步：规程对标。

规程对标通过流程分析，首先确定各关键专业的安全规程的对标标准，其次分析与之对立的形成违章行为的深层次原因。通过案例教学、情境模拟等方式，促使学员掌握和固化煤矿行业通用的安全知识和工作标准。通过有关自身岗位操作现状与标准化要求的对标分析，使学员牢固掌握本岗位专业知识，进一步提高操作技能和隐患辨识能力，为下一步安全心智模式的改变和重塑奠定基础。

对标流程分为规程对标讲解、个体对标分析、学员知识学习和管理人员对标（选择性教学）四个模块，代表着规程对标教学环节包含的四个阶段的内容，分别是：在第一个阶段中要求学员了解规程对标的意义和方法；在第二个阶段要帮助学员梳理岗位标准并进行自主对标分析；第三个阶段是根据对标结果，有所侧重地进行知识学习；第四个阶段侧重于管理人员管理能力的提升。本环节又可按对标内容分为通用规程对标和专业规程对标，其中通用规程对标主要包括企业安全生产的通识性内容规范，所有学员统一进行培训学习；专业规程对标则分岗位独立完成各项规范学习。系统提供各对标环节事故案例、课程视频、岗位说明书等学习内容，学员在完成每项对标学习后上交对应的对标作业，最终根据对标培训内容形成个人版工作标准，为正式上岗工作提供标准参考。

第五步：心智重塑。

心智重塑是安全心智模式培训法的第五个环节，通过对企业系统风险诊断图和所在岗位风险源辨识—应对（系统诊断）卡的学习，掌握导致各关键岗位安全问题的风险源、后果及应对措施，并通过配套的 3D 视频演示等先进手段的心智模拟培训，使学习者（包括管理者、安全监管人员和各岗位操作人员）认识到安全管理系统可能出现的脆弱之处及原有的心智模式的不足。通过情境模拟互动、个性化干预和合作型团队等培训方法，塑造科学的心智模式，并不断固化这些认识，达到心智重塑的目的。

心智重塑环节分为积极心智培养、个体心智分析和安全心智形成三个模块，代表着心智重塑教学环节包含的三个阶段：在第一个阶段中要引导学员学习心智模式的深层次内涵，树立积极心智理念；在第二个阶段要帮助学员认清自身存在的心理障碍并加以干预；第三个阶段是塑造学员安全的心智模式。心智重塑主要通过高危岗位非常规突发事件的风险辨识—应对卡及模拟仿真系统实现。

第六步：现场践行。

完成上述培训后，受训人员进入现场践行环节完成实地践行操练。通过地面指挥系统参观、原有工作岗位或其他岗位的现场体验，让经过安全文化培训的管理者、员工回到生产实践中。践行方式包括回岗实践和工作轮换等方式，达到所学安全心智模式迁移（转化）到实践的目的，并检验受培训者对于所获得安全心智模式的掌握效果，促进态度、知识和技能水平的综合提升，使新的认知模式和行为方式得以固化。由管理人员对其表现进行评分，评分结果纳入综合评审环节考评体系。

第七步：综合评审。

该环节属于安全心智模式培训法的最后一个步骤，按照国家职业资格标准化的鉴定模式，将分别从理论知识、专业技能和心智模式等环节，使用综合测评、反馈面谈等方式全面考察学员（含管理者、安全监管员和普通员工）在知识、技能和态度等方面的现有状态，并通过完成培训后学员的毕业追踪以检验安全心智模式的形成效果，为后期新一批学员培训方案的制定、培训项目的实施提供参考。

五 集成系统应用于煤矿行业的实践范例

安全生产是煤矿行业类组织运营的重要问题之一，为通过对典型行业抗逆力模型实践案例的示范性展示，验证本研究集成系统的可行性。本项目组定位选择国内大型国有煤矿企业系统安全管理系统的流程再造，系统开展安全心智培训集成方法的示范性研究。在山东能源肥城矿业集团的大力支持下和共同努力下，本项目组联合企业集团组建了国内首家安全文化培训学院，通过对煤矿企业安全生产过程的系统分析，开发了应用于煤矿企业生产活动的安全心智培训集成系统，系统框架如图4所示。

从目前应对非常规突发事件的应急管理的最新趋势来看，煤矿企业的全面信息化管理系统再完备，由于煤矿生产环境、多种风险源所带来的不确定性，整个管理系统中难免存在多种脆弱之处。这些脆弱之处存在于管理系统的承载载体之中，既包括物理特征方面的材料、设备可能出现的问题，也包括人的行为不当出现的抗逆力水平低导致的问题。通过对于系统的流程分析，可以找到上述问题产生的风险源，进而去加固其系统本身，同时提升系统中人们抵御风险的能力。由于风险源来源于环境、设备、管理和人员等多种因素，因此弥补这种脆弱性更需要"以人为本"的安全文化建设来提升组织和个人的抗逆力，以保障应急管理系统万无一失。安全心智模式的获得和培训，是增强个人和组织抗逆力的关键。

本系统与煤矿集团5F（全面风险管理、全面预算管理、全面业绩考核、全面质量管理、全面对标管理）协同管理平台对接，通过平台全面风险、业绩管理模块数据库提取企业历史灾害繁衍信息，以及诸如厂房、车间、流水线、器械、生产环境等煤矿生产过程中的物理脆弱性因素信息，与心理脆弱性测验及抗逆力评估配合，实现需求分析系统整体功能，为安全心智文化建设提供培训方案来源。当下具体成果则体现在高危岗位非常规突发事件的风险辨识—应对卡及其模拟仿真系统、安全心智培训教程案例体系和安全心智模拟培训模式及其培训有效性验证系统。经煤矿企业生产经营实践表明，安全心智培训集成系统具有深远的战略意义。安全心智模式不仅改变了安全教育模式，通过信息化实现员工的心智培训，同时，

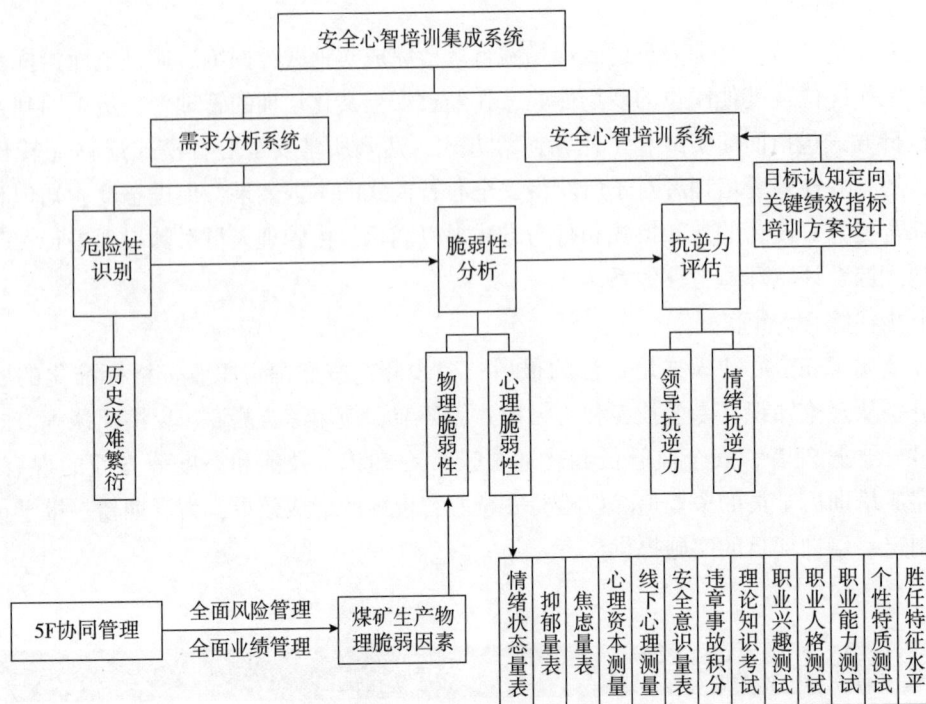

图4 安全心智培训集成系统框架

公司将通过搭建信息化平台，使这一心理学成果为提升整个企业生产的科技含量、经营品牌效应做出贡献，将5F协同管理法和安全心智培训模式两大成果密切对接，并推广至行业内不同规模生产性企业，降低煤矿能源这一高危行业的安全事故发生率，更大程度保障企业员工的生命财产安全，产生更大的社会效益。

六 未来研究设想

在未来的研究中，我们希望通过不同地区、不同行业的调研，不断完善安全心智评价模型，通过业务实践将研究策划与教学执行分离，形成研究中心和教学点，使教学点可复制推广，研究中心可统一管控。在培训系统集成方法方面，要强化大数据应用，通过大数据组建安全文化教学智库，在更大样本中获取数据来支持我们的干预模式的改善。同时重点解决大数据背景下，如何将心理学研究获得的因果模型关系用于问卷调查结果的分析与呈现。此外，把零散的心理学研究成果汇总整合出一套体系化应用工具，其在测评、监控、干预、培训、反馈等方面形成的合力将远大于各自功能的单独发挥，这也成为未来务必攻克的难点问题，有待项目组通过后续研究进一步探索。

致谢

衷心感谢山东能源肥城矿业集团张斌、张强、李建峰，北京安尼梅森公司宁盼，济南高通公司李明国等的大力支持，郭鹏举等同志参与了本研究部分工作！

参考文献

［1］刘素霞，梅强．中小企业安全生产环境及其安全绩效分析［J］．企业经济，2011（10）：36-39.

［2］梅强，马国建，杜建国，等．中小企业安全生产管制路径演化研究［J］．中国管理科学，2009，2（17）：160-168.

［3］Schroeder, E. P., Shapiro, S. A. Responses to Occupational Disease：The Role of Markets Regulation and Information［J］. Georgetown Law Journal, 1984（72）：1265-1266.

［4］Stavins, R. N., Keohane, N. O., Revesz, R. The Positive Political Economy of Instrument Choice in Environmental Policy［R］. National Bureau of Economic Research, 1997.

［5］Maclean, I. The Origin and Strange History of Regulation in the UK：Three Case Studies in Search of the Theory［J］. The Politics of Regulation, 2002（11）：111-124.

［6］Smith, R. S. The Impact of OSHA Inspections on Manufacturing Injury Rates［J］. The Journal of Human Resources, 1979, 14（2）：145-170.

［7］Siu Oiling, Phillips, D. R., Leung Tatwing. Age Differences in Safety Attitudes and Safety Performance in Hong Kong Construction Workers［J］. Journal of Safety Research, 2003（34）：199-205.

［8］Lu Chinshan, Shang Kuochung. An Empirical Investigation of Safety Climate in Container Terminal Operators［J］. Journal of Safety Research, 2005（36）：297-308.

［9］刘全龙，李新春．中国煤矿安全监察体制改革的有效性研究［J］．中国人口·资源与环境，2013，23（11）：150-156.

［10］傅贵，殷文韬，董继业，等．行为安全"2-4"模型及其在煤矿安全管理中的应用［J］．煤炭学报，2013，38（7）：1123-1129.

［11］邓菁，王晗．煤矿安全规制的国际借鉴：制度演进与产业发展［J］．财经问题研究，2013（10）：42-47.

［12］孙晶．企业安全生产应急管理绩效评价指标体系研究［J］．北京航空航天大学学报（社会科学版），2011，2（24）：15-19.

［13］张经阳，王松江．煤矿建设项目安全生产系统集成模型研究［J］．生产力研究，2011（11）：89-92.

［14］赵剑．以塑造本质安全人为核心的煤矿安全管理研究及实践［D］．西安：西安科技大学，2013.

［15］赵树华，范玉浩，李建峰．关于中高级管理人员安全心智模式塑造的创新研究［J］．山东工业技术，2014（24）：233.

［16］朱立新，张斌，时勘，等．安全心智培训［M］．北京：中国劳动社会保障出版社，2013：7-9.

［17］范维澄，刘奕，翁文国．公共安全科技的"三角形"框架与"4+1"方法学［J］．科技导报，2009（6）：1.

［18］Siu, O. L., Hui, C. H., Phillips, D. R., et al. A Study of Resiliency among Chinese Health Care Workers：Capacity to Cope with Workplace Stress［J］. Journal of Research in Personality, 2009, 43（5）：770-776.

［19］梁杜红，时勘，刘晓倩，高鹏．危机救援人员的抗逆力结构级测量［J］．人类工效学，2014，20（1）：36-40.

［20］薛倚明，孙亚丽，时勘．煤矿企业基层管理者的胜任特征模型构建［J］．现代管理科学，2014（6）：27-29.

System Integration Method of Mental Training for Security Mind

Shi Kan   Zhu Houqiang   Guo Pengju   Zhu Lixin   Chen Xiangyang

Abstract: Integrated system of mental training for security mind is an intelligent simulation system formed from organizations' demand toward crisis management. It is divided into two parts, which are demand analysis system and system of mental training for security mind. In the first part, we recognize the sources of risks in producing process, detect the vulnerability factors in production links, overview individuals' basic abilities, personality, mentality, resilience, etc., and accordingly determine the competency requirements of particular positions, then, develop a personalized training program. In the second part, we design a seven-step mental training method for security mind to enrich the training mode. The training mainly includes 7 steps: objective orientation, situational experiencing, psychological enlightening, regulation benchmarking, mental remodeling, field practicing, and evaluation & feedback. During the training, individual differences, which are the basis of designing and implying the personalized training program, are highly concentrated on. Thus it provides comprehensive, scientific theories, and method support toward the enterprise security management.

Key words: system integration; demand analysis; security mind; training mode; resilience

组织公正、相对剥夺感与知识共享：
有调节的中介模型*

万　金　时　勘　崔有波　邓　茜

【编者按】2013 年，我跨专业报考了心理学专业博士，心里没底，考试后没敢联系时老师。一天突然接到一个电话，居然是时老师打来的。问我为何不参加系里组织的导师见面会。我之前没注意这个通知，临时赶去已经来不及了。后来见面时，时老师在询问我的基本情况后，说做事要主动一点，鼓励我好好准备复试。复试结果出来后，时老师第一时间告诉了我，并将当时正申报的国家自然基金项目材料发给了我，还送了他的《灾难心理学》和《员工援助师》两本书，让我尽快进入状态，边做边学。我看完材料后，没有提出实质性意见，只指出了些语句上的问题。时老师听完后说，这不是博士生的水准，不要觉得自己资格不够，要敢于提出自己的见解。进入课题组后发现，时老师总能在我感觉平淡无奇的研究中，解读出更深、更有学术价值的信息。印象最深的是，我在首都经贸大学硕士毕业典礼那天，毕业聚餐我参加了一半，就拎着行李和时老师出差去煤矿企业调研，一待就是十几天。那天在路上，时老师对我说，心理学研究要接地气，要关注现实需要，解决社会问题。确实，时老师一直将这一原则贯穿于课题组的研究中。当然，时老师身上还有很多会让学生们不能忘怀的事情，比如凌晨接到他的邮件、文稿被不断打回返修的经历。很多时候一个词、一个标点不当，他也能发现并要求修改。这种勤奋和严谨，值得我们好好学习。对我个人来说，不能忘怀的事情还有很多，比如我的博士论文取样时，他飞往上海开展第一场干预培训活动；还有，我参加工作后，单位主办一个国际会议，想邀请时老师做主讲嘉宾，我发出邀请后，时老师很快就答应了。后来见面时才知道，当时时老师的身体状态并不太好，还是毫不犹豫地过来支持我。此次，选编的论文并非我在课题组承担的主要工作，而是我和课题组邓茜、崔有波同学的"私活"。当时，我们对组织公平和剥夺感感兴趣，常聚在一起讨论，相互合作。最后，以有波为主做了剥夺感与离职倾向的研究、以邓茜为主研究了剥夺感与工作投入，我则主要负责剥夺感与知识共享的研究。我想这件事情本身也体现了课题组内知识共享的良好传统，也感谢时老师为我们营造自由探索的氛围。当然，更感谢他给我提供的各种机会，从参与国家级课题到驻扎企业，从编写书籍到参加学术会议，让我不断在理论与实践中接触、学习新鲜事物，得到了锻炼和成长。（万金，中国人民大学心理学系 2013 级博士生，华东交通大学经济管理学院　副教授）

摘　要：对 374 份有效问卷数据进行路径分析，研究了组织公正对知识共享行为的影响以及个体相对剥夺感和群体相对剥夺感的中介作用与归属需求的调节作用。结果显示：①组织公正

＊　项目基金：国家科学基金重大项目（13&ZD155）。

对知识共享有正向影响。②个体相对剥夺感和群体相对剥夺感在组织公正对知识共享的影响中均发挥部分中介作用，但两者作用方向相反。组织公正能降低个体相对剥夺感和群体相对剥夺感，个体相对剥夺感的降低能增加员工的知识共享行为，而群体相对剥夺感的降低会减少员工的知识共享行为，且组织公正通过群体相对剥夺感对知识共享的负向影响大于个体相对剥夺感的正向影响。③归属需求对个体相对剥夺感与知识共享、群体相对剥夺感与知识共享的关系均具有增强型调节效应。相比而言，归属需求高的员工体验个体相对剥夺感时进行的知识分享较少，而产生群体相对剥夺感时进行的知识共享较多。

关键词：组织公正；知识共享；个体相对剥夺感；群体相对剥夺感；归属需求

一　引言

在知识经济时代，知识的产生与更新速度越来越快，有效的知识管理成为组织获取竞争优势的重要手段。然而，知识共享是当前组织知识管理面临的重大难题之一[1]，深刻影响着企业竞争优势的获取与持续发展。如何增强员工的知识共享意愿，促进其知识共享行为成为学者们研究的重点与难点。

以往研究中，学者从知识特性、共享手段、个体因素和组织因素等不同层面研究了知识共享的影响因素。其中，个体因素主要包括员工共享意识、共享能力、共享成本、共享风险和信任程度等；组织因素包括组织结构、组织文化、激励机制和领导方式等[2-4]。

知识共享是指员工主动向他人分享知识、技能的行为，属于一种组织公民行为。社会交换理论指出，当组织满足员工的需求时，基于交换契约和互惠原则，员工会产生回报组织的义务感，表现出组织公民行为；反之，则会减少其组织公民行为。研究发现，当个体感知到组织不公正时，会产生负面情绪并降低其努力水平[5]。可见，组织公正是影响个体知识共享的重要因素。

陈健等[6]研究发现，知识网络公平感通过信任的中介作用对知识共享产生正向影响。王忠等[7]研究发现，组织公平通过组织学习的中介作用正向影响隐性知识共享行为。然而，相对剥夺感理论指出，个体通过对其所处环境进行比较，会产生不同程度的相对剥夺感，进而影响其心理与行为[8]。研究证实，组织不公正会引发员工的相对剥夺感，导致低组织承诺、低合作意向和高离职意向[9-10]。也有研究发现，相对剥夺感对员工态度与行为具有正向影响。Tropp 和 Wright[11]指出，需区分个体相对剥夺感与群体相对剥夺感，两者对员工态度与行为的作用不同[11]。因此，组织公正通过个体相对剥夺感与群体相对剥夺感的中介作用，可能同时对知识共享产生相反的影响。

人—环境互动心理学和环境—个体—行为三元交互作用论指出，个体行为是环境因素与个人特质共同作用的结果，单从情境或个体方面进行研究都有其局限性。从一定意义上讲，相对剥夺感属于一种歧视知觉。已有研究证实，个体的归属需求能够影响歧视知觉的形成和影响过程，不同归属需求个体在歧视知觉加工过程中存在差异[12]。

据此，本研究将考察组织公正对知识共享的影响，探讨个体相对剥夺感与群体相对剥夺感的中介作用以及归属需求的调节作用，加深关于组织公正对知识共享作用机制的认识，帮助组织更好地进行知识管理，促进员工的知识共享行为。

二　文献综述与研究假设

（一）组织公正对知识共享行为的影响

组织公正（Organizational Justice）是员工对组织制度、组织管理以及领导行为公正性的感知与判断，能够影响个体对工作的认知、态度与行为。

Adam[13]首先提出了分配公正的概念，个体将自身的投入产出比与参照个体进行比较，会产生公正感知。Thibaut 和 Walker[14]提出了程序公正的概念，指出个体的公正感知取决于个体能否参与分配决策。Bies 和 Moag[15]强调互动公正，关注非正式的社会交互过程。Greenberg[16]进一步将互动公正分为人际公正与信息公正，前者指员工对程序执行过程中被上级或第三方尊重与公平对待程度的感知；后者关注组织对程序执行方式与分配结果的信息分配与解释。

在实际情境中，由于信息不对称和有限理性，个体更多依据有限的信息进行判断，以概括性方式评估组织是否公正，从而得出总体的组织公正判断，并做出相应的反应。因此，员工对组织公正的总体评价更能预测个体的工作态度与行为。Ambrose 和 Schminke[17]提出了总体公正的概念，即个体依据自身或他人经验做出的对组织公正程度的总体评价。本研究将总体公正作为组织公正的测量变量，不分别考察分配公正、程序公正、人际公正和信息公正的影响。

社会交换理论指出，个体在长期的交往过程中基于信任与互惠形成交换契约，并遵循互惠原则。当对方做出符合个体利益的行为时，个体基于互惠原则产生回报对方的义务感，做出有利于对方的行为。员工与组织的互动本质上也是一种社会交换行为，遵循互惠原则。如果员工从组织中获得利益，如物质资源、组织支持和公正对待等，满足其物质、归属和发展等需要，在互惠原则的主导下，个体产生对组织的责任感，从而产生对组织的积极态度与行为。组织公正对员工的组织公民行为、信任、情感承诺、工作满意度和积极的变革态度均存在显著正向影响[18-19]。同时，本研究认为，若个体认为组织是公正的，就会表现出更多的知识共享行为，帮助组织实现目标，以回报组织。据此，提出如下假设：

H_1：组织公正对知识共享行为具有正向影响。

（二）相对剥夺感在组织公正与知识共享间的中介作用

相对剥夺感是指个体在比较过程中感知到自身或自身所属群体处于不利地位，并由此产生的负面感受[20]。首先，其产生源于社会比较，可能是与自身过去或将来的比较，也可能是与他人比较，或是自身所属组织与其他组织的比较。其次，相对剥夺感是个体的主观感受，并不一定客观反映现实[21-22]。再次，相对剥夺感与公正是不同的概念。相对剥夺感是对不公正现象进行评价后产生的负面感受[23]。最后，相对剥夺感可分为个体相对剥夺感与群体相对剥夺感，前者是指个体对其自身地位不满意而产生的负面感受，后者是指个体对其所属群体的地位不满意而产生的负面感受。

社会认知理论认为，个体行为并非由内部或外部因素直接导致，而是在"环境—个人特征—行为"的交互作用下产生的。个体通过认知、情感等心智活动对外在因素进行评价，这种心理过程在交互影响中具有关键作用。基于社会认知理论的工作激情模型则明确指出，组织特征、工作特征和个体特征通过个体认知和情感的作用影响员工的组织和工作行为[24]。

此外，相对剥夺感是外在环境与个体行为的纽带，个体通过社会比较对外在环境进行评估，导致一定程度的相对剥夺感，并影响其行为表现[8]。研究证实，个体相对剥夺感比实际收入更能影响个体的工作情绪[25]。因此，在组织公正对员工工作行为的影响过程中，相对剥夺感发挥着重要作用。

有研究发现，组织不公正导致的相对剥夺感能降低员工的组织承诺、提高离职率[9,24]，并降低员工的合作意愿[10]。也有研究表明，相对剥夺感与个体参与自身发展活动的行为显著正相关[26]，并能够引发个体的积极行为[27]。若个体产生了个体相对剥夺感，会更倾向于采取负面应对行为；若个体产生了群体相对剥夺感，则更倾向于做出支持其所属群体的行为[8]。据此，提出以下假设：

H_2：组织公正对个体相对剥夺感有负向影响。

H_3：个体相对剥夺感对知识共享有负向影响。

H_4：组织公正对群体相对剥夺感有负向影响。

H_5：群体相对剥夺感对知识共享有正向影响。

（三）归属需求在相对剥夺感与知识共享间的调节作用

在日常工作中，员工无时不在进行各种社会比较，因而会常常感知到组织不公正，并产生一定程度的相对剥夺感。但即使同等程度的个体相对剥夺感或群体相对剥夺感，不同员工的行为反应也存在一定的差异。相对剥夺感理论并不能全面解释这一现象。人—环境互动心理学指出，个体行为是环境因素与个人因素共同作用的结果。因此，相对剥夺感与知识共享的关系可能受到某些个体因素的调节作用。

相对剥夺感属于一种歧视知觉。研究证实，归属需求在歧视知觉对幸福感的影响中具有调节作用[28]。归属需求是个体对与他人进行积极且稳定交往的内在渴望，主要通过被他人或团体接纳得到满足[29]。首先，高归属需求者具有较高的社会接纳需求，关注他人或团队能否接纳自己，在人际交往中常常表现出更高的宜人性，对他人表示兴趣、展示好感、做出助人行为。其次，归属需求是个体依附于某个群体、组织并被该群体、组织所接纳的需要，是寻求认同的需要[29]。高归属需求者往往希望得到更高程度的组织认同。组织认同对员工的合作意图和组织公民行为具有显著正向影响[30]。因此，知识共享行为作为一种工作职责范围外的组织公民行为，员工的组织或团体认同对其具有一定的正向影响。最后，由于关心与他人的连接，高归属需求者的人际敏感性更高，更容易为外界歧视所影响[31]。无论是体验到个体相对剥夺感还是群体相对剥夺感，其反应程度均高于低归属需求者。

所以，当高归属需求员工感知到自身所在团体被外群体剥夺、拒绝与排斥时，由于其为他人所接纳的强烈需要和对本团体的高度认同，他们更加愿意帮助本群体其他成员，从而做出知识共享行为。另外，由于其高人际敏感性，高归属需求员工更能知觉到群体内其他成员对自己的剥夺、拒绝和排斥。群体内其他成员的拒绝与排斥对其心理需求满足的损害更大，他们反应更强烈，从而容易表现出更多消极行为，减少自身的知识共享行为。据此，提出以下假设：

H_6：归属需求在个体相对剥夺感与知识共享间具有增强型调节作用。

H_7：归属需求在群体相对剥夺感与知识共享间具有增强型调节作用。

根据以上论述，得到研究模型，如图 1 所示。

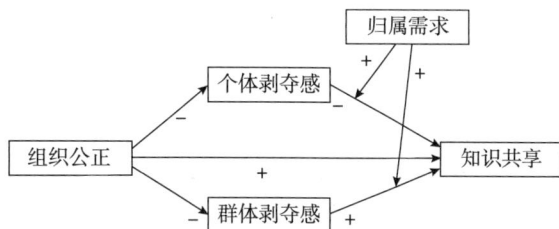

图 1　研究模型

三　研究方法

（一）研究对象

本研究的因变量为知识共享，因而主要以知识型员工为研究对象。研究取样工作主要在杭州、宁波和金华等地进行，研究对象包括科研院所科研人员、初高中学教师、其他事业单位和行政机关新闻、规划部门人员和企业研发人员。

首先由研究者依靠人际资源选取合适的研究对象，再由最初的被试者在其单位选取合适的研究对象。本研究通过电子邮件和现场纸质两种方式共发放问卷 600 份，回收问卷 438 份，其中有效问卷 374 份。被试者中，男性占 45.7%，女性占 54.3%；年龄 26~35 岁的占 24.1%，36~45 岁的占 35.2%，46~55 岁的占 23.9%；具有大专或本科学历的占 72.4%，硕士或博士研究生学历的占 15.1%；工作年限在 1~5 年的占 24.9%，6~10 年的占 22.6%，11~15 年的占 25.8%，16 年以上的占 25.9%；普通员工占 78.3%，基层管理者占 15.8%，中高层管理者占 5.9%；来自科研院所、初高中学校的占 66%，来自其他事业单位和行政机关的占 13.5%，来自各类企业的占 20.5%。

（二）研究工具

（1）组织公正量表。对组织公正的测量采用 Kim 和 Leung 编制的总体组织公正量表，共 6 个题项，如"总体来说，我所在的单位是一个公正的组织""总体来说，我的领导总是能给我公正的对待"。在问卷设计时，在引导语中特别提醒就"总体印象"进行评价[32]。

（2）相对剥夺感量表。对个体相对剥夺感的测量采用 Tropp 和 Wright[11]编制的个体相对剥夺感量表，共 3 个题项，如"我觉得我比别人的境遇差""我觉得自己被不公平地对待"；对群体相对剥夺感的测量采用 Guimond 和 DubeSimard[33] 编制的群体相对剥夺感量表，共 2 个题项，"与其他部门员工的收入相比，我们部门的员工感到不满"与"相比其他部门员工，我们部门员工的收入偏低"。

（3）知识共享量表。对知识共享的测量采用 Chow 和 Chan[34] 编制的知识共享量表，共 5 个题项，如"我愿意经常与同事分享我的工作报告和工作文件""我愿意经常与同事分享我的工作经验和工作诀窍""我总是尽可能地向同事分享我从教育或培训中获得的专业技能"。

（4）归属需求量表。对归属需求量表的测量采用 Leary 和 Kelly 等[35] 编制的归属需求量表，共 10 个题项，如"我希望他人接纳我""我有强烈的归属于某一团体的愿望""他人拒绝我，会让我觉得受到伤害"，其中含有 3 个反向题。

本研究所有量表均经过翻译—回译的过程。具体程序为，请两名心理学专业硕士研究生分别将英文量表翻译成中文，对比两个翻译版本并进行修改；再由一名心理学专业博士研究生将中文版量表回译成英文；比较回译版本与原始版本的差别，并修订有歧义的条目。发放 15 份完成的问卷进行预试，确保量表翻译符合中文表达习惯、不存在歧义，从而确定正式施测问卷。此外，本研究所有量表均采用李克特 5 点计分。

（三）信度与效度分析

首先，用 SPSS 软件进行信度分析，组织公正、个体相对剥夺感、群体相对剥夺感、归属需求和知识共享量表的内部一致性系数依次为 0.93、0.81、0.87、0.73 和 0.89，说明采用的测量量表均有良好的信度。

其次，采用 Mplus 软件进行验证性因子分析，考察变量之间的区分效度。五因子模型中各项拟合指数显著优于其他模型，且 χ^2/df 为 3.47，RMSEA 为 0.068，CFI 为 0.894，TLI 为 0.917，说明 5 个变量具有较好的区分效度。

（四）共同方法偏差检验

由于研究数据由被试者一次性填答，易产生共同方法偏差。为此，本研究采用 Harman[36] 单因子检验法进行共同方法偏差检验。运用 SPSS 软件将问卷中所有测量题项进行未旋转的探索性因子分析，第一个因子解释的变异量为 20.29%，未达到总变异量（70.16%）的一半，说明研究数据不存在共同方法偏差。

四　实证研究

（一）相关分析

表 1 展示了各变量的均值、标准差及相关系数。由表 1 可知，组织公正与知识共享显著

正相关（r=0.209，p<0.001），与个体相对剥夺感显著负相关（r=-0.440，p<0.001），与群体相对剥夺感显著负相关（r=-0.354，p<0.001）；个体相对剥夺感与知识共享显著负相关（r=-0.193，p<0.001）；群体相对剥夺感与知识共享显著正相关（r=0.170，p<0.001）。各假设均得到了初步验证。

表1　各变量均值、标准差和相关系数

变量	SD	M	1	2	3	4	5	6	7	8
性别	1.56	0.489								
年龄	40.95	8.304	-0.130*							
教育程度	3.91	0.561	0.002	-0.447***						
单位工龄	12.71	8.903	0.026	0.704***	-0.335***					
组织公正	3.578	0.777	-0.011	-0.227***	0.053	-0.216***				
个体剥夺	2.567	0.776	0.003	0.331***	-0.191***	0.356	-0.440***			
群体剥夺	3.587	1.050	0.223***	0.358***	-0.255***	0.426***	-0.354***	0.455***		
归属需求	3.787	0.454	0.056	-0.197***	0.064	-0.017	0.316***	-0.207***	0.038	
知识共享	4.157	0.504	0.023	-0.096	0.051	0.030	0.209***	-0.193***	0.170***	0.370***

注：N=374；* 表示 p<0.05，** 表示 p<0.01，*** 表示 p<0.001；双侧检验。

（二）路径分析

采用 Mplus 软件对模型整体进行路径分析。模型拟合指数依次为 $\chi^2=8.797$，$df=4$，$\chi^2/df=2.20$，RMSEA=0.057，SRMR=0.033，TLI=0.949，CFI=0.983，各指标均达到相应标准，说明模型拟合情况良好，路径分析结果如图2所示。

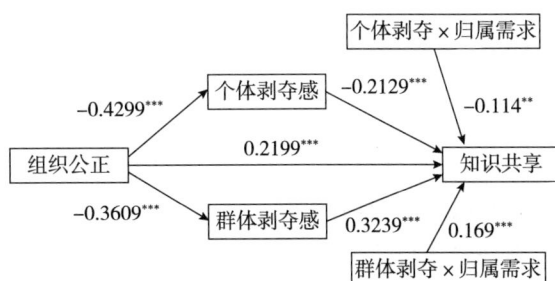

图2　研究模型的路径分析结果

注：路径分析时，在个体相对剥夺感与群体相对剥夺感间、个体相对剥夺感与归属需求的交互项和群体相对剥夺感与归属需求的交互项间建立了相关。为使模型简洁，图中未加入相应符号表示。N=374；** 表示 p<0.01，*** 表示 p<0.001。

首先，由图2可知，组织公正直接对知识共享产生显著正向影响（β=0.2199，p<0.001），说明组织公正水平越高，员工的知识共享水平越高，H_1 得到验证。

其次，组织公正对个体相对剥夺感具有显著负向影响（β=-0.4299，p<0.001），说明组织公正水平越高，员工感受到的个体相对剥夺感越低，H_2 得到验证。个体相对剥夺感对

知识共享存在显著负向影响（$\beta = -0.2129$，$p < 0.001$），H_3得到验证。组织公正对群体相对剥夺感存在显著负向影响（$\beta = -0.3609$，$p < 0.001$），说明组织公正水平越高，员工感受到的群体相对剥夺感越低，H_4得到验证。群体相对剥夺感对知识共享存在显著正向影响（$\beta = 0.3239$，$p < 0.001$），H_5得到验证。由H_2和H_3、H_4和H_5可知，个体相对剥夺感和群体相对剥夺感在组织公正与知识共享之间发挥部分中介作用。

最后，个体相对剥夺感与归属需求的交互项对知识共享具有显著影响（$\beta = -0.114$，$p < 0.01$），95%的置信区间为$[-0.193, -0.037]$，不包含0，说明归属需求在个体相对剥夺感与知识共享之间具有调节作用，H_6得到验证。群体相对剥夺感与归属需求的交互项对知识共享具有显著影响（$\beta = 0.169$，$p < 0.001$），95%的置信区间为$[0.106, 0.233]$，不包含0，说明归属需求在群体相对剥夺感与知识共享之间具有调节作用，H_7得到验证。

根据路径分析效应分解原理，$F_1 \sim F_4$的总效应等于直接效应加上间接效应。本研究中的直接效应等于$F_1 \sim F_4$的路径系数0.220，间接效应等于两个特定中介效应之和，两条间接路径作用方向相反，间接效应为-0.025。因此，组织公正对知识共享的总效应为0.195，见表2。

表2　各路径效应比较

效应	估计值	标准误	显著性水平
$F_1 \rightarrow F_2 \rightarrow F_4$	0.092	0.029	<0.001
$F_1 \rightarrow F_3 \rightarrow F_4$	−0.117	0.023	<0.001
$F_1 \rightarrow F_4$	0.220	0.051	<0.001

注：F_1＝组织公正，F_2＝个体相对剥夺感，F_3＝群体相对剥夺感，F_4＝知识共享。

根据路径分析可知，组织公正对知识共享产生的正向影响存在两条路径，包括直接路径与通过个体剥夺感的中介路径，其中以直接效应影响最大，但组织公正通过群体剥夺感对知识共享产生显著负向影响。总体而言，组织公正整体对知识共享存在显著正向影响。

（三）调节作用分析

采用简单斜率分析法，进一步分析归属需求在个体相对剥夺感、群体相对剥夺感与知识共享间的调节作用趋势。以归属需求的均值加减一个标准差作为高分组和低分组。分别以个体相对剥夺感和群体相对剥夺感为自变量，以知识共享为因变量，检验在高归属需求组与低归属需求组中，个体相对剥夺感与群体相对剥夺感对工作旺盛感的影响。

归属需求对个体相对剥夺感与知识共享关系的调节作用如图3所示，高归属需求组的知识共享水平低于低归属需求组，且随着个体相对剥夺感水平的升高，高归属需求组的知识共享水平愈加低于低归属需求组，说明归属需求在个体相对剥夺感对知识共享的负向影响中具有增强性调节作用。

归属需求对群体相对剥夺感与知识共享关系的调节作用如图4所示，高归属需求组的知识共享水平高于低归属需求组，且随着群体相对剥夺感水平的升高，高归属需求组的知识共享水平愈加高于低归属需求组，说明归属需求在群体相对剥夺感对知识共享的正向影响中具有增强性调节作用。

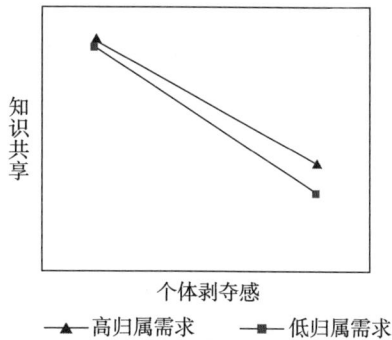

图3 归属需求对个体相对剥夺感与知识共享关系的调节作用

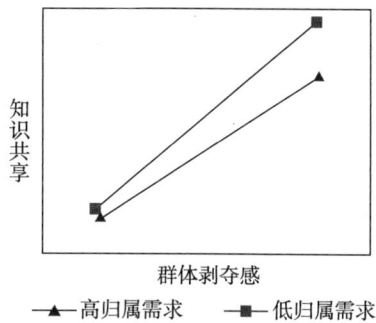

图4 归属需求对群体相对剥夺感与知识共享关系的调节作用

五 结论与讨论

（一）主要结论

本研究考察了组织公正对知识共享的影响，探讨了个体相对剥夺感和群体相对剥夺感的中介作用以及归属需求的调节作用。路径分析发现：①组织公正对知识共享有正向影响。②个体相对剥夺感和群体相对剥夺感在组织公正对知识共享的影响中均具有部分中介作用，但两者作用方向相反。组织公正能降低个体相对剥夺感和群体相对剥夺感，个体相对剥夺感降低能增加员工的知识共享行为，而群体相对剥夺感降低会减少员工的知识共享行为。同时，组织公正通过群体相对剥夺感对知识共享的负向影响大于通过个体相对剥夺感的正向影响。③归属需求对个体相对剥夺感与知识共享、群体相对剥夺感与知识共享间的关系均有增强性调节作用，即归属需求高的员工产生个体相对剥夺感时会减少知识分享行为，而产生群体相对剥夺感时会增加知识共享行为。

在团队内部，当个体感受到不公正，体验到自身被组织或团队剥夺、排斥的感觉时，会产生焦虑、忧虑等消极情绪，降低其对组织或团队的认同程度，工作态度更加消极，知识共享行为减少。特别是高归属需求员工，更需要组织或团队的认可与接纳，当他们感到自身受到团队内成员的剥夺、排斥时，归属需求得不到满足，更容易减少知识共享行为。而当员工感受到自身所在部门或团队受到不公平待遇时，会激发其对本部门或团队的认同，为了内群体利益，会产生更多的知识共享行为。特别是高归属需求员工，更需要部门、团队的认可、接纳与支持，因而也更容易产生内群体认同，表现出更多的知识共享行为。

（二）实践启示

（1）组织公正对知识共享行为具有显著正向影响。组织应当改进管理制度，改变管理手段，注重信息沟通方式，使员工感觉在本部门、本团队中受到了公正对待，以降低其个体相对剥夺感，提高知识共享行为。

（2）社会比较分为横向比较与纵向比较。当组织中确实存在短期内难以改变的不公正现象时，可通过引导员工进行纵向自我比较，降低横向比较产生的相对个体相对剥夺感及负面影响。

（3）群体相对剥夺感对知识共享行为具有正向影响，组织不公正通过群体相对剥夺感对知识共享产生正向影响。组织在不同部门、团队之间建立适宜的竞争机制，以分配、信息、互动和人际等方面存在的适度差异，激活部门之间的群体相对剥夺感，提高团队内部的知识共享行为。由于组织不公正通过群体相对剥夺感对知识共享的正向影响，大于其通过个体相对剥夺感对知识共享的负向影响。因此，即便会导致员工产生个体相对剥夺感，这一策略依然有效。

（4）个体工作态度与行为受外在环境特征与个体内在特质的交互影响。不论是消除个体相对剥夺感还是适当引发群体相对剥夺感，都应该考虑个体本身的归属需求等特质。特别是对于高归属需求员工，激发群体相对剥夺感对于激发其知识共享行为更有效，而个体相对剥夺感的产生也更能引发其消极行为。

（三）局限及展望

本研究存在以下不足之处：①研究数据来源单一，虽然统计检验显示不存在共同方法偏差，但后续应尽量采用多个数据源，从设计上避免共同方法偏差问题；②本研究不同变量在同一时间点取样，后续应分别在不同时点收集不同变量数据，利用时间延迟模型验证变量间因果关系。

未来可从以下方面进行深入探讨：①进一步考察人际公正、信息公正、分配公正和互动公正对于知识共享的影响；②考察组织认同等态度类变量能否调节相对剥夺感与知识共享间的关系；③引入组织层面变量，如考察组织氛围和团队凝聚力等变量对相对剥夺感与知识共享间关系的影响。

参考文献

［1］Wang，Noe，R. A. Knowledge Sharing：A Review and Directions for Future Research ［J］. Human Resource Management Review，2010，20（2）：115-131.

［2］谢卫红，屈喜凤，李忠顺，等. 知识共享国内研究综述 ［J］. 现代情报，2014，34（4）：170-176.

［3］张长征, 蒋晓荣, 徐海波. 组织设计对知识共享的影响研究 ［J］. 科技进步与对策, 2013, 30 (3)：128-133.

［4］李圭泉, 席酉民, 尚玉钒, 等. 领导反馈与知识共享：工作调节焦点的中介作用 ［J］. 科技进步与对策, 2014, 31 (4)：120-125.

［5］常涛, 廖建桥. 促进知识共享的团队绩效考核策略研究 ［J］. 科技进步与对策, 2012, 26 (12)：112-115.

［6］陈健, 顾新, 吴绍波. 知识网络公平感对知识共享的影响及路径研究 ［J］. 情报杂志, 2011, 30 (4)：107-112.

［7］王忠, 杨韬, 张同建. 组织公平、组织学习与隐性知识共享的相关性研究——基于长三角高新技术企业研发型团队的数据检验 ［J］. 科技管理研究, 2014 (22)：107-111.

［8］Smith, H. J., Ortiz, D. J. The Different Consequences of Personal and Group Relative Deprivation ［M］//Walker Smith, H. J. (Eds.). Relative Deprivation：Specification, Development, and Integration. New York：Cambridge University Press, 2002：91-163.

［9］Mollica. A Social Identity Perspective on Organizational Justice among Layoff Survivors ［C］. Academy of Management Proceedings & Membership Directory, 1999.

［10］Melkonian, T., Monin, P., Noorderhaven, N. G. Distributive Justice, Procedural Justice, Exemplarity, and Employees' Willingness to Cooperate M&A Integration Processes：An Analysis of the Air France-KLM Merger ［J］. Human Resource Management, 2011, 50 (6)：809-837.

［11］Tropp, L. R., Wright, S. C. Ingroup Identirication and Relative Deprivation：An Examination Across Multipee Social Comparisons ［J］. European Journal of Social Psychology, 1999 (5-6)：707-724.

［12］Mauricic, C., Pelham, B. W. When Hends Become：The Need to Belong and Perceptions of Personal and Group Discrimination ［J］. Journal of Personality & Social Psychology, 2006, 90 (1)：94-108.

［13］Adams, J. S. Inequity in Social Exchange ［J］. Advancer in Experimental Social Psychology, 1965, 2 (4)：267-299.

［14］Thibaut, J. W., Walker, L. Procedural Justice：A Psychological Analysis ［M］. Erlbaum Associates, 1975.

［15］Bies, R. J., Moag, J. F. Interactional Justice：Communication Criteria of Fairness ［C］//Lewicki, R. J., Sheppard, B. H., Bazerman, M. H. (Eds.). Research on Negotiation in Organizations. Greenwich, CT：JAI Press, 1986：43-53.

［16］Greenberg, J. Setting the Justice Agenda：Seven Unanswered Questions about "What, Why, and How" ［J］. Journal of Vocational Behavior, 2001, 58 (2)：210-219.

［17］Ambrose, M. L., Schminke, M. The Role of Overall Justice Judgments in Organizational Justice Research：A Test of Mediation ［J］. Journal of Applied Psychology, 2009, 94 (2)：491-500.

［18］王宇清, 周浩. 组织公正感研究新趋势——整体公正感研究述评 ［J］. 外国经济与管理, 2012, 34 (6)：45-32.

［19］Robbins, J. M., Tetrick, L. E., Ford, M. T. Perceived Unfairness and Employee Health：A Meta-analytic Integration ［J］. Joumal of Applied Psychology, 2012, 97 (2)：235-272.

［20］张书维, 王二平, 周洁. 相对剥夺与相对满意：群体性事件的动因分析 ［J］. 公共管理学报, 2010, 7 (3)：95-102.

［21］马皑. 相对剥夺感与社会适应方式：中介效应和调节效应 ［J］. 心理学报, 2012, 44 (3)：377-387.

［22］Cho, B., Lee, D., Kim, K. How does Relative Deprivation Influence Employee Intention to Leave a Merged Company? The Role of Organizational Identification ［J］. Human Resource Management, 2014, 53 (3)：421-443.

［23］Grant, P. R., Brrown, R. From Ethnocentrism to Collective Protest: Responses to Relative Deprivation and Threats to Social Identity ［J］. Social Psychology Quarterly, 1995, 58 (3): 195-212.

［24］Zigarmi, D., Nimon, K., Houson, D., et al. Beyond Engagement: Toward a Framework and Operational Definition for Employee Work Passion ［J］. Human Resource Development Review, 2009, 8 (3): 300-326.

［25］王毅杰, 卢楠. 工作环境、相对剥夺与农民工工作倦怠 ［J］. 南通大学学报（社会科学版）, 2014, 30 (3): 107-114.

［26］Zoogah, D. B. Why should I be Left Behind? Employees' Perceived Relative Deprivation and Participation in Development Activities ［J］. Joumal of Applied Psychology, 2010, 95 (1): 159-173.

［27］Ellemers, N., Bos, A. Individual and Group Level Responses to Threat Experienced by Dutch Shopkeepers in East-Amsterdam ［J］. Journal of Applied Social Psychology, 1998 (28): 1987-2005.

［28］刘霞, 赵景欣, 申继亮. 歧视知觉对城市流动儿童幸福感的影响：中介机制及归属需要的调节作用 ［J］. 心理学报, 2013, 45 (5): 568-584.

［29］Williams, K. D., Sommer, K. L. Social Ostracism by Coworkers: Does Rejection Lead to Loafing or Compensation ［J］. Personality & Social Psychology Bulletin, 1997, 23 (7): 693-706.

［30］宝贡敏, 徐碧祥. 组织认同理论研究述评 ［J］. 外国经济与管理, 2006, 28 (1): 39-45.

［31］Pickett, C. L. Getting a Cue: The Need to Belong and Enhanced Sensitivity to Social Cues ［J］. Personality & Social Psychology Bulletin, 2004, 30 (9): 1095-1107.

［32］Kim, T. Y., Leung, K. Forming and Reacting to Overall Fairness: A Cross-cultural Comparison ［J］. Organizational Behavior & Human Decision Processes, 2007, 104 (1): 83-95.

［33］Guimond, S., Dune, S. L. Relative Deprivation Theory and the Quebec Nationalist Movement: The Cognitionemotion Distinction and the Personal-group Deprivation Issue ［J］. Joumal of Personality & Social Psychology, 1983, 44 (3): 526-535.

［34］Chow, W. S., Lal, S. C. Social Network, Social Trust and Shared Goals in Organizational Knowledge Sharing ［J］. Information & Management, 2008, 45 (7): 458-465.

［35］Leary, M. R., Kelly, K. M., Cottrell, C. A. Individual Differences in the Need to Belong: Mapping the Nomological Network ［M］. Wake Forest University, Winston-Salem, NC, 2001.

［36］周浩, 龙立荣. 共同方法偏差的统计检验与控制方法 ［J］. 心理科学进展, 2004, 12 (6): 942-950.

Organizational Justice, Relative Deprivation and Knowledge Sharing: A Moderated Mediation Model

Wan Jin   Shi Kan   Cui Youbo   Deng Qian

Abstract: To explore the influence mechanism of organizational justice on knowledge sharing, this study constructed a moderated mediation model based on social exchange theory and relative deprivation theory. By using path analysis to analysis survey data of 374 subjects, this study found that: Organizational justice have significant positive effect on knowledge sharing. Both relative personal deprivation and relative group deprivation act as partial mediators between organizational justice and knowledge sharing. But relative personal deprivation hinder knowledge sharing while relative group deprivation promote knowledge sharing. Belonging need and relative deprivation have interaction effect on knowledge sharing. Belonging need can strengthen relative personal deprivation's negative effect on knowledge sharing and relative group deprivation's positive effect on knowledge sharing.

Key words：organizational justice；knowledge sharing；relative personal deprivation；relative group deprivation；belonging need

领导创新期待对员工根本性创新行为的影响：
创新过程投入的视角*

刘　晔　曲如杰　时　勘　邓麦村

【编者按】我于 2010 年进入中国科学院大学经济与管理学院时勘博士课题组硕博连读，2013 年以优异的表现通过中荷双边遴选，开始攻读中国科学院大学和荷兰格罗宁根大学联合培养的双博士学位项目，于 2017 年 7 月获中国科学院大学博士学位，2019 年 1 月获荷兰格罗宁根大学博士学位，同年 3 月荷兰格罗宁根大学博士后出站。时老师对我的知遇之恩可以用一句古语概括："世有伯乐，然后有千里马。千里马常有，而伯乐不常有。"时老师当之无愧是发现我科研潜力的"伯乐"！2010 年我来京参加中国科学院大学管理学院的研究生复试，意外地发现在人力资源管理界享誉盛名的时老师还有名额，虽然专业不对口，我仍然抱着试一试的心态联系了时老师。没想到命运眷顾，我获得了加入课题组的机会。但因为我没有心理学基础，是工业与组织心理学领域的"门外汉"，入学后的相当长一段时间都是"丈二和尚摸不着头脑"，无法加入课题组的前沿学术对话，与其他优秀的同门差距悬殊。正当我苦于找不到自己的研究兴趣和想法、不知如何入门的时候，时老师独具智慧地教导我"干中学"，并给我提供了诸多项目机会进行行动学习。我因此先后参与到国家社会科学基金重点项目"中国特色的组织变革领导培训模式和管理创新研究"、国家自然科学基金面上项目"救援人员应对非常规突发事件的抗逆力模型研究"、国家社会科学基金重大项目"中华民族伟大复兴的社会心理促进机制"以及中国科学院委托的一系列有关我国科技体制与政策的专题研究中。在做项目的过程中，我逐渐产生了对创造力与创新管理的研究兴趣，并初步具备了模型构建与检验、数据收集与分析、研究报告撰写等科研工作能力。然而，最令我感动和难忘的是在我硕转博和出国留学的关键时刻，时老师均不惜用自己的名誉和影响力为我担保，面试前细致耐心地为我做专业辅导，无条件地相信我"一定行"。在时老师的鼎力推荐下，当时没有任何科研成果的我仍然争取到了在国科大硕博连读、赴荷兰攻读双博士以及去香港岭南大学任专职研究助理等诸多宝贵的成长机会。可以说，是时老师的"他信力"使我在学术道路上坚持了下来，冲破迷雾、拨云见日，最终得以崭露头角。目前，我已出版英文专著一部，多篇中文论文被 CSSCI 收录，另有英文论文已投往 SSCI 收录的高水平期刊，有望在国际顶级期刊发表成果。同时，我担任了 Annual Meeting of the Academy of Management、International Journal of Human Resource Management、《南开管理评论》的审稿人。2019 年我学成归国，依托于国内外系统的科研训练和高质量的科研成果，我作为中国政法大学的校级引进人才，被心理系直聘为副教授。总之，时老师不仅是我踏入人力资源管理与组织行为学领域的领路人，更是对我职业生涯起决定作用的护航人！我除了是时老师的研究生，作为一个

＊　本文受国家社会科学基金项目（13&ZD155）、国家自然科学基金项目（71102162）资助。

辽宁农村四个孩子之家的长姐，我在求学期间还肩负着家庭的重担，时老师和课题组的同学们不仅没有嫌弃我，反而多次慷慨解囊，集课题组之力帮我出谋划策、渡过难关。每每想起课题组给予我及家人的温暖和关怀，都觉得唯有持续努力才能更好地感谢、感激、深深感恩！（刘晔，中国科学院管理学院 2006 级硕博连读生，中国政法大学社会学院　副教授）

摘　要：本研究从创新过程投入视角探讨了领导创新期待影响员工根本性创新行为的作用机制和边界条件。本研究选取北京 6 家企业的员工及其直接领导作为研究对象，共调查了 291 对上下级配对数据，分布在 51 个团队。多层次被调节的中介效应分析结果显示：第一，创新过程投入在领导创新期待与员工根本性创新行为之间起着中介作用；第二，团队掌握氛围正向调节创新过程投入与根本性创新行为之间的关系；第三，领导创新期待通过创新过程投入间接影响根本性创新行为，并且这种正向间接关系只在团队掌握氛围高时显著。文章还讨论了所得结果的意义及未来可能的研究趋势。

关键词：领导创新期待；创新过程投入；团队掌握氛围；员工根本性创新行为

一　引言

员工创新指在组织情境下员工产生的新颖而有用的想法，即这些想法相对于组织中的其他可用想法是独特的，并且在短期或者长期对组织有潜在的价值。[1] 在当前的商业环境中，组织面临日益激烈的市场竞争及不可预知的技术变革，员工创新已经成为组织赖以生存、发展和获取竞争优势的原动力。[2] 为此，学者们也开展了大量研究来探讨哪些因素能够促进员工创新。[3] 其中，领导行为被证实是影响员工创新的重要因素之一，[4,5] Sternberg[6] 认为，推动创新在过去只是领导力建设的一个可选项，但是今天不能激励下属创新的领导将不能引领组织走向未来。

由于领导者拥有分配工作任务的职位权力，他们对员工的创新角色期待会使员工将创新活动看作工作要求，因此在很大程度上影响了员工对创新行动的意义构建。[7] 实证研究结果已经证实领导创新期待对员工创新具有正向预测作用，Tiernry 等[8] 以创新的"皮格马利翁"过程为概念框架发现，对下属持有较高创新期待的领导者表现出更多的创新支持行为，这些行为通过影响员工感知到的创新绩效期待来进一步促进员工的创新自我效能感和创新绩效。Carmeli 等[9] 的研究结果表明，领导创新期待会内化为员工的自我创新期待，进而促进员工的创新过程卷入。因此，现有研究主要从员工的创新意愿和动机的视角来解释"皮格马利翁效应"在创新领域的应用。

虽然这些关于领导创新期待与员工关系的研究加深了我们对创新的"皮格马利翁"过程的理解，但这方面的研究仍处于起步阶段，在以下三个方面有待进一步探索：第一，前人的这些实证研究主要检验领导创新期待对一般创新行为的影响，但根据创新想法新意程度的不同，创新行为可以细分为渐进性创新和根本性创新。[10] 根本性创新行为指对现有产品、服务或流程等的实质性改变，具有创造新的市场需求、改写竞争态势的潜能。[11] 然而，目前具体关注根本性创新的研究却非常有限，[12] 故本研究将重点关注领导创新期待如何促进员工的根本性创新行为。第二，以往研究多以创新意愿和动机为中介机制，缺乏对创新过程本身的关注。创新作为人类智慧的最高表现形式，要求个体进行一系列复杂、高强度的认知加工。[13]如果不投入大量时间精力到创新过程中去，很难提出新颖而有实用价值的想法。在Amabile[14]的创造力成分模型中，与创新相关的认知过程是其核心组成部分，主要包括三个关键的活动，即问题界定、信息搜索和编码及方案生成。创新产生于人类思维的认知阶段，因此，投入大量精力到创造性问题解决的认知过程中，至少与内在动机和创新意愿有同等重要的作用。[15]然而，实证研究却很少考察创新过程投入如何驱动创新成果的出现。第三，在当今组织中，创新行为多数在团队背景中发生，创新管理需要深入探讨团队情景如何影响个体创新。创新行为的综述类文章也已经指出人—情景交互的重要性，[16,17]相应地，实证研究也逐渐开始采用跨层的视角来检验个体差异和团队因素的交互作用对员工创新的影响。[18,19]为了弥补以上不足，进一步推进前人的研究，本研究试图深入探索领导创新期望为什么、在什么条件下（团队掌握动机氛围）和怎样（创新过程投入）影响员工根本性创新行为。

我们结合了创新的过程投入模型以及个体与情境的交互视角提出一个跨层带调节的中介效应模型，分析领导创新期待影响员工根本性创新行为的过程机理以及边界条件。首先，为了创造性地解决问题，员工不仅需要获取大量信息资源，而且要以全新视角对这些信息进行集成和重组。[13]因为创新性问题解决过程包含分析问题、收集相关信息和形成备选方案这三个复杂而关键的因素，需要投入大量精力。故我们认为创新过程投入是领导创新期待影响创新行为的一个中介机制；也就是说，领导的创新期望促进员工追求创新并将大量时间、精力和注意力分配给创新活动，推动这些与创新有关的认知过程，进而激发创新。此外，虽然个体为创新所付出的努力有利于根本性创新想法的产生，但由于个体的认知资源和思维方式都存在局限性，再加上变革性解决方案具有较强的开创性。因此，个体提出的根本性创新想法往往不够完善和可行，需要进一步优化和论证。团队掌握氛围重视每个人的努力、分享和合作，强调学习和技能发展。[20]这样的团队氛围促进团队成员在创造性问题解决过程中的资源共享、优势互补，每个成员都会在比较、对照和补充过程中，有意无意地认识、学习到其他成员思考问题的方法，使自己的思维能力得到潜移默化的改进，[20]从而在相互启发过程中激发出全新的创意或对已有的根本性创意进行修正和完善。因此我们认为，团队的掌握动机氛围可以进一步提高创新过程投入对根本性创新行为的积极效应，两者协同影响员工的根本性创新，即当团队掌握氛围高时，创新过程投入与创新绩效之间的正向关系更强。综上所述，本研究提出一个跨层次的被调节的中介模型来扩展现有研究中对于为什么领导期望影响员工创新这一问题的理解（通过创新过程投入），识别出创新过程投入影响员工创新的边界条件（团队掌握氛围），用更精确的模型来解释创新行为的发生条件，试图为领导如何激发下属创新提供管理建议。本研究的理论模型如图1所示。

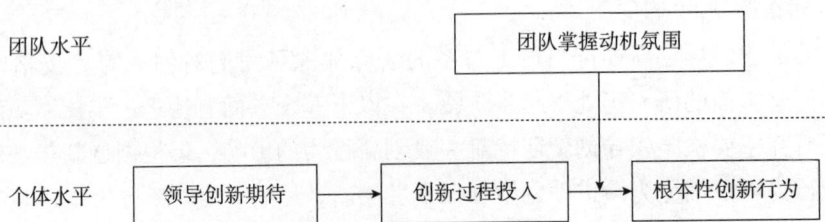

图1 本研究的理论模型

二　文献综述与研究假设

1. 领导创新期待、创新过程投入与根本性创新行为

从创新的一般定义来看，创新既指对原有事物的改进，也指新事物的引入。[13] Madjar 等[10] 按照新意程度的差异将创新想法进一步区分为渐进性创新和根本性创新。渐进性新想法代表了对现有框架的改良，当员工在相关领域积累了大量知识、技术和专长后，就倾向于沿着已有模式进行延伸和扩展，更容易达成微创新。[22] 相反，根本性创新需要在看似不相关的事物之间寻找联系，对当前的产品、服务和工作方式做出根本性突破。[22] 近年来，实证研究将这两种类型的创新加以区分，并且发现两者由不同的因素驱动。例如有研究发现，创新型同事、组织认同以及外在动机对渐进性创新具有更强的预测作用，而根本性创新更多取决于员工的风险承担意愿、创新所需的资源、职业承诺、内在动机以及领导的社会网络关系等。[10,12,23]

在探讨领导行为如何激励根本性创新行为时，我们首先应注意到对于大多数员工而言，创新是一种角色外行为。由于组织的现行惯例通常建立在过去成功的基础上，所以人们往往更倾向于选择常规做法而不是创新。[7] 考虑到根本性创新行为意味着向大多数组织成员所接受和承认的事物挑战，而且这种挑战经常伴随着较高的风险和不确定性，[10,12] 因此，员工需要持有较高的创新行为被接受的信念，相信创新行为是会被接受、认可和奖励的，否则他们不太可能去追求根本性创新。那么，领导面临的挑战之一就是如何使员工投入到创新过程中去，根据管理中的"皮格马利翁效应"[24,25] 我们假设来自领导者的创新角色期待会促进员工的创新过程投入。角色期待意味着一个角色都应该承担哪些工作内容，对塑造角色行为有重要的作用。[26] 由于领导在组织中具有合法的职位权力，控制着大量对员工来说极其重要的资源和支持（如工作分配、绩效评价、晋升、薪酬、职业机会、信息等），因此员工密切关注领导对他们的期望是什么，依赖领导对他们的期望来采取行动。领导会视员工的创新能力以及创新是不是岗位要求而对不同的员工传递不同程度的创新期待。[27] 员工感知到领导对他/她的创新期待越高，越会遵从领导的期待并试图履行创新任务和角色，更愿意将认知资源运用到创新思维活动中，实现自身的创造潜能；反之，当领导者表现出较少的创新期望时，员工会认为创新不重要，或与他们/她们的工作不相关，投入到创新过程中的可能性也较小。此外，根据 Ford 的创新行动理论，[7] 领导创新期待也传递了领导对于创新行为的关注、重视和支持，这将影响员工对创新行为被接受程度的信念，即创新是不是有价值并合法的行为，从而促进员工更多地参与到创新行动中去。因此，我们预测领导的创新期待对下属的创新过程投入有正向推动作用。

员工对创新过程投入的程度进一步决定了他们表现出根本性创新行为的可能性。与创新有关的认知加工是一个大脑将储存的信息组合加工成新的信息的过程。根据 Zhang 等[15] 的定义，创新过程具体包括问题识别、信息搜寻和编码、想法和创意产生三个阶段。[14,28] 相较于渐进性创新，根本性创新更加需要打破固有思维的限制，进行多向灵活思维，充分开拓思路对原有的认知—知识结构进行改造和重组。为了构想出全新的、原创性的点子，个体必须有意识地运用创新思维，即主动去发现问题、考察问题的背景、审视问题的价值，以积极的

行动搜集相关的信息资料，通过将这些信息与已有的知识、经验进行联结、编码、集成，寻求解决问题的最佳途径与方案。[15]创新过程投入决定了认知路径探索的灵活性，分配给任务的某一方面的注意力以及在寻求解决方案的过程中对某一方向的跟进程度。[14]相反，如果创新思维过程中断，问题解决过程的关键信息没有得到有效利用，就会大大降低开发出新产品、服务或工作方法的可能性。正如 Reiter-Palmon 等[28]所阐述的，创造性问题解决要求广泛而深入的认知加工。如果这一创新过程由于缺乏精力投入没有完全执行，例如没有很好地理解问题症结所在，没有全面收集和分析相关信息或者只产生了少量的备选方案，那么方案的新意程度一定会下降。Runco[29]的研究也发现，在想法产生的过程中先形成的通常更常规、创意较小，而后期发现的想法更加有新意。故本研究预测创新过程投入程度越高，产生根本性创新想法的可能性越大。

基于以上理论论证以及实证证据，当领导明确表达对下属的创新期待时，下属会内化这种来自领导的人际影响，投入更多的时间、精力和注意力到创新思维过程中，对解决问题的方法从根本上重新思考，从而开拓出颠覆性、突破性的产品、服务或工作方式。因此，本文提出以下假设：

H1：创新过程投入对领导创新期待与根本性创新行为之间的关系具有中介作用。

2. 团队掌握氛围的调节作用

在工作场所除了团队领导这一关键的工作关系之外，团队动机氛围也与许多工作行为高度相关。[20]成就目标理论[30,31]将工作的动机氛围定义为员工对成功或失败标准的共享感知，即团队动机氛围帮助员工理解什么行为是被期待和奖励的。[32]团队掌握氛围支持努力和合作，强调学习和技能发展，关注胜任力建设。[33]这种氛围会促进团队成员之间的支持行为，共享积累的经验和教训，以便团队成员也可以从其他成员的知识积累中受益。[31,32]

基于上述团队掌握氛围的定义和特点，本研究假设团队掌握氛围对创新思维过程具有激发作用，与创新过程投入以协同的方式促进根本性创新想法的形成。由于每个人受教育背景不同积累的知识经验不同，所掌握的信息不同，切入问题的角度不同，分析问题的层次、方法、水平不同，对同一个问题必然会产生各种不同甚至是对立的看法。[33]在员工投入到创新活动的过程中，较高的团队掌握氛围可以促进团队成员之间进行开放的讨论、争辩，每个人都可以从不同角度提出解决问题的可能方向。个人的创新投入和努力，再加上这种不同意见的相互交换、相互启发、相互激励和相互补充，不仅可以使思维在碰撞中发生连锁反应，丰富团队中每一个成员的知识和经验，[34]引发创新思维的共振，从而得出更加具有新意的方案，而且还会再度激发团队成员提出新问题，唤醒新的联想。这样，团队中的每一个成员就会打破自己思维的局限，迸发出创新的思路。此外，在掌握氛围下的知识共享和信息交换也有助于观点采择，使新点子更加可行。[35]因此，团队掌握氛围促进了每个员工在投入创新活动过程中，通过相互激励获取更加多元化的视角，经过进一步的完善、归纳、整理，使新点子的新意水平得到顺利提升。相反，当团队掌握氛围低时，每个人在创新投入过程中都可能因无法打破单一的思路而在既有思维框架内继续前行，限制了突破性的思维展开。与我们的推理一致，Hirst 等[18]的研究表明，团队学习行为可以激励趋近型目标定向（Approach Orientation）的个体表现出创新行为。因此，本文提出以下假设：

H2：团队掌握氛围正向调节创新过程投入与根本性创新行为之间的正向关系，即团队掌握氛围越高，创新过程投入与根本性创新行为的正向关系越强。

3. 被调节的中介模型

综合以上分析及前文提出的假设 1 和假设 2，我们进一步提出一个被调节的中介模型，认为领导创新期待通过创新过程投入间接影响根本性创新行为的发生，且这一间接过程的强度取决于团队掌握氛围。具体而言，当团队掌握氛围高时，领导创新期待、创新过程投入和员工根本性创新三者之间的间接效应更强。由此，我们提出：

H3：团队掌握氛围正向调节领导创新期待通过创新过程投入影响员工根本性创新行为的间接效应。当团队掌握氛围高时，这一间接效应更强。

三　研究方法

1. 样本选取与数据收集

被试来自北京 6 家企业。由于本研究是一个跨层次的研究，为了避免同源误差和可能的数据分析偏差，我们基于工作团队进行了抽样，并采用上下级配对方式来获取相关数据。具体来说，团队领导填写领导问卷，对其直接下属的根本性创新行为进行评价，并填写个人信息；该领导的直接下属填写员工问卷，包括对感知到的该上级领导的创新期待、对自己创新过程投入、对团队掌握氛围的评价以及相关的个人信息。考虑到配对取样的复杂及上下级互评的敏感性，调查之前所有问卷都进行了处理。对于需要员工填写的问卷进行了编号，每个编号对应唯一员工。做好标记后，我们将问卷放入信封，信封的封口处贴有双面胶胶条，以便每一名员工在填写问卷完毕后能够亲自将问卷封装后交给研究者，体现了本次调研的保密性。为了得到领导对于员工创新行为的评价，我们同时制作了需要领导填写的问卷，每一份问卷都写明被评价员工的姓名和编号，这样既可以方便填写问卷的领导针对其下属做出有针对性的回答，又可以确保领导与员工的问卷能够一一配对成功。

研究者共发放领导问卷 400 份、员工问卷 400 份，回收问卷中，领导和员工能够上下匹配的数据点有 301 对。之后将空白过多、反应倾向过于明显的问卷剔除，得到有效问卷 291 对，分布在 51 个工作团队。整体问卷有效回收率为 72.75%，其中参与调查的员工男性占47.42%，女性占 47.77%，4.81% 的参与者未填答自己的性别；平均年龄 32.35 岁（SD＝7.16），上下级平均共事年限为 3.42 年（SD＝3.80）。

2. 研究工具

本研究所包含的变量有领导创新期待、创新过程投入、团队掌握氛围和员工根本性创新行为。本研究采用的所有量表均为信度、效度较高并得到广泛验证和认可的英文原创量表。研究工具的翻译工作采用 Brislin[36] 提出的标准翻译—回译程序，由双语专家完成，以最大限度地保证研究工具的质量。其测量的工具分别如下：

（1）领导对员工的创新期待问卷：我们采用了 Carmeli 等[9] 开发的领导对员工的创新期待问卷，共 4 个项目。此问卷采用李克特 7 点量表计分，由 "1—非常不同意" 到 "7—非常同意"。在问卷中，请员工根据对其直接上级的了解，判断每项行为的同意或不同意程度。比如，"我的直接上级期望我在工作中具有创造力" "我的直接上级期望我能够创造性地完成工作" 等。问卷的内部一致性系数 α 为 0.82。

（2）创新过程投入：采用 Zhang 等[15] 开发的问卷，共 11 个项目。问卷包括识别问题、信息搜索和编码、创意产生三个维度。员工根据当他/她面临创新任务和问题时，每项行为描述出现的频率进行判断。为了得到更为准确的测量，我们采用李克特 7 点量表计分，由"1—从不"到"7—几乎总是"。分别为"从不""很少""偶尔""有时""经常""频繁""几乎总是"。比如，"我花大量的时间来理解问题的本质""我参考不同来源的信息以激发创意""我试图突破思维定式想出新的解决方案"等。问卷的内部一致性系数 α 为 0.93。

（3）团队掌握氛围：采用 Nerstad 等[20]编制的问卷，共 6 个条目，采用李克特 7 点量表计分，由"1—非常不同意"到"7—非常同意"。员工根据对所在团队的了解进行判断，并在每项陈述后面相应的数字上划"○"。比如："我所在的团队鼓励大家开展合作，相互交流思想和观点"等。问卷的内部一致性系数 α 为 0.93。

（4）员工根本性创新行为：本研究对根本性创新行为的测量是基于 Madjar 等[10]和 Baer[37]使用的问卷，共 6 个条目。此问卷采用李克特 7 点量表计分，由"1—非常不典型"到"7—非常典型"。团队领导根据对该下属的了解进行判断，每项行为描述该下属在工作表现中的典型性程度。根本性创新的示例条目包括"该下属提出突破性的想法——不是仅仅对已有的研究、工作流程、产品或服务做些许改变""该下属提出极具创意的点子"等。问卷的内部一致性系数 α 为 0.95。

在调查过程中，我们还获取了被试者的一般人口统计学资料，如性别、教育程度、上下级共事年限等。根据相关的研究，本研究选取这 4 个人口统计学变量作为控制变量，在团队层面上，我们也控制了团队规模的影响。

3. 分析方法

本研究的取样呈多水平嵌套结构，即参与调研的 291 名员工分属于 51 个不同的团队。由于每个员工所在的工作团队不同，而且每个团队的领导者在评分标准上也有所偏差，此外，为了检验团队掌握氛围的跨层次调节作用（即假设 2、假设 3），本研究拟采用多水平线性模型来对数据进行分析处理，将组内效应和组间效应分离，得到更为精确的数据结果。我们使用 Mplus7.4 进行所有的统计分析。在此，员工代表了数据结构的第一层，而团队代表了数据结构的第二层，允许方程在团队层面有随机斜率和随机截距。

在进行结果分析之前，我们计算了根本性创新行为的组内相关 ICC（1）= 0.38，这表明根本性创新行为的评价有显著的组间差异，进行多层分析十分必要。另外，在进行假设检验时，我们同时估计了所有回归方程，以减少对模型参数和标准误估计的偏差。[38,39]为了使多层分析的结果便于解释以及减轻多重共线性对层二变量估计的影响，[40]我们对层一的预测因子进行了组别平均数中心化，对层二的预测因子进行了总体平均数中心化。

为了检验被调节中介效应的显著性，我们采用了蒙特卡洛方法来构建置信区间。[41]蒙特卡洛模拟方法使用参数的点估计值和它们的方差、协方差矩阵来从参数分布中进行随机抽取，即进行参数自助法重新抽样。该方法通过大量的多次重复，形成对间接效应的模拟分布来得出百分位置信区间。参数自助法重新抽样的特点是只对参数做出正态分布假设，对间接效应的分布不做假设，间接效应通常是有偏的，不服从正态分布。该方法的优点是可以准确可靠地给出非对称的置信区间（CI）并且易于实现。

四 结果分析

1. 研究变量的描述性统计结果

表1提供了本研究各变量的描述统计结果、内部一致性系数和变量之间的相关系数。表中显示：①领导创新期待、创新过程投入、团队掌握氛围、根本性创新行为的内部一致性系数 α 为 0.82~0.95，表明这些变量在所采用的样本数据中表现出了较好的内部一致性特征。②领导创新期待与创新过程投入正相关（r=0.30，p<0.01），创新过程投入与根本性创新行为正相关（r=0.19，p<0.01），为我们的假设提供了初步的支持。

表1 研究变量的描述性统计分析结果[a]

研究变量	均值	标准误	1	2	3	4	5	6	7	8
1. 领导创新期待	5.00	0.97	(0.82)							
2. 创新过程投入	4.92	0.92	0.30**	(0.93)						
3. 根本性创新行为	4.02	1.22	0.07	0.19**	(0.95)					
4. 性别	0.53	0.70	−0.01	−0.02	−0.08	—				
5. 教育程度	3.24	0.84	0.11	0.18**	0.08	−0.19**	—			
6. 上下级共事年限	3.42	3.80	−0.07	−0.08	−0.01	0.00	−0.06	—		
7. 团队规模[b]	6.55	2.23							—	
8. 团队掌握氛围[b]	5.45	1.03							0.01	(0.93)

注：a 对于个体水平变量 N=291，对于团队水平变量 N=51；对于性别 0="男"，1="女"。对角线上括号中数字表示内部一致性系数 Cronbach's α；b 团队水平变量；* 表示 p<0.05，** 表示 p<0.01。

2. 数据聚合检验

我们计算了不同的统计检验指标来确认聚合是有实证支持的。首先，组内一致性 r_{wg} 在 51 个团队中的均值是 0.91，从 0.71 到 0.99，表明在被调查团队中，成员有共享的关于团队掌握氛围的感知。再者足够的团队之间差异也为数据聚合提供支持 [ICC(1)=0.14；ICC=0.47]。James[42] 给出的经验标准是 ICC(1)>0.05 和 ICC(2)>0.50。因为本研究的团队规模较小（均值=5.71），导致 ICC(2) 偏低，但有学者认为即使有相对低的 ICC(2)、有高的 r_{wg} 以及显著的组间方差，聚合是可行的。[43,44] 综上，我们通过将个体水平的回答聚合到团队水平来得到团队掌握氛围的值。

3. 假设检验

我们的假设意味着一个第二阶段被调节的中介作用，[38,39] 即调节变量增强或者减弱了中介变量对结果变量的影响。本研究中，检验被调节的中介作用就是检验是否领导创新期待通过创新过程投入影响员工根本性创新行为这一间接效应随团队掌握氛围而变化，表3呈现了与假设相关的多层次路径分析的结果。

（1）创新过程投入的中介作用。为了检验假设1，我们首先拟合了一个单层模型，正如

表 2 所示，领导创新期待与创新过程投入有显著的正向关系（$\gamma = 0.26$，$p<0.001$）而创新过程投入可以显著地正向预测根本性创新行为（$\gamma = 0.16$，$p<0.05$）。我们采用蒙特卡洛方法进行重抽样来构建间接效应的置信区间。[45]结果表明，领导创新期待通过创新过程投入影响根本性创新行为的间接效应是显著的（间接效应 $= 0.04$，置信区间 CI [0.01，0.09]），因此，假设 1 得到验证。

表 2　单层次的中介效应分析结果[a]

预测变量	因变量	
	创新过程投入 γ	根本性创新行为 γ
性别	0.04	0.04
教育程度	0.16†	0.11
上下级共事年限	−0.01	0.02
领导创新期待	0.26***	0.04
创新过程投入		0.16*

领导创新期待→创新过程投入→根本性创新行为的间接效应[b]

间接效应	95%置信区间[b]	
	下限	上限
0.04*	0.005	0.089

注：a 对于个体水平变量 N=291，对于团队水平变量 N=51；b 基于 20000 蒙特卡洛模拟样本；† 表示 $p<0.10$，* 表示 $p<0.05$，** 表示 $p<0.01$，*** 表示 $p<0.001$。

（2）团队掌握氛围的调节作用。多层次模型结果显示（见表 3），团队掌握氛围对创新过程投入与员工根本性创新行为的关系有显著的正向预测作用（$\gamma = 0.24$，$p<0.05$），我们选取团队掌握氛围在高（M+1SD）、低（M−1SD）两种取值的调节效应图。如图 2 所示，当团队掌握氛围高时，创新过程投入与根本性创新行为的正向关系更强，为假设 2 提供了支持。

表 3　跨层次的被调节的中介效应分析结果[a]

预测变量	因变量	
	创新过程投入 γ	根本性创新行为 γ
性别	0.04	0.04
教育程度	0.16†	0.10
上下级共事年限	−0.01	0.02
团队规模		−0.02
领导创新期待	0.26***	0.03
创新过程投入		0.16*
团队掌握氛围		−0.06
创新过程投入×团队掌握氛围		0.24*

当团队掌握氛围在高、低两种水平时，领导创新期待→创新过程投入→根本性创新行为的间接效应[b]

续表

团队掌握氛围	有条件的间接效应	95%置信区间[b]	
		下限	上限
高（M+1SD）	0.08 *	0.021	0.154
低（M−1SD）	0.01	−0.045	0.064

注：a 对于个体水平变量 N=291，对于团队水平变量 N=51；b 基于 20000 蒙特卡洛模拟样本；† 表示 p<0.1，* 表示 p<0.05，*** 表示 p<0.001。

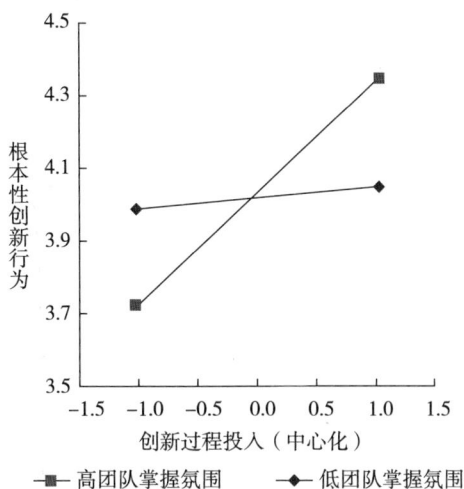

图 2　团队掌握氛围对创新过程投入与根本性创新行为关系的调节作用

（3）被调节的中介作用。当团队掌握氛围为高、低两种取值时，我们计算了简单效应的乘积，并通过蒙特卡洛模拟构建了置信区间。当团队掌握氛围高时，创新过程投入在领导创新期待与根本性创新行为之间的中介作用是显著的（间接效应 = 0.08，置信区间 CI [0.02，0.16]），当团队掌握氛围低时，这一间接效应不再显著（间接效应 = 0.01，置信区间 CI [−0.05，0.06]）。分析结果的模式支持我们的第二阶段被调节的中介效应。

五　研究结论与讨论

本研究考察的是一个第二阶段被调节的带中介的调节模型，试图阐释领导创新期待如何（通过创新过程投入）以及何时（团队掌握氛围）影响员工根本性创新行为。与我们的预期一致，创新过程投入中介领导期待与根本性创新之间的关系，而且这一间接关系的第二阶段受到团队掌握氛围的调节作用。当团队掌握氛围高时，创新过程投入在领导期待与根本性创新之间的中介作用显著。

首先，创新领域的理论文献提出将创新细分为渐进性创新和根本性创新，[13]然而实证研究才刚刚开始探索引起这两类创新不同的前因变量，[10,23]具体关注根本性创新行为的研究更是少之又少。[12]已有研究证实了创新所需的资源、员工的承诺和动机对根本性创新的影响以及领导创新期待对一般创新的积极作用。类似地，本文在已有研究的基础上，证实并凸显了领导的创新期待对于推动根本性创新的关键作用。根据 Ford[7]的创新行动理论，我们发现即使员工更倾向于选择惯性行为，但当他们相信领导者期待、重视以及奖励创新时，就会内化这种人际期望，从根本上创造性地解决问题。其他的情景变量，如创新作为工作要求[46]、领导者的调节焦点[47]等，也可能影响员工对于创新被接受程度的信念。此外，Ford[7]的理论也指出，员工的创新能力信念，如知识、技能和情绪，同样是影响员工选择惯性行为还是创新行为的重要因素，未来的研究可以进一步探讨其他的情境因素和个体差异变量对员工根本性创新行为的影响。

其次，我们结合创新的"皮格马利翁效应"[8]和创新过程模型[15]发现，领导创新期待通过增强员工的创新过程投入来提升员工的根本性创新绩效。与前人的实证结果基本一致，[8,9]领导传达较高的创新期待会对下属的创新绩效有正向的促进作用。然而前人的研究认为，创新的"皮格马利翁效应"发生主要是因为领导的积极创新期待影响了下属从事创新活动的意愿和动机，却没有在领导创新期待与创新过程投入之间建立联系。有学者指出，虽然内在动机是导致创新行为的必要不充分条件，但为了更好地理解创新想法是如何产生的，应当多关注创新思维过程本身。[14,28]我们开辟了一个新的视角，找到了创新期待通过影响员工的创新过程投入，从而促进根本性创新的实证证据。这些结果不仅表明领导在把员工的注意力引导到创新过程中所发挥的关键作用，也显示员工的创新过程投入会进一步传递领导创新期待对根本性创新的积极作用。创新过程投入本质上反映了员工响应领导创新期待后所采用的行为策略，而这一行为策略在构思突破性新点子的过程中至关重要。未来研究还可以考虑其他可能的中介领导创新期待与根本性创新的自我调节过程，比如信息交换[48]、为了创造性地解决问题而向领导和同事求助[49]等。

最后，本研究的跨层分析响应了近年来研究者们提出应多关注能培养员工创新的工作环境，从人在情境中的角度检验了团队氛围如何影响个体创新构想过程。[17]本文证实了团队掌握氛围的跨层调节效应，放大了个体创新行动的投入产出比。当团队掌握氛围高时，领导创新期待更可能通过创新过程投入正向影响员工的根本性创新，由于情境的权变影响，当团队掌握氛围低时，员工即使投入到创新过程也可能没有取得相应的创新成果。总之，本研究证实了团队氛围感知对个体创新行为的跨层影响。未来的研究可以探索和识别其他可能的边界条件，比如下属的独立/互依型自我构建，[50]主动性人格[48]可能影响领导创新期待与创新过程投入之间的关系。此外，员工的认知风格[51]、不确定性规避[52]可能调节创新过程投入与根本性创新之间的关系。

本研究不可避免地存在一定的局限性：首先，在研究方法方面，横截面研究设计使本文对领导创新期待、创新过程投入与根本性创新行为之间关系的探讨受制于反向或双向因果，未来采用纵向研究或实验设计来确立这几个变量之间的因果关系是非常必要的。此外，由于时间与资源的限制，本研究只选取北京6家企业作为样本，样本量偏小，今后将采用更大范围的样本重复这一研究，以增强研究结论在不同地区、不同行业的适应性。从理论方面来讲，本研究只关注了员工根本性创新，这引出一个相关的问题就是本文的模型对于渐进性创新是否成立。Madjar等[10]同时比较了常规绩效、渐进性创新和根本性创新的前因变量，结果发现影响渐进性创新的因素与影响工作绩效的因素更为相似，而与影响根本性创新的因素则较为遥远。由于渐进性创新在很大程度上属于员工的角色内要求，即使领导没有传达鼓励创新的期望，员工仍然会通过细微调整和小幅改进来逐步完善已有的产品、服务或工作流程。根本性创新最显著的特征是高度不确定，因而需要较高的门槛，只有当员工收到明确重视创新的讯息，他们才会提出开拓性的新想法。故创新行为被接受的信念对根本性创新尤为关键，而对渐进性创新并不是必选项。此外，团队掌握氛围对于突破性创新所需的全面的信息和集成的视角至关重要，而对于微创新的重要性相对较低。所以我们的模型更适用于根本性创新。当然，未来研究仍然需要同时比较领导创新期待和团队掌握氛围对于这两种不同形式创新行为的影响。

本研究对团队的创新管理实践具有重要的指导意义，为如何激发员工的根本性创新行为提供了管理建议。这是一个颠覆的时代，无论对于何种类型的组织，根本性创新已经成为企业盈利和增长的关键性力量。一方面，突破性创新直接关系到创新、创业型企业的经济效益和社会效益。例如对于制药企业来说，新药品的市场生命力在很大程度上取决于科技含量的高低。另一方面，传统企业面临着下行压力，为了避免"温水煮青蛙"现象，同样需要借助根本性创新打破旧有模式，驱动产品、服务的转型。因此，突破性创新不仅能够加快传统商业的优化升级，而且能够带动创新、创业型公司掌握未来竞争主动权。正因为根本性创新对组织的生存和发展变得越来越有价值，如何培育员工的根本性创新行为也成了高层管理者和团队领导的重要课题。

本研究的管理启示在于：在中国这样一个以领导为重的文化背景下，当领导对员工的创新期待高时，员工会按照领导的期望行事，本文的研究发现领导的创新期待会通过人际影响过程提高员工根本性创新。

首先，在实际工作中企业可以采用一定的方法选拔善于运用积极期待作为激励策略的管理人员，也可以采取一定的培训措施使企业的管理人员认识到积极期待对员工创新的促进作用，并经常明确地表达他们对下属的创新期待。当领导抱怨下属创新水平不足时，往往没有意识到自己的"预期力"不够，而下属的创新现状很可能正是"验证"了自己的预期。关于创新绩效的预期，领导应注意以下几点：①每个领导对他的下属都有预期；②领导总是在有意无意地传达着这种预期；③下属总能细心地解读、敏感地察觉这种预期；④下属总是有意无意地按领导的预期来行动，最终影响其创新行为和绩效，不管创新绩效的结果如何，都在一定程度上受到领导事先预期的影响。

其次，领导创新期待通过加强员工对创新过程的投入来激发其内在的创新潜能。领导者需要意识到这一创新过程投入可以有效提升员工的根本性创新。因此，管理者应注意观察下属是否用实际的创新行动来回应他们的期待，并适当引导他们投入到创新过程中；而创新过程投入是员工创新所必需的，如发现问题、搜集大量的信息资源和构思替代方案等。因此，在实际的管理工作中，要注意加强对员工创新思维技能的培训，创设各种有利条件培养员工较高的创造性问题解决能力，进而提高其创新行为。

最后，只有在掌握氛围的团队情境下，各团队成员才能够集思广益，不同专业与技术领域的知识相互碰撞，成员的互动作用才能充分发挥出来，从而促进创新绩效。组织可以通过营造基于合作的团队掌握氛围来催化创新成果的出现。为了帮助员工从根本上突破固有思维框架，团队领导应注意鼓励同事之间的相互学习和沟通交流。因此，在建设创新型团队时，团队建立之初就要注重学习型导向的团队文化，定期采用不同形式的建设性争论进行交流，让每个人都可以大胆地提出自己的设想，这将有利于员工根本性创新的实现。

参考文献

［1］Shalley, C. E. , Gilson, L. L. What Leaders Need to Know: A Review of Social and Contextual Factors that Can Foster or Hinder Creativity ［J］. The Leadership Quarterly, 2004, 15 (1): 33-53.

［2］Gong, Y. , Zhou, J. , Chang, S. Core Knowledge Employee Creativity and Firm Performance: The Moderating Role of Riskiness Orientation, Firm Size, and Realized Absorptive Capacity ［J］. Personnel Psychology, 2013, 66 (2): 443-482.

［3］Anderson, N. , Potocnik, K. , Zhou, J. Innovation and Creativity in Organizations: A State-of-the-science Review, Prospective Commentary, and Guiding Framework ［J］. Journal of Management, 2014, 40 (5): 1297-1333.

［4］曲如杰, 孙军保, 杨中, 司国栋, 时勘. 领导对员工创新影响的综述 ［J］. 管理评论, 2012, 24 (2): 146-153.

［5］Mumford, M. D. , Scott, G. M. , Gaddis, B. , Strange, J. M. Leading Creative People: Orchestrating Expertise and Relationships ［J］. The Leadership Quarterly, 2002, 13 (6): 705-750.

［6］Sternberg, R. J. A Systems Model of Leadership: WICS ［J］. American Psychologist, 2007, 62 (1): 34-42.

［7］Ford, C. M. A Theory of Individual Creative Action in Multiple Social Domains ［J］. Academy of Management Review, 1996, 21 (4): 1112-1142.

［8］Tierney, P. , Farmer, S. M. The Pygmalion Process and Employee Creativity ［J］. Journal of Management, 2004, 30 (3): 413-432.

［9］Carmeli, A. , Schaubroeck, J. The Influence of Leaders' and Other Referents' Normative Expectations on Individual Involvement in Creative Work ［J］. The Leadership Quarterly, 2007, 18 (1): 35-48.

［10］Madjar, N. , Greenberg, E. , Chen, Z. Factors for Radical Creativity, Incremental Creativity, and Routine, Noncreative Performance ［J］. Journal of Applied Psychology, 2011, 96 (4): 730-743.

［11］Miron-Spektor, E. , Erez, M. , Naveh, E. The Effect of Conformist and Attentive-to-detail Members on Team Innovation: Reconciling the Innovation Paradox ［J］. Academy of Management Journal, 2011, 54 (4): 740-760.

［12］Venkataramani, V. , Richter, A. W. , Clarke, R. Creative Benefits from Well-connected Leaders: Leader Social Network Ties as Facilitators of Employee Radical Creativity ［J］. Journal of Applied Psychology, 2014, 99 (5): 966-975.

［13］Mumford, M. D. , Gustafson, S. B. Creativity Syndrome: Integration, Application, and Innovation ［J］. Psychological Bulletin, 1988, 103 (1): 27-43.

［14］Amabile, T. M. The Social Psychology of Creativity: A Componential Conceptualization ［J］. Journal of Personality and Social Psychology, 1983, 45 (2): 357-376.

［15］Zhang, X. , Bartol, K. M. Linking Empowering Leadership and Employee Creativity: The Influence of Psychological Empowerment, Intrinsic Motivation, and Creative Process Engagement ［J］. Academy of Management Journal, 2010, 53 (1): 107-128.

［16］Shalley, C. E. , Zhou, J. , Oldham, G. R. The Effects of Personal and Contextual Characteristics on Creativity: Where Should We Go from Here? ［J］. Journal of Management, 2004, 30 (6): 933-958.

［17］Zhou, J. , Hoever, I. J. Research on Workplace Creativity: A Review and Redirection ［J］. Annual Review of Organizational Psychology and Organizational Behavior, 2014, 1 (1): 333-359.

［18］Hirst, G. , Van Knippenberg, D. , Zhou, J. A Cross-level Perspective on Employee Creativity: Goal

Orientation, Team Learning Behavior, and Individual Creativity ［J］. Academy of Management Journal, 2009, 52 (2): 280-293.

［19］ Hirst, G., Van Knippenberg, D., Chen, C. H., Sacramento, C. A. How Does Bureaucracy Impact Individual Creativity? A Cross-level Investigation of Team Contextual Influences on Goal Orientation-Creativity Relationships ［J］. Academy of Management Journal, 2011, 54 (3): 624-641.

［20］ Nerstad, C. G., Roberts, G. C., Richardsen, A. M. Achieving Success at Work: Development and Validation of the Motivational Climate at Work Questionnaire (MCWQ) ［J］. Journal of Applied Social Psychology, 2013, 43 (11): 2231-2250.

［21］ Carnabuci, G., Dioszegi, B. Social Networks, Cognitive Style, and Innovative Performance: A Contingency Perspective ［J］. Academy of Management Journal, 2015, 58 (3): 881-905.

［22］ Dane, E. Reconsidering the Trade-off between Expertise and Flexibility: A Cognitive Entrenchment Perspective ［J］. Academy of Management Review, 2010, 35 (4): 579-603.

［23］ Gilson, L. L., Madjar, N. Radical and Incremental Creativity: Antecedents and Processes ［J］. Psychology of Aesthetics, Creativity, and the Arts, 2011, 5 (1): 21.

［24］ Eden, D. Self-fulfilling Prophecy as a Management Tool: Harnessing Pygmalion ［J］. Academy of Management Review, 1984, 9 (1): 64-73.

［25］ Eden, D., Geller, D., Gewirtz, A., Gordon-terner, R., Inbar, I., Liberman, M., Shalit, M. Implanting Pygmalion Leadership Style through Workshop Training: Seven Field Experiments ［J］. The Leadership Quarterly, 2000, 11 (2): 171-210.

［26］ Dierdorff, E. C., Morgeson, F. P. Consensus in Work Role Requirements: The Influence of Discrete Occupational Context on Role Expectations ［J］. Journal of Applied Psychology, 2007, 92 (5): 1228-1241.

［27］ Qu, R., Janssen, O., Shi, K. Transformational Leadership and Follower Creativity: The Mediating Role of Follower Relational Identification and the Moderating Role of Leader Creativity Expectations ［J］. The Leadership Quarterly, 2015, 26 (2): 286-299.

［28］ Reiter-Palmon, R., Illies, J. J. Leadership and Creativity: Understanding Leadership from a Creative Problemsolving Perspective ［J］. The Leadership Quarterly, 2004, 15 (1): 55-77.

［29］ Runco, M. A. Maximal Performance on Divergent Thinking Tests by Gifted, Talented, and Nongifted Children. Psychology in the Schools, 1986, 23 (3): 308-315.

［30］ Ames, C. Classrooms: Goals, Structures, and Student Motivation ［J］. Journal of Educational Psychology, 1992, 84 (3): 261-271.

［31］ Nicholls, J. G. Achievement Motivation: Conceptions of Ability, Subjective Experience, Task Choice, and Performance ［J］. Psychological Review, 1984, 91 (3): 328-346.

［32］ Černe, M., Nerstad, C. G., Dysvik, A., kerlavaj, M. What Goes around Comes around: Knowledge Hiding, Perceived Motivational Climate, and Creativity ［J］. Academy of Management Journal, 2014, 57 (1): 172-192.

［33］ Schulte, M., Ostroff, C., Shmulyian, S., Kinicki, A. Organizational Climate Configurations: Relationships to Collective Attitudes, Customer Satisfaction, and Financial Performance ［J］. Journal of Applied Psychology, 2009, 94 (3): 618-634.

［34］ Beersma, B., Hollenbeck, J. R., Humphrey, S. E., Moon, H., Conlon, D. E., Ilgen, D. R. Cooperation, Competition, and Team Performance: Toward a Contingency Approach ［J］. Academy of Management Journal, 2003, 46 (5): 572-590.

［35］ Johnson, M. D., Hollenbeck, J. R., Humphrey, S. E., Ilgen, D. R., Jundt, D., Meyer, C. J. Cutthroat Cooperation: Asymmetrical Adaptation to Changes in Team Reward Structures ［J］. Academy of

Management Journal, 2006, 49 (1): 103-119.

[36] Shin, S. J., Zhou, J. When is Educational Specialization Heterogeneity Related to Creativity in Research and Development Teams? Transformational Leadership as a Moderator [J]. Journal of Applied Psychology, 2007, 92 (6): 1709-1721.

[37] Swift, M., Balkin, D. B., Matusik, S. F. Goal Orientations and the Motivation to Share Knowledge [J]. Journal of Knowledge Management, 2010, 14 (3): 378-393.

[38] Grant, A. M., Berry, J. W. The Necessity of others is the Mother of Invention: Intrinsic and Prosocial Motivations, Perspective Taking, and Creativity [J]. Academy of Management Journal, 2011, 54 (1): 73-96.

[39] Brislin, R. W. Translation and Content Analysis of Oral and Written Materials [C] //In Triandis, H. C., Berry, J. W. Handbook of Cross-cultural Psychology, Boston: Allyn & Bacon, 1980 (2): 389-444.

[40] Baer, M. Putting Creativity to Work: The Implementation of Creative Ideas in Organizations [J]. Academy of Management Journal, 2012, 55 (5): 1102-1119.

[41] Edwards, J. R., Lambert, L. S. Methods for Integrating Moderation and Mediation: A General Analytical Framework Using Moderated Path Analysis [J]. Psychological Methods, 2007, 12 (1): 1-22.

[42] 刘东, 张震, 汪默. 被调节的中介和被中介的调节: 理论构建与模型检验 (高中华译). 见陈晓萍, 徐淑英, 樊景立 (编). 组织与管理研究的实证方法 (第二版). 北京: 北京大学出版社, 2012: 553-587.

[43] Hofmann, D. A., Gavin, M. B. Centering Decisions in Hierarchical Linear Models: Implications for Research in Organizations [J]. Journal of Management, 1998, 24 (5): 623-641.

[44] Preacher, K. J., Zyphur, M. J., Zhang, Z. A General Multilevel SEM Framework for Assessing Multilevel Mediation [J]. Psychological Methods, 2010, 15 (3): 209-233.

[45] James, L. R. Aggregation Bias in Estimates of Perceptual Agreement [J]. Journal of Applied Psychology, 1982, 67 (2): 219-229.

[46] Chen, G., Bliese, P. D. The Role of Different Levels of Leadership in Predicting Self-and-Collective Efficacy: Evidence for Discontinuity [J]. Journal of Applied Psychology, 2002, 87 (3): 549-556.

[47] Kozlowski, S. W., Hattrup, K. A Disagreement about With-in-group Agreement: Disentangling Issues of Consistency versus Consensus [J]. Journal of Applied Psychology, 1992, 77 (2): 161-167.

[48] Selig, J. P., Preacher, K. J. Monte Carlo Method for Assessing Mediation: An Interactive Tool for Creating Confidence Intervals for Indirect Effects [J]. Computer Software, 2008, June.

[49] Yuan, F., Woodman, R. W. Innovative Behavior in the Workplace: The Role of Performance and Image Outcome Expectations [J]. Academy of Management Journal, 2010, 53 (2): 323-342.

[50] Said, R. Rethinking the Leadership-Employee Creativity Relationship: A Regulatory Focus Approach. [Groningen]: University of Groningen, 2016.

[51] Gong, Y., Cheung, S. Y., Wang, M., Huang, J. C. Unfolding the Proactive Process for Creativity Integration of the Employee Proactivity, Information Exchange, and Psychological Safety Perspectives [J]. Journal of Management, 2012, 38 (5): 1611-1633.

[52] Mueller, J. S., Kamdar, D. Why Seeking Help from Teammates is a Blessing and a Curse: A Theory of Help Seeking and Individual Creativity in Team Contexts [J]. Journal of Applied Psychology, 2011, 96 (2): 263-276.

[53] Markus, H. R., Kitayama, S. Culture and the Self: Implications for Cognition, Emotion, and Motivation [J]. Psychological Review, 1991, 98 (2): 224-253.

[54] Kirton, M. Adaptors and Innovators: A Description and Measure [J]. Journal of Applied Psychology, 1976, 61 (5): 622-629.

[55] Zhang, X., Zhou, J. Empowering Leadership, Uncertainty Avoidance, Trust, and Employee Creativity: Interaction Effects and a Mediating Mechanism [J]. Organizational Behavior and Human Decision Processes, 2014, 124 (2): 150-164.

Leader Creativity Expectations and Employee Radical Creativity:

A Creative Process Engagement Perspective

Liu Ye   Qu Rujie   Shi Kan   Deng Maicun

Abstract: Previous research has directed attention to examining the key role of leader expectations for creativity in employee creative performance and identified creative self-expectations and creative self-efficacy as mediators to unravel the Pygmalion process for creativity. Although these studies have significantly expanded our understanding of the role of leader creativity expectations in employee creativity, the predominant focus on employee's willingness to be creative implies that the value of the creative process has been largely overlooked. This is unfortunate because a critically important aspect of the effectiveness of leader expectations is that it should lead to actual engagement in creative processes, in which employees dedicate substantial cognitive, attitudinal, and behavioral efforts to construct problems to be solved, search for and retrieval of relevant information, and generate a variety of alternatives before settling on the optimal creative solution. Because radical creativity may lead to breakthroughs and potentially have a large impact on organizational functioning and performance, we specifically focus on this far-reaching form of creativity in the present study. Thus, the main goal of this study was to investigate why, when, and how leader creativity expectations promote employee radical creativity. By integrating Pygmalion process for creativity and creativity-relevant processes theory, we examined creative process engagement as a mediator and team mastery climate as a moderator in relationship between leader creativity expectations and employee radical creativity. Using a sample of 291 leader-follower dyads from six companies in Beijing, we found that creative process engagement mediates the leader creativity expectations-employee radical creativity relationship and this mediating relationship is conditional on team mastery climate for the path from creative process engagement to employee radical creativity. Specifically, the indirect relationship was found to be significant only when team mastery climate was high. These results contribute to the literature by clarifying why (through creative process engagement) and when (high team mastery climate) leader creativity expectations are positively related to employee radical creativity.

Key words: leader creativity expectations; creative process engagement; team mastery climate; employee radical creativity

社会变迁与文化认同：
从民众心理认知看古今中西之争*

韦庆旺　时　勘

【编者按】在新时代，面对百年未有之大变局，实现中华民族伟大复兴需要最强烈的文化认同和最深沉的文化自信，而文化认同和文化自信是一百多年来困扰中国人社会心理的一个核心问题，亟须进行宏观的、科学的和动态的分析和阐释。本论文发表在核心期刊《苏州大学学报》上，为国家社会科学基金重大项目"中华民族伟大复兴的社会心理促进机制研究"（项目编号：13&ZD155）的阶段性研究成果之一。该论文寻求社会心理促进机制探索的切入点，将民族复兴的时间维度（古今之争）和空间维度（中西之争）投射于普通老百姓内隐的心理认知结构中，运用社会变迁认知和中国文化本质论两种社会心理学的内隐理论，探索了当前中国人的社会心理结构，揭示了中国人在近代中国文化受西方文化冲击背景下，应对中国文化认同危机的心理机制及其对全球化时代新的意义，并为发掘和提升蕴含在中国人内心深处的文化认同和文化自信提供了依据。这项研究在大面积取样过程中，得到了上海静安区（区卫生计生委员会、区疾病预防控制中心、区石门二路社区卫生服务中心、区卫生系统后勤服务中心的姚嬿、周艳、何永频、郑文韬、徐慧明）、广州市荔湾区（区政法委、区民政局的李鄂明、刘伟、李延甲）和中山大学陈晨研究员的大力支持。我们希望该研究的理论成果能够引发新时代背景下对中国文化认同和文化自信进行新的理论建构，同时为培育自尊自信、理性平和、积极向上的社会心态提供最基础的理论启发。（韦庆旺，中国人民大学心理学系副教授、国家社会科学基金重大项目"中华民族伟大复兴的社会心理促进机制研究"主要研究成员之一）

摘　要：从社会心理学的两种内隐理论出发，通过考察民众对社会与文化变迁的信念，解释近代以来古今中西文化论争所反映的几种对中国文化和现代化的主要态度。民众对中国社会和中国人从过去到未来变迁的认知具有三种特征：传统与现代逐渐融合；积极指标总体线性增长；好与坏相互激荡凸显社会活力。民众的中国文化本质论由实体论和不变论两个维度构成，实体论认为中国文化与西方文化有本质的不同，不变论认为中国文化不可改变；实体论是对中国文化持积极态度的基础，但只有结合不变论，才能解释对中国文化的否定和肯定态度。社会变迁认知和中国文化本质论，从内隐理论的不同角度共同揭示了中国人在近代中国文化受西方文化冲击背景下，应对中国文化认同危机的心理机制及其对全球化时代新的意义。

关键词：社会变迁；文化认同；内隐论；本质论；中国文化

* 基金项目：国家社会科学基金重大项目"中华民族伟大复兴的社会心理促进机制研究"（项目编号：13&ZD155）的阶段性研究成果。

近代以来有关中国文化的讨论始终离不开国家受西方列强入侵后救亡图存这段历史的影响，从而产生激烈地批判否定它的主旋律，以及基于各种心态各个层面对它进行肯定的附属旋律。中国近代思想史研究对民初（民国初期）东西文化论战中的各个派别进行了详尽深入的分析，化繁就简，可用古今中西之争来概括。[1][2][3]，立足古今之争，倾向于认为中国文化面对西方文化的威胁应该除旧布新，进行全盘借鉴西方的自我改造；立足中西之争，倾向于在应对中国文化面临的危机时，强调中西文化是两种在性质上完全不同的文化，各有所长。无疑，承认前者虽然勇气可嘉，贴近当时的社会现实，但会危及中国人的文化认同。强调中西之别，虽然在当时容易被误解为简单地固守传统，但它不仅是对前者反传统的自然反抗，而且从长远来看有利于中国人的文化认同获得连续性。经过 20 世纪 80 年代末文化论战的新一轮发酵，到 21 世纪全球化的深入，在国内深化改革与复兴传统文化并举的社会实践中，古今中西之争是个仍然没有充分解决的现实问题。

无论是新文化运动为代表的对中国文化的否定态度，还是以新儒家为代表的对中国文化的肯定态度，都可看作知识分子应对中国文化认同危机的心理反应。这些心理反应的背后，虽然有着同样浓烈的爱国情怀为基础，却发展出多种极其复杂的不同思想走向。[3]知识分子的这些文化态度在老百姓身上是否也有类似的反映呢？现代化的实现和传统文化的复兴归根结底要靠广大的普通老百姓，因此考察他们对传统文化和现代化的态度同样具有重要的意义。社会心理学的内隐理论（implicit theory）认为，普通人对事物常常有朴素的不自知的看法和认知，这些看法并不一定与科学理论和专家观点相同，甚至很多时候恰恰不一致。[4]一个人对某事物的态度，在很大程度上受他对该事物内隐的认知的影响。笔者从社会心理学的两种内隐理论出发，通过考察民众对社会变迁与中国文化的认知，解释他们对中国文化和现代化的态度。这种心理学解释的最大意义在于：通过发掘和提升隐藏在广大民众中间的群体智慧，探寻解决古今中西之争的新视角和新方法，为引导和塑造更有利于中国传统文化复兴和实现全面现代化的民众心理认知提供科学的建议。

一 心理学研究社会变迁的思路

心理学对社会变迁的研究，要么着眼于某种心理维度随着社会发展如何变化，考察人们的心理随着时间如何变迁；要么着眼于个体对社会变迁本身规律的看法，考察人们对社会变迁的心理认知。不管是哪一种思路，均离不开"近代以来西方国家的自发现代化以及非西方国家受西方输入现代化影响产生的被动现代化"这一一体两面的全球社会变迁背景。对于西方国家而言，他们内生的对社会变迁的认识影响了非西方国家对社会变迁的认知。即使是非西方国家对现代化弊端的反思和批判，其观点也受到西方国家的主导性影响。在这种"西学东渐"的背景下，非西方国家的社会变迁研究总是绕不开要不要全盘西化的争论。因此便不难理解，社会变迁成为心理学家感兴趣的研究主题，是与跨文化心理学和非西方心理学的发展以及文化逐渐成为主流心理学的重要课题之趋势紧密联系在一起的。

（一）从心理变迁到变迁心理

长久以来，跨文化心理学发现并建构出以"个人主义—集体主义"（individualism-collectivism）价值观为核心的理论框架，用来描述不同国家或文化之间的差异，并经由"独立自我—互依自我"（independentself-interdependentself）的概念引起主流社会心理学的关注。[5]与具有集体主义价值观的人相比，具有个人主义价值观的人具有如下特点：他们通常用个人特质而不是社会角色进行自我定义，他们的个人目标比群体目标对自己更重要，个人态度比社会规范对他们的行为决定作用更大，完成任务比人际和谐对他们而言更重要，他们对内群体和外群体区分相对不明显。[6]一般认为，西方发达国家是个体主义的文化，非西方发展中国家是集体主义的文化。后来，这种不同地区之间的文化差异维度被用来描述某个国家或地区（甚至全球范围内）的价值观在时间维度上的变迁。Greenfield借助谷歌图书数据库，分析了美国1800~2000年出版的100多万本书中与价值观有关的代表词汇。结果发现，在200年间，个体、自我、独特等与个人主义价值观有关的词汇出现的频次逐渐增多，而服从、权威、归属等与集体主义有关的词汇出现的频次逐渐减少。[7]来自中国的几项价值观调查表明，中国人的个人主义价值观随着代际变迁也有不断提高的趋势。[8]著名的世界价值观调查发现，个人主义价值观在全球范围均呈现不断提高的趋势。[9]

依托社会学家滕尼斯区分礼俗社会（Gemeinschaft）和法理社会（Gesellschaft）的理论，心理学家将集体主义价值观作为传统社会的核心价值，将个人主义价值观作为现代社会的核心价值，从社会生态的角度解释个人主义价值观的变迁，形成了心理变迁的现代化理论（modernization theory）。[7]这种理论假定，从传统社会到现代社会的变迁有既定的模式，任何国家和地区的现代化都必须经历工业化和城市化的过程，而个人主义价值观的提升是工业化和城市化在人的心理方面产生的必然结果。研究发现，这种结果不仅与人们所处的宏观社会生态因素（如城市化）有关，而且可以通过像社区或个体居住流动性这样的微观社会生态因素来解释。[10]我们每个人在生活中可能都体验过社会生态环境和人们价值观的变化，那么是否也像社会学家和心理学家一样对社会变迁的规律有基本的认知呢？这就涉及社会变迁的内隐理论，该理论的重点不是关注价值观随着时间的心理变迁，而是关注人们如何看待价值观的变迁规律，即研究人们的变迁心理。

Kashima提出社会变迁的民间理论（folk theory of social change，FTSC），用来指代普通人理解社会变迁规律的一般认知框架。[11]该理论同样是建立在现代化理论的基础上，假定全球化背景下，人们认为社会从传统到现代的变迁是一个自然的和普遍的过程，形成社会变迁的自然论信念（naturalism belief）和普遍论信念（universalism belief）。持有两种信念的人，认为每一个国家或社会的变迁都必然经历相似的从传统到现代的过程。如果一个国家当前还比较传统，那么随着时间的推移将会越来越现代；如果一个国家当前的现代化程度不高，那么他一定与另一个现代化程度较高国家的过去某个时段具有相似的特征，因为该国家也是从类似的现代化程度较低阶段发展过来的。FTSC的第三种信念是变迁信念（change belief），指人们在社会变迁特征上持有的一种基本看法。研究者通常会问被试，他们认为过去和未来的社会或过去和未来社会中的人，在某些品质上与现在相比是多还是少。例如，100年前的中国社会与现在相比，技术创新是多还是少？人们对这类问题的基本看法是：随着社会变迁，社会的科技经济发展水平会越来越高，人们的能力和技能也会越来越高；但同时社会失序（social dysfunction）会越来越严重，人们的热情和道德水平也会越来越低。[11]换言之，人们认为社会变迁向好的一面改变的同时，不可避免地伴随着向坏的一面的改变。这种变迁信念在一定程度上反映了西方社会对现代化弊端的反思和批判。

（二）非西方心理学对现代化理论的超越

从发展社会学角度来看，现代化理论只是三种主要的社会变迁理论之一。如前所述，现代化理论的观点主要基于西方国家的现代化过程，认为所有国家的现代化过程都是由一个界定一致的传统社会向着一个界定一致的现代社会变迁的过程。因此，该理论的最大特点是假定所有国家的社会变迁具有趋同性，并将社会变迁看作一种先进社会（现代社会—西方发达国家）代替落后社会（传统社会—非西方不发达国家）的优胜劣汰过程。而发展理论（theories of development）和转型理论（theories of transformation）则持有不同观点。[12]发展理论针对20世纪60年代以来非西方发展中国家的社会发展提出：所谓发达国家并不是以其在一条历史的渐进线上处于前沿位置来界定的，而是以不发达国家的"不发达"为前提的，他们大多数通过不平等的世界经济格局和不公正的贸易关系控制和支配了非西方不发达国家；从发展的角度看，各个国家在整个世界体系中的地位不是固定不变的，整个世界的发展具有复杂性和非线性。[12]转型理论针对苏联、东欧和中国20世纪70年代以来的巨大社会转型提出：社会转型涉及个人与国家、社会与国家，以及市场与国家之间多重关系的重大调整，转型国家的社会变迁不是简单地从传统到现代，而是有着不同国家独特的过程、特征和经验。[12]

心理学研究的中国化主张"研究者逐渐把自己文化传统放在研究思考现代中国人的社会心理现象以及行为之框架之中"[13]，在心理学领域呼应了社会学的发展理论和转型理论的观点。在华人心理学看来，传统并不是必然要被现代所取代。相反，研究者应该注重分析传统在遭受西方现代元素冲击之后，如何改变自身以适应新元素，并形成新传统的过程。[13]换言之，传统与现代的关系，不是处在一个维度两端的非此即彼的关系，而是可以彼此相互转化的关系。在这种背景下，文化心理学提出了社会变迁的文化传承理论（cultural heritage theory）和文化混杂理论（cultural mixing theoy）。前者认为每种社会都有自己的文化传统，尽管一种社会不可避免地经历现代化的冲击，但很多文化传统仍然会保留下来。[14]例如，虽然东亚不同国家的现代化程度不同，但它们却共享儒家的一些价值观。[15]后者认为全球化和现代化会促使不同的社会和文化进行交流，产生多种文化的共存和融合。[16]例如，社会变迁使中国台湾大学生的个人现代性获得提升，但同时个人传统性并没有被取代，仍然保持了较高的水平。[17]

在这样的思路下，不仅心理变迁的研究超越了现代化理论，而且变迁心理的研究也对现代化理论提出了质疑。有关社会变迁内隐理论的研究发现，中国人和日本人对社会变迁具有跟西方人不一样的看法，由此将人们对社会变迁的认知模式由原来的一种扩充至三种：变迁信念，即前述认为未来社会有好的一面也有坏的一面的认知；乌托邦/敌托邦（Utopianism/Dystopianism，U/D），即认为未来社会总体上越来越好（或越来越坏）的认知；扩展/萎缩（Expansion/Contraction，E/C），即认为未来社会好坏两方面都更扩展（或更萎缩）的认知。[18]U/D 和 E/C 两种社会变迁认知模式主要受非西方国家社会变迁认知具有独特性的影响。例如，除了具有未来社会具有好坏参半的认知之外，受经济社会快速发展的影响，中国人也具有未来社会在总体上越来越好的认知，以及未来社会在好坏两个方面都更加凸显的认知；相反，受经济社会发展速度减缓的影响，日本人认为未来社会总体上会越来越坏，并且未来社会在好坏两方面都会更萎缩。[18]

笔者认为，从心理学中国化的角度，以超越现代化理论的视野，考察中国普通人对社会变迁的认知具有重要的理论和现实意义。首先，人们对社会变迁的认知是对自己所身处的社会经历变迁时进行综合知觉的内隐观点，这种观点不仅是个体经验的无意识累积，也是同一社会成员群体经验的投射。其次，人们的社会变迁认知可以超越个体生命的时间限制，向过去和未来两个时间端点进行相当程度的延伸。最后，人们在现实社会的态度，在相当程度上受到对过去和未来社会及其变迁规律认知的影响。例如，如果一个人认为未来社会人与人之间会变得更冷漠（更少热情），那么他就更可能支持政府推出的加强人与人之间情感联系的政策。[19]因此，社会变迁认知的研究为在相当长的历史视野内考察民众对古今中西之争的看法提供了合适的便利方法。

二　民众社会变迁认知的维度与模式

诚如前述，中国人对社会变迁的认知可能与西方人对社会变迁的认知不同。然而，以往研究在考察社会变迁认知的内容维度时仍然以西方人的社会变迁认知内容为基础，而这些内容并不能涵盖中国社会变迁的某些重要方面。[11]例如，五四运动提倡科学和民主，这里的科学属于以往研究所考察的发展维度，但民主在以往研究中并没有涉及，它是否也属于发展的维度，还是具有独立于发展的独特含义？有鉴于此，笔者在考察中国民众的社会变迁认知时，参考有关近代东西文化论战的资料，加入了更贴近中国社会背景的内容。研究的方式是在上海和广州进行入户调查，询问人们认为 1000 年前、100 年前、30 年前和 30 年后的中国社会和中国人与现在相比，在各种指标上是多了还是少了。这里介绍的是广州调查（有效样本 N = 533）的主要结果，结合探索性因子分析和多维尺度分析，笔者发现中国民众的社会变迁认知具有很多独特性。[20]

（一）传统与现代逐渐融合

除了保留以往社会变迁认知研究的发展和失序维度外，笔者在研究中加入了传统、道德和民主等新的社会变迁内容。[20]探索性因子分析的结果发现，虽然民众对 1000 年前的中国社会、100 年前的中国社会、30 年前的中国社会和 30 年后的中国社会的认知内容均包含 4个维度，但构成 4 个维度的内容不同（见表 1）。首先，"公平"在认知 100 年前的中国社会时与"发展"属于一个维度，在认知其他时间点的中国社会时则与"传统"连在一起；其次，"道德"在认知 1000 年前和 100 年前的中国社会时与"传统"属于一个维度，在认知30 年前和 30 年后的中国社会时与"传统"相分离，并且在认知 30 年后的中国社会时与"民主"连在一起；最后，"民主"在认知 1000 年前和 100 年前的中国社会时是独立维度

（并没有与"发展"属于同一维度），在认知 30 年前的中国社会时与"失序"连在一起，而在认知 30 年后的中国社会时则与"道德"连在一起。

表 1　民众对过去和未来中国社会的认知在因子结构上的变化

	因子结构
1000 年前	F1（发展），F2（公平、传统、道德），F3（民主），F4（失序）
100 年前	F1（发展、公平），F2（传统、道德），F3（民主），F4（失序）
30 年前	F1（发展），F2（公平、传统），F3（道德），F4（民主、失序）
30 年后	F1（发展），F2（公平、传统），F3（道德、民主），F4（失序）

注：4 个时间点的 4 个维度为因子分析的结果，但 4 个维度里面的子维度划分基于数据和理论的综合分析，每个子维度包含 1~4 个题目，共 15 个题目，题目内容参见图 1 和图 2。

从"道德"内容由与"传统"相联系，到与"传统"分离，再到跟"民主"走到一起，可以推论出两个相互联系的观点：随着社会的变迁，"道德"的含义可能发生了变化，人们越来越赋予道德更现代的意义（例如从强调个人性私德到强调社会性公德）；经由"道德"在"传统"与"民主"两个维度之间的穿梭，可看出传统与现代相冲突的紧张关系得到了缓解。这一点可以通过多维尺度分析的结果得到佐证（见图 1 和图 2）。[20] 在多维尺度分析的二维图中，民众对 100 年前中国社会的认知，那些构成"传统/道德"一端的题目（传统文化、道德模范、职业道德、社会信任）与构成"现代/科学民主"一端的题目（民主、个人自由、科学发展、技术创新、经济发展、市场机制），形成了一个维度（横轴）；而这些题目在对 30 年后中国社会的认知中，全部聚集在"好社会"一端（横轴），只不过所谓的"好社会"，又分为是温情度很高还是发达度很高（纵轴）。

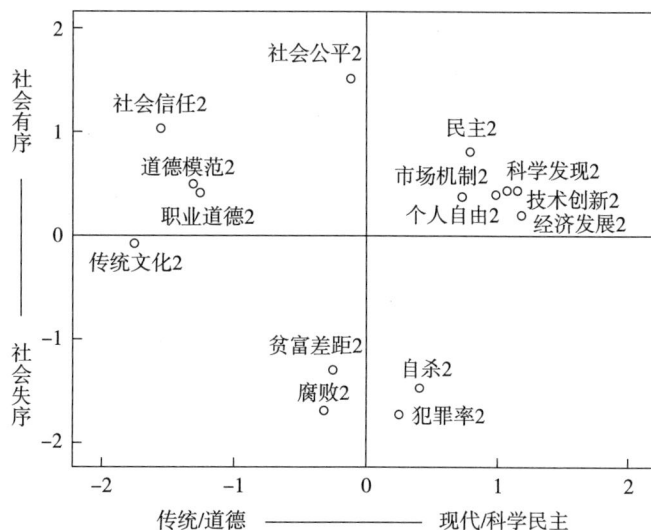

图 1　民众对 100 年前中国社会的认知（多维尺度分析结果）

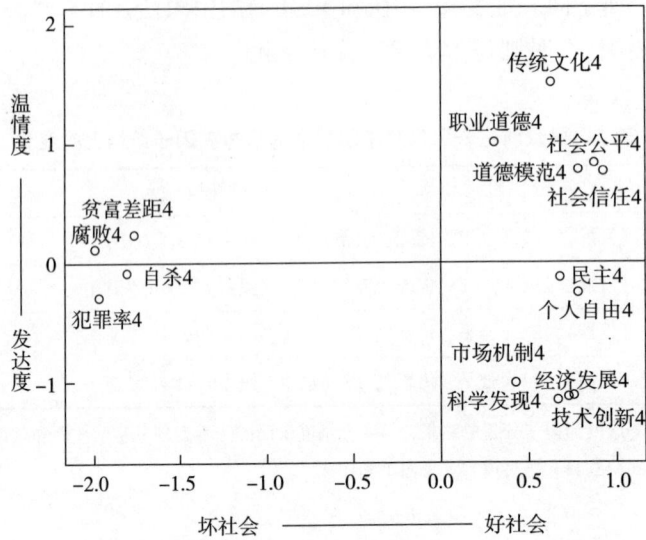

图 2　民众对 30 年后中国社会的认知（多维尺度分析结果）

（二）积极指标总体线性增长

　　笔者不仅考察了人们对中国社会变迁的认知，还考察了人们对中国人品质变迁的认知。在保留以往研究中涉及的能力和热情维度的同时，增加了自信、胆怯、顺从等内容。[20] 探索性因子分析发现，能力和热情之外的内容形成了两个新的维度：自信（自信、爱支配的），胆怯冷漠（胆怯、顺从、自私、冷漠）。[20] 民众对中国社会变迁和中国人品质变迁的认知，总体上呈现随着时间线性增长的趋势。为了更清晰地呈现这一结果，这里合并了一些维度，将中国社会层面所有积极指标合并为"社会好"，包括发展、公平、传统、道德和民主；将中国人品质层面的能力和自信合并为"自信"（见图 3）。

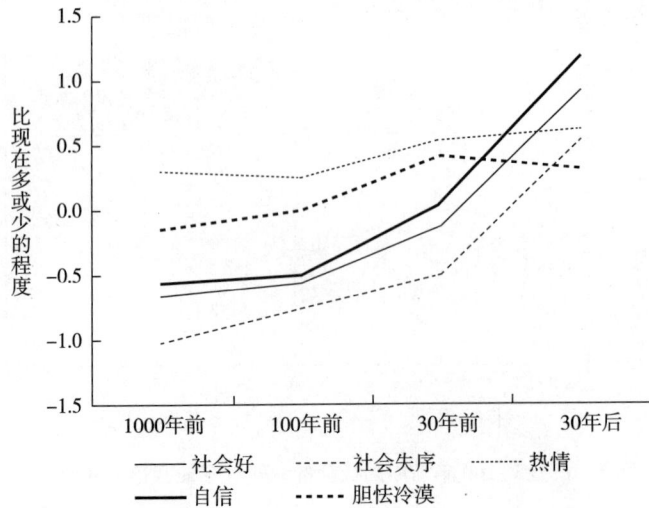

图 3　民众对过去和未来中国社会和中国人的认知变化趋势

从图3中看，如果仅就与现在的时间点（各项指标为0）比较而言，可发现民众对当前中国人的品质有些许担忧。因为他们对中国人热情品质的认知得分在所有时间点上均大于0，即人们认为现在中国人的热情品质比过去和未来都要更差。然而，与这些许担忧形成鲜明对比的是民众对未来充满希望。他们不仅认为中国的经济发展和科技创新将进一步向好的方向发展，还认为我国社会的民主、公平、传统和道德水平也将进一步提高，表现在图中集合了所有这些中国社会层面积极指标的"社会好"所呈现的线性增长趋势上。此外，人们还认为，中国人的能力在未来也将进一步增强，同时中国人的自信水平也将进一步提升，表现在图中集合了能力和自信两类指标的"自信"所呈现的线性增长趋势上。因此，整体上看，不管当前的水平高低，从过去到现在，再到未来，对中国社会和中国人的认知在积极指标总体上呈现线性增长的趋势。这个结果进一步支持了中国人的社会变迁认知具有"乌托邦"的模式，即认为未来的中国社会和中国人总体上会越来越好。

（三）好与坏相互激荡凸显社会活力

如果结合积极指标与消极指标来看图3的结果，可发现民众一方面认为中国社会越来越好，另一方面也认为中国社会越来越失序，这可以说是支持了FTSC的变迁信念。然而，民众在对中国人品质的认知方面，并没有表现出自信（包含能力）越来越高而热情越来越低的FTSC变迁信念的特征；相反，非常清晰地呈现出社会变迁内隐理论所提出的第三种"扩展"的认知模式。所谓"扩展"的认知模式，是指当同样的人格品质从积极和消极两个角度进行描述的时候（即给被试呈现反义词），被试均认为会随着社会变迁提高的认知模式。热情和冷漠是从积极和消极两个角度对同一品质的描述，自信和胆怯也是从积极和消极两个角度对同一品质的描述。但是，如图3所示，在相当长的一段时间内，民众认为这两种同一品质不管是从积极角度描述还是从消极角度描述，都呈现共同增长的趋势（30年后自信和胆怯冷漠这种共变趋势不明显）。

相关分析的结果从另一个角度验证了上述结论。民众对1000年前、100年前、30年前和30年后中国人品质变迁的认知，胆怯冷漠得分分别与自信和热情得分的8个相关系数，全部是显著的正相关。除了30年后胆怯冷漠和热情的相关为0.10之外，其余7个相关系数均在0.22~0.31。[20]以往研究发现，"扩展"的社会变迁认知模式体现了个体对社会活力的感知。受经济社会快速发展的影响，中国人对中国社会变迁具有"扩展"的认知模式，同时认为中国社会更有活力。相反，受经济社会发展速度减缓的影响，日本人对日本社会变迁有"萎缩"的认知模式，同时感知日本社会更没有活力[18]。因此，笔者所发现的民众对中国社会变迁好与坏相互激荡的"扩展"认知模式，同样凸显了民众对中国社会活力的感知。

综上所述，中国社会变迁认知的研究通过将民众认知中投射的较长"时间"跨度进行纵向的历史视角分析，为古今中西之争的解决提供了思想和情感沉淀的"空间"。这样的研究不仅展示出传统与现代的冲突随着时间得以逐渐缓解，而且为看待社会变迁中出现的问题提供了积极看待的视角和能量。此外，社会变迁认知研究与社会心态研究形成对比，后者着眼于对民众"当前"的心理状态进行描述和分析，即使是进行纵向分析，其时间跨度也比较短，难免得出社会心态负面为主的结果和结论。[21]

三　文化认同危机及其应对

近代以来，伴随着古今中西之争的文化论战，中国人对中国文化的认同也产生危机。这种认同危机反映在对待中国文化的态度上，带有非常强烈的情绪反应和情感冲突。历史悠久和曾经灿烂辉煌的中国文化在西方文化的冲击下摇摇欲坠，令很多中国人不得不对中国文化持批判和否定的态度，但这种批判和否定越激烈彻底，越不可避免地引起很多中国人对中国文化的维护和肯定。这种对待中国文化爱恨交织的态度反映了中国人在面对中国文化认同危机时的复杂应对方式，其动力动态特征很难通过单一维度的"积极—消极"态度去衡量。文化认同的多成分观点、对弱势群体社会认同的动态分析，以及作为内隐理论的文化本质论，为分析中国文化认同的这种矛盾性质提供了有益的理论参考。

（一）文化认同的多成分观点

文化认同和社会认同本质上都是与自我认同相区别的群体认同。社会心理学家逐渐将群体认同看作一个包含多种成分的概念。一种综合的分析认为，群体认同包括个体在群体层面的自我摄入（self-investment）和在群体层面的自我界定（Self-definiticon）。[22]群体层面的自我摄入是指个体感觉到与群体联系的紧密性（solidaily），对群体和自己的群体身份的满意度（satisfaction），以及群体身份对个体认识自我是否具有中心性（centrality）。群体层面的自我界定是指个体觉得自己与其他群体成员是否相似，即个体自我刻板化（individual self-stereotype）的程度，以及个体认为内群体成员之间是否相似（尤其是与外群相比），即内群同质性的程度（in-group homogeneity）。

有意思的是，Leach 等将群体认同的自我摄入和自我界定分别与前述滕尼斯的礼俗社会和法理社会相对应。[22]个体在群体层面有较多的自我摄入就像礼俗社会所描述的以亲缘和地缘为基础的联系紧密的僵固群体关系；个体在群体层面有较多的自我界定就像法理社会所描述的以共享目标和兴趣为基础的自由选择的有机群体关系。相应地，以自我摄入为基础的群体认同更容易感知群体或群体成员所遭受的威胁，并且对群体或群体成员的失败和不良行为有较多的防御反应，例如对群体的不良行为进行合理化；相反，以自我界定为基础的群体认同在面对群体或群体成员不良行为的时候，更容易表现出接受和批判的态度。[22]

大多数中国人对中国文化的认同，至少在民初更多地以自我摄入为基础，因此容易在中国文化面临危机的时候产生防御性的应对反应。例如，有些人像阿 Q 一样，对中国文化所受西方文化冲击采取精神胜利法的维护态度，以中国文化在古代的辉煌自居，认为现代的西方文化都可以在中国文化中找到源头，因此中国文化比西方文化更优秀。[1]这种防御性的文化态度在民初的东西文化论战中被称为国粹派。不过，新文化运动对中国文化持批判态度，但很难说发动和参与新文化运动的知识分子对中国文化的认同以自我界定为基础，因为他们的自我摄入程度同样很高。

（二）弱势群体的社会认同

近代以来，中国人的文化认同之所以遭受危机并具有矛盾性，归根结底在于当时的中国人相对于西方人而言是弱势群体。社会认同理论认为，人们选择认同某个群体主要基于 4 种动机：提高自尊，指利用优秀群体的成员身份让自己觉得有价值；减低无常感或提高认知安全感，指群体成员身份让个体清楚自己是谁；满足归属感，指通过依附于群体获得归属感；找寻存在的意义，指通过认同自己所属的群体而对抗死亡焦虑。[23]试想，如果一个人从属于一个弱势群体，他的弱势群体身份提高自尊的功能首当其冲受到损害，而其他 3 种功能除非间接受到第 1 种功能受损的连带影响，否则受到损害的程度较小。

弱势群体成员由于不满足低自尊的现状，倾向于进行改善，而改善的方法取决于他对社会流动（social mobility）性的看法。[24]如果个体认为群体之间的边界是可渗透的，很容易从一个群体进入另一个群体，即认为社会流动性高；那么他将采取个体化策略来改善弱势群体认同，即通过自己努力进入居于高地位的群体，从而获得与高地位群体成员身份相关的物质地位和积极评价。如果个体认为群体之间的边界不可渗透，很难从一个群体进入另一个群体，即认为社会流动性低；那么个体策略将失效，只能采取群体策略，大多数时候表现为社会创造（social creativity）。[24]此时，弱势群体或者选择不同的比较维度与高地位群体进行比较，或者重新定义已经存在的比较维度，或者选择不同的比较群体。

在西方文化的冲击下，20 世纪初对中国文化的认同令中国人的自尊受到威胁，主客观从中国文化群体进入西方文化群体的社会流动性都极低，很多人采用社会创造的策略来提高自尊，尤其表现为选择科学和民主以外的其他维度与西方文化进行对比。例如，认为中国文化虽然在科学上不如西方文化，但在道德上优于西方文化；中国文化虽然在物质上落后于西方文化，但在精神上优于西方文化。这种对不同比较维度的反复选择，在整体上构成民初东西文化论战的"二元论"叙述模式，产生了强调中西文化异质性（非优劣）的观点，从而缓解了中国人认为中国文化不如西方文化的自卑感。[3]然而，大多数强调中西文化异质性的观点并不排斥通过学习西方文化来改造中国文化。要理解这种态度背后的心理机制，有必要引入文化本质论（cultural essentialism）的讨论。

（三）作为内隐理论的文化本质论

本质论指普通人对社会类别是否有其本质的看法，是内隐理论的一种。[25]持有本质论观点的人认为社会分类具有一个深深的和不可观察的实体，这个实体导致分类成员的表面特征，并且是恒定不变的和不可能通过人为的干预而改变的。这里的社会类别可以是对任何社会群体的分类，例如种族、民族、性别、社会阶层、宗教、文化。Haslam 等通过考察人们对 20 种社会分类在 9 种本质论观点上的评分，发现本质论包含自然类别（natural kind）和群体实体性（entitativity）两个维度。[26]前者指一种社会分类的稳定性、不可改变性、必要性、离散性和自然性；后者指一种社会分类的信息性、统一性、内在性和排他性。一种社会分类越具有自然类别属性，越具有群体实体性，人们对该社会类别就越持有本质论的看法。但是，人们对不同社会类别使用不同的维度持有本质论。例如，在性别上倾向于使用自然类别形成本质论，在政党上倾向于使用群体实体性形成本质论。考虑到文化作为一种社会分类，在自然类别属性和社会类别属性（群体实体性）之间更接近社会类别属性，因此群体实体性比自然类别对是否持有文化本质论影响更大。

　　然而，以往本质论的研究主要关注自然类别一个维度，聚焦于某种个体特质或社会类别的不可改变性，将某物不可改变的观点称为实体论。以此实体论界定的本质论的相关研究发现，个体对某种社会类别持有本质论观点，与他对该群体和外群体的态度具有紧密的联系。本质论者在进行群体知觉时更关注与刻板印象一致的信息，更多地采取原型表征策略加工相关信息，很容易对群体形成刻板印象。[25]同时，本质论者更倾向于从内在的生物因素解释群体差异（尤其像种族这种接近自然类别的群体），似乎为群体的不平等现状和劣势群体持久的边缘化提供了正当性理由，也削弱了不同群体及其成员之间相互交往的兴趣。[25]如果个体遭遇偏见，本质论者更不能面对和接受，并且在未来与偏见持有者的交往中表现出更多的退缩行为。[25]此外，群体本质论会加强个体对内群体的认同，进一步增加对外群体的偏见。对于弱势群体成员，持有本质论观点使他们更僵化地依附于他们的群体。[25]可见，这里的本质论与前述群体认同的多成分观点，以及弱势群体的社会认同过程具有紧密的联系。

　　由于本质论是人们日常不自知的内隐观点，因此它为弱势群体背景下的群体认同过程提供了更深层次的解释。将群体本质论的理论应用于文化本质论，并或多或少地包含自然类别和群体实体性两个维度，研究者发现了本质论也具有某些积极的作用。例如，虽然文化本质论可能导致排斥其他文化，但它主张文化独特性，有利于保护文化传统。[27]与以往研究强调文化（群体）本质论对文化间互动产生负面影响的观点不同，Chao 和 Kung 从社会群体间的权力结构着眼，认为文化本质论对于弱势群体具有积极的作用。[28]对于弱势群体而言，文化本质论可以提高群体凝聚力，抵抗来自支配群体的主导，以及保护自己的文化传统。[28]这种基于宏观社会结构进行分析的观点，很适宜分析我国民初的古今中西文化论争。

　　那么，究竟中国文化本质论与对待中国文化和西方文化的态度有什么样的关系呢？笔者认为：首先，根据文化认同的多成分观点，中国文化历史悠久，中国人对中国文化的认同更多地基于自我摄入而不是自我界定，因此在面对西方文化冲击时会产生防御反应（如国粹派对传统文化的维护）；其次，根据弱势群体的社会认同分析，很多中国人会寻找中国文化居于优势的维度与西方文化进行比较（如新儒家对传统文化的肯定），然而这种文化态度不能简单地理解为社会认同理论的社会创造概念（不主张社会结构改变），因为这种态度不仅对团结中国人和保护传统文化具有积极的作用，反映了文化本质论的观点，而且主张社会结构改变；最后，根据文化本质论，本质论者面对"偏见"不仅不能接受，而且有退缩行为，而建构论者（与本质论相对）能够对内群体和本文化勇于批判。这或许可以解释，为什么很多 20 世纪初到西方留学或接受西式教育的知识分子对中国文化持否定态度，主张彻底地学习西方文化，而他们明明都是爱国人士（如很多新文化运动的发动和参与者）。

（四）　中国文化本质论及其作用

　　笔者将中国文化本质论看作具有整合性的理论框架，用来解释几种主要的对待中国文化的态度。[29]首先，通过梳理东西文化论战的资料，将中国文化态度分为三种，并开发相应的量表：肯定中国文化的态度，包括 5 题（α = 0.85），例如中国文化发掘和保持自己的独特性有利于它对世界的贡献，中国文化有能力转变其传统形态而进入现代形态；否定中国文化的态度，包括 4 题（α = 0.88），例如中国文化缺乏现代化最重要的品质，中国文化必须进行根本的改变和彻底的改造；维护中国文化的态度，包括 3 题（α = 0.77），例如很多西方文化的思想都可以在中国文化中找到源头，从长远发展方向看中国文化比西方文化更有前途。其次，根据社会类别本质论的二维结构，从实体论和不变论两个角度测量中国文化本质论。1 题测量实体论：中国文化和西方文化有本质的不同。2 题测量不变论（α = 0.90）：中国文化是不可改变的，中国文化是可以改变的（反向题）。最后，考察民众对现代化的两种态度，即西学为体和中学为体。前者用 2 题测量（α = 0.66）：现代化应以认真学习西方文化为基础，以发扬中国文化为辅；现代化主要是彻底地学习西方文化，要少谈中国文化。后者用 1 题测量：现代化必须以发扬中国文化为基础，以学习西方文化为辅。笔者通过网络对全国范围内的 602 位民众进行问卷调查，发现中国文化本质论可以很好地解释对待中国文化和现代化的态度。[29]

（一）中国文化本质论具有二维结构

因子分析的结果表明，中国文化本质论包含两个维度：实体论，强调中国文化与西方文化的异质性；不变论，认为中国文化不可改变。[29] 从表 2 的相关系数看出，实体论和不变论两者之间几乎是零相关，说明它们彼此相互独立。再看实体论和不变论与其他变量的相关，全部呈现了不同模式，表明两者在对待中国文化和现代化的态度上具有完全不同的作用。[29] 这些结果支持了以往研究将社会类别本质论看作二维结构的观点。

虽然社会类别本质论具有二维结构的观点由来已久，但是有关本质论的实证研究绝大多数没有对此细加区分。究其原因可能有三个：首先，很多社会类别本质论的研究源于对个体特征本质论的延伸。所谓个体特征本质论，主要包括能力本质论和人格本质论，均关注个体的特征是可变还是不可变。这种不变论 vs. 可变论在延伸到社会类别本质论的研究之后，很少加入实体论的内容。其次，西方研究者关注较多的社会类别均具有明显的自然属性，例如种族和性别。这种社会类别的本质论主要以不变论（自然类别维度的核心内容之一）为基础，对实体论考虑不足。最后，在西方个人主义文化背景下，即使在考察社会类别的本质论时，仍然将社会类别看作像特质一样的附属于个体，而不将其看作独立的实体，使群体实体论很难显现。

相反，跨文化研究发现，东方文化比西方文化更认为群体具有实体性。[30] 而且，如前所述，文化比种族和性别在社会分类上更具有"社会"属性，实体论理应作为描绘中国文化本质论的重要成分。可见，中国文化本质论具有二维结构是合理的。如表 2 所示，实体论的分值较高，表明大多数中国人认为中国文化与西方文化有本质的不同；不变论的分值较低，说明受到剧烈社会变迁的影响，大多数中国人认为中国文化是可以改变的。换言之，以往被看作单一维度的本质论的观点，不仅在中国文化上被区分为两个维度，而且出现了一高一低的情况。

表 2　中国文化本质论的结构及其与对传统文化和现代化的态度之间的相关　（N＝602）

	M（SD）	1	2	3	4	5	6
1. 实体论	4.17（1.06）						
2. 不变论	2.76（1.00）	−0.04					
3. 肯定中国文化	5.54（0.77）	0.23**	−0.12**				
4. 否定中国文化	2.93（1.25）	−0.04	0.04	−0.42**			
5. 维护中国文化	5.01（1.00）	0.20**	−0.11**	0.52**	−0.20**		
6. 西学为体	3.03（1.39）	0.00	0.09*	−0.35**	0.54**	−0.14**	
7. 西学为体	5.36（1.18）	0.12**	−0.08	0.46**	−0.22**	0.37**	−0.23**

注：量表均为 7 点量表；* 表示 $p<0.05$；** 表示 $p<0.01$。

（二）中国文化本质论与对中国文化的态度

从表 2 的结果看，肯定中国文化和维护中国文化的态度得分较高，否定中国文化的态度得分较低。同时，三种中国文化态度之间皆有显著的相关。[29]肯定中国文化的态度与维护中国文化的态度之间呈显著的正相关，两者分别与否定中国文化的态度呈显著负相关。该结果似乎表明肯定中国文化的态度与维护中国文化的态度是相似的。然而，如果用中国文化本质论的实体论和不变论预测这两种文化态度，即可看出两者的差别。实体论和不变论在肯定中国文化的态度上具有交互作用（见图 4）：对于中国文化实体论者，是否认为中国文化不可改变均不影响其肯定中国文化的态度（得分高）；对于中国文化非实体论者，认为中国文化可以改变比认为中国文化不可改变的信念提升了肯定中国文化的态度。[29]实体论和不变论在维护中国文化的态度上则没有交互作用。

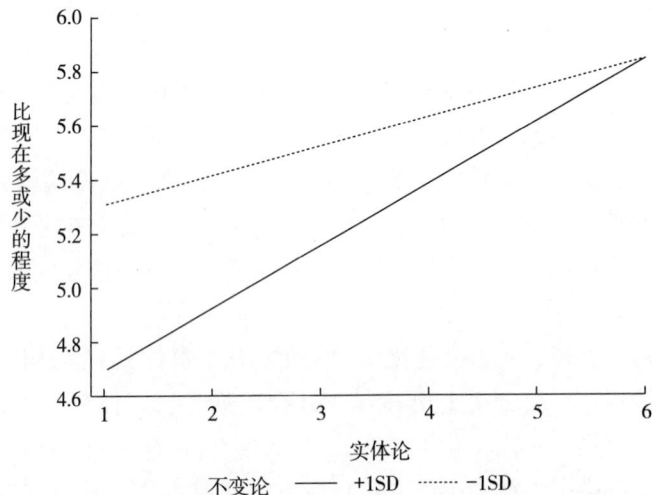

图 4　中国文化实体论和不变论在肯定中国文化上的交互作用

此外，实体论和不变论在否定中国文化的态度上也具有交互作用（见图 5）：对于中国文化实体论者，是否认为中国文化不可改变均不影响其否定中国文化的态度（得分低）；对于中国文化非实体论者，认为中国文化不可改变比认为中国文化可以改变的信念提升了否定中国文化的态度。[29]也就是说，如果仅以不变论代表本质论，那么对中国文化持否定态度的人持有最强的中国文化本质论。然而，就实体论而言，他们并不认为中国文化与西方文化有本质的不同，好像又具有非本质论的观点。按照以往的本质论观点，这一结果不仅在本质论的含义上存在矛盾，而且也与以往关于本质论效应的研究结果不符。以往研究发现，持有本质论（不变论）的人通常对内群体比较认同和偏袒，而笔者的研究发现中国文化不变论的观点引起了对中国文化的否定。同时，这种否定与新文化运动对中国文化的批判态度可能也不同，因为后者不仅是简单地对中国文化进行否定，还隐含了对中国文化发展的积极诉求。该如何解释这种种矛盾呢？首先，应立足中国文化本质论是一个二维结构，将实体论和不变论区分看待。其次，应该注意这里的研究对象是普通民众，而新文化运动的发动者和参与者是知识分子，他们的心理机制可能不同。最后，笔者的研究关注弱势群体的本质论和群体态度，并且聚焦于比以往更加宏观的历史和文化背景，以往的理论可能不适合理解这种特定背景下的心理机制。将来的研究应该进一步考察在这种特定的背景下，中国文化本质论和文化态度与文化认同之间的关系。

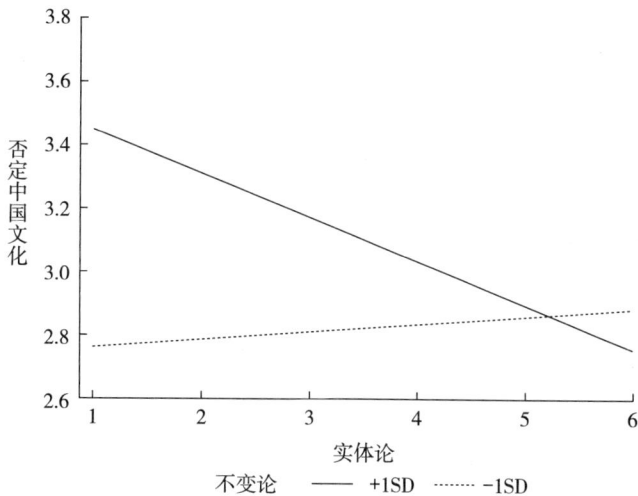

图 5　中国文化实体论和不变论在否定中国文化上的交互作用

（三）中国文化本质论与对现代化的态度

中国文化本质论不仅可以解释对中国文化的态度，还可以解释对现代化的态度。从相关分析的结果看（见表2），实体论与中学为体显著正相关，不变论与西学为体显著正相关。[29]换言之，越认为中国文化与西方文化不同，越支持现代化以发扬中国文化为基础；越认为中国文化不可改变，越支持现代化以学习西方文化为基础。结合实体论和不变论对中国文化态度的交互作用结果，可发现以两个维度描述中国文化本质论具有重要的意义。首先，同样属于本质论的内容，但实体论和不变论与对中国文化和现代化的态度之间却有着不同方向的关系。实体论与肯定中国文化的态度和坚持以中国文化为基础的现代化态度相联系，而不变论不利于肯定中国文化的态度，并与坚持以西方文化为基础的态度相联系。其次，认为中国文化与西方文化具有本质不同的实体论是对中国文化积极态度的基础和保障。因为，对于中国文化实体论者，无论是否持有中国文化不变论，都有较高的肯定中国文化的态度，以及较低的否定中国文化的态度。然而，当民众持有中国文化非实体论观点时，如果同时认为中国文化不可改变，就会产生最极端的否定中国文化的态度。

五　以主体意识和历史意识在全球化时代提升中国文化认同

综合上述关于民众社会变迁认知和中国文化本质论的研究结论，可以为化解古今中西之争提供重要的启发。首先，以文化实体论为基础的文化主体意识是对中国文化持肯定态度的心理基础，这种主体意识不仅可以在处于弱势地位时为文化认同提供保护功能，而且并不妨碍对其他文化持开放吸收的态度。其次，挖掘隐含在民众社会变迁认知模式背后的历史意识，有利于拓宽看待社会变迁的视野，化解传统与现代的冲突，超越以问题导向认知当前社会现实的思路，获得积极心态正能量。最后，中国文化的主体意识和历史意识与中国文化可变论相结合，可使中国文化在全球化时代面对未来时形成更健康自信的开放心态。

当前在世界范围内所进行的 "全球化进程并不是某一个现代文化的普及和代替其他文化的过程，而是所有参与这个进程的文化体的重构性互动过程"[31]。而费孝通从历史和考古的角度分析认为，中国文化本身就是一个多种文化融合建构的产物，它首先在中国历史较早期形成以汉族文化为核心，然后与其他少数民族文化和其他国家文化经过无数次大小不同和深浅不一的相互融合建构，一直持续到今。[32]最近，社会与文化心理学家提出一种称为文化会聚主义（polyculturalism）的文化研究新视角，将文化看作一种动态建构过程，认为不同文化之间并不是可划清界限的类别关系，而是互有牵涉的融通关系。[27]如果一个人持有文化会聚主义的观点，将更主张文化之间的相互学习和相互调适。[27]显然，这几种观点在文化认同是一种在变化中动态建构的过程这一点上，具有相当的一致性。

表面上看，文化本质论和文化动态建构论两种观点是相冲突的。但是，文化本质论的干预研究发现，以强调不同文化间差异为导向的文化本质论不仅没有增加对其他文化的排斥，反而提高了个体对文化的开放性和文化智力水平。[33]国内关于散居少数民族的研究也有类似的发现，少数民族个体的民族本质论与对本民族的认同和对汉族的认同均呈正相关。[34]可见，文化的主体意识（认为与其他文化有本质差异）与文化的动态建构论并不矛盾。将这种文化的主体意识与社会变迁的历史意识相结合，不仅可以解释20世纪古今中西之争的文化论战，也适用于作为21世纪全球化新形势下对中国文化的认同策略。与那些认为现代化和全球化会使不同文化趋同消解的观点不同，笔者认为：树立文化的主体意识，培养文化的历史意识，非但不会阻碍、还会促进中国文化更好地现代化。只有立足于主体意识和历史意识对中国文化进行新的建构，才能实现中国传统文化在新的普适意义上的复兴。[2]而且，这种文化复兴要依靠广大的普通老百姓，因为他们中间凝聚着厚重的主体意识和历史意识（虽然不自知）。正像杨中芳所指出的，社会变迁的研究不应只研究 "现代性高" 的知识分子和大学生，更应该研究那些芸芸大众，他们在相当程度上代表了整个社会文化传统改变的方向和动力。[13]

综上，从民初古今中西之争文化论战梳理出来有关社会与文化变迁的几种态度，不仅可以通过其投射于当前普通民众心理而揭示出来的社会变迁认知和中国文化本质论两种内隐理论来解释，而且可以为全球化时代进一步提升中国文化认同提供有益的启发。联系这些研究结论，笔者认为中华民族伟大复兴的社会心理促进机制建设可从以下几方面着手：

1. 弘扬优秀传统文化，唤醒民众对传统文化的亲切感和认同感。中国文化实体论是对中国文化持积极态度的基础和保证，即人们需要认识和体会中国文化与西方文化是不同的。然而，面对来自西方现代化的冲击，很多优秀传统文化面临衰落的危机。同时，当前中国的社会与文化变迁有着与西方社会趋同的倾向，很多人为了适应社会发展而盲目地学习西方的东西。两方面的力量使得在一些民众中间存在精神与价值的缺失。应该说，传统文化在民众心理的根基较深，而且并不会随着社会变迁而被完全取代。因此，弘扬优秀传统文化，很容易唤醒民众对传统文化的亲切感和认同感。

2. 总结提升中国经验，坚定民众拥护中国道路的信念与决心。从民众的社会变迁认知来看，中国的经济与社会发展水平均呈现不断提高的趋势。从民众的中国文化本质论来看，虽然人们认为中国文化具有自己的独特性，却是可以改变的。因此，中国近代以来复兴之路的实践已经对传统文化做出解构与建构，成为当前中国文化的一部分。只是，对此还缺乏足够充分的沉淀与提炼。因此，急需在保持中国文化认同连续性的基础上，总结提升中国经验，坚定民众拥护中国道路的信念与决心。如此，中国经验与中国道路背后的精神内涵必将注入这一连续性的中国文化认同体中，成为新的"传统"。

3. 重视培养历史意识，理顺民众看待社会变迁的观念与态度。由于近代以来中国社会变迁的节奏极为迅速，加之现代化的趋同性和全球化的一体性，使人们看待自己社会时常常采取与西方发达社会横向比较的视角，而忽视了自己社会变迁的历史。因此，很容易将当前的社会矛盾和问题看作落后的表现，而不是看作发展中像凤凰涅槃一样的阵痛。要重视培养历史意识，一方面应该看到中国在近代以来受到西方列强以及日本入侵造成的极不平等的发展基础，另一方面更应看到新中国在这种薄弱的基础上成立以来取得了何等的发展和提高。有了这样的历史意识，必将对中国社会变迁持积极为主的态度，而不是以负面问题为导向看待社会变迁。

4. 强调持续发展眼光，增强民众对当前生活的幸福感和自豪感。如果说历史意识是从过去看现在，看看如何一路走来，那么从未来看现在，则是一种向前发展的眼光，看看将要走向何方。通过民众的社会变迁认知看，关于未来社会有着非常积极的信念，例如他们对未来社会的认知呈现传统与现代趋于融合的特征。如果按从过去到现在再到未来的整体时间历程看，则出现人们认为过去和未来都比现在好的情况。这不能简单地理解为对现在的不满和逃避，而应该反过来对现在产生一种积极的观感。在持续发展的眼光下，眼前的问题不是被夸大，而是被包容和启发求解。正像积极心理学所倡导的，对过去感恩、对现在满意、对未来充满希望，是最真实的（authentic）幸福。

5. 以文化认同稳固和加强国家认同。全球化时代对个体最大的挑战之一是多元和多重文化认同对自我认同的解构与重构。国家认同也是如此，移民和人口流动既可能将中国人转变成外籍，也可能将外国人转变成中国籍。外籍华人和中国籍非华人，都可能很支持中国事业，并对中国发展做出巨大贡献。相对于国家和国籍标签，文化标签更有利于在全球化时代令个体不局限于身份而产生较深度的认同，以及有利于产生包容性的多重认同。因为，按照本质论的二维结构观点，一个社会类别越具有社会属性，越具有群体实体性，而不受自然属性（如种族）的限制。近代以来多元一体的"中华民族"认同的形成，不仅是全体中华儿女面对外辱和危亡一体性的凸显，也是中华文化延绵相继的心理认同生成物。鉴于文化认同的这种延续性和包容性，在全球化时代，通过培育和加强文化认同，可以更好地稳固和加强国家认同。

致谢：本文所涉及的研究取样过程，得到了上海静安区（区卫生计生委员会，区疾病预防控制中心，区石门二路社区卫生服务中心，区卫生系统后勤服务中心的谢咏、姚嬿、周艳、何永频、郑文韬、徐慧明）、广州市荔湾区（区政法委、区民政局的陈建、李鄂明、刘伟、李延甲）和中山大学博士生陈晨、中国人民大学心理学系硕士生崔有波的大力支持。本文部分观点受惠于北京师范大学心理学院陈咏媛的启发。

参考文献

[1] 甘阳. 古今中西之争 [M]. 北京：三联书店，2012.

[2] 陈来. 传统与现代：人文主义的视界 [M]. 北京：三联书店，2009.

[3] 汪晖. 现代中国思想的兴起 [M]. 北京：三联书店，2008.

[4] Dweck, C., Chiu, C., Hong, Y. Implicit Theories and Their Role in Judgments and Reactions：A Word from Two Perspectives [J]. Psychological Inquiry, 2009, 6 (4).

[5] Smith, E. R., Semin, G. R. Situated Social Cognition [J]. Current Directions in Psychological Science, 2007, 16 (3).

[6] Triandis, H. The Self and Social Behavior in Differing Cultural Contexts [J]. Psychological Review, 1989, 96 (3).

[7] Greenfield, P. M. The Changing Psychology of Culture from 1800 through 2000 [J]. Psychological Science, 2013, 24 (9).

[8] 苏红，任孝鹏. 个体主义的地区差异和代际变迁 [J]. 心理科学进展，2014 (6).

[9] Inglehart, R., Baker, W. E. Modernization, Cultural Change, and the Persistence of Traditional Values [J]. American Sociological Review, 2000, 65 (1).

[10] Oishi, S., Lun, J., Sherman, G. Residential Mobility, Self-Concept, and Positive Affect in Social Interactions [J]. Journal of Personality and Social Psychology, 2007, 93 (1).

[11] Kashima, Y., Bain, P., Haslam, N., et al. Folk Theory of Social Change [J]. Asian Journal of Social Psychology, 2009, 12 (4).

[12] 杨宜音. 人格变迁和变迁人格：社会变迁视角下的人格研究 [J]. 西南大学学报（社会科学版），2012 (4).

[13] 杨中芳. 现代化、全球化是与本土化对立的吗？[J]. 社会学研究，1999 (1).

[14] Hamamura, T. Are Cultures Becoming Individualistic? A Cross-temporal Comparison of Individual Ism-collectivism in the U. S. and Japan [J]. Personality and Social Psychology Review, 2012, 16 (1).

[15] Allen, M. W., Ng, S. H., Ikeda, K., et al. Two Decades of Change in Cultural Values and Economic Development in Eight East Asian and Pacific Island Nations [J]. Journal of Cross-Cultural Psychology, 2007, 38 (3).

[16] 赵志裕，吴莹，杨宜音. 文化混搭：文化与心理学研究的新里程 [J]. 中国社会心理学评论，2015 (9).

[17] 杨国枢. 中国人的心理与行为：本土化研究 [M]. 北京：中国人民大学出版社，2004.

[18] Bain, P. G., Kroonenberg, P. M., Kashima, Y. Cultural Beliefs about Societal Change：A Three-mode Principal Component Analysis in China, Australia, and Japan [J]. Journal of Cross-Cultural Psychology, 2015,

46（5）.

［19］ Bain, P. G., Homsey, M. J., Bongiorno, R., et al. Collective Futures：How Projections about the Future of Society are Related to Actions and Attitudes Supporting Social Changs［J］. Personality and Social Psychology Bulletin, 2013, 39（4）.

［20］ 韦庆旺. 古今中西之争：中国人的社会变迁认知初探［C］. 银川：第9届文化混搭心理研究学术研讨会, 2015.

［21］ 王俊秀. 当前值得注意的社会心态问题和倾向［J］. 中国党政干部论坛, 2015（5）.

［22］ Leach, C., Van Zomeren, M., Zebel, S. Group-level Self-definition and Self-investment：A Hierarchical（Multioom Ponent）Model of In-group Identification［J］. Journal of Personality and Social Psychology, 2008, 95（1）.

［23］ 赵志裕, 温静, 谭俭邦. 社会认同的基本心理历程——香港回归中国的研究范例［J］. 社会学研究, 2005（5）.

［24］ 王沛, 刘峰. 社会认同理论视野下的社会认同威胁［J］. 心理科学进展, 2007（5）.

［25］ 高承海, 侯玲, 吕超, 等. 内隐理论与群体关系［J］. 心理科学进展, 2012（8）.

［26］ Haslam, N., Rothschild, L. Emst D. Essentialist Beliefs about Social Categories［J］. British Journal of Social Psychology, 2000, 39（1）.

［27］ Morris, M. W., Chiu, C. Y., Liu, Z. Polycultural Psychology［J］. Annual Review of Psychology, 2015（66）.

［28］ Chao, M. M., Kung, F. Y. An Essentialism Perspective on Intercultural Processes［J］. Asian Journal of Social Psychology, 2015, 18（2）.

［29］ 韦庆旺, 陈咏媛. 社会与文化变迁：信念与态度［C］. 重庆：第10届文化混搭心理研究学术研讨会, 2015.

［30］ Menon, T., Morris, M. W., Chiu, C. Y., et al. Culture and the Construal of Agency：Attribution to Individual Versus Group Dispositions［J］. Journal of Personality and Social Psychology, 1999, 76（5）.

［31］ 韩震. 论全球化进程中的多重文化认同［J］. 求是学刊, 2005（5）.

［32］ 费孝通. 费孝通全集：第十三卷［M］. 呼和浩特：内蒙古人民出版社, 2009.

［33］ Fischer, R. Cross-cultural Training Effects on Cultural Essentialism Beliefs and Cultural Intelligence［J］. International Journal of Intercultural Relations, 2011, 35（6）.

［34］ 高承海, 万明钢. 民族本质论对民族认同和刻板印象的影响［J］. 心理学报, 2013（2）.

Social Change and Cultural Identity：

The Antiquity-modernity and China-West Controversies from the Perspective of the Implicit Theory

Wei Qingwang　Shi Kan

Abstract：On the basis of two implicit theories of psychology, the authors identified three attitudes to Chinese oulture and the orientation of modernization as shown by the antiquity-modernity and China-West controversies, and, through a discussion of social change and cultural change, predict these attitudes. People's cognition of social change from ancient China to future China has three basic patterns. the integration of tradition and modernity, the linear growth of the overall positive indicators, and the demonstration of social volatility through both positive and negative aspects. People's view of the nature of Chinese culture lies in their cultural essentialism and their belief in cultural immutability. The essentialism belief holds that the nature of Chinese culture is different from that of Western culture. The immutability belief holds that Chinese culture is immutable. The former guarantees the Chinese favorable attitudes to Chinese culture. However, the positive and negative attitudes to Chinese culture can be predicted only by considering the both theories. Social change beliefs and Chinese cultural essentialism offer a comprehensive explanation to the psychological coping process of the Chinese who face the influene of Western culture since the modern times.

Key words: social change; cultural identity; implicit theory; essentialism; Chinese culture

健康型组织的概念、结构及其研究进展[*]

时　勘　周海明　朱厚强　时　雨

【编者按】 健康型组织建设是 20 世纪末课题组就提出的一个新概念，2004 年 8 月 16 日我们在北京邀集乐中智德慧、清华大学、北京师范大学以及美国、中国香港地区学者，召开了"心的力量、新的成长：建设健康型组织论坛暨第二届中国 EAP 年会"，我们特别探讨了由于我国传统文化、管理制度与来源国的差异，需要探索适合我国需求的管理模式，特别是要建设一个让员工"身心健康、胜任高效、创新发展"的健康型组织，课题组郑蕊、邢雷、周海明、朱厚强、时雨等同学在实证研究方面给予了大力支持。发表在核心期刊《苏州大学学报》的这篇文章，已经是对健康型组织建设的理论研究的最好总结。2013 年，课题组成功获批国家社会科学重大基金"中华民族伟大复兴的社会心理促进机制研究"，将健康型组织建设研究又提高到一个新的水平。该项目通过对民族复兴历史渊源的探索，特别是围绕社会变迁与文化认同问题，从认知的角度揭示了投射于民众内隐社会心理结构中的群体智慧和心理正能量。特别发现，在保持文化连续性基础上提升中国经验，可以加强民众对于国家的认同，坚定不移地走中国特色的健康型组织建设之路，在健康型组织的胜任高效的能力建设方面，通过系统的实证研究，揭示了高级领导干部、公务人员和青少年学生应该具备的核心胜任特征，特别是具有应对危机突发事件的抗逆力模型。研究发现，区别于西方干部任免制度，中国环境下的干部成长比西方的议会选举接受了更多的考验，更能满足实现中华民族伟大复兴的要求。在回答"为什么培养不出更多的诺贝尔奖获得者"这个社会关心的热点问题时，我们提出了教育体系存在的根本问题和可操作的改进措施。就我国应该选择的战略性新兴产业、高端人才的成长规律和大众科学普及等问题，向有关部门提出了多项对策建议，并被全国科学大会和主管部门采纳。最后，项目组在网络媒体大数据的高效获取、数据集成、隐私保护和新闻扩散等敏感问题上，获得了一系列专利成果，这些技术对于实现全球化和民族复兴大业都具有重要的意义。总之，我们对于加强健康型组织建设更具有前行的信心。(时勘)

摘　要： 健康型组织是国内外组织行为学研究领域的最新趋势之一，也在时勘博士承担的"中华民族伟大复兴的社会心理促进机制研究"中居于核心地位。本文首先回顾了从个人身心健康到组织健康的探索历程，回顾了组织行为学研究领域在组织健康研究方面的代表性进展，特别是介绍了加拿大实施的健康场所的卓越框架、salanova 等的 HERO 模型等内容，并重点介绍了时勘博士课题组基于我国经济新常态下组织变革的特殊要求，阐述了我国健康型组织研究的整

---

*　基金项目：国家社会科学基金重大项目"中华民族伟大复兴的社会心理促进机制研究"　（项目编号：13&ZD155）的阶段性研究成果。

体框架，并基于身心健康、胜任发展和变革创新的主要维度，提出了五个方面的研究内容。在此基础上，首先，介绍了在健康型组织的概念和结构方面取得的一些实证研究进展。其次，根据健康型组织建设所涉及的胜任发展和变革创新方面的研究规划，分别提出了基于胜任特征模型的能力建设和职业发展研究、科学思想库、人才培养及科学普及的心理影响机制、基于网络媒体平台的社会心理行为的集成研究、社会心理促进模式示范性研究的中期进展及其取得的阶段性成果。最后，讨论了健康型组织未来研究需要关注的问题。

关键词：健康型组织；HERO 模型；健康场所的卓越框架；评估结构模型；社会心理促进机制

一　民族复兴的社会心理促进机制

党的十八大以来，习近平总书记多次提出并阐释了实现中华民族伟大复兴的"中国梦"，这在国内外引起强烈反响和高度关注，成为社会各界的关注焦点，也成为社会各界的研究重点和热点。"中国梦"选题重大、内涵丰富，涉及多个学科领域。中华民族伟大复兴的社会心理促进机制，应该是心理学、管理科学和信息科学领域学者进行跨学科合作探索的一个值得深化和拓展的专题研究。该项目定名为"中华民族伟大复兴的社会心理促进机制"，拟以我国民众实现中华民族伟大复兴的社会心理促进机制为主线，从历史、哲学和历代民众社会心理发展历程的视角，进行跨学科的联合探讨，探索中华民族伟大复兴在社会心理方面的影响机制，从而为社会和谐发展、经济发展和生态平衡提供有关人的社会行为的规律及管理决策依据，进而服务于国家的社会管理、人力资源开发、科技创新与社会经济和谐发展。

（一）民族复兴进程监测的评价指标体系

国家发改委社会发展研究所所长杨宜勇研究员从经济和社会发展的视角，提出了一个中华民族复兴进程的监测评价指标体系。[1]该体系包含六大方面，每一方面赋予不同权重：经济发展（0.25）、社会发展（0.20）、国民素质（0.15）、科技创新（0.15）、资源环境（0.15）、国际影响（0.10）。在每一方面下，设置次一级的指标，例如经济发展下有"GDP与人口份额的匹配度""人均 GNI""全球 500 强中国企业营业额""上市公司市值占 GDP比重"4 个方面的次级指标。他们运用该体系对不同年份的国家总体发展情况进行测算，得到相应的指数，以此作为民族复兴"进程"的监测指标。这套体系和测评方法具有综合、直观和量化的优点，将民族复兴具体到可见的指标和数字，通过这套指标体系，民族复兴在某一年份实现的程度，甚至速率都可以清晰地描绘出来。然而，它虽然也谈到国民素质等人的因素，但更多的是从经济和社会发展的角度对民族复兴进行分析，没有说明如何从社会心理角度出发看待问题，更没有从社会心理促进的角度来探索如何推进中华民族伟大复兴这一需要被广大民众关注、参与和接纳的过程。如果将该体系的内容看作一种国民追求目标和动机的过程，那么它与社会心理历史变迁的考察具有更多的对应性。

（二）民族复兴的社会心理变迁

中华民族有 5000 年文明历史，为人类文明进步做出了不可磨灭的贡献。中华民族在沧桑岁月中凝聚了 56 个民族 13 亿多人共同经历的非凡奋斗、共同创造美好家园所共有的民族精神及其共同坚守的理想信念，社会心理实际上属于社会意识的范畴，特定的社会存在决定了特定的社会意识，进而形成了特定的社会心理结构。[2]中华民族源远流长，孕育着中华文化和中华儿女，并形成了中华民族独特的民族文化和民族性格。现阶段中国发展的历史现状和特殊国情也形成了目前中华民族独有的社会心理状态及其社会心理结构。它是凝聚一个国家或民族为整体利益而奋斗的精神纽带，因此探索社会心理结构的组成要素，并形成一个评估模型至关重要，对实现中国梦具有重要的意义。关于中国梦的含义和民族复兴的历史渊源，可以从各个角度找到诸多直接或间接相关的研究。有从意识形态和政治理论角度出发的研究[3]；有从思想史角度出发的研究，这方面汪晖的"中国现代思想的兴起"颇具代表性[4]；有从民族性角度出发的研究，例如沙莲香所主持的中国民族性系列研究[5-7]；有从本土心理学角度出发的研究，如朱永新对中国传统心理思想的梳理[8]，不少港台地区学者从实证研究的角度，对中国人的心理变迁做了有益的探索[9]。此外，从跨文化心理学角度，学界也就中国人心理的研究积累了大量的研究成果。[10-11]我国 2001 年加入 WTO、2008 年举办奥运会，近年国家的 GDP 更是跃居世界第二。在三个阶段背后，很可能包含着社会心理的历史变迁，从民族的自卑到民族的自信，从艰苦自强到富足广交，从传统封闭到现代开放。沙莲香的"中国民族性"三部曲就是运用社会人类学的方法，分别立足于三个阶段去描绘国人的心理变迁历程，企图找到民族复兴在中国人本身人格中所蕴含的力量和发展的方向。[5-7]杨国枢等所倡导的华人心理学研究，更是从实证心理学的角度系统地探讨中国人的传统心理及其面临社会变迁的适应机制，为团结中华儿女在社会心理促进上提供了有益的启发。[9]国内有影响的社会心态研究始于 20 世纪 90 年代中末期。最初的研究因缺乏清晰的概念界定和理论建构，成为对社会心态各个因素的调查研究的"拼盘"。进入 21 世纪中期，大型的相关项目相继展开，社会心态所具有的一些特性逐渐被研究者揭示出来。例如，杨宜音、马广海、王俊秀等针对社会心态概念界定、社会心态的心理结构、与社会心态相关的概念进行了细致的梳理和辨析。[11-14]进而，一些国家级、省市级社会心态项目的成果问世，跨学科、应用性的论文反映出社会心态概念具有很大的影响力和扩展性。如杨宜音、王俊秀主编的《当前我国社会心态研究》和王俊秀、杨宜音主编的《中国社会心态研究报告》较为系统地对社会心态的理论和一些专题领域进行了探讨，及时发布了相关调查报告，在国内外都形成了一定影响。[15]社会心态研究在数量增加、领域扩展的同时，出现的问题是，冠以"社会心态"的研究数量不少，但各说各话，难以相互形成补充和对话。相形之下，具有理论意义和操作意义的成果却极为鲜见。

（三）民族复兴的社会心理促进模型

目前，从社会心理促进的角度，系统研讨分析民族复兴的研究还处于空白状态。遍查文献，除了前面提到的社会心理历史变迁、社会心态和个体幸福感之外，国内外有几方面研究可以为此提供启发性意见。中国梦不仅是个体层面的理想和幸福，更是社会和国家层面的整体民族复兴。中国梦不是美国梦，也不是其他任何国家的梦，具有独特的含义。从跨文化心理学的角度来看，中国文化、中国人更加注重集体而不是个人，中国梦与美国等其他西方国家的梦的最核心区别是，中国梦不仅是个人主义的，还是集体主义的。早在30多年前，Hofstede 通过不同国家价值观的广泛调查，提出"个人主义—集体主义"的核心文化差异，中国是典型的集体主义。[16]后来，经过 Triandis、Markus 和 Kitayama 的发展，在价值、自我、思维方式、社会行为等多方面均证实了中国人以他人和集体为导向的文化基因。即使是旅居海外的华人，在长城、龙等文化符号的启动下，也会马上产生集体主义导向的心理和行为。[17-19]国内学者发现，甚至在有关记忆的脑激活和存储方面，中国人很自然地以母亲为参照，很明显地区别于美国人以自我为参照。[20]来自我国港台地区的本土心理学研究反复地确认了一个共识，中国人是他人导向和社会导向的。[21]因此，中国梦必然是包含了个人幸福、社会和谐和国家富强的非个人主义的民族复兴的宏伟梦想。然而，中国梦和民族复兴的社会心理究竟如何评价呢？它的具体内容和指标又有哪些呢？从组织行为的角度，探索从个人到组织、社会的健康水平的发展现状以及未来的发展趋势，可能是一个重要的切入点。

二　从个人健康到组织健康

（一）组织健康的基本概念

关于健康的概念，世界卫生组织（WHO）1948 年就在其成立宪章中有明确的阐述："健康是一种在躯体上、心理上和社会上的完美状态，而不仅仅是没有疾病和虚弱的状态。"[22]可见，健康是一个综合的概念，既包括身体健康，也包括心理健康；既有个人层面的健康，也有社会层面的健康。或者一个组织、一个国家，都有其健康的问题。类似这样的概念和研究近年已成为学界研究的一个热点。近年来，组织行为学研究领域出现了组织健康（Organizational Health）的新概念。依据该概念，一个组织、社区和社会，如同人体健康一样，也有好坏之分。其衡量标准是，能正常地运作，注重内部发展能力的提升，有效、充分地应对环境变化，合理地变革与和谐发展。[23]此外，在组织行为学界，针对企业、社区甚至社会也提出了一系列的有关组织健康的标准，如关注目标、权利平等、资源利用、独立创新能力、适应力、解决问题、士气、凝聚力、充分交流9 项指标。这些指标不仅适用于企业，也适用于社区甚至更大的社会范畴。时雨等将相关的理论运用到救援人员心理健康促进的实践当中，取得了很好的效果。[24]综上所述，在宏观社会层面上研究社会心理促进的文献还比较少，已有的研究大多在概念上比较狭窄或者间接，不能涵盖并清楚揭示复杂社会互动的诸层面。尤其对于建立中华民族伟大复兴的社会心理促进机制而言，可供借鉴的研究成果不多，但是，如果能够结合民族复兴的历史渊源、民族复兴进程监测评价体系、当前的社会心态评估，以及国民幸福指数几个方面，先行建立研究的基础，将更有利于建立综合的社会心理促进评价模型。

正如王兴琼所提出的，组织健康不仅仅涉及组织健康的内容，而且还包括了组织外的利益相关者，比如社会责任以及客户忠诚等。[25]早期对组织健康的研究开始于 20 世纪 50 年代和 60 年代，而第一个真正将组织健康进行定义的是 Miles，他指出："一个健康的组织，不仅在它所处的环境中生存，它更需要有长期的运行，并且能够持续发展和具有处理问题的能力。"[26]他是在分析学校这一组织的健康时提出来的，而在 80 年代前，研究的领域几乎都停留在对学校组织健康的研究上。而因此得出的组织健康的概念还具有很多局限性。到了 80 年代，组织健康在企业已经有了一定的发展，而此时对组织健康的关注，还主要是停留在强调企业短期的财务成功上，比如 Clark 等认为："组织健康是指组织成员自觉按照组织中未明确规定的潜意识行为进行工作，这些行为是能够确保组织维持现状以及促进其发展。"[27]这种对组织健康的提法只关注了企业自身的经济效益以及发展，员工在其中只是按照要求行事。虽然，在当时一定程度上促进了组织的发展，但是从长远来看，尤其是经济动荡和变革中，这种做法会阻碍组织的进一步发展。基于这样一种现实，Cooper 和 Cartwright 将组织健康的概念向前推进了一步，认为组织健康的特征应该既包括财务上的成功（如利润），也应该包括健康的工作场所，在这里是指具有健康的和令人满意的工作氛围和组织文化。[28]从 Coppor 等对组织健康的理解来看，他们已经意识到健康的场所和组织文化与财务健康一样重要。因此，将组织健康的内涵进一步地扩大。后期的研究中，还是遵循这一理念，从两个方面来看待组织健康，只不过是在具体的细节因素上进行了区分，比如 Ryff 和 Physical 指出，组织健康既需要公司的有效运行，同时还需要生长和健康发展的能力。[29]

（二）组织健康结构的概念探索

组织健康的结构探讨源于 20 世纪末，当时由于对组织健康的概念和内涵缺乏统一的认识，还没有成熟和公认的组织健康的结构。Clark 和 Fairman 试图将基于学校的组织健康的概念推广到企业等组织内，但是，由于测量上的问题以及组织之间的差异，结果不够理想。[30]此后 Jaffe[31]对组织健康的结构进行了分析，提出了包括组织绩效和员工健康的两维度结构。Bennett、Cook 和 Pelletiier 等根据生命周期论，将组织健康的结构扩大为四个方面，分别是肌体健康、情感健康、心理健康和精神健康。[32]另外，在结构上或者是有重合，或者是对组织健康的内部结构缺少内在的逻辑关系探索，很难对组织健康的成效进行检验。而在组织健康的结构探讨上，能总结以往研究的成果，并且以理论模型的形式进行呈现的要数加拿大的组织健康的卓越框架和 Salanova 的 HERO 模型。

（三）NQI 有关组织健康的卓越框架

加拿大国家质量研究所（National Quality Institute，NQI）应用卓越框架来为组织的发展提供认证，这些认证内容包括了良好的企业指导和道德领导行为。组织采纳这个卓越计划后，会获得积极的成果，并且使组织变成健康型组织。在这样的组织里，他们的领导人能够理解在员工、客户和股东之间的动态平衡关系，组织为了承诺自身的责任会构建彼此之间的信任关系。这样的关系能够使组织在社会责任、员工健康和顾客满意度方面做得非常卓越。这一卓越计划实施之后，随着时间的推移，研究证实无论是在私立部门还是在公立组织当中，这一计划都使组织获得了成功。[33]该框架从三个维度出发，形成一条健康型组织建设的链条。在该结构中，组织通过自身的过程管理、有效领导，将焦点集中在员工、客户以及供应商等利益相关者身上，通过组织自身投入资源，进行健康环境建设，形成健康型的组织文化，培养出健康的员工和健康的客户以及供应商等群体，通过他们的满意程度进而不断地去提升自身的绩效水平。后来该模型接受了 Moos 的社会环境理论的观点，将事物看成是一个大的系统，系统与系统之间是相互影响、不可分割的，系统中的一部分的变化会影响到系统其他部分的变化。作为一个组织，要想使自身达到健康型组织的状态，必须将组织放在更大的系统或者结构中来看待（见图 1）。[34]

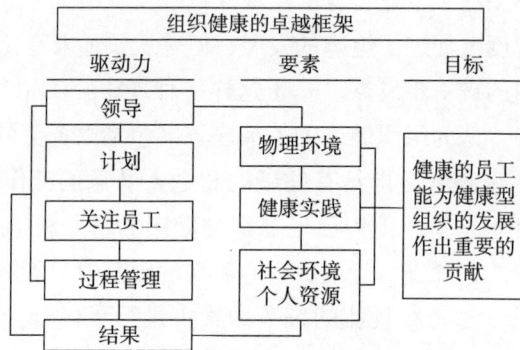

图 1   NQI 的健康场所的卓越框架

（四）Salanova 有关组织健康的 HERO 模型

HERO 模型是有关组织健康的较为全面的结构模型[35]，是一个启发性的理论模型，它整合了理论和实证的研究证据，包含了来自关于工作压力、组织行为学和积极职业健康心理学的研究成果。[36-38]这个模型被 Salanova 等定义为："一个组织做出系统性的、计划性的和积极的努力，进而提高组织的以及包括他们的员工的实践过程，在此基础上获得积极的结果。"[39]根据 HERO 模型，一个健康、韧性的组织结合了三个主要的因素，它们之间相互作用：①健康的组织资源和实践（例如领导）；②健康的员工（例如工作投入）；③健康的组织结果（例如高绩效）（见图 2）。

总之，HERO 模型整合了员工的健康和涉及的组织背景变量（例如工作要求、工具和技术以及社会环境）以及组织的绩效。这个模型告诉我们在理解组织的时候，组织是如何从实践层面上与员工的健康有关联；组织投资于员工的健康，会收获具有韧性的员工、高动机的员工；从结构和工作流程的角度来看，健康的员工会直接导向健康的和韧性的组织。最后，从社会心理学的视角来看，HERO 模型相较于以往，更为进步的一点是：考虑健康型组织的结果，它不仅包括了员工的健康，不仅仅是指他们所处的工作环境，也包括了工作以外那些影响他们所在社区的健康这一结果要素。

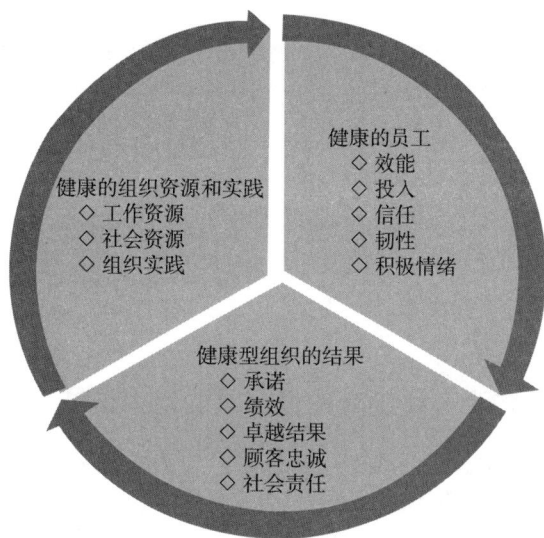

图 2 Salanova 的组织健康 HERO 模型

三　健康型组织研究的整体构思

　　健康型组织研究的总体任务是，首先厘清影响民族复兴的社会心理因素，对健康型组织进行界定和操作性揭示，试图验证健康型组织是否包含身心健康、胜任发展和变革创新三方面，探讨民族复兴的社会心理机制，并探索基于智慧社会下社会网络媒体平台的民族复兴的社会心理行为的集成方法，试图在上述成果基础上，通过健康型社区、职业智慧系统、危机应对的仿真模拟和科学普及梦幻基地等示范性平台，来验证本项目提出的社会心理促进机制的有效性，以达到促进健康型组织建设、促进民族复兴的目的（见图 3）。

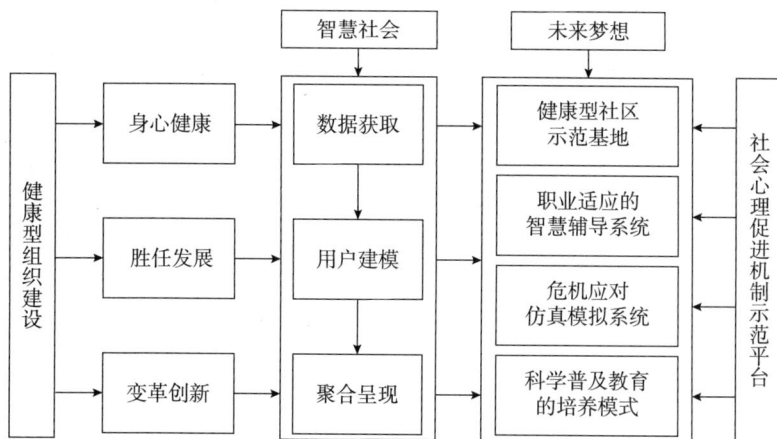

图 3　健康型组织的结构探索的总体框架

四 健康型组织的研究进展

在健康型组织的研究当中，为了能够检验所建立的结构的有效性以及健康型组织建设的成效，采用科学的研究设计进行分析是非常重要的一个环节。从当前的健康型组织的科学研究来看，大体遵循量化和质化两种研究思路。两种研究思路都将健康型组织的结构作为重要的变量来进行检验。通过实证分析的方式确立了健康型组织的有效性。

（一）健康型组织的结构及其评价有效性探索的研究进展

1. 健康型组织的概念和结构假设

正如 Newell 所提出的，对组织健康的界定，必须放在特定的时代背景中来进行。组织健康的内涵会随着时代发展而发展，随着社会文化背景的不同而不同。[40] 根据这样一种观点，随着时代的发展，人们对健康的考量有了进一步的理解。根据世界卫生组织的定义，"健康是身体、心理、精神和社会幸福感的一种完满状态，不仅仅是没有疾病"。健康的人能应对各种挑战，倾向于生活在幸福和建设性的生活中。正如健康的人所具有的活力、旺盛、稳健、兴盛、韧性和健壮一样，组织健康也是类似的。因此，健康型组织应该是一个包括身、心和灵三大维度的系统概念。在前已述及的民族复兴的评估指标的探索中，涉及国民素质、社会心态的概念均过于宽泛，因此，在已有组织健康研究成果的基础上，可以把组织健康作为社会心态的切入点。目前，单纯检验组织健康就是没有疾病（生物医学的方法）的工作已经逐渐发展到工作场所的积极因素，即员工健康、幸福感和绩效的影响。因而，从身心灵全人健康的角度来探索健康型组织建设的问题，应该是民族复兴事业社会心理促进机制的关键。2004 年 8 月 16 日，由中国科学院心理研究所时勘研究员联合中智德慧、清华大学、北京师范大学以及美国、中国香港学者，在北京召开了《心的力量、新的成长：建设健康型组织论坛暨第二届中国 EAP 年会》，与会专家总结了国外员工援助计划（Employee Assissment Program）引入我国企业后开展组织健康研究的经验，并讨论了我国社会经济转型时期的组织兼并、重组、裁员、新管理手段的运用等带来的冲击等。时勘等人首次提出了健康型组织建设的新概念，倡导把我国的组织健康工作提升到"身心健康、胜任高效、创新发展"的健康型组织，以推动组织不断适应环境变化，达到创新发展之目的。经过十余年的系统探索，目前健康型组织建设的评价结构定位于身心健康、胜任高效和创新发展三大维度。[41] 研究者认为，"健康型组织是指一个组织能正常运作、注重内部发展能力的提升，并且有效、充分地应付环境变化以及开展合理变革。"[9] 在这一评价结构中，不能孤立地谈身心健康这一维度，其他两个维度是实现身心健康的重要保证。具体而言，胜任发展是实现企业发展和保证员工福利待遇的基础，而变革创新则是通过一种组织文化建设，即不断地追求创新，体现社会责任，来保证组织不断创新和长远发展（见图 4）。

2. 评估工具及方法的探索进展

通过上述分析发现，在检验健康型组织的结构方面已经充分地认识到共同方法偏差可能对健康型组织结构的影响。因此，在进行问卷调查等环节，采用了领导与下级匹配的方式来

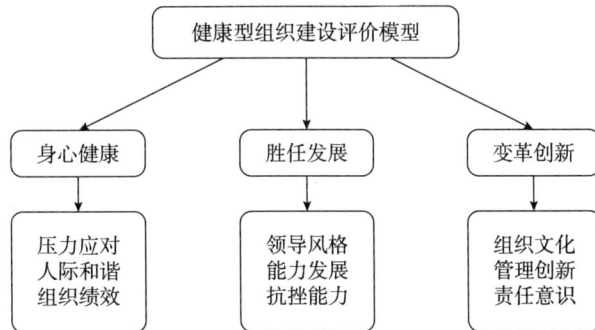

图4 健康型组织评价结构模型

对各个变量进行测量。比如，在重庆渝中区以及广州东莞国税系统和中国铁路总公司的调查中，都采用了上下级配对的方式（结果见表1）。由表1可见，为了避免调查中的共同方法偏差，上下级配对之后，针对上下级采用不同的量表来进行测量，这在一定程度上充分避免了统计结果对结构效度的影响。

表1 健康型组织的结构量表

因素	维度	类型	量表	题目对应	上级卷	下级卷
1. 身心健康	1.1 压力应对	自评	A. 职业倦怠量表（李超平，时勘，2003）	01~15	√	√
		自评	B. 工作摆脱量表（part of Sonnentag）	16~25	√	√
	1.2 人际和谐	自评	C. 人际和谐量表（Chentingting, 2014）	26~45	√	√
	1.3 组织绩效	自评	D. 工作投入量表（Schaufeli, Bakker & Salanova, 2006）	1~9	√	
		自评	E. 组织绩效量表（Goodman & Svyantek, 1999）	10~13	√	
2. 胜任发展	2.1 领导风格	评他	F. 变革型领导量表（李超平，时勘，2005）	1~26		√
	2.2 能力发展	双向	G. 社会化策略量表（Finkelstein, 2003）	46~59	√	√
	2.3 抗逆能力	自评	H. 个体抗逆力量表（Siu O L, Hui C H, Phillips D R, et al., 2009）	60~65	√	√
		自评	I. 团体抗逆力量表（梁社红，时勘，2013）	66~71	√	√
3. 变革创新	3.1 组织文化	评他	J. 组织文化量表（姚子平，时勘，2015）	72~96	√	√
	3.2 责任意识	评他	K. OCB 量表（Lin & Peng, 2010）	14~21	√	
		评他	L. 诚信型领导量表（周蕾蕾，2010）	27~43		√
	3.3 管理创新	双向	M. 管理创新量表（Anderson & West, 1998）	97~113	√	√

(二)"基于胜任特征模型的能力建设和职业发展"的研究进展

1. 多重匹配性因素对职业发展的影响研究

本研究试图从员工与环境的多重匹配性因素出发，探索员工与环境的多重匹配对新入职员工职业适应性的影响、对老员工组织的认同、工作投入和对组织满意度的影响，以及多重匹配因素对团队效能和团队凝聚力的影响，并基于多重匹配因素开发出能够提高 P-O 匹配、P-J 匹配、P-G 匹配和 P-S 匹配的干预方案。干预研究选取四川某职业学院即将入职（首次实习）的学生 400 人，四川某职业技术学院应届毕业实习生 240 人，山东、浙江两家企业的员工共计 300 人，作为干预对象。多重匹配因素对员工行为有效性影响的验证研究发现，员工获得与组织的匹配是一个漫长的过程，在新员工培训体系中，应当比现在更加重视人际关系管理培训和沟通技能培训模块，提高初入职员工 P-S 匹配和 P-G 匹配水平。在入职半年后要加强企业文化培训，提升员工 P-O 匹配程度，从而进一步提高员工职业适应能力。此外，企业应该高度重视员工的职业适应和职业发展的问题，这对于企业的可持续发展，特别是智能转型，均具有重要的意义。

2. 抗逆力结构及其组织与员工促进研究

本研究重点选取金融业信息化主管、医护人员、交通警察和科研人员作为研究对象，通过问卷调查的方式，探索现代都市不同行业人员，在社会转型期的压力源及其社会心理（抗逆力和工作幸福感等）的结构要素，揭示了抗逆力对其工作心理与行为影响机制，形成不同行业人员的压力应对策略和方法及针对的组织与员工促进计划（OEAP），较好地解决工作压力导致的心身耗竭问题，提高其工作幸福感、工作投入和工作旺盛感水平。特别是项目组在上海静安区抽取上海第一妇婴保健院、上海市儿童医院、静安区中心医院、静安区老年医院、静安区曹家渡社区卫生服务中心、静安区南京西路社区卫生服务中心 6 家不同等级医院 380 名医务人员参加多轮的心理学问卷调查之后，项目组设计了医务人员抗逆力提升项目，干预提升项目主要形式为心理学讲座、团体活动和讨论分享，每次活动后布置相应的课后练习。"情绪管理"模块主要帮助学员体验积极情绪，塑造积极品质，让学员在习得发现快乐和调控负面情绪技能的基础上，发现自我价值，对工作和生命意义产生新的领悟；"自我效能"模块主要帮助学员改变不合理信念，增强自我接纳和提升自我效能感；"压力应对"模块则帮助学员正确认知和管理工作压力；"沟通合作"模块重在提高沟通能力、加深人际联结，体验换位思考、加强信任与合作意识，并培养协作能力。目前，干预研究已经持续 1 个月，得到了广大医务人员的支持和积极参与，项目组正采用实验组与控制组前后测的方式对方案的有效性进行验证，有关追踪研究有效性结果正在分析之中。

（三）"科学思想库、人才培养及科普的心理影响机制"的研究进展

1. 领导行为和科研团队创新的关系探讨

本研究的一个基本出发点是试图通过系统科学的调查，比较全面、准确地了解科研团队创新管理的现状。研究内容包括科研人员的创新心理和行为特点，领导风格和团队氛围对科研人员创新行为的作用机理，建立影响科研人员创新行为的因素及其相互关系模型，并初步提出缓解科研人员工作压力和建设科研团队创新文化的管理建议。探索科研人员在创新活动中的心理和行为，了解科研人员对现状的满意度、对领导风格的匹配程度和对自主决策权力的需求，界定目前科研院所创新氛围的状态，有针对性地塑造领导风格和制定有效的管理措施，有助于促进科研人员在创新活动中表现出更加积极的心态和行为。调查结果为进一步设计科研人员创新行为的激励机制提供数据支持，为改善管理提供现实依据，对激发科研人员的创新行为，提高科研院所创新能力具有重要意义。

2. 科学普及的心理促进机制研究

该研究正在设计"有效促进我国科学普及工作的社会心理机制研究"的方案。初步考虑从个体层面探究科学普及效果的社会心理促进机制，从群体层面探究情绪感染、群体规范等因素对科学普及效果的影响。最终，构建促进科学普及工作的社会心理机制多层模型，并提出了以学业情绪为切入点开展研究和以"最近发展区"为视角开展研究的策略，有关调研的准备工作正在进行中。最近的研究进展表明，科学普及教育需要加强学生的审辩式思维能力的培养，此外，权威的公信力与科学普及教育的信任构建的关系也正获得高度关注。对于科普教育的传授者和接受者，双方都缺乏一种运用理性的勇气，如果科普工作者能够认识到现阶段公众自身科学素养的局限以及公众接受信息的认知偏向性，用针对性的传播方法和诚恳真挚的态度进行科普；同时，如果公众能够摒弃在公共知识领域的逆反心理，遵循逻辑，克制情绪，信任关系的建立是指日可待的，科学普及工作的进程也能得到飞跃的发展。

（四）基于网络媒体平台的社会心理行为的集成研究进展

1. 社交网络有效性的相关基础和方法研究

本研究探索如何从大量的用户评论中发现一个高质量的覆盖不同意见的代表性子集，并将该问题转换成集合覆盖问题。从理论上证明了 ISP 算法的计算时间成本总是小于 SimRank 的计算时间成本。研究人员在合成的和真实的数据集上进行了广泛的实验，证明了该方法的准确性和效率。还为社交网络普通用户生成兴趣标签的方法，不需要利用用户发布的文本信息。即只要用户关注了少量的流行用户，就能够为其推荐标签。通过该方法，也可以为缺失信息的流行用户生成相应的标签。经比较实验发现，该方法生成标签的质量在准确率和召回率方面都优于现有的方法。

2. 安全心智培训集成系统的示范型基地建设

安全心智培训集成系统是根据"情景—应对"的国家应急平台体系基础科学问题集成升华研究平台的对接要求，基于危险性识别、脆弱性分析和抗逆力评估等集成分析方法，建构客观环境指标和主观心理指标的融合模型，面向煤矿等生产性行业各岗位员工完善的抗逆力模型及其相关的评估问卷测评—培训系统。该研究在系统集成研究中提出了心理行为耦合模型的构思，在集成系统中，将获得的心理行为数据的挖掘、分析与心理测量的常模、心理行为实验获得的因果关系模型分析结合起来，从而使集成系统的分析功能得以增强，在此基础上，为社会心理促进的总集成平台提供了流程分析、数据挖掘和应急管理过程分析的集成方法软件的编制方案。安全心智培训集成系统主要分为需求分析系统与安全心智培训系统两大部分，其中，需求分析系统主要能识别生产过程中的风险源，发现生产环节中的脆弱性因素，并通过对个体的基本能力、人格特质、情绪心理、抗逆能力等方面进行综合评价，确定特定岗位的胜任特征要求，进而制订个性化培训方案。在培训模式上，创造了安全心智培训七步法来达到受训者心智重塑的目的。安全心智培训主要包括目标定向、情境体验、心理疏导、规程对标、心智重塑、现场践行和评价反馈七大环节，强调根据个体差异进行培训和效果评估，为制定和实施个性化培训方案提供依据，并且对于企业的安全管理提供全面、科学的理论和方法支持。该项目已经获得 1 项山东省软科学科学技术进步一等奖和 1 项省部级领导的批示。2015 年 9 月 22 日国家煤矿安监局办公室专门印发了关于山东能源集团肥城矿业公司安全心智培训经验材料的通知（煤安监司函办〔2015〕25 号），要求全国各产煤省、自治区、直辖市及新疆生产建设兵团煤炭行业管理部门、煤矿安全监管部门，以及有关省级煤矿安全监察局、有关中央企业学习和借鉴山东能源集团肥城矿业公司的安全心智培训模式，以提升安全管控水平。

（五）社会心理促进模式的示范型基地的研究进展

1. 健康型城区建设的示范性基地研究进展

早在 1900 年，世界卫生组织针对全球范围内人口的老龄化问题提出了健康老龄化这一长远的战略目标。健康老龄化要求老年人四个层次的健康和各层次间的相互和谐，它们是老年人的单个个体、老年人所组成的群体、有老年人的家庭和整个老年社会。依赖于健康老龄化的推进，积极老龄化又有了更深的内涵，是指老年人在健康的基础上，积极地参加社会性的活动，从而提高其生活质量和强调生命质量，让老年人身心俱佳。而和谐老龄化则从关系和谐的角度来看待老龄化问题，只有老年人的家庭、人际以及整个社会关系融洽了，才能真正使老年人更幸福。由此先后开展了老年人社交网络和健康的关系研究、老年人认知障碍及社会交互作用机制研究，有关 MPFC 在社会交互过程中理解他人方面的作用的成果发表在 2014 年的 *Frontiers in Human Neuroscience* 杂志上。此外，结合老人的社会需求，还开展了临终精神和心理关怀的研究、丧亲人群的社会支持研究。目前，实验基地上海市静安区卫计委课题组已经拍摄完成《担当》的纪录片来迎接 2016 年在上海召开的世界健康城区大会。

2. 职场排斥和融合的现场研究进展

截至 2014 年 9 月，广州市荔湾区辖内登记流动人员 30.1 万人，其中城镇户口 9.5 万人，占总人数的 31.5%；农村户口 20.6 万人，占总人数的 68.5%。主要来自广东、广西、湖南、四川四个省份。目前，已登记在册的出租屋 15.9 万套，除居住在企事业单位、工厂的外，约有 25 万人居住在出租屋内。针对这一问题，民政局开展了一系列流动人口出租屋管理工作。正在进行的珠江三角洲社会融合促进模式研究，采取实地调研的方式对社区居民进行入户问卷调查，结果发现，职场排斥和社会融合的对立面，是阻碍社会融合的重要因素，并发现了影响社会融合的关键因素。在此基础上，荔湾区民政局等部门采取了有效的应对措施：首先，建立了"党政领导，部门参与，保障有力，综合治理"的工作格局。全区组建了一支近 550 人的协管员队伍，协助有关职能部门做好流动人口和出租屋管理服务工作，形成"上面有人抓，中间有人管，下面有人干"的局面。其次，摸清情况，落实经常性管理措施。实行居住登记、办理居住证、建立流动人员和出租屋档案、通报协查、巡查走访、检查验证等措施，把出租屋分为重点户、一般户、放心户等层次进行分类管理，特别是对无业和有过不轨行为的重点户严加注视，管理效果较好。最后，对流动人员开展服务，对违法犯罪分子坚决打击，司法部门、工会提供法律援助，开展维权活动，计生部门为育龄妇女免费提供避孕药具，劳动部门帮助外来工工伤事故理赔、追讨欠薪、岗位培训和提供免费职介等。并据此采取有效的应对措施，如该区对于流动人员与出租屋的管理也取得了一定的成效，对农民工的合法权益进行了有效维护，也有力地打击了违法犯罪分子，出租屋内刑事治安案件发案同比下降 21.5%，这些管理工作对该区本地居民和流动人口和谐生活起到了明显的促进作用。民政局的举措不仅仅解决了外地人关心的问题，同时也改变了本地人对外地人的偏见。这些措施实行两个月后，项目组再一次对荔湾区的社会融合状况进行了调研，欣喜地发现大多数外地人都对这些举措给予了很高的评价，大家参与社区工作的意愿更加高涨，工作时再也不用和城管"打游击"了，大家一致反映："这里越来越有家的温暖了！"这些举措还得到了广州市委、市政府的表彰，以及《南方日报》等新闻媒体的多次报道。

五 阶段性成果与研究展望

（一）阶段性成果

在对我国经济新常态下的健康型组织建设的探索中，共正式发表学术论文42篇，其中SCI或SSCI 9篇，核心期刊33篇；作为实践应用型成果，两次论坛《人力资源》增刊分别发表53篇（2015年，第390期）和48篇（2016年，第396期），出版学术专著或教程共5部，获得部委级科技进步奖一等奖2项，全国管理学大会奖1项；还获得了中共中央政治局委员、中央政法委书记孟建柱同志批示1项，省部级领导批示1项，报送全国社科规划办《工作简报》2项，达到了预期目标。

（二）未来研究展望

将健康型组织的概念、结构及其评估反馈系统的系统研究作为承担的"中华民族伟大复兴的社会心理促进机制研究"这一课题的核心内容。由于该项研究跨学科、涉及多地区，理论探索和实践并行，整合难度较大。从目前的研究进展取得的初步结果来看，需要改进的问题主要是：

第一，关于健康型组织的概念和结构探索问题。从目前的研究来看，这方面的研究结果还是不完善的，虽然已经被较为广泛地使用，但概念所包括的内容是否精确理解无误、测量方式是否具有可操作性、反馈模式是否有针对性而且持续开展，是亟待深入探索的问题。目前，组织的类型、文化和重视程度存在诸多差异，成为保证健康型组织建设的障碍之一。因此，需要通过较为系统的理论模型建构来规范目前的健康型组织的测量模型。此外，概念的不确定性也可能会导致研究者和企业管理者使用了不同的概念（如健康场所、健康工作组织、健康发起站、企业健康、健康型文化/氛围）。因此，界定健康型组织的概念和评价模型是今后本领域研究取得突破的关键，真正使之与其他概念得以稳定的区分。[42]此外还需指出，目前采用的有关健康型组织各维度的关键概念多为描述性的，源于西方学者的研究结果，对健康型组织结构的一些核心概念的修订如何考虑我国的社会文化背景，特别是目前高速变化的经济新常态背景、经济下行时期的独特情况，还需要更为系统的和扎实的探索工作。

第二，关于健康型组织建设的跨文化比较研究。根据前面的讨论，很自然地考虑到要关注健康型组织所处的文化背景。从文献分析结果可以发现，西方发达国家一直秉承的是组织健康的视角，虽然在他们的假设模型中也涉及组织外的健康问题，如社会责任和客户忠诚等概念[43]，但是对这些因素的外部环境影响机制探索得并不深入。此外，不同国家的法律制度、劳动政策，特别是存在于民众心目中的社会心理变迁因素，都是我们不得不关注的差异问题。此外，我国是一个多民族的、幅员辽阔的大国，不仅仅是行业差异，地区差异同样不可忽视。从这个意义上讲，更应该从我国的文化特点和时代背景出发，继续深入探索适合我国国情的健康型组织结构。一个支持性的高效率的组织，增强环境因素的促进作用，以提升员工和组织的产出，是需要解决的刻不容缓的任务之一。

第三，关于健康型组织的数据模型检验问题。为了更有效地获得研究支持，特别需要解决共同方法偏差问题。在前一个阶段采取的上下级配对取样方法，经过对问卷的反复修订，力图保证数据获取的真实性问题。也就是说，在横断研究当中，要尽可能保证数据获得的多元性，即从多种来源的角度来收集数据，因此，健康型组织评价工具考虑将自评、他评的问卷配合使用。同时还尽可能获取来自客户的评价数据，以避免测量中的称许性问题。此外，在数据的分析层面上，应该尽可能地采用多层线性模型来探索跨层数据的影响机制，比如除个体层面的数据分析外，更应该考虑在群组层面或者是组织层面的效应问题。总之，通过被试来源的多样性以及数据分析的跨层方面来保证避免共同方法偏差问题。但是，在获取有效性的数据当中，尤其是在检验健康型组织的成效当中，纵向研究设计是理想的选择。[44]正如Marisa Salanova所提出的，在检验 HERO 模型的时候，使用纵向研究设计来检验 HORP（组织的投入，比如自主性和人际资源等），健康的员工和健康型组织的结果之间随时间推移所呈现出来的关系将是更为可靠的。

第四，关于数据的采集方式问题。有学者提出，建立具有及时反馈功能的评价系统，可能对于有效提升组织管理水平也是至关重要的。[45]最近的研究在采用大数据和机器智能方面也开始做类似的探索，遇到的具有挑战性的问题是：一方面，参与网络调查的人员未必能够完全代表所在组织的员工，可能会削弱调查数据的外部效度；另一方面，由于是在虚拟环境中对调查问卷进行回答，能否更好地保证获取数据的真实性，也是一个值得进一步探索的问题。不过，目前由于 AlphaGo 相关的一些机器计算产品的问世，人们也更加倾向于在组织评价中采用更多的网络数据的收集方法，这些评估方法究竟孰优孰劣，还有待于实践的检验。

参考文献

[1] 杨宜勇，谭永生. 中华民族复兴进程监测评价指标体系及其测算 [J]. 中共中央党校学报，2012（16）.

[2] 许苏民. 论社会心理是社会存在与社会意识形态之间的中介 [J]. 中国社会科学，1983（7）.

[3] 程美东，张学成. 当前"中国梦"研究述评 [J]. 中国特色社会主义研究，2013（2）.

[4] 汪晖. 中国现代思想的兴起 [M]. 北京：三联书店，2004.

[5] 沙莲香. 中国民族性（一）[M]. 北京：中国人民大学出版社，1989.

[6] 沙莲香. 中国民族性（二）[M]. 北京：中国人民大学出版社，1992.

[7] 沙莲香. 中国民族性（三）[M]. 北京：中国人民大学出版社，2012.

[8] 朱永新. 心灵的轨迹：中国本土心理学研究 [M]. 北京：人民教育出版社，2004.

[9] 杨国枢，黄光国，杨中芳. 华人本土心理学 [M]. 重庆：重庆大学出版社，2008.

[10] Bond, M. H. The Qxford Handbook of Chinese Psychology [M]. New York：Qxford University Press，2010.

［11］Chiu, C., Hong, Y. Social Psychology of Culture ［M］. New York：Psychology Press, 2006.

［12］杨宜音. 个体与宏观社会的心理关系：社会心态概念的界定 ［J］. 社会学研究, 2006 (4).

［13］马广海. 论社会心态：概念辨析及其操作化 ［J］. 社会科学, 2008 (10).

［14］王俊秀, 杨宜音, 陈午晴. 中国社会心态调查报告 ［J］. 调查与研究, 2007 (2).

［15］王俊秀, 杨宜音. 中国社会心态研究报告 ［M］. 北京：社会科学文献出版社, 2011.

［16］Hofstede, G. Culture's Consequences：National Differences in Thinking and Organizing ［M］. Beverly Hills, Calif：Sage, 1980.

［17］Triandis, H. C. The Self and Social Behavior in Differing Cultural Contexts ［J］. Psychological Review, 1989, 96 (3).

［18］Markus, H. R., Kitayama, S. Culture and Self：Implications for Cognition, Emotion, and Motivation ［J］. Psychological Review, 1991, 98 (2).

［19］Hong, Y., Morries, M. W., Chiu, C., et al. Multicultural Minds：A Dynamic Constructivist Approach to Culture and Cognition ［J］. American Psychologist, 2000, 55 (7).

［20］朱滢. 文化与自我 ［M］. 北京：北京师范大学出版社, 2007.

［21］杨国枢. 中国人的心理与行为：本土化研究 ［M］. 北京：中国人民大学出版社, 2004.

［22］World Health Organization. Preamble to the Constitution of the World Health Organization as Adopted by the International Health Conference ［J］. New York, 1946 (6).

［23］时勘, 郑蕊. 健康型组织建设的思考 ［J］. 首都经济贸易大学学报, 2007 (49).

［24］时雨, 时勘, 王雁飞, 等. 救援人员心理健康促进系统的建构与实施 ［J］. 管理评论, 2009 (19).

［25］王兴琼, 陈维政. 组织健康：概念、特征及维度 ［J］. 心理科学进展, 2008 (16).

［26］Argyris, C. The Organization：What Makes it Healthy? ［J］. Harvard Business Review, 1959, 1 (3).

［27］Clark, J. V. A Healthy Organization ［J］. California Management Review, 1982, 4 (4).

［28］Cooper, C. L., Cartwright, S. Healthy Mind；Healthy Organization—A Proactive Approach to Occupational Stress ［J］. Human Relations, 1994, 47 (4).

［29］Ryff, C. D., Singer, B. The Contours of Positive Human Health ［J］. Psychological Inquiry, 1998, 9 (1).

［30］Shuck, M. B., Rocco, T. S., Albornoz, C. A. Exploring Employee Engagement from the Employee Perspective：Implications for HRD ［J］. Journal of European Industrial Training, 2011, 35 (4).

［31］Jaffe, D. The Healthy Company：Research Paradigms for Personal and Organizational Health ［J］. American Psychological Association, Washington, 1995 (5).

［32］Bennett, J. B., Aden, C. A., Broome, K., et al. Team Resilience for Young Restaurant Workers：Research-to-Practice Adaptation and Assessment ［J］. Journal of Occupational Health Psychology, 2003, 15 (3).

［33］Dan Corbett. Excellence in Canada：Healthy Organizations—Achieve Results by Acting Responsibly ［J］. Jounal of Business Ethics, 2004, 55 (2).

［34］Moos, R. H. Context and Coping：Toward a Unifying Conceptual Framework ［J］. American Journal of Community Psychology, 1984, 12 (1).

［35］DeJoy, D. M., Wilsen, M. G., Vandenberg, R. J., et al. Assessing the Impact of Healthy Work Organization Intervention ［J］. Journal of Occupational and Organizational Psychology, 2010, 83 (1).

［36］Llorens, S., del Libano, M., Salanova, M. Modelos Teóricos De Salud Occupational ［J］. Salanv M. Psicdogi a de la Salud Ocupacional, 2009.

［37］Salanova, M., Llorens, S., Cifre, E., et al. We Need a Hero! Toward a Validation of the Healthy and Resilient Organization (HERO) Model ［J］. Group & Organizaticn Management, 2012, 37 (37).

［38］Vandenberg, R. J., Park, K. O., DeJoy, D. M., et al. The Healthy Work Organization Model：Expanding the View of Individual Health and Wellbeing in The Workplace ［C］//Perrewe, P. L., Ganster, D.

C. Historical and Current Perspectives on Stress and Health, 2002.

［39］Salanova, M., Llorens, S., Acosta, H., et al. Intervenciones Positivasen Organizationes Positivas Positive Interventions in Positive Organizations ［J］. Terapia Psicdogica, 2013, 31.

［40］Newell, S. The Healthy Organization: Fairness, Ethics and Effective Management ［J］. International Journal of Selection & Assessment, 1998, 6 (1).

［41］时勘，周海明，朱厚强，等. 健康型组织的评价模型构建及研究展望 ［J］. 科研管理杂志专刊，2016 (S1).

［42］Halbesleben, J. R. B. A Meta-analysis of Work Engagement: Relationships with Burnout, Demands, Rescuroes and Consequences ［M］// Bakker, A., Leiter, M. Work Engagement: Recent Developments in Theory and Research, 2010.

［43］He, Y., Li, W., Lai, K. K. Service Climate, Employee Commitment and Customer Satisfaction ［J］. International Journal of Contemporary Hospitality Management, 2012, 23 (5).

［44］Salanova, M., Agut, S., Peiro, J. M. Linking Organizational Facilitators and Work Engagement to Extra-role Performance and Customer Loyalty: The Mediation of Service Climate ［J］. Journal of Applied Psychology, 2005, 90 (6).

［45］Torrente, P., Salanova, M., Llorens, S., et al. Teams Make it Work: How Team Work Engagement Mediates between Social Resources and Performance in Teams ［J］. Psicothema, 2012, 24 (1).

The Healthy Organization:
Concept, Dimensions and Research

Shi Kan   Zhou Haiming   Zhu Houqiang   Shi Yu

Abstract: "The healthy organization" is a major research area of the organizational behavior; it is also an important consideration for the development of organizational practice during the social transformation period in China. The paper reviews the shift of focus of exploration from personal health to organizational health and major development of studies in this regard, especially Salanovas' HERO model, Excellence Framework for Healthy Place of Canada, and the Three-Dimensional-Nine-Factors model of the health organization of Shi et al. It introduces the latest development in positivistic studies of the structure and concept of the healthy organization, and proposes the general framework for the studies of the healthy organization in China as well as five research areas on the basis of personal health, competence and innovation. It discusses competence model-based capacity building and career development studies, the psychological impact mechanism of think tanks, talent development and science popularization, integrated studies of online mass media-based social-psychological behavior, and the demonstrative studies of social psychology promotion. It also points out some questions for future studies regarding the healthy organization.

Key words: healthy organization; HERO model; excellence framework of a healthy place; evaluation model; promotion mechanism of social psychology

科技创新行为影响机制的研究进展*

曲如杰　刘　晔　Onne Janssen　时　勘

【编者按】2006 年 9 月，我非常有幸进入时勘博士课题组攻读博士学位，时老师渊博的专业知识、敏锐的学术眼光、独到的战略思维、高效的工作风格以及诲人不倦的高尚师德都令我印象深刻。在时老师的指导和支持下，我一次次接受挑战，完成了许多在此之前觉得不可能完成的任务，让我不断相信人的潜力是无限的。为此，我十分感谢时老师在我人生的关键时刻给予的重要指导，并尽可能地为我创造更好的学习机会，激励我努力前行，为我日后的学术发展打下了良好的基础。我为能成为时老师的学生，和众多优秀的师兄弟姐妹们一起学习成长，感到万分的荣幸和骄傲！入学后不久，在时老师的推荐下，我成功入选中国科学院研究生院管理学院与荷兰格罗宁根大学联合培养的博士项目。之后，我一边参与课题组的多个项目，一边考虑博士期间的研究主题。当时，创新领域的研究正逐渐引起大家的重视，我也感觉创新方向有众多值得研究的方面，对于正处于转型时期的中国而言意义重大。正值此时，在创新研究领域非常著名的周京教授受邀在中科院心理所进行了一场讲座，介绍了最新完成的一项关于创新的研究，这场讲座使我深受启发，更坚定了对创新领域的探讨。另外，课题组在领导力方面有深厚的研究积累，取得了许多突破性进展，于是，我希望将两者结合起来，探讨领导风格对于员工创新的影响机制。时老师对我的这一研究想法表示认可和支持，并与 Onne Janssen 教授共同指导我完成了多个有关科研人员创新的实证研究。紧接着，中国科学院院士工作局希望就一些重要的议题获取广大院士群体和高端创新人才的意见，于是，委托时老师组建了中国科学院学部社会心理学调研中心，并由时老师担任中心主任。基于前期有关科研人员创新的研究积累，时老师力荐我成为该调研中心的副主任，课题组的高丽、刘晔等同门也参与进来，我们依托中国科学院学部社会心理学调研中心，结合国家社会科学基金重大项目"中华民族伟大复兴的社会心理促进机制研究"的子课题组任务，围绕院士和中国科技界关注的重大问题，在协助学部完成国家急需的重大咨询任务的同时，开展了针对性的定向调查研究，并根据特殊需要，进行不定向、突发性、应急性的调查研究，深入了解和真实反映了不同领域的院士群体的意见和想法，并完成了一些关键的研究，具体包括"我国科技体制与政策的专题研究""发展我国战略性新兴产业调查""改进完善院士制度"等重点任务。在此过程中，关于科学思想库本身的建设及作用也引发了我们更进一步的思考和探索。2016 年我们在《苏州大学学报》上发表的《科技创新行为影响机制的研究进展》即是对上述研究的一个总结。该论文从科学思想库建设、高端创新人才培养以及员工创新三个方面探索了影响科技创新行为的社会心理促进机制，作为来自中国科学院学部调研中心的研究群体，通过管理咨询调查和心理学实证研究两种途径，为我国科技创新管理决策提供了一系

* 基金项目：国家社会科学基金重大项目"中华民族伟大复兴的社会心理促进机制研究"（项目编号：13&ZD155）的阶段性研究成果。

列战略性咨询意见。在科技管理咨询方面，主要是从科学思想库建设的角度，在我国的科技体制改革、战略性新兴产业、院士制度建设和完善方面，开展了一系列调查研究；在高端创新人才培养方面，以中科院六大科研院所的科研人员为调研对象，探讨了科研人员的个性特征、领导力建设和团队氛围对科研创新绩效的影响。我们还开展了一系列实证研究，探讨了领导行为和领导成员关系对员工创新的权变管理模型，具体包括了领导认同和领导创新期待的权变管理策略；情绪智力、心理授权和工作满意度对员工创新的促进机制；领导成员交换关系对员工创新行为的权变作用等方面的研究，为促进国家创新体系建设的管理决策提供了心理学依据。目前，这篇文章已经被多方引用，而且我们的研究还在继续。衷心感谢时老师多年的栽培和支持，感谢课题组所有同门们的帮助。（曲如杰，中国科学院管理学院2006级博士生，华东师范大学经济与管理学部 副教授）

摘　要： 从科学思想库建设、高端创新人才培养以及员工创新三个方面探索了影响科技创新行为的社会心理促进机制。作为来自中国科学院学部调研中心的研究群体，通过管理咨询调查和心理学实证研究两种途径，为我国科技创新管理决策提供了一系列研究成果。在科技管理咨询方面，主要是从科学思想库建设的角度，在我国的科技体制改革、战略性新兴产业、院士制度建设和完善方面开展的一系列调查研究。在高端创新人才培养方面，以中科院六大科研院所的科研人员为调研对象，探讨了科研人员的个性特征、领导力建设和团队氛围对科研创新绩效的影响。开展了一系列实证研究，探讨了领导行为和领导成员关系对员工创新的权变管理模型，具体包括了领导认同和领导创新期待的权变管理策略，情绪智力、心理授权和工作满意度对员工创新的促进机制，领导成员交换关系对员工创新行为的权变作用等方面的研究，为构建促进国家创新体系建设的管理决策提供了心理学依据。

关键词： 科技创新；科学思想库；领导行为；员工创新

一　问题与背景

通过对已有文献和研究成果的梳理，本项目组从健康型组织出发将健康型社会界定为健康幸福、胜任发展和科技创新三大部分。其中，国家的科技发展、宏观的战略性新兴产业的布局、高端人才的梯队培养、大众创新意识和创新能力的提升是实现中华民族科技复兴的关键影响因素。本文将重点介绍围绕子课题"科技创新梦"所开展的一系列研究。对于追寻和实现中华民族伟大复兴的"中国梦"，科技创新具有独特而不可替代的作用，因此，提供科学技术政策咨询、培养高端创新型人才、促进企业创新管理，对于实现国家富强和人民幸福的目标具有至关重要的作用。目前，制约中国创新的问题主要有三方面，分别是创新成果支撑不力、高端创新人才缺乏和企业创新能力不足。[1] 所以，本研究关注科学创新的环境、高端创新人才的培养、大众创新的促进，从社会心理的角度深入剖析社会层面上的创新与发展。科技创新梦的实现就是要推动我国科学技术的发展，使中华民族以强大的国力、领先的科学技术屹立于世界民族之林。为实现这一目标，本研究认为，有如下三方面的社会心理促进机制问题需要进行系统的探索。

（一）科学思想库的作用探索

科学思想库指的是专门提供科学技术政策研究和为政府的决策提供科技咨询的思想库。科学技术政策的决策是提高国家竞争力和实现国家战略目标的关键一环，这也从客观要求的角度促进了科学思想库的建设与发展。科学思想库具有鲜明的科技特色，主要表现在：科学思想库在开展决策咨询和建言献策、推动领导决策科学化的同时，还发挥着促进学科建设和科技发展的作用。[3] 目前，科学思想库的主要研究内容包括：国家发展战略研究、基于科技进步的国家创新体系研究、科学发展的战略政策研究、科学技术发展与社会、经济的关系研究以及科学合作机制研究。[4-6] 对于那些在自然科学、社会科学方面做出了卓越贡献的科学院院士、工程院院士、社会科学家，怎样才能真正发挥他们对于国家科学技术发展、宏观经济决策等方面的谏言作用？即使是科学家，每个人均存在学科行业的差异[7]，也就是说，科学家只能在他有把握的学科领域才称为科学家；此外，科学家也是具有不同个性的人，科学家群体也是千差万别的团队，基于科学思想库的决策怎样避免"责任扩散""框架效应"以及"从众心理"的消极作用，科学思想库的群体决策是值得探讨的社会心理促进问题之一。

（二）高端创新人才培养模式探索

钱学森先生临终前，意味深长地问："为什么我们的学校总是培养不出杰出人才？"这确实是引发的另一个社会心理学问题。所谓高端创新人才，主要指那些在我国科学技术发展中发挥着引领作用的将帅人才。[8] 这包括了我国科学技术领域科学家、为国家社会经济发展起到更大良性驱动的社会学家、经济学家、管理学家等。高端创新人才最根本的特征在于创新精神、创新意识和创新能力。我们旨在探索高端科技创新人才的个性差异和创新动机，以及创新人才在上下级互动、团队合作过程中的社会心理影响机制，为培养高端科技创新人才创造有利的学术环境，支持其潜心开展突破性、原创性研究。因此，有关拔尖创新人才成长规律与培养模式的研究旨在为中国梦的实现提供理性决策依据，努力造就世界一流的科技大师及创新团队。

创新作为人类智慧的最高表现形式，是一个复杂的现象。20 世纪 80 年代，创新领域的研究由人格心理学家主导[9]，近来的研究已经不仅仅强调以人为中心（actor-centered approach）的主效应方法，而是采取了通过考虑情境性变量与个体特征变量的交互效应来加深我们对创新行为的理解。因此，Woodman 及同事们[10] 从交互作用视角来解释组织中的创新行为，即把创新看作创新主体稳定或即时的特征和情境性因素交互作用的结果。考虑到创新的情境敏感性，Zhou 和 Hoever[11] 进一步承认了这两类因素中的任何一类都有可能影响另一类因素对创新的效应并将行动主体—情境的交互作用进行了更细致的分类，包括协同效应、拮抗效应、抑制效应、补救效应、结构配置关系、边际收益递减和边际损失递减。因此，当前的创新研究主要采用交互视角考察个体特征、情境因素以及两者的交互作用。迄今为止，虽然已经做过大量研究来解释科研团队领导在创新中所起的关键作用，但考虑到工作场所作为重要的成就情境，除了团队领导这一关键的工作关系之外，对团队内成功或失败标准的感知（即团队动机氛围）也与许多工作行为高度相关。因此，我们从个体特征与领导行为、团队氛围交互的视角来探讨如何最大限度地激发科研人员的创新潜能。

（三）　领导力等因素对员工创新的权变影响

中华民族的伟大复兴并非完全是科学家、高端人才的事情，更需要社会大众的卷入[12]，在大众创新、万众创业的思想引领下，创新发展的战略与思维已深入人心。企业是自主创新的主体，大力提升基于核心技术的企业自主创新能力、重视开放与协同创新是我国成为全球创新强国的必经之路。为谋求企业的持续健康和谐发展，组织必须认识到作为组织创新的基础，员工创新是组织推陈出新、保持高绩效的源泉。因此，探讨促进和阻碍员工创新的影响因素及其内在机制，并以此为依据，培养和激励员工的创新意识和创新行为、提升员工创新能力，从而带领员工适应组织变革的需要已成为当今企业所面临的关键问题。

由于领导者是引进新观念、制定目标、鼓励下属主动创新的原动力[13]，因而被认为是推动或阻碍创新的关键因素。实证研究表明，学者们主要从领导行为及其与员工的关系两方面考察领导对员工创新的影响。[14]具体来说，首先，领导行为方面的研究主要关注的是领导的行为对员工个体、团队和组织创新的直接影响，研究者发现变革型领导与员工创新的关系非常紧密。[15,16]目前已有的有关领导与创新的大部分实证研究表明，管理者若采用变革型领导风格，在新的竞争环境和雇佣关系下，能够带领员工适应组织变革和创新的需要，提高组织和员工的业绩水平。[17]此外，领导成员交换理论（LMX）主要关注的是领导与下属间的关系。[18]相关的实证研究表明，高质量的领导与成员关系对创新行为有积极推动作用。[19,20]近年来，尽管越来越多的研究者开始关注领导对员工创新的作用[17]，但有关领导行为和领导成员关系影响员工创新的内在机制尚不明确，需要进一步深入的探讨。此外，领导行为和领导成员交换关系对员工创新的影响可能取决于员工自身因素和情境因素的权变作用。本研究从领导行为和领导成员关系两方面，综合考察在不同情境下，变革型、交易型领导和领导成员交换关系对员工创新的多重权变作用机制；在阐明领导认同和心理授权的中介作用的同时，重点探讨个体、情境因素的权变作用，建立领导行为和领导成员关系对员工创新的多重权变作用机制模型，从而有力拓展领导与员工创新研究的理论前沿，对于企业改进领导行为、提高领导成员关系质量、促进员工创新行为具有重要的现实意义。

二　主要的研究进展

我们依托中国科学院学部社会心理学调研中心，结合国家社会科学基金重大项目"中华民族伟大复兴的社会心理促进机制研究"的子课题组任务，围绕院士和中国科技界关注的重大问题，在协助学部完成国家急需的重大咨询任务，承担学部咨询研究项目的前期调研工作和基础性研究工作的同时，开展了针对性的定向调查研究，并根据特殊需要，进行不定向、突发性、应急性的调查研究，深入了解和真实反映不同领域的院士群体的意见和想法。目前已完成的主要研究包括"我国科技体制与政策的专题研究""发展我国战略性新兴产业调查""改进完善院士制度"重点任务等。

（一）科学思想库建设及作用的研究进展

1. 我国科技体制与政策的专题调查研究

我国科技体制改革的目的就是要最大限度地推动科技创新，解放科技创造力。由于经济体制和管理体制的制约，存在激励机制、官本位制、科研评价和科技成果转化等诸多机制问题。目前，关于我国科技体制与政策的研究较多，特别是创新型国家的研究，多停留在现象学的描述上，即根据已有的文献资料进行归纳总结，有关我国科技体制与政策的实证研究并不多见，特别是从国家这一宏观层面进行的通过获取调查数据进行的实证研究。此外，更为缺乏有关管理决策、领导风格、团队共享心智模型和科研人员创新行为及相关心理特征的深度研究。而此类研究在国际科研管理中已经成为一个新趋势。本研究采用心理学深度访谈和问卷调查方法，对225名院士及其所在科研单位的158名科研负责人和543名科技人员进行了调查，征询了有关我国科技体制和政策的态度和看法，主要就如何创造良好的环境，让科技工作者"更加自由地讨论、更加专心地研究、更加自主地探索、更加自觉地合作"提出了意见与建议。本调研报告从各学部院士、科研单位负责人及研究人的角度，剖析了我国科技体制和政策目前存在的主要问题，进行了比较分析，并提出了解决思路和改革建议。具体来说，第一，为了避免科技管理过度行政化的趋势，要实施"辅助创新"的科研管理。第二，为了健全"创新发展"的科技体制，在深化科技体制、科技计划及科研机构改革方面，要健全有利于创新的社会基础结构。第三，高度重视科学家的科学精神的培养教育。

2. 发展我国战略性新兴产业的咨询调查

本研究围绕"我国应该发展哪些战略性新兴产业及如何发展"这一核心问题，广泛征询院士们的意见与建议，为我国战略性新兴产业的发展在最有基础、最有条件的领域取得突破提供依据。本研究首先组织学科领域专家进行了国内外相关领域进展的文献调研，了解世界主要大国战略性新兴产业的政策、措施和方向。在此基础上，运用心理学原理和方法编制了调查问卷，并组织中国科学院院士代表和有关专家15人，对调查问卷的内容结构和调查方式进行了讨论。之后向中国科学院院士发放700份问卷，回收有效问卷109份。院士的问卷调查结果表明，被选率达到50%以上的战略性新兴产业领域主要集中在四个方面：①新能源产业（太阳能、风能等可再生能源以及绿色清洁的化石能源）（被选率77.6%，下同）；②信息产业（互联网和传感网、微电子和纳电子、基础的集成电路芯片和软件，信息和数字化产业，基于信息技术的现代服务业）（68.2%）；③生物产业（人口健康、生物质能、生物医药、干细胞）（52.3%）；④新材料产业（新能源材料、信息材料、生物材料、节能与环保材料）（50.5%）。有可能取得突破的产业领域还有：航空航天（45.8%）、节能环保（39.3%）、新能源汽车（26.2%）、改造提升传统产业（21.5%）、高新技术产业化（19.6%）、海洋高技术产业（12.1%）、物联网和相关产业（11.2%）及高新技术服务业（9.8%）八个领域。本研究并就为什么选择这些战略性新兴产业，以及如何发展这些新兴产业展开了分析，并提出相关的对策建议。前中科院院长路甬祥对该报告给予了高度评价，并进行了批示，该报告在决策中得到应用。

3. 改进和完善我国院士制度的调查结果及建议

本次调查研究旨在广泛征询广大院士及其他科研人员的意见与建议，对院士制度做出总体评价，并提出需要解决的问题。根据改进完善院士制度任务的目的，由两院院士组成的专家小组总结分析了我国现行的院士制度的运行现状，开展了院士的集体访谈，通过相关文献资料的检索和内容整合，汇总了目前院士制度存在的突出问题。在此基础上，课题组进一步邀请相关领域的专家通过头脑风暴、团体焦点访谈，发表意见，根据座谈的意见反馈，确定了调查问卷。本次问卷调查院士群体自评方面共回收有效问卷 502 份，同时选取了某科研院所的各级科研人员对院士制度进行他评，他评问卷 104 份。

通过对自评和他评数据结果的分析，提出以下对策建议：第一，推进咨询立法，加强咨询立项的针对性，加强咨询研究支撑机构，提高院士参与咨询工作的积极性，扩大咨询成果的影响力，并建立咨询报告的科学评议制度，增加咨询经费的投入力度。第二，进一步加强院士团体的学术与科学传播工作。第三，重点完善院士增选制度。第四，加强院士行为自律。第五，院士退休问题倡导分年龄段管理，退而不休。第六，进一步做好院士服务工作。

4. 高端科技创新人才培养的影响因素研究

科研人员是科研院所最宝贵的战略资源。要建设好科研院所，就需要一批创新型的人才进行各方面的创新，需要营造有利于科技人才成长的创新管理机制，充分发挥他们的积极性、主动性、创造性。近年来，中国科学院吸纳了一大批年纪轻、知识层次高、掌握高新技术的科技人才，他们思维活跃、更追求自由与平等、敢于挑战权威，由他们组成的创新团队正在为提升中国科学院的核心竞争力，落实四个"率先"发挥积极的作用。在中国科学院京区六个研究所的大力配合下，本课题的研究团队组织了科研团队创新行为调查。本研究的一个基本出发点是试图通过系统科学的调查，比较全面、准确地了解科研团队创新管理的现状。调研按不同维度下的各个指标在不同团队的得分进行比较分析，从而诊断科研人员的个性特征、领导风格以及团队创新氛围。

关于创新型人才独特的心理特征：创新型人才掌握符号和概念，具有深厚而扎实的专业知识，打破现有框架的创新思维和对未知事物的内在动机。创新型人才通常表现出灵活、开放、好奇的个性，更注重自己的成长和进取，力求得到创造性地解决问题和发现事物的真谛。我们对杰出科技人才成长规律的研究表明，27～35 岁是科研人员精力充沛、注意力集中、创新思维活跃的巅峰，是奠定科学家未来职业发展的关键时期。在这个时期如果能够给他们提供展示创新才能的舞台，将最大限度地实现他们的创新价值。调研结果还表明，大部分科研人员具备了创新行为发生的条件，身心状态良好；他们具有主动性、创新性、自主性、灵活性和复杂性等特点，并且采用心理学中国际通行的量表进行了测量与评估。

关于科研主管领导力的作用机制：通过主管创新期待和授权型领导两个方面评估科研职工感受到的团队领导的领导力状况。数据分析结果显示，领导的创新期待和员工自我期待存在不一致，他们之间的沟通和交流将受到负面影响，甚至造成某种程度的不和谐。因此，团队领导应注意流露出对其成员的创新期待。研究结果还表明，在一个能够授权的组织中，科研人员对工作往往更具激情，更易投入工作中，具有冒险倾向、灵活的思维和充沛的精力。

关于团队创新对于组织发展的作用：研究发现，团队通过整合知识和个体间不同的技能、观点和背景来提供新思想的环境，进而可以产生有益的新产品和新程序。团队创新并不是直接产生的，需要通过团队的社会和心理过程来影响新想法的产生、评估、接受和执行等一系列的过程，从团队层面上解决员工对工作环境和氛围的共同心理知觉问题，从而调动员工的工作动机和创新行为。建设学习型团队的核心思想是科研人员不断学习新知识、共享新技能能够带来组织竞争力的提升。我们的研究提醒科研管理者，在重视员工业绩的同时，也必须清楚，员工成绩目标的形成可能会带来一些其他方面的问题，例如，单纯以业绩作为目标并不能带来创新，反而会减弱人们学习的积极性，在单纯使用业绩目标激励的情况下，员工可能仅仅以完成任务指标为目的，重视表现工作成果，失去创新的兴趣和动力，最终使组织的创新源泉枯竭。

（二）领导力因素对员工创新的权变影响的研究进展

通过对以往研究的分析可以看出，经过近年来的不懈努力，人们已经对领导行为及领导成员交换关系对员工创新的影响进行了初步的研究，但是仍然有许多问题需要我们进行深入而细致的探讨。由于外部环境的剧烈变化，要求企业的创新必须高质量、快速度和全方位，这使得领导员工创新的难度不断提升。那么，新形势下领导对员工创新的影响机制是怎样的？也就是说，不同的领导风格如何影响员工创新？哪些因素又会影响领导与员工创新之间的关系？领导在什么样的情况下能够最为有效地发挥对创新的作用？这些问题尚不明确。因此，本研究从领导行为和领导关系两个方面，多角度开展了一系列实证研究，综合而深入地探讨了领导行为和领导成员交换关系（LMX）对员工创新的权变管理策略。

1. 领导认同和领导创新期待的权变管理策略研究

领导力的本质在于领导者对下属的人际影响，而其中最深刻的影响就是改变员工看待自己的方式。[21]那么，领导可能在一定程度上通过建立员工对领导的认同（领导认同）来发挥作用。[22,23]领导认同指的是员工对领导的信念转变为自我参照和自我概念。而且，领导认同在多大程度上促进员工创新可能取决于领导对个体员工的创新期待有多高。因此，本研究拟探讨领导认同及领导对员工的创新期待将如何联系变革型领导和员工创新之间的关系。

通过对某大型企业的员工及其直接领导进行抽样，我们最终获取有效样本420对，分布在102个团队。由于研究样本呈多层嵌套结构，我们在进行模型检验时控制了可能的组间效应。所以，本研究采用SPSS的多层线性混合模型来对数据进行分析处理，结果表明：第一，变革型领导对员工创新有正向预测作用。第二，变革型领导对下属的领导认同有正向预测作用。第三，员工感知到的领导创新期待调节下属对变革型领导的认同与员工创新之间的关系。当领导的创新期待高时，下属的领导认同对员工创新的作用更为积极。第四，下属的领导认同中介变革型领导与员工创新之间的关系，同时员工感知到的领导创新期待调节下属的领导认同与员工创新之间的关系。也就是说，当下属认同其直接上级的变革型领导风格，同时该直接上级对下属给予明确的创新期待时，下属将有很好的创新表现，如图1所示。

2. 情绪智力、心理授权和工作满意度对员工创新的影响机制研究

变革型领导影响员工创新的内在机制尚不完全明确，且缺乏相关的实证研究，这也是目前研究者颇为关注的一个问题。除了上述研究阐述的领导认同的中介作用外，研究者还关注到中介变量有内在动机和创造性工作氛围等，但Vandenberghe等[24]提出心理授权（Psychological Empowerment）应是揭示变革型领导影响下属创新的心理机制之一。另外，以往研究表明情绪智力与工作绩效有一定程度的相关。但有关情绪智力对员工创新影响机制的研究尚不多见。因此，本研究拟探讨心理授权在变革型领导、情绪智力与员工创新绩效之间的中介作用。此外，有关交易型领导行为对创新影响的理论研究和实证研究非常有限。权变奖励型

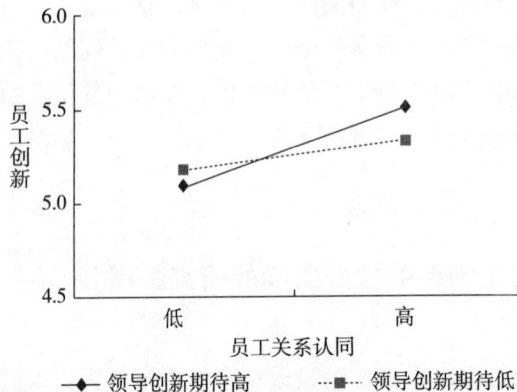

图1 领导创新期待对下属的领导认同和员工创新之间关系的调节作用

领导者与其下属之间是给与取的交换关系，当员工达到目标时领导者给予相应的奖励和报酬。[25,26]因此，我们假设交易型领导可能通过外在动机的激励提升下属的工作满意度，从而增强员工的创新行为。

研究样本来自中国科学院学部的全体院士所在单位的科研负责人及科研人员。为避免同源误差，我们采用上下级配对的方式进行抽样，共获取来自128个团队的有效问卷333对。本研究运用 SPSS 23.0 软件及 MLwiN 进行数据的统计分析。结果表明：首先，变革型领导可显著地正向预测心理授权，并且心理授权中介了变革型领导对科研人员创新的影响。因此，变革型领导可通过增加科研人员的心理授权，进一步提高科研人员的创新绩效。其次，情绪智力对心理授权没有显著的正向预测作用，但心理授权对情绪智力与科研人员创新绩效间的关系有中介作用。也就是说，情绪智力可以通过增加科研人员的心理授权进而影响科研人员创新。最后，交易型领导可显著地正向影响员工工作满意度，并且员工工作满意度中介了交易型领导对科研人员创新的影响。因此，交易型领导通过增加科研人员的工作满意度来进一步提高科研人员的创新绩效。[27]

3. 领导成员交换关系对员工创新行为的权变作用研究

由于以往考察 LMX 与结果变量关系的实证结果尚未得出一致结论，学者们认为两者之间可能取决于调节变量，并呼吁未来研究在考查 LMX 与结果变量关系时应考虑不同的调节变量的作用。[28-30]具体到LMX对创新的影响，尽管以往研究证实 LMX 对员工创新具有正向影响，但是影响力却都处于中等水平[31,32]，这可能是因为仅有 LMX 的情况下，缺乏明确的创新导向。另外，Graen 及其同事[18]进一步指出，LMX 研究需要同时探讨个人和情境因素对 LMX 过程的影响，有效的领导不仅仅取决于领导者本身，而且与被领导者有密切的联系。因此，本研究将引入"领导对员工的创新期待"和"员工自我创新期待"对 LMX 和员工创新的调节作用。一方面，领导对员工的创新期待作为情境因素代表了领导方，领导期待将为员工清晰地阐明对创新的要求和期望；另一方面，员工自我创新期待作为个体因素代表了员工一方，创新成绩的取得依赖于员工在创新过程中的大量投入。为更好地理解员工创新的推动力，本研究将进一步探讨领导创新期待和员工自我创新期待以及 LMX 对员工创新的三级交互作用。

本研究的被试来自三家高新技术企业的研发部门，参加调研的 193 名员工嵌套于 61 个团队。所以，本研究使用 SPSS 的多层线性混合模型进行假设检验，多层线性分析的结果表明：当领导者的创新期待和/或员工的自我创新期待高时，LMX 对员工创新有显著的正向影响。当领导和员工的创新期待都高时，高质量的 LMX 将推动员工获得最高水平的创新绩效。相反地，当领导和员工的创新期待都低时，LMX 将不会促进员工创新（见图 2）。

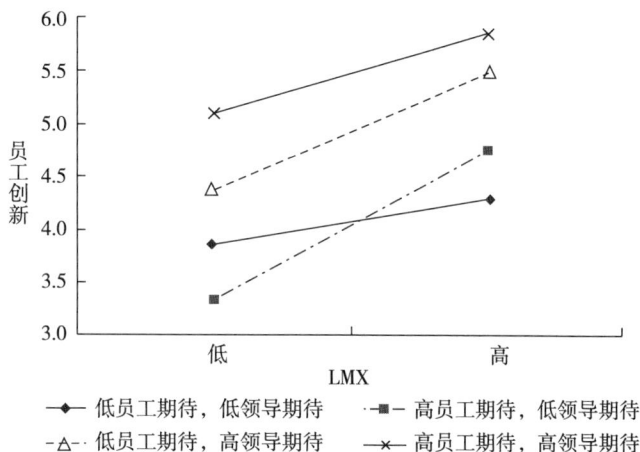

图 2 LMX 对员工创新的权变作用

三 总体讨论及未来展望

（一）总体讨论

本研究主要从科学思想库建设、高端科技人才、员工创新三大方面，对于科技创新行为的影响机制进行了探索。本研究课题组作为来自中国科学院学部调研中心的研究群体，近年来通过管理咨询调查和心理学实证研究两方面途径，为我国科技创新管理决策所提供了系列研究成果。作为国家社科基金重大项目的一个子课题，本研究在研究方法上与其他子课题组有明显的不同，我们既要完成国家科技管理部门、中国科学院、中国工程院的管理咨询报告，又要从心理学的实证研究的角度，把握国际同类研究的发展趋势，因此，这个综合性的报告体现了定性的管理咨询研究和定量的实证研究两种方法的结合。

在科技管理咨询方面，我们主要是从科学思想库建设的角度，在我国的科技体制改革、战略性新兴产业、院士制度建设和完善方面开展了一系列调查研究，并且对于中国科学院、中国工程院的重大影响研究做出了贡献。另外，我们从国际科技管理决策的实证研究角度，以中科院六大科研院所的高端科技创新人才为调研对象，探讨了科研人员的个性特征、领导力建设和团队氛围等国际前沿的核心研究，从领导行为和领导成员关系两方面入手，开展了一系列实证研究，探讨了领导行为和领导成员关系对员工创新的权变管理模型，具体包括领导认同和领导创新期待的权变管理策略，情绪智力、心理授权和工作满意度对员工创新的促进机制，领导成员交换关系对员工创新行为的权变作用等方面的研究进展。通过上述的研究探索，在构建促进国家创新体系建设的管理决策方面初步获得了一些研究进展。

在科技管理咨询方面，我们的研究成果由于属于内部咨询报告，因此不能正式发表，但是均采用内部报送的方式提交有关部门，直接被有关上级部门采纳，如我国战略性新兴产业的发展建议多数意见被中央主管部门采用，而有关院士制度的完善建议已经在全国科学大会上报告，得到了有关单位的肯定。这方面的工作还需要进一步加强实证研究与之结合。

在进行的有关科技创新行为的实证研究方面，我们从领导行为和领导关系两个方面，从多角度开展了一系列实证性探索，较深入地探讨了领导行为和领导成员交换关系对员工创新的权变管理策略。

（二）研究意义

以上系列研究结果的意义在于：首先，这些研究结果有助于理解科学思想库在国家重大科技决策中的作用，这是保障重大社会经济决策立足于理性科学的基础；其次，如何培养和造就一大批冲击社会经济、和谐发展和科学技术前沿难题的高端科技人才，其成长的社会心理影响因素值得关注；最后，如何促进社会大众，特别是企业员工的创新意识和创新行为，心理学的促进机制也是不可忽视的。应该说，在科技管理咨询中分别从定性的决策咨询和定量的实证研究的角度出发来开展工作，两者缺一不可。我们的这些研究结果既为科技管理决策提供了心理学的理论和方法依据，从我们承担的国家社会科学基金重大项目的子课题的角度来看，也应该是从更为长远、宏观的角度，为提升国家科技创新能力和公民科学素质，实现中华民族的伟大复兴，初步提供了基于心理学研究成果的对策建议。

（三）未来展望

本研究在领导与创新管理探索方面，将加强如下几个方面的探索：

第一，领导对人员创新权变影响的理论研究。目前领导行为和领导成员关系对创新影响的内在机制研究有待进一步深入的探讨，如可以考察不同层次领导对创新的影响。另外，最新的研究细分了不同种类的创新，不同的创新种类需要与之相适应的领导风格来引导。因此，未来的研究需要考虑到创新类别和方式的差异，以便得出更为精确的结论。此外，探讨一种基于中国情境的创新领导风格对于员工的创新管理具有重要的指导意义。

第二，领导对员工及团队创新影响的管理系统的开发与推广使用。目前已在领导与创新管理研究基础上形成了一套权变管理策略并在合作企业和研究院所进行了应用，但是要在企业全面铺开、具体应用还有非常多的工作要做，比如怎样与企业原有的人力资源管理系统深度融合等管理模式的探索。

第三，与科学普及研究的结合。在我们这一子课题里，还包括对于公民科学素质和科学精神的培养的研究内容，子课题组内中国人民大学、北京师范大学的研究人员在青少年科学普及途径和方法、科学普及教育者的公信力对于科普教育的影响方面已经有一些成果发表，但是两者之间的结合问题是我们在重大项目研究后期务必关注的重点任务。

参考文献

［1］曲如杰，王林，尚洁，等. 辱虐型领导与员工创新：员工自我概念的作用［J］. 管理评论，2015（8）.

［2］孙志茹，张志强. 科学思想库的组织与发展分析［J］. 情报资料工作，2010（2）.

［3］Ahmad, M. US Think Tanks and the Politics of Expertise：Role, Value and Impact［J］. The Political Quarterly, 2008, 79（4）.

［4］McGann, J. Global Trends in Think Tanks and Policy Advice［M］. Philadelphia, PA：TTCSP, 2007.

［5］McGann, J., Weaver, R. K. Think Tanks and Civil Societies：Catalysts for Ideas and Action［M］. Sommerset, NJ：Transaction Press, 2002.

［6］Stone, D. Think Tanks across Nations：The New Networks of Knowledge［J］. NIRA Review, 2000, 7（1）.

［7］Struyk, R. J. Management of Transnational Think Tank Networks［J］. International Journal of Politics, Culture, and Society, 2002, 15（4）.

［8］李勇，陈建成. 高校创新人才培养几个理论问题的探讨［J］. 高等农业教育，2008（9）.

［9］Barron, F., Harrington, D. M. Creativity, Intelligence, and Personality［J］. Annual Review of Psychology, 1981, 32（1）.

［10］Woodman, R. W., Sawyer, J. E., Griffin, R. W. Toward a Theory of Organizational Creativity［J］. Academy of Management Review, 1993, 18（2）.

［11］Zhou, J., Hosier, I. J. Research on Workplace Creativity：A Review and Redirection［J］. Annual Review of Organizational Psychology and Organizational Behavior, 2014, 1（1）.

［12］邓爱华. 国外科普让公众共享人类智慧结晶：访中国科学技术信息研究所研究员武夷山和助理研究员佟贺丰［J］. 科技潮，2009（7）.

［13］Mumford, M. D. Followers, Motivations, and Levels of Analysis：The Case of Individualized Leadership［J］. The Leadership Quarterly, 2000, 11（3）.

［14］Zhou, J., Shalley, C. E. Handbook of Organizational Creativity［M］. New York：Lawrenoe Erlbaum Associates, 2008.

［15］Bass, B. M. Leadership and Performance beyond Expectations［M］. Free Press；Collier Macmillan, 1985.

［16］Gong, Y., Huang, J. C., Farh, J. L. Employee Learning Orientation, Transformational Leadership, and Employee Creativity：The Mediaiting Role of Employee Creative Self – efficacy［J］. Academy of Management Journal, 2009, 52（4）.

［17］Shin, S. J., Zhou, J. Transformational Leadership, Conservation, and Creativity：Evidence from Korea［J］. Academy of Management Journal, 2003, 46（6）.

［18］Graen, G. B., Uhl – Bien, M. Relationship – based Approach to Leadership：Development of Leader – member Exchange（LMX）Theory of Leadership Over 25 Years：Applying a Multi – level Multi – domain Perspective［J］. The Leadership Quarterly, 1995, 6（2）.

［19］Basu, R., Green, S. G. Leader – member Exchange and Transformational Leadership：An Empirical Examination of Innovative Behaviors in Leader – member Dyads［J］. Journal of Applied Social Psychology, 1997, 27（6）.

［20］Soott, S. G., Bruoe, R. A. Determinants of Innovative Behavior：A Path Model of Individual Innovation in the Workplace［J］. Academy of Management Journal, 1994, 37（3）.

［21］Van Knippenberg, D., Van Knippenberg, B., De Cremer, D., et al. Leadership, Self, and Identity：A Review and Research Agenda［J］. The Leadership Quarterly, 2004, 15（6）.

［22］Shamir, B., House, R. J., Arthur, M. B. The Motivational Effects of Charismatic Leadership：A Self – concept Based Theory［J］. Organization Science, 1993, 4（4）.

［23］Yuki, G. Leadership in Organizations［M］. Engelwood Cliffs, NJ：Prentice Hall, 1981.

［24］Vandenberghe, C., Stordeur, S., D'Hoore, W. Transactional and Transformational Leadership in Nursing：

Structural Validity and Substantive Relationships [J]. European Journal of Psychological Assessment, 2002, 18 (1).

[25] Avdio, B. J. Full Leadership Development: Building the Vital Forces in Organizations [M]. Sage, 1999.

[26] Lcwe, K. B., Kroeck, K. G., Sivasubramaniam, N. Effectiveness Correlates of Transformational and Transactional Leadership: A Meta-analytic Review of the MLQ Literature [J]. The Leadership Quarterly, 1996, 7 (3).

[27] 高丽, 曲如杰, 时勘, 等. 心理授权与情绪智力对科研人员创新绩效的影响 [J]. 人类工效学, 2013 (1).

[28] Erdogan, B., Enders, J. Support from the Top: Supervisors' Perceived Organizational Support as a Moderator of Leader – Member Exchange to Satisfaction and Performance Relationships [J]. Journal of Applied Psyohology, 2007, 92 (2).

[29] Ozer, M. Personal and Task-related Moderators of Leader-member Exchange among Software Developers [J]. Journal of Applied Psyohology, 2008, 93 (5).

[30] Schriesheim, C. A., Castro, S. L., Yammarino, F. J. Investigating Contingencies: An Examination of the Impact of span of Supervision and Upward Controll Ingness on Leader-member Exchange Using Traditional and Multivariate within-and between-entities Analysis [J]. Journal of Applied Psychology, 2000, 85 (5).

[31] Atwater, L., Carmeli, A. Leader-member Exchange, Feelings of Energy, and Involvement in Creative Work [J]. The Leadership Quarterly, 2009, 20 (3).

[32] Tierney, P., Farmer, S. M., Graen, G. B. An Examination of Leadership and Employee Creativity: The Relevance of Traits and Relationships [J]. Personnel Psychology, 1999, 52 (3).

Social Psychological Impact on Creativity and Innovation in Science and Technology:

A Review of Its Progress

Qu Rujie   Liu Ye   Onne Janssen   Shi Kan

Abstract: The paper reviews the social psychology promotion mechanism for the construction of state think tanks, the cultivation of creative talents and the promotion of employee creativity in the workplace. First, we conducted a series of qualitative and quantitative analyses of the reform of the scientific and technological system, emerging strategic industries and the system of academicians. Second, to facilitate the emergence of creative outputs, we investigated and assessed individual difference of scientific researchers, creative leadership and team climate in six scientific institutes of the Chinese Academy of Science. Finally, we examined the influence of the transformational leadership, leader expectations for creativity and leader-member exchange on employee creativity. We discuss the theoretical and practical implications of these findings in the institutional context.

Key words: science and technology innovation; state think tank; creative talent cultivation; employee creativity

青少年跨群体友谊与群际态度的关系研究*

陈晓晨　蒋　薇　时　勘

【编者按】在我国，随着流动人口规模不断增加，流动儿童的数量也在不断增加。流动儿童的积极发展与社会融合已成为社会各界关心的热点问题。本论文发表在核心期刊《心理发展与教育》上，是国家社会科学基金重大项目"中华民族伟大复兴的社会心理促进机制研究"（项目编号：13&ZD155）的阶段性研究成果之一。文章第一作者陈晓晨老师毕业于美国加州大学洛杉矶分校，在博士期间她针对美国亚裔青少年的跨群体友谊开展了系统研究，成果在发展与教育领域的国际顶级期刊 Child Development 上发表。回国任教后，她沿袭了博士期间的工作，针对我国青少年的群际关系及群际态度开展了一系列本土化的工作。本研究从群际接触理论的视角出发，考察城市常住与外来学生间的交友情况，以及友谊与群际态度的关系，这些研究成果能够为促进不同背景下青少年的融合提供有科学依据的建议。本项研究是在广州市荔湾区教育局的大力支持下开展的，调研工作得到了荔湾区教育系统各学校的大力支持。参加调研工作和写作工作的除了设计者陈晓晨、时勘之外，还有蒋薇、陈晨等同志。研究结果发现，在本地与外来学生混合的学校中，跨群体友谊普遍存在，且外地学生在选择朋友时存在一定的本群体偏好；跨群体友谊与更为积极的外群体态度相关联，且这种"友谊效应"只存在于外地学生中；跨群体友谊通过群际焦虑的中介作用对群际态度产生影响。这些研究结果对于促进流动儿童与城市本地儿童的交往融合具有一定启示：首先，将本地与外来学生合校合班可以为外地学生提供更多的与本地同学交往的机会，促进他们融入新居住地的生活；其次，教育工作者在安排日常学习活动时，可有意创设条件，增加本地与外来学生相互接触合作的机会（如通过座位的安排、设计学习小组或团队合作任务等），以增加跨群体友谊的形成；最后，在促进不同群体学生融合的教育中，应着眼于为学生提供积极的与外群体成员接触的情感体验，尽量避免说教。这些对策建议已经在广州市各地区得到了贯彻，而且在多次国内大型学术交流中宣传，并逐步在其他地区推广。（陈晓晨，中国人民大学心理学系副教授，国家社会科学基金重大项目"中华民族伟大复兴的社会心理促进机制研究"主要研究成员之一）

摘　要：本研究旨在考察不同群体（本地、外地）青少年朋友选择的特点，以及跨群体友谊与群际态度的关系，同时考察了群际焦虑在跨群体友谊与群际态度之间的中介作用。905名初中学生参与了本次调查，测量工具包括朋友提名（友谊数量和质量）、群际态度（积极情感与消极刻板印象）和群际焦虑量表。结果发现：①在本地与外来学生混合的学校中，跨群体友谊普遍存在，且外地学生在选择朋友时存在一定的本群体偏好；②跨群体友谊与更为积极的外群体

---
* 基金项目：社科基金重大项目（13&ZD155）；中国人民大学新教师启动金项目（14XNLF09）。

态度相关联，且这种"友谊效应"只存在于外地学生中；③跨群体友谊通过群际焦虑的中介作用对群际态度产生影响。

关键词： 跨群体友谊；群际态度；群际焦虑；青少年

一 问题提出

随着改革开放和经济的发展，我国流动人口数量持续快速增长。在流动人口规模不断增加的同时，流动儿童的数量也在不断增加（周皓和荣珊，2011）。据 2005 年全国 1% 人口抽样调查的数据推算，4 周岁到 16 岁以下流动儿童规模达到 1834 万人，占流动人口的 12.45%（段成荣和杨舸，2008）。由于成长环境、个人习惯等方面的差异，流动儿童在适应与融入新的学习生活环境时面临许多困难。例如，有研究发现与城市常住儿童相比，流动儿童存在更多的社交焦虑与孤独感（蔺秀云、方晓义、刘杨和兰菁，2009）、更少的社会支持（丁芳、吴伟、周鋆和范李敏，2014）、受歧视现象普遍（蔺秀云等，2009；刘霞和申继亮，2010；郝振和崔丽娟，2014）、身份认同困难（王中会、周晓娟和 Gening Jin，2014）等问题。流动儿童的积极发展与社会融合已成为社会各界关心的热点问题。本研究从群际接触理论（Allport，1954；Pettigrew，1998）的视角出发，考察城市常住与外来学生间的交友情况，以及友谊与群际态度的关系，希望为促进不同背景青少年的融合提供有科学依据的建议。

（一）朋友选择的原则

国内外大量研究表明，友谊对于个体的积极发展起到至关重要的作用（Hartup & Stevens，1999；Reis & Collins，2004）。特别是在中学阶段，家庭对青少年的影响逐渐被同伴所超越（Brechwald & Prinstein，2011）。青少年在与同伴交往中建立的友谊是其获得社会支持与归属感的重要来源（Furman & Buhrmester，1992），朋友的影响也会使个体的态度与行为发生显著改变（Berndt，1992）。然而，在城市常住人口与外来人口混合的学校中，来自不同区域的学生是如何相处的？他们在朋友选择时存在哪些偏好？对于这些问题研究者们了解尚少。接近性与相似性是影响友谊形成的两条基本原则。接近性是指人们愿意和身边容易接触到的人成为朋友（Mouw & Entwisle，2006）；相似性是指人们愿意和自己相似的人成为朋友（McPherson，Smith-Lovin & Cook，2001）。有关学校种族构成对朋友选择的研究表明，这两条原则共同对学生的友谊产生影响。与接近性原则相一致，随着学校种族多样性的增加，跨种族友谊明显增多（Moody，2001；Kao & Joyner，2004）。同时，与相似性原则一致，各种族的学生在选择朋友时都表现出对同种族同伴的偏爱（Hallinan & Williams，1989；Hamm，Brown & Heck，2005）。特别是少数族裔的学生（黑人、拉美裔人）作为相对社会地位较低群体的成员，在朋友选择时表现出更强烈的本群体偏好，以便从同族的朋友中获取更多的社会支持（Quillian & Campbell，2003）。据此，本研究形成了关于学生友谊选择模式的假设：根据接近性原则，本地与外来学生的混合编班为不同群体学生的接触交往提供了机会，因此跨群体的友谊会普遍存在（H1a）。另外，根据相似性原则，学生们（特别是外地学生）在选择朋友时会存在本群体偏好。也就是说，在控制班级中本地和外地学生的比例

后，本地学生更倾向于选择本地学生做朋友，外地学生更倾向于选择外地学生做朋友
（H1b）。

（二）跨群体友谊与群际态度

不同群体间学生的友谊（跨群体友谊）之所以重要，一个主要原因在于它有助于改善
群际态度。根据 Allport（1954）的群际接触假说，不同群体成员间的相互接触有助于改善
对外群体的态度并减少偏见。Allport 指出了四种群际接触的最佳条件：平等地位、合作、共
同目标，以及权威、法律或习俗的支持。在对接触理论的重构中，Pettigrew（1998）指出，
友谊情境至少满足前三个最佳接触条件，因此跨群体的友谊是一种理想的接触形式。已有大
量研究证实，跨群体的友谊与更为积极的外群体态度相关联（李森森、龙长权、陈庆飞和
李红，2010）。但是友谊与态度联系的强弱受到不同测量方式的影响（Davies, Tropp, Aron,
Pettigrew & Wright，2011）。

群际态度是一个多维的概念（Tropp & Pettigrew，2005），一些研究主要关注态度的情感
维度，即与外群体成员所建立的情感联结，如喜欢或尊重外群体（Pettigrew，1997；Levin,
vanLaar & Sidanius，2003；Paolini, Hewstone, Cairns & Voci，2004）。另一类常见的友谊—
态度关系研究则聚焦于态度的认知维度，即对外群体成员的信念和评价（Wolsko, Park,
Judd & Bachelor，2003；Feddes, Noack & Rutland，2009）。一种很常见的测量方式是"群体
典型性特质评定法"（Brown & Bigler，2002）。该方法要求被试回答有多少外群体成员具备
某种刻板化的特质（如"有多少外地人是邋遢的？"）。元分析结果表明，较认知维度相比，
态度的情感维度与友谊的关联更强（Tropp & Pettigew，2005；Davies et al.，2011）。研究者
认为，这可能是由于态度的情感与认知维度与跨群体友谊存在着不同的联结。当回答对外群
体的情感时，人们更容易想到自身的经历，因此与好朋友所建立的积极情感联结更容易迁移
到整个外群体。然而，在进行认知评价时，人们更倾向于将熟识的朋友看作特殊的个体，对
朋友的积极印象可能不足以引发对整个外群体刻板印象的改变（Rothbart，1996；Rothbart &
John，1985）。元分析包含了大量来自不同样本、不同方法的研究。其结果虽然具有一定启
发性，但目前尚缺少同时包含不同态度测量方式的研究，以便直接比较态度的情感和认知维
度与跨群体友谊的关系。另外，友谊与态度联系的强弱还受到友谊测量方式的影响。Davies
等（2011）小结了几种常见的友谊测量方式，包括朋友的数量、与朋友共处的时间、亲密
感和知觉到的支持等。尽管每种测量方式都表明跨群体的友谊与更好的外群体态度相关联，
但是友谊的不同方面与态度不同维度间的具体关系尚不清楚。为弥补上述不足，本研究包含
多种友谊（数量、质量）与态度（情感、认知）的测量方式，并提出假设 2（H2）：跨群体
友谊与更为积极的外群体态度相关联。对于友谊不同方面和态度不同维度之间的关系没有具
体假设。

另一个值得注意的问题是，尽管群际接触假说得到了普遍支持，但是对于不同群体而
言，接触的效应大小有所不同。一项包含主流群体与少数群体被试的研究表明，与外群体成
员的友好接触更为有效地减少了少数群体成员对主流群体的内隐偏见（Henry & Hardin,
2006）。也就是说，在少数群体成员上发现了更强的接触效应。研究者认为，由于少数群体
成员所处的社会地位较低，他们本身就存在一定程度的外群体偏好（Ashburn - Nardo,

Knowles & Monteith，2003；Rudman，Feinberg & Fairchild，2002），因此他们对于主流群体的态度更容易改变。据此，本研究提出假设 3（H3）：相对本地学生而言，较强的友谊效应会存在于外地学生当中。

（三）态度改变的心理机制：群际焦虑的中介作用

群际态度改变的心理机制也得到了接触理论研究者们的广泛关注。Pettigrew（1998）在对经典的接触假说重构时，强调指出了情绪因素在改变外群体态度时发挥的重要作用。其中，群际焦虑（intergroup anxiety）是与外群体成员接触时一种典型的负性情绪反应（Stephan & Stephan，1985）。群际焦虑是指在与外群体成员接触时，由于担心被拒绝、歧视或被误解而产生的一种忧虑不安的情感体验。已有研究表明，群际接触可以显著地减少群际焦虑。例如，Mendes 等的研究发现，那些与黑人接触较多的白人大学生的外群体焦虑要显著低于那些没有过类似经历的白人大学生（Mendes，Blascovich，Lickel & Hunter，2002）。另外，关于想象接触的研究表明，想象的外群接触可以减低群际焦虑，进而改善外群体态度（Turner，West & Christie，2013）。据此，本研究提出假设 4（H4）：跨群体友谊作为一种亲密的群际接触形式，可以减少群际焦虑，进而提升外群体态度（即跨群体友谊通过群际焦虑的中介作用提升外群体态度）。

总之，跨群体友谊被认为是心理学中改善群际关系最有效的途径之一。西方已有研究证实了跨群体友谊有助于减少对少数种族、同性恋者、老年人和精神病患者的偏见（Davies et al.，2011）。国内已有学者指出，群际接触假说为促进城市新移民的社会融入问题提供了很好的理论视角（李森森等，2010），但相关的实证研究还非常匮乏。另外，国外已有相关研究主要关注跨群体友谊对提升主流群体对弱势群体态度的作用。关于跨群体友谊在移民群体的融合与适应中可能发挥的作用了解相对较少。本地与外地学生由于成长经历、所处社会环境等方面的不同，很可能在与外群体同伴的交往模式中存在差异。基于此，本研究致力于考察学校情境中本地与外地学生的跨群体友谊和群际态度。首先，本研究考察了不同群体学生的友谊选择模式；其次，研究通过回归分析考察了跨群体友谊与群际态度的关系，并检验了友谊效应的大小是否在不同群体中存在差异；最后，本研究采用结构方程模型考察了群际焦虑在跨群体友谊与外群体态度之间的中介作用。研究有助于在更为广阔的社会背景中检验和完善群际接触理论。

二　研究方法

（一）被试

本研究采用整班取样的方式，对广州市三所民办初中的 1045 名初一、初二学生进行了问卷调查。参与研究的学生均得到了家长的许可，并签署了知情同意书。剔除无效样本后，共得 905 份有效数据。其中，男生 462 人，女生 443 人；广州本地学生 445 人（49.2%），外地学生 388 人[①]（42.9%），72 人（8%）未填写户籍。被试年龄范围在 11~15 岁，平均年龄为 12.7±0.69 岁。

（二）研究工具

1. 友谊

采用非限定性同伴提名的方式测量朋友数量。学生需写下他们在班级中好朋友的名字，有几个写几个。被提名朋友的户籍根据他们自我报告的信息决定。

另外，学生需对每位朋友进行友谊质量评定。对于友谊质量的测量，采用了改编自 Chen 和 Graham（2015）研究中的问卷。问卷经由 3 名心理专业硕、博研究生和 2 名心理系教师进行翻译与回译。问卷由 5 道题目组成，包含"共享时间"（2 道题）与"情感支持"（3 道题）两个维度。例如，"在放学后或者假期我们一起学习、一起玩儿""当我沮丧时，这个朋友会安慰我"。问卷采用 3 点计分，1 表示"从不"，3 表示"总是"。分别计算共享时间与情感支持维度项目均分，分数越高表明在该维度上友谊质量越好。本研究中，共享时间与情感支持分量表的 Cronbach's α 系数分别为 0.66 和 0.78。

2. 群际态度

本研究从情感和认知两个维度测查了群际态度。

针对态度的情感维度，本研究借鉴了 Binder 等（2009）研究中的测量方式。学生需要就他们对广州本地和外地学生的整体感受（喜欢、信任等）分别进行评分，量表包括 4 个项目，例如，"考虑来自广州/外地的学生，我喜欢他们"。采用 5 点计分，1 表示"完全不同意"，5 表示"非常同意"计算所有项目的均分，分数越高表明情感态度越积极。探索性因子分析发现，仅有一个因子特征值大于 1，表明只能提取一个因子，方差贡献率为 74.23%，各项目的载荷在 0.70~0.85。在本研究中，对于广州本地和外地学生，量表的 Cronbacha 系数分别为 0.89 和 0.88。

对于态度的认知维度（消极刻板印象），采用了针对儿童青少年较常用的群体特质典型性评定法进行测量（Brown & Bigler，2002）。在问卷中向学生们呈现 4 个消极特质词（邋遢、粗鲁、贪财、斤斤计较），特质词的选取基于近年国内学者关于城市居民对外来人口态度的研究（刘林平，2008）。学生们需回答，有多少广州/外地的成员具有这些特质。例如"在你看来，有多少广州/外地的学生是粗鲁的"。采用 5 点计分，1 表示"几乎没有"，5 表示"全部都是"计算所有项目的均分，分数越高表明越多的消极刻板印象。探索性因子分析发现，仅有一个因子特征值大于 1，表明只能提取一个因子，方差贡献率为 65.02%，各项目的载荷在 0.80~0.82。在本研究中，对于广州本地和外地学生，量表的 Cronbach's α 系数分别为 0.83 和 0.82。

3. 群际焦虑

采用了改编自 Levin 等（2003）研究中的群际焦虑问题，共两道题目。问题经由 3 名心理专业硕博研究生和 2 名心理系教师进行翻译与回译。两道题目分别是"我能和来自不同地

[①] 在我国，一般将流动人口理解为户籍不在"本地"（流入地）但在"本地"居住半年以上的人口。相应地，将流动儿童定义为流动人口中 18 周岁以下的儿童人口（段成荣、吕利丹、王宗平和郭静，2013）。根据这一定义，本研究中的"外地学生"均为流动儿童。

区的同学很好地相处"（反向计分）、"和其他地区的同学相处时，我感到紧张不安"。采用5点计分，1表示"完全不同意"，5表示"非常同意"。计算两道题目的平均分，分数越高表明群际焦虑程度越高。本研究中，两道题目的相关系数为r=0.41，p<0.001。

　　4. 控制变量

　　研究中控制了被试的性别、年级、父母受教育水平（1=小学或初中，4=大学本科或研究生）、粤语流利程度（"你粤语说得怎么样"；1=很差，5=非常好）、班级中本地学生与外地学生之比以及移民代际。采用国际上常用的确定移民代际的标准（e.g.，Hamm et al.，2005），根据学生报告的其自身及父母的出生地确定其移民代际。具体地说，出生在广州以外的学生，为一代移民；自己出生在广州，且父母中至少有一方出生在广州以外，为二代移民；自己及父母均出生在广州本地的学生，为三代（或以上）移民。

（三）研究程序与数据处理

　　以班级为单位在课堂上团体施测，由各班班主任担任主试。施测前对各班班主任进行测试说明，要求班主任读测试指导语，以确保测试的有效性。整个测试在30~40分钟内完成。

　　本研究收集的数据采用SPSS22.0软件进行录入和管理，并用SPSS22.0和Mplus7两个软件进行数据分析。

三　结果与分析

（一）本地与外地学生的友谊模式

　　1. 朋友选择的情况

　　本研究中的905名被试共提名了3658名朋友。与以往有关初中生友谊的研究结果类似（e.g.，Kao & Joyner, 2004；Quillian & Campbell, 2003），绝大多数提名（91%）为同性别的朋友，因此本研究只关注了同性别的友谊。样本中跨群体友谊十分普遍：在广州学生中，有344人（77.3%）提名了至少一位外地学生为朋友；在外地学生中，有346人（89.2%）提名了至少一位广州本地人为朋友。

　　为进一步考察学生们在朋友选择时是否存在（地域）本群体偏好，本研究采用Hamm等（2005）研究中所报告的方法，对朋友提名进行了比例差异的显著性检验。检验中所使用的公式如下：

$$z = \frac{p - \pi}{\sqrt{\pi(1-\pi)/n}}$$

　　其中，p表示目标群体人数占被提名朋友总数的比例；π表示目标群体在整个班级内所占的比例；n表示提名的总人数。举例来说，在某个50人的班级中，有50%的广州本地学生。如果学生们完全是按照可得性原则选择朋友，那么在他们提名的朋友中应该有50%（π）为广州本地人。假设在该班级的25名广州学生共提名了80位朋友（n），其中有70%

（p）为本地人，在这种情况下，

$$z = \frac{70\% - 50\%}{\sqrt{50\% \times (1-50\%)/80}} = 3.58$$

z分数大于1.96的临界值（p<0.05），表明在该班级中，广州学生在选择朋友时对本群体成员的选择显著高于期望比例，即存在本群体偏好。

本研究对样本中21个班级里广州本地和外地学生的朋友选择情况逐一进行了分析。结果表明，广州本地学生在选择朋友时不存在显著的本群体偏好（z-scores = -1.25~1.90）。也就是说，在广州学生的朋友当中，本地人和外地人的比例与班级中不同地区学生的比例大致相等。有趣的是，在5个班级中，外地学生在选择朋友时存在显著的本群体偏好（z-scores = 2.04~3.19）。

2. 友谊质量

为进一步考察本群体与跨群体友谊在质量上的差异，本研究针对友谊质量①的每个维度（共享时间、情感支持）进行了2（地区：广州、外地）×2（友谊类型：本群体、跨群体）的方差分析，结果未发现显著的主效应或交互作用（all ps>0.05）。这说明，对于广州本地及外地学生，与内群体及外群体成员所形成的友谊在质量上不存在显著差异。广州本地与外地学生的友谊质量评分如表1所示。

表1 本群体和外群体友谊质量评分的平均数（标准差）

	广州学生		外地学生	
	本群体	外群体	本群体	外群体
共享时间	1.93（0.60）	1.99（0.58）	1.98（0.59）	1.97（0.60）
情感支持	2.49（0.55）	2.55（0.54）	2.56（0.50）	2.50（0.51）

（二）跨群体友谊与群际态度的关系

本研究进一步考察了跨群体友谊与群际态度的关系。如表2所示，外群体朋友数量与群际态度中的积极情感呈显著正相关，与消极刻板印象呈显著负相关；友谊质量中的共享时间与积极情感呈显著正相关，情感支持与积极情感呈显著正相关、与消极刻板印象呈显著负相关。这表示拥有外群朋友的数量越多、友谊质量越高，外群体态度越积极。

表2 跨群体友谊与群际态度的相关分析

	M±SD	1	2	3	4	5	6
1. 外群体朋友数	1.88（1.52）	1.00					
2. 共享时间	1.96（0.53）	0.08*	1.00				
3. 情感支持	2.51（0.49）	0.08*	0.35**	1.00			
4. 积极情感	4.21（0.75）	0.10*	0.20**	0.31**	1.00		

① 关于友谊质量的分析只包括了至少拥有一个外群体朋友的子样本（n=690）。

续表

	M±SD	1	2	3	4	5	6
5. 消极刻板印象	2.48 (0.82)	−0.09 *	0.04	−0.16 **	−0.28 **	1.00	
6. 群际焦虑	1.76 (0.82)	−0.09 *	−0.12 **	−0.17 **	−0.35 **	0.25 **	1.00

注：* 表示 $p<0.05$，** p 表示 <0.01，下同。

1. 朋友数量的影响

在控制性别（女＝0）、年级（初一＝0）、代际（移民三代为参照组）、父母受教育水平、粤语流利程度及班级中本地与外地学生之比的情况下，以外群体朋友数量为预测变量，并分别以积极情感、消极刻板印象为结果变量，进行分层回归分析。由于友谊效应对于本地和外地学生可能存在差异，研究者对广州本地和外地学生分别进行了分析。结果如表 3 所示。对于广州本地学生，没有发现显著的友谊效应（积极情感：$\beta=0.04$，$p>0.05$；消极刻板印象：$\beta=0.01$，$p>0.05$）；然而，对于外地学生，跨群体朋友（即广州本地朋友）的数量可以显著预测外群体情感（$\beta=0.18$，$p<0.01$）和消极刻板印象（$\beta=-0.19$，$p<0.01$）。也就是说，外地学生拥有的广州朋友越多，其对广州人的感情越积极，消极刻板印象越少。

表 3　外群体友谊数量对群际态度的回归分析

	广州学生						外地学生					
	积极情感			消极刻板印象			积极情感			消极刻板印象		
	ΔR^2	β	t	ΔR^2	β	t	ΔR^2	β	t	ΔR^2	β	t
第一层	0.06			0.03			0.01			0.01		
性别		−0.14	−2.61 **		0.11	2.05 *		−0.06	−1.02		0.05	0.92
年级		0.06	1.12		0.06	1.07		−0.01	−0.22		−0.05	−0.89
移民一代		0.04	0.66		0.01	0.12		0.00	0.00		0.08	0.43
移民二代		0.01	0.15		−0.06	−1.04		−0.01	−0.05		0.08	0.44
父母受教育水平		−0.11	−2.16 *		−0.01	−0.20		0.00	−0.01		0.06	0.96
粤语流利程度		−0.14	−2.38 *		0.09	1.51		0.06	1.10		0.12	2.03 *
本地与外地学生比		0.09	1.58		0.05	0.95		−0.05	−0.85		0.07	1.22
第二层	0.07			0.03			0.04			0.05		
友谊数量		0.04	0.82		0.01	0.22		0.18	2.99 **		−0.19	−3.13 **

2. 友谊质量的影响

由于友谊效应只存在于外地学生当中，针对这一群体，本研究进一步分析了友谊质量对群际态度的影响。在控制了人口统计学变量后，以共享时间和情感支持为预测变量，并分别以外群体积极情感和消极刻板印象为结果变量，进行回归分析。结果如表 4 所示，共享时间只对外群体情感有显著的预测作用（$\beta=0.19$，$p<0.01$）；而情感支持可以显著预测更多的外群体积极情感（$\beta=0.26$，$p<0.001$）与更少的消极刻板印象（$\beta=-0.22$，$p<0.01$）。

表4　外地学生跨群体友谊质量对群际态度的回归分析

	积极情感			消极刻板印象		
	ΔR^2	β	t	ΔR^2	β	t
第一层	0.00			0.03		
性别		0.04	0.64		0.02	0.37
年级		0.00	0.01		−0.06	−1.03
移民一代		0.09	0.50		−0.01	−0.05
移民二代		0.10	0.56		−0.01	−0.06
父母受教育水平		−0.06	−1.01		0.05	0.86
粤语流利程度		−0.00	−0.01		0.14	2.29*
本地与外地学生比		0.01	0.17		0.04	0.64
第二层	0.07			0.03		
共享时间		0.19	3.06**		0.04	0.58
第三层	0.13			0.07		
情感支持		0.26	4.15***		−0.22	−3.40**

（三）态度改变的机制：群际焦虑的中介作用

本研究进一步考察了友谊影响外地学生群际态度的作用机制。采用结构方程模型（SEM），用极大似然法对图1的假设模型进行估计和检验，结果表明各项拟合指数都良好（$X^2 = 11.452$，df = 9，p = 0.246；RMSEA = 0.030；CFI = 0.958；TLI = 0.942）。采用 Bootstrap 对群际焦虑的中介效应进行显著性检验，选定的 Bootstrap 自行取样量为1000。结果表明，跨群体友谊通过降低群际焦虑对外群体态度有着显著的影响，中介效应量为0.050，且中介效应值的95%置信区间（0.001，0.103）没有包括0，说明所得的中介值具有可信度。跨群体友谊对于外群体态度的直接效应也显著，直接效应量为0.231，其95%的置信区间为（0.009，0.453）。群际焦虑的中介效应量占总效应量的17.86%。

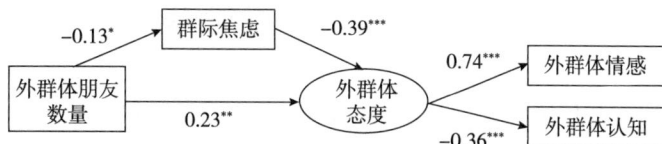

图1　群际焦虑在跨群体友谊与群际态度之间的中介作用

四　讨论

（一）不同群体学生友谊选择模式

本研究从群际接触理论（Allport，1954；Pettigrew，1998）的视角出发，考察了民办学校中本市常住与外来学生的友谊选择以及群际态度。研究结果表明，跨群体友谊普遍存在，但是本地与外地学生在朋友选择模式上存在一些差异。外地学生在选择朋友时存在一定的本群体偏好（符合相似性原则），也就是说，在控制班级中本地和外地人的比例后，外地学生更倾向于选择同是外来人的同学做朋友。这可能是由于外地学生共同面对在异乡学习生活的各种困难，更容易相互理解和帮助。另外，国外有关移民青少年的研究表明，移民学生在受到不公平对待或歧视时更愿意与内群体成员交流以获取支持，与本群体成员的友谊有助于移民青少年自我同一性的健康发展（Syed & Yuan, 2012; Graham, Munniksma & Juvonen, 2014）。然而，在本地学生的朋友选择中，本研究没有发现本群体偏好。这可能是因为本地学生生活在自己的家乡，安全感较强，因此能够以更加自信和开放的态度与来自不同地区的同学做朋友。

另外，本研究还比较了本群体和跨群体友谊在质量上的差异。与 Aboud 等的研究结果一致（Aboud, Mendelson & Purdy, 2003），本研究中，本群体和跨群体友谊在共享时间和情感支持两个质量维度上不存在显著差异。这表明，无论是本群体还是外群体的朋友，在提供陪伴和情感支持方面的功能是相似的。

（二）跨群体友谊与群际态度

与已有研究结果一致（Pettigrew, 1997; Levin, et al., 2003），本研究发现，跨群体友谊数量与更为积极的外群体态度相关联。学生们将对其外群体朋友的积极情感和认知迁移到了整个外群体。值得一提的是，在对本地和外地学生分别进行分析时，这种"友谊效应"只存在于外地学生当中。对这一发现的可能解释是：负面的刻板印象主要是针对少数群体的（外地人），人们对于主流群体（本地人）的态度普遍较为积极。受社会上流行观点的影响，外地学生与本地朋友良好的交往经历比较容易影响对所有本地人的态度。另外，处于高社会地位的群体（本研究中的本地学生）可能更容易刻板化地看待他人（Fiske, 1993），因此对外群体的态度更难发生改变。

关于友谊质量的分析表明，与朋友的共享时间与更为积极的外群体情感相关联；来自外群体朋友的情感支持与更为积极的外群体情感和更少的消极刻板印象相关联。这一发现与 Tropp 和 Pettigrew（2005）元分析的结论一致，即态度的认知维度比情感维度更难改变。与外群体朋友反复的交流和接触有助于将对朋友的积极情感迁移到整个外群体；然而，需要外群体朋友更多的情感投入才能减少个体对外群体的认知偏见。

情绪因素在改善外群体态度的过程中所发挥的作用已受到学者们的广泛关注（李森森等，2010）。正因如此，本研究考察了群际焦虑的中介作用，并发现跨群体友谊通过减少群际焦虑进而改善外群体态度。Stephan & Stephan（1985）指出，个体在与外群体成员交往时，由于一些负性的期待（如被拒绝、被误解等）容易出现焦虑情绪。然而，与朋友的交往通常是轻松愉快的。与外群体朋友成功的交往经验，使个体在与外群成员交往时的焦虑感降低，进而对外群体的态度有所改善。这一发现与以往关于友谊减少焦虑感的研究结果相一致（La Greca & Lopez, 1998; Matsuzaki, Kojo & Tanaka, 1993）。

（三）研究不足

本研究虽然取得了一定成果，但是仍然存在以下几点不足：首先，本研究是横断研究，只能揭示变量与变量之间存在某种相关关系，不能揭示因果关系。本研究中，研究者依据群际接触理论，考察了跨群体友谊降低群际焦虑问题，这一探索进一步深化了对于如何促进外群体态度的认识，即跨群体友谊→群际焦虑→外群体态度的发展过程，不过，与之相反的心理过程也可能存在，即那些具有消极外群体态度的个体体验到更多的群际焦虑，因而更难与外群体成员做朋友。未来研究可以采用纵向追踪方法以厘清变量间的因果关系。其次，本研究只关注了初一、初二年级的学生，因为在初中阶段同伴关系尤为重要，学生们也是在这个年龄阶段对本群体的身份认同变得十分敏感（Rutland，Abrams & Levy，2007）。然而，未来研究需对不同年龄段儿童加以考察，以便了解群际态度随年龄的发展变化过程。最后，本研究所得结果主要是基于广州的样本，研究所得结果在其他地区（如北京、上海）的学校中是否同样存在还需要进一步研究加以验证。

（四）对实践工作的启示

尽管存在上述不足，研究者认为本研究的发现对实践工作的展开具有一定启示。首先，本研究发现，在学校中本地与外地学生间的友谊普遍存在，并且跨群体友谊与更为积极的外群体态度相关联。此结果提示，将本地与外来学生混合分校（分班）可以为外地学生提供更多的与本地同学交往的机会，促进他们融入新居住地的生活。因此，混合分校（分班）很可能比隔离的学校（如专门的打工子弟学校）更能有效地促进本地与外来学生的社会融合。其次，本研究虽证实了跨群体友谊的积极作用，但同时发现，外地学生在朋友选择时存在一定的本群体偏好（即他们更愿意与同是外地学生的人做朋友）。这一发现提示教育工作者，在安排日常学习活动时，可有意创设条件，增加本地与外来学生相互接触合作的机会（如通过座位的安排、设计学习小组或团队合作任务等），以增加跨群体友谊的形成。最后，本研究的结果说明了情绪情感因素在态度改变中的重要作用（态度的情感维度比认知维度更易改变，群际焦虑是跨群体友谊提升群际态度的中介变量）。这些结果提示，在促进不同群体学生融合的教育中，应着眼于为学生提供积极的与外群成员接触的情感体验，尽量避免说教（直接改变认知）。

五 研究结论

在本地与外来学生混合的学校中，跨群体友谊普遍存在。外地学生在选择朋友时，存在一定的本群体偏好。

跨群体友谊与更为积极的外群体态度相关联，且这种"友谊效应"只存在于外地学生中。

在外地学生中，友谊质量的共享时间维度可以显著预测外群体积极情感，友谊质量的情感支持维度可以显著预测外群体积极情感和消极刻板印象。

外地学生的跨群体友谊通过群际焦虑的中介作用对群际态度产生影响。

参考文献

[1] Aboud, F., Mendelson, M., & Purdy, K. Cross-race Peer Relations and Friendship Quality [J]. International Journal of Behavioral Development, 2003, 27 (2): 165-173.

[2] Allport, G. The Nature of Prejudice [M]. Garden City, N. Y.: Dou-bleday Anchor, 1954.

[3] Ashburn-Nando, L, Knowles, M. L, & Monteith, M. J. Black Americans' Implicit Racial Associations and Their Implications for Intergroup Judgment [J]. Social Cognition, 2003 (21): 61-87.

[4] Bemdt, T. J. Friendship and Friends' Influence in Adolescence [J]. Current Directions in Psychological Science, 1992, 1 (5): 156-159.

[5] Binder, J, Zagefka, H, Brown, R., Funke, F., Kessler, T., & Munmendey, A. Does Contact Reduce Prejudice or does Prejudice Reduce Contact? A Longitudinal Test of the Contact Hypothesis among Majority and Minority Goups in three European Countries [J]. Journal of Personality and Social Psychology, 2009 (96): 843-856.

[6] Brechwald, W. A., & Prinstein, M. J. Beyond Homophily: A Decade of Advances in Understanding Peer Influence Processes [J]. Journal of Research on Adolescence, 2011, 21 (1): 166-179.

[7] Brown, C, & Bigler, R. Effects of Minority Status in the Classroom on Children's Intergroup Attitudes [J]. Journal of Experimental Child Psychology, 2002 (83): 77-110.

[8] Chen, X, & Graham, S. Crossethnic Friendships and Inter-group Attitudes among Asian American Adolescents [J]. Child Development, 2015, 86 (3): 749-764.

[9] Davies, K, Tropp, L. R., Aron, A., Pettigew, T. F., & Wright, S. C. Cross-group Friendships and Intergoup Attitudes: A Meta-analytic Review [J]. Personalty and Social Psychology Review, 2011, 15 (4): 332-351.

[10] Feddes, A. R., Noack, P., & Rutland, A. Direct and Extended Friendship Effects on Minority and Majority Children's Interethnic Attitudes: A Longitudinal Study [J]. Child Development, 2009, 80 (2): 377-390.

[11] Fiske, S. T. Cotrolling Other Oeople: The Impact of Power on Stereotyping [J]. American Psychologis, 1993 (48): 621-628.

[12] Furman, W., & Buhrmester, D. Age and Sex Differences in Perceptions of Networks of Personal Relationship [J]. Child Development, 1992, 63 (1): 103-115.

[13] Graham, S., Muniksma, A., & Juvonen, J. Psychosocial Benefits of Cross-ethnic Friendships in Urban Middle Schools [J]. Child Development, 2014, 85 (2): 469-483.

[14] Hallinan, M., & Williams, R. Interracial Friendship Choices in Secondary Schools [J]. American Sociological Review, 1989 (54): 67-78.

[15] Hamm, J, Brown, B., & Heck, D. Bridging the Ethnic Divide: Students and School Characteristics in African American, Asian-descent, Latino, and White Adolescents' Cross-ethnic Friend Nominations [J]. Jounal of Research on Adolescence, 2005 (15): 21-46.

[16] Hartup, W. W., & Stevens, N. Friendships and Adaptation across the Lifespan [J]. Current Directions in Psychological Science, 1999, 8 (3): 76-79.

[17] Heny, P. J, & Hardin, C. D. The Contact Hypothesis Revisited Status Bias in the Reduction of Implicit Prejudice in the United States and Lebanon [J]. Peychological Science, 2006, 17 (10): 862-868.

[18] Kao, G, & Joyner, K. Do Race and Ethnicity Matter among Friends? Activities among Interracial, In-

terethnic, and Intraethnic Adolescent Friends [J]. Sociological Quarterly, 2004 (45): 557-573.

[19] La Greca, A., & Lopez, N. Social Anxiety among Adolescents: Linkages with Peer Relations and Friendships [J]. Jounal of Abnormal Child Psychology, 1998 (26): 83-94.

[20] Levin, S., van Laar, C., & Sidanius, J. The Effects of In-Group and Out-group Friends on Ethnic Atitudes in College: A longitudinal study [J]. Group Proceses and Intergroup Relations, 2003 (6): 76-92.

[21] Matsuzaki, M., Kojo, K, & Tanaka, K. The Effects of Social Suppont from Friends on Anxiety and Task Performance [J]. Journal of Applied Biobehavioral Research, 1993 (1): 101-119.

[22] McPherson, M, Smith-Lovin, L., & Cook, J. M. Birds of a Feather: Homophily in Social Networks [J]. Annual Review of Sociology, 2001 (27): 415-444.

[23] Mendes, W. B., Blascovich, J., Lickel, B., & Hunter, S. Challenge and Threat During Social Interaction with and Black Men [J]. Personality and Social Psychology Bulletin, 2002 (28): 939-952.

[24] Moody, J. Race, School Integration, and Friendship Segragation in America [J]. American Journal of Sociology, 2001 (107): 679-716.

[25] Mouw, T, & Entwisle, B. Residential Segregation and Interrracial Friendship in Schools [J]. American Jounal of Sociology, 2006, 112 (2): 394-441.

[26] Paolini, S., Hewstone, M, Cairns, E, & Voci, A. Effects. of Direct and Indirect Cross-goup Friendships On Judgments of Catholics and Protestants in Nothern Ireland: The Mediating Role of an Anxiety-reduction Mechanism [J]. Personality and Social Psychology Bulletin, 2004, 30 (6): 770-786.

[27] Pettigrew, T. F. Intergroup Contact Theory [J]. Annual Review of Psychology, 1998 (49): 65-85.

[28] Pettigrew, T. F. Generalized Intergroup Contact Effects on Prejudice [J]. Personality and Social Psychology Bulein, 1997 (23): 173-185.

[29] Qillian, L, & Campbell, M. Beyond Black and White: The Present and Future of Multiracial Friendship Segregation [J]. American Sociological Revier, 2003 (68): 540-566.

[30] Rothbart, M., & John, O. P. Social Categorization and Behavioral Episodes: A Cognitive Analysis of the Effects of Intergroup Contact [J]. Journal of Social Issues, 1985 (41): 81-104.

[31] Rothbart, M. Category-exemplar Dynamics and Stereotype Change [J]. International Journal of Interultural Relations, 1996 (20): 305-321.

[32] Rudman, L. A., Feinberg, J, & Fairchild, K. Minority Members' Implicit Attitudes: Automatic Ingroup Bias as a Function of Group Status [J]. Social Cognition, 2002 (20): 294-320.

[33] Rutland, A., Abeams, D., & Lery, S. Introduction: Extending the Conversation: Transdisciplinary Approaches to Social Identity and Intergroup Attitudes in Children and Adolescents [J]. International Journal of Behatioral Development, 2007 (31): 417-418.

[34] Reis, H. T, & Collins, W. A. Relationships, Human Behavior, and Psychological Science [J]. Curent Directions in Psychological Science, 2004, 13 (6): 233-237.

[35] Stephan, W. G, & Stephan, C. W. Intergroup Anxiety [J]. Journal of Social Issue, 1985 (41): 157-175.

[36] Syed, M., & Juan, M. Birds of an Ethnic Feather? Ethnic Identity Homophily among College-age Friends [J]. Journal of Adolescence, 2012 (35): 1505-1514.

[37] Tropp, L. R., & Pettigrew, T. F. Differential Relationships between Intergroup Contact and Affective and Cognitive Dimensions of Prejudice [J]. Personality and Social Psychology Bulletin, 2005, 31 (8): 1145-1158.

[38] Turner, R. N., West, K., & Christie, Z. Out-group Trust, Intergroup Anxiety, and Out-group Attitude as Mediatous of the Effect of Imagined Intergroup Contact on Intergroup Behavioral Tendencies [J]. Journal of Applied Social Psychology, 2013, 43 (S2): 196-205.

［39］Wolsko, C., Park, B., Judd, C. M, & Bachelor, J. Intergroup Contact：Effects on Group Evaluations and Perceived Variability ［J］. Group Proceses and Intergroup Relations, 2003（6）：93-110.

［40］丁芳，吴伟，周鋆，范李敏. 初中流动儿童的内隐群体偏爱、社会支持及其对学校适应的影响［J］. 心理学探新，2014, 34（3）：249-254.

［41］段成荣，吕利丹，王宗萍，郭静. 我国流动儿童生存和发展：问题与对策——基于 2010 年第六次全国人口普查数据的分析［J］. 南方人口，2013, 28（4）：44-55.

［42］段成荣，杨舸. 我国流动儿童最新状况——基于 2005 年全国 1% 人口抽样调查数据的分析［J］. 人口学刊，2008（6）：23-31.

［43］郝振，崔丽娟. 受歧视知觉对流动儿童社会融入的影响：中介机制及自尊的调节作用［J］. 心理发展与教育，2014, 30（2）：137-144.

［44］李森森，龙长权，陈庆飞，李红. 群际接触理论——一种改善群际关系的理论［J］. 心理科学进展，2010, 18（5）：831-839.

［45］蔺秀云，方晓义，刘杨，兰菁. 流动儿童歧视知觉与心理健康水平的关系及其心理机制［J］. 心理学报，2009, 41（10）：967-979.

［46］刘林平. 交往与态度：城市居民眼中的农民工——对广州市民的问卷调查［J］. 中山大学学报（社会科学版），2008, 48（2）：183-210.

［47］刘霞，申继亮. 流动儿童歧视知觉及与自尊的关系［J］. 心理科学，2010, 33（3）：695-697.

［48］王中会，周晓娟，Gening Jin. 流动儿童城市适应及其社会认同的追踪研究［J］. 中国特殊教育，2014, 163（1）：53-59.

［49］周皓，荣珊. 我国流动儿童研究综述［J］. 人口与经济，2011, 186（3）：94-103.

Cross-group Friendships and Intergroup Attitudes among Adolescents

Chen Xiaochen　　Jiang Wei　　Shi Kan

Abstract：The current study examined friendship selection patterns among different groups（i. e.,local and immigrant）of adolescents, the link between cross-group friendships and intergroup attitudes, and the mediation role of intergroup anxiety in attitude change. 905 middle school students participated in the study. Measures of friendship（quantity and quality）, intergroup attiudes（affect and cognitive）and intergroup anxiety were assessed. Results indicated that：①Cross-group friendships were common in school settings, while some immigrant students showed own-group preference when choosing friends；②Cross-group friendships were related to better intergroup attitudes, and this friendship effect was only found among immigrant students；③Intergroup anxiety mediated the link between cross-group friendships and intergroup attitudes.

Key words：cross-group friendships；intergroup attitudes；intergroup anxiety；adolescents

P-O 匹配对新入职员工职业适应性的影响：
P-G 匹配的中介效应[*]

王元元　时　勘

【编者按】我的博士生涯始于 2012 年 9 月。在此之前，我有过读博士的想法，但不确定自己能否考上。在选择研究方向的时候我选择了自己感兴趣的管理心理学方向，从网上收集到的资料来看，时老师属于管理心理学界的"大牛"。我抱着试试看的心态，报考了时老师所在的中国人民大学。幸运的是，我被录取了。被录取后的那个暑假我就跟随时老师去了金华，和徐长江老师以及他的研究生们一起进行了国家电网的岗位评估和岗位说明书的写作。整整一个暑假，我受益匪浅，也慢慢地了解到时老师的研究与企业实践的紧密联系，这或许可以称作学以致用，服务于社会吧。和课题组成员的第一次见面是在中国科学院，大家准备了茶点、水果来欢迎新生，我也有幸认识了课题组的刘晔、崔璨以及林振林师兄等优秀能干、严谨的同门。开学以后，我们几乎每周都开组会，组会上我们逐渐了解了时老师的国家级课题和合作项目，并开始阅读文献，准备调研。我也开始慢慢找到自己感兴趣的方向：O＊NET 工作分析。O＊NET 是美国劳工部组织发起开发的工作分析系统，吸纳了多种工作分析方法，这个分析系统被时老师课题组翻译为中文，在国内取得了广泛的认可与应用。2012 年的暑假，我和课题组的林振林师兄、刘晔、陈晨等一起跟随时老师到山东肥矿集团去调研，并为他们进行了安全文化建设培训。我的任务是对煤矿的员工进行工作分析，这也为《组织—员工价值观匹配对工作分析结果评价的影响——以煤矿工人为例》这篇文章提供了原始数据。当然，还在时老师的鼓励下写了《员工—组织价值观匹配对新入职员工职业适应性的影响》一文。不仅如此，在我完成博士学位论文期间，时老师更是大力支持，从四川、宁波等地联系学校和企业，帮助我收集原始数据，这项成果也成为课题组的一大亮点，即互帮互助的结晶。当时，我和硕士师妹郭晗的毕业论文方向类似，我们就一起努力、互帮互助，在时老师的大力支持下都取得了可喜的进展。除此之外，时老师在课堂教学和科研方面也是充满激情、严谨至极，是我非常敬佩的老师。还记得，有时组会开不完，大家就一起吃盒饭，边吃饭边讨论，而时老师由于组会开晚了回不了家，就在办公室凑合一晚也是常事。还记得第一次跟时老师出差去金华，他近十二点才睡，而凌晨三四点又打开电脑工作了，我和师兄都惊呆了，以至于后来在凌晨或者三四点接到时老师的邮件都习以为常。毕业后再次见到时老师已是 2018 年夏天，时老师身体微恙，没等完全康复就出差了。那时候，他在给学员们培训中就讲到，"我愿用我的一切来换取年轻时光，可惜做不到，只能抓紧一些工作"，这着实感动了我。时老师的敬业精神、奉献精神值得我们所有人学习。愿时光慢些吧。我们晚辈只有努力，才能对得起时老师！感谢时老师的谆谆教诲！感谢课题

＊　本文受潍坊学院博士基金会（2016BS01），国家社会科学基金重大项目（13&ZD155）资助。

组对我的培育！我将永志不忘，时时鞭策自己。（王元元，中国人民大学心理学系2012级博士生，潍坊学院教师教育学院　副教授）

摘　要： 新入职员工职业适应性是员工职业发展的关键，但目前尚没有研究者探索匹配性因素对新入职员工职业适应性的影响。本研究采用配对数据，探索P-O匹配、P-J匹配、P-G匹配对新入职员工职业适应性的影响机制。对419份样本数据进行分析发现，P-O匹配，P-G匹配对新入职员工职业适应性的影响显著，且P-O匹配对新入职员工职业适应性的影响间接通过P-G匹配来实现，P-J匹配对新入职员工职业适应性的影响不显著。因此，对新入职员工来说，多种匹配因素中对其影响最大、最直接的是员工与团队的匹配，员工与组织的匹配对其适应性产生间接影响，员工与工作的匹配对其适应性影响不明显。

关键词： P-O匹配；P-J匹配；P-G匹配；职业适应性

目前，国际竞争的日益激烈、多变的组织环境以及人们对商品多元化的需求给企业和员工带来挑战。对企业来说，组织战略目标、内部结构的调整面临着将劳动力整合到组织结构中的困境，因此选拔并留住合适的员工，提高已有员工与企业的匹配度，减少员工离职率等变得尤为重要。对于员工来说，组织结构的调整和雇佣关系的转变，要求员工在完成自身任务的同时在模糊情境中做出正确决策，为企业创造更多价值，因此如何寻求与自身专业相匹配的工作，适应组织的环境与文化，降低与团队和领导之间的磨合成本等也变得尤为重要。并且研究认为员工的态度和行为会受到其所处的环境的影响，其与环境的交互是影响个体行为的决定性因素（王元元，2015）。人与环境的匹配对员工行为、工作态度和职业健康均有积极的影响（Dorota & Aleksandra，2012）。员工行为方面，人与环境的匹配会对员工绩效、创新行为、角色内行为、建言行为、组织公民行为、离职行为产生重要影响（Kristof-Brown，2005）；工作态度方面，研究认为人与环境等多方面的匹配对员工的组织认同、满意度、组织承诺、离职倾向都具有显著的影响（Arthur，2006）；但在员工职业健康方面，人与组织对员工职业健康或者职业发展的影响研究比较少。

而对员工来说，企业内清晰明了的职业发展路径可以降低员工的职业焦虑和流失率。良好的职业发展计划对企业能否顺利完成企业目标和员工能否顺利完成个人目标都非常重要。良好的员工与组织的匹配是实现员工职业生涯发展的重要前提，还可以给企业带来高的收益。因此，对入职后员工进行匹配性研究并探索匹配性对员工职业发展的影响是非常有价值的。

新入职员工往往面临着入职适应的考验，其能否良好地适应新的环境，实现角色转变，不仅影响到员工自身职业发展，而且也可以影响到企业的经营绩效与发展前景（王益富，2014）。而目前对新入职员工的培训也存在诸多问题（李娇娇，2016）。研究表明，新入职员工在入职适应、职业期待、组织社会化、生涯管理以及心理压力等方面均存在不同程度的问题，这些问题与组织、团队、工作的匹配有非常密切的关系（张西超等，2014）。因此，探索新入职员工的职业适应性及其影响因素，对正确合理地了解员工现状，发现员工职业发展中存在的问题有非常重要的作用。而且随着社会和企业环境的急速变化，中国的员工要能够适应各种职业压力与应激环境，并能够在模糊的情境中做出恰当的决策，因此，研究其职业适应性以及匹配性因素对职业适应性的影响对提高其适应性至关重要（Dawis & Lofquist，1984）。

一　文献综述与研究假设

人与环境匹配与否可以直接影响到员工的态度与行为，探究匹配性因素对员工态度和行为的影响非常重要，尤其是从整合的角度出发，综合探索多重匹配因素对新入职员工职业适应性的影响机制，有利于梳理清楚以往多重匹配因素对员工行为影响结果的不一致结论，进一步从实证角度验证 P-O 匹配、P-J 匹配、P-G 匹配等对员工职业发展影响的独特作用。但是匹配性的好坏对企业内处于不同阶段的员工影响是不同的。对于新入职的员工来说，匹配性是否良好会直接影响到其职业适应性，进而带来一系列适应不良的问题。因此，研究匹配性因素对新入职员工职业适应性的影响机制对提高新入职员工的职业适应能力有着非常重要的现实和理论意义（Bretz & Judge, 1994）。

根据以往研究，对于新入职员工来说，P-J 匹配能保证应聘者能在短时间内很快地适应手头的工作，对其尽快融入组织、适应工作有非常重要的影响，P-J 匹配是对员工行为影响最直接的匹配因素（Holland, 1959）。王雪莉（2014）的研究表明，员工与工作的匹配对其离职倾向有负面影响；王红芳（2015）的研究也表明，员工与工作匹配中的能力—需求匹配对工作满意度有直接影响；赵斌和韩盼盼（2016）的研究表明，员工与工作的匹配会对员工创新行为有直接影响。因此，提出假设 1。

H1：P-J 匹配对新入职员工职业适应性具有正向预测效应。

以往研究认为，企业文化通过工作特征间接对员工的职业适应性产生影响（王益富，2014）；员工与组织价值观等各方面的匹配对工作分析评价有影响（王元元，时勘，2015）；对于新入职的员工来说，组织目标和价值观是相对虚无的概念，仅停留在名词层面，他们没有办法在短时间内做出判断和深入了解。因此，P-O 匹配对于新入职员工职业适应性的直接影响效能值得商榷。而郭云贵和张丽华（2016）的研究也表明，员工组织社会化即员工与组织的匹配会通过员工与工作的匹配起作用。基于此，提出研究假设 2 和假设 3。

H2：P-O 匹配对新入职员工职业适应性具有正向预测效应。

H3：P-O 匹配对新入职员工职业适应性的影响是通过 P-J 匹配起作用的，即 P-J 匹配在 P-O 匹配对员工职业适应性的影响中起中介作用。

员工与团队及领导的交互是决定员工行为的重要因素，而且以往研究发现，社会支持、同伴支持与信念对大学生职业适应性具有独特的解释力（Bledsoe, 2005），关系因素（与同事的关系、与领导或老板的关系）对农民工的职业适应能力能做出更好的解释（王茂福，2010）；不同程度的 P-G 匹配感知不仅能对群体变量有预测效应（Kristof-Brown & Henry, 2016），比如群体凝聚力、群体行为、群体效能，还能对个人层面的结果变量做出额外解释（Kristof-Brown et al., 2014）。

即尽管 P-G 匹配不一定能直接预测结果变量，但可以更好地对结果变量做出解释，其效应相当于调节效应，基于此，提出本研究的假设 4。

H4：P-G 匹配在 P-O 匹配、P-J 匹配对员工职业适应性的影响中起调节作用。

整体的研究假设模型如图 1 所示。

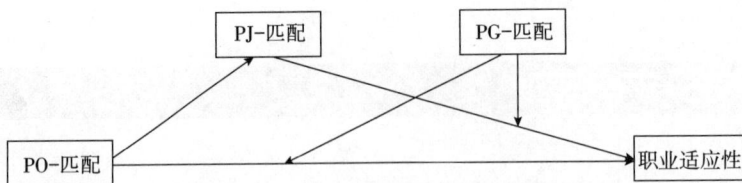

图1 研究的整体假设模型

二 研究方法

(一) 被试

为避免同源误差，问卷作答的自变量和因变量采用自评、他评结合的配对模式进行数据收集，即 P-O 匹配、P-J 匹配和 P-G 匹配由员工的直接上级予以评价，员工职业适应性由员工本人评价。样本来自全国各地区，包括北京、浙江、山东、江苏、安徽等地，样本工作年限均在 1 年及以下。主要采用人力资源管理人员协助的方式来对问卷进行发放和作答，共发放问卷 500 份，除去数据缺失严重的，以及配对问卷缺失的，回收了有效问卷 419 份，有效回收率为 83.8%。被调查样本中女性员工 226 人，男性员工 193 人，平均年龄 23.6 岁。

(二) 研究工具

1. 匹配性问卷

匹配性问卷包括 P-O 匹配、P-J 匹配、P-G 匹配以及 P-S 匹配四个分问卷组成。

P-O 匹配问卷：为获得员工-组织匹配的完整内容，本研究认为员工—组织匹配包括价值观匹配和目标匹配两个维度（Piasentin & Chapman, 2006），采用 Cable 和 DeRue（2002）编制的 6 个题目的英文问卷（Cable, 2002），其中价值观匹配问卷和目标匹配问卷均 3 个，本研究中它们的克伦巴赫 α 系数分别为 0.675、0.808，中文问卷经由心理学领域的 3 名博士生进行中文翻译而成。例如"我生活中的价值观和组织所倡导的价值观相类似"（价值观匹配）、"我个人的目标与组织目标相类似"（目标匹配）。

P-J 匹配问卷：包括需求—供给、能力—要求两个维度，采用 Cable 和 DeRue（2002）编制的 P-J 匹配 6 项目的英文问卷，需求—供给、能力—要求两个分问卷分别 3 个项目，克伦巴赫 α 系数分别为 0.811、0.801，中文问卷经由心理学领域的 3 名博士生进行中文翻译而成。例如"我对工作的期望和工作所能带给我的具有一致性"（需求—供给）、"我所拥有的工作技能正好能满足我的工作需要"（能力—要求）。

P-G 匹配问卷：采用 Ryan 和 Daniel（2009）编制的 P-G 匹配英文问卷，问卷包括 5 个项目，克伦巴赫 α 系数为 0.686，中文问卷经由心理学领域的 3 名博士生进行中文翻译而成。例如"和团队里其他人相处是我工作中最好的部分之一"。

2. 员工职业适应性问卷

借鉴国内王益富（2014）编制的员工职业适应性问卷中的项目自行修改而成。问卷包括组织环境适应、工作适应、人际适应三个维度，每个维度 4 个项目，共 12 个项目。组织环境适应的项目比如我能很好地接受组织的经营模式；人际适应性的项目如我能很好地与其他部门同事进行沟通交流；工作适应的项目如我能很好地解决工作中遇到的问题。所有项目采用李克特式五点计分法，得分越高表示员工的适应性越好。

（三）研究程序

从北京、浙江、山东、江苏和安徽等地，联系每个地区企业的人力资源管理人员，取得他们的支持，并告知其问卷作答要求和程序，然后研究者发送邮件，邮件内容包括作答要求和作答内容。要求人力资源管理人员协助打印并发放和回收问卷，然后统一邮寄给研究者（除人力资源管理人员以外，其他人员均不了解问卷内容）。问卷收集时间为 4 周。

收集来的数据采用 SPSS16.0 和 AMOS8.0 对数据进行录入和分析处理。

三　结果与分析

（一）共同方法偏差检验

采用 Harman 验证性因素法对数据的共同方法偏差进行检验（周浩，龙立荣，2004），发现将 P-O 匹配、P-J 匹配、P-G 匹配以及员工职业适应性放入同一个模型中后，单因素模型的拟合指数不好，另外的二因子替代模型其拟合度也不好，而将对变量进行四因子的验证性因素分析，发现模型拟合良好（$\chi^2/df = 2.178$，CFI = 0.923，RMSEA = 0.060），具体见表 1。由此可见，共同方法偏差对研究结果的解释不存在严重威胁，即数据的共同方法偏差效应不显著。

表 1　测量模型比较

模型	χ^2	df	χ/df	CFI	NFI	CFI	RMSEA
1. 单因子模型	2287.262	358	6.389	0.756	0.771	0.699	0.504
2. 二因子模型	1354.866	359	3.744	0.872	0.833	0.821	0.202
3. 四因子模型	792.792	364	2.178	0.923	0.911	0.943	0.060

注：模型 1：P-O 匹配+P-J 匹配+P-G 匹配+职业适应性；模型 2：P-O 匹配+P-J 匹配+P-G 匹配，职业适应性；模型 3：P-O 匹配，P-J 匹配，P-G 匹配，职业适应性。

（二）描述性统计

从表 2 可以看出，P-O 匹配、P-J 匹配和 P-G 匹配与新入职员工的职业适应性均呈现不同程度的显著正相关（p<0.05）。另外，员工性别与企业类型新入职员工职业适应性的相关也达到了显著水平（p<0.05）。因此，需要在控制性别和企业类型的情况下，采用分层回归检验各种匹配性因素对新入职员工职业适应性影响的具体机制。

表2 匹配性因素与员工职业适应性的描述性统计

	M	SD	1	2	3	4	5	6	7	8
1. 企业类型	2.899	1.428								
2. 领导性别	1.254	0.454	0.011							
3. 领导职位	2.639	1.346	0.032	0.108						
4. 员工性别	1.798	0.654	0.122	0.146	0.136					
5. PO 匹配	3.901	0.609	0.109	0.120	−0.086	0.182*	1 (0.878)			
6. PJ 匹配	3.720	0.710	0.098	0.027	0.035	0.257**	0.714**	1 (0.901)		
7. PG 匹配	4.230	0.566	0.177	0.203*	−0.049	−0.188*	0.615**	0.563**	1 (0.899)	
8. 职业适应性	4.206	0.606	0.290*	0.160	−0.044	0.267**	0.530**	0.517**	0.574**	1 (0.921)

注：＊代表 p<0.05；＊＊代表 p<0.001；＊＊＊代表 p<0.001；下同。对角线上括号内数值为变量的 Cronbach's α 值。

（三）各因素间效应分析

1. 分层回归分析

以员工的职业适应性为预测变量，采用分层回归分析的方法，分别考察员工性别、企业类型和P-O匹配、P-J匹配和P-G匹配对员工职业适应性的预测作用。第一步，将性别、企业类型引入回归方程，第二步将P-O匹配引入回归方程，第三步、第四步分别将P-J匹配、P-G匹配引入回归方程。回归分析结果如表3所示。

表3 匹配因素对新入职员工职业适应性影响的分层回归分析

自变量	自变量 β 值				
	模型一	模型二	模型三	模型四	模型五
员工性别	0.190*	0.190*	0.180**	0.172**	0.122
企业类型	0.277*	0.214**	0.168*	0.126	0.091
P-O 匹配		0.491***	0.320**	0.198*	0.192*
P-J 匹配			0.243**	0.176	0.172
P-G 匹配				0.299***	0.289**
P-O 匹配 * P-J 匹配					0.117
P-G 匹配 * P-J 匹配					0.127
F	6.122***	17.089***	15.849***	16.535***	11.819***
ΔR²	0.0148***	0.231***	0.027*	0.050**	0.031*

从表3我们可以发现，在控制了性别和企业类型的影响下，依次考察P-O匹配、P-J匹配、P-G匹配对员工职业适应性的预测效应，发现四个模型的方差均达到显著水平（p<0.05），且四个模型的 R² 改变量均显著，即四个回归方程均有效，但通过 R² 改变量均为

正，我们可以发现模型四是最优模型。但在模型四中，引入 P-G 匹配后，企业类型和 P-J 匹配的回归系数不显著了，即在考虑到所有变量的时候，企业类型和 P-J 匹配对新入职员工职业适应性的预测效应不显著，但是 P-O 匹配和 P-G 匹配对员工职业适应性的预测效应显著。假设 2 得到了支持，假设 1、假设 3 和假设 4 没有得到支持。

从表 2 和表 3 我们可以发现，P-G 匹配对新入职员工的职业适应性影响最大，且回归系数达到显著水平，而 P-J 匹配对新入职员工职业适应性的影响不显著，接下来我们逆假设而行之，检验 P-G 匹配对新入职员工职业适应性的直接影响，以及它是否在 P-O 匹配对新入职员工职业适应性的影响中起中介作用，另外检验 P-J 匹配是否具有调节作用。

2. 调节效应分析

根据回归分析结果，P-J 匹配对新入职员工职业适应性的预测效应不显著，因此检验 P-J 匹配是否在 P-O 匹配、P-G 匹配对新入职员工职业适应性的影响中起调节效应。首先对所有自变量和调节变量进行中心化处理。采用原始分数减去平均分的方式来进行中心化。然后将 P-O 匹配、P-J 匹配、P-G 匹配以及 P-O 匹配 * P-J 匹配、P-G 匹配 * P-J 匹配的交互项引入回归方程，建立模型 5。

从表 3 可以看出，在加入调节变量的交互项后，方程的 R^2 改变量依旧显著，单模型 5 中 P-O 匹配 * P-J 匹配、P-G 匹配 * P-J 匹配交互项的回归系数均不显著，即 P-J 匹配在 P-O匹配、P-G 匹配对员工职业适应性的影响中不存在调节作用。

3. 中介效应检验

根据回归分析结果建立 P-G 匹配的中介效应模型，模型的拟合指数如下：$\chi^2/df = 1.829$，$RMR = 0.060$，$IFI = 0.908$，$CFI = 0.924$，$RMSEA = 0.042$，模型拟合良好。且通过观察模型的路径系数发现，P-O 匹配到 P-G 匹配的路径系数显著（$\rho = 0.700$，$p = 0.000$），P-G 匹配到职业适应性的路径系数显著（$\rho = 0.581$，$p = 0.002$），而 P-O 匹配到职业适应性的路径系数不显著（$\rho = 0.332$，$p = 0.056$），即 P-G 匹配在 P-O 匹配对新入职员工职业适应性的影响中起完全中介作用，即 P-O 匹配对新入职员工职业适应性的影响完全通过 P-G 匹配起作用。

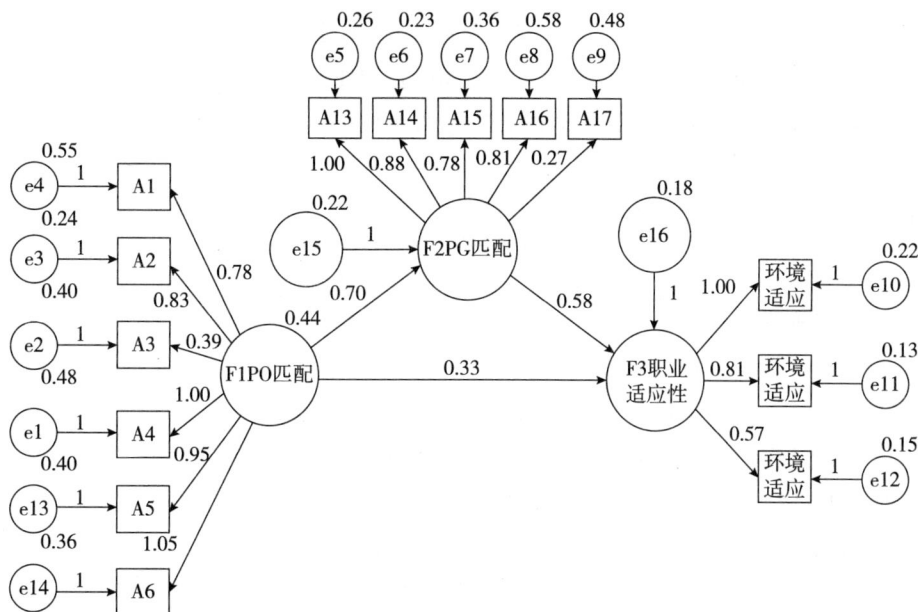

图 2　中介效应检验

四 讨论

(一) 所得结果讨论

采用 419 份配对数据，对 P-O 匹配、P-J 匹配、P-G 匹配之间的关系进行了探索，证实了 P-O 匹配对员工职业适应性的预测效应，并且这种预测效应间接地通过 P-G 匹配来实现。P-J 匹配对员工职业适应性进行直接预测的假设以及 P-G 匹配的调节作用没有得到支持和证实。这样的结果对以往研究结论提出了补充和质疑。此结论的很大原因在于，研究对象是新入职的员工。对于新入职员工来说，其工作仅停留在肤浅的层面，没有深刻和全面认识到工作的本质，因此，其 P-J 匹配呈现普遍较低的现象。而且新入职员工虽然在学校学习了与工作相关的知识，但在将知识运用到实践方面仍然存在较大的困难，因此呈现出普遍在业务上不熟练的状态，而且新入职员工仍处于轮岗或者摸索阶段，并未真正地接触到工作的核心，因此 P-J 匹配对其职业适应性的影响不显著可以理解。另外，对于新入职员工来说，他们尚没有真正地融于这个组织，即与组织衔接的纽带尚不够强大。这个时候员工感觉到的与同辈团队成员是否和谐相处、与领导是否匹配、是否在小范围的团队内部找到归属感才是决定员工能否由学生顺利地过渡到员工，完成其职业转变并愿意留在组织的关键。因此，P-G 匹配对他们来讲更重要，更能对其职业适应性做出预测。尽管根据以往研究，在各种匹配性因素中，P-O 匹配对员工行为的影响最大、影响时间最长，但员工要实现和组织文化、价值观的匹配很难在短时间内完成，了解、认识组织文化需要较长的时间，因此，员工与组织的匹配是通过更直观的员工与团队的匹配来对其职业适应性产生影响的。吴钊阳等 (2016) 的研究也支持了本研究的结论，认为员工与团队的匹配对团队的创业绩效有直接效应。曹云飞 (2012) 的研究也表明员工与团队的匹配可以直接影响团队绩效。而刘平清等 (2011) 的研究也证实了员工与组织匹配确实会通过员工与团队的匹配对员工绩效产生影响。因此，研究得出的结论具有一定的科学性，对于新入职员工来说更有实际的意义与价值，对指导他们更好地入职、更好地适应环境有重要的实践参考价值。

(二) 研究的理论与现实意义

1. 研究的理论意义

研究表明，对员工与组织、工作、团队等各方面匹配的探索非常重要 (马桂梅等，2016；钱宝祥，2016；赵慧娟，2013)。本研究探索了 P-O 匹配、P-J 匹配、P-G 匹配对新入职员工职业适应性的影响，对以往关于匹配性的研究有一定的创新与拓展，具有非常重要的理论价值。①研究对象为工作年限 1 年及以下的新入职员工，这对以往研究对象没有分类的研究来说是一种扩充，事实上，对于处于不同职业阶段的员工来说，各种匹配性因素对其职业发展的影响机制的确是不一样的。②探索匹配因素对新入职员工职业适应性的影响不仅扩充了匹配性因素影响的结果变量 [以往研究的结果变量大致有员工满意度、员工离职倾向、角色内行为、创新行为、组织公民行为等（奚玉琴，2012）]，而且阐释了多重匹配性因素对员工职业适应和职业生涯发展具有良好的预测作用。③研究表明，P-G 匹配和 P-O 匹配对新入职员工职业适应性具有预测效应，而 P-J 匹配对新入职员工职业适应性的影响不显著。这样的结论解释了多重匹配因素对新入职员工职业适应性影响的独特作用机制，细化了三种匹配性因素对员工态度和行为影响的作用机制。因为，尽管大多研究均得出一致结论，即匹配性因素对员工的态度和行为存在积极效应，但是具体匹配的每个维度对不同结果变量的影响，不同的研究者存在不同的结论。④研究将 P-O 匹配、P-J 匹配、P-G 匹配放在同一个研究中，探索三种匹配性因素对新入职员工职业适应性的具体作用机制，这对匹配性的整合研究来说是一种推进。

2. 研究对实践的启示

研究证实了 P-O 匹配和 P-G 匹配对新入职员工的重要性，也显示了 P-J 匹配对新入职员工职业适应性预测效力方面的不足，这样的结果为企业人力资源管理实践提出建设性建议。

第一，研究结果肯定了现在在人力资源管理实践中正在使用的一些方法，为合理招聘和培训提供了实证证据，但也提出了新的建议与启示。比如值得肯定的是，在招募过程中人力资源管理者注重 P-J 匹配，并在培训阶段注重 P-J 匹配是非常正确合理的。因为，尽管在新入职阶段，P-J 匹配对新入职员工的职业适应性没有预测效力，但也是员工未来能够实现 P-J 匹配创造更多绩效的基础。如果招募到所学专业不对口或者是不合适的员工，那么，即便是其与团队成员和领导相处得比较好，在 P-J 匹配较低的情况下，他也会出现职业适应不良的情况，结果只能是绩效低甚至是离职，浪费大量的人力、物力和财力。只有员工能对所做的工作熟悉，才会产生较高的自我效能，产生更多的组织公民行为。但是，反过来说，即便没有招聘到专业对口的员工，但只要员工具有较强的团队合作能力和学习能力，能很好地融入组织、认同组织，可能在短时间内其业绩表现得不如专业对口的员工好，但从长远角度来看，也未必会一直落后于专业对口的员工。因此，在招募的时候，对于专业需求特别强的工种，优先考虑专业对口的员工非常重要，但对于专业需求不是特别强的工种，也可以招募一些学习和团队能力强而专业非对口的员工。

第二，结果表明，对于新入职员工来说，P-G 匹配对其职业适应性的预测效力最大，并且对其具有直接影响。这说明，在新入职员工培训阶段，团队合作培训是非常必要的，而且目前在人力资源管理领域也做得非常好。只有员工能够在团队中感到良好的归属感，他才能进一步愿意融入组织，去学习与工作相关的技能，进而提高其职业适应性。

第三，研究结果也给人力资源管理实践提供了一定的建议。比如，在新入职员工的培训阶段，进行组织文化理念培训，提高员工与组织的匹配（P-O 匹配）也是必需的，尽管 P-O 匹配不能对员工职业适应性做出预测，但是，它可以通过 P-G 匹配间接地对新入职员工的职业适应性产生影响。因此，在入职初期甚至在整个员工发展过程中进行组织文化理念、组织愿景的培训与熏陶是非常有必要的。组织文化层面的东西需要长时间的主观感知。因为 P-O 匹配是员工与组织长期磨合、相互包容、相互渗透的过程，尽管在短时间内 P-O 匹配的培训难见成效，但对于员工长期的发展具有潜移默化的影响。只有员工感知到他与这个组织能够在文化层面上融合，才会产生强烈的组织认同，才会愿意深入地了解企业，为组织创造更多的价值。

（三）研究不足与展望

　　尽管研究取得了一定的成绩，但依旧存在诸多不足。①研究只检验了 P-O 匹配、P-J 匹配、P-G 匹配对新入职员工职业适应性的影响，没有涉及其他匹配性变量和结果变量，研究存在局限性；②被试样本虽然来自全国几个省份，但是鉴于样本量有限，研究的生态效度值得商榷。因此，在未来的研究中，应扩大样本量，且增加与新入职员工有关的态度和行为结果变量，比如离职倾向等。

参考文献

　　[1] 郭云贵，张丽华. 组织社会化对工作投入的影响机制研究——基于认同理论视角 [J]. 软科学，2016（4）：69-73.

　　[2] 李娇娇. 企业新入职员工培训问题及对策 [J]. 管理纵横，2016（6）：14-15.

　　[3] 马贵梅，樊耘，于维娜，颜静. 员工—组织价值观匹配影响建言行为的机制 [J]. 管理评论，2015（4）：85-98.

　　[4] 钱宝祥，蔡亚华，李立. 个人团队匹配与团队创造力关系研究：团队认同的中介作用 [J]. 科技进步与对策，2016（18）：134-139.

　　[5] 时勘，王元元. 员工与组织价值观的匹配对工作分析结果评价的影响——基于煤矿企业员工的实证研究 [J]. 软科学，2015（2）：95-100.

　　[6] 王红芳，杨俊青. 员工总体报酬、要求—能力匹配对工作满意度的影响——以非国有企业为例 [J]. 经济问题，2015（5）：73-78.

　　[7] 王茂福. 农民工的职业适应与继续社会化研究 [J]. 华中科技大学学报，2010（1）：110-117.

　　[8] 王雪莉，马琳，张勉. 基于独生子女的调节作用的个人—工作匹配、工作满意度与员工离职倾向研究 [J]. 管理学报，2014（5）：691-719.

　　[9] 王益富. 企业员工职业适应能力：测量及影响机制 [D]. 西南大学博士学位论文，2014.

　　[10] 王元元，时勘. 知识型员工创新行为影响因素的多通道模型 [J]. 湘潭大学学报（哲学社会科学版），2015（3）：52-58.

　　[11] 吴钊阳，邵云飞，赵卫东. 成员团队匹配和氛围对创业团队绩效的影响 [J]. 技术经济与管理研究，2016（2）：30-34.

　　[12] 张西超，韦思瑶，姜莉，胡婧. 新入职员工的职业期望与组织犬儒主义的追踪研究 [J]. 经济科学，2014（4）：106-115.

　　[13] 赵斌，韩盼盼. 人—工作匹配、辱虐管理对创新行为的影响——基本心理需求的中介作用 [J]. 软科学，2016（4）：74-79.

　　[14] 赵慧娟. 个人—组织匹配对新生代员工敬业度的作用机理——基于职业延迟满足的视角 [J]. 经济管理，2013（12）：65-77.

　　[15] Amy, L. Kristof - Brown, Jee Young Seong, David S. Degeest, Won - Woo Park, Doo - Seung Hong. Collective Fit Perceptions：A Multilevel Investigation of Persongroup Fit with Individual - level and Team - level Outcomes [J]. Journal of Organizational Behavior, 2014, 35（7）：969-989.

　　[16] Arthur, W. J., Bell, S. T., Villado, A. J., Doverspike, D. The Use of Person - Organization Fit in Employment Decision Making：An Assessment of Its Criterion - Related Validity [J]. Journal of Applied Psychology, 2006, 91（2）：786-801.

［17］ Bretz, R. D. , & Judge, T. A. Person-organization Fit and the Theory of Work Adjustment: Implications for Satisfaction, Tenure, and Career Success ［J］. Journal of Vocational Behavior, 1994, 44 (5): 32-54.

［18］ Cable, D. M. , DeRue, D. S. The Convergent and Discriminant Validity of Subjective Fit Perceptions ［J］. Journal of Applied Psychology, 2002, 8 (7): 875-884.

［19］ Dawis, R. V. , Lofquist, L. H. A Psychological Theory of Work Adjustment. Minnesota ［J］. MN: University of Minnesota Press, 1984.

［20］ Kristof-Brown, A. L. , Barrick, M. , & Stevens, C. K. When Opposites Attract: A Multi-Sample Demonstration of Complementary Person-Team Fit on Extraversion ［J］. Journal of Personality, 2005, 7 (3): 935-958.

［21］ Merecz Dorota, Andysz Aleksandra. Relationship between Person-Organization Fit and Objective and Subjective Health Status (Person-Organization Fit and Health) ［J］. International Journal of Occupational Medicine and Environmental Health, 2012, 25 (2): 166-77.

［22］ Ryan, M. Vogel, D. C. Feldman. Integrating the Levels of Person-environment Fit: The Roles of Vocational Fit and Group Fit ［J］. Journal of Vocational Behavior, 2009, 75 (1): 68-81.

How the Vocational Adaptability of Fresh Employees was Influenced by P-O Fit:
The Mediated Effect of P-G Fit

Wang Yuanyuan   Shi Kan

Abstract: The vocational adaptability of fresh employees is the key factor in their career development. However, there is no research to explore the mechanism of fit factors to it. This paper tries to explore the mechanism of P-O fit, P-J fit, P-G fit to the vocational adaptability of fresh employees, using the pair-matched data. 419 pair participants were asked to fill the questionnaires, results were as follows: ①P-O fit, P-G fit had significant effect to the vocational adaptability of fresh employees, moreover, the effect of P-O fit to the vocational adaptability of fresh employees was implemented by the P-G fit indirectly; ②there was no significant effect of P-J fit to the vocational adaptability of fresh employees. Therefore, among all the fit factors, the impact of P-G fit was the strongest and the most directly, the impact of P-O fit was indirectly, and the impact of P-J fit was not significant.

Key words: P-O fit; P-J fit; P-G fit; vocational adaptability

老年人社交网络对健康影响机制的研究
——健康型社区建设的探索*

邢　采　杜晨朵　张　昕　张　源　施毅颋　刘　梅　时　勘

【编者按】中国人口老龄化形势日趋严峻，老年心理学研究凸显出重要价值。处理好社会老龄化问题，对促进社会稳定发展、实现老年人的"中国梦"有着非常重要的作用。本论文发表在核心期刊《苏州大学学报》上，是国家社会科学基金重大项目"中华民族伟大复兴的社会心理促进机制研究"（项目编号：13&ZD155）的阶段性研究成果之一。论文从身心健康的角度，针对理论前沿问题——社会老龄化展开讨论，紧扣《老年人社交网络对健康影响机制的研究——健康型社区建设的探索》回顾了以往有关老年人社会网络的文献，梳理了老年人社会网络与老年人身体健康、心理健康的关系，并在此基础上开展相关研究，提出了促进健康老龄化，建设健康型社区的构想，特别是在早日实现中国梦和民族复兴方面提供了理论依据和相关建议。这项研究是在上海市静安区与卫生计生委的合作下完成的，在调查过程中，时勘博士领导的中国人民大学理论课题组和静安区社区实践课题组紧密配合，参加调研工作和写作工作的除了设计者邢采、时勘之外，还有杜晨朵、张昕、张源、施毅颋和刘梅等同志，达到了预期的目标。该项调研结果认为，正常老人的社会交往是一个涉及医疗护理学、心理学、宗教学和社会学等不同学科的综合领域，需要有不同训练背景的研究者的共同努力，才能实现老年社区工作成效，研究结论后来在上海静安区和国内其他社区都得到了验证。我们希望这一项在上海静安区健康型社区建设中的理论和应用成果，能够引起国内外同行更多的关注。（邢采，中国人民大学心理学系副教授，国家社会科学基金重大项目"中华民族伟大复兴的社会心理促进机制研究"主要研究成员之一）

摘　要：随着我国老年人口比例的不断上升，老龄化社会问题愈显突出，如何解决社会老龄化问题，实现老年人的"中国梦"显得尤为重要。现在老年人绝大多数是居住在家中，他们的活动场所主要为自己所在的社区，因此要以社区为依托，整合各种社区资源，建设健康型社区，真正实现健康老龄化。笔者回顾并梳理以往文献发现，拥有健全多样化的社会网络对老年人的身体和心理健康有积极作用，并在此基础上开展相关研究。此外，笔者提出子女应当关爱父母，弘扬孝道，社区应改善支持系统，政府应加强服务职能，从而促进健康老龄化，建设健康型社区，早日实现中国梦和民族复兴。

关键词：社会网络；社会支持；老年人健康；健康型社区建设

*　基金项目：国家社会科学基金重大项目"中华民族伟大复兴的社会心理促进机制研究"（项目编号：13&ZD155）的阶段性研究成果。

一 引言

习近平总书记在十二届全国人大第一次会议上明确指出："实现中华民族伟大复兴的中国梦，就是要实现国家富强、民族振兴、人民幸福。"国家富强、民族振兴和人民幸福三者共同构成了中国梦的基本内涵。在中国梦的丰富内涵中，"人"无疑是最关键的要素。习近平总书记指出："中国梦是民族的梦，也是每个中国人的梦。""中国梦"不仅是对中国人民的理想、愿望和诉求的通俗表达，而且是凝聚全体人民的主动性、积极性和创造性的有效途径。不仅青年人、中年人有"中国梦"，老年人也有"中国梦"。

根据国家统计局《2014 年国民经济和社会发展统计公报》[1]，2014 年中国 13.67 亿人口中，60 岁及以上的老人 2.12 亿人，占总人口比例为 15.5%；65 岁及以上人口数为 1.37 亿人，占比 10.1%。国际上通常的看法是，当一个国家或地区 60 岁以上老年人口占人口总数的 10%，或 65 岁以上老年人口占人口总数的 7%，就意味着这个国家或地区处于老龄化社会。按照这个标准，我国现已步入老龄化社会。

在我国，老年人是一个庞大的社会群体，而且有相当大的影响力。要想实现老年人的"中国梦"，首先要明白老年人需要什么。笔者认为，如何保持身心健康是老年人最为关注的话题。而老年人的身心健康由其吃穿住用、日常医疗护理、社会交往等多方面因素影响，涉及子女、社区、政府等多方关系。社区作为老年人生活的重要场所，为其提供了社交空间，是其社会网络的重要承载。如何充分发挥社区作用，促进老年人身心健康，真正做到老有所依、老有所养，是本文主要探讨的问题。

回顾以往国内有关老年人的健康型社区建设的研究文献，不难发现，学者们大多从社区体育[2-4]、健康护理[5-7]等角度进行研究，而鲜有学者从社会网络视角进行研究。有的老年人在退休后，没有和子女共同生活，长时间的独居对其身体健康和心理健康都会造成负面影响[8-10]。尽管还有很多老年人退休后要么忙于家务，要么忙于照顾孙辈，目的是为子女做好后勤保障，让他们可以安心地工作和生活，从而体现老年人自己的价值。但是这样的生活方式存在非常明显的弊端，即家里是个比较封闭的空间，必然导致缺少与外部环境的接触，久而久之，就容易产生孤独、寂寞的感觉。有鉴于此，老年人在健康条件允许的情况下还应该对周围生活保持一贯的热心，努力融入社会活动中去，活跃地扩展人际交往，对于能力所及的事物积极地去投入精力。本文回顾以往有关老年人社会网络的文献，梳理老年人社会网络与老年人身体和心理健康的关系，并在此基础上开展相关研究，丰富该领域的理论成果。

二 国内外研究现状述评

（一）社会网络的定义

国内外学者对社会网络的界定尚未达成一致。马汀·奇达夫认为，社会网络是一个集合的概念，这个集合包含行为人和他们之间的种种联系，如友情、意见和交流等。[11]

Wasserman 和 Faust 则认为：社会网络是"由有限的一组或几组行动者及限定他们的关系所组成"[12]。Emirbayer 和 Goodwin 把社会网络看作在特定的文化背景下，行为人与其社会联系相互作用的机制。[13] 还有学者认为，社会网络是一种能把社会成员根据群体中独特的个人之间的关系的不同，缔结不同联系模式，每个关系结点不仅指个体，同样指代集团、公司、家庭、民族、国家或其他集体形式的组织。[14] 林聚任认为，社会网络是"行动者之间连接而成的关系结构"[15]。齐心所理解的社会网络是纵横交错的社会关系网络，它是由一组行动者及行动者之间的真实联系构成的。[16] 刘燕认为，社会网络是由多个行动者和行动者之间关系所组成的一个有机系统，并且强调与老年人形成联系的网络结构人际关系。[17]

（二）老年人的概念界定

目前，就老年人的年龄起点问题国际上界定的标准有两种。[18] 其一是 65 岁，这个标准现在一般是被发达国家所采用的，是联合国在 1956 年建议的。其二是 60 岁，是目前被大多数发展中国家所接受的，是在 1982 年世界老龄问题大会上建议的。而中国将 60 岁及以上界定为老年人。早在 1964 年，我国的第一届全国老年学与老年医学学术研讨会就划定 60 岁为老年期。

（三）老年人社会网络的概念与测量

1. 老年人社会网络的定义

老年人社会网络指的是由老年人和他人通过社会互动构成的相对稳定的社会关系总和。社会关系主要包括姻缘关系、血缘关系、地缘关系、业缘关系在内的诸多方面。其主要内容为老年社会网络规模、社会网络紧密程度、老年社会网结构以及活动内容等。老年人社会网络规模大小表明其所拥有的社会资源多少、朋友的数量，同时也能反映出其寂寞感、孤独感的程度等。[19]

2. 老年人社会网络的测量

由 Kahn 和 Antonucci 提出的社交网络问卷（Social Convoy Questionnaire）[20] 的中文版包括了老年人关系人的各种信息和衡量社会伙伴与被访者关系的亲密程度两个部分。第一部分包括社会伙伴的人物类型，是情感亲密的还是外围的；人物编号；性别：男性记作 1 分，女性记作 0 分；年龄；与被访者关系：配偶记作 1 分，子女记作 2 分，兄弟姐妹记作 3 分，其他亲属记作 4 分，朋友记作 5 分，邻居记作 6 分，社区住户记作 7 分，社区工作人员记作 8 分；与被访者相识的时间；是否在世：在世记作 1 分，不在世记作 0 分；是否同住一个城市：同住一个城市记作 1 分，不同住一个城市记作 0 分；与被访者见面的频密程度：没有定期见面记作 1 分，每月见面一次记作 2 分，每月见面多次记作 3 分，每星期见面一次记作 4 分，每星期见面多次记作 5 分，每天见面或同住记作 6 分。第二部分有 11 个项目，包括老年人从社会伙伴处得到的支持和老年人提供给社会伙伴的支持，评分级别 1~5 分，1 分代表永远不曾发生，2 分代表很少时候发生，3 分代表有时会发生，4 分代表时常发生，5 分代表经常发生。此问卷有较高的信度和效度，简明扼要，便于老年人理解和回答，能够反映老年人与关系人的全面交往情况。

Lubben 提出的社会网络量表（Social Network Scale）[21]包括 6 个项目，如一个月至少见面一次的亲戚或朋友的人数（0 人到 9 人以上），联系的频率，关系亲近的亲戚或朋友的人数（0 人到 9 人以上）等，信度为 0.77。

（四）健康的概念界定

世界卫生组织（WHO）早在 1948 年的成立宣言中就明确指出："健康是一种在躯体上、心理上和社会功能上的完美状态，而不仅仅是没有疾病和虚弱的状态。"[22]健康含有两方面的内容：一是指主要脏器没有疾病，发育良好的身体形态，体形均匀，人体各个系统都具有良好生理功能，有较强的劳动能力和身体活动能力，这是最基本的要求；二是指对疾病有较强的抵抗能力，能够适应不同环境的变化，各种不同的生理刺激及某些致病因素对身体所起的作用。与传统的健康观念"没病就是健康"不同，现代人的健康观强调整体健康。1989 年，世界卫生组织对健康这一概念再次定义："健康不仅仅是身体没有缺陷和疾病，而是身体上、精神上和社会适应上的完好状态。"[23]所以，现代人的健康包括躯体健康、心理健康、心灵健康、社会健康、智力健康、道德健康、环境健康等。健康是人的最基本的权利，健康也是人生最重要的财富。

（五）老年人健康状况的测量

老年人健康状况的测量分为身体健康状况和心理健康状况两大类。身体状况问卷（Medical Outcome Studies 36-item short-form health survey，SF-36）共有 36 个条目，此量表共分为 8 个评分维度，其中躯体功能、生理功能、躯体疼痛和一般健康状况组成了总的躯体健康，活力、社会功能、情感职能、心理健康组成了总的心理健康。还有一个健康变化维度，表示健康状况的自陈变化，不参与评分。[24]此外，Dupertuis、Aldwin 和 Bossé 除了要求被试从 1 到 5 自评其身体健康状况外，还要求被试回忆过去三个月内发生的健康问题，然后基于 Bossé 等于 1987 年改编的疾病严重程度评定量表（Seriousness of Illness Rating Scale，SIRS），该回答被编码为病症的严重程度。[25] Huxhold、Fiori 和 Windsor 则使用 11 道病症（如心瓣炎、糖尿病、胃肠病症）的问题来测量老年人的健康水平，信度为 0.57。[26]

还有学者使用一个问句的形式来测量被试的身体健康。例如，Cornwell 和 Waite 用一个标准化问题让被试回答自测的身体健康："你认为你的健康状况是极佳的、非常好的、较好的、一般的，还是很糟糕的？"[27]类似地，Fiori 和 Jager 设置了如下问题："你如何评价自己当前的健康状况？" 5 点计分，从 1（非常糟糕）到 5（极好）。[28]

而心理健康的测量主要集中在测量老年人的抑郁程度、生活满意度和情绪。Fiori、Antonucci 和 Certina 采用流行病学研究中心抑郁量表的爱荷华简表来测量被试的抑郁症状。[29] Dupertuis、Aldwin 和 Bossé 使用的即霍普金斯症状自评量表（Hopkins Symptom Checklist，SCL-90-R）中的与抑郁相关的题目，共有 13 个条目，为 5 点计分法。[25] Fiori 和 Jager 在两个时间点使用了改编自流行病学研究中心抑郁量表（Center for Epidemiologic Studies Depression Scale，CES-D）测量老年人的抑郁症。[28] Cornwell 和 Waite 用一个标准化问题让被试自评心理健康程度："你认为你的情绪或心理健康吗？它是极佳的、非常好的、较好的、一般的、还是很糟糕的？"[27]Cheng 等使用生活满意度量表、中国人情绪量表以及老年抑郁量表三个工具来测量主观幸福。[30]

（六）社会网络与社会支持的关系

早在 20 世纪 70 年代，就有研究者关注到人的社会交往关系会对健康产生影响，从而着手研究"社会支持"（social support）的课题，并且此课题迅速发展为对健康社会学整个学科有着重要意义的分支。大量实证研究发现，无论对身体健康还是对心理健康，人们的社会关系都起着相当重要的作用。而该作用既可以是直接的作用，也可以是间接的"缓冲"作用（buffering）。[31-33]

笔者通过社会支持的主效应模型来探讨社会支持的直接作用。社会支持的主效应模型（main-effect model），其定义为社会支持的功能是增益的，并且具有一般性，即无论人们面对压力与否，也无论人们现有的得到社会支持的状态怎样，如果社会支持有所增加，其结果一定是提高了人们的身体健康和心理健康水平。这个模型是在大量统计的基础上提出的，因为在整个统计中，身体健康和心理健康得自于社会支持的影响都为主效应，社会支持的主效应模型也因此得名。[34-36]能够得到优质有效的社会支持可以使老年人保持稳定的正性情绪、可预期的社会性报答和平和的心态，这是身心健康的必要条件。在人们的日常生活中，每个人都需要确定自我价值和对生活的掌控力，对于接下来发生的事情是可以预料到的并且有一定的固定性。Kawachi 和 Berkman 对于低社会支持者和高社会支持者进行的研究中也发现，婚姻破裂和失去亲人这些社会关系的断裂是导致人们出现心理问题的生活事件，而归属感和安全感这些正性情绪可以防止人们从轻微的心理问题向严重的精神疾病的转变，而这些良好的情绪必须直接参与到社会网络中才能得到。[37]

至于社会支持的间接作用，笔者通过社会支持的缓冲器模型来探讨。社会支持的缓冲器模型（buffering effect model）认为，社会支持的功能是有益缓冲的，并且对象是处于压力状态中的，即如果有压力性事件发生，那么社会支持起到缓冲压力，避免健康受到此事件的影响。在社会支持的缓冲器模型的作用机制里，能够感受到可以从其社会网络成员中得到合适的社会支持是至关重要的，只有这样才能缓解负性情绪和避免健康受到威胁。社会支持可以在两个方面起到缓冲作用：一是在预防压力的产生方面，当领悟到可以得到足够内容和程度的社会支持以处理潜在的压力性事件时，潜在的压力性事件就不能成为压力事件了。Kawachi 和 Berkman 发现，通过心血管的反应性来支持社会支持的缓冲器模型，被试不需要得到实际的支持，只需要感觉到有足够的支持存在并且可以获得，那么当众演讲这个潜在的压力事件对被试的心血管的反应的影响已经被缓解了。[37]二是在压力产生后的减轻压力方面，当领悟到可以得到足够内容和程度的社会支持来应付已经产生的压力事件时，压力事件对个体的压力程度将会降低，生理活动过程中的不良反应被遏制或者直接发生良好反应。日常生活中有很多运用缓冲器模型的例子，为解决问题供应方法，把问题重要性降低，帮助用更健康的行为方式解决问题都能减轻感受压力后的反应。在一项关于妇女的情感亲密的社会网络与健康的关系研究中，丈夫或者男友的社会支持可以避免负性事件对健康的不利影响，并且亲人和朋友的社会支持对于妇女低的配偶支持也有缓解作用。[38]

社会网络关系提供了人们能够得到的大多数社会支持，学术界研究时把社会网络和社会支持两者相结合，具体观点为每个人社会网络的状况表明了何种质量和数量的社会支持被其自身获得，并进一步决定了其健康状况。[32,39,40]

人们的生活是必须有社会支持的，而从非正式制度如社会网络获取的支持的确非常重要。很难将社会网络和社会支持割裂开来去研究健康问题。有的研究者认为，个体社会网络是人们的行动结构性背景，人们通过与社会网络中的成员长期性的互动，形成一种对资源的可得性和一种资源获取方式的固定心理感知模式。[41]这种认知模式可能直接影响到人们的身心健康行为和后果。

(七) 社会网络与老年人健康

1. 相关理论及模型

生命阶段理论（the life course theory）所研究的身心健康是有整体的社会环境和自身成长历程为依托的。[42]在人的生命中，必须不停地按照实际需要转换角色，心理状态能否伴随着角色做出相应的转变，是个体自我认同和发展的要求。身为老年人，社会角色退出了老年人的生活，由于只与必要的关系人进行来往，社会交往活动锐减，导致了社会网络规模变小，而在人生进入暮年时，常常喜欢回首往事，对照周围的环境，明白自己是一个老年人，这种状况尤其需要转变心理去适应当前的社会角色，否则身心健康就会受到极大的挑战，影响老年人的幸福感。

社会情感选择理论（the socioemotional selectivity theory）认为，个人的社会网络是经过有目的的选取、创造和经营的。老年人在社会交往过程中发挥主观能动性，伴随着自身进入老化状态，也相应地调整了与周围人的交往，主动地去变化社会网络的结构。[43]有研究证实，有意识地调整社会交往和社会网络对老年人的身心健康发展是非常有好处的。[44]此理论指出，人们对于获得知识和满足情感方面的需求程度是随人生阶段的变化而变化的。[45]老年人更加渴求情感方面的满足，他们需要更加紧密的社会交往关系，喜欢与亲近的关系人进行交往，不惜以有目的地收缩社会网络规模为代价，借此增加自身的主观幸福感，从而保持并提升健康状态。

社会整合与健康连续模型（the social integration and health continuum）全面分析了社会环境因素对社会网络的作用，即社会环境因素如何影响社会交往，进而影响身心健康和主观幸福感。社会环境因素在宏观和微观水平上各有一个因素，即上流因素（upstream factor）和下流因素（downstream factor），前者由社会结构环境和社会网络两要素组成，后者由心理社会机制和路径两要素组成。[46]这四个要素是一个有机整体，社会结构环境包含了政治、经济、文化和社会变迁等，对社会网络起到了决定的作用；而由社会网络的结构和特点组成的社会网络是从社会结构环境转变出来的；心理社会机制包含了社会支持、社会参与、社会交往、社会影响力，这些只能在社会网络才有其价值；路径则是各种具体的行为，关乎行动者的身心健康的各个方面。此模型在承认老年人身体老化的基础上，鼓励老年人积极地适应社会和参加社会活动，在促进自身健康和对社会做出贡献的同时收获幸福和快乐。

护航模型（the convoy model）涵盖了整套理论来剖析如何维护社会网络结构的稳定性去顺应社会角色变化，并进一步阐释了老年人身心健康和主观幸福感如何受到社会网络和社会支持的影响。[20]护航模型研究在老年人社会网络中情感亲近的差异的社会伙伴是怎样影响老年人的健康和主观幸福感的，用三个同心圆分别来代表情感亲近的差异。由内至外的第一个圆圈代表与老年人最亲近的社会伙伴，是对个体最紧要的交往和社会支持，第二个圆圈代表了与老年人次亲近的社会伙伴，第三个圆圈则代表了与老年人再次亲近的社会伙伴，但是三个圆圈中的任何成员的归属不是固定不变的，因为关系人与老年人的亲近程度通过提供社会支持的不同而发生变化。其中对老年人健康和幸福最重要的社会支持来自于家人和朋友。[47]此理论指出，老年人从第二个圆圈的社会伙伴处得到不多的社会支持；从第三个圆圈的社会伙伴处得到的更少，这是由社会角色的转变导致的。

由上述理论可知，社会网络与人们的身心健康有关，与老年人的身心健康更加密不可分。感情是在相处中产生并且逐渐加深的，中国老话就有"不走不亲"的说法，就是说想要关系更加亲密，就必须多来往走动、多交流。当人生逐步走向老年，尽量与人进行密切的社会交往，扩大自身的社会网络，才能使信息的交换和感情交流更加顺畅，从而使老年人保持愉快的心情和健康的身体，所以老年人有良好的社会网络有利于心情舒畅和健康长寿，这种效果也不仅仅是单向的，心情舒畅和身体健康也可以促进社会交往，使其社会网络更加优质。

2. 社会网络与老年人健康的关系

Antoucci 定义社会网络构成（Social Network Composition，SNC）为个体社会关系的结构特点，认为 SNC 对个体的心理健康有影响，尤其是对老年人。[48]很多研究已经表明，社会伴侣数量的增加会对人的主观幸福产生积极作用[36,49]，缓解抑郁症[50,51]，提高生活满意度[52]，并能减轻孤独感[53]。除此之外，Kim 及其同事以移民美国的韩裔老年人为样本发现，身体健康、社会联结以及文化适应能够改善他们对衰老的态度，而老年人对衰老的态度可以从一定程度上反映其心理健康的程度。[54]Aday 及其同事发现晚年友谊和老年中心活动对独居的女性老人的健康和幸福感有影响，特别地，对于经常参加中心活动的独居女性建立起的社会网络能够延伸到活动中心外。[55]

除了社会网络对老年人身体和心理健康的积极影响的研究外，还有学者聚焦于研究社会网络隔绝等对老年人身体和心理健康的消极影响。Cornwell 和 Waite 整合以往有关社会隔绝影响健康的因素，并研究了不同类别的因素对健康的消极影响的程度，社会脱节（social disconnectedness）与感知到的隔离（perceived isolation）分别与老年人较差的身体情况相关，然而社会脱节与心理健康之间的关系可以通过感知的隔离和心理健康之间的密切关系发挥作用。[27]

有的学者没有直接研究社会网络对老年人健康的影响，而是研究社会支持对老年人健康的影响。Dupertuis、Aldwin 和 Boesé 探讨了来自朋友和家庭的支持与老年人身体和心理健康的关系。整体上来说，朋友支持和家庭支持对幸福有显著的正向影响。而且，与感知到较低水平的朋友支持和家庭支持的群体或仅仅感知到较高水平的家庭支持的群体相比，感知到较高水平的朋友支持和家庭支持的被试身体更健康，抑郁水平更低。[56]

3. 社会网络数量（规模）与老年人健康

总体而言，越大的社会网络数量对老年人的身心健康越有利。有研究表明，维持稳定数量的亲近的社会关系对成年人的主观幸福感有益，特别是对老年人。[36,57]而且，外围伙伴（peripheral partners）具有类似的作用。例如，Zhang 等的纵向研究显示，外围伙伴的数目变化能够有效预测中国香港中老年人的孤独感，即外围伙伴的增多在两年的时间间隔内预测孤独感的降低。[53]另外，研究表明，无论是男性还是女性，心理健康不良和感官受损与较小的社会网络规模以及对社会支持的较低的满意度相关，此外，老年人社会网络规模存在性别差异，即女性被试汇报的社会网络规模比男性更大。[58]Cornwell 和 Waite 探究了社会网络联结和社会网络资源（如信息和支持）在老年人高血压诊断和管理上的作用，具体地，如果已患高血压但未接受治疗的老年人与他们的网络成员沟通健康问题，即他们拥有更大的社会网络时，这些人面临的高血压风险较低。[59]而有研究者通过 4 年（2001~2005 年）的追踪研究，发现较大的社会网络规模对老年女性的认知功能有保护作用，减缓痴呆症的发展。[60]

4. 社会网络质量与老年人健康

有学者认为，社会网络构成的有益作用是被社会网络的质量驱动的，例如来自社会网络同伴的支持。[20][61]，由 Cohen 及其同事提出的压力缓冲模型（the stress-buffering model）和主效应模型（main-effect model）认为，社会关系的质量（如感知到的社会支持）能够影响心理健康。[34-36]实证研究也证明了该观点。例如，Cutrona、Russell 和 Rose 发现，社会支持能够缓冲生活压力对健康的影响。[62]Lu 和 Chaeng 发现，社会支持对心理健康有保护作用。[63]McHugh 和 Lawlo 认为，社会支持与低水平的抑郁、不安和感知到的压力相关联。[64]Vander Horst 和 McLaren 发现，老年人缺少社会支持会导致抑郁程度和自杀念头的增加。[65]Fiori 及其同事的调查发现，支持质量（即感知到的来自伴侣的支持和消极互动）能够中介社会网络类型和心理健康间的关系。[29]而先前还有研究表明，报告较高社会支持水平的人的死亡率更低。[66-68]

5. 社会网络类型与老年人健康

Litwin 用 7 个变量（当前婚姻状况、居住在老年人附近的成年子女人数、与他或她的部分成年子女联系的频率、与朋友联系的频率、与邻居打交道的频率，参加社会俱乐部的次数）将美国老年人的社会网络分为 5 个类别，分别是多样化的（diverse）、朋友（friends）、邻居（neighbors）、家庭（family）和限制性的（restricted）。其中"多样化的"网络类别拥有更多种类型的社会支持[69]。进一步地，Fiori 等通过研究验证了 Litwin 提出的 5 个社会网络类别，并发现"限制性的"社交网络有非家族社交网络（nonfamily network）和非朋友社交网络（nonfriends network）两种，而非一种。同时他们也发现，没有朋友的个体最容易有抑郁症状，而有不同社会网络的个体表现抑郁症状的程度最低；此外，积极的支持质量部分中介社会网络的类型和抑郁症状间的关系。[29]Park、Smith 和 Dunkle 通过研究 4251 名韩国老年人，发现了 4 种社会网络类型，分别为限制性的（restricted）、朋友的（friend）、多样化（diverse）以及以配偶为中心的（couple-focused），并得出拥有后三种社会网络的韩国老年人比拥有限制性的社会网络的老年人表现出更高的生活满意度和更低的抑郁症状。[70]也有学者以中国老年人为研究对象展开研究，Cheng 等从中国社会重视的血缘关系出发，研究了中国老年人社会网络类型及其主观幸福感的关系，具体地，通过分析香港的 1005 名老年人，研究者将社会网络分成了 5 种，分别为多样化的（diverse）、以朋友为导向的（friend focused）、限制性的（restricted）、以家庭为中心的（family focused）以及远亲（distant family），并发现多样化的和以家庭为中心的社交网络对幸福感最有益处，而限制性的社交网络最没有益处。[30]

社会支持被视作个体社会网络的资源，能够影响老年人的心理和身体健康。[71]Fiori 和

Jager 基于社会支持的多个维度（包括支持的类型、支持的方向、支持的来源或对象，以及支持是直接的或潜在的），以 6824 名成年人为样本，以纵向研究的方式探究了网络类型和幸福的关系。他们发现了 6 种网络类型，对健康和幸福变量都有影响，而与以往研究不同，他们发现的 6 种网络类型中有一些与潜在支持相关。[28]

而 Cohen 和 Janicki-Deverts 指出，社会融合（参与到不同类型的社会关系中）对健康和长寿的重要性很早之前就已被人们所了解，但是人们不清楚为什么一个更多样化的社会网络有益于身体健康，以及不能够很好地干预社会网络的核心成分来促进身体健康，未来的研究中学者可以运用多学科的知识和技术来更好地回答这些问题。[72]

三　研究进展

近年来，笔者以中国大陆老年人为研究对象，采用横断面研究和追踪研究相结合的方式，系统地研究老年人社会网络对老年人健康的影响，目前已经完成以下三项子研究的探索工作：

（一）研究一：社会网络数量和质量与中国老年人心理健康的关系

本研究考察社会网络的数量和质量是否会对中国老年人的心理健康产生不同的影响。通过问卷调查，以 345 名居住在北京的老年人为样本，发现社会网络的数量和质量与心理健康密切相关。结果表明：①外围伙伴的数量与心理健康正相关；②情感亲密的社会伙伴的质量对心理健康的影响作用最强；③情感亲密的社会伙伴的质量对心理健康的影响取决于情感亲密的社会伙伴的数量，对于拥有更多情感亲密的社会伙伴的老年人来说，其情感亲密的社会伙伴的质量与心理健康的关系更强。本研究复制了以往研究的假设，并验证了社会网络的结构/数量和质量对中国老年人心理健康的重要性。

（二）研究二：影响中国老年人健康状况的社会网络因素

本研究采用了包含社交网络问卷（social convoy questionnaire）中文版、李鲁等（2002）汉化版的身体状况量表（Medical Outcome Studies 36-item short-form health survey, SF-36）[73] 和一般社会人口信息的综合性社会网络调查问卷，对 105 位居住在上海市内的九个区（杨浦区、普陀区、黄浦区、浦东新区、长宁区、宝山区、虹口区、徐汇区和静安区）的老年人展开调查，删除 5 份无效的问卷后，最终的有效问卷共 100 份。

分析数据后得出如下结论：老年人外围的社会伙伴数量与情感亲密的社会伙伴数量显著地正相关，并且外围的社会伙伴数量明显多于情感亲密的社会伙伴数量；性别、婚姻状况、教育程度、年龄和孩子数量对老年人社交构成不同社交伙伴数量没有显著影响；性别、婚姻状况和孩子数量对老年人健康状况没有显著影响；年龄、受教育程度对老年人的健康状况有显著影响；情感亲密的社会伙伴数量与老年人健康状况的部分指标，包括身体疼痛，一般健康状况，活力，心理健康，以及总的躯体健康和总的心理健康呈显著的正相关关系；外围的社会伙伴数量和心理健康呈正相关关系；年龄、情感亲密的社会伙伴数量能够显著预测健康状况。

（三）研究三：老年人社交网络对心理和身体健康的追踪研究

研究一和研究二揭示了老年人的社交网络和老年人的心理、身体健康有密切的关系，但是两者之间的因果关系尚不明确，两种可能性均不能排除。一方面，有可能是老年人社交网络在数量和质量上的差异导致了老年人健康水平上的差异，即拥有更多社交伙伴和更高质量的社交网络可以提升老年人的身体和心理健康状态；另一方面，也有可能是老年人在健康水平上的差异导致了其社交网络的变化，即健康状况的下降导致老年人的社交伙伴减少，社交网络的质量下降。研究一和研究二所采用的研究均为相关研究，因此无法辨别两者间的因果关系。因此，笔者在上海市静安区老年医院和上海市江宁路街道社区卫生服务中心开展了一项追踪研究（研究三），其中包括来自江宁路街道社区卫生服务中心的老年被试 30 人和来自老年医院的被试 60 人，两次收集数据的时间间隔约为半年，通过追踪研究的方法，判断老年人社交网络和健康之间的因果关系。

四 研究结论及未来展望

在我国人口高度老龄化的背景下，为了维护并提高老年人身心健康，研究证实了老年人社会网络对老年人身心健康的重要影响。此外，笔者以建设健康型社区为主题，从为老年人提供社会支持，建设并完善老年人社会网络的角度提出如下建议：

首先，子女应当关爱父母，弘扬孝道。中国自古就有重视孝道的传统，老年人既需要物质上的支持，也需要精神上的支持，所以作为子女除了需要提供一些经济上的帮助，使老年人生活舒服外，还需要向养育自己的父母提供情感上的慰藉。多探望父母，多与父母交流，关注父母的身体状况和心理健康。

其次，改善社区支持系统。老年人退休之后，社会角色发生变化，社会网络规模缩小，社会机构的支持地位就凸显出来。社区应重视老年人渴望交流的精神需要，开办老年大学和文化活动室，加强对老年保健的宣传与教育，多多组织社区志愿者活动，促进老年人和家人以外的社会伙伴沟通，真正做到老有所学、老有所为和老有所乐。

最后，加强政府服务职能。在促进老年人身体健康和心理健康上，政府是有力的社会支持的提供者。一方面，完善养老保险，对老年人进行经济支持；另一方面，改善医疗保险体系，对老年人进行多层次的医疗服务和照顾，诸如家庭病床、日间照顾、临终关怀等，真正做到老有所医和老有所养。另外，政府有必要对老年人的社会网络进行有益的补充和扩展，从而保障老年人的身心健康，为早日实现"中国梦"而助力！

（感谢上海静安区卫生计生委、上海市静安区老年医院和上海市江宁路街道社区卫生服务中心的研究团队对于本研究的开展所给予的大力支持！）

参考文献

［1］中华人民共和国国家统计局．中华人民共和国 2014 年国民经济和社会发展统计公报［EB/OL］．(2015-02-26)［2016-03-05］．http：//www．stats．gov．cn/tjsj/zxfb/201502/t20150226_685799．html．

［2］李静，刘贺．我国人口老龄化问题与社区体育服务对策研究［J］．南京体育学院学报，2002（1）．

［3］付明，汤起．人口老龄化与社区体育［J］．武汉体育学院学报，2005（4）．

［4］颜小燕，王奇．基于人口老龄化视域：对城市社区老年体育健身服务的实证性研究［J］．西安体育学院学报，2013（3）．

［5］宋龄，李闰臣，乔志玲，等．健康老龄化与社区老年护理研究进展［J］．护理研究，2011（1）．

［6］方鹏骞，张佳慧，李亚萍．基于健康老龄化的城市社区卫生服务提供模式分析［J］．医学与社会，2006（12）．

［7］陈宪泽．人口老龄化背景下的社区健康管理模式研究［J］．广西中医药大学学报，2014（1）．

［8］吴敏，李士雪，Ning Jackie Zhang，等．独居老年人生活及精神健康状况调查［J］．中国公共卫生，2011（7）．

［9］谢少飞，席淑华，金荣，等．社区高龄独居老人健康状况调查［J］．解放军护理杂志，2007（12b）．

［10］周建芳，薛志强，方芳，等．独居老人抑郁症状和抑郁症的调查［J］．上海精神医学，2008（3）．

［11］马汀·奇达夫．社会网络与组织［M］．蔡文彬，土凤彬，宋超威译．北京：中国人民大学出版社，2007．

［12］Wasserman，S．，Faust，K．Social Network Analysis：Methods and Applications［M］．Cambridge：Cambridge University Press，1994．

［13］Emirbayer，M．，Goodwin，J．Network Analysis，Culture，and the Problem of Agency［J］．American Journal of Sociology，1994（6）．

［14］Welman，B．，Berkowits，S．D．Social Structures：A Network Approach［M］．Cambridge，New York：Cambridge University Press，1988．

［15］林聚任．社会网络分析：理论、方法与应用［M］．北京：北京师范大学出版社，2009．

［16］齐心．走向有限社区——对一个城市居住小区的社会网络分析［M］．北京：首都师范大学出版社，2007．

［17］刘燕，纪晓岚．老年人社会网络规模及结构研究——兼论独生子女家庭的养老困境［J］．大连理工大学学报（社会科学版），2013（3）．

［18］顾大男．老年人年龄界定和重新界定的思考［J］．中国人口科学，2008（3）．

［19］孙彦峰，丛梅．天津市"老年社会网"研究［J］．社会学研究，1993（5）．

［20］Kahn，R．L．，Antonucci，T．C．Convoys over the Life Course：Attachment，Roles and Social Support［C］//Baltes，P．B．，Brim，J．O．G．Life-span Development and Behavior．New York：Academic Press，1980．

［21］Lubben，J．E．Assessing Social Network among Elderly Populations［J］．Family & Community Health，1988，11（3）．

［22］梁浩材．心理与健康——心理疾病透视［M］．沈阳：辽宁大学出版社，1991．

［23］俞国良．现代心理健康教育［M］．北京：人民教育出版社，2007．

［24］Ren，X．S．，Chang，K．Evaluating Health Status for Elderly Chinese in Boston［J］．Journal of Clinical Epidemiology，1998，51（5）．

［25］Dupertuis，L．L．，Aldwin，C．M．，Bosse，R．Does the Source of Support Matter for Different Health Outcomes? Findings from the Normative Aging Study［J］．Journal of Aging and Health，2001，13（4）．

［26］Huxhold, O., Fiori, K. L., Windsor, T. D. The Dynamic Interplay of Social Network Characteristics, Subjective Well-Being, and Health: The Costs and Benefits of Socio-Emotional Selectivity［J］. Psychology and Aging, 2013, 28（1）.

［27］Cornwell, E. Y., Waite, L. J. Social Disconnectedness, Peroeived Isolation, and Health among Older Adults［J］. Journal of Health and Social Behavior, 2009, 50（1）.

［28］Fiori, K. L., Jager, J. The Impact of Social Support Networks on Mental and Physical Health In the Transition to Older Adulthood: A Longitudinal, Pattern-Centered Approach［J］. International Journal of Behavioral Development, 2012, 36（2）.

［29］Fiori, K. L., Antonucci, T. C., Cortina, K. S. Social Network Typologies and Mental Health among Older Adults［J］. Journal of Gerontology, 2006, 61（1）.

［30］Cheng, S. -T., Lee, C. K. L., Chan, A. C. M., et al. Social Network Types and Subjective Well-Being in Chinese Older Adults［J］. Journal of Gerontology: Psychologycal Sciences, 2009, 64（6）.

［31］Jacobson, D. E. Types and Timing of Social Support［J］. Journal of Health and Social Behavior, 1986, 27（3）.

［32］House, J. S., Umberson, D., Landis, K. R. Structures and Proess of Social Support［J］. Annual Review of Sociological, 1988, 14（14）.

［33］Lin, N., Ensel, W. M. Life Stress and Health: Stressors and Resources［J］. American Sociological Review, 1989, 54（3）.

［34］Cohen, S. Social Relationships and Health［J］. American Psychologist, 2004, 59（8）.

［35］Cohen, S., Underwood, L. G., Gottlieb, B. H. Social Support Measurement and Intervention: A Guide For Health and Social Scientists［J］. Indian Journal of Psychomestry and Education, 2000, 31（3）.

［36］Cohen, S., Wills, T. A. Stress, Social Support and The Buffering Hypothesis［J］. Psychological Bulletin, 1985（2）.

［37］Kawachi, I., Berkman, L. F. Social Ties and Mental Health［J］. Journal of Urban Health, 2001, 78（3）.

［38］Alipour, A. The Relationship of Social Support with Immune Parameters in Healthy Individuals: Assessment of Main Effect Model［J］. Iranian Journal of Psychiaitry Clinical Psychology, 2006, 12（2）.

［39］Lin, N., Simeone, R. S., Ensel, W. M., et al. Social Support, Stressful Life Events, and Illness: A Model and Empirical Test［J］. Journal of Health and Social Behavior, 1979, 20（2）.

［40］贺寨平. 国外社支持网研究综述［J］. 国外社会科学, 2001（1）.

［41］Hurlbert, J. S., Haines, V., Beggs, J. Core Networks and Tie Activation: What Kinds of Routine Networks Allocate Resources in Nonroutine Situations［J］. American Sociological Review, 2000, 65（4）.

［42］Giele, J., Elder, G. Life Course Research: Development of a Field［M］//Giele, J., Elder, G. Methods of Life Course Research: Qualitative and Quantitative Approaches［M］. Thousand Oaks, CA: Sage Publications, 1998.

［43］Carstensen, L. L., Lsaacowitz, D. M., Charles, S. T. Taking Time Seriously: A Theory of Socioemotional Selectivity［J］. American Psychologist, 1999, 54（3）.

［44］Löckenhoff, C. E., Carstensen, L. L. Socioemotional Selectivity Theory, Aging, and Health: The Increasingly Delicate Balance between Regulating Emotions and Making Tough Choices［J］. Journal of Personality, 2004, 72（6）.

［45］Lang, F. R. Regulation of Social Relationships in Later Adulthood［J］. Journal of Gerontology: Psychologica Sciences, 2001, 56（6）.

［46］Berkman, L. F., Glass, T., Brissette, I., et al. From Social Integration to Health: Durkheim in the New Millennium［J］. Social Scienoe and Medicine, 2000, 51（6）.

［47］Li, D. M., Chen, T. Y., Wu, Z. Y. An Exploration of the Subjective Well-Being of The Chinese Oldest-Old ［C］//Zeng, Y., Poston, D., Vlosky, D. A. Healthy Longevity in China: Demographic, Socioeconomic, and Psycho-logical Dimensions. Dordrecht: Springar, 2008.

［48］Antonucci, T. C. Soacial Relations: An Examination of Soacial Networks, Social Support, And Sense of Control ［C］//Birren, J. E. Handbook of the Psychology of Aging (5th edition ed) . San Diego, CA: Academic Press, 2001.

［49］Pierce, G. R., Sarason, B. R., Sarason, I. G. Handbook of Social Support and Family ［M］. New York: Plenum, 1996.

［50］Kogan, E. S., Hersen, M., Kabacoff, R. I. Relationship of Depression, Assertiveness, and Social Support in Community-Dwelling Older Adults ［J］. Journal of Clinical Geropsychology, 1995, 1 (2).

［51］Lynch, T. R., Mendelson, T., Robins, C. J., et al. Perceived Social Support among Depressed Elderly, Middle-Aged, and Young-Adult Samples: Cross-sectional and Longitudinal Analyses ［J］. Journal of Affective Disorders, 1999, 55 (2-3).

［52］Aquino, J. A., Russell, D. W., Cutrona, C. E., et al. Employment Status, Soacial Support, and Life Satisfaction among the Elderly ［J］. Journal of Counseling Psychology, 1996, 43 (4).

［53］Zhang, X., Yeung, D. Y., Fung, H. H., et al. Changes in Peripheral Social Partners and Loneliness Over Time: The Moderating Role of Interdependence ［J］. Psychology and Aging, 2011, 26 (4).

［54］Kim, G., Jang, Y., Chiriboga, D. A. Personal Views about Aging among Korean American Older Adults: The Role of Physical Health, Social Network and Acculturation ［J］. Journal of Cross - Cultural Gerontology, 2012, 27 (27).

［55］Aday, R. H., Kehoe, G. C., Famey, L. A. Impact of Senior Center Friendships on Aging Women Who Live Alone ［J］. Journal of Women and Aging, 2006, 18 (1).

［56］Dupertuis, L. L., Aldwin, C. M., Bossé, R. Does the Source of Support Matter for Different Health Outcomes? Findings from the Normative Aging Study ［J］. Journal of Aging and Health, 2001, 13 (4).

［57］Charles, S. T., Carstensen, L. L. Social and Emotional Aging ［J］. Annual Review of Psychology, 2010, 61 (61).

［58］Mclaughlin, D., Vagenas, D., Pachana, N. A., et al. Gender Differences in Social Network Size and Satisfaction in Adults in Their 70s ［J］. Journal of Health Psychology, 2010, 15 (5).

［59］Cornwell, E. Y., Waite, L. J. Social Network Resources and Management of Hypertension ［J］. Journal of Health and Social Behavicr, 2012, 53 (2).

［60］Crooks, V. C., Lubben, L., Petitti, D. B., et al. Social Network, Cognitive Function, and Dementia Incidence among Elderly Women ［J］. American Journal of Public Health, 2008, 98 (7).

［61］Biegel, D. E. The Applicaticn of Network Theory and Research to the Field Aging ［C］//Coward, W. J. S. R. T. Social Support Network and the Care of the Elderly: Theory, Research and Practice. New York: Springer, 1985.

［62］Cutrona, C., Russell, D., Roos J. Social Support and Adaptaticn to Stress by the Elderly ［J］. Psychology and Aging, 1986, 1 (1).

［63］Lu, L., Chang, C. J. Social Support, Health and Satisfaction among the Elderly with Chronic Conditions in Taiwan ［J］. Journal of Health Psychology, 1997, 2 (4).

［64］Mchugh, J. E., Lawlor, B. A. Exercise and Social Support Are Associated with Psychological Distress Outcomes in a Population of Community-Dwelling Older Adults ［J］. Journal of Health Psychology, 2011, 17 (6).

［65］Vanderhorst, R. K., Mclaren, S. Social Relationships as Predictors of Depression and Suicidal Ideation in Older Adults ［J］. Aging and Mental Health, 2005, 9 (6).

［66］Eng, P. M., Rimm, E. B., Fitzmaurice, G., et al. Social Ties and Change in Social Ties in Relation to

Subsequent Total and Cause-Specific Mortality and Coronary Heart Disease Incidence in Men [J]. American Journal of Epidemiology, 2002, 155 (8).

[67] Giles, L. C., Glonek, G. F. V., Luszcz, M. A., et al. Effect of Social Networks on 10 Year Survival In Very Old Australians: The Australian Longitudinal Study of Aging [J]. Journal of Epidemiology and Community Health, 2005, 59 (7).

[68] Lennartsson, C., Silverstein, M. Does Engagement with Life Enhance Survival of Elderly People In Sweden? The Role of Social and Leisure Activities [J]. Journals of Gerontology, 2001, 56 (6).

[69] Litwin, H. Social Network Type and Morale in Old Age [J]. The Gerontologist, 2001, 41 (4).

[70] Park, S., Smirth, J., Dunkle, R. E. Social Nework Types and Well-Being among South Korean Older Adults [J]. Aging and Mental Health, 2014, 18 (1).

[71] Seeman, T. E., Lusigndo, T. M., Albert, M., et al. Social Relationships, Social Support, and Patterns of Cognitive Aging in Healthy, High-Functioning Older Adults: Macarthur Studies of Successful Aging [J]. Health Psychology, 2001, 20 (4).

[72] Cohen, S., Janicki-Deverts, D. Can We Improve Our Physical Health By Altering Our Social Networks? [J]. Perspectives on Psychological Science, 2009, 4 (4).

[73] 李鲁, 王红妹, 沈毅. SF-36 健康调查量表中文版的研制及其性能测试 [J]. 中华预防医学杂志, 2002 (2).

Research on the Impact of Social Networks on The Health of the Elderly in the Chinese Context:
The Construction of a Healthy Community

Xing Cai   Du Chenduo   Zhang Xin   Zhang Yuan   Shi Yiting   Liu Mei   Shi Kan

Abstract: As the elderly population grows in China, the aging problem has become ever-increasingly obvious, and the solution to this problem is vital to the realization of the Chinese dream. At present, most elderly people stay at their homes and their social activities are confined to their own neighborhoods. Therefore, only with the optimization of resources with the neighborhood as the center and only by having a healthy community constructed, can a healthy elderly life is possible. Based on a review of studies on the impact of sound and diversified social networks on the physical and mental health of the elderly, the paper argues that children should support can care for their parents and highlight the value of filial piety, that the community should improve its support mechanism, and that the government should optimize its services so that healthy elderly life, a healthy community and the Chinese dream are possible.

Key words: social networks; social support; health of the elderly; construction of a healthy community

临终关怀的整合模型：
精神、心理与生理的关怀*

李永娜　范　惠　李欢欢　陈俊峰　曹文群　时　勘

【编者按】"善终既是生命的最高追求，也是生命的基本权利。"（《人民日报》，2017 年 3 月 24 日 17 版），善终也是幸福的一个核心指标。临终关怀是保障善终的一个重要的实践措施。《临终关怀的整合模型：精神、心理与生理的关怀》一文从理论与实践两个角度对临终关怀进行了探讨：从理论上回顾了学者们对临终关怀对象的认知扩展，即从关怀临终的人，到关怀与临终的人有关系的医护人员和家属，也梳理了临终关怀内容的发展，从最初的生理痛苦的减轻，到如今追求精神及心理需求的满足。更为重要的是，我们尝试真正去了解与临终者有关系的医护人员和家属的需求，尤其是他们的死亡态度。本论文发表在核心期刊《苏州大学学报》上，是国家社会科学基金重大项目"中华民族伟大复兴的社会心理促进机制研究"（项目编号：13&ZD155）的阶段性研究成果之一。这项研究是与上海市静安区卫生计生委、静安区静安寺街道社区卫生服务中心合作完成的。在数据收集的过程中，时勘博士领导的中国人民大学理论课题组和静安区社区实践课题组紧密配合，参加调研工作和论文写作。除了设计者李永娜、时勘之外，还有范惠、李欢欢、陈俊峰、曹文群等同志，达到了预期的目标。该项研究发现，临终者的家属与医护人员的死亡态度在某些维度上是有差异的，这些需要面对死亡的群体与普通的社区居民的死亡态度也是不同的。对死亡态度影响最显著的是需要面对即将来临的死亡。这些结果启示我们，对临终关怀对象的需求及态度的了解，是临终关怀实践有效推行的基础。保障尊严死和善终权，除了理论的探讨，更需要的是实证数据的积累。构建社会心理服务体系，临终关怀也是其中重要一环。我们希望这一项在上海静安区健康型社区建设中的理论和应用成果能够引起国内外同行们更多的关注。（李永娜，中国人民大学心理学系副教授，国家社会科学基金重大项目"中华民族伟大复兴的社会心理促进机制研究"主要研究成员之一）

摘　要：人们在生命的终点不仅要应对身体上的痛苦，而且会产生恐惧、焦虑、抑郁、无助等许多心理变化，也会重新审视生命的意义与价值，临终关怀可以让临终的人舒适、宁静、祥和、满意地走完生命的最后旅程。临终关怀的理论研究和实践活动都是围绕满足临终之人的这些需要展开的。在已有国内外研究的基础上，精神、心理与生理关怀的整合模型日益受到大家的重视。同时，这个模型扩展了临终关怀的对象，包括了临终者及其家属和医护人员。上海市静安区静安寺街道社区卫生服务中心在临终关怀实践中尝试实现整合模型的观点，通过调查研究，了解关怀对象的心理与精神需求。临床实践中通过生理疼痛的管理措施减轻临终者生理上的痛

　＊　基金项目：国家社会科学基金重大项目"中华民族伟大复兴的社会心理促进机制研究"（项目编号：13&ZD155）的阶段性研究成果。

苦，通过倾听陪伴、建立联结、鼓励互惠的方法缓解临终者的心理焦虑；同时采用教育培训和团队支持等方法对家属和医护人员进行心理支持。当然，临终关怀是一个涉及众多学科的综合领域，需要有更多不同学科背景的研究者们共同努力，来解决理论和实际应用中的问题。

关键词：临终关怀；临终照顾；精神性；心理照顾

一　国内临终关怀的研究概况

临终关怀作为一种思想以及个体的实践活动由来已久，但以专业组织机构的形式进行临终关怀活动始于20世纪60年代的英国。西瑟莉·桑德斯（Cicely Saunders）博士在伦敦创建了世界上第一家临终关怀医院——圣克里斯多弗临终关怀医院，临终关怀运动由此在英国及世界上的其他几个国家（如美国）开展起来。[1]20世纪80年代，临终关怀的理论被介绍到中国，天津医学院在1988年成立了临终关怀研究中心，标志着我国临终关怀研究与实践的开始。[2]随着相关研究的不断深入，人们对临终关怀的理解也在发生着变化：从开始对病人单纯的身体照顾到后来的生理、心理、社会、精神需求的关心；从只关注临终之人到关注他们的家属。现在很多研究者都同意，临终关怀是对临终病人及其家属进行的全人护理，包括顾及并尽量满足病人及家属所有的生理、心理、社会和精神的需要；关怀的过程要一直持续到丧亲悲伤阶段，目的是使病人及家属拥有最高可能的生命质量。[3]中国的临终关怀研究虽然时间不长，但也涉及了其中一些很重要的问题。本研究首先从不同的角度对发表在核心期刊中有关临终关怀的文章所讨论的问题进行了探索，以便把临终关怀中的心理和精神性需求深入探索下去。

（一）临终关怀的东西方比较

1. 东西方临终关怀研究的差异

有国外调查显示，澳大利亚、英国、美国、新西兰等国家的"死亡质量"最高，而中国则位居倒数几位。[4]这和临终关怀起源于英国并在西方国家得到进一步发展不无关系。国外的临终关怀事业经过数十年的发展，已有大量相关理论和实践，各方面较为成熟和完善。相比较之下，我国的临终关怀事业起步晚，发展滞后，且质量不高。张鹍等对京津沪三地社区老年人的临终关怀服务需求进行调查，发现只有34.1%的老年人了解临终关怀知识。[5]相比之下，澳大利亚2011年的死亡人口中，有高达70%的人享受到了临终关怀服务[6]，我国和发达国家的差距由此可见一斑。从数量来看，我国13亿人口，全国只有百余所临终关怀机构，这其中除了独立的临终关怀医院外，还包括普通医院的临终关怀病区。而美国的人口是我国的1/4，却拥有数千所专业的临终关怀机构。[7]从人员来看，我国临终关怀的实施者主要是医护人员，数量不足并且多数未接受过临终关怀的专业训练，相关知识较为缺乏。而国外的临终关怀实施者除了受过专门训练的医护人员外，还有心理学家、神学家、伦理学家、社会工作者以及广大志愿者。从服务环境和设备来看，我国的临终关怀机构多依托医院而建，病房环境差强人意，缺乏隐私保护以及配套的家属陪护服务设施，设备也较为老旧。[8]对北京2所登记注册的临终关怀机构的调查研究显示，我国虽然提供心理疏导咨询服务，却并没有设立专门的"关怀室"和"谈心室"。[9]而发达国家的临终关怀机构服务全面，设施和病房布置都很温馨，可以让临终患者感受到家的温暖。除此之外，政府参与也在很大程度上影响着临终关怀事业的发展。国内的一些调查研究显示，政府在临终关怀事业上的投资有限，有些设在医院中的临终关怀病房需要靠医院的业务来维持运营，这严重阻碍了临终关怀在我国的推广普及。而很多西方国家把临终关怀纳为公共卫生事业的一部分，政府大力支持和投资，极大地促进了临终关怀事业的发展。

2. 传统文化对我国临终关怀的影响

对中国人来说，临终关怀是个舶来品。从1988年天津成立第一所临终关怀机构以来，临终关怀在我国逐渐开展，但发展并不均衡。为数不多的临终关怀机构分布在经济发达的一、二线城市，而三、四线城市和广大农村地区根本没有临终关怀机构，很多人甚至听都没听说过。高茂龙等对北京市社区老年人的调查显示，临终关怀知晓率仅为22.1%。[10]在实际临终关怀工作中，医务工作者和患者家属受我国传统文化影响，并不愿意为临终患者实施临终关怀。究其原因，一方面，对医护人员来说，将病人从强行治疗状态转入临终关怀状态，意味着治疗失败，这对救死扶伤的医务人员来说是最大的挫败感体验。郑悦平等的研究显示，医护人员虽然能接受病人死亡这一自然规律，但只有20.6%的人表示"病人快要死去时我愿意告诉他"[11]。王小曼等人对肿瘤医院护士的临终关怀态度的调查研究表明，大多数护士认为自身临终关怀知识欠缺。[12]当医护人员缺乏与临终患者进行交谈的技能时，就不可能实施高质量的临终关怀。另一方面，从家属的角度来看，对病人实施临终关怀意味着放弃治疗，而他们往往不愿意接受家人即将离世的事实。库布勒·露丝说："家属往往比病人本身更难接受死亡的事实。"尤其是当临终患者是老年人时，作为子女，受传统孝道影响，更加不愿意对患者进行临终关怀，明知治疗无望，也要竭尽全力延长患者的生命，并且往往会要求采取过度医疗的方法和手段，以表达自己的孝心，而这本身可能会加重患者的痛苦。他们没有意识到，让患者有尊严地度过人生的最后一程，享受家人爱的关怀，提高生存质量，才是真正的孝道。

上述现象与中国自古以来固有的死亡观念有着密切的联系，也说明我国急缺与现代文明相适配的死亡教育。我国是一个人口大国，随着社会文明程度的提高和老龄化的加剧，对临终关怀的需求也急剧增加。刘丹丹等对梅州市社会群体的临终关怀态度进行调查发现，55.1%的人认同临终关怀是目前临终者离世的最佳途径，其中患者和家属较普通群众而言，对待临终关怀态度更为积极。[13]董晓梅等人对广州市市民进行调查的结果表明，医护工作者和高学历人群对临终关怀的知晓率较高，同时，多数市民赞成开展临终关怀服务。但是，在接受过临终关怀服务的患者家属中，赞同率仅为64.2%，这说明我国目前的临终关怀服务质量和人们心中的理想情况有差距，也存在较大的提升空间。[14]如果能针对我国国情，全民开展死亡教育，提高民众临终关怀的意识，同时加强对医护人员的相关培训，势必能建立起专业的医务工作者队伍和强大的志愿者队伍，为我国临终患者提供高质量的临终关怀服务，让他们在温馨祥和的氛围中体面地走完人生的最后一程。

（二）对重病儿童和老年人的临终关怀

1. 儿童的临终关怀

随着卫生水平的提高，世界各国儿童的死亡率大幅下降。但是，仍然有许多疾病严重地影响到儿童的生命质量。据统计，全世界每年有超过 16 万名儿童被诊断为癌症，约 9 万患儿因此死亡。中国每年新增的儿童癌症患者可能达 6 万~28.8 万。[16]除癌症之外，因艾滋病、先天畸形、神经系统病变等疾病死亡的儿童也不在少数。联合国儿童基金会表示，中国有至少 40000 名艾滋病儿童。[17]由此观之，针对儿童的临终关怀服务在中国以及世界范围内都有着迫切的需求。在国外，许多国家已经建立了儿童临终关怀机构，如苏格兰东部的"瑞秋之家"和南部的"罗宾之家"，英国的儿童收容所协会、儿童姑息治疗协会，美国的儿童宁养中心，等等。在中国，仅有一家专门的儿童临终关怀医院，即 2009 年成立、位于长沙、和英国联办的"蝴蝶之家"。[15]国内为数不多的研究表明，针对新生儿的临终关怀主要从三个方面进行：疼痛管理及舒适护理，包括提供安静、舒适的病房环境，音乐疗法、提供舒适的体位和治疗性抚触，维持身体清洁干燥，停用一切有创护理操作，给予镇静和止痛药；帮助父母为患儿实施临终关怀护理，如温柔的爱抚和拥抱，保留患儿遗物等；提供家庭支持，减轻父母伤痛。[18]稍大龄一些的儿童，由于已具备一定的认知能力，但对死亡的认识又不够清晰，因此，更加需要重视和关怀。研究表明，娱乐能使儿童重拾自信和自尊，帮助儿童应对焦虑和悲伤。[19]因此，针对非新生儿的儿童的临终关怀不可忽视娱乐的作用。除此之外，因为儿童的离开比老人的离开更加令人难以接受，应尤其重视对家长的关怀和支持，如引导其进行悲伤疏导、保留儿童的遗物或捐献儿童的可利用器官等。

2. 老年人的临终关怀

儿童作为临终患者毕竟是少数，我国81%以上的临终患者为60岁以上的老年人，因此，对老年人的临终关怀成为重中之重。[20]在内容方面，主要针对不同患者的病症和现状进行关怀和护理，如有创治疗和内置医疗器械（如导尿管、引流管）的处理，疼痛的控制，呼吸和睡眠障碍的改善等，主要是为了让老年患者尽可能地感觉舒适，减轻疾病带来的痛苦。[21]薛静等对 22 例高龄临终患者的临终关怀体会进行总结，发现所有患者均平稳而有尊严地度过临终期，相对舒适地接受死亡，全部家属对护理工作表示尊重和感激，心理应激情况明显减少。[21]而在大多数情况下，往往是患者本人想要放弃治疗，而家属尤其是子女怕背上"老人临终前都不愿意给治疗"的舆论压力而不愿意进行临终关怀，医生也往往会顺着家属的意愿，继续给老人强行使用各种医疗手段延长生命，老人的尊严却被严重忽视。这说明针对老年人的临终关怀首先要从人们的认识上改变观念，其次才是护理手段和内容的改进。

（三）临终关怀与宗教文化

1. 临终关怀在西方宗教中的缘起

宗教作为人类精神生活中的重要组成部分之一，在临终关怀中的应用历史悠久。最早记录的宗教徒从事临终关怀的文字是公元 260 年罗马帝国的主教狄奥尼修斯书写的复活节信札，其中详细描述了基督教徒如何不顾自身安危，治疗和照顾感染瘟疫的病人，甚至因此染病，牺牲自己生命的情形。中世纪以后，在基督教的支持下，英法等国家出现了临终关怀医院的雏形。而桑德斯博士创建的第一家现代临终关怀医院的基本理念——"你是重要的，因为你是你，你一直活到最后一刻，仍然是那么重要，我们会尽一切努力，帮助你安详逝去，但也尽一切努力，令你活到最后一刻"——也与基督教密不可分。从临终关怀在西方国家的发展情况来看，提供临终关怀的机构大多具有基督教背景。在基督教的生死智慧中存在三个基本概念：上帝创世说、原罪救赎说和末日审判观。相对应地，个体的生命有三种：肉身的生命、灵里的生命和永远的生命。死亡也有三种：肉身生命的死、灵里生命的死和末日审判后堕入地狱永远的死。对于基督徒而言，死亡不是结束，而是更好的复活之路。总的来说，在基督教文化中，人是借助神灵（上帝）的力量，通过死这一赎罪形式，进入天国，永享福乐。因此，在临终关怀中，信仰基督教的患者及其家属，较少地感受到焦虑、愤怒、抑郁和孤独等负面情绪，平静地接受死亡的到来。[22]

2. 我国的宗教文化与临终关怀

与西方信徒不同的是，中国人对神灵的依赖基于敬畏感而非罪恶感，"举头三尺有神明"，"人在做，天在看"，这和西方宗教有着本质区别。除基督教外，对中国人影响较大的宗教还有佛教和伊斯兰教。佛教认为，色受想行识五蕴皆苦，一切皆为虚幻，死亡不仅不恐怖，反而是从人世苦海的解脱。通过称颂佛号等仪式性的行为，人在死后通过佛菩萨的接引，可以到达西方极乐世界。信仰佛教的临终患者及其家属，对死亡也较为看得开，认为死亡只不过是这一轮生命的结束，同时也是下一轮生命的开始，众生"生生于老死，轮回周无穷"。[23]伊斯兰教的生死观以及临终关怀的形式和内容主要是由其前定观、平等观和"两世吉庆"的思想所决定的。穆斯林一般都较早地接受了死亡教育，珍惜生命，努力生活，宁静坦然地对待死亡，接受死亡。除此之外，伊斯兰教临终仪式中的信仰关怀和情感关怀，对临终患者及其家属更平静地接受死亡也起着重要作用。[24]尽管不同的宗教教义对死亡有着不同的看法，但各大宗教所倡导的慈悲、博爱等精神在临终关怀中发挥着积极的作用。在实践中，如果能善用宗教文化的力量，对临终患者及其家属进行精神和心理的关怀和抚慰，无疑能收到良好的效果。

（四）临终关怀中的管理与政策问题

1. 临终关怀的保障方式

临终关怀是人类文明进步的标志，其发展和推广需要各方面的参与和支持。国外临终关怀的研究表明，要想提高临终关怀的普及率和质量，往往需要政府和民众共同积极参与。从政府的角度来说，制定相应的法律法规和政策，加大对临终关怀事业的资金投入，加强对民众的死亡教育，都有利于建立完善的临终关怀制度，能在很大程度上促进临终关怀事业的发展。王宇等通过对澳大利亚慢性病患者临终关怀政策研究发现，澳大利亚早在1994年就出版了《澳大利亚临终关怀标准》，该标准每年都会根据社会环境的变化进行调整以适应时代需要。其政府也制定了完善的临终关怀服务框架，投入了大量资金。调查显示，2012~2013年，澳大利亚政府在慢性病患者的临终关怀服务上共投资近2500万澳元，这极大地促进了澳大利亚临终关怀事业的发展。[6]在美国，多数临终关怀照料由医疗保险提供，相比之下，我国的临终关怀多数还需要自费，这在很大程度上也阻碍了临终关怀在我国的顺利推广。从民众的角度来说，提高临终关怀的意识，认识到服务临终患者就是服务自己，建立志愿者和义工队伍，自发捐助，也能很好地促进临终关怀事业的普及，从长远来看，每个人都将成为受益者。

2. 针对安乐死的态度问题

与临终关怀紧密联系的另一个问题是安乐死。安乐死是指为解除病人无法忍受的肉体痛苦而采取的一种结束生命的行为。两者相互联系又有不同。[25]首先，两者的宗旨是一样的，都是为了减少病人的痛苦，提高生命的质量。其次，两者的服务对象也有很大重合，都是身患重症、治愈无望的病人。最后，采取的手段也类似，不过度治疗，减少医疗资源的消耗。不同的地方在于，临终关怀更看重病人生的质量，而安乐死更看重病人死的质量。临终是每个人都将面临的阶段，但未必每个临终者都适合被实施安乐死。在法律和伦理面前，安乐死仍面临着较多争论，而临终关怀则在各个层面都是被接受和欢迎的。但两者并不是对立关系，有些病人在临终关怀的后期，如果仍有较大的身体上的痛苦，安乐死也不失为一种合理的选择。因此，重点在于如何找到临终关怀和安乐死的融合点，共同提高病人的生命质量，使其在活着和死去的时候都更加有尊严。

（五）小结

临终关怀运动在西方国家开展的时间比较久，其成果和经验可以成为我国学习的重要资源。虽然临终关怀被介绍到中国的时间不到 30 年，但从前面的总结中可以看出，相关的医护人员和学者已经从不同的角度对临终关怀在中国的发展进行了论述。他们介绍了西方主要国家的研究与实践，从存在的中西方文化差异角度探讨了具有中国特点或者说适合中国文化、传统习俗的临终关怀应该是什么样子的。他们讨论了不同群体的临终关怀的差异，尤其是对儿童和老年人群体有更多的思考。另外，他们还从宏观政策、法律法规、机构制度等方面考察了临终关怀实践中存在的一些问题，提出了可能的解决方法。更为重要的一点是，国内的学者将临终关怀放在一个更大的文化背景中进行思考，谈论了不同的宗教如佛教、伊斯兰教等关于临终关怀的相关内容以及对临终关怀实践的启示；还从中国传统文化出发来阐述中国文化是如何理解临终关怀的。虽然绝大部分的研究都是在理论思辨的水平上进行的，但也有少数学者开始进行一些实证的研究，例如调查不同地区的人们对临终关怀服务的需求等。

临终关怀需要有不同训练背景的多学科人员的努力，但目前国内好像只有受过相关医学训练的人在进行临终关怀的理论研究与实践探索。因此，囿于从业人员的专业背景，临终服务的主要内容还是更强调生理疼痛的管理和提供适合的场所。这些帮助只能在某种程度上提高临终者的生命质量，而要提供更完善的服务，就需要考虑临终者除了生理需求之外的其他需要，例如心理上的需要和精神上的需要。

二 临终心理和精神关怀

（一）临终心理关怀的理论研究

1. 我国临终心理关怀研究的发端

临终心理关怀是整合的临终关怀模型中的一个重要方面。由于心理学本身的繁荣，在心理障碍和心理治疗方面已经积累了很多的成果，这些成果也比较容易被应用到临终关怀中。

而研究者们要讨论的问题可能就是临终关怀中是否存在特殊的心理问题。有人指出，临终之人的心理需要可能表现在以下几个方面：不确定感、如何了结自己曾经耿耿于怀的事件、感觉自己是家人的负担、对采取何种医疗方式及生活结构的控制感、面临死亡所带来的孤独感、不放心亲人的生活、未了的心愿等。[26]徐云等回顾了临终关怀中的心理支持系统，分析了国内临终心理关怀的不足。他们认为国内从事临终关怀的人多是医学出身，没有受过正规的心理学训练，由此导致的问题首先是对心理关怀的重要性认识不够，其次是他们不知道如何很好地处理病人的心理问题。[27]临终之人所要面对的一个挑战就是死亡恐惧，因为文化传统会影响到死亡恐惧的过程和具体的表现形式，所以相关人员应结合中国的实际情况来探讨临终关怀中死亡恐惧的特点。研究者认为，临终关怀不仅涉及病人，还涉及关怀服务的提供者和病人家属。张秋霞在讨论临终关怀中的心理问题的时候，就谈到了病人、医护人员、家属的心理健康。[28]2014 年 4 月，在上海市卫生和计划生育委员会的倡议下，上海市医学伦理学会、中国生命关怀协会、上海市社区卫生协会、上海市癌症俱乐部等联合举办了"临终关怀（舒缓疗护）伦理与实践国际研讨会"。来自中国、美国、加拿大、比利时、日本、新加坡、澳大利亚、巴西、伊朗等国家的近 400 名专家学者讨论了世界及中国的临终关怀和舒缓治疗的现状与挑战。会议强调要形成包括生理和心理关怀等多维度的人性化的临终关怀模式。[29]

2. 临终心理关怀的干预方法和策略

以上研究虽然都提到了临终心理关怀的重要性，但均属于较概括的论述。不过，也有一些研究谈到了相对具体的问题，即讨论临终者的内隐自尊修复。内隐自尊指的是无意识的自动化的自我评价，临终者在经过疾病的折磨，面临死亡的关头往往会产生一些不合适的自我评价。临终心理关怀可以针对不同病人的内隐自尊的缺陷进行干预。[30]遗憾的是，作者并没有指出具体的干预方法和策略。不过令人欣慰的是，有越来越多从事临终关怀的人开始意识到临终心理关怀的重要性，指出临终关怀不能只是关注临终者的生理痛苦，还应该帮助他们面对并解决相关的心理问题。并且，临终心理关怀的范围不能只局限于临终之人，还应该涉及他们的家属以及与此有关的工作人员。但是，目前研究者对临终之人的心理需要仍然认识不足。有人谈到了死亡恐惧及其他的心理问题，可是都很少是基于实证研究的结果。死亡恐惧可能是很多人会面临的问题，但根据伊丽莎白·罗斯的理论，在走向死亡的最后过程中，人们需要经历否认、愤怒、讨价还价、绝望和接受的心路历程。死亡恐惧会在不同的阶段以不同的形式表现出来。并且，个体之间也会存在较大的差异，也就是说对死亡的接受程度不同，经历这些阶段的进程也不同，从而导致的心理状态也是不一样的。所以，需要更多有心理学背景的人来关注这个领域，从理论上来界定临终关怀中的心理问题是什么，并提出相应的可行方案。心理学研究者在从事临终关怀的相关研究时，面临的最大困难是比较难接触到临终的病人。这个现实的问题往往让很多人知难而退。一个切实可行的方法就是倡导心理学与医学背景的人合作，双方可以结合前者的专业知识优势以及后者的临床获得被试优势，共同关注临终关怀过程中的心理问题。[31]

（二）临终精神性关怀的探索层面

面对死亡，心理不安可能不是最主要的煎熬，心灵或者精神上的拷问往往是更大的挑战。国内虽然有人讨论到宗教与临终关怀的关系，其中会涉及精神方面的问题，但并没有多少人直接来讨论临终的精神关怀。这方面在国外有很多的积累，学者们从精神关怀的各个层面进行了讨论。

1. "精神性" "宗教性" 与 "幸福感"

要研究临终精神关怀，首先需要明确精神性这个概念。大家之所以会对精神性有不同的理解，是因为精神性的含义会随着文化的发展变化而改变。人们经常会混淆 "精神性" "宗教性" "幸福感" 这三个概念。通过文献综述，可以对这三个概念有更清晰的认识。宗教性指的是参与传统宗教的特定信念、仪式和活动。世界上流传比较广泛的有三大宗教：基督教、伊斯兰教和佛教。对传统宗教的信仰和参与相关的宗教仪式与活动，都可以看作宗教性。宗教性与精神性不是同义词，而只是精神性的一种形式。精神性是信仰宗教和不信仰宗教的人都有的一种主观体验，与人们对自己的核心信念与价值以及人活着的终极意义的理解方式有关。精神性包括了人们寻求关于生命、疾病、死亡的意义等终极问题的满意答案的需求。学者们对精神性的理解各不相同，可能正是因为不同的理解才使他们倡导不同的对待病人的方式，从而可以适应不同病人的需要。幸福感也是一种主观体验，它是在特定情境中个体如何知觉与感受自身状态的主观情感体验。幸福感是在特定情境中，对自己生活的某一方面的主观感受。对于一个临终病人来说，幸福感和不幸福感可以同时存在。例如，癌症晚期病人如果可以得到家人与医护人员无微不至的照顾，会产生幸福感；但同时又会因为自己受到病痛的折磨而觉得不幸福。幸福感产生的条件限制性特点，对于临终关怀实践有重要的意义。有研究者提出，他们正在寻求幸福感的一个特定的方面，即精神上的幸福感。当人们的宗教性和精神性需求得到满足的时候，就会觉得自己的生活是有意义的，自己的经验可以得到很好的解释，从而在生命即将结束的时候获得希望以及内心的和谐与平静。

2. 精神性的测量方法

科学研究很难对抽象的概念进行探讨，抽象的概念必须要转换成操作性概念，才可以被用到实证研究中去。概念的操作化指的是从具体的行为、特征、指标上对变量的操作进行描述，通常包括对抽象概念的测量。主要有四种方法被用来测量精神性：第一种方法是确定有哪些与精神性有关的问题。研究者会采用一些开放性的问题来评估精神性对个体的重要性和个体拥有的或者可以接触到的关于精神性的资源。第二种方法是对精神性和宗教性的直接测量。这些测量工具起初不是专门为临终关怀的目的设计的，而是讨论精神性和宗教性与得某种疾病的风险及存活期的关系的。第三种是采用叙事与传记的方法，它与第一种方法类似，都是关于精神性对个体的重要性的讨论。不同的是，这种测量采用的具体形式不是开放性的问题，而是个体的叙述或者人生故事。叙事的方法有一个优势，就是可以看到在个体的整个生命中精神意义的追求与理解是否发生了变化。第四种方法是特定范围方法，即将精神性看作生命的一个独立的方面，或者是在评价生命的每个方面的时候都考虑到精神性的问题。只是采用这种方法开发的测量工具很少被应用到临终精神关怀的研究中。

3. 精神需要与精神痛苦

除了精神性的概念和测量外，还有研究者关注的是精神需要和精神痛苦。精神需要在某种程度上受到不同国家文化的影响。例如，美国的研究者更多地会从宗教的角度来描述精神需要，他们列出的精神需要中，可能与精神性有关的只有一小部分，如意义、生命的目的与价值、内心平和与自然的体验等。而英国的研究者更多从 "共同人性" 的角度来描述精神需要。有研究提出了六种精神需要：有时间思考、有希望、处理无法解决的问题、为死亡做准备、自由地表达真正的感受和讨论重要的关系。[32]而在英国牧师的临终和舒缓照顾标准中，精神需要是这样被界定的：探索个体的意义感和生命的目的；探索与生命和死亡问题有关的态度、信念、想法、价值及顾虑；通过鼓励个体回顾过去来肯定生命的价值；探索个体关于自己和家人的现状与未来的希望和担忧；探索人为什么要面对死亡和受苦的问题。值得注意的一个问题是，精神需要可能具有个体差异，比如病人和照顾者可能有不同的精神需要。有研究表明，有的从事临终关怀工作的员工是不太愿意讨论关于精神需要的话题的。因此，为了与病人进行良好的沟通，照顾者应该熟悉一些沟通的技巧。精神痛苦在临终关怀的实践中也经常可以观察到，对于造成精神痛苦的原因众说纷纭，有人认为是死亡过程中的寂寞感，有人认为是死亡过程中自我同一性的变化，有人认为是人生的缺憾，即生活并没有像自己想象的那样，而在生命即将结束的时候，自己对生活的改变已经无能为力了。美国有研究认为精神痛苦是关于死亡的思考造成的，主要是想到自己至死也没有得到上帝或他人的原谅。精神痛苦的一个严重的后果是自杀，所以临终关怀可以通过让病人讨论疾病的精神意义来处理他们的精神痛苦。

4. 精神干预及其理论模型

一些研究还探索了精神干预问题，即在对精神性需要进行测量的基础上，如何采取相应的措施解决病人的精神性问题，满足他们的精神需要。干预有两种：一种是问题干预，另一种是促进干预。但是，目前讨论干预的有效性的研究还很少。为了在临终关怀的实践中包含精神性的关怀，研究者们提出了临终精神关怀的理论模型，将精神性看作临终关怀的一个根本维度。从总体上看，有的理论侧重概念解析，有的侧重工作人员的培养，有的侧重从人的整体性角度讨论精神性的作用，有的侧重倡导通过多学科的合作来满足病人的精神需要，还有的侧重从组织管理和发展的角度讨论在制度建设中涵盖精神关怀的要求。这些理论模型的提出，可以使人们对精神性和精神关怀有更深入的了解，同时为临终关怀的实践提供可以依据的理论框架。

5. 精神关怀的技能要求

虽然越来越多的人会认识到临终关怀中精神关怀的重要性，但如何提供病人需要的精神关怀仍然是一个值得深入探讨的问题。首先是提供精神关怀所需要的技能。有人提出，主动和热情的倾听技能是必需的，在倾听的时候要能够识别病人是否谈到对自己所受折磨的忧虑，是否认为自己成了他人的负担或者被所爱的人抛弃，是否对一些未完成的事情感到遗憾，以及是否害怕孤独地死去。其次就是陪伴的技能。工作人员有时候可能要突破自己的职业限制，以朋友或者其他的身份来与病人进行精神需要的交流。另外，与病人一起祈祷、沉思、冥想，可以帮助病人想明白意义追寻过程中遇到的一些难题。更高级的技能包括在病人要求的任何环境中能进行顺利交流。当然，要提供好的精神关怀，所需要的能力可能不止以上所列的这些，并且在不同的国家和文化中可能也有所不同。其次是如果要培养合格的工作人员，有哪些培训的要求。第一个要求当然是要识别病人有哪些需要并且知道如何去满足这些需要；第二个要求是提供实践的机会，让受训的工作人员可以找到与病人相处的最自然的方式；第三个要求是工作人员与病人可以组成小组来讨论人生意义的问题；第四个要求是有经验的从业人员可以帮助新人，传授有用的工作方法；第五个要求是相应的机构中含有此类的培训项目。最后，应该有一套标准来评价教育和培训的效果。目前，在英国和美国已经建立了几套标准，这些标准有的比较概括，有的相对具体，但都是在各自实践和理论探索的基础上总结出来的。

（三）临终精神关怀的元分析研究

我国香港的一些研究者曾对临终精神关怀进行了元分析，结果发现，临终精神关怀包括如下几个主题：精神性、精神需要、精神痛苦、精神关怀、精神关怀的促进和阻碍因素。[33]这些研究主要从病人和工作人员两个视角进行总结归纳。

1. 有关病人的精神性研究

在关于病人的研究中，研究者不会直接使用"精神性"这个概念，而是让病人讲述自己的人生故事，将精神性理解为与自我的关系、与他人的关系、与自然和音乐的关系以及与上帝或者更高级存在的关系。大部分的文章会提到希望、生命的意义和目的。病人会对精神性和宗教性进行区分，有人报告即使面对死亡也不想被迫去信仰某种宗教，也不想听到别人对自己的宗教信仰问题说三道四。关于精神需要，有几篇文章直接进行了探讨，提到了完成未竟事业的需要、参与和控制的需要以及积极的人生观的需要。相比较而言，对精神痛苦的描述就没有精神需要清晰，很多文章中会将精神痛苦与生理、心理、社会、经济方面的痛苦混合在一起。其中比较明显的就是恐惧（对死亡的恐惧、对未知的恐惧、不确定感等），还有其他的消极感觉，如无望感、无助感、空虚感、抑郁以及失望、自我和关系与意义的丢失等。关于精神关怀，病人们关心的是精神关怀的方式、他们与工作人员的关系、沟通以及沟通中的困难以及谁应该来提供精神关怀。病人们觉得会影响精神关怀的一些因素有时间和时机、友好的精神性环境、思考、教育、训练和意愿等。

2. 有关工作人员的精神性研究

关于工作人员的研究中也显示，工作人员和病人一样，觉得界定"精神性"是比较困难的，他们也将精神性理解为各种关系，如与自我、他人、自然与音乐以及上帝的关系。工作人员在讨论精神关怀的时候，更多会提到精神关怀的方式，以及如何将人作为一个完整的人来看待，强调与病人建立一种相互信任、亲密的、有意义的关系，主动倾听病人讲述的故事，并且与病人进行互惠的分享。他们认为如果将自己的信仰与职业生活相结合，不断反思自己的精神状况，并且愿意花时间去倾听，再加上团队的支持，那么就可以提供给病人较好的精神关怀。但是，一些组织和个体因素也会阻碍精神关怀的实施，如病人数量太多，工作压力太大，自己缺乏自信，不想讨论关于精神层面的问题，或者是在语言上、文化上和宗教上与病人的背景不同，没有接受系统的教育与训练，对病人的精神需要了解不够等都不利于为临终患者提供恰当的精神关怀。

3. 小结

无论是病人还是工作人员，都认为与家庭及重要他人的关系与联结是精神性最重要的一个方面。进行精神关怀的方式可以参考身体关怀的方式，主要是陪伴、共同的心灵之旅、倾听、建立联结、鼓励互惠的分享等。合适的时机、教育、培训、经验、意愿和团队支持是促进精神关怀开展的有利因素，而时间的限制、个体因素、语言、文化和宗教方面的限制问题则不利于精神关怀的开展。除了护士之外，很多人如家人、朋友、邻居等都可以给病人提供精神关怀。虽然精神关怀的一个目的是满足病人的精神需要，但真正的精神关怀不能仅仅局限于病人的需要满足，而是应该在与病人建立亲密且有意义的关系过程中照顾到病人的需要。如果有的精神需要没有得到满足，可能就会转变成精神痛苦，因此要创造安全的环境使病人和工作人员可以自由地讨论他们的精神性问题，公开表达他们的恐惧、怀疑和焦虑情绪，提高精神关怀的水平。

三　临终关怀的调研进展

以上从理论和实践两个方面讨论了临终精神和心理关怀的各种问题。但国内相关的理论和实践探索还是不够系统，最重要的一个原因就是临终关怀涉及不同的学科，一些相关学科的研究人员对临终关怀问题不够投入。为此，本研究试图从心理关怀和精神关怀的角度探索基于身体、心理、精神的整合模型，以便为开展临终关怀提供一些理论和方法依据。为此，研究者与上海市静安区静安寺街道社区卫生服务中心开展了初步的合作探索。根据以前的研究，心理需求中最重要的就是应对死亡恐惧。所以，本研究采用死亡态度描绘问卷测量了晚期癌症病人、病人家属、医护人员的死亡态度，并与社区居民的死亡态度进行了比较，除此之外，还采用了访谈法对晚期癌症病人进行深入访谈，以掌握他们的精神性需求。

（一）被试

为了解临终关怀过程中各方人员的心理需求，首先对中心的所有医护人员、社区内前来就诊的居民及舒缓病房收治的晚期癌症患者的家属进行了问卷调查。由经培训的调查小组阐明调查目的和内容，在目标对象签署知情同意书后，发放问卷，在其填写后当场回收检查，如有遗漏则及时补齐。共发放 386 份问卷，回收有效问卷 361 份，有效回收率为 93.5%。其中病人家属 46 人，医护人员 102 人，社区居民 213 人；男性 139 人，女性 222 人；青壮年人（60 岁及以下）246 人，老年人（60 岁以上）115 人。

（二）测量工具

本研究使用的测量工具为唐鲁等人修订的中文版死亡态度描绘量表（Death Attitude Profile-Revised，DAP-R）。[34] 该量表既包含了对死亡的负面态度，也包含了对死亡的正面态度，共 32 个题目（如"想到自己会死亡，就会使我焦虑不安"），采用五级评分，1~5 代表"非常不同意"到"非常同意"。题目均为正向计分，分数越高，则代表在该维度的认同度越高。五个维度分别是：趋近接受，认为死亡是通往极乐世界的大门，对死后的世界持积极态度；自然接受，认为死亡是人生不可避免的一部分，既不欢迎也不逃避，只是简单地接受；逃离接受，认为人生充满苦难，唯有死亡可令人解脱；死亡恐惧，指对死亡和濒死充满害怕的情感反应；死亡逃避，即对死亡本身或象征死亡的事物采取回避的态度，尽量不去想有关死亡的事情。在本研究中，整个量表的内部一致性系数为 0.946，各维度的内部一致性系数在 0.752~0.912。

（三）结果及分析

采用 SPSS 16.0 对数据进行分析。首先分析了每个群体的死亡态度量表五个维度的得分差异；其次对三个群体在每个维度的得分进行了比较；最后是对两个年龄组在每个维度的得分进行了比较。

1. 患者家属、医护人员和社区居民的死亡态度

图 1 显示的是癌症晚期患者家属、医护人员和社区居民在死亡态度描绘量表每个维度上的得分情况。患者家属在五个维度上的得分存在显著差异，$F_{(4, 225)} = 28.849$，$p < 0.001$。事后多重比较发现，自然接受维度得分最高（4.21 ± 0.41），逃离接受（3.41 ± 0.86）、死亡逃避（3.24 ± 0.93）、趋近接受（3.06 ± 0.77）得分居中，死亡恐惧（2.55 ± 0.73）维度得分最低。同样地，医护人员在五个维度上的得分存在显著差异，$F_{(4, 505)} = 50.662$，$p < 0.001$。事后多重比较发现，自然接受维度得分最高（4.21 ± 0.41），死亡逃避（3.06 ± 0.77）、趋近接受（3.05 ± 0.59）、逃离接受得分（3.02 ± 0.71）居中，死亡恐惧维度得分（2.79 ± 0.66）最低。而社区居民在五个维度上的得分也存在显著差异，$F_{(4, 1060)} = 62771$，$p < 0.001$。事后多重比较发现，自然接受维度得分最高（3.67 ± 0.65），死亡逃避（3.24 ± 0.75）得分居中，而逃离接受（2.90 ± 0.77）、死亡恐惧（2.85 ± 0.72）、趋近接受（2.69 ± 0.67）的得分最低。

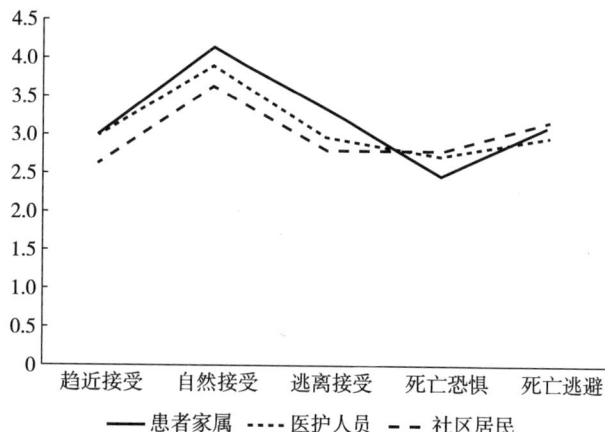

图 1　患者家属、医护人员和社区居民在死亡态度描绘量表每个维度上的得分

2. 患者家属、医护人员和社区居民的死亡态度比较

对每个被试在五个维度上的得分分别计算平均分，然后在每个维度上，按照被试类型进行比较，结果如图 2 所示。

在趋近接受维度上，患者家属、医护人员和社区居民的得分之间有显著差异，$F_{(2, 358)} = 13.15$，$p < 0.001$。事后多重比较表明，患者家属得分（3.06 ± 0.77）显著高于社区居民得分（2.69 ± 0.67），医护人员得分（3.05 ± 0.59）显著高于社区居民，患者家属和医护人员得分没有显著差异。

在自然接受维度上，患者家属、医护人员和社区居民的得分之间有显著差异，$F_{(2, 358)} = 21.33$，$p < 0.001$。事后多重比较表明，患者家属得分（4.21 ± 0.41）显著高于医护人员得分（3.97 ± 0.48），患者家属得分显著高于社区居民得分（3.67 ± 0.65），医护人员得分显著高于社区居民得分。

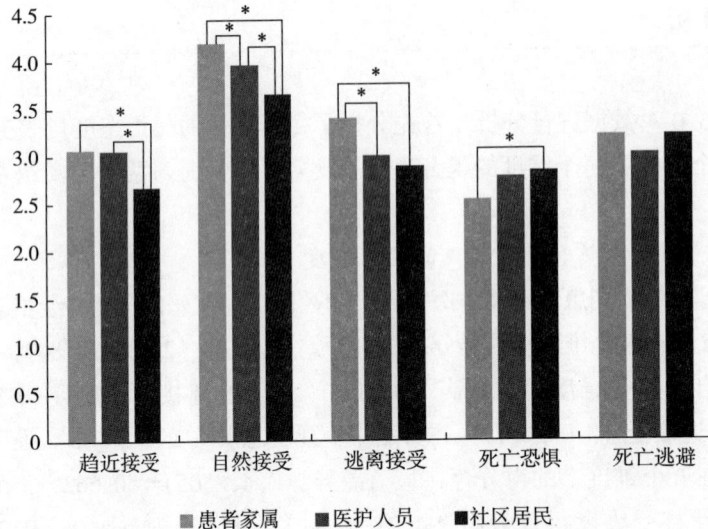

图 2　死亡态度每个维度上三个群体的得分比较

注：＊表示 p<0.05。

在逃离接受维度上，患者家属、医护人员和社区居民的得分之间有显著差异，F(2，358)＝8.26，p<0.001。事后多重比较表明，患者家属得分（3.41±0.86）显著高于医护人员得分（3.02±0.71），患者家属得分显著高于社区居民得分（2.90±0.77），医护人员和社区居民得分没有显著差异。

在死亡恐惧维度上，患者家属、医护人员和社区居民的得分之间有显著差异，F(2，358)＝3.44，p＝0.033。事后多重比较表明，患者家属得分（2.55±0.73）显著低于社区居民得分（2.85±0.72），患者家属得分和医护人员没有差异，医护人员得分和社区居民也没有差异。

在死亡逃避维度上，患者家属、医护人员和社区居民的得分没有显著差异，F(2，358)＝1.93，p>0.05。

3. 青壮年人和老年人的死亡态度比较

按照被试年龄划分，60 岁以下（含 60 岁）为青壮年人，60 岁以上为老年人。在不同的被试人群中，对青壮年人和老年人在各个维度上的得分进行比较，结果如表 1 所示。

表 1　患者家属、医护人员和社区居民中青壮年和老年人在各维度得分（M±SD）比较

	青壮年人	老年人	t
患者家属			
趋近接受	3.13±0.73	2.83±0.87	1.16
自然接受	4.21±0.41	4.20±0.43	0.80
逃离接受	3.34±0.87	3.62±0.82	−0.93
死亡恐惧	2.43±0.71	2.94±0.69	−2.05＊
死亡逃避	3.12±0.92	3.65±0.87	−1.74
医护人员			
趋近接受	3.05±0.60	2.97±0.15	0.24

续表

	青壮年人	老年人	t
自然接受	3.99±0.47	3.33±0.31	2.41*
逃离接受	3.03±0.72	2.93±0.23	0.22
死亡恐惧	2.79±0.67	3.00±0.57	−0.54
死亡逃避	3.05±0.77	3.40±0.69	−0.78
社区居民			
趋近接受	2.65±0.68	2.73±0.66	−0.90
自然接受	3.56±0.71	3.78±0.57	−2.54*
逃离接受	2.81±0.78	3.01±0.75	−1.98*
死亡恐惧	2.86±0.79	2.85±0.64	0.03
死亡逃避	3.14±0.84	3.34±0.62	−2.06*

注：*表示 $p < 0.05$。

在患者家属中，老年人在死亡恐惧维度上的得分显著高于青壮年人，其他四个维度得分没有显著差异。老年人比青壮年人更加害怕死亡。在医护人员中，老年人和青壮年人仅在自然接受这一维度上有差异，老年人的得分低于青壮年人，说明了老年人对死亡的自然接受程度较低。而在社区居民中，老年人在自然接受、逃离接受和死亡逃避三个维度上的得分均显著高于青壮年人。

结果显示，三个群体的总体死亡态度是类似的，尤其是患者家属和医护人员在死亡态度不同维度上的得分模式是一致的。即对死亡的自然接受程度最高，而其他维度的得分比较低一些，并且各个维度之间差异也不太明显。但是具体到每个维度上，三个群体的得分又是有差异的，尤其是在死亡的自然接受、趋近接受和逃离接受维度。这说明在临终关怀中，不同的群体对死亡的具体态度是不一样的，所以，在实践中进行关于死亡恐惧干预的时候应该根据不同的人群采取不同的措施。当临终者的数据收集完毕之后，可能得到更为不同的结果，这样就可以使临床的干预更有针对性。

四 临终关怀实践模式的探索

静安区街道社区卫生服务中心的舒缓病房针对晚期癌症患者采取了一系列措施，从医护人员到志愿者队伍，在探索中建立临终关怀的生理、心理和精神的全方位关怀模式，具体如下：

（一）中医药参与舒缓疗护

2015年中心利用全国基层中医药工作先进单位复核评审的契机，与中医科合作探索运用中医药适宜技术参与到舒缓疗护的服务中去，减轻患者的生理痛苦。目前，病区已开展的中医特色服务有芳香疗法、情志疗法、针灸止痛、中草药等，采用的"穴位针刺按压用于缓解癌症晚期恶心、呕吐症状"技术，缓解了多位晚期肿瘤患者消化道症状，提高了病患的生存质量。

（二）安宁护理方法尝试

对于晚期癌症患者来说，在身体遭受病痛折磨的同时，心理和精神上的需求都比平常人多。病区的护士每天深入病房为患者细致地做基础护理，还耐心温婉地为患者做心理护理，消除他们的焦虑和忧伤感，帮助他们树立继续生活下去的勇气。有些晚期癌症患者身体较弱，无法起身到浴室洗发沐浴，病区为了方便患者，特意添置了沐浴床和洗头车，这样患者躺在病床上也能享受到沐浴和洗发服务，不仅让他们感到清洁舒适，也让他们体验到在生命的最后还能活得有尊严。为了方便患者和家属以及医护人员们进行有效沟通，病区的安宁护士每周都会进行护理日志的记录，将患者不方便说的话、心里的想法和需求记录下来。工作人员会通过护理日志及时了解患者的所需所想，并尽最大努力满足患者的需求，让患者和家属感受到体贴入微的关爱和帮助。

（三）志愿者服务方法探索

中心成立了一支由青年团员组成的志愿者队伍，他们以朝气蓬勃的精神和热情为舒缓疗护病房里的患者提供服务，为部分癌症晚期患者制作"生命回顾"的光碟。与此同时，病区与大学生志愿者进行合作为患者提供力所能及的心理和精神关怀，为患者进行读书、读报、讲笑话、唱歌、陪患者聊天等活动，帮助他们减轻心理和精神上的压力。

2015 年，中心与"手牵手"专业志愿者机构开展合作，制定了志愿者管理制度、服务流程及服务内容。在此基础上，病区内开展形式多样、内容丰富的志愿者服务活动，举办新年联谊会和端午节等主题活动，让部分患者与家属可以参加，感受到社会的关爱和浓浓的节日氛围。每季度举办家属座谈会，邀请家属、志愿者和医护人员共同讨论患者病情发展、志愿需求及改进措施，深受患者及家属的欢迎。专业志愿者还利用自身优势，探索将表达性艺术融入哀伤辅导的工作方法，协助临终者平静度过生命最后时光。同时，中心还有为患者搜集喜爱的音乐、为患者进行心理减压、为患者与家属打开心结、对信佛教的患者搜集佛经、对信基督教的患者联系牧师做祷告等一系列措施，对患者进行心理和精神上的关怀。除了晚期癌症患者，中心对医护人员也有相应的减压和心理疏导方案。2015 年病区与专业志愿者机构"心缘俱乐部"进行了磋商，并于 2016 年与其合作运用音乐疗法缓解晚期患者及医务人员压力。

五 综合讨论、研究结论和未来发展建议

（一）综合讨论

综观英文的文献，开始的时候，人们使用 Hospice Care，强调的是有一个地方或者建立

一种机构可以提供给临终的人来度过他们生命的最后时光；后来越来越多的人开始讨论 Palliative Care，主要是针对重症病人的，关注在生命的最后如何减轻病痛；而现在随着对临终关怀的深入认识与研究和经验的积累，研究者们在发表的文章中比较常见的是 The End-of-life Care，认为不是只有专业的机构才能提供临终关怀服务，在家庭中或者其他的机构如养老院、医院等地方也需要临终关怀。减轻身体上的痛苦虽然是临终关怀的主要内容，但除此之外还应该关照到临终者的心理和精神的需求。而且，临终关怀在以临终者为中心的基础上，也应该顾及与此有关的医护人员和家属。临终关怀概念的变化，反映了人们对临终关怀本质认识的不断完善，从而可以更好地实现让临终之人在生存质量有保证的前提下有尊严地离开的终极目标。

为了把理论研究结果转化为实践经验，在上海市静安区卫生计生委的大力支持下，本研究者与静安区静安寺街道社区卫生服务中心合作，将生理、心理和精神的临终关怀整合模型在临床实践中进行运用和探索，并收到良好效果。这说明该模型是有效的，具有较高的理论意义和实践意义，可以进一步在中国其他地区进行推广，用实践不断检验和修正理论模型。正如前文所述，要构建涵盖生理、心理和精神关怀在内的整合临终关怀模式，需要不同学科、不同专业背景的人们共同努力。虽然死亡是一个不太受欢迎的话题，但同时也是每一个人必须要经历的生命过程。希望更多相关专业的学者至少可以从帮助自我的角度出发，关注临终关怀的研究与实践。

（二）研究结论

根据本研究的实证研究结果和静安区的实践经验，可以归纳出如下几条结论：

第一，不同的人群对死亡有着不同的态度，在进行心理干预的时候要有针对性，不能一视同仁。

第二，临终关怀的对象不仅是患者本人，还应包括家属和医护人员，尤其是在进行心理和精神关怀的时候，临终者家属和医护人员的需求也应该得到满足。

第三，生理、心理和精神的整合模型在实践中收到了良好的结果，可以进行推广。

第四，临终关怀在实际工作中还存在如下问题：社会接受度不够、服务内容有待完善、医务人员紧缺以及政府和社会支持不足。

（三）未来发展建议

在倡导健康型社区建设的大背景下，临终关怀在社区工作管理中的作用不可忽视，这对于提高民众的生命质量也有着重大意义。而要把这项工程做好，离不开政府的参与引导与广大群众的支持。根据本研究的研究成果和体会，提出如下五点建议：

第一，建立健全相应的法律法规和规章制度，加大财政投入，完善硬件设施。

第二，加强相关人员的专业培训，帮助他们掌握临终关怀的理论知识，包括专业及心理疏导等相关知识，建立起一支专业的临终关怀队伍。同时加强师资队伍建设，不断学习国内外先进经验，做出上海特色、中国特色的临终关怀事业。

第三，引导不同学科背景的专家学者参与到临终关怀当中来，以科研工作为依托，在实际工作中不断总结积累经验，探索临终患者对症治疗的适宜技术，提高患者生活质量，在生理关怀的基础上，建立心理关怀和精神关怀的整合模式。

第四，建立更为强大的社工及志愿者队伍，培养院内心理咨询师及积极招募院外专业心理咨询师，为病患及家属提供更好的心理疏导工作，同时减轻舒缓疗护医务人员的心理压力。

第五，加大临终关怀的宣传，提高社会知晓率及认同感，加强患者及家属死亡教育，开展社区居民生死观教育。

（感谢上海静安区卫生计生委、上海静安区静安寺街道社区卫生服务中心临终关怀团队对于本研究的大力支持！）

参考文献

［1］王星明．西方主要国家临终关怀的特点及启示［J］．医学与哲学，2014（35）．

［2］张鹏．临终关怀的伦理困境及其重构［J］．求索，2007（11）．

［3］Liu, C. F. Palliative and Hospice Nursing［Z］. University of HK, Oncology Nursing Course, 1997, 1.

［4］刘英团．"临终关怀"让生命有尊严地谢幕［N］．燕赵晚报，2012-11-21（B02）．

［5］张鹠，施永兴．京、津、沪三地社区老年人健康状况及临终关怀服务需求的调查［J］．中国全科医学，2010（7）．

［6］王宇，黄莉．澳大利亚慢性病患者临终关怀政策研究［J］．医学与哲学，2015（36）．

［7］徐勤．美国临终关怀的发展及启示［J］．人口学刊，2000（3）．

［8］陈瑶，王峻彦，施永兴．成都、昆明、杭州三地注册临终关怀机构的服务功能及资源的调查研究［J］．中国全科医学，2011（1）．

［9］潘毅慧，王俊琪，施永兴．北京市登记注册临终关怀机构的资源及服务功能的调查研究［J］．中国全科医学，2011（1）．

［10］高茂龙，王静，王进堂，等．北京市社区老年人临终关怀知晓率及其影响因素研究［J］．中国全科医学，2014（19）．

［11］郑悦平，李映兰，王耀辉，等．医护人员对死亡和临终关怀照护的态度及影响因素［J］．中国老年学杂志，2011（24）．

［12］王小曼，董凤齐，郑瑞双．肿瘤医院护士对待死亡及临终关怀态度的调查研究［J］．中国实用护理杂志，2013（25）．

［13］刘丹丹．梅州市临终关怀现状调查及相关因素分析［D］．广州：暨南大学，2011．

［14］董晓梅，王声湧，王弈鸣，等．广州市民对临终关怀服务的认知、态度和需求的调查［J］．中华老年医学杂志，2004（3）．

［15］冉伶，许毅．儿童临终关怀的发展［J］．医学与哲学（A），2014（1）．

［16］王玉梅，冯国和，肖适崎．儿童患者临终关怀的研究进展［J］．中国当代儿科杂志，2007（2）．

［17］Oleska, J. M., Czarniecki, L. Continuum of Palliative Care：Lessons from Caring for Children Infected with HIV-1［J］. Lanoet, 1999, 354（9186）.

［18］卢林阳．130例濒死新生儿的临终关怀与姑息护理［J］．中华护理杂志，2009（9）．

［19］Darnill, S., Gamage, B. The Patient's Journey：Palliative Care：A Parent's View［J］. BMJ, 2006, 332（7556）.

［20］李义庭，李伟，刘芳，等．临终关怀学［M］．北京：中国科学技术出版社，2003．

［21］薛静，胡杰，马丽．高龄患者的临终关怀护理［J］．中国实用护理杂志，2008（24）．

[22] 黄剑波，孙晓舒．基督教与现代临终关怀的理念与实践 [J]．社会科学，2007（9）．

[23] 吴素香．宗教与临终关怀 [J]．世界宗教文化，2008（2）．

[24] 严梦春．伊斯兰教的临终关怀思想 [J]．中国穆斯林，2013（3）．

[25] 孟晶秋．安乐死与临终关怀的和谐统一 [J]．中国卫生事业管理，2011（3）．

[26] 孟宪武，崔以泰．临终关怀 [M]．天津：天津科学技术出版社，2002．

[27] 徐云，秦伟，霍大同．临终关怀中的心理支持系统的现状与问题 [J]．医学与哲学（人文社会医学版），2006（12）．

[28] 张秋霞．临终关怀中的心理问题 [J]．中国老年学杂志，2005（25）．

[29] 陈德芝．临终关怀：为临终患者提供生理和心理的全面照护：上海临终关怀（舒缓疗护）伦理与实践国际研讨会撷英 [J]．医学与哲学，2014（35）．

[30] 潘元青．临终关怀与内隐自尊的修复：现象、机制及意义 [J]．医学与哲学，2013（34）．

[31] Chang, H. T., Lin, M. H., Chen, C. K., et al. Hospice Palliative Care Article Publications: An Analysis of the Web of Science Database from 1993 to 2013 [J]. Journal of the Chinese Medical Association, 2016, 79 (1).

[32] Universities of Hull, Staffordshire, Aberdeen. Spiritual Care at the End of Life: A Systematic Review of the Literature [Z]. UK: Department of Health, 2010.

[33] Edwards, A., Pang, N., Shiu, V., et al. The Understanding of Spirituality and the Potential Role of Spiritual Care in End-of-Life and Palliative Care: A Meta-Study of Qualitative Research [J]. Palliative Medicine, 2010, 24 (8).

[34] 唐鲁，张玲，李玉香，等．中文版死亡态度描绘量表用于护士群体的信效度分析 [J]．护理学杂志，2014（14）．

[35] Rhondali, W., Berthiller, J., Hui, D., et al. Barriers Research in Palliative Care in France [J/OL]. Support Palliat Care, 2013. http: //spcare. bmj. ccm/content/early/2013/04/18/bmjspcare-2012-000360. full. html # ref-list-1.

An Integrated Model of the-End-of-Life Care:
Focusing on Spiritual, Psychological, and Physiological Care

Li Yongna   Fan Hui   Li Huanhuan   Chen Junfeng   Cao Wenqun   Shi Kan

Abstract: People at the end of their life often suffer from physical pain that is accompanied by fear, anxiety, depression, and helplessness. When death is near, many people try to rethink the meaning and value of life. The end-of-life care can help people cope with physical and mental problems, so that they can die with comfort, peace, and dignity. The goal of research and practice of end-of-life care focuses an satisfying needs of the dying people. Based on studies conducted by domestic and foreign rsearchers, an integrated model (integrating physical, mental, and spiritual care) of end-of-life care has been proposed and highlighted. The model assumes that the end-of-life care is designed not only for dying peple but also for people involved in the process such as close family members, doctors and nurses in charge. The present work reported how the inegrated model of end-of-life care was applied in the practice of the Community Health Center of Jing' an, Shanghai. They take reasonable measures like pain management to relieve patients' physical pain. The mental and spiritual needs were identified by surveys. The dying patients obtained professional help to cope with anxiety. The coping techniques included listening, making connection, and encouraging reciprocity. In addition, special training programs and team support were available for medical staff and family members to deal with their mental challenges. Theoretically, the end-of-life care is afield integrating many disciplines, such as medicine, nursing, psychology, sociology, just to name a few. Researchers from mutiple disciplines should work together in the future to further understand the end-of-life care and provide appropriate theories for application in practioe.

Key words: hospice care; the-end-of-life care; spirituality; psychological care

铁路行业基层管理者的胜任特征模型构建与验证[*]

时 勘 杨 鹏 杨存存 朱厚强 周海明 郭鹏举 詹 恺

【编者按】我是 2015 年进入时老师课题组学习的，读博前已就职于济南大学，适逢时老师来济南大学作报告，我有了近距离接触时老师的机会，并为时老师的学术风范所感动，遂表达了想读时老师博士的愿望。其实自己心里也没有抱太大希望，毕竟时老师在组织行为学领域著作等身、桃李天下，自己才疏学浅，可能并不会被时老师接纳。没想到时老师非常平易近人，向我介绍了课题组研究的范围，鼓励我报考，我感动之余认真准备，并非常荣幸地成为时老师课题组的一员，且有幸结识了很多优秀的同门。我 2015 年入组就非常幸运地参与了时老师与全国铁道团委合作的项目"铁路行业青年工作骨干胜任特征模型研究"。2015 年 9 月 24 日，全球咨询行业鼻祖之一的 HAY（合益）集团以 4.25 亿美元的价格被光辉国际收购，Hay Group 几乎是胜任特征模型的代言人，所以，有媒体提出了"这场收购或许标志着以能力素质模型为中心的人力资源管理时代的结束"的言论。胜任特征建模方法是否还有存在的必要？传统的 BEI 关键行为事件方法是否有被 O＊NET 取代的可能？采用基于行为锚定的问卷调查方法能否较充分地挖掘出深层次的专家经验？这些问题引起了时老师的深思。针对当时各领域对胜任特征的质疑，时老师决定采用多重方法（战略分析、工作分析、大五人格测验、行为事件访谈以及团体焦点访谈等）来建构中国铁路总公司站段团委书记的胜任特征模型，力图以多种方法的相互检验来求得最合理的研究结果。不过，采用多种方法进行建模对被试的样本量要求极高，工作量巨大，要求课题组具有较高的资源整合能力。时老师及课题组成员与全国铁道团委进行了多次沟通协商，最终在研究程序上达成了共识，并决定在铁路总公司全国 18 个铁路局中抽取 6 个铁路局进行取样。至此，从地处河西走廊的兰州铁路局到东北边陲的哈尔滨铁路局，都留下了课题组成员们研究取样的足迹。时老师在取样中对我们进行了细致入微的指导，并亲赴上海铁路局参与取样和相关培训工作，这些行动向我们展现了导师知识的全面性和对研究工作的亲力亲为。此外，胜任特征建模往往缺少事后的有效性验证，这给建模的实效性打上了问号。针对这种情况，时老师决定在此次研究中除多重方法相互检验之外，最后采用了培训干预的方法来验证总体模型的有效性。其实，在此项目之前，我对胜任特征模型构建的方法已比较熟悉，本以为这次研究不会有什么新意，但时老师主导的这次胜任特征建模，在方法上的高度综合性保证了构建的岗位胜任特征模型的全面性与精确性，并在最后的有效性检验上严格遵循科学性原则，最终证明，传统的胜任特征模型的建构方法并未过时，仍有其生态效度。这一创新性结果使我和众多同门更深入体会到时老师治学的严谨、科研工作的创新性和身先士卒的模范行为。我们正是在这种具有创新性的氛围中，不断受到时老师的感染而成长起来的。

　　＊ 基金项目：国家社会科学基金重大项目"中华民族伟大复兴的社会心理促进机制"（13 & ZD155）；中国铁路总公司科技研究开发计划课题"铁路行业青年工作骨干胜任特征模型及其在培训工作中的应用"（2015F032）。

（杨鹏，中国人民大学心理学系 2015 级博士研究生，济南大学教育与科学学院　副教授）

摘　要：首先使用 O＊NET 问卷对 199 名站段基层管理者进行工作分析，然后对 63 名站段基层管理者进行行为事件访谈，结合团体焦点访谈的验证与补充，获得铁路行业站段基层管理者的 10 项胜任特征，即成就动机、关注秩序与质量、主动性、影响力、团队领导、分析思维、灵活性、乐群性、学习能力以及组织能力，为未来铁路行业站段基层管理者工作能力的提升提供了理论依据。

关键词：铁路行业；基层管理者；胜任特征；工作分析；行为事件访谈；团体焦点访谈

一　引言

习近平总书记在一系列的周边外交活动中，提出了加强经济合作的"一带一路"倡议构想，我国积极开展泛亚铁路网规划和高铁研发建设。2014 年，中国铁路总公司下发了优化铁路局党群机构编制的意见，增加了铁路企业运输一线政工岗位编制，铁路行业职工数量以每年约 10% 的幅度增长。随着青年员工数量的增加，站段作为铁路行业重要的组成单位承担的任务变得更加复杂、多元化。在这种背景下，有必要开展铁路系统站段基层管理者的胜任特征模型研究，以期为铁路行业的人力资源开发做出新的探索。

胜任特征（Competency）又称胜任资质、才干、素质等，该领域研究兴起于 20 世纪 70 年代，并逐渐发展成为人力资源管理研究与实践的一个热点（时勘，2006）。到了 20 世纪 80 年代，胜任特征概念传入我国，首先围绕胜任特征的研究是以国有企业管理者为对象展开，逐渐扩展至民营企业及党团领导干部，形成了一定的研究规模，并取得了丰富的成果（时勘、王继承和李超平，2002）[1]。近年来，随着信息化、全球化和社会经济转型的特殊要求，这种建模方法受到了来自理论和实践两方面的挑战，主要争议集中于，面对快速变化的世界，胜任特征建模方法是否还有存在的必要？传统的 BEI 关键行为事件方法是否有被 O＊NET 工作分析取代的可能？采用基于行为锚定的问卷调查方法能否较充分地挖掘出深层次的专家经验？随着大数据挖掘技术的应用，传统的胜任特征建模方法是否有被淘汰的可能？如果还要继续焕发胜任特征建模的生命力，需要在哪些方面予以改进？而在实践应用方面，Hay Group 公司被光辉国际（Corn/Ferry International）收购，究竟是胜任特征模型时代的终结，还是胜任特征模型开发迈上了新征程？这些问题引起了国内外同行们的广泛关注。本文以铁路行业站段基层管理者为对象，采用多重方法对该岗位的胜任特征模型进行了构建，以期为进一步的深入研究提供参考。

二　研究设计

（一）概念界定

1. 胜任特征

胜任特征是指能将工作中有卓越成就者与表现平平者区分开来的个人的潜在特征（Mc-

Clelland, 1973)[2], 它可以是动机、特质、自我形象、态度或价值观、某领域知识、认知或行为技能——任何可以被可靠测量或计数的、并能显著区分优秀与一般绩效的个体特征（Spencer, 1993)[3]。胜任特征模型（Competency Model）即用来描绘某（类）职位任职人员胜任特征构成的岗位特征的总和。这种呈现既可以是详细的文字说明，也可以是形象的图形勾勒，或二者的结合（Spencer, 1993)[3]。

2. 铁路行业站段基层管理者

铁路行业站段基层管理者为铁路企业中的青年骨干，工作中主要承担政工职能，如青年员工思想工作、入职培训的组织、集体活动组织以及宣传策划等，也承担一定的业务管理职能。

（二）研究目的和方法

1. 研究目的

通过 O * NET 工作分析、行为事件访谈（Behavioral Event Interview, BEI）和团体焦点访谈（Focus Group Interview, FGI）方法，构建铁路行业站段基层管理者胜任特征模型，为铁路行业人力资源开发和管理提供依据。

2. 研究方法

采用行为事件访谈等传统建模方法的同时，借助工作分析、团体焦点访谈的方法进行补充，完成胜任特征模型的建模工作。数据统计在由 SPSS 22.0 完成。

三 铁路行业站段基层管理者胜任特征模型构建

（一）工作分析

1. 研究工具

本研究选用了美国劳工部组织开发的 O * NET 工作分析问卷（Peterson, Mumford, Borman et al., 2001)[4]进行调查，共包括了两个部分：工作技能评价问卷和工作风格评价问卷（Li, Shi, Taylor, 2004；李文东和时勘, 2006)[5][6]。

2. 被试

在中国铁路总公司抽取 215 名站段基层管理者参加调研，回收有效数据 199 份，问卷有效率为 92.6%。其中，男性 106 人，女性 88 人，另有 5 人性别信息缺失；年龄范围 19~39 岁（M=27.27，SD=3.83，1 人信息缺失）；专科学历 41.2%，本科及以上学历 52.7%（1 人信息缺失）；本公司工作年限从 1 个月到 16 年不等（M=5.24 年，SD=3.41，1 人信息缺失）。被试年龄分布与文化程度情况见表 1。

表1　参加调查人员背景信息

指标	类别属性	人数（人）	百分比（%）
年龄（岁）	19~25	57	28.6
	26~28	76	38.2
	29~39	65	32.7
	缺失	1	0.5
	总计	199	100.0
文化程度	高中程度以下	1	0.5
	高中毕业	5	2.5
	完成高中以上、专科以下课程	5	2.5
	专科毕业	82	41.2
	学士	94	47.2
	完成学士以上、硕士以下课程	4	2.0
	硕士	6	3.0
	博士	1	0.5
	缺失	1	0.5
	总计	199	100.0

3. 工作分析的结果及相关分析

（1）工作技能。在5点计分中（1分为不重要，5分为极其重要），筛选工作技能项目时综合考虑以下原则：①低于均值一个标准差以上的优先排除；②得分的百分等级须在25以上；③高于均值的项目优先选取；④高于经验值3分的项目。最终获得工作技能的项目有18项，如图1所示。

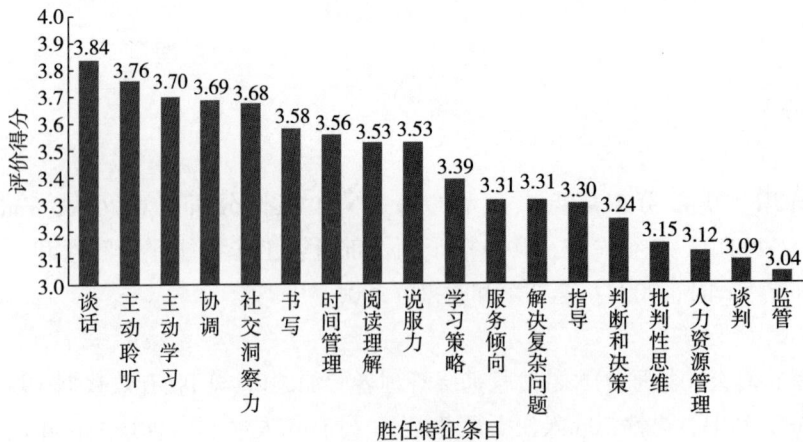

图1　站段基层管理者工作技能

对于站段基层管理者岗位的技能要求按照重要性排列，前十位依次为谈话、主动聆听、主动学习、协调、社交洞察力、书写、时间管理、阅读理解、说服力、学习策略。

（2）工作风格。在5点计分中（1分为不重要，5分为极重要），筛选工作风格项目综合考虑以下原则：①低于均值一个标准差以上的优先排除；②得分的百分等级须在25以上；③高于均值的项目优先选取；④高于经验值3.5分的项目。最终获得工作风格的项目有12

项，如图 2 所示。

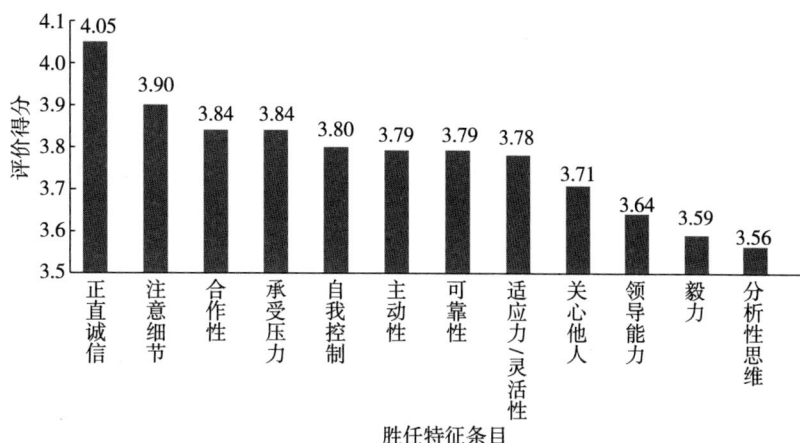

图 2　基层管理者工作风格

基层管理者的工作风格要求按照重要性排列，前十位依次为正直诚信、注意细节、合作性、承受压力、自我控制、主动性、可靠性、适应力/灵活性、关心他人、领导能力。

（3）工作分析获得的胜任特征模型初始雏形。通过 O * NET 工作分析结果，从工作技能和工作风格两方面对站段基层管理者进行了调查，补充完善了站段基层管理者胜任特征模型编码表，为最终胜任特征模型的构建奠定了基础。其中，工作技能 18 项，工作风格 12 项，共计 30 项，见表 2。

表 2　基层管理者的胜任特征模型雏形 1

工作分析内容	具体项目
工作技能	谈话、主动聆听、主动学习、协调、社交洞察力、书写、时间管理、阅读理解、说服力、学习策略、服务倾向、解决复杂问题、指导、判断和决策、批判性思维、人力资源管理、谈判、监管
工作风格	正直诚信、注意细节、合作性、承受压力、自我控制、主动性、可靠性、适应力/灵活性、关心他人、领导能力、毅力、分析性思维

（4）人格因素对于工作分析结果的影响。本部分研究采用层次回归分析（Hierarchical Regression Analysis）的方法，在严格控制性别、年龄、文化程度和工作年限的作用下，考察中国铁路团干部的人格因素对于工作分析结果的影响。首先对人口统计学变量、大五人格和两个工作分析量表的维度分数进行了相关分析。

从表 3 可见，外倾性与工作技能量表的两个维度（认知技能、社会技能）得分都存在显著的正相关关系（r=0.34，p<0.001；r=0.34，p<0.001），与工作风格量表的两个维度（成就导向、人员导向）得分也都存在显著的正相关关系（r=0.40，p<0.001；r=0.34，p<0.001）。宜人性与工作技能量表的两个维度（认知技能、社会技能）得分都存在显著的正相关关系（r=0.26，p<0.001；r=0.31，p<0.001），与工作风格量表的两个维度（成就导向、人员导向）得分也都存在显著的正相关关系（r=0.44，p<0.001；r=0.26，p<0.001）。尽责性与工作技能量表的两个维度（认知技能、社会技能）得分都存在显著的正相关关系（r=0.29，p<0.001；r=0.24，p<0.01），与工作风格量表的两个维度（成就导

表 3　大五人格和工作技能重要性、工作风格重要性问卷各维度平均数、标准差及相关系数

变量	M	SD	1	2	3	4	5	6	7	8	9	10	11	12	13
1. 性别 a	0.45	0.50	n. a.												
2. 年龄	27.27	3.83	-0.22**	n. a.											
3. 工作年限 b	5.24	3.41	-0.01	0.70***	n. a.										
4. 学历 c	4.54	0.89	-0.22**	0.34***	0.02	n. a.									
5. 外倾性	4.66	0.86	-0.05	0.14	0.03	0.12	(0.71)								
6. 宜人性	5.24	0.93	0.02	0.05	-0.06	0.19**	0.41***	(0.78)							
7. 尽责性	5.03	0.82	0.01	0.13	0.13	0.11	0.49***	0.41***	(0.78)						
8. 神经质	3.45	0.98	-0.01	-0.12	-0.04	-0.13	-0.49***	-0.58***	-0.49***	(0.76)					
9. 开放性	4.81	0.78	-0.11	0.14	0.12	0.14	0.47***	0.17*	0.47***	-0.26***	(0.73)				
10. 认知技能	3.42	0.68	-0.08	0.42***	0.21**	0.30***	0.34***	0.26***	0.29***	-0.22**	0.26***	(0.79)			
11. 社会技能	3.49	0.71	0.05	0.32***	0.13	0.15*	0.34***	0.31***	0.24**	-0.25***	0.21**	0.79***	(0.87)		
12. 成就导向	3.67	0.70	-0.02	0.27***	0.08	0.31***	0.40***	0.44***	0.33***	-0.33***	0.26***	0.64***	0.67***	(0.86)	
13. 人员导向	3.84	0.61	0.14	0.13	0.12	0.06	0.34***	0.26***	0.33***	-0.24***	0.35***	0.46***	0.58***	0.67***	(0.85)

注：性别 a：男 = 0，女 = 1。工作年限 b：以年为单位。学历 c：高中程度以下 = 1，高中毕业 = 2，完成高中以上，专科以下的课程 = 3，专科毕业 = 4，学士（大学本科毕业）= 5，完成学士以上，硕士以下课程 = 6，硕士 = 7，博士 = 8。

* 表示 p<0.05，** 表示 p<0.01，*** 表示 p<0.001，双侧检验。N 从 194 到 199 不等，采用成对删除法处理缺失值，对角线上的数字表示量表的信度系数。n. a. 表示不适用。

向、人员导向）得分也都存在显著的正相关关系（r=0.33，p<0.001；r=0.33，p<0.001）。神经质与工作技能量表的两个维度（认知技能、社会技能）得分都存在显著的负相关关系（r=-0.22，p<0.01；r=-0.25，p<0.001），与工作风格量表的两个维度（成就导向、人员导向）得分也都存在显著的负相关关系（r=-0.33，p<0.001；r=-0.24，p<0.01）。开放性与工作技能量表的两个维度（认知技能、社会技能）得分都存在显著的正相关关系（r=0.26，p<0.001；r=0.21，p<0.01），与工作风格量表的两个维度（成就导向、人员导向）得分也都存在显著的正相关关系（r=0.26，p<0.001；r=0.35，p<0.001）。

此外，人口统计学变量中，年龄、工作年限和学历也和五个人格变量、工作技能两个维度得分以及工作风格两个维度得分有不同程度的相关。因此下面对人格变量对工作技能评价、工作风格评价影响作用探讨中，需排除人口统计学变量的作用。

相关分析的结果为人格变量影响工作技能评价、工作风格评价重要性得分提供了初步依据。因此，下一步采用层次回归的方法控制人口统计学变量的前提下，深入探讨人格变量的影响。首先对性别变量进行了虚拟编码，创设了一个虚拟变量（dummy variable）。在层次回归方程中，分别以工作技能两个因素的评价结果、工作风格两个因素的评价结果作为因变量，在第一步把性别的虚拟变量和其他三个人口统计学变量（年龄、工作年限和学历）作为控制变量引入方程，第二步引入外倾性分数，看引入外倾性后方程的解释力增加了多少。第二步引入外倾性后方程增加的解释力（ΔR^2）即外倾性对于某一工作分析维度的效应量。如果该效应量显著，则说明外倾性的影响作用显著。统计分析结果见表4。

表4　外倾性对工作技能评价结果、工作风格评价结果的层次回归结果

自变量	认知技能重要性		社会技能重要性		成就导向重要性		人员导向重要性	
第一步：控制变量								
性别a	0.06	0.06	0.17*	0.17*	0.10	0.10	0.18*	0.18*
年龄	0.47***	0.42***	0.52***	0.46***	0.31**	0.24*	0.15	0.09
工作年限	-0.13	-0.09	-0.23*	-0.20*	-0.14	-0.1	0.01	0.04
学历	0.15*	0.14	0.01	-0.004	0.23**	0.21**	0.05	0.03
第二步：自变量								
外倾性		0.27***		0.29***		0.35***		0.34***
R^2	0.21	0.29	0.15	0.23	0.14	0.26	0.05	0.16
F	12.57***	14.78***	8.06***	11.07***	7.53***	13.02***	2.43*	7.04***
ΔR^2		0.07		0.08		0.12		0.11
ΔF		18.80***		19.83***		30.30***		24.27***

注：性别a：男=0，女=1。* 表示p<0.05，** 表示p<0.01，*** 表示p<0.001，N=199，采用成对删除法处理缺失值。性别、年龄、工作年限、学历和外倾性所在行的数字表示该变量的标准化回归系数β。

就人格变量的完整影响而言，从表4可以看出，在控制了人口统计学变量影响作用的基础上，人格变量对认知技能的重要性评价结果有显著的正向影响（$\Delta R^2 = 0.10$，$\Delta F(5, 180) = 5.11$，p<0.001）；对社会技能的重要性评价结果有显著的正向影响（$\Delta R^2 = 0.11$，$\Delta F(5, 180) = 5.58$，p<0.001）；对成就导向的重要性评价结果有显著的正向影响（$\Delta R^2 = 0.20$，$\Delta F(5, 183) = 11.06$，p<0.001）；对人员导向的重要性评价结果有显著的正向影响（$\Delta R^2 = $

0.18，$\Delta F(5，183)=8.73$，$p<0.001$）。综上所述，相较于工作技能（认知技能+社会技能）的评价结果，工作风格（成就导向+人员导向）的评价结果更易受到评价者人格特征的影响，具体来讲人格特征对工作技能（认知技能+社会技能）的效应量分别为0.10和0.11，对工作风格（成就导向+人员导向）的效应量分别为0.20和0.18。

就五个人格分数独特的贡献而言，对于认知技能，外倾性对认知技能重要性得分具有显著正向影响作用（$\beta=0.18$，$p<0.05$），即外向者越倾向于认为认知技能很重要，而宜人性、尽责性、神经质、开放性对认知技能重要性得分均无显著的影响作用（$p>0.05$）。

对于社会技能，外倾性和宜人性分别对社会技能重要性得分具有显著的正向影响作用（$\beta=0.19$，$p<0.05$；$\beta=0.19$，$p<0.05$），即外向者、宜人性高的评价者更加倾向于认为社会技能很重要，而尽责性、神经质、开放性对社会技能重要性得分均无显著的影响作用（$p>0.05$）。

对于成就导向，宜人性和外倾性分别对成就导向重要性得分具有显著的正向影响作用（$\beta=0.30$，$p<0.001$；$\beta=0.19$，$p<0.05$），即宜人性高的评价者、外向者更加倾向于认为成就导向很重要，而尽责性、神经质、开放性对成就导向重要性得分均无显著的影响作用（$p>0.05$）。

对于人员导向，开放性对人员导向重要性得分具有显著的正向影响作用（$\beta=0.23$，$p<0.01$），即开放性高的评价者越倾向于认为人员导向很重要，而外倾性、宜人性、尽责性、神经质对人员导向重要性得分均无显著的影响作用（$p>0.05$）。

综上所述，在某种程度上，相较于其他三类人格因素，外倾性和宜人性对认知技能、社会技能、成就导向的影响作用更强，相较于其他四类人格因素，开放性对人员导向的影响作用更强。

在通过工作分析获得的胜任特征雏形和与大五人格相关研究的基础上，研究者对各个要素按重要性进行排序，合并相关内容一致的项目，删减不重要的项目，并补充认为有必要的项目。界定各项要素的具体定义后，在时勘修订的Spencer通用胜任特征词典基础上形成了铁路行业站段基层管理者胜任特征编码表。在这个意义上来说，工作分析结果为胜任特征模型的建立提供了基本的信息资料基础。

（二）行为事件访谈

1. 研究对象

按照中国铁路总公司提供的绩效标准，在兰州、郑州、哈尔滨、沈阳、南宁铁路局中选取站段基层管理者63名（优秀站段基层管理者32名，普通站段基层管理者31名）。其中，53名被试作为样本1（绩效优秀者27人，绩效一般者26人），10名被试作为样本2（绩效优秀者10人，绩效一般者10人）。样本1用于构建胜任特征模型，样本2用于检验胜任特征模型的交叉效度。

2. 研究步骤和方法

本研究主要采用行为事件访谈法（包括主题分析、编码技术和统计分析的方法），构建铁路行业站段基层管理者胜任特征模型。

（1）访谈人员的选择。访谈人员主要指参与胜任特征评价的访谈人员和编码分析员，由于胜任特征资料的主要获取方法为行为事件访谈法，这种方法对访谈者面试访谈的实践经验要求很高。在本研究中，主要访谈者为 4 名心理学博士研究生、1 名心理学硕士研究生，以及 1 名管理学硕士研究生。编码分析员（即评分者）均为心理学专业人员，具有胜任特征编码分析经验。

（2）被访谈者设计。根据国外进行行为事件访谈的经验，区分绩效优异者和一般者的理想指标是绩效指标，统计学意义上一般是指超过平均成绩一个标准差以上的绩效（Larrere，McClelland，1994）[7]，在中国铁路总公司站段基层管理者中，不便进行量化操作，所以采用的是"上级提名"的方法，以往研究也多采用这种方法（Larrere，McClelland，1994）[7]。据此，共确定了优秀组（32 名）和一般组（31 名）来进行行为事件访谈。访谈实行双盲设计，访谈人员并不知道所访谈人员属于优秀组或一般组，被访谈者也不知道自己所在的组别。

（3）工具设计。在访谈前，研究者设计了《行为事件访谈提纲》和《行为事件访谈信息记录卡》。主要编码工具为时勘、王继承修订的 Spencer 通用胜任特征词典，以 McBer & Company of Boston 公司开发出来的专有手册（Spencer，1993）[3]为主，并根据这次工作分析及大五人格相关研究的结果增加了适合铁路企业的内容。

（4）行为事件访谈的实施。行为事件访谈法是一种开放式的行为回顾式探察技术，是揭示胜任特征的主要途径。行为事件访谈需要被访谈者列出在工作中遇到的关键情境，然后，让他们尽可能详尽地描述在那些情境中发生了什么。具体包括：这个情境是怎样引起的？牵涉到哪些人？被访谈者当时是怎么想的？感觉如何？在当时的情境中想怎么做？实际上又做了些什么？结果如何？

（5）胜任特征编码。

第一步：学习讨论。组织研究人员对胜任特征词典进行学习、讨论。

第二步：编码训练。在不知道谁是优秀组、谁是普通组的情况下，按照词典的胜任特征条目对录音文稿进行试编码，在讨论中提高认识的一致性，以符合计分标准，并根据使用的情况进一步修订。

第三步：正式编码。根据正式编码纲要，分析员要对 63 份访谈录音文稿进行独立编码（见表5）。

表5　站段基层管理者胜任特征访谈资料开放式编码分析摘录（示例）

编码文本	胜任特征	赋值
……另一个优势就是因为我自己，因为我干宣传，我跟媒体的接触比较多，可能就是说我比他们在媒体的人脉上有优势，可能我认识的媒体很多而且可能大家以为跟媒体经常接触，跟	建立人际资源	L4
一些记者关系会比较好，比如我告诉他说你在帮我宣传我们车站同时帮我要凸显出我们团员青年，只要在不违反他们那个工作的要求的同时，他们也愿意帮我去、去带……	影响力	L3

（6）数据处理。

第一步：提取三个数据指标。对分析员最初独立编码得到的数据进行汇总、记录和统计，具体为：统计出每人的各种胜任特征，如"自信心"在文稿中出现分数、频率情况，并记录每人每项胜任特征出现的最高分数，得到每个胜任特征得分的平均分数、出现的频率和最高分数三个指标。

第二步：编码结果的信度检验。采用 Pearson 相关分析三个指标与访谈长度（字数）的关系。

第三步：建立胜任特征模型。通过对优秀组和普通组在每一胜任特征出现的平均分数的差别进行检验，将差异检验显著的胜任特征确定出来，作为站段基层管理者的胜任特征。

第四步：验证胜任特征模型。根据 Spencer 的观点，一般可采用三种方法来验证胜任特征模型：

①交叉效度。选取第二个效标样本，再次用行为事件访谈法来收集数据，分析建立的胜任特征模型是否能够区分第二个效标样本（分析员事先不知道谁是优秀组或普通组）（McClelland，1973）[2]。

②构念效度。根据胜任特征模型编制测验或评价中心等方法来评价第二个样本在上述胜任特征模型中的关键胜任特征，考察绩效优异者和一般者在评价结果上是否有显著差异（林日团，2006）[8]。

③预测效度。使用行为事件访谈法或其他测验进行选拔，或运用胜任特征模型进行培训，然后跟踪这些人，考察他们在以后工作中是否表现更出色（陆晓光，朱东华，2013）[9]。本研究选择了第一种验证方法，即交叉效度检验。

3. 研究结果及分析

（1）访谈长度（字数）分析。如表 6 所示，样本 1 优秀组的平均访谈长度为 7107 字，平均时间为 51.15 分钟；普通组的平均访谈长度为 5869 字，平均时间为 47.52 分钟，在访谈长度与时间上两组均无显著性差异。

表 6 样本 1 的优秀组与普通组的访谈长度比较

比较项目	优秀组		普通组		T 值	df	P 值
	均值	标准差	均值	标准差			
长度（字数）	7107	4463.1	5869	2789.7	1.216	43.87	0.231
时间（分钟）	51.15	9.59	47.52	7.74	1.336	39	0.189

如表 6 所示，在样本 1 的 53 份访谈资料中，采用频次计分，有 1 个胜任特征的得分与访谈长度（字数）显著相关；最高分数则与访谈长度（字数）无显著相关；而胜任特征的平均分数这一指标比较稳定，只有 1 个与访谈长度（字数）相关。在客观性上，频次、平均分数与最高分数三个指标均比较合适，也就是说，不同组在胜任特征的频次、平均分数与最高分数水平上的区别并不能归因于表达水平上的差异。根据以往研究，采用平均分数在国内外研究中比较通用（时勘、王继承和李超平，2002）[1]，本研究也证实了这点。所以，我们采用平均分数作为鉴别标准，得到的结果如表 7 所示。

表 7 胜任特征发生频次、平均分数、最高分数与访谈长度（字数）的相关表

	长度与频次	长度与平均分数	长度与最高分数
成就动机	0.202	-0.037	-0.043
关注秩序	0.334	0.167	0.215
主动性	0.146	-0.126	-0.139

续表

	长度与频次	长度与平均分数	长度与最高分数
信息搜集	0.364	−0.073	−0.022
人际洞察力	−0.045	−0.193	−0.204
青工服务意识	0.0094	−0.174	−0.205
影响力	−0.213	−0.032	−0.042
组织权限意识	0.169	−0.417（＊）	−0.092
人际资源建立	0.139	−0.191	−0.030
人才使用和培养	0.024	−0.154	−0.086
指挥	−0.363	−0.217	−0.177
团队合作	−0.131	0.194	−0.045
团队领导	−0.001	0.195	0.152
分析思维	−0.082	−0.107	−0.128
概念思考	0.433	0.064	0.224
专业知识	0.798	−0.297	0.607
自我控制	0.505	0.157	0.449
自信心	0.384	0.158	0.308
灵活性	0.032	0.212	0.184
组织观念	−0.697（＊）	−0.100	−0.199

注：＊表示在 0.05 水平上显著相关，＊＊表示在 0.01 水平上显著。

（2）胜任特征的提取。为了检验本研究所确定的胜任特征能否在样本 1 中的优秀组与一般组之间显示出了差异，本研究对样本 1 的优秀组与一般组的胜任特征平均分数进行了差异检验。结果表明，优秀组与一般组的被试在 8 个胜任特征上均有显著差异，见表 8。差异显著的胜任特征分别是成就动机、关注秩序与质量、主动性、青工服务意识、影响力、团队领导、分析思维和灵活性，这说明优秀组与一般组在这 8 个因素上有区别，从而确定，这 8 个因素构成了站基层管理者胜任特征的雏形 2。

表 8　优秀组与普通组在各胜任特征平均分数上的差异检验

比较项目	优秀组		普通组		df 值	T 值
	均值	标准差	均值	标准差		
成就动机	5.6694	2.78267	3.3279	2.14890	35	2.874＊＊
关注秩序与质量	4.6856	2.21672	2.4091	2.34327	25	2.563＊
主动性	4.8500	2.51425	3.2876	1.21085	23.637	2.408＊
信息搜集	3.2575	2.06870	2.7257	0.96995	17	0.635
人际理解力	3.4967	0.66021	3.7610	1.34971	33	−0.697
服务意识	5.9900	2.64116	3.6493	1.80198	30.076	2.307＊
影响力	6.1800	1.98573	4.5683	2.01239	31	2.305＊
组织权限意识	2.4931	1.01433	2.6807	1.31975	26	−0.417
建立人际资源	4.3669	0.61838	4.1800	1.07615	23	0.538

续表

比较项目	优秀组		普通组		df 值	T 值
	均值	标准差	均值	标准差		
人才使用和培养	4.4357	0.80728	4.4858	1.91710	25.694	-0.102
指挥	2.5833	0.97040	1.8556	0.62272	13	1.781
团队合作	3.3750	1.82315	3.2773	1.89491	21	0.126
团队领导	6.1156	2.26808	4.3308	1.93795	29	2.294*
分析思维	4.2482	1.90335	2.6833	0.77984	28.994	3.513**
概念思维	3.5556	0.58333	2.8333	1.12546	13	1.642
专业知识	3.3333	0.57735	1.0000		2	3.500
自我控制	1.7925	1.68490	1.7143	1.49603	9	0.080
自信心	3.6650	0.98319	1.8883	1.84684	10	2.080
灵活性	4.6844	2.21372	2.6830	1.21902	23.763	2.967**
组织观念	3.4167	0.73598	2.4250	1.17863	8	1.657

注：＊表示在 0.05 水平上差异显著，＊＊表示在 0.01 水平上差异显著。

在本研究中，这 8 个胜任特征的平均分数在优秀组和一般组之间有统计学意义的差异，符合 Spencer 验证胜任特征有效性的原则："如果杰出表现者的胜任特征分数高于一般者，则胜任特征模型的有效性就可以得到确立"（Spencer，1973）[2]。

（3）胜任特征模型的验证。首先，对样本 2 的普通组（5 名）和优秀组（5 名）的访谈长度进行差异显著性检验（见表 9），检验结果表明：T=1.446，Sig=0.186，P>0.05，两组访谈结果在访谈文稿字数上的差异没有达到显著水平，文稿长度没有影响优秀组和普通组在胜任特征得分上的差异。同样，数据表明，访谈时间也没有影响优秀组和普通组在胜任特征得分上的差异。

表 9　优秀组与普通组的访谈长度比较

比较项目	优秀组		普通组		T 值	df	P 值
	均值	标准差	均值	标准差			
长度（字数）	4880.4	630.96	3758.6	1615.4	1.446	8	0.186
时间（分钟）	74.6	6.35	66.2	18.28	0.971	8	0.360

接下来进行交叉效度分析，对样本 2 的优秀组和普通组的胜任特征模型进行显著性检验，结果（见表 10）表明，普通组和优秀组在 7 个胜任特征上的得分具有显著性差异，即样本 1 中得到的 8 个胜任特征，有 7 个在样本 2 中得到了验证。

表 10　优秀组与普通组各胜任特征平均分数的差异检验

比较项目	优秀组		普通组		df 值	T 值
	均值	标准差	均值	标准差		
成就动机	6.5000	0.62406	4.5000	1.32288	8	3.057*
关注秩序与质量	3.2000	1.09545	1.8000	0.44721	5.297	2.646*

续表

比较项目	优秀组		普通组		df 值	T 值
	均值	标准差	均值	标准差		
主动性	4.2000	1.30384	2.4000	0.41833	4.815	2.939*
影响力	4.7840	1.45953	2.4660	1.50193	8	2.475*
团队领导	6.8000	0.95888	3.9800	1.82015	8	3.065*
分析思维	8.1840	1.70749	4.2000	2.87393	8	2.665*
灵活性	5.5000	1.27475	2.5000	0.98588	8	4.163**

注：*表示在0.05水平上差异显著，**表示在0.01水平上差异显著。

经过以上统计分析及验证，成就动机、关注秩序与质量、主动性、影响力、团队领导、分析思维和灵活性7个因素具有显著差异，被确定为站段基层管理者的胜任特征模型雏形。

(三) 团体焦点访谈

以上7个胜任特征因素是否真正反映了铁路行业站段基层管理者的实际工作要求呢？为了探讨这个问题，研究者组织了相关人员进行团体焦点访谈。团体焦点访谈（Focus Group Interview，FGI）也叫团体深度访谈，是社会科学使用的一种新的研究方法。小组一般由企业领导者、人事干部和研究人员组成，其一般采用座谈方式来讨论确定某职位的任务、责任、绩效标准以及期望优秀任职者应表现出来的胜任特征行为或特征（时雨、仲理峰和时勘，2002）[10]。

1. 研究目的

对前期通过工作分析和行为事件访谈所建立的胜任特征模型雏形再进行确认，以确立所开发的胜任特征模型的有效性。

2. 被试

抽取56名没有参加过行为事件访谈的中国铁路总公司站段基层管理者，分为8个小组，每组7人。

3. 研究步骤

组织被试就所得的胜任特征模型框架进行讨论，每小组的讨论均由一名心理学博士或硕士主持，访谈提纲根据前期整理的胜任特征模型框架制定。被试要讨论的内容包括：其中有没有可以合并的条目、有没有可以删除的条目、有没有可以增加的条目等。在具体的讨论过程中，首先将每个组讨论的内容整理成文字，然后进行文字分析处理，最后2名心理学博士研究生和3名心理学硕士研究生组成的团队对访谈结果进行讨论、分析及整理。

4. 研究结果

通过团体焦点访谈，本研究得到了3条在行为事件访谈中没有提及或较少提及的能力要素，分别是乐群性、学习能力和组织能力。而这些能力要素几乎每一组团体焦点访谈的谈话中都有所体现，也是一个优秀的站段基层管理者应该具备的素质。

总之，在工作分析、行为事件访谈以及团体焦点访谈多重方法研究结果的基础上，研究者最终获得了胜任特征模型构建的结果。中国铁路总公司站段基层管理者胜任特征模型

（共 10 项）包括：成就动机、关注秩序与质量、主动性、影响力、团队领导、分析思维、灵活性、乐群性、学习能力以及组织能力（见表 11）。

表 11 铁路行业站段基层管理者胜任特征模型

	项目
胜任特征模型	成就动机、关注秩序与质量、主动性、影响力、团队领导、分析思维、灵活性、乐群性、学习能力以及组织能力

四 研究结论与未来展望

（一）研究结论

第一，把大五人格因素引入工作分析后发现，站段基层管理者的开放性、外倾性以及宜人性确实导致了岗位职能因素拔高或评低岗位胜任特征模型要求的情况，这应引起关注。

第二，在工作分析的前导分析和团体焦点访谈的汇总分析的前提下，BEI 所揭示的站段基层管理者胜任特征模型更能体现铁路行业对青年干部的要求，证明传统的 BEI 技术对于胜任特征模型构建而言依然有效。

第三，采用专家辅导培训和内部讲师培训方法，虽然验证效果各有侧重，但都证实了所建立的基层管理者胜任特征模型的有效性，可以在铁路系统中推广。

（二）未来展望

第一，所建立的基层管理者的胜任特征模型，还有待于在今后的实践中扩展其外部效度，不断地完善。

第二，胜任特征建模方法尤其是 BEI 在生态效应方面有不可替代的作用，但有待于在大数据的新背景下，在方法学方面探究新的路径和方法，使建模方法更加完善。

参考文献

［1］时勘，王继承，李超平. 企业高层管理者胜任特征评价的研究［J］. 心理学报，2002（3）：193-199.

［2］McClelland, D. C. Testing for Competence Rather than for Intelligence［J］. American Psychologist, 1973, 28（1）：1-14.

［3］Spencer, L. M. Competence at Work：Models for Superior Performance［M］. Wiley & Sons Inc, 1993：58-70.

［4］Peterson, N. G., Mumford, M. D., Borman, W. C. et al. Understanding Work Using the Occupational Information Network（O＊NET）：Implications for Practice and Research［J］. Personnel Psychology, 2001, 54（2）：451-492.

［5］ Li, W. D., Shi, K., Taylor, P. Job Analysis Results for HR Professionals in Mainland China Using 3 O ＊ NET Questionnaires ［J］. International Journal of Psychology, 2004, 39 (5-6): 439-439.

［6］李文东，时勘. 工作分析研究的新趋势 ［J］. 心理科学进展，2006 (3): 418-425.

［7］ Larrere, J., McClelland, D. C. Leadership for the Catholic Healing Ministry. A CHA Study Identifies Key Competencies of Outstanding Leaders in Catholic Healthcare ［J］. Health Progress, 1994, 75 (5): 28-33.

［8］林日团. 管理人员胜任力研究述评 ［J］. 华南师范大学学报（社会科学版），2006 (1): 131-135.

［9］陆晓光，朱东华. 基于胜任特征的领导干部公选模型研究 ［J］. 管理世界，2013 (7): 1-5.

［10］时雨，仲理峰，时勘. 团体焦点访谈方法简介 ［J］. 中国人力资源开发，2002 (1): 37-40.

Construction and Validation of Competence Model for Junior Managers of Railway Station

Shi Kan   Yang Peng   Yang Cuncun   Zhu Houqiang

Zhou Haiming   Guo Pengju   Zhan Kai

Abstract：Questionnaires of Occupational Information Network (O ＊ NET) are administered to 199 junior managers of railway station, on the results of which, further Behavioral Event Interviews (BEI) are carried out with 63 junior managers of railway station. Moreover, Focus Group Interviews (FGI) are carried to confirm the primary competency construct, 10 competencies are finally extracted: achievement motivation, focusing on order and quality, initiative, influence, team leadership, analytical thinking, flexibility, gregariousness, learning capacity and organizing ability. The conclusion provides a theoretical basis for improving working ability of railway station managers.

Key words：railway industry; managers of railway station competency; job analysis; behavior event interview focus group interview

信息发送者与目标受众的信息传播意向研究

——基于社会存在的视角[*]

石　密　时　勘　刘建准

【编者按】我是中国科学院心理研究所 2008 级博士生。2009 年 5 月在同窗好友李旭培的引荐下我由罗非老师课题组顺利转入时勘老师课题组继续博士学业。于我而言，能够跟随时老师学习是幸运之神对我的眷顾。毋庸置疑，这是我人生与学术研究的重要"分水岭"，因为从事应用心理学的相关研究是我一直以来的期盼。当然，这也意味着我需要在学术思维上做一个巨大转变。面对这一挑战，我有些胆怯与不安，是时老师给予我父亲般的关怀，给我前行的自信与力量，教我学会了坚持不懈与努力追求的精神。时老师对现实社会问题的敏锐捕捉与宏观把握更是给我指明了潜心钻研的学术方向。众所周知，近年来互联网渗透进人们的生活，社会事件的网络化与信息化使人们的关注点从现实物理空间扩展到数字化的网络虚拟空间，互联网成为连结虚拟世界与现实世界的纽带。2010 年，时老师敏锐地捕捉到网络对民众心理与行为的影响，获准"混合网络下社会集群行为感知与规律研究"973 重大研究项目。彼时，我有幸成为时勘老师课题组首批研究这一课题的博士生之一。依然记得，由于日本地震核辐射泄漏等网络谣言蔓延所诱发的我国民众失去理性的集体购置碘盐的恐慌，面对这一非常规突发事件的网络集体行为蔓延的现象，在时老师的指导下，我尝试对该现象的发生、发展与演变机理进行探索，然而，有段时间我一直徘徊不前，不知该如何切入与提取这一现象的因变量。在研究的每一个关键时刻，时老师不仅给予我最大的技术支持和理论指导，同时也给予我莫大的精神鼓励，让我意识到实验设计对于研究社会事件的科学意义。通过文献检索以及与课题组同学的切磋，我的研究视线开始聚焦，但仍飘忽在关键变量"集体行为"还是"集群行为"、"意向"还是"执行意向"之间。正当我举棋不定之时，时老师一针见血地指出"集体行为与集群行为相比更具积极的社会舆论导向，而执行意向归根结底仍属于意向的范畴，且意向的内涵更具普适性"。时老师的指导给了我快刀斩乱麻的勇气。于是，我重新凝聚并梳理研究思路，开始潜心研究"意向"的影响因素及其作用机制。本篇文章正是我博士学位论文《互联网集体行为意向的影响因素及其作用机制》的延续与拓展。不同于课题组其他优秀成员，由于我工作后在家庭方面投入精力较多，再加上疏于对文章写作的重视，直至近三年才开始潜心思考博士期间的研究，并进行深度拓展。虽然本篇文章发表于我博士毕业之后，但其中的主题思想与设计思路无不凝聚着时老师的心血，文章的研究结论对于引导网络集体行为的健康发展具有一定的启发。现在回首自己走过的路，不禁会感恩时老师在学术研究上对我的谆谆教导，还要感谢老师在为人处世与择业方面给我的种种良策。我忘不了时老师带我们参加各种学术会议时，积极向同行推荐。在 2011 年毕业找工作时，

---

　　* 基金项目：国家社会科学基金重大项目（13&ZD155）；教育部人文社会科学研究青年基金项目（13YJC870014）。

时老师将我推荐到山东师范大学，然而，由于我先生当时选择了北京的工作单位，迫于家庭原因，我还是辜负了时老师的期盼，自行选择来天津工作。如今我跌跌撞撞地走在科研的道路上，虽然崎岖，但是我会鼓足勇气继续前行，因为有时老师对事业的不懈追求与积极乐观的生活态度深深地感染着我，也有课题组优秀同门作为榜样不断激励与鞭策着我。我想，随着岁月的流逝，也许很多事情会被淡忘，但唯有对时老师与课题组的感激会永远驻留在我的心底。（石蜜，中国科学院心理研究所2008级博士生，天津工业大学经济与管理学院讲师）

摘　要：【目的/意义】本文基于社会存在的视角，详细讨论了在信息不确定情境下信息发送者身份、目标受众的社会存在与信息传播意向之间的关系，并探讨了相关的理论价值与实践启示。【方法/过程】采用2（信息发送者身份场域：线上 vs 线下）×2（身份高低：一般 vs 较高）（n=185）实验与问卷相结合的研究设计。【结果/结论】结果表明：不论信息发送者是线下身份还是线上身份，身份越高，其推送的信息被目标受众传播的意向就越高；同等身份的线下信息发送者与线上信息发送者相比，会让目标受众产生更强的社会存在感；信息发送者的身份越高，目标受众的社会存在感越强，社会存在是信息发送者身份影响目标受众不确定信息传播意向的重要中介变量。

关键词：社会存在；不确定信息；传播意向；信息发送者

随着信息传媒技术的迅猛发展，网络已经成为信息沟通的重要平台[1]。人们会以网络为载体对信息进行选择、加工与重现，简易、迅速、便捷地与朋友共享信息。虽然这在一定程度上可能有助于他人获取新的知识[2]。然而，网络也会促进未经证实的信息的传播或扩散，包括那些后来发现是虚假的信息[3]。而不确定信息的传播增加了网络沟通的噪声、蛊惑人心，并可能会导致网民群体产生一种错误的、难以改变的信念[4]。因此，许多研究者认为探讨不确定信息的传播机制并对其进行引导是一个重要的信息安全问题[5-7]。根据理性行为理论，意向是目标导向行为的核心预测变量，可以帮助测量行为发生的可能性[8]。因为行为意向可以表示为人们在特定的情境中对自己行为的预期，并进而将其转化为个人行动的可能性。所以，在本研究中我们将关注互联网情景下传播不确定信息的行为意向，并将其作为研究的重要因变量。

根据社会存在（Social Presence，SP）理论的观点：个体在信息互动过程中往往会伴随有心理感知。通过互联网人们不仅可以交换信息，还可以获取社会支持与归属感，网络沟通中的个体也会产生类似面对面互动的"现实感"，这种现实感被称为社会存在[9]。社会存在决定了信息传播的质量，使互动双方的沟通更加客观，是衡量在线信息沟通的有效指标[10]。但也有研究者认为网络环境的匿名化与社会线索的减少会导致社会存在感的降低[11]。虽然社会存在理论作为计算机媒介沟通（Computer Media Communication，CMC）与人际互动领域的重要理论基础，已经被应用到在线信息互动[12]、社会化电子商务[13]、在线学习[14]等诸多领域，然而目前尚未明确社会存在感是否会影响以及如何影响目标受众对不确定性信息的传播意向。尤其是在线上与线下两种不同身份场域中，信息发送者与目标受众的社会存在与不确定信息传播意向之间的关系如何值得做更为详细的探讨。

一 文献回顾与假设提出

（一）信息发送者在线/离线身份与信息传播意向

在传统社会中，身份是个体在群体中的一个非常重要的属性，代表了某一个体在他人眼中的声誉、威望和受尊重程度[15]。在 CMC 环境中，网络群体内不同身份地位的成员在面对纷繁多变的信息时，其行为意向如何，传播信息与否，很可能不仅仅取决于他们对所接受信息的真实性与有用性的感知，还要依赖于对信息发布者身份的判断。因为互联网不仅是一个单纯的传播信息的载体，更是建立和维护社会关系的重要沟通渠道和平台[16]。所以社会效应（social utility）是人们使用互联网的重要驱动力[17]。群体身份在网络信息互动过程中发挥重要的作用，它不仅会通过影响成员的心理判断而影响其信息沟通的方式与策略[7]，还会对群体成员的行为意向产生重要的影响，群体成员会通过调整他们的沟通行为以与互动者的群体身份相匹配[18]，表现为更愿意拥护高身份地位者（如意见领袖）的言论[19]。此外，最新的研究发现，网络的普及使线下的群体身份与信息不对等模式会在网络上加以复制，体现为身份地位、信息与知识技能的差异，可见，网民的在线信息沟通模式并不孤立于现实社会的身份地位和教育背景。线下身份可能会继续充当产生在线地位不平等的评判依据[18]。尤其是群体成员身份的认同可以通过拥护高身份者的言行（如签署一份网络请愿书、在网络抗议中发言等一系列活动）得以实现[20]。而参与转发网络信息作为一种低成本和低风险的网络集体行动同样可以促进群体成员的认同[21]。基于此，我们提出研究假设如下：不论信息发送者是线上身份还是线下身份，身份越高，其推送的信息被目标受众传播的意向也越高（H1）。

（二）信息发送者身份与社会存在

根据社会存在理论，社会存在的主要特征是认知与感知的唤醒、控制与浸入[12]，它由三个维度构成：第一个维度是与意识相关：人们必须意识到彼此的存在，并且有在一起的经历或体验。第二个维度是人们彼此之间有情感联结，即与其他人的心理卷入（psychological involvement）反映了由社会互动引起的亲密、情感和相互了解的程度。第三个维度则是指行为参与（behavioral engagement）。可见，社会存在与人际关系、社会联结强度呈正相关[14]，尤其是与亲密关系、信任高度相关[9]。所以社会存在经常被用于测量媒介所传递的人情的冷暖、社交能力、人际敏感等方面，对在线沟通有明显的促进作用[13]。因为离线互动大多是口头的，并含有丰富的视觉线索和社会暗示，而网上的讨论主要是基于文本的且多是不同步的，经常会出现不愿透露真实姓名的情况，因此在线互动所含有的社会线索要明显少于离线互动[22]。此外，离线活动（例如面对面交流）有助于缩小互动双方的社会距离[23]。频繁的离线互动会对社会关系产生积极的影响，会增强社会联结强度，而强的社会联结又会抑制社会惰化现象，并增强社会存在感[24]。基于上述理论基础，提出假设如下：等同身份的离线信息发送者与在线信息发送者相比，会让目标受众产生更强的社会存在感（H2）。

（三）信息发送者身份对受众信息传播意向的影响：社会存在的中介作用

社会存在代表了信息媒介传递社会线索的能力，它会随着社会线索的丰富程度而变化[9]。对社会存在的早期研究也证实，社会存在与社会情境类线索密切相关，特别是群体身份作为一类比较明显的社会情境类线索会影响社会存在的程度，是成员坚守承诺的重要动机[25]。因为群体身份会影响个体在群体内受他人尊敬的程度、可获得的资源多少以及对他人的影响力等[26]，表现为身份地位越高可以提供给其他个体的社会互动机会也越多，唤起的社会存在感也更强[27]。而当成员的社会存在感被唤起或激活时，其参与行动的意向也会同时被激活。此外，社会存在决定了信息传播的质量，使互动双方的沟通更加客观，是衡量在线信息沟通的有效指标[10]。而且，针对网络行为的研究也发现，社会存在有助于减少歧义、降低风险感知与社会惰化现象，会提高网民参与网上集体行为的意向[24]。据此，提出如下假设：信息发送者的身份越高，目标受众的社会存在感越强；社会存在是信息发送者身份影响目标受众不确定信息传播意向的重要中介变量（H3）。

二 研究方法

（一）实验被试与设计

由于实验背景的网络情境性，将被试分为两部分。一部分为信息发送者是线上身份组的被试，为某 QQ 群成员、一般网民，共 94 名被试参与（其中男性 49 人，女性 45 人，年龄在 25~30 岁者居多）。另一部分信息发送者为线下身份组的被试，选取某高校学生为被试，共 91 人参与（其中男性 40 人，女性 51 人，年龄多在 25~30 岁）。

各组被试分别参与 2（信息发送者身份场域：线上 vs 线下）×2（身份高低：一般 vs 较高）（n=185）的其中一种情境，实验结束后通过各自的方式获取相应的报酬。

（二）实验步骤

由于实验的刺激材料为网络不确定信息，因此需要首先完成实验材料的准备工作。研究者利用网络社交软件（QQ 群、E-mail 等）广泛征求网友的意见，并与该领域的相关专家、学者讨论后确定具有代表性且备受网友们关注的一则网络不确定信息为本研究的实验材料。为保证实验材料的生态效度，实验材料与互联网上传播的内容、表现形式保持一致，并且网络信息从在网上最初出现至研究开始的间隔时间要小于 12 小时。

确定好实验的刺激材料后，研究者将实验设计成问卷形式放到问卷星网站，并生成相应的实验网址。

对于信息发送者为线上身份组，研究者首先分别通过 QQ 群、E-mail 发送给 QQ 群的群主、QQ 群的一般成员或者某一论坛的版主与一般成员。然后，再由他们通过私聊或单独 E-mail 的形式将信息与实验网址依次发送给群里或论坛的成员。对于完成实验的被试通过网络抽奖的形式进行奖励。

对于信息发送者为线下身份组，事先由任课教师进行课堂分组，确定小组成员的身份：小组长与一般组员。在实验之前，所有的被试已经由任课教师或助教分为 8 个小组，每个小组都有自己的小组长。研究者告诉被试"大家各自所在组的小组长或小组成员会发送给各位一则信息与实验网址，收到信息后，请大家登录实验网址完成实验（须在第二天晚上 22：00前完成）。完成实验的成员告诉各自的小组长，将由小组长发放小礼品"。并且研究者需要告诉被试，所收集到的实验结果不会留下其真实姓名，所以按照自己的真实想法，放心填写即可（实验步骤如图 1 所示）。

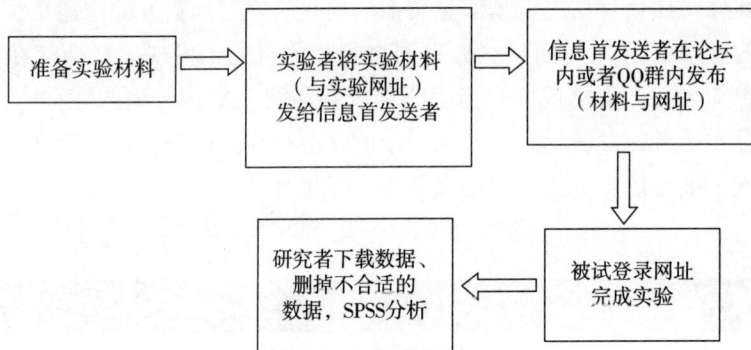

图 1　实验步骤

（三）　实验操作与变量测量

信息发送者身份场域（线上/线下）与身份高低的操作：为使研究具有一定的生态效度，本研究采用的线上身份是网络自动产生的，如论坛版主是在各自论坛版块里根据其发言质量、发言次数自动升级的，一般成员也是根据发言次数、受欢迎度确定；QQ 群主是创建 QQ 群的人或者创建者根据其发言次数、受欢迎度选拔而出的管理员。对于线下身份组的组长，则是由任课教师课堂分组后，自荐或大家推荐选出。

本研究主要探索变量为传播意向、社会存在感。

传播意向：用被试在测验中选择"会"的程度来表示。采用 7 点式进行测量，1 表示完全不同意，7 表示完全同意。

社会存在感：采用了 Etemad-Sajadi R.（2016）使用的量表[12]，并结合具体实验任务进行了修改。采用 5 点式进行测量，1 表示非常低，5 表示非常高。通过测量被试评价信息发送者的"人性化""同理心""聪明"的程度来反映[11]。α 系数达到 0.76，内部一致性较高，可以接受。

控制变量：除了信息传播意向与社会存在这两个正式考察的变量以外，被试传播该信息还可能是出于先入为主或受暗示等其他因素。为尽可能地排除干扰因素，对受暗示性、信息干扰及注意力不集中三个变量进行了控制。用于测量受暗示性的题目为"你认为自己容易受他人言论影响吗？"。用于测量信息干扰的题目为"你之前接触过与之类似的信息吗？"用答题所用的时间长短作为注意力不集中的控制（排除答题时间超过 5 分钟的问卷）。用身份差异感知来衡量自变量是否操作准确（"信息发送者与自己相比的地位关系"），另外，还控制了性别、学历、年龄、自己可支配收入这四个人口统计变量。

三 研究结果

（一）操作检验

对信息发送者的线下身份与线上身份的操作是成功的。通过 SPSS 20.0 进行方差分析，结果显示：线下信息发送者低身份组，其目标受众对自己与发送者的身份差异评价（M = -0.075，SD = 0.35）显著低于高身份组的目标受众对地位差异的评价（M = 0.84，SD = 0.42），$F(1, 90) = 124.398$，$p < 0.001$；线上信息发送者低身份组，其目标受众对自己与发送者身份差异的评价（M = 0.038，SD = 0.62）也显著低于线上信息发送者高身份组的目标受众对身份差异的评价（M = 0.683，SD = 0.65），$F(1, 93) = 24.056$，$p < 0.001$。

（二）描述性统计结果

对重要的研究变量运用 SPSS20.0 做描述性统计分析和相关矩阵分析，结果如表 1 所示，展示了各变量的均值、标准差、相关系数与内部一致性系数。该分析用 Cronbach's α 系数来检验社会存在感的内部一致性系数，结果显示表中社会存在的 α 系数在 0.70 以上，具有较高的内部一致性。

表 1　变量描述性统计结果和相关矩阵（n=185）

变量	均值	标准差	1	2	3	4	5	6	7	8
1. 性别	1.50	1.50	(-)							
2. 学历	3.31	0.99	0.007	(-)						
3. 年龄	1.44	0.69	0.01	-0.47**	(-)					
4. 可支配月收入	1.50	0.62	0.22**	-0.28**	0.44**	(-)				
5. 受暗示性	2.47	1.41	-0.002	0.35**	-0.43**	-0.25	(-)			
6. 社会存在	3.12	0.87	0.05	-0.16*	0.09	-0.10	0.54**	(0.76)		
7. 身份感知差异	0.38	0.66	-0.05	0.10	-0.08	-0.09	0.37**	0.57**	(-)	
8. 传播意向	4.03	1.67	-0.09	-0.32	-0.04	-0.13	0.44**	0.52**	0.73	(-)

注：表中报告为均值、标准差、相关系数；+表示 $p < 0.1$；* 表示 $p < 0.05$；** 表示 $p < 0.01$；*** 表示 $p < 0.001$。括号内的为内部一致性系数。

（三）假设检验

1. 信息发送者身份与信息传播意向之间的关系

对所有被试做信息发送者的身份场域（线下/线下）、身份地位（高/低）与目标受众信息传播意向的双因素方差分析。结果发现，信息发送者身份越高，目标受众的信息传播意向越强 $[F(183, 1) = 132.68, p<0.001]$，并且信息发送者的身份场域（线下/线下）与身份高低对信息传播意向存在一定的交互影响 $[F(181, 1) = 3.72, p=0.055]$，但是信息发送者的身份场域（线上与线下作为变量的两个水平）对目标受众的信息传播意向没有显著影响 $[F(183, 1) = 0.84, p=0.36>0.05]$，如图2所示。

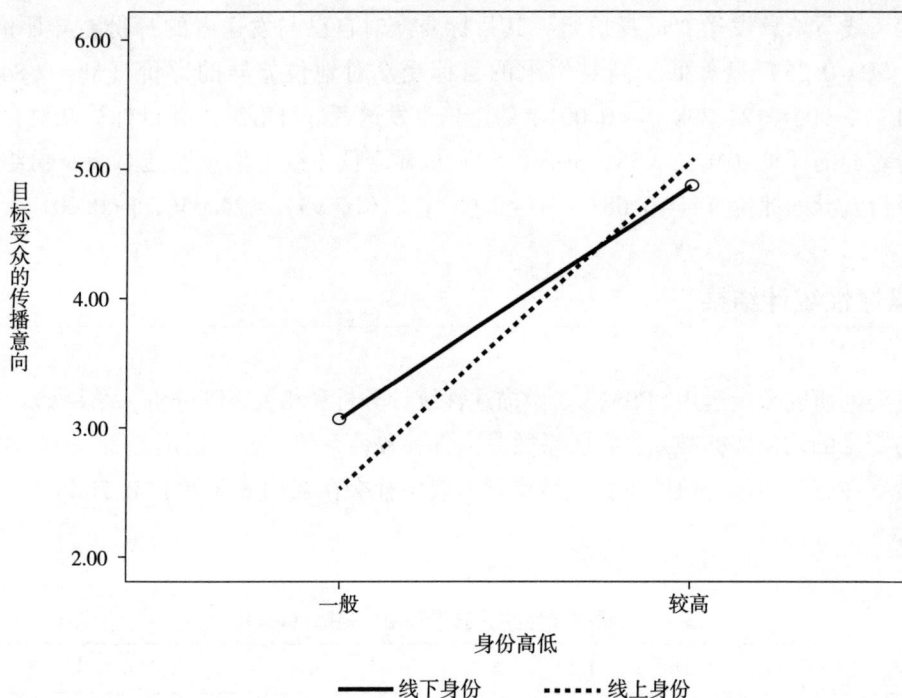

图2　信息发送者身份与目标受众的信息传播意向

进一步分别对信息发送者为线上身份组与信息发送者为线下身份组进行独立样本 T 检验。结果发现，在信息发送者为线上身份时，信息发送者身份越高，目标受众的信息传播意向越强 $[F(92, 1) = 5.89, p=0.02<0.05]$；信息发送者为线下身份时，也呈现信息发送者身份越高，目标受众的信息传播意向越强的趋势 $[F(89, 1) = 3.15, 0.05<p=0.08<0.10]$。由此结果可知，假设 H1 得到验证，即信息发送者不论是线上身份还是线下身份，身份越高，目标受众对不确定性信息的传播意向越强。

2. 信息发送者身份与社会存在

以社会存在为因变量，信息发送者身份场域（线上/线下）、身份地位（高低）为自变量，做方差分析，结果如图3所示：信息发送者的身份场域（线下/线下）与身份高低对目标受众社会存在的交互效应显著 $[F(181, 3) = 47.92, p<0.001]$；线下身份的信息发送者与线上身份的发送者相比，会使目标受众产生更强的社会存在 $[F(181, 3) = 4.72, p = 0.03<$

0.05]；并且，身份越高的信息发送者对目标受众的社会存在影响越大 [$F_{(181, 3)}$ = 122.51，$p < 0.001$]。故假设 H2 得到验证：等同身份的离线信息发送者与在线信息发送者相比，会让目标受众产生更强的社会存在感。

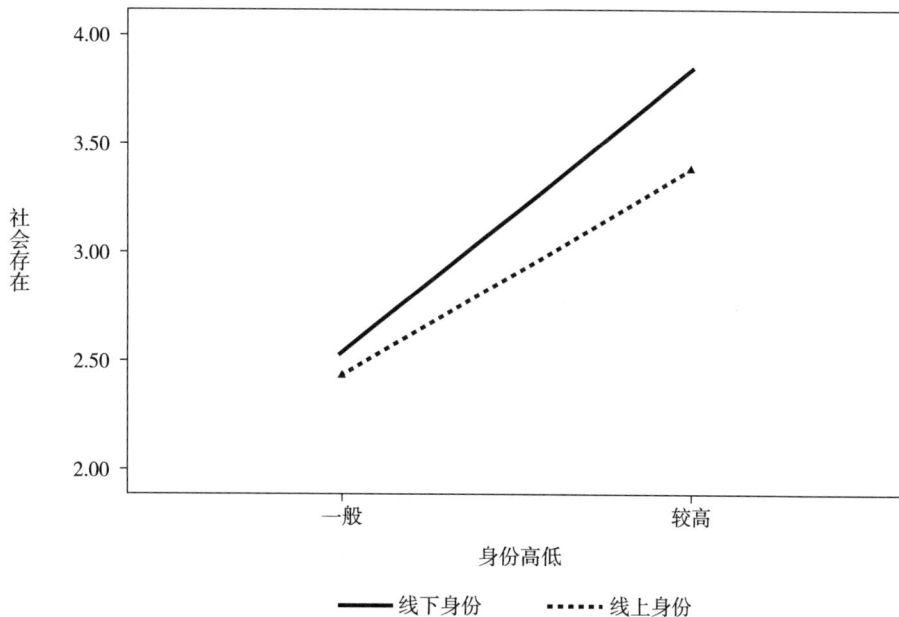

图 3　信息发送者与目标受众的社会存在

3. 信息发送者身份、社会存在与传播意向

（1）信息发送者线上身份组。做信息发送者线上身份、社会存在以及线上身份与社会存在交互项对不确定信息传播意向的分层回归分析，结果如表 2 所示。模型 2 显示，发送者线上身份对不确定信息传播意向的影响显著（$\beta = 0.23$，$p < 0.05$），模型 4 显示，社会存在与线上身份存在显著的交互作用（$\beta = -1.48$，$p < 0.05$）。

表 2　线上身份、感知地位差异、社会存在与信息传播意向（n = 94）

变量	模型 1	模型 2	模型 3	模型 4
性别	-0.02	-0.05	0.01	-0.03
学历	-0.42 ***	-0.21	-0.13	-0.09
年龄	-0.17 +	-0.11	-0.10	-0.1
可支配月收入	-0.28 **	-0.13	-0.11	-0.08
受暗示性	0.42 **	0.32 ***	0.28 *	-0.29 **
线上身份		0.23 *	0.20 +	1.2 **
社会存在			0.22 *	1.00 **
社会存在 * 线上身份				-1.48 *
样本量	94	94	94	94
R^2	0.50	0.63	0.67	0.69
F	17.39 ***	24.91 ***	24.61 ***	23.76 ***

注：表中报告的是标准化回归系数；+ 表示 $p < 0.1$；* 表示 $p < 0.05$；** 表示 $p < 0.01$；*** 表示 $p < 0.001$。

　　根据中介变量效应的验证方法[29]，首先以社会存在为因变量、线上身份为自变量（控制无关变量后）做线性回归，发现线上身份对社会存在的回归显著（β＝0.34，p<0.05）；然后以传播意向为因变量，分别以线上身份、社会存在为自变量（控制无关变量后）进行分层回归，结果如模型3所示：在没有社会存在的情况下，线上身份对传播意向的影响显著（β＝0.23，p<0.001），但是在加入社会存在这一中介变量后，线上身份对信息传播意向的影响并不显著，即社会存在基本完全中介了线上身份对不确定性信息传播意向的影响（β＝0.20，p＝0.07）。

　　（2）信息发送者为线下身份组。做信息发送者线下身份、社会存在及两者交互项对不确定信息传播意向的分层回归分析，结果如表3所示。模型2中发送者线下身份对不确定信息传播意向的影响显著（β＝0.36，p<0.01），模型4中发送者线下身份与社会存在的交互效应显著（β＝1.30，p<0.05）。

表3　线下身份、感知地位差异、社会存在与信息传播意向（n=91）

变量	模型1	模型2	模型3	模型4
性别	−0.12	−0.07	−0.15*	−0.16*
可支配月收入	−0.10**	−0.05	−0.10	−0.11
受暗示性	0.64***	0.47***	0.18*	0.18*
线下身份		0.36**	0.02	−0.82*
社会存在			0.76***	0.19
社会存在＊线上身份				1.32**
样本量	91	91	91	91
R^2	0.42	0.53	0.71	0.73
F	20.87***	19.15***	34.67***	32.32***

　　注：表中报告的是标准化回归系数；+表示p<0.1；＊表示p<0.05；＊＊表示p<0.01；＊＊＊表示p<0.001。

　　同理，根据中介变量效应的验证方法[28]，首先以社会存在为因变量，线下身份为自变量（控制无关变量后）做线性回归，发现线下身份对目标受众社会存在的回归显著（β＝0.57，p<0.001）；然后以传播意向为因变量，分别以线下身份、社会存在为自变量（控制无关变量后）进行分层回归，结果如表4-3中模型3所示：线下身份在未有社会存在进入的情况下对目标受众传播意向的影响显著（β＝0.38，p<0.001），但是在加入社会存在这一中介变量后，社会存在对目标受众传播意向的回归效果显著（β＝0.75，p<0.001），而线下身份对目标受众传播意向的影响变为不显著（β＝−0.04，p>0.1）。即社会存在基本完全中介了线下身份对不确定性信息传播意向的影响。

　　上述结果显示H3得到支持，即信息发送者的线上身份与线下身份均会影响目标受众的社会存在感；社会存在感在信息发送者身份对目标受众信息传播意向的影响过程中发挥了重要的中介作用。

四 结语

(一) 研究发现

本文从社会存在的视角较为系统地探讨了信息发送者身份与目标受众传播意向之间的关系，将信息发送者身份操作为线上身份与线下身份，通过两组实验研究发现发送者的线上身份与线下身份对目标受众传播意向的影响有较大差异。具体来说，本研究得到了以下结论：①不论信息发送者是线下身份还是线上身份，身份越高，其推送的信息被目标受众传播的意向就越高；②等同身份的线下信息发送者与线上信息发送者相比，会让目标受众产生更强的社会存在感；③信息发送者的线上身份与线下身份均会影响目标受众的社会存在感；社会存在感在信息发送者身份对受众信息传播意向的影响过程中发挥了重要的中介作用。

(二) 理论贡献及实践意义

本文的重要贡献在于基于社会存在的理论视角明确了信息不确定情境下，信息发送者的身份场域（线上、线下）、身份地位（高、低）与目标受众传播信息意向之间的关系，有助于更好地理解网络环境下群体内部的信息是如何流动的，更全面地认识不确定信息的传播机制，也可以为减少虚假信息在网络环境上的传播提供相应的理论指导与决策建议。

首先，目前学界对身份地位与网络情景下不确定信息传播意向之间关系的探索尚处于探索阶段，以往的研究多关注于信息共享与知识转移，往往将群体视为一个扁平结构，很少考虑成员之间的身份场域与身份差异对不确定信息传播的影响。本文利用网络这一情境，将网络环境视为立体结构，引入线上身份与线下身份，详细探究并验证了信息发送者的身份场域与身份差异对目标受众传播意向的作用机制，有助于深度剖析网络群体内部的信息互动过程。

其次，本文从社会存在的理论视角详细探讨了信息发送者身份对目标受众传播意向的影响，是对现有质性研究的有益补充。关于网络情景下不确定信息传播的影响因素，以往多关注于网络环境的匿名化与信息本身，认为正是网络匿名使责任缺失，而网络信息本身的不确定性与重要性又起了催化推动的作用。然而，本研究通过实验证实仅仅关注这两类因素是不够的。事实上，仅仅这两类因素并不能解释网民为什么遇到与己无关的信息时依然坚持传播甚至还会在线下扩散。本研究恰恰解决了这一问题的矛盾焦点。鉴于社会存在的理论视角，媒介沟通经验的核心是存在，通常被界定为心理上与感知上浸于媒介。为更好地解释网民在传播不确定信息过程中的心理状态，本研究引入了社会存在这一与媒介沟通息息相关的情境特异性心理状态，并通过严格的实验操作，证实社会存在是信息发送者身份影响不确定信息传播的重要中介变量。虽然信息传播的媒介是网络，但是线下身份在不确定信息的传播过程中仍然发挥着重要的作用，并且线下身份的信息发送者更容易引起网民群体的社会存在感。此外，研究结果还是显示了，除了信息发送者的身份场域与身份差异对不确定性信息传播发挥重要的影响外，目标受众的受暗示性这一人格特征也在网络信息传播过程中发挥推动作用。

综上所述，本研究的结果可以为引导与规范网络信息的良性传播提供重要的理论依据与实践指导。

（三）研究局限及未来展望

虽然本文的研究结论具有一定的理论价值和实践意义，但仍存在如下欠缺之处。首先，根据 Akcaoglu 与 Lee 的观点[29]，成员所体验到的社会存在感的水平会随着其所在群体规模（group size）的大小而改变，而在本研究设计中，忽视了对群体规模的控制。其次，由于研究关注的是不确定性信息的传播意向，而意向是决策的前期心理准备，所以影响决策的认知因素（如信息表征方式、可信度、信息详尽度等）可能也会影响传播意向，诸如此类的认知因素也应该加入后续的研究中。再次，研究结果证实信息发送者的线下身份会影响不确定网络信息的传播，也可能是与我们中国的关系文化有关，所以如果条件允许，未来可以进行跨文化的系列研究。最后，根据社会存在的定义，社会存在有三个不同的维度，虽然以往多数研究都采用了单维的社会存在，但是也有研究表明，三维层面的社会存在更适合于解释网络沟通的机制。因此，为更好地探索社会存在对不确定信息的网络传播之间的影响机制可以在未来的研究中对社会存在做更详细的划分与多维度的探索。

参考文献

［1］薛婷，陈浩，赖凯声，董颖红，乐国安. 心理信息学：网络信息时代下的心理学新发展［J］. 心理科学进展，2015，23（2）：325-337.

［2］Li, H. Sakamoto, Y. Social Impacts in Social Media: An Examination of Perceived Truthfulness and Sharing of Information［J］. Computers in Human Behavior, 2014（41）：278-287.

［3］Friggeri, A., Adamic, L. A., Eckles, D., Cheng, J. Rumor Cascades［C］//Proceedings of the Eighth International AAAI Conference on Weblogs and Social Media, 2014：101-110.

［4］Lewandowsky, S., Ecker, U. K. H., Seifert, C., Schwarz, N., Cook, J. Misinformation and Its Correction: Continued Influence and Successful Debiasing［J］. Psychological Science in the Public Interest, 2012（13）：106-131.

［5］Lymperopoulos, I. N., Ioannou, G. D. Online Social Contagion Modeling through the Dynamics of Integrate-and-Fire Neurons［J］. Information Sciences, 2015（320）：26-61.

［6］Reysen, S., Lloyd, J. D., Katzarska-miller, I., Lemker, B. M., Foss, R. L. Intragroup Status and Social Presence in Online Fan Groups［J］. Computers in Human Behavior, 2010（26）：1314-1317.

［7］Berenbrink, P., Elsiisser, R. & Sauerwald, T. Communication Complexity of Quasirandom Rumor Spreading［J］. Algorithmica, 2015, 72（2）：467-492.

［8］Ajzen, I., Fishbein, M. Understanding Attitudes and Predicting Social Behavior［M］. Upper Saddle River, NJ: Prentice-Hall, 1980：249-259.

［9］Short, J., Willams, E., Christie, B. The Social Psychology of Telecommunications［J］. London: Wiley, 1978, 7（1）：32.

［10］曹海峰. 社会存在理论视野下的网络思想政治教育新探［J］. 学校党建与思想教育，2014（5）：

63-69.

[11] McKenna, K. Y. A., Green, A. S., Gleason, M. E. J. Relationship Formation on the Internet: What's the Big Attraction [J]. Journal of Social Issues, 2002 (58): 9-31.

[12] Etemad-Sajadi, R. The Impact of Online Real-time Interactivity on Patronage Intention: The Use of Avatars [J]. Computers in Human Behavior, 2016 (61): 227-232.

[13] Lu, B., Fan, W., Zhou, M. Social Presence, Trust, and Social Commerce Purchase Intention: An Empirical Research [J]. Computers in Human Behavior, 2016 (56): 225-237.

[14] Oztok, M., Zingaro, D., Makos, A., Brett, C. & Hewitt, J. Capitalizing on Social Presence: The Relationship between Social Capital and Social Presence [J]. Internet and Higher Education, 2015 (26): 19-24.

[15] Anderson, C., & Kilduff, G. J. The Pursuit of Status in Social Groups [J]. Current Directions in Psychological Science, 2009, 18 (5): 295-298.

[16] Kneidinger, B. Intergenerational Contacts Online: An Exploratory Study of Cross-Generational Facebook "Friendships" [J]. Studies in Communication Sciences, 2014 (14): 12-19.

[17] Go, E., You, K. H., Jung, E., Shim, H. Why Do We Use Different Types of Websites and Assign Them Different Levels of Credibility? Structural Relations among Users' Motives, Types of Websites, Information Credibility, and Trust In The Press [J]. Computers in Human Behavior, 2016 (54): 231-239.

[18] Park, Y. J. Offline Status, Online Status: Reproduction of Social Categories in Personal Information Skill and Knowledge [J]. Social Science Computer Review, 2013, 31 (6): 680-702.

[19] Kirchler, E., Davis, J. H. The Influence of Member Status Differences and Task Type on Group Consensus and Member Position Change [J]. Journal Personality and Social Psychology, 1986 (51): 83-91.

[20] Douglas, K. M. & McGarty, C. Identifiability and Self-Presentation: Computer-Mediated Communication and Intergroup Interaction [J]. British Journal of Social Psychology, 2001, 40 (3): 399-416.

[21] Schumann, S. & Klein, C. Substitute or Stepping Stone? Assessing the Impact of Low-Threshold Online Collective Actions on Offline Participation [J]. European Journal of Social Psychology, 2015, 45 (3): 308-322.

[22] Alberici, A. L. & Milesi, P. Online Discussion, Politicized Identity, And Collective Action [J]. Group Processes & Intergroup Relations, 2016, 9 (1): 43-59.

[23] Riegelsberger, J., Sasse, A. M., & McCarthy, J. The Researcher's Dilemma: Evaluating Trust in Computer Mediated Communications [J]. International Journal of Human-Computer Studies, 2003, 58 (6): 759-78.

[24] Shiue, Y., Chiu, C. & Chang, C. Exploring and Mitigating Social Loafing in Online Communities [J]. Computers in Human Behavior, 2010 (26): 768-777.

[25] Bicchieri, C., Lev-On, A., Chavez, A. The Medium or the Message? Communication Relevance and Richness in Trust Games [J]. Synthese, 2010 (176): 125-147.

[26] 胡琼晶, 谢小云. 团队成员地位与知识分享行为: 基于动机的视角 [J]. 心理学报, 2015, 47 (4): 545-554.

[27] Herrewijn, L. Poel, K. The Impact of Social Setting on the Recall and Recognition of In-Game Advertising [J]. Computers in Human Behavior, 2015 (53): 44-55.

[28] 温忠麟, 张雷, 侯杰泰, 刘红云. 中介效应检验程序及其应用 [J]. 心理学报, 2004, 36 (5): 614-620.

[29] Akcaoglu, M., Lee, E. International Review of Research in Open and Distributed Learning [J]. Increasing Social Presence in Online Learning through Small Group Discussions, 2016, 17 (3): 1-17.

Reserch on Information Dissemination Intention of Sender and Target Audience
—Based on a Social Presence Perspective

Shi Mi   Shi Kan   Liu Jianzhun

Abstract：［Purpose/significance］Based on the perspective of social presence theory, under situation of uncertain information, we analysised the affect of senders' online/offline status, the social presence and their intention to transfer information of target audience. And then, we discussed the theoretical value and practical revelation of this article. ［Method/process］A 2（Information senders' field：online vs offline）×2（Information senders' status：high vs low）between-group experiment was conducted to test our hypotheses. ［Result/conclusion］The results show that：whether the senders' status are online or offline, the higher the status of the senders, the higer the intention to transmit infornation of target audience；and compared to the same identity of online information senders, the offline senders will make the target audience perceive a stronger social presence；moreover, the higher the status of the senders, the stronger the social presence for target audience. Social presence is the important mediator variable of information sender's effect on the target audience's intention to uncertain information transmission.

Key words：social presence；uncertain information；dissemination intention；information sender

社区心理学组织行为研究的探索历程[*]

时　勘

【编者按】党的十九大报告指出，"不断满足人们日益增长的美好生活需要，不断促进社会公平正义，形成有效的社会治理、良好的社会秩序，使人民获得感、幸福感、安全感更加充实、更有保障、更可持续"。而社区心理学作为一门重要的学科，肩负着"探寻和谐社区建设的心路历程，促进社区居民的幸福进取的精神，预防社区中的问题"的任务与使命。在中国心理学的研究中，从组织行为水平的角度研究社区问题一直比较薄弱。2013 年 11 月 22 日，以中国人民大学心理学系和中国科学院经济与管理学院领衔，团结了中国科学院学部调查研究中心、中国人民大学信息学院和北京联合大学生物化学工程学院，经过激烈竞争，"中华民族伟大复兴的社会心理促进机制研究"（项目批准号：13&ZD155）被立为 2013 年度国家社科基金重大项目，这应该是心理学界首批获得的社会科学基金重大项目之一。获得国家社会科学基金重大项目的资助，为在社区、学校和企业建立社会心理服务体系的组织行为学系统研究创造了良好的机遇。五年来，在社区心理的组织行为学研究方面，我们除了此前在"非典"期间和汶川地震期间做了一些社会心态和风险预警研究之外，在完成本项目方面，在组织行为学研究方面，主要取得了如下进展：第一，实证研究发现，由于传统文化在我国民众心理的根基较深，并不会随着社会变迁而被完全取代。在保持中国文化认同连续性的基础上去总结、提升中国经验，可以坚定民众拥护中国道路的信念与决心。通过培养历史意识可以理顺民众看待社会变迁的观念与态度，以对未来充满信心的文化自信来化解发展阶段中的不良社会心态，可以加强对于国家的认同。第二，本项目创造的核心胜任特征的成长评估模型以及团队和个人的抗逆力应对模式，对于我国公务员成长具有完全不同于西方议会选举制度的优越性。在胜任特征模型建构方法上引入健康型组织评估能增强胜任特征建模的成效，针对公共危机突发事件获得的安全心智模式是一种企业安全文化建设的新模式。第三，为了回答"钱学森之问"，本研究获得的不同类型的高端人才（含特殊技能人才）成长的规律能够揭示高端人才的成长规律，特别是变革型领导、情绪智力与创新行为有密切关系，基于核心胜任特征的成长评估模型是促进青少年创新成长的关键因素之一。第四，本研究利用网络挖掘技术揭示的网民集群行为，在数据的高效获取、网络用户分类、媒体大数据运行规律基础上提出的自动检测网络事件谣言的方法，以及获得的鉴别网络虚假行为和干扰正常网络交往的专利产品，可以控制不良网络行为的蔓延，具有一定的理论价值和实践效用。第五，本研究示范性成果丰富了社会心理服务的体系内容，特别在范畴界定、系统完善、人才培养、专题

---

*　本文写作得到了了国家社会科学基金重大项目（项目批准号：13&ZD155）的支持。

研究和促进模式方面形成了全新的思想和方法。本研究在社会心理服务体系的建设模式方面，从医学模式、心理健康、社会心理、民族问题和心理建设等方面，提出了独特、可操作的建议，对于后期开展社会心理服务体系建设均具有借鉴意义。回顾社区心理学组织行为研究的历程，每一步都得到了社会各方以及政府机关的支持，建设中国特色社区心理学理论体系是社区心理学研究者们一直以来的希冀，我们一定要不懈追求，继续努力，使社区心理学的组织行为研究更好地为社区管理和社区民众服务。（时勘）

摘　要： 本文回顾了社区心理学在组织行为研究方面的探索历程，具体包括在应对 SARS 传染病方面全国 17 个城市的社区心理学调查，汶川大地震中进行的灾难教育和孤儿、老人、救援人员的心理援助研究，上海静安开展的老人社交网络、临终关爱和哀伤辅导研究，广州市荔湾区开展的社会排斥和融合研究，重庆市渝中区开展的廉洁文化评估模式研究以及山东能源肥城矿业集团进行的安全文化建设，最后讨论了北京市应急救援职业技能培训学校和北京市红十字会进行的救援活动。社区心理学的组织行为研究尚处于探索阶段，需要社会各方的更多支持才能得到更好的发展。

关键词： 社区心理学；SARS；汶川地震；社区管理模式；组织行为研究

社区心理学（Community Psychology）的组织行为研究在我国尚处于探索阶段，本文回顾了社区心理学在组织行为方面的探索历程，具体包括应对 SARS 传染病方面全国的社区心理学调查，汶川大地震中所进行的灾难教育和孤儿、老人、救援人员的心理援助研究，在上海市静安区、广州市荔湾区、重庆市渝中区开展的社区管理模式研究，以及企业的安全文化建设和救援学校、红十字会的组织行为研究。

一　最初的社区心理学探索

（一）我国民众对 SARS 信息的风险认知及心理行为调研

我们从事的社区心理学研究可以从抗击 SARS 算起，自 2003 年开始，在全国 17 个城市开展了应对 SARS 的社区心理学调查。该研究采用了分层抽样的调查方法，对全国 17 个城市 4231 名市民进行了 SARS 疫情风险认知特征和心理行为的调查。这项调查被《科学通报》采用（Shi et al.，2003）。SARS 等危机事件中人的社会心理行为的预测问题更多涉及的是人的风险认知及其社会心理行为，研究对象涉及从个体、群体、组织到大的社区领域。此类研究工作在国外早已受到高度重视，如美国的联邦调查局、密歇根大学的社会调查研究所、兰德公司、英国的战略情报研究所等机构，都有大量心理学者参与预警系统的科研工作。近年来，在我国社会经济转型条件下，也开展了一系列有关风险认知、下岗职工再就业心理行为预测模型、证券市场股民风险认知特征的研究，这为探索危机事件中人的心理行为特征打下了初步的基础。

我们在 2003 年的调查结果发现：①负性信息，包括患病信息和与自身关系密切的信息，更易引起民众的高风险认知；正性信息能降低个体风险认知水平。②我国民众 2003 年 5 月中旬风险认知因素空间位置分析结果表明，SARS 病因处于不熟悉和难以控制一端，"愈后对身体的影响和有无传染性"处于不熟悉一端，这是引起民众风险意识的主要因素。③结构方程分析结果表明，SARS 疫情信息是通过风险认知对个体的应对行为、心理健康产生影响的，并初步验证了风险评估、心理紧张度、应对行为和心理健康等指标对于危机事件中民众心理行为的预测作用（Shi et al., 2003）。

（二）应对灾难事件和重大事件的社会心理的研究工作

在这次调研之后，我们根据"非典"突发事件带来的问题，向有关政府决策部门就开展社区心理学研究，特别是舆论指导方面提出了咨询意见，并建议把社会心理预警研究系统纳入国家预防检测系统的范畴，呼吁多学科学者参与和政府组织支持的立足长远的研究。通过抗击非典"心理学在行动"网站（中科院心理所与北京团市委、中国社会心理学会联合开设的"非典应对研究"网站）向国内及时发布研究进展，取得了一些成果。并在广泛征求国内外灾难心理、组织行为、社会心理学专家的意见的基础上，第一步完成了网上、电话和实际问卷的数据收集；第二步在北京地区开展城乡调查，将北京市分为"非典"治疗区、疫情高发隔离区和北京郊区，分别进行了医生、病人、疑似病人、市民、未成年人的心理健康和应对行为调查，根据调查结果发布了六期反馈报告，这些研究结果对于后期的抗击"非典"工作起到了重要的指导作用（时勘，2003）。

（三）初步的研究成果及几点启示

这些调研结果的发现是，在人群聚集会大幅度增加的背景下，公共预防会因为麻痹心理而被忽视，可能导致发病率再次抬升。此外，隔离区大学生心理问题明显重于普通民众，要加强心理辅导和咨询。研究人员还形成了由疫情风险认知、紧张度、疫情控制预期、一般情绪应对行为、未来经济发展预期等六项指数构成的社会心理预警指标系统，提供的动态分析结果已经被北京市委和中科院心理所以简报形式多次上报有关部门，为初步建立国家级灾难事件社会心理预警系统打下了基础。

二 抗击汶川地震的心理行为研究

（一）《地震灾难心理应对》教学录像及时送到前线

社区心理学的发展与后来的抗击汶川大地震息息相关，2008 年 5 月 12 日 14 时 28 分，在四川汶川县（北纬 31 度，东经 103.4 度）发生了震级为 8.0 级、死亡 8 万人之众的大地震，这是中华人民共和国成立以来破坏性最强、波及范围最广的一次地震。5 月 16 日 13 时 40 分，胡锦涛总书记来到临时搭建的地震救灾总指挥部，握着从唐山来的心理专家、志愿者徐老师的手，嘱咐她做好灾区群众的心理辅导工作。本次四川灾区的心理援助是中华人民共和国成立以来最大规模的心理学援助活动，中国科学院研究生院社会与组织行为研究中心在第一时间赶赴灾区，参与救援工作。在中央教育电视台的支持下，为四川社区录制了抗震救灾的教学录像片《地震灾难心理应对》。教学录像带在灾后一周就送达地震的第一线，为四川、甘肃等地的社区居民、中小学校师生、武警战士、消防人员和医护人员抗震救灾起到了鼓舞和指导作用（时勘，2008）。

（二）地震灾难后孤儿和孤老的心理援助

在四川社区，我们通过具体分析孤儿灾后的心理特点，提出了相应的心理援助方式。灾后孤儿是社会生活中一个比较特殊的群体，由于多种原因失去了至亲，导致了其心理发展有异于正常家庭的儿童，必然存在着特殊的心理问题。孤儿们存在着不同程度的恐惧、焦虑、抑郁、自卑、孤独等心理问题。对孤儿心理健康状况调查后发现，其智力水平和心理健康状况要低于正常同龄儿童。虽然自然灾难导致的孤儿所占比重相对较低，但巨型灾难导致的孤儿不仅存在普通孤儿的各类心理问题，还患有创伤后应激障碍，主要表现为严重的焦虑、紧张；受伤情境反复在脑中闪现，特别担心无人照顾等状况，这些反应多出现在灾难事件发生后的短时期内，若不能及时干预，这种应激对儿童的影响可能是终身的，对其今后的人格发展都可能产生很大的影响（杨成君和时勘，2008）。

"5·12"汶川大地震发生后，出现了不少失去亲人的孤老。从媒体报道中可以经常看到热心人士向相关部门询问，要求收养灾区孤儿的事宜，但对于灾区孤老的询问却寥寥无几，有关灾后孤老的心理研究文献也极为稀少。灾后孤老是被人忽略的特殊人群。我们在四川社区对于灾后孤老的心理援助主要开展了以下几方面工作：①重建孤老的生活意义感，这对于灾后的孤老是非常关键的；②重建被大灾难破坏的安全感；③为其搭建再婚的信息平台，也不失为一种有意义的探索；④积极开展各种文体活动，使老人能在一起消磨时光，积极对待人生的晚年（杨成君和时勘，2008）。

（三）地震救援人员的心理应对

在2008年汶川特大地震抗震救灾的过程中，军队官兵、医护人员、新闻记者、志愿者和后勤支持人员，包括国际救援队人员，为抢救地震灾区群众的生命做出了巨大的贡献，同时，面对的灾难情境也给救援人员留下了严重的心理创伤。救援人员的心理健康问题与灾区群众的心理健康从表象到本质都有着较大的差异，其心理健康状况直接影响救援工作的顺利开展及其日后的正常生活，因此，救援人员的心理健康问题值得关注。我们在分析了地震救援人员面临的压力源后发现，许多参加地震救援的人员会担心自己的家人和朋友在地震中受到伤害；参与地震救援行动意味着他们和家人、朋友的分隔，会使他们产生负疚感。此外，救援人员去抢救伤员，伤员没有能够被抢救过来，救援人员很可能把原因归在自己身上，这就会给他们带来内疚。此外，许多参加救援的人员都发现，困难远远超过自己当初的想象，也就是说超过了"舒适区"会让救援人员感到无能无助。这时候，就需要一步步调整行动方案。我们在当地社区开展了对于救援人员的压力管理，倡导以积极心态来应对救援面对的事件，当救援工作遇到很多悲惨的情景和事件时，给他们提供积极心态的培训，助其迅速、有效地进行情绪调节，以保证救援工作的正常开展（时勘等，2008）。

三　上海市静安区社区管理模式的研究

我们从 2013 年开始承担国家社科基金重大项目，在上海地区与上海市静安区签订了进行社区管理模式联合探索的合作协议，经过 4 年的不懈努力，取得了如下成果。

（一）　抗逆力对工作投入和工作幸福感的作用机制研究

首先，考察了个体抗逆力对医护人员的工作投入和工作幸福感的影响及其作用机制。我们对 382 份问卷的层级回归分析发现：个体抗逆力对医护人员的工作投入和工作幸福感均有显著的正向影响，而且心理脱离在抗逆力与工作投入、抗逆力与工作幸福感之间均起部分中介作用。本研究的取样得到了上海第一妇婴保健院、上海市儿童医院、上海市静安区中心医院、静安老年医院、静安区曹家渡社区卫生服务中心、静安区南京西路社区卫生服务中心、株洲市妇幼保健院等单位支持。本研究验证了抗逆力能使个体在工作压力中感受到更高水平的主观幸福感，并能提升个体的工作投入水平。基于积极情绪拓展—建构理论，高抗逆力个体具有更高水平的积极情绪，积极情绪的拓展功能带来了个体注意范围的拓展和认知灵活性的提升，这有助于个体在工作结束后将注意力从工作中的负面事件转向其他事物（万金等，2016）。

（二）　老年人社会网络对健康影响机制的研究

老年人社会网络指的是由老年人和他人通过社会互动构成的相对稳定的社会关系总和。社会关系包括姻缘关系、血缘关系、地缘关系、业缘关系在内的诸多方面，其主要内容为老年社会网络规模、社会网络紧密程度、老年社会网结构以及活动内容等。老年人社会网络规模大小表明其所拥有的社会资源多少、朋友的数量，同时也能反映出其寂寞感、孤独感的程度等。这项研究（邢采等，2016）主要在上海市静安区卫生计生委、上海市静安区老年医院和上海市江宁路街道社区卫生服务中心进行。研究者通过社会支持的主效应模型来探讨社会支持的直接作用。研究发现，如果社会支持有所增加，其结果一定是提高了人们的身体健康和心理健康水平。目前已经完成三项子研究的探索工作。研究一：社会网络数量和质量与中国老年人心理健康的关系。研究二：影响中国老年人健康状况的社会网络因素，对 105 位居住在上海市内的 9 个区（杨浦区、普陀区、黄浦区、浦东新区、长宁区、宝山区、虹口区、徐汇区和静安区）的老年人展开调查。研究三：包括来自江宁路街道社区卫生服务中心的老年被试 30 人和来自老年医院的被试 60 人，两次收集数据的时间间隔约为半年，通过追踪研究的方法，判断了老年人社会网络和健康之间的因果关系。研究者以建设健康型社区为主题，为老年人提供社会支持，在建设并完善老年人社会网络方面提出了建议，真正做到老有所医和老有所养（邢采等，2016）。

（三）临终关怀的整合模型：精神、心理与生理的关怀

近年来，研究者与上海市静安区卫生计生委合作，选择部分社区卫生服务中心开展了精神、心理与生理关怀的综合服务模式的实践探索（李永娜，2016）。本研究采用死亡态度描绘问卷测量了晚期癌症病人、病人家属和医护人员的死亡态度，并与社区居民的死亡态度进行了比较，还采用了访谈法对晚期癌症病人进行深入访谈，以掌握他们的精神性需求。为了解临终关怀过程中各方人员的心理需求，首先对社区卫生服务中心的所有医护人员、社区内前来就诊的居民及舒缓病房收治的晚期癌症患者的家属进行了问卷调查。在目标对象签署知情同意书后，发放问卷进行调查。结果显示，患者家属和医护人员在死亡态度上的得分模式是一致的，即对死亡的自然接受程度最高，而其他维度的得分比较低一些。

我们还发现，在实践中进行死亡恐惧的干预时，应根据不同的人群采取不同的措施。静安区街道社区卫生服务中心针对晚期癌症患者采取了一系列干预措施，从医护人员到志愿者队伍，均参与临终关怀的生理、心理和精神的全方位关怀模式。具体措施如下：①中医药参与舒缓疗护；②安宁护理方法尝试；③志愿者服务方法探索。社区卫生服务中心还成立了一支由青年团员组成的志愿者队伍，向缓疗护病房患者提供服务，为患者提供力所能及的心理和精神关怀，帮助减轻心理和精神上的压力。在上海市静安区卫生计生委的大力支持下，研究者们将生理、心理和精神的整合临终关怀模型在临床实践中进行运用和探索，收到了良好的效果（李永娜等，2016）。

（四）丧亲人群哀伤辅导的研究进展

丧亲者的哀伤过程可以分为丧失导向（loss-oriented）和恢复导向（restored-oriented）两部分。丧亲者往往在这两者之间主动来回摆动，以此应对面临的挑战。基于"依恋与哀伤双过程模型"我们提出了建立丧亲人群哀伤辅导系统的构想。丧失亲人之后，人们对于哀伤可能会出现否认、反抗、寻找、失望等一系列反应，形成一个丧失期。这些对丧失的反应过程称为"悲伤功课"（grief work），是应对丧失的过程，最终人们会妥协地接受依恋对象已经不存在的现实。

我们在上海市静安区开展的哀伤辅导，主要结合丧亲人群的实际需求，提出丧亲人群在居丧适应期间进行哀伤辅导的系统构想，包括三大系统、一个手册、一套干预。三大系统是指专业援助队伍培训系统、丧亲者心理关怀测评系统和丧亲者生活适应支持系统；一个手册是指丧亲者心理自助指导手册；一套干预是指丧亲者专业哀伤辅导干预（李梅、李洁和时勘等，2016）。这些工作以团体辅导与个体辅导相结合的方式，为丧亲者提供专业的哀伤辅导心理干预，引导丧亲者谈论逝者故事、将悲伤"正常化"、进行生死解释、强化内化持续联结、接受死亡事实、完成心理分离告别。此外，通过现存角色提醒、调整自我认同、积极资源评估与提醒、确认支持资源、意义重构、自我成长等支持，以专业的心理辅导帮助丧亲者顺利度过居丧哀伤时期，帮助其走出阴霾，重新适应新的生活。这项工作正在顺利进行中

（李梅等，2016）。

四　广州市荔湾区社会排斥与融合的研究

社会排斥与融合是社区心理学研究的一个热点问题，我们从理论探索、青少年跨群体友谊、企业的职场排斥和社区融合模式四方面开展了相关研究工作。

（一）用实验法探究社会排斥的心理奥秘

中国人民大学心理学系首先采用实验室实验法探究社会排斥的心理奥秘，然后把这些实验室研究所获得的结论应用于广州市荔湾区民政系统的市场管理之中。在生活中，我们每个人都可能遇到过被别人忽视、拒绝或者当作空气视若无睹的情况，在心理学中这种现象被称为社会排斥。我们在实验室中对社会排斥展开了多项研究，第一个实验：社会排斥损害自我控制——葡萄糖的调节作用，采用同样的方法进行社会排斥的处理后，给大学生随机呈现一些颜色词，但是词的颜色与词义不一致，被试要又快又准地判断词的颜色。在第二个实验中，我们先通过网络投球范式进行社会排斥操作，将参加实验的大学生分为排斥组和接受组，然后使用词干补笔的方法测量大学生的内隐攻击性水平，结果发现，排斥组比接受组有更高的内隐攻击性得分。当遭遇他人的忽视、排斥、拒绝甚至是攻击之后，有些人会选择原谅对方，甚至以德报怨。这样的人在遭受到他人冒犯的情境下选择宽恕和原谅，放弃憎恨和报复。如果遭受排斥的人恰恰是宽恕水平很高的人，他遭遇社会排斥之后，内隐攻击性是否就会比较低呢？第三个实验对这一想法进行了验证。结果证实了我们的想法，宽恕水平高的大学生比宽恕水平低的大学生在遭遇社会排斥之后，内隐攻击性水平显著更低了（张登浩，2015）。

（二）青少年跨群体友谊与群际态度的关系研究

随着改革开放和经济的发展，我国流动人口数量持续快速增长。在流动人口规模不断增加的同时，流动儿童的数量也在不断增加。据2005年全国1%人口抽样调查的数据推算，4~16周岁流动儿童规模达到1834万人，占流动人口的12.45%。由于成长环境、个人习惯等方面的差异，流动儿童在适应与融入新的学习生活环境时面临了更多的困难。与城市常住儿童相比，流动儿童存在体验更多的社交焦虑与孤独感、获得更少的社会支持、受歧视现象普遍、身份认同存在困难等问题。

本研究是调查者与广州市荔湾区教育局的合作研究，试图从群际接触理论的视角出发，考察城市常住与外来学生间的交友情况，以及友谊与群际态度的关系。首先，考察了不同群体学生的友谊选择模式；其次，研究通过回归分析考察了跨群体友谊与群际态度的关系，并检验了友谊效应的大小是否在不同群体中存在差异；最后，本研究采用结构方程模型考察了群际焦虑在跨群体友谊与外群体态度之间的中介作用。本研究发现，在学校中本地与外地学生间的友谊普遍存在，并且跨群体友谊与更为积极的外群体态度相关联，将本地与外来学生混合编排（分班）可以为外地学生提供更多的与本地同学交往的机会，促进他们融入新居住地的生活。在安排日常学习活动时，可有意创设条件、增加本地与外来学生相互接触合作的机会，以增加跨群体友谊的形成。本研究结果还说明了情绪情感因素在态度改变中的重要作用，在促进不同群体学生融合的教育中，应着眼于为学生提供积极的与外群体成员接触的情感体验，尽量避免说教（直接改变认知）（陈晓晨、蒋薇和时勘，2016）。

（三）职场排斥对员工反生产行为的影响研究

本研究是研究者联合广州市荔湾区 3 家企业 63 个团队 292 名员工及其直接领导而开展的研究，结合资源保存理论和调节焦点理论，对职场排斥与员工反生产行为之间的内在作用机制及其边界条件进行了探究。本研究对以多源、多时间点问卷调查方式获得的配对数据进行分析，结果表明，职场排斥对员工反生产行为有正向影响；情绪衰竭在职场排斥和反生产行为之间起中介作用；个体的防御型调节焦点对职场排斥与情绪衰竭之间的正向关系起调节作用，即防御型调节焦点较强时，职场排斥与情绪衰竭之间的正向关系更强；更进一步的研究发现，个体防御型调节焦点对"职场排斥—情绪衰竭—组织指向的反生产行为"这一中介效应有显著的调节作用，即相对于防御型调节焦点较低的情况，个体防御型调节焦点较高时，上述中介效应更强（陈晨和时勘，2016）。本文的研究结论不仅拓展了调节焦点理论在职场排斥相关研究中的应用，同时也响应了部分学者所提出的"从不同理论出发进行职场排斥研究"的号召。本研究发现，首先需要从组织制度、规章方面对排斥行为进行约束，为被排斥者提供寻求支持与帮助的途径，鼓励被排斥者积极应对，一味地回避、忍耐只能维持表面的和谐，积极寻求解决办法才有可能达到组织内真正的和谐共处。其次，为被排斥员工提供相应的心理援助服务，这为员工的心理、状态恢复提供了有力支持。最后，针对不同特质的员工进行个性化管理、为其提供有针对性的支持则是需要考虑的重点，采取与下属本身调节倾向相匹配的激励框架更有可能起到事半功倍的效果（陈晨和时勘，2016）。

（四）珠江三角洲社会融合的促进模式研究

中国人民大学研究人员采用文献分析、问卷调查、案例研究等方法探索了广州市荔湾区外来人员与本地人员社会融合的促进模式。研究一以荔湾区居民为对象，从经济、生活和心理三方面调查了荔湾区居民的社会融合现状，并对影响荔湾区民众主观幸福感的因素及其路径进行了探究。研究二以荔湾区外来人口为主要研究对象，揭示了社会排斥感知对个体生活满意度的影响及其内在作用机制。研究三在前述两个研究的基础上，由荔湾区政府主导，采取了针对外来人员的社会融合计划，跟踪调查结果表明，针对试点街道社区的社会融合模式取得了良好的效果。调查发现，在生活融合方面，外地且没有本地户口的被试具有较强的融入当地社会的意愿，表现出愿意在风俗习惯、语言方式、生活习惯等方面与本地人保持一致；在心理融合方面，外地人，尤其是没有户口的外地人对当地城市表现出缺乏归属感和融入感，与本地人之间在心理层面的界限比较清晰。外来人口感知到的社会排斥对其生活满意度有负向影响，家庭和朋友支持调节了社会自我效能感和生活满意度的关系。试点研究的结果表明，荔湾区政府的社会融合行动计划的确能够为荔湾区外来人员提供社会支持，在感知上增加了情感支撑，拉近了人际距离，继而缓解了社会压力，综合反映出外来人口和本地群体之间的融合程度得到了进一步的提升。这些研究发现为下一步在全国各地推广这一社会融合模式创造了条件（时勘、赵轶然、陈晨和陈建，2016）。

五　重庆市渝中区廉洁文化评价模式的研究

（一）清风半岛，廉洁渝中

我们在渝中区廉洁文化建设中，重视历史文化的挖掘，通过历史文献调查和研究，梳理了渝中区3000年江州城、800年重庆府、100年解放碑以及抗战文化、红岩精神等历史文化背景，分析了其浓厚的文化底蕴以及其造就的重庆人民耿直、热情、极富正义感的性格特点。通过挖掘、提炼以及向民众展示具有巴渝特色、渝中特点的"廉洁渝中"建设的精神内涵，揭示出最具特色的本地文化元素。以民众为教育受众，着重培养其个体层面、社会层面以及精神层面的廉洁心智。研究发现：第一，内化于心。文化的内化过程实质上是改变认知结构的过程。第二，外化于行。树立正确的廉洁认知之后，需要将其外化于廉洁行为。渝中区通过开展以"文明礼仪"为主题的社区工作日，主动践行，并通过一定的奖惩制度强化民众廉洁行为，消除了一些不文明行为。第三，固化于制。建构了廉洁认知与行为之后，还应将其规范化、制度化，使廉洁思想行为成为社会生活中的必需。在构建培训体系方面，从认知、情绪、行为三个方面打造三位一体廉洁文化培训模式，构建了多层次的心理咨询和疏导机构。如嘉西村的成功改造体现了居民共同努力改正恶习、重塑和谐健康社区的团结精神；恩来广场的建立不仅弘扬了周公馆在抗日战争时期的"明灯精神"也对民众起到"以史为鉴，以廉为镜"的教育作用。此外，还探索基于混合网络的多层次电话咨询和沟通网络系统，为社区心理咨询服务站提供现代化的沟通载体，包括廉政管理制度的举报回馈系统的技术支持（李想和郑琳琳，2015；张刚和时勘等，2015）。

（二）纪检监察干部的廉洁行为胜任模型研究

本研究作为我国社会科学基金重大项目的子课题——"我国城区廉洁文化建设模式的研究"，在重庆市渝中区开展两年来，着重探索了纪检监察干部这支作为打击腐败的主力军队伍的廉洁行为胜任模型的构建工作。廉洁行为胜任模型的构建对于设立纪检监察干部的评价标准会起到至关重要的作用。站在反腐第一线的纪检监察干部能否率先垂范，是否充分地体现出廉洁行为，是反腐工作能否收到成效的关键因素之一，同时这也关系到社区廉洁文化建设的质量。那么，纪检监察干部到底应该具备哪些廉洁行为？是否胜任新时期反腐倡廉工作的要求？通过什么样的评价方式来对其进行检验呢？基于以上的分析，本研究以胜任特征模型理论为基础，探讨了构建纪检监察干部的廉洁行为胜任模型的方法，在该模型的基础上构建纪检监察干部反馈评价的工具，为进行纪检监察干部的评价提供理论和方法学基础。本研究通过对工作分析、关键行为事件访谈、团体焦点访谈方法以及高端访谈的结果进行整合，形成了 14 项胜任特征，分别是责任意识、学习创新、忠诚守信、战略思维、协调沟通、团队合作、组织纪律、正直正义、甘于奉献、应变能力、政治鉴别、问题解决、说服力和成就动机。在此基础上，形成了纪检监察干部的评价反馈系统。我们编制了反馈指导手册，建立了基于廉洁行为模型的教育培训系统。本研究的结论是：①通过文献检索和 O* NET 工作分析的整合，可以建立纪检监察干部廉洁行为胜任模型建构的编码框架；②初步建立了我国纪检监察干部的廉洁行为胜任特征模型；③开发了 360 度评价反馈问卷，对纪检监察干部进行评价和反馈的指标体系进行了细化，为具体实施提供了基础；④建立了基于纪检监察干部的廉洁行为胜任模型的培训案例双向细目表，为具体培训提供了框架指导（周海明和时勘，2015）。

（三）城市廉洁文化建设有效性评估：基于诚信领导的探索

研究发现，在廉洁文化建设过程中，诚信领导的作用至关重要，道德文化对于激发组织公民行为的作用也不容忽视，本研究对于诚信领导和组织公民行为之间关系的探索从三个方面验证、丰富了以往的研究成果。首先，诚信领导能正向预测组织公民行为，这表明在服务群众以及引领廉洁文化建设的过程中，公务员从组织利益出发的工作主动性、积极性和责任心受到其直接上级高水平的诚信领导行为的激励。其次，组织认同部分中介了诚信领导与组织公民行为之间的关系。这一结果表明，组织认同是领导行为与下属表现之间的桥梁，组织认同是组织公民行为的近端因素，组织认同还揭示了诚信领导与组织公民行为之间的关系，被证实的心理影响因素包括心理授权、组织融合和员工信任等，这些变量的共同点均在于为组织公民行为提供了积极的心理与情感回报。最后，道德文化对于"诚信领导—组织认同—组织公民行为"这一中介链条的调节作用呈边缘显著，该趋势是否真正反映了现实情况还有待于未来研究的进一步证实（李想等，2016）。

（四）重庆渝中：科学评估助推城市廉洁文化建设

从心理学角度来看，在评价工作中，参评者普遍存在追求好的、回避差的评价结果的心理倾向，即评估中的"称许性"行为，这显然不利于廉洁文化建设的可持续性发展。鉴于以上情况，重庆市渝中区与中国人民大学联合开展了廉洁文化建设有效性评估的课题研究工作。廉洁文化的评估工作的第一步是建立科学的评估结构，联合课题组经过大量的文献调研发现，廉洁文化是一个多维度结构，包括价值观念、行为准则和物质载体三个层次。廉洁文化的价值理念层次属于文化结构的深层次核心；行为准则层次属于价值观引导下的、高道德水准的思考和行为；物质载体包括了形象化的物质外化物，如城市品牌、历史景观、文娱活动等。基于以上思考，课题组设计了廉洁文化建设评估问卷，该问卷细化为 6 个一级指标：个性特质、道德意识、自我约束、行为引领、外显品牌和大众宣传。每个一级指标又细分为 5 个二级指标，共计 30 个二级指标。在获得评估结构的基础上，课题组完成了评估问卷的编制工作。测试之前，还对调查对象进行了领导干部—下属的配对编组。2015 年 12 月，课题组在重庆市渝中区的解放碑、七星岗、大溪沟、菜园坝、南纪门、石油路、朝天门、大坪、上清寺、化龙桥、两路口 11 个街道办事处辖区进行了问卷调查，通过在重庆市渝中区进行的廉洁文化建设有效性评估的探索，初步获得的研究结论如下：

第一，本研究研发的廉洁文化有效性评估问卷具有可信性和适用性，可以在城市廉洁文化建设评估工作中采用；采用配对比较的评估方式有助于降低参评者的称许性，获得更为客观的评估信息，更能全面获取廉洁文化建设有效性的信息，为后期廉政教育的反馈工作提供依据。

第二，物质载体（外显品牌、大众宣传）在廉洁文化建设中的作用不可忽视，通过环境改善塑造的物质载体可以提升城市的核心竞争力，促进社会进步和城市经济的同步发展。

第三，廉洁文化建设的教育对象不仅包括各级干部，也包括社区广大民众，廉洁文化建设评估结果可以为后期的廉政教育活动的科学化提供理论和方法依据（时勘、赵轶然和李想，2016）。

《人民论坛》在 2016 年 3 月 1 日头版刊发重庆市渝中区廉洁文化评估模式时，在"核心提示"中高度赞扬了重庆市渝中区的做法：在反腐倡廉新形势下，重庆市渝中区不仅协调推进"四个全面"战略布局，积极实践"五大发展理念"，还坚持在廉洁文化建设方面开展科学研究，创造了一套在我国城市开展廉洁文化建设有效性的科学的评估模式，值得各地借鉴。

（六）安全应急与培训模式的研究

（一）应急救援培训模式的创新与探索

汶川地震后，我国应急救援和救助培训工作得到了蓬勃的发展，不仅培训机构数量有很大的发展，培训的类型也呈多样化的发展，但总体来说，培训的模式大致局限于如下三类：单一专业性培训，如地震搜索救援培训、消防培训等；通用技能的培训，如中国红十字会和美国心脏协会（AHA）关于心脏复苏技能的培训；体验式的培训，如灾害模拟体验、自救互救、紧急疏散演练等。随着社会对应急救援、救助工作重要性认识的加深和对安全、应急工作职业化的要求增强，我们已经感到这些培训模式和方法还难以满足社会和从事应急工作人员及队伍发展的需求，必须大胆尝试新的培训模式和方法，以满足日益增强的社会对应急工作的需求。目前，参与应急救援培训的机构主要有红十字会、消防局、地震局、民间志愿者救援队、专业培训机构，以及部分应急物资的生产或销售商。不同的培训供给方所培训的内容侧重点不同，装备生产商主要是围绕各自的产品使用方法的培训，民间志愿者救援队培训的内容相对综合，但以大课堂知识宣讲形式居多。这样的培训模式显然满足不了现代综合应急救援队伍的要求和日益增长的企业安全与应急的需求。

为此，需要探索和实践新的培训模式和途径，这些探索取得了一定的成效。2013 年以来，我们与人力资源和社会保障部中国就业培训技术指导中心合作，组织应急救援培训行业专家团队参照国际"城市救援与搜索"的标准，研发了教材与课程，设立了"紧急救援员"职业培训标准，并给培训考核合格者颁发职业培训证书。截至2016年，北京市民政局、北京市民防局、北京市地震局、北京市志愿者联合会等部门和机构的志愿者救援队培训人员近万人，认证培训已经超过两千人。在此基础上，创办了应急救援职业培训学校，由时勘教授担任校长，以促进各行各业从事安全、应急工作的人员向职业化、规范化方向发展，同时推进培训机构本身的集成化、规模化、标准化和规范化。在课程设置上，主要分为应急救援、应急医护和科普三大类，涵盖了灾害常识、现场勘探、伤员搜索、现场破拆、伤情处置、伤员转运、灾害心理疏导等一系列课程，针对不同人的不同的需求按不同的模式和内容授课，授课方式重点突出技能实操。

应急救援讲究的是救援人员的动手能力及现场处置能力，单靠课堂式的理论培训明显不足以满足灾害现场的救援需要。在我们的训练场地上，建设了灾害模拟场景训练基地，增强学员的现场真实感及实战感。针对地震灾害、火灾、水灾、交通事故等常见灾害，分别建设了危楼综合训练区、废墟管道救援训练区、交通事故现场救援训练区、水灾模拟现场训练区和营地管理训练区等实训场地，尽可能地让学员体验到灾害现场的场景，以提高学员面临真正灾害时候的现场适应能力，进而提高救援效率。北京市应急救援职业技能培训学校已被列为国家社会科学重大项目示范基地（尹少清，2015）。

（二）创建安全心智模式、促进员工健康成长

近年来，山东能源肥城矿业集团秉承全国质量标准化的光荣传统，创新提升安全质量管理，依托5F协同管理，梳理出安全管理"十大体系"，运用"互联网+"思维，从集团到矿井构建了数据中心、应用中心、决策中心"三个中心"和协同管控平台、决策支持平台、移动管理平台"三个平台"实现了安全管理标准化、一体化、协同化、智能化，打造了全面标准化智慧矿山，促进了组织与员工健康成长。该集团强化安全文化体系建设，培育"安全第一"价值观，建立了安全文化培训学院，实施安全心智培训。从身、心、灵三个层面入手，通过"目标定向、情境体验、心理疏导、规程对标、心智重塑、现场践行、综合评审"七个环节，塑造科学的安全认知模型，实现了员工违章由惩戒处罚向积极心理疏导转变，培训方式由灌输教育向一人一案个性化教育转变，教学内容由浅表单一向多措并举转变，让广大学员从内心深处形成了对安全的深刻认知和"安全第一"价值认同，受教一次、净化心灵、管用一生，保障了煤矿安全长治久安（朱立新，2015）。

2013年3月4日，受山东省科技厅的委托，山东省煤炭工业局组织专家对山东能源肥城矿业集团与中国科学院大学联合开展的"基于全面信息化的煤矿企业安全文化建设模式研究与示范"课题进行了鉴定。专家组认真审阅了课题资料，查看了现场，并进行了质询和讨论，形成以下鉴定意见：

第一，该课题提供的研究资料齐全、内容翔实，符合鉴定要求。

第二，该课题针对煤矿行业全面信息化中亟待解决的风险管理的不确定性和脆弱性问题，从安全文化建设和风险管理的新视角，提出开展安全文化建设以解决智慧矿山建设中人的因素问题，具有重要的创新价值。课题组通过问卷调查、关键事件访谈、汇编栅格、流程分析等方法进行实证研究。

第三，创新成果如下：①课题组开展企业安全文化建设，解决全面信息化系统难以彻底解决的人和组织的脆弱性问题。②课题组提出全面信息化中安全文化建设的核心是提升企业管理者和员工的心智模式，并将心智模式所涉及的身（情绪、行为）、心（专业规程对标、风险辨识与应对）、灵（安全态度、价值观）作为安全文化建设的核心要素，通过三者的平衡协调，使信息化中的人、管理发挥更好的协同作用。③课题组借助战略分析、流程分析和关键行为事件访谈等多学科分析技术，创立了煤矿企业多层次管理人员的胜任特征模型及其360度评估工具，并引入煤矿企业的全员业绩信息化管理和网络学习系统，丰富了煤矿各层级管理人员能力发展系统，特别是试图通过抗逆力培养的方法来解决应急管理系统的能力提升问题。④课题组根据全面信息化对于企业员工素质的新要求，在煤矿风险应急培训体系中，引入课题组创造的管理人员风险源辨识—系统诊断卡和员工岗位风险源辨识—应对卡，开发了基于情境体验、心智重塑的风险情景模拟仿真系统。实验结果证实，这种安全心智模式培训法加速和巩固了学习者安全心智能力的形成和转化。⑤课题组编制《安全心智培训》教程，创建安全文化培训学院，为我国煤矿企业开展安全文化建设、加强管理人员的能力建设提供了一套较为成熟的企业培训形式。

鉴定委员会一致认为，该成果对于我国企业全面信息化管理与安全文化建设相结合具有示范和引领作用。该项目研究具有很强的理论和实践创新，建议加大成果的推广和应用力度。该项目已经获得山东省软科学科技进步一等奖，目前正在实现安全心智培训模式的系统集成工作，已经在煤炭行业推广。

（三）红十字组织作为国家安全维稳力量应予重视

红十字组织是国际性的人道公益组织，具有世界性、中立性、公正性等鲜明特征，以应急管理、紧急救援、人道救助、查人转信、人道保障为法定职责，是国际上应对自然灾害和处置突发事件的重要力量。2010年11月8日，台风"海燕"横扫菲律宾中部，造成巨大损失。11月20日，中国红十字会按照中央要求，组建中国红十字国际救援队赴菲参与救援，这支救援队主要是由北京市红十字会999应急救援队和蓝天救援队队员组成。2011年11月20日，北京东南四环小武基村一配件厂仓库发生火灾，北京市红十字会参与救援。火灾共造成16人死伤，除1人为其他救援机构转运外，其余15人都是北京市红十字会999紧急救援中心转运。2012年10月28日，天安门金水桥暴力恐怖事件发生后，北京市红十字会救护人员在事件发生后2分钟内赶到现场，999紧急救援中心共救治包括2名外籍人士在内的15名伤者。

目前，红十字组织在北京市共设立130个人道救援站点，形成了完善的紧急救援网络，配合公安部门有效处置各类突发事件上千次，为维护首都和谐稳定、保持良好国际形象做出了重要贡献。红十字组织自身具有独立性、公益性和统一性等特点，在重大突发事件应急处置和医疗救护方面的作用格外突出。北京市红十字会在重要核心区和政治敏感地区增建20个急救站点，形成网格化管理模式，让999紧急救援中心在处突维稳工作中反应更加快捷，处置更加科学有效。目前，999紧急救援中心已与北京市公安局建立一键式报警系统和信息长效对接机制，并与北京市特警总队、治安总队、便衣总队及公交总队建立起联动机制，遇有重大突发事件快速响应。但在参与重大突发事件处置等方面的功能并未得到充分发挥。笔者认为，需进一步明确职责和任务。在向中央提的建议中，笔者指出，随着我国社会发展和国际地位不断提升，参与人道危机和地区冲突处理将成为常态。建议将红十字组织纳入国家安全维稳工作体系，成为各级安全委员会的成员单位，以明确职责和任务。可在现有应急体制基础上，建立人道事务常设机构，在国际性大型活动、重要会议、重大赛事的安全维稳中建立人道事务工作部门，便于充分发挥红十字组织的作用。此外，研究探索红十字人道工作进驻监所管理，并为检察和审判机关的司法行为提供人权保障，充分发挥红十字组织在尊重和保障人权方面的作用。要提高红十字组织参与安全维稳工作的管理水平。笔者向中央建议，红十字会作为国际人道组织，在国家的社会治理和安全维稳中有着不可替代的作用，应该加强红十字组织参与安全维稳工作的理论研究和探索，加大国际的工作交流与合作，并提供政策支持和制度保障，确保红十字组织在维护安全稳定工作中可持续发展（闫祥岭，2013）。以上建议得到了中共中央政治局委员孟建柱同志的批示，有关改进对于红十字会的资助事宜得到了具体落实。

七　结束语

　　回顾社区心理学研究走过的历程，每一步都得到社会各方以及政府机关的支持，我们从事社区心理学研究的同事们感到任重道远。我们一定要继续努力，坚持不懈地追求，使社区心理学的研究更好地为社区实践服务。

参考文献

　　［1］陈晨，时勘．职场排斥对员工反生产行为的影响研究：情绪衰竭与防御型调节焦点的作用［J］.赵曙明主编．第5届中国人力资源论坛论文集，2016.

　　［2］李梅，李洁，时勘，曾晓颖，曹燕，钟岭，等．丧亲人群哀伤辅导的研究构思［J］.电子科技大学学报（社会科学版），2016，18（1）：44-46.

　　［3］李想，赵轶然，周海明，刘子旻，时勘．城市廉洁文化建设有效性评估：基于诚信领导的探索［J］.苏州大学学报（教育科学版），2016，4（2）：27-42.

　　［4］李想，郑琳琳．清风半岛，廉洁渝中——城区廉洁文化建设模式探讨［J］.人力资源，2015（390增刊）：23-24.

　　［5］李永娜，范惠，李欢欢，陈俊峰，曹文群，时勘．临终关怀的整合模型：精神、心理与生理的关怀［J］.苏州大学学报（教育科学版），2017，6（4）.

　　［6］时勘，范红霞，贾建民，李文东，宋照礼，高晶，等．我国民众对SARS信息的风险认知及心理行为［J］.心理学报，2003，35（4）：546-554.

　　［7］时勘，秦弋，王燕飞，陈阅．地震救援人员的压力管理［J］.宁波大学学报（人文科学版），2008，21（4）：15-19.

　　［8］时勘，赵轶然，陈晨，陈建．珠江三角洲社会融合的促进模式研究［J］.自中理学会主编．全国第十九届全国心理学学术年会论文集，西安，2016.

　　［9］时勘，赵轶然，李想．重庆渝中：科学评估助推城市廉洁文化建设［J］.人民论坛，2016-03-01.

　　［10］时勘．我国灾难事件和重大事件的社会心理预警系统研究思考［J］.管理评论，2003，15（4）：18-22.

［11］时勘. 地震灾难 心理应对. 师说系列讲座. 北京：中国教育电视台，博雅观察联合出品，2008.

［12］万金，时勘，朱厚强，丁晓沧. 抗逆力对工作投入和工作幸福感的作用机制研究［J］. 电子科技大学学报（社科版），2016，18（1）：33-38.

［13］邢采，杜晨朵，张昕，张源，施毅颐，时勘. 老年人社交网络对健康影响机制的研究——健康型社区建设的探索［J］. 苏州大学学报（教育科学版），2017，6（4）.

［14］闫祥岭. 红十字组织作为国家安全维稳力量应予重视［J］. 新华通讯社，国内动态清样，2013（5218）.

［15］杨成君，时勘. 灾难后孤儿与孤老的心理援助［J］. 宁波大学学报（人文科学版），2008，21（4）：20-23.

［16］尹少清. 应急救援培训模式的探索与创新［J］. 人力资源，2016（390 增刊）：87-88.

［17］张登浩，李淼. 实验室实验法是怎样探究社会排斥的心理奥秘的？［J］. 人力资源，2015（增刊）：76-77.

［18］张刚，李想，时勘，郑琳琳，刘子旻. 我国城区廉洁文化建设模式的初步探索——以重庆市渝中区廉洁文化建设为例［J］. 社区心理学研究，2015（1）：21-31.

［19］周海明，时勘. 纪检监察干部的廉洁行为胜任模型及其评价反馈模式研究［J］. 载肖鸣政、杨河清主编. 中国领导人才的评价与开发［M］. 人民出版社，2015：141-149.

［20］朱立新. 创建 5F 和安全心智模式，促进组织与员工健康成长［J］. 人力资源，2016（390 增刊）：35.

［21］Shi，K.，Lu，J.，Fan，H.，Jia，J.，Song，Z.，Li，W.，et al. Rationality of 17 Cities' Public Perception of SARS and Predictive Model of Psychological Behavior［J］. Chinese Science Bulletin，2003，48（13）：1297-1303.

The Exploration of Community Psychology Research

Shi Kan

Abstract：This paper reviewed the exploration of community psychology research. Starting from the response to SARS epidemic, it introduced the social psychology surveys in 17 cities, and then analyzed the disaster education in Wenchuan earthquake and the psychological aid studies to orphan, the aged and rescue workers. Next, it presented community management mode in Shanghai Jing'an (including the old social network research, the end-of-life care research and grief counseling research), social ostracism and social inclusion studies in Guangdong Liwan; honest cultural evaluation model in Chongqing, safety culture construction in Shandong and? rescue operation in Beijing. The work of community psychology has just begun. It needs the support of all parties to get better.

Key words：community psychology；SARS；community management mode；social ostracism and social inclusion；honest cultural reconstruction assessment

基于安全心智培训的抗逆力干预研究*

梁社红 刘 晔 时 勘

【编者按】2010年，几经周折，我终于如愿以偿，成为时勘课题组的一员。因我是硕士毕业工作几年后再度选择考博，所以入学后感觉科研基础比较薄弱，每周参加课题组会都有些忐忑不安。好在有恩师的循循诱导，让我对科研逐步恢复了信心，尤其是参加山东能源肥矿集团"基于全面信息化的煤矿企业文化建设模式与示范研究"项目，让我发挥了前期在企业从事人力资源管理及培训工作的优势，迅速参与到梁宝寺公司安全文化学院的建设工作中，提出了"安全心智模式培训法"，作为副主编，组织编写了《安全心智培训》教程，开展了基于安全心智培训的抗逆力研究，使之成为中国煤矿企业安全教育的典范，该研究成果获得2014年度山东软科学优秀成果一等奖。时老师基于企业管理实践开展的应用研究模式对我以后的工作及科研都有很大的启发，让我能够在科研思维的指导下开展实务工作，同时在实务工作中总结经验和规律，从而形成科研思维和实务工作密切结合的工作模式，这无疑对我是非常宝贵的精神财富。在跟随时老师三年的学习生涯中，时老师的治学严谨、教导有方、思维活跃、精力充沛等都深深地影响着我。毕业之后，时老师仍然关心着我的工作及生活，给予我很多展示自我的机会，真是师恩难忘！时值毕业六年之际，特别感谢恩师的指导与关爱！您的精神将一直指引我在心理学领域里遨游，探索更大的世界。（梁社红，中国科学院管理学院2010级博士生，浙江大学心理健康教育与咨询中心副主任 副教授）

摘　要：为提升高危行业危机应对人员的抗逆力，本研究设计了安全心智培训课程，并采取实验组与对照组前后测、追踪测试的准实验设计，对某煤矿企业的员工进行安全心智培训，并验证干预效果。结果显示：培训干预后，实验组在抗逆力总指标及理性应对、自我效能感、乐观感三个维度上的得分显著高于对照组；在积极应对方式上的得分显著高于对照组，在消极应对方式及心理压力上的得分显著低于对照组。追踪测量结果显示：培训效果能够持续两个月以上。结论：安全心智培训对于提升高危行业危机应对人员的抗逆力及应对方式具有显著效果。

关键词：安全心智培训；抗逆力；应对方式；心理健康

一　问题提出

当前世界，突发危机事件频频发生。尤其是高危行业，安全事故屡现不止。由于安全事

---

* 基金项目：国家社会科学基金重大项目（13&ZD155）、浙江省教育厅人文社科类一般科研项目（Y201534021）。

故的突发性及不可预测性，不仅给直接受害人及其家属带来严重创伤，也会给危机应对人员带来巨大压力和身心困扰。心理学研究表明，无论是经历灾难的受害者，还是灾难现场的救援者，都有可能患上"创伤后应激障碍"（post-traumatic stress disorder, PTSD），甚至引发身心困扰或精神病症（时雨、时勘、王雁飞和罗跃嘉，2009）。因此，提升高危行业的员工尤其是企业内部危机应对人员的抗逆力（resilience），无疑是应对重大灾难事故的有效手段（Marmar, Weiss, Metzler, Ronfeldt & Foreman, 1996）。

"抗逆力"一词最早源于精神病学领域，用以解释为什么有些人在面对挫折和逆境时能够有效地应对，并从困境中恢复甚至反弹，而有些人却从此一蹶不振，无法回到正常的生活上来（Earvolino-Ramirez, 2007）。在高危行业，抗逆力是指员工在遭遇突发危机事件时的一种应激状态、应对能力和从中恢复、反弹的能力。关于抗逆力的干预模式研究，最初的干预对象是个体层面，主要是针对青少年及学生群体，诸如 Bosworth 和 Earthman（2002）提出的"六项策略"训练计划。近年来，陆续有针对成年人及特殊群体的专项训练计划，诸如 Siebert 针对成年人提出了发展抗逆力优势的"五个步骤"（艾尔·赛伯特，2009），Burton、Pakenham 和 Brown（2010）在澳大利亚昆士兰大学开发了 READY 项目，Reivich、Seligman 和 McBride（2011）在美国军队开展了系统的抗逆力提升的实用培训课程。这些训练项目为本研究探索危机应对人员的抗逆力干预模式提供了很好的参考依据。从团体与组织层面的干预来看，Bennett、Aden、Broome、Mitchell 和 Rigdon（2010）针对酒店员工物质滥用等问题设计了"抗逆力之旅"5C 体系团队课程，Lengnick-Hall、Beck 和 Lengnick-Hall（2011）从组织抗逆力的认知、行为和情境因素三层面来提取关键要素，明确员工应具有的核心观念、能力和行为，并通过有针对性的人力资源管理策略来开发组织抗逆力。Hill、Wiener 和 Warner（2012）提出进行社会基础设施系统的"复原力投资"来应对灾难危机。Djalante（2012）通过构建"适应性治理与灾难复原力"的关系模型，设计多方利益相关者平台（MSP），以降低灾难风险的管理机制。朱立新、张斌和时勘（2013）认为，提升管理者在系统运行中决策行为和能力方面（管）的抗逆力，以及关键生产岗位人员的情绪、行为和风险识别、应对（人）的抗逆力，则能有效防范或应对危机。那么，如何基于危机应对人员设计一套培训干预模式、提升其抗逆力，以确保整体系统的安全值得深入研究。

依据苏联心理学家加里培林的智力动作按阶段形成理论，结合时勘（1990），时勘、徐联仓和薛涛（1992）提出的"智能模拟培训法"，基于煤矿企业危机应对的迫切需求，研究者创造性地提出"安全心智模式培训法"（朱立新等，2013；时勘，2017），侧重从危机应对人员的认知结构完善和行为技能提升两大角度，来塑造其安全心智模式：一是在认知层面，消除其限制性观念，促进其态度转变，让其理性应对危机事件；二是在行为层面，通过构建认知地图，促使其提升安全生产技能，确保安全生产行为的固化。在培训内容及方法设计上，该课程倡导人文关怀，提倡以学员为主体的体验式学习，并设计了多种教育培训方法，旨在提升学员应对突发危机事件的抗逆力，从安全认知、安全价值观、安全行为等多层次上塑造学员的安全心智模式。时勘、朱厚强、郭鹏举、朱立新和陈向阳（2016）提出了安全心智培训集成系统，主要分为需求分析系统与安全心智培训系统两大部分。其中，需求分析系统主要能识别生产过程中的风险源，发现生产环节中的脆弱性因素，并通过对个体的基本能力、人格特质、情绪心理、抗逆力等方面进行综合评价，以此确定特定岗位的胜任特征要求，进而制定个性化培训方案。这不仅对丰富抗逆力干预模式、创新培训方法具有一定理论价值，也对完善我国高危行业应急管理体系及人员队伍建设具有一定应用价值。

本研究通过设计并实施安全心智培训课程，侧重提升高危行业关键岗位人员的抗逆力，并验证其有效性。本研究采取准实验设计，对实验组进行为期 5 天的安全心智培训干预。通过对比实验组及对照组的数据及追踪结果，以评估安全心智培训对被试的抗逆力、心理健康水平和应对方式的影响。本研究框架见图 1。

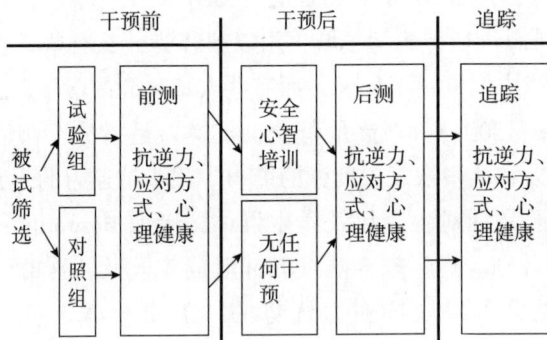

图 1　研究框架

本研究的假设如下：

假设 1：实施基于抗逆力模型的安全心智培训干预后，危机应对人员的抗逆力、应对方式和心理健康水平的后测分数显著高于前测。

假设 2：在实施干预两个月后，危机应对人员的抗逆力、应对方式和心理健康水平的得分仍显著高于前测。

二　研究方法

（一）研究被试

实验组：36 人。被试的岗位性质分布如下：井下作业的占 38%，井上作业的占 48%，安检及其他岗位的占 14%；普通员工占 40%，基层管理者（班组长）占 28%，中层管理者（区队长）占 32%。

对照组：40 人。其中井下作业的占 37%；井上作业的占 57%，其他占 6%；普通员工占 55%，基层管理者（班组长）占 22%，中层管理者（区队长）占 23%。

（二）研究工具

抗逆力问卷。采用国内学者梁社红、时勘、刘晓倩和高鹏（2014）针对危机救援人员编制的抗逆力问卷，共 26 道题目，包括理性判断、坚强人格、乐观感、自我效能感、柔性适应五个因素。该问卷采用李克特 6 分评分。

应对方式问卷。采用 Carver（1997）编制的简版应对方式问卷，共 14 道题目，包括积极应对和消极应对两个维度。采用李克特 7 分等级量表。

心理健康问卷。采用 Goldberg 和 Williams（1988）编制的一般心理健康问卷（GHQ-12），共 12 道题目，包括社会功能和心理压力两个维度。采用李克特量表 5 点评分。

抗逆力问卷、应对方式问卷和心理健康问卷在本研究中的 α 系数分别为 0.88、0.82、0.85，均符合心理测量学要求。

（三）研究设计

首先，在培训实施前，对所有被试实施前测，然后根据抗逆力水平和心理健康水平对被试进行匹配，将被试分为实验组和对照组。其次，对实验组进行为期 5 天的培训干预，对照组不做任何培训干预，培训结束的当天，同时对两组被试实施后测；后测之后，对两组被试均不再进行干预，两个月后进行追踪测量。最后，通过比较实验组和对照组前测数据与后测数据、前测数据与追踪测量数据之间的差异，验证培训干预模式的有效性。

（四）培训干预方案

安全心智培训包括七个步骤（见图 2）。第一步：目标定向。通过一对一沟通让学员明白自身的安全心智模式与本岗胜任力模型的差距，制定个性化学习目标。第二步：情境体验。通过设置灾难情境，让学员体验伤残人士的生活经历，触动其心理防线，让学员在内心深处形成对安全操作的深刻认知。第三步：心理疏导。通过个体咨询及团体辅导等模式，促使学员改变不合理观念，释放负面情绪，诱发正向情感，乐观面对逆境，理性应对危机。第四步：规程对标。通过案例教学、情境模拟等方式，促使学员掌握煤矿行业通用知识规程和标准，进一步提高其自我效能感。第五步：心智重塑。通过配套录制的 3D 视频演示等先进手段，促进学员进行技能重塑和认知转变，最终促进其自我效能感的提升。第六步：现场践行。培训结束后，通过回岗实践和工作轮换等方式，达到所学安全心智模式迁移到实践、提升应对危机的抗逆力之目的。第七步：综合评审。通过理论知识、专业技能和与实践操作三个环节的综合评审，全面考察学员在知识、技能和态度等方面的掌握程度，检验安全心智模式的形成效果。安全心智模式的 5 天培训集中于第二、三、四、五步骤。

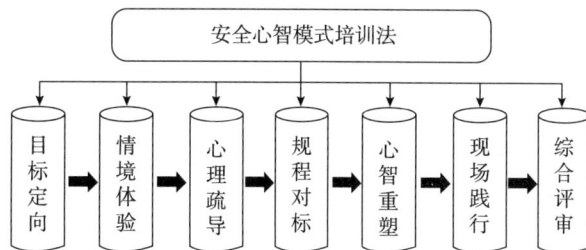

图 2 安全心智模式七步培训法

针对煤矿企业员工而言，要真正提升其抗逆力，保持其身心健康，需要解决的不仅是提升其特质型抗逆力，还有其能力型抗逆力。因此，在设计培训内容时，一方面要关注抗逆力结构要素的干预，另一方面要注重其工作应对技能的培训。前者正是安全心智模式培训法第二步、第三步涉及的内容，后者则是第四步、第五步涉及的内容。针对前者的干预内容，研究者以人本主义、积极心理学、团体动力学为理论基础，设计了两个模块：一是《抗逆力提升》的授课内容，用于一对一的个性化辅导和小班集中化教学；二是《安全关爱之旅——抗逆力提升》的团体体验课程。模块一主要是以抗逆力的内外保护性因子及其结构要素为理论基础，结合煤矿员工的实际调研结果，开发的有针对性的抗逆力提升课程；模块二主要是结合学员违章的实际背景，量身定制的团体心理辅导课程。第四步、第五步的培训，侧重专业技能及危机认知图式的改善，促进个体自我效能感的提升。

三 研究结果

（一）抗逆力变量的差异检验

对实验组和对照组分别进行训前、训后以及追踪测量的 t 检验，从图 3 可以看出，在培训后，实验组在抗逆力总指标以及理性应对、自我效能感、乐观感上的得分都显著高于对照组；两个月后的测量结果显示，实验组在抗逆力及三个维度上的得分仍然显著高于对照组，但是其显著性水平有所下降。对照组前后测及追踪测量均没有显著差异。重复测量方差分析结果也表明，实验组抗逆力及三个维度的得分均存在显著差异，事后检验结果显示，追踪与训后抗逆力及三个维度的得分均显著高于培训前，且追踪结果与培训后结果间不存在显著差异（见表 1）。上述结果说明，在抗逆力变量上，培训的效果是显著的，且培训的效果能持续到两个月以后。

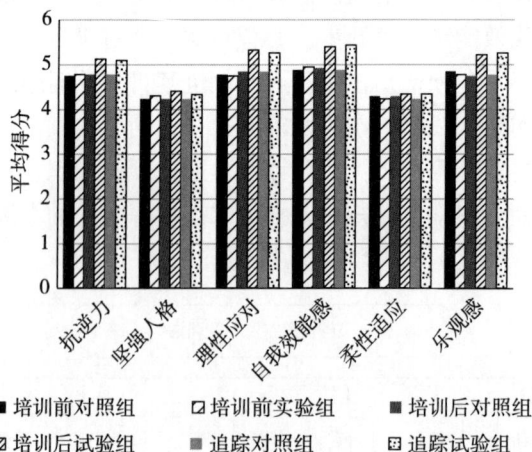

图 3　抗逆力及各维度在培训前、培训后以及追踪测量上的分数差异

表 1　实验组抗逆力及各维度重复测量方差分析结果

维度	平方和	自由度	均方	F	p
坚强人格	1.73	2	0.87	0.38	0.570
理性应对	2.25	2	1.13	4.18	0.037*
自我效能感	4.46	2	2.23	4.89	0.021*

续表

维度	平方和	自由度	均方	F	p
柔性适应	1.85	2	0.92	0.48	0.490
乐观感	2.69	2	1.35	3.91	0.039*
抗逆力	2.05	2	1.02	3.72	0.042*

（二）应对方式变量的差异检验

从图4可看出，培训后，实验组在积极应对方式上的得分显著高于对照组，在消极应对方式上的得分明显低于对照组；追踪测量结果显示，实验组在两个维度上的得分趋势仍在保持，但是其显著性水平有所下降。对照组前后测及追踪测量均没有显著差异。重复测量方差分析结果也表明，实验组两个维度的得分均存在显著差异，事后检验结果显示，追踪结果及培训后消极应对方式上的得分显著低于训前数据，而积极应对方式得分则显著高于训前结果，且追踪结果与培训后结果间不存在显著差异（见表2）。上述结果均说明，在应对方式变量上，培训的效果是显著的。

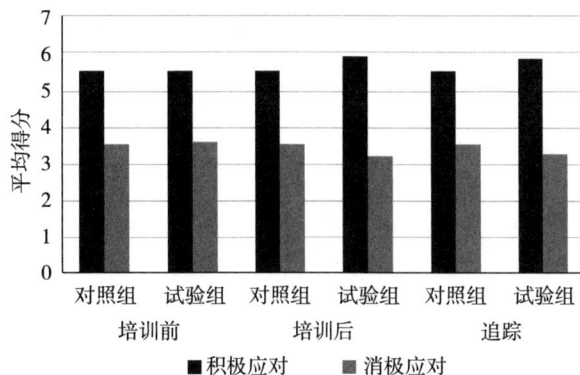

图4　应对方式在培训前、培训后以及追踪测量上的分数差异

表2　实验组在应对方式上的重复测量方差分析结果

来源	维度	平方和	自由度	均方	F	p
组内	消极应对	3.73	2	1.87	3.52	0.040*
	积极应对	2.02	2	1.01	3.13	0.032*

（三）心理健康变量的差异检验

从图5可以看出，培训后，实验组在心理压力上的得分显著低于对照组；追踪结果显示，实验组在心理压力上的得分仍然显著低于对照组，但是其显著性水平有所下降；无论是培训前、培训后还是追踪测量，在社会功能得分上没有显著差异。对照组前后测及追踪测量均没有显著差异。重复测量方差分析结果也表明，实验组心理压力上的得分均存在显著差

异，事后检验结果显示，追踪结果及培训后心理压力上的得分显著低于训前数据，且追踪结果与培训后结果间不存在显著差异（见表3）。上述结果均说明，在心理压力感知这一变量上，培训的效果是显著的，受训者能够正确应对压力，从而感知到的压力强度在降低，且培训的效果能持续到两个月以后的时间。

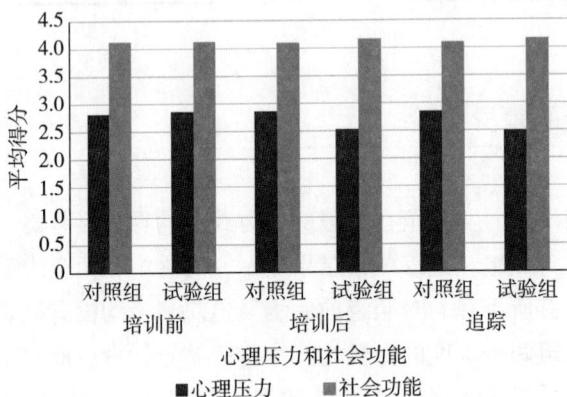

图5　心理压力和社会功能在培训前、培训后以及追踪测量上的分数差异

表3　实验组在心理健康上的重复测量方差分析结果

来源	维度	平方和	自由度	均方	F	p
组内	心理压力	3.93	2	1.97	3.78	0.032*
	社会功能	1.45	2	0.73	0.88	0.640

四　讨论

　　研究结果表明，经过培训干预的实验组，在抗逆力及其三个维度——自我效能感、理性应对、乐观感上的得分均显著提高；在积极应对方式上的得分也显著增加，在消极应对方式上的得分则显著降低；在心理压力的感知上有所下降。这些指标是如何发生变化的？通过安全心智第二步、第三步的培训，让学员在如何理性认知危机及如何应对负面情绪、提升乐观感方面有了认知层面、情感层面的改变；通过安全心智第四步、第五步的培训，当面临逆境危机时，应对工作技能的提升及安全心智图式的重塑，让学员在操作层面更有能力面对逆境，不仅促进了学员自我效能感的增强，也能促进学员乐观地面对逆境。理性应对因素的改善会促使学员采取积极应对方式，缓解其心理压力，这一点与国内学者梁社红、时勘、陈海贤和朱婉儿（2016）关于抗逆力对心理健康的影响机制研究中的结论一致，即危机救援人员的应对方式在抗逆力和心理健康之间起中介作用，救援人员越是采用积极应对的方式，体验到的心理压力就会越小。因此，通过培训，在认知层面、情感层面、操作行为层面相应地改善了抗逆力中的理性应对、乐观感、自我效能感等成分，并进一步促进学员采取积极应对方式来应对逆境，从而缓解了心理压力，这正是经过训练改变抗逆力的内在心理机制。但是，为什么培训干预对个体抗逆力的另两个维度——坚强人格、柔性应对，及其社会功能没有显著影响？究其原因，一方面，特质型抗逆力很难通过短期的培训来改善，这在心理学界

已有共识；另一方面，考察社会功能是否良好通常作为心理健康的指标之一，经过企业初步调研得知，国有企业煤矿员工的工作稳定性较高、社会功能相对正常，因此，无论是否参加培训，被试的社会功能都是相对正常的，所以在培训前后并没有显著变化。

本研究设计的安全心智培训课程，主要是基于 Bennett 等（2010）设计的"抗逆力之旅"——5C 体系课程，以及 Lengnick-Hall 等（2011）设计的组织抗逆力提升课程，结合陈丽云、樊富珉和梁佩茹（2009）提出的身心灵全人健康模式，采用心理资本干预模型及干预方法（Luthans，Avey，Avolio，Norman & Combs，2006），设计了一套适用于煤矿企业的、可操作性极强的培训课程。在具体实施过程中，结合煤矿企业的实际教学环境，创造性地开发了多种新型培训方式：反例体验、个体咨询、团体辅导、角色扮演、仿真情境模拟、3D 视频教学、现场实践等。这些新型培训方式对于培训效果发挥着重要作用，也是抗逆力干预模式在方法学上的一种创新。

本研究基于理论基础和实际调研结果提出的安全心智七步培训法，一方面是源于煤矿企业创新安全文化体系建设的需要，另一方面是源于员工应对危机事件、提升抗逆力、确保安全生产的需要，因此，该模式并不单纯是一种安全教育的企业培训模式，而且还是一种从根源上提升危机应对人员素质、预防危机事件发生、有效应对危机事件的组织干预模式。该模式不仅是煤矿企业安全文化建设的一种创新，也是煤矿行业安全教育模式的一种变革，这对完善我国高危行业应急管理体系和人员队伍建设具有启发意义。目前，该模式已得到业内专家认可，并获得省级科技成果奖励。将该模式推广到国家其他高危行业，能有效促进其应急管理方式和人员培训模式的创新。但是，该培训模式的应用效果和推广前景到底如何，仍需要更长时间来考察和验证。

五 结论

研究表明：经过为期 5 天的安全心智培训干预，实验被试的抗逆力尤其是其理性应对危机事件的能力在提升，其自我效能感和乐观感在增强，被试学会了采取更为积极的方式来应对压力或挑战，感知到的压力水平在减弱。这说明，基于煤矿企业危机应对开发的安全心智培训课程，探索的新型培训模式，对提升高危行业危机应对人员的抗逆力、应对方式及心理健康水平是有效的。这对丰富抗逆力干预模式、完善我国高危行业应急管理体系和人员队伍建设具有一定启发意义。

参考文献

[1] 艾尔·赛伯特. 韧性——寻找压力之下的韧性，在逆境中反弹 [M]. 杨柳译. 北京：中国人民大学出版社，2009.

[2] 陈丽云，樊富珉，梁佩茹. 身心灵全人健康模式：中国文化与团体心理辅导 [M]. 北京：中国轻工业出版社，2009.

[3] 梁社红，时勘，刘晓倩，高鹏. 危机救援人员的抗逆力结构及测量 [J]. 人类工效学，2014，20（1）：36-40.

[4] 梁社红，时勘，陈海贤，朱婉儿. 抗逆力与心理健康：应对方式的中介作用 [J]. 人类工效学，

2016, 22 (2): 26-31.

［5］时勘. 心理模拟教学的原理与方法［M］. 北京：教育科学出版社，1990.

［6］时勘. 救援人员应对非常规突发事件的抗逆力模型［M］. 北京：科学出版社，2017.

［7］时勘，徐联仓，薛涛. 高级技工诊断生产活动的认知策略的汇编栅格法研究［J］. 心理学报，1992 (3): 288-296.

［8］时勘，朱厚强，郭鹏举，朱立新，陈向阳. 安全心智培训的系统集成方法［J］. 电子科技大学学报（社会科学版），2016，18 (1): 47-53.

［9］时雨，时勘，王雁飞，罗跃嘉. 救援人员心理健康促进系统的建构与实施［J］. 管理评论，2009，21 (6): 55-61.

［10］Bennett, J. B. , Aden, C. A. , Broome, K. , Mitchell, K. , & Rigdon, W. D. Team Resilience for Young Restaurant Workers: Research-to-practice Adaptation and Assessment［J］. Journal of Occupational Health Psychology, 2010, 15 (3): 223-236.

［11］Bosworth, K. , & Earthman, E. From Theory to Practice: School Leaders' Perspectives on Resiliency ［J］. Journal of Clinical Psychology, 2002, 58 (3): 299-306.

［12］Burton, N. W. , Pakenham, K. I. , & Brown, W. J. Feasibility and Effectiveness of Psychosocial Resilience Training: A Pilot Study of the READY Program［J］. Psychology, Health & Medicine, 2010, 15 (3): 266-277.

［13］Goldberg, D. , & Williams, P. A User's Guide to the General Health Questionnaire［M］. Windsor, UK: NFER-Nelson, 1988.

［14］Hill, H. , Wiener, J. , & Warner, K. From Fatalism to Resilience: Reducing Disaster Impacts Through Systematic Investments［J］. Disasters, 2012, 36 (2): 175-194.

［15］Lengnick-Hall, C. A. , Beck, T. E. , & Lengnick-Hall, M. L. Developing a Capacity for Organizational Resilience through Strategic Human Resource Management［J］. Human Resource Management Review, 2011, 21 (3): 243-255.

［16］Luthans, F. , Avey, J. B. , Avolio, B. J. , Norman, S, M. , & Combs, G. M. Psychological Capital De-velopment: Toward a Micro-intervention［J］. Journal of Organizational Behavior, 2006 (27): 387-393.

［17］Marmar, C. R. , Weiss, D. S. , Metzler, T. J. , Ronfeldt, H. M. , & Foreman, C. Stress Responses of Emergency Services Personnel to the Loma Prieta Earthquake Interstate 880 Freeway Collapse and Control Traumatic Incidents［J］. Journal of Traumatic Stress, 1996, 9 (1): 63-85.

［18］Reivich, K. J. , Seligman, M. E. P. , & McBride, S. Master Resilience Training in the U. S. Army ［J］. American Psychologist, 2011, 66 (1): 25-34.

The Intervention of Resilience:
Based on Training of Mental Model for Safety

Liang Shehong   Liu Ye   Shi Kan

Abstract: Training course of mental model for safety was developed by researcher for exploring the technology of promoting resilience of crisis response personnel in high risk industry. The quasi experimental design of the experiment group and the control group was used to carry out the training of safety mental model for the employees in a coal mine and the validation of the intervention effect was tested. After the training intervention, the results were as follows: 1) In the experimental group the scores of the resilience and rational coping, self-efficacy, optimism were significantly higher than the scores of the control group. 2) In the experimental group the score of positive coping style was significantly higher than the score of the control group, and the scores of negative coping style and psychological pressure were significantly lower than those in the control group. 3) Tracking survey results show that: the training effect can last more than two months. So the training of safety mental model has a significant effect to improve the resilience and coping style of crisis response personnel in high-risk industry.

Key words: training of mental model for safety; resilience; coping style; psychology health

伦理型领导对基层公务员建言与沉默行为的影响机制

——资源保存和社会交换视角下的中介调节模型*

李 想 时 勘 万 金 刘 晔

【编者按】我于 2014 年加入时老师的科研团队，在时老师的精心指导下，我成功地在有限的时间里完成了从认知心理学向组织行为学的转型，并在领导风格、组织管理、人才测评等方面取得了一定的科研及实践收获。载入本文选的是我于 2018 年发表在《软科学》杂志上的一篇有关领导力和员工建言行为的研究，名为《伦理型领导对基层公务员建言与沉默行为的影响机制——资源保存和社会交换视角下的中介调节模型》。在中国经济快速增长、组织竞争日益激烈的社会背景下，各类组织向着更加扁平、敏捷的方向发展，各类传统型组织（包括公务员系统）也在寻找 VUCA 世界中的自我迭代方式，以更好地赋予成员分享有益于组织效能提升的知识与观点的机会。这篇文章从资源保存理论和社会交换理论的视角，探索了伦理型领导效能的中介机制，并结合高集体主义的中国文化背景，考察了依存型自我建构在模型中的调节作用。结果显示，伦理型领导能够促进员工建言、减少员工沉默，组织认同对伦理型领导与员工建言、员工沉默之间的关系起中介作用，并且依存型自我建构负向调节伦理型领导与组织认同之间的直接关系。该研究的贡献在于：首先，在支持伦理型领导促进员工建言、减少员工沉默作用的同时，丰富了解读这一直接关系的理论视角；其次，验证了组织认同的中介作用和依存型自我建构这一文化变量的调节作用；最后，在管理实践方面强调了政府机构全面推行伦理型领导培训课程的重要性，与此同时提倡重视员工自我建构的个体差异，讲究领导方式与员工认知方式的恰当匹配。本次有幸受到时老师的邀请参与编者按的撰写，也想借这个机会表达自己对时老师的真挚感谢，谢谢您为我提供了不一样的视野和平台，让我有机会在全国以及世界范围内去了解和实践组织行为学的真谛，也感谢您一直以来给予我的信任和鼓励，使我有机会独立承担重大科研项目并在实操过程中深刻体会到理论与实践的碰撞，认识到学术创造的社会价值。在您的影响下我也立志将科研与社会实践相结合，不断探索科学研究超越文字、超越学术理解鸿沟而真正产生管理及社会价值的途径。从您身上学习到的高远的布局、先人一步的思考、强大的多任务处理能力、严谨的科研态度，也将影响我的整个职业生涯。（李想，中国人民大学心理学系 2014 级博士生，澳大利亚麦考瑞大学心理学博士，中国电建集团 海外商务经理）

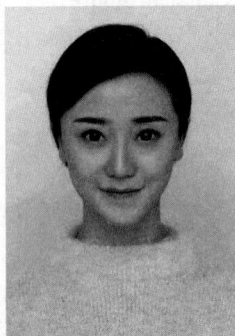

摘 要：通过构建一个有调节的中介模型，考察了伦理型领导影响基层公务员建言与沉默行为的中介机制及其边界条件。结果显示：伦理型领导正向预测员工建言、负向预测员工沉默；组

---

* 基金项目：国家社会科学基金重大项目（13&ZD155）。

织认同对伦理型领导与员工建言、员工沉默之间的关系起中介作用；依存型自我建构负向调节伦理型领导与组织认同之间的直接关系以及伦理型领导与员工建言、员工沉默之间的间接关系。

关键词：伦理型领导；员工建言；员工沉默；组织认同；自我建构

一 引言

在快速发展且竞争激烈的当代社会，各类组织灵活、创新、稳健地成长依赖于成员分享有益于组织效能提升的各种知识、观点和想法[1]。根据 Van Dyne 的定义，建言行为是员工超越工作要求就工作相关问题积极发表建设性建议、想法和观点的表现[2]。与员工建言相反的是员工沉默，是指即使员工持有与工作相关的重要信息、建议或质疑，也刻意不发表意见的现象[3]。

基层员工能够发现管理者注意不到的问题，并能基于一线经验对工作问题形成创新的见解，但他们是否发表见解则受到诸多因素的影响[3]。其中，领导行为已被证实是促进或抑制员工表达意愿的关键情境变量[4]。近年来，研究者们提出了伦理型领导的概念用以描述领导者应该如何塑造恰当的组织行为[5]。Brown 等发现，伦理型领导能够正向预测员工报告问题的意愿[6]。梁建等进一步验证了伦理型领导与员工建言之间的直接关系[7]。然而，由于员工沉默具有一定的内隐性[4]，目前将其与伦理型领导联系起来的研究相对较少，验证伦理型领导是否影响员工沉默正是本研究的目的之一。

伦理型领导对员工建言、员工沉默的影响涉及了复杂的心理过程，现有研究的探索尚不充分。虽然社会学习机制表明员工能够通过模仿伦理型领导习得积极的组织行为，但无法完全解释建言这种高耗损、高风险行为的动力来源[8]。本研究拟从资源保存理论和社会交换理论的视角探索伦理型领导效能的中介机制。

员工的心理特质会影响其对于领导行为的感知和接受程度[9]。已有研究考察了员工的权力距离、道德信念等特质对于领导效能的调节作用[10,11]。考虑到高集体主义的中国文化背景，本研究拟考察依存型自我建构的调节作用。

此外，以往研究的样本大多来自组织结构较为灵活的企业，这些企业的发展依赖于基层员工的参与和创举[12]。相反，在政府机关这类等级结构清晰、决策权集中、规则严格的组织中，基层员工的参与性和表达意愿都有可能受到制约[13]。伦理型领导是否同样适用于这类组织？目前尚未有研究对此进行探讨。

综上所述，本文拟以政府机关的基层公务员为研究对象，探讨伦理型领导影响员工建言、员工沉默效能的中介机制及边界条件。

二 综述与假设

（一）伦理型领导与员工建言和员工沉默

Brown 等认为，伦理型领导是通过个人行为和人际互动向下属阐明正确、规范的行为方式，并以双向沟通、奖惩机制、公正的决策促使员工照之践行[6]。伦理型领导对于员工建言和沉默的影响可以从两个理论视角进行解读：首先，根据资源保存理论，个体倾向于获得和保存资源并在抵抗环境压力的过程中损耗资源[14]。Ng 等认为，建言是一种高资源耗损行为，可能使员工工作超负荷并承担风险[8]。伦理型领导一方面通过鼓励下属参与决策[15]、倾听下属对于工作的看法[16]等为下属提供心理和工作的资源支持；另一方面通过奖惩机制和公正的决策[6]消除下属建言的资源耗损。其次，根据社会交换理论，当个体在人际互动过程中收获信任、尊重、支持等资源时会基于互惠原则予以回馈[17]。伦理型领导恰当的表率行为和管理方式为下属提供了安全感、被尊重感和支持感等心理资源，下属也会以提出建设性的建议作为回报[18]。据此，本研究提出如下假设：

H1a：伦理型领导正向预测员工建言。

H1b：伦理型领导负向预测员工沉默。

（二）组织认同的中介作用

组织认同是个体与所属组织的观点及目标一致或从属于组织的感知，还包括由此产生的情感和价值意义[19]。组织认同能够整合资源保存理论和社会交换理论，以解释伦理型领导对于员工建言和员工沉默的影响机制。首先，组织认同是缓解压力的重要心理机制。组织是成员管理集体自尊的重要社会单元，组织认同是缓解组织生活中各种心理压力和自我威胁的合理化管理机制[20]。在伦理型领导的作用下，基层员工通过反省、交流可能的美好前景、对压力重新归因等合理化管理实践，缓解了压力并减少了压力造成的资源耗损，如此，他们便有足够的心理资源提高建言的意愿和质量。其次，组织认同是一种社会交换资源[21]。一方面，伦理型领导强化了组织认同的认知成分，使基层员工与组织具有相同的价值观、态度和目标。另一方面，伦理型领导强化了组织认同的情感成分，为基层员工提供了归属、支持等情感资源。本文提出如下假设：

H2a：组织认同中介伦理型领导与员工建言之间的关系。

H2b：组织认同中介伦理型领导与员工沉默之间的关系。

（三）依存型自我建构的调节作用

Markus 和 Kitayama 的自我建构理论认为，人们以不同方式建构自我与他人之间的关系，独立型自我建构更看重自我独立、更乐于彰显自我的独特性；依存型自我建构将自我看作社会关系的一部分，更关注他人和集体[22]。中国文化更强调依存型自我建构，然而，受个体不同社会化经历的影响，这种文化心理特质存在个体差异[23]。

本文认为，依存型自我建构水平会影响员工对于伦理型领导的敏感度和接受程度，进而影响组织认同：首先，高依存型自我建构的员工更关注强化自我与组织关系的信息，而低依存型自我建构的员工倾向于强化个人特征的信息。由此推论，低依存型自我建构的员工对于伦理型领导鼓励表达、倡导公平公正的管理举措更加敏感。其次，高依存型自我建构的员工过度考虑他人的感受、高估自己与他人之间的相似性使他们倾向于从众与服从[24]；相反，低依存型自我建构的员工较强的自尊心和独立思考能力使他们期望获得控制感、独立性和成就感[22]。对于前者来说，其初始就与组织保持较强的一致性并持有强烈的认同感，伦理型领导提升他们组织认同的效能可能存在天花板效应；对于后者来说，伦理型的领导方式能够满足他们的心理需求，效能也就更强。本文提出如下假设：

H3：依存型自我建构负向调节伦理型领导与组织认同之间的直接关系。

由于伦理型领导通过组织认同作用于员工建言和沉默，研究进一步假设存在有调节的中介效应。

H4a：依存型自我建构负向调节伦理型领导与员工建言之间的间接关系。

H4b：依存型自我建构负向调节伦理型领导与员工沉默之间的间接关系。

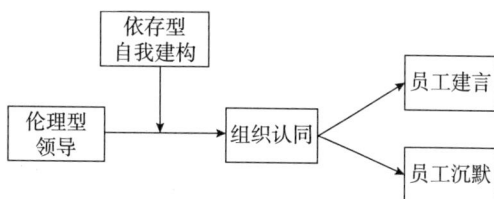

图 1　理论模型

三　研究工具和数据分析方法

（一）研究样本及取样过程

本研究以某直辖市的基层公务员为调研对象，以上下级配对方式取样。研究人员事先获得参与调研的人员及其直接上级的名单，并从中随机选择 160 对（包括 160 名上级和 582 名下级）并对各配对进行统一编码。上级根据下级的表现填答员工沉默和员工建言两个量表；下级需填答伦理型领导、组织认同和自我建构三个量表。

最终共回收 121 份上级问卷（有效回收率为 76%）和 437 份下级问卷（有效回收率为 75%），每位上级平均评价 3.6 名下级。男性 196 人（45%）；35 岁以下 62 人（14%），36~55 岁 332 人（76%），56 岁以上 43 人（10%）；未婚 25 人（6%），已婚 380 人（87%），离异或丧偶 32 人（7%）；大专及以下 78 人（18%），本科 327 人（75%），研究生及以上 32 人（7%）；科员 48 人（11%），科级干部 235 人（54%），处级干部 116 人（27%），其他 38 人（9%）。工作 15 年以下 68 人（16%），15~30 年 185 人（42%），30 年以上 184 人（42%）。

（二）研究工具

研究量表均采用国外开发的成熟量表，通过翻译—回译程序翻译为中文量表，并采用 1 分（完全不符合）至 5 分（完全符合）计分。

伦理型领导：采用 Brown 编制的伦理型领导量表[6]，包括 10 个题项。

组织认同：采用 Smidts 编制的组织认同量表[25]，包括 5 个题项。

员工建言：采用 Van Dyne 编制的建言量表[2]，包括 6 个题项。

员工沉默：采用 Tangirala 编制的员工沉默量表[26]，包括 5 个题项。

依存型自我建构：采用 Singlis 编制的依存型自我建构分量表[27]，包括 12 个题项。

控制变量：年龄、性别、婚姻、学历、级别、工作年限[7]。

四　研究结果

（一）验证性因素分析

如表 1 所示，假设模型（伦理型领导、组织认同、员工建言、员工沉默、依存型自我建构）与观测数据的拟合良好。4 个竞争模型均与观测数据拟合较差，卡方检验和模型拟合指数均与假设模型之间差异显著，表明假设模型中的各量表具有良好的区分效度。

表 1　测量模型比较

	χ^2	df	RMESA	IFI	CFI	$\Delta\chi^2$（df）
假设模型	1018.26***	655	0.04	0.93	0.93	—
四因子模型	1393.03***	659	0.05	0.86	0.86	374.77（4）***
三因子模型	1645.67***	662	0.06	0.81	0.81	627.41（7）***
二因子模型	1919.96***	664	0.08	0.75	0.75	901.70（9）***
单因子模型	2665.17***	665	0.08	0.61	0.68	1646.91（10）***

注：四因子模型：员工建言与员工沉默合并为一个因子；三因子模型：员工建言、员工沉默、组织认同合并为一个因子；二因子模型：员工建言、员工沉默、组织认同、依存型自我建构合并为一个因子；单因子模型：所有变量合并为一个因子；$\Delta\chi^2$（df）为各竞争模型与假设模型的比较结果；*** 表示 0.001 显著水平，双尾检验。

（二）描述性统计

如表 2 所示，伦理型领导与结果变量（员工建言，r=0.40，p<0.01；员工沉默，r=-0.21，p<0.01）、中介变量（r=0.50，p<0.01）均显著相关。

表 2　各量表的均值、标准差和相关系数

变量	均值	标准差	1	2	3	4	5	6	7	8	9	10	11
1. 性别	1.60	0.49											
2. 年龄	3.51	0.90	0.20**										
3. 婚姻	2.02	0.37	-0.14**	0.29**									
4. 学历	3.89	0.51	-0.12*	-0.35**	-0.09								
5. 行政级别	2.48	1.12	0.02	0.04	-0.13	0.03							

续表

变量	均值	标准差	1	2	3	4	5	6	7	8	9	10	11
6. 工作年限	3.22	0.84	0.14**	0.77**	0.29**	-0.28**	0.04						
7. 伦理型领导	4.17	0.51	-0.00	-0.11*	-0.02	0.06	0.07	-0.07	(0.86)				
8. 组织认同	4.10	0.57	-0.05	-0.06	0.01	0.04	-0.01	-0.04	0.50**	(0.83)			
9. 员工建言	3.93	0.52	-0.07	-0.03	-0.01	0.00	0.03	-0.05	0.40**	0.47**	(0.70)		
10. 员工沉默	2.24	0.64	-0.01	0.02	0.03	0.02	-0.00	0.01	-0.21**	-0.27**	-0.18**	(0.75)	
11. 依存型自我建构	3.86	0.43	-0.04	0.31**	0.04	0.03	-0.04	0.11*	0.30**	0.32**	-0.18**	0.47**	(0.72)

注：N=437；* 表示 $p<0.05$，** 表示 $p<0.01$，*** 表示 $p<0.001$；双尾检验。括号内为内部一致性系数 α。

（三）假设检验

如表3所示，伦理型领导正向影响组织认同（$\beta=0.51$，$p<0.001$，M1）；伦理型领导正向影响员工建言（$\beta=0.40$，$p<0.001$，M2），负向影响员工沉默（$\beta=-0.22$，$p<0.001$，M5），假设 H1a 和 H1b 成立；组织认同正向影响员工建言（$\beta=0.47$，$p<0.001$，M3），负向影响员工沉默（$\beta=-0.23$，$p<0.001$，M6）；同时将伦理型领导和组织认同放入模型4（M4）和模型7（M7），M4中组织认同的回归系数显著（$\beta=0.37$，$p<0.001$），伦理型领导的回归系数显著（$\beta=0.21$，$p<0.001$），组织认同部分中介伦理型领导与员工建言之间的关系；M7中组织认同的回归系数显著（$\beta=-0.22$，$p<0.001$），伦理型领导的回归系数边缘显著（$\beta=-0.11$，$p=0.05$），组织认同完全中介伦理型领导与员工沉默之间的关系。假设 H2a 和假设 H2b 成立。

如表4中M10所示，伦理型领导与依存型自我建构的交互项对于组织认同的回归系数显著（$\beta=-0.12$，$p<0.01$），表明依存型自我建构的调节作用显著。简单效应分析（见图2）显示，当依存型自我建构水平低时，伦理型领导对组织认同的影响较强（$B_{simple}=0.59$，$p<0.001$）；当依存型自我建构水平高时，伦理型领导对组织认同的影响较弱（$B_{simple}=0.38$，$p<0.001$）。假设 H3 得以验证。

表3　中介模型检验（N=437）

	组织认同		员工建言						员工沉默					
	M1		M2		M3		M4		M5		M6		M7	
	β	p	β	p	β	p	β	p	β	p	β	p	β	p
性别	-0.05	0.30	0.07	0.12	0.10	0.03	0.09	0.04	0.00	0.09	-0.01	0.78	-0.01	0.85
年龄	0.01	0.87	0.05	0.47	0.03	0.72	0.05	0.48	-0.00	0.97	0.01	0.89	-0.00	0.99
婚姻	0.02	0.73	0.02	0.71	0.01	0.78	0.12	0.79	0.02	0.64	0.03	0.60	0.03	0.59
学历	0.01	0.88	-0.01	0.78	-0.01	0.77	-0.02	0.73	0.03	0.57	0.03	0.56	0.03	0.55
行政级别	-0.04	0.35	0.00	0.98	0.03	0.47	0.02	0.71	0.01	0.80	-0.00	0.97	0.00	0.94
工作年限	-0.01	0.87	-0.08	0.22	-0.08	0.26	-0.08	0.22	0.00	0.97	-0.00	0.97	0.00	1.00
伦理领导	0.51	0.00	0.40	0.00			0.21	0.00	-0.22	0.00			-0.11	0.05

续表

	组织认同		员工建言						员工沉默					
	M1		M2		M3		M4		M5		M6		M7	
	β	p	β	p	β	p	β	p	β	p	β	p	β	p
组织认同					0.47	0.00	0.37	0.00			−0.23	0.00	−0.22	0.00
ΔF	145.55	0.00	79.57	0.00	123.43	0.00	57.64	0.00	20.42	0.00	33.05	0.00	15.96	0.00
R²	0.26		0.17		0.23		0.27		0.05		0.07		0.08	
ΔR²	0.25		0.16		0.22		0.10		0.05		0.07		0.03	

注：表中数据均保留小数点后两位。

表 4　调节作用分析（N=437）

	组织认同					
	M8		M9		M10	
	β	p	β	p	β	p
性别	−0.03	0.54	−0.05	0.30	−0.03	0.42
年龄	−0.06	0.45	0.03	0.63	0.04	0.56
婚姻	0.03	0.64	0.00	0.99	0.01	0.87
学历	0.02	0.76	0.01	0.79	0.02	0.72
行政级别	−0.00	0.95	−0.03	0.48	−0.03	0.49
工作年限	0.00	0.95	−0.01	0.94	−0.01	0.82
伦理型领导			0.45	0.00	0.43	0.00
自我建构			0.19	0.00	0.20	0.00
伦理型领导×自我建构					−0.12	0.00
ΔF	0.41	0.87	85.14	0.00	8.70	0.00
R²	0.01		0.29		0.30	
ΔR²	0.01		0.28		0.01	

注：表中数据均保留小数点后两位。

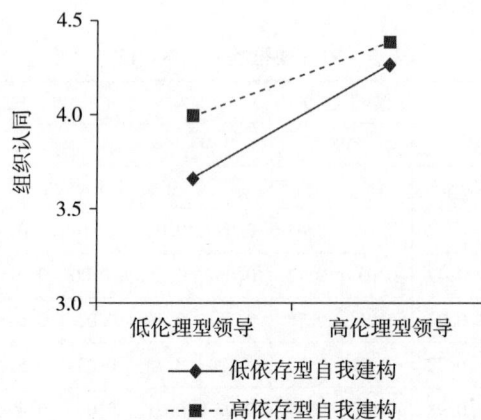

图 2　简单效应分析

采用 PROCESS 宏指令[28]检验有调节的中介效应。结果如表 5 所示，当依存型自我建构分别为−1 个标准差、均值和+1 个标准差时，组织认同对伦理型领导与员工建言、伦理型领导与员工沉默的中介作用均显著，间接效应均随着依存型自我建构取值的增大而变弱。假设 H4a 和 H4b 得到验证。

表 5　组织认同在依存型自我建构不同水平上的中介效应

依存型自我建构	间接效应	Boot SE	95% BCa Bootstrap CI
伦理型领导→组织认同→员工建言的间接效应			
−SD	0.19	0.04	[0.12, 0.28]
M	0.16	0.03	[0.11, 0.22]
+SD	0.12	0.03	[0.08, 0.18]
伦理型领导→组织认同→员工沉默的间接效应			
−SD	−0.12	0.03	[−0.18, −0.06]
M	−0.09	0.03	[−0.15, −0.05]
+SD	−0.07	0.02	[−0.12, −0.04]

注：N=437；表内为标准化回归系数 β；Boot SE＝Bootstrap 标准误差；BCa＝Bias Corrected and Accelerated；CI 为置信区间。

五　讨论

本研究的理论贡献和管理实践意义如下：

1. 在支持伦理型领导促进员工建言、减少员工沉默作用的同时，丰富了解读这一直接关系的理论视角。从资源保存和社会交换视角出发，本研究认为，伦理型领导为基层公务员提供信任、尊重、关爱等充足心理资源的同时，能够降低建言带来的资源耗损。当基层公务员心理资源收支平衡或充足富裕时，他们与伦理型领导的社会交换关系更加牢固，积极发表观点的意愿也更强烈[8]。

2. 验证了组织认同的中介作用。组织认同一方面作为合理化组织情境中各种压力的心理机制，能够缓解压力，减少资源耗损；另一方面作为一种社会交换资源，能为员工提供心理资源支持。基层公务员较低的工作自主性和工作决策权使其建言需要付出更多的资源并承担较多的群体压力[29]。在伦理型的领导方式下，基层公务员基于组织认同将建言等额外的资源投入合理化为职责与义务，并相信能够获得组织的支持和认可。

3. 考察了伦理型领导的边界条件。依存型自我建构负向调节伦理型领导对于组织认同的直接作用，以及对于员工建言、员工沉默的间接作用。基层公务员的工作模式具有程序化、模块化、集体化等特点，导致个人工作努力较难在最终绩效中明确体现[29]。高依存型自我建构的基层公务员更加适应这样的工作模式，但对于低依存型自我建构的公务员来说会在一定程度上挫伤他们的控制感、独立性和成就感。伦理型的领导方式与后者的需求更为契合，进而表现出较强的直接作用和间接作用。而前者因初始组织认同水平就相对较高，伦理型领导对于建言和沉默的直接或间接影响存在"天花板"效应。

4. 对管理实践具有一定的启示。第一，全面采用伦理型领导方式。政府行政机构需全面了解基层领导力现状，以伦理型领导的能力素质为指导设置专项培训课程。第二，重视基层员工组织认同的提升。通过信息公开、轮岗制度、文化活动等强化基层公务员的组织认同以增强建言的意愿和质量。第三，重视自我建构的个体差异。随着千禧一代进入工作场所，组织一方面应基于员工的自我建构水平为其匹配恰当的领导方式；另一方面，基于员工的自我建构水平，录取或任用与组织、岗位匹配程度较高的员工。

本研究的不足之处在于：一次性取样无法推断变量之间的因果关系；未考虑组织层次的影响因素；样本来源单一会降低代表性。未来的研究需采用追踪研究设计，在扩展样本来源的同时进一步探索组织层次的影响因素，以全面提升研究的内外部效度。

参考文献

［1］Burris, E. R., Detert, J. R., Romney, A. C. Speaking Up vs Being Heard：The Disagreement around and Outcomes of Employee Voice ［J］. Organization Science, 2013, 24（1）：22-38.

［2］Van Dyne, L., Lepine, A. J. Helping and Voice Extra-role Behaviors：Evidence of Construct and Predictive Validity ［J］. Academy of Management Journal, 1998, 41（1）：108-119.

［3］Milliken, F. J., Morrison, E. W., Hewlin, P. E. An Exploratory Study of Employee Silence：Issues that Employees don't Communicate Upward and Why ［J］. Journal of Management Studies, 2003, 40（6）：1453-1476.

［4］Van Dyne, L., Ang, S., Botero, I. C. Conceptualizing Employee Silence and Employee Voice as Multidimensional Constructs ［J］. Journal of Management Studies, 2003, 40（6）：1360-1392.

［5］Avey, J. B., Wernsing, T. S., Palanski, M. E. Exploring The Process of Ethical Leadership：The Mediating Role of Employee Voice and Psychological Ownership ［J］. Journal of Business Ethics, 2012, 107（1）：21-34.

［6］Brown, M. E., Trevino, L. K., Harrison, D. A. Ethical Leadership：A Social Learning Perspective for Construct Development and Testing ［J］. Organizational Behavior and Human Decision Processes, 2005, 97（1）：117-134.

［7］梁建. 道德领导与员工建言：一个调节—中介模型的构建与检验 ［J］. 心理学报, 2015, 46（2）：252-264.

［8］Ng, T. W. H., Feldman, D. C. Employee Voice Behavior：A Meta-analytic Test of The Conservation of Resources Framework ［J］. Journal of Organizational Behavior, 2012, 33（1）：216-234.

［9］Anderson, H. J., Baur, J. E., Griffith, J. A., Buckley, M. R. What Works for You May Not Work for (Gen) Me：Limitations of Present Leadership Theories for the New Generation ［J］. The Leadership Quarterly, 2016.

［10］袁凌, 易麒, 韩进. 谦卑型领导对下属沉默行为的影响机制研究 ［J］. 软科学, 2016, 30（11）：96-100.

［11］Zhu, W. C., He, H. W., Trevino, L. K., et al. Ethical Leadership and Follower Voice and Performance：The Role of Follower Identifications and Entity Morality Beliefs ［J］. Leadership Quarterly, 2015, 26（5）：702-718.

［12］Schniederjans, D., Schniederjans, M. Quality Management and Innovation：New Insights on A Structural Contingency Framework ［J］. International Journal of Quality Innovation, 2015, 1（2）：1-20.

［13］杨红明, 廖剑桥. 公务员敬业度及其影响因素的实证研究 ［J］. 管理学报, 2011, 8（6）：865-671.

［14］Hobfoll, S. E. Social and Psychological Resources and Adaptation ［J］. Review of General Psychology, 2002（6）：307-324.

［15］Walumbwa, F. O., Mayer, D. M., Wang, P., et al. Linking Ethical Leadership to Employee Performance：The Roles of Leader-member Exchange, Self-efficacy and Organizational Identification ［J］. Organizational

Behavior and Human Decision Processes, 2011, 115 (1): 204-213.

[16] Kalshoven, K., Den Hartog, D. N., De Hoogh, A. H. B. Ethical Leadership at Work Questionnaire (ELW): Development and Validation of a Multidimensional Measure [J]. Leadership Quarterly, 2011, 22 (1): 51-69.

[17] Cropanzanp, R., Mitchell, M. S. Social Exchange Theory: An Interdisciplinary Review [J]. Journal of Management, 2005, 31 (6): 874-900.

[18] Morrison, E. W. Employee Voice and Silence [J]. Annual Review of Organizational Psychology and Organizational Behavior, 2014, 1 (1): 173-197.

[19] He, H., Brown, A. D. Organizational Identity and Organizational Identification: A Review of the Literature and Suggestions for Future Research [J]. Group and Organization Management, 2013, 38 (1): 3-35.

[20] Brown, A. D., Starkey, K. Organizational Identity and Organizational Learning: A Psychodynamic Approach [J]. Academy of Management Review, 2000, 25 (1): 102-20.

[21] Cremer, D. D., Knippenber, V. D. Cooperation with Leaders in Social Dilemmas: On the Effects of Procedural Fairness and Outcome Favorability in Structural Cooperation [J]. Organizational Behavior and Human Decision Processes, 2003, 91 (1): 1-11.

[22] Markus, H. R., Kitayama, S. Culture and the Self: Implications for Cognition, Emotion and Motivation [J]. Psychological Review, 1991, 98 (2): 224-253.

[23] Krikman, B. L., Lowe, K. B., Gibson, C. B. A Quarter Century of Culture's Consequences: A Review of Empirical Research Incorporating Hofstede's Cultural Value Framework [J]. Journal of International Business Studies, 2006, 37 (1): 285-320.

[24] Pilarska, A. Self-construal as a Mediator between Identity Structure and Subjective Well-being [J]. Current Psychology, 2014, 33 (1): 130-154.

[25] Smidts, A., Pruyn, T. H. H., Van Riel, C. B. M. The Impact of Employee Communication and Perceived External Prestige on Organizational Identification [J]. The Academy of Management Journal, 2001, 44 (5): 1051-1062.

[26] Tangirala, S., Ramanujam, R. Employee Silence on Critical Work Issues: The Cross Level Effects of Procedural Justice Climate [J]. Personnel Psychology, 2008, 61 (1): 37-68.

[27] Singlis, T. M. The Measure of Independent and Interdependent Selfconstruals [J]. Personality and Social Psychology Bulletin, 1994, 20 (5): 580-591.

[28] Hayes, A. F. Introduction to Mediation, Moderation, and Conditional Process Analysis: A Regression-based Approach [M]. New York, NY: Guilford Press, 2013.

[29] 杨红明, 廖剑桥. 公务员敬业度及其影响因素的实证研究 [J]. 管理学报, 2011, 8 (6): 865-671.

The Mechanism of Ethical Leadership on Employee Voice and Employee Silence of Frontline Civil Servants

—A Moderated Mediation Model from the Theoretical Perspetives of Resource Conservation and Social Exchange

Li Xiang Shi Kan Wan Jin Liu Ye

Abstract: This study invetigated the effects of ethical leadership on employee voice and employee silence of frontline civil servants by testing a moderated mediation model. Results showed that ethical leadership positively predicted employee voice, while negatively predicted employee silence; organizational identification mediated the relationship between ethical leadership and employee voice, as well as employee silence; interdependent self-construal negatively moderated the effets of ethical leadership on employee voice and employee silence. These results provide practical implications for the management of frontline civil servants.

Key words: ethical leadership; employee voice; employee silence; organizational identification; self-construal

社会排斥对生活满意度的影响研究：
社会自我效能感与社会支持的作用*

陈　建　赵轶然　陈　晨　时　勘

【编者按】21 世纪以来，人口流动浪潮成为我国新特色现象，庞大的人口规模涌入城市，使经济发展和国家现代化的同时，也带来了一系列社会融合过程中个体社会身份认同感和归属感的问题。在当时，日益凸显的社会排斥问题是人们高度关注的话题：本地人反感外地人对原有环境秩序的破坏，外地人也常常遭遇歧视与不公，由此引发了一系列罢工、违法犯罪、暴力事件等社会问题。面对频发的负性社会事件，时老师带领中国科学院管理学院、中国科学院心理所和中山大学的研究生们开展了为期三年的研究，目的是从心理学的角度探索造成人际心理壁垒的排斥的原因是什么，并寻找协调群际关系、预防和缓解社会排斥现象的有效途径。科学研究工作是漫长而曲折的，好在有时老师带领我们。作为一名科研人员，首先需要具有敏锐的洞察力去发现问题、发现新事物、发现新方法。在这点上，时老师敏锐的洞察力让我们每个人都敬佩不已。每当讨论一个新问题时，他都能深入挖掘，很快地分析出问题出现的原因、影响因素和内在联系等，并有条理地列举出相应的解决步骤和措施。精益求精是时老师的另一大特点。我们汇报阶段结果时，常常会涉及一些模棱两可或悬而未决的问题，他总会耐心地与我们讨论，并鼓励我们"把自己手头的数据吃透"。他希望我们能不断挖掘本质、加强深度，不懈探索试验结果背后隐藏的规律。时老师还特别督促我们积极汇报，锻炼课题组的每位成员用条理清晰、逻辑合理的语言对研究过程和结果进行描述。他比喻，对于论文的用词、图片解释、理论描述等要精益求精，要像舞者的动作一样精准到位，我们每个人都受益良多。我们的工作时间普遍较长，而在我们课题组，虽然时老师最年长，但若论勤奋，任何人肯定都是不如时老师的。不夸张地说，课题组几乎每个学生都曾在凌晨五点左右收到过老师的回复邮件，有时候是关于工作的下一步安排，有时候是修改的论文。大到选题把控，小到细节决定，他都会以最快的速度给学生一一反馈。更厉害的是，老师时间管理能力极强，工作时全心投入，一有空闲时间立刻进入休息状态。在时老师的精心安排下，我们各自分工，但又高度配合，互相沟通与交流。课题稳中有序地向前推进。2015~2016 年，我们的研究成果陆续被《管理评论》等中文核心期刊接收。光阴似箭，社会融合与排斥的课题早已拉下帷幕，而在这三年中，我充分意识到，科学研究要有明确的课题与目标，要有自主学习的态度，要学会掌握上下而求索的方法，更重要的是，我们有时刻给予我们支持与帮助的导师。（赵轶然，中国人民大学心理学系 2015 级博士生，国家社科后评估重点项目　兼职研究员）

----

* 基金项目：国家社会科学基金重大项目（13&ZD155）；国家自然科学基金项目（71702202）。

摘　要：通过对国内某地区共174名流动人口的多时间点问卷调查，考察了社会排斥对外地人生活满意度的影响，并探讨了社会自我效能感的中介作用和社会支持的调节作用。研究结果表明：①社会排斥对生活满意度有负向影响；②社会排斥通过负向影响社会自我效能感，进而降低生活满意度；③家庭支持和朋友支持调节了社会自我效能感和生活满意度的关系，即个体感知到的家庭和朋友支持越高，社会自我效能感对生活满意度的正向影响越强。

关键词：社会排斥；生活满意度；社会自我效能感；社会支持

一　引言

随着我国经济改革和城市化的发展，人口流动浪潮成为中国新特色现象。庞大规模的人口涌入城市，使经济发展和国家现代化的同时，也带来了一系列社会融合过程中个体社会身份认同感和归属感的问题[1]。外来人口往往渴望融入城市，但是由于自然背景（如气候、地理条件等）、社会环境（如文化、语言、生活方式、经济发展水平等）的巨大差异，很容易因为其"外地身份"产生距离而衍生出隔阂。近年来频发的负性社会事件表明，如果生活在同一片区域的外地人与本地人无法和谐共处，则有可能引发罢工、违法犯罪、暴力事件等一系列社会问题。因此，如何降低日益凸显的社会排斥带来的隐患，已成为研究者高度关注的话题[2]。

被群体接纳、建立并维系积极人际关系是人类的最基本需求[3]，与这一客观需求相对立的现实却是，大量研究结果表明，社会排斥广泛存在于人类生活中[4]，几乎"发生在我们生活的每一天"[5,6]。社会排斥不仅会引发个体的负性情绪（如受伤感、心理烦恼、痛苦知觉等）[7]，影响心理健康（如导致抑郁、焦虑、孤独）[8,9]，同时也会干扰个体日常的饮食、睡眠等生活质量问题，继而改变个体对生活与工作的感知与评价[10-14]。生活满意度是个体生存发展状况的"晴雨表"，其评判往往是基于个人整体的、内在的视角标准进行比较得出，并且涉及个体如何感知未来生活[15,16]，是主观衡量生活质量的重要指标。已有研究更多集中于社会排斥对心理健康、主观幸福感的影响，但对于研究对象却并未进行细致的划分。虽然已有文献指出了外来人口的城市融合对于城市发展具有重要作用[17]，但专门对于外来人口在城市融合过程中可能遇到的更多的社会排斥现象如何影响其融入城市的生活质量，尤其是两者间作用机制的研究则较为缺乏，鉴于此，本研究关注外地人口并考察此群体感知到的社会排斥对其生活满意度及其内在作用机制的影响。

在人际关系质量影响的诸多自我概念因素中，社会自我效能感是重要的心理因素之一[18]。社会自我效能感体现了个体对自己能够建立并维持社会关系的信心程度[19]，受人际反馈影响，并决定个体投入多少社交活动。然而，目前对成人的社会自我效能感却知晓很少[20]。一项针对青少年群体的研究发现，生活压力降低了青少年的社会自我效能感，导致手机成瘾[18]。社会排斥往往降低自我效能感，而情绪在一定程度上会影响个体对其社会自我效能感的判断。Erozkan 和 Deniz[21]的研究表明，失望消极的情绪会降低个体的社会自我效能感，进而改变对生活满意度的感知。需要—威胁的时间模型也曾指出，社会排斥会影响个体的效能需求[22]。因此，本研究试图从社会自我效能感的视角来解读社会排斥的传导机制，即检验社会自我效能感对社会排斥—生活满意度的中介作用。

与社会自我效能感这一个体内部资源相对，社会支持作为一种外部支持资源，是自我效能感、主观幸福感相关研究的一个重要变量[23]。社会支持能够使个体在需要时提供帮助，给予归属感与尊重[24]。需要—威胁的时间模型认为，社会排斥并不产生单一的反应倾向，其结果复杂甚至矛盾，排斥后个体的心理感受、行为表现取决于不同需求的制约效应[25]。我们认为，社会支持可能是社会排斥事件中影响个体内在资源与生活满意度的一个重要调节变量。因此，本研究提出了检验社会支持对生活满意度的调节效应。

我国在快速人口城市化和城乡结构转变的过程中，心理层面引发的社会矛盾日益激烈，如何协调群际关系、打破人际心理壁垒、预防和缓解社会排斥现象，从而最终推进和谐社会进程是摆在研究者面前的重要任务。回顾文献可知，引入社会自我效能感这一新的变量，并同时考虑社会排斥对三个变量（生活满意度、社会自我效能感、社会支持）的影响及作用机制，有待进一步的实证探讨。基于以上分析，本研究试图考察社会排斥影响外来人口群体生活满意度的中介心理机制，并进一步探索机制的边界条件，以期为缓解社会排斥问题提供理论依据和实践指导。

二　相关研究评述和研究假设

1. 社会排斥

社会排斥（social ostracism, social exclusion）是指在人际交往中，个体被拒绝或驱逐的状态，没有解释且不伴随明确表示不喜欢，是一种人际相互作用中的嫌恶现象[22]。社会排斥的发生可能是有意的，也可能是无意的[26]。Williams[22]将与生存进化目的无直接相关的社会排斥分为五类：①防御性排斥（defensive ostracism），由于个体怕被取代或预期将会被排斥，而采取的提前防御性质的排斥；②惩罚性排斥（punitive ostracism），以忽略或驱逐为手段，通过惩罚来强制遵守规范，旨在纠正有悖于群体规范的不恰当行为；③角色规定排斥（role-prescribed ostracism），由于特殊的角色性质被默认无须得到关注，例如餐厅服务者的诸如倒水、上菜等行为十分容易受到顾客"理所当然"的忽视；④无意排斥（oblivious ostracism），是一种由于个体潜意识自动未分配注意导致的排斥，这种情况往往发生在地位悬殊的两方，权力等级较低一方没有表现出较高权力等级一方关注的特质而被忽略；⑤无排斥（not ostracism），指个体揣测或臆造出的事实不存在的排斥，例如一个人向迎面走过的同事打招呼没有得到回应，当事人感知为排斥，而实情可能仅仅是由于对方在想心事。

大量研究发现，无论有意或无意排斥，上述任何一种形式的排斥都会对个体造成负面影响且具有累积效应[6]。即使被排斥者实际上最终得到了物质利益[27]，只要感知到社会排斥都会或多或少引发个体的痛苦感受[28]，甚至一些微不足道的排斥细节，例如路人的拒绝[29]、社交网络中对方的未跟进回复[30]、非自我认同的外群体的轻视[31]都会引起负面情绪。社会排斥除了会带来情绪方面的烦恼与不知所措之外，在认知方面也会导致个体处于解构状态、更少进行意义性的思考、伴随自我意识减弱，在行为方面表现出嗜睡、情绪躲避、寻求庇护等[7,32,33]。相关神经机制的研究发现，身体遭受的物理疼痛与遭受社会排斥的心理痛苦激活相同的大脑区域，暗示着社会排斥本质是一种"社会性疼痛"（social pain）[34]。

另外，社会排斥对个体产生的影响还会随着时间变化。排斥初期，个体往往行为反应激烈，表现出侵略性的反社会行为[35]，或者是完全相反的反应——在极其强烈的归属愿望驱使下而不区分对象地讨好他人，过程中伴随短暂性精神紧张，对健康形成潜在功能性紊乱破坏[22]。长期的社会排斥高度预测抑郁、社交焦虑、孤独等心理健康疾病，慢性作用中造成个体习得性无助，视其存在为负担，自身价值评价较低[36]。此外，症状还表现为对威胁信号过度敏感和自主疏远他人[22]。最终，社会排斥会改变某些人格特质（如显著降低宜人性[25]）。值得一提的是，社会排斥与人格互为因果，低宜人性既是引发社会排斥的原因，也是社会排斥造就的结果[30]。神经质得分高的个体在面临排斥时情绪更为悲痛[6]。综上，在短期社会排斥中，人们设法抗争、寻求归属、引起他人注意、自我提升；而在长期社会排斥中，个体将形成较低的自我价值感与习得性无助，逐渐接受人际距离与孤独，以淡漠退缩的处理方式逃避更多的社会排斥。

2. 社会排斥与生活满意度

生活满意度（life satisfaction）是指个体依据自己设定的标准对其生活状况的认知评估，是主观幸福感（subjective well-being）的认知判断部分，基于整体而非当下感受的一种主观评价[37]。在影响生活满意度的前因变量中，除了个体因素（如婚姻、工作、健康状况），还包括社区（邻里关系）以及整体社会环境的影响因素[37]，已有研究表明，良好的人际交往及关系质量对幸福感评价具有较好的预测效果[38]，个体积极的人际网络会正向影响个体的生活满意度，消极的人际关系或较低的人际质量则会负向影响个体的生活满意度[39]。

从进化角度来看，人类相互依赖，社会联系和归属感是个体身心健康的核心要素，社交行为的潜层动力是对归属需要的满足[40]。"需要—威胁的时间模型"[41]以个体需求受到威胁的变化趋势，描述了一个人在遭受社会排斥后经历的三个阶段及其反应（反射阶段 reflexive stage，反省阶段 reflective stage，退避阶段 resignation stage）。首先，排斥被监测到，随即引发个体条件反射般的痛苦。这种痛苦产生两种负性情绪——悲伤（sadness）和愤怒（anger），并威胁四种基本需求：归属（belonging）、自尊（self esteem）、控制感（control）、存在意义感（meaningful existence）。在反射性阶段，任何形式的社会排斥被察觉都会给人以痛苦（如角色规定排斥），且这种负面作用具有普遍性，不受情境和个体差异的影响。随后，个体进入反省阶段，活动包括辨别来源、分析原因、评估情境、决定对策等。其中，采取的对策往往取决于威胁需求的类型。如果归属/自尊需求受到威胁，那么个体会为了增加自身吸引力而"社会化"，这时往往不加判别地屈从逢迎，即任人摆布。相反，如果控制/存在意义需求受到威胁，个体则会表现出坚决抵抗，甚至挑衅排斥群体，即负隅顽抗。可见，在反思性阶段，个体归因不同，体验到的威胁不同，可能采取两种截然不同的行为。在情感受伤与自我怀疑的交织中，个体感受到一种难以控制的无力感，自尊降低，存在感和意义感被破坏，并体验更深程度的紧张、焦虑、抑郁、沮丧等负面情绪。最后，如果长此以往，排斥持续并不断延长，需要始终得不到满足，个体步入退避阶段。这时，个体资源殆尽而接受现实，形成疏离、抑郁、低价值的状态。社会排斥经历无疑是个体的一段不愉快记忆，而生活满意度反映了积极经验对一个人的影响[42]，因此我们认为，社会排斥对个体引发的痛苦会降低个体的生活满意度。基于以上，本研究假设：

H1：社会排斥对个体生活满意度有显著负向影响。

3. 社会自我效能感的中介作用

社会自我效能感（social self-efficacy）是人们对自己能够适应各种人际互动情境能力的

判断和信心[43]，属于自我效能感在社会情境下的表现，涉及的行为包括结交新友、社交情境中表现自信、追求浪漫爱情、接受并给予帮助、解决人际冲突等[21]。Bandura[44]认为，社会自我效能感表现为三方面：①知晓哪些是恰当的社会行为；②社交活动中能有效表现出自信；③相信他人会对自己的互动信号有所反馈。社会自我效能感本质上是一种主观的、对社会交往有激励作用的个人信念。

社会自我效能感建立在个体以往的互动经验之上，很大程度上受人际反馈左右[44]：付出没有回报、需求得不到满足的负性社交反馈系统能够降低个体的社会自我效能感。一系列实证研究表明，社会排斥引发的社交失落、社会焦虑、孤独感、抑郁、低自尊等均与自我效能感高度相关[19,21,44,45]，这与需要—威胁的时间模型强调[22]社会排斥对个体基本的效能需求的形成发挥着重要影响的观点相一致。在工作场所中，职场排斥（workplace ostracism）导致情绪衰竭和心理痛苦，破坏了自尊水平，从而降低工作满意度和主观幸福感[46]。综上所述，我们认为社会排斥与社会自我效能感负相关。

人类的幸福感受根植于较高的自我效能感[43]。一个人的自信水平能够影响对事物的看法与评价。有关自我效能感的研究已表明，自我效能感能够提高个体的心理健康[47]。专门针对社会自我效能感的研究近几年才逐渐增多，研究已证实社会自我效能感对生活结果的多个变量具有很强预测力，包括能够影响个体生活目标、跨文化适应力[48]，并直接预测生活满意度[49]。以中国人为被试的本土化研究结果显示，个体感知到的社会自我效能感得分与主观幸福感评价各个维度（生活满意度、积极情感、消极情感）均显著相关[20]。综上所述，我们认为，社会自我效能感与生活满意度正相关。

社会排斥与生活满意度存在稳定的关系，可能是通过某种心理资源而发挥作用。社会自我效能感是个体在社交方面的心理资源，它介于社会排斥类负性事件与个体生活整体评价之间，可以作为理解社会排斥与生活满意度之间关系的一个中介心理变量。因此，本研究假设：社会排斥通过影响个体的社会自我效能感，从而影响生活满意度。

H2：个体的社会自我效能感在社会排斥与生活满意度的关系中发挥中介作用。

4. 社会支持的调节作用

社会支持（perceived social support）是个体从社会关系网络（如家庭成员、朋友、组织、社区等）中所获得的物质帮助或精神支持。社会支持具有三个情感特点：①个体感到自己是关系网络中的一员；②个体体验到支持系统的关心；③社会支持满足了个体的自尊需求和价值感[24]。

所谓"人生不如意十有八九"，在我们日常生活中不断面临的阻碍与挫折中，社会支持通常扮演着形成和维持幸福的"缓冲器"角色。社会支持一方面对个体身心健康具有普遍的增益作用，另一方面能够在应激或长期负性情境中发挥保护作用。相关实证研究显示，充足的社会支持能够引导个体正向面对以化解工作生活矛盾，增强个体信心以应对环境挑战[50-52]，并且直接与个体的心理健康和生活感受相关，如主观幸福感、生活满意度[53]。相反，缺乏社会支持会直接导致诸如抑郁、痛苦等负面的心理状态，并破坏自我概念[54]，即使较高的社会自我效能感也无法提升生活满意度。自我效能感的作用和意义通常会受到社会支持的影响，生活满意度的落实也随着社会支持而变化。

对于本研究而言，我们推测在社会支持不同水平下，社会自我效能感对生活满意度的影响具有差别，主观信心往往要在得到外界客观支持下才能发挥作用[55]，进而影响个体的整体评价。因此，个体感知到的社会支持表现出能够加强或削弱社会自我效能感对生活满意度的影响，在其中起到调节作用。具体对于外地人而言，社会排斥可能通过降低个体社会自我效能感而对他们的生活满意度产生消极影响。但是，如果他们可以从外界获得足够的社会支持，那么在人际关系中被损耗的资源就得到了及时补充[16]，同时也呈现了一份相反于被排斥、被疏远等不受欢迎的客观证据，使外地人得到了现实其他方面的肯定，社会自我效能感的作用得以充分发挥，最终维持了较高的生活满意度。随着社会支持的增加，社会自我效能感能够提高生活满意度，而缺乏社会支持的个体，生活满意度始终处于较低水平。

这里需要注意的是，不同类型的社会关系起到的作用存在差异[56]。社会支持通过不同的结构可以进行多种划分，其中根据来源的角度可分为家庭支持、朋友支持和其他支持。研究显示，亲疏距离带给个体的作用大小存在差异[50]，而对于在外务工的外地人来说，家人、朋友等社会联系较紧密的群体对个体的影响远大于其他关系距离较为疏远的群体（例如同事、同社区居民等）所产生的影响。基于以上分析，社会支持作为提升生活满意度的重要情景（背景）变量，在个体的社会自我效能感与生活满意度的关系中可能发挥着重要作用，本研究假设：

H3a：家庭支持在社会自我效能感与生活满意度的关系中起调节作用。即个体感知到的家庭支持越强，社会自我效能感对生活满意度的影响越大；反之越小。

H3b：朋友支持在社会自我效能感与生活满意度的关系中起调节作用。即个体感知到的朋友支持越强，社会自我效能感对生活满意度的影响越大；反之越小。

综合而言，本研究的理论假设模型见图1。

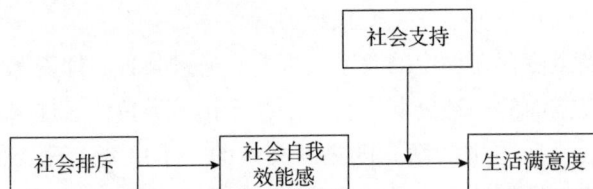

图1　假设模型

三　研究方法

1. 样本与过程

本研究以广州市社区外地居民为研究对象，采用问卷调查法进行数据收集。研究者在该城区民政局相关人员的协助下，对该区居民进行入户调查。为减少共同方法偏差（common method variance，CMV）的影响，本研究采取了多时间点取样的方式获取数据[57]，先后进行两次问卷调查，前后时间相隔一个月。第一次调查（T1）内容包括社会排斥、社会自我效能感、社会支持感和相关人口统计学变量，第二次调查（T2）为个体的生活满意度。问卷填答完毕后由研究人员直接收回。

本研究共向450名社区外地居民发放两次问卷，第一次回收问卷357份，第二次回收问卷321份，回收率分别为79.33%和71.33%。将两次数据进行匹配，最终获得有效配对样本174份。其中，男性41名（23.56%），女性131名（75.29%），2人（1.15%）未提及性别。研究样本的年龄构成为20岁以下1人（0.57%），20~29岁有133人（76.44%），30~

39 岁有 30 人（17.24%），40 岁以上 10 人（5.75%）。以大专及以上学历为主（163 人，93.68%），大部分人的薪酬集中在 1800~6700 元/月这一区间（163 人，93.68%），即高于广东省人民政府公布的当年最低月工资标准，低于广东省月平均工资标准。

2. 研究工具

为保证测量工具具有较高的信效度，本研究采用以往国内外研究中已经使用过的较为成熟的量表进行问卷调查。对于英文量表，本研究采用 Brislin[58] 的标准方法进行翻译和回译，以保证测量对等性。问卷中所有量表均采用 Likert 五点量表计分，从 1 到 5 符合程度逐渐增强。具体采用量表如下：

社会排斥：采用 Stefan 等[59] 所编制的社会排斥量表。该量表是根据 Ferris 等[60] 所开发的职场排斥量表和 Russell 等[61] 所开发的 UCLA 孤独感量表改编而来，共包括 7 个题项，包括"周围的人会忽视我"等题项。该量表的信度系数（cronbach's α）为 0.89。

社会自我效能感：采用 Smith 和 Betz[19] 编制的社会自我效能感量表（the scale of perceived social self-efficacy, PSSE），为更适合中国情境，我国学者顾佳旎等[43] 对该量表进行了中文版修订，量表为单维度结构，共包含 18 个题项，包括"是否有信心主动与不太认识的人攀谈"等题项。该量表的信度系数为 0.93。

社会支持感：采用 Zimet 等[62] 编制的社会支持感量表。该量表包括家庭支持、朋友支持和他人支持三个维度。本研究选择其中的家庭支持和朋友支持维度，每个维度各 4 个条目，包括"在有需要时，我能够从家庭获得感情上的帮助和支持""在遇到困难时，我可以依靠我的朋友们"等题项。信度系数分别为 0.87、0.92。

生活满意度：采用 Diener 等[63] 所编制的生活满意度量表，共包括 5 个题项，例如"我感觉，在很多方面自己的生活都比较理想"等。该量表的信度系数为 0.86。

控制变量：参考以往研究，本研究选取性别、年龄、教育程度、月收入为控制变量。其中，个体的性别采用虚拟变量进行处理，将男性设为"1"，女性设为"0"。年龄分为 5 个等级进行测量，分别为：1=20 岁以下，2=20~29 岁，3=30~39 岁，4=40~49 岁，5=50 岁以上。教育程度分为 4 个等级进行测量，分别为：1=高中及以下，2=专科，3=本科，4=硕士及以上。月收入分为 3 个等级进行测量，分别为：1=1800 元以下，2=1800~6700 元，3=6700 元以上。

3. 数据分析方法

本研究统计分析采用 SPSS 20.0 和 Mplus7 软件。首先采用相关分析进行假设检验的初始测试；然后用验证性因子分析（CFA）进行模型比较，检验社会排斥、社会自我效能感和生活满意度三个变量是否相互独立；最后通过路径分析和层级回归进行假设检验。

四 结果分析

1. 相关分析

表 1 为本研究中各变量的均值、标准差以及相关系数。如表 1 所示，社会排斥与社会自我效能感之间呈负相关关系（r=-0.297, p<0.01），社会排斥与个体的生活满意度之间也呈负相关关系（r=-0.248, p<0.01），社会自我效能感与生活满意度之间呈正相关关系（r=0.293, p<0.01）。

表 1　各变量的描述性统计

变量	1	2	3	4	5	6	7	8	9
1. 性别[1]	1								
2. 年龄[2]	0.015	1							
3. 教育程度[3]	0.104	−0.308**	1						
4. 月收入[4]	0.014	−0.138	0.135	1					
5. 社会排斥	0.050	0.020	−0.117	0.093	1				
6. 社会自我效能感	0.035	0.014	0.066	0.082	−0.297**	1			
7. 家庭支持感	0.014	0.102	0.021	0.011	−0.232**	0.517**	1		
8. 朋友支持感	−0.037	−0.166*	0.180*	0.110	−0.209**	0.572**	0.661**	1	
9. 生活满意度	−0.010	0.095	−0.106	0.011	−0.248**	0.293**	0.258**	0.150*	1
平均值（M）	0.250	2.300	2.580	1.950	2.117	3.836	4.121	4.135	3.524
标准差（SD）	0.474	0.638	0.619	0.222	0.743	0.569	0.751	0.767	0.815

注：N=174；* 表示 $p<0.05$，** 表示 $p<0.01$；1，1=男，0=女；2，1=20 岁以下，2=20～29 岁，3=30～39 岁，4=40～49 岁，5=50 岁以上；3，1=高中及以下，2=专科，3=本科，4=硕士及以上；4，1=1800 元以下，2=1800～6700 元，3=6700 元以上。

2. 模型检验

为确保各变量间具有较好的区分效度，本研究采用验证性因子分析（CFA）进行模型比较检验。本研究对社会排斥、社会自我效能感和生活满意度的三因素模型和将社会排斥、社会自我效能感负载在同一因子上的二因素模型，以及将三个变量负载在同一因子上的单因素模型进行了比较。结果显示，三因素模型（$\chi^2=561.675$，$df=398$，$CFI=0.932$，$TLI=0.926$，$RMSEA=0.049$，$SRMR=0.056$）的各项拟合指标均优于二因素模型（$\chi^2=1028.027$，$df=400$，$CFI=0.739$，$TLI=0.717$，$RMSEA=0.095$，$SRMR=0.112$）和单因素模型（$\chi^2=1440.707$，$df=401$，$CFI=0.569$，$TLI=0.532$，$RMSEA=0.122$，$SRMR=0.131$），且达到可接受水平，表明本文提出的研究模型拟合度符合要求，各变量之间具有较好的区分效度，受共同方法偏差的影响较小。

3. 假设检验

（1）社会自我效能感的中介效应检验。应用 Mplus 7，本研究采用路径分析方法对中介模型假设进行了检验。首先对社会排斥对生活满意度的总效应进行了检验，研究结果显示，社会排斥对个体的生活满意度有显著负向影响（$b=-0.297$，$p<0.01$），假设 1 得到验证。

随后，本研究采取 Bootstrap 法对社会自我效能感在社会排斥与生活满意度间的中介效应进行了检验。Bootstrap 法具有更多的优势，它不仅比上述两种方法具有更高的检验力，且不要求检验统计量服从正态分布，通过对来自重复抽样的大量样本进行反复参数估计，来揭示复合系数的值域分布，以构建新的置信区间，避免由于复合系数的偏态分布所导致的估计偏差，从而获得更为稳定、准确的估计结果。

表 2 显示了对整体模型的中介检验结果。如表 2 所示，社会排斥对个体的社会自我效能感有显著负向影响（$b=-0.236$，$p<0.01$），而个体的社会自我效能感又对其生活满意度有显著正向影响（$b=0.343$，$p<0.01$），且在控制社会自我效能感后，社会排斥对生活满意度的负向影响减弱（$b=-0.216$，$p<0.05$）。Bootstrap 分析结果显示，社会自我效能感的中介作用为 $Z=-0.081$（$p<0.05$），95% 置信区间为 [−0.155，−0.007]，不包含 0，即社会自我效能感的中介作用显著，假设 2 得到验证。

表2　中介效应检验

变量	第一阶段 社会自我效能		第二阶段 生活满意度	
	系数	显著性（p）	系数	显著性（p）
性别	0.055	0.514	0.006	0.961
年龄	0.038	0.612	0.077	0.382
教育程度	0.021	0.750	−0.174	0.067
月工资	0.290	0.042	0.132	0.631
社会排斥	−0.236	0.000	−0.216	0.015
社会自我效能感			0.343	0.004

注：N=174。该表中系数是对全部连续变量进行中心化处理后的参数估计结果。

（2）社会支持的调节效应检验。本研究采用层级回归方法进行调节效应的检验，分析结果如表3所示。为减小回归方程中变量间多重共线性的问题，本文先将这些变量进行中心化处理，然后再逐步纳入回归方程中。将各变量依次纳入回归方程中的顺序如下：首先，将控制变量纳入方程进行回归（即表3中M1）；其次，将中心化处理后的自变量和调节变量，即社会自我效能感和家庭/朋友支持感纳入回归方程中，考察社会自我效能感对生活满意度的主效应（即表3中M2和M4）；最后，将自变量×调节变量，即社会自我效能感×家庭/朋友支持感纳入回归方程中，考察两者的交互作用（即表3中M3和M5）。

表3　调节效应检验

变量	生活满意度									
	M1		M2		M3		M4		M5	
	b	t	b	t	b	t	b	t	b	t
性别	0.025	0.198	0.007	0.053	0.021	0.170	0.007	0.052	0.015	0.124
年龄	0.090	0.901	0.062	0.636	0.029	0.298	0.077	0.784	0.067	0.689
教育程度	−0.166	−1.599	−0.175	−1.733	−0.215*	−2.122	−0.174	−1.700	−0.202	−1.973
月工资	0.232	0.840	0.136	0.504	0.138	0.518	0.132	0.486	0.132	0.491
社会排斥	−0.297**	−3.616	−0.205*	−2.434	−0.192*	−2.314	−0.216*	−2.561	−0.200*	−2.384
社会自我效能感			0.261*	2.111	0.298*	2.430	0.341*	2.603	0.337*	2.597
家庭支持感			0.127	1.386	0.166	1.801				
社会自我效能感× 家庭支持感					0.268*	2.391				
朋友支持感							0.003	0.034	0.084	0.809
社会自我效能感× 朋友支持感									0.225*	2.018
R^2	0.088		0.149		0.178		0.139		0.160	
ΔR^2			0.061**		0.029*		0.051**		0.021*	
F	3.231**		4.153**		4.452**		3.834**		3.926**	

注：N=174；* 表示 $p<0.05$；** 表示 $p<0.01$；M2、M4 的 ΔR^2 是相对于 M1 的 R^2 变化值；M3、M5 的 ΔR^2 则分别为相对于 M2、M4 的 R^2 变化值。

根据表 3 中 M3 的研究结果可知，个体的社会自我效能感对生活满意度有显著正向影响（b=0.298，p<0.05），家庭支持感在社会自我效能感与生活满意度之间起正向调节作用（b=0.268，p=0.05），由此，假设 3a 得到了支持。M5 的研究结果表明，个体的社会自我效能感对生活满意度有显著正向影响（b=0.337，p<0.05），朋友支持感在社会自我效能感与生活满意度之间也起到正向调节作用（b=0.225，p<0.05），由此，假设 3b 得到了支持。

为了更加直观地表现任务互依性的调节作用，本研究以调节变量的均值加减一个标准差作为分组标准，分别对高家庭/朋友支持感和低家庭/朋友支持感情况下，社会自我效能感与生活满意度间的关系进行了描绘，具体如图 2a、图 2b 所示。

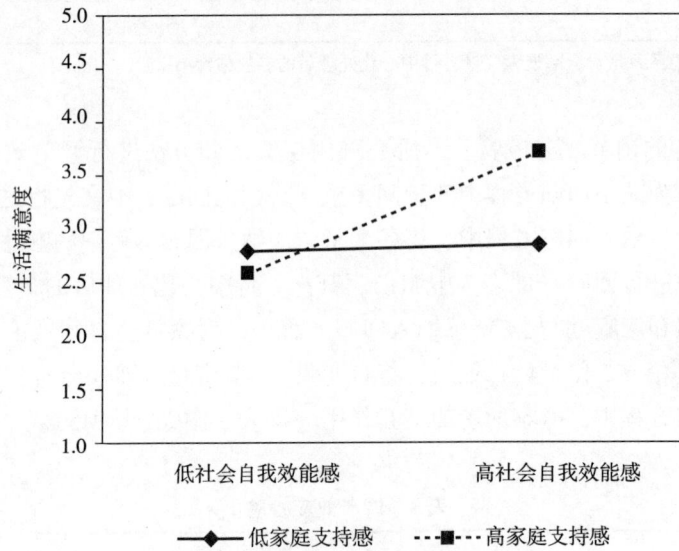

图 2a   家庭支持感的调节作用

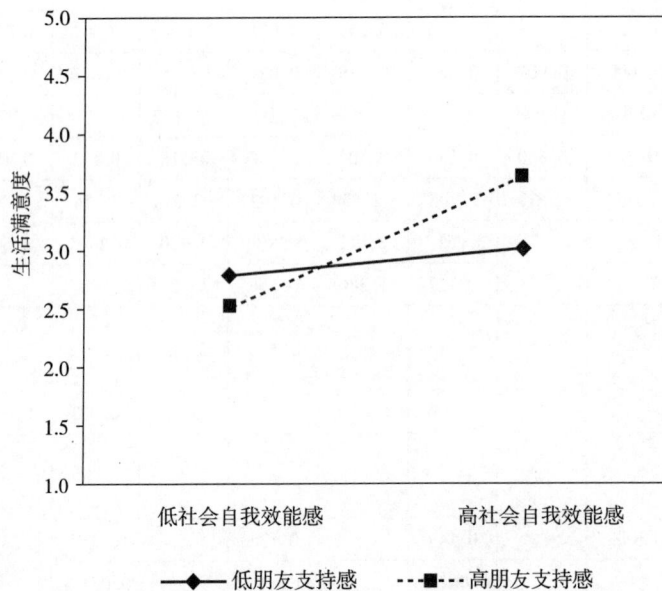

图 2b   朋友支持感的调节作用

五 结论及讨论

1. 研究结论

本研究对 174 名外地人口进行问卷调查，基于需要—威胁的时间模型构建了调节中介效应模型，以个体感知到的社会自我效能感作为中介变量、感知到的社会支持作为调节变量，探查了外地流动人员面临的社会排斥问题对生活满意度的影响机制。结果表明：社会排斥能够对外来人员的生活满意度产生直接的消极影响；外来人员的社会自我效能感在社会排斥与生活满意度的关系中起到了中介作用；外来人口感受到的家庭支持和朋友支持在社会自我效能感与生活满意度间起正向调节作用，社会自我效能感对生活满意度的预测作用随着亲友支持的增加而升高。以上研究结果对社会排斥相关的理论研究以及现实社区管理实践均有重要的启示。

2. 理论意义

本研究结果具有重要的理论意义。首先，虽然目前已有研究者关注社会排斥对个体生活满意度的影响，但专门针对外来人口的研究则较为缺乏。随着我国城市化进程的加快，外来人口已然成为城市群体中的重要组成部分，在某些大城市甚至已经超越常住人口数量。相比于常年居住于此的本地人来说，当个体从一个熟悉的环境迁移到一个陌生的环境，遇到文化、语言、经济条件、就业等方面的差异，必定会造成心理上或身体健康方面的影响[64]。而外地人如果无法顺利融入该城市，从内心产生"身份认同"与"社区/城市归属"，便可能导致一系列负向社会效应。因此，专门针对外地人口的社会排斥研究，尤其是对其内在作用机制的研究，在一定程度上丰富了社会排斥的相关研究。

其次，本研究发现社会排斥确实能够降低外来人口的生活满意度，并且个体的社会自我效能感在社会排斥影响生活满意度评价中发挥作用。根据 Williams 的需要—威胁的时间模型，降低个体的自我认知方面的效能感是社会排斥的破坏性结果之一[41]。对外来人口而言，社会排斥带来控制感与自我价值感的丧失、社交自信的挫伤、自我效能感的降低，形成生活"不满意"的整体评价，显示出社会排斥对外来人口感知生活的负面影响，也反映出社会排斥伤害的核心——社会自我效能感。社会自我效能感监控着个体人际行为的发生和发展，对生活感知评价有着特殊且重要的意义[43]。这一结论不仅为社会排斥与外来人口生活满意度之间的消极联结提供了新的证据，同时也为人们理解社会排斥影响流动人口生活满意度的心理机制提供了新的视角。

最后，本研究发现，外地人感知的家庭及朋友支持对社会自我效能感与生活满意度之间的关系起调节作用，即社会自我效能感对生活满意度的影响作用会随着家庭和朋友支持的提高而加强。这个结论显示，外地人口一旦感受到社会排斥就会降低他们自己社交效能感的评价，但是这个负向作用是否会通过个体的社交自我效能感的传导进一步降低生活满意度，还取决于家庭和朋友支持水平。背后的原因可能有以下两个：第一，不同社会支持来源对不同群体、特异情境中的作用机制存在不同。比如国内近年的几项研究发现，家庭支持、朋友支持、工作支持等社会支持对企业家子女、护工的生活满意度评价有显著差异性的影响[65,66]，对不同群体来说，各个类型的社会支持往往意义不同。第二，中国具有"关系本位"的文化特征，贯以家庭为基础单元，外地务工人员往往背井离乡，因此在人际网络上存在一种明显的差异格局，天然的血缘关系与密切的地缘关系往往组成个体的核心圈子，亲人与朋友相比其他群体更会在异地聚居生活中发挥巨大作用。根据需要—威胁的时间模型，如果人际需求（包括归属需求、自尊需求）被威胁，那么个体会倾向于以亲社会的方式感受他人情绪、思考问题并做出行动。如果效能需求（包括存在需求）被威胁，那么个体可能做出更多挑战矛盾、强行控制甚至反社会性的行为[4]。由此可知，人们对社会关系平衡的需要和自我概念肯定的需要是在一定程度上平行对等的，压抑不同的需求引发截然相反的行为反应。然而，本研究显示出两种需求之间相同方向互为补充的作用，即亲友支持越高，社会自我效能感对生活满意度发挥的作用越多；反之亦然。这可能是由于，社会排斥的发生难免令人产生自我怀疑与否定，带来社交能力的不自信，然而较高的社会支持（主要是来自家人朋友）直接保障了人际需求的满足，这时人际需求的满足支撑弥补了正在消耗的自我效能感，并抵抗社会排斥的消极影响。这一研究结果对个体社会自我效能感对生活满意度的作用边界进行了深入拓展，也在一定程度上说明了个体生活状态决定了内在资源与外在资源的相互作用。因此，本文的这一研究结果对今后从资源互补角度探讨社会排斥对个体的影响有重要意义。

3. 管理启示

本研究的相关结论也具有一些实践意义，可以为组织管理提供一些启示和建议：首先，我们发现个体的社会自我效能感能够传导社会排斥对生活满意度的影响。社会自我效能感决定人们如何感知生活、如何思考社会排斥的问题、如何自我激励以及如何采取措施[45]。大量的研究表明，社会自我效能感与众多积极的生活感受密切关联，以多种形式增强人们的成就感和幸福感[45]。因此，重视社会自我效能感的树立应作为关爱外地移民群体的重要途径。其次，社会自我效能感对生活满意度的影响在一定程度上受到家庭、朋友支持的影响。这说明，人们往往透过与亲朋好友互动关系来形成自我能力判断并相应评价生活；对于在外打拼的人，亲友相伴具有抵抗社交挫折的作用。因此，想要降低社会排斥引发的效应，社区还需要重视个体获得的支持感和归属感，这不仅能够直接带来正面的生活状态和评价，而且有助于衰减社会排斥对个体认知和行为的负面影响。最后，社区管理者应区别对待社会支持水平不同的外地移民。对社会支持较低的外地人来说，应着重帮助他们采取直接方式增强社会支持，例如进行人际问题梳理、正念训练等[67]；对于社会支持感较高的外地人口，应树立亲友支持意识，以帮助他们建立社会自我效能感，例如以家庭辅导方式提高个体对社交能力的自我肯定。反过来，当个体社会自我效能感不断提高后，也会逐渐主动寻找帮助并学会有意培养社会关系来处理人际冲突，减缓压力，获得幸福感[19]。

4. 研究局限与未来展望

本研究主要存在以下方面的不足需要改进：首先，为了避免共同方法偏差，本研究采用了在多时间点收集变量数据的方法，但这在一定程度上导致了研究中被试流失率较高，最终样本量相对较小，研究结论的可推广性受到了限制。本研究结果是否普遍适应于我国文化背景以及其他弱势群体还需要进一步的检验。另外，虽然多时间点的数据收集能够在一定程度上减小共同方法偏差的影响，但全部变量采取个体自评的方式仍然可能影响分析结果，且对研究的因果推论和作用机制推论的解释效力有所影响，未来研究可考虑采取纵向研究或是对被试持续一段时间的每日测量（daily measure）的方法，以便获得更为严谨的结论。最后，本研究基于个体层面关注社会排斥的影响机制，未来的研究可以进一步结合多层次和跨层次研究的方法，考察社会排斥在社区和社会文化层次上的影响，使变量之间的因果关系更为清晰。

参考文献

［1］崔岩．流动人口心理层面的社会融入和身份认同问题研究［J］．社会学研究，2012，27（5）：141-160．

［2］宋月萍，陶椰．融入与接纳：互动视角下的流动人口社会融合实证研究［J］．人口研究，2012，36（3）：38-49．

［3］Maslow, A. H. , Frager, R. , Fadiman, J. Motivation and Personality［M］. New York：Harper & Row, 1970.

［4］Williams, K. D. Ostracism［M］. New York：Guilford Press, 2001.

［5］Nezlek, J. B. , Wesselmann, E. D. , Wheeler, L. , et al. Ostracism in Everyday Life：The Effects of Ostracism on Those Who Ostracize［J］. The Journal of Social Psychology, 2015, 155（5）：432-451.

［6］Nezlek, J. B. , Wesselmann, E. D. , Wheeler, L. , et al. Ostracism in Everyday life［J］. Group Dynamics：Theory, Research, and Practice, 2012, 16（2）：91-104.

［7］MacDonald, G. , Leary, M. R. Why Does Social Exclusion Hurt? The Relationship between Social and Physical Pain［J］. Psychological Bulletin, 2005, 131（2）：202-223.

［8］McGraw, K. Gender Differences among Military Combatants：Does Social Support, Ostracism, and Pain Perception Influence Psychological Health［J］. Military Medicine, 2016, 181（1）：80-85.

［9］Bastian, B. , Jetten, J. , Chen, H. , et al. Losing Our Humanity：The Self-Dehumanizing Consequences of Social Ostracism［J］. Personality and Social Psychology Bulletin, 2013, 39（2）：156-169.

［10］Paolini, D. , Alparone, F. R. , Cardone, D. , et al. "The Face of Ostracism"：The Impact of the Social Categorization on the Thermal Facial Responses of the Target and the Observer［J］. Acta Psychologica, 2016（163）：65-73.

［11］Headey, B. , Kelley, J. , Wearing, A. Dimensions of Mental Health：Life Satisfaction, Positive Affect, Anxiety and Depression［J］. Social Indicators Research, 1993, 29（1）：63-82.

［12］Bastian, B. , Kuppens, P. , De Roover, K. , et al. Is Valuing Positive Emotion Associated with Life Satisfaction［J］. Emotion, 2014, 14（4）：639-645.

［13］Meagher, B. R. , Marsh, K. L. Seeking the Safety of Sociofugal Space：Environmental Design Preferences Following Social Ostracism［J］. Journal of Experimental Social Psychology, 2017（68）：192-199.

［14］叶仁荪，倪昌红，黄顺春．职场排斥、职场边缘化对员工离职意愿的影响：员工绩效的调节作用［J］．管理评论，2015，27（8）：127-140．

［15］Hofmann, W. , Luhmann, M. , Fisher, R. , et al. Yes, But Are They Happy? Effects of Trait Self-control on Affective Well-being and Life Satisfaction［J］. Journal of Personality, 2016, 82（4）：265-277.

［16］Ansari, M. , Khan, K. S. A. Self-Efficacy as A Predictor of Life Satisfaction among Undergraduate Students［J］. The International Journal of Indian Pshychology, 2015, 2（2）：5-12.

［17］秦昕，张翠莲，马力，等．从农村到城市：农民工的城市融合影响模型［J］．管理世界，2011（10）：48-57．

［18］Chiu, S. The Relationship between Life Stress and Smartphone Addiction on Taiwanese University Student：A Mediation Model of Learning Self-Efficacy and Social Self-Efficacy［J］. Computers in Human Behavior, 2014, 34（4）：49-57.

［19］Smith, H. M. , Betz, N. E. Development and Validation of a Scale of Perceived Social Self-Efficacy［J］.

Journal of Career Assessment, 2000, 8 (3): 283-301.

[20] Fan, J., Meng, H., Zhao, B., et al. Further Validation of A US Adult Social Self-Efficacy Inventory in Chinese Populations [J]. Journal of Career Assessment, 2012, 20 (4): 463-478

[21] Erozkan, A., Deniz, S. The Influence of Social Self-Efficacy and Learned Resourcefulness on Loneliness [J]. The Online Journal of Counselling and Education, 2012, 1 (2): 57-84.

[22] Williams, K. D. Ostracism [J]. Annual Review of Psychology, 2007, 58 (1): 425-452.

[23] 宋佳萌, 范会勇. 社会支持与主观幸福感关系的元分析 [J]. 心理科学进展, 2013, 21 (8): 1357-1370.

[24] Cobb, S. Social Support as A Moderator of Life Stress [J]. Psychosomatic Medicine, 1976, 38 (5): 300-314.

[25] Wirth, J. H., Williams, K. D. They Don't Like Our Kind: Consequences of Being Ostracized While Possessing a Group Membership [J]. Group Processes & Intergroup Relations, 2009, 12 (1): 111-127.

[26] Kurzban, R., Leary, M. R. Evolutionary Origins of Stigmatization: The Functions of Social Exclusion [J]. Psychological Bulletin, 2001, 127 (2): 187-208.

[27] Van Beest, I., Williams, K. D. When Inclusion Costs and Ostracism Pays, Ostracism Still Hurts [J]. Journal of Personality and Social Psychology, 2006, 91 (5): 918-928.

[28] Hales, A. H., Kassner, M. P., Williams, K. D., et al. Disagreeableness as A Cause and Consequence of Ostracism [J]. Personality and Social Psychology Bulletin, 2016, 42 (6): 782-797.

[29] Wesselmann, E. D., Cardoso, F. D., Slater, S., et al. To Be Looked at as Though Air Civil Attention Matters [J]. Psychological Science, 2012, 23 (2): 166-168.

[30] Tobin, S. J., Vanman, E. J., Verreynne, M., et al. Threats to Belonging on Facebook: Lurking and Ostracism [J]. Social Influence, 2015, 10 (1): 31-42.

[31] Gonsalkorale, K., Williams, K. D. The KKK Won't Let Me Play: Ostracism Even by A Despised Outgroup Hurts [J]. European Journal of Social Psychology, 2007, 37 (6): 1176-1186.

[32] Twenge, J. M., Baumeister, R. F., DeWall, C. N., et al. Social Exclusion Decreases Prosocial Behavior [J]. Journal of Personality and Social Psychology, 2007, 92 (1): 56-66.

[33] Stillman, T. F., Baumeister, R. F., Lambert, N. M., et al. Alone and without Purpose: Life Loses Meaning Following Social Exclusion [J]. Journal of Experimental Social Psychology, 2009, 45 (4): 686-694.

[34] Eisenberger, N. I., Lieberman, M. D., Williams, K. D. Does Rejection Hurt? An FMRI Study of Social Exclusion [J]. Science, 2003, 302 (5643): 290-292.

[35] Williams, K. D., Wesselmann, E. D. The link between Ostracism and Aggression [J]. The Psychology of Social Conflict and Aggression, 2011: 37-51.

[36] Allen, N. B., Badcock, P. B. The Social Risk Hypothesis of Depressed Mood: Evolutionary, Psychosocial, and Neurobiological Perspectives [J]. Psychological Bulletin, 2003, 129 (6): 887-913.

[37] Diener, E., Oishi, S., Lucas, R. E. Subjective Well-Being: The Science of Happiness and Life Satisfaction [M]. New York: Oxford University Press, 2009.

[38] 龚玲, 王鑫强, 齐晓栋. 情绪调节策略与生活满意度的关系: 人际关系的中介作用 [J]. 西南师范大学学报 (自然科学版), 2013, 23 (6): 145-149.

[39] Kwan, V. S., Bond, M. H., Singelis, T. M. Pancultural Explanations for Life Satisfaction: Adding Relationship Harmony to Self-Esteem [J]. Journal of Personality and Social Psychology, 1997, 73 (5): 1038-1051.

[40] Steele, C., Kidd, D. C., Castano, E. On Social Death: Ostracism and The Accessibility of Death Thoughts [J]. Death Studies, 2015, 39 (1): 19-23.

[41] Williams, K. D. Ostracism: A Temporal Need-Threat Model [J]. Advances in Experimental Social Psy-

chology, 2009 (41): 275-314.

[42] Fan, J., Litchfield, R. C., Islam, S., et al. Workplace Social Self-Efficacy Concept, Measure, and Initial Validity Evidence [J]. Journal of Career Assessment, 2013, 21 (1): 91-110.

[43] 顾佳旎, 孟慧, 范津砚. 社会自我效能感的结构, 测量及其作用机制 [J]. 心理科学进展, 2014, 22 (11): 1791-1800.

[44] Bandura, A. Self-Efficacy: The Exercise of Control [Z]. New York: Freeman, 1997.

[45] Galanaki, E. P., Kalantzi-Azizi, A. Loneliness and Social Dissatisfaction: Its Relation with Children's Self-efficacy for Peer Interaction [J]. Child Study Journal, 1999, 29 (1): 1-21.

[46] Wu, L. Z., Yim, F. H. K., Kwan, H. K., et al. Coping with Workplace Ostracism: The Roles of Ingratiation and Political Skill in Employee Psychological Distress [J]. Journal of Management Studies, 2012, 49 (1): 178-199.

[47] Meier, L. L., Semmer, N. K., Elfering, A., et al. The Double Meaning of Control: Three-way Interactions Between Internal Resources, Job Control, and Stressors at Work [J]. Journal of Occupational Health Psychology, 2008, 13 (3): 244-258.

[48] Meng, H., Huang, P., Hou, N., et al. Social Self-Efficacy Predicts Chinese College Students' First-Year Transition: A Four-Wave Longitudinal Investigation [J]. Journal of Career Assessment, 2014, 23 (3): 410-426.

[49] Wright, S. L., Perrone, K. M. An Examination of the Role of Attachment and Efficacy in Life Satisfaction [J]. The Counseling Psychologist, 2010, 38 (6): 796-823.

[50] 林初锐, 李永鑫, 胡瑜. 社会支持的调节作用研究 [J]. 心理科学, 2004, 27 (5): 1116-1119.

[51] Nahum-Shani, I., Bamberger, P. A., Bacharach, S. B. Social Support and Employee Well-Being the Conditioning Effect of Perceived Patterns of Supportive Exchange [J]. Journal of Health and Social Behavior, 2011, 52 (1): 123-139.

[52] Broadhead, W. E., Kaplan, B. H., James, S. A., et al. The Epidemiologic Evidence for a Relationship Between Social Support and health [J]. American Journal of Epidemiology, 1983, 117 (5): 521-537.

[53] Cohen, S., Wills, T. A. Stress, Social Support, and the Buffering Hypothesis [J]. Psychological Bulletin, 1985, 98 (2): 310-357.

[54] Hobfoll, S. E., Walfisch, S. Coping with A Threat to Life: A Longitudinal Study of Self-Concept, Social Support, and Psychological Distress [J]. American Journal of Community Psychology, 1984, 12 (1): 87-100.

[55] Forsythe, L. P., Alfano, C. M., Kent, E. E., et al. Social Support, Self-Efficacy for Decision-Making, and Follow-Up Care Use in Long-Term Cancer Survivors [J]. Psycho-Oncology, 2014, 23 (7): 788-796.

[56] 王忠军, 龙立荣. 员工的职业成功: 社会资本的影响机制与解释效力 [J]. 管理评论, 2009, 21 (8): 30-39.

[57] Lindell, M. K., Whitney, D. J. Accounting for Common Method Variance in Cross-Sectional Research Designs [J]. Journal of Applied Psychology, 2001, 86 (1): 114-121.

[58] Brislin, R. W. Back-Translation for Cross-Cultural Research [J]. Journal of Cross-Cultural Psychology, 1970, 1 (3): 185-216.

[59] Thau, S., Derfler-Rozin, R., Pitesa, M., et al. Unethical for The Sake of the Group: Risk of Social Exclusion and Pro-Group Unethical Behavior [J]. Journal of Applied Psychology, 2015, 100 (1): 98-113.

[60] Ferris, D. L., Brown, D. J., Berry, J. W., et al. The Development and Validation of the Workplace Ostracism Scale [J]. Journal of Applied Psychology, 2008, 93 (6): 1348-1366.

［61］Peplau, L. A., Cutrona, C. E. The Revised UCLA Loneliness Scale: Concurrent and Discriminant Validity Evidence ［J］. Journal of Personality and Social Psychology, 1980, 39 (3): 472-480.

［62］Zimet, G. D., Dahlem, N. W., Zimet, S. G., et al. The Multidimensional Scale of Perceived Social Support ［J］. Journal of Personality Assessment, 1988, 52 (1): 30-41.

［63］Diener, E. D., Emmons, R. A., Larsen, R. J., et al. The Satisfaction with Life Scale ［J］. Journal of Personality Assessment, 1985, 49 (1): 71-75.

［64］邱培媛，杨洋，吴芳，等. 国内外流动人口心理健康研究进展及启示 ［J］. 中国心理卫生杂志，2010, 24 (1): 64-68.

［65］刘剑虹，贺豪振，单文萍. 民营企业家子女的领悟社会支持与生活满意度调查 ［J］. 浙江社会科学，2011, 12 (1): 141-148.

［66］周海燕，常虹，刘丹，等. 护理人员工作家庭冲突，社会支持与工作满意度关系研究 ［J］. 中国护理管理，2011, 11 (10): 57-60.

［67］Hales, A. H., Wesselmann, E. D., Williams, K. D. Prayer, Self-Affirmation, and Distraction Improve Recovery from Short-Term Ostracism ［J］. Journal of Experimental Social Psychology, 2016 (64): 8-20.

Social Exclusion and Life Satisfaction:
The Effect of Social Self-efficacy and Social Support

Chen Jian　Zhao Yiran　Chen Chen　Shi Kan

Abstract: The relationships among social exclusion, life satisfaction, social self-efficacy, social support are discussed by multi-wave questionnaire survey for 174 migrants in China. The result shows that: ①Perceived social exclusion negatively correlates with life satisfaction; ②social self-efficacy serves as the mediating variable between social exclusion and life satisfaction; ③Social support moderates the relationship between social self-efficacy and life satisfaction. That is, the relationship is less positive when social support is low rather than high.

Key words: social exclusion; life satisfaction; social self-efficacy; social support

认知闭合需要研究梳理与未来走向*

刘子旻　时　勘　万　金　陈　晨

【编者按】在众多心理学"定律"当中，我最喜欢社会心理学之父 Kurt Lewin 的行为公式：$B = f (P, E)$。行为是人与环境的复合函数，在研究生成长的这三年里，我对这个道理有着更为深刻的感受——一个人的成长永远不只是一个人的事情，环境有时候发挥着更为重要的作用。2014 年 5 月，本科临毕业需要确定保研去向的时候，我主动给时勘教授发出了询问接收意向的邮件，时老师很快给予我反馈，并于次月主动提醒我人大的保研夏令营开始报名了。我很感动、很幸运、很顺利地参与了考核后被录取了。时老师的课题组同门众多，项目众多，在老师的协调下，我很快适应了课题组的氛围，并投入到一个又一个项目当中。作为一个低年级硕士生，时老师给予了我充分的信任和鼓励，带我参与了其 2013 年 11 月获批的国家社会科学基金重大项目"中华民族伟大复兴的社会心理促进机制研究"，以及与胡平教授团队共同组织的 2017 年度国家社会科学基金申请工作，我在这些项目中感悟良多，成长良多。硕士后期，我对一个认知现象产生了极大兴趣，并在时老师的支持下以"认知闭合需要"为主题开展了一项小研究。我认为，知识经济时代的信息洪流对个体的认知体验造成了巨大挑战。相比于从前的"认知匮乏"，如今的"认知盈余"将对个体的心理和行为模式产生更为深刻和复杂的影响。认知闭合需要作为社会心理学中一个具有广泛预测效度的变量，吸引了来自各领域的研究兴趣。根据朴素认知论的阐述，认知闭合需要仿佛是一种消极的认知属性。然而我认为，在现实生活中，这一看似消极的属性却有可能对个体的工作绩效发挥积极的作用。虽然既往研究中矛盾的数据结果使得认知闭合需要对工作绩效的作用关系模糊不清，但一些学者也提出，区分能力和动机可能是未来研究的合适取向。鉴于此，我首先梳理了相关文献，并撰写成一篇研究综述，随后在时老师的支持下赴广东开展了实证研究，对我的假设进行了初步检验。本文就是我关于这项研究撰写的综述。回顾硕士这段时间的成长，不得不感谢人大心理系和时教授为我提供的极富支持性的环境，让我不断地反思、改进，逐渐明确自己的职业道路。感谢我的导师时勘教授，是他将我从偏僻的西南一隅带来朝气蓬勃的北京，把我从盲目探索的黑暗中引入组织行为学的大门。不仅是领我入门，时老师身上焚膏继晷的惜时精神、当机立断的果敢智慧、休休有容的宽怀雅量，都将成为我未来职涯中的行为准则。（刘子旻，中国人民大学心理学系 2015 级硕士生，北京大学 2018 级博士研究生在读）

摘　要：认知闭合需要反映了个体在不确定情景中的认知动机，在信息爆炸不断加重认知负荷的今天具有重要研究意义。研究梳理了认知闭合需要的概念结构与测量工具，总结了近 30

---

* 国家社会科学基金重大项目（13&ZD155）。

年来相关研究在人格特质、信息加工、决策偏好、态度信念和精神健康等领域的研究结果，最终指出区分"能力"和"动机"是未来研究的正确走向。此外，未来的研究还应深入探讨认知闭合需要的概念与结构，正确使用和合理开发相关测量工具，并且丰富对其前因变量的实证研究。

　　关键词：认知闭合需要；朴素认知论；实证研究

一　引言

　　认知闭合需要是社会认知心理学中的一个研究热点。自 Krnglanski 等于 20 世纪 80 年代提出此概念以来（Krnglanski & Freund，1983），相关研究逐渐渗透到人格、态度和信念等领域。21 世纪以来，认知闭合需要开始被大量引入决策研究，因为诺贝尔经济学奖获得者 Daniel Kahenman 提出的"前景理论"（Prospect Theory）虽然揭示了框架效应的存在，却未能解释为何不同个体对信息框架有着不同的敏感性，而认知闭合需要则为研究这一问题提供了思路。当今时代，个体的信息不确定感持续增强（Kahneman，Slovic & Tversky，1982），认知闭合需要作为影响个体在不确定情境下模糊决策的动机因素，对理解个体的心理与行为发挥着越来越重要的作用。但是 30 多年来，相关研究还存在诸多不一致之处。因此，本研究对该课题的源起和现状进行了梳理，旨在为后继者提供借鉴与参考。

二　认知闭合需要的概念、结构与测量

　　根据最初的定义"给问题找到一个明确答案的愿望，无论是什么答案，都比混乱和不确定更好些"（Webster & Kruglanski，1994），闭合需要（need for closure）是指个体在信息加工过程中一种急于求得答案的认知动机，因此后续研究者也多将这一概念称为"认知闭合需要"（need for cognitive closure）。本研究为指代清晰，统一将其称为认知闭合需要（以下简称 NFCC），QNFCC 的发生分为"夺取"（seizing）和"冻结"（freezing）两个阶段，分别反映了个体"紧迫"（urgency）和"永久"（permanence）两种倾向。在"夺取"阶段，个体没有明确的认知闭合目标，需要通过快速的信息搜索形成对目标问题的尝试性假设；在"冻结"阶段，个体坚持"夺取"时形成的假设并拒绝根据新信息调整原有的认知，此时目标不确定的夺取转变为指向明确的闭合（Kruglanski，Webster & Klem，1993）。

　　NFCC 既可以被当作状态性变量通过控制实验条件诱发（如增加时间压力、评价顾忌、任务难度和降低任务吸引力等）；又可以被当作特质性变量通过量表测量。自 1993 年 Kruglanski 发表认知闭合需要量表（Need for Closure Scale，NFCS）后，后继者更多采用量表形式测量个体的特质性 NFCC。随后不同学者开始对 NFCC 这一概念的结构维度展开争论，相继提出单维、二维、五维和四维说，并至今未有定论。详见表 1。

表 1　认知闭合需要的维度与测量

研究者	研究发现	维度划分
Kruglanski 等（1993）	理论分析 NFCC 应有五种特征：结构偏好、模糊不适、决断性、可预测偏好和心理封闭。收集 57 个题目并形成 42 项 NFCS；验证单因子模型拟合良好	单维：认知闭合需要
Neuberg、Judice 和 West（1997）	提出 NFCS 混淆了信息加工前期急于求解和后期维持结构两种不同的认知动机；并发现单因子模型拟合不好，二因子模型更合适	二维：结构需求；决断性
Houghton 和 Grewal（2000）	将 42 项 NFCS 精简为 20 题项的量表，原来的 5 个维度上各载 4 个题项	五维：结构偏好、模糊不适、决断性、可预测偏好、心理封闭
Roets 和 van Hiel（2007）	验证 Neuberg 的二因子模型优于 Kruglanski 的单因子模型；结构需求和决断性无明显相关；决断性的题目测量的是实现闭合的能力，而非追求闭合的动机。因此开发出 6 道新题目用于替代原 NFCS 中的决断性题目，形成修订版 NFCS；2011 年二人又对该量表进行改良，形成 15 题项的简版量表	二维：结构需求；决断性
刘雪峰和梁钧平（2007）	翻译并修订 42 项 NFCS 为中文版认知闭合需要量表	二维：结构需求；决断性
陈培峰和张庆林（2010）	翻译并修订 56 项 NFCS，发现四因子结构更能解释中国大学生被试的测量结果	四维：结构偏好、决断性、心理封闭、模糊不适

三　认知闭合需要的相关实证研究

（一）认知闭合需要与人格特质

　　Stalder（2007）使用归因复杂性量表、大五人格量表等与二维 NFCS（Neuberg et al.，1997）对 130 名本科生调查后发现：①NFCS 中的"决断性"得分与神经质、社交焦虑、一般不确定性及公共自我意识呈负相关，与外向性和开放性呈正相关；②"结构需求"得分与上述变量的关系正好相反；③然而合并计算 NFCS 总分与这些变量的关系时，其与外向性和社交焦虑等变量的关系不再显著。因此，作者建议后续研究应该对 NFCS 的每个分量表进行单独统计，仅以总分计可能掩盖一些原本显著的关系。闫春平和陈静敏（2011）采用刘雪峰和梁钧平（2007）修订的中文版认知闭合需要量表对 810 名中国学生（包括初中、高中、大学）调查后发现：①青少年的 NFCC 正向预测其 A 型人格，其中"结构需求"具有显著的正向预测作用；"决断性"具有显著的负向预测作用。②父母教养方式对孩子的 NFCC 有显著影响：母亲的情感温暖和理解负向预测子女的 NFCC。③从初中到大学阶段，青少年的 NFCC 总体水平随年龄增长而降低。戚利华、徐晓和王晓燕（2014）对 257 例老年癌症患者展开调查，发现其 NFCC 与韧性人格呈显著负相关，决断性和结构需求两个因子共同解释了韧性人格 42.5% 的变异量。

综上可知，目前关于 NFCC 与人格的关系还未被研究透彻。尤其 Stalder（2007）提出，对 NFCS 求总的计分方式很可能掩盖了之前研究中原本显著的一些关系，加之测量工具、统计方法和文化背景等方面存在差异，导致我们难以通过横向对比形成有关 NFCC 与人格关系的一致结论。

（二）认知闭合需要与信息加工

1. 期望一致信息还是不一致信息

根据朴素认知论（Kruglanski，2013）的观点，高水平 NFCC 者更偏向于采用启发式（heuristic）、简化（simplistic）和自上而下（top-down）的信息加工方式，因此在假设生成和检验的过程中会偏好加工与期望相一致的信息（expectancy-consistent information），迅速接受第一个假设实现闭合并忽略之后的不一致信息。但另有研究证明，高水平 NFCC 者实际更倾向于加工期望不一致信息（expectancy-inconsistent information）以减少不确定感（Kemmelmeier，2015）。Kossowska 和 Bar-Tal（2013）在研究时增加了对个体实现闭合能力（ability to achieve closure，AAC）的测量，证明 NFCC 对启发式信息加工策略的影响受到个体 AAC 的调节：高 NFCC 导致的高启发式策略使用只在高 AAC 者身上出现；在低 AAC 者身上反而出现更少的启发式信息加工。Strojny、Kossowska 和 Strojny（2016）增加了对认知能力（cognitive capacity）的测量，发现高水平 NFCC 者在认知耗竭时才会出现加工期望一致信息的偏好，未耗竭时反而偏好加工期望不一致信息。

2. 信息搜索更少更快还是更多更久

根据认知闭合需要理论，高水平 NFCC 者的信息收集时间更短，频率更低，更多采用基于属性的搜索（attribute-based search），而非基于选项的搜索（alternative-based search）（Choi，Koo，Choi & Auh，2008）。按照该理论的阐释，Ask 和 Granhag（2005）假设在实验模拟的破案场景中，高水平 NFCC 者更容易受到怀疑信息框架的影响而归罪首位嫌疑人（相比另一位动机不明的备择嫌犯），并且判决的时间应该更短，有罪判决的确定性更大。但实验发现，无论是警察被试还是大学生被试，实验结果都没有证实研究假设，相反，高水平 NFCC 者甚至会花费更多时间进行判断。Schenkel、Matthews 和 Ford（2009）发现，高水平 NFCC 者反而更有可能在嘈杂的信息背景下对已发现的商机进行进一步挖掘。何娇（2010）发现，高水平 NFCC 者在决策中的信息搜索次数和决策时间高于低水平 NFCC 者；信息搜索深度及平均信息搜索时间相当。Jasko 等（2015）也发现，在决策任务中，没有收到明确线索指导的高水平 NFCC 者（相比低 NFCC 者）反而会花费更多时间搜集决策信息。Sollár 和 Vaneckoval（2012）报告，不能采用 NFCC 总分直接分析其与个体信息加工方式的关系。听取 Roets 和 Soetens（2010）的建议，他们使用 NFCS 中决断性维度的题目测量被试的 AAC，用结构需求维度的题目测量 NFCC，结果发现 NFCC 与更多的信息搜索行为和认知监控相关；AAC 与这些变量都不相关。Jochemczyk、Pietrzak 和 Zawadzka（2016）发现，高水平 NFCC 者在谈判中的动态语意网络结构（the semantic network）反而更为复杂。

3. 对信息框架的依赖更弱还是更强

根据认知闭合需要理论，高水平 NFCC 者更容易受到信息框架的影响，发生首因效应、刻板印象和锚定效应，并且越是时间压力大和环境嘈杂的情况下，该个体的框架效应易感性越强（Kruglanski & Webster，1991）。史海静（2012）确实发现在基本锚定范式下，高低NFCC个体在可行锚和不可行锚两种条件下都会发生锚定效应，但高水平NFCC者更容易受到锚定值的影响。Pica等（2014）发现，NFCC实际上增强了目击证人受提取诱发而导致的证词误报。Raglan等（2014）发现，高水平NFCC医师在开新药方时会问更多的问题（因为对弃用旧药启用新药这一变化产生更多的不适）；但在妇科体检时间的问题更少（因为体检由权威仪器完成，且报告都显示在屏幕上，有权威的信息可以依赖）。但是Jia、Hirt和Evans（2014）发现，在规范缺乏的背景下，高水平NFCC者对启动控制和信息框架实际上抱有更多的怀疑。当启动和规范同时存在时，高水平NFCC者更多受到规范的影响；低水平NFCC者则更多受到启动影响。这表明高水平NFCC者的框架效应易感性可能只在缺乏规范线索的情况下存在。

4. 小结

综上所述，现有研究还无法推断到底NFCC带来的是个体的"认知懒惰"还是"认知努力"。如今不一致的结果可能与如下三点疏漏有关：①没有控制参照依赖。熟悉的信息可以给个体提供天然的参照和"预感"，可能降低其投入认知努力的动机；而陌生信息无法提供任何参照，高水平NFCC者为了尽快求解反而会投入更多努力。②没有控制初始信心。个体对其在"夺取"阶段形成的"预假设"可能有不同程度的信心。信心充足时可能懒于继续加工，信心不足时则可能投入更多努力。③没有区分闭合阶段。个体处于"夺取"阶段时可能更愿意加工新信息；但假如个体已经带着"预假设"进入了"冻结"，则为了免受再次陷入不确定的痛苦，其可能减少信息搜索并自动屏蔽新信息的干扰。未来的研究在实验设计上应当增加对如上情况的考虑，利用更加巧妙严格的实验设计探明NFCC的内在机制。

（三）认知闭合需要与决策

NFCC与决策的研究主要集中于推理策略、决策自信和风险感知三个方面。根据认知闭合需要理论，高水平NFCC者在模糊决策时的信息加工更粗略，用时更短，更易采用启发式而非分析式推理策略，因此更容易成为营销策略的活靶子。Kardes等（2007）的确证明"分解—重构"（disrupt-then-reframe，DTR）营销策略对高水平NFCC者更加奏效。牟兵兵、司继伟和邬钟灵（2012）证明，高水平NFCC者在模糊消费情景中偏好立即做出决策；低水平NFCC者偏好暂缓决策。邬钟灵、司继伟和许晓华（2013）发现，在商业活动中，精确数字定价、原价与促销价计算、价格左侧数字改变等常用定价策略对高水平NFCC者影响力更大。江晓东、高维和和梁雪（2013）发现，NFCC在冲突性信息对消费者信息搜索倾向的影响中发挥调节作用，即NFCC越高，个体在冲突信息背景下的搜索行为反而越少。杨珊珊（2014）证明高水平NFCC者倾向于采用浅层次的认知加工方式，更容易被商家的"故事营销"打动。李研（2014）印证了"时间限制"和"数量限制"这两种促销策略确实都在高水平NFCC者身上作用更明显。李宗龙、胡冬梅和张堂正（2016）发现，不同NFCC者对动态价格的反应不同。即价格打折框架下，高水平NFCC者的感知信任随着非动态价格变为动态价格而降低；低水平NFCC者则相反。但有的研究却得到不同结果，证明高水平NFCC者并不总是营销策略的活靶子。譬如刘雪峰、张志学和梁钧平（2007）发现，正框架下高水平 NFCC 者倾向于立即决策；而负框架下高水平 NFCC 者会转而偏向暂缓决定，且信息加工方式从启发式转为分析式。

关于决策自信的研究普遍认为，高水平 NFCC 者的主观决策信心更高（Kruglanski & Webster，1991；Krnglanski et al.，1993），甚至在信息可诊断性（information diagnosticity）不明的情况下存在盲目自信（Andrews，2013）。苏涛（2010）发现，高水平 NFCC 者在模糊情景中的决策时间更短，决策的主观信心更强。但当提高问题卷入度时，其决策时间增加，主观信心下降。周路路（2013）在实验室环境下模拟网络购买决策任务，证明卷入水平和 NFCC 对消费者网络购买决策信息加工的影响具有交互作用。在高卷入水平下，高水平 NFCC 者决策速度较慢，决策用时较长，且决策主观自信程度明显低于低卷入水平。

关于风险感知的研究普遍认为，高 NFCC 个体的风险敏感性更高，风险规避行为更多。这一发现在犯罪风险感知（Jackson，2015）、投资风险感知（Disatnik & Steinhar，2015；Schumpe et al.，2017）和创业风险感知（Wasowska，2016）等领域都相继得到证实。但是一个人如何能够既"谨慎"又"鲁莽"呢？关于高水平 NFCC 者既"盲目自信"又"规避风险"的矛盾表现还有待未来研究进一步解释。

（四）认知闭合需要与态度信念

相关研究普遍认为，高水平 NFCC 者固执己见、因循守旧，容易受刻板印象的影响，批判性和灵活性都更低，一旦形成某种态度/信念/价值观，便会一直维持。Wiersema、van Der Schalk 和 van Kleef（2012）证明，NFCC 影响个体的审美态度。无论是量表测量的特质性 NFCC 还是实验中利用高时间压力诱发的状态性 NFCC，高水平 NFCC 者都表现出更多的确定性结局偏好（相比开放式结局）和具象绘画偏好（相比抽象绘画）。Disatnik 和 Steinhart（2015）证明高水平 NFCC 者的态度改变更难，因此更难通过信息更新改变其投资组合策略。Livi 等（2015）证明，高水平 NFCC 者有更强的规范稳定性，对旧规范更恪守，对新规范更抵制。Bouizegarene 和 Philippe（2016）发现，NFCC 与标准型认同加工风格呈正相关，高水平 NFCC 者在认知建构中倾向于向既定标准和规常靠拢，其自我认知更多基于内群体目标和权威性信息，一旦形成不易改变。Roets 和 van Hiel（2011）发现，高水平 NFCC 者具有"偏见倾向人格"（prejudice-prone personality）。Federico、Hunt 和 Fisher（2013）证明，高水平 NFCC 者更强调群际差异，种族歧视倾向更明显。Kosic、Mannetti 和 Livi（2014）也证明，高水平 NFCC 者在自尊威胁条件下（相比自尊增强条件）表现出更多的内群体偏好和外群体偏见。Sun 等（2016）再次证实高水平 NFCC 者确实更容易使用刻板印象。在有关 NFCC 与个人信念的研究中，Taris（2000）发现高水平 NFCC 者的自我服务偏差（self-serving biases）、自我增强信念（Self-enhancing beliefs）更强，低水平 NFCC 者则对自己和他人更有批判性。Chirumbolo（2002）证明，NFCC 与右翼主义政治定向呈正相关，其中权威主义信念发挥中介作用。Golec de Zavala 和 van Bergh（2007）也发现 NFCC 对保守型政治信念的正向预测作用受到个人世界观（传统/现代/后现代）的调节。

综上可知，目前关于 NFCC 与态度信念的关系研究已经形成了较为一致的结论，即高 NFCC 与传统主义意识形态以及种族主义、性别主义等偏见有关。尤其是在群际交往中，既有的文化规范作为其认知闭合与认知安全的来源，难以被轻易撼动。但是考虑闭合能力

（AAC）情况是否会有所不同呢？Kossowska 和 Bar-Tal（2013）确实发现，具有高水平NFCC 但低水平 AAC 的个体实际上对外群体表现出更积极的态度。虽然相关研究还有待充实，但这已经为研究如何通过干预 NFCC 以降低群际冲突指明了道路。

（五）认知闭合需要与精神健康

Kashima 和 Loh（2006）报告高水平 NFCC 者在旅居期间体验到更多的不安和压力，但是这一负性影响可以在一些情况下得到缓解，譬如与当地人建立更多的人际关系。Roets 和 van Hiel（2007）证明，高水平 NFCC 者在面临模糊决策任务时表现出更多痛苦。一年后两人找到了来自生理指标的证据：长期高水平 NFCC 者的收缩压、心率更高。卢长宝和黄彩凤（2014）也证明 NFCC 在客观时间压力影响"不买后悔"中起到了明显的调节作用。当高时间压力和 NFCC 结合在一起时，消费者的兴奋、焦虑以及急于行动的倾向都被明显放大。为此一些临床心理学家和精神病理学家提出，高 NFCC 或可作为检验精神障碍的指标。譬如Bental 和 Swarbrick（2003）报告，具有被害妄想病史的病人相比健康人表现出更高的 NFCC水平、更强的过早下结论偏好。McKay、Langdon 和 Coltheart（2006）也报告，被害妄想患者相比正常被试表现出更高的 NFCC 水平，不过并没有发现 NFCC 和过早下结论偏好之间的关系。需要说明的是，从 NFCC 的具体维度分析，被害妄想症患者和正常被试在"决断性"和"思想封闭"两维度上得分并无显著差异。So 和 Kwok（2015）通过对比不同程度妄想病症的被试（妄想症病人 28 人、妄想倾向者 35 人、精神健康者 32 人）发现：相比其他两组，妄想症患者确实在 beads task 的信息收集阶段更加仓促，但是倾向者和正常者之间并无差异。甚至在简单 beads task 上，健康人（相比妄想症倾向者）反而表现出了更多的"跳入结论"（Jump to Conclusions）推理偏差（即在模糊情景中，基于不充足信息仓促决策的倾向）。王慧平等（2016）发现，疾病应对方式、NFCC 与"面对得分"呈显著负相关；与"屈服得分"和"回避得分"呈显著正相关。

但是也有研究证明，对高水平 NFCC 者而言，认知闭合作为一种认知防御的保护机制，实际上有利于缓解模糊情境中的消极情绪，尤其当新证据与原假设高度匹配时，高水平NFCC 者能够体会到更高的满意度。Chirumbolo 和 Areni（2010）发现，工作不安全感对工作绩效和心理健康的损害效应受到 NFCC 的调节：高 NFCC 类似于一种认知防御的保护机制，对工作不安全感的损害效应起到缓冲作用。Guan 等（2010）证明，感知到的人—职匹配和工作相关态度的关系受到 NFCC 的调节：要求—能力匹配和需要—满足匹配都与员工的工作满意感正相关；这种匹配带来的满意感增强效应在高水平 NFCC 者身上更强。

那么，究竟 NFCC 对个体的心理障碍有怎样的影响？少量研究将 AAC 从 NFCC 的概念中剥离出来，并逐渐发现了更为明确的结论。Roets 和 Soetens（2010）在对非临床样本的检验中发现：被试的 SCL-90（Symptom Checklist-90）得分与 NFCC 呈正相关；与 AAC呈负相关，即高认知闭合需要和低认知闭合能力可能才是导致心理冲突甚至精神疾病的根由。综上所述，关于 NFCC 与精神健康的关系目前尚未形成一致性结论。NFCC 既可能是造成个体心理痛苦的原因，又可能恰是其缓解痛苦的手段。但是一个越发明晰的研究进路是区分闭合动机与闭合能力，并考虑 NFCC 在不同心理阶段和不同匹配水平下对个体精神健康的影响。

四 现有研究局限与未来展望

（一）深入探讨 NFCC 的概念与结构

首先，应当厘清 NFCC 与相关概念的异同。曾有研究者将"认知闭合需要""结构需求"和"认知需要"三个概念混为一谈，得到了相对含混的研究结果。也曾有学者指出，在使用不当的情况下，一些采用 NFCS 的研究也许更多反映的是个体的结构需求而非 NFCC（Neuberg et al.，1997）。刘艳丽、陆佳芝和刘勇（2016）在对结构需求的研究现状进行综述时指出，NFCC、结构需求与认知需要三者本质上都属于动机的范畴，但三者的侧重点不同。NFCC 强调的是个体为特定问题找到一个明确答案的动机；结构需求注重的是对环境的建构和组织；而认知需要侧重刻画个体在信息加工中不断投入认知资源以进行周密思考的动机。有鉴于此，未来相关研究应该加强对 NFCC 概念内涵的讨论，在区分清楚其与邻近概念的异同后审慎引入相关研究。

其次，应当探讨 NFCC 的状态性和特质性差异。Kruglanski 等最初研究认知冻结现象时将 NFCC 当作一种状态性变量通过时间压力等实验条件诱发；开发出 NFCS 后同时使用实验诱发和量表测量两种方法交互验证。但后来更多的研究者默认 NFCC 是个体一种相对稳定的人格特质，仅采用量表测量。NFCC 确实会随不同的实验情境产生变化，也确实在个体间存在明显差异，但目前还未有研究对 NFCC 的状态与特质之争展开过辨析。未来的研究可以借助更精细的测量和统计方法探究 NFCC 在个体间和个体内的变化规律，规范状态性 NFCC 的研究范式，或者分别研发状态 NFCC 和特质 NFCC 量表，为不同层面和领域的研究提供更加科学的程序及工具。

最后，NFCC 的过程机制也需要得到进一步阐释。Kruglanski 和 Freund（1983）从理论上假设，闭合的发生包括"夺取"和"冻结"两个阶段，且两者交织在一起，难以被割裂。但 Neuberg 等（1997）认为，有必要对 NFCC 进行阶段区分，因为"夺取"和"冻结"分别代表了个体未闭合前急于求解和闭合后维持结构两种不同的动机。本研究较为赞同后者的观点，因为相关研究的结果其实能够在二阶段论的框架下得到更好的解释。比如，高水平 NFCC 者既可能更难以被说服，也可能更容易被说服，具体情况可能取决于该个体正处于 NFCC 的哪个阶段。处于"冻结"阶段的个体已经形成了特定假设，说服者的言论挑战了该个体维持结构的需要，因此较难被接受。但当该个体还处于没有任何预假设的"夺取"阶段，则说服者的言论实际上提供了闭合的材料，因而更容易被接受。相似地，高水平 NFCC 移民者既可能更排斥，也可能更接受宿主国文化（Kosic, Kruglanski, Pierro & Mannetti，2004），具体情况取决于该移民刚到达宿主国时的社交关系（social relations）是同族人还是异族人。同族人共享的文化规范能为高水平 NFCC 者提供维持"冻结"的支持性环境，减少了该个体对宿主国文化的适应行为；而与异族人交往打破了原有的意义结构，反而增加了该个体对新文化的接受和适应。类似多项研究（例如，Houghton & Grewal，2000；Vermeir, van Kenhove & Hendrickx，2002）都可以在二阶段论的框架下得到更合理的解释。如果个体在认知闭合的不同阶段具有明显不同的行为表现，那么对"夺取"和"冻结"这两阶段的分别研究就显得十分必要，但是目前还少见针对这一问题的深入探讨。

（二）正确使用和合理开发 NFCC 的测量工具

Webster 和 Kruglanski（1994）开发的 42 项 NFCS 量表是目前使用最广泛的量表。但是 Neuberg 等（1997）从心理测量学的角度研究发现，NFCS 决断性分量表的题目与其他分量表的题目无关甚至是负相关。据此，他们呼吁相关研究停止采用加总求和的方式计算个体的 NFCC 水平，起码应当分别计算两因子各自的得分及其与其他变量的关系。此后，学界对 NFCS 的结构说法不一，于是有些研究者选用单维量表（如 Golec & Federico，2004），有些选用多维量表（如 van Hiel，Pandelaere & Duriez，2004），也有研究选择完全弃用决断性分量表（如 Chirumbolo，Livi，Mannetti，Pierro & Kruglanski，2004）。有些研究者甚至明确指出，他们不得不放弃使用这一概念转而用其他相关变量代替（Chaiken，Duckworth & Darke，1999）。关于这一争论的转折出现在 2007 年，Roets 和 van Hiel（2007）指出，NFCS 结构众说纷纭的原因实际上是由于决断性分量表的题目在无意中混淆了需要和能力两种成分。Mannetti 等（2002）也曾经暗示过这个问题。的确，在原量表中，决断性分量表中的题目如"面对一个问题我通常能很快找到最佳解决方案"指的更像是实现闭合的能力而非动机。针对这一发现，Roets 和 van Hiel（2007）开发了新的题目取代原来的决断性分量表，使其衡量完全的动机，而不再包含能力因素。但遗憾的是，Roets 和 van Hiel 的修订版 NFCS 至今未得到完全普及。我国学者对 NFCS 的使用也存在类似问题，使用最多的版本是刘雪峰等（2007）翻译的量表，但记分方法仍是加总求和。为此本研究建议，今后的研究者应尽量采用 Roets 和 van Hiel（2007）开发的修订版问卷。若已经采用 Kruglanski 等的原版 NFCS 收回了数据，则应在分析阶段格外注意决断性分量表的得分情况，及其与其他变量的关系表现。同时，之后的研究还可以关注对 NFCC 能力成分的测量，即开发相应的 AAC 量表。Bar-Tal（1994）曾编制达成认知结构能力量表（Ability to Achieve Cognitive Structure Scale），之后 Kossowska 和 Bar-Tal（2013）又将其修订为实现认知闭合能力量表（Ability to Achieve Closure Scale）。但鉴于目前 AAC 的成分还有待探索，未来研究可以尝试编制内容更全面和更适合我国情景的 AAC 量表，以便更好地研究 NFCC 的动机和能力两种成分。

（三）丰富对 NFCC 前因变量的研究

现有的研究大多将 NFCC 作为一个调节变量，缺少对其产生机制的必要讨论。仅有少量的研究尝试揭示 NFCC 与工作记忆的关系（Kossowska，Jasko，Bar-Tal & Szastok，2012）、与情绪（如羞耻）的关系（Krnglanski et al.，2013），或者从基因遗传学（Cheon，Livingston，Hong & Chiao，2014；Drabant et al.，2012；Fallon，Williams-Gray，Barker，Owen & Hampshire，2012）、神经科学（Lackner，Santesso，Dywan，Wade & Segalowitz，2013）的角度尝试理解 NFCC 的生理基础。Roets 等（2015）在共同探讨 NFCC 的研究现状时展望，未来的研究还可以关注 NFCC 在社会变迁中的动态变化模式，譬如经济下行、信息爆炸、恐怖主义等对个

体认知动机及闭合动机的影响。

参考文献

[1] 陈培峰，张庆林. 认知闭合需要结构的探讨 [J]. 心理科学，2010，33（4）：988-990.

[2] 何娇. 认知闭合需要对高中生志愿选择过程中决策机制的影响 [D]. 西南大学硕士学位论文，2010.

[3] 江晓东，高维和，梁雪. 冲突性信息对消费者信息搜索行为的影响——基于功能性食品健康声称的实证研究 [J]. 财贸研究，2013，24（2）：114-121.

[4] 李研. 促销购买限制对消费者反应的影响研究 [D]. 南开大学博士学位论文，2014.

[5] 李宗龙，胡冬梅，张堂正. 价格框架对不同认知闭合需要者在线动态价格的感知与购买意愿的影响 [J]. 心理与行为研究，2016，14（4）：537-543.

[6] 刘雪峰，梁钧平. 认知闭合需要的测量及其对工作结果的影响 [J]. 经济科学，2007（4）：119-128.

[7] 刘雪峰，张志学，梁钧平. 认知闭合需要、框架效应与决策偏好 [J]. 心理学报，2007，39（4）：611-618.

[8] 刘艳丽，陆桂芝，刘勇. 结构需求：概念、测量及与相关变量的关系 [J]. 心理科学进展，2016，24（2）：228-241.

[9] 卢长宝，黄彩凤. 时间压力、认知闭合需要对促销决策中"不买后悔"的影响机制 [J]. 经济管理，2014，36（3）：145-158.

[10] 牟兵兵，司继伟，邹钟灵. 促销策略与认知闭合需要对模糊消费决策的影响 [J]. 心理研究，2012，5（3）：61-69.

[11] 戚利华，徐晓，王晓燕. 老年癌症患者认知闭合需要与坚韧性人格的相关性分析 [J]. 中华现代护理杂志，2014，20（34）：4331-4333.

[12] 史海静. 认知闭合需要、预警对锚定效应影响的实验研究 [D]. 济南大学硕士学位论文，2012.

[13] 苏涛. 认知闭合需要和问题卷入对决策的影响 [D]. 河南大学硕士学位论文，2010.

[14] 王慧平，王艳秋，吴丽丽，严佳成. 分离转换障碍患者认知闭合需要与应对方式研究 [J]. 护理学杂志，2016，31（19）：71-73.

[15] 邹钟灵，司继伟，许晓华. 认知闭合需要与启发式策略对价格判断的影响 [J]. 心理与行为研究，2013，11（3）：387-394.

[16] 闫春平，陈静敏. 认知闭合需要对大学生学业成绩人际关系和主观幸福感的影响 [J]. 中华行为医与脑科学杂志，2011，20（12）：1067-1069.

[17] 杨珊珊. 迷失在故事中：叙述传输的影响因素 [D]. 浙江大学硕士学位论文，2014.

[18] 周路路. 卷入和认知闭合需要对网络购买决策的影响 [D]. 山东师范大学硕士学位论文，2013.

[19] Andrews, D. The Interplay of Information Diagnosticity and Need for Cognitive Closure in Determining Choice Confidence [J]. Psychology & Marketing, 2013, 30（9）：749-764.

[20] Ask, K., & Granhag, P. A. Motivational Sources of Confirmation Bias in Criminal Investigations: The Need For Cognitive Closure [J]. Journal of Investigative Psychology and Offender Profiling, 2005, 2（1）：43-63.

[21] Bar-Tal, Y. The Effect on Mundane Decision-Making of the Need and Ability to Achieve Cognitive Structure [J]. European Journal of Personality, 1994, 8（1）：45-58.

[22] Bentall, R. P. P., & Swarbrick, R. The Best Laid Schemas of Paranoid Patients: Autonomy, Sociotropy and Need for Closure [J]. Psychology and Psychotherapy: Theory, Research and Practice, 2003, 76（2）：163-171.

[23] Bouizegarene, N., & Philippe, F. L. Episodic Memories as Building Blocks of Identity Processing Styles

and Life Domains Satisfaction: Examining Need Satisfaction and Need for Cognitive Closure in Memories [J]. Memory, 2016, 24 (5): 616-628.

[24] Chaiken, S. , Duckworth, K. L. , & Darke, P. When Parsimony Fails... [J]. Psychological Inquiry, 1999, 10 (2): 118-123.

[25] Cheon, B. K. , Livingston, R. W. , Hong, Y. -Y. , & Chiao, J. Y. Gene×Environment Interaction on Intergroup Bias: The Role of 5-HTTLPR and Perceived Outgroup Threat [J]. Social Cognitive and Affective Neuroscience, 2014, 9 (9): 1268-1275.

[26] Chirumbolo, A. The Relationship between Need for Cognitive Closure and Political Orientation: The Mediating Role of Authoritarianism [J]. Personality and Individual Differences, 2002, 32 (4): 603-610.

[27] Chirumbolo, A. , Livi, S. , Mannetti, L. , Pierro, A. , & Kruglanski, A. W. Effects of Need for Closure on Creativity in Small Group Interactions [J]. European Journal of Personality, 2004, 18 (4): 265-278.

[28] Chirumbolo, A. , & Areni, A. Job Insecurity Influence on Job Performance and Mental Health: Testing the Moderating Effect of the Need for Closure [J]. Economic and Industrial Democracy, 2010, 31 (2): 195-214.

[29] Choi, J. A. , Koo, M. , Choi, I. , & Auh, S. Need for Cognitive Closure and Information Search Strategy [J]. Psychology & Marketing, 2008, 25 (11): 1027-1042.

[30] Disatnik, D. , & Steinhart, Y. Need for Cognitive Closure, Risk Aversion, Uncertainty Changes, and Their Effects on Investment Decisions [J]. Journal of Marketing Research, 2015, 52 (3): 349-359.

[31] Drabant, E. M. , Ramel, W. , Edge, M. D. , Hyde, L. W. , Kuo, J. R. , Goldin, P. R. , ⋯ Gross, J. J. Neural Mechanisms Underlying 5-HTTLPR-related Sensitivity to Acute Stress [J]. American Journal of Psychiatry, 2012, 169 (4): 397-405.

[32] Fallon, S. J. , Williams-Gray, C. H. , Barker, R. A. , Owen, A. M. , & Hampshire, A. Prefrontal Dopamine Levels Determine the Balance between Cognitive Stability and Flexibility [J]. Cerebral Cortex, 2012, 23 (2): 361-369.

[33] Federico, C. M. , Hunt, C. V. , & Fisher, E. L. Uncertainty and Status-Based Asymmetries in the Distinction between the "Good" Us and the "Bad" Them: Evidence That Group Status Strengthens the Relationship between the Need for Cognitive Closure and Extremity in Intergroup Differentiation [J]. Journal of Social Issues, 2013, 69 (3): 473-494.

[34] Golec, A. , & Federico, C. M. Understanding Responses to Political Conflict: Interactive Effects of the Need for Closure and Salient Conflict Schemas [J]. Journal of Personality and Social Psychology, 2004, 87 (6): 750-762.

[35] Golec de Zavala, A. , & van Bergh, A. Need for Cognitive Closure and Conservative Political Beliefs: Differential Mediation by Personal Worldviews [J]. Political Psychology, 2007, 28 (5): 587-608.

[36] Guan, Y. , Deng, H. , Bond, M. H. , Chen, S. X. , & Chan, C. C. H. Person-job Fit and Work-Related Attitudes among Chinese Employees: Need for Cognitive Closure as moderator [J]. Basic and Applied Social Psychology, 2010, 32 (3): 250-260.

[37] Houghton, D. C. , & Grewal, R. Please, Let's Get an Answer—any Answer: Need For Consumer Cognitive Closure [J]. Psychology & Marketing, 2000, 17 (11): 911-934.

[38] Jackson, J. Cognitive Closure and Risk Sensitivity in the Fear of Crime [J]. Legal and Criminological Psychology, 2015, 20 (2): 222-240.

[39] Jasko, K. , Czernatowicz-Kukuczka, A. , Kossowska, M. , & Czarna, A. Z. Individual Differences in Response To Uncertainty And Decision Making: The Role of Behavioral Inhibition System and Need For Closure [J]. Motivation and Emotion, 2015, 39 (4): 541-552.

[40] Jia, L. , Hirt, E. R. , & Evans, D. N. Putting the Freeze on Priming: The Role of Need for Cognitive

Closure on the Prime-Norm Dynamic [J]. Personality and Social Psychology Bulletin, 2014, 40 (7): 931-942.

[41] Jochemczyk, L. , Pietrzak, J. , & Zawadzka, A. The Construction of Dynamical Negotiation Networks Depending on Need for Cognitive Closure [J]. Language Sciences, 2016 (53): 44-57.

[42] Kahneman, D. , Slovic, P. , & Tversky, A. (eds.). Judgment Under Uncertainty: Heuristics and Biases [M]. New York: Cambridge University Press, 1982.

[43] Kardes, F. R. , Fennis, B. M. , Hirt, E. R. , Tormala, Z. L. , & Bullington, B. The role of the Need for Cognitive Closure in the Effectiveness of the Disrupt-Then-Reframe Influence Technique [J]. Journal of Consumer Research, 2007, 34 (3): 377-385.

[44] Kashima, E. S. , & Loh, E. International Students' Acculturation: Effects of International, Conational, and Local Ties and Need For Closure [J]. International Journal of Intercultural Relations, 2006, 30 (4): 471-485.

[45] Kemmelmeier, M. The Closed-Mindedness That Wasn't: Need for Structure and Expectancy-Inconsistent Information [J]. Frontiers in Psychology, 2015 (6): 896.

[46] Kosic, A. , Kruglanski, A. W. , Pierro, A. , & Mannetti, L. The Social Cognition of Immigrantsi Acculturation: Effects of the Need for Closure and the Reference Group at Entry [J]. Journal of Personality and Social Psychology, 2004, 86 (6): 796-813.

[47] Kosic, A. , Mannetti, L. , & Livi, S. Forming Impressions of In-Group and Out-Group Members Under Self-Esteem Threat: The Moderating Role of the Need for Cognitive Closure and Prejudice [J]. International Journal of Intercultural Relations, 2014 (40): 1-10.

[48] Kossowska, M. , & Bar-Tal, Y. Need for Closure and Heuristic Information Processing: The Moderating Role of the Ability to Achieve the Need for Closure [J]. British Journal of Psychology, 2013, 104 (4): 457-480.

[49] Kossowska, M. , Jasko, K. , Bar-Tal, Y. , & Szastok, M. The Relationship between Need for Closure and Memory for Schema-Related Information among Younger and Older Adults [J]. Aging, Neuropsychology, and Cognition, 2012, 19 (1-2): 283-300.

[50] Kruglanski, A. W. Lay Epistemics and Human Knowledge: Cognitive and Motivational Bases [M]. New York: Springer, 2013.

[51] Kruglanski, A. W. , Bélanger, J. J. , Gelfand, M. , Gunaratna, R. , Hettiarachchi, M. , Reinares, F. , Sharvit, K. Terrorism-A (self) Love Story: Redirecting the Significance Quest Can end Violence [J]. American Psychologist, 2013, 68 (7): 559-575.

[52] Kruglanski, A. W. , & Freund, T. The Freezing and Unfreezing of Lay-Inferences: Effects on Impressional Primacy, Ethnic Stereotyping, And Numerical Anchoring [J]. Journal of Experimental Social Psychology, 1983, 19 (5): 448-468.

[53] Kruglanski, A. W. , & Webster, D. M. Group Members' Reactions to Opinion Deviates and Conformists at Varying Degrees of Proximity to Decision Deadline and Of Environmental Noise [J]. Journal of Personality and Social Psychology, 1991, 61 (2): 212-225.

[54] Kruglanski, A. W, Webster, D. M, & Klem, A. Motivated Resistance and Openness to Persuasion in the Presence or Absence of Prior Information [J]. Journal of Personality and Social Psychology, 1993, 65 (5): 861-876.

[55] Lackner, C. L, Santesso, D. L, Dywan, J, Wade, T. J, & Segalowitz, S. J. Electrocortical Indices of Selective Attention Predict Adolescent Executive Functioning [J]. Biological Psychology, 2013, 93 (2): 325-333.

[56] Livi, S, Kruglanski, A. W, Pierro, A. Manetti, L, & Kenny, D. A. Epistemic Motivation and Perpetuation of Group Culture: Effects of Need for Cognitive Closure on Trans-Generational Nom Transmission [J]. Or-

ganizational Behavior and Human Decision Processes, 2015 (129): 105-112.

［57］ Mannetti, L, Pierro, A, Kruglanski, A, Taris, T, & Bezinovic, P. A Cross-Cultural Study of the Need for Cognitive Closure Scale: Companing Its Structure in Croatia, Italy, USA and The Netherlands ［J］. British Journal of Social Psychology, 2002, 41 (1): 139-156.

［58］ McKay, R, Langdon, R, & Coltheart, M. Need for Closure, Jumping to Conclusions, and Decisiveness in Delusion-Prone Individuals ［J］. The Journal of Nervous and Mental Disease, 2006, 194 (6): 422-426.

［59］ Neuberg, S. L. , Judice, T. N, & West, S. G. What the Need for Closure Scale Measures and What It Does Not: Toward Differentiating among Related Epistemic Motives ［J］. Journal of Personality and Social Psychology, 1997, 72 (6): 1396-1412.

［60］ Pica, G, Pierro, A, Belanger, J. J, & Kruglanski, A. W. The Role of Need for Cognitive Closue in Retrieval-Induced Forgetting and Misinformation Effects in Eyewitmess Memory ［J］. Social Cognition, 2014, 32 (4): 337-359.

［61］ Raglan, G. B. Babush, M, Farrow, V. A. Kruglanski, A. W, & Schulkin, J. Need to know: The Need for Cognitive Closure Impacts the Clinical Practice of Obstetnician/Gynecologists ［J］. BMC Medical Informatics and Decision Making, 2014 (14): 122.

［62］ Roets, A. Kruglanski, A. W, Kossowska, M, Pero, A, & Hong, Y-Y. Chapter Four—The Motivated Gatekeeper of Our Minds: New Directions in Need for Closure Theory and Research ［J］. Advances in Experimental Social Psychology, 2015 (52): 221-283.

［63］ Roets, A, & Soetens, B. Need and Ability to Achieve Closure: Relationships with Symptoms of Psychopathology ［J］. Personality and Individual Differences, 2010, 48 (2): 155-160.

［64］ Roets, A, & van Hiel, A. Separating Ability from Need: Clarifying the Dimensional Structure of the Need for Closure Scale ［J］. Personality and Social Psychology Bulletin, 2007, 33 (2): 266-280.

［65］ Roets, A, & van Hiel, A. Item Selection and Walidation of a Brief, 15-Item Version of the Need for Closure Scale ［J］. Personality and Individual Diferences, 2011, 50 (1): 90-94.

［66］ Schenkel, M. T, Matthbews, C. H, & Ford, M. W. Making Rational use of 'Irationality'? Exploring the Role of Need for Cognitive Closure in Nascent Entrepreneurial Activity ［J］. Entrepreneurship and Regional Development, 2009, 21 (1): 51-76.

［67］ Scehumpe, B. M. Bnizi, A, Giacomantonio, M. Panno, A, Kopetz, C, Kosta, M, & Manetti, L. Need for Cognitive Closure Decreases Nisk Taking and Motivates Discounting of Delayed Rewards ［J］. Personality and Individual Diferences, 2017 (107): 66-71.

［68］ So, S. H. -W, & Kwok, N. T-K. Jumping to Conclusions Style Along the Continuum of Delusions: Delusion-Prone Individuals are Not Hastier in Decision Making than Healthy Individuals ［J］. PLoS One, 2015, 10 (3): e0121347.

［69］ Sollár, T, & Vaneckova, J. Need for Closure, Ability to Achieve Closure and Monitoring-Blunting Cognitive Coping Style ［J］. Studia Psychologica, 2012, 54 (2): 137-143.

［70］ Stalder, D. R. Need for Closure, The Big Five, And Public Self-Consciousness ［J］. The Journal of Social Psychology, 2007, 147 (1): 91-94.

［71］ Strojny, P, Kossowska, M, & Strojny, A. Search for Expectancy-Inconsistent Information Reduces Uncertainty Better: The Role of Cogitive Capacity ［J］. Frontiers in Psychology, 2016 (7): 395.

［72］ Sun, S, Zuo, B, Wu, Y, & Wen, F. Does Perspective Taking Increase or Decrease Stereotyping? The Role of Need for Cognitive Closure ［J］. Personality and Individual Diferences, 2016 (94): 21-25.

［73］ Taris, T. W. Dispositional Need for Cognitive Closure and Self Enbancing Beliefs ［J］. The Journal of Social Psychology, 2000, 140 (1): 35-50.

［74］ van Hiel, A. , Pandelaere, M, & Duriez, B. The Impact of Need for Closure on Consenvative Beliefs And Racism: Differential Mediation by Authoritarian Subumission and Authoritarian Dominance ［J］. Personality and Social Psychology Bulletin, 2004, 30 (7): 824-837.

［75］ Vermeir, I, van Kenhove, P, & Hendrickx, H. The Influence of Need for Closure on Consumer's Choice Behaviour ［J］. Journal of Economic Psychology, 2002, 23 (6): 703-727.

［76］ Wasowska, A. Who Doesn't Want to be an Entrepreneur? The Role of Need for Closure In forming Entepreneuial Intentions of Polish Students ［J］. Entrepreneurial Business and Economics Review, 2016, 4 (3): 27-39.

［77］ Webster, D. M, & Knglanski, A. W. Individual Differences in Need for Cognitive Closure ［J］. Journal of Personality and Social Psychology, 1994, 67 (6): 1049-1062.

［78］ Wiersema, D. V, van Der Schalk, J, & wan Kleef, G A. Who's Afraid of Red, Yellow, and Blue? Need for Cognitive Closure Predicts Aesthetic Preferences ［J］. Psychology of Aesthetics, Creativity, and the Arts, 2012, 6 (2): 168-174.

Analysis and Outlook of Need for Cognitive Closure Research

Liu Zimin   Shi Kan   Wan Jin   Chen Chen

Abstract: Need for cognitive closure is referred to describe an individual's epistemic motivation to form a firm answer to a question under uncertain circumstances. In the era of information explosion, the cognitive load of individuals has been rapidly increasing. Therefore, in-depth research of NFCC is of great importance in modern times. Diving into the conceptual structure and measurements of NFCC, along with related research over the past thirty years in areas including personality, information processing, decision making, attitudes, beliefs, and mental health, this article proposes that distinguishing ability from motivation is of necessity. Furthermore, this article urges future researchers to conduct empirical study on NFCC in terms of the in-depth discussion of its concept, dimension, measurements and antecedents.

Key words: need for cognitive closure; lay epistemology; empirical study

父母行为控制对青少年水域高危行为的影响：
有调节的中介效应*

罗　时　时　勘　张　辉　王　斌　胡　月

【编者按】2006 年在首都师范大学田宝副教授的指导和帮助下，我幸运地就读首都师范大学。在此期间，曾参与中国科学院与香港理工大学有关航天员认知能力的计算机模型动态测试研究，成果被中国航天员科研与训练中心使用。2010 年 9 月，我考入华中师范大学体育学院王斌教授的课题组，进入硕士生阶段学习。在此期间，参与了中国科学院学部调查中心有关我国科技体制改革、院士制度改革和战略性新兴产业等项目的科研工作，在此期间，我从零步启动，在心理学的理论基础、研究方法、实验设计、数理统计方面得到了系统的培训，初步掌握了从事心理科学的知识基础和研究能力，并尝试把所学知识、技能用于心理科学研究和与计算机技术结合的研究之中。2013 年我进入博士学习阶段之后，获得了教育部人文社会科学研究项目"我国中小学生水域高危行为的成因及对策研究"，在老师们的指导下，先后在《心理与行为研究》《中国安全科学学报》《沈阳体育学院学报》《体育学刊》上发表了 10 余篇学术论文。其中，我国中小学生水域安全教育领域问题成了我研究的核心问题。而且，在今后的职业发展道路上，水域安全的核心胜任特征及其成长评估应该是我今后研究的重点。我的成长经历几乎都浸透着田宝老师、王斌老师、马红宇老师和时勘老师的心血，我定当特别珍惜，现在虽然独立成长起来，但是，在课题组老师们那里习得的知识、技能、人格品质，我要真正地转化为前行的动力，争取有更大的作为。（罗时，华中师范大学体育学院 2013 级博士生，西南大学体育学院　副教授）

摘　要：为考察父母行为控制对青少年水域高危行为影响的内在心理机制，采用问卷法调查了全国 5 个省 7485 名青少年来验证假设模型，结果发现：①不良同伴对父母行为控制与水域高危行为之间具有部分中介效应，父母行为控制既能对水域高危行为产生直接影响，也能通过不良同伴对水域高危行为产生间接的影响。②感觉寻求对不良同伴的中介作用具有调节效应，它调节了中介过程的后半路径，即不良同伴对水域高危行为的影响随着感觉寻求的增加而增加，父母行为控制对水域高危行为的影响具有调节的中介效应。

关键词：青少年；父母行为控制；不良同伴；感觉寻求；水城高危行为

---

　　* 　基金项目：教育部人文社会科学研究项目（14YJC890017）；国家社科基金重大项目（13&ZD155）；国家体育总局全民健身研究领域项目（2015B054）；湖北省高等学校省级教学研究项目（2013092）；湖北省教育科学规划重点课题（2015GA025）和西南大学基本科研业务费专项资金资助项目（SWU1709644）。

一　问题提出

全球每年约有 37.2 万人死于溺水，每小时就有 40 多人死于溺水，溺水是世界范围内非故意伤害死亡的第三大死因（Forjuoh，2017）。教育部发布的《中小学生安全事故总体形势分析报告》显示：溺水事故概率为 31.25%，占学生各类安全事故的第一位（中华人民共和国教育部，2007）。溺水事故的 90% 发生在河流、湖泊、人工水面等淡水中，另有 10% 发生在海洋。《健康中国 2030 规划纲要》提出，以学生为重点，建立学校健康教育推进机制，构建相关学科教学与教育活动相结合、课堂教育与课外实践相结合、经常性宣传教育与集中式宣传教育相结合的健康教育模式，防溺安全教育是学生健康教育中重要的教学内容之一。通过建立伤害综合检测体系，开发防溺干预技术指南和标准，加强学生溺水的预防与干预，减少青少年溺水事件的发生（中华人民共和国中央人民政府，2016）。因此，为了对学生溺水进行科学预防和有效控制，有必要对其影响因素及其发生机制进行探讨。

溺水只是一种现象与结果，且对其进行分析和评价存在一定的难度。现有的研究主要探讨青少年的水域高危行为，作为预测溺水事件发生重要的前因变量。水域高危行为（Water High-Risk Practices）指个体或团体在开放或非开放的水域环境下做出的易于对自身或他人健康和安全产生伤害的危险行为（罗时等，2017；张辉、王斌、罗时，夏文，2017；张辉、王斌、罗时，2017；夏文、王斌、张馨文、刘炼、王郁平，2012；夏文、王斌、赵岚、张馨文、冼慧，2013；夏文等，2014，2015）。水域高危行为的高发期主要集中在夏季 5~8 月，在青少年各类危险行为中，它是受到季节影响最为鲜明的行为之一（Zhu, Jiang, Li, Li & Chen, 2015）。已有的研究发现，在人口统计学变量上，水域安全教育和心理因素是影响青少年水域高危行为的重要因素，相关研究主要集中在：①青少年水域高危行为的现状描述的结果发现，性别、城乡、年龄、季节等是影响青少年水域高危行为的重要因素（陈天娇、季成叶、星一、胡佩瑾、宋逸，2007；杨莉、农全兴、李春灵、冯启明，2006；陈美娟、荣飚、吴卡玲、廖静渊，2001）；②考察水域安全教育与求域高危行为的关系的结果发现，防溺安全知识水平的增加能够显著减少水域高危行为，游泳技能水平的增加会触发更多的水域高危行为（夏文等，2014；Moran，2008；王斌、于洪涛、罗时、张辉，2018）；③考察了游泳过度自信、风险感知、安全态度、溺水经历与水域高危行为的关系后，结果发现，风险感知、风险态度、溺水经历的增加能够显著减少水域高危行为，游泳过度自信的增加会触发更多的水域高危行为（罗时等，2017；Morrongiello, Schmidt & Schell, 2010；Laosee, Khiewyoo & Somrongthong, 2014）。

综观国内外有关水域高危行为的研究，不难发现仍存在一些不足：①当前青少年溺水事件频发，有关青少年水域高危行为的研究依旧比较薄弱，研究范式以流行病学的研究范式为主，仅仅揭示了青少年水域高危行为的现状特点，却没有深入挖掘青少年产生水域高危行为的影响因素及其内在机制；②国内外关于父母因素对青少年水域高危行为影响的关系研究较少，父母作为青少年成长阶段的启蒙教师，对他们的社会交往和行为规范具有较大影响，增加父母因素对青少年水域高危行为影响的关系研究是有必要的；③国内外关于同伴因素对青少年水域高危行为影响的关系研究也较少，迟敏凯认为，青少年的互动性沿着家长到同伴这一路径逐渐变化（唐彬，2010）。许多研究发现，在儿童期，父母因素对青少年问题行为的影响力大于同伴，随着进入青春期，父母因素的影响力逐渐减少，同伴因素的影响力逐渐大于父母因素（Scholte, Poelen, Willemsen, Boomsma & Engels, 2008；Björkqvist, Båtmang & Åman-Back, 2004）。目前，很少有研究同时从父母和同伴这两个视角对青少年水域高危行为影响进行研究，父母和同伴在预防青少年溺水中同时扮演着重要角色。

Hooper 指出，有 8 种防溺措施能够有效减少溺水事件的发生，包括强制青少年在有围栏的泳池游泳、在有人监督的水域游泳、减少吸毒和饮酒后游泳、在船上穿救生衣、学习游泳、在有救生员区域中游泳、不独自游泳、学习心肺复苏，所有措施直接和间接与父母的监督与意识有关（Hooper & Hockings, 2011）。已有学者指出，青少年在接近水源危害的情况下，成人监督是预防溺水重要的举措之一，父母因素是其中的关键（Morrongiello, Sandomierski, Schwebel & Hagel, 2013；Brenner, 2003）。有研究表明，父母意识到实施监督等安全防范措施能够有效地减少青少年溺水的风险（Morrongiello & Kiriakou, 2004）。父母自我报告显示，保持密切关注和不断监视孩子的行为是防止溺水最重要组成部分之一（Petrass & Blitvich, 2014）。当问到他们监督的方式时，许多父母认为监督孩子的行为是防止溺水事件发生的有效手段（Morrongiello, Sandomierski & Munroe, 2014；Morrongiello, Zdzieborski, Sandomierski & Munroe, 2013）。因此，父母行为控制可能在预防青少年溺水事件中发挥积极的作用。父母行为控制（Parental Behavioral Control）是指父母向子女施加规范、规则和限制，以及通过主动询问和观察等方式了解子女活动，是控制的积极方面（Barber, 1996；Wang, Pomerantz & Chen, 2007）。前期研究中，冯琳琳提出了全景式的父母行为控制研究框架，在前因上，研究发现，父母的婚姻冲突、观念、儿童取向动机等个体差异因素与父母行为控制水平有关（Krishnakumar, Buehler & Barber, 2003；Chao, 1994；Moorman & Pomerantz, 2008；冯琳琳，2015）。在后效上，研究发现，父母行为控制与青少年的毒品使用、网络成瘾、药物滥用、违纪行为、反社会行为和危险行为有关（叶宝娟、杨强、胡竹箐，2012；叶宝娟、郑清、夏扉、叶理丛，2015；房超、方晓义、申子姣，2012；赖雪芬、王艳辉、王媛媛、张卫、杨庆平，2014；Pettit, Laird, Dodge, Bates & Criss, 2001；陈晓、丁玲、高鑫，2016）。已有的研究针对父母行为控制与青少年水域高危行为之间的实证研究较少，通过以上的文献分析，可以推测，低水平的父母行为控制可能会导致多种类型的外化问题行为，造成最大伤害的危险行为应该是我们最需要关注的。鉴于此，本研究以我国青少年为被试，探讨父母行为控制对青少年水域高危行为的影响，并在此基础上探讨其内部作用机制，为青少年水域高危行为干预实践提供理论依据。基于以上推导，本研究的假设是：

假设 1：父母行为控制会负向预测青少年水域高危行为。

青少年成长与发展阶段需要了解他们心理与行为的重要特征，比如“分离—个体化”意识。从青少年的视角来分析，一方面，他们渴望与父母保持距离，从而实现独立。从父母视角来分析，父母由于忙于工作，监督、引导和教育不足，则会缩短“分离—个体化”形成的时期（雷雳，2010）。社会联结理论指出，家庭是青少年学习和适应社会的第一个环境，青少年在父母那里学到行为规范；反之，若父母教育、指导和监控匮乏，则可能产生较多的外化问题行为。另一方面，若与父母关系疏远、父母行为控制程度低，青少年与父母之间的互动较少，导致接触到更多同伴因素的影响。重要他人理论中重点阐述了从父母到同伴转化影响的这条路径，同伴因素的影响应该是研究中值得特别考虑的问题。已有的实证研究指出，在 2010 年 Morrongiello 等就开始关注父母监督在溺水预防中的作用。他们通过录像观察儿童的母亲与同辈监督对比发现，同辈监督会增加儿童溺水风险，源于他们行为之间的相互影响。当父母监督介入这个环境中，发现儿童和同辈的溺水风险都降低了（Morrongiello et al.，2010）。当父母行为控制水平低时，可能会导致越轨同伴和不良同伴数量的增加（胡伟、林丹华、汪婷，2010；宋静静等，2014；林丹华、Li、方晓义、Mao，2008）。社会学习理论阐述了同伴行为对青少年的行为起到榜样和强化作用（Winfree & Bernat，1998），同伴的影响成为家庭之外第二个重要的社会化环境。在榜样的激励作用下，青少年可能会形成"比、学、赶、帮、超"的行为特点，这种特点在危险情境下可能对青少年造成健康上的伤害。因此，在父母行为控制水平低的情况下，青少年可能易结交不良同伴，进而在不良同伴影响下产生水域高危行为。基于以上推导，本研究的假设是：

假设 2：不良同伴是父母行为控制与青少年水域高危行为的中介变量。

生态系统理论解释了个体行为是受个体因素与环境因素共同作用产生的结果。青少年的外化问题行为同样受个体因素×环境因素的影响，会受内在心理特征和外部诱因的交互作用的影响（Lazuras，Eiser & Rodafinos，2009）。这里的外部诱因主要是指同伴的言语劝说与行为示范，会在喜欢寻求刺激的个体上表现得较为突出，最终导致恶劣的行为后果。本研究尝试引入感觉寻求这个变量，与青少年结交不良同伴的交互作用会对水域高危行为产生影响。感觉寻求（sensation seeking）是一种反映个体对不同水平刺激需求程度的人格特质，在具体情境下对行为反应有预测作用（陈丽娜、张明，2006）。已有的研究发现，不良同伴会促进青少年外化问题行为的发生，不良同伴会被感觉寻求产生放大作用效应（叶宝娟等，2012；林丹华等，2008；林丹华、方晓义，2003）。感觉寻求水平高的个体容易更多受到不良同伴的影响，产生更多的外化问题行为。首先，感觉寻求水平高的个体容易结交到更多的不良同伴；其次，水域高危行为与游泳技能相关，例如跳水、敢于去深水区域游泳等，随着同伴的行为示范作用和言语的劝说，个体容易产生这种行为趋向。若互动关系是感觉寻求高的个体更容易产生类似的水域高危行为的原因，感觉寻求低的个体虽然也同样受到这样同伴因素的影响，但可能会弱化这种关系的联系。基于以上推导，本研究的假设是：

假设 3：感觉寻求是不良同伴对青少年产生水域高危行为的调节变量。

综上所述，本研究提出一个有调节的中介模型（见图 1）。本研究主要目的有三个：①探究父母行为控制对青少年水域高危行为的关系；②考察结交不良同伴在父母行为控制与青少年水域高危行为之间是否具有中介作用；③检验感觉寻求是否对该理论模型的后半路径起调节作用。对这些问题进行解答有助于补充青少年水域高危行为干预的相关理论，并在父母与同伴两个层面为青少年进行有针对性的溺水预防与干预工作提供理论基础。

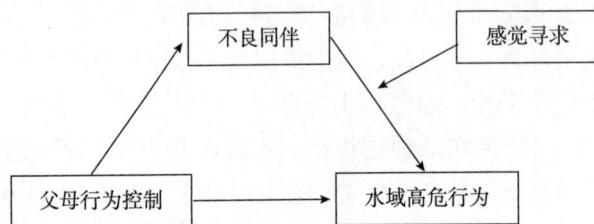

图 1 理论模型

二 方法

(一) 被试

采用分层抽样方法选取全国北部（黑龙江省）、中部（湖北省）、西部（广西壮族自治区）、南部（福建省）、东部（江苏省）5 个省为代表，每个省选择 3 个城市为调查城市，共 15 个城市。每个城市分城乡中小学各 1 所和农村中小学各 1 所作为调查地点，年级分布为小学三年级到初三，共计 60 所中小学。采用现场匿名调查的方式施测，保证调查结果的真实性，当场发放并回收问卷。本次调查共计发放 8000 份问卷，小学发放 3200 份，中学发放 4800 份，剔除无效问卷后，总共获得 7485 份，有效回收率为 93.6%（见表 1）。

表 1　被试人口统计学变量分布

属性	分类	人数	比例（%）
地域	黑龙江省	1519	20.3
	湖北省	1507	20.1
地域	江苏省	1503	20.1
	福建省	1499	20.0
	广西壮族自治区	1457	19.5
性别	男	3663	48.9
	女	3822	51.1%
学历	小学	2969	39.7
	初中	4516	60.3
城乡	城市	3796	50.7
	农村	3689	49.3

(二) 研究工具

1. 水域高危行为问卷

该问卷是在 Moran 的研究成果基础上，由夏文编制的《学生水域安全知信行量表》。基于学生水域安全知信行（KSAP）的理论框架，将水域安全知识、技能、态度和高危行为作为 4 个分量表。选取的高危行为分问卷主要调查学生在过去一年中发生的水域高危行为，例如，在不安全水域游泳、在水情不清楚的情况下贸然下水、不安全跳水等内容。高危行为题目总共为 10 题，本次测量的 Cronbach's α 系数为 0.934（夏文等，2012）。

2. 父母行为控制问卷

关于父母行为控制的测量，最早使用 Schaefer 开发的（CRPBI）量表，维度包含接受与拒绝、严厉控制与宽松控制，以及心理自主和心理控制三个因素，其中 19 个概念，包含测量父母行为控制的题目，每个概念 10 个题目（Schaefer，1965）。Stattin 和 Kerr 编制的父母控制量表包含 6 个题目，孩子和父母都需要对 4 点量表做出回答（Stattin & Kerr，2000）。随着研究的深入，为了量表测量的准确性和简易性，更能适用于中国中小学生的父母行为控制测量。Wang 等开发了中国版的父母行为控制测量工具，父母行为控制包含 16 个题目测量，父母行为控制包含主动询问和行为约束两个方面（Wang et al.，2007），例如，"我的父母主动和我谈论我和我的朋友们一起做的事等"，要求青少年填答父母做出每项行为的程度。采用 5 点计分，从"从不"到"很经常"分别计 1~5 分，分数越高表示行为控制水平越高。本次测量的父母行为控制 Cronbach's α 系数为 0.937。

3. 感觉寻求量表

问卷采用 Steinberg 等修订翻译的感觉寻求量表（Steinberg et al.，2008），该量表总共包含 6 个题目，例如，"我喜欢新奇和兴奋的体验，哪怕这些体验有点恐怖"，要求中小学生填答每个题目与自身实际情况的符合程度，采用 6 点计分，从"完全不符合"到"完全符合"分别计 1~6 分。计算所有项目的平均分作为被试感觉寻求的分数，分数越高表示感觉寻求水平越高。本次测量感觉寻求量表的 Cronbach's α 为 0.860。

4. 不良同伴问卷

问卷采用本研究自行编制的 6 个题目，主要反映中小学生结交同伴的高危行为情况。例如，"你的同伴入水时会用一些较为危险的方式（如跳水等）"，从"完全不符合"到"完全符合"分别计 1~5 分，计算所有项目的平均分作为被试结交不良同伴的分数，分数越高表示结交不良同伴越多。本次测量的 Cronbach's α 为 0.790。

（三）数据处理

本研究采用 SPSS 20.0 进行数据整理和分析，统计方法包括频数分析、描述性分析、相关分析和分层回归分析等。

三　结果与分析

（一）各个变量的相关分析

研究变量的相关矩阵如表 2 所示，不良同伴、感觉寻求与水域高危行为显著正相关，说明其均是青少年水域高危行为的风险因素。父母行为控制与水域高危行为呈显著负相关，说明父母行为控制可能是青少年水域高危行为的保护因素。

表2　各研究变量的平均数、标准差及变量间的皮尔逊相关系数（N=7485）

	M	SD	1	2	3
1. 父母行为控制	3.37	1.02			
2. 不良同伴	2.80	0.98	−0.248***		
3. 感觉寻求	2.84	1.19	−0.085**	0.203**	
4. 水域高危行为	2.74	0.85	−0.325***	0.465***	0.216***

注：*** 表示 p<0.001，** 表示 p<0.01，* 表示 p<0.05，下同。

（二）水域安全技能与水域高危行为的关系：有调节的中介模型

依据温忠麟等的检验方法（温忠麟、张雷、侯杰泰，2006；温忠麟、刘红云、侯杰泰，2012），检验有调节的中介效应模型需要具备以下四个条件，则可证明有调节的中介效应存在：①方程1中父母行为控制对高危行为的效应显著；②方程2中父母行为控制对不良同伴的效应显著；③方程3中不良同伴对水域高危行为的效应显著；④方程4中感觉寻求与不良同伴的交互项对水域高危行为的效应显著。先将所有变量标准化处理变化成 Z 分数，然后，将不良同伴与感觉寻求的 Z 分数相乘，作为交互作用项分数。所有预测变量方差膨胀因子（Variance inflation factor）均不高于 1.10，因此，不存在多种共线性问题。

方程1中父母行为控制对水域高危行为具有负向预测作用，说明父母行为控制对高危行为具有抑制作用（$\beta=-0.306$，$t=-23.910$，$p<0.001$）。假设1得到支持。模型2中父母行为控制对不良同伴具有负向预测作用（$\beta=-0.151$，$t=-17.361$，$p<0.001$），说明父母行为控制对不良同伴具有抑制作用。方程3中不良同伴对水域高危行为具有正向预测作用（$\beta=0.295$，$t=20.378$，$p<0.001$），说明不良同伴对水域高危行为具有助长作用，父母行为控制对水域高危行为的影响仍达显著性水平（$\beta=-0.308$，$t=-24.914$，$p<0.001$），说明不良同伴在父母行为控制与水域高危行为之间起部分中介作用，由此揭示了父母行为控制不仅直接影响水域高危行为，而且可以通过不良同伴对水域高危行为产生间接的影响，假设2得到支持。方程4中不良同伴与感觉寻求的交互项对水域高危行为具有正向预测作用（$\beta=0.135$，$t=11.458$，$p<0.001$）；感觉寻求对不良同伴与水域高危行为之间的关系具有调节效应，调节效应的 $\Delta R^2=0.02$，额外地解释了2%的变异，使解释率从 0.19% 提高到 0.21%，假设3得到支持；感觉寻求是不良同伴与高危行为之间关系的调节变量，具体而言，感觉寻求调节了父母行为控制→不良同伴→水域高危行为的后半路径（见表3）。

表3　青少年水域高危行为模型检验（N=7485）

	模型1（校标：高危行为）		模型2（校标：不良同伴）		模型3（校标：高危行为）		模型4（校标：高危行为）	
	β	t	β	t	β	t	β	t
性别	−0.334	−13.773***	−0.018	−1.199	−0.324	−13.820***	0.325	−14.005***
年级	0.112	4.511***	0.028	1.866	0.117	4.858***	0.114	4.767***

续表

	模型1（校标：高危行为）		模型2（校标：不良同伴）		模型3（校标：高危行为）		模型4（校标：高危行为）	
	β	t	β	t	β	t	β	t
城乡	0.217	8.854***	0.019	1.306	0.220	9.281***	0.215	9.167***
父母行为控制	-0.306	-23.910***	-0.151	-17.361***	-0.308	-24.914***	-0.312	-25.425***
感觉寻求			0.108	17.392***	0.090	9.229***	0.096	9.940***
不良同伴					0.295	20.378***	0.295	20.36***
感觉寻求×不良同伴							0.135	11.458***
R^2	0.14		0.08		0.19		0.21	
F	300.426***		138.666***		306.634***		286.164***	

　　本研究还重点关注感觉寻求怎样调节不良同伴与水域高危行为的影响。因此，分别取不良同伴的 Z 分数为 0 和正负 1，绘制交互作用图。从图 2 可以直观地看出，不良同伴对水域高危行为的影响受到感觉寻求的调节。不良同伴对水域高危行为的影响大小可以观察直线斜率，它衡量了不良同伴每变化一个标准差，水域高危行为变化多少个标准差。简单斜率检验表明（Dearing & Hamilton，2006），在感觉寻求水平较低时（如感觉寻求的标准分等于-1），随着不良同伴的增加，水域高危行为表现出显著的上升趋势（β = 0.20，t = 4.983，p < 0.001）：不良同伴增加 1 个标准差，水域高危行为会增加 0.20 个标准差。在感觉寻求水平较强时（如感觉寻求的标准分等于1），随着不良同伴增加，水域高危行为仍表现出显著的上升趋势（β = 0.46，t = 11.95，p < 0.001）：不良同伴增加 1 个标准差，水域高危行为增加 0.46 个标准差，相对于不良同伴较少时，增加幅度增加。换一个角度也可以说，不良同伴对水域高危行为的影响，随着感觉寻求的增加而增加，父母行为通过不良同伴对水域高危行为的间接的影响，也随着感觉寻求的增加而增加。

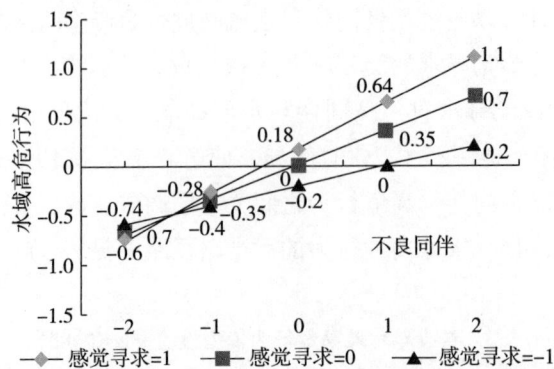

图 2　感觉寻求对不良同伴与水域高危行为的调节

　　综合以上结果，本研究提出有调节的中介模型得到了支持，不良同伴在父母行为控制与水域高危行为之间起中介作用，感觉寻求调节了这一中介效应的后半路径。

四　讨论

（一）父母行为控制与水域高危行为的关系

在青少年成长阶段，父母对青少年心理与行为的影响处于最关键和最核心的地位，它不仅会影响青少年的认知、人格等因素的发展，而且直接关系到青少年外化问题行为的表现。社会联结理论认为，青少年的问题行为随着他们与父母联结关系的减弱而增加（方晓义，1995）。以往的研究发现，父母行为控制有利于抑制青少年危险行为，其中包括违规行为、破坏行为、攻击行为、饮酒和自伤等（陈晓等，2016）。青少年危险行为的类型很多，但哪些因素会导致非故意伤害行为中的溺水是本研究探讨的重点。通过水域高危行为这个重要的前因变量的切入研究有一些进展，父母行为控制可作为预防青少年水域高危行为的一种重要手段，它可能起到保护作用。首先，通过主动询问的方式，了解青少年日常生活中是否会增加涉水活动，特别是在夏季、周末、居住区域与水域环境较近时。其次，附加行为约束的手段，对青少年可能产生的水域高危行为或与同伴一同参与水域活动进行及时的干预。本研究发现，父母行为控制对青少年水域高危行为有削弱的影响作用，父母行为控制水平较高的青少年水域高危行为就较低，这对前人有关父母因素对溺水事件影响的观点进行了证实，发现父母行为控制对青少年水域高危行为具有积极作用。另外，父母行为控制对青少年水域高危行为的影响在类型上得到了一些新的发现，例如在游泳时与同伴打闹等 6 项水域高危行为。反之，父母行为控制程度低，青少年则容易出现水域高危行为。研究结论发现，父母行为控制对青少年参与水域活动的安全具有重要影响。

以往的研究更多强调了水域安全教育对青少年水域高危行为的影响，水域安全教育主要包含安全知识与安全技能的提升，是青少年防止溺水的重要手段之一，但却忽视了在水域安全教育中存在的现实问题，主要体现在学校课程中缺少水域安全教育的内容、师资力量薄弱、硬件设施缺乏领导—教师—家长更重视学业成绩等，若只通过水域安全教育去解决溺水问题，还是一个漫长的过程，但我国青少年溺水问题已经迫在眉睫，父母又是作为儿童问题行为纠正和安全防范能力提升的首要指导者和推动者。通过父母行为控制的方式，从主动询问和行为约束两个层面，以近况了解和行为干预的手段，实现对青少年水域高危行为更加有效的预测。此外，父母行为控制中的两个层面对水域高危行为有着共同重要的预测作用，这表明主动询问和行为约束都是父母行为控制不可或缺的重要成分，并对水域高危行为发挥各自独特的影响。在父母行为控制实施中，应兼顾上述两个方面，实现其协同式作用，如此才能建立高质量的父母行为控制，进而更有效地减少青少年的水域高危行为。

（二）不良同伴的中介作用

在证实父母行为控制与高危行为之间关系后，探讨父母行为控制怎样影响高危行为的问题就显得很重要，即有必要探讨父母控制行为对高危行为的作用机制，以解释两者之间关系的作用机制。中介变量是父母行为控制影响高危行为的内在和实质性原因。本研究探讨了不良同伴对父母行为控制与高危行为之间关系的中介效应。结果发现，不良同伴这一变量可能助长青少年高危行为，前人研究也提到了这一结论（胡伟等，2010；林丹华等，2008）。但本研究发现，当父母行为控制较低时，父母角色的影响就会转化成同伴角色的影响，同伴因素的影响就会大于父母影响因素，同伴扮演着更为重要的角色，具有部分中介作用。父母行为控制对青少年水域高危行为的影响一方面是通过直接的途径影响水域高危行为，另一方面可以通过不良同伴这一间接途径实现。也就是说，父母行为控制直接或间接地通过不良同伴影响青少年水域高危行为。在这里，不良同伴起到了"桥梁"的中介作用，既体现了与父母行为控制的关系，又反映了与水域高危行为的关系。社会联结理论和社会学习理论可以用来解释不良同伴在父母行为控制与水域高危行为关系中所起的中介作用。高水平的父母行为控制作为个体积极的保护因素，能够减少青少年较高水平的外化行为问题，形式上主要通过主动询问和行为约束。低水平的父母行为控制不仅可能直接导致青少年外化问题行为，还可能导致结交到不良同伴，进而产生更多的水域高危行为。

（三）感觉寻求的调节作用

已有的研究发现，青少年的个体发展是个体因素与环境因素共同作用的结果（Lazuras et al.，2009），本研究从个体因素与环境因素共同作用的角度，探讨了感觉寻求与不良同伴对水域高危行为发挥作用的影响，检验了感觉寻求在不良同伴与水域高危行为之间的关系是否具有调节作用。研究发现，感觉寻求是青少年危险行为的风险因素，这一点与前人的研究结论相同（叶宝娟、杨强、胡竹箐，2012）。但是，本研究发现，感觉寻求调节了父母行为控制通过不良同伴对水域高危行为的中介过程的后半路径，也就是不良同伴与水域高危行为的关系具有调节作用。不良同伴对青少年水域高危行为的负面影响在感觉寻求水平较高的青少年中要比在感觉寻求较低的青少年中更强，具体而言，感觉寻求的作用就像"催化剂"，增强了不良同伴对青少年水域高危行为的促进作用。如果感觉寻求高的青少年同时受到更多不良同伴的影响，将增加青少年水域高危行为的概率。单一风险因素的作用相对有限，如果两个风险因素共同作用，可能会带来更严重的不良结果，造成青少年发生更多溺水的可能性。根据该理论模型，减少青少年结交不良同伴，从父母行为控制的视角干预入手，能让感觉寻求高的青少年减少发生溺水的风险。本研究的调节模型揭示了青少年水域高危行为是个体心理因素和环境因素共同作用产生的，表明在预测水域高危行为时，个体因素和环境因素不是孤立影响青少年水域高危行为。因此，在制定青少年溺水预防干预方案时，应从青少年的人格特质与同伴行为影响两个方面入手。

五 结论

本研究发现：①父母控制行为在水域高危行为方面有重要的影响作用，当父母行为控制水平较低时，青少年水域高危行为就会较高。②不良同伴在父母行为控制与青少年水域高危行为的关系中具有部分中介效应。也就是说，父母行为控制对青少年水域高危行为产生直接影响，也通过不良同伴对青少年水域高危行为产生间接影响。③感觉寻求是不良同伴中介父母行为控制与青少年水域高危行为关系的调节变量。感觉寻求调节了该中介模型的后半路径，具体而言，不良同伴对青少年水域高危行为的影响随着感觉寻求这一人格特质水平的增加而增加。

参考文献

［1］陈丽娜，张明．中学生感觉寻求、亲子关系与心理健康的关系［J］．心理发展与教育，2006，22（1）：87-91.

［2］陈美娟，荣飚，吴卡玲，廖静渊．厦门市 1987~1998 年儿童青少年意外伤害死亡分析［J］．中国学校卫生，2001，22（6）：568-569.

［3］陈天娇，季成叶，星一，胡佩瑾，宋逸．中国 18 省市中学生溺水相关危险行为现状分析［J］．中国公共卫生，2007，23（2）：129-131.

［4］陈晓，丁玲，高鑫．父母控制与初中生抑郁、危险行为的关系：神经质的中介效应［J］．中国健康心理学杂志，2016，24（5）：780-784.

［5］房超，方晓义，申子姣．心理控制、行为控制与青少年网络成瘾的关系［J］．中国特殊教育，2012（12）：70-74.

［6］方晓义．母亲依恋、父母监控与青少年的吸烟、饮酒行为［J］．心理发展与教育，1995，11（3）：54-58.

［7］冯琳琳．父母心理控制和行为控制研究述评［J］．中国健康心理学杂志，2015，23（12）：1911-1914.

［8］胡伟，林丹华，汪婷．父母、同伴因素与工读生吸毒行为的关系［J］．中国特殊教育，2010（10）：69-74.

［9］赖雪芬，王艳辉，王媛媛，张卫，杨庆平．父母控制与青少年网络成瘾：情绪调节的中介作用［J］．中国临床心理学杂志，2014，22（3）：437-441.

［10］雷雳．青少年"网络成瘾"探析［J］．心理发展与教育，2010，26（5）：554-560.

［11］林丹华，方晓义．青少年个性特征、最要好同伴吸烟行为与青少年吸烟行为的关系［J］．心理发展与教育，2003，19（1）：31-36.

［12］林丹华，Li XM，方晓义，Mao R．父母和同伴因素对青少年饮酒行为的影响［J］．心理发展与教育，2008，24（3）：36-42.

［13］罗时，王斌，张辉，方朝阳，卜姝，时勘．水域安全技能对青少年水域高危行为的影响：有调节的中介效应［J］．沈阳体育学院学报，2017，36（1）：66-72.

［14］宋静静，李董平，谷传华，赵力燕，鲍振宙，王艳辉．父母控制与青少年问题性网络使用：越轨同伴交往的中介效应［J］．心理发展与教育，2014，30（3）：303-311.

［15］唐彬．重要他人研究述评［J］．江苏教育学院学报（社会科学版），2010，26（9）：23-25.

［16］王斌，于洪涛，罗时，张辉．大学生安心游泳技能等级标准研制［J］．武汉体育学院学报，2018，52（3）：89-95.

［17］温忠麟，张雷，侯杰泰．有中介的调节变量和有调节的中介变量［J］．心理学报，2006，38（3）：448-452.

［18］温忠麟，刘红云，侯杰泰．调节效应和中介效应分析［M］．北京：教育科学出版社，2012.

［19］夏文，王斌，张馨文，刘炼，王郁平．小学生水域安全知信行问卷编制及信效度检验［J］．中国安全科学学报，2012，22（12）：3-9.

［20］夏文，王斌，赵岚，张馨文，冼慧．不同教育模式对小学生水域安全知信行的影响［J］．体育学刊，2013，20（2）：76-81.

［21］夏文，牟少华，王斌，万京一，张馨文，张雪松．小学生水域安全教育知信行模型研究［J］．中国安全科学学报，2014，24（4）：136-141.

［22］夏文，牟少华，王斌，赵岚，张馨文，张雪松．我国小学生水域安全教育影响因素分析［J］．中国安全科学学报，2015，25（7）：3-8.

［23］杨莉．农全兴，李春灵，冯启明．广西壮族自治区农村1~14岁儿童溺水死亡危险因素的病例对照研究［J］．中华流行病学杂志，2016，27（1）：853-856.

［24］叶宝娟，杨强，胡竹箐．父母控制、不良同伴和感觉寻求对工读生毒品使用的影响机制［J］．心理发展与教育，2012，28（6）：641-650.

［25］叶宝娟，郑清，夏扉，叶理丛．气质和父母控制对工读生毒品使用的影响：独特效应和交互效应的影响［J］．中国临床心理学杂志，2015，23（5）：886-890.

［26］张辉，王斌，罗时，夏文．基于扎根理论的学生水域高危行为影响因素研究［J］．中国安全科学学报，2017，27（3）：7-12.

［27］张辉，王斌，罗时．基于分层教学的大学生水域安全初级教育模式实验［J］．体育学刊，2017，24（4）：88-93.

［28］中华人民共和国教育部．中小学生安全事故总体形势分析报告［EB/OL］．http：//www.gov.cn，2007-03-22.

［29］中华人民共和国中央人民政府．中共中央国务院印发《"健康中国2030"规划纲要》［EB/OL］．http：//www gov cn/zchengce/2016-10/25/content_5124174.htm，2016-10-15.

［30］Barber，B. K Parental Pasychological Control：Revisiting a Neglected Construct［J］．Child Development，1996，67（6）：3296-3319.

［31］Börkqvist，K.，Batman，A.，& Åman-Backs. Adolescents' Use of Tobacco and Alcohol：Correlations with Habits of Parents and Friends［J］．Psychological Reports，2004，95（2）：418-420.

［32］Brenner，R. A. Prevention of Drowning in Infants，Children，And Adolescents［J］．Pediatries，2003，112（2）：440-445.

［33］Chao，R. K. Beyond Parental Control and Authoritarian Purenting Style：Understanding Chinese Parenting through the Cultural Notion of Training［J］．Child Development，1994，65（4）：1111-1119.

［34］Dearing，E.，& Hamilton，L. C. Contemporary Advances and Classic Advice for Analyzing Mediating and Moderating Variables［J］．Monographs of the Society for Research in Child Development，2006，71（3）：88-104.

［35］Forjuoh，S. N. Drowning Prevention：A Key Concern for Researchers and Major Health Bodies［J］．Intermarional Jowrnal of Injury Control and Safety Promotion，2017，24（3）：281-282.

［36］Hooper，A. J.，& Hockings，L. E. Drowning and Immersion Injury［J］．Anaesthesia and Intersive Care Medicine，2011，12（9）：399-402.

［37］Krishnakumar，A.，Buchler，C.，& Barber，B. K. Youth Perceptions of Interparental Conflict，Inffective Parenting，and Youth Problem Behaviors in European-American and African-American Families［J］．Journal of Social and Personal Relationships，2003，20（2）：239-260.

［38］Laose，O.，Khiewyoo，J.，& Somrongthong，R. Drowning Risk Perceptions among Rural Guardians of Thailand：A Community-based Household survey［J］．Journal of Child Heath Care，2014，18（2）：168-177.

［39］Lazuras，L.，Eiser，J. R.，& Rodafinos，A. Predicting Greek Adolescents' Intentions to Smoke：A Focus on Normative Processes［J］．Health Psychology，2009，28（6）：770-778.

［40］Mooman，E. A.，& Pomerantz E. M. Mothers' Cognitions about Children's Self-control：Implications for Mother' Responses to Children's Helplessness［J］．Social Dvelopment，2008，17（4）：960-979.

［41］Moran，K. Will They Sink Or Swim? New Zealand Youth Water Safety Knowledge and Skills［J］．International Journal of Aquatic Research and Education, 2008, 2（2）：114-127.

［42］Morrongiello, B. A., & Kiriakou, S. Parents, Home-safety Practices for Prevening Six Types of Childhood Injuries：What do They Do, and Why?［J］. Journal of Pediatric Psychology, 2004, 29（4）：285-297.

［43］Morrongiello, B., Schmidt, S., & Schell, S. L. Sibling Supervision and Young Children's Risk of Injury：A Comparison of Mothers' and Older Siblings' Reactions to Risk Taking by a Younger Child in the Family［J］. Social Science & Medicine, 2010, 71（5）：958-965.

［44］Morrongiello, B. A., Sandomierski, M., Schwebel, D. C., & Hagel, B. Are Parents Just Treading Water? The Impact of Participation in Swim Lessons on Parents' Judgments of Children's Drowning Risk, Swimming Ability, And Supervision Needs［J］. Accident Analysis & Prevention, 2013（50）：1169-1175.

［45］Morrongiello, B. A., Cusimano, M., Barton, B. K., Orr, E., Chipman, M., Tyberg, J., …Bekele, T. Development of the BACKIE Questionnaire：A Measure of Children's Behaviors, Attitudes, Cognitions, Knowledge, And Injury Experiences［J］. Accident Analysis & Prevention, 2010, 42（1）：75-83.

［46］Morrongiello, B. A., Sandomierski, M., & Spence, J. R. Changes Over Swim Lessons in Parents' Perceptions of Children's Supervision Needs In Drowning Risk Situations："His Swimming has Improved So Now He Can Keep Himself Safe"［J］. Health Psychology, 2014, 33（7）：608-615.

［47］Morrongiello, B. A., Zdzieborski, D., Sandomierski, M., & Munroe, K. Results of a Randomized Controlled Trial Assessing the Efficacy of the Supervising for Home Safety Program：Impact on Mothers' Supervision Practices［J］. Accident Analysis & Prevention, 2013（50）：587-595.

［48］Petrass, L. A., & Blitvich, J. D. Preventing Adolescent Drowning：Understanding Water Safety Knowledge, Aitudes and Swimming Ability［J］. The Effect of a Short Water Safety Intervention. Accident Analysis & Prevention, 2014（70）：188-194.

［49］Pettit, G. S., Laird, R. D., Dodge, K. A., Bates, J. E., & Criss, M. M. Antecedents and Behavior-Problem Outcomes of Parental Monitoring and Psychological Control in Early Adolescence［J］. Child Development, 2001, 72（2）：583-598.

［50］Schaefer, E. S. Children's Reports of Parental Behavior：An Inventory［J］. Child Development, 1965, 36（2）：413-424.

［51］Scholte, R H., Poelen, E. A. P., Willemsen, G., Boomsma, D. L., & Engels, R. C. M. E. Relative Risks of Adolescent and Young Adult Alcohol Use：The Role of Drinking Fathers, Mothers, Siblings, and Friends［J］. Addictive Behaviors, 2008, 33（1）：1-14.

［52］Stattin, H., & Kerr, M. Parental Monitoring：A Reinterpretation［J］. Child Development, 2000, 71（4）：1072-1085.

［53］Steinberg, L., Albert, D., Cauffman, E., Banich, M., Graham, S., & Woolard, J. Age Differences in Sensation Seeking and Impulsivity as Indexed by Behavior and Self-Report：Evidence for a Dual Systems Model［J］. Developmental Psychology, 2008, 44（6）：1764-1778.

［54］Wang, Q., Pomerantz, E. M., & Chen, H C. The Role of Parents' Control in Early Adolescents' Psychological Functioning：A Longitudinal Investigation in the United States and China［J］. Child Development, 2007, 78（5）：1592-1610.

［55］Winfree, L. T., & Bernat, F. P. Social Learning, Self-control, and Substance abuse by Eighth Grade Students：A Tale of Two Cities［J］. Journal of Drug Lssues, 1998, 28（2）：539-558.

［56］Zhu, Y. C., Jiang, X, Li, H., Li, F. D., & Chen, J. P. Mortality among Drowning Rescuers in China, 2013：A Review of 225 Rescue Incidents from the Press［J］. BMC Public Health, 2015（15）：631.

Effect of Parental Behavioral Control On Water High-Risk Practices for Adolescents:
Moderated Mediating Effect

Luo Shi　Shi Kan　Zhang Hui　Wang Bin　Hu Yue

Abstract: The study explored the mechanism of perceived parental behavioral control in predicting water high-risk practices through a moderated mediation model centering on affiliation with deviant peers. A total of 7485 Adolescents from five provinces completeda questionnaire survey. The results indicated that: ①Affiliation with deviant peers played partial mediating effect between parental behavioral control and water high-risk practices. Parental behavioral control not only had a direct influence on water high-risk practices, but also promoted water high-risk practices indirectly by increasing affliation with deviant peers. ②Sensation seeking moderated this mediation effect. Sensation seeking moderated the second path of the mediation. With sensation seeking increasing, the effect of water high-risk practices increasing.

Key words: adolescents; parental behavioral control; affiliation with deviant peers; sensation seeking; water high-risk practices

组织创新重视感与员工创新：
员工创新期待与创新人格的作用[*]

曲如杰　朱厚强　刘　晔　时　勘

【编者按】中国有句古话："一日为师，终身为父。"导师时勘教授就像一座灯塔，始终指引着我们在学术道路上前行。时老师在不同阶段给予的诸多适时的指导、支持和帮助，让我们能够得到更快更好的成长。我们两人都是时老师的博士研究生，而且都获得了前往荷兰攻读双博士的机会。我们在读博士期间，就一再感叹时老师对选题价值的敏锐把握、对学术研究的无尽热情、对学术进步的不懈追求，还有那令人羡慕的充沛精力。在选择研究方向时，他特别尊重学生的研究兴趣，而且也非常尊重荷兰方面的合作导师的意见，后来，我们均选择了领导力和员工创新作为研究方向，并在时老师和 Onne Janssen 教授的联合指导下，完成了多项实证研究。如杰先后在 SSCI 重要期刊 *Leadership Quarterly*、*International Journal of Human Resource Management* 上发表文章，刘晔也在 *Journal of Business and Psychology* 上发表了学术论文。我们先后顺利完成了博士毕业论文，如杰留中国科学院大学工作后，兼任中国科学院社会心理调研中心副主任，辅助时勘教授围绕院士群体开展多项中国科学院学部的调研工作，后来因家庭原因，调到华东师范大学公共管理学院工作，直接被聘为副教授；而刘晔从荷兰归来后，第一次找工作就受到中国政法大学的关注，经面试之后，由于表现突出，被直接聘为副教授。我们参加工作以后，每每遇到学术难题，仍然会请老师指点迷津，他依旧不遗余力地为我们答疑解惑。值得一提的是，依托于时老师创立的中国科学院学部社会心理学调研中心，我们和高丽、朱厚强同学一起，开展了针对院士群体和高端人才的系列科学研究，发表的这篇文章就是我们合作的成果。2019 年 12 月，时老师受邀出任温州大学温州模式发展研究院院长，在这个崭新的平台上，时老师再次展现了他的高屋建瓴、高效热情和执着坚定的本色。他迅速凝聚了一支颇具战斗力的队伍，将研究院各项工作迅速开展起来。如杰荣幸地受聘温州模式发展研究院社会治理与民众情绪研究所副所长，刘晔也成为研究院学术委员会委员。2020 年 9 月，时老师组织申报的浙江省哲学社会科学规划新兴（交叉）学科重大项目"重大突发公共卫生事件下公众风险感知、行为规律及对策研究"获得资助。2021 年 1 月，如杰主持申报的国家自然科学基金项目面上项目"社会治理创新背景下基层干部创新行为的心理机制及助推研究"和刘晔主持申报的国家自然科学基金青年项目"从创造力到创新：社会网络因素对创意产生、创意识别和创意实施的驱动作用"双双获得资助。这两个项目获得资助都与在申请过程中时老师的精心指导分不开。现在，我们又一次汇集在社会治理、民众心理和创新发展研究领域，我们期待未来有更多高质量的成果出现在学术领域。敬爱的时老师，是您

* 基金项目：上海哲学社会科学规划项目（2018BGL031）。

带领我们成长起来，如今您依然宝刀未老、容光焕发、斗志不减，我们为有您这样的老师感到骄傲！愿我们在未来的前行中，继续陪伴时老师去求索。（刘晔，中国科学院大学经济与管理学院 2006 级博士生，中国政法大学副教授；曲如杰，中国科学院大学经济与管理学院 2010 级硕博连读生，华东师范大学副教授）

摘要：本研究选取两家高新企业的员工及其直接领导作为研究对象，共调查了 186 组上下级配对数据，分布在 61 个团队。研究探讨了员工感知到的组织对创新的重视对员工创新行为的积极影响，员工自我创新期待在其间的中介作用，以及员工创新人格在第二阶段对于员工创新期待与员工创新行为间关系的调节作用。结果表明：①组织创新重视感正向影响员工创新行为。②员工自我创新期待中介组织创新重视感与员工创新行为之间的关系。③员工创新人格调节员工自我创新期待对员工创新行为的影响；相比低创新人格的员工，员工自我创新期待对高创新人格员工的创新行为影响更大。④员工创新人格调节上述间接关系（结果 2），当员工的创新人格高时，组织创新重视感通过员工自我创新期待对员工创新产生的积极作用更强。

关键词：组织创新重视感；自我创新期待；创新人格；员工创新

一 引言

劳动力成本优势的下降意味着我国社会主导产业正由资源能耗型逐渐向知识智力型过渡，此间受助于科技创新的浪潮，中国技术开始赶超。在社会经济结构转型变化的新形势下，创新已成为引领发展的第一动力。在此过程中新一轮的知识竞争在互联网生态、医药科学、生活科技等多个领域纷纷打响，企业再次成为创新驱动的重要力量。如今企业的最终生存和核心竞争力都将依赖于自身不断更迭的创新产品及服务的能力，职工首创精神更是被提上"两会"议程，更多的企业开始关注如何挖掘员工的创新潜力。1912 年，著名经济学家熊彼特在其著作《经济发展理论》中首次将创新与企业发展进行关联，阐明创新的实质是新知识的商业化与价值实现。而在如今全球化规模的智能经济格局下，各类组织已无法脱离知识型员工而停留于原始的发展速度，这些追求自我价值和独立自主的员工是组织创新的核心推动力量，他们的创新活动成为组织创新的基础，是推动组织整体绩效提升并夺得竞争优势的关键因素。员工创新指的是在组织情境下，员工提出的新颖而有价值的想法。为激发员工创新行为，当下企业日益加大了对创新的重视程度，不断向员工传递组织的创新价值观。此外，对创新绩效要求较高的组织尤为关注员工在人格特质中的创新成分，近年国内企业在人才选拔过程中逐渐与国际接轨，运用 Business Chemistry、霍兰德性向测验等职业测评工具，以甄选出具备高创新人格的人员。不少关注人力资本创新的企业在运营和管理过程中，采用人才概览、绩效快照、脉冲调查等再造绩效流程的方式，定期关注员工在产出绩效的过程中对创新的期待与创新成果。从国内外企业组织实践过程的整体趋势上看，探讨员工创新行为的影响因素和产生机理是最大化人力资源使用效率所必须完成的课题。

回顾过往文献，有关员工创新行为的研究大致分为两个方面：一方面，学者多从员工自身的认知模式、心理特征和人格特质等个体因素的角度讨论员工创新；另一方面，人们多关注影响创新行为的外部情境，包括组织的环境特征、人际互动和领导风格等因素的作用；且由于不同个体在同一客观环境中的心境不一定趋同，不同的心理感知是创新行为产生程度差异的重要原因。学者开始广泛关注组织成员对其所处的外在综合性环境的知觉描述。这类知觉描述并不独立于员工的主观认知理解而存在，其反映了员工对周围工作环境的感知建构。基于此，本文将引入"组织创新重视感"（Perceived Organizational Valuing of Creativity），考察员工的组织创新重视感对创新行为的影响。组织创新重视感表征了员工感知到的组织对创新的重视程度，是组织对于创新的最基本导向。当员工的组织创新重视感高时，表明员工感知到组织站在推动员工创新的主体角度，强调创新对于组织的重要价值以及组织对创新的高度重视，进而支持员工在工作中提出创新想法、寻求创新资源并实施创新构想。

然而，并非所有员工创新行为的作用机制都建立在社会人假设之上，感知到的组织对创新的重视不一定百分之百唤起员工创新的积极性，创新作为高风险行为也不单纯通过外在组织层面因素的促进而实现。因此，新近研究已不再围绕员工个体、组织环境对员工创新的直接作用进行单一化考察，而是综合分析组织成员和组织环境因素的协同与交互作用对员工创新的复杂影响机制。过往研究多关注对创新影响最直接的员工行为意愿及其前因变量与组织情境因素对创新的交互作用及内在机制，如创新意愿、内在动机、成就期望等在组织因素与创新行为关系之中的调节或间接作用；另有学者从人格心理学角度加入对个体独特性的考虑，根据因人而异的人格组成特征来分析相同情境下个体的不同反应，如主动性、开放性、保守性等人格特质的调节作用等。在近年积极心理学研究的推动下，学者逐渐扩大了将两者结合起来的混合模型研究范围，多围绕员工自发性与主动性等积极角色导向，展开影响创新行为的内在机制探索。

尽管前人已经将上述诸多因素作为解释变量逐项纳入员工创新行为的机制分析当中，但对于一些心理学变量还很少聚焦到创新层面，进行更有针对性的讨论。本文将期望、人格等心理学重要因素聚焦到创新期待和创新人格层面，来分析其作用于组织情境与员工创新行为间关系的内在机理。具体来说，本文引入"员工自我创新期待"，即员工感知到自身所从事职业的工作环境和任务特性对自身创新行为的内在要求，并将这种外在感知内化为自我预期和驱动力，进而付诸相应的创新举措。员工即便在鼓励创新的环境中也不一定会创新，可见个体的自我认知和自我决定也是非常关键的内在机制。根据个体—环境匹配理论，组织对创新的支持可能会激活员工的创新心理资源。员工付出的心理资源越多，就越容易将这种工作角色期待内化整合为自我的创新期待，进而触发自我实现预言，激励个体投入创新努力，获取创新绩效。因此，我们假设自我创新期待是组织创新重视感影响创新行为的重要内在机制。另外，本文引入"员工创新人格"变量，即员工个体所具备的、在创新行为中稳定展现出来的且能促进创新行为产生的人格特征。据此，本文重点关注以下议题：①组织创新重视感是否通过提升员工自我创新期待而正向作用于员工创新行为？②组织创新重视感对于具有不同创新人格员工的创新行为的作用是否一样？进而将其置于中国文化背景下的高科技型企业中，考察组织创新重视感与员工创新行为之间员工自我创新期待的中介效应，以及创新人格对这一间接效应的调节作用。

二 文献回顾与研究假设

(一) 组织创新重视感与员工创新行为

组织对创新的重视是组织创新支持氛围的一个重要维度，表征了组织认为创新是有价值的、重视创新的程度，体现了组织的创新动机，是一个组织针对创新的最基本导向。员工感知到的组织对创新的重视反映了员工感知到的组织对创新的看法和态度，是组织内成员在工作活动中形成的关于组织在多大程度上重视其追求进而实施创新构想的综合性知觉。当员工感知到组织对创新是高度重视时，员工认为勇于创新和冒险是被鼓励的，创新受到自上而下各级管理层的重视。

由于创新活动具有一定的风险性，因此，员工在决定是否投入创新活动之前，势必会考虑并评估所在组织会对自身的创新行为做出怎样的回应，进而判断自己的创新努力是否会被组织看重、接受和认可。如果员工预测组织会对创新行为做出负面回应，他们将不会进行创新。当员工感知到组织不推崇创新时，他们会认定创新在组织中会被看作不相关且没有价值的行为，因而不愿投入创新。也就是说，个体对具体情境下创新价值性和重要性的评估和判断，会影响到他们参与创造性活动的动机和意愿。从创新活动的意义建构视角来看，组织创新重视感向员工释放了一个明确、积极的信号，即组织对于创新是非常重视的，创新对组织是重要的、有价值的。组织对创新的重视度和接纳性一方面降低了员工对创新的风险顾虑，提升了员工参与创新活动的可能性；另一方面使员工认识到创新可以为组织带来高效益，提高组织竞争力。员工具备了高创新认知，那么在创新过程中会更多考虑组织的需要，提出的创新想法更有针对性，对组织的帮助更大，而不仅仅是新奇的想法。此外，有关创新的心理学研究表明，当员工处于自由创新的组织中时，他们更容易产生新奇而有用的想法。组织对创新的重视也容易使各层级管理者更加珍惜新想法，对新想法给予公平的、支持性的评价，促进创新想法的实施。组织对创新的重视也会使组织愿意为员工的创新成果提供奖励。尽管一些研究表明，单纯的物质奖励会降低创新动机，但如果将物质奖励和精神奖励结合起来，将其看作对员工创新能力的认可，以及鼓励员工未来做出更多更高质量创新成果的一种方式，员工的创新积极性将得到提升。一些研究证明，组织创新重视感与创新绩效相关联。基于以上论述，本文提出如下假设：

假设 1：员工感知到的组织对创新的重视正向影响员工创新行为。

(二) 员工自我创新期待的中介效应

"盖拉缇娅效应"（Galatea Effect）也被称作"自我实现预言现象"，是指一个人通过对自我的高期待来激发自身产生高绩效的现象。员工自我创新期待来源于员工感知到自身所从事工作的目标特征和工作环境对自己创新行为的内在要求，从而愿意将这种感知转化为自我要求，进而产生相应的创新行为。前人多侧重于从组织团队、上级领导角度分析外在创新期望对员工个体的影响机制，而较为忽视员工自我创新期待的作用，但本文认为员工自我创新期待是员工感知到的组织对创新的重视影响员工创新行为过程中重要的内在心理机制。

员工感知到的组织对创新的重视会提升员工的自我创新期待。首先，根据人与环境匹配理论（P-E Fit Theory），组织对创新的重视提高了员工的唤醒水平，为了使个体特质与组织环境达到最大限度的匹配，员工要么改变自己要么改变其所在的工作环境。改变自己指的是调整自我认知、能力、期望和工作行为等，而改变工作环境包括改变工作任务和目标、工作设计、工作方法、工作沟通与协调等。通常情况下，员工更倾向于以组织情境为参照系来选择自己的行动目标。当员工感知到高的组织创新趋向，即组织高度重视创造性活动时，倾向于形成对自我更鲜明的创造性角色期待，进而投入更多的创新努力有助于实现上述这些改变，实现组织创新重视与员工个体创新的一致性。其次，创新强调未来导向和变革导向，本身是一种问题解决导向的适应性策略，这也契合了员工个体成长和自我实现的高层次需求。通过向员工传递组织的创新导向，组织明确传达了对任职者的创新期待，鼓励员工追求创新目标，因此员工有可能将创新活动理解为个人发展的最佳路径，认为自身投入到创新活动中是正确的、有意义的事情，由此激发出内在的创新期待，愿意持续不断地注入心理资源内化这种角色期待，相信自身的创新努力能够帮助企业不断取得成功，并希望自身能够成为组织走向成功的缔造者。投身到组织需要的创新活动中将使员工的内心感觉良好。最后，由于创新具有不确定性和低预期性的特点，创新行为意味着必须承担过程中的不确定风险，因而员工的创新尝试通常会遇到来自组织团体内部利益团体和习惯势力的阻碍。隋杨等（2012）的研究表明，如果组织重视并且予以资金和时间来鼓励员工创新性的尝试，员工将消除对承担风险和资源匮乏的担忧，从而产生创新动力并付之行动。而且，当组织重视创新时，人们更倾向于对创新有关的活动做出积极评价。而支持性、建设性的评价有助于提升员工对自身的创新期待，将组织的创新动机内化为对自身的创新期待。基于此，本文提出组织创新重视感与员工的自我创新期待正相关。

根据盖拉缇娅效应，个体期望的越多，得到的也就越多，因为期望会提高个体动机强度，引导人们朝着相应的方向去努力。员工的自我期待可以促进员工对自身潜在能力的培养和开发，最终使潜在能力转化为显在能力。如果人们相信他们能够完成某项任务或业绩，那么他们将依照自己的信念来行事，这将大大提高他们的信念变成现实的可能性。因此，通过自我期待，员工可以成为他们自身绩效的预言者。就创新行为而言，我们认为员工的创新自我期待对其创新行为有正向影响，原因主要有以下三点：首先，当员工具有较高水平的自我创新期待时，他们认为创新对自己的工作非常重要而且相信自己有创新的能力，取得与其创新自我概念一致的创新成果时，可以满足自身的成长需求，并产生胜任感和成就感，因此有动力投入到创新活动中。其次，人们对自己成功的期望越大，在处理复杂任务过程中的表现便会越好，而个体的认知复杂能力能够促进其提出创新想法；进一步地，个体效能期望理论还认为，期望能够通过影响人们的努力程度而影响绩效水平。最后，根据动机性信息加工理论，人们会选择性地注意、编码，进而保留与其关注的问题相关的信息。那么，具有高自我创新期待的员工会将认知资源更多地运用到创新性工作中，并且更容易发现和识别潜在的问题和创新机会，据此收集、加工与创新问题相关的信息，通过探索和尝试产生尽可能多的备选方案并反复推敲。因此，自我创新期待提供了一种动机资源，调动员工最大限度地激发自己的创新潜力，投入更多的创新努力，进而提升他们的创新行为。

综上所述，组织创新重视感促使员工提升自我的创新期待，进而提升创新绩效。Tierney 和 Farmer（2011）的研究表明，自我的创新期待中介了领导创新期待与员工创新间的关系。另外，Carmeli 和 Schaubroeck（2007）的研究也发现，领导、顾客和家庭这三类相关群体的创新期待均通过员工的自我创新期待对创新卷入水平产生影响。基于以上论述及相关研究结果，本文提出如下假设：

假设2：员工自我创新期待在员工的组织创新重视感与其创新行为的关系间具有中介作用。

（三）员工创新人格的调节效应

值得一提的是，在组织创新重视感激发的员工自我创新期待对创新行为的影响方面，并非所有员工都趋同。创造力交互理论指出，员工的创新行为受到组织环境与员工个体两方面因素的交互作用。因此，近期的创新研究在情境因素和员工行为间多引入个体因素作为调节性变量来综合分析，如成就动机、创新自我效能感、员工心理感知、内在激励偏好、雇佣身份多样性等。另外，根据动机行动理论，人格特征在一定程度上决定个体目标导向的确定，进而引导个体产生相应行为。而创新作为一种高风险、高挑战性行为，创新努力与投入多少，在某种程度上是员工内在人格特质决定的行为。创造力交互理论研究者将创新人格纳入社会与认知心理学范畴，认为主动性、独立判断、开放性、坚持及乐于冒险等创新人格有助于个体形成创造性想法，从而形成一套综合性的创造力研究理论结构。所谓创新人格，是指个体具有的创新行为必需的积极心理品质的综合，通过激发、推动、调节和控制，作用于创造性行为，是创新的内在依据。以往研究多关注创新人格对创新行为的直接和间接作用，但本文认为创新人格也会在情境因素与创新行为关系间发挥调节作用。因此，本文假设员工创新人格在组织创新重视感激发的自我创新期待与创新行为间具有调节作用。

自我创新期待作为员工感知组织环境后形成的创新意识，其本身仅代表员工个体产生的"我想""我期望"，功能局限在连接创新的外界支持性因素与创新行为，但要将个体期望突破层层阻力和困难，付诸"我做"的创新行为，并且实现高绩效的创新行为结果，还需要个体内在的本质人格特性来支撑。具体来说，组织创新重视感产生的自我期待对员工创新行为的影响可能会因员工创新人格的高低而不同。具备高创新人格的员工个体能够认识到创新活动的重要价值，在自我创新期待推动下，对开创性和变革性的工作具有高敏感度，易于发现创新机会，同时敢于尝试冒险性举措，愿意接受挑战性任务；相反，低创新人格的员工的好奇心和想象力则相对较弱，独创性和探索精神也较低，从而在面临创新性选择时趋向于保守并回避对现有规则的突破。即便具有自我创新期待，创新行为也会受到创新人格的限制。前人研究也部分证实了创新人格对于创新行为的作用机制。例如，Fuller 等（2009）的元分析发现，能够主动改善条件、创造环境的前摄性人格与员工创新绩效存在正向关系。Parke 等（2006）指出，该类人格能够刺激个体表现出采用新颖、独特的方法去解决问题的行为。Zhou 等（2001）将创造性人格作为调节变量，论证了其在发展性评价战略与员工创新行为间的作用机制。基于此，本文提出假设如下：

假设3：员工创新人格在员工自我创新期待与员工创新行为的关系间具有调节作用。相比低创新人格的员工，员工自我创新期待对高创新人格员工的创新行为具有更强的影响。

综上所述，本文提出，组织创新重视感通过激发员工创新自我期待，进而影响员工的创新行为，且这一间接关系受制于员工创新人格变量在自我创新期待与创新行为间路径上的调节作用。为了从整体上验证上述变量间的关系，本文建立一个带有对第二阶段调节的中介效应模型，来阐述组织创新重视感如何（通过员工创新期待）以及何时（因员工创新人格的高低）正向影响员工创新行为，并提出如下假设：

假设 4：员工感知到的组织创新重视感通过自我创新期待的中介作用对员工创新行为产生影响，这一间接作用在第二阶段，即员工自我创新期待和创新行为间的关系受到员工创新人格的调节作用；当员工创新人格高时，组织创新重视感通过创新期待对创新行为的作用更强。

基于上述理论分析及假设，构建本文的模型如图 1 所示。

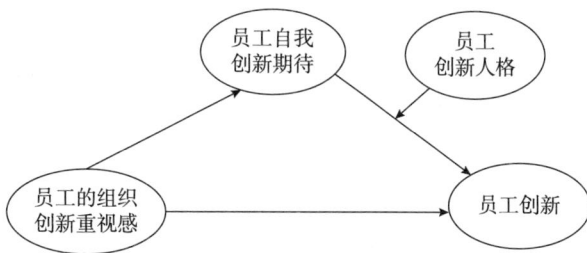

图 1　本文的理论模型

三　研究设计

（一）样本选取与数据收集

本文的样本取自两家高新企业。为有效控制被调查者所在团队人数、结构、氛围、复杂程度以及团队领导者评分标准差异等带来的误差，本文以工作团队为单位进行调查。同时通过上—下级配对的方式，以团队领导与其直接下属员工为配对组发放调查问卷，来避免共同方法偏差。

研究者共发放上级问卷 204 份，员工问卷 204 份，回收并剔除无效问卷后最终获得 186 对有效配对数据，分布于 61 个工作团队。整体问卷有效回收率为 91.0%。其中，男性占 58.1%，女性占 41.9%；硕士及以上占 27.5%，本科占 60.2%，大专及以下占 12.3%；员工平均年龄 30.8 岁（s=9.36）；在企业中的平均工作年限为 2.74 年（s=2.27）。

（二）测量工具

1. 员工感知到的组织对创新的重视问卷

采用 Farmer 等（2003）编制的感知到的组织对创新的重视问卷，共 6 个项目。问卷采用李克特 7 点量表计分法，由 "1 分—非常不同意" 到 "7 分—非常同意"，分别为 "非常不同意" "不同意" "有点不同意" "不能确定" "有点同意" "同意" "非常同意"。请员工根据对自己的了解进行判断，并在每项陈述后面最能反映他同意或不同意程度的相应数字上画"○"。问卷的内部一致性系数 α 为 0.91。

2. 员工的自我创新期待问卷

采用 Carmeli 和 Schaubroeck（2007）编制的员工的自我创新期待问卷，共 3 个项目。问卷采用李克特 7 点量表计分法，由"1 分—非常不同意"到"7 分—非常同意"，分别为"非常不同意""不同意""有点不同意""不能确定""有点同意""同意""非常同意"。请员工根据对自己的了解进行判断，并在每项陈述后面最能反映他同意或不同意程度的相应数字上画"○"，比如"我希望自己带着创造性去工作"，"对我而言，创新在工作中很重要"等。问卷的内部一致性系数 α 为 0.77。

3. 员工创新人格

对员工创新人格的测量，选取 Gough（1979）开发的创新人格量表中的 20 个形容词。员工根据对自己的了解，判断每一个形容词是否在描述自己，如果员工觉得该形容词描述的是自己，则在该词前面的括号中打"√"。当员工打"√"的某个形容词描述的是创新人群的特点则计 1 分，反之则计-1 分，所有得分加总即该员工在创新人格方面的得分。

4. 创新行为问卷

采用 Zhou 和 Oldham（2001）开发的 13 题员工创新问卷。问卷采用李克特 7 点量表计分法，由"1 分—非常不典型"到"7 分—非常典型"。要求团队上级根据其对直接下属的情况进行评价，每个题项所指行为反映特定下属创新行为的典型性程度。问卷的内部一致性系数 α 为 0.97。

5. 控制变量

相关研究表明，员工的背景变量影响创新行为，如男、女在性别上表现出的创新意愿的差异；个体随年龄的增长其创新能力有所改变；工作年限的长短反映员工对企业资源的熟悉和掌握度，从而在创新行为上表现出差别；教育程度通过改变人的知识结构而影响创新行为。此外，张婕等（2014）的研究显示，员工所属单位不同是员工创新行为的重要影响因素，不同企业具有彼此独特的文化、制度、结构，从而对各自组织内员工的创新行为产生不同方式的作用。由于本文相关分析的结果表明，教育程度和工作年限在样本中与各变量没有显著相关性，因此本文选取性别、年龄、员工所属单位作为控制变量。

四　研究结果

（一）效度检验

为检验多个研究变量的区分效度，对员工感知到的组织创新重视感、员工自我创新期待和员工创新行为进行了验证性因子分析。将组织创新重视感的 6 个条目、员工创新自我期待的 3 个条目和员工创新的 13 个条目共同进行最大似然法的验证性因子分析。为甄选最能拟合现有数据的模型，我们对比了三因素模型（包括组织创新重视感、员工创新自我期待和员工创新行为）、二因素模型（将组织创新重视感和员工创新自我期待合并为一个因素）和

单因素模型的 χ^2 值。研究预期的三因素模型的拟合度（CFI = 0.91，TLI = 0.90，RMSEA = 0.09，χ^2 = 499.9）显著好于二因素模型（CFI = 0.88，TLI = 0.87，RMSEA = 0.10；$\Delta\chi^2$ = 120，Δdf = 2，p < 0.001）和单因素模型的拟合度（CFI = 0.71，TLI = 0.68，RMSEA = 0.16；$\Delta\chi^2$ = 696.1，Δdf = 3，p < 0.001）。

（二）研究变量的描述性统计结果

表 1 报告了各变量的均值（M）、标准差（SD）及相关系数。数据显示，组织创新重视感与员工创新显著正相关，与员工自我创新期待显著正相关，员工自我创新期待与员工创新显著正相关。

表1　研究变量的均值、标准差和相关系数（n = 186）

变量	M	SD	1	2	3	4	5	6	7	8
1. 组织创新重视感	5.33	1.16								
2. 员工自我创新期待	5.61	1.02	0.35***							
3. 员工创新人格	6.55	3.27	0.21**	0.22**						
4. 员工创新	4.66	1.32	0.38***	0.28***	0.11					
5. 性别	—	—	0.02	0.04	-0.31***	0.02				
6. 年龄	30.81	9.36	0.10	0.12	0.15*	0.10	-0.29***			
7. 教育程度	3.22	0.80	-0.01	-0.07	0.06	-0.11	-0.21**	0.06		
8. 工作年限	2.74	2.27	0.04	-0.05	0.09	0.07	-0.01	0.39***	0.17**	
9. 员工所属单位	0.45	0.50	-0.02	0.01	-0.38***	0.14	0.50***	-0.21**	-0.46***	-0.06

注：* 表示 p<0.05，** 表示 p<0.01，*** 表示 p<0.001。

（三）假设检验

本文的数据具有多层嵌套结构，即参加调研的 186 名员工分属于不同的团队，团队领导为其每一位下属评分。由于不同团队间的特征、文化和领导评分等都存在差异，因此在进行数据分析时应同时考虑组间效应和个体效应。所以，本文采用多层次线性回归分析来控制潜在的团队和领导的效应，将个体效应和组间效应分离，得到更为准确的数据结果。运用 SPSS 中的 Mixed Model 来完成多层次线性回归分析。研究以组织创新重视感为预测变量，员工自我创新期待为中介变量，员工创新人格为调节变量，员工创新为结果变量。为避免引入交互项后产生的多重共线性问题，首先将各变量进行标准化处理。各预测变量的回归系数及 χ^2 值（表示模型在多大程度上拟合现有数据）分析结果如表 2、表 3 所示。

1. 直接效应检验

第一步将控制变量放入模型（见表 2 中模型 1），第二步将组织创新重视感放入，分别检验两步骤情况下员工创新行为受到的影响。根据表 2 回归结果，在控制年龄、教育程度和员工所属单位后，组织创新重视感显著正向影响员工创新行为（0.46，P<0.001；模型 2），

验证了假设 H1。

表2　员工自我创新期待中介作用的层次回归分析（n=186）

模型和变量	员工自我创新期待		员工创新行为		
	模型1	模型2	模型1	模型2	模型3
1. 性别	0.09	0.08	-0.02	-0.05	-0.07
年龄	0.07	0.06	0.08	0.05	0.04
员工所属单位	-0.01	-0.00	0.21	0.22	0.22
2. 组织创新重视感		0.29***		0.46***	0.39***
3. 员工自我创新期待					0.21*
$\Delta\chi^2$		16.83***		24.14***	5.09*
χ^2	511.61	494.78	611.46	587.32	582.23

注：表中所报告系数是各模型分别检验的结果，* 表示 p<0.05，** 表示 p<0.01，*** 表示 p<0.001。

2. 员工自我创新期待的中介效应检验

由表2可见，在控制年龄、教育程度和公司类别后，组织创新重视感显著正向影响员工自我创新期待（0.29，P<0.001；模型2）。基于直接效应检验结果，当控制了组织创新重视感对员工创新行为的影响后，员工自我创新期待对员工创新行为存在显著的正向影响（0.21，P<0.05；模型3），且组织创新重视感对员工创新的作用从0.46降为0.39（模型2、模型3），表明员工自我创新期待能够部分中介组织创新重视感对员工创新行为的影响。进一步的 Sobel 检验同样表明，员工自我创新期待能够中介组织创新重视感对员工创新行为的影响（Z=2.00，P<0.05）。

由于上述依次检验员工自我创新期待中介作用的方法目前间或受到相关学者的质疑和挑战，本文进一步采用学界广泛认可且效果较好的 Monte Carlo 法检测员工自我创新期待在组织创新重视感与员工创新行为关系间的中介作用。检验得出，员工自我创新期待的间接效应为0.07，置信区间是（0.007，0.131），不包括0，由此说明员工自我创新期待在组织创新重视感与员工创新行为间的中介效应显著，验证了假设2。

3. 员工创新人格的调节效应检验

为验证员工创新人格在员工自我创新期待与员工创新行为间的调节作用，首先将控制变量放入模型（见表3中模型1），然后将组织创新重视感、员工自我创新期待、员工创新人格，以及员工自我创新期待与员工创新人格的交互项放入，检验两步骤情况下员工创新行为受到的影响。表3结果显示，员工创新人格在自我创新期待与员工创新行为关系间的调节作用显著，验证了假设3。

表3　员工创新人格调节作用的层次回归分析（n=186）

模型和变量	员工创新行为	
	模型1	模型2
1. 性别	-0.02	-0.05
年龄	0.08	0.03
员工所属单位	0.21	0.26*

续表

模型和变量	员工创新行为	
	模型1	模型2
2. 组织创新重视感		0.36***
员工自我创新期待		0.17
员工创新人格		0.15
3. 员工自我创新期待×员工创新人格		0.18*
$\Delta\chi^2$		35.82***
χ^2	611.46	575.64

注：表中所报告系数是各模型分别检验的结果，* 表示 p<0.05，** 表示 p<0.01，*** 表示 p<0.001。

　　为了更清晰地说明员工创新人格的调节作用，本文根据 Aiken 和 West（1991）建议的程序，分别检验在高（M+1SD）和低（M−1SD）员工创新人格的情况下，自我创新期待对员工创新的作用。由图 2 和表 4 可见，相对于低创新人格的员工，组织创新重视感激发的自我创新期待对高创新人格员工的创新行为影响更大。

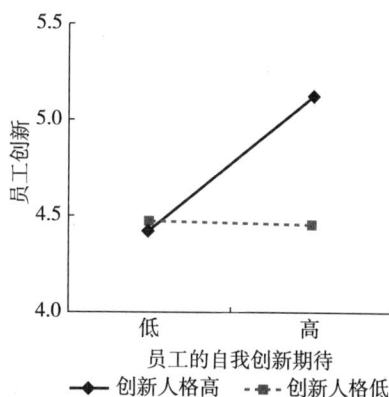

图2　员工创新人格的调节作用

表4　检验简单斜率的结果

员工创新人格	员工创新行为	
	B	t
低	−0.01	−0.08
高	0.35	2.96**

注：** 表示 p<0.01。

4. 有调节的中介效应

　　采用 Sober 检验和带百分位置信区间（CI）的 Monte Carlo 法来检验整个模型，发现在经由员工自我创新期待中介的组织创新重视感程度和员工创新的间接关系中，具有高创新人格的员工的组织创新重视感与创新行为间受到的自我创新期待的中介效应显著（间接效应 = 0.11，Sobel z = 2.43，p<0.05，95% CI = 0.029 到 0.195），具有低创新人格的员工的组织创新重视感与创新程度间受到的自我创新期待的中介效应不显著（间接效应 = −0.01，Sobel z = −0.08，p>0.05，95% CI = −0.082 到 0.075）。因此，假设 4 得到验证。

五 讨论

有关员工创新行为的研究成为时下组织行为学领域广为关注的热点，越来越多的组织开始依靠价值和理念来管理员工，以应对不易固化的组织形式和功能。然而，这一领域的现有研究仍无法解决现实组织中因个体与群体多样化的行为特征而带来的诸多管理问题，特别是组织与个体、心理与行为间相互影响的内在机制仍无清晰的脉络来一以贯之，亟待管理者和研究者去探索。本文根据认知及人格心理学理论，假设并检验了组织创新重视感如何及何时影响员工创新。面向高科技企业的实证研究结果显示，组织创新重视感与员工创新行为呈显著正相关，即员工感知到的组织对创新的重视能够提升员工的创新行为水平；员工自我创新期待在组织创新重视感与员工创新行为间具有中介作用，即组织创新重视感不仅会直接作用于员工的创新行为，还可能通过提高员工的自我创新期待，进而强化其创新行为。另外，员工创新人格在组织创新重视感激发的自我创新期待与员工创新行为的关系间具有调节作用，组织创新重视感激发的自我创新期待更能促进具有高创新人格的员工的创新行为产生，而对创新人格低的员工影响不显著。

（一）理论意义

首先，验证了中国文化背景下以组织创新重视感为表征的组织创新导向对员工创新行为的影响。虽然大量研究得出了领导风格、人际交互、团队沟通、组织文化等对员工创新行为的正向影响，但少有学者从组织对创新最基本的价值导向出发，探索员工感知到的组织对创新的重视是通过员工怎样的心理机制影响员工创新行为的。本文在一定程度上补充了组织对创新的价值导向对员工创新行为的研究，且验证了组织创新重视感对员工创新的推动作用。这与目前现有的员工创新方向的研究结果保持一致。

其次，研究结果揭示了组织创新重视感不仅能直接作用于员工的创新行为，还能通过影响员工自我创新期待进而影响创新行为。目前，从期望理论角度将员工自我创新期待设置为中介变量的关系性研究较少，对此变量的分析仍停留在其对员工创新行为单方面的作用方式上。本文在现有基础上探讨了组织创新重视感与员工创新行为之间的内在机制，由此得以路径化分析组织创新重视感是如何作用于员工创新的。关于员工自我期待的中介作用，研究结果与 Drazin 等（1999）的观点一致，认为组织重视创新的环境氛围会对员工发出信号，员工接收后将对其形成主观解释从而形成相应的期待。这也印证了张婕等（2014）的理性认知驱动结论，即员工的自我创新期待源于对行为结果的理性认知，高的组织创新重视感通过给予员工回报性的创新行为结果感知而使其产生自我创新期待。由此可见，来自员工自我创新期待的中介效应也符合皮格马利翁效应的两阶段机制（Eden，1992），在第一阶段感知来自外界的创新期待，将这种期待内化产生了自我创新期望，并在第二阶段产生信任期待激励，从而实现自我验证，结果外显为创新行为。本文将"皮格马利翁效应"应用于创新期望方面并进行了理论验证。未来研究可以进一步探索组织创新重视感对其他组织成员角色或其他结果变量的作用，如领导创新反馈、团队创新绩效、角色外行为等。另外，除员工自我创新期待这一心理变量外，其他主观意识层面的变量在组织创新重视感与创新等结果变量之间的中介作用机制也应纳入未来的研究课题。

最后，本文的另一个贡献是引入了员工创新人格在组织创新激发的员工自我创新期待与创新行为间的调节作用。这更清晰地展现出哪些员工会更大程度地接受来自组织创新重视感的作用信息，并产生更高水平的创新行为。结果表明，组织创新重视感并不一定推动所有员工创新行为的产生，它会受到员工创新人格的调节：组织创新重视感对具备高创新人格员工的创新行为的带动作用较大，但是对低创新人格员工创新行为的影响较弱。以往相关研究多在"大五人格"等宽泛人格心理学层面关注其对员工创新行为的影响，以及员工创新人格作为个体本质性的前因变量对行为结果的影响。本文扩展了已有研究对于创新人格这一变量的角色范围，探讨了其作为组织创新重视感激发的员工自我创新期待与创新行为结果间关系的调节作用。考虑到低创新人格的员工并不能敏感地觉察到组织环境中存在的创新性机会，且面对变革性情境更趋向于做出保守的回避行为，因此未来相关研究可以考察员工创新人格在其他内在个体特征因素与创新行为等结果变量间的推动作用。

（二）管理启示

本文的结果表明，对于具有高创新人格的员工，他们感知到的组织对创新的重视会通过激发自我的创新期待进而对其创新行为产生积极影响。组织对创新的重视体现了组织对于创新的最基本的价值导向，对员工创新具有强有力的引导作用。当员工感知到的组织传递出的创新信号较弱时，不易将其转化为内在动机从而形成高创新期望，尤其对于具有低创新人格的员工，其对于创新行为的间接作用受到进一步削弱。因此，组织需站在激励员工创新的主体角度，向员工传递出重视创新的高频信号，如组织管理者制定相应的创新战略部署、组织出台创新激励的规范说明、组织的最高领导在重要场合多次表达创新对组织的重要性、对员工创新的期望等。员工接收信号后也需获得方向性的引导和明确的指示，从而形成正确的主观解释，产生自我创新期待，这样的引导和指示可来自及时的谏言反馈、共享式的知识交流等途径。同时，组织需在资源上为员工将自我创新期待付诸创新实践予以充分支持，如设立供选择的创新基金项目、提供充足的创新资金、组建创新合作团队、聘请相关领域专家指导、组织员工创新技能培训等，保证具有创新想法的员工有条件、有时间、有能力来实践其想法。此外，在工作分配方面，鼓励具有高创新人格的员工接受对创造性有高要求的工作任务，建议具有低创新人格的员工从事稳定的常规性工作，并通过培训等方式不断提升员工的创新意识。此外，无论对于领导还是普通员工，都应利用"皮格马利翁效应"，对下属及同事给予高的创新期待，促使对方将这种期待内化为自身的创新期望，进而对其形成信任期待激励，刺激对方产生更为外显的创新行为。

（三）局限性及未来研究方向

本文的局限性表现在：一是样本的选取来自国内两家高科技企业，虽然对企业特征设置了一定的控制变量，但企业类别的有限仍不足以对企业特征作完整性设定，后续有待从不同文化背景、不同行业、不同地区的组织中做更广泛的研究。二是本文虽然采用员工自评以及上级他评的问卷调查方式获取数据，但仍为横断面研究，变量间的因果关系有待通过未来的纵向研究做进一步验证。

参考文献

[1] 冯彩玲. 差异化变革型领导对员工创新行为的跨层次影响 [J]. 管理评论, 2017, 29 (5): 120-130.

[2] Anderson, N., Potocnik, K., Zhou, J. Innovation and Creativity in Organizations: A State-of-the-Science Review, Prospective Commentary, and Guiding Framework [J]. Journal of Management, 2014, 40 (5): 1297-1333.

[3] Qu, R., Janssen, O., Shi, K. Transformational Leadership and Follower Creativity: The Mediating Role of Follower Relational Identification and the Moderating Role of Leader Creativity Expectations [J]. The Leadership Quarterly, 2015, 26 (2): 286-299.

[4] 顾远东, 周文莉, 彭纪生. 组织创新支持感对员工创新行为的影响机制研究 [J]. 管理学报, 2014, 11 (4): 548-554.

[5] Somech, A., Drach-Zahavy, A. Translating Team Creativity to Innovation Implementation: The Role of Team Composition and Climate for Innovation [J]. Journal of Management, 2013, 39 (3): 684-708.

[6] Amabile, T., Conti, R., Coon, H. et al. Assessing the Work Environment for Creativity [J]. Academy of Management Journal, 1996, 39 (5): 1154-1184.

[7] Farmer, S. M., Tierney, P., Kung-Mcintyre, K. Employee Creativity in Taiwan: An Application of Role Identity Theory [J]. Academy of Management Journal, 2003, 46 (5): 618-630.

[8] 张婕, 樊耘, 于维娜. 理性认知驱动下的员工创新实证研究 [J]. 科学学与科学技术管理, 2014, 35 (7): 138-150.

[9] 胡婉丽. 知识型雇员创新行为意愿测量工具研究量表开发、提炼与检验 [J]. 科技进步与对策, 2013, 30 (1): 140-145.

[10] Grant, A. M., Berry, J. W. The Necessity of Others Is the Mother of Invention: Intrinsic and Prosocial Motivations, Perspective Taking, and Creativity [J]. Academy of Management Journal, 2011, 54 (1): 73-96.

[11] Prabhu, V., Sutton, C., Sauser, W. Creativity and Certain Personality Traits: Understanding the Mediating Effect of Intrinsic Motivation [J]. Creativity Research Journal, 2008, 20 (1): 53-66.

[12] Schoen, J. L. Effects of Implicit Achievement Motivation, Expected Evaluations, and Domain Knowledge on Creative Performance [J]. Journal of Organizational Behavior, 2015, 36 (3): 319-338.

[13] 隋杨, 陈云云, 王辉. 创新氛围、创新效能感与团队创新: 团队领导的调节作用 [J]. 心理学报, 2012, 44 (2): 237-248.

[14] Hezel, D. M., Hooley, J. M. Creativity, Personality, and Hoarding Behavior [J]. Psychiatry Research, 2014, 220 (1-2): 322-327.

[15] Jaussi, K. S., Randel, A. E., Dionne, S. I Am, I Think, I Can, and I Do: The Role of Personal Identity, Self-Efficacy, and Cross-Application of Experiences in Creativity at Work [J]. Creativity Research Journal, 2007, 19 (2-3): 247-258.

[16] Kark, R., Carmeli, A. Alive and Creating: The Mediating Role of Vitality and Aliveness in the Relationship between Psychological Safety and Creative Work Involvement [J]. Journal of Organizational Behavior, 2009, 30 (7): 785-804.

[17] 马丽. 工作-家庭匹配与平衡研究: 基于个人—环境匹配的视角 [J]. 管理评论, 2015, 27 (2): 135-14.

［18］McNatt, D. B., Judge, T. A. Boundary Conditions of the Galatea Effect: A Field Experiment and Constructive Replication ［J］. Academy of Management Journal, 2004, 47 (4): 550-565.

［19］李悦. 创造性角色期望的影响机制及其对创造性的影响效应研究 ［J］. 科技管理研究, 2013, 33 (10): 214-218.

［20］Amabile, T. M. A Model of Creativity and Innovation in Organizations ［C］. In B. M. Staw & L. L. Cummings (Eds.), Research in Organizational Behavior, vol. Greenwich, CT: JAI Press, 1988.

［21］Amabile, T. M., Conti R., Coon H. et al. Assessing the Work Environment for Creativity ［J］. Academy of Management Journal, 1996, 39 (5): 1154-1184.

［22］Ford, C. M. A Theory of Individual Creative Action in Multiple Social Domains ［J］. Academy of Management Review, 1996, 21 (4): 1112-1142.

［23］杜跃平, 王嘉彤. 知识型员工个人期望、人际氛围与创新绩效关系研究 ［J］. 科技进步与对策, 2015, 32 (7): 144-149.

［24］Janssen, O. Job Demands, Perceptions of Effort-Reward Fairness and Innovative Work Behavior ［J］. Journal of Occupational and Organizational Psychology, 2000, 73 (3): 287-302.

［25］门一, 樊耘, 马贵梅等. 基于自我决定理论对新一代人力资本即兴行为形成机制的研究 ［J］. 管理评论, 2015, 27 (11): 132-139.

［26］Barrick, M. R., Mount, M. K., Li, N. The Theory of Purposeful Work Behavior: The Role of Personality, Higher-Order Goals, and Job Characteristics ［J］. Academy of Management Review, 2013, 38 (1): 132-153.

［27］Kahn, W. A. To Be Fully There: Psychological Presence at Work ［J］. Human Relations, 1992, 45 (4): 321-349.

［28］刘晔, 曲如杰, 时勘, 邓麦村. 基于自我期待和自我实现视角的创新工作要求对员工创新行为的影响机制 ［J］. 管理评论, 2018, 30 (7): 162-172.

［29］孟龙龙, 冯喜珍, 王曼茹. 国内自我期望研究的现状及展望 ［J］. 皖西学院学报, 2017, 33 (3): 134-137.

［30］Bandura, A., Locke, E. A. Negative Self-efficacy and Goal Effects Revisited ［J］. Journal of Applied Psychology, 2003, 88 (1): 87-99.

［31］Kunda, Z. The Case for Motivated Reasoning ［J］. Psychological Bulletin, 1990, 108 (3): 480-498.

［32］Zhang, X., Bartol, K. M. The Influence of Creative Process Engagement on Employee Creative Performance and Overall Job Performance: A Curvilinear Assessment ［J］. Journal of Applied Psychology, 2010, 95 (5): 862-873.

［33］Tierney, P., Farmer, S. M. Creative Self-Efficacy Development and Creative Performance over Time ［J］. Journal of Applied Psychology, 2011, 96 (2): 277-293.

［34］Carmeli, A., Schaubroeck, J. The Influence of Leaders' and Other Referents' Normative Expectations on Individual Involvement in Creative Work ［J］. The Leadership Quarterly, 2007, 18 (1): 35-48.

［35］曲如杰, 康海琴. 领导行为对员工创新的权变影响研究 ［J］. 管理评论, 2014, 26 (1): 88-98.

［36］Atwater, L., Carmeli, A. Leader-Member Exchange, Feelings of Energy, and Involvement in Creative Work ［J］. The Leadership Quarterly, 2009, 20 (3): 264-275.

［37］刘云, 石金涛. 组织创新气氛与激励偏好对员工创新行为的交互效应研究 ［J］. 管理世界, 2009, 25 (10): 88-114.

［38］刘智强, 邓传军, 廖建桥等. 组织支持、地位认知与员工创新：雇佣多样性视角 ［J］. 管理科学学报, 2015, 18 (10): 80-94.

［39］DeShon, R. P., Gillespie, J. Z. A Motivated Action Theory Account of Goal Orientation ［J］. Journal of

Applied Psychology, 2005, 90 (6): 1096-1127.

[40] Tierney, P., Farmer, S. M., Graen, G. B. An Examination of Leadership and Employee Creativity: The Relevance of Traits and Relationships [J]. Personnel Psychology, 1999, 52 (3): 591-620.

[41] Fuller, B., Marler, L. E. Change Driven by Nature: A Meta-analytic Review of the Proactive [J]. Journal of Vocational Behavior, 2009, 75 (3): 329-345.

[42] 宋志刚, 顾琴轩. 创造性人格与员工创造力: 一个被调节的中介模型研究 [J]. 心理科学, 2015, 38 (3): 700-707.

[43] 张剑, 王浩成, 刘佳. 时间压力与创造性人格对员工创造性绩效影响的情景模拟实验研究 [J]. 管理学报, 2013, 10 (9): 1330-1337.

[44] 王忠, 熊立国, 郭欢. 知识员工创造力人格、工作特征与个人创新绩效 [J]. 商业研究, 2014, 38 (5): 108-114.

[45] 李鹏, 张剑, 杜斑. 薪酬公平感、创造性人格对员工创造性绩效的影响 [J]. 管理评论, 2017, 29 (11): 106-115.

[46] Shalley, C. E., Gilson, L. L, Blum, T. C. Interactive Effects of Growth Need Strength, Work Context, and Job Complexity on Self-Reported Creative Performance [J]. Academy of Management Journal, 2009, 52 (3): 489-505.

[47] Zhou, J., Oldham, G. R. Enhancing Creative Performance: Effects of Expected Developmental Assessment Strategies and Creative Personality [J]. The Journal of Creative Behavior, 2001, 35 (3): 151-167.

[48] Parke, S. K., Williams, H. M., Turner, N. Modeling the Antecedents of Proactive Behavior at Work [J]. Journal of Applied Psychology, 2006, 91 (3): 207-229.

[49] Gough, H. G. A Creative Personality Scale for the Adjective Check List [J]. Journal of Personality and Social Psychology, 1979, 37, 1398-1405.

[50] Aiken, L. S., West, S. G. Multiple Regression: Testing and Interpreting Interactions [M]. Newbury Park: Sage, 1991.

[51] Drazin, R., Glynn, M., Kazanjian, R. Multilevel Theorizing about Creativity in Organizations: A Sense-making Perspective [J]. Academy of Management Review, 1999, 24 (2): 286-307.

[52] Eden, D. Leadership and Expectations: Pygmalion Effects and Other Self-Fulfilling Prophecies in Organizations [J]. Leadership Quarterly, 1992, 3 (4): 271-305.

Perceived Organizational Valuing of Creativity and Employee Creativity:

The Effects of Employees' Self-expectations for Creativity and Creative Personality

Qu Rujie   Zhu Houqiang   Liu Ye   Shi Kan

Abstract: Taking employees and their immediate supervisors in 2 high-tech enterprises as the sample, this study investigated a total of 186 pairs of superiors and subordinates dataset in 61 teams. We discussed the positive influence that the perceived organizational valuing of creativity has on employee creativity, explored the mediating effect of employees' self-expectations for creativity, and then examined the moderating effect of employees' creative personality on the relationship between the self-expectations for creativity and the creative behaviors. The results show that: ①The perceived organizational valuing of creativity has positive effect on employee creativity. ②There lies a mediating effect of employees' self-expectations for creativity between perceived organizational valuing of creativity and employee creativity. ③Employees' creative personality moderates the relationship between employees' self-expectations for creativity and employee creative behaviors; employees' self-expectations for creativity has stronger effect on employee creative behaviors among employees in higher creative personality and vice versa. ④Employees' creative personality moderates the indirect relation above (result 2), when an employee has higher creative personality, perceived organizational valuing of creativity has stronger positive effect on employee creative behaviors through employee self-expectations for creativity.

Key words: perceived organizational valuing of creativity; self-expectations for creativity; creative personality; employee creativity

企业员工工作幸福感的结构维度与量表开发研究 *

时　勘　郭慧丹　刘加艳

　　【编者按】 与时老师结缘，像是一个小"粉丝"成功追星大偶像的故事。犹记得大二盛夏在管理心理学课堂上，伴着吱呀吱呀的电扇转动的声音，同学们疲乏地边听课边记笔记，"航天员心理选拔""高层管理者结构化面试""胜任特征模型"的词条一个个出现在大家眼前，心中小鹿乱撞："是否有一天我也可以跟随鸿儒硕学、钻坚研微的时教授学习，为高手如云的课题组尽一份力呢？"到了大三的时候，在周围同学还在纠结考研还是工作时，我为申请时老师课题组已进入了实质性准备阶段。经历了炎夏与寒冬的备考，可能是有时老师偶像力量的支撑，笔试、复试，一路过关斩将，竟然进入了中国人民大学心理学系 2017 级研究生录取的行列。仅有一个录取名额，却有很多同学慕名而来，经过一轮筛选，我和另外两名同学被列入面试名单，考官是高年级师兄师姐。这些考官的问题非常挑剔：本科最突出的学习业绩、未来的研究设想、具体发展计划，特别要说出自己进入课题组的优势是什么。这些面试题目均提前告知候选者们。面试前的整个晚上我紧张得不行，几乎难以入眠，不断地看 PPT、看时老师发表的研究论文来缓解自己的紧张情绪，后来特别庆幸的是，我入选了！进入课题组之后，我发现时老师培养学生的方式可以说严厉与慈爱、高压与成长和批评与鼓励并存。时老师为我提供了很多参与国内外学术会议和学术交流的机会，鼓励我勇于展现自己。我遇到的困难也是前所未有，当我自认为没有那么强的能力想退缩时，时老师总会鼓励我要相信自己，思想上要放轻松；同时又有条不紊地指导我如何抓住突破口，迎难而上。时老师会定时与我沟通工作进度，对工作成效有严苛的评判，更为重要的是，会从逻辑、表达和应对等方方面面提出具有可操作性、建设性的改进意见，并督促我不断激发自己的潜能。你们可曾想到，这位教授会一页页地帮我修改 PPT；凌晨两三点还在修改我们的论文；在他颈椎手术后尚未康复时，还会在办公室通宵达旦地与我们讨论研究构思，还会具体指导我们如何撰写社科基金重点项目的申请。这些点点滴滴，一直潜移默化地影响着我，鼓舞着我前行。2020 年对国家以及对我自己都是终生难忘的日子，由于有近年来时老师的培养，我不仅未被新冠肺炎疫情吓倒，反而奋发努力，顺利地完成了毕业论文，并在核心期刊上发表了《企业员工工作幸福感的结构维度与量表开发研究》一文。这篇论文从构思、撰写、投稿到与编辑反复沟通和修改，经历了漫长的过程，最终得以发表，皆归功于我们师生的共同努力。俗话说"一日为师，终身为父"，在这三年里，我感受到如山的长辈慈爱：生活费够不够，身体好不好，工作找得如何？只要有困难，都能得到时老师的及时帮助。今后，我无论走到哪里，无论何时何地，都会铭记时老师的教诲，砥砺前行！（郭慧丹，中国人民大学心

　　*　基金项目：国家社会科学基金后期资助重点项目（19FGLA002）。

理学系 2017 级硕士生，目前在北京某咨询公司工作）

摘　要： 当前，企业竞争日益激烈，员工工作压力越来越大，由此引发了与工作压力关系密切的工作幸福感研究。一方面，随着企业中知识性员工的增加，员工不仅看中工作的经济功能，还希望通过工作获得较高层次的满足；另一方面，"快乐就是生产力"，工作幸福感对于提升组织绩效具有重要作用。由于长期以来心理幸福感与主观幸福感理论共存，对幸福感结构的认识存在差异性，近几年整合心理幸福感与主观幸福感的理论视角为工作幸福感的研究提供了新思路。因此，探索中国企业员工工作幸福感的结构维度具有重要的理论意义和实践价值。本文基于整合视角，采用关键行为事件访谈和问卷调查的方法，对作为员工工作中的情绪体验和心理功能的工作幸福感的结构进行探索并开发测量工具。在已有的工作幸福感研究的基础上，对 57 名员工深度访谈之后，采用问卷调查方法对 656 名员工进行了第一轮调查，然后对 2240 名员工进行了第二轮再调查，探索出企业员工的工作幸福感的结构维度。探索性因素分析和验证性因素分析的结果表明，企业员工的工作幸福感分为两大维度：认知幸福感和情感幸福感。其中，认知幸福感包括自主工作、学习成长、胜任工作、工作意义四个子维度，反映员工在工作中的心理功能的质量，对应心理幸福感的研究视角；情感幸福感包括积极情绪体验和消极情绪体验两个子维度，反映员工在工作中的情绪体验，对应主观幸福感的研究视角。在此基础上，开发出企业员工的工作幸福感量表，并经过测量探索，证实该量表具有良好的信度和效度，可以用于下一步的工作幸福感及其相关因素的影响机制探索，为缓解企业员工工作压力、提升工作幸福感服务。

关键词： 工作幸福感；主观幸福感；工作幸福感量表；结构维度；信效度；员工

一　问题提出

近年来，随着中国社会转型不断加快，员工面临的挑战增多，承受的心理压力越来越大，轻者影响生活质量，降低工作效率；重者出现亚健康、抑郁症和过劳死等现象。已有企业实践表明，工作幸福感（Work Well-Being，WWB）在促进员工身心健康与提升组织绩效方面有重要的作用，在构建幸福社会和幸福组织的背景下，探索企业员工普遍存在的压力源，并进而探查工作幸福感在其中的作用，成为学术界和管理界关注的新热点之一。组织背景下企业员工的幸福感称为工作幸福感，它是指处于工作情境下的幸福感，对于员工一般幸福感有着重要的影响作用。显而易见，工作是现代工业化社会中绝大多数人的中心活动，在员工的日常工作、生活和学习活动中，大概有 1/3 的时间花在与工作相关活动上，知识经济时代的来临也使工作幸福感的研究显得尤为重要：首先，企业的竞争优势不再依赖有形资产的多少，而在于智力资本的有无，员工便是智力资本的来源；其次，企业的员工构成发生了巨大的变化，大量知识性员工涌现，员工逐渐成为企业的核心人员和核心竞争力，这些知识性员工拥有专业特长，愿意承担挑战性、创造性的任务，渴望获得各方的尊重和认可，追求自我价值的实现；最后，工作的经济功能已不如以前那么重要，员工更希望能通过工作获得较高层次的满足，例如成就感、意义和自我实现等。

目前，工作幸福感研究虽然有一些研究成果，但仍存在一些不足，主要表现在：首先，在概念上目前存在主观幸福感、心理幸福感和整合幸福感三种研究视角，由于工作幸福感的视角较多，其内涵界定、结构维度与测量方式尚未达成较为一致的意见。有人提出整合主观幸福感和心理幸福感来开展对工作幸福感的研究工作，但针对整合视角的研究尚处于起步阶段。其次，文化差异也导致员工对幸福的感知存在差异，西方文化强调环境掌控、个人情感的重要性，而中国员工的工作幸福感更多受集体主义、儒家思想等传统文化的影响，以国外员工样本开发的工作幸福感量表对中国员工的适用性也尚待探讨。最后，近年来，国内孙建敏等（2016）、邹琼等（2015）的综述也呼吁工作幸福感量表的开发研究，但在通用性研究方面尚有不足，当前研究成果中专门测量工作幸福感的量表相对也较少，尤其是整合视角下的研究。鉴于此，本文试图在整合视角下对企业员工的工作幸福感的结构维度进行探索，通过归纳分析来获取中国企业员工的工作幸福感的结构维度，进而编制工作幸福感初始量表；然后，通过问卷调查采集数据，探索其结构维度，并开发出中国企业员工的工作幸福感量表，以便为该领域的研究提供工具性支持。

二　文献综述

（一）幸福感的概念

　　幸福是一个十分古老的话题，其最初的源头可以追溯到亚里士多德、柏拉图时期（Plato，1998）。然而，关于幸福是什么则仁者见仁、智者见智。中国古代道家推崇返璞归真、无知无欲的田园式的幸福生活；儒家则宣扬“存天理，灭人欲”，以道德理性为幸福，西方哲学家对于幸福的理解也没有达成共识。幸福感的研究始于20世纪50年代生活质量的社会指标运动，研究者们尝试寻找可以有效地反映生活质量的指标来考察社会发展和人民生活水平，从而改进社会政策。他们认为，经济发展并非国家和社会发展的终极目标，而人们是否感觉到幸福应成为衡量社会经济发展的重要指标之一。随着积极心理学的兴起与发展，幸福感的研究得到了各学科更为广泛的关注。关于幸福感的很多问题的讨论往往与其哲学渊源有着密切的关系，从哲学的角度来看，幸福感的研究包含两种哲学体系：享乐主义（hedonism）与理性主义（eudaimonism）。享乐主义以快乐的获取和痛苦的回避为理论核心，认为幸福就是快乐的体验。理性主义则以人类潜能的发挥和自我实现为理论基础，认为幸福不仅仅是快乐的体验，更是自我实现。基于这两种不同的哲学体系，在心理学界，幸福感研究从一开始就存在两种取向，即主观幸福感（Subjective Well-Being，SWB）取向和心理幸福感（Psychological Well-Being，PWB）取向。在评价指标方面，主观幸福感主要包括三个经典的评价指标，即积极情感、消极情感和总体生活满意度；而心理幸福感的指标体系则涉及自我接受、个人成长、人生目标、积极的人际关系、环境驾驭和独立自主等一系列维度。在评价标准方面，主观幸福感是以个人主观的标准来评定其幸福状态的，这包括自我的情感体验及个人对其生活质量的整体评估；心理幸福感则是基于理性主义幸福观的价值体系，主张以客观的标准来评定个人的幸福。尽管主观幸福感和心理幸福感有着不同的哲学基础，在幸福感的评价指标、评价标准上存在差异，并且在一段时间内，主观幸福感曾占据主流地位，成了幸福感的代名词，但是目前有关主观幸福感和心理幸福感的研究呈现出整合的趋势。

（二）心理幸福感与主观幸福观

首先，研究发现，心理幸福感的产生往往伴随着主观幸福感，主观幸福感的产生也与心理幸福感密切相关。在一项实证研究中，Waterman（1993）对两种幸福感进行了对比研究。一种是个人表达的幸福，指个人全心全意地投入活动中时，意识到自己的潜能是否得以充分发挥、自我是否得以表现，进而有助于达成自我实现的体验，实现自我的愉悦。另一种是尽情享乐的幸福，指在活动中体验到自己的生活或欲望是否得到了满足。Waterman（1993）发现，个人表达与尽情享乐高度相关，当出现个人表达的体验时，往往伴随着积极的情感体验。但个人表达与具有挑战性、能够促进个人成长和发展的活动的相关要强于尽情享乐与这些活动的相关。相应地，尽情享乐与放松、休闲娱乐的活动相关较强。因此，Waterman（1993）认为，心理幸福感是主观幸福感的充分、非必要条件，即在有个人表达的时候，一定会伴随着积极的情感体验。但是，有积极的情感体验的时候，却不一定会产生个人表达。同时，快乐也不只是来源于个人表达，还有很多其他途径。因此，主观幸福感和心理幸福感是相关的两种不同的体验。

其次，主观幸福感和心理幸福感在概念上存在交叉。Ryff 等（1995）基于三个不同样本的分析发现，主观幸福感与心理幸福感呈中等强度正相关，进一步分析发现，自我接受和环境驾驭与生活满意度、情感体验有中等及以上强度的正相关，但是，积极的人际关系、人生目标、个人成长和独立自主与这些变量的相关均很弱。这说明，心理幸福感在整体上和主观幸福感（生活满意度、积极情感和消极情感）是两个不同的结构，但是仍存在一定程度的交叉。研究还发现，快乐和意义对于健康生活有着同等重要的意义。Ryff（1989）在对中年人和老年人进行访谈发现，快乐和挑战对于老年化以及生活评价有重要意义。King 和 Napa（1998）让人们评价"什么样的生活是好生活"时，发现了幸福处在快乐和意义两个成分；McGregor 和 Little（1998）对一系列心理健康指标进行因素分析时发现了两个因素，一个代表了快乐（包括抑郁、积极情感和生活满意度），另一个代表了意义（包括心理幸福感的四个成分，即个人成长、人生目标、积极的人际关系和自主性）。

把幸福感看成是一个整合了享乐主义幸福观（主观幸福感）和理性主义幸福观（心理幸福感）的多维概念，为全面认识人类的幸福提供了新的平台。基于这种观点，Richard 和 Edward（2001）将幸福感定义为"最佳或最优的心理功能和心理体验"。心理功能代表了心理幸福感所强调的积极的心理功能，而心理体验代表了主观幸福感的情感体验。因此，需要在已有研究的基础上，进一步整合主观幸福感和心理幸福感，以期对幸福有一个全面的认识。

（三）工作幸福感的概念与测量

关于工作幸福感的概念，首先要从幸福感的讨论谈起，Warr（1994）根据关联情景对幸福感进行了划分，认为基于整体的生活状况、没有与特定情景相联系的幸福感称为一般幸福感（Context-Free Well-Being），而主观幸福感和心理幸福感就属于一般幸福感的范畴。另外是与具体情景相联系的幸福感，称为具体情景幸福感（Context-Specific Well-Being），与一般幸福感相比，具体情景幸福感能够对相关概念进行更明确的定义，与现实生活有较强的联系。例如，心理幸福感中的胜任、环境驾驭等要素，在测量上就有一个明确的指向。因此，工作幸福感应该归为具体情景幸福感，它主要指处于工作情景下的员工的幸福感受。在这种具体情景幸福感中，与工作幸福感相似的概念有职业幸福感、员工幸福感，这三个概念的含义并不相同，职业幸福感是个体整个职业生涯和职业发展过程的情感体验和主观感受，员工幸福感同时关注员工在工作和非工作领域的情感体验和感受。那么，与具体情景相关的工作幸福感的测量变量大致包括情感状态和心理功能两方面：一方面为情感状态，主要包括工作满意度、工作压力感、情绪衰竭（工作倦怠的核心成分）、活力（工作投入的核心成分）；另一方面为心理功能，主要包括工作激励、胜任工作、工作意义、效能感等。此外，Warr（1994）还将心理健康与工作情景相联系，发展出了包括五个维度的工作幸福感模型，该模型包括情感幸福感、工作激励、工作自主性和胜任工作，还包括了一个体现整合功能的工作幸福感维度。应该说，该模型整合了情感状态和心理功能，并且发展了对应的测量工具。

　　Warr 所涉及的工作幸福感就是一个包罗诸多要素的概念，显然存在诸多模糊不清的问题：第一，该模型的整体结构还缺乏实证研究的支持，Warr 所提出的情感幸福感结构也没有得到验证，后续研究支持工作幸福感符合四维度结构（高激起—高愉悦、高激起—低愉悦、低激起—高愉悦和低激起—低愉悦四个维度）（Warr，1987）。第二，尽管 Warr 把工作满意度、组织承诺、工作导致的紧张、工作导致的抑郁、工作倦怠等都看成是工作幸福感的成分，他并没有澄清这些概念与工作幸福感模型的关系。第三，针对 Warr 的工作幸福感模型的不足，van Horn 等（2004）根据 Ryff 的心理幸福感模型又提出了包括情感幸福感、职业幸福感、社会幸福感、认知幸福感和生理幸福感的五维度工作幸福感模型。在测量上，情感幸福感除了包括 Warr 开发的情感幸福感量表，还包括工作满意度、组织承诺和情绪衰竭；职业幸福感包括激励、胜任和自主性；社会幸福感包括社会关系功能和去人格化；认知幸福感包括认知疲劳；生理幸福感包括对一些生理症状的测量。但是，这样繁多的要素给探究工作幸福感确实也带来理解上的困难。第四，van Horn 等（2004）基于教师样本的探索性因素分析和验证性因素分析表明这五个维度共同测量了一个潜在的结构，即工作幸福感。情感幸福感对潜在结构的贡献最大，是工作幸福感的核心成分。但验证性因素分析的结果对五维度模型的支持并不强。该模型整合了目前工作幸福感研究中常用的工作满意度、组织承诺、工作倦怠等问卷，明确了这些变量与最终模型的关系，并且在实证研究中证实了该模型。但是，仍有几点不足：首先，开发的量表只适合于教师。如社会幸福感包括对学生的去人格化和与学生的社会关系功能的测量。其次，模型的结构不稳定。由于该研究仅仅基于教师样本，最终的模型中含有教师样本的独特内容，不适用于其他行业。最后，Dagenais-Desmarais 等（2012）认为，工作幸福感包含工作人际匹配、工作旺盛感、工作胜任感、工作认可知觉和工作卷入愿望五个维度，但是采用组织科学草根法，缺少实证研究支持。由此可见，工作幸福感在不同行业背景下也许包含不同的维度和内容。国内黄亮（2014）提出了工作幸福感的四维度模型，包括情绪幸福感、认知幸福感、职业幸福感和社会幸福感。虽然黄亮采用了 van Horn 的工作幸福感模型，但这两个研究的结果存在差异。van Horn 将工作自主性作为工作幸福感的重要构成要素之一，而黄亮则认为工作自主性不构成我国员工的工作幸福感。但已有研究指向自治、胜任和关系这三个人类基本需求对满足人们的幸福感具有重要影响（曹曼等，2019）。可见，在工作幸福感的结构维度方面，存在的关键问题还是结构要素缺乏共识，因此，亟待开展深入系统的研究。

综上所述，国外在工作幸福感的结构和量表研究方面成果较为丰硕，但是，其结论尚需要在理论和实践中检验，量表结构维度的选择和运用尚存在不同的看法，并且缺乏对中国企业员工本土样本的适用性验证。此外，国内关于工作幸福感方面的研究有待丰富和规范，总之，目前的研究还处于探索阶段。因此，探索企业员工工作幸福感的结构内涵具有非常重要的理论意义和实践价值。本文旨在解决两个问题：第一，探索工作幸福感的结构要素，看其是否为一个融合情感状态和心理功能的多维结构，以及它们包括哪些具体的测量指标。第二，在实证研究的基础上，获得相应的工作幸福感的测量指标，然后建构具有我国特色的企业员工工作幸福感量表，并确保测量工具的信度和效度。

三　关键行为事件访谈

本部分在文献综述的基础上，对企事业员工进行关键行为事件访谈，收集目标群体对工作幸福感结构特征的看法，并归纳整理出企业员工的工作幸福感的特征，为探索企业员工工作幸福感的结构内涵奠定基础。

（一）研究设计

根据对以往文献的综述，本文把工作幸福感看成是融合了情感状态和心理功能的多维结构，也就是能反映员工在工作中的情绪体验和心理功能的质量的幸福感体系，其核心内容一方面包括员工在工作中情绪体验的核心内容，被命名为情感幸福感（Affective Well-Being，AWB），即能在工作中体验到较多的积极情绪、较少的消极情绪，将此标示为情感幸福感；另一方面主要对应于在工作中体验到的认知幸福感（Cognitive Well-Being，CWB），认知幸福感指员工在工作情景下对一系列影响心理健康和自我实现的心理功能的认知评价，包括自主、胜任、意义等。这是本文有关工作幸福感的主要构思。

（二）访谈方法

本文将通过关键行为事件的专家访谈来收集访谈资料，然后基于已有文献，采用归纳法对访谈资料进行归纳处理，提炼出企业员工工作幸福感的结构维度，并形成初始量表。本文采用分层抽样法，按照行业分类、企业性质和员工岗位类别进行分层抽样。本文共访谈了北京、上海和天津多家企事业单位的 57 名员工，这些被试分别来自机械制造、餐饮、物流、零售、互联网、通信、房地产、银行和政府部门等行业。其中，基层员工 16 人，一线管理者 18 人，中高层管理者 23 人。在这些被访谈被试中，男性 38 人，女性 19 人。

（三）实施程序

首先，向被访谈者解释工作幸福感的定义（这里切记从工作实践出发），让员工对生活事件进行交流和描述；其次，请被访谈者根据工作经验和观察列出工作幸福感的特征；最后，请被访谈者对所列出的每个特征用典型事件来解释。访谈中切忌对员工进行结构框架的提示，试图获得有生态效果的访谈内容。

（四）数据归纳

访谈共收集 57 名员工的 177 条原始描述，由 2 名研究生对描述内容进行"背靠背"的归纳，归纳中，要求排除含义不清晰、与概念不符的描述，最后，两名研究生和本研究者一起讨论，总结保留了 153 条描述。由于部分描述的含义并不具备单一性，同一描述可能包括两个甚至三个不同的含义。因此，对于每一项描述，均由研究者和两名研究者进行充分讨论，并一起完成每一描述的调整工作。在数据处理中，有 19 项拆分为 2 项含义单一的描述，13 项拆分为 3 项含义单一的描述，最后获得了 198（153+19+13+13）项含义单一的条目。为了检验归纳结果的有效性，2 名研究生重新对 198 条原始描述进行归纳，在操作上，先是两人分别独立对条目进行归纳；然后，对归纳不一致的条目进行讨论，如果可以达成一致意见则达成一致意见，如果不能达成一致意见就保留各自意见。

（五）结果分析

经过 4 名博士生进行多轮的讨论归纳，最终得到七大类要素，它们是积极情绪、消极情绪、个人成长、工作自主、胜任工作、积极关系和意义激励。可以发现，198 个条目都归纳到七个维度中，在独立归纳中只有 6 个条目不一致，经过讨论对所有条目的归纳都达成一致意见，没有出现溢出的条目。这些条目被认定为工作幸福感的结构维度。归纳结果如表 1 所示。

表 1　工作幸福感结构维度的归纳结果

维度名称	典型描述
积极情绪	在工作中，我通常感到高兴
	在工作中，我通常感到兴奋
	在工作中，我感到自己充满活力
消极情绪	我对我的工作感到倦怠
	在工作中，我通常感到焦虑
	我的工作让我感觉情绪枯竭
个人成长	工作对我来说是一个学习和成长的过程
	通过工作，我的知识和技能在逐步提升
	在工作中，我可以尝试一些新事物，积极挖掘自身潜能

续表

维度名称	典型描述
工作自主	我自己可以决定如何做我的工作
	在决定如何完成我的工作上，我有很大的自主权
	我可以按照我喜欢的方式工作
胜任工作	我能有效地解决工作中的问题
	我觉得我对自己的工作得心应手
	我擅长于我自己的工作
积极关系	我很难在工作中与同事保持融洽的关系
	在工作中，我建立了一种真诚的关系
	同事们都愿意和我聊天，讨论各种问题
意义激励	工作激发了我的灵感
	我为我所从事的工作感到自豪
	我觉得我所从事的工作很有意义

四 工作幸福感的量表开发

本部分对归纳研究得到的维度构成与初始量表进行大样本的量化验证，量表开发先采用探索性因素分析，对量表题项进行提炼后，获得初步的结构维度，然后对数据通过验证性因素分析，最后确定工作幸福感量表的结构维度，完成量表开发的编制工作。

（一）初始量表的编制

本研究首先在前一阶段的七个维度的基础上，补充已有研究的成果，形成工作幸福感的初始结构维度，特别将归纳结果中出现频率较高的条目，以保障条目的内容效度。然后，在设计初始量表时，访问了4位管理学教授和相关领域专家，请他们对题项进行修订。与此同时，课题组还专门组织了被访谈企业的中、高层管理人员，结合企业实际情况召开座谈会，征求对于初始量表的意见。最后，工作幸福感的初始量表共包括35个条目。本项目组采用李克特6点计分，由"1=非常不符合"到"6=非常符合"，从而完成初始量表的编制工作。

（二）样本的数据采集

数据收集包括两个阶段。第一轮问卷调查数据用于初始量表的探索性因素分析，收回了有效问卷656份（样本1），初始量表的描述性统计信息如表2所示。

表 2　样本描述性统计信息

基本情况		样本 1		样本 2	
		人数	百分比（%）	人数	百分比（%）
性别	男	235	35.8	724	32.3
	女	421	64.2	1516	67.7
年龄	30 岁及以下	118	18.0	459	20.5
	31~40 岁	341	52.0	883	39.4
	41~50 岁	135	20.6	522	23.3
	50 岁及以上	62	9.5	376	16.8
教育程度	本科及以上	129	15.7	948	42.4
	本科以下	527	80.3	1292	57.6
工作年限	5 年及以下	78	11.9	332	14.8
	6~10 年	106	16.2	319	14.2
	10 年以上	472	72.0	1589	71.0

（三）量表的生成与修正

　　根据总分高端的 27% 和低端的 27% 区分出高分组和低分组，然后，在每个条目上用高分组的均值减去低分组的均值，再除以量表的全距 5（=6-1），得到项目的鉴别度。与此同时，研究也考察了项目的题总相关（Item-total Correlation）。项目分析结果见表 3。如表 3 所示，根据鉴别度大于 0.2、题总相关大于 0.3 的标准，删去了 8 个条目（条目 4、6、25、27、31、33、34、35）。接着，用剩余的 27 个条目做探索性因素分析。

表 3　工作幸福感预试问卷项目分析结果

条目	鉴别度	题总相关
1. 在工作中，我通常感到兴奋	0.23	0.34 **
2. 在工作中，我通常感到担忧（R）	0.30	0.47 **
3. 通过工作，我的知识和技能在逐步提升	0.22	0.54 **
4. 为了和周围的人保持一致，我有时改变了我的行为方式（R）	0.04	0.07
5. 我自信自己能有效地完成各项本职工作	0.38	0.64 **
6. 我很难在工作中与同事保持融洽的关系（R）	0.18	0.26 **
7. 工作激发了我的灵感	0.57	0.71 **
8. 在工作中，我通常感到精力充沛	0.59	0.76 **
9. 在工作中，我通常感到焦虑（R）	0.27	0.45 **
10. 在工作中我可以尝试新事物，积极挖掘自身潜能	0.24	0.37 **
11. 我自己可以决定如何着手做我的工作	0.26	0.45 **

续表

条目	鉴别度	题总相关
12. 我觉得我对自己的工作得心应手	0.41	0.62**
13. 在工作中，我建立了一种真诚的关系	0.22	0.47**
14. 我觉得我所从事的工作目的明确，且很有意义	0.45	0.68**
15. 在工作中，我通常感到高兴	0.43	0.59**
16. 在工作中，我通常感到紧张（R）	0.25	0.35**
17. 现在的工作对我的个人成长没有任何帮助（R）	0.28	0.56**
18. 在工作中，我可以自由表达任何与大家不同的观点	0.32	0.55**
19. 我能有效地解决工作中的问题	0.42	0.57**
20. 同事们都愿意和我聊天，讨论各种问题	0.27	0.46**
21. 我为我所从事的工作感到自豪	0.54	0.71**
22. 在工作中，我感到自己充满活力	0.45	0.64**
23. 我的工作让我感觉情绪枯竭（R）	0.32	0.48**
24. 我目前的工作促进了我的学习和成长	0.23	0.49**
25. 在工作中，没有人会尝试说服我做我不想做的事情	0.14	0.21**
26. 我觉得我在为单位做有用的贡献	0.43	0.66**
27. 在工作中，我和同事相互信任	0.18	0.27**
28. 对我来说，我的工作具有挑战性	0.46	0.57**
29. 在工作中，我感到自己迸发出能量	0.49	0.63**
30. 我对我的工作感到倦怠（R）	0.28	0.47**
31. 一直以来，我的工作方式都没有改变（R）	0.13	0.22**
32. 我可以按照我的方式安排工作	0.30	0.46**
33. 在我看来，我擅长于自己的工作	0.13	0.24**
34. 一些同事是我亲密无间的朋友	0.15	0.25**
35. 我所做的工作对我来说非常有意义	0.02	0.10**

注：反向题已经进行了反向计分；** 表示 p<0.01。

（四）探索性因素分析

1. 样本适当性检验结果

KMO 值为 0.826，说明原有变量适合作因子分析。Bartlett 球形检验结果表明，27 个题项存在共享因素（p=0.000<0.05，拒绝原假设）。采用主成分分析法，进行方差最大正交旋转处理，以特征根大于等于 1 为因子抽取的原则并参照碎石图，来确定项目抽取因子的有效数目。判断是否保留一个项目的标准为：①该项目在某一因子上的负荷超过 0.40；②该项目不存在交叉负荷，即不在多个因子上有超过 0.30 的负荷。经过几次探索，最终得到了工作幸福感的六因子结构，6 个因子的特征根都大于 1，累积方差解释率达到了 52.90%，各

项目在相应因子上具有较大的负荷，处于 0.42~0.79（见表 4）。

表 4　工作幸福感初始问卷探索性因素分析结果

项目	因素一	因素二	因素三	因素四	因素五	因素六
19	0.73	-0.01	-0.02	0.18	0.02	0.08
5	0.73	-0.02	0.20	0.23	-0.05	0.11
26	0.72	0.18	0.07	0.19	0.09	-0.02
12	0.67	0.01	0.21	0.15	0.12	0.02
16	0.03	0.77	0.05	0.07	0.04	0.05
9	0.05	0.77	0.12	0.12	0.08	0.16
2	0.16	0.71	0.16	0.13	0.09	-0.01
17	0.03	0.62	-0.04	0.20	0.03	0.09
24	0.14	0.09	0.75	0.09	-0.01	0.15
3	0.19	-0.06	0.66	0.20	0.08	0.17
13	0.07	0.10	0.66	0.05	0.24	0.18
10	0.16	0.18	0.60	0.08	0.10	-0.01
20	0.18	0.05	0.58	0.03	0.14	-0.04
21	0.18	0.20	-0.01	0.64	0.21	0.13
14	0.25	0.22	0.00	0.61	0.03	0.15
7	0.14	0.19	0.10	0.56	0.10	0.00
28	0.19	0.18	-0.16	0.50	0.21	0.10
11	0.14	0.01	0.12	0.21	0.78	0.02
32	0.19	0.13	0.11	0.10	0.77	0.09
18	0.22	0.18	0.15	0.17	0.55	-0.21
1	0.08	-0.05	0.10	-0.05	0.00	0.79
15	0.17	0.21	0.24	0.20	0.08	0.59
22	0.11	0.18	0.18	0.12	0.04	0.52
8	0.21	0.17	0.13	0.20	0.12	0.42
特征根	2.54	2.48	2.45	1.80	1.75	1.66
解释的方差变异量	10.58%	10.32%	10.22%	7.50%	7.30%	6.93%

注：反向题已经进行了反向计分。

从因素分析的结果来看，因素一有 4 道题，其主要内容包括能有效地完成本职工作、对工作得心应手、能有效地解决工作中的问题等，本文把这一因素命名为胜任工作（work competent）。因素二有 4 道题，其内容主要指工作中的消极情绪反应，如紧张、焦虑、担忧，研究者把这一因素命名为消极情绪体验（negative emotional experience）。因素三有 5 道题，其主要内容包括工作促进学习和成长、潜能的发挥、知识和技能的增加等，研究者把这一因素命名为学习成长（personal growth）。因素四有 4 道题，其主要内容包括工作富有意义、工作激发我的灵感、对所从事的工作感到自豪等，研究者把这一因素命名为工作意义（work significance）。因素五有 3 道题，其主要内容包括可以按照自己的方式安排工作、对工作具有决定权等，研究者把这一因素命名为自主工作（work autonomy）。因素六有 4 道题，其内容主要指工作中的积极情绪反应，如高兴、兴奋、充满活力，研究者把这一因素命名为积极情绪体验（positive emotional experience）。

总体上来看，归纳法的结果得到了验证。但是，通过归纳法得到的"积极关系"并没有出现在最终的结构中。这是因为，一部分"积极关系"的预试条目的项目鉴别度太低，题总相关也不高，在项目分析中被删去，而另一部分"积极关系"的预试条目在探索性因素分析中都负荷在"学习成长"维度上。

2. 项目压缩后的探索性因素分析结果

为了保持量表的简洁性，本文根据项目含义、因素负荷与因素命名的接近性，对 24 个条目进行压缩，每个维度上保留 3 个条目，形成了 18 个条目的工作幸福感量表，对压缩后的项目重新进行探索性因素分析。上述研究结果表明，工作幸福感是由积极的情绪体验、消极的情绪体验、胜任工作、学习成长、工作意义和自主工作六个维度构成。工作幸福感的结构中是否存在归纳研究中发现的高阶因子（即情感幸福感和认知幸福感）需要验证性因素分析检验。

结果表明，KMO 值为 0.802，说明原有变量依然适合作因素分析。Bartlett 球形检验结果表明，18 个题项存在共享因素（p = 0.000 < 0.05，拒绝原假设）。如表 3 所示，同样抽取了 6 个因子，累积方差解释率达 67.31%，每个项目在对应维度上的负荷在 0.61 ~ 0.82，在其余维度上负荷均小于 0.30，且每个维度测量子问卷的内部一致性系数均大于 0.70（见表 5）。

表 5 工作幸福感预试问卷探索性因素分析结果（18 个项目）

项目	因素一	因素二	因素三	因素四	因素五	因素六
5	0.81	0.04	0.11	0.12	0.10	0.19
12	0.77	0.13	0.15	0.14	0.13	0.04
19	0.75	-0.04	0.26	0.19	0.06	0.09
16	-0.01	0.82	0.00	0.09	0.02	-0.01
9	0.17	0.81	0.07	0.19	0.14	0.15
2	0.10	0.81	0.09	0.09	0.11	0.06
28	0.14	-0.06	0.82	0.11	0.11	0.18
7	0.23	0.13	0.76	0.21	0.20	0.07
21	0.29	0.20	0.70	0.12	0.19	0.20
32	0.09	0.12	0.06	0.81	0.15	0.11
11	0.12	0.14	0.12	0.80	0.11	0.18
18	0.23	0.02	0.24	0.61	0.03	-0.01
1	-0.12	-0.05	0.18	0.15	0.81	-0.01

续表

项目	因素一	因素二	因素三	因素四	因素五	因素六
15	0.15	0.27	0.12	0.11	0.74	0.18
22	0.20	0.19	0.13	0.11	0.63	0.22
10	0.12	0.19	0.13	-0.10	0.16	0.75
24	0.16	0.00	0.14	0.17	0.10	0.69
3	0.26	0.02	0.16	0.20	0.07	0.65
特征根	2.28	2.24	2.07	1.99	1.82	1.73
解释的方差变异量	12.65%	12.42%	11.49%	11.03%	10.12%	9.61%
内部一致性系数	0.76	0.73	0.77	0.72	0.77	0.72

注：反向题已经进行了反向计分。

(五) 验证性因素分析

由于删除、压缩了近一半项目，在进行验证性因素分析之前，研究者又进行了项目分析和信度分析，包括鉴别度、题总相关和内部一致性系数，以此来考察工作幸福感6个子量表的项目和信度。然后，采用统计软件包 Amos 7.0 对数据进行验证性因素分析。即第二轮问卷调查数据用于探索性因素分析，收回了有效问卷2240份（样本2）。CFA 技术的关键在于通过对多个模型的比较，来确定最佳的匹配模型。根据前文的叙述，本文设定了四个竞争模型：①工作幸福感的单因素模型，假设所有的条目都直接测量工作幸福感；②工作幸福感的六因素模型，假设工作幸福感包括六个子维度；③工作幸福感的一阶六因素模型 A，假设工作幸福感包括六个一阶子维度，这六个一阶子维度测量一个潜在的二阶维度，即工作幸福感；④工作幸福感的一阶六因素模型 B，假设工作幸福感包括六个一阶子维度，这六个一阶子维度测量两个潜在的二阶维度，即认知幸福感和情感幸福感。

结果如表6和图1所示，一阶六因素模型 B 数据拟合最佳（$\chi^2/df = 9.00 < 10$；$TLI = 0.93 > 0.90$；$CFI = 0.94 > 0.90$；$RMSEA = 0.058 < 0.08$）。其中，χ^2/df 的值受样本大小的影响比较大，在样本数大于1000时，可以不作为判断模型是否拟合的标准。

表6 验证性因素分析结果

模型	χ^2	df	χ^2/df	TLI	CFI	RMSEA
虚模型	16058.33	153	104.96			
单因素模型	5265.90	135	39.01	0.63	0.68	0.130
六因素模型	1121.20	120	9.34	0.92	0.94	0.060
一阶六因素模型 A	1230.78	129	9.54	0.92	0.93	0.062
一阶六因素模型 B	1151.62	128	9.00	0.93	0.94	0.058

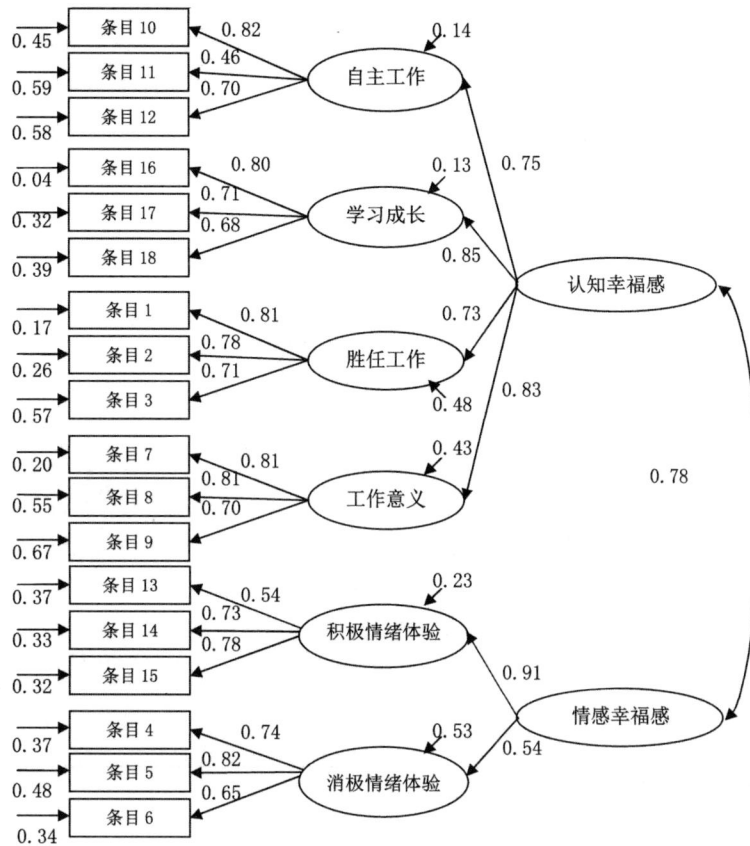

图1 工作幸福感问卷验证性因素分析最终结果

注：所有参数均达到 0.001 水平显著。

（六）量表信效度检验

1. 信度检验

工作幸福感各条目的鉴别度在 0.28~0.61，题总相关在 0.45~0.74，并且工作幸福感六个维度子问卷的 Cronbach's α 均高于 0.70（见表7）。因此，从项目分析与信度分析的结果来看，量表条目设计是合理有效的。

表7 工作幸福感量表的项目和信度分析结果

条目	Cronbach's α	鉴别度	题总相关
自主工作	0.73		
10. 我自己可以决定如何着手做我的工作		0.39	0.64**
11. 我可以按照我的方式安排工作		0.40	0.56**
12. 在工作中，我可以自由表达任何与大家不同的观点		0.31	0.50**
学习成长	0.76		
16. 在工作中我可以尝试一些新事物，积极挖掘自身潜能		0.39	0.65**
17. 我目前的工作促进了我的学习和成长		0.27	0.55**
18. 通过工作，我的知识和技能在逐步提升		0.28	0.64**

续表

条目	Cronbach's α	鉴别度	题总相关
胜任工作	0.81		
1. 我自信自己能有效地完成各项本职工作		0.37	0.60**
2. 我觉得我对自己的工作得心应手		0.40	0.62**
3. 我能有效地解决工作中的问题		0.44	0.67**
工作意义	0.82		
7. 对我来说，我的工作具有挑战性		0.50	0.60**
8. 工作激发了我的灵感		0.59	0.73**
9. 我为我所从事的工作感到自豪		0.61	0.74**
积极情绪体验	0.72		
13. 在工作中，我通常感到兴奋		0.28	0.45**
14. 在工作中，我通常感到高兴		0.46	0.63**
15. 在工作中，我通常感到充满活力		0.46	0.63**
消极情绪体验	0.78		
4. 在工作中，我通常感到担忧（R）		0.35	0.49**
5. 在工作中，我通常感到焦虑（R）		0.35	0.53**
6. 在工作中，我通常感到紧张（R）		0.31	0.38**

注：反向题已经进行了反向计分；** 表示 $p < 0.01$。

2. 内容效度检验

本文对本量表的效度水平通过内容效度来判定。内容效度是指项目对预测的内容或行为范围取样的适当程度。工作幸福感的问卷通过文献综述、相关事件专家访谈结果归纳分析而得。此外，为使问卷内容更具完整性且题意清楚明了，在问卷初稿完成后，又邀请管理学和组织行为研究领域的 4 位专家就题意和表述进行了定性分析，并以定量分析的手法删除了不合格的条目。另外，样本群体全部来自企业员工，所以工作幸福感的量表从条目的合理性来判断，内容效度是合适的。

五 结论与讨论

（一）研究结论

企业激烈的竞争环境给员工带来与日俱增的工作压力，衍生出员工亚健康、抑郁症等负性事件。工作幸福感一方面对员工有增益作用，另一方面促进员工的工作投入，为企业创造更多的效益。本文的研究结论如下：

第一，本文通过文献综述和开放性访谈调查，归纳出工作幸福感的内涵，然后采用问卷调查方法探索其结构维度，基于两轮问卷调查结果，采用探索性因素分析和验证性因素分析方法，完成了工作幸福感量表的编制和开发，并验证了企业员工工作幸福感量表的结构维度的有效性。

第二，我国企业的员工工作幸福感的结构是一个一阶六因素、二阶二因素模型，包括自主工作、学习成长、胜任工作、工作意义、积极情绪体验和消极情绪体验六个一阶因素和认知幸福感、情感幸福感两个二阶因素。其中，自主工作、学习成长、胜任工作和工作意义属于认知幸福感，对应心理幸福感的核心内容；积极情绪体验和消极情绪体验属于情感幸福感，对应主观幸福感的内容。本文由情感幸福感和认知幸福感两个二阶因素构成工作幸福感模型，再次支持整合视角研究的有效性，也在一定程度上呼应了国内对工作幸福感的界定，即同时关注员工的情感体验和认知评价。例如，孙建敏等（2016）提出"工作幸福感是指个体对自身当前所从事工作各方面的积极评价和情感体验"。邹琼等（2015）将工作幸福感界定为"个体工作目标和潜能充分实现的心理感受及愉悦体验"。

第三，情感幸福感指员工在工作中的情绪体验的质量，是衡量工作满意度的一个重要维度。Bakker 等（2011）曾以情绪环形模型（The Circumplex Model of Affect）为基础，提出工作幸福感是员工对自己的工作满意，并体验到较多的积极情绪、较少的消极情绪。本文中的情感幸福感又包括积极情绪体验和消极情绪体验两个维度，较为全面地考察了员工在工作中的情绪体验。

第四，认知幸福感指员工在工作中的心理功能的质量。首先，根据自我决定理论，已有研究表明，基本心理需要（胜任需要、自主需要和关系需要）的满足可以促进人们的幸福体验，也可以从动机视角解释员工工作幸福感的形成机制。本文研究结果同样表明，胜任工作和自主工作是构成认知幸福感的重要维度，但未包括积极关系维度。反思目前竞争激烈的企业环境，"绩效为王"，当员工得以充分发挥自己的潜能，会体验到真正的自我实现，从而获得工作幸福感。因此，胜任工作和自主工作相比积极关系对工作幸福感可能更加重要，但是对一般幸福感来说满足人们的关系需求不容忽视。此外，在当今高速发展和变革的信息时代，工作的多边性和复杂性日益增加，也决定了员工需要更多的自主性来处理问题。特别是在当今知识经济时代，国民受教育水平普遍提升，范皑皑等（2007）研究发现，受教育程度更高的个体更看重工作环境和组织氛围，更高的自主性给他们带来更高的效用，从而提高自身的工作满意度。这也支持了自主工作是工作幸福感的重要组成部分。其次，Aristotle 提出的自我实现论（Self-realizationism）认为幸福是人的自我实现，幸福应该关注个人潜能的实现这一观点已是较多学者的共识，认知幸福感中的学习成长和工作意义维度反映的正是员工在工作中个人潜能是否得以挖掘和实现。这一研究结果得到已有研究的支持，Ryff 等（1989）将个人成长归为心理幸福感的六维模型。Paschoal 等（2015）和 Demo 等（2013）基于整合视角，将工作幸福感直接定义为由积极情感、消极情感和自我实现构成。

第五，本文开发的工作幸福感量表具有较好的信度和内容效度，符合心理测量的要求。

（二）理论价值与实践意义

1. 理论价值

幸福感是人们对"美好生活"的感受，是积极心理学研究的重点。积极组织心理学应运而生，也开始关注和研究快乐和有意义的工作生活。本文对开发的工作幸福感量表的探讨，在科学研究上促进了对工作幸福感的认识，特别是从系统研究的角度解决了我国企业员工工作幸福感的结构维度的理论模型问题，在工作幸福感的研究上有重要的理论价值。

本文在整合工作幸福感视角下，开发和验证了员工工作幸福感测量量表，研究结果澄清了国内某些研究对工作自主性和工作胜任感在工作幸福感的维度构成作用不显著的质疑。

2. 实践意义

在当下知识经济环境中，工作幸福感可能是组织保留和激励高素质员工的黏合剂。在今后的企业管理实践中，可以借助这一量表了解企业员工工作幸福感的现状，从而制定更合理的人力资源管理策略，达到提升员工幸福感和增强组织绩效的目的。在组织对员工的情绪管理中，可以采取更有效的措施对员工进行情绪引导，维持和激发员工在工作中的积极情绪，帮助员工宣泄消极情绪，让员工在工作中整体有较好的情绪体验。最后，人力资源管理者可以从构成员工认知幸福感的维度入手，创造员工自主工作的条件，尽可能为员工提供充足的工作资源，促进员工组织任务的完成，满足员工胜任工作的需求，体会到工作的意义和价值。

（三）研究不足与未来展望

虽然本文开发了信效度较好的中国企业员工的工作幸福感的测量量表，但还存在一定局限性。首先，本文由于社会资源的限制，采用了方便抽样的方法，尚未能在全国范围内广泛取样。在未来的研究中，需要更多的实证研究来检验量表的普适性，以便在本文开发的量表基础上，做进一步的探索工作。此外，在未来的研究中，还需要从个体、组织和领导因素方面开展工作幸福感与其他相关因素的关系及其影响机制的研究工作。

参考文献

[1] 孙健敏，李秀凤，林丛丛. 工作幸福感的概念演进与测量 [J]. 中国人力资源开发，2016（13）：38-47.

[2] 邹琼，佐斌，代涛涛. 工作幸福感：概念、测量水平与因果模型 [J]. 心理科学进展，2015（4）：669-678.

[3] Vecchio, R. P. The Function and Meaning of Work and the Job: Morse and Weiss (1955 Revisited) [J]. Academy of Management Journal, 1980 (2): 361-367.

[4] 许龙，高素英，刘宏波等. 中国情境下员工幸福感的多层面模型 [J]. 心理科学进展，2017（12）：2179-2191.

[5] 彭怡，陈红. 基于整合视角的幸福感内涵研析与重构 [J]. 心理科学进展，2010（7）：1052-1061.

[6] 杜旌，姚菊花. 中庸结构内涵及其与集体主义关系的研究 [J]. 管理学报，2015（5）：638-646.

[7] Warr, P. A Conceptual Framework for the Study of Work and Mental Health [J]. Work & Stress, 1994 (2): 84-97.

[8] Mäkikangas, A., Feldt, T., Kinnunen, U. Warr's Scale of Job-Related Affective Well-Being: A Longitudinal Examination of Its Structure and Relationships with Work Characteristics [J]. Work & Stress, 2007 (3): 197-219.

[9] Plato. Republic [M]. 北京：外语教学与研究出版社，1998.

[10] 张进，马月婷. 主观幸福感概念、测量及其与工作效能变量的关系 [J]. 中国软科学，2007

（5）：60-68.

［11］Schuessler, K., Land, K. C., Spilerman, S. Social Indicator Models ［J］. Contemporary Sociology, 1976
（4）：467-468.

［12］Ryan, R. M., Deci, E. L. On Happiness and Human Potentials：A Review of Research on Hedonic and
Eudaimonic Well-Being ［J］. Annual Review of Psychology, 2001（1）：141-166.

［13］Waterman, A. S. Two Conceptions of Happiness：Contrasts of Personal Expressiveness（Eudaimonia）
and Hedonic Enjoyment ［J］. Journal of Personality and Social Psychology, 1993（4）：678-691.

［14］Ryff, C. D., Keyes, C. L. The Structure of Psychological Well-Being Revisited ［J］. Journal of Person-
ality and Social Psychology, 1995（4）：719-727.

［15］Ryff, C. D. In the Eye of the Beholder：Views of Psychological Well-Being among Middle-Aged and Ol-
der Adults ［J］. Psychology and Aging, 1989（2）：195-210.

［16］King, L. A., Napa, C. K. What Makes a Life Good? ［J］. Journal of Personality and Social Psychology,
1998（1）：156-165.

［17］Mcgregor, I., Little, B. R. Personal Projects, Happiness, and Meaning：on Doing Well and Being
Youself ［J］. Journal of Personality and Social Psychology, 1998（2）：494-512.

［18］Véronique Dagenais-Desmarais, André Savoie. What is Psychological Well-Being, Really? A Grassroots
Approach from the Organizational Sciences ［J］. Journal of Happiness Studies, 2012（4）：659-684.

［19］Bakker, Arnold B. Towards a Multilevel Approach of Employee Well-being ［J］. European Journal of
Work & Organizational Psychology, 2015（6）：1-5.

［20］Warr, P. Work, Unemployment, and Mental Health ［M］. Oxford：Clarendon Press, 1987.

［21］Van Horn, J. E., Taris, T. W., Schaufeli, W. B., et al. The Structure of Occupational Well-Being：A
Study among Dutch Teachers ［J］. Journal of Occupational and Organizational Psychology, 2004（3）：365-375.

［22］黄亮. 中国企业员工工作幸福感的维度结构研究 ［J］. 中央财经大学学报, 2014（10）：84-112.

［23］曹曼, 席猛, 赵曙明. 高绩效工作系统对员工幸福感的影响——基于自我决定理论的跨层次模型
［J］. 南开管理评论, 2019（2）：176-185.

［24］Makikangas, A., Kinnunen, U., Feldt, T., et al. The Longitudinal Development of Employee Well-be-
ing：A Systematic Review ［J］. Work & Stress, 2016（1）：46-70.

［25］Fisher, C. D. Happiness at Work ［J］. International Journal of Management Reviews, 2010（4）：384-
412.

［26］Van Katwyk, P. T., Fox, S., Spector, P. E., et al. Using the Job-Related Affective Well-Being Scale
（JAWS）to Investigate Affective Responses to Work Stressors ［J］. Journal of Occupational Health Psychology, 2000
（2）：219-230.

［27］Ryff, C. D., Keyes, C. L. The Structure of Psychological Well-Being Revisited ［J］. Journal of Personal-
ity and Social Psychology, 1995（4）：719-727.

［28］Waterman, A. S. On the Importance of Distinguishing Hedonia and Eudaimonia When Contemplating the
Hedonic Treadmill ［J］. American Psychologist, 2007（6）：612-613.

［29］温忠麟, 侯杰泰, 马什赫伯特. 结构方程模型检验：拟合指数与卡方准则 ［J］. 心理学报, 2004
（2）：186-194.

［30］苏涛, 陈春花, 宋一晓, 等. 基于 Meta 检验和评估的员工幸福感前因与结果研究 ［J］. 管理学
报, 2018（4）：512-522.

［31］Bakker, A. B., Oerlemans, W. Subjective Well-being in Organizations. The Oxford Handbook of Positive
Organizational Scholarship ［M］. New York：Oxford University Press, 2011.

［32］范皑皑, 丁小浩. 教育、工作自主性与工作满意度 ［J］. 清华大学教育研究, 2007（6）：40-47.

[33] 张陆, 佐斌. 自我实现的幸福——心理幸福感研究述评 [J]. 心理科学进展, 2007 (1): 134-139.

[34] Ryff, Carol D. Happiness is Everything, or is It? Explorations on the Meaning of Psychological Well-being [J]. Journal of Personality & Social Psychology, 1989 (6): 1069-1081.

[35] Paschoal, T., et al. The Moderating Effect of Personal Values in the Relationship between Working Conditions and Wellbeing [J]. Revista De Psicología Social, 2015 (1): 89-121.

[36] Demo, G., Paschoal, T. Well-being at Work Scale: Exploratory and Confirmatory Validation in the United States Comprising Affective and Cognitive Components [J]. Rio de Janeiro Research Journal, 2013 (7): 1-16.

[37] 郭杨. 中国人工作幸福感的结构维度研究 [D]. 广州: 广东外语外贸大学, 2008.

[38] Cynthia, D. Fisher. Happiness at Work [J]. International Journal of Management Reviews, 2010 (4): 384-412.

The Structural Dimension and Scale Development of Enterprise Employees' Work Well-being

Shi Kan   Guo Huidan   Liu Jiayan

Abstract: At present, the competition among enterprises is increasingly fierce, and the work pressure of employees is increasing. Thus, work well-being research, which is closely related to work stress, has been stimulated. On the one hand, with the increase of knowledge-based employees in enterprises, employees not only value the economic function of work, but also hope to get a higher level of satisfaction through work. On the other hand, "happiness is productivity", and happiness at work plays an important role in improving organizational performance. For a long time, the theories of psychological well-being and subjective well-being coexist, and there are differences in the understanding of the structure of well-being. Therefore, it is of great theoretical significance and practical value to explore the structural dimension of employees' work well-being in Chinese enterprises. Based on an integrated perspective, this study explores and develops a measuring tool for the structure of work well-being as an employee's emotional experience and psychological function at work by using the methods of key behavioral events interview and questionnaire survey. On the basis of existing researches, this study conducted in-depth interviews with 57 employees. Then, the first round of questionnaire survey was conducted on 656 employees, and the second round of questionnaire survey was conducted on 2240 employees. We explore the structural dimension of employees' work well-being. The results of exploratory factor analysis and confirmatory factor analysis show that employees' work well-being is divided into two higher-order factors: cognitive well-being and affective well-being. Among them, cognitive well-being includes four sub-dimensions, i. e. work autonomy, personal growth, work competent and work significance, which reflect the quality of employees' psychological functions at work and correspond to the research perspective of psychological well-being. Affective well-being includes two sub-dimensions, i. e. positive emotional experience and negative emotional experience, which reflect the emotional experience of employees at work and correspond to the research perspective of subjective well-being. On this basis, an enterprise employees' work well-being scale is developed, and the scale is proved to have good reliability and validity by measurement. It can be used to explore the influence mechanism of work well-being and related factors in the next step so as to relieve the work pressure of enterprise employees and improve work well-being.

Key words：work well-being; subjective well-being; work well-being scale; structural dimension; reliability and validity; employee

面对新冠肺炎风险信息的民众心理状态及情绪引导策略*

焦松明　时　勘　周海明　郭慧丹　高文斌

【编者按】2017 年秋季，我进入中国科学院心理研究所，成为一名在职硕士研究生，开始了心理学的专业探索。有一次课间，我在铭责楼四层看到介绍心理所发展历程的宣传栏，历任所长之首是潘菽先生，先生的目光温暖中带着一丝锐意，我不觉看了很久。后来又看到了对他的博士生——我国工业与组织心理学的领军人物时勘老师的介绍，我立刻被他研究领域的广博和成果的丰硕所吸引。之后，又听了时老师的课，获知他为我国培养了数百名心理学博士和硕士，已然桃李满天下。敬仰于时老师的渊博学识，抱着求知的态度，我大胆地给时老师发去邮件，表达了想跟随时老师学习的愿望。因为自己的籍籍无名，也没抱多大希望时老师会予以理会。2019 年 9 月的一天，我意外地收到了时老师的回复，他让我先通过微信朋友圈阅读时勘博士课题组公众号的材料。经过几个月的接触，他同意了我参加课题组的请求。我于 2019 年 12 月来到温州，担任温州模式发展研究院的秘书。从浙江省哲学社会科学项目"重大突发公共卫生事件下公众风险感知、行为规律及对策研究"申请工作开始，时老师手把手地教我如何准备各种材料，怎样填写各种报表，包括和各科研高校的合作者进行联系、沟通。最后，我们先后获得了几个项目的资助。在此期间特别值得一提的是，2020 年初，我国暴发了新冠肺炎疫情，时勘教授作为中国心理学会监事长、亚洲组织与员工促进协会主席，立即组织了心理学界、企业、事业单位和学校的数千名被试，在国内展开了 4 次、近 20000 人的网络调查，及时获得宝贵的调查数据之后，立即进行统计分析，写出了 4 个调研报告，向党中央、国务院、国家自然科学基金委以及浙江省地方政府提交了 7 份智库调研报告，对新闻媒体发布了 8 次新闻公告，提出了可供决策参考的对策建议，为我国政府研判民众的社会心态和正确决策提供了宝贵的建议。同时，时老师还通过多种渠道呼吁全球心理学者团结起来，实施心理学麦哈顿计划，齐心协力地打好这场抗击疫情的阻击战。此外，他还聚焦抗疫过程中的热点和焦点问题，录制了多期抗疫心理健康教育片，通过多种网络平台系统向全国播出，产生了良好的社会效益。通过与时老师共同工作，我个人也萌发出写一篇学术论文的愿望，这也立即得到了时老师的支持。通过研读系列文献，我发现基于风险危机情境中大规模现场研究，特别是东方文化背景下民众风险认知及其心理行为研究在当前还非常缺乏，于是，通过对新冠肺炎疫情调查所获数据分析结果，我尝试写出了题为《面对新冠肺炎风险信息的民众心理状态及情绪引导策略》的论文，时老师耐心地帮助我一字一句地修改，并辅导我怎样回答编辑的问题，最后，这篇文章终于

* 基金项目：国家社会科学基金后期资助重点项目（19FGLA002）。

在核心期刊《医学与社会》杂志发表。这些事例使我切身体会到，作为导师，时老师在培养研究生方面不遗余力，由于工作需要，时老师在温州大学录取了6位硕士生，从暑期开始，这些同学就分别参加在贵州、重庆的课题组工作，9月一开学，为了方便工作，时老师用自己的科研启动经费，给每位同学配置新电脑，并每周召开课题组会议，课余的辅导更是不计其数，引导每位同学把握自己的研究方向，至今不到一年的时间，大多数同学已经能独立工作，迈入了科学研究的正轨。此外，他对后辈们在生活上也关怀备至，例如中秋佳节把同学们请到家里，使大家能够体会到家的温暖。可以毫不夸张地说，时老师把自己的大部分时间都奉献给了心理学后辈的成长和发展。是啊，有幸得遇恩师，我们怎能不奋发而为之呢？（焦松明，中国科学院心理研究所2017级在职硕士生，温州大学温州模式发展研究院　办公室主任）

摘　要：目的：了解面对新冠肺炎病毒事件中人的特殊的心理行为问题，为疫情期间针对民众的心理疏导提供政策建议。方法：采用方便抽样调查方式，并辅以访谈方法，抽样调查了各省市被试2144人。结果：①民众评估风险信息大小时，治愈信息和与自身相关信息排在前列，四种风险信息之间的差异不显著。②与自身关系密切的负性信息直接通过风险认知影响自我保护行为，中间并不通过心理紧张度影响它；治愈等正性信息会通过风险认知、心理紧张度的链式中介影响自我保护的应对行为，同时，治愈信息也能分别通过风险认知、心理紧张度直接影响自我保护的应对行为。③疫区民众中发现了"台风眼效应"的情况，需避免麻痹心理，防止疫情反弹。结论：风险信息和心理紧张度是影响民众应对方式的重要变量，也是情绪引导的依据。

关键词：新冠肺炎疫情；风险认知；心理紧张度；台风眼效应；情绪引导策略

人们一般会认为风险认知基于理性，但2002年诺贝尔经济学奖获得者、认知心理学家 Kahnemen 等（1982）发现，期望效用理论无法解释人们在认知选择中出现的系统性偏差[1]，Slovic（1987）在民众对风险事件认知的案例研究中也发现了类似的偏差[2]。不过，基于风险危机情境中大规模现场研究、特别是东方文化背景下的民众风险认知及其心理行为研究，目前还是非常缺乏的。2003年时勘博士带领团队率先开展了全国17个城市4231名市民的两轮调查，对民众的风险认知的理性特征进行了探索。结果发现，负面的信息会导致非理性民众的恐慌，而正面的信息则能使大众有理性的应对方式[3][4]。陆佳芳、郑蕊等也在其后分析了心理恐慌的成因[5][6]。2008年汶川地震发生后，时勘博士团队又针对地震创伤后的心理康复问题展开了研究[7][8][9]；李纾、谢晓非等针对地震灾难的"台风眼"现象（Psychological Typhoon Eye Effect）对于人们产生的麻木心理进行了成因探索[10][11]。2019年末，我国暴发了新冠肺炎疫情，在党中央的组织调配下，各级政府部门、社会组织、军队、医院和社区行动起来，抗击疫情的防控战役就此打响，广大民众积极响应号召，自觉居家隔离，以阻断疫情传播。不过，网上传播的各种信息严重地冲击着民众本来就紧张的心态，导致各种心理问题频发，使整个社会出现民心惶惶的状态。在这种特殊背景下，时勘博士课题组以此次重大公共卫生事件为主题，展开了针对民众风险认知为主线的心理行为调查，试图在2003年、2008年风险认知信息的影响因素研究基础上，探索疫情事件中民众的恐慌心理形成的原因，为抗击新冠肺炎疫情提供对策和情绪引导方法。

一 资料来源与分析方法

（一）研究对象

2020 年 1 月下旬新冠肺炎疫情发生后，课题组将调查问卷做成问卷星开始网上调查。在施测过程中，每省均配有电话联络员进行问卷填写的答疑，采用方便抽样法进行。调查共涉及全国 27 个省和 4 个直辖市，答卷者均为自愿参加。由于是方便取样，电话联络员对所负责地区的参与调查人员进行动员，以保证处于特殊情况下的民众能够参与。被试回答问题完全独立进行，为保证填答内容的真实性，电话联络员不对填写的具体内容发表意见，仅通过微信解答被试的问题。此次问卷调查共获得有效问卷 2144 份。调查的总体情况和人口统计学指标分布如表 1 所示。

表 1 调查总体情况分布

地区	样本数（人）	地区	样本数（人）
北京	211	湖北	41
天津	30	云南	14
内蒙古	20	贵州	35
江西	60	广西	18
河南	128	宁夏	7
四川	75	新疆	74
上海	44	青海	6
吉林	31	福建	12
广东	169	河北	51
甘肃	67	湖南	46
辽宁	112	安徽	37
陕西	32	重庆	55
江苏	54	黑龙江	24
山东	195	海南	6
山西	36	西藏	92
浙江	358	其他地区	4
		共计	2144

被试中男性为 729 人，女性为 1415 人；年龄分布情况为：20 岁以下占 8%，20～29 岁占 28.2%，30～39 岁占 22.6%，40～49 岁占 26.0%，50～59 岁占 13.80%，60 岁及以上占 1.4%。教育程度分布为：初中及以下占 1.4%，高中、中专和技校占 4.6%，大专占 16.30%，本科占 48.30%，硕士及以上占 29.4%。被试职业分布如下：国家机关干部（150 人）、公司员工（485 人）、服务业人员（51 人）、医护人员（200 人）、工人（28）、农民

（10人）、离退休无业人员（30人）、个体从业者（64人）、进城务工者（7人）、学生
（545人）、科教文（410人）和其他（164人）。被调查民众所在地区具体情况是：属于高
发区被隔离者有99人，高发区未被隔离者有158人，过去高发、现好转者有37人，少数发
病、影响不大者1320人，无疫情者有444人，属于传染病医院内者有86人。

（二）研究工具

调查问卷为自编问卷，并吸收了时勘等（2003）在"非典"期间编制的问卷内容，主
要内容如下。

1. 风险信息和风险认知调查问卷

根据风险信息因素的分类，本研究沿用风险信息的特征，采用23项题目的风险信息问
卷[3][4]。该问卷共分为四个维度，分别是冠状病毒患病信息、治愈信息、与自身关系密切信
息和政府的防范措施。量表采用李克特5点量表进行测量。计算的四个维度的内部一致性信
度分别为0.926、0.922、0.862、0.881，总量表的内部一致性系数为0.945。风险认知根据
熟悉性和控制性两个风险测量指标，考察6类风险事件。该问卷均采用李克特5点量表进行
测量，此次测试量表的内部一致性系数为0.806。

2. 心理紧张度问卷

该问卷结合时勘等（2003）在"非典"期间编制的心理紧张度问卷[3][4]。该问卷均采
用李克特5点量表进行测量。从1＝很不同意到5＝非常同意；分数越高，表明紧张度越高。
此次测试该量表的内部一致性系数为0.806。

3. 应对行为问卷

应对行为是应激研究领域中的一个核心课题。此次应对行为主要参考了2003年经过时
勘等人的验证后形成的10个条目的应对行为量表[3][4]，时勘等当时编制时还参考了Billings
的应对行为量表，此次对该量表进行了一些具体内容的修改，如"重视消毒、洗手的习惯"
是按照抗击新冠肺炎疫情的实际变化进行的修改。应对行为分为三个维度，分别是自我保
护、主动应对和回避应对。此次测试应对行为量表的内部一致性系数为0.720。

（三）统计方法

对获取的数据采用SPSS 20.0和Process程序进行统计分析，所采用的方法包括描述性
统计分析、相关分析、回归分析和中介效应检验等。

二　结果及分析

（一）描述性结果分析

1. 风险认知的描述性分析

通过熟悉程度和控制程度两个维度对结果进行分析，揭示民众风险认知的深层次原因。

结果发现，民众对6类事件感受到的熟悉程度从大到小依次是传播途径和传染性、预防措施和效果、新型冠状病毒病因、治愈率、愈后有无传染问题和愈后对身体的影响。民众对6类事件感受到的控制程度从大到小依次是预防措施和效果、愈后是否有传染问题、传播途径、新型冠状病毒病因、愈后对身体影响和治愈率（见表2）。

表2   民众风险认知结果统计（N＝2144）

风险事件	熟悉程度		控制程度	
	M	SD	M	SD
新型冠状病毒病因	3.45	1.01	3.10	0.90
传播途径和传染性	3.84	0.84	3.14	0.81
治愈率	3.17	0.87	2.98	0.74
预防措施和效果	3.73	0.76	3.39	0.72
愈后对身体的影响	2.48	1.00	3.00	0.83
愈后有无传染的问题	2.55	1.06	3.17	0.93
对新型冠状病毒总体感觉	3.59	0.76	3.39	0.71

2. 风险认知地图的分析

为了进一步分析风险认知的现状，通过绘制风险认知地图的形式来呈现调查结果，如图1所示。

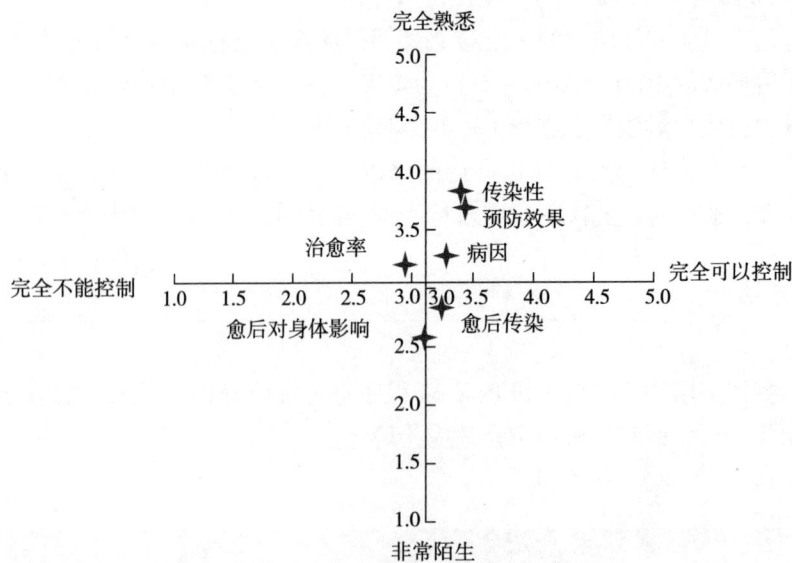

图1   2020年公众对各类风险信息的风险认知图

风险认知图的分析结果表明，民众的承受程度处在风险因素空间的右上端，偏向于比较熟悉和可以控制这一端；而对于"愈后对身体的影响"和"愈后有无传染性"则在非常陌生这一端，也就是说，民众对于这些因素的认识比较陌生，容易产生恐慌情绪。将该结果与2003年课题组的调查结果进行比较后发现，民众的心理承受程度总体上要好一些，但"愈后对身体的影响"和"愈后有无传染性"等因素仍然是造成民众恐慌的关键问题。

（二）不同疫情地区民众的认知差异比较分析

1. 对信息风险评估的差异比较

根据调查期间的疫情状况，把全国 34 个省份划分为 5 个类型地区：湖北为疫情高发区；河南、浙江、广东、湖南四地为疫情严重区，四川、山东、江西、安徽等省为疫情中度区，西藏作为疫情轻微区，甘肃、青海等省为疫情消退区。在每个类型疫区选取 1 个省作为代表，以考察不同类型疫区的民众风险评估反应的差异，这些省分别是湖北（疫情高发区）、浙江（疫情较重区）、四川（疫情中度区）、西藏（疫情轻微区）和甘肃（疫情消退区）。然后，对影响人们风险认知的 23 项信息进行因素分析，采用 Varimax 旋转后得到了 4 个因素，所得到的因素分析结果与 2003 年的归纳基本一致，总解释率为 62.98%。最后，归纳如下：

因素 1 "新冠肺炎的患病信息"：包括新增发病人数、累计发病人数、新增和累计疑似病人数、新增与累计死亡人数等 10 个项目，属于风险信息的负性指标。

因素 2 "治愈出院信息"：包括新增治愈人数和治愈出院总人数 2 个项目，属于风险信息的正性指标。

因素 3 "与自身关系密切的信息"：包括所在单位和地区有无患者、所认识的人中有无患者、同年龄组有无患者 3 个项目，属于风险信息的负性指标。

因素 4 "政府的防范措施"：包括政府领导人的讲话、新闻发布会、对新冠肺炎传播渠道的封堵措施、治疗条件与环境的改善的报道、公交水电供应信息 5 个项目，属于风险信息的正性指标。

如图 2 所示，不同疫情地区民众对各类疫情风险评估的方差分析结果发现，这四类信息在五个城市的影响作用均存在显著性差异。从总体趋势来看，疫情消退区（甘肃）对于各类信息的风险评估最低，然后，从疫情轻微区（西藏），到疫情中度区（四川），再到疫情较重区（浙江），最后到疫情高发区（湖北），各类信息对于民众的影响呈上升趋势。较之疫情轻微地区，疫情消退区民众对于各类信息表现出更高的警觉；而在疫情增长地区，对各类信息有一个逐渐重视到客观看待的过程。比较分析发现，各地区民众共同关注的信息均为治愈信息和与自身关系密切的信息；而疫情高发区民众对于有直接威胁的新增发病信息的关注度显著高于其他地区。值得注意的是，政府干预信息在各地区民众的风险评估中，显著低于其他风险信息，这说明，政府干预措施得到了广大民众的认同，在缓解民众的恐慌和焦虑方面发挥了重要的作用。

2. 疫区民众的心态中的"台风眼效应"

在汶川地震和后来的灾难心理学研究中发现，民众的风险知觉中存在着"台风眼效应"，即处于严重疫情中心地区的民众，由于反复受到负面信息的刺激，在面对灾难时逐渐会表现出麻木、习以为常的心态（Psychological Typhoon Eye）[10][11]。在这种心态的主导下，民众容易产生松懈行为，这种效应甚至会引发一些地区出现疫情反弹。本次调查发现，这种现象在湖北为中心的新冠肺炎疫区也有类似表现，具体结果如表 3 所示。

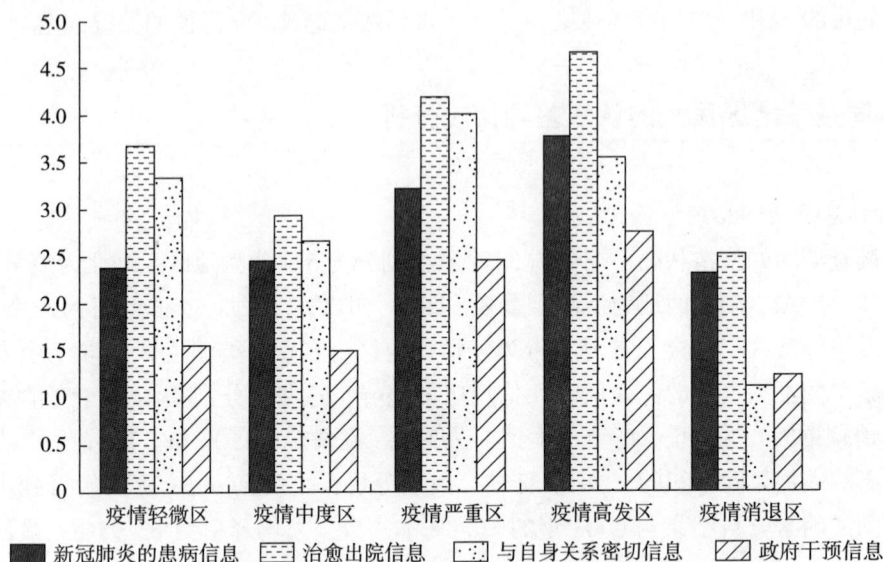

图 2　不同疫情地区民众对新冠肺炎信息风险评估的差异比较

表 3　不同地区风险认知差异比较

风险认知维度	分组	M	SD	T	p
熟悉程度	以湖北为中心的疫区	3.39	0.56	−0.70	0.49
	以新疆为远离的疫区	3.32	0.57		
控制程度	以湖北为中心的疫区	3.27	0.56	−3.31**	0.001
	以新疆为远离的疫区	2.92	0.46		

注：数字越高，表示熟悉或控制程度越高，风险认知水平越低。*表示差异较显著，**表示差异显著。

表 3 所表示的是非参数检验，为湖北地区和新疆地区的对比统计结果，以湖北为中心的疫区民众，对疫情的熟悉程度和控制程度都显著地高于新疆等地区疫情轻微地区的民众，正是由于他们认为自己对疫情比较熟知和把控更好，在经历近两个多月的隔离后，容易产生麻木心态，当民众看到疑似人数、确诊人数、死亡人数显著下降及治愈人数快速增加时，就容易产生盲目乐观的心态；而远离湖北的新疆地区，由于疫情报道相对较少，民众掌握的风险信息有限，信息的缺乏和不确定会导致情绪过分紧张甚至出现恐慌的情况。

（三）各变量之间的相关分析

进一步对这些信息变量进行相关分析，结果如表 4 所示，结果表明，若能更多地宣传政府的防控措施，并提供治愈的信息以及新药的研究成功等信息，对消除民众的恐慌感、心理紧张感有显著的效果，并且能增强民众积极应对的社会正向心态。

表 4　各变量之间的相关分析（N = 2144）

	1	2	3	4	5	6	7	8
1. 患病信息	1							

续表

	1	2	3	4	5	6	7	8
2. 治愈信息	0.585**	1						
3. 与自身相关信息	0.487**	0.324**	1					
4. 防控措施	0.739**	0.493**	0.487**	1				
5. 风险认知	-0.006	0.061*	-0.061*	0.039	1			
6. 心理紧张度	0.222**	0.156*	0.062*	0.223**	0.212**	1		
7. 回避应对	0.135**	0.049	-0.022	0.085*	-0.118**	0.139**	1	
8. 积极应对	0.299**	0.144*	0.174**	0.340**	-0.074*	0.124**	0.079*	1

注：*表示差异较显著，**表示差异显著。

（四）风险认知与心理紧张度的链式中介效应检验

分析疫情事件时，采纳了李心天等有关心理应激的理论结构，从应激事件出发，经过认知评价和应激反应的双重中介作用，最后产生应激的应对思想[12]。此次以风险信息为自变量，风险认知和心理紧张度为中介变量，应对方式为因变量，采用 Process 统计插件和结构方程模型完成了链式中介效应检验，得到的分析结果如下：

首先发现，以自我保护为因变量，以风险信息中负性信息（患病信息和与自身关系密切信息）为自变量，以风险认知和心理紧张度为链式中介进行分析，结果如表 5 所示，负性信息通过心理紧张度对自我保护的影响达到显著性水平，区间为 [0.0093，0.0306]，不包括 0。整个的路径如图 3 所示，负性信息，如"累计死亡人数"和"您所在单位和住宅区有无患者"等因素，直接引起了民众的紧张情绪，进而促使民众采取自我保护性措施。图 3 显示出负性信息对自我保护产生的作用（0.0969**），而且心理紧张度在其中也能发挥显著的中介作用。

表 5　中介效应检验路径分析（N=2144）

中介变量	Effect	BootSE	BootLLCI	BootULCI
风险认知	-0.0043	0.0047	-0.0136	0.0044
风险认知->心理紧张度	0.0002	0.0002	0.0000	0.0007
心理紧张度	0.0194	0.0054	0.0093	0.0306
总计	0.0151	0.0070	0.0016	0.0291

其次，以风险认知的正性信息（治愈信息和防范措施）为自变量，以防范措施中的自我保护为因变量，风险认知和心理紧张度为链式中介进行分析，从表 6 可以看出，正性信息通过风险认知的中介对自我保护的影响显著，区间为 [0.0002，0.0137]，不包括 0。正性信息通过心理紧张度对自我保护影响显著，区间为 [0.0060，0.0168]，不包括 0。从图 4 的结果可以看出，正性信息（"新增治愈人数"和"病毒传播渠道的封堵措施"）直接引

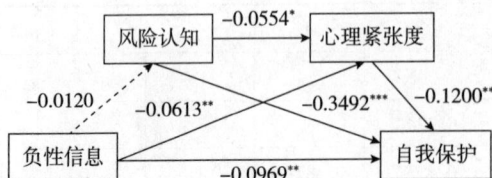

图3 负性信息对自我保护的作用路径

注：＊表示差异较显著，＊＊表示差异显著，＊＊＊表示差异非常显著。

起民众的风险认知，进而促使民众采取了自我保护性措施；同时，正性信息还会直接缓解民众的紧张情绪，使他们采取自我保护性措施。此外，根据李天心等的应激理论模型，可以解释的是，外界的应激源首先缓解了民众的风险认知，通过认知加工改变了民众的情绪体验，使原来的紧张情绪得到了缓解，这样利于促使民众采取自我保护性的应对措施。图4也明确地显示，正性信息会对自我保护产生影响作用（-0.0566^{**}），心理紧张度在其中发挥的中介作用显著。

表6 中介效应检验路径分析（N=2144）

中介变量	Effect	BootSE	BootLLCI	BootULCI
风险认知	0.0067	0.0034	0.0002	0.0137
风险认知->心理紧张度	-0.0002	0.0001	-0.0006	-0.0001
心理紧张度	0.0108	0.0027	0.0060	0.0168
总计	0.0173	0.0043	0.0090	0.0262

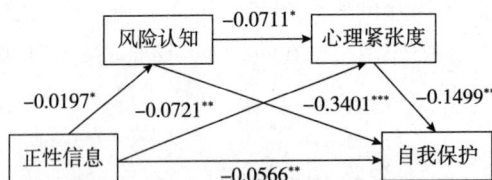

图4 正性信息对自我保护的作用路径

注：＊表示差异较显著，＊＊表示差异显著，＊＊＊表示差异非常显著。

从上述分析结果可知，在负性信息影响方面，与自身关系密切的负性信息直接通过风险认知来影响自我保护行为，中间并不会通过心理紧张度影响它，如"周围如果有人被感染"会引起民众的高度警觉，民众会直接采取自我保护的策略，例如洗手、戴口罩等行为；在正性信息影响方面，治愈等正面信息会通过风险认知、心理紧张度的链式中介来影响自我保护的应对行为，同时，治愈信息也能分别通过风险认知、心理紧张度来直接影响自我保护等应对行为。

三 讨论

（一）风险信息对应对方式的作用机制分析

通过相关分析和中介分析的检验发现，在风险信息中，患病信息和治愈信息能够通过心理紧张度的中介效应影响民众的积极应对方式。在发布发病人数、死亡人数这些易引起个体的高风险知觉内容的负性信息方面，要提供更多信息线索帮助民众理性对待疫情，以便进行科学防范。此外，对于一些正性信息，如治愈人数、新药研制成功等方面，要加大力度宣传。这是因为，从社会心理学角度看，在当前攻坚克难的关键时刻，正面、积极的宣传能让民众看到国家和民族的力量、来自社会各方强大的支持、团队精神的作用，可以有效地鼓舞民众斗志，增强抗击逆境的能力。

（二）过度焦虑、心理恐慌的应对策略分析

本研究结果表明，认知是情绪产生和心态形成的基础，针对目前由于疫情的快速蔓延造成的民众过度焦虑和恐慌的情况，需要对疫情的产生、传播途径和防控方法等进行深入研究，具体地讲，在负性信息方面，那些与自身关系密切、物理空间距离更近的民众（如居住在同一栋居民楼甚至同一层楼），除了要明确地告知病毒传播的途径，使他们掌握搭乘电梯、相互见面时基本的防护方法，避免接触传染之外，更要坚持做好社区门禁的严格管理工作；同时，也要引导大家相信科学、相信社区，认识到只要认真执行社区和医院的防控要求，严格把控，完全可以避免传染，最终战胜病毒[13]。另外，政府发布的治愈人数等信息能够有效地降低民众的风险认知水平，当然，政府采取的防范措施、新药研制成功等信息，也可以明显地增强民众的抗逆力，降低民众的恐慌情绪。

（三）风险信息和风险认知的两次调查结果的对比分析

与2003年课题组的调查结果相比[3][4]，对风险信息对民众的重要性进行分析可知，此次调查中"治愈信息"排在首位，而2003年时勘等人的调查结果则是"与自身关系密切信息"排在首位。另外，民众对于风险信息的风险性认知也发生了积极的变化：算出的风险认知的熟悉性和可控性的中位值（M）为3；在民众的总体感觉上，可控性（M=3.39）和熟悉性（M=3.59）的得分都在3以上，偏向于熟悉和可控这一端；但对于"愈后对身体的影响"和"愈后有无传染性"等问题仍然陌生，民众容易产生害怕的情绪。2003年的"非典"研究中已经发现，当疫情消退之后，"非典"造成的心理创伤仍然没有愈合。目前病毒的来源在科学研究中仍然属于难解之谜，查明真相需要时间，而心理创伤若在半年之内得不到康复，隐患就会埋下，随后再暴发时造成的伤害将更大，有些创伤甚至要延续相当长一段时间[10][11]，因此，在进行后期的心理疏导时，各级部门应为民众提供更多的风险线索信

息，要基于科学依据对疫情产生的影响因素给予民众充分的解释，利于民众的不确定感逐渐消除。

（四）病毒的病源和治愈后的心理影响因素分析

每次疫情都有一个从发生、发展到衰退消亡的过程，此次的新冠肺炎疫情更加复杂和特殊，在全球的新冠肺炎疫情终结之前，绝不可放松警惕，政府和民众都需要做好长期防控的心理准备。政府在进行科学防疫知识普及的过程中，应该实事求是地让民众了解科学发现的长久性和艰辛性。因此，对于"愈后对身体的影响"和"愈后有无传染性"等问题，既要引导民众相信科学、避免盲目悲观，也要正确面对目前全球化的疫情问题，认识到新冠肺炎疫情的完全控制是需要时间的。

（五）"台风眼效应"和民众的认知偏差

针对"台风眼效应"心理现象，政府应及时开展有针对性的宣传工作，告知民众"台风眼效应"的道理，使大家懂得居安思危，避免出现"习以为常"的麻木心理，特别是处于疫情中心区的民众更应提高警惕，不要让疫情反弹有可乘之机。目前，我国抗击新冠肺炎疫情取得了阶段性的胜利，但世界上绝大多数国家正处于抗疫的攻坚战阶段，如果放松警惕，疏于防范，完全可能出现疫情反弹、感染加剧的情况。在此关键时刻，务必高度重视心理"台风眼效应"，特别是社区管理方面仍然要坚持隔离政策和防控措施，身居隔离区的民众要顾全大局、坚持到底。复工复产需返程的人员要和旅途管理人员做好配合，特别是火车、飞机等人群高密集场所，要做好旅途中个人和随行人员的防范工作；此外，远离湖北的新疆、西藏和黑龙江等地区，民众可能出现由于信息的不确定性而导致情绪紧张甚至恐慌的情况，这也需要加大对边远地区民众的宣传力度，在保障安全的前提下走向复工复产的第一线。

四　对策建议

第一，加强新冠肺炎防范的知识和方法的普及，提升民众的科学素养。针对目前由于疫情快速蔓延造成的过度焦虑、恐慌情况，需要对民众进行有关疫情的产生、传播和防控等方面的科学普及教育，政府、社区和咨询机构都要加强正面的疫情认知线索的宣传，以消除人们的不确定感。

第二，关注"台风眼效应"导致的心态变化，防止疫情反弹。要向民众讲述"台风眼效应"的道理，使大家正确认知身居危机的中心地带，务必要避免出现习以为常的麻木心态，避免疫情反弹。此外，对远离疫情中心地带的民众，要加大宣传新冠肺炎疫情的情况，通过情绪疏导的方法，消除民众的恐慌和焦虑情绪。

第三，在复工复产的管理过程中，做好防控和引导工作。为了预防人们在大量返程期间出现的麻木和松懈情绪，在火车、飞机等人群高密集场所和交通要塞，建议政府部门增设疫情宣传监控人员，以提醒和帮助民众做好旅途中个人的防范工作。另外，不能因为强调克服麻木心理就过度管控一些地区，要采取有效安全防范措施，促进各行各业复工复产工作顺利开展。

参考文献

［1］Kahneman, D., Tversky, A. The Simulation Heuristic. In：D. Kahneman, P. Slovic, & A. Tversky eds. Judgment under Uncertainty：Heuristics and Biases New York ［M］. Cambridge University Press, 1982：201-208.

［2］Paul, S. C. Perception of Risk ［J］. Science, 1987（236）：280-285.

［3］时勘，范红霞，贾建民，李文东，宋照礼等. 我国民众对 SARS 信息的风险认知及心理行为 ［J］. 心理学报，2003，35（4）：546-554.

［4］Shi Kan, Lu Jiafang, Fan Hongxia, et al. The Rationality of 17 Cities' Public Perception of SARS and Predictive Model of Psychological Behaviors ［J］. Chinese Science Bulletin, 2003, 48（13）：1297-1303.

［5］Jiafang Lu, Kan Shi. A Profile of Social Support during SARS in China ［J］. International Management Review, 2004, 1（1）：45-51.

［6］郑蕊，时勘，李纾. 民众社会风险认知的影响因素及作用机制 ［C］. 中国社会心理学会 2008 年全国学术大会论文摘要集，2008：10-01.

［7］时勘，江新会，王桢，王筱璐，邹义壮. 震后都江堰市高三学生的心理健康状况及抗逆力研究 ［J］. 管理评论，2008，22（12）：35-42.

［8］时勘. 中科院专家关于应对"富士康员工自杀"和"本田罢工"事件的再建议 ［J］. 中国科学院专报信息，2010，5（127）：1-7.

［9］时勘等. 灾难心理学 ［M］. 北京：科学出版社，2010.

［10］Li, S., Rao, L-L., Bai, X-W., Ren, X-P., Zheng, R., Li, J-Z., Wang, Z-J., & Liu, H. Psychological Typhoon Eye in the 2008 Wenchuan Earthquake ［J］. PLoS ONE, 2009, 4（3）：e4964.

［11］谢佳秋，谢晓非，甘怡群. 汶川地震中的心理台风眼效应 ［J］. 北京大学学报（自然科学版），2011，47（5）：944-952.

［12］李心天，孙哲. 医学心理学入门（第三讲 心理应激、情绪障碍与心身疾患）［J］. 交通医学，1991，5（4）：48-50.

［13］王琛，王旋. 新型冠状病毒感染的流行、医院感染及心理预防 ［J］. 全科护理，2020，1（3）.

Exploring People's Psychological State and Emotional Guidance Strategies to Face the Risk Information of COVID-19

Jiao Songming et al.

Abstract: Objective: To understand the humans' special psychological and behavioral problems in the face of the COVID-19 incident, so as to provide policy recommendations for psychological counseling of the public during the epidemic. Methods: 2144 subjects from various provinces and cities were selected by convenience sampling and interviewed. Results: ①When people assess the risk information, the cure information and the self-related information are in the forefront, and the difference among the four kinds of risk information is not significant. ②Negative information closely related to self directly affects self-protection behavior through risk perception, but not through psychological tension. Positive information such as cure can influence the coping behavior of self-protection through the chain mediation of risk perception and psychological tension, healing information can also directly influence self-protective coping behavior through risk perception and psychological tension (emotion), respectively. ③ "Psychological Typhoon Eye" effect has been found among the people in the epidemic area. Paralysis should be avoided to prevent the outbreak from rebounding. Conclusion: Risk information and psychological stress are important variables that affect people's coping style, and also the basis of emotional guidance.

Key words: COVID-19; risk perception; psychological tension; Psychological Typhoon Eye effect; strategies of emotional guidance

西部医务人员工作压力及其对工作投入的影响：
以六盘水市为例*

周兴高　李　琼　曾　敏　韦安枝　左正敏　邵　军　万　金　时　勘

【编者按】 永远不能忘记 2017 年 12 月 27 日这一天，我在心理学一个群里看到时勘老师发的一个课件 "健康型城区建设的社会管理模式"。当时，我被老师的研究深深地吸引，尤其是子课题 "医务人员的抗逆力模型及其组织与员工促进研究"。我抱着试一试的忐忑心情，给时老师发去加入微信朋友的请求，真没想到，时老师欣然同意了我的请求，当时，恰逢我们正在申报 2018 年的课题，时老师立即派在华东交通大学工作的万金博士对我们进行指导，2019 年 1 月 11 日，我们的课题 "六盘水市医护人员抗逆力结构及促进计划" 作为社会攻关项目正式获批。2019 年 7 月，时老师率领团队来六盘水进行了调研，同期还举办了 "六盘水市医护人员心理健康促进专题论坛"，并被批准在首钢水钢总医院成立了 "国家社科基金重大项目联合示范基地"。为了深入开展课题工作，2020 年 8 月老师亲自带领课题组深入农村进行贫困人员的调研，贵州的农村条件非常艰苦，加上天气闷热，老师却和大家一道，身先士卒向农户们宣传、讲解党中央乡村振兴战略的新政策，每家每户的走访，对困难人员亲切问候，鼓励老百姓坚定信心，从困境中摆脱出来。在调研中与课题组成员同甘共苦，饿了跟着我们一道吃盒饭；累了，就用几张硬板凳搭起随便躺一会儿。至今，和老师相处的这些经历时时浮现在眼前。2021 年 1 月，为了课题 "贵州省六盘水市社会心理服务体系建设研究" 能够早日完成，老师又不畏严寒和疫情风险，再次带领团队来到六盘水进行了开题论证会，使我们能更清晰地找准方向开展工作。老师对大家既严厉又疼爱，督促我们要保持创造性张力，工作应积极主动，很多感动的事举不胜举。特别值得提出的是，在时老师的具体指导下，我们将汇报成果撰写了学术论文《六盘水市医务人员工作压力及其对工作投入的影响》，发表在《中国健康心理学杂志》2020 年第 28 卷第 6 期上。后来，水钢总医院被授予 "全国先进示范基地"，六盘水市成为全国社会心理服务体系建设中贵州省唯一的试点城市。总之，和时老师相处的这三年里，我的收获与进步是巨大的，我从一个普通的心理咨询师成长为六盘水市心理危机干预跨部门专家组成员，并且目前成为亚洲组织与员工促进协会贵州工作站主任，在新冠肺炎疫情猖獗期间，还承担了六盘水市疫情防控心理危机工作组的工作，出色完成各项工作。感恩老师一路的指引，我将继续努力，不辜负老师的期望，做一名优秀的心理学工作者。(李琼，首钢水钢总医院心理门诊主任　主任护师)

摘　要： 目的：探讨我国西部地区医务人员工作压力源、压力水平及其对工作投入的影响。方法：采用访谈和问卷调查法在六盘水市 23 家医院收集数据，采用质性编码、多元方差分析和

---

　*　基金项目：国家社会科学基金重大项目基金（13&ZD155）；江西省社科规划项目（17JY15）、江西省教育厅高校人文项目（JC18205）、六盘水市科学技术技局社会攻关计划项目（20180401）。

层级回归分析进行数据分析。结果：①西部地区医务人员工作压力源包括政策与舆论、工作负荷、单位管理、单位关系、医患关系、工作不可控性、发展阻碍和生活影响；②其整体压力处于中度水平（x=3.50），工作压力主要来自工作负荷（x=3.81）和工作不可控性（x=3.70），而单位人际关系（x=2.94）、单位管理（x=3.29）和医患关系（x=3.39）压力较小；③二、三级医院医务人员各维度的工作压力水平没有差异（p>0.05），但均高于社区乡镇医院（p<0.05）；民营医院的单位管理与单位人际关系压力最低（p<0.05），其他压力介于二、三级与社区乡镇医院之间（p<0.05）；④药技与设备人员压力低于医生、护士及管理人员（p<0.05）；⑤西部地区医务人员工作投入处于中度水平（x=3.63）；⑥政策与舆论、工作负荷和工作不可控性压力可促进工作投入（β分别为0.16、0.20和0.09），单位人际关系有负向影响（β=-0.10）。结论：西部地区医务人员工作压力源与东部地区具有一致性；工作压力和工作投入处于中度水平；二、三级医院、医生和护士的工作压力更高；工作负荷对工作投入有积极影响，单位人际关系有负向影响。

关键词：医务人员；工作压力；工作投入；西部地区；压力管理

由于工作负荷重、强度高、工作中过度接触伤痛和死亡等因素，我国医务人员压力水平较高[1]，易引起工作倦怠[2]。习总书记指出要提升医务人员待遇、发展空间和社会地位，关爱其身心健康，调动其积极性，提高服务质量。提升医务人员心理健康和工作状态，是优化健康服务战略任务的当务之急。

提升医务人员心理健康和工作状态，需先了解现阶段我国医务人员的工作压力与心理健康现状。2015年天津某大型三甲医院的调查显示，医务人员压力较大，但具有岗位差异，医生和护士的工作压力更大，药技、设备和管理人员压力相对较小；其主要工作压力为外部环境、工作负荷和组织管理[1]。2016年针对上海市10家三甲医院的调查发现，将近80%的医生存在中重度情感衰竭和工作倦怠，且专科医院的医务人员工作倦怠显著高于综合性医院医务人员；其主要工作压力源依次为外部环境、工作负荷和职业发展[3]。2015年，对济南4家三甲医院的护士调查发现，护士的工作压力处于较高水平，主要工作压力源由高到低分别为工作量及时间分配、护理专业及工作、工作环境及资源、病人护理、管理及人际关系[4]。

然而，由于不同地区社会经济文化发展差异，医务人员工作压力源与工作压力水平可能存在差异。针对西部地区医务人员工作压力源及工作压力水平的研究较少，导致对西部地区医务人员现阶段的工作压力特点认知不足，难以为该地区医务人员压力管理提供针对性建议。

其次，心理学研究指出，工作压力源并不必然对个体产生负面影响，有些工作压力源会促使个体积极应对，从而表现出更好的状态与绩效，这类工作压力源被称为挑战性压力源[5-6]。组织压力管理时应适度加大员工的挑战性压力，降低其阻碍性压力。因此，揭示不同工作压力源对其工作状态的影响，区分医务人员挑战性和阻碍性压力源具有重要的实践意义。

以往研究多关注工作压力对医务人员工作倦怠的影响[2]，但随着积极心理学的兴起，研究者越来越关注员工的工作投入等积极状态。工作投入是指个体有充沛精力和良好心理韧性，全身心投入工作，自愿为工作付出努力而不易疲倦，勇于接受工作挑战的状态[7-8]。高工作投入者具有更积极的态度与行为[9]，如高工作投入的医护人员离职意向较低[10]。因此，研究医务人员的工作投入水平及不同工作压力源对工作投入的影响具有重要意义。

研究发现，我国护士工作投入处于中度水平[4]，医护合作水平[11]、职业获益感[11-12]与护士的工作投入呈正相关。以往对其他职业人员的研究发现，工作负荷等挑战性压力，对个体工作投入有正向作用[13-14]。但一项针对济南市 4 家三甲医院护士的研究发现，工作量及时间分配对护士工作投入具有负向影响[4]，这与国内其他职业的研究结论相矛盾。而关于不同工作压力源对我国医务人员工作投入的影响研究较少，无法说明这种影响差异在医务人员中具有普遍代表性还是具有地域差异，及其他工作压力源对医务人员工作投入的影响是否与一般职业的研究结论一致。

基于目前研究存在的不足，本研究将首先考察我国西部地区医务人员的工作压力源与工作压力水平，将其与中、东部地区医务人员工作压力源及工作压力水平相比较，揭示该地区医务人员的工作压力特点。其次，在西部地区内部，比较二、三级与民营和乡镇卫生院不同等级医院医务人员，及医生、护士、药技设备和管理不同序列医务人员的工作压力源及工作压力水平。最后，考察西部地区医务人员的工作投入水平，并比较不同工作压力源对其工作投入的影响，揭示影响其工作投入的关键性、挑战性和阻碍性压力源，为西部地区医务人员压力管理和工作投入促进提供针对性建议。

一　对象与方法

（一）研究对象

取样为多阶段抽样，首先，将六盘水市医院分为三级、二级、民营、乡镇卫生院四类，每类医院按照方便原则抽样，抽取 6 家三级医院、7 家二级医院、6 家民营医院和 4 家乡镇卫生院。其次，在各医院内再按医生、护士、药技和管理人员分为 4 类，然后在各科室内方便抽样。调查分三个阶段。首先为结构化访谈，共访谈 144 人，其中三级医院 58 人，二级医院 52 人，乡镇医院 8 人，民营医院 26 人。由受培训的专门访谈人员，前往各医院进行。其次为开放式问卷调查，发放开放式问卷 778 份，收回有效问卷 719 份，其中三级医院 391份，二级医院 211 份，乡镇医院 29 份，民营医院 88 份。第三阶段问卷调查共发放 2145 份，回收 2031 份，有效问卷 1406 份。两次问卷调查均由调研人员前往各医院发放与回收纸质问卷。有效问卷的被试中，男性 437 人，女性 951 人，平均年龄 32.72 岁。医生 418 人，占29.7%，护士 612 人，占 43.5%，药技与设备 128 人，占 9.1%，管理人员 97 人，占 6.9%。个别被试人口统计学变量未填写。

（二）调查工具

访谈和第二阶段的开放式问卷调查均只有一个问题，即"工作中哪些因素常让你感到有压力？"第三阶段的问卷调查内容包括性别、年龄、受教育程度、婚姻、职位、职称、工作年限等人口统计学变量及工作压力和工作投入量表。

工作压力量表为根据访谈和开放式问卷调查结果，经过专家小组讨论，自行开发，共 8个维度，28 个题项。采用李克特 5 点计分，1~5 分别代表"非常不同意"至"非常同意"。

本研究中 Cronbach's α 系数为 0.94，探索性因子分析显示 KMO 值为 0.95。

工作投入采用 Saks（2006）开发的量表[9]，测量整体工作投入水平，5 个题项，不分维度。采用李克特 5 点计分，1~5 分别代表"非常不同意"至"非常同意"。本研究中 Cronbach's α 系数为 0.57，但第 5 题为反向题，将其删除后信度系数为 0.70。本研究保留前 4 个题项。

（三）统计方法

首先，两名研究者共同将访谈和开放式问卷结果编码，合并相似题项，删除较低频次题项，修改语义不清的题项，然后三名研究者背对背将各题项归类，对三人归类均不一致的题项，由三人讨论后重新归类，采取少数服从多数原则，确定其类别。其次，对医务人员各工作压力源进行描述性统计，并采用单因素多元方差比较不同类型医院和不同岗位序列间的工作压力水平差异。最后，对医务人员工作压力与工作投入采用 pearson 相关分析和层级回归分析，比较不同工作压力源对工作投入的影响。

二 结果

（一）医务人员工作压力源

研究发现，医务人员工作压力源有政策与舆论、工作负荷、单位管理、单位关系、医患关系、工作不可控性、发展阻碍和生活影响 8 个维度。工作压力平均分为 3.50 分。如表 1 所示，工作压力得分从高到低依次为：工作负荷 3.81 分、生活影响 3.70 分、工作不可控性 3.66 分、发展阻碍 3.61 分、政策与舆论 3.59 分、医患关系 3.39 分、单位管理 3.29 分、单位人际关系 2.94 分。

表 1　医务人员工作压力源、测量题项及描述统计

工作压力源	测量题项	x	s
政策与舆论	国家相关政策不完善	3.59	0.79
	社会民众不理解		
	媒体的不实负面报道		
工作负荷	工作量大	3.81	0.79
	工作时间长		
	工作节奏快		
	工作要求高		
	专业知识、技术更新快		

续表

工作压力源	测量题项	x	s
单位管理	管理不够人性化，约束太多	3.29	0.90
	晋升、薪酬制度不合理		
	部门、科室间责任划分不当		
	领导对下属的工作安排不当		
单位人际关系	部门、科室间配合度差	2.94	0.95
	同事、上下级不信任，沟通不畅		
	领导严厉、苛责，不理解下属		
医患关系	患者及其家属患者不信任我们	3.39	0.85
	患者及其家属不理解、沟通不畅		
	患者及其家属期望过高		
工作不可控性	一旦工作失误，后果很严重	3.66	0.79
	有些病情复杂、难以确诊，变化快		
	无力解决的事情和突发情况多		
发展阻碍	检查、会议、考试与文字性材料多	3.61	0.85
	配套设施、人手不够		
	学习机会少，专业提升困难		
生活影响	没有时间陪家人	3.70	0.87
	夜班导致生活不规律		
	身体处于亚健康状态		
	收入低		

（二）医务人员工作压力水平比较

采用SPSS22.0进行单因素多元方差分析，比较不同类型医院医务人员的工作压力水平，发现不同医院在工作压力的8个维度均有显著差异。使用Tukey HSD法进行单因子方差分析续后分析发现：除三级医院医务人员的生活影响压力高于二级医院（p=0.042）外，其他7个维度两者均没有显著差异；除单位人际关系压力没有显著差异外，二、三级医院医务人员其他7个维度压力得分均高于社区乡镇医院；民营医院的单位管理与单位人际关系压力显著低于其他医院，政策与舆论、工作负荷、工作不可控性压力介于二三级医院与社区乡镇医院之间，医患关系、发展阻碍和生活影响压力与社区乡镇医院没有差异，但低于二三级医院（见表2）。

表 2　不同类型医院医务人员工作压力均值比较（n=1406）

	政策与舆论	工作负荷	单位管理制度	单位人际关系	医患关系	工作不可控性	发展阻碍	生活影响
三级医院	3.64	3.86	3.35	3.01	3.45	3.68	3.69	3.79
二级医院	3.56	3.82	3.33	2.98	3.36	3.68	3.64	3.75
社区乡镇	2.89	3.19	3.08	2.82	2.97	3.03	3.13	3.48
民营医院	3.45	3.58	2.65	2.31	3.00	3.60	3.01	3.55

　　采用 SPSS 进行单因素多元方差分析，比较不同岗位序列医务人员的工作压力水平，发现不同岗位序列医务人员在政策与舆论（p=0.00）、工作负荷（p=0.00）、工作不可控性（p=0.00）、发展阻碍（p=0.06）和生活影响（p=0.00）5个维度存在显著差异。使用 Tukey HSD 法进行单因子方差分析的续后分析发现：存在差异的5个维度，药技与设备人员压力水平均低于其他三类人员；除管理人员生活影响压力低于医生和护士外，其他维度三类人员压力水平没有显著差异（见表3）。

表 3　不同岗位序列医务人员工作压力均值比较（n=1406）

	政策与舆论	工作负荷	单位管理制度	单位人际关系	医患关系	工作不可控性	发展阻碍	生活影响
护士	3.87	3.28	2.94	3.40	3.71	3.65	3.79	3.87
医生	3.87	3.31	2.98	3.41	3.70	3.64	3.75	3.87
药技设备	3.51	3.34	3.04	3.29	3.40	3.48	3.48	3.51
管理	3.77	3.28	2.98	3.39	3.60	3.66	3.55	3.77

（三）医务人员工作压力对其工作投入影响

　　医务人员工作投入得分为3.63分。将医务人员各工作压力维度与工作投入进行 pearson 偏相关分析，结果如表4所示，单位管理、医患关系、发展阻碍和生活影响与医务人员工作投入没有显著相关性，政策与舆论、工作负荷和工作不可控性与工作投入显著正相关，单位人际关系与工作投入显著负相关。

表 4　医务人员工作压力与工作投入相关分析

	政策与舆论	工作负荷	单位管理	单位人际关系	医患关系	工作不可控性	发展阻碍	生活影响
工作投入	0.13***	0.14***	-0.04	-0.07*	-0.04	0.07*	0.03	0.04
	0.00	0.00	0.13	0.02	0.19	0.01	0.30	0.18

　　注：n=1406，* 表示 $p<0.05$，** 表示 $p<0.01$，*** 表示 $p<0.001$，双侧检验。

　　将工作投入作为因变量，人口统计学变量和8个工作压力源为自变量建立回归模型，人口统计学变量放入回归模型第一层，工作压力源放入第二层。如表5所示，控制人口统计学变量后，政策与舆论、工作负荷和工作不可控性对医务人员工作投入有显著正向影响，单位人际关系有显著负向影响，工作压力其他维度未有显著影响。

表5　医务人员工作压力对工作投入的层级回归分析

	M1		M2	
	β	p	β	p
性别	−0.07	0.03	−0.03	0.27
年龄	−0.09	0.14	−0.02	0.74
婚姻	−0.03	0.32	−0.04	0.20
学历	−0.07	0.01	−0.10	0.00
岗位	−0.03	0.41	0.02	0.54
单位	0.05	0.38	−0.01	0.88
工作年限	0.23	0.00	0.11	0.04
医院类型	−0.10	0.11	−0.05	0.43
政策与舆论			0.16	0.00
工作负荷			0.20	0.00
单位管理			−0.07	0.13
单位人际关系			−0.10	0.02
医患关系			−0.05	0.19
工作不可控性			0.09	0.01
发展阻碍			0.04	0.30
生活影响			0.05	0.18
F 值	6.64		25.96	
R^2	0.042		0.182	
调整后 R^2	0.036		0.172	

　　注：n=1406，＊表示 $p<0.05$，＊＊表示 $p<0.01$，＊＊＊表示 $p<0.001$，双侧检验。

三　讨论

（一）医务人员工作压力源及水平

　　首先，本研究中，西部地区医护人员的工作压力源包括政策与舆论、工作负荷、单位管理、单位关系、医患关系、工作不可控性、发展阻碍和生活影响8个维度。这一结果与在天津某三甲医院的研究结果高度一致，其压力包括外部环境（政策与舆论）、工作负荷、组织管理、人际关系、医患关系、发展前景、职业兴趣和角色冲突 8 个来源[1]，同时与上海三甲医院的结果也比较一致[3]，说明我国中西部地区医务人员工作压力源具有相似性。

其次，本研究发现西部地区医务人员整体压力处于中度水平，稍低于上海、天津和济南等东部地区。工作压力主要来自工作负荷，表现为工作量大、要求高、节奏快，其次是生活影响，如加班影响家庭、影响身体，再次为工作不可控压力，如有些病情复杂、变化快；而单位人际关系、单位管理和医患关系的压力较小。这说明该地区医院管理水平和内部人际关系较好，患者及其家属对医护人员态度较好。而且这一结果与在上海和济南三甲医院的研究结论具有一致性[3,4]，如济南三甲医院医务人员最大工作压力来自工作量及时间，管理及人际关系方面的压力最低[4]，此外该研究再次说明医患关系并非医务人员的主要工作压力来源。天津、上海东部地区医务人员的首要工作压力源为外部环境[1,3]，但本研究发现西部地区医务人员对这一工作压力感知相对较低。

（二）医务人员工作压力水平比较

首先，以往研究较少系统比较不同医院医务人员工作压力情况，本研究发现，二、三级医院医务人员的工作压力没有显著差异，但均显著高于社区乡镇医院；民营医院政策单位管理与单位人际关系压力最低，其他方面介于二、三级与社区乡镇医院之间。

其次，管理人员除生活影响压力低于医生和护士外，其他维度与医生、护士没有显著差异。药技与设备人员政策与舆论、工作负荷、工作不可控性、发展阻碍和生活影响压力均低于医生和护士。这与在天津某三甲医院的研究结果具有一致性，该研究也发现医护人员工作压力高于技术和管理人员；其中，护士工作压力最高，医技人员工作压力最低[1]。基于中东西 5 省 10 家三级医院的研究同样发现，相对于药技与设备人员，医生和护士过劳问题更严重[15]。本研究再次为此结论提供了数据支持。

最后，本研究结果说明针对不同医院、不同岗位序列的医务人员需要采取差异化的压力管理措施，如防止二、三级医院医务人员压力进一步增高，而社区乡镇医院则需要进一步激发活力。

（三）医务人员工作压力对工作投入的影响

首先，本研究中医务人员的工作投入得分为 3.63 分，属于中度水平，与国内相关研究结果一致[4,12]，低于欧美国家得分[16]。医院可通过降低工作要求的能量侵蚀、提升工作资源的能量补充作用激活医务人员的工作投入。

其次，本研究发现，政策与舆论、工作负荷和工作不可控性对医务人员工作投入有显著正向影响，单位人际关系对工作投入有显著负向影响。第一，政策与舆论方面的压力对医务人员工作投入有一定的促进作用。其中的解释可能是感知舆论和社会压力大的医务人员在工作中会更加专注、奉献和充满活力，以弱化社会上存在的偏见。第二，工作负荷和工作不可控性具有显著正向影响，单位人际关系有负向影响，这与国内外相关研究结果具有一致性。

如 Cavanaugh 等（2000）[5]、Rodell 和 Judge（2009）[6]指出，工作负荷、时间紧迫性、工作职责与工作复杂性等属于挑战性压力，会促使个体积极应对，对工作投入有正向的预测作用，而组织政治等人际因素的阻碍性压力则对工作投入有负向影响[13-14]。特别是，本研究支持工作负荷对工作投入具有正向影响，这一在其他职业普遍存在的规律在西部医务人员中同样成立，这与针对济南市三甲医院护士的研究结果相反[4]。

最后，需要防止医务人员政策与舆论、工作负荷和工作不可控性压力的进一步提高。目前，医务人员的这些压力对其工作投入具有正向作用，但根据耶基斯—多德森定律，如果越过拐点，工作压力则可能对其工作投入造成严重负面影响。因此，第一，需要政府、社会和媒体共同努力，改善政策与舆论环境；第二，随着工作量加大、工作节奏加快，医院应从工作设计、流程优化和能力培训等方面帮助员工降低工作负荷的潜在负面影响；第三，单位人际关系对工作投入有显著负向影响，但目前西部医务人员此方面压力较低。医院应加强文化建设，维持现有的良好人际关系氛围。

综上所述，当前我国西部地区医务人员工作压力和工作投入均属于中度水平，其中二、三级医院医务人员工作压力相对较高，医生和护士压力相对较高，而工作负荷等对医务人员工作投入有积极影响，单位人际关系则具有负向影响。管理者在继续维持和谐的单位人际关系外，可适度提高药技设备、社区和乡镇医院医务人员的工作负荷，促进其工作投入水平。由于时间和经费限制，本研究仅调查了六盘水市的 23 家医院，一定程度上影响研究结果的外部效度。此外，本研究为单时点数据调查，后续应该开展纵向研究。

（致谢：六盘水市妇幼保健院、贵州水矿控股集团有限责任公司总医院等 23 家医疗单位在数据取样中给予支持，在此一并感谢。）

参考文献

[1] 王志勇，陈禹，徐明静. 天津市某医院职工压力现状及应对研究 [J]. 中华医院管理杂志，2016，32（9）：688-691.

[2] 何晶晶. 组织支持对护士工作压力和工作倦怠的影响分析 [J]. 中华医院管理杂志，2013，29（4）：308-309.

[3] 华山医院工会：《上海市三甲医院临床医务人员职业压力与倦怠状况及心理健康援助对策研究》，2016，http：//www. shanghai. gov. cn/nw2/nw2314/nw2315/nw5827/u21aw1121213. html.

[4] 刘聪聪. 三级甲等医院护士工作投入现状及影响因素研究 [D]. 山东大学，2015.

[5] Cavanaugh, M. A., Boswell, W. R., Roehling, M. V., et al. An Empirical Examination of Self-reported Work Stress among U. S. Managers [J]. Journal of Applied Psychology, 2000, 85 (1)：65-74.

[6] Rodell, J. B., Judge, T. A. Can "Good" Stressors Spark "Bad" Behaviors? The Mediating Role of Emotions in Links of Challenge and Hindrance Stressors with Citizenship and Counterproductive Behaviors [J]. Journal of Applied Psychology, 2009, 94 (6)：1438-51.

[7] Schaufeli, W. B., Salanova, M., González-Romá, V., et al. The Measurement of Engagement and Burnout：A Two Sample Confirmatory Factor Analytic Approach [J]. Journal of Happiness Studies, 2002, 3 (1)：71-92.

[8] 李锐，凌文辁. 工作投入研究的现状 [J]. 心理科学进展，2007，15（2）：366-372.

[9] Saks, A. M. Antecedents and Consequences of Employee Engagement [J]. Journal of Managerial Psychology, 2006, 21 (7)：600-619.

[10] 宋信强, 徐顽强, 王昶. 人-组织匹配度对医护人员离职倾向影响: 以珠三角 9 所公立医院为例 [J]. 中华医院管理杂志, 2019, 35 (6): 490-493.

[11] 任春艳, 马晓雯, 谢红. 医护合作关系对护士工作投入影响的研究 [J]. 中国护理管理, 2016, 16 (6): 754-758.

[12] 王明雪, 孙运波, 邢金燕, 等. ICU 护士医护合作水平、职业获益感与工作投入的相关性研究 [J]. 中国护理管理, 2017 (9): 1186-1189.

[13] 吴国强, 郭亚宁, 黄杰, 等. 挑战性-阻碍性压力源对工作投入和工作倦怠的影响: 应对策略的中介作用 [J]. 心理与行为研究, 2017 (6): 853-859.

[14] 张文勤, 汪冬冬. 挑战—抑制性压力对工作投入与反生产力行为的影响——领导方式的调节作用 [J]. 软科学, 2017 (11): 79-82.

[15] 王黔艳, 唐昌敏. 三级医院医务人员过劳状态及其影响分析 [J]. 中国医院管理, 2018, 38 (10): 71-73.

[16] Simpson, M. R. Predictors of Work Engagement among Medical-surgical Registered Nurses [J]. Western Journal of Nursing Research, 2009, 31 (1): 44-65.

Job Stressors of Western Region Medical Staff and the Effects of Job Engagement:

A Study of Liupanshui Hospitals

Zhou Xinggao   Li Qiong   Zeng Min   Wei Anzhi

Zuo Zhengming   Shaojun   Wan Jin   Shi Kan

Abstract: Objective: To explore job stressors and stress levels of medical staff in western China and the impacts on job engagement. Methods: Data were collected from 23 hospitals in Liupanshui by interviews and questionnaires, and analyzed by qualitative coding, one-way multivariate analysis of variance and hierarchical regression. Results: ①The job stressors of medical staff in western China include policy and public opinion, workload, organization management, organization interpersonal relationship, doctor-patient relationship, job uncontrollability, development obstacles and life impact; ②The overall stress level of medical staff in western China is middle relatively (x = 3. 50), and the main job stressors are workload (x = 3. 81) and job uncontrollability (x = 3. 70), while the level of organization management (x = 2. 94), organization interpersonal relationship (x = 3. 29) and doctor-patient relationship (x = 3. 39) are low relatively; ③There is no difference in job stress level between second and third grade hospitals medical staff (p>0. 05), but both are significantly higher than community and township hospitals (p<0. 05); While organization management, organization interpersonal relationship stress levels of private hospital medical staff are the lowest (p<0. 05), and their stressors levels are between second and third and community township hospitals medical staff (p<0. 05); ④The stress level of pharmaceutical technicians is lowest (p<0. 05); ⑤The level of job engagement of medical staff in western china is middle relatively（x = 3. 63）; ⑥Policy and public opinion, workload and job uncontrollability can promote job engagement（β are 0. 16, 0. 20 and 0. 09）, while organization interpersonal relationship has negative impact（β = −0. 10）on it. Conclusion: Both stress and job engagement levels of medical staff in western China are middle relatively. The job stress of the second and third grade hospitals medical staff are higher than medical staff of community and township hospitals. doctors and nurses are higher than pharmaceutical technicians and management staff. Workload has positive impact on medical staff's job engagement, while organization interpersonal relationship has negative impact.

Key words: medical staff; job stress; job engagement; western China

应急救援医护人员心理摆脱的影响因素及其作用机制研究

时　勘　周海明　陆倩倩　蔺泉红　王金凤　薛二芹

【编者按】2010 年 9 月，在刚读应用心理学专业时，老师就给我们介绍了很多目前国内心理学界的领军人物，尤其重点介绍了时勘教授。随后我详细查询了时老师的相关专业背景，对老师可以说是越了解，就越崇拜。2018 年 9 月，我报考了中国科学院的 MBA 专业。开学之后，我就怀着战战兢兢又无比激动的心情和时老师取得了联系。经过时老师的亲自面试筛选后，我被时老师录取，成功进入时勘教授博士课题组，现在依然清晰地记得我当时激动且欣喜的心情，因为我非常渴望能跟时老师学习，盼了很久，也付出了很多努力，终于实现了，所以倍感珍惜。在求学期间，我主要是参与了时老师和周海明老师在山东组织的有关医务工作者心理摆脱的影响因素及其作用机制的研究。我们随机抽取了 1000 多名医务工作者进行问卷调查，重点研究了苛严型领导、情绪衰竭和抗逆力对医护人员心理摆脱的影响和作用机制，并为医务人员从工作中的心理摆脱提供了有针对性并且切实可行的指导意见。此项研究不仅在论文答辩时被评为优秀论文，还发表在了期刊中。在中华人民共和国成立 70 周年之际，在时老师的组织下，我又参与了国家社会科学基金重大项目"中华民族伟大复兴的社会心理促进机制研究结项汇报会"的筹备工作。当时虽然时间紧、任务重，可是在时老师的指导和把关下，我们有条不紊地开展了准备工作，最终会议取得了圆满成功。同期和我一起进入时老师课题组的共有 5 名 MBA 学生，我们 MBA 的研究方向不仅要有学术要求，还要有很强的实践性和可行性。所以相比较而言，时老师为我们 5 人付出了更多的时间和心血。最终我们 5 名同学的毕业论文中有两人得优、三人得良，论文选题和完成质量在 MBA 同学中遥遥领先。尤为感动的是，每次我们向时老师请教问题，无论多晚，老师都会很快给出指导意见，经常夜深时分，时老师依旧在给大家耐心指导。正是有了时老师的言传身教，课题组的研究生们受到了很大的感召，不知不觉中也都会提高对自己的要求，彼此相互帮助、相互支持，一起积极地投身于科研工作中。有生之年，得遇良师如斯，幸甚！（陆倩倩，中国科学院管理学院 2018 级 MBA 研究生，现在北京某咨询公司工作）

　　摘　要：目的：利用有中介的调节效应探讨辱虐型领导、抗逆力和情感耗竭对应急救援医护人员心理摆脱的影响。方法：用中文版的辱虐型领导问卷、抗逆力量表、工作倦怠中的情感耗竭分量表和心理摆脱问卷，随机抽取 1010 名应急救援医护人员进行问卷调查，运用有中介的调节效应等方法进行数据分析。结果：辱虐型领导、抗逆力和情感耗竭对心理摆脱均有预测性，辱虐型领导通过情感耗竭的中介间接影响心理摆脱，抗逆力在辱虐型领导经过情感耗竭影响心理摆脱的路径中发挥了调节作用。结论：辱虐型领导对心理摆脱的影响是有中介的调节作用，辱虐型领导和情感耗竭是医务工作者心理摆脱的重要影响因素。

　　关键词：辱虐型领导；有中介的调节；情感耗竭；抗逆力；心理摆脱

应急救援医务人员作为特殊的工作群体，在工作期间不仅面临普通工作人员所面临的压力，同时还因为职业的特殊性，会面临重大自然灾害而导致死亡等带来的严重的心理冲击，因此这一职业的工作要求更高、压力更大。他们所在的工作场所，表现出时间紧迫，在短时间内迅速集结；另外，任务繁重，灾害后大量伤员需要救治，救治工作强度高，甚至超负荷运转；同时，还表现出工作条件艰苦，环境危险，使应急救援医护人员面临较高的应激状态。如果长期面临这些工作压力而不能及时地进行身心状态的调整，可能会出现身心健康的隐患，导致工作热情降低或者出现严重的身心健康疾病，如恐惧、焦虑、无助和挫败感等[1]。国内谢明等探讨了地震后应急救援医护人员的心理健康状况，研究发现，面对地震后的现场惨状，医护人员会遭受到"次生灾害心理"，他们在心理健康的躯体化和焦虑评分上显著高于中国常模[2]。这就告诉我们，应急救援医护人员的心理健康问题非常值得理论界和实践领域的充分关注。而在压力缓解领域，适度地从工作中摆脱，能够缓解压力对身心健康的影响，并且有研究发现，较高水平的心理摆脱可以推动工作家庭促进[3]，以及提升个体的生活满意度和幸福感等[4-5]。因此，研究应急救援医护人员的心理摆脱，并且分析其中的影响因素和作用机制，将有重要的理论意义和实践价值。

工作场所当中的辱虐管理是指个体所感知到的管理者持续表现出的怀有敌意的言语和非言语行为，其中不包括身体接触行为[6]。国内刘斌等指出，辱虐管理会对下属产生不同的影响，当下属将领导者的辱虐管理视为来自外部的威胁，会给下属带来诸如身体健康损害、工作激情降低和工作绩效下降等[7]。如果长期处于这种威胁中，根据工作要求—资源模型，下属会因为长期地应对这种工作要求，而导致心身资源的不断损耗，进而导致产生诸如情感耗竭等工作倦怠行为[8]。而面临情感耗竭的员工，在工作当中的工作活力降低，工作效率不足，在规定的工作时间内较少能够完成工作任务，势必会导致工作和非工作的边界被打破，因此，在下班后将工作带回家就成为他们的工作常态。Sonnentag 将个体在非工作时间从工作中的事务中解脱出来，不再被工作相关事务干扰并停止对其思考的现象称作"从工作中的心理摆脱"（psychological detachment from work）[9]。心理摆脱是工作恢复的一种重要策略，在经历一天的工作后，能够从工作中解脱出来，有利于身心资源的恢复，为接下来的工作提供资源支持。在工作中，当遭受辱虐型管理后，下属将之视为一种威胁和压力，长期的资源损耗导致情感耗竭状态时，势必会降低下属的工作效率，进而心理摆脱的水平也会降低。有研究发现，持续的资源损耗而不能随着时间推移从工作中摆脱会带来很多负面效应[5]。因此，基于以上的分析，我们假定辱虐型领导通过情感耗竭影响心理摆脱，情感耗竭在辱虐型管理和心理摆脱间发挥了中介作用。

抗逆力也被翻译为"复原力"或者"心理韧性"等，是指个体面对重大压力时的适应能力和反弹能力[10]。Sonn[11]等指出，抗逆力是人们如何克服压力或危机情境的关键焦点，那些高抗逆力的个体能够更好地应对压力源，确保个体更好地维持自身功能。辱虐型领导作为一种压力源，会被下属所感知并且影响到情感状态，而相对于那些高抗逆力个体的下属来讲，他们由于自身较好的心理韧性水平，能够缓冲辱虐领导对自身情绪的不良影响，而那些低抗逆力的个体则更易受到辱虐型领导的影响，进而对自身的情绪资源造成破坏。同时，高低抗逆力水平下，辱虐型领导通过情感耗竭对心理摆脱的水平会出现较大的差异，高抗逆力的个体更能缓冲辱虐型领导通过情感耗竭对心理摆脱的影响。因此，基于以上的分析，我们假设，抗逆力在辱虐型领导通过情感耗竭到心理摆脱这一路径中发挥了有中介的调节效应。

因此，本研究期望通过探讨应急救援医护人员心理摆脱的影响因素及其作用机制，重点探讨辱虐型领导、情感耗竭和抗逆力对心理摆脱的影响（研究框架见图1），期望通过该研究为应急救援管理领域进行压力管理，更好地平衡好工作与非工作的关系提供理论基础和实践指导。

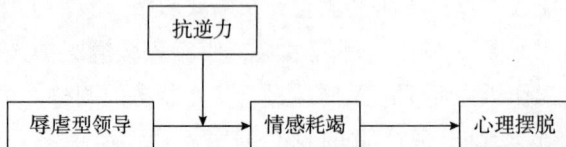

图1　研究框架

一　对象与方法

（一）对象

采取整群抽样的方法，以济南市三家医院作为调查的被试来源。共收取问卷1010份。其中在性别变量上，男性160人，占比15.8%，女性850人，占比84.2%；在年龄变量上，25岁以下137人，占比13.7%；25~35岁324人，占比32.1%；35~45岁345人，45岁以上203人，占比20.1%；在婚姻变量上，未婚258人，占比25.5%，已婚740人，占比73.3%，离异或丧偶12人，占比1.2%；在学历变量上，初中及以下2人，占比0.2%，高中/中专19人，占比1.9%，大专158人，占比15.6%，本科671人，占比66.4%，硕士及以上160人，占比15.8%；在职位变量上，普通员工885人，占比87.6%，基层管理者50人，占比5.0%，中层管理者75人，占比7.4%；在工作时间变量上，工作时间的区间估计为9.77±9.11。

（二）调查工具

1. 心理摆脱问卷。采用Sonnentag[12]编制的恢复经历问卷中的心理解脱量表。该量表在国内由龚会[4]等进行修订，具有较好的信效度指标。量表包含四个条目，采用五点计分，从1=完全不同意到5=完全同意，分值越高，说明心理解脱的程度越高。本研究的克隆巴赫α系数为0.849。

2. 辱虐型领导问卷。辱虐型领导采用Mitchell[13]等开发的5个题项的辱虐型领导量表，在中国情境下被证明具有较高的效度与信度。采用5点计分，从1=非常不符合到5=非常符合。本研究的克隆巴赫α系数为0.910。

3. 抗逆力问卷。抗逆力的测量采用Siu[14]等开发的抗逆力量表，共9个题项，国内时勘等人进行了修订，具有良好的信效度。采用5点计分，从1=非常不符合到5=非常符合，分值越高，说明抗逆力水平越高。本研究的克隆巴赫α系数为0.909。

4. 情感耗竭量表。采用李超平[15]等编制的15题项的工作倦怠量表，其中选取情感耗竭维度。采用5点计分，从1=非常不符合到5=非常符合。本研究中，情感耗竭分量表的克隆巴赫α系数为0.886。

（三）数据的收集和分析

将所调查的问题制作成问卷星，有研究者与所在单位的负责人进行沟通后，集中发放，并且在规定的时间添答完毕。将收集回来的数据采用 SPSS22.0 进行差异检验分析、相关分析和回归分析等。

二　结果

（一）各变量的现状描述

为了探讨各变量的现状，我们对几个变量进行了描述性统计分析，结果如表 1 所示。

表 1　各变量的描述性统计分析

项目	抗逆力	辱虐型领导	情感耗竭	心理摆脱
$\bar{x}\pm s$	4.003±0.775	1.672±0.841	2.642±1.004	2.975±0.889

为了对医务工作人员的几个变量的现状进行描述，我们首先计算了各个变量的理论中值，通过对量表等级的分析，我们计算出四个变量的理论中值均为 3。从表 1 的结果来看，抗逆力的平均值为 4.003，显著高于理论中值，辱虐型领导的均值为 1.672，显著低于理论中值，而情感耗竭的得分为 2.642，心理摆脱的均值为 2.975，都略低于理论中值。

（二）各变量的相关分析

从表 2 可知，抗逆力与心理摆脱显著正相关（$p<0.01$），与情感耗竭（$p<0.01$）和辱虐型领导（$p<0.01$）显著负相关；情感耗竭与辱虐型领导显著正相关（$p<0.01$），与心理摆脱显著负相关（$p<0.01$）；而心理摆脱与辱虐型领导相关不显著（$p>0.05$）。

表 2　各变量的相关分析

变量	1. 抗逆力	2. 情感耗竭	3. 心理摆脱	4. 辱虐型领导
1. 抗逆力	1			
2. 情感耗竭	−0.331 **	1		
3. 心理摆脱	0.119 **	−0.141 **	1	
4. 辱虐型领导	−0.244 **	0.429 **	0.013	1

注：** 表示 $p<0.01$。

（三）有中介的调节效应分析

有中介的调节效应分析采用温忠麟等的多元回归分析方法，统计结果见表3。从表3可见，方程1中，辱虐型领导与抗逆力的乘积项对心理摆脱的回归系数显著（p<0.05）；在方程2中，辱虐型领导与抗逆力的乘积项对情感耗竭的回归系数显著（p<0.001）；在方程3中，针对心理摆脱这一指标变量，预测变量中，情感耗竭对心理摆脱的回归系数也显著（p<0.001）。通过三个方程的检验，证明了抗逆力和情感耗竭在辱虐型管理与心理摆脱的关系中发挥了有中介的调节效应。

表3　有中介的调节效应分析

项目	方程 1 （心理摆脱）		方程 2 （情感耗竭）		方程 3 （心理摆脱）	
	b	t	b	t	b	t
辱虐型管理	−0.254	−1.729	−0.515	−3.486 **	−0.333	−2.273 *
抗逆力	0.010	0.131	−0.767	−10.119 ***	−0.107	−1.362
乘积项	0.079	2.111 *	0.252	6.754 ***	0.117	3.108 **
情感耗竭					−0.152	−4.898 ***
R²	0.020		0.271		0.043	
F	7.001 ***		124.867 ***		11.369 ***	

简单斜率检验表明（见图2），当处于低抗逆力水平时，辱虐型领导程度的高低对医务工作人员情感耗竭的影响不显著；而当处于高抗逆力水平时，辱虐型领导程度的高低对医务工作人员情感耗竭的影响显著。这一结论表明，抗逆力在辱虐型领导和情感耗竭间起到了调节作用。

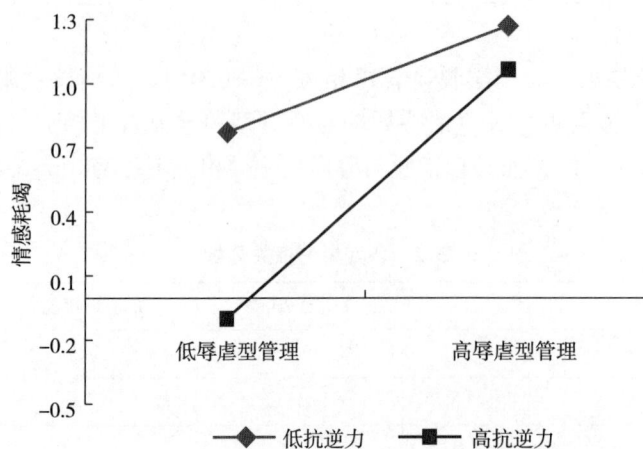

图2　抗逆力对辱虐型管理与情感耗竭关系的调节

三 讨论

本研究结果发现，应急救援医护人员的心理摆脱水平略低于理论中值，情感耗竭在辱虐型领导与心理摆脱之间起到中介作用，抗逆力调节了辱虐型领导与情感耗竭间的关系，同时，抗逆力调节了辱虐型领导通过情感耗竭到心理摆脱之间的关系。也就是说，高抗逆力的个体可以缓解辱虐型领导对情感耗竭的影响，进而有利于心理摆脱。这一结论给我们的启示是，应急救援医护人员在日常工作期间由于具有较低的心理摆脱水平，会模糊工作和非工作的界限，对他们的恢复产生不利影响，久而久之会造成身心健康的损害。因此，在工作期间，适度引导应急救援医护人员进行心理摆脱，既能及时有效地提升他们的工作恢复，长期来看更能提升他们的工作效率和身心健康水平。

另外，对于应急救援医护人员来讲，辱虐型领导是导致他们较难实现心理摆脱的重要因素，辱虐型领导由于给下属带来心理压力，对于下属的情绪管理以及平衡工作和非工作的关系都带来消极的影响[16]。已有的研究就发现，下属在辱虐型领导面前，需要动用自己的情绪资源来缓解上级辱虐给自己带来的伤害，而这种情感资源的不断消耗造成了下属工作中的情绪崩溃，影响到员工工作与非工作的双向平衡关系[17]。因此，在应急救援工作部门，作为领导者来讲，摒除辱虐型管理，在工作期间更多地体现出对下属的关怀则更有利于应急救援医护人员的工作摆脱和身心健康。同时，作为应急救援医护人员，提升自身的抗逆力水平是对自身身心健康的重要保护性因素。国内万金[18]等就指出，抗逆力作为一种积极适应的心理品质，对个体主观幸福感具有正向的影响，那些高抗逆力的个体具有更高的心理幸福感水平。这种自身所具有的心理弹性，能够有效缓冲辱虐型领导给个体造成的压力。根据资源保存理论，当高抗逆力的个体遭遇辱虐型领导时，他们及时地从压力中反弹，阻断了自身资源的进一步损耗，使下属能够有充足的资源继续投入工作，保证在工作时间内完成工作任务，这样更有利于在非工作时间进行心理摆脱。因此，作为应急救援医护人员，在工作期间不断地培养自身的抗逆力水平，对于有效缓解工作压力将具有重要的意义。

本研究针对几个变量的测量大都采用自评的方式，这会导致共同方法偏差的问题，虽然经过统计检验发现该问题并不严重，但是在今后的研究中会采用多来源的评价方式，以更进一步地减弱共同方法偏差造成的影响。另外，在应急救援领域，关于应急救援医护工作者的心理摆脱更重要的因素还包括了在急难情境中，面对伤者以及受困者所展现出的现状受到的视觉冲击而造成的二次伤害，这种伤害反复在头脑中出现，更加使他们较难从救援的工作场景中摆脱出来，进而造成身心的损害[19-20]。因此，将来的研究中可以从这种现象入手，探讨其中的作用机制，对该领域做出进一步的补充和完善。

参考文献

［1］张书帏，王琳琳，江琴. 福建省三甲综合医院医务工作者心理健康状况调查［J］. 南京医科大学学报（社会科学版），2019，91（2）：124-128.

［2］谢明，王贵林等. 地震灾害对应急救援军队医护人员心理健康状况影响的调查研究［J］. 解放军医药杂志，2011，23（6）：55-57.

［3］周海明，陆欣欣，时勘等. 青年教师工作负荷对心理疏离的影响机制——有调节的中介效应 ［J］. 中国特殊教育，2017（3）：78-83.

［4］龚会，时勘，卢嘉辉. 电信行业员工的情绪劳动与生活满意度——心理摆脱的调节作用 ［J］. 软科学，2012，26（8）：98-103.

［5］Dearmond, S., Matthews, R. A., Bunk, J. Matthews. Workload and Procrastination: The Roles of Psychological Detachment and Fatigue ［J］. International Journal of Stress Management, 2014（2）：137-161.

［6］刘斌. 辱虐管理研究述评与未来展望 ［J］. 中国人力资源开发，2016（9）：28-34.

［7］Wei, F., Si, S. Tit for Tat? Abusive Supervision and Counterproductive Work Behaviors: The Moderating Effects of Locus of Control and Perceived Mobility ［J］. Asia Pacific Journal of Management, 2013, 30（1）：281-296.

［8］孙佳思，叶龙等. 辱虐管理与员工欺骗行为：基于自我保护理论视角 ［J］. 中国人力资源开发，2019，36（1）：95-105.

［9］Sonnentag, S. Psychological Detachment from Work during Leisure Time: The Benefits of Mentally Disengaging from Work ［J］. Current Directions in Psychological Science, 2012, 21（2）：114-118.

［10］Karoly, P., Ruehlman, L. S. Psychological "Resilience" and Its Correlates in Chronic Pain: Findings from a National Community Sample ［J］. Pain, 2006, 123（1）：90-97.

［11］Sonn, C. C., Fisher, A. T. Sense of Community: Community Resilient Responses to Oppression and Change ［J］. Journal of Community Psychology, 1998, 26（5）：457-472.

［12］Sonnentag, S., Fritz, C. The Recovery Experience Questionnaire: Development and Validation of a Measure for Assessing Recuperation and Unwinding from Work ［J］. Journal of Occupational Health Psychology, 2007, 12（3）：204-221.

［13］Mitchell, M. S., Ambrose, M. L. Abusive Supervision and Workplace Deviance and the Moderating Effects of Negative Reciprocity Beliefs ［J］. Journal of Applied Psychology, 2007, 92（4）：1159-1168.

［14］Siu, O. L., Hui, C. H., Phillips, D. R., et al. A Study of Resiliency among Chinese Health Care Workers: Capacity to Cope with Workplace Stress ［J］. Journal of Research in Personality, 2009, 43（5）：770-776.

［15］李超平，时勘. 分配公平与程序公平对工作倦怠的影响 ［J］. 心理学报，2003，35（5）：677-684.

［16］李宁琪，易小年. 组织公平、辱虐管理及其员工工作倦怠关系实证研究 ［J］. 科技与管理，2010，12（4）：46-49.

［17］Tepper, B. J. Consequences of Abusive Supervision ［J］. Academy of Management Journal, 2000, 43（2）：178-190.

［18］万金，时勘，朱厚强等. 抗逆力对工作投入和工作幸福感的作用机制研究 ［J］. 电子科技大学学报（社会科学版），2016，18（1）：34-38.

［19］蒋小燕，王红等. 急救人员心身健康影响因素的结构方程研究 ［J］. 中国急救复苏与灾害医学杂志，2008，4（3）：209-211.

［20］赵广建，李学文. 灾害事件对人群身心健康的影响 ［J］. 中国急救复苏与灾害医学杂志，2008，3（3）：163-165.

The Research of the Influencing Factors and Functional Mechanisms of Psychological Detachment from Work of Emergency Rescue Medical Staff

Shi Kan　Zhou Haiming　Lu Qianqian　Lin Quanhong　Wang Jinfeng　Xue Erqin

Abstract：Objective：To study the mediating effects of abusive leadership, resilience and emotional exhaustion of psychological detachment from work of Emergency rescue medical staff. Methods：A total of 1010 Emergency rescue medical staff were investigated with Chinese version of the Abusive Leadership Questionnaire, Resilience Scale, Emotional exhaustion Subscale in Job Burnout and Psychological Detachment from work Questionnaire. Data were analyzed by using mediated moderating effects. Results：Abusive leadership, resilience and emotional exhaustion all predicted psychological detachment from work. Abusive leadership indirectly affected psychological detachment from work through the mediation of emotional exhaustion. Resilience played a mediating role in the path of emotional exhaustion affecting psychological detachment from work of abusive leadership. Conclusion：The influence of abusive leadership on psychological relief is mediated, and abusive leadership and emotional exhaustion are the major factors of psychological detachment from work of Emergency rescue medical staff.

Key words：abusive leadership；mediated moderator；emotional exhaustion；resilience；psychological detachment from work

时间压力何时增加工作专注
——工作特征的调节作用*

周海明 陆欣欣 时 勘

【编者按】本人在 2005 年本科毕业于鲁东大学心理系，2005 年被录取到沈阳师范大学人力资源开发研究院，跟随时老师攻读硕士学位。记得我第一次见到时老师时，他的激情和渊博的知识就深深地吸引了我。那时，作为科研菜鸟的我，首先是给心理所博士生们输数据，时老师告诫我，要放下身段，主动寻找机会去学习，才能提升自己。在硕士生三年时间里，我除了学习专业知识技能之外，更为重要的是跟随时老师系统地掌握了研究方法和咨询技能。现在还记忆犹新的是，在高利苹师姐的带领下，我参与了沈阳军区基层主官胜任特征模型的开发工作。在项目进行的一年半时间里，我系统地掌握了胜任特征模型建模方法，这为我后来的研究和咨询工作奠定了坚实的基础。有了这一次经历之后，在后面的几个项目实施中，比如"高等教育出版集团编辑的胜任特征模型建构"和"中科院所局级领导的案例开发"，我都发挥了骨干作用。2008 年硕士毕业之后，我被分配到安徽淮南师范学院教育学院从事心理学教学和研究工作。在六年时间里，我一直没有放弃争取继续深造的机会。从毕业那年开始，先后六次参加了博士研究生的考试，此期间报考过中国科学院研究生院管理学院、北京师范大学、南开大学、华中师范大学等国内名校，但是，都由于多种原因，在面试环节被拒之门外。后来在时老师的鼓励下，抱着试试看的态度，于 2014 年参加了中国人民大学心理学系博士研究生考试，最后，以专业第一名的成绩被录取。在人大读博期间，我十分珍惜来之不易的学习机会，克服了家庭、工作的各种困难，坚持脱产学习。从报到的第一天开始，我就很快进入了状态。在时老师的指导下，负责了中国 2015 年幸福企业评选工作。记得非常清晰的是，当时我们课题组要针对国内上千家企业开展幸福企业评选工作，经过两个多月的艰苦努力，终于顺利地完成调研任务，并在人民日报社通过为期三天的展览发布了调研结果，赢得了社会的广泛认可。另外，我们完成的另外一个重大项目是中国铁路总公司集团的"青年干部的胜任特征模型开发"的研究工作。我们进行了胜任特征的建模和调研工作，也达到了预期效果。通过与时老师的不断交流，我逐渐对经验取样法产生了浓厚的兴趣，从而选择了时间压力视角下工作专注这一课题。这里发表的前一篇论文《时间压力何时增加工作专注？——工作特征的调节作用》经历了《南开管理评论》杂志社六次审稿以及修改，终于在 2018 年第 4 期得以刊发。我于 2017 年 6 月到山东科技大学任教，除了完成学校规定的教学和科研任务外，还重点参与了 2019 年底开始的疫情防控期间的心理学调查。通过四次调查，我们向中央领导提交了 7 次智库报告，并接受了 4 次采访。由于这些研究成果，我们在核心期刊《管理评论》上发表了《新冠肺炎疫情信息对民众风险认知和应对行

＊ 本文受山东科技大学人才引进科研启动基金项目（2017RCJJ082）资助。

为的影响机制研究》一文。毕业转眼间已经过去四年，在这四年时间里，一直能跟随时老师做研究，深感荣幸。特别是时老师被聘为温州模式发展研究院院长之后，我还获聘该院风险认知与行为决策研究所副所长，今年又被评为副教授。去年底时老师还亲自访问了山东科技大学，与我校领导就未来两校的合作达成了共识。想到这些历历在目的往事，激动的心情难以平静！时老师，您渊博的学识和扎实的学风在不断激励着我奋力地前行！（周海明，中国人民大学心理学系2013级博士生，山东科技大学公共课教学部　副教授，温州大学温州模式发展研究院组织健康研究所　副所长）

摘　要： 目前，关于时间压力与员工工作状态的关系，研究结果并不一致。本文采用日记研究和体验抽样方法探索了工作日内时间压力与工作专注的关系，以及工作重要性和工作完整性的调节作用，对191名员工进行了连续5天的体验抽样，运用多层次线性模型对假设进行检验。研究发现，工作日内早晨的时间压力正向预测当天的工作专注。工作重要性和工作完整性均负向调节时间压力与工作专注的关系。即当工作重要性和工作完整性较低时，时间压力与工作专注正向关系显著；而当工作重要性和工作完整性较高时，时间压力与工作专注正向关系不显著。研究揭示了时间压力对员工工作专注潜在的积极作用，且这种积极作用受到工作特征的限制。

关键词： 时间压力；工作专注；工作特征；日记研究；体验抽样

一　引言

随着商业环境竞争的加剧，员工面临日益增加的工作压力。在有限的时间内完成大量的任务成为大部分员工的工作常态。时间压力是职场员工普遍面临的工作压力。[1]从工作需求—资源模型来看，时间压力是一种典型的工作需求，会消耗员工的生理、认知和情绪资源，并对员工的工作绩效和幸福感产生负向影响。[1]大量实证研究表明，时间压力对员工绩效和创新有负向的预测作用，对工作中的紧张、疲惫和倦怠有正向预测作用。[2-4]然而，也有研究认为时间压力可能存在积极的影响，[5]如Prem等[6]研究发现，短期的时间压力会促使员工更积极地投入工作。发掘时间压力潜在的积极作用，规避其负面的影响，对于提高员工的工作效率和幸福感都有重要的作用。因此，研究者和管理者都越来越关心"时间压力是否对员工有积极的作用""时间压力何时会对员工产生积极的作用"等问题。基于此，本文期望从时间压力的双面性出发，探索时间压力潜在的积极作用及其产生的条件。

从已有研究来看，有关时间压力的作用研究结果不一致主要有四个原因：第一，个体对时间压力可能存在不同的认知评价。[6]当时间压力被界定为一种挑战性压力时，可能产生积极的作用；而被视为一种阻碍性压力时，就可能产生消极的影响。[7]第二，时间压力的积极或消极作用存在一定的边界条件。[6,7]目前，不一致的研究结果都指向了一个事实，即时间压力的作用具有较高的情境特定性，其积极或消极的作用都发生在特定的条件之下，[8]因此，深入探索边界条件能够更好理解时间压力不同作用产生的条件。第三，时间压力的作用取决于所研究的工作结果。Jex[9]指出，工作压力与工作绩效关系的形态取决于所考察的绩效结果。其中，时间压力的消极作用源于资源消耗，指向个人的健康和幸福感，[2,4]而积极作用源于生理和心理唤醒，[10]指向积极的工作状态。[6,7]因此，考察需要高度唤醒的工作状态，能够更好地验证时间压力的积极作用。第四，时间压力的作用可能受到所选择的时间轴（Time Frame）的影响。[11]在短期（Short-term）时间轴下，时间压力会刺激和提升个体的唤醒，增加他们的工作投入；[12]而在长期（Long-term）时间轴下，时间压力随着时间累积形成工作压力，会对员工的健康和绩效都产生消极的影响。[4]因此，要探索和挖掘时间压力积极的潜能，需要采用短期时间轴及其对应的研究设计。

基于上述分析，本文将从以下几个方面着手探索时间压力的积极作用及其边界条件：首先，将选择工作专注作为结果变量。工作专注是目前受到广泛关注的工作投入概念的重要维度，描述了个人沉浸在工作中无法自拔的状态。[13]选择工作专注作为结果变量主要基于两个方面的考虑：其一，工作专注与时间压力积极作用中的唤醒密切相关。已有研究指出，时间压力的积极作用主要源于对个体唤醒水平的刺激及其带来的精力集中。[7,10]工作专注恰好反映了员工这种精力集中的状态。其二，时间压力与工作专注的积极作用得到了实证研究的支持。[7,12]Reis 等[7]研究表明，尽管时间压力与工作投入的活力和奉献维度存在曲线关系，但与工作专注线性正相关。因此，工作专注能够更好地反映时间压力潜在的积极作用。其次，本文将采用短期的时间轴和对应的方法，研究时间压力对工作专注潜在的积极作用。从目前的研究来看，支持时间压力与工作投入正向关系的研究多采用短期的时间轴和研究设计。[7,12]这是因为时间压力带来的唤醒水平提高和积极的工作状态都属于瞬时体验，会在短期内发生变化。参照已有研究，[7,8,12]采用短期时间轴，运用日记研究和体验抽样的方法，[14]能够捕捉短时期内时间压力的积极作用，从而进一步验证唤醒理论和挑战性压力理论的适用性。最后，为界定时间压力积极作用的边界，本文将进一步探索工作重要性和工作完整性的调节作用。Sonnentag 等[15]指出，由于工作专注本身嵌于工作中，工作特征将会深刻地影响时间压力与工作专注的关系。例如，Petrou 等[16]的日记调查发现，自主性会强化工作压力对工作投入的正向影响。探索工作特征的调节作用，有利于进一步了解时间压力积极作用发生的条件。

综上所述，本文将采用日记研究和体验抽样的方法，探索短期内时间压力对工作专注的正向影响，并进一步研究工作特征的调节作用。以此，本文希望为全面理解时间压力的作用及其发挥作用的条件提供新的见解。同时，也希望为管理者更好地了解和管理员工压力，促进员工的工作专注提供启示。

二　理论基础和研究假设

1. 理论基础

时间压力是一种常见的工作压力，是个人没有足够时间完成多重工作任务的一种体验。[17]时间压力通常是与无尽的工作需求和紧迫的任务完成截止时间密切相关的。[18]依据工作需求—资源模型（Job Demands-Resources Model，JD-R Model），长期的时间压力会大量消耗个人生理、心理和社会资源，导致员工绩效和健康水平下降。[19]而短期视角下，研究者普遍认为时间压力有潜在的积极作用，可能对工作专注有正向影响。目前，有关时间压力积极作用的研究主要围绕两个理论展开，即唤醒理论和挑战性压力理论。

唤醒理论认为，时间压力与个体体验到的唤醒程度有正向的关系，即个人所经历的时间压力越大，其唤醒水平越高。[20] 当个人的生理、认知和情绪唤醒水平达到最高时，能够获得充足的资源完成工作任务，从而在工作中达到积极的状态。另外，高度唤醒状态可以减少认知资源的分散和工作中的分心，有利于个体将所有的精力和注意力都集中在工作上。挑战性压力理论源于 LePine 等[21] 的挑战性/阻碍性压力理论。该理论认为，挑战性压力是能够满足员工胜任力、成就感和发展需要的压力。挑战性压力预示着成功完成目标可能得到的回报，能够增加员工的工作努力和工作绩效；而阻碍性压力则会消耗个人资源，阻碍个人在工作中的努力，并降低工作绩效。在 LePine 等[21] 的框架中，时间压力被界定为一种挑战性压力，能够满足个体的心理需要，并激发他们采用积极的压力应对策略。此外，时间压力还会强化员工努力—绩效期望，增加他们完成目标的信心，从而提高工作动力。Reis 等[7] 的研究支持了时间压力作为挑战性压力对工作投入的积极作用。Ohly 等[22] 研究发现，当时间压力被视为一种挑战性压力时，有利于促进员工的创造力和主动性。

然而，相比时间压力消极影响的研究，有关时间压力积极作用的研究仍然有限。探索时间压力的积极作用，不仅能够验证和拓展相关的理论，还能够为员工合理管理压力提供启示。

2. 早晨时间压力与下午工作专注的关系

Kahn[23] 最早提出了工作投入的概念，指出工作投入是个人在工作中的生理、心理和情绪的自我呈现。已有研究大部分采用 Schaufeli 等[13] 的定义，将工作投入定义为一种以活力、奉献和专注为特征的积极、完满的工作状态。活力是指个体具有充沛的精力和良好的心理韧性，努力工作而不易疲倦；奉献是指个体在工作中体验到强烈的意义感和自豪感，在工作中充满热情；专注表现为个体完全沉浸于工作中无法抽离。尽管研究者普遍认为三个维度共同构成了工作投入，但也认可三个维度具有相互独立性，并尝试对单个维度进行研究。Reis 等[7] 对工作投入的三个维度单独分析发现，时间压力与三个维度的关系存在一定的差异。Kooij 等[24] 指出，工作投入的三个维度分别反映了工作投入的不同方面。其中，专注与另外两个维度有较大的差异，与"流"体验高度相关，[7] 是一种典型的唤醒体验。由于时间压力的积极作用源于唤醒和激励，本文将集中探索时间压力与工作专注的关系。

工作专注是指个体全神贯注于自己的工作，并能以此为乐，感觉时间过得很快而不愿从工作中抽离的状态。[13] 工作专注程度高的个体全神贯注于工作，且愉悦地沉浸在工作中。此时，个人达到了忘我程度，以至于忘记时间的流逝，难以从工作中抽离。[25] 工作专注与"流"体验有着密切的关联。后者通常是指一种注意力集中、失去自我意识、忘却时间和充满内在享受的过程。[23] 但是，"流"体验更为复杂，包括了不同的方面，是一种瞬间的巅峰体验；而专注则是一种持久的正定状态。专注于工作的员工往往有更高的任务绩效、周边绩效和积极主动行为，以及良好的健康水平和主观幸福感。[25-27]

尽管 Schaufeli 等[13] 强调工作投入是一种持久和稳定的工作状态，但 Kahn[23] 认为，工作投入本质上是一种状态性的工作体验，可能随着时间和情景而发生变化。Sonnentag 等[15] 指出，对员工整体工作投入水平的研究，无法解释员工每天工作体验的差异和绩效水平的波动。如某个长期专注于工作的员工在特定工作日或者工作周，工作专注的水平也可能出现起伏。[27] 不同工作日工作任务和环境的变化都可能引发个人工作专注水平的变化。如整体工作投入水平较高的员工，在身体状况不佳或情绪低落时，当天的工作投入水平可能较低。[28] 于是，新近研究开始关注工作专注在个体内部的波动，并运用日记研究和体验抽样的方法探索引起工作专注变化的因素。[14]相似地，时间压力的研究者也指出，个体在不同工作日体验到的时间压力也可能不同。[8]实证研究表明，时间压力和工作专注会在个体内部以工作日为单位发生波动，且个体内部方差解释了总方差的 30%~42%。[7,12]陆欣欣等[14]指出，采用动态视角研究工作投入在个体内部的短期波动，能够进一步揭示工作投入的变化过程，有利于探索工作投入相关的因果关系。因此，本文以工作日为单位，采用日记研究和体验抽样的方法，探索工作日内早晨体验到的时间压力与下午工作专注的关系。

短暂的时间压力通常被视为一种挑战性压力。[12]作为一种挑战性的压力，时间压力意味着员工可以从应对时间压力中获得学习和成长，也能够从完成任务中获得奖励和回报。[21]此时，时间压力会提高员工应对压力的积极性和动力，满足其胜任力和成就感的需要。[7]这样，在工作日早晨感知到时间压力的员工会产生积极的结果预期和情绪。在应对时间压力的过程中，他们倾向于采用积极的策略，对克服压力充满信心，并努力调动各种资源完成工作任务。[29]同时，由于时间压力预示着目标完成在即，目标的接近会激励员工在工作中投入更多的精力。Gjesme[30]指出，感知到与目标接近能够激发个人的成就动机，提高其工作绩效。明确的目标和提升的绩效期望，能够激励员工在工作中投入大量的生理、认知和情绪资源，保持高度的专注，达到忘我的状态。Bakker 等[29]的研究发现，挑战性的工作能够显著提高员工的工作投入。

早晨的时间压力还会提升员工的唤醒水平。在时间压力下，员工不得不在有限的时间内完成大量工作。[19]因为时间的临近和任务完成的必要性，他们会有更多的紧迫性和责任感，[31]促使员工在生理、认知和情绪上达到高度的唤醒状态。[10]为了在规定的时间内完成既定的任务，他们努力集中所有的精力于手头的工作，减少不必要的时间和精力的浪费，促使所有的生理、认知和情绪资源都投入工作中，[12]在工作中达到沉浸和忘我的状态。实证研究表明，时间压力会让员工在工作中表现出较高的唤醒状态，[7,10]从而促使他们专注于工作。[6,7,12]综上所述，本文提出以下假设：

H1：工作日内早晨的时间压力与下午的工作专注正相关

3. 工作重要性的调节作用

Jex[9]指出，工作压力对员工工作结果的作用受到工作特征的影响。工作特征规定了员工的工作模式和流程，也深刻地影响着他们处理和应对压力的方式。[15]已有研究表明，工作特征是与时间压力和工作投入相关的重要情境条件。Ohly 等[22]的日记研究发现，工作控制感显著调节时间压力与员工结果之间的关系。Kühnel 等[12]的研究表明，工作控制感会强化时间压力和工作投入之间的关系。即在工作控制感较高的工作日，员工感知的时间压力与工作投入的关系更强；而在工作控制感较低的工作日，时间压力对工作投入有负面的作用。Petrou 等[16]的日记调查也表明，工作自主性会强化工作压力对工作投入的正向影响。基于以往研究，本文将结合工作特征研究，探索工作特征对时间压力与工作专注之间关系的调节作用。

Hackman 等[32]最早对工作特征进行描述，开发了工作分析问卷。该理论框架将工作特征划分为自主性、完整性、重要性、技能多样性和反馈五个维度。工作特征理论的核心是工作特征能够满足个人对胜任力、重要性和成长的需要，有效激发员工的内在激励，最终促进员工的绩效[33]本文集中探讨工作重要性和工作完整性，主要是基于两个原因：第一，相比技术多样性和工作反馈，工作自主性、重要性和完整性是得到研究关注最多的三个维度，对员工的工作绩效和团队运行都有重要意义。[34]第二，工作重要性和工作完整性与工作专注直接相关。从唤醒理论来看，当员工需要完成具有重大影响或者完整的任务时，往往会高度集中注意力，并且全神贯注于工作。[35]那么，在重要性和完整性较高的工作中，时间压力对工作专注的影响可能被削弱。因此本文认为，工作重要性和工作完整性可能替代时间压力对工作专注的积极作用。[36]

工作重要性反映了员工在工作中感受到的自身、他人和组织有重大影响的程度。[32]在重要性较高的工作中，员工会感知到自己对任务、他人和环境的影响力，也清楚地了解无法完成任务可能带来的负面影响。这会大大提高他们的责任意识和完成任务的压力，[37]并让他们始终处于较高的唤醒状态，全神贯注于工作。因此，工作重要性客观上要求员工持续处于较高的唤醒水平，并且专注于工作。此时，特定工作日的时间压力并不会带来工作专注水平的进一步提升。一方面，时间压力和工作重要性在促进员工工作专注方面具有一定的同质性。另一方面，时间压力可能给执行重要任务的员工带来一定的干扰。如在特定工作日，当员工面临时间压力时，感知到任务完成时间的临近在一定程度上限制了他们可选择的策略和资源。由于工作意义重大，员工对能否实现目标产生担忧，从而降低他们克服压力的信心。偏离唤醒理论指出，在资源有限的情况下，如果员工需要抽出一定的资源处理压力，就会减少他们在完成任务上的资源投入。[38]因此，当工作重要性较高时，时间压力对工作专注的影响是不显著的。

相反，当工作重要性较低时，时间压力是促进工作专注的重要因素。从事重要性较低工作的员工，感觉对工作、他人和组织的影响较低。[37]他们通常只需要程序化地完成辅助性的工作，在工作和组织中并不扮演重要的角色。较低的工作重要性让他们在工作中缺乏紧迫感和责任感，导致日常工作专注水平低下。[38]此时，特定工作日时间压力的增加，会提高他们感知到的时间紧迫性。[10]这就迫使他们采取有效的策略来分配资源和处理压力。如减少工作中的分心，集中注意力于主要的任务。[7]同时，感知到的时间压力预示着临近任务完成和潜在的奖励，[29]这些能够极大地满足员工对胜任感和成就感的需要，激励他们积极投入工作中。因此，在重要性较低的工作中，工作日内时间压力对工作专注的影响显著。于是，本文提出以下假设：

H2：工作重要性负向调节早晨时间压力与下午工作专注之间的关系，即相比重要性较低的工作，在重要性较高的工作中，早晨时间压力与下午工作专注的正向关系更弱

4. 工作完整性的调节作用

工作完整性指个人在工作中必须完成完整任务的程度。[32]在完整性较高的工作中，个人需要从开头到结果完成整个任务。该概念包含了两层含义：一是在完整性高的工作中，个人需要完成从开头到结果的多重任务；二是在完整性高的任务中，个人的绩效取决于所涉及多重任务整体的完成程度，而不是单个任务完成的程度。[34]已有研究表明，工作完整性与工作范围正相关，与员工的工作紧张正相关。[39]

在完整性较高的工作中，员工的工作专注水平较高。从定义来看，完整性较高的任务需要个人独自处理从开始到结束过程中的多重任务，并且他们的绩效取决于完整工作的完成程度。[32]这意味着他们不仅要尽力完成好每一项具体的任务，还要安排和协调不同的任务，并在不同的任务之间实现流畅转换。这些都要求他们在工作中投入大量的时间和精力，集中注意力于工作。从工作设计的角度来看，工作完整性扩大了员工的工作范围，增强了他们的责

任感，鼓励其增加对工作的投入。[40]因此，需要完成完整工作任务的员工，其工作专注本身处于较高的水平。此时，工作日内时间压力的增加，对员工工作专注水平进一步提高的作用有限。基于偏离唤醒理论。时间压力带来的资源损耗会促使个体选择简单的方式来加工信息和处理压力。[38]因此，时间压力的增加也会带来员工的疲倦和认知灵活性降低，[29]从而抵消时间压力带来的积极影响。此时，时间压力对工作专注水平的影响并不显著。

相反，在完整性低的工作中，员工的工作主要集中于单一的任务，且其绩效评定也取决于单一任务的完成程度。从工作丰富化角度看，单一任务有利于员工采用专业技能、集中精力完成工作，但是长期来看可能导致员工积极性的降低。[40]长期从事单一的工作，会降低员工的内在激励和从工作中体验到的成就感，导致工作投入的降低。Bakker 等[18]指出，内在激励是让员工长期保持工作专注和热情的重要条件。对于从事低完整性工作的员工，特定工作日时间压力的增加反而会带来他们工作专注水平的提高。首先，感知到的时间压力弥补了低完整性工作的不足，让他们体验了任务紧迫感和任务完成可能带来的成就感。[21]这有利于提高他们的激励水平，让其处于较高的唤醒状态。[7]其次，相比工作完整性较高的员工，从事完整性较低工作的员工在时间压力下能够更好地专注于工作。因为完整性低的工作不需要员工兼顾和协调不同的任务或在不同任务之间进行转换，[32]有利于减少他们工作中注意力中断和分心。在时间压力下，较低的工作完整性能够让员工将全部精力和资源都投入工作中，让他们专心和专注于手头的工作。于是，本文提出以下假设：

H3：工作完整性负向调节早晨时间压力与下午工作专注之间的关系，即相比完整性较低的工作，在完整性较高的工作中，早晨时间压力与下午工作专注的正向关系更弱。

本文的研究假设模型如图 1 所示。

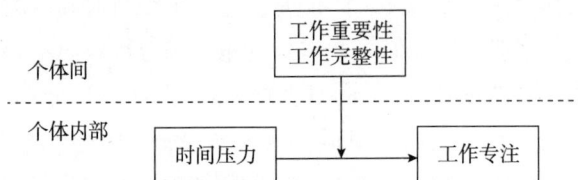

图 1　研究模型

三　研究方法

1. 研究样本和程序

本研究采用日记研究和体验抽样方法进行数据的收集工作。一方面，日记研究能够减少回溯带来的误差；另一方面，日记研究能够控制一般水平的个人倾向，从而更好地反映每日发生的事件对当天工作结果的影响。[27]经验取样法是研究具有动态变化性概念和心理现象的有效方式，要求被试在连续工作日内按照选定时间点对他们真实的经历进行报告。其主要优点是能够反映被试自然工作状态下的体验。[14]

本研究是在两家大型公司位于北京、广西、广东等地的分公司展开的，参与者主要为技术人员和少数管理人员。研究者联系了该公司的管理人员，告知他们调查的目的和形式，并询问其参与调查的意向。在征得管理者的同意后，研究者向志愿参与的员工邮寄了调查问卷。调查包裹中包括了一份通知信、每天的调查材料和一个贴了邮票的信封。通知信中告知调查者本研究的目的和问卷填写方式，强调了研究的自愿性、匿名性和保密性。本次调查由公司的人力资源总监亲自指导，并由人力资源管理人员协助进行。在工作日问卷填写之前，员工被要求报告他们基准工作情况，包括主要变量的基准水平以及调节变量。工作日水平的调查中，在设定的时间点，由总监负责通知以及人力资源管理人员召集，让所有参与者到达会议室进行问卷填写。人力资源管理人员负责问卷发放和回收工作，并监督被试完成问卷填写。在每次问卷收集完毕之后，他们负责将回收的问卷放入信封中，并直接寄给研究者。在五个工作日内，每天进行两次测查：①早上开始工作时进行时间压力的测量；②下午 3 点钟完成工作专注的测量。测量时间点的设定主要参照已有文献[7,12]和调查对象的工作时间安排。

研究者最初发放了 250 份问卷，剔除无效样本后，共计得到 210 名被试的有效数据，有效率为 84.0%。根据每个被试 5 个工作日的数据，个体内的变量共获得 1050 份问卷。在剔除有严重缺失的问卷之后，最终有效的样本为 191 名员工，共 941 份问卷。为了保证每个被试在单个工作日内数据的连贯性和有效性，将被试因为出差或者事假病假等缺席填写的时段数据视为无效数据。同时对那些具有明显反应偏向的数据，如所有问题都填写相同的数字，或缺少人口统计学变量的问卷予以剔除。191 名被试中，男性为 135 人，占 62.5%，女性 75 人，占 35.7%；年龄上，25 岁以下 113 人，点总数的 52.3%，26～35 岁及以上的被试 76 人，占总数的 35.2%，36 岁及以上的被试 21 人，占总数的 9.8%；婚姻上，未婚的 135 人，占总数的 62.5%，已婚的 75 人，占总数的 34.8%；学历变量上，大专和本科学历占总数的 51.4%；工作年限上，5 年及以下的被试 187 人，占了总数的 86.6%。

2. 变量测量

本研究部分量表直接采用目前中国情境下开发和修订的量表，部分量表沿用英文语境下开发的量表。在将英文量表翻译为中文量表的过程中，研究者遵循标准的"翻译—回译"步骤将该量表翻译为中文版本。除人口统计学变量以外，所有的问卷测量均采用 5 点计分法。从"1"至"5"分别表示"非常不同意"到"非常同意"的感知分值。

本研究涉及的测量包括工作日水平的变量以及一般水平的变量。其中，工作日水平的构念是在工作日间波动的状态性变量，在个体内部存在差异；一般水平的变量则是相对稳定的个人倾向或者工作特征，在个体之间存在差异。本文将分别对两种变量进行报告。

（1）一般性测量。工作重要性方面，本文采用 Hackman 等[33]的工作诊断量表中 4 个题项的工作意义量表来描述员工感知到工作对他人的影响，样本题项为"我的工作结果可能极大地影响其他人的生活"。该量表的信度为 0.75。

工作完整性方面，本文采用 Hackman 等[33]的工作诊断量表中 4 个题项的工作完整性量表来描述员工需要从头到尾完成工作的程度。样本题项为"这份工作包含完成一项有明晰的有头有尾的任务"。该量表的信度为 0.82。

本文在个体层次控制了一般水平的时间压力、一般水平的身体健康状况和精神焦虑状况、一般水平的工作专注和积极情感。

一般水平的时间压力。本文采用来自压力相关工作分析量表[41]中 5 个题项的时间压力量表来衡量员工基准工作压力。该量表在应用心理学领域得到了广泛的运用，其信效度也得到广泛的支持。样本题项为"我时常面临时间压力"。该量表的信度为 0.84。

一般水平的工作专注。工作专注采用 UWES 测量专注的三个题项进行测量。[13]该量表是目前工作投入研究领域运用最为普遍的量表。样本题项为"我工作认真，以致忘记了时间"。该量表的信度为 0.73。

一般水平的身体健康状况。量表来自 90 项症状清单（SCL-90）的躯体化分量表。[42]SCL-90 量表在 20 世纪 80 年代引入中国后，先后经过多次修订，本量表使用陈树林等[42]在 2003 年修订的最终版本。躯体化分量表包含 12 个项目，得分越高表明该症状越明显，主要反映主观的身体不适感，主要题目如"感到身体某一部分软弱无力"。该分量表的内部一致性信度为 0.84。

一般水平的精神焦虑。焦虑量表来自 90 项症状清单（SCL-90）的焦虑分量表。[42]焦虑分量表包含 10 个项目，得分越高表明该症状越明显，主要指在临床上明显与焦虑症状相联系的主观体验。主要题目如"感到要赶快把事情做完"。该分量表的内部一致性信度为 0.90。

一般水平的积极情感。本文采用 JAWS 量表来衡量员工的积极情感。[43]该量表在应用心理学领域得到广泛运用，其信效度也得到了广泛的支持。样本题项为"现在我觉得充满活力"。该量表的信度为 0.84。

（2）每日测量。每日时间压力。与一般水平的时间压力相似，本文采用来自压力相关的工作分析量表中 5 个题项的时间压力量表来衡量员工每日水平的工作压力。[41]在测量中，将题项的参照改为"今天"。样本题项为"今天早上我觉得时间很紧"。该量表的信度为 0.90。

每日工作专注。与一般水平的工作专注相似，每日的工作专注采用 UWES 测量专注的三个题项进行测量。[13]在测量中，将题项的参照改为"今天"。样本题项为"今天工作认真，以致忘记了时间"。[7]该量表的信度为 0.77。

3. 数据分析策略

本研究同时收集了反映员工个体水平和工作日水平体验的量表，个体工作日水平的变量嵌入于个体之内。因此，与已有的研究一致，本文将采用多层次线性模型（Hierarchical Linear Model, HLM），并运用 HLM 7.0 对假设进行检验。其中，个体层次的变量运用总体均值进行中心化，而工作日层次的变量采用个体均值进行中心化。

四 研究结果

1. 变量区分效度检验及共同方法偏差检验

为检验本研究中涉及的四个变量之间的区分效度，首先进行验证性因子分析，以检验时间压力、工作专注、工作重要性和工作完整性四个构念的结构效度。本文采用 Mplus7.0 进行了一系列的多水平因素分析，比较了一个四因子模型（时间压力、工作重要性、工作完整性和工作专注）、一个三因子模型（将工作重要性和工作完整性合为一个因子）、一个二因子模型（将时间压力和工作专注作为一个因子，工作重要性和完整性作为另一个因子）以及单因子模型（将所有变量合为一个因子）。验证性因子分析结果如表 1 所示。研究结果表明，四因子模型各拟合指标均达到了推荐的标准，且明显优于其他备选模型，证明这 4 个变量为不同的构念。同时，本研究采用 Harman 的单因子分析来检验共同方法偏差问题。通过未旋转的探索性因素分析生成 4 个因子，共解释了 65.75% 的变异，第一个因子解释了 28.89% 的方差变异。从 Harrison 等推荐的 50% 的判断标准[44]来看，远小于这个值。因此本研究表明共同方法的偏差问题并不严重。

表1 变量区分度检验结果

模型	χ^2	df	χ^2/df	TLI	CFI	RMSEA	SRMR
单因子模型	513.87	77	6.67	0.43	0.52	0.16	0.13
二因子模型	324.92	76	4.28	0.67	0.73	0.13	0.10
三因子模型	242.84	74	3.28	0.77	0.82	0.10	0.08
四因子模型	197.42	71	2.78	0.82	0.86	0.09	0.07

2. 描述性检验结果

表2呈现了所有变量的平均值、标准差和相关系数。本文检验了工作日层次的时间压力和工作专注在个体之间和个体内部的变异，发现时间压力 47.33% 的变异来自个体内部，且在个体内部的一致性 r_{wg} 为 0.88；工作专注 48.29% 的变异来自个体内部，且在个体内部的一致性为 0.91。结果进一步证实了时间压力和工作专注在个体内部的变异，以及在不同工作日间的波动。相关分析表明，工作日的工作专注与当天的时间压力显著正相关（$r = 0.171$，$p<0.01$）。

表2 变量均值、标准差和相关系数

变量	均值	标准差	1	2	3	4	5	6
一般水平（n=191）								
时间压力	2.78	1.03						
精神焦虑	1.51	0.47	0.284**					
身体健康状况	1.53	0.64	0.140*	0.626**				
积极情感	3.20	0.84	-0.029	-0.155*	-0.052			
工作重要性	3.40	0.71	0.005	0.109	-0.032	-0.049		
工作完整性	3.78	0.74	-0.160*	0.024	0.028	0.173*	0.593**	
工作专注	3.53	0.77	0.099	0.080	0.034	0.292**	0.142*	0.096
工作日水平（n=941）								
时间压力	2.82	1.02						
工作专注	3.26	0.85	0.171**					

注：* 表示 $p<0.05$，** 表示 $p<0.01$，双尾检验。

3. 回归分析结果

本文主要构建了三个模型：

（1）M1 中主要加入控制变量，观察控制变量对工作专注的预测作用。构建的方程为：

工作专注$=\gamma_{00}+\gamma_{01}\times$一般时间压力$+\gamma_{02}\gamma\times$一般工作专注$+\gamma_{03}\times$积极情感$+u_0+r$。从 M1 来看，一般水平的工作专注对工作日工作专注水平有显著的预测作用（$\gamma_{03}=0.437$，p<0.001）。

（2）M2 中加入主效应，观察工作日内早晨的时间压力对下午工作专注的预测作用。构建方程为：工作专注$=\gamma_{00}+\gamma_{01}\times$一般时间压力$+\gamma_{02}\times$一般工作专注$+\gamma_{03}\times$积极情感$+\gamma_{10}\times$早晨时间压力$+u_0+r$。M2 结果显示，工作日内早晨的时间压力对下午工作专注有正向的预测作用（$\gamma_{10}=0.088$，p<0.05），且解释了当天工作专注 5.1% 的方差。因此，假设 1 得到支持。为确定是否需要对工作日早晨时间压力斜率的随机项进行检验，本文进一步报告了随机项的检验结果。随机效应显示，截距解释方差为 0.244，$\chi^2(150)=699.70$，p<0.001，表明工作专注均值的方差在不同个体内存在显著的差异。早晨时间压力的斜率方差为 0.069，$\chi^2(155)=160.50$，p<0.05，表明早晨时间压力斜率的方差在不同个体间存在显著的差异。因此，有必要对时间压力斜率项进行检验。

之前的研究表明，时间压力与员工工作结果之间可能存在曲线关系。[7,10] Reis 等[10] 的研究表明，短期内时间压力与工作投入之间也可能存在曲线的关系。为排除时间压力与工作专注之间潜在的曲线关系，本文参照 Baer 等[7] 的程序，检验了工作日内早晨时间压力与下午工作专注的曲线关系。本文二次曲线关系的检验模型为：工作专注$=\gamma_{00}+\gamma_{01}\times$一般时间压力$+\gamma_{02}\times$精神焦虑$+\gamma_{03}\times$身体健康状况$+\gamma_{04}\times$积极情感$+\gamma_{05}\times$一般工作专注$+\gamma_{10}\times$早晨时间压力$+\gamma_{20}\times$早晨时间压力平方$+u_0+r$。如表 3 中的 M3 所示，工作日内早晨的时间压力对下午工作专注有正向的预测作用（$\gamma_{10}=0.078$，p<0.05），且解释了当天工作专注 2.8% 的方差；而工作日内早晨时间压力的平方项对下午工作专注的预测作用并不显著（$\gamma_{20}=0.030$，n.s.）。随机效应显示，早晨时间压力平方项的斜率方差为 0.008，$\chi^2(155)=139.70$，p>0.05。结果表明，早晨时间压力平方项在不同个体间不存在显著的差异。因此，工作日内早晨时间压力与下午工作专注的曲线关系并不显著。

表 3　主效应和调节效应检验

变量	工作日工作专注				
	M1	M2	M3	M4	M5
工作日层次（n=941）					
时间压力（γ_{10}）		0.088*	0.078*	0.090*	0.099*
时间压力平方项（γ_{20}）			0.030		
一般层次（n=191）					
截距（γ_{00}）	3.262***	3.263***	3.263***	3.262***	
时间压力（γ_{01}）	−0.014	−0.018	−0.011	−0.017	0.004
精神焦虑（γ_{02}）	0.076	0.086	0.074	0.044	0.063
身体健康状况（γ_{03}）	−0.003	−0.011	−0.021	0.016	−0.016
积极情感（γ_{04}）	0.086	0.090	0.094	0.102*	0.063
工作专注（γ_{05}）	0.432***	0.425***	0.425***	0.398***	0.416***
工作重要性（γ_{06}）				0.148**	
工作完整性（γ_{07}）					0.163**

续表

变量	工作日工作专注				
	M1	M2	M3	M4	M5
跨层次交互项					
每日时间压力×工作重要性（γ_{11}）				-0.108*	
每日时间压力×工作完整性（γ_{12}）					-0.128*
σ^2	0.338	0.287	0.287	0.287	0.287
τ	0.239	0.254	0.257	0.235	0.238

注：*表示 $p<0.05$，**表示 $p<0.01$，***表示 $p<0.001$，双尾检验。

（3）M4 中加入早晨时间压力×工作重要性/工作完整性的交互项。构建方程为：工作专注 $=\gamma_{00}+\gamma_{01}$×一般时间压力 $+\gamma_{02}$×一般工作专注 $+\gamma_{03}$×积极情感 $+\gamma_{04}$×工作重要性/工作完整性 $+\gamma_{10}$×早晨时间压力 $+\gamma_{11}(\gamma_{12})$×早晨时间压力×工作重要性（工作完整性） $+u_o+r$。M4 显示，加入调节变量、主效应和"每日时间压力×工作重要性"交互项之后，"每日时间压力×工作重要性"交互项与工作专注负相关（$\gamma_{11}=-0.108$，$p<0.05$），且解释了工作专注 1.9% 的方差。假设 2 得到了支持。随机效应显示，早晨时间压力的斜率方差为 0.093，$\chi^2(183)=280.477$，$p<0.001$，表明早晨时间压力斜率的方差在不同个体间存在显著的差异。

为清晰反映工作重要性的调节作用，本文以均值加减一个标准差为基准划分工作重要性的高低水平，分别对早晨的工作专注对于下午的时间压力进行了回归。如图 2 所示，简单斜率检验的结果表明，当工作重要性水平高时，工作日当天早晨的时间压力与下午的工作专注正相关不显著（$r=0.013$，$t=0.234$，n.s）；当工作重要性水平低时，工作日当天早晨的时间压力与下午的工作专注显著正相关（$r=0.167$，$t=2.880$，$p<0.01$）。因此，进一步支持了工作重要性对工作日早晨时间压力与下午工作专注关系的负向调节作用。

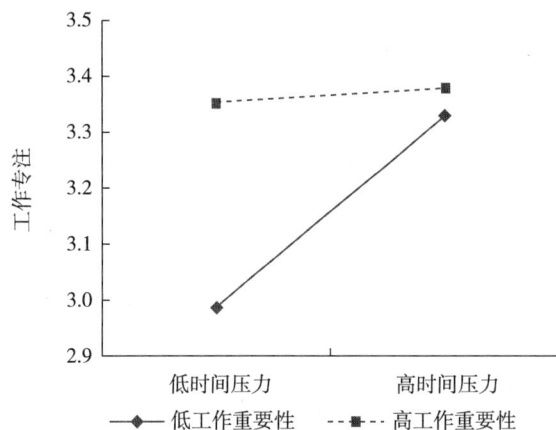

图 2　工作重要性调节效应

M5 显示，加入调节变量、主效应和"每日时间压力×工作完整性"交互项之后，"每日时间压力×工作完整性"交互项与工作专注负相关（$\gamma_{12}=-0.128$，$p<0.05$），且解释了工作专注 1.6% 的方差。因此，假设 3 得到支持。在工作完整性的调节模型中，随机效应显示，早晨时间压力的斜率方差为 0.089，$\chi^2(183)=275.054$，$p<0.001$，表明早晨时间压力斜率

的方差在不同个体间存在显著差异。

同时，本文也做出工作完整性的调节效应图（见图3）。简单斜率检验的结果表明，当工作完整性水平高时，工作日当天早晨的时间压力与下午的工作专注正相关不显著（$r=0.004$，$t=0.075$，n.s.）；当工作完整性水平低时，工作日当天早晨的时间压力与下午的工作专注显著正相关（$r=0.192$，$t=3.337$，$p<0.01$）。因此，进一步支持了工作完整性对早晨工作日时间压力与下午的工作专注间正向关系的负向调节作用。

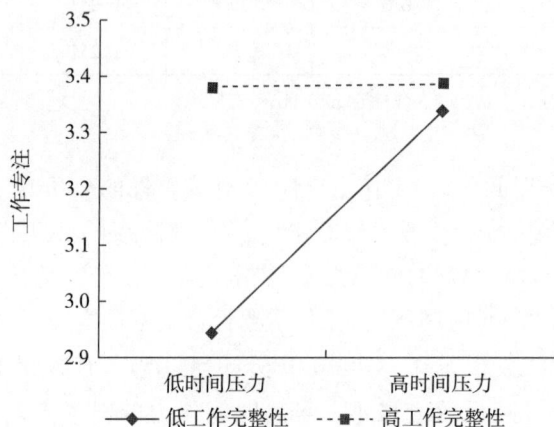

图3　工作完整性的调节效应

五　研究结论与讨论

1. 理论与实践启示

本研究运用日记研究和体验抽样的方法，探索了工作日内时间压力与工作专注的正向关系，以及工作特征的调节作用。对191名员工进行了连续5天的日记研究，并在一个工作日内分两个时间点测量了时间压力和工作专注。多层次线性模型分析结果显示，工作日内早晨的时间压力与工作专注显著正相关。工作重要性和工作完整性均负向调节时间压力与工作专注之间的关系，即当工作重要性和工作完整性较低时，时间压力与工作专注的正向关系显著；当工作重要性和工作完整性较高时，时间压力与工作专注的正向关系不显著。本研究进一步拓展了目前关于时间压力和工作投入的研究，提供了一定的理论和实践启示。

首先，本文进一步验证了时间压力和工作专注在工作日内和个体内部的变化。随着企业竞争的加剧和工作节奏的加快，时间压力已经成为员工普遍面临的工作压力。[2]与此同时，组织工作复杂性和专业性程度的提高，又要求员工更专注于自身工作。[14]时间压力和工作专注在组织和管理研究领域得到了普遍的关注，也成为企业管理员工压力和工作状态的重要方面。但是，目前绝大部分研究将时间压力界定为稳定的工作需求，而将工作专注界定为一种稳定的工作状态。[15]这就在很大程度上掩盖了员工工作环境和专注程度在不同工作日间的波动，不利于探索两者的关系和中间机理。[27]随着状态性和个体内部研究视角的兴起，越来越多的研究者开始关注时间压力和员工工作专注在个体内部的变化，并运用日记研究和体验抽样方法探索两者的关系。[14]但是，该领域的研究在国内刚刚起步，尚未得到足够关注。本研究结果支持了已有研究，表明时间压力和工作投入不仅在个体之间存在差异，在个体内部也可能发生变化，[7,8,12]为未来探索时间压力和工作专注以及两者的关系提供了新的取向和视角。

其次，本研究验证了短期时间轴下，时间压力对工作专注潜在的正向影响。目前，关于时间压力对员工工作结果的影响出现了很多不一致的研究结果。实证研究也存在正向、[7]负向[2-4]和曲线[10,19]等不同的关系。但总体而言，目前关于时间压力正向作用的实证证据较少，关于时间压力是否以及何时会产生积极的作用亟待更深入讨论。在已有研究基础上，本研究排除了工作日内时间压力与工作专注的曲线关系，有力地支持了两者正向的线性关系。研究结果从两个方面说明时间压力产生积极作用可能需要的条件：第一，研究表明，时间压力对需要高度唤醒状态的工作结果可能有积极的作用。短期工作压力的积极作用主要源于唤醒。工作专注是一种需要较高的生理、认知和情绪唤醒的工作状态。[13]Reis 等[7]研究发现，时间压力对工作投入的活力和奉献维度存在曲线的关系，而与工作专注之间为正向的线性关系。本研究进一步支持了他们的研究，表明工作日内时间压力激发的唤醒状态是员工工作专注的来源。第二，研究支持了时间轴在理解时间压力作用中扮演的重要角色。目前有关时间压力的研究大多忽略了时间轴的影响。本研究结果表明，短期的时间压力确实存在积极作用。[7,12]然而，唤醒理论认为，过高和过低的唤醒水平都可能阻碍工作专注。[20]但是，本研究中时间压力与工作专注的倒 U 形关系并未得到支持。可能的解释是，时间压力需要累积到一定量才会对工作专注产生负面影响。本研究中时间压力尚未达到产生负向影响的临界值，因此对工作专注只有正向影响。这进一步说明，时间压力的研究和相关理论解释需要充分考虑所选择的时间轴。总体上，本文支持了唤醒理论和挑战性压力理论对时间压力积极作用的解释，[7,12]为理解时间压力的不同侧面提供了新的框架，为未来的研究区分和验证时间压力的多重作用提供了启示。未来探索时间压力作用的研究，需要充分考虑时间轴的影响。

最后，本研究进一步厘清了时间压力与工作专注之间关系的边界条件，揭示了工作特征在促进员工唤醒方面对时间压力的替代作用。情境因素是导致时间压力对员工工作结果影响不一致的一个重要原因，相关情境因素能够为整合时间压力与工作结果的关系提供新的见解。本研究的结果表明，工作特征是影响时间压力对工作专注影响的重要条件。该结果与Jex[9]的观点一致，即工作压力对工作结果的影响受到工作特征的影响。如图 2 和图 3 所示，重要性和完整性高的工作本身就会使员工产生较高的唤醒水平，在工作中高度专注。在这种情况下，工作日内时间压力的增加对当天工作专注水平影响并不显著。而在重要性和完整性较低的工作中则相反，工作日时间压力的增加能够显著提高员工的工作专注水平。这就支持了工作重要性和工作完整性对工作日时间压力的替代作用。该研究结果与已有研究并不一致，以往研究大多支持了工作特征对压力的缓冲作用或者对工作资源的强化作用。[8]Petrou 等[16]对 95 名员工连续 5 天的日记调查发现，工作自主性会强化工作压力对工作投入的正向影响。Kühnel 等[12]研究发现，工作控制感会强化时间压力和工作投入之间的关系。与工作自主性和控制感不同，工作重要性和完整性本身具有唤醒的特点，让它们对时间压力的积极作用进行了替代而不是强化。因此，不同的工作特征在个人应对压力中的作用可能不同。由于工作特征的复杂性，未来的研究需要从不同的角度探索工作特征的调节作用。

2. 理论贡献与实践参考

本文的理论贡献主要有三个方面：首先，研究支持了采用个体内部视角探索时间压力和工作投入关系的合理性。作为近年来兴起的研究取向，个体内部动态视角得到越来越多的关注。[27]这种研究取向一定程度上挑战了传统的个体间视角，为了解员工工作状态和绩效波动提供了新的方向。[14]本研究支持了时间压力和工作专注作为瞬时体验在个体内部的变化，也表明采用日记研究探索两者关系是合理的。[12]由于当前运用日记研究和体验抽样法在国内尚处于起步阶段，本文呼吁未来更多的研究采用该方法探索工作投入的前因变量和形成机理。其次，本研究细化和验证了有关时间压力潜在积极影响的相关理论。目前，唤醒理论和挑战性压力理论是解释时间压力积极影响的主要理论视角。[7,10,12]本研究的结果直接支持了这两个理论的核心论断，即时间压力会提高员工的唤醒水平和激励水平，从而激发员工积极的工作状态。[7,12]此外，本研究还进一步深化了唤醒理论，表明唤醒理论的验证需要一定的条件。由于唤醒本身是一种瞬时状态，验证时间压力通过唤醒产生的影响，一是需要选择与唤醒相关的瞬时体验作为结果变量，二是需要采用短期的研究设计测量员工的瞬时体验。这就为未来进一步探索和深化有关时间压力的理论提供了借鉴。最后，本研究丰富了有关唤醒理论边界条件的研究，并提供新的研究视角。研究结果表明，工作特征作为重要的情境因素，可能是影响时间压力发挥唤醒作用的重要条件。[8]值得注意的是，与以往"强化性"的视角不同，本研究的结果反映了工作特征潜在的"替代性"作用。即特定的工作条件可能与时间压力存在同质性的唤醒作用，从而使时间压力的唤醒作用无效。这也从另一个角度为探索时间压力积极作用的边界条件提供了启示。

本文还为管理者提供了一定的实践启示。首先，由于工作日内时间压力对员工的工作专注有积极影响，因此，时间压力管理可以成为提高员工工作效率的有效途径。尽管长期的时间压力对员工的工作绩效和健康可能产生负面影响，但是管理者短期内可以通过时间管理促进员工的工作投入。在特定情况下，管理者可以根据工作特点，在有限工作日设定员工可接受和可施行的时间限制，并要求他们在规定的时间内完成任务。这能有效增强员工的紧迫感，提高工作专注度。其次，工作重要性和工作完整性总体上与工作专注正相关，充分表明工作设计的重要性。为了提高员工工作的投入，企业有必要对工作进行丰富化。一方面，确保工作符合员工的技能和兴趣，增加员工感知到的工作意义。另一方面，让员工能够独自完成完整的工作，从而减少由任务单一造成的无聊。最后，在重要性和完整性较低的工作中，进行适度的时间压力管理是提高员工专注水平的重要方式。对于承担辅助性或者单一任务的员工，设定明确的任务完成时间和提供有效的任务奖励，能够促使他们更好地投入工作中。

3. 研究不足与未来展望

本研究也存在一定的不足，亟待未来研究进一步解决。首先，本文涉及的变量均采用自我报告，研究结论一定程度上受到共同方法偏差的影响。不过，研究者在调查过程中向参与者强调了研究的匿名性和保密性。同时，本文在数据分析中控制了员工基准水平的时间压力和工作专注，减少了社会合意性和共同方法偏差的影响。未来研究有必要采用同事或者领导评价的行为或者绩效结果，进一步支持本研究的结论。其次，本文并未直接检验时间压力对工作专注积极影响的中介机理。未来的研究有必要以挑战性压力和个人的生理、认知或情绪唤醒为中介，直接验证两种理论在时间压力与工作专注关系中的解释作用。再次，本文将工作重要性和工作完整性界定为一般性的工作特征。已有关于状态取向或个体内部视角的研究指出，员工不同工作日或者工作周的任务特征也会发生变化。例如，Ohly 等[22]的日记研究发现，员工感知到的工作自主性和工作控制感会在每天发生波动。Sonnentag 等[15]呼吁未来研究要更多关注工作特征的作用，尤其是工作特征在工作日的变化对工作投入的影响。[43]因此，未来研究可以进一步探索工作因素在工作日内的变动对时间压力与工作专注关系的影响。最后，未来研究有必要进一步探索时间压力与工作专注潜在的曲线关系及其边界。随着有关时间压力研究的推进，许多研究者发现时间压力对员工结果的影响并非简单的线性影响，而是呈现曲线的特点。[7,10,19]本文在假设验证部分排除工作日内时间压力与工作专注的曲线关系，支持了 Reis 等[7]关于两者线性关系的研究。研究所选取的时间间隔可能是产生这个结果的重要原因。事实上，在本文的假设中，时间压力下个体的唤醒水平并非越高越好，其积极作用应限于一定的范围之内。因此，未来研究应当采用不同的时间轴，进一步探索时间压力与工作专注的曲线关系及其边界条件，从而更全面地反映两者的关系。

参考文献

［1］Syrek, C. J., Apostel, E., Antoni, C. H. Stress in Highly Demanding IT Jobs: Transformational Leadership Moderates the Impact of Time Pressure on Exhaustion and Work-Life Balance ［J］. Journal of Occupational Health Psychology, 2013, 18（3）: 252-261.

［2］Ford, M. T., Jin, J. Incongruence between Workload and Occupational Norms for Time Pressure Predicts Depressive Symptoms ［J］. European Journal of Work and Organizational Psychology, 2015, 24（1）: 88-100.

［3］Roskes, M., Eliot, A. J., Njstad, B. A., De Dreu, C. K. Time Pressure Undermines Performance more under Avoidance than Approach Motivation ［J］. Personality and Social Psychology Bulletin, 2013, 39（6）: 803-813.

［4］Slla, V. I, Gamero, N. Shared Time Pressure at Work and Its Health-related Outcomes: Job Satisfaction as a Mediator ［J］. European Journal of Work and Organizational Psychology, 2014, 23（3）: 405-418.

［5］Maruping, L. M., Venkatesh, V., Thatcher, S. M., Patel, P. C. Folding under Pressure or Rising to the Occasion? Percived Time Pressure and the Moderating Role of Team Temporal Leadership ［J］. Academy of Management Journal, 2015, 58（5）: 1313-1333.

［6］Prem, R., Ohly, S., Kubicek, B., Korunka, C. Thriving on Challenge Stressors? Exploring Time Pressure and Lerning Demands as Antecedents of Thriving at Work ［J］. Journal of Organizational Behavior, 2017, 38（1）: 108-123.

［7］Reis, D., Hoppe, A., Arndt, C., Lischetzke, T. Time Pressure with State Vigour and State Absorption: Are They Non-linearly Related ［J］. European Journal of Work and Organizational Psychology, 2017, 26（1）: 94-106.

［8］Stiglbauer, B. Under What Conditions Does Job Control Moderate the Relationship between Time Pessure and Employee Well-being? Investigating the Role of Match and Personal Control Beliefs ［J］. Journal of Organizational Behavior, 2017, 38（7）: 1107-1122.

［9］Jex, S. M. Stress and Job Performance: Theory, Research, and Implications for Management Practice ［J］. Journal of Academic Librarianship, 1999, 25（6）: 494-495.

［10］Baer, M. Oldham, G. R. The Curvilinear Relation between Experienced Creative Time Pressure and Creativity: Moderating Effects of Openness to Experience and Support for Creativity ［J］. The Journal of Applied Psychology, 2006, 91（4）: 963-970.

［11］Debus, M. E., Sonnentag, S., Deutsch, W., Nussbeck, F. W. Making Flow Happen: The Effects of Being Recovered on Work-related Flow between and within Days ［J］. The Journal of Applied Psychology, 2014, 99（4）: 713-722.

［12］Kühnel, J., Sonnentag, S., Bledow, R. Resources and Time Pressure as Day-level Antecedents of Work Engagement ［J］. Journal of Occupational and Organizational Psychology, 2012, 85（1）: 181-198.

［13］Schaufeli, W. B., Salanova, M., González-Romá, V., Bakker, A. B. The Measurement of Engagement and Burnout: A Two Sample Confirmatory Factor Analytic Approach [J]. Journal of Happiness Studies, 2002, 3 (1): 71-92.

[14] 陆欣欣, 涂乙冬. 工作投入的短期波动 [J]. 心理科学进展, 2015, 23 (2): 268-279.

[15] Sonnentag, S., Dormann, C., Demerouti, E. Not All Days Are Created Equal: The Concept of State Work Engagement. In Bakker, A. B., Leiter, M. P. (eds.), Work Engagement: Recent Developments in Theory and Research [M]. New York, NY: Psyhology Press, 2010: 25-38.

[16] Petrou, P., Demerouti, E., Peeters, M. C., Schaufeli, W. B., Hetland, J. Crafting a Job on a Daily Basis: Contextual Correlates and the Link to Work Engagement [J]. Journal of Organizational Behavior, 2012, 33 (8): 120-1141.

[17] Major, V. S., Klein, K. J., Ehrhart, M. G. Work Time, Work Interference with Family, and Psychological Distress [J]. Journal of Applied Psychology, 2002, 87 (3): 427-436.

[18] Bakker, A. B., Demerouti, E., Sanz-Vergel, A. l. Burnout and Work Engagement: The JD-R Approach [J]. Annu. Rev. Organ. Psychol. Organ. Behav, 2014, 1 (1): 389-411.

[19] Zacher, H., Jimmieson, N. L., Bordia, P. Time Pressure and Coworker Support Mediate the Curvilinear Relationship between Age and Occupational Well-being [J]. Journal of Occupational Health Psychology, 2014, 19 (4): 462-475.

[20] Gardner, D. G., Cummings, L. L. Activation Theory and Job Design-Review and Reconceptualization [J]. Research in Organizationat Behavior, 1988 (10): 81-122.

[21] LePine, J. A., Podsakoff, N. P., LePine, M. A. A Meta-analytic Test of the Challenge Stressor Hindrance Stressor Framework: An Explanation for Inconsistent Relationships among Stressors and Performance [J]. Academy of Management Journal, 2005, 48 (5): 764-775.

[22] Ohly, S., Fritz, C. Work Characteristics, Challenge Appraisal, Creativity, and Proactive Behavior: A Multilevel Study [J]. Journal of Organizational Behavior, 2010, 31 (4): 543-565.

[23] Kahn, W. A. Psychological Conditions of Personal Engagement and Disengagement at Work [J]. Academy of Management Journal, 1990, 33 (4): 692-724.

[24] Kooij, D. T., Tims, M., Akkermans, J. The Infuence of Future Time Perspective on Work Engagement and Job Performance: The Role of Job Crafting [J]. European Journal of Work and Organizational Psychology, 2017, 26 (1): 4-15.

[25] Breevaart, K., Bakker, A. B., Demerouti, E., Derks, D. Who Takes the Lead? A Multi-source Diary Study on Leadership, Work Engagement, and Job Performance [J]. Journal of Organizational Behavior, 2016, 3 (37): 309-325.

[26] Demerouti, E., Bakker, A. B., Gevers, J. M. Job Crafting and Extra-role Behavior: The Role of Work Engagement and Flourishing [J]. Journal of Vocational Behavior, 2015 (91): 87-96.

[27] Xanthopoulou, D., Bakker, A. B., Ilies, R. Everyday Working Life: Explaining Within-person Fluctuations in Employee Well-being [J]. Human Relations, 2012, 65 (9): 1051-1069.

[28] Grrick, A., Mak, A. S., Cathcart, S., Winwood, P. C., Bakker, A. B., Lushington, K. Psychosocial Safety Climate Moderating the Effects of Daily Job Demands and Recovery on Fatigue and Work Engagement [J]. Journal of Occupational and Organizational Psychology, 2014, 87 (4): 694-714.

[29] Bakker, A. B., Sanz-Vergel, A. I. Weekly Work Engagement and Flourishing: The Role of Hindrance and Challenge Job Demands [J]. Journal of Vocational Behavior, 2013, 83 (3): 397-409.

[30] Gjesme, T. Goal Distance in Time and Its Efects on the Relations between Achievement Motives and Performance [J]. Journal of Research in Personality, 1974 (8): 143-160.

[31] Beck, J. W., Schmidt, A. M. State-level Goal Orientations as Mediators of the Relationship between Time

Pressure and Performance: A Longitudinal Study [J]. Journal of Applied Psychology, 2013, 98 (2): 354-363.

[32] Hackman, J. R., Oldham, G. R. Work Redesign [J]. Professional Psychology, 1980, 11 (3): 445-455.

[33] Barrick, M. R., Mount, M. K., Li, N. The Theory of Purposeful Work Behavior: The Role of Personality, Higher-order Goals, and Job Characteristics [J]. Academy of Management Review, 2013, 38 (1): 132-153.

[34] Wegman, L. A., Hoffman, B. J., Carter, N. T., Twenge, J. M., Guenole, N. Placing Job Characteristics in Context: Cross-temporal Meta-analysis of Changes in Job Characteristics Since 1975 [J]. Journal of Management, 2018, 44 (1).

[35] De Jonge, J., Schaufel, W. B. Job Characteristics and Employee Well-being: A Test of Warr's Vitamin Model in Health Care Workers Using Structural Equation Modelling [J]. Journal of Organizational Behavior, 1998, 19 (4): 387-407.

[36] Chuang, C. H., Jackson, S. E., Jiang, Y. Can Knowledge-intensive Teamwork Be Managed? Examining the Roles of HRM Systems, Leadership, and Tacit Knowledge [J]. Journal of Management, 2016, 42 (2): 524-554.

[37] Parker, S. K. Beyond Motivation: Job and Work Design for Development, Halth, Ambidexterity, and More [J]. Annual Review of Psychology, 2014 (65): 661-691.

[38] Teichner, W. H. Arees, E., Rilly, R. Noise and Human Performance: A Psychophysiological Approach [J]. Ergonomics, 1963 (6): 83-97.

[39] Xie, J. L., Johns, G. Job Scope and Stress: Can Job Scope Be Too High? [J]. Academy of Management Journal, 1995, 38 (5): 1288-1309.

[40] Holman, D., Atell, C. Can Job Redesign Interventions Influence a Broad Range of Employee Outcomes by Changing Multiple Job Characteristics? A Quasi-experimental Study [J]. Journal of Occupational Health Psychology, 2016, 21 (3): 284-295.

[41] Zapf, D. Stress-oriented Analysis of Computerized Office Work [J]. The European Work and Organiztional Psychologist, 1993, 3 (2): 85-100.

[42] 陈树林，李凌江. SCL-90 信度效度检验和常模的再比较 [J]. 中国神经精神疾病杂志, 2003, 29 (5): 323-327.

[43] Van Katwyk, P. T., Fox, S., Spector, P. E., Kelloway, E. K. Using the Job-related Affective Well-being Scale (JAWS) to Investigate Affective Responses to Work Stressors [J]. Joumnal of Occupational Health Psychology, 2000, 5 (2): 219-230.

[44] Harrison, D. A., McLaughlin, M. E., Coalter, T. M. Context, Cognition, and Common Method Variance: Psychometric and Verbal Protocol Evidence [J]. Organizational Behavior and Human Decision Process, 1996, 68 (3): 246-261.

When Time Pressure Increases Work Absorption?
—The Moderating Role of Job Characteristics

Zhou Haiming   Lu Xinxin   Shi Kan

Abstract: Work absorption describes a state wherein one is fully concentrated on and deeply engrossed in the work. Time pressure, as a job demand, is supposed to cause resource depletion and may have a detrimental effect on employee's work absorption. However, other researchers contend that short-term time pressure may decrease distraction and increase absorption in the work. Thus, there are inconsistent findings regarding the relationship between time pressure and employee's work absorption. Taking a short-term and dynamic approach and relying on arousal theory, we argue that at the daily level time pressure can increases individual level of physical, cognitive, and emotional arousal and make people concentrated on the work. Moreover, based on job characteristic theory, we further hypothesized that job significance and job identity negatively moderate the relationship between time pressure and work absorption at the daily level. The data were collected among 191 employees for 5 consecutive days with diary study and experience sampling method. Hierarchical linear modeling was employed to examine the proposed hypotheses. The results showed that at the daily level morning time pressure positively predicted work absorption in the afternoon. Job significance and job identity negatively moderated the relationship between morning time pressure and evening work absorption, such that the positive relationship was significant only when job significance and job identity were lower. Consistent with previous research, our study reveals the potential positive effects of time pressure on work absorption, and further shows that the positive effect is more likely to emerge when people are exposed to short-term time pressure. In this way, our study sheds light on the role of time-frame in the effect of time pressure. Moreover, the findings points to the fact that the positive effect of time pressure is constrained by job characteristics and the positive effect is more pronounced when job significance and job identity is lower. Taken together, the current study provides new insight into reconciling the inconsistent findings regarding the relationship between time pressure and job absorption, and contributes to our understanding of the boundary conditions under while the positive effect of time pressure occurs.

Key words: time pressure; work absorption; job characteristics; diary study; experience sampling

新冠肺炎疫情信息对民众风险认知和应对行为的影响机制研究 *

时　勘　周海明　焦松明　郭慧丹　董　妍

【编者按】 转眼间，2006 年从心理所博士毕业至今已经 16 年了。在心理所时，时老师作为心理所的博士生导师，与我们广大博士研究生结下了深厚的友谊。当时，在心理所的博导论坛上，时老师的讲座深深吸引了我，开阔了我的眼界，使我对工业与组织心理学在现实生活中的作用有了深刻的认识。毕业之后我去了中国人民大学，没有想到的是，2011 年时老师也受聘于中国人民大学，我们共同相处达八年之久，在这期间，依托时老师获准的国家社会科学基金重大项目"中华民族伟大复兴的社会心理促进机制研究"，他和我们中青年教师开展了多项合作研究，取得了丰硕的成果，仅我个人就和时老师出版了两本专著。2019 年 9 月我协助时老师在中国人民大学召开了社科基金重大项目结项评审会。时老师作为前辈，在跟我们相处过程中亦师亦友，对晚辈的态度和蔼可亲，对我们的指导细致耐心。2019 年 12 月他受聘为温州大学温州模式发展研究院院长之后，我也获聘该院风险认知与行为决策研究所副所长，继续协助时老师的科研和管理工作。特别值得回忆的一件重大事件是：我于 2021 年参与了时勘教授主持的浙江省哲学社会科学新兴（交叉）重大项目"重大突发公共卫生事件下公众风险感知、行为规律及对策研究"。该项目从 2020 年初开始进行新冠肺炎疫情期间民众风险认知和应对行为影响机制的调查。从 2020 年 1 月到 8 月共进行了四次全国范围的调研。在 1 月 27 日至 2 月 19 日第一次调查中，通过 2144 人的数据分析，验证了时老师 2003 年提出的风险认知模型。研究发现，患病信息在风险认知地图中是尤为关键的影响因素，而愈后对身体的影响等特征则更加影响民众的风险认知状况，这一结论为相关部门决策提供了新的理论依据。在 2020 年 3 月 20 日至 4 月 19 日期间，又针对 3729 名被试进行了第二次调查，结果发现，民众确实存在着"心理台风眼效应"，即在疫情严重的中心地区，民众反而存在着麻痹心理，需要不断地提醒民众不得松懈。2020 年 5 月 7 日至 24 日，我们进行的 8378 人的第三次调查发现，民众受到"组织污名化"效应的严重影响，为此，需要政府和社区教育疫情不严重地区民众善待疫区中心区民众，对他们不得有任何歧视。2020 年 8 月 4 日至 24 日，又对 4883 名民众进行了贫困地区应对疫情和企业复工复产的影响因素调查。根据上述的调查结果，课题组给中央领导提交了七次智库报告，多数管理对策建议被有关部门采纳。本文《新冠肺炎疫情信息对民众风险认知和应对行为的影响机制研究》就是发表在核心期刊《管理评论》上的总结

　　* 项目基金：浙江省哲学社会科学新兴（交叉）重大项目"重大突发公共卫生事件下公众风险感知、行为规律及对策研究"（项目编号：21XXJC04ZD）和国家社会科学基金后期资助重点项目（项目编号：19FGLA002）的阶段性成果。

性论文。回想在心理所、中国人民大学和温州大学多年与时老师合作的往事，激动的心情难以平复！时老师渊博的学识和扎实的学风时刻激励着我不断前行！（2003级中国科学院心理研究所博士生，中国人民大学心理学系教授，温州大学温州模式发展研究院风险认知与行为决策研究所副所长　董妍）

　　摘　要： 本研究通过对2144位民众的问卷调查，从风险沟通的视角入手，首先，考察了疫情期间风险信息对民众应对行为的影响，探讨了风险认知的中介作用和民众心理紧张度的调节作用。研究结果发现，在风险信息上，治愈信息和患病信息对民众的风险认知影响最大，它显著地高于与自身关系密切的信息和防控措施的影响。其次，与2003年"非典"（SARS）期间风险认知因素空间位置图的结果相比较，新冠肺炎病毒的"病因"从不熟悉和不可控的一端转向可控和熟悉一端，这表明，我国民众的风险认知能力比2003年有较大的改善。但是，"愈后对身体的影响"和"有无传染性"仍然处于不熟悉和不可控制一端。再次，我国新冠肺炎疫情中心地带的民众，在心理存在着"台风眼效应"。最后，疫情信息通过风险认知对民众的应对行为产生影响，这进一步验证了风险预测模型的适用性。同时，心理紧张度调节了风险认知在风险信息与应对行为之间的中介关系，这为今后应对重大公共卫生突发事件提供了可资借鉴的对策和建议。

　　关键词： 新冠肺炎疫情；风险信息；风险认知；应对行为；心理紧张度

一　引言

　　长期以来，由于自然灾害、疾病、贫困、人口剧增和战争等因素的影响，全球被卷入更深的风险旋涡，这些风险的根源更多在于人为因素的影响，如苏联切尔诺贝里的核泄漏、我国的SARS疫情事件以及日本由地震引发的核扩散事故，总之，灾难事件波及人类生活的多个领域，使民众变得更加恐慌和脆弱[1]。2019年12月以来，我国湖北省武汉市发生了不明原因导致的新冠肺炎疫情，这使中国政府在社会治理中面临着极大的挑战。要解决风险事件给国家和人民带来的种种威胁，除了要提升政府面对重大公共卫生事件的应对能力之外，更要引导民众增强风险意识，使其面对风险灾难事件时有正向的应对行为和情绪管控心态。此次疫情暴发后，关于冠状病毒的报道都表现出该种病毒与SARS类似的特征，2003年SARS的高传染性、一定的死亡率唤起人们的风险感知，引起了民众的高度紧张、恐慌和焦虑等情绪。而2020年的新冠肺炎疫情所导致的风险感知与2003年的SARS疫情存在一定的差异[2]，SARS疫情、风险感知主要集中在北京、广东等地，其他地区的病例比较少见；而此次新冠肺炎疫情，虽然重灾区在武汉，但是，随着春节人口的大量流动，风险源已经遍布全国，因此，两者之间在风险信息的感知、情绪状态和应对行为等方面都存在一定的差异。那么，在经历过16年的演变之后，民众在风险信息认知、应对方式上有哪些变化呢？我们于2020年1月下旬，采用问卷调查方法开展了民众应对新冠肺炎疫情的风险认知研究，试图将所得结果与此前SARS调研结果进行比较，以便为更好地应对重大公共卫生事件提供理论依据和应对方法。

二 文献回顾和研究设计

（一）文献回顾

认知风险最早源于风险评估和行为应对的一系列研究[3,4]，特别是 Slovic P.（1987）发表的有关风险感知的文章，对于后继的公众风险感知探索有更重要的影响[5]。Slovic 指出，人们主要依赖直觉的风险判断来估计各种有危险的事物，根据量化研究的成果开发了风险感知测量模型。在该模型中，风险信息通过影响民众的风险感知进而来预测风险应对。同时，通过绘制风险认知地图，来更直观和形象地勾勒出民众在风险事件中的风险认知状态。该模型的突出特征是强调风险信息、风险感知和行为应对等几个方面，并且以模型的形式来探索这几个变量之间的关系，为更好地应对突发事件提供了理论基础。我们在 2003 年以此为基础展开初步探索，并在此次的研究中就研究内容、研究方法等方面都进行了较为深入的探索，试图获得更为系统的研究结果。在研究方法方面，我们仍然主要采用问卷调查法，并辅以适当的访谈调查作为补充，参考不同时期开发的突发公共卫生事件风险知觉量表展开了调查研究。在 2003 年，当中国暴发 SARS 疫情时，时勘博士课题组率先开展了民众对 SARS 信息的风险认知研究，对 17 城市 4231 人进行了 SARS 风险认知的两轮追踪调查。结果发现，疫情信息是通过风险认知影响个体的应对行为的，风险评估、心理紧张度等是有效的预测指标[6,7]，这为政府提供了管控疫情和引导民众情绪的对策建议。后来，Kellens 等在研究综述里，通过对 57 项研究进行分析，有 55 项研究通过问卷调查的方式探讨了风险情境中民众的风险感知状态。除了采用问卷调查法之外，国内王炼等人另辟蹊径，从信息因素角度，利用互联网环境下信息搜索的序列数据，探讨了突发性灾害事件下风险感知的动态特征[8]。这些研究都对于我们开展 2020 年初期的研究提供了参考意见。而在研究内容上，通过聚焦不同的领域，进一步去验证或者丰富该模型的有效性。在 2008 年汶川大地震中，基于 2003 年的研究，时勘等对于民众创伤后应激障碍的灾后康复问题展开研究，提出了一系列干预方法[9]，应该说，人们的风险认知和风险反应是受到信息系统（认知系统）、人格特质和社会因素的交互影响的，在针对 SARS 疫情的应对方面，其创伤后应激障碍的研究成果也发挥了重要的作用。同时，杨静等从突发事件的分类分级方面进行了研究，将突发事件的分类分级与资源保障程度紧密联系起来，为建立突发事件处置预案提供了依据[10]。另外，在研究风险知觉的内容方面，李纾等发现，民众在地震风险认知中出现了"台风眼效应"，即处于地震中心区的人们对于风险的感受水平明显低于地震远离区的民众，容易产生麻痹思想[11,12]。许明星指出，客观危险与主观害怕之间的关系常常并非一一对应，尽管危险事件客观存在，但是，并不存在真实的风险或者客观的风险，并且在新冠肺炎疫情期间对民众进行了调查，验证了"台风眼效应"[2]。这些研究成果对于本次研究也有重要的参考价值。

通过以上对文献的梳理，我们发现，针对突发公共事件的研究在 Slovic 风险认知模型的基础上进行了一定的探索，尤其是在国内发生的重大风险事件基础上，通过该模型进行了卓有成效的探索，并且在研究内容和研究方法上都有了较大的发展。然而，在遭遇巨大危机时，个体基于自己的认知评估会产生一系列情绪、行为和生理应激反应，特别是此次面对突发疫情，民众首先感受到的是情绪状态的波动，普遍产生诸如焦虑、无助和恐慌等情绪体验[13]，针对民众的心理健康疏导和干预更多地从情绪的视角进行切入才会发挥更好的效果。所以，目前虽然展开了上述研究，但仍然不足以认识新冠肺炎疫情带来的一系列新问题，因此，需要结合 Slovic、时勘和李纾等的风险认知模型及情绪在模型中的位置等成果展开系统的研究，进一步厘清人们的风险认知和应对行为呈现出的疾病发展的对应性，以便清楚地解析疾病发展的阶段与人们风险认知和情绪状态、应对行为的关系，通过实证研究进一步检验之。

（二）问卷设计

调查问卷主要涉及疫情信息感知、风险认知评估、心理紧张度和应对行为调查四个问卷，具体如下：

疫情信息感知问卷：根据风险信息因素的分类[13]，本研究采用了 23 项疫情信息编制问卷。该问卷共分为四个维度：冠状病毒的患病信息、治愈信息、与自身关系密切的信息和政府的防范措施。量表采用李克特 5 点量表进行测量，从 1=无影响到 5=有很大影响。获得的四个维度的内部一致性信度分别为 0.93、0.92、0.86、0.88，总量表的内部一致性系数为 0.95。

风险认知评估问卷：该问卷主要根据 Slovic P. 的理论编制完成[14]，我们将风险认知分为熟悉性和控制性两大维度，并确定了风险认知测量指标，分为 6 类风险事件。问卷均采用李克特 5 点量表进行测量，其中熟悉性分量表的问卷等级从 1=很陌生到 5=很熟悉，问卷的内部一致性系数为 0.85，控制性分量表的问卷等级从 1=完全失控到 5=完全控制，问卷的内部一致性系数为 0.86。

心理紧张度问卷：该问卷主要参考了时勘等人在 SARS 期间编制的心理紧张度问卷[15]。该问卷采用李克特 5 点量表进行测量，从 1=很不同意到 5=非常同意，分数越高表明紧张度越高。此次测试量表的内部一致性系数为 0.81。

应对行为调查问卷：该部分的调查使用的应对行为参考了 Billings 和 Moos 等开发的应对行为量表[16]，我们曾根据 SARS 期间的具体情况，对测量内容进行了大幅度的修订，经过验证后形成了 10 个条目的应对行为量表。此次又根据新冠肺炎疫情的情况，对该量表又增加了应对新冠肺炎的内容，比如"戴口罩、回家及时洗手等"。这样，应对行为包括了两个维度，即积极应对和回避应对。其中的积极应对维度又分为自我保护和主动应付两个方面。预试测量的结果表明积极应对和回避应对的内部一致性系数分别为 0.76 和 0.78。

（三）调查样本

2020 年 1 月下旬，将问卷做成问卷星，采用方便抽样方法进行网上调查。为了与 2003 年 SARS 期间的调查进行比较，本研究在设计之初就对人口统计学变量进行了相应的匹配工作。具体地，在性别变量、职业人群变量、学历分布变量以及疫情所在地区等变量上进行了提前匹配，确保两次比较时不会因为人群的差异而影响统计效果。在各省实施过程中，每个省均配有电话联系人进行答卷咨询。此次调查共涉及全国 30 个省或直辖市，于 2020 年 2 月中旬完成。经最后的统计，有效问卷为 2144 份。参加调查的人员包括：国家机关干部 159 人、公司职员 380 人、服务业人员 47 人、医护人员 213 人、农民 55 人、离退休无业人员 33 人、个体从业者 69 人、进城务工者 37 人、学生 557 人、科教文卫（医护人员除外）420 人和其他人员（未标明身份）174 人。从被调查民众在这次疫情中所在地区看，属于高发疫区被隔离的 102 人，属于高发疫区没有被隔离的 67 人，属于过去是高发疫区目前好转的 43 人，属于有少数发病报道、影响不大的 1156 人，属于本地区没有疫情的 441 人，属于传染病医院内的 235 人。各省的分布情况、年龄和文化程度等人口学变量情况如表 1 所示。

表 1　调查总体情况分布

城市	样本数（人）	城市	样本数（人）	人口统计学指标		占比（%）
北京	211	湖北	41	性别	男	68.1
天津	30	云南	14		女	31.9
内蒙古	20	贵州	35	年龄	20 岁以下	1.03
江西	60	广西	18		20~29 岁	13.91
河南	128	宁夏	7		30~39 岁	31.98
四川	75	新疆	74		40~49 岁	31.42
上海	44	青海	6		50~59 岁	21.22
吉林	31	福建	12		60 岁以上	0.44
广东	169	河北	51	教育程度	初中及以下	8.74
甘肃	67	湖南	46		高中、中专和技校	23.37
辽宁	112	安徽	37		大专	25.46
陕西	32	重庆	55		本科	34.2
江苏	54	黑龙江	24		硕士及以上	8.23
山东	195	海南	6			
山西	36	西藏	92			
浙江	358	其他地区	4			
共计	2144					

（四）分析程序

本研究将所获得数据采用 SPSS 21.0 和 Amos 17.0 等软件进行处理。通过描述性统计分析和差异检验等方法对风险信息、风险认知和应对行为等要素进行分析，然后采用相关分析、回归分析和结构方程模型等方法进一步进行检验。

三　研究结果

（一）风险信息现状的调查结果分析

　　本研究采用 23 项题目编制疫情信息问卷，这些疫情信息共包括四个维度：冠状病毒患病信息、治愈信息、与自身关系密切信息和政府的防范措施。经过对这四类信息进行的影响作用分析结果发现，民众在评估新冠肺炎疫情风险大小时，四类信息的作用是不同的，存在显著性差异（F=249.50，p<0.001）。事后比较分析发现，患病信息与自身关系密切信息之间、患病信息与防护措施之间都存在着显著性差异；另外，治愈信息与自身相关密切信息、治愈信息与防范措施之间也存在着显著性差异。从均值的比较结果来看，治愈信息的影响最大（3.16），其他依次是患病信息（3.13）、防范措施（3.06）和与自身关系密切信息（2.84）。

　　为了进一步将每个条目的影响效应精确化，我们针对 23 道题进一步探索了影响风险评估的最主要因素，分析结果发现：在因素一"冠状肺炎患病信息"中，"医护人员患者人数"的影响作用最大，其数值为 3.42；在因素二"治愈信息"中，"新增治愈人数"的影响作用最大，其数值为 3.19；在因素三"与自身关系密切的信息"中，"您所在单位和住宅区有无患者"的影响作用最大，其数值为 3.04；在因素四"关于政府防范措施信息"中，"病毒传播渠道封堵措施"的影响作用最大，其数值为 3.39。这说明，即使是同一类别的信息，也存在着影响作用的差异。我们所介绍的四项影响因素均介于有影响至有较大影响之间。

（二）风险信息认知现状的调查结果分析

1. 风险信息认知的结果分析

　　从风险认知分析的角度，对熟悉程度和控制程度两个维度进行了统计分析，结果见表 2。

表 2　民众风险认知结果统计

风险事件	熟悉程度		控制程度	
	M	SD	M	SD
传播途径和传染性	3.84	0.84	3.14	0.81
预防措施和效果	3.73	0.76	3.39	0.72
冠状病毒病因	3.45	1.01	3.1	0.9
治愈率	3.17	0.87	2.98	0.74
愈后有无传染的问题	2.55	1.06	3.17	0.93
愈后对身体的影响	2.48	1.00	3.00	0.83
对冠状病毒总体感觉	3.59	0.76	3.39	0.71

　　由表 2 可知，民众对 6 类事件感受到的熟悉程度从大到小依次是：传播途径和传染性、预防措施和效果、冠状病毒病因、治愈率、愈后有无传染的问题和愈后对身体的影响。民众

对6类事件感受到的控制程度从大到小依次是：预防措施和效果、愈后有无传染的问题、传播途径和传染性、冠状病毒病因、愈后对身体的影响和治愈率。这个顺序说明民众对于不同的信息的认知敏感度存在着不同的重视程度。具体表现是：在熟悉程度方面，对于传播途径和传染性、预防措施和效果、冠状病毒病因等会更关注；在控制程度方面，更加注意预防措施和效果、愈后有无传染的问题及传播途径和传染性等问题。

2. 两次风险认知地图的对比分析

为了进一步探究民众风险认知特点的相互依存性，采用了风险认知地图的方式来进一步描述"熟悉性"和"控制性"这两个综合特征，这里以 Slovic 提出的"熟悉性"和"控制性"为坐标，组成 2020 年疫情信息的风险认知地图，并将该地图与 2003 年 SARS 期间的民众风险认知地图进行了比较（见图1、图2）。从比较结果来看，2020 年民众的多数风险因素处于较为熟悉和能够控制这一象限，但"愈后对身体的影响"在 2020 年仍然处于不能控制和不够熟悉状态，对"愈后有无传染的问题"还是感到比较陌生的。也就是说，到 2020 年，民众仍然担心"病愈后是否传染"和"对身体是否有影响"等问题，这与 2003 年的风险感知相比，没有发生变化。这可能和科学研究的进展极其相关，因为时至今日，我们对于SARS、新冠肺炎的愈后传染及出院后对身体的伤害并没有精准的研究结果。当然，由于这些问题与老百姓自身的安危关系更为密切，出现这种分析结果，也是能够理解的。另外，2020 年出现显著变化的是病因问题，在 2003 年处于不熟悉、不能控制一端的"病因"，到了 2020 年则变为可以控制和比较熟悉的因素了。

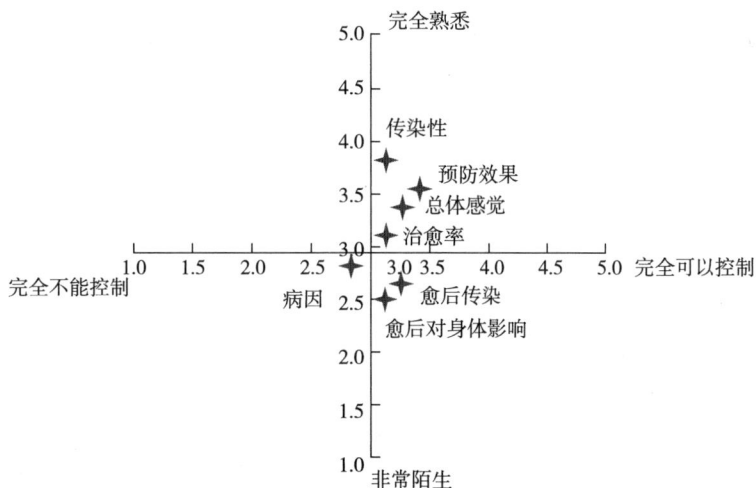

图1　2003年民众风险认知地图

3. 风险认知词云图分析

根据 2144 位被试对于"当提到新型冠状病毒肺炎时，你会联想到什么其他的词语或事件（请写出四项）"的填答结果，统计了前十位的高频词呈现结果，这些词呈现的频次从高至低依次是：非典 571 次、传染 330 次、口罩 261 次、隔离 206 次、死亡 182 次、武汉 101 次、病毒 96 次、SARS 92 次、流感 90 次、蝙蝠 84 次、禽流感 67 次和消毒 64 次。同时，结合被试的选项使用了 Tagul 词云制作软件，编制出民众风险认知词云图（见图3）。从词云图可以看出，民众在疫情期间经常想到非典、传染、口罩、隔离和死亡等词汇。可以认为，这些词会不断在民众脑海里出现，如果不注意引导，它们会加剧民众的心理紧张感。这从另一个侧面反映出民众风险的认知现状。

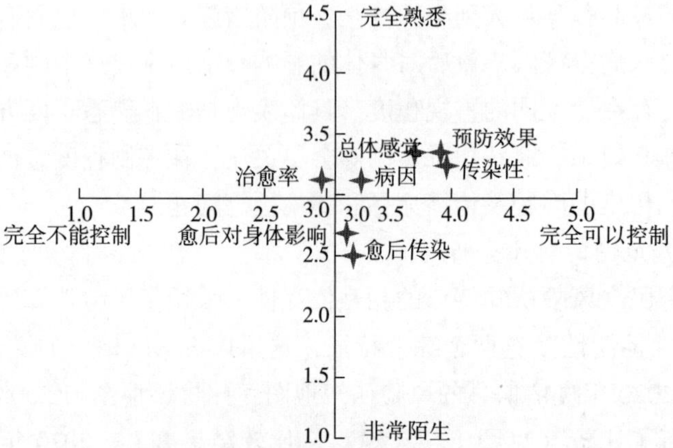
完全熟悉
非常陌生
完全不能控制
完全可以控制
总体感觉
预防效果
传染性
治愈率
病因
愈后对身体影响
愈后传染
4.5
4.0
3.5
3.0
2.5
2.0
1.5
1.0
1.0
1.5
2.0
2.5
3.0
3.5
4.0
4.5
5.0

图 2 2020 年民众风险认知地图

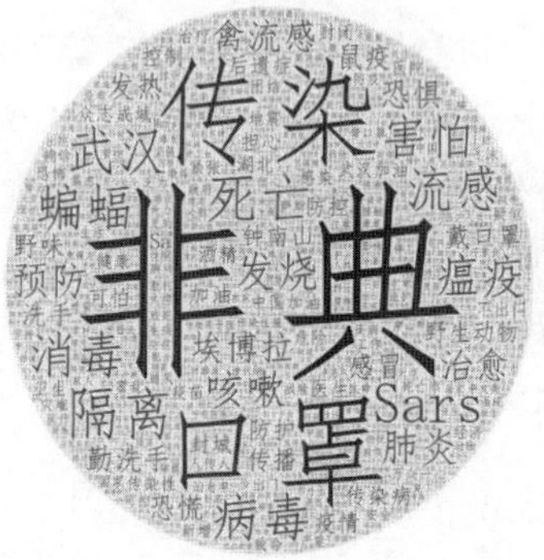
非典 571次、传染 330次、
口罩 261次、隔离 206次、
死亡 182次、武汉 101次、
病毒 96次、SARS 92次、
流感 90次、蝙蝠 84次、
禽流感 67次、消毒 64次

图 3 高频词的呈现结果的风险认知词云图

(三) 民众风险认知的“台风眼效应”

我们还比较了地区之间在风险认知上的差异。这里，根据台风眼效应的分析逻辑，以及疫情的不同等级，将这些地区划分为如下类型：将湖北省及其周边城市列为新冠肺炎疫情的暴发地区，将浙江和重庆等地列为感染较为严重的地区；将远离湖北的新疆、甘肃和黑龙江等地列为远离疫情地区。根据这三个地区的划分，分析这些地区在风险认知方面的熟悉性和控制性，以及该方面的差异，结果见表 3。可以看出，在熟悉程度这个维度上，方差分析结果发现三组存在极其显著的差异（$F=9.87$，$p<0.001$），表现为疫情暴发区民众对风险认知的熟悉程度和控制程度（$M=3.55$）显著高于疫情严重区（$M=3.30$）和远离疫情区（$M=3.49$）。在控制程度这个维度上，方差分析结果发现三组存在显著性差异（$F=4.22$，$p<0.05$），表现为疫情暴发区的控制程度（$M=3.44$）显著地高于疫情严重区（$M=3.29$）和远离疫情区（$M=3.28$）。研究结果表明，熟悉程度和控制程度的数值越高，风险认知水平就越低，这一结果表明，以武汉为中心，疫区呈现出“台风眼效应”。这主要指，从物理空间来看，处于风险事件中心地带（“台风眼”）的人，由于反复受到负性信息的刺激，在面对灾难时容易出现麻木、习以为常的心态。在 2008 年汶川地震的研究中，李纾等（2009）就发现了这一心理现象。[11] 我们在 2020 年再次发现了这种心理现象：由于民众长时间面对新冠肺炎疫情，疫区中心地区民众由于反复受到这种刺激，就会习以为常，产生麻木松懈的

情绪，如果不注意这一问题，可能导致这些地区出现疫情反弹的情况。

表3 不同地区风险认知差异比较

风险认知维度	分组	M	SD	F	p
熟悉程度	疫情暴发区	3.55	0.56	9.87***	0.000
	疫情严重区	3.30	0.58		
	远离疫情区	3.49	0.53		
控制程度	疫情暴发区	3.44	0.46	4.22*	0.015
	疫情严重区	3.29			
	远离疫情区	3.28			

注：数字越高，表示熟悉或控制程度越高，风险认知水平越低。

（四）风险信息、风险认知与应对行为之间的关系

为了进一步探索风险信息、风险认知与应对行为之间的关系，本文进一步检验了风险信息对风险认知、应对行为的影响。这里，本文提出了有中介的调节效应模型来实现这一检验要求。在模型中，以风险信息作为自变量，民众的应对行为作为因变量，风险认知作为中介变量，民众的心理紧张感作为调节变量，进行分析后得到如下结果：

1. 变量之间的相关分析

各变量之间的相关关系如表4所示，在所进行的风险信息分析中发现，正性信息和风险认知、应对方式存在显著正相关；负性信息和应对方式存在显著正相关，和风险认知存在显著负相关，风险认知与应对方式之间存在显著正相关。

表4 各变量之间的相关分析（N=2144）

变量	1	2	3	4	5	6	7	8
1. 性别	1							
2. 年龄	-0.096**	1						
3. 受教育程度	-0.023	0.025	1					
4. 正性信息	-0.035	0.001	0.066*	1				
5. 负性信息	0.027	-0.123**	0.200**	0.324**	1			
6. 风险认知	-0.011	0.069*	-0.084*	0.061*	-0.061*	1		
7. 应对方式	0.012	0.134**	0.116*	0.156**	0.062*	0.212**	1	
8. 心理紧张度	0.064*	-0.075*	0.029	0.144**	0.174**	-0.074*	0.124**	1

2. 风险信息对应对行为的影响：风险认知的中介作用

我们采用结构方程模型进行中介效应检验。在模型中，风险信息的四个信息作为自变量，风险认知作为中介变量，积极应对和回避应对作为因变量。检验结果如表5所示：模型1为初始模型，根据结构方程提供的修正指标对模型进行了修改；模型2是在模型1的基础

上增加了从患病信息通往回避应对的一条路径，增加路径后模型拟合度得到了改善；模型3是在模型2的基础上增加了与自身关系密切信息通往回避应对的一条路径，增加路径后，模型进一步了得到了改善；模型4增加了防控措施到积极应对的一条路径，增加路径后，各项拟合指数都达到了了最优。

表5　中介模型检验的拟合度指数

模型	X^2/df	GFI	CFI	TLI	RSMEA
模型1	15.596	0.984	0.973	0.928	0.083
模型2	8.546	0.992	0.988	0.963	0.059
模型3	6.182	0.995	0.993	0.974	0.049
模型4	1.569	0.999	0.999	0.997	0.016

从图4可以看出，影响风险认知的信息因素的作用是不同的：患病信息和自身关系密切信息负向影响风险认知，治愈信息和防控措施正向影响风险认知，即患病信息、与自身关系密切信息的影响越大，风险认知的水平越高。而治愈信息和防控措施的影响越大，民众的风险认知的水平越低。这与2003年SARS期间的结果一致。[8]此外，患病信息和与自身关系密切的信息都直接地影响着回避应对，即患病信息影响越大，越会导致民众直接的回避应对行为；与自身关系越密切的信息，越会导致民众有越少的直接回避应对行为。同时，患病信息和与自身关系密切信息也通过风险认知间接地影响着积极应对和回避应对。此外，治愈信息、防控措施直接的正向影响着积极应对，治愈信息、防控措施的影响越大，民众越会采用积极的应对方式，同时，防控措施和治愈信息也通过风险认知间接地影响着积极应对和回避应对。此外，还可以进一步发现，在中介模型检验图中，个体的风险认知是进行应对的重要预测变量，风险认知到回避应对的路径系数为负，到积极应对的路径系数为正。这说明，个体的风险认知水平越高，感知到的风险越大，民众越会采用回避性应对行为，而风险认知水平降低，民众越会理性地采取积极的应对行为。

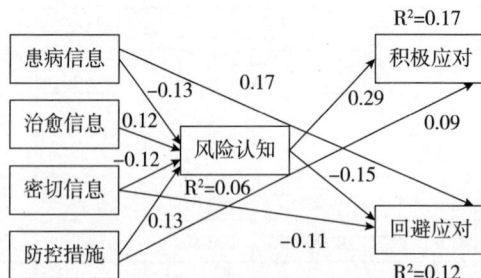

图4　民众风险认知与应对行为关系的中介模型检验

3. 风险信息对应对行为的影响：有中介的调节效应

为了进一步地探讨民众的情绪在整个路径图中的作用，本文以风险信息为自变量，应对方式为因变量，风险认知为中介变量，心理紧张度为调节变量，构建了有中介的调节模型。通过多个有中介的调节效应检验，结果发现了以治愈信息为自变量、风险认知为中介变量、积极应对为因变量、心理紧张度为调节变量的有中介的调节模型。统计分析的结果如下：

表 6　中介作用和调节作用的检验（N=2144）

变量	方程 1（积极应对）				方程 2（风险认知）				方程 3（积极应对）			
	β	SE	t	95%CI	β	SE	t	95%CI	β	SE	t	95%CI
性别	0.03	0.04	0.87	[-0.04, 0.11]	0.07	0.03	2.09	[0.01, 0.12]	0.04	0.04	1.16	[-0.03, 0.12]
年龄	0.07	0.02	4.8	[0.04, 0.11]	-0.03	0.01	-2.32	[-0.06, -0.01]	0.06	0.02	4.11	[0.03, 0.09]
教育程度	0.07	0.02	3.43	[0.03, 0.11]	0.01	0.02	0.76	[-0.02, 0.05]	0.08	0.02	4.2	[0.05, 0.12]
治愈信息	0.08	0.02	4.49	[0.04, 0.11]	0.07	0.01	4.81	[3.17, 3.61]	0.08	0.02	4.68	[0.04, 0.11]
风险认知	0.14	0.04	3.7	[0.06, 0.21]					0.27	0.04	7.06	[0.20, 0.35]
心理紧张度					-0.3	0.1	-3.09	[-0.48, -0.11]				
交互项					0.06	0.02	2.46	[0.01, 0.11]				
R^2	0.07				0.03				0.10			
F	15.17***				8.57***				22.81***			

从表6可以看出，在控制了性别、年龄和受教育程度之后，治愈信息对风险认知的回归系数显著（β＝0.07，p<0.05）；在控制了治愈信息后，风险认知对积极应对的回归显著（β＝0.27，p<0.001）。同时，Bootstrapping结果表明，间接作用显著：在95%的置信度下，置信区间为 [3.17，3.61]，不包括0，中介效应得到了验证。此外，在控制了性别、年龄和受教育程度之后，治愈信息和心理紧张度的交互项对风险认知的回归系数显著（β＝0.06，p<0.05），调节效应的结果得到了验证。为了进一步验证调节效应，我们还进行了简单斜率检验，结果见图5。对于高心理紧张度的个体而言，治愈信息对风险认知有显著的影响作用（β＝0.066，p<0.01）；而对于低心理紧张度的个体而言，治愈信息对风险认知没有显著的影响作用（β＝0.001，p>0.05）。我们还检验了患病信息、自身关系密切信息以及防范措施与心理紧张度的乘积项对风险认知的影响，都没有发现调节效应。总之，这些检验结果证明，我们预期假设中进行的预测是准确的。也就是说，只要把握了民众的风险认知信息规律，就可以对民众的应对行为进行预测，把握其情绪状况，进而进行情绪引导。

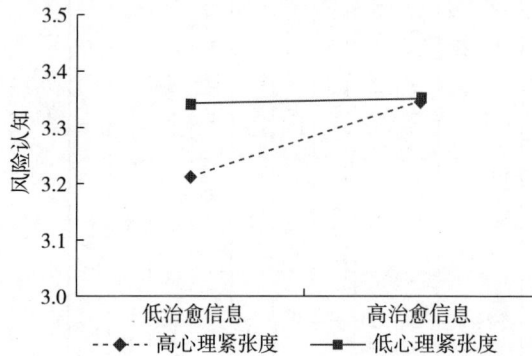

图 5　心理紧张度在治愈信息和风险认知之间的调节效应

最后，采用Preacher等（2011）的分析方法进行了有中介的调节效应检验，[17]结果如表7所示，治愈信息通过风险认知影响民众的积极应对，间接效应在高心理紧张度组显著，而在低心理紧张度组这一关系则不显著。

表 7　有调节的中介作用检验

分组统计	B	SE	95%置信区间
被调节路径	治愈信息	风险认知	积极应对
高心理紧张度（+1SD）	0.007	0.007	[0.007，0.034]
低心理紧张度（-1SD）	0.001	0.001	[-0.009，0.012]

四　讨论

（一）　风险信息导致的恐慌因素分析

研究发现，在影响民众的风险信息中，治愈信息尤其是新增治愈人数对民众的影响最大。其次是患病信息。在患病信息中，医护人员患病人数对民众的风险认知产生的影响最大。这与时勘等（2003）的研究结果略有不同。[15] 在 2003 年 SARS 疫情期间，与民众自身关系密切的信息，即物理空间距离更近的环境，如所在单位和住宅区有无患者，最能影响他们的风险认知，之所以会有这样的不同，原因在于民众在经历过 SARS 疫情之后，对 SARS 的传播途径及其致死率都有了较为深刻的了解，所以围绕死亡会有较高的风险评价。虽然人们对二手信息的有效性和个人相关持怀疑态度，但更容易相信自己感官所获得的证据。因此，经验不仅影响个人如何了解和感知风险，而且影响他们的行为反应。[18-20] 例如，认为空气污染对健康构成真正威胁的人更有可能对于改善环境采取行动，通过更多地采用公共交通来保护自己免受空气污染[21]。这说明，从环境风险中感知到的个人威胁可能会导致采取行动保护他人和自己。此次暴发的新冠肺炎疫情，民众被隔离在家，有较多时间关注媒体发布的各种信息，当了解到此次的新型冠状病毒类似于 SARS 病毒，并且当前的信息传播系统的效能明显优于 2003 年，加之对于死亡有关的字眼依然较敏感，所以会更多地关注治愈、新增治愈率等问题。

此外，在患病信息中，不同于 SARS 期间的新增死亡人数的影响，此次调查结果发现，新增医护人员患病人数对民众产生了更大的风险知觉。之所以会出现这个结果，在于此次中央政府动员了数万名医护人员集结湖北，抢救新冠肺炎患者。因此，医护人员的健康问题更加牵动亿万民众的心；加之医护人员身处抢救第一线，是面临更危险境地的人们。此方面的负性信息更能激起民众的风险认知。此次新冠肺炎疫情发生之后，各种渠道的信息纷至沓来，除了每天发布的全国各地以及湖北武汉的新增死亡人数等信息之外，对于医护人员的报道也是层出不穷，医护人员属于与感染人群接触最直接、频次最高的重要群体，他们的发病信息当然更能直接影响人们的认知。排在较后位置的是政府防控措施和与自身关系密切的信息。这两方面的信息排在后面的原因，与政府的果断决策有关。在疫情发生初期，中央政府果断地做出对疫区进行隔离的决定，并要求普通民众不聚集、不出门，并加大了对于社区和乡村要道的疫情防控措施。这一举措得到了广大民众的响应，世界卫生组织对此也给予充分肯定。由于民众在此过程中感受到了政府的积极态度和各项举措的力度，因此给予积极配合，内心的安全感也增加了，因此，对这些风险信息的认知水平也就显然降低了。

（二）两次风险认知地图的因素变化

从调查结果来看，民众的整体风险性认知处在风险因素空间的右上端，即在完全熟悉和完全控制组成的象限内。这与时勘等（2003）发现的 SARS 疫情风险认知地图的结果总体上是一致的。[15] 但两次情况还是有一定的差异。面对突然来袭的新型冠状病毒的肆虐和蔓延，民众能够在短时间内形成对病毒的熟悉感和可控制感，特别是对于病因的认识出现了可喜的变化，增强了认知的熟悉性和控制感，从不可控制和不够熟悉转入了可以控制和比较熟悉，这与政府迅速而有力的应对行为，给予了民众较为清晰的认识，增强了民众的信心有关，加之这次政府能够充分利用网络媒体进行新冠肺炎疫情的宣传，所以病因移至比较熟悉和能够控制这一端也是对政府、科研专家和媒体成功宣传的肯定。不过，关于"愈后对身体的影响"和"愈后有无传染性"的问题，仍然处于不能控制和不熟悉的一端。

（三）"台风眼效应"：疫区内外的认知差异

疫情暴发区、疫情严重区和远离疫情区的认知差异比较发现，疫情暴发区的民众风险认知水平与疫情严重区和远离疫情区存在显著性差异，表现为在风险认知的熟悉性和控制性两个方面都表现出较高的分数，而高分数表现了风险认知的低水平。这一结论验证了"心理的台风眼效应"。所谓"台风眼效应"，是指在灾难发生的中心区域，个体的心理反应比中心以外地区的个体具有更平静的心理状况。这种情况在 2008 年汶川地震中就有类似的发现。[11,22]根据 Melber 等（1977）的简单暴露效应理论，刺激的简单暴露能够成为提高个体态度的充分条件，刺激的不断强化会导致熟悉程度的加剧，而这种结果是对刺激的敏感度下降。[23]在此次的新冠肺炎疫情中，由于暴发地武汉民众长时间处于风险刺激中，这样，刺激的不断强化就会导致适应性增强，因而民众降低了对风险的敏感程度，这一结论对于抗击新冠肺炎疫情有重要的指导意义。

（四）风险认知与应对行为之间的关系模型

我们运用结构方程模型的方法，分析了风险信息、风险认知和应对行为的关系模型，并据此发现，患病信息和与自身关系密切的信息可以直接影响回避性应对，同时也可以通过风险认知的中介作用间接地影响积极应对和回避应对。政府的防控措施既可以直接影响积极应对，同时也可以通过风险认知间接地影响积极应对和回避性应对。从风险信息的类型划分来看，患病信息和与自身关系密切的信息属于负性信息，政府的防控措施和治愈信息属于正性信息。研究发现，负性信息通过影响风险认知而影响回避性应对；正性信息通过正向影响风险认知而影响积极性应对。如果风险已经经历或容易被发现，则感知到的风险的可能性就会增加，这种"可用性启发"意味着灾难性事件或大量的媒体报道可能会扭曲对风险的认识。[23]在获得的关系模型中，与自身关系密切的信息和患病信息作为负性信息，很容易被民众所感知，因此也会导致民众的过度恐慌，使民众采取回避性应对行为，这实际上是不利于民众身心健康的。Globe 等（2007）研究指出，公众对气候变化的反应将最有效地通过展示行动来实现，应对气候变化这样紧迫的威胁，可以通过政府或社区的努力来直接进行缓解。[24]此次疫情，政府进行了大力的宣传并采取切实的措施来帮助民众更好地应对，社区通过严格的身份准入制度来保证人们的安全，通过这样的管理方式，使民众具备了较好的经验来适应社区管理新模式，因而会采用更好的自我保护性的防御行为。另外，风险信息通过风险认知影响应对行为的结果与时勘等（2003）在 SARS 期间的研究结果是相当一致的，即疫情信息通过影响个体的风险认知，进而对民众的应对行为等预警指标产生了影响。在预测模型中，个体的风险认知状态是进行预警指标评估的基础和前提。还有研究指出，保护行动也会受到诸如可用资源、感知控制和对负责机构的信任等因素的影响。[25]因此，虽然有风险信息的存在，但是民众的应对行为还需要对信息进行加工，这是因为，对于资源和控制感的不同理解也会导致采取不同的应对策略。

最后还需指出，本文运用有中介的调节方法对民众的应对行为进行了分析，结果发现，在风险信息影响应对行为的路径中，心理紧张度是调节这种关系的重要变量。过去曾有研究指出，在高风险感知的情境下，人们更加愿意去实施主动应对行为（Covello，2003），[26] 然而，哪些因素会迫使民众实施主动防御性行为来应对环境的威胁还需要进一步检验。Stefano（2015）的研究表明，对风险的认知，通常与采取预防性行为来应对风险的倾向有关，但也不足以促使人们在更高层次上采取预防性行为。事实上，情感变量有可能与风险信息产生相互作用，进而对风险认知产生影响，并影响随后的应对行为。[27] 但是，从本文中可以看出，民众的紧张心理破坏了治愈信息等积极信息对民众风险知觉的感知，从而导致积极应对行为变弱，民众的高心理紧张感则会干扰甚至破坏治愈信息对风险认知产生的积极应对行为。通过分析我们发现，风险信息中的患病信息、与自身关系密切的负性信息在该模型的作用并没有得到验证。根据谢晓非等（2003）的研究结果，在影响风险认知的因素里，信任、承担等较为正向的因素会对应对风险的行为发挥重要的作用。[28] 而在本文中，治愈信息和出院人数、政府的有力举措等正性因素确实会增加民众的信任和安全感，进而降低对风险的认知，并会促使民众通过理性分析后，形成积极的应对方式。不过，面对新冠肺炎疫情，民众的心理紧张感肯定是始终存在的，这种紧张心理确实会使积极的应对行为受到一定的削弱，因此，还需要寻求其他情绪引导的方法，[29,30] 从多个测度来帮助民众理性地面对现实，进而减少人们对风险的失真判断，形成更为长期的、理性平和的心态。

（五）管理启示

根据本文的研究结果，特提出如下政策建议：

首先，从本次研究的时间维度来看，处于疫情暴发初期时，在该时间段公众对于风险信息的感知处于暴发性增长的阶段，此时，针对事实性信息应该是快速、高频率地发布和传播[31]，例如，针对疫情影响的范围、受疫情控制的大概区域、政府紧急采取的应对措施等，重点是突出信息的真实和快速。不过，在信息的发布上，要重点区分正性信息和负性信息的发布策略。时勘等（2003）曾指出，当负性信息超过一定限度，甚至违背人们风险认知规律的信息轰炸时，效果可能适得其反。[15,32]

其次，从空间维度来看，我们要根据"台风眼效应"，针对不同地区的民众进行不同的情绪引导，在疫情暴发地的湖北武汉，在继续进行生命安全保障教育的同时，要杜绝麻木松懈的情绪（钱海婷，2015）。[33] 而对于处于疫情边缘区的民众，则应该通过科学防病知识、技能的宣传，使他们掌握疾病传播的规律，去除恐慌心理，理性对待病毒带来的疫情风险。目前，抗击新冠肺炎疫情正处于关键时刻，我们要采取一切措施，使在武汉地区的民众坚持到底，避免疫情的反弹；在远离疫区的地带，特别要处理好疫情防范和复工复产的关系，不得过度防范，使心理干预工作更加精准，解决好情绪疏导问题。这应该是抗击疫情后期更应该关注的问题。

最后，根据风险认知理论，人们对损失的负性情绪体验会比同等大小的收益所带来的正性情绪体验更为强烈，这就决定了"与普通认知信号相比，潜在的认知风险信号更能吸引人们的关注"（Kellens et al.，2013）。[34] 因此，针对治愈后对身体的影响和有无传染等问题，也可以专门研究一下针对性的宣传策略，以避免民众的信息过载。而基于心理紧张度这一负性情绪对于民众风险认知和积极应对行为的破坏作用，在后期的民众情绪引导中，应进一步探讨如何减缓民众的焦虑和紧张情绪，探讨多维立体的、分层次的民众心理疏导和救助策略，倡导基于人类命运共同体思路的情绪引导战略和策略。

五 结论

本文采用方便取样的方法，对全国26个省和4个直辖市的2144名民众进行了新冠肺炎疫情信息对民众风险认知和应对行为的影响机制研究，结果发现：

1. 在风险信息上，治愈信息和患病信息对民众的风险认知影响最大，显著地高于与自身关系密切的信息和防控措施的影响。

2. 与时勘等（2003）SARS期间风险认知因素的空间位置图的比较结果表明，新冠肺炎的"病因"从不熟悉和不可控的一端转向可控和熟悉一端，但"愈后对身体的影响"和"有无传染性"仍然处于不熟悉和不可控制一端。

3. 差异检验结果表明，处于新冠肺炎疫情中心地带的民众，在心理上存在着"台风眼效应"。

4. 结构方程分析结果发现，疫情信息通过风险认知对民众的应对行为产生了影响，这再一次验证了风险预测模型的适用性。

5. 通过有中介的调节效应的检验，验证了民众情绪在结构模型中的调节效应，为下一步进行情绪疏导提供了科学依据。

最后，我们还需要指出的是，通过本次调查，我们发现心理学的疫情研究的一个重要规律就是，要伴随医学界对疾病认识的深入和疫情的传播，来决定人们的风险认知和应对行为是否出现了相应发展的对应性，从而在研究中体现这种与解析疾病发展相同步的关系。比如，在新冠肺炎疫情暴发初期，该时间段公众对于风险信息的感知也处于暴发性增长阶段，民众会对疫情信息进行快速、高频率的传播，恐慌、焦虑是其主要特征，这会波及大的影响范围和大面积的区域，此时的各国政府，不论社会治理的价值观如何，不惜一切经济代价去控制疫情是唯一正确的选择，中国政府正是采取了紧急的应对措施，赢得了宝贵的时间。这里重点突出的是初期信息的真实和快速，民众也积极地配合，心理状态得以恢复，这是中国民众风险信息感知的初期阶段的特点。但是，当疫情进入中期猖獗的时候，由于这些风险信息反复刺激疫区中心地区的民众，当疫情进入相持阶段的时候，疫区中心地带的民众就出现了"台风眼效应"。针对湖北武汉及周边地区民众的这一特殊心理想象，心理学家的任务就是要告诉政府、社区和广大民众，现在不是弹冠相庆的时候，不得放松警惕，要防止疫情的反弹。我们作为心理学者，在这一阶段，正是这样进行科学研究，也是这样及时地告知我们的政府和人民。那么，到疫情发展到下一个阶段，就是复工复产和民众心理康复阶段时，我们的心理学调查和相关对策也会转入后期阶段，诸如民众之间的人际关系、领导者在疫情后期的作为，以及创伤后的应急障碍及心理康复，就逐渐进入我们的视野。

参考文献

[1] Yoseph, M., Habtemariam, K., Mengistu, K., et al. The Effect of Drought Risk Perception on Local People Coping Decisions in the Central Rift Valley of Ethiopia [J]. Journal of Development and Agricultural Economics,

2015，7（9）：292-302.

［2］许明星，郑蕊，饶俪琳等. 妥善应对现于新冠肺炎疫情中"心理台风眼效应"的建议［J］. 中国科学院院刊，2020，35（3）：273-282.

［3］Atman，C. J.，Bostrom，A.，Fischhoff，B.，et al. Designing Risk Communications：Completing and Correcting Mental Models of Hazardous Processes（part 1）［J］. Risk Analysis，1994，14（5）：779-788.

［4］Vlek，C.，Stallen，P. Rational and Personal Aspects of Risk［J］. ACTA Psychologique，1981，45（3）：275-300.

［5］Slovic，P. Perception of Risk［J］. Science，1987（236）：280-285.

［6］Shi，K.，Lu，J. F.，Fan，H. X.，et al. The Rationality of 17 Cities' Public Perception of SARS and Predictive Model of Psychological Behaviors［J］. Chinese Science Bulletin，2003，48（13）：1297-1303.

［7］Lu，J. F.，Shi，K. A Profile of Social Support During SARS in China［J］. International Management Review，2004，1（1）：45-51.

［8］王炼，贾建民. 突发性灾害事件风险感知的动态特征——来自网络搜索的证据［J］. 管理评论，2014，26（5）：169-176.

［9］时勘，江新会，王桢等. 震后都江堰市高三学生的心理健康状况及抗逆力研究［J］. 管理评论，2008，20（12）：9-14.

［10］杨静，陈建明，赵红. 应急管理中的突发事件分类分级研究［J］. 管理评论，2005，17（4）：37-41.

［11］李纾，刘欢坦，白新文等. 汶川"5·12"地震中的"心理台风眼"效应［J］. 科技导报，2009，27（3）：87-89.

［12］Li，S.，Rao，L. L.，Bai，X. W.，et al. Psychological Typhoon Eye in the 2008 Wenchuan Earthquake［J］. PLoS ONE，2009，4（3）：1-6.

［13］Baldassare，M.，Katz，C. The Personal Threat of Environmental Problems as Predictor of Environmental Practices［J］. Environment and Behavior，1992，24（5）：602-616.

［14］Burton，I.，Kates，R.，White，G. The Environment as Hazard［M］. New York：Oxford University Press，1978.

［15］时勘，范红霞，贾建民等. 我国民众对 SARS 信息的风险认知及心理行为［J］. 心理学报，2003，35（4）：546-554.

［16］Moos，R. H. Coping Responses Inventory：Adult Form：Professional Manual［J］. Psychological Assessment Resources，1993（5）：35-59.

［17］Preacher，K. J.，Kelley，K. Effect Size Measures for Mediation Models：Quantitative Strategies for Communicating Indirect Effects［J］. Psychological Methods，2011，16（2）：93-115.

［18］程培堽，殷志扬. 风险知觉、风险偏好和消费者对食品安全事件的反应——以瘦肉精事件为例［J］. 管理评论，2012，24（12）：128-136.

［19］朱越，沈伊默，周霞等. 新型冠状病毒肺炎疫情下负性情绪影响心理健康的条件过程模型：人际疏离感的调节作用［J］. 西南大学学报（自然科学版），2020，42（5）：1-10.

［20］Laska，S. B. Homeowner Adaptation to Flooding：An Application of the General Hazards Coping Theory［J］. Environment and Behavior，1990，22（3）：320-357.

［21］Evans，G. W.，Colome，S. D.，Shearer，D. F. Psychological Reactions to Air Pollution［J］. Environmental Research，1988（45）：1-15.

［22］谢佳秋，谢晓非，甘怡群. 汶川地震中的心理台风眼效应［J］. 北京大学学报（自然科学版），2012，47（5）：944-952.

［23］Melber，B. D.，Nealey，S. M.，Hammersla，J.，et al. Nuclear Power and the Public：Analysis of Collected Survey Research [R]. Seattle: Battelle Memorial Institute, Human Affairs Research Center, 1977.

[24] Globe Scan. 2006 GlobeScan Corporate Social Responsibility Monitor. 30-Country Poll Finds Worldwide Consensus that Climate Change Is a Serious Problem [M]. GlobeScan Program on International Policy Attitudes (PIPA) and World Public Opinion, 2007.

[25] 时勘, 陆佳芳, 范红霞等. SARS 危机中 17 城市民众的理性特征及心理行为预测模型 [J]. 科学通报, 2003, 48 (13): 1378-1383.

[26] Covello, V. T. Best Practices in Public Health Risk and Crisis Communication [J]. Journal of Health Communication Research, 2003 (8): 5-8.

[27] Stefano, D. D., Ferdinando, F. We Are at Risk, and so What? Place Attachment, Environment Risk Perceptions and Preventive Coping Behaviors [J]. Journal of Environmental Psychology, 2015 (43): 66-78.

[28] 谢晓非, 谢冬梅, 郑蕊等. SARS 危机中公众理性特征初探 [J]. 管理评论, 2003, 15 (4): 6-12.

[29] 徐明川, 张悦. 首批抗击新型冠状病毒感染肺炎的临床一线支援护士的心理状况调查 [J]. 护理研究, 2020, 2 (3): 45-48.

[30] 王琛, 王旋. 新型冠状病毒感染的流行、医院感染及心理预防 [J]. 全科护理, 2020, 1 (3): 13-17.

[31] Keller, C., Siegrist, M., Gutscher, H. The Role of the Affect and Availability Heuristics in Risk Communication [J]. Risk Analysis, 2006, 26 (3): 631-639.

[32] Wong, K. K., Zhao, X. B. Living With Floods: Victim's Perceptions in Beijiang, GuangDong, China [J]. Area, 2001, 33 (3): 190-201.

[33] 钱海婷. 突发事件中公众风险认知的理论模型述评 [J]. 情报杂志, 2015, 34 (5): 141-146.

[34] Kellens, W., Terpstra, T., Maeyer, P. Perception and Communication of Flood Risks: A Systematic Review of Empirical Research [J]. Risk Analysis, 2013, 33 (1): 24-49.

The Information of COVID-19 on the Public's Risk Perception, Coping Behavior and Its Mechanism

Shi Kan   Zhou Haiming   Jiao Songming   Guo Huidan   Dong Yan

Abstract: Through a questionnaire survey of 2144 people, starting from the perspective of risk communication, this study first investigated the impact of risk information on people's coping behavior during the epidemic, explored the mediating role of risk cognition and the moderating role of people's psychological tension. The results showed that, in terms of risk information, treat information and disease information had the greatest impact on people's risk cognition, which was significantly higher than that of self-information and prevention measures the government took. Secondly, compared with the results of spatial location map of risk factors in 2003, the "etiology" of COVID-19 has shifted from the familiar and uncontrollable ends to the controllable and familiar ends. It suggests that individuals' risk perception ability of 2019 is much better than that of 2003. However, the "effects of post-healing on the body" and "non-infectivity" are still at the unfamiliar and uncontrollable ends. Furthermore, the Psychology "Typhoon Eye Effect" exists in the population of the COVID-19 epidemic center. Finally, the epidemic information has an impact on the public's coping behavior through risk perception, which further verifies the applicability of the risk prediction model, and psychological stress moderates the relationship between risk information and coping behavior. The conclusion of this study provides some suggestions and countermeasures for dealing with public health emergencies.

Key words：COVID-19; risk information; risk perception; coping behavior; psychological tension

中华民族共同体意识与抗击新冠病毒的应对研究 *

时　勘　覃馨慧　宋旭东　焦松明　周海明

【编者按】2020 年 4 月，我们从新闻中获悉时勘教授发起了抗击新冠肺炎疫情的全球心理学研究倡议，尚未被正式录取的研究生们被时老师的与时俱进、思路广阔所感染，于是萌发了争取到他领导的课题组学习的想法。我们几位同学鼓起勇气向时老师发送邮件表达意愿。没想到第二天就收到了时老师的回复。这样一位具有深厚积淀的学术泰斗还亲自来电，让我们激动不已。而后，我们拜读时勘博士课题组公众号和朋友圈，进一步了解时老师承担的国家社会科学基金后评估重点项目，以及抗击新冠肺炎疫情的系列通告，切实感受到他研究格局之广、应用性之强。后来，我们通过激烈竞争，有幸被录取到时勘博士课题组。当时正值疫情猖獗之时，时老师将与加拿大教授联合调查问卷的翻译任务交给我们。在时老师言传身教的感染下，我们被录取的六名研究生还没有报到就已全力投入到研究之中。经过四个月的努力我们顺利完成现场调查，我和宋旭东同学在时老师的带领下，将疫情期间四轮心理学调查结果进行分析总结，很快完成了《中华民族共同体意识与抗击新冠肺炎疫情的应对研究》一文，经认真修改后，时老师在 2020 年中国心理学会民族心理学全国大会上做了主题报告并立即引起强烈反响，此文受到《民族教育研究》主编的关注，主动约稿。此文稿被录用后，时老师引导我们参与文章的修改，在这一过程中我们得到了很大的锻炼。经过四轮修改后文章终于定稿，文章于 2021 年第 1 期正式发表。更令我们两人感动的是，作为一篇学术论文时老师将文章列入《时勘心理学文选》，让我们这些进入课题组不足一年的后进者跻身国内外知名的课题组学术队伍之列。

回顾加入课题组以来的经历，宋旭东同学已经涉及变革型领导、松紧文化和团队组建的底层驱动课题，而覃馨慧则承担乡村振兴、贫困计划打断和民众致富动机研究，在此过程中，我们在时老师的指导下，紧紧抓住中华民族共同体意识与抗击新冠肺炎疫情这一关系问题，能够得到这样的进步，虽然有自己的努力和艰辛，更主要还是要感谢导师在指导学生方面的高屋建瓴。当我们一进入课题组时，就在时老师"干中学"指导思想的指引下，从前沿热点入手，经历了主题确定、问卷设计、模型构建、论文撰写直至成果获得的全过程。每一个环节都无不倾注了时老师的心血！时老师对我们硕士新生，完全是用对待博士生的方式培

* 本文系 2021 年浙江省哲学社会科学新兴（交叉）重大项目"重大突发公共卫生事件下公众风险感知、行为规律及对策研究"（项目编号：21XXJC04ZD）、2019 年国家社会科学基金后期资助重点项目"核心胜任特征的成长评估模型研究"（项目编号：19FGLA002）的阶段性成果。

养的，这也充分体现出他的核心胜任特征形成规律的思想。从入学以来，课题组已经参与国内外十余次学术交流会议，而且在参与浙江省哲学社会科学重大交叉学科重大课题的研究实践中取得了成功。2021年春季学期开学以来，我们在时老师带领下，又进行了"高端人才核心胜任特征智能评估研究"社科基金重大项目的申请，在筹备这一立项申请中，与全国工商联、中国人民大学和之江实验室的高层管理者及科研人员建立了更为紧密的学术联系，与重庆云日集团和六盘水市政府在应用方面也取得了一些突破。2021年3月，在时老师的指导下，我们七位同学在宋旭东同学的带领下，还参加了大学生挑战杯的比赛，我们挑战的主题是"核心胜任特征的网络心理测试与培训系统"，目前已经进入复赛。回顾走过的历程，我们深切地体会到，面对机遇和挑战，要勇于抗逆成长，才能形成学习与科研的强大动机。我们相信，秉持脚踏实地、精益求精的学习态度，我们会不断成熟起来，而且会做得越来越好！未来，我们将继续奋斗，力争为心理学事业的蓬勃发展贡献自己的力量！衷心祝愿时老师身体健康！敬爱的时老师，在我们学生心目中，您永远是年轻的！我们这些"90后"的心理学后生，也会像前辈们一样不断进取，绝不会辜负您的期望！（覃馨慧，温州大学教育学院心理学系2020级硕士生，温州模式发展研究院 研究人员；宋旭东，温州大学教育学院高等教育学系2020级硕士生，温州模式发展研究院 研究人员）。

摘　要：抗击新冠肺炎疫情的斗争见证了我国各族人民在斗争过程中所践行的中华民族共同体意识的关键作用，这是我国各族人民所取得的阶段性胜利的基本保障。本文基于四轮心理学调查，分析了中华民族共同体意识与抗击新冠肺炎疫情有效的互动关系。在疫情初期，民众对信息的风险认知现状以及政府及时、有效的防控措施表现出了中华民族的社会凝聚力与共情式担当；在疫情中期，风险认知的地区差异与应对现状，表现了对共情动机的激发在抗击新冠肺炎疫情过程中的激励作用，通过疏导认知偏差有助于克服"台风眼效应"，促进民族自信心的全面发展；在疫情稳定期，疫区民众与医务人员群体的特殊心理调查，呈现基于共同体意识的认同式心理调节与内生式情感治愈的关系，从而有助于消除"污名化"的心态，促进抗击新冠肺炎疫情的人文关怀工作；在疫情后期，对经济困难群体、职业群体、学生群体的恢复调查呈现对特殊群体心理健康问题的关注，以特殊群体的心理成长促进中华民族共同体意识的长效发展。在后疫情时代，我们将以中华民族共同体意识承接人类命运共同体意识，关注共生心理场与社会结构系统，并彻底战胜新冠肺炎疫情。

关键词：新冠肺炎疫情；中华民族共同体意识；风险认知；台风眼效应；污名化

一　中华民族共同体意识与抗击疫情

2019年末以来暴发的新冠肺炎疫情是一场全球性的灾难，既是对政府的危机管理、社会治理和应对能力的重大考验，也是对中华民族共同体意识的检测。国家主席习近平亲自指挥、部署疫情防控，有效地控制了新冠肺炎疫情在中国的蔓延。世界卫生组织总干事谭德塞高度评价中方"始终坚持公开透明原则，及时发布信息，快速识别病毒，并向世界分享基因序列。中国应对新冠肺炎疫情速度之快、规模之大，世所罕见！"中国采取果断有力措施控制疫情传播，不仅体现出国家对本国人民生命健康的高度负责，更体现出国民在应对重大突发事件的危急关头具有中华民族共同体意识。在抗击疫情的过程中，各族人民表现出高度一致的爱国主义精神和团结、坚忍、奉献的精神，在疫情初期快速反应直至全面控制疫情，到疫情后期总体上恢复社会秩序和各行业的生产、生活秩序，我国抗击疫情取得的伟大胜利与中华民族共同体意识密不可分。本文从心理学角度出发，探索在新冠肺炎疫情中民众的风险认知与应对行为，揭示其中的社会心理现象和规律，为后疫情时代的防控工作提出对策建议。

二　研究基础与问题提出

（一）风险认知研究

重大突发公共事件首先引发的是公众的风险信息感知。所谓风险，指在不确定情境下不利事件或危险事件发生、发展的可能性。风险认知（Risk Perception）是个体对存在于外界各种客观风险的主观感受与认识，而这些主观感觉受到心理、社会和文化等多方面因素影响。基于风险认知，应对重大突发公共事件的行动有赖于社会基础性工作，需要国家—社会互动建构的支撑。保罗·思洛维奇（Paul Slovic）从心理学角度提出了心理测量学模型，总结出影响风险认知的重要维度和特征。他认为，对风险事件的评判被人们知觉为"难以控制的"，其高风险一端为"未知的"和"不可控制的"两大类，其位置可以直接显示出人们对风险的知觉特征[1]。2003 年，当中国暴发 SARS 疫情时，时勘博士课题组率先在国内开展了民众的风险认知和社会心理预警研究，结果发现，我国民众在风险感知、行为应对和情绪干预方面呈现出一定的特点和规律[2]，据此形成有关风险认知的社会心理预测模型，为政府提供多项对策建议。

（二）心理台风眼效应研究

重大突发事件中，不同地区的人们对疫情各类风险信息的认知与主观判断可能存在一些认知的偏差。李纾等人在 2009 年发现了在地震风险认知中的"台风眼效应"（Psychological Typhoon Eye）[3]，谢佳秋、谢晓非、甘怡群在 2011 年又从风险认知和风险行为倾向两方面验证了心理台风眼效应，她们认为，心理台风眼效应的出现与民众是否亲历风险后果、心理承受阈限及心理变量的特征有关[4]。即心理台风眼效应的分析离不开不同生态场域下民众主体的主观能动与民众个体的行为心态，心理台风眼效应必然需要具体情境下认知主体的行为分析与价值判断。

（三）污名化现象研究

"污名"（Stigma）指社会对某些个体或群体因身体缺陷导致难以正常发挥社会功能而贴上贬损性和歧视性标签的消极社会心理现象。这种心态往往专门指向特定群体，如针对麻风病人、精神病人、吸毒人群或艾滋病患者的歧视情况。2010 年，时勘博士与美国加州理工学院帕特里克·W. 科里根（Patrick. W. Corrigan）教授合作，开展关于艾滋病人的污名化研究，发现美国、中国香港和内地的被试在有关艾滋病人的认知方面存在着较严重的污名现象，且三地区存在着明显的文化差异[5]。由于新冠肺炎的传染性，可能在疫情中产生污名化的社会心理，这种污名行为反映了整个社会在面对风险事件时的普遍担忧。污名化现象反映出社会生态与个体心态的紧密联系，社会心理场中的个体心理需要生态的情感维系方能消解个体心态中的污名化印象。

（四）松紧文化研究

在疫情背景下，不同国家与地区各级政府所采取的应对和防控措施，可能会受到其社会文化因素的制约。美国马里兰大学的米歇尔·J. 盖尔芬德（Michele J. Gelfand）教授在松紧文化规律的探索上做出了杰出贡献，她认为紧密文化是指有许多强大的社会规范和对偏差行为的低容忍度；松散文化是指有弱的社会规范和对偏差行为的高容忍度[6]。松紧文化不仅关注国与国之间的社会规范差异，亦关注国家内部、省间、组织间、社区间的社会规范差异。因此，松紧文化是一种理解社会结构、组织结构的新角度。[7]在疫情背景下，可以帮助我们从宏观与微观层面理解不同国家、社会、组织的应对情况，以文化生态氛围与社会建构基础呈现文化基因下的生态涵化。

（五）研究问题的提出

基于已有的研究基础和课题组在风险认知、行为应对等领域的积累，本次针对疫情进行系列调查，涉及的主要问题如下：

第一，为探索突发重大公共卫生事件后公众的风险感知、行为规律及公众情绪引导问题，设计风险感知、行为规律及情绪引导方面的心理学调查指标，完成量表的预测工作，进而开始探索认知主体价值判断的公共卫生事件所涉及的风险认知的规律，特别是台风眼效应问题。

第二，探讨孤寡老人、困难儿童、特困人员、残疾人、患者、病亡者及其家属的情绪引导规律，为加强心理干预提供依据。同时，通过差异化策略，启动分区分级、分类分时的调研方案，探明灾难情境下的社会心理服务体系的现状和改进措施，并且启动贫困问题的成因和松紧文化背景的跨国比较研究，发挥文化基因的生态涵化功能。

第三，调查医务人员在面对疫情时的情绪引导问题，尤其是创伤后的应急障碍及其康复方法，了解不同感染程度的患者在治疗和康复期间的压力源，从而揭示疫情中医护人员与患者进行有效沟通的规律，特别要探讨组织污名化等特殊的问题，启动个体心态的情感维系与情感调节。

三 各阶段系列调查结果及分析

在上述研究框架下，课题组从 2020 年初开始分别进行了四个阶段的调查，每一阶段聚焦不同的核心问题，通过问卷统计分析获得重大突发公共卫生事件背景下民众社会心理与应对方式的调查结果。

（一）民众风险信息认知现状的调查与分析

在新冠肺炎疫情暴发初期（2020 年 1 月 27 日至 2 月 19 日），针对民众对疫情中的各类风险信息的认知与行为反应问题，笔者在全国 27 个省和 4 个直辖市开展网络问卷调查，答卷者均为自愿参加，每个省区均配有问卷调查的辅导员，有效问卷 2144 份。

1. 新冠肺炎疫情的主要风险影响因素分析

面向全国发布的调查问卷，包含了疫情信息感知问卷和风险认知评估问卷，旨在了解民众对新冠病毒的致病风险、恐惧心理以及对政府疫情防控的正向信息的反应等。

首先，在引起民众感知到患病风险的信息中，民众受各条信息的影响程度从高到低排序依次为："新增死亡人数"（81.04%）、"累计死亡人数"（80.17%）、"所在单位/小区有无患者"（79.31%）、"所认识的人有无患者"（76.13%）、"同龄组有无患者"（64.57%）。这一结果说明，民众除了对最具生命威胁的信息——新增和累计的死亡人数较为敏感外，更多关注的是在物理空间中距离自身较近的人群，即"所在单位/小区有无患者"是影响民众的患病风险评估的主要因素，而物理空间是中华民族共同体意识的交往空间——实体场域。

其次，在引发恐惧心理的信息中，民众对各条信息的认同程度（同意该信息可以使自己产生恐慌）从高到低排序依次为："病毒的传染性"（90.76%）、"缺乏治疗方法"（78.79%）、"病毒致命性"（65.03%）、"互联网消息"（64.16%）、"周围人的害怕和传言"（55.08%）、"患者死亡率"（55.08%）、"康复后有后遗症"（55.08%）、"致病原因不清"（55.08%）。这说明病毒的传染性、缺乏更好的治疗方法、病毒的致命性是导致民众恐慌的最主要因素，而周围人的害怕和传言、康复后有无后遗症等也会造成一定程度的恐慌，同时，内容传播是中华民族共同体意识的交流基础——载体建设。

研究还发现，在 2144 人中有 89.54% 的民众认为，"传播渠道封锁措施"对自己有正面的影响，"治疗环境改善"（88.04%）、"公交水电信息"（83.35%）、"新增治愈人数"（83.12%）、"政府领导人、专家的采访、谈话"（70.52%）、"政府新闻发布"（82.02%）和"治愈出院人数"（80.93%）等正面信息对民众的风险认知有积极影响。这充分说明，政府和医疗系统等各个部门采取干预措施确实起到了稳定民众情绪的作用。

最后，从风险认知分析的角度，我们对七类风险事件从熟悉程度和可控制程度两个维度进行了统计分析，结果如表 1 所示。

表 1　民众风险认知结果统计

风险事件	熟悉程度		控制程度	
	M	SD	M	SD
传播途径和传染性	3.84	0.84	3.14	0.81
预防措施和效果	3.73	0.76	3.39	0.72
冠状病毒来源	3.45	1.01	3.10	0.90
治愈率	3.17	0.87	2.98	0.74
愈后有无传染性	2.55	1.06	3.17	0.93

风险事件	熟悉程度		控制程度	
	M	SD	M	SD
愈后对身体的影响	2.48	1.00	3.00	0.83
对冠状病毒总体感觉	3.59	0.76	3.39	0.71

风险认知分析表明，民众对于不同的信息的认知敏感度存在一定差异。在熟悉程度方面，关于传播途径和传染性、预防措施和效果、冠状病毒来源等更会引起关注；在控制程度方面，更加关注预防措施和效果、愈后有无传染性、病毒传播途径等问题，而差异把握是中华民族共同体意识的交融前提——心态培育。

2. 疫情信息的风险认知地图分析

为了进一步分析风险认知的现状，笔者通过绘制风险认知地图的形式来呈现调查结果，如图1所示。

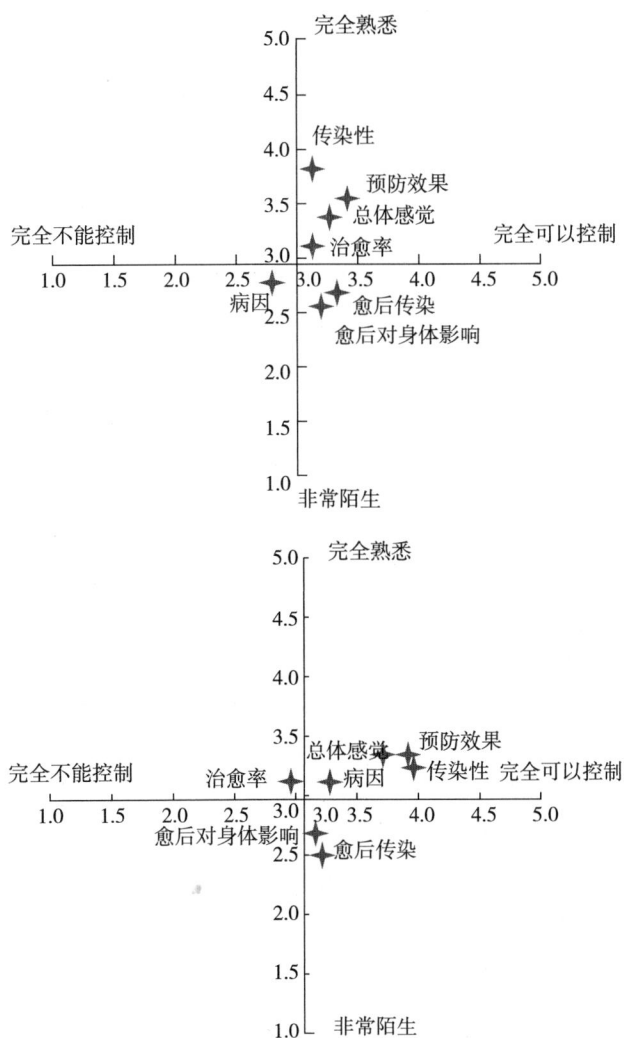

图1　2003年（上）和2020年（下）公众对各类疫情信息的风险认知的比较

左侧为 2003 年课题组调研 SARS 疫情所获得的 4321 名民众的风险认知地图，而右侧则为 2020 年调查新冠肺炎疫情中 2144 名被试的情况。风险认知地图表明，在 2003 年时，病因还在不可控制、不熟悉一侧，但是，到了 2020 年，病因则到了可以控制、比较熟悉的一侧。此外，民众的总体感觉、传染性、预防效果均处于风险因素空间的右上端，即偏向于比较熟悉和可以控制这一端；而对于"愈后对身体的影响"和"愈后有无传染性"则始终在非常陌生这一端，也就是说，民众对于这些因素的认识比较陌生，容易产生恐慌情绪，仍然处于不可控或不熟悉的范围[7]。

3. 民众风险认知词云分析

在对于疫情感知的描述方面，我们采用的问题是"当提到新型冠状病毒肺炎时，你会联想到什么其他的词语或事件，请写出四项"。统计 2144 位被试的填答结果，居于前十位的高频词分别是非典 571 次、传染 330 次、口罩 261 次、隔离 206 次、死亡 182 次、武汉 101 次、病毒 96 次、SARS 92 次、流感 90 次、蝙蝠 84 次、禽流感 67 次和消毒 64 次。同时，结合被试的选项，使用 Tagul 词云制作软件对民众风险认知进行词云分析，结果显示，民众在疫情期间由于经常想到诸如非典、传染和死亡等词汇，导致心理紧张感。分析结果也从另外一个侧面反映出民众的风险认知现状。

该阶段的调查结果充分体现了我国面对重大突发公共卫生事件的治理能力，以及中华民族共同体意识的社会凝聚力与共情式担当。民众风险认知现状与政府及时有效的防控是中华民族共同体意识强化互动社会基础的厚积薄发，即国家—社会的互动建构、政府举措的政治象征与民众顺势的社会承认推动新冠肺炎疫情的及时防控与有效应对。一方面，由于社会主义制度的优越性，公民一律平等，各民族群众在灾难面前无论贫富、阶层、面对疫情都能及时得到免费治疗，这极大地增强了各族人民的安全感与共同体意识；另一方面，在核心价值观下形成的共识与团结，积极配合政府、社区的各类防疫措施，很快形成了社会各阶层的通力配合，抓住了关键的防疫时间，实现了对于新冠肺炎疫情及时和有效的应对。

（二）风险认知的地区差异与应对行为机制研究

在初步了解民众的风险认知现状基础上，2020 年 3 月 20 日到 4 月 19 日，课题组通过问卷星平台展开第二轮网络调查，聚焦民众风险认知的地区差异与民众的行为应对机制，有效问卷 3729 份，其调查结果如下：

1. 疫情中的心理"台风眼效应"

在本轮调查中，对各地民众有关新冠肺炎疫情的风险熟悉度和控制度的数据进行了非参数检验的比较，发现了民众的认知特征存在"台风眼效应"，即处于严重疫情中心地区的民众，由于反复受到负面信息的刺激，在面对灾难时表现出麻木、习以为常的心态。在这种心态的影响下，民众的防疫意识下降，如对于佩戴口罩、洗手消毒、避免聚集等防护行为逐渐松懈。研究发现，告知疫情危险性并不会改变这个情形。疫区中心的人们在疫情的负性信息的反复刺激下，会对这些信息习以为常甚至麻木，反而是身处西藏、新疆等"台风边缘地带"的人，会因缺乏疫情信息而过度紧张，这也验证了李纾等在 2009 年的研究结果[3]，此种现象必须即刻关注不同生态场域下民众主体的主观能动与价值认知，增强中华民族共同体意识的主观能动性与认知价值性。

2. 风险认知与行为应对的预测模型

该阶段主要探索风险信息中的正性与负性信息如何通过个体抗逆力和组织抗逆力等中介变量，影响民众的风险感知。基于第二轮针对民众的风险认知与行为应对调查的结果，发现不同类型的信息对民众的风险认知作用不同：患病信息、与自身关系密切信息负向影响风险认知，而治愈信息和防控措施正向影响风险认知，即治愈信息和防控措施越多，民众感知到的风险越小。患病信息影响越多，与自身关系越密切的信息，越会直接导致民众的回避应对行为。在预测模型中还发现，个体的风险认知是民众应对行为的重要预测变量，从风险认知到回避应对的路径系数为负，到积极应对的路径系数为正，即个体感到风险越大，越会采用回避性的应对行为，而风险认知水平低，会理性地采取积极的应对行为。

3. 灾难后的哀伤辅导的建议

在此次新冠肺炎疫情中，湖北特别是武汉地区，有近千家民众失去了亲人，让失去亲人的民众真正从灾难中走出来是灾后管理与心理援助必须关注的问题。课题组根据此次调研的结果，向中央政府提出将4月4日（清明节）作为全国哀悼日的建议，并迅速被采纳。

面对新冠肺炎疫情，需要认识到不同地区民众的风险认知差异，以采取适宜的宣传与教育措施，利用正向信息对民众风险认知的正向影响来增加积极应对行为。基于个体感知、行动经历的差异，新冠肺炎疫情应对行为必然需要考虑区域性差异，而从关注差异到聚焦共性是民族共同体精神的题中应有之义。针对新疆、西藏等边远少数民族地区，一方面需要防止境外输入，另一方面要缓解民众的紧张情绪。而针对疫情中心地区，要防范因"台风眼效应"带来的负性影响，还要重视对患者甚至逝者亲属的心理援助与哀伤辅导，缓解其痛苦情绪，提高其创伤后的成长水平。

综上所述，疫情期间民众的风险认知存在一定的差异，甚至呈现出"台风眼效应"，但是这次突发的重大疫情却起到了类似聚焦镜的作用，不仅是对国家能力、政府治理水平的重大考验，更是对中华民族共同体意识的重大考验，疫情促使各民族人民凝聚起来形成精神合力，以最坚韧的精神、最紧密的团结、最和谐的集体行动共同应对危机。抗击疫情的过程以凝心聚力增强了各族人民的中华民族共同体意识，从而促进了中华民族共同体意识的全效发展。疫情能够在较短时间内在我国境内得以控制，除了强大的国家能力与政府治理外，中华各民族同胞在长期的交往互动中形成的互帮互助、"一方有难，八方支援""万众一心，众志成城"的民族共同体精神是攻坚克难的重要因素。

（三）组织污名化现象与抗逆力研究

在第三轮取样（2020年5月7日至5月24日）中，有8378人参加了问卷调查。主要关注疫区民众与医务人员群体在疫情中出现的特殊心理现象。

1. 疫情中的污名化现象及其消除对策

这次调查发现，在突发的重大公共卫生事件中，社会风险事件引发针对特定群体的污名化现象。在本次问卷调查中，结合新冠肺炎疫情的特殊性，对以往调查污名化问题的问卷[5]进行了修订。调查结果显示，在新冠肺炎疫情期间，我国非疫情区的居民确实存在"污名化"的特殊心态。根据这一调查结果向各级政府提出了如下管理对策：

第一，虽然在正面宣传和政策实施中，相关部门已经采取了一些措施来防止对于疫情重灾区民众的社会排斥现象。但这一问题依然比较严重，各级政府应当严肃认真对待，此乃回应中华民族共同体意识的认同心理基础，政府部门需以政治站位保障社会心理场的和谐稳固。

第二，建议各级政府部门为彻底消除"污名化"心态做出更大的努力。让民众明白，剑之所向不该是自己的同胞，而应该是病毒。此乃回应中华民族共同体意识的个体心态培育，政府部门需以价值导向保障个体心理的价值理性。

第三，对于年龄较小的未成年留学人员，政府应采取特殊的保护措施，派专机接送回国。此乃回应中华民族共同体意识的身份认同，政府部门需以心态凝聚保障主体心理的精神归属。

2. 医务人员的抗逆力模型研究

医务人员等救援人员的工作压力剧增给疫情后期的管理工作带来了很多问题。疫情防控的常态化使医务人员心理压力进一步增大，且短期难以降低。在这种情境下，医务人员如何从工作中达到心理解脱等问题，引起了社会各界的普遍关注。为此，本研究欲探索：

第一，严苛型领导与从工作中的心理解脱呈现何种关系，并以此为基础进一步探讨心理解脱的作用机制。

第二，领导者如何通过情绪耗竭的中介作用来影响医护人员的工作状态，以便引导其从工作中实现心理解脱。

第三，研究预测，增强医护人员的抗逆力可以缓冲情绪耗竭对心理解脱的影响。

笔者采用自评方法共收集配对问卷 1010 份，使用相关的统计软件进行分析，得出的主要结论如下：①严苛型领导与从工作中获得心理解脱呈显著负相关，组织内领导的严苛性越高，员工的心理解脱水平越低；②情绪耗竭在严苛型领导和心理解脱间起完全中介作用，严苛型领导能够通过情绪耗竭来负向预测心理解脱水平；③抗逆力在严苛型领导经过情绪耗竭影响心理解脱的路径中起到调节作用。

对组织和领导者而言，要加强健康型组织建设以及员工援助计划项目的推广；对医务工作者个体而言，应当注重积极自我调节和自身抗逆力的培养，提高抗压能力。课题组的武汉大学人民医院张丙宏主治医生、北京大学一院护士长王爱丽、新疆医大五院赴武汉医疗救援队，在保障医护人员和患者应对疫情的抗逆力模型研究、医院应对危机的信息管理评价以及患者心理康复等方面，展开了较为系统的研究，并建构起医务人员抗逆力培训课程体系。此外，本课题组还专门为湖北省社会心理学会救援队提供了危机干预的技术培训支持。

第三阶段的研究结果启示我们，要关注"组织污名化"这一影响各民族团结的心理现象，通过加强宣传教育工作将其消除。在祖国危难时刻，站在抗击疫情第一线的来自全国各地、各民族的医务工作者令人敬佩，他们表现出的爱国主义、民族团结、奉献牺牲的精神，是中华民族共同体意识最佳写照。"组织污名化"的消解，个体心态是根本，中华民族共同体意识之于污名化的消解是情感力量所在。社会心理场下个体心态"组织污名化"与抗击疫情下医务人员的心理康复均需要内生式情感调节，而中华民族共同体意识具有民族生态的情感纽带。

（四）疫情中贫困成因、复工复产影响机制与青少年成长研究

调查进行到第四阶段，在中国大陆疫情基本得到控制的情况下，课题组于 8 月 4~24

日进行了第四轮取样，有 4883 人参加了调查。该阶段关注的是经济困难群体在疫情中的
应对问题、影响职业群体复工复产中的因素，以及学生群体在疫情逆境中的心理恢复与
成长。

1. 经济困难群体：贫困应对的心理机制

新冠肺炎疫情为脱贫攻坚带来了一定挑战，偏远少数民族地区作为脱贫攻坚主战场与
"深水区"，可能面临因疫致贫、返贫与产业发展困难等问题。疫情带来的生活变化是否会
对困难群体的心态产生影响？2020 年 7 月下旬，课题组在贵州省六盘水市开展了边远贫困
地区的入户调查，引入并修订了加拿大学者 Brcic 等在 2011 年编制的贫困识别工具[8]，从饮
食、居住、收支平衡三个维度来衡量当地居民的生活水平，获取了 412 份有效问卷。

本次六盘水地区入户调查数据发现，六盘水地区的经济困难群体由于自身收入水平的局
限，无法在平时保证充足的储蓄，疫情防控限制带来的生活中各类计划的中断（尤其是工
作中断）导致其收入来源受到较大的影响，故而感知到更大的风险威胁，进一步刺激了其
改善生活水平的致富动机，而贫困程度调节了风险威胁对致富动机的影响，即贫困程度越高
的个体，其感受到的风险威胁越大，可能产生更高水平的致富动机。这为提升脱贫主体的内
源性动力、建立解决相对贫困的长效机制提供了新的心理学依据。同时，贫困应对的心理机
制为中华民族共同体意识的长效发展提供了经济型文化基因的涵化思路。

2. 职业群体：复工复产中松紧文化背景下领导行为的影响

盖尔芬德在 33 个国家的松紧文化调查研究结果显示，我国为文化偏紧密型的国家。在
此基础上，本研究采用了测量宏观层面的国家松紧文化量表[6]和微观个体层面的情境行为
约束度量问卷[9]，于 2020 年 8 月开始了文化松紧性的网络调查，共获得有效问卷 4883 份。
相关分析显示，文化松紧度与疫情下积极应对行为存在显著的正相关，进一步的路径分析显
示，在新冠肺炎疫情中，文化松紧度可以显著正向预测积极应对疫情行为，即文化越倾向于
紧密，在疫情下的积极应对行为就越多。可以说，紧密文化背景下的疫情防控激活了中华民
族共同体意识的文化凝聚力量。

结合实际调查情况来看，我国属紧密文化类型的国家。从疫情暴发到疫情后期，从个体
到组织层面，我国民众的积极应对行为明显多于松散文化国家的民众。而在企业等组织复工
复产的语境中，变革型领导可以在紧密文化背景下产生更大的效力。领导者在复工复产过程
中表现出的变革型领导行为，会在很大程度上促进员工的创新行为，而团队成员关系在变革
型领导对创新行为的影响过程中起到了中介作用，即变革型领导营造的良好团队氛围可以促
进相互合作、彼此信任和相互配合。当然，我们不能孤立地看待个体在组织中的行为表现，
任何领导行为均不能脱离所在组织、团队的文化背景而单独发挥作用，因此，在考虑领导行
为有效性的同时，也必须考虑到更宏观的文化变量的影响。复工复产中的松紧文化回应后疫
情时代中华民族共同体意识的文化维度；同时，复工复产中松紧文化背景以结构型文化序列
促进中华民族共同体意识的长效发展。

3. 学生群体：新冠肺炎疫情下青少年成长评估的实验研究

调查结果表明，中华民族共同体意识对于灾难中的抗逆成长教育发挥着重要作用[10]。
本研究在参考林崇德教授的中国学生发展六大核心素养（2016）[11]与谢小庆教授审辩式思维
（2019）[12]的基础上，结合党的十八大以来习近平总书记强调的文化自信思想，以及本次疫
情背景下抗逆成长的特殊需求，构建了青少年的核心胜任特征的模型框架，并在此基础上设

计了对应的干预培训实验。鉴于新冠肺炎疫情的影响，本实验采取了网络培训的方式，培训共18个课时，共有62名大学生参加了本次培训实验。培训之前，将被试随机分配到实验组与控制组，对实验组进行干预培训，对控制组进行常规的思想道德教育培训。在同一时间内发放培训资料供双方阅读。通过成长评估模型来衡量实验组学生在干预培训前后的变化情况，并与控制组通过前后测进行比较。实证研究结果证实，基于核心胜任特征的成长评估模型为教育变革注入了新的活力。今后，随着评价模型的不断完善，这种动态的评价模型在课程设计和成长评估等方面，将会发挥越来越大的作用。

总之，第四阶段的调研结果表明，贫困问题是民族地区社会治理的核心问题之一，探索脱贫的内生动力与其中存在的心理机制，并结合复工复产中宏观层面的文化背景与中观层面的组织领导作用，有望实现经济困难群体与民族特色产业共生发展而针对青少年加强培育核心胜任特征中的文化自信与抗逆成长要素，也有利于中华民族共同体意识的培育，回应中华民族共同体意识可持续发展的中坚力量的培育，夯实长效发展的基础。

四 研究的总体讨论和管理对策建议

（一）提高民众风险认知能力

1. 过度焦虑、心理恐慌的应对策略

认知是情绪产生和心态形成的关键环节，针对疫情中民众存在的过度焦虑与心理恐慌现象，首先应提高民众的风险认知水平，持续发挥中华民族共同体意识社会心理机制的潜入功能。调查结果启示：政府发布的治愈人数、新型冠状病毒疫苗的研发进展和采取的防范措施等正性信息，可明显地增加民众的抗逆能力，缓解其心理恐慌；对于负性信息，要引导民众正确处理与自身关系密切、物理空间距离更近（如所处同一社区单元甚至楼层）群体的社交关系，需要明确告知病毒传播的途径，使其在交往时做好正确的防护措施，避免接触传染。

2. 病源和愈后心理的影响因素

一方面，目前对新冠肺炎的病理认识还不充分，新型冠状病毒疫苗以及防治的针对性特效药物需要加强试点工作，愈后的防范工作还需加强。另一方面，随着冬季的来临，新型冠状病毒活性正在复苏，世界各地疫情反弹均成为不争的事实，我国绝不可放松警惕，需要做好长期防控的准备。在进行科学普及的过程中，应该实事求是地让民众了解科学发现的长久性和艰辛性，对于"愈后对身体的影响"和"愈后有无传染性"等问题，既要引导民众相信科学、避免盲目悲观，还要认识到新冠肺炎疫情的完全控制是需要时间的。

（二）对认知偏差进行疏导：克服"台风眼效应"

目前，疫情防控的总体局势平稳，实施的居民隔离政策初现成效，但是，针对湖北省及其周边城市出现的"台风眼效应"这一心理现象，要及时开展有针对性的宣传工作，克制民众习以为常的麻木心理。而新疆、西藏等地民众了解疫情信息有限，出现因信息不确定导致的情绪紧张甚至恐慌的情况，需要加大对边远地区疫情知识的科普力度，利用中华民族共同体意识的社会基础实现区域认知联动。针对群体疫情防控，为了预防民众出现麻木和松懈情绪，在车站、机场等人群高密集场所，建议增设疫情宣传监控人员，提醒和帮助民众做好旅途中的防范和隔离工作。此外，当地根据实际情况调整复工计划，一方面，利用好紧密文化背景下中国集中力量办大事的制度优势，让各行各业的生产在防控疫情前提下有序恢复；另一方面，一些地区过分地加强管控将不利于复工复产的正常进行，还要采取适当措施，促进企业恢复生产。

（三）消除污名化的负面心态，加强社会组织的协同治理

"污名化"现象不利于社会稳定和民族团结，更不利于在短时间内迅速调集大量资源形成应对疫情危机的共同正面行动及相互成就的意愿与合力。因此，在各级行政机关、街道、居委会、企事业单位等联合抗疫行动中，要注意加强组织的协调治理，通过一系列措施消除针对来自特定地区及群体的污名行为。一方面，加强各社区的疫情防控与新型冠状病毒核酸检测筛查，强化区域联防体系建设，防止局部地区出现疫情反弹；另一方面，发挥大数据的优势，加强信息公开，及时为公众出行等提供有效预警信息。此外，政府要加强正面的宣传引导。媒体要大力宣扬各族人民同心协力、携手抗疫的伟大团结精神。这种共同抗疫的精神会趋向于积极与正面，促进民族共同体精神的"再次自觉与升华"，形成国家发展的助力；反之则只会成为"创伤记忆"，对于国家认同和凝聚力形成带来负面影响，甚至进一步导致国家的"能力递减"[13]。以中华民族共同体意识认同心理基础的浸入与场域心理系统的沁入贯穿抗击新冠肺炎疫情的全过程。

五　结语：心理学的全球合作倡议

铸牢中华民族共同体意识既是一个将共同体意识融入民族灵魂的社会心理过程，也是一个将共同体意识转化为各民族自觉维护祖国统一和民族团结，为实现中华民族伟大复兴而不懈奋斗的知行合一的过程。面对突发的新冠肺炎疫情，在以习近平同志为核心的党中央坚强领导下，全国各族人民众志成城，齐心抗疫，凸显出我们"全国一盘棋"、集中力量办大事的制度优势，彰显出中华民族共同体意识的坚实心理基础与强大精神力量。面对国之危难、民之罹险，各族人民表现出的高度一致的爱国主义精神和团结、忍耐、守望相助、奉献牺牲的精神，成为我国战胜新冠肺炎疫情的强大"精神国力"，成为应对国家发展中各种风险与挑战的强大精神动力。我们将继续坚定地走有中国特色的"中国道路"[14]，不断增强社会主义意识形态在民族地区的凝聚力和引领力[15]，继续"推动我国各族人民走向包容性更强、凝聚力更大的命运共同体"[16]，继续为世界疫情应对做出表率，承担大国责任。2020年3月27日，《科学》（Science）杂志刊发了一篇社论，期望全球科学界携手开启一场特殊的疫苗研发的"曼哈顿多边合作计划"[17]。为此，笔者也在国际心理学界展开全球范围的合作计划，共同促进基于人类命运共同体意识下的跨文化心理学研究。通过本文我们再次呼吁，全

世界心理学研究者团结一心，坚守人类命运共同体理念，关注共生心场建构，运用社会结构系统联动效应齐心协力，为彻底战胜新冠肺炎疫情做出新的贡献！

参考文献

[1] Slovic, P. Perception of risk [J]. Science, 1987, 236：280-285.

[2] 时勘, 范红霞, 贾建民, 等. 我国民众对 SARS 信息的风险认知及心理行为 [J]. 心理学报, 2003, 35（4）：546-554.

[3] 李纾, 刘欢, 白新文, 等. 汶川"5·12"地震中的"心理台风眼"效应 [J]. 科技导报, 2009, 27（3）：87-89.

[4] 谢佳秋, 谢晓非, 甘怡群. 汶川地震中的心理台风眼效应 [J]. 北京大学学报（自然科学版）, 2011, 47（5）：944-952.

[5] Corrigan, P. W., Hector, W. H. T., Shi, K., et al. Chinese and American Employers' Perspectives Regarding Hiring People with Behaviorally Driven Health Conditions：The Role of Stigma [J]. Social Science & Medicine, 2010, 71（12）：2162-2169.

[6] Gelfand, M. J., Jana, L. R., Lisa. Nishii, et al. Differences between Tight and Loose Cultures：A 33-nation Study [J]. Science, 2011, 332（21）：1100-1104.

[7] 焦松明, 时勘, 周海明, 等. 面对新型冠状病毒肺炎风险信息的民众心理状态及情绪引导策略 [J]. 医学与社会, 2020, 33（5）：98-104.

[8] Brcic, V., Eberdt, C., Kaczorowski, J. Development of a Tool to Identify Poverty in a Family Practice Setting：A Pilot Study [J/OL]. International Journal of Family Medicine. [2011-01-14]. https：//www. hindawi. com/journals/ijfm/2011/812182/. DOI：10. 1155/2011/812182.

[9] Price, R. H., Bouffard, D. L. Behavioral Appropriateness and Situational Constraint as Dimensions of Social Behavior [J]. Journal of Personality and Social Psychology, 1974, 30（4）：579-586.

[10] 赵刚, 蒲俊烨. 中华民族共同体教育：概念、价值、内容与路径 [J]. 民族教育研究, 2020, 31（4）：12-18.

[11] 林崇德. 中国学生发展核心素养：深入回答"立什么德、树什么人" [J]. 人民教育, 2016（19）：14-16.

[12] 谢小庆. 思维能力的成长评估 [J]. 考试研究, 2020（1）：52-59.

[13] 马俊毅. 抗击新冠肺炎疫情与中华民族共同体精神的再凝聚 [J]. 中央民族大学学报（哲学社会科学版）, 2020, 47（6）：41-47.

[14] 王鉴, 胡红杏. 打牢中华民族共同体意识的思想基础研究 [J]. 民族教育研究, 2020, 31（2）：11-16.

[15] 王易, 陈玲. 民族地区铸牢中华民族共同体意识的现实问题及路径选择 [J]. 民族教育研究, 2019, 30（4）：48-53.

[16] 习近平. 在全国民族团结进步表彰大会上的讲话 [N]. 人民日报, 2019-09-28（2）.

[17] Berkley, S. Covid-19 Needs a Big Science Approach [J]. Science, 2020, 367（13）：1407.

Research on the Community Consciousness of the Chinese Nation and the Response to Combat with the COVID-19

Shi Kan　Qin Xinhui　Song Xudong　Jiao Songming　Zhou Haiming

Abstract：The fight against the Covid-19 epidemic has witnessed the key role of the Chinese community consciousness practiced by people of all ethnic groups in the struggle process and the practice of it is the basic guarantee for the initial victories. Based on four rounds of psychological surveys, this research analyzes the effective interaction between the Chinese national community consciousness and the fight against the COVID-19. In the early stage of the epidemic, the public's perception of information risks and the government's timely and effective control measures demonstrated the social cohesion and empathy of the Chinese national community consciousness; in the mid-stage, the regional differences in risk perception and the status quo of response showed that the COVID-19 pandemic has stimulated the empathy motivation of the community consciousness which will help overcome the "typhoon eye effect"; in the stable stage, the special psychological survey of the people in the epidemic area and medical staff showed that the identity psychological adjustment and endogenous emotional healing of the community consciousness helped to eliminate the mentality of "organizational stigma" and promote humanistic care in the fight against the COVID-19; in the later stage, the recovery survey of economically difficult groups, occupational groups, and student groups showed concern about the mental health of special groups whose psychological growth can promote the long-term development of the Chinese national community consciousness. In the post-epidemic era, to inherit human destiny community with the Chinese national community consciousness, focusing on the symbiotic psychological field and social structure system and we will win the victory over the COVID-19 epidemic completely.

Key words：COVID-19 pandemic; Chinese national community consciousness; perception of risk; psychological typhoon eye (PTE) effects; organizational stigma

文献检索

（王元元、杨鹏、周海明、覃馨慧、宋旭东、杨雪琪、李晓琼、王译锋、李秉哲、马海翮、周瑞华、柯文慧、熊欢、张柳整理）

时勘博士课题组大事记

1. 1961 年 12 月　时勘在重庆市新华路第一小学读书期间，获"重庆市优秀少先队员"称号。

2. 1962 年 9 月　考入重庆巴蜀中学，任 1965 级 2 班学习委员。

3. 1965 年 7 月　毕业于重庆市巴蜀中学，因家庭出身不好未考上高中。

4. 1965 年 12 月~1966 年 4 月　在南充炼油厂半工半读学校读书。

5. 1966 年 4 月~1970 年 10 月　调入川中石油浅气层指挥部，先后在 628 钻井队、1006 钻井队当钻井工人。

6. 1966 年 11 月　参加革命大串联来到北京，11 月 27~28 日两次在红卫兵集会中见到毛主席。

7. 1968 年 2 月~1970 年 10 月　在南充炼油厂制氧车间当制氧工人。

8. 1970 年 10 月~1978 年 11 月　由南充炼油厂调入川中油矿，在 3221 钻井队当钻井工人；

9. 1971 年 5 月~1978 年 11 月　在川中油气田科学研究所工作，任地质工，参与油田地质开发研究工作，指导老师是汪慕道和卓炽明。在川中油矿宣传队担任作曲、话剧和歌剧的创作，同时任乐队指挥，也是笙、单簧管和萨克斯的演奏员。

10. 1978 年 11 月~1982 年 7 月　考入西南师范学院外语系俄语专业，毕业获俄罗斯文学学士学位。

11. 1982 年 8 月~1984 年 7 月　留校任 82 级政治辅导员，得到了教育系黄希庭老师的指导，共同编译出版苏联教育科学院马尔科娃著《幼儿园的道德教育》（甘肃人民社出版社，1984）。

12. 1984 年 10 月　与黄希庭老师合作，在《心理学报》上发表了"大学班集体人际关系的心理学研究"（1984 年第 58 卷第 4 期）。

13. 1984 年 7 月~1987 年 1 月　考入北京师范大学心理学系硕士研究生，师从冯忠良教授，于 1987 年 1 月获教育心理学硕士学位。

14. 1986 年 10 月　出版译著《飞行员和航天员的心理选拔》，著者 B AДPOB，与于立身等人联合翻译。1987 年 11 月，翻译出版俄罗斯心理学家 З. И. 斯涅普坎著《数学教学心理学》。

15. 1987 年 2 月~1990 年 4 月　考入中国科学院心理研究所攻读工业与组织心理学博士学位，师从潘菽教授，从事心理学理论研究；1988 年 3 月潘菽教授逝世后，转入心理所前所长徐联仓研究员名下攻读工业—组织心理学研究方向。于 1990 年 4 月，以"自动机床操作工技术培训的心理模拟教学研究"论文答辩通过，获得心理学理学博士学位。该成果获得国家轻工业科学技术进步二等奖。

16. 1990 年 4 月　留中国科学院心理研究所工作，任助理研究员；

17. 1992 年 2 月　与中华职教社李益生联合主编国家高级中学选修课教材《职业指导》（人民教育出版社出版），并独立编写《升学与择业·心理咨询读本》（国家教委"八五"重点项目《中等学校职业指导课的实验研究》成果），为心理测试系统成果说明。

18. 1992 年 2 月　时勘著《现代技术培训心理学—心理模拟教学·原理·方法》获中国版协教育图书研究会优秀教育图书二等奖。

19. 1992 年 4 月~1996 年 8 月　任中国科学院心理研究所副研究员，研究室副主任、主任，硕士生导师。

20. 1992 年 7 月　冯忠良著《结构—定向教学的理论与实践——改革教学体制的探索》出版，将时勘博士的"心智技能模拟培训法"纳入其成果体系中。

21. 1992 年 12 月　时勘等发明专利《轻工业技工培训心理模拟教学方法》载入《中国技术成果大全》（1992 年，JC. 第 15 期，总第 95 期，科学技术文献出版社）。

22. 1993 年 5 月　时勘、张侃等的《个人职业素质评价系统》通过国家劳动部部级成果鉴定。

23. 1993 年 6 月　时勘等《轻工业技工培训心理模拟教学研究》获 1993 年度国家轻工业部科学技术进步二等奖；1993 年 8 月　时勘等《钻头总装线操作工岗位培训的心理模拟教学研究》获 1993 年度四川石油局科学技术进步二等奖；1997 年 12 月《心智技能模拟培训法》获中国石油天然气总公司（部级）科学技术进步三等奖。

24. 1995 年 5 月 13 日　Kan SHI et al. Exemplary Model Project Asia Pacific Economic Cooperation Human Resource Development in Industrial Technology，"心智技能模拟培训法"获亚太经济合作组织"亚太地区样板培训模式"奖（A training Program wich was selected by an APEC_HURDIT International Committee as an Exemplary Model for Training in Industrial Technology）。

25. 1996 年 6 月　任中国科学院心理研究所工业与经济心理研究室研究员，主任，心理研究所学术委员会副主任。

26. 1996 年 8 月~1997 年 8 月　访问美国密西根大学教育学院，与 Martin L. Maehr 教授、商学院 Rick Price 教授、辛辛那提大学教育学院 Robert Conyne 教授，先后联合发表文章："Culture, Motivation and Achievement: Toward Meeting the New Challenge"〔Asia Pacific Junior of Education, 15 - 29, 1999. 19（2）〕和"Goals and Motivation of Chinese Students—Testing the Adaptive Learning Model"（International Conference on the Application of Psychology to the Quality of Learning and Teaching, June 13-18, 1998, Hong Kong）。

27. 1997 年 1 月　获得国家自然科学基金项目《企业员工再培训管理模式的实证研究》（79670093）。

28. 1998 年 9 月　时勘教授考察俄罗斯，与俄罗斯科学院心理研究所前所长布鲁斯林斯基教授、苏共中央委员肖洛霍娃教授、俄罗斯"组织管理心理学"的创立者赞可夫斯基教授、认知心理学家巴拉巴希科夫教授等学者进行学术交流，特别是在航天员的选拔和培训问题方面进行了深入交流。

29. 1999 年 8 月　时勘教授获中华人民共和国国务院政府特殊津贴。

30. 1999 年 9 月　《中国科学院实施知识创新工程的职工心理特征及对策研究》获国家人事部科研成果 2 等奖。

31. 1999 年 10 月　主持的国防科工委九二一工程重大项目《航天员选拔心理会谈的评价标准与方法》获得中国人民解放军总装备部科技进步二等奖。

32. 2001 年 1 月~2003 年 12 月　主持的国家自然科学基金项目：企业高层管理者胜任特征模型的评价研究（70072031），与王继承、李超平、仲理峰等联合发表了有关高层管理者胜任模型、变革型领导的结构测量等一系列学术论文，在国内外产生了重要的影响。

33. 2001 年 2 月~2001 年 12 月　主持应急基金《我国证券市场的股民心理行为研究》（70041037），与范红霞同学联合发表了"我国证券市场股民心理特征的研究"，得到了金融界和心理学界的认同。

34. 2001 年 7 月　《招飞心理选拔测评系统》获得 2001 年度中国人民解放军科学技术进步二等奖。

35. 2002 年 6 月~2006 年 9 月　任中国科学院心理研究所社会与经济行为研究中心主任，研究员。

36. 2002 年 7 月　获得了国家自然科学基金项目"下岗职工再就业心理行为及辅导模式研究"的资助。此后，在美国《工业与组织心理学年鉴》上与 Wanbeger 教授联合撰写了 *"Job Loss and the Experience of Unemployment：International Research and Perspectives"* 一文，使国外同行更好地了解我国在企业裁员和再就业方面的研究进展，也引起了同行们的较大关注。

37. 2002 年 4 月~2005 年 7 月　中国科学院与荷兰科学院签订了联合培养博士生计划，杨化冬同学成为首名联合培养的博士生；同时，荷兰方面派出交换生黄旭同学来所访问进修，毕业后成为香港理工大学的尖端人才，为两国的组织行为学的发展做出了贡献。

38. 2002 年 6 月~2006 年 7 月　与瑞典斯德哥尔摩大学心理学系达成合作协议，课题组博士生黄庆海通过追踪调查瑞典不同年龄阶段妇女选择职业的变化趋势，此项研究得到了国际心联前主席 Lars-Göran Nilsson 教授的全力支持，该项研究取得了圆满的成功。

39. 2003 年 1 月~2005 年 12 月　参与中国科学院重要方向《情绪调节机制对环境适应与创新的影响研究》（KSCX2-SW-221），获得了 150 万元资助。

40. 2003 年 7 月　时勘教授获得 2003 年度中共中国科学院党组"中国科学院防治非典型肺炎工作优秀共产党员"荣誉称号。

41. 2003 年 8 月　时勘教授主编的《心理健康教育读本》（国家劳动和社会保障部统编教材）获得 2003 年度中华人民共和国劳动和社会保障部"全国职业培训和技工教育优秀教材奖"。

42. 2003 年 9 月~2008 年 8 月　与美国芝加哥理工学院联合申请成功美国 NIAAA 基金 NIMH，FIC 项目 *Stigma & Behavioral Health in Urban Employers from China and USA*（1R01 TW006359），资助经费为 240 万美元，由芝加哥.北京和香港三地心理学家共同开展组织污名的跨文化比较研究。

43. 2003 年 12 月~2008 年 12 月　主持沈阳师范大学委托项目《人力资源开发与管理科

学院的建设》，获得 100 万元资助。

44. 2003 年以来，课题组在李超平、李文东等同学的带领下，发表了一系列与工作倦怠有关的论文。李超平博士与时勘教授联合修订的工作倦怠问卷（MBI - GS by Wilmar Schaufeli）成为国内学者普遍采用的问卷。

45. 2003 年 5 月~2004 年 6 月　与新西兰 University of Waikato 的 Paul Taylor 教授合作，首先进行 O∗NET 问卷（工作分析问卷）的中文版修订，然后展开了工作分析的跨文化比较研究。

46. 2004 年 5 月 17 日　人力资源开发与管理科学院（School for Management & Human Resources Development, SMHRD）正式召开成立大会。管理科学院由时勘、于文明教授任院长，张淑华教授任常务副院长。

47. 2004 年 8 月 16 日　由中国科学院心理研究所联合中智德慧、清华大学、北京师范大学以及美国、中国香港学者，在北京召开了《心的力量、新的成长，建设健康型组织论坛暨第二届中国 EAP 年会》，参会代表们还特别探讨了如何建立适合我国需求的员工援助计划模式。

48. 2004 年 8 月 8 日　第 28 届国际心理学大会在中国召开，会议召开前夕，邀请了诺贝尔经济学奖得主卡里曼教授问心理所，双方交流了风险决策的"理性思维"（human judgment and decision-making under uncertainty）问题和"心理账户"问题（Mental account），并就未来的合作达成共识。

49. 2005 年 2 月~2018 年 12 月　香港岭南大学肖爱玲教授与课题组开展了组织行为变革、压力管理及员工健康等多项研究。十三年来，肖爱玲教授通过多种形式为课题组培养了人才，双方发表了一系列学术成果。

50. 2005 年 7 月　中国科学院心理研究所与昆士兰科技大学正式签订了合作协议，于 2006 年 4 月 24~26 日在北京举办《道路安全教育与管理》国际研修班。应邀来华承担讲授任务的澳方专家是 Mary Sheehan 博士、道路安全与教育研究所所长，Mark King 博士和 Barry Watson 博士。

51. 2005 年 8 月　张建、时勘等的《突发事件对医护人员、患者、民众心理状态的影响及对策的研究》获 2005 年北京市科学技术奖二等奖。

52. 2005 年 9 月　《Sciences》杂志发布了本世纪 125 个重大的问题寻求学者们破解，《上海东方瞭望》杂志发表了采访时勘教授的《人类的合作行为是怎样产生的?》的报道。

53. 2006 年 1 月~2008 年 12 月　时勘教授主持中国移动通信集团项目《基于胜任特征模型的省公司高层管理者评价》，获得 100 万元资助。

54. 2006 年 1 月~2008 年 12 月　在中国轻工业出版社万千心理丛书的支持下，时勘教授组织翻译了《现代职业生涯系列丛书》，一共四本，分别是：《把握你的职业发展方向》、《职业咨询心理学》、《求职指导》和《结构化面试》。这一套丛书至今对于从事职业指导的人员仍然具有较大的影响。

55. 2006 年 1 月~2019 年 8 月　中国科学院大学经济与管理学院与格罗林根大学经济学院签订了长期的合作协定，课题组的曲如杰、高利苹和刘晔先后在 Onne 教授指导下，完成了有关创新影响机制的博士学位论文。高利苹同学不幸因肺部衰竭去世，得到了课题组的捐款支持，荷兰方面也通过经济学院自发地向死者家属捐款，指导教授 Onne 先生亲自来北京参加高利苹同学的追思会。

56. 2006 年 3 月~2007 年 9 月　时勘教授主持沈阳军区政治部《作战部队基层主官胜任特征模型开发研究》（0639111A90）获得 200 万元资助。

57. 2006 年 8 月　时勘教授调入中国科学院研究生院管理学院，先后任学院副院长和社会与组织行为研究中心主任。

58. 2007 年 9 月　时勘教授获得中山大学的聘任资格，并于 2008 年 9 月开始招收第一届博士研究生，这项合作招收计划一直延续至 2017 年春季结束。

59. 2008 年 1 月~2012 年 12 月　课题组获得了澳大利亚政府 Australian Leadership Award Fellowship（ALAF）项目《中澳道路安全管理模式的跨文化比较及对策研究》100 万美金资助，课题组在全国录用了 12 人的访问团队，前往澳洲进行二个月的考察学习，并参加了国际道路安全会议。

60. 2008 年 3 月　陈雪峰同学在《管理世界》发表了《参与式领导行为的作用机制：来自不同组织的实证分析》。

61. 2008 年 5 月 12 日　汶川地震后，课题组面向都江堰市 4000 名高三学生，立足最关键的变量和使用最简易的测量工具进行调查研究。安徽人民出版社出版了时勘教授主编的《灾后心理自助手册》（安徽出版集团、安徽人民出版社，2008 年 5 月第 1 版），阳志平同学对该书出版做出了重要贡献。

62. 2008 年　在参与奥运会组委会的工作中，课题组承接了《志愿者服务心理指南》的编写工作。课题组动员了中国科学院大学、心理研究所的研究生们来完成这一编写任务，分别从赛场行为、交通安全、跨文化交流、环境适应和危机应对等五方面完成了调研、撰写和出版工作。

63. 2009 年 5 月~2010 年 12 月　时勘教授主持总装备部航天医学工程研究所（国家航天员重大项目）第二批预备航天员选拔心理会谈评价系统 2.0 版研制，获得了 25 万元资助。

64. 2009 年 9 月　韩国国家劳工部主办的国际会议特别邀请时勘教授到会做"胜任特征建模方法的研究进展"的报告。会议期间，还针对三星公司全球化培训模式进行了考察和交流。

65. 2009 年　课题组与澳大利亚 OZ 公司开展并购合作，在课题组杨成君同学改进的并购模拟情境实验（Weber, 1996）的研究基础上，课题组特别关注了双向沟通的问题，这种对策在并购实施中特别有效。此项并购被《亚洲金融杂志》评为"2009 年全球最佳并购项目"。

66. 2009 年　中国科学院大学专门邀请国际知名危机管理心理学家、来自英国利物浦大学的 Alison 教授来京举办"突发事件下风险感知与行为研究"系列讲座；此后，课题组也到英国利物浦大学进行了回访，这项合作后来促成了双方政府的介入和合作。

67. 2010 年 1 月~2014 年 12 月　参与国家自然科学基金委员会重大项目《非常规突发事件的应急管理》的培育项目《救援人员应对非常规突发事件的抗逆力模型研究》（项目编号：90924007），在抗逆力模型的结构要素及其影响机制方面，研究取得了突破。

68. 2010 年 4 月 28 日　课题组向中央领导提交了《中科院专家关于应对"富士康员工自杀"和"本田罢工"事件的建议》，这项建议很快被中共中央办公厅采用。2010 年 4 月 29 日，全国总工会将本建议作为内参文件，向全国工会组织内部全文转发。国家劳动和社会保障部职业技能鉴定中心同意由中国科学院大学社会与组织行为研究中心来主持《员工援助师》职业标准的制定和推广工作。

69. 2010 年 5 月　作为对于抗击 SARS 和汶川地震的理论和实践研究的总结，时勘教授完成了国内第一部《灾难心理学》的编写和出版工作（科学出版社，2010 年 5 月第 1 版）。

70. 2010 年 6 月　全国政协副主席王子珍院士代表课题组，在中国科学院第 15 届院士大会上就我国科技体制若干深层次问题做大会发言。报告倡导的我国科研组织的评价标准与政策建议，均得到了大会的一致认可。

71. 2010 年 7 月　时勘承担了国家 973 重大项目中《集群行为感知与管理的应用示范》子研究课题（项目编号：2010CB731406），获得 200 万元的经费资助。之后，课题组在混合网络下社会集群行为方面展开了系列探索，从多角度构建了危机应对和文化心理的指标体系，并开展了基于媒体平台数据的决策研究。这些决策系统在后来的大型社会活动，如 2008 年奥运会、2010 年世博会和亚运会和北京冬季奥运会方面，发挥了重要的作用。

72. 2010 年 8 月以来，主持中国科学院学部调查研究中心工作，在中国科学院院士局支持下，在科研组织员工变革中的心态调查、所长年薪制实施中的心理问题、科研组织的工作满意度与工作绩效的关系以及科研院所的创新文化评价方面取得了一系列成果，获得人大常委会副委员长路甬祥的充分肯定。

73. 2010 年 12 月　时勘获上海市"中国 2010 年上海世博会志愿者工作贡献奖"。

74. 2011 年 7 月　在亚洲心理学大会上，时勘、江南做了 "Behavioral Research in Urban Road Safety Management–towards Social Harmony—A New Mission of Asian Social Psychology" 大会主题报告。

75. 2011 年 7 月 11~16 日　经人力资源和社会保障部职业技能鉴定中心批准，在中国科学院心理研究所举办了首期来自全国的高级员工援助师的师资研修班。参与《员工援助师》教程编写的全部专家参加了研修班授课，学员们对于讲习班的授课质量给予高度的评价。

76. 2011 年 9 月　由时勘主编的，在上海世博会期间给志愿者提供的世博会园区志愿者工作丛书：《给我们加满能量—上海世博会志愿者服务心理指南》出版。

77. 2011 年 8 月~2019 年 10 月　时勘教授被聘任为中国人民大学心理学系教授。

78. 2011 年 10 月~2014 年 12 月　时勘教授主持山东能源肥城矿业集团项目《基于全面信息化的煤矿企业安全文化建设模式及示范》，获得 100 万元资助。该研究在《员工援助师》培训体系之下，形成了煤矿企业专用版《安全心智培训》和电力行业的《卓越心理培训》，创立的安全心智模式培训法在煤矿、电力行业的安全文化建设中均取得了成功。

79. 2011 年 11 月~2015 年 5 月　从事工作投入和工作倦怠研究的知名心理学家、荷兰乌得列支大学工作与组织心理学部 Schaufeli 教授两次访问中国，Schaufeli 教授还专门邀请时勘等人加盟"工作投入的心理奥秘"的写作工作。本书的英文部分由胡俏同学翻译成中文，时勘教授邀请了甘怡群教授、胡俏博士、林振林博士、林琳博士和时雨博士加盟，该书的中文版也于 2014 年在国内出版。

80. 2012 年 10 月~2016 年 12 月　主持山东能源肥城矿业集团项目《基于 5F 协同管理法的煤矿企业信息化建设》，获得 250 万元资助。

81. 2013 年 12 月 24 日　时勘教授等根据调研结果，提出"红十字组织具有独立性、公益性和统一性等特点，应在国家维稳等重大突发事件的应急处置和医疗救护方面发挥独特的作用"的建议，通过新华社《国内动态清样》（第 5218 期）上报中央领导，该项政策建议得到了政治局委员、中央政法委书记孟建柱同志的批示。

82. 2013 年 8 月　主持国家社会科学基金重大项目《中华民族伟大复兴的社会心理促进机制研究》（项目批准号：13&ZD155），获得 80 万的经费资助。项目历时五年时间，取得了一系列理论研究和实践应用的成果。正式发表学术论文 108 篇，出版学术专著共 16 部，获得了国家部委科技进步奖一等奖 2 项，省部委领导批示 2 项。

83. 2013 年 9 月　课题组《救援人员应对非常规突发事件的抗逆力模型研究》项目受邀在风险领域国际权威性学术组织 "Society for risk analysis" 2013 年的年会上做大会主题报告。

84. 2014 年 7 月 1 日　国家社会科学基金重大项目开题论证会在中国人民大学召开，会议通过了首席科学家时勘教授所做的开题论证报告。

85. 2014 年 8 月 16 日　《基于全面信息化的煤矿企业安全文化建设模式研究与示范》获得了山东软科学优秀成果奖一等奖（RK14-11-01-34-03），国家煤矿安全监察局向全国发出推广肥城矿业公司安全心智培训模式的通知。

86. 2014 年 12 月　与沈阳军区政治部合作的 "基层主官的胜任特征模型的建构和开发" 项目获得中国人民解放军总参谋部科学技术进步奖一等奖，形成的《连队主官胜任特征深度评价手册》、《连队主官胜任特征编码词典》和《基层主官胜任特征评价应用系统》，为军区部队反恐维稳、提高科学训练质量提供了理论依据、研究方法和实用途径。

87. 2015 年 8 月　由于课题组在安全文化建设方面的突出贡献，获得了山东省软科学科学技术进步一等奖。国家煤矿安监局 "关于印发山东能源集团肥城矿业集团安全培训经验材料的通知"（2015 年第 25 号文）向全国推广山东能源集团安全心智模式的经验。

88. 2016 年 1 月　第四届全国健康型组织建设论坛在广东省东莞市松山湖举行，论坛发布了 2015 年度全国健康型组织建设 "最佳组织建设奖" 和 "杰出研究者奖" 的评奖结果，《人力资源》杂志还分七个专题刊登了 58 篇学术论文。

89. 2016 年 9 月 ~2018 年 8 月　时勘教授被广东外语外贸大学聘为云山讲座教授。聘任期间完成了工业与组织心理学的学科建设，获得了应用心理学专业的硕士学位授予权，组建了 "面向公共安全的社会心理" 校级科研创新团队，并且建立了广东省社会管理研究会组织与员工促进专业委员会。时勘教授至今仍然担任该专业委员会主任。

90. 2016 年 11 月 1 日　国家社会科学基金重大项目研制的《热点事件发现及追踪系统》"Event Teller 1.0" 开发完成，获得了国家专利（N0.01619291）。时勘教授与何军教授联合出版的专著《混合下社会集群行为研究》，在学术界产生了较大的社会影响。

91. 2017 年 2 ~10 月　Meju University 的 Kiyoshi Murata 教授和中国科学院时勘教授主持开展了探索 "数码产品使用的伦理道德和社会价值观因素" 的国际合作项目，确认了使用数码产品时的伦理道德价值，对于数码产品的存取、贮存、加工、使用和发布的政策均提出了具体的对策建议。

92. 2017 年 5 月　人民出版社正式出版了时勘主编的《城市廉洁文化建设研究——以重庆市渝中区为例》一书，这是国内首部基于定量研究撰写的学术专著。

93. 2017 年 7 月 1 日　时勘教授获得 2017 年度成思危基金优秀教师奖。

94. 2017 年 10 月　《救援人员应对非常规突发事件的抗逆力模型研究》项目成果纳入"十二五"国家重点出版规划项目"公共安全应急管理丛书",由科学出版社出版。

95. 2018 年 5 月　《健康型城区的管理模式研究》专著由经济管理出版社出版,健康型城区建设的管理模式研究在上海静安区实验中得到了区政府 500 万元经费支持。

96. 2018 年 5 月　课题组有关广州市荔湾区的社会融合计划的成效的学术专著《社会排斥与融合模式的研究》(时勘著,2018 年,经济管理出版社)出版发行。

97. 2018 年 11 月　时勘教授获得中国心理学会、中国科学院心理研究所和国际 EAP 协会中国分会共同授予的 EAP 荣誉贡献奖。

98. 2019 年 6 月 30 日　国家社科基金重大项目组收到了全国哲学社会科学工作办公室的"结项证书",工作办公室组织有关专家认真审阅了本项目组提交的结项材料,认为完成质量很好,工作办公室决定免于鉴定,直接颁发"结项证书",历时五年的国家社会科学基金重大项目得以圆满完成。

99. 2019 年 8 月　中国医学救援协会心理救援分会在湖南长沙中南大学湘雅学院举行了第一次全国代表大会,大会选举时勘教授为中国应急救援协会心理救援专业委员会名誉会长。

100. 2019 年 9 月 6 日　中国人民大学心理学系时勘教授主持的国家社会科学基金重大项目"中华民族伟大复兴的社会心理促进机制研究"结项汇报会暨庆祝建国七十周年论坛在中国人民大学逸夫会堂第一会议室隆重举行。

101. 2019 年 10 月　时勘获得国家社科基金后期资助重点项目《核心胜任特征的成长评估模型研究》(项目批准号:19FGLA002),并得到 35 万元资助。

102. 2019 年 10 月 19 日　时勘教授在杭州举行的全国心理学会学术大会上被授予中国心理学会最高奖:心理学学科建设成就奖。

103. 2019 年 11 月　温州大学致函中国人民大学科研处,就聘任时勘教授温州大学温州模式发展研究院院长和国家社科基金后评估资助项目转入事宜提出商榷,获得中国人民大学科研处的同意。

104. 2020 年 1 月 4~5 日　时勘作为大会主席,主持亚洲组织与员工促进(EAP)协会全国代表大会。

105. 2020 年 2 月~8 月　中国科学院时勘博士课题组在新冠肺炎疫情暴发后,组织了四次全国网络调查,调查人数达 20000 余人,分别就民众疫情中的风险认知、台风眼效应与组织污名化、贫困问题、领导行为与复工复产展开了研究,此后,上报中央政府 6 个智库报告,并接受了多家新闻媒体的采访。

106. 2020 年 7 月　作为国家社会心理服务体系建设 55 个试点单位之一的贵州六盘水市政府,就时勘教授在此项工作中所做贡献予以表彰,颁发了社会心理服务体系建设"帮扶贡献奖"。

107. 2020 年 7 月　温州模式发展研究院的校级机构申请获得批准。

108. 2020 年 8 月　浙江省哲学社会科学重大项目《重大突发公共卫生事件下公众风险感知、行为规律及管理对策研究》获得批准,获得 15 万元资助。

109. 2020 年 9 月　参加中国国际服务贸易交易会展览,展示了国家社会科学基金后评估重点项目成果《核心胜任特征模型的网络心理测试和培训系统》,有近 2 万观众参观了成果展览，并有部分观众对系统进行了现场体验，反映良好。

110. 2020 年 11 月　全国工商联和浙江省人民政府在温州联合举办 2020 中国（温州）新时代"两个健康"论坛，温州大学党委书记谢树华、全国工商联经济部长林泽炎和时勘教授共同确定，温州模式发展研究院可以重点围绕中国民营经济的未来发展问题，开展两个健康示范区的系统研究，力争成为我国民营经济心理行为研究的智库研究中心之一。

111. 2021 年 1 月 11 日　社会心理服务体系建设研究专家论证会在贵州六盘水市举行，时勘教授应邀携温州模式发展研究院研究人员参加，并就该项工作的推进工作做主题发言。

112. 2021 年 1 月 28 日　温州大学、之江实验室联合举办合作研究会议，之江实验室副主任郑宇化率团出席会议，双方就长江三角洲高端人才的核心胜任特征的智能评估研究与时勘教授等达成共识。这次会议上，时勘教授被聘为之江实验室的特聘教授。

113. 2021 年 3 月 1 日　中国人民大学心理学系和温州大学温州模式发展研究院签订合作框架协议，将充分发挥双方的资源、平台和文化的优势，为温州模式发展提供支持。

114. 2021 年 4 月 1 日　时勘教授应邀访问之江实验室，与郑宇化副主任分别代表温州大学温州模式发展研究院和之江实验室人力资源部签订战略性合作框架协议，共同推动长江三角洲人力资源开发和智能评估的研究水平的提升。

115. 2022 年 4 月　温州模式发展研究院与梁开广博士为首席科学家的希典咨询公司开展了战略合作，在管理咨询、领导力测评，大五人格评价，特别是 WBI、TDS 测评方面开展合作，针对各类不同的团队（如创业团队、高管团队、产品研发团队等）进行专业咨询。

116. 2022 年 5 月　时勘博士课题组进行了新冠疫情"动态清零"政策下的民众心理行为特征调查，调查结果形成的调查报告和对策建议被党中央办公厅、国务院办公厅、中国科学院、国家自然科学基金委和浙江省社科联采纳，相应成果发布在中国科学院专报信息第 150 期、第 183 期，自然科学基金委第 7 期以及浙江省社科要报上。

117. 2022 年 6 月　温州模式发展研究院与心理咨询专家朱浩亮博士带领的壹点灵心理服务平台建立了战略性合作关系，将逐步开展心灵电台、心理咨询、心理课程和心理测试等方面的咨询服务。

（郎丹、任相维、陈旭群、焦松明）

后 记

在即将结束《时勘心理学文选》编写之际，我的心情难以平静。人生已经度过七十一个年头，回首过往的坎坎坷坷：初中毕业后就因"家庭出身"不好，未被高中录取，沦落为"社会青年"。为了继续圆读书之梦，我去了石油行业的半工半读学校。当时，恰逢"文化大革命"爆发，我立即被卷入了大串联。串联结束回到石油单位之后，一待就是十三年，先后当过制氧工、钻井工和地质工，直至 1978 年 11 月邓小平先生恢复高考，我这个临近三十岁的老青年才赶上末班车，考上了西南师范学院外语系。

从读大学开始，我一路小跑，毕业留校后任 82 级政治辅导员，这才有机会自学心理学，两年后考上北京师范大学心理学系硕士研究生，1987 年 1 月转入中国科学院心理研究所攻读博士学位，获得博士学位时已到了不惑之年。留心理所工作后，我一直紧追猛赶，不论是出国访问，还是在国内研究，基本上是马不停蹄，时光易逝，转眼就到了退休的年龄。

感谢中国人民大学心理系领导发来聘任邀请，2011 年夏来到人大。2013 年 11 月，我获得了国家社会科学基金重大项目"中华民族伟大复兴的社会心理促进机制研究"，还先后获得了多项国家 973、自然科学基金项目。在中国人民大学一待就是八年，延续了我的学术生命。正当我准备偃旗息鼓，回中国科学院大学告老还乡之际，温州大学向我发出了邀请：请我带上国家社科基金后评估重点项目"核心胜任特征模型的成长评估模型研究"，来校主持温州模式发展研究院的工作。我原以为，2019 年 10 月获得中国心理学最高奖——学科建设成就奖，应该是我学术生涯的最好终结，接下来怎么应对这一新的挑战呢？

好多朋友劝我，像我这样的教授待在家里照顾孙女可不是一个办法，趁着身体还行，不如出去再干几年。人的生命是有限的，若能再为心理学发展再尽一点力，不妨再试一试。为此，我接受了温州大学领导的邀请，为了有限的目标，我大致确定了未来几年该做的几件事：

第一，力争圆满完成国家社会科学基金后评估重点项目"核心胜任特征的成长评估模型研究"，此项目已经历一年半时间，核心胜任特征的结构和核心要素、计算机心理测试和网络培训系统的研究工作已基本完成，现场的成长评估由于已经形成研究团队，可以保质保量完成任务。

第二，2020 年 8 月获得浙江省哲学社会科学重大项目"重大突发公共卫生事件下公众风险感知、行为规律及管理对策研究"，由于在新冠肺炎疫情暴发后，课题组组织了四次全国网络调查，分别就民众疫情中风险认知、台风眼效应、组织污名化、贫困问题、领导行为与复工复产展开了各项研究，已经上报中央政府几个智库报告，并接受了多家新闻媒体的采访。国内课题组不少成员介入了后期的归纳总结，问题应该不大。

第三，在 2020 年 11 月成为全国工商联的智库委员会专家后，与全国工商联和温州市政府达成了开展民营企业"两个健康模式"研究的共识，将重点围绕中国民营经济发展模式问题开展调研，目前，我们已经就温州地区韧性城市发展规律总结出一些规律，而关于家族企业家精神研究也有一些积累，相信经过团队的共同努力能够达到预期目标。

第四，与中国人民大学心理学系的合作，由于有 2013 年共同承担国家社会科学基金重大项目的合作基础，今后五年将充分发挥双方的资源、平台和文化优势，为温州模式发展研究院提供支持。

第五，与之江实验室的全面合作，由于 2021 年 1 月 28 日双方召开了长江三角洲高端人才核心胜任特征智能评估研究的合作研讨会议，双方就核心技术分享问题达成了共识。4 月 1 日，我再次应邀访问之江实验室时，双方正式签订了战略性合作框架协议，这为未来共同推动长三角人力资源开发和智能评估研究奠定了坚实的基础。目前，合作项目已经进入实质性阶段。

由此可见，我已经把温州模式发展研究院的工作当成最近 5~10 年职业生涯发展的主攻方向，我将把培养心理学领域后起之秀作为主要任务。我希望在《时勘心理学文选》出版之后，除了英文版文章要结集出版之外，力争中文版的文选有续集出版。我希望国内外时勘博士课题组的同学们都来关注温州模式发展研究院的动态和进展，共同为心理学的发展贡献力量。

时勘

2022 年 10 月 15 日
于温州大学步青校区